머리말

산업혁명 이후 안전한 작업장을 위하여 수많은 연구와 안전활동이 수행되고 왔고, 중대재해처벌법을 제정하는 등 산업재해 예방에 총력을 기울이고 있지만, 현장에서는 여전히 많은 산업재해가 발생하며 사망자가 증가하고 있습니다. 이제는 산업안전의 활동도 사업장의 법적 규제보다는 작업자의 특성과 한계에 알맞은 작업장 설계와 안전문화 정착 등으로 나아가야 하며, 실제적인 재해예방 활동이 되어야 합니다.

하인리히가 지적하였듯이, 안전의 기본은 안전조직이 효과적으로 운영되어야 합니다. 안전조직에서 가장 중요한 요소는 산업안전관리자이며, 훌륭한 안전관리자의 양성이 산업안전의 중요한 토대입니다. 훌륭한 산업안전기사가 양성되어 작업장에 안전이 뿌리를 내리면서 수많은 무재해 사업장이 생길 것을 기대하며, 성안당 출판사와 네이버의 세이프티넷 카페에서 활동 중인 산업안전전문가들의 요청으로 산업안전기사 교재를 집필하게 되었습니다.

본 교재는 인간공학과 산업안전을 연구하고 산업현장에 많은 컨설팅을 수행하면서 모아온 많은 문헌과 필요한 자료들을 정리하여 산업안전기사 시험 대비에 시간적 제약을 받고 있는 수험생들에게 교재로서의 활용과 다양한 작업장에서 안전활동에 하나의 참고서적이 되도록 하였습니다. 다만, 광범위한 내용을 수록, 정리하는 가운데 미비한 점이 다소 있으리라 생각됩니다. 세이프티넷의 산업안전기사 커뮤니티에 의견과 조언을 주시면, 독자 여러분과 함께 책을 보완하여 나갈 것을 약속드립니다.

본 교재의 출간이 산업안전에 대한 지식과 이해를 넓히고, 이 분야의 발전을 촉진하고 활성화시키는 계기가 되었으면 합니다. 그리고 "작업자를 위해 알맞게 설계된 안전한 작업은 모든 작업의 출발점이어야 한다."라는 철학이 작업장에 뿌리내렸으면 합니다. 본 교재의 초안을 집필하여 주신 김광일, 장창현, 서청민, 신영철, 서준호 님과, 자료 제공과 보완을 맡은 이병호, 최성욱, 이준호, 문현재 연구원에게 진심으로 감사드립니다. 또한, 본 교재가 세상에 나올 수 있도록 기획에서부터 출판까지 물심양면으로 도움을 주신 성안당 관계자 여러분께도 심심한 사의를 표합니다.

수정산 자락 아래서 안전한 작업장을 꿈꾸면서

김유창

시험안내

- 자격명 : 산업안전기사(Engineer Industrial Safety)
- 관련부서 : 고용노동부
- 시행기관 : 한국산업인력공단(www.q-net.or.kr)

1 기본 정보

(1) 자격 개요

생산관리에서 안전을 제외하고는 생산성 향상이 불가능하다는 인식 속에서 산업현장의 근로자를 보호하고 근로자들이 안심하고 생산성 향상에 주력할 수 있는 작업환경을 만들기 위하여 전문적인 지식을 가진 기술인력을 양성하고자 자격제도를 제정하였다.

(2) 수행직무

제조 및 서비스업 등 각 산업현장에 배속되어 산업재해 예방계획의 수립에 관한 사항을 수행하며, 작업환경의 점검 및 개선에 관한 사항, 유해 및 위험 방지에 관한 사항, 사고사례 분석 및 개선에 관한 사항, 근로자의 안전 교육 및 훈련에 관한 업무를 수행한다.

(3) 산업안전기사 연도별 검정현황 및 합격률

연 도	필 기			실 기		
	응 시	합 격	합격률	응 시	합 격	합격률
2024년	86,032명	36,717명	42.7%	52,956명	31,191명	58.9%
2023년	80,253명	41,014명	51.4%	52,776명	28,636명	54.26%
2022년	54,500명	26,032명	47.8%	32,473명	15,681명	48.3%
2021년	41,704명	20,205명	48.5%	29,571명	15,310명	51.8%
2020년	33,732명	19,655명	58.3%	26,012명	14,824명	57.0%
2019년	33,287명	15,076명	45.3%	20,704명	9,765명	47.2%
2018년	27,018명	11,641명	43.1%	15,755명	7,600명	48.2%
2017년	25,088명	11,138명	44.4%	16,019명	7,886명	49.2%
2016년	23,322명	9,780명	41.9%	12,135명	6,882명	56.7%
2015년	20,981명	7,508명	35.8%	9,692명	5,377명	55.5%
2014년	15,885명	5,502명	34.6%	7,793명	3,993명	51.2%
2013년	13,023명	3,838명	29.5%	6,567명	2,184명	33.3%

한번에 합격하기 합격플래너

산업안전기사

필기 + 무료특강

구분	내용	Plan1 60일 완벽코스!	Plan2 30일 집중코스!
제1편 전 과목 핵심 이론	제1과목. 산업재해 예방 및 안전보건교육	DAY 1 2	DAY 1
	제2과목. 인간공학 및 위험성 평가·관리	DAY 3 4	DAY 2
	제3과목. 기계·기구 및 설비 안전관리	DAY 5 6	DAY 3
	제4과목. 전기설비 안전관리	DAY 7 8	DAY 4
	제5과목. 화학설비 안전관리	DAY 9 10	DAY 5
	제6과목. 건설공사 안전관리	DAY 11 12	DAY 6
제2편 과년도 기출문제	2021년 1회 기출문제	DAY 13 37	DAY 7
	2021년 2회 기출문제	DAY 14 38	DAY 8
	2021년 3회 기출문제	DAY 15 39	DAY 9
	2022년 1회 기출문제	DAY 16 40	DAY 10
	2022년 2회 기출문제	DAY 17 41	DAY 11
	2022년 3회 기출문제	DAY 18 42	DAY 12
	2023년 1회 기출문제	DAY 19 43	DAY 13
	2023년 2회 기출문제	DAY 20 44	DAY 14
	2023년 3회 기출문제	DAY 21 45	DAY 15
	2024년 1회 기출문제	DAY 22 46	DAY 16
	2024년 2회 기출문제	DAY 23 47	DAY 17
	2024년 3회 기출문제	DAY 24 48	DAY 18
	2025년 1회 기출문제	DAY 25 49	DAY 19
	2025년 2회 기출문제	DAY 26 50	DAY 20
	2025년 3회 기출문제	DAY 27 51	DAY 21
쿠폰 2018~2020년 기출문제	2018년 1회 기출문제	DAY 28 52	DAY 22
	2018년 2회 기출문제	DAY 29 53	DAY 23
	2018년 3회 기출문제	DAY 30 54	DAY 24
	2019년 1회 기출문제	DAY 31 55	DAY 25
	2019년 2회 기출문제	DAY 32 56	DAY 26
	2019년 3회 기출문제	DAY 33 57	DAY 27
	2020년 1회 기출문제	DAY 34 58	DAY 28
	2020년 2회 기출문제	DAY 35 59	DAY 29
	2020년 3회 기출문제	DAY 36 60	DAY 30

절취선

한번에 합격하기 합격플래너

산업안전기사

필기 + 무료특강

Plan3

나만의 합격코스

			1 회독	2 회독	3 회독	MEMO
제1편 전 과목 핵심 이론	제1과목. 산업재해 예방 및 안전보건교육	월 일	☐	☐	☐	
	제2과목. 인간공학 및 위험성 평가·관리	월 일	☐	☐	☐	
	제3과목. 기계·기구 및 설비 안전관리	월 일	☐	☐	☐	
	제4과목. 전기설비 안전관리	월 일	☐	☐	☐	
	제5과목. 화학설비 안전관리	월 일	☐	☐	☐	
	제6과목. 건설공사 안전관리	월 일	☐	☐	☐	
제2편 과년도 기출문제	2021년 1회 기출문제	월 일	☐	☐	☐	
	2021년 2회 기출문제	월 일	☐	☐	☐	
	2021년 3회 기출문제	월 일	☐	☐	☐	
	2022년 1회 기출문제	월 일	☐	☐	☐	
	2022년 2회 기출문제	월 일	☐	☐	☐	
	2022년 3회 기출문제	월 일	☐	☐	☐	
	2023년 1회 기출문제	월 일	☐	☐	☐	
	2023년 2회 기출문제	월 일	☐	☐	☐	
	2023년 3회 기출문제	월 일	☐	☐	☐	
	2024년 1회 기출문제	월 일	☐	☐	☐	
	2024년 2회 기출문제	월 일	☐	☐	☐	
	2024년 3회 기출문제	월 일	☐	☐	☐	
	2025년 1회 기출문제	월 일	☐	☐	☐	
	2025년 2회 기출문제	월 일	☐	☐	☐	
	2025년 3회 기출문제	월 일	☐	☐	☐	
쿠폰 2018~2020년 기출문제	2018년 1회 기출문제	월 일	☐	☐	☐	
	2018년 2회 기출문제	월 일	☐	☐	☐	
	2018년 3회 기출문제	월 일	☐	☐	☐	
	2019년 1회 기출문제	월 일	☐	☐	☐	
	2019년 2회 기출문제	월 일	☐	☐	☐	
	2019년 3회 기출문제	월 일	☐	☐	☐	
	2020년 1회 기출문제	월 일	☐	☐	☐	
	2020년 2회 기출문제	월 일	☐	☐	☐	
	2020년 3회 기출문제	월 일	☐	☐	☐	

절취선

한번에 합격하기

한번에 합격하는 산업안전기사

필기 + 무료특강

김유창 감수
장창현, 서청민, 신영철, 서준호 지음

BM (주)도서출판 성안당

독자 여러분께 알려드립니다!

산업안전보건법이 자주 개정되어 본 도서에 미처 반영하지 못한 부분이 있을 수 있습니다. **책 발행 이후의 개정된 법규 내용 및 이로 인한 변경 및 오류사항은 성안당 홈페이지(www.cyber.co.kr)의 [자료실]-[정오표]나 네이버 세이프티넷 카페에 게시**하오니 확인 후 학습하시기 바랍니다.

• 학습지원 네이버 카페 : 세이프티넷(cafe.naver.com/safetynet)

수험생 여러분이 믿고 공부할 수 있도록 항상 최선을 다하겠습니다.

■ 도서 A/S 안내

성안당에서 발행하는 모든 도서는 저자와 출판사, 그리고 독자가 함께 만들어 나갑니다.

좋은 책을 펴내기 위해 많은 노력을 기울이고 있습니다. 혹시라도 내용상의 오류나 오탈자 등이 발견되면 **"좋은 책은 나라의 보배"**로서 우리 모두가 함께 만들어 간다는 마음으로 연락주시기 바랍니다. 수정 보완하여 더 나은 책이 되도록 최선을 다하겠습니다.

성안당은 늘 독자 여러분들의 소중한 의견을 기다리고 있습니다. 좋은 의견을 보내주시는 분께는 성안당 쇼핑몰의 포인트(3,000포인트)를 적립해 드립니다.

잘못 만들어진 책이나 부록 등이 파손된 경우에는 교환해 드립니다.

본서 기획자 e-mail : coh@cyber.co.kr(최옥현)
홈페이지 : http://www.cyber.co.kr
전화 : 031) 950-6300

(4) 진로 및 전망

① 기계, 금속, 전기, 화학, 목재 등 모든 제조업체, 안전관리 대행업체, 산업안전관리 정부기관, 한국산업안전공단 등에 진출할 수 있다.

② 선진국의 척도는 안전수준으로 우리나라의 경우 재해율이 아직 후진국 수준에 머물러 있어 이에 대한 계속적 투자의 사회적 인식이 높아가고, 안전인증 대상을 확대하여 프레스, 용접기 등 기계·기구에서 이러한 기계·기구의 각종 방호장치까지 안전인증을 취득하도록 산업안전보건법 시행규칙의 개정에 따른 고용창출 효과가 기대되고 있다. 또한 경제회복국면과 안전보건조직 축소가 맞물림에 따라 산업재해의 증가가 우려되고 있으며, 특히 제조업의 경우 재해율이 늘어나고 있어 정부의 적극적인 재해 예방정책 등으로 이 자격증 취득자에 대한 인력수요는 증가할 것이다.

2 시험 정보

(1) 출제경향

- 필기 : 출제기준 참고
- 실기 : 실기시험은 복합형(필답형+작업형)으로 시행되며, 출제기준 참고

  (영상자료를 이용하여 시행되며, 제조(기계, 전기, 화공, 건설 등) 및 서비스 등 각 사업현장에서의 안전관리에 관한 이론과 관련 법령을 바탕으로 일반지식, 전문지식과 응용 및 실무 능력을 평가)

(2) 취득방법

① 시행처 : 한국산업인력공단

② 관련학과 : 대학 및 전문대학의 안전공학, 산업안전공학, 보건안전학 관련학과

③ 시험과목

- 필기 : 1. 산업재해 예방 및 안전보건교육　2. 인간공학 및 위험성 평가·관리
  3. 기계·기구 및 설비 안전관리　4. 전기설비 안전관리
  5. 화학설비 안전관리　6. 건설공사 안전관리
- 실기 : 산업안전관리 실무

④ 검정방법

- 필기 : 객관식 4지 택일형 과목당 20문항(과목당 30분)
- 실기 : 복합형[필답형(1시간 30분, 55점) + 작업형(1시간 정도, 45점)] 총 2시간 30분 정도

⑤ 합격기준

- 필기 : 100점을 만점으로 하여 과목당 40점 이상, 전 과목 평균 60점 이상
- 실기 : 100점을 만점으로 하여 60점 이상

(3) 2026년 시험일정

회 별	필기 원서접수 (인터넷)	필기시험	필기 합격 (예정자) 발표	실기 원서접수 (휴일제외)	실기시험	최종합격자 발표일
제1회	1. 12(월) ~1. 15(목)	1. 30(금) ~3. 3(화)	3. 11(수)	3. 23(월) ~3. 26(목)	4. 18(토) ~5. 6(수)	6. 12(금)
제2회	4. 20(월) ~4. 23(목)	5. 9(토) ~5. 29(금)	6. 10(수)	6. 22(월) ~6. 25(목)	7. 18(토) ~8. 5(수)	9. 11(금)
제3회	7. 20(월) ~7. 23(목)	8. 7(금) ~9. 1(화)	9. 9(수)	9. 21(월) ~9. 23(수), 9. 28(월)	10. 24(토) ~11. 13(금)	12. 18(금)

[비고] 1. 원서접수 시간은 원서접수 첫날 10시부터 마지막날 18시까지입니다.
(가끔 마지막 날 밤 12:00까지로 알고 접수를 놓치는 경우도 있으니 주의하기 바람!)
2. 필기시험 합격예정자 및 최종합격자 발표시간은 해당 발표일 9시입니다.
3. 주말 및 공휴일, 공단창립일(3.18)에는 실기시험 원서접수 불가합니다.
4. 자세한 시험일정은 Q-net 홈페이지(www.q-net.or.kr)에서 확인바랍니다.

(4) 시험수수료

• 필기 : 19,400원 / 실기 : 34,600원

3 산업안전 응시자격 및 서류 제출

(1) 산업안전기사 응시자격

다음 중 어느 하나에 해당하는 사람은 기사 시험에 응시할 수 있다.

① 산업기사 등급 이상의 자격을 취득한 후 응시하려는 종목이 속하는 동일 및 유사 직무분야에서 1년 이상 실무에 종사한 사람

② 기능사 자격을 취득한 후 응시하려는 종목이 속하는 동일 및 유사 직무분야에서 3년 이상 실무에 종사한 사람

③ 응시하려는 종목이 속하는 동일 및 유사 직무분야의 다른 종목 기사 등급 이상의 자격을 취득한 사람

④ 관련학과의 대학 졸업자 등 또는 그 졸업예정자

⑤ 3년제 전문대학 관련학과 졸업자 등으로서 졸업 후 응시하려는 종목이 속하는 동일 및 유사 직무분야에서 1년 이상 실무에 종사한 사람

⑥ 2년제 전문대학 관련학과 졸업자 등으로서 졸업 후 응시하려는 종목이 속하는 동일 및 유사 직무분야에서 2년 이상 실무에 종사한 사람

⑦ 동일 및 유사 직무분야의 기사 수준 기술훈련과정 이수자 또는 그 이수예정자
⑧ 동일 및 유사 직무분야의 산업기사 수준 기술훈련과정 이수자로서 이수 후 응시하려는 종목이 속하는 동일 및 유사 직무분야에서 2년 이상 실무에 종사한 사람
⑨ 응시하려는 종목이 속하는 동일 및 유사 직무분야에서 4년 이상 실무에 종사한 사람
⑩ 외국에서 동일한 종목에 해당하는 자격을 취득한 사람

▶ 산업안전기사 관련학과 : 대학 및 전문대학의 안전공학, 산업안전공학, 보건안전학 관련학과

※ 알아두기

- 졸업자 등 : 학교를 졸업한 사람 및 이와 같은 수준 이상의 학력이 있다고 인정되는 사람. 다만, 대학 및 대학원을 "수료"한 사람으로서 관련 학위를 취득하지 못한 사람은 "대학 졸업자 등"으로 보고, 대학 등의 전 과정의 1/2 이상을 마친 사람은 "2년제 전문대학 졸업자 등"으로 본다.
- 졸업 예정자 : 필기시험일 현재 학년 중 최종 학년에 재학 중인 사람. 다만, 평생교육시설, 직업교육훈련기관 및 군(軍)의 교육 · 훈련시설, 외국이나 군사분계선 이북 지역에서 대학교육에 상응하는 교육과정 등을 마쳐 교육부 장관으로부터 학점을 인정받은 사람으로서, 106학점 이상을 인정받은 사람(대학, 산업대학, 교육대학, 전문대학, 방송대학 · 통신대학 · 방송통신대학 및 사이버대학, 기술대학 재학 중 취득한 학점을 전환하여 인정받은 학점 외의 학점이 18학점 이상 포함되어야 한다)은 대학 졸업 예정자로 보고, 81학점 이상을 인정받은 사람은 3년제 대학 졸업 예정자로 보며, 41학점 이상을 인정받은 사람은 2년제 대학 졸업 예정자로 본다.
- 전공심화과정의 학사학위를 취득한 사람은 대학 졸업자로 보고, 그 졸업예정자는 대학 졸업 예정자로 본다.
- 이수자 : "기사" 수준 기술훈련과정 또는 "산업기사" 수준 기술훈련과정을 마친 사람
- 이수 예정자 : 필기시험일 또는 최초 시험일 현재 "기사" 수준 기술훈련과정 또는 "산업기사" 수준 기술훈련과정에서 각 과정의 2분의 1을 초과하여 교육훈련을 받고 있는 사람

(2) 응시자격서류 제출

① 응시자격을 응시 전 또는 응시 회별 별도 지정된 기간 내에 제출하여야 필기시험 합격자로 실기시험에 접수할 수 있으며, 지정된 기간 내에 제출하지 아니할 경우에는 필기시험 합격 예정이 무효처리된다.
② 국가기술시험 응시자격은 국가기술자격법에 따라 등급별 정해진 학력 또는 경력 등 응시자격을 충족하여야 필기 합격이 가능하다.

▶ 응시자격서류 심사의 기준일 : 수험자가 응시하는 회별 필기 시험일을 기준으로 요건 충족

(1) 원서 접수 유의사항

① 원서 접수는 온라인(인터넷, 모바일앱)에서만 가능하다.
스마트폰, 태블릿 PC 사용자는 모바일앱 프로그램을 설치한 후 접수 및 취소/환불 서비스를 이용할 수 있다.

② 원서 접수 확인 및 수험표 출력기간은 접수 당일부터 시험 시행일까지이다.
이외 기간에는 조회가 불가하며, 출력장애 등을 대비하여 사전에 출력하여 보관하여야 한다.

③ 원서 접수 시 반명함 사진 등록이 필요하다.
사진은 6개월 이내 촬영한 3.5cm×4.5cm 컬러사진으로, 상반신 정면, 탈모, 무 배경을 원칙으로 한다.

※ 접수 불가능 사진 : 스냅사진, 스티커사진, 측면사진, 모자 및 선글라스 착용 사진, 혼란한 배경사진, 기타 신분확인이 불가한 사진

STEP 01

필기시험 원서접수

- Q-net(q-net.or.kr) 사이트 회원가입 후 접수 가능
- 반명함 사진 등록 필요 (6개월 이내 촬영본, 3.5cm×4.5cm)

STEP 02

필기시험 응시

- 입실시간 미준수 시 시험 응시 불가 (시험 시작 20분 전까지 입실)
- 수험표, 신분증, 필기구 지참 (공학용 계산기 지참 시 반드시 포맷)

STEP 03

필기시험 합격자 확인

- CBT 시험 종료 후 즉시 합격 여부 확인 가능
- Q-net 사이트에 게시된 공고로 확인 가능

STEP 04

실기시험 원서접수

- Q-net 사이트에서 원서 접수
- 실기시험 시험일자 및 시험장은 접수 시 수험자 본인이 선택 (먼저 접수하는 수험자가 선택의 폭이 넓음)

(2) 시험문제와 가답안 비공개

2022년 마지막 시험부터 기사 필기는 CBT(Computer Based Test)로 시행되고 있으므로, 시험문제와 가답안은 공개되지 않습니다.

[필기/실기 시험 시 허용되는 공학용 계산기 기종]

1. 카시오(CASIO) FX－901～999
2. 카시오(CASIO) FX－501～599
3. 카시오(CASIO) FX－301～399
4. 카시오(CASIO) FX－80～120
5. 샤프(SHARP) EL－501～599
6. 샤프(SHARP) EL－5100, EL－5230, EL－5250, EL－5500
7. 캐논(CANON) F－715SG, F－788SG, F－792SGA
8. 유니원(UNIONE) UC－400M, UC－600E, UC－800X
9. 모닝글로리(MORNING GLORY) ECS－101

※ 1. 직접 초기화가 불가능한 계산기는 사용 불가
2. 사칙연산만 가능한 일반 계산기는 기종 상관없이 사용 가능
3. 허용군 내 기종 번호 말미의 영어 표기(ES, MS, EX 등)는 무관

STEP 05

실기시험 응시

- 수험표, 신분증, 필기구, 공학용 계산기, 종목별 수험자 준비물 지참
(공학용 계산기는 허용된 종류에 한하여 사용 가능하며, 수험자 지참 준비물은 실기시험 접수기간에 확인 가능)

STEP 06

실기시험 합격자 확인

- 문자메시지, SNS 메신저를 통해 합격 통보
(합격자만 통보)
- Q-net 사이트 및 ARS (1666-0100)를 통해서 확인 가능

STEP 07

자격증 교부 신청

- Q-net 사이트에서 신청 가능
- 상장형 자격증, 수첩형 자격증 형식 신청 가능

STEP 08

자격증 수령

- 상장형 자격증은 합격자 발표 당일부터 인터넷으로 발급 가능
(직접 출력하여 사용)
- 수첩형 자격증은 인터넷 신청 후 우편 수령만 가능

1 CBT란

Computer Based Test의 약자로, 컴퓨터 기반 시험을 의미한다.
기능사는 2016년 5회부터, 산업기사는 2020년 마지막(3회 또는 4회)부터, **산업안전기사 포함 모든 기사는 2022년 마지막(3회 또는 4회)부터 CBT 시험이 시행되었다.**

2 CBT 시험 과정

한국산업인력공단에서 운영하는 홈페이지 **큐넷(Q-net)**에서는 누구나 쉽게 **CBT 시험**을 볼 수 있도록 실제 자격시험 환경과 동일하게 구성한 가상 **웹 체험 서비스를 제공**하고 있으며, 그 과정을 요약한 내용은 아래와 같다.

(1) 시험시작 전 신분 확인절차

수험자가 자신에게 배정된 좌석에 앉아 있으면 신분 확인절차가 진행된다.
이것은 시험장 감독위원이 컴퓨터에 나온 수험자 정보와 신분증이 일치하는지를 확인하는 단계이다.

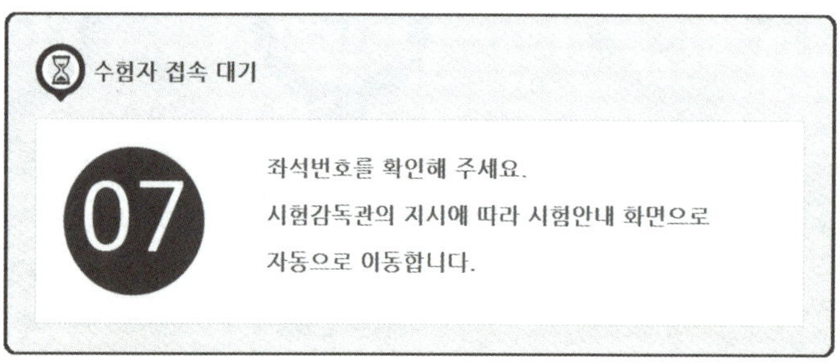

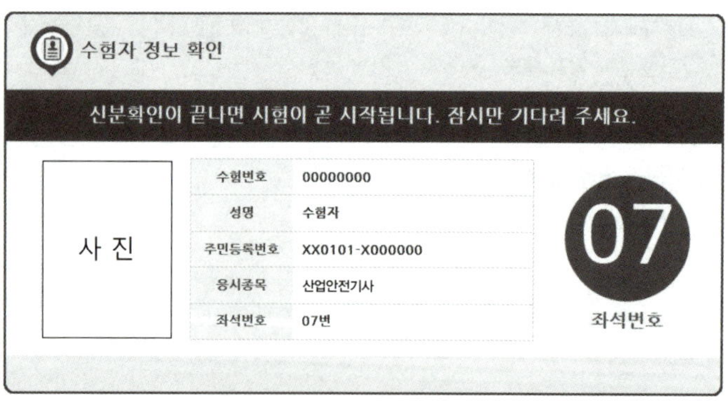

(2) CBT 시험안내 진행

신분 확인이 끝난 후 시험시작 전 CBT 시험안내가 진행된다.

안내사항 > 유의사항 > 메뉴 설명 > 문제풀이 연습 > 시험준비 완료

① 시험 [안내사항]을 확인한다.

시험은 총 5문제로 구성되어 있으며, 5분간 진행된다.

※ 자격종목별로 시험문제 수와 시험시간은 다를 수 있다.

② 시험 [유의사항]을 확인한다.

시험 중 금지되는 행위 및 저작권 보호에 관한 유의사항이 제시된다.

③ 문제풀이 [메뉴 설명]을 확인한다.

문제풀이 기능 설명을 유의해서 읽고 기능을 숙지해야 한다.

④ 자격검정 CBT [문제풀이 연습]을 진행한다.

실제 시험과 동일한 방식의 문제풀이 연습을 통해 CBT 시험을 준비한다.

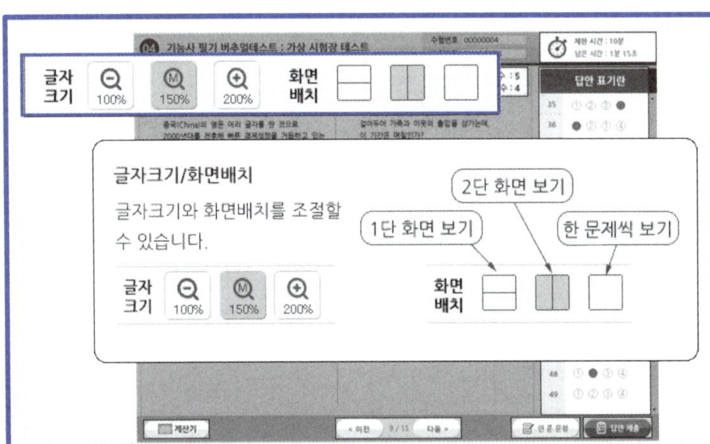

⑤ [시험준비 완료]를 한다.

시험 안내사항 및 문제풀이 연습까지 모두 마친 수험자는 [시험준비 완료] 버튼을 클릭한 후 잠시 대기한다.

(3) CBT 시험 시행

(4) 답안 제출 및 합격 여부 확인

이 책의 가이드

중요도(별표)

과년도 기출문제를 분석하여 출제 빈도를 ★(최대 4개)로 표시했습니다.

합격 체크포인트

이번 장에서 알아두어야 할 주요 개념을 미리 파악합니다.

법령

이론에 해당하는 관련 법령을 기재하여 설명의 신뢰도를 높였습니다.

제5장 작업환경 관리

합격 체크포인트
- 산업안전보건법상 조도 기준
- 조도 관계식
- 반사율 관계식
- 음량수준 측정 척도
- 소음노출기준
- 열중독증의 강도
- 옥스퍼드(Oxford) 지수
- 습구흑구온도지수(WBGT)
- 온도변화에 따른 인체의 조절 작용

01 작업환경과 인간공학

1 빛의 특성 ★★★★

(1) 조도와 광량

① 조도(illuminance)

㉠ 어떤 물체나 표면에 도달하는 광의 밀도를 말한다.

㉡ 척도

- foot－candle(fc) : 1cd의 점광원으로부터 1foot 떨어진 구면에 비추는 광의 밀도(1lumen/ft^2)
- lux(meter－candle) : 1cd의 점광원으로부터 1m 떨어진 구면에 비추는 광의 밀도(1lumen/m^2)

㉢ 산업안전보건법상의 조도 기준

작업의 종류	초정밀작업	정밀작업	보통작업	기타 작업
작업면 조도	750lux 이상	300lux 이상	150lux 이상	75lux 이상

법령

산업안전보건기준에 관한 규칙 제8조

기출문제

산업안전보건법상 근로자가 상시로 정밀작업을 하는 장소의 작업면 조도기준으로 옳은 것은?

① 75럭스(lux) 이상
② 150럭스(lux) 이상
❸ 300럭스(lux) 이상
④ 750럭스(lux) 이상

② 광량

㉠ 빛의 세기를 말한다.

㉡ 광량(점광원)을 비교하기 위한 목적으로 제정된 표준은 고래기름으로 만든 국제표준 촛불(candle)이었으나, 현재는 candela(cd)를 채택하고 있다.

③ 조도의 관계식 : 조도는 다음 식에서처럼 거리의 제곱에 반비례한다. 이는 점광원에 대해서만 적용된다.

$$조도 = \frac{광량}{거리^2}$$

② 내전압용 절연장갑의 등급은 최대 사용전압에 따라 다음과 같다.

등급	최대 사용전압		등급별 색상
	교류(V, 실효값)	직류(V)	
00	500	750	갈색
0	1,000	1,500	빨간색
1	7,500	11,250	흰색
2	17,000	25,500	노란색
3	26,500	39,750	녹색
4	36,000	54,000	등색

※ 교류×1.5＝직류

기출문제

안전인증 절연장갑에 안전인증 표시 외에 추가로 표시하여야 하는 등급별 색상의 연결로 옳은 것은?

❶ 00등급 : 갈색
② 0등급 : 흰색
③ 1등급 : 노란색
④ 2등급 : 빨간색

기출문제

최대 사용전압이 교류(실효값) 500V 또는 직류 750V인 내전압용 절연장갑의 등급은?

❶ 00　② 0
③ 1　④ 2

(4) 방진마스크

산소농도가 18% 이상인 장소에서 작업환경 내의 유해한 분진, 미스트 및 흄이 호흡기를 통하여 체내에 유입되는 것을 필터로 걸러내고 깨끗한 공기만을 흡입하기 위해 착용하는 보호구이다.

① 방진마스크 종류

종류	등급기호		안면부 여과식	사용조건
	격리식	직결식		
형태	전면형	전면형	반면형	산소농도 18% 이상인 장소에서 사용
	반면형	반면형		

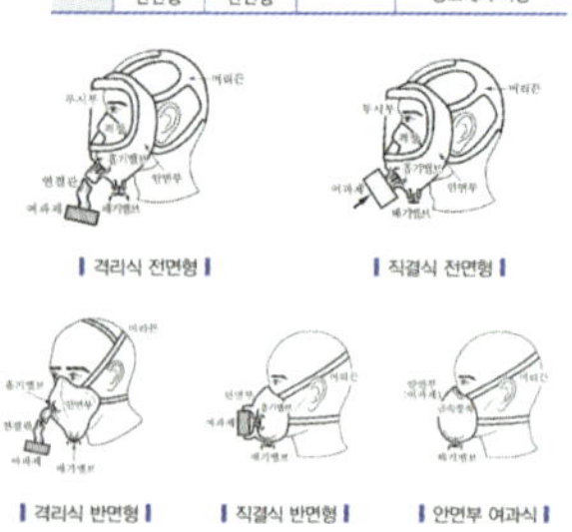

| 격리식 전면형 | | 직결식 전면형 |
| 격리식 반면형 | | 직결식 반면형 | | 안면부 여과식 |

기출문제

산업안전보건법상 방진마스크 사용이 가능한 공기 중 최소 산소농도 기준은 몇 % 이상인가?

① 14%　② 16%
❸ 18%　④ 20%

기출 Check!

신소결핍 장소에서는 방진마스크 또는 방독마스크를 사용하면 안 되고, **송기마스크를 사용해야 한다.**

암기 TIP
- 격리식 : 연결관 있음
- 직결식 : 연결관 없음
- 전면형 : 안면부 전체 덮음
- 반면형 : 입과 코만 덮음

기출문제

이론이 어떤 식으로 출제되는지 출제된 문제를 풀어보며 학습합니다.

기출 Check!

기출문제의 보기에 오답으로 자주 나오는 이론을 체크합니다.

암기 TIP

문제에서 정답을 찾는 암기 방법으로 머릿속에 저장합니다.

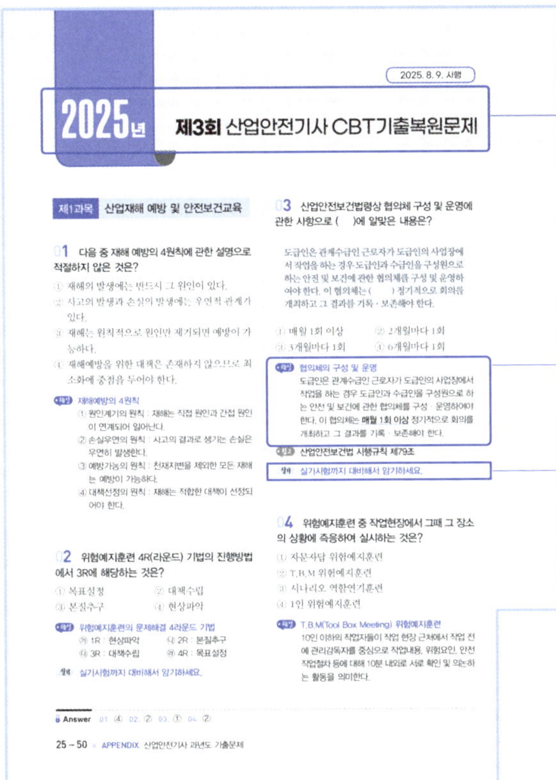
2025. 8. 9. 시행

2025년 **제3회** 산업안전기사 CBT기출복원문제

제1과목 산업재해 예방 및 안전보건교육

01 다음 중 재해 예방의 4원칙에 관한 설명으로 적절하지 않은 것은?
① 재해의 발생에는 반드시 그 원인이 있다.
② 사고의 발생과 손실의 발생에는 우연적 관계가 있다.
③ 재해는 원칙적으로 원인만 제거되면 예방이 가능하다.
④ 재해예방을 위한 대책은 존재하지 않으므로 최소화에 중점을 두어야 한다.

해설 재해예방의 4원칙
① 원인계기의 원칙 : 재해는 직접 원인과 간접 원인이 연계되어 일어난다.
② 손실우연의 원칙 : 사고의 결과로 생기는 손실은 우연히 발생한다.
③ 예방가능의 원칙 : 천재지변을 제외한 모든 재해는 예방이 가능하다.
④ 대책선정의 원칙 : 재해는 적합한 대책이 선정되어야 한다.

02 위험예지훈련 4R(라운드) 기법의 진행방법에서 3R에 해당하는 것은?
① 목표설정 ② 대책수립
③ 본질추구 ④ 현상파악

해설 위험예지훈련의 문제해결 4라운드 기법
㉮ 1R : 현상파악 ㉯ 2R : 본질추구
㉰ 3R : 대책수립 ㉱ 4R : 목표설정

실기 실기시험까지 대비해서 암기하세요.

03 산업안전보건법령상 협의체 구성 및 운영에 관한 사항으로 ( )에 알맞은 내용은?

도급인은 관계수급인 근로자가 도급인의 사업장에서 작업을 하는 경우 도급인과 수급인을 구성원으로 하는 안전 및 보건에 관한 협의체를 구성 및 운영하여야 한다. 이 협의체는 ( ) 정기적으로 회의를 개최하고 그 결과를 기록·보존해야 한다.

① 매월 1회 이상 ② 2개월마다 1회
③ 3개월마다 1회 ④ 6개월마다 1회

해설 협의체의 구성 및 운영
도급인은 관계수급인 근로자가 도급인의 사업장에서 작업을 하는 경우 도급인과 수급인을 구성원으로 하는 안전 및 보건에 관한 협의체를 구성·운영하여야 한다. 이 협의체는 **매월 1회 이상** 정기적으로 회의를 개최하고 그 결과를 기록·보존해야 한다.

참고 산업안전보건법 시행규칙 제79조

실기 실기시험까지 대비해서 암기하세요.

04 위험예지훈련 중 작업현장에서 그때 그 장소의 상황에 즉응하여 실시하는 것은?
① 자문자답 위험예지훈련
② T.B.M 위험예지훈련
③ 시나리오 역할연기훈련
④ 1인 위험예지훈련

해설 T.B.M(Tool Box Meeting) 위험예지훈련
10인 이하의 작업자들이 작업 현장 근처에서 작업 전에 관리감독자를 중심으로 작업내용, 위험요인, 안전작업절차 등에 대해 10분 내외로 서로 확인 및 의논하는 활동을 의미한다.

Answer 01. ④ 02. ② 03. ① 04. ②

25 – 50 APPENDIX. 산업안전기사 과년도 기출문제

과년도 기출문제

과거 기출문제와 최근 CBT 기출문제를 복원하여 수록했습니다.

해설

이론편을 찾아보지 않고도 문제를 풀 수 있도록 상세한 해설을 담았습니다.

실기

주관식의 실기시험을 대비하여 해설의 추가 내용까지 암기하는 것이 좋습니다.

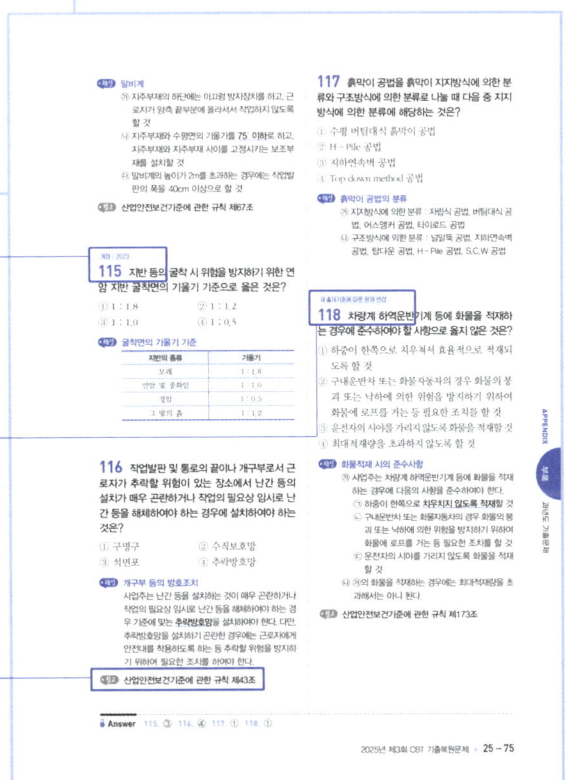
해설 말비계
㉮ 지주부재의 하단에는 미끄럼 방지장치를 하고, 근로자가 양측 끝부분에 올라서서 작업하지 않도록 할 것
㉯ 지주부재와 수평면의 기울기를 75° 이하로 하고, 지주부재와 지주부재 사이를 고정시키는 보조부재를 설치할 것
㉰ 말비계의 높이가 2m를 초과하는 경우에는 작업발판의 폭을 40cm 이상으로 할 것

참고 산업안전보건기준에 관한 규칙 제67조

개정 / 2023

115 지반 등의 굴착 시 위험을 방지하기 위한 연암 지반 굴착면의 기울기 기준으로 옳은 것은?
① 1 : 1.8 ② 1 : 1.2
③ 1 : 1.0 ④ 1 : 0.5

해설 굴착면의 기울기 기준

지반의 종류	기울기
모래	1 : 1.8
연암 및 풍화암	1 : 1.0
경암	1 : 0.5
그 밖의 흙	1 : 1.2

116 작업발판 및 통로의 끝이나 개구부로서 근로자가 추락할 위험이 있는 장소에서 난간 등의 설치가 매우 곤란하거나 작업의 필요상 임시로 난간 등을 해체하여야 하는 경우에 설치하여야 하는 것은?
① 구명구 ② 수직보호망
③ 석면포 ④ 추락방호망

해설 개구부 등의 방호조치
사업주는 난간 등을 설치하는 것이 매우 곤란하거나 작업의 필요상 임시로 난간 등을 해체하여야 하는 경우 기준에 맞는 추락방호망을 설치하여야 한다. 다만, 추락방호망을 설치하기 곤란한 경우에는 근로자에게 안전대를 착용하도록 하는 등 추락할 위험을 방지하기 위하여 필요한 조치를 하여야 한다.

참고 산업안전보건기준에 관한 규칙 제43조

117 흙막이 공법을 흙막이 지지방식에 의한 분류와 구조방식에 의한 분류로 나눌 때 다음 중 지지방식에 의한 분류에 해당하는 것은?
① 수평 버팀대식 흙막이 공법
② H – Pile 공법
③ 지하연속벽 공법
④ Top down method 공법

해설 흙막이 공법의 분류
㉮ 지지방식에 의한 분류 : 자립식 공법, 버팀대식 공법, 어스앵커 공법, 타이로드 공법
㉯ 구조방식에 의한 분류 : 널말뚝 공법, 지하연속벽 공법, 탑다운 공법, H – Pile 공법, S.C.W 공법

새 출제기준에 따른 문제 변경

118 차량계 하역운반기계 등에 화물을 적재하는 경우에 준수하여야 할 사항으로 옳지 않은 것은?
① 하중이 한쪽으로 치우쳐서 효율적으로 적재되도록 할 것
② 구내운반차 또는 화물자동차의 경우 화물의 붕괴 또는 낙하에 의한 위험을 방지하기 위하여 화물에 로프를 거는 등 필요한 조치를 할 것
③ 운전자의 시야를 가리지 않도록 화물을 적재할 것
④ 최대적재량을 초과하지 않도록 할 것

해설 화물적재 시의 준수사항
㉮ 사업주는 차량계 하역운반기계 등에 화물을 적재하는 경우에 다음의 사항을 준수하여야 한다.
㉠ 하중이 한쪽으로 치우치지 않도록 적재할 것
㉡ 구내운반차 또는 화물자동차의 경우 화물의 붕괴 또는 낙하에 의한 위험을 방지하기 위하여 화물에 로프를 거는 등 필요한 조치를 할 것
㉢ 운전자의 시야를 가리지 않도록 화물을 적재할 것
㉯ ㉮의 화물을 적재하는 경우에는 최대적재량을 초과해서는 아니 된다.

참고 산업안전보건기준에 관한 규칙 제173조

APPENDIX 부록 과년도 기출문제

Answer 115. ③ 116. ④ 117. ① 118. ①

2025년 제3회 CBT 기출복원문제 25 – 75

개정(연도)

최신 법령으로 학습할 수 있도록 과년도 기출문제에 모두 반영했습니다.

새 출제기준에 따른 문제 변경

새 출제기준에 없는 과년도 기출문제는 새로운 문제로 변경했습니다.

참고(법령)

문제에 해당하는 관련 법령을 기재하여 해설의 신뢰도를 높였습니다.

- 직무분야 : 안전관리
- 자격종목 : 산업안전기사
- 적용기간 : 2024.1.1.~2026.12.31.
- 직무내용 : 제조 및 서비스업 등 각 산업현장에 소속되어 산업재해 예방계획의 수립에 관한사항을 수행하며, 작업환경의 점검 및 개선에 관한 사항, 사고사례 분석 및 개선에 관한 사항, 근로자의 안전교육 및 훈련 등을 수행하는 직무이다.

<제1과목. 산업재해 예방 및 안전보건교육>

주요항목	세부항목	세세항목
1. 산업재해예방 계획수립	(1) 안전관리	① 안전과 위험의 개념 ② 안전보건관리 제이론 ③ 생산성과 경제적 안전도 ④ 재해예방활동기법 ⑤ KOSHA GUIDE ⑥ 안전보건예산 편성 및 계상
	(2) 안전보건관리 체제 및 운용	① 안전보건관리조직 구성 ② 산업안전보건위원회 운영 ③ 안전보건경영시스템 ④ 안전보건관리규정
2. 안전보호구 관리	(1) 보호구 및 안전장구 관리	① 보호구의 개요 ② 보호구의 종류별 특성 ③ 보호구의 성능기준 및 시험방법 ④ 안전보건표지의 종류·용도 및 적용 ⑤ 안전보건표지의 색채 및 색도기준
3. 산업안전심리	(1) 산업심리와 심리검사	① 심리검사의 종류 ② 심리학적 요인 ③ 지각과 정서 ④ 동기 · 좌절 · 갈등 ⑤ 불안과 스트레스
	(2) 직업적성과 배치	① 직업적성의 분류 ② 적성검사의 종류 ③ 직무분석 및 직무평가 ④ 선발 및 배치 ⑤ 인사관리의 기초
	(3) 인간의 특성과 안전과의 관계	① 안전사고 요인 ② 산업안전심리의 요소 ③ 착상심리 ④ 착오 ⑤ 착시 ⑥ 착각현상
4. 인간의 행동과학	(1) 조직과 인간행동	① 인간관계 ② 사회행동의 기초 ③ 인간관계 메커니즘 ④ 집단행동 ⑤ 인간의 일반적인 행동특성
	(2) 재해 빈발성 및 행동과학	① 사고경향 ② 성격의 유형 ③ 재해 빈발성 ④ 동기부여 ⑤ 주의와 부주의

주요항목	세부항목	세세항목
4. 인간의 행동과학	(3) 집단관리와 리더십	① 리더십의 유형 ② 리더십과 헤드십 ③ 사기와 집단역학
	(4) 생체리듬과 피로	① 피로의 증상 및 대책 ② 피로의 측정법 ③ 작업강도와 피로 ④ 생체리듬 ⑤ 위험일
5. 안전보건교육의 내용 및 방법	(1) 교육의 필요성과 목적	① 교육목적 ② 교육의 개념 ③ 학습지도 이론 ④ 교육심리학의 이해
	(2) 교육방법	① 교육훈련기법 ② 안전보건교육방법(TWI, O.J.T, OFF.J.T등) ③ 학습목적의 3요소 ④ 교육법의 4단계 ⑤ 교육훈련의 평가방법
	(3) 교육실시 방법	① 강의법 ② 토의법 ③ 실연법 ④ 프로그램학습법 ⑤ 모의법 ⑥ 시청각교육법 등
	(4) 안전보건교육계획 수립 및 실시	① 안전보건교육의 기본방향 ② 안전보건교육의 단계별 교육과정 ③ 안전보건교육 계획
	(5) 교육내용	① 근로자 정기안전보건 교육내용 ② 관리감독자 정기안전보건 교육내용 ③ 신규채용시와 작업내용변경시 안전보건 교육내용 ④ 특별교육대상 작업별 교육내용
6. 산업안전 관계법규	(1) 산업안전보건법령	① 산업안건보건법 ② 산업안건보건법 시행령 ③ 산업안전보건법 시행규칙 ④ 산업안전보건기준 관한 규칙 ⑤ 관련 고시 및 지침에 관한 사항

<제2과목. 인간공학 및 위험성 평가 · 관리>

주요항목	세부항목	세세항목
1. 안전과 인간공학	(1) 인간공학의 정의	① 정의 및 목적 ② 배경 및 필요성 ③ 작업관리와 인간공학 ④ 사업장에서의 인간공학 적용분야
	(2) 인간-기계체계	① 인간-기계 시스템의 정의 및 유형 ② 시스템의 특성
	(3) 체계설계와 인간요소	① 목표 및 성능명세의 결정 ② 기본설계 ③ 계면설계 ④ 촉진물 설계 ⑤ 시험 및 평가 ⑥ 감성공학
	(4) 인간요소와 휴먼에러	① 인간실수의 분류 ② 형태적 특성 ③ 인간실수 확률에 대한 추정기법 ④ 인간실수 예방기법
2. 위험성 파악 · 결정	(1) 위험성 평가	① 위험성 평가의 정의 및 개요 ② 평가대상 선정 ③ 평가항목 ④ 관련법에 관한 사항
	(2) 시스템 위험성 추정 및 결정	① 시스템 위험성 분석 및 관리 ② 위험분석 기법 ③ 결함수 분석 ④ 정성적, 정량적 분석 ⑤ 신뢰도 계산
3. 위험성 감소 대책 수립 · 실행	(1) 위험성 감소대책 수립 및 실행	① 위험성 개선대책(공학적 · 관리적)의 종류 ② 허용가능한 위험수준 분석 ③ 감소대책에 따른 효과 분석 능력
4. 근골격계질환 예방관리	(1) 근골격계 유해요인	① 근골격계 질환의 정의 및 유형 ② 근골격계 부담작업의 범위
	(2) 인간공학적 유해요인 평가	① OWAS ② RULA ③ REBA 등
	(3) 근골격계 유해요인 관리	① 작업관리의 목적 ② 방법연구 및 작업측정 ③ 문제해결절차 ④ 작업개선안의 원리 및 도출방법
5. 유해요인 관리	(1) 물리적 유해요인 관리	① 물리적 유해요인 파악 ② 물리적 유해요인 노출기준 ③ 믈리적 유해요인 관리대책 수립
	(2) 화학적 유해요인 관리	① 화학적 유해요인 파악 ② 화학적 유해요인 노출기준 ③ 화학적 유해요인 관리대책 수립
	(3) 생물학적 유해요인 관리	① 생물학적 유해요인 파악 ② 생물학적 유해요인 노출기준 ③ 생물학적 유해요인 관리대책 수립

주요항목	세부항목	세세항목	
6. 작업환경 관리	(1) 인체계측 및 체계제어	① 인체계측 및 응용원칙	② 신체반응의 측정
		③ 표시장치 및 제어장치	④ 통제표시비
		⑤ 양립성	⑥ 수공구
	(2) 신체활동의 생리학적 측정법	① 신체반응의 측정	② 신체역학
		③ 신체활동의 에너지 소비	④ 동작의 속도와 정확성
	(3) 작업 공간 및 작업자세	① 부품배치의 원칙	② 활동분석
		③ 개별 작업 공간 설계지침	
	(4) 작업측정	① 표준시간 및 연구	
		② work sampling의 원리 및 절차	
		③ 표준자료 (MTM, Work factor 등)	
	(5) 작업환경과 인간공학	① 빛과 소음의 특성	
		② 열교환과정과 열압박	
		③ 진동과 가속도	
		④ 실효온도와 Oxford 지수	
		⑤ 이상환경(고열, 한랭, 기압, 고도 등) 및 노출에 따른 사고와 부상	
		⑥ 사무/VDT 작업 설계 및 관리	
	(6) 중량물 취급 작업	① 중량물 취급 방법	② NIOSH Lifting Equation

<제3과목. 기계 · 기구 및 설비 안전관리>

주요항목	세부항목	세세항목
1. 기계공정의 안전	(1) 기계공정의 특수성 분석	① 설계도(설비 도면, 장비사양서 등) 검토
		② 파레토도, 특성요인도, 클로즈 분석, 관리도
		③ 공정의 특수성에 따른 위험요인
		④ 설계도에 따른 안전지침
		⑤ 특수 작업의 조건
		⑥ 표준안전작업절차서
		⑦ 공정도를 활용한 공정분석 기술
	(2) 기계의 위험 안전조건 분석	① 기계의 위험요인
		② 본질적 안전
		③ 기계의 일반적인 안전사항과 안전조건
		④ 유해위험기계기구의 종류, 기능과 작동원리
		⑤ 기계 위험성
		⑥ 기계 방호장치
		⑦ 유해위험기계기구 종류와 기능
		⑧ 설비보전의 개념
		⑨ 기계의 위험점 조사 능력
		⑩ 기계 작동 원리 분석 기술

주요항목	세부항목	세세항목
2. 기계분야 산업재해 조사 및 관리	(1) 재해조사	① 재해조사의 목적 ② 재해조사시 유의사항 ③ 재해발생시 조치사항 ④ 재해의 원인분석 및 조사기법
	(2) 산재분류 및 통계 분석	① 산재분류의 이해 ② 재해관련 통계의 정의 ③ 재해관련 통계의 종류 및 계산 ④ 재해손실비의 종류 및 계산
	(3) 안전점검 · 검사 · 인증 및 진단	① 안전점검의 정의 및 목적 ② 안전점검의 종류 ③ 안전점검표의 작성 ④ 안전검사 및 안전인증 ⑤ 안전진단
3. 기계설비 위험요인 분석	(1) 공작기계의 안전	① 절삭가공기계의 종류 및 방호장치 ② 소성가공 및 방호장치
	(2) 프레스 및 전단기의 안전	① 프레스 재해방지의 근본적인 대책 ② 금형의 안전화
	(3) 기타 산업용 기계 기구	① 롤러기 ② 원심기 ③ 아세틸렌 용접장치 및 가스집합 용접장치 ④ 보일러 및 압력용기 ⑤ 산업용 로봇 ⑥ 목재 가공용 기계 ⑦ 고속회전체 ⑧ 사출성형기
	(4) 운반기계 및 양중기	① 지게차 ② 컨베이어 ③ 양중기(건설용은 제외) ④ 운반 기계
4. 기계안전시설 관리	(1) 안전시설 관리 계획하기	① 기계 방호장치 ② 안전작업절차 ③ 공정도를 활용한 공정분석 ④ Fool Proof ⑤ Fail Safe
	(2) 안전시설 설치하기	① 안전시설물 설치기준 ② 안전보건표지 설치기준 ③ 기계 종류별[지게차, 컨베이어, 양중기(건설용은 제외), 운반 기계] ④ 안전장치 설치기준 ⑤ 기계의 위험점 분석
	(3) 안전시설 유지 · 관리하기	① KS B 규격과 ISO 규격 통칙에 대한 지식 ② 유해위험기계기구 종류 및 특성
5. 설비진단 및 검사	(1) 비파괴검사의 종류 및 특징	① 육안검사 ② 누설검사 ③ 침투검사 ④ 초음파검사 ⑤ 자기탐상검사 ⑥ 음향검사 ⑦ 방사선투과검사
	(2) 소음 · 진동 방지 기술	① 소음방지 방법 ② 진동방지 방법

<제4과목. 전기설비 안전관리>

주요항목	세부항목	세세항목
1. 전기안전관리 업무수행	(1) 전기안전관리	① 배(분)전반 ② 개폐기 ③ 보호계전기 ④ 과전류 및 누전 차단기 ⑤ 정격차단용량(kA) ⑥ 전기안전관련 법령
2. 감전재해 및 방지대책	(1) 감전재해 예방 및 조치	① 안전전압 ② 허용접촉 및 보폭 전압 ③ 인체의 저
	(2) 감전재해의 요인	① 감전요소 ② 감전사고의 형태 ③ 전압의 구분 ④ 통전전류의 세기 및 그에 따른 영향
	(3) 절연용 안전장구	① 절연용 안전보호구 ② 절연용 안전방호구
3. 정전기 장 · 재해 관리	(1) 정전기 위험요소 파악	① 정전기 발생원리 ② 정전기의 발생현상 ③ 방전의 형태 및 영향 ④ 정전기의 장해
	(2) 정전기 위험요소 제거	① 접지 ② 유속의 제한 ③ 보호구의 착용 ④ 대전방지제 ⑤ 가습 ⑥ 제전기 ⑦ 본딩
4. 전기 방폭 관리	(1) 전기방폭설비	① 방폭구조의 종류 및 특징 ② 방폭구조 선정 및 유의사항 ③ 방폭형 전기기기
	(2) 전기방폭 사고예방 및 대응	① 전기폭발등급 ② 위험장소 선정 ③ 정전기방지 대책 ④ 절연저항, 접지저항, 정전용량 측정
5. 전기설비 위험요인 관리	(1) 전기설비 위험요인 파악	① 단락 ② 누전 ③ 과전류 ④ 스파크 ⑤ 접촉부과열 ⑥ 절연열화에 의한 발열 ⑦ 지락 ⑧ 낙뢰 ⑨ 정전기
	(2) 전기설비 위험요인 점검 및 개선	① 유해위험기계기구 종류 및 특성 ② 안전보건표지 설치기준 ③ 접지 및 피뢰 설비 점검

<제5과목. 화학설비 안전관리>

주요항목	세부항목	세세항목
1. 화재 · 폭발 검토	(1) 화재 · 폭발 이론 및 발생 이해	① 연소의 정의 및 요소 ② 인화점 및 발화점 ③ 연소 · 폭발의 형태 및 종류 ④ 연소(폭발)범위 및 위험도 ⑤ 완전연소 조성농도 ⑥ 화재의 종류 및 예방대책 ⑦ 연소파와 폭굉파 ⑧ 폭발의 원리
	(2) 소화 원리 이해	① 소화의 정의 ② 소화의 종류 ③ 소화기의 종류
	(3) 폭발방지대책 수립	① 폭발방지대책 ② 폭발하한계 및 폭발상한계의 계산
2. 화학물질 안전관리 실행	(1) 화학물질(위험물, 유해화학물질) 확인	① 위험물의 기초화학 ② 위험물의 정의 ③ 위험물의 종류 ④ 노출기준 ⑤ 유해화학물질의 유해요인
	(2) 화학물질(위험물, 유해화학물질) 유해 위험성 확인	① 위험물의 성질 및 위험성 ② 위험물의 저장 및 취급방법 ③ 인화성 가스취급시 주의사항 ④ 유해화학물질 취급시 주의사항 ⑤ 물질안전보건자료(MSDS)
	(3) 화학물질 취급설비 개념 확인	① 각종 장치(고정, 회전 및 안전장치 등) 종류 ② 화학장치(반응기, 정류탑, 열교환기 등) 특성 ③ 화학설비(건조설비 등)의 취급시 주의사항 ④ 전기설비(계측설비 포함)
3. 화공안전 비상조치 계획 · 대응	(1) 비상조치계획 및 평가	① 비상조치 계획 ② 비상대응 교육 훈련 ③ 자체매뉴얼 개발
4. 화공 안전운전 · 점검	(1) 공정안전 기술	① 공정안전의 개요 ② 각종 장치(제어장치, 송풍기, 압축기, 배관 및 피팅류) ③ 안전장치의 종류
	(2) 안전 점검 계획 수립	① 안전운전 계획
	(3) 공정안전보고서 작성 심사 · 확인	① 공정안전 자료 ② 위험성 평가

<제6과목. 건설공사 안전관리>

주요항목	세부항목	세세항목
1. 건설공사 특성분석	(1) 건설공사 특수성 분석	① 안전관리 계획 수립 ② 공사장 작업환경 특수성 ③ 계약조건의 특수성
	(2) 안전관리 고려사항 확인	① 설계도서 검토 ② 안전관리 조직 ③ 시공 및 재해사례검토
2. 건설공사 위험성	(1) 건설공사 유해 · 위험 요인 파악	① 유해 · 위험요인 선정 ② 안전보건자료 ③ 유해위험방지계획서
	(2) 건설공사 위험성 추정 · 결정	① 위험성 추정 및 평가 방법 ② 위험성 결정 관련 지침 활용
3. 건설업 산업안전보건관리비 관리	(1) 건설업 산업안전보건관리비 규정	① 건설업산업안전보건관리비의 계상 및 사용기준 ② 건설업산업안전보건관리비 대상액 작성요령 ③ 건설업산업안전보건관리비의 항목별 사용내역
4. 건설현장 안전시설 관리	(1) 안전시설 설치 및 관리	① 추락 방지용 안전시설 ② 붕괴 방지용 안전시설 ③ 낙하, 비래방지용 안전시설
	(2) 건설공구 및 장비 안전수칙	① 건설공구의 종류 및 안전수칙 ② 건설장비의 종류 및 안전수칙
5. 비계 · 거푸집 가시설 위험방지	(1) 건설 가시설물 설치 및 관리	① 비계 ② 작업통로 및 발판 ③ 거푸집 및 동바리 ④ 흙막이
6. 공사 및 작업 종류별 안전	(1) 양중 및 해체 공사	① 양중공사 시 안전수칙 ② 해체공사 시 안전수칙
	(2) 콘크리트 및 PC 공사	① 콘크리트공사 시 안전수칙 ② PC공사 시 안전수칙
	(3) 운반 및 하역작업	① 운반작업 시 안전수칙 ② 하역작업 시 안전수칙

이 책의
차례

PART 01

산업재해 예방 및 안전보건교육

PART 02

인간공학 및 위험성 평가 · 관리

이 책의
차례

PART 03

기계 · 기구 및 설비 안전관리

PART 04

전기설비 안전관리

이 책의
차례

PART 05

화학설비 안전관리

PART 06

건설공사 안전관리

이 책의
차례

APPENDIX
산업안전기사 과년도 기출문제

- 2018~2020년의 기출문제는 성안당(www.cyber.co.kr) 홈페이지에서 화면 중앙의 "**쿠폰등록**"을 클릭하여 다운로드할 수 있습니다.
- 자세한 이용방법은 표지 안쪽에 삽입된 쿠폰을 참고하시기 바랍니다.

PART 01

산업재해 예방 및 안전보건교육

CONTENTS

산업안전기사

제 1 장 산업재해예방 계획수립

01 안전관리

1 안전과 위험의 개념 ★★★

(1) 안전의 정의

① 웹스터(Webster) 사전에서 정의한 안전의 정의

안전은 상해, 손실, 감손, 위해 또는 위험에 노출되는 것으로부터의 자유를 말하며, 그와 같은 자유를 위한 보관, 보호 또는 방호장치(guard)와 시건장치, 질병의 방지에 필요한 기술 및 지식을 의미한다.

② 하인리히(H.W. Heinrich)의 안전론

안전은 사고의 예방이며, 사고 예방은 물리적 환경과 인간 및 기계의 관계를 통제하는 과학인 동시에 기술이라고 하였다.

③ 산업안전보건관리의 정의

안전사고가 발생하지 않은 상태를 유지하기 위한 활동, 즉 재해로부터의 인간의 생명과 재산을 보호하기 위한 계획적이고 체계적인 제반활동을 말한다.

(2) 안전보건의 4M과 3E

① 4M의 종류

4M은 인간이 기계설비와 안전을 공존하면서 근로할 수 있는 시스템의 기본조건으로, 다음의 종류가 있다.

㉠ Man(인간) : 인간적 인자, 인간관계

㉡ Machine(기계) : 방호설비, 인간공학적 설계

㉢ Media(매체) : 작업정보, 작업방법, 작업환경

㉣ Management(관리) : 교육훈련, 안전법규 철저, 안전기준의 정비

합격 체크포인트

- 4M과 3E의 종류
- 재해예방 4원칙
- 중대재해의 정의
- 재해이론(하인리히 등)
- 위험예지훈련

참고

안전보건관리의 목적

㉠ 인명의 존중
㉡ 사회복지의 증진
㉢ 생산성의 향상
㉣ 경제성의 향상

기출문제

산업재해의 기본원인 중 "작업정보, 작업방법 및 작업환경" 등이 분류되는 항목은?

① Man
② Machine
❸ Media
④ Management

기출문제

다음 중 재해예방을 위한 시정책인 "3E"에 해당하지 않는 것은?

① Education
❷ Energy
③ Engineering
④ Enforcement

법령

산업안전보건법 제2조
시행규칙 제3조

기출문제

산업안전보건법상 중대재해에 해당하지 않는 것은?

① 사망자가 2명 발생한 재해
② 6개월 요양을 요하는 부상자가 동시에 4명 발생한 재해
③ 부상자 또는 직업성 질병자가 동시에 12명 발생한 재해
❹ 3개월 요양을 요하는 부상자가 1명, 2개월 요양을 요하는 부상자가 4명 발생한 재해

② 3E 대책의 종류

안전보건대책의 중심적인 내용에 대해서는 3E가 강조되어 왔으며, 3E의 종류는 다음과 같다.

㉠ Engineering(기술)
㉡ Education(교육)
㉢ Enforcement(독려 · 규제)

③ 재해예방의 4원칙

예방가능의 원칙	천재지변을 제외한 모든 재해는 예방이 가능하다.
손실우연의 원칙	재해의 결과로 생기는 손실은 우연히 발생한다.
원인연계의 원칙	재해는 직 · 간접 원인이 연계되어 일어난다.
대책선정의 원칙	재해는 적합한 대책이 선정되어야 한다.

(3) 산업재해의 정의

① 산업안전보건법에 의한 산업재해의 정의

노무를 제공하는 사람이 업무에 관계되는 건설물, 설비, 원재료, 가스, 증기, 분진 등에 의하거나 작업 또는 그 밖의 업무로 인하여 사망 또는 부상하거나 질병에 걸리는 것을 말한다.

② 중대재해

산업재해 중 사망 등 재해의 정도가 심하거나 다수의 재해자가 발생한 경우로서, 고용노동부령이 정하는 다음의 재해를 말한다.

㉠ 사망자가 1명 이상 발생한 재해
㉡ 3개월 이상의 요양이 필요한 부상자가 동시에 2명 이상 발생한 재해
㉢ 부상자 또는 직업성 질병자가 동시에 10명 이상 발생한 재해

(4) 산업재해의 종류

① 재해와 사고의 의미

㉠ 재해 : 물체, 물질, 인간 또는 방사선의 작용 또는 반작용에 의해서 인간의 상해 또는 그 가능성이 생기는 것과 같은 예상외의 더욱이 억제되지 않은 사상
㉡ 사고 : 안전사고는 고의성이 없는 어떤 불안전한 행동과 불안전한 상태가 원인이 되어 일을 해하거나 능률을 저하시키며, 직접 또는 간접적으로 인적 또는 물적 손실을 가져오는 사고
㉢ 아차사고(near－accident) : 사고가 나더라도 손실을 전혀 수반하지 않는 경우

② 재해의 종류

천재(天災)	원칙적으로 인재는 예방할 수 있으나, 천재의 발생은 현재의 기술로 미연에 방지한다는 것은 불가능하다. 예 지진, 태풍, 홍수, 번개, 기타(적설, 동결 등)
인재(人災)	인재는 예방이 가능하며, 인재가 생긴 후에 대책만이 아니라 생기기 전의 대책을 고려하는 것이 중요하다. 예 공장재해, 교통재해, 도시재해, 공공재해 등

(5) 재해위험의 분류

① 위험과 유해의 정의

㉠ 위험 : 물(物) 또는 환경에 의한 부상 등의 발생 가능성을 갖는 경우(안전)

㉡ 유해 : 물(物) 또는 환경에 의한 질병의 발생이 필연적인 경우(위생)

② 위험의 분류

기계적 위험	기계 · 기구 기타의 설비로 인한 위험 • 접촉적 위험 : 틈에 끼임, 말려 들어감, 잘림, 찔림 등 • 물리적 위험 : 비래, 추락, 전락, 낙하물에 맞음. • 구조적 위험 : 파열, 파괴, 절단
화학적 위험	화학절 물질, 가스 또는 분진 등의 위험물질에 의한 위험 • 폭발, 화재위험 : 폭발성, 발화성, 산화성, 인화성 물질, 가연성 가스 • 생리적 위험 : 부식성 물질, 독극성 물질
에너지 위험	전기에너지의 위험 또는 화염 등에 의한 화상 • 전기적 위험 : 감전, 과열, 발화, 눈의 장해 • 열 기타의 에너지 위험 : 화상, 방사선 장해, 눈의 장해
작업적 위험	작업방법에 의한 또는 작업장소 자체에서 발생하는 위험 • 작업방법적 위험 : 추락, 전도, 비래, 격돌, 사이에 낌 • 장소적 위험 : 추락, 전도, 붕괴, 낙하물에 맞음, 격돌

2 안전보건관리 제이론 ★★★★

(1) 산업재해의 발생원리

① 하인리히(H.W. Heinrich)의 산업안전의 원리

㉠ 상해의 발생은 항상 완성된 요인의 연쇄에서 일어나고, 이 가운데 최후의 요소는 바로 사고이다.

㉡ 사고는 항상 사람의 불안전한 행동과 기계적 · 물리적 위험에 의해서 일어난다.

㉢ 상해의 강도는 거의 우연이라는 것이다.

㉣ 상해에 귀착하는 사고의 발생은 거의 예방할 수 있다.

㉤ 하인리히의 재해손실비 산정

- 직접비(법정보상비) : 요양급여, 휴업급여, 장해급여, 간병급여, 유족급여, 상병보상연금, 장례비 등
- 간접비 : 작업중단, 납기지연에 의한 손실, 기타 손실 등
- 배상의 요구나 치료에 대한 상해의 직접비용은 사용자가 지불하여야 할 비용합계의 1/4밖에 되지 않는다.

직접비 : 간접비 = 1 : 4

법령

산업재해보상보험법 제36조

기출문제

하인리히의 재해 코스트 산정에서 직접비에 해당되지 않는 것은?

① 휴업보상비
❷ 병상위문금
③ 장해특별보상비
④ 상병보상연금

② 재해발생의 원인

재해원인은 통상적으로 직접원인과 간접원인으로 나누어지며, 직접원인은 불안전한 행동(인적원인)과 불안전한 상태(물적원인)로 나누어진다.

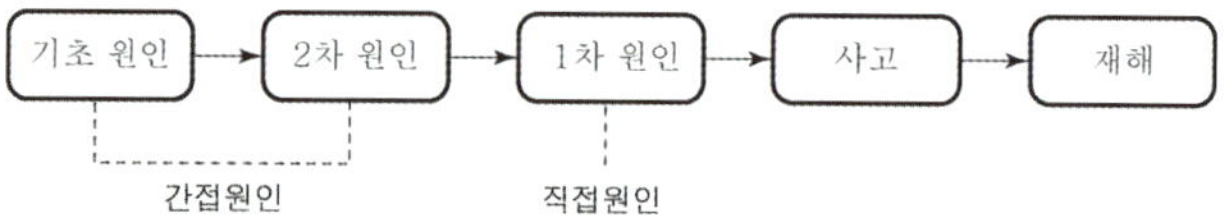

| 재해발생의 원인 |

직접 원인	• 물적 원인 : 불안전한 상태 예 물 자체의 결함, 안전방호 장치의 결함, 복장, 보호구의 결함, 기계의 배치 및 작업장소의 결함, 작업환경의 결함, 생산공정의 결함, 경계표시 및 설비의 결함 • 인적 원인 : 불안전한 행동 예 위험장소 접근, 안전장치의 기능 제거, 복장, 보호구의 잘못 사용, 기계, 기구의 잘못 사용, 운전 중인 기계장치의 손실, 불안전한 속도 조작, 위험물 취급 부주의, 불안전한 상태방치, 불안전한 자세 동작
간접 원인	• 기술적 원인 : 기계 · 기구 · 설비 등의 방호 설비, 경계 설비, 보호구 정비 등의 기술적 불비 및 기술적 결함 • 교육적 원인 : 안전에 관한 경험 및 지식 부족 등 • 신체적 원인 : 신체적 결함(두통, 근시, 난청, 수면 부족) 등 • 정신적 원인 : 태만, 불안, 초조 등
기초 원인	• 관리적 원인 : 작업 기준의 불명확, 제도의 결함 등 • 학교 교육적 원인 : 학교의 안전교육의 부족 등

기출문제

다음 중 산업재해의 원인으로 간접적 원인에 해당되지 않는 것은?

① 기술적 원인
❷ 물적 원인
③ 관리적 원인
④ 교육적 원인

③ 재해발생의 메커니즘

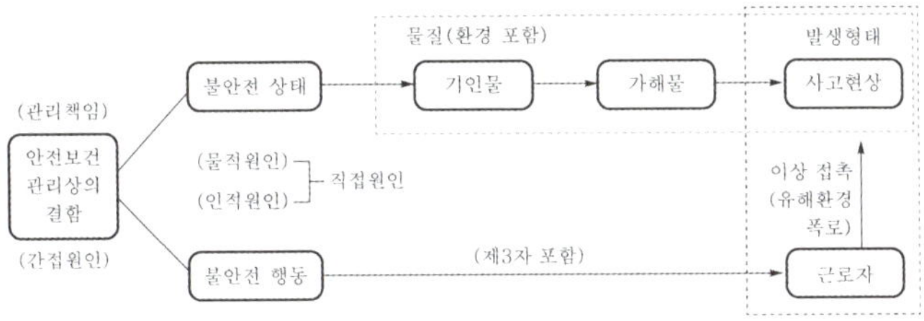

▌재해발생의 구조▐

(2) 하인리히의 재해이론

① 하인리히의 도미노 이론

각 요소들을 골패에 기입하고 이 골패를 넘어뜨릴 때 중간의 어느 골패 중 한 개를 빼어 버리면 사고까지는 연결되지 않는다는 이론이다.

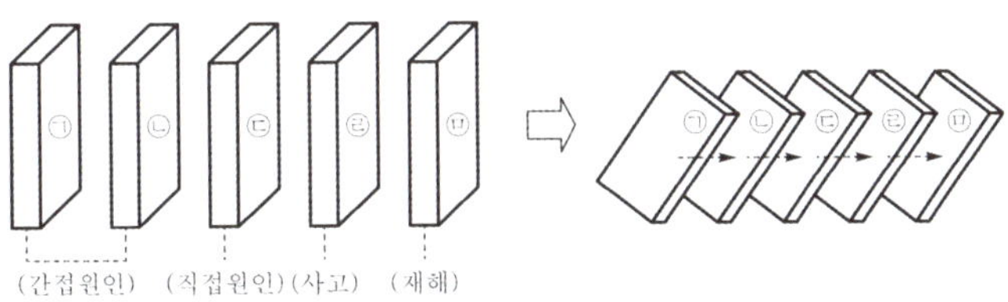

[하인리히의 5개 구성요소]

㉠ 사회적 환경 및 유전적 요소　　㉡ 개인적 결함
㉢ 불안전 행동 및 불안전 상태　　㉣ 사고
㉤ 상해(산업재해)

▌하인리히의 도미노 이론▐

② 하인리히의 재해구성 비율(1:29:300 법칙)

동일사고를 반복하여 일으켰다고 하면 상해가 없는 경우가 300회, 경상의 경우가 29회, 중상의 경우가 1회의 비율로 발생한다는 법칙이다.

중상 또는 사망 : 경상 : 무상해사고 = 1 : 29 : 300

$$\text{재해의 발생} = \text{물적 불안전 상태} + \text{인적 불안전 행동} + \alpha$$
$$= \text{설비적 결함} + \text{관리적 결함} + \alpha$$
$$\alpha = \frac{300}{1+29+300} = \text{숨은 위험한 상태}$$

참고

- 기인물 : 그 발생사고의 근원이 된 것 즉 그 결함을 시정하면 사고를 일으키지 않고 끝나는 물 또는 사상
- 가해물 : 사람에게 직접 위해를 주는 것

기출문제

다음 재해사례에서 기인물에 해당하는 것은?

기계작업에 배치된 작업자가 반장의 지시를 받기 전에 정지된 선반을 운전시키면서 변속치차의 덮개를 벗겨내고 치차를 저속으로 운전하면서 급유하려고 할 때 오른손이 변속치차에 맞물려 손가락이 절단되었다.

① 덮개　　② 급유
❸ 선반　　④ 변속치차

기출문제

하인리히의 재해구성 비율에 따른 58건의 경상이 발생한 경우, 무상해사고는 몇 건이 발생하겠는가?

답 1:29:300=2:58:600이므로 무상해사고는 600건이다.

기출문제

하인리히의 사고예방 원리 5단계 중 교육 및 훈련의 개선, 인사조정, 안전관리규정 및 수칙의 개선 등을 행하는 단계는?

① 사실의 발견
② 분석 평가
❸ 시정방법의 선정
④ 시정책의 적용

③ 하인리히의 재해예방의 5단계

제1단계 (안전관리 조직)	• 경영자는 안전목표를 설정하고 안전관리 조직을 구성하여 안전활동 방침 및 계획을 수립하고, 전문적 기술을 가진 조직을 통한 안전활동을 전개한다.
제2단계 (사실의 발견)	• 각종 안전사고 및 안전활동에 대한 기록을 검토하고 작업을 분석하여 불안전 요소를 발견한다. • 불안전 요소 발견 방법 : 안전점검, 사고조사, 관찰 및 보고서의 연구, 안전토의, 또는 안전회의 등
제3단계 (평가분석)	• 발견된 사실, 즉 안전사고의 원인분석은 불안전 요소를 토대로 사고를 발생시킨 직접적 및 간접적 원인을 찾아낸다. • 분석 방법 : 현장조사 결과의 분석, 사고 보고, 사고기록, 환경조건의 분석, 작업공장의 분석, 교육과 훈련의 분석 등
제4단계 (시정책의 선정)	• 분석을 통하여 색출된 원인을 토대로 효과적인 개선방법을 선정한다. • 개선방안 : 기술적 개선, 인사조정, 교육 및 훈련의 개선, 안전행정의 개선, 안전관리 규정 및 수칙의 개선과 이행 독려의 체제 강화 등
제5단계 (시정책의 적용)	• 시정방법이 선정된 것만으로 문제가 해결되는 것이 아니라 반드시 적용되어야 하며, 목표를 설정하여 실시하고 실시결과를 재평가하여 불합리한 점은 재조정되어 실시되어야 한다. • 시정책 : 교육, 기술, 독려 · 규제의 3E 대책 실시

(3) 버드의 재해이론

기출문제

버드의 신 도미노이론 5단계에 해당하지 않는 것은?

① 제어부족(관리)
② 직접원인(징후)
❸ 간접원인(평가)
④ 기본원인(기원)

① 버드의 도미노 이론

버드는 제어의 부족, 기본원인, 직접원인, 사고, 상해의 5개 요인으로 설명하고 있다. 직접원인을 제거하는 것만으로도 재해는 일어날 수 있으므로, 기본원인을 제거하여야 한다.

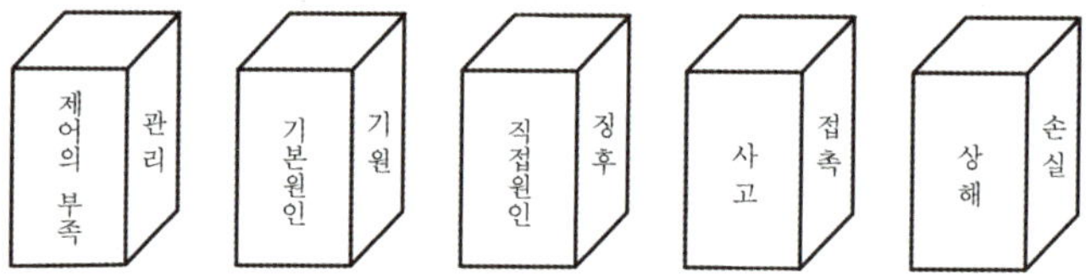

▎버드의 도미노 이론 ▎

② 버드의 재해구성 비율(1:10:30:600의 법칙)

중상 또는 폐질 1건, 경상(물적 또는 인적 상해) 10건, 무상해사고(물적 손실) 30건, 무상해 무사고 고장(위험순간) 600건의 비율로 사고가 발생한다는 것이다.

중상 또는 폐질 : 경상 : 무상해사고 : 무상해 · 무사고 고장
= 1 : 10 : 30 : 600

(4) 아담스(Adams)의 사고연쇄 이론

재해의 직접원인은 불안전한 행동과 불안전한 상태에서 유발되거나 전술적 에러를 방치하는 데에서 비롯된다는 이론이다.

① 1단계 – 관리구조 : 목적, 조직, 운영

② 2단계 – 작전적 에러 : 관리자나 감독자에 의한 에러

③ 3단계 – 전술적 에러 : 불안전한 행동 및 불안전한 상태

④ 4단계 – 사고 : 사고의 발생 무상해사고, 물적 손실사고

⑤ 5단계 – 상해 : 대인, 대물

(5) 재해의 발생 형태

① 단순 자극형(집중형) : 발생 요소가 독립적으로 작용하여 일시적으로 요인이 집중하는 형태

② 연쇄형 : 연쇄적인 작용으로 재해를 일으키는 형태

③ 복합형 : 단순 자극형과 연쇄형의 복합적인 형태이며, 대부분의 재해 발생 형태

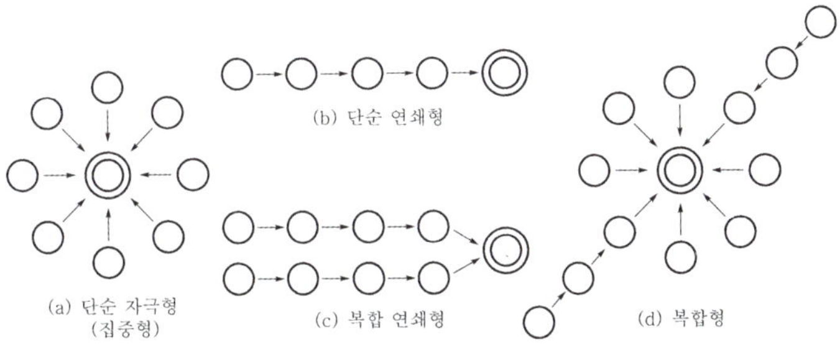

▌재해의 발생 형태▐

기출문제

버드의 재해분포에 따르면 20건의 경상(물적, 인적상해) 사고가 발생했을 때 무상해 · 무사고(위험순간) 고장 발생 건수는?

답 1:10:30:600
=2:20:60:1,200이므로, 무상해 무사고 고장은 1,200건이다.

기출문제

아담스(Edward Adams)의 사고연쇄 반응 이론 중 관리자가 의사결정을 잘못하거나 감독자가 관리적 잘못을 하였을 때의 단계에 해당되는 것은?

① 사고
❷ 작전적 에러
③ 관리구조
④ 전술적 에러

3 생산성과 경제적 안전도 ★

(1) 안전관리의 의미

생산성의 향상과 재해로부터의 손실을 최소화하기 위하여 행하는 것으로, 재해의 원인 및 경과의 규명과 재해방지에 필요한 과학 기술에 관한 계통적인 지식체계의 관리이다.

(2) 안전관리의 중요성

인도주의적 측면	피할 수 있는 사고를 야기하여 인명과 재산을 손실한다는 것은 도덕적 죄악이다.
사회적인 책임	재해사고를 방지하지 못하고 인명과 재산상의 손실을 입으면 경영주는 사회적 책임을 다하지 못한 것이 된다.
생산성 향상 측면	안전이 보장된다면 생산성이 향상되고, 기업의 궁극적 목표인 이윤이 보장된다. • 근로자의 사기 진작 • 생산능률의 향상 • 대내외 여론 개선으로 신뢰성 향상 • 비용 절감, 손실감소, 이윤증대

4 재해예방 활동기법 ★★★★

기출 Check!

다음의 경우는 무재해로 본다.
- 출퇴근 도중에 발생한 재해
- 제3자의 행위에 의한 업무상 재해
- 운동경기 등 각종 행사 중 발생한 재해 등
- 작업시간 중 천재지변 또는 돌발적인 사고로 인한 구조행위 또는 긴급피난 중 발생한 사고

(1) 무재해운동

① 무재해 및 무재해운동의 정의

㉠ 무재해 : 근로자가 업무에 기인하여 사망 또는 4일 이상의 요양을 요하는 부상 또는 질병이 발생하지 않는 것

㉡ 무재해운동 : 사업장의 전원이 적극적으로 참여하여 작업현장의 안전과 보건을 선취, 일체의 산업재해를 근절하며 인간중심의 밝고 활기찬 직장풍토를 조성하는 것

② 무재해운동의 3대 원칙

무(ZERO)의 원칙	직장 내에 숨어있는 모든 위험요인을 적극적으로 사전에 발견, 파악하여 해결함으로써 근본적으로 산업재해를 없애는 것
선취(안전제일)의 원칙	무재해 · 무질병의 직장을 실현하기 위한 궁극의 목표로서 일체 직장의 위험요인을 행동하기 전에 파악, 해결하여 재해를 예방하거나 방지하는 것
참가(참여)의 원칙	작업에 따르는 잠재적인 위험요인을 발견, 해결하기 위하여 전원이 일치 협력하여 각자의 처지에서 노력하겠다는 의욕으로 문제해결 행동을 실천하는 것

③ 무재해운동 추진의 3기둥(요소)

최고경영자의 안전경영철학	최고경영자의 무재해 및 무질병 추구에 대한 경영 자세 확립
관리감독자의 안전보건에 대한 적극적 추진	무재해운동을 추진하는 데는 관리감독자들이 생산 활동 속에서 안전보건을 실천하는 것이 중요함.
자율 안전보건 활동의 활발화	직장의 팀원과의 협동 노력으로 자주적으로 추진해 가는 것이 필요함.

(2) 위험예지훈련

① 위험을 미리 찾아내어 해결책을 강구하기 위한 작업요원들의 실력배양을 위하여 연습활동을 하는 과정이다.

② 위험예지훈련의 4라운드

1라운드 – 현상파악	어떤 위험이 잠재하고 있는가?
2라운드 – 본질추구	이것이 위험의 포인트이다!
3라운드 – 대책수립	당신이라면 어떻게 하겠는가?
4라운드 – 목표설정	우리들은 이렇게 하자!

(3) 1인 위험예지훈련

한 사람, 한 사람의 위험에 대한 감수성 향상을 도모하기 위하여 삼각 및 원 포인트 위험예지훈련이다.

(4) T.B.M(Tool Box Meeting)

① 현장에서 그때 그 장소의 상황에 즉응하여 실시하는 위험예지활동으로서, 즉시 즉응법이라고도 한다.

② 10명 이하의 작업자들이 작업 현장 근처에서 작업 전에 관리감독자를 중심으로 작업내용, 위험요인, 안전작업절차 등에 대해 10분 내외로 서로 확인 및 의논하는 활동이다.

(5) 브레인스토밍(Brain Storming)

① 보다 많은 아이디어를 창출하기 위하여 가능한 한 자유분방하게 모든 의견을 비판 없이 청취하고, 수정발언을 허용하여 대량발언을 유도하는 방법이다.

기출문제

무재해운동을 추진하기 위한 조직의 세 기둥으로 볼 수 없는 것은?

① 최고경영자의 경영자세
② 소집단 자주활동의 활성화
③ 전 종업원의 안전요원화
④ 라인관리자에 의한 안전보건의 추진

기출문제

무재해운동 추진기법 중 위험예지훈련 4라운드 기법에 해당하지 않는 것은?

① 현상파악
② 행동목표 설정
③ 대책수립
④ 안전평가

기출문제

위험예지훈련에 있어 브레인스토밍법의 원칙으로 적절하지 않은 것은?

① 무엇이든 좋으니 많이 발언한다.
❷ 지정된 사람에 한하여 발언의 기회가 부여된다.
③ 타인의 의견을 수정하거나 덧붙여서 말하여도 좋다.
④ 타인의 의견에 대하여 좋고 나쁨을 비평하지 않는다.

② 브레인스토밍의 원칙

비판금지	타인의 의견에 대해 좋다 나쁘다 등의 비평을 하지 않는다.
자유분방	참여자는 편안한 마음으로 자유롭게 발언한다.
대량발언	참여자는 어떤 내용이든지 많이 발언한다.
수정발언	타인의 아이디어에 수정하거나 덧붙여 발언해도 좋다.

(6) 터치 앤 콜(Touch and Call)

서로 손을 얹고 팀의 행동구호를 외치는 것으로서, 전원의 스킨십이라 할 수 있다. 이는 팀의 일체감, 연대감을 느끼게 하며, 대뇌피질에 안전태도 형성에 좋은 이미지를 심어준다.

5 KOSHA Guide ★

① KOSHA Guide란 법령에서 정한 최소한의 수준이 아니라, 좀 더 높은 수준의 안전보건 향상을 위해 참고할 광범위한 기술적 사항에 대해 기술하고 있으며, 사업장의 자율적 안전보건 수준향상을 지원하기 위한 안전보건기술지침이다.

② 산업안전보건법과 같은 강제적인 법률이 아닌 권고 기술기준으로써 한국산업안전보건공단에 의해서 제・개정되고 있다.

③ 기술지침에는 Guide 표시, 분야별 또는 업종별 분류기호, 공표순서, 제・개정 년도의 순으로 번호를 부여한다.

예 KOSHA GUIDE M－1－2024

6 안전보건예산 편성 및 계상 ★

(1) 안전・보건에 관한 예산 편성 및 집행 사항

① 재해예방을 위해 필요한 안전・보건에 관한 인력, 시설 및 장비의 구비

② 유해・위험요인의 개선

③ 그 밖에 안전보건관리체계 구축 등을 위해 필요한 사항으로서 고용노동부장관이 정하여 고시하는 사항

(2) 예산 편성 시 고려해야 할 사항

① 설비 및 시설물에 대한 안전점검 비용

② 근로자 안전보건교육 훈련비용

③ 안전 관련 물품 및 보호구 등 구입비용

④ 작업환경 측정 및 특수건강검진 비용

⑤ 안전진단 및 컨설팅 비용
⑥ 위험설비 자동화 등 안전시설 개선비용
⑦ 작업환경 개선 및 근골격계질환 예방비용
⑧ 안전보건 우수사례 포상 비용
⑨ 안전보건 지원을 촉진하기 위한 캠페인 비용

02 안전보건관리 체제 및 운용

1 안전보건관리조직의 구성 ★★★★

(1) 안전보건관리 조직의 목적 및 구비조건

① 목적

㉠ 모든 위험의 제거
㉡ 위험 제거 기술의 수준 향상
㉢ 재해 예방율의 향상
㉣ 단위당 예방비용의 저감

② 구비조건

㉠ 회사의 특성과 규모에 부합되게 조직되어야 한다.
㉡ 조직의 기능이 충분히 발휘될 수 있는 제도적 체계를 갖추어야 한다.
㉢ 조직을 구성하는 관리자의 책임과 권한이 분명하여야 한다.
㉣ 생산라인과 밀착된 조직이어야 한다.

(2) 안전관리 조직의 형태

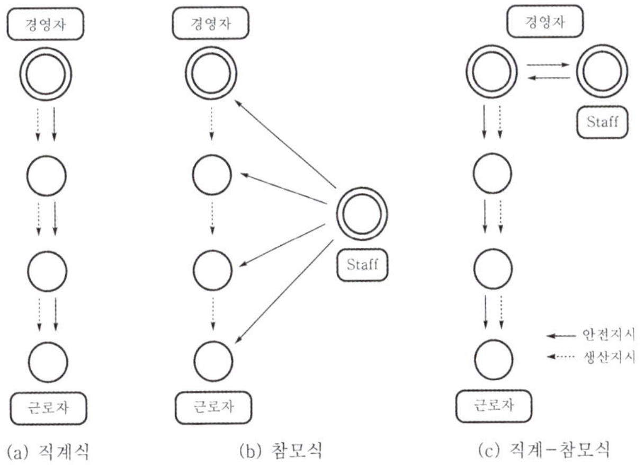

▎안전관리 조직의 형태 ▎

> **합격 체크포인트**
> • 안전관리 조직의 형태
> • 안전보건관리 조직의 업무
> • 산업안전보건위원회의 구성
> • 안전보건관리규정의 작성

① 라인형(Line형, 직계식) 안전조직

㉠ 소규모 사업장(100명 이하)에 적합한 조직이다.

㉡ 모든 안전 관련 업무를 생산라인을 통하여 직선적으로 이루어지도록 편성된 조직 형태이다.

장점	• 조직은 명령계통이 일원화되어 간단하면서 일관성을 가진다. • 지시나 조치가 신속하고, 책임과 권한이 분명하다. • 경영 전체의 질서유지가 잘 된다.
단점	• 상위자의 1인에 권한이 집중되어 있기 때문에 과중한 책임을 지게 된다. • 권한을 위양하여 관리 단계가 길어지면 상하 커뮤니케이션에 시간이 걸린다. • 횡적 커뮤니케이션이 어렵다. • 안전 담당 스태프가 없어서 전문적 기술확보가 어렵다.

② 스태프형(Staff형, 참모식) 안전조직

㉠ 100~1,000명 정도의 중규모 사업장에 적합한 조직이다.

㉡ 안전관리를 담당하는 스태프를 두고 안전관리에 관한 계획과 조정, 검사, 검토, 권고, 보고 등의 일과 현장에 대한 기술 지원을 담당하도록 편성된 조직 형태이다.

장점	• 사업장의 특수성에 적합한 기술연구를 전문으로 할 수 있다(안전지식 및 기술축적). • 사업장에 알맞은 개선안을 마련할 수 있다. • 안전 정보 수집이 빠르고 용이하다.
단점	• 생산 부문에 협력하여 안전명령을 전달 · 실시하므로 안전 지시가 어렵고, 안전과 생산을 별개로 취급하기 쉽다. • 생산 부문은 안전에 대한 책임과 권한이 없다. • 권한 다툼이나 조정 때문에 통제 수속이 복잡해지며 시간과 노력이 소모된다.

③ 라인 – 스태프형(Line – Staff형, 직계 – 참모식) 안전조직

㉠ 1,000명 이상의 대규모 사업장에 효과적인 조직이다.

㉡ 라인형 조직과 스태프형 조직의 장점을 혼합한 방식이다.

㉢ 안전 업무를 전문적으로 담당하는 스태프를 두는 한편, 생산라인의 각 계층에도 각 부서의 장이 안전을 담당하게 하여 안전대책이 스태프에서 수립되면 곧 라인을 통하여 실천되도록 편성된 조직 형태이다.

기출문제

라인(line)형 안전관리조직의 특징으로 옳은 것은?

① 안전에 관한 기술의 축적이 용이하다.
❷ 안전에 관한 지시나 조치가 신속하다.
③ 조직원 전원이 자율적으로 안전활동에 참여할 수 있다.
④ 권한 다툼이나 조정 때문에 통제 수속이 복잡해지며, 시간과 노력이 소모된다.

기출문제

직계 – 참모식 조직의 특징에 대한 설명으로 옳은 것은?

① 소규모 사업장에 적합하다.
② 생산조직과는 별도의 조직과 기능을 갖고 활동한다.
❸ 안전계획, 평가 및 조사는 스태프에서, 생산기술의 안전대책은 라인에서 실시한다.
④ 안전업무가 표준화되어 직장에 정착하기 쉽다.

장점	• 조직원 전원을 자율적으로 안전활동에 참여시킬 수 있다. • 안전계획, 조사, 검토, 평가는 스태프 부분에서, 생산 기술의 안전대책은 라인에서 실시되므로 매우 효과적이다. • 안전 전문가에 의해 입안된 것을 경영자의 지침으로 명령, 실시되므로 신속 정확하다. • 안전 스태프가 안전보건관리책임자의 밑에 실천되어 전문적으로 보좌하므로 운용이 적절하면 이상적이다.
단점	• 명령 계통과 조언, 권고적 참여가 혼동하기 쉽다. • 안전 스태프의 권한이 강해지면 라인에 간섭하게 되므로 라인의 권한이 약해져서 그 라인은 유명무실해질 수 있다. • 소규모 사업장에는 적용이 곤란한 점이 있다.

(3) 산업안전보건법의 안전보건관리 체계

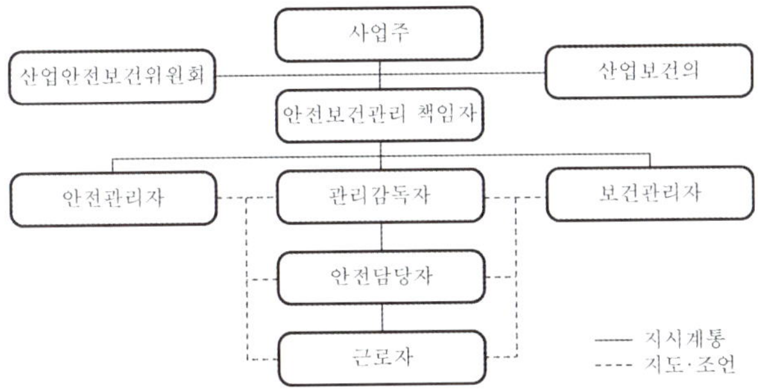

▎산업안전보건법의 안전보건관리 체계 ▎

(4) 안전보건관리 조직의 책임 및 업무

① 사업주의 안전 직무

㉠ 산업재해 예방을 위한 기준을 따를 것

㉡ 해당 사업장의 안전 및 보건에 관한 정보를 근로자에게 제공

㉢ 근로자의 신체적 피로와 정신적 스트레스 등을 줄일 수 있는 쾌적한 작업환경의 조성 및 근로조건 개선

② 안전보건총괄책임자의 직무

㉠ 위험성평가의 실시에 관한 사항

㉡ 산업재해 발생의 급박한 위험 또는 중대재해가 발생하였을 때의 작업의 중지

㉢ 도급 시 산업재해 예방조치

㉣ 산업안전보건관리비의 관계수급인 간의 사용에 관한 협의·조정 및 그 집행의 감독

참고

근로자의 안전 직무

㉠ 법에 따른 명령으로 정하는 산업재해 예방을 위한 기준을 지켜야 한다.

㉡ 사업주 또는 근로감독관, 공단 등 관계인이 실시하는 산업재해 예방에 관한 조치에 따라야 한다.

법령

산업안전보건법 시행령 제53조

ⓜ 안전인증대상기계 등과 자율안전확인대상기계 등의 사용 여부 확인

법령

산업안전보건법 제15조

③ 안전보건관리책임자의 업무

㉠ 산업재해 예방계획의 수립에 관한 사항
㉡ 안전보건관리규정의 작성 및 변경에 관한 사항
㉢ 근로자의 안전보건교육에 관한 사항
㉣ 작업환경측정 등 작업환경의 점검 및 개선에 관한 사항
㉤ 근로자의 건강진단 등 건강관리에 관한 사항
㉥ 산업재해 원인 조사 및 재발 방지대책의 수립에 관한 사항
㉦ 산업재해에 관한 통계의 기록 및 유지에 관한 사항
㉧ 안전장치 및 보호구 구입 시 적격품 여부 확인에 관한 사항
㉨ 기타 작업자의 유해 · 위험예방 조치에 관한 사항으로 고용노동부령으로 정하는 사항

법령

산업안전보건법 시행령 제18조

기출문제

산업안전보건법상 안전관리자가 수행해야 할 업무가 아닌 것은?
① 사업장 순회점검, 지도 및 조치의 건의
② 산업재해에 관한 통계의 유지 · 관리 · 분석을 위한 보좌 및 지도 · 조언
❸ 작업장 내에서 사용되는 전체 환기장치 및 국소 배기장치 등에 관한 설비의 점검
④ 해당 사업장 안전교육계획의 수립 및 안전교육 실시에 관한 보좌 및 지도 · 조언

④ 안전관리자의 업무

㉠ 산업안전보건위원회 또는 안전 및 보건에 관한 노사협의체에서 심의 · 의결한 업무와 해당 사업장의 안전보건관리규정 및 취업규칙에서 정한 직무
㉡ 위험성평가에 관한 보좌 및 지도 · 조언
㉢ 안전인증대상기계 등과 자율안전확인대상기계 등 구입 시 적격품의 선정에 관한 보좌 및 지도 · 조언
㉣ 해당 사업장 안전교육계획의 수립 및 안전교육 실시에 관한 보좌 및 지도 · 조언
㉤ 사업장 순회점검, 지도 및 조치 건의
㉥ 산업재해 발생의 원인 조사 · 분석 및 재발 방지를 위한 기술적 보좌 및 지도 · 조언
㉦ 산업재해에 관한 통계의 유지 · 관리 · 분석을 위한 보좌 및 지도 · 조언
㉧ 법 또는 법에 따른 명령으로 정한 안전에 관한 사항의 이행에 관한 보좌 및 지도 · 조언
㉨ 업무 수행 내용의 기록 · 유지
㉩ 기타 안전에 관한 사항으로서 고용노동부장관이 정하는 사항

법령

산업안전보건법 시행령 제22조

⑤ 보건관리자의 업무

㉠ 산업안전보건위원회 또는 노사협의체에서 심의 · 의결한 업무와 안전보건관리규정 및 취업규칙에서 정한 업무

ⓛ 안전인증대상기계 등과 자율안전확인대상기계 등 중 보건과 관련된 보호구 구입 시 적격품 선정에 관한 보좌 및 지도 · 조언
ⓒ 위험성평가에 관한 보좌 및 지도 · 조언
ⓔ 물질안전보건자료의 게시 또는 비치에 관한 보좌 및 지도 · 조언
ⓜ 산업보건의의 직무
ⓑ 해당 사업장 보건교육계획의 수립 및 보건교육 실시에 관한 보좌 및 지도 · 조언
ⓢ 해당 사업장의 근로자를 보호하기 위한 의료행위
- 자주 발생하는 가벼운 부상에 대한 치료
- 응급처치가 필요한 사람에 대한 처치
- 부상 · 질병의 악화를 방지하기 위한 처치
- 건강진단 결과 발견된 질병자의 요양 지도 및 관리
- 위 항목의 의료행위에 따르는 의약품의 투여

ⓞ 작업장 내에서 사용되는 전체 환기장치 및 국소 배기장치 등에 관한 설비의 점검과 작업방법의 공학적 개선에 관한 보좌 및 지도 · 조언
ⓙ 사업장 순회점검, 지도 및 조치 건의
ⓒ 산업재해 발생의 원인 조사 · 분석 및 재발 방지를 위한 기술적 보좌 및 지도 · 조언
ⓚ 산업재해에 관한 통계의 유지 · 관리 · 분석을 위한 보좌 및 지도 · 조언
ⓣ 법 또는 법에 따른 명령으로 정한 보건에 관한 사항의 이행에 관한 보좌 및 지도 · 조언
ⓟ 업무 수행 내용의 기록 · 유지
ⓗ 그 밖에 보건과 관련된 작업관리 및 작업환경관리에 관한 사항으로서 고용노동부장관이 정하는 사항

⑥ 안전보건관리담당자의 업무

법령

산업안전보건법 시행령 제25조

㉠ 안전보건교육 실시에 관한 보좌 및 조언 · 지도
㉡ 위험성평가에 관한 보좌 및 조언 · 지도
㉢ 작업환경측정 및 개선에 관한 보좌 및 조언 · 지도
㉣ 건강진단에 관한 보좌 및 조언 · 지도
㉤ 산업재해 발생의 원인 조사, 산업재해 통계의 기록 및 유지를 위한 보좌 및 조언 · 지도

ⓗ 산업안전 · 보건과 관련된 안전장치 및 보호구 구입 시 적격품 선정에 관한 보좌 및 조언 · 지도

⑦ 관리감독자의 업무

㉠ 관리감독자가 지휘 · 감독하는 작업과 관련된 기계 · 기구 또는 설비의 안전보건 점검 및 이상 유무 확인

㉡ 관리감독자에게 소속된 근로자의 작업복 · 보호구 및 방호장치의 점검과 착용 · 사용에 관한 지도 · 조언

㉢ 해당 작업에서 발생한 산업재해에 관한 보고 및 이에 대한 응급조치

㉣ 해당 작업장의 정리 · 정돈 및 통로 확보에 대한 확인 · 감독

㉤ 안전관리자, 보건관리자, 안전보건관리담당자, 산업보건의 등의 지도 · 조언에 대한 협조

㉥ 위험성평가를 위한 유해 · 위험요인의 파악 및 개선조치의 시행에 대한 참여

㉦ 그 밖에 해당 작업의 안전 및 보건에 관한 사항으로서 고용노동부령으로 정하는 사항

법령

산업안전보건법 시행령 제15조

기출문제

산업안전보건법령상 관리감독자의 업무내용에 해당되는 것은?

① 사업장 순회점검, 지도 및 조치의 건의
② 물질안전보건자료의 게시 또는 비치에 관한 보좌 및 조언, 지도
❸ 해당 작업의 작업장 정리 · 정돈 및 통로 확보에 대한 확인 · 감독
④ 근로자의 건강장해의 원인 조사와 재발방지를 위한 의학적 조치

2 산업안전보건위원회 운영 ★

(1) 산업안전보건위원회의 구성

사업주는 산업안전 · 보건에 관한 중요 사항을 심의 · 의결하기 위하여 근로자와 사용자가 같은 수로 구성되는 산업안전보건위원회를 설치 및 운영하여야 한다.

근로자 위원	• 근로자 대표 • 근로자대표가 지명하는 1명 이상의 명예산업안전감독관 • 근로자대표가 지명하는 9명 이내의 해당 사업장의 근로자
사용자 위원	• 해당 사업의 대표자 • 안전관리자 • 보건관리자 • 산업보건의 • 해당 사업의 대표자가 지명하는 9명 이내의 해당 사업장 부서의 장

법령

산업안전보건법 시행령 제35조

기출문제

산업안전보건법령상 산업안전보건위원회의 구성에서 사용자위원 구성원이 아닌 것은?

① 안전관리자
② 보건관리자
③ 산업보건의
❹ 명예산업안전감독관

(2) 산업안전보건위원회 구성 대상 사업의 종류 및 규모

사업의 종류	상시근로자 수
1. 토사석 광업 2. 목재 및 나무제품 제조업 : 가구 제외 3. 화학물질 및 화학제품 제조업 : 의약품 제외 (세제, 화장품 및 광택제 제조업과 화학섬유 제조업은 제외) 4. 비금속 광물제품 제조업 5. 1차 금속 제조업 6. 금속가공제품 제조업 : 기계 및 가구 제외 7. 자동차 및 트레일러 제조업 8. 기타 기계 및 장비 제조업 (사무용 기계 및 장비 제조업은 제외) 9. 기타 운송장비 제조업 (전투용 차량 제조업은 제외)	상시근로자 50명 이상
10. 농업 11. 어업 12. 소프트웨어 개발 및 공급업 13. 컴퓨터 프로그래밍, 시스템 통합 및 관리업 14. 정보서비스업 15. 금융 및 보험업 16. 임대업 : 부동산 제외 17. 전문, 과학 및 기술 서비스업(연구개발업은 제외) 18. 사업지원 서비스업 19. 사회복지 서비스업	상시근로자 300명 이상
20. 건설업	공사금액 120억원 이상 (건설산업기본법 시행령 별표 1에 따른 토목공사업 공사의 경우에는 150억 원 이상)
21. 제1호부터 제20호까지의 사업을 제외한 사업	상시 근로자 100명 이상

(3) 산업안전보건위원회 회의

① 회의의 구분
- ㉠ 정기회의 : 분기마다 산업안전보건위원회의 위원장이 소집
- ㉡ 임시회의 : 위원장이 필요하다고 인정할 때 소집

② 산업안전보건위원회 회의록 작성 사항
- ㉠ 개최 일시 및 장소
- ㉡ 출석위원
- ㉢ 심의 내용 및 의결 · 결정 사항
- ㉣ 그 밖의 토의사항

법령

산업안전보건법 시행령 별표 9

기출문제

산업안전보건법령상 산업안전보건위원회의 구성 · 운영에 관한 설명 중 틀린 것은?
① 정기회의는 분기마다 소집한다.
② 위원장은 위원 중에서 호선(互選)한다.
③ 근로자대표가 지명하는 명예산업안전 감독관은 근로자위원에 속한다.
❹ 공사금액 100억원 이상의 건설업의 경우 산업안전보건위원회를 구성 · 운영해야 한다.

해설 공사금액 120억원 이상 건설업의 경우 산업안전보건위원회의 구성 대상이다.

(4) 산업안전보건위원회의 심의 · 의결 사항

① 사업장의 산업재해 예방계획의 수립에 관한 사항
② 안전보건관리규정의 작성 및 변경에 관한 사항
③ 안전보건교육에 관한 사항
④ 작업환경측정 등 작업환경의 점검 및 개선에 관한 사항
⑤ 근로자의 건강진단 등 건강관리에 관한 사항
⑥ 산업재해의 원인 조사 및 재발 방지대책 수립에 관한 사항 중 중대재해에 관한 사항
⑦ 산업재해에 관한 통계의 기록 및 유지에 관한 사항
⑧ 유해하거나 위험한 기계 · 기구 · 설비를 도입한 경우 안전 및 보건 관련 조치에 관한 사항
⑨ 그 밖에 해당 사업장 근로자의 안전 및 보건을 유지 · 증진시키기 위하여 필요한 사항

3 안전보건경영시스템 ★

안전보건경영시스템은 최고경영자가 안전보건방침에 안전보건정책을 선언하고 이에 대한 실행계획을 수립(P), 그에 필요한 자원을 지원(S)하여 실행 및 운영(D), 점검 및 시정조치(C)하며 그 결과를 최고경영자가 검토(A)하는 P－S－D－C－A 순환과정의 체계적인 안전보건활동을 말한다.

4 안전보건관리규정 ★

안전보건관리규정은 해당 사업장의 업종, 기계설비, 생산공정 등의 실태에 상응하는 산업재해 예방을 추진하기 위해 안전보건관리에 관한 기본적인 사항을 정한 것으로써 근로기준법에 의한 취업규칙과 동등한 가치의 사내 규범이다.

(1) 안전보건관리규정 작성 대상 사업의 종류 및 상시근로자 수

사업의 종류	상시근로자 수
1. 농업 2. 어업 3. 소프트웨어 개발 및 공급업 4. 컴퓨터 프로그래밍, 시스템 통합 및 관리업 5. 정보서비스업 6. 금융 및 보험업 7. 임대업 : 부동산 제외 8. 전문, 과학 및 기술 서비스업(연구개발업은 제외) 9. 사업지원 서비스업 10. 사회복지 서비스업	300명 이상
11. 제1호부터 제10호까지의 사업을 제외한 사업	100명 이상

법령

산업안전보건법 시행규칙 별표 2

(2) 안전보건관리규정의 작성

① 안전보건관리규정에 포함할 사항

㉠ 안전 및 보건에 관한 관리조직과 그 직무에 관한 사항

㉡ 안전보건교육에 관한 사항

㉢ 작업장의 안전 및 보건 관리에 관한 사항

㉣ 사고조사 및 대책수립에 관한 사항

㉤ 위험성평가에 관한 사항

㉥ 그 밖에 안전 및 보건에 관한 사항

② 안전보건관리규정의 작성 · 변경 절차

㉠ 산업안전보건위원회의 심의 · 의결을 거쳐야 한다.

㉡ 다만, 산업안전보건위원회가 설치되어 있지 아니한 사업장의 경우에는 근로자 대표의 동의를 받아야 한다.

③ 안전보건관리규정 작성 시 유의사항

㉠ 법정 기준을 상회하도록 작성한다.

㉡ 법령의 제 · 개정 시 즉시 수정한다.

㉢ 현장 의견을 충분히 반영한다.

㉣ 정상 시 및 이상 시 조치에 관하여도 규정한다.

㉤ 관리자층의 직무 및 권한 등을 명확히 기재한다.

법령

산업안전보건법 시행규칙 별표 3

기출문제

산업안전보건법령상 안전보건관리규정에 반드시 포함되어야 할 사항이 아닌 것은?

❶ 재해코스트 분석방법
② 사고조사 및 대책 수립
③ 작업장 안전 및 보건 관리
④ 안전 및 보건 관리조직과 그 직무

제 2 장 안전보호구 관리

합격 체크포인트

- 안전모의 구조, 종류 및 성능시험 기준
- 내전압용 절연장갑의 등급
- 방진마스크 등급에 따른 사용 장소
- 방독마스크 종류, 등급 및 정화통 외부 측면 표시 색
- 안전보건표지의 종류 및 형태

01 보호구 및 안전장구 관리

1 보호구의 개요 ★

(1) 보호구의 정의

① 작업자가 신체의 일부에 직접 착용하여 각종 물리적 · 화학적 위험요소로부터 신체를 보호하기 위한 보호장구이다.

② 소극적인 보호 방법임을 유의해서 적극적인 대책을 먼저 강구하고 이 대책이 불가능할 경우에만 보호구를 사용한다.

(2) 보호구의 구비조건

① 착용 시 작업이 용이할 것

② 유해 위험요소로부터 방호 성능이 충분할 것

③ 재료의 품질이 우수할 것

④ 구조 및 표면가공이 우수할 것

⑤ 겉모양과 보기가 좋을 것

(3) 보호구 선정 시 유의사항

① 사용 목적에 적합한 것

② 공업 규정에 합격하고 보호 성능이 보장되는 것

③ 작업에 방해되지 않는 것

④ 착용이 쉽고 크기 등이 사용자에게 편리한 것

2 보호구의 종류 ★

법령

산업안전보건법 시행령 제77조

(1) 자율안전확인 대상 보호구의 종류

① 안전모(추락 및 감전 위험방지용 안전모 제외)

② 보안경(차광 및 비산물 위험방지용 보안경 제외)

③ 보안면(용접용 보안면 제외)

(2) 안전인증 대상 보호구의 종류

① 추락 및 감전 위험방지용 안전모
② 안전화 ③ 안전장갑
④ 방진마스크 ⑤ 방독마스크
⑥ 송기마스크 ⑦ 전동식 호흡보호구
⑧ 보호복 ⑨ 안전대
⑩ 차광 및 비산물 위험방지용 보안경
⑪ 용접용 보안면
⑫ 방음용 귀마개 또는 귀덮개

법령

산업안전보건법 시행령 제74조

기출문제

산업안전보건법에서는 보호구를 사용 시 안전인증을 받은 제품을 사용하도록 하고 있다. 다음 중 안전인증대상이 아닌 것은?
① 안전화
❷ 고무장화
③ 안전장갑
④ 감전위험방지용 안전모

(3) 안전인증 제품표시의 붙임

안전인증 제품 표시	안전인증 표시 외 제품 표시 사항
KCs	• 형식 또는 모델명 • 규격 또는 등급 등 • 제조자명 • 제조번호 및 제조연월 • 안전인증 번호

3 보호구의 종류별 특성 및 성능기준, 시험방법 ★★★★

(1) 안전모

물체가 떨어지거나 날아올 위험 또는 근로자가 추락할 위험이 있는 작업에서 머리를 보호하기 위한 보호구이다.

① 안전모의 구조 및 명칭

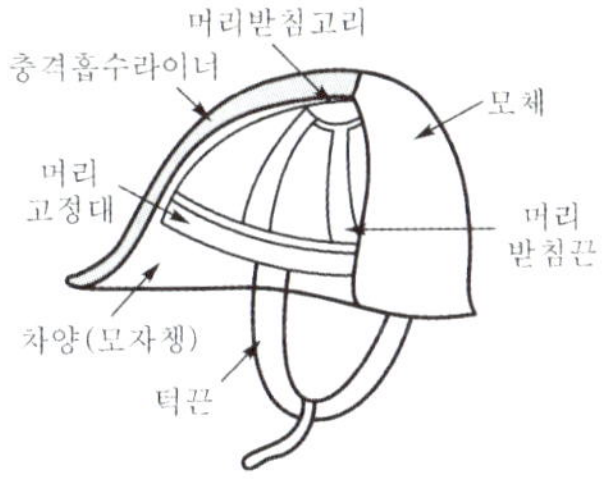

▎안전모의 구조 ▎

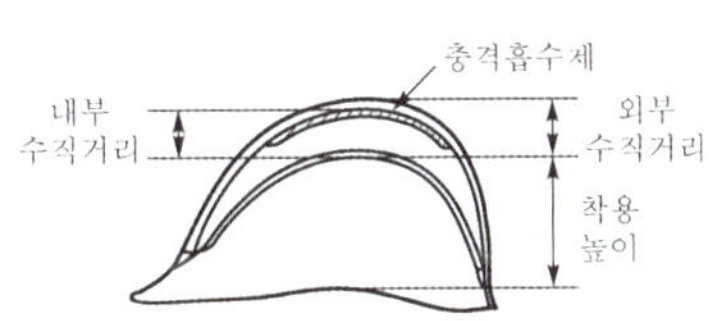

▎안전모의 거리 및 간격 ▎

명칭		정의
모체		착용자의 머리를 덮는 주된 물체
착장체	머리받침끈	착장체 : 안전모에 충격을 가했을 때 착용자의 머리부위에 전해지는 충격을 완화시켜주는 기능을 갖는 부품
	머리고정대	
	머리 받침고리	
충격흡수라이너		충격을 완화하기 위해 모체 내면에 붙이는 부품
턱끈		모체가 떨어지는 것을 방지하기 위한 부품
차양(모자챙)		햇빛을 가리기 위한 챙

② 안전모 일반구조

㉠ 안전모는 적어도 모체, 착장체 및 턱끈을 가져야 한다.

㉡ 착장체의 머리고정대는 착용자의 머리부위에 적합하도록 조절할 수 있어야 한다.

㉢ 착장체의 구조는 착용자의 머리에 균등한 힘이 분배되어질 수 있어야 한다.

㉣ 모체, 착장체 등 안전모의 부품은 착용자에게 상해를 줄 수 있는 날카로운 모서리 등이 없어야 한다.

㉤ 모체에 구멍이 없어야 한다. 단, 착장체 및 턱끈의 설치 또는 안전등, 보안면 등을 붙이기 위한 구멍은 제외한다.

㉥ 턱끈은 모체 또는 착장체에 고정시키고 사용 중 모체가 탈락하든지 흔들리지 않도록 확실히 맬 수 있어야 한다.

㉦ 안전모를 머리에 장착한 경우 전면 또는 측면에 있는 머리 고정대와 머리 모형과의 착용 높이는 70mm 이상이어야 한다.

㉧ 모체 내면과 머리와의 수직 간격은 25mm 이상 55mm 이하이어야 한다.

㉨ 모체와 착장체 머리고정대의 수평 간격은 5mm 이상이어야 한다.

㉩ 안전모의 모체, 충격흡수라이너 및 착장체의 무게는 0.44kg을 초과하지 않아야 한다.

③ 사용 구분에 따른 안전인증 안전모의 종류

종류(기호)	사용 구분	모체의 재질	내전압성
AB	물체의 낙하 또는 비래 및 추락에 의한 위험을 방지 또는 경감시키기 위한 것	합성수지 FRP	비내전압성
AE	물체의 낙하 및 비래에 의한 위험을 방지 또는 경감하고, 머리부위 감전에 의한 위험을 방지하기 위한 것	합성수지	내전압성
ABE	물체의 낙하 또는 비래 및 추락에 의한 위험을 방지 또는 경감하고 머리부위 감전에 의한 위험을 방지하기 위한 것	합성수지	내전압성

※ 내전압성이란 7,000V 이하의 전압에 견디는 것을 말한다.

④ 안전인증 안전모의 시험성능 기준

항목	시험성능기준
내관통성 시험	AE, ABE종 안전모는 관통거리가 9.5mm 이하이고, AB종 안전모는 관통거리가 11.1mm 이하이어야 한다.
충격흡수성 시험	최고전달충격력이 4,450N을 초과해서는 안 되며, 모체와 착장체의 기능이 상실되지 않아야 한다.
내전압성 시험	AE, ABE종 안전모는 교류 20kV에서 1분간 절연파괴 없이 견뎌야 하고, 이때 누설되는 충전전류는 10mA 이하이어야 한다.
내수성 시험	AE, ABE종 안전모는 질량증가율이 1% 미만이어야 한다. AE, ABE종 안전모의 내수성 시험은 시험 안전모의 모체를 20~25℃의 수중에 24시간 담가놓은 후, 대기 중에 꺼내어 마른 천 등으로 표면의 수분을 닦아내고 다음 산식으로 질량증가율(%)을 산출한다. 질량증가율(%) $= \frac{\text{담근 후의 질량} - \text{담그기 전의 질량}}{\text{담그기 전의 질량}} \times 100$
난연성 시험	모체가 불꽃을 내며 5초 이상 연소되지 않아야 한다.
턱끈 풀림 시험	150N 이상 250N 이하에서 턱끈이 풀려야 한다.

(2) 안전화

물체의 낙하, 충격 또는 날카로운 물체로 인한 위험으로부터 발, 발등을 보호하거나 감전이나 정전기의 대전을 방지하기 위한 보호구이다.

기출문제

AE형 안전모에 있어 내전압성이란 최대 몇 V 이하의 전압에 견디는 것을 말하는가?

답 7,000V 이하

기출문제

안전모의 성능시험에 있어서 AE, ABE종에만 한하여 실시하는 시험은?

① 내관통성 시험, 충격흡수성 시험
② 난연성 시험, 내수성 시험
③ 난연성 시험, 내전압성 시험
❹ 내전압성 시험, 내수성 시험

기출문제

ABE종 안전모에 대하여 내수성 시험을 할 때 물에 담그기 전의 질량이 400g이고, 물에 담근 후의 질량이 410g이었다면 질량증가율과 합격 여부를 판단하시오.

답 $\frac{410-400}{400} \times 100 = 2.5(\%)$

AE, ABE종 안전모의 질량증가율은 1% 미만이어야 하는데, 2.5%이므로 불합격이다.

기출문제

고무제 안전화의 구비조건이 아닌 것은?

① 유해한 흠, 균열, 기포, 이물질 등이 없어야 한다.
② 바닥, 발등, 발뒤꿈치 등의 접착 부분에 물이 들어오지 않아야 한다.
❸ 에나멜 도포는 벗겨져야 하며, 건조가 완전하여야 한다.
④ 완성품의 성능은 압박감, 충격 등의 성능시험에 합격하여야 한다.

해설 에나멜 도포가 벗겨지지 않아야 한다.

① 성능 구분에 따른 안전화의 종류

종류	성능 구분
가죽제 안전화	물체의 낙하, 충격 및 바닥으로 날카로운 물체에 의한 찔림 위험으로부터 발을 보호하기 위한 것
고무제 안전화	물체의 낙하, 충격 및 바닥으로 날카로운 물체에 의한 찔림 위험으로부터 발을 보호하고 아울러 방수 또는 내화학성을 겸한 것
정전기 안전화	물체의 낙하, 충격 및 바닥으로 날카로운 물체에 의한 찔림 위험으로부터 발을 보호하고 아울러 정전기의 인체 대전을 방지하기 위한 것
발등 안전화	물체의 낙하, 충격 및 바닥으로 날카로운 물체에 의한 찔림 위험으로부터 발 및 발등을 보호하기 위한 것
절연화	물체의 낙하, 충격 및 바닥으로 날카로운 물체에 의한 찔림 위험으로부터 발을 보호하고 아울러 저압의 전기에 의한 감전을 방지하기 위한 것
절연장화	고압에 의한 감전을 방지하고 아울러 방수를 겸한 것
화학물질용 안전화	물체의 낙하, 충격 또는 날카로운 물체에 의한 찔림 위험으로부터 발을 보호하고 화학물질로부터 유해위험을 방지하기 위한 것

② 가죽제 안전화의 구분

구분	단화	중단화	장화
몸통 높이(h)	113mm 미만	113mm 이상	178mm 이상

③ 가죽제 안전화의 시험방법

㉠ 내답발성 시험 ㉡ 내압박성 시험
㉢ 내충격성 시험 ㉣ 내유성 시험
㉤ 내부식성 시험 ㉥ 박리저항 시험
㉦ 은면결렬 시험 ㉧ 인열강도 시험
㉨ 선심의 내부길이 시험 ㉩ 인장강도 시험 및 신장율 시험

(3) 안전장갑

전기에 의한 감전 또는 액체 상태의 유기화합물이 피부를 통하여 인체에 흡수되는 것을 방지하기 위한 보호구

① 안전장갑의 종류에는 내전압용 절연장갑과 유기화합물용 안전장갑이 있다.

② 내전압용 절연장갑의 등급은 최대 사용전압에 따라 다음과 같다.

등급	최대 사용전압		등급별 색상
	교류(V, 실효값)	직류(V)	
00	500	750	갈색
0	1,000	1,500	빨간색
1	7,500	11,250	흰색
2	17,000	25,500	노란색
3	26,500	39,750	녹색
4	36,000	54,000	등색

※ 교류×1.5 = 직류

(4) 방진마스크

산소농도가 18% 이상인 장소에서 작업환경 내의 유해한 분진, 미스트 및 흄이 호흡기를 통하여 체내에 유입되는 것을 필터로 걸러내고 깨끗한 공기만을 흡입하기 위해 착용하는 보호구이다.

① 방진마스크 종류

종류	등급기호		안면부 여과식	사용조건
	격리식	직결식		
형태	전면형	전면형	반면형	산소농도 18% 이상인 장소에서 사용
	반면형	반면형		

▎격리식 전면형▎

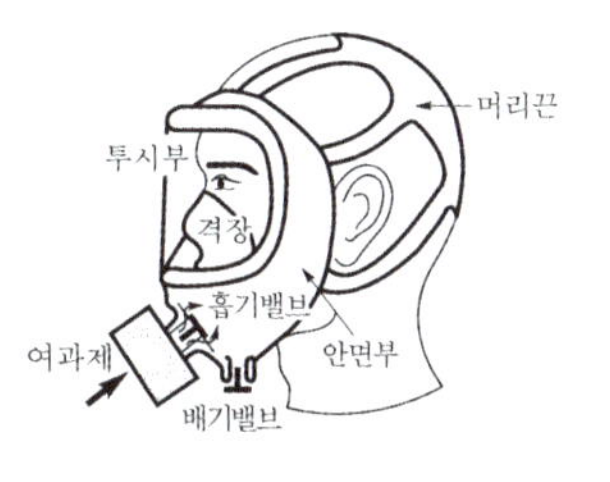

▎직결식 전면형▎

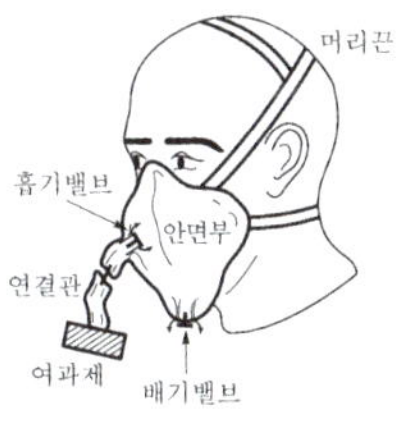

▎격리식 반면형▎

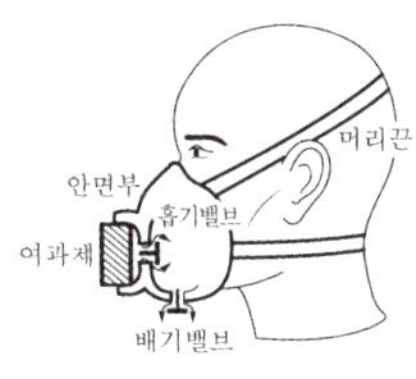

▎직결식 반면형▎

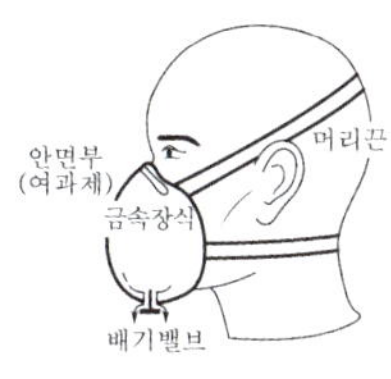

▎안면부 여과식▎

기출문제

안전인증 절연장갑에 안전인증 표시 외에 추가로 표시하여야 하는 등급별 색상의 연결로 옳은 것은?

❶ 00등급 : 갈색
② 0등급 : 흰색
③ 1등급 : 노란색
④ 2등급 : 빨간색

기출문제

최대 사용전압이 교류(실효값) 500V 또는 직류 750V인 내전압용 절연장갑은 등급은?

❶ 00 ② 0
③ 1 ④ 2

기출문제

산업안전보건법상 방진마스크 사용이 가능한 공기 중 최소 산소농도 기준은 몇 % 이상인가?

① 14% ② 16%
❸ 18% ④ 20%

기출 Check!

산소결핍 장소에서는 방진마스크 또는 방독마스크를 사용하면 안 되고, 송기마스크를 사용해야 한다.

암기 TIP

- 격리식 : 연결관 있음
- 직결식 : 연결관 없음
- 전면형 : 안면부 전체 덮음
- 반면형 : 입과 코만 덮음

② 방진마스크의 구조

㉠ 착용 시 이상한 압박감이나 고통을 주지 않을 것
㉡ 전면형은 호흡 시에 투시부가 흐려지지 않을 것
㉢ 분리식 마스크에 있어서는 여과재, 흡기밸브, 배기밸브 및 머리끈을 쉽게 교환할 수 있고, 착용자 자신이 안면과 분리식 마스크의 안면부와의 밀착성 여부를 수시로 확인할 수 있어야 할 것
㉣ 안면부 여과식 마스크는 여과재로 된 안면부가 사용기간 중 심하게 변형되지 않을 것
㉤ 안면부 여과식 마스크는 여과재를 안면에 밀착시킬 수 있어야 할 것

③ 방진마스크의 등급에 따른 사용장소

등급	특급	1급	2급
사용장소	• 베릴륨 등과 같이 독성이 강한 물질들을 함유한 분진 등의 발생장소 • 석면 취급장소	• 특급마스크 착용장소를 제외한 분진 등의 발생장소 • 금속흄 등과 같이 열적으로 생기는 분진 등의 발생장소 • 기계적으로 생기는 분진 등의 발생장소(규소 등과 같이 2급 마스크를 착용하여도 무방한 경우는 제외)	• 특급 및 1급 마스크 착용장소를 제외한 분진 등의 발생장소

※ 배기밸브가 없는 안면부 여과식 마스크는 특급 및 1급 사용장소에서 사용해서는 안 된다.

기출문제

석면 취급장소에서 사용하는 방진마스크의 등급으로 옳은 것은?
❶ 특급 ② 1급
③ 2급 ④ 3급

④ 여과재 분집 등 포집효율

형태 및 등급		염화나트륨(NaCl) 및 파라핀 오일(Paraffin oil) 시험(%)
분리식	특급	99.95 이상
	1급	94.0 이상
	2급	80.0 이상
안면부 여과식	특급	99.0 이상
	1급	94.0 이상
	2급	80.0 이상

기출문제

보호구 안전인증 고시에 따른 분리식 방진마스크의 성능기준에서 포집효율이 특급인 경우, 염화나트륨(NaCl) 및 파라핀 오일(Paraffin oil)시험에서의 포집효율은?
❶ 99.95% 이상
② 99.9% 이상
③ 99.5% 이상
④ 99.0% 이상

(5) 방독마스크

중독성이 있는 화학 · 생물학 · 방사능작용제 등과 같은 유해물질에 근로자가 노출되는 것을 막기 위하여 착용하는 보호구이다.

① 방독마스크 종류

종류	시험가스
유기화합물용	시클로헥산(C_6H_{12})
	디메틸에테르(CH_3OCH_3)
	이소부탄(C_4H_{10})
할로겐용	염소가스 또는 증기(Cl_2)
황화수소용	황화수소가스(H_2S)
시안화수소용	시안화수소가스(HCN)
아황산용	아황산가스(SO_2)
암모니아용	암모니아가스(NH_3)

② 방독마스크 등급

등급	사용장소
고농도	가스 또는 증기의 농도가 100분의 2(암모니아에 있어서는 100분의 3) 이하의 대기 중에서 사용하는 것
중농도	가스 또는 증기의 농도가 100분의 1(암모니아에 있어서는 100분의 1.5) 이하의 대기 중에서 사용하는 것
저농도 및 최저농도	가스 또는 증기의 농도가 100분의 0.1 이하의 대기 중에서 사용하는 것으로서 긴급용이 아닌 것

※ 방독마스크는 산소농도가 18% 이상인 장소에서 사용하여야 하고, 고농도와 중농도에서 사용하는 방독마스크는 전면형(격리식, 직결식)을 사용해야 한다.

③ 안전인증 방독마스크 표시 외에 추가 표시사항

㉠ 파과곡선도

㉡ 사용시간 기록카드

㉢ 정화통의 외부측면의 표시 색

㉣ 사용상의 주의사항

④ 정화통 외부 측면의 표시 색

종류	표시 색
유기화합물용 정화통	갈색
할로겐용 정화통	회색
황화수소용 정화통	
시안화수소용 정화통	
아황산용 정화통	노란색
암모니아용 정화통	녹색
복합용 및 겸용의 정화통	• 복합용 : 해당 가스 모두 표시(2층 분리) • 겸용 : 백색 과 해당 가스 모두 표시(2층 분리)

※ 증기밀도가 낮은 유기화합물 정화통의 경우 색상표시 및 화학물질명 또는 화학기호를 표기

기출문제

유기화학물용 방독마스크의 시험가스가 아닌 것은?

❶ 증기
② 디메틸에테르
③ 시클로헥산
④ 이소부탄

참고

파과란 대응하는 가스에 대하여 정화통 내부의 흡착제가 포화상태가 되어 흡착능력을 상실한 상태를 말한다.

기출문제

보호구 안전인증 고시상 안전인증 방독마스크의 정화통의 종류와 외부 측면의 표시 색이 잘못 연결된 것은?

① 할로겐용 – 회색
② 황화수소용 – 회색
❸ 암모니아용 – 회색
④ 시안화수소용 – 회색

기출문제

공기 중 산소 농도가 부족하고, 공기 중에 미립자상 물질이 부유하는 장소에서 사용하기에 가장 적절한 보호구는?

① 면마스크
② 방독마스크
③ 송기마스크
④ 방진마스크

해설 송기마스크는 공기 중의 산소 농도가 18% 미만의 산소 결핍 장소에서 사용하는 보호구이다.

(6) 송기마스크

가스, 증기, 공기 중에 부유하는 미립자상 물질 또는 산소결핍 공기를 흡입함으로써 발생할 수 있는 근로자 건강장해의 예방을 위해 사용하는 보호구이다.

① 송기마스크의 장점

㉠ 산소가 전혀 없는 곳에서도 사용할 수 있다.

㉡ 작업시간에 크게 지장을 받지 않는다.

㉢ 여과식 마스크와 달리 호흡하는 공기량이 적당량의 유속으로 공급되므로 호흡이 편하다.

㉣ 사용방법이 간단하다.

② 송기마스크의 종류

호스마스크, 에어라인마스크, 복합식 에어라인마스크 등

(7) 보호복

방열복은 고열작업에 의한 화상과 열중증을 방지하기 위해 사용하는 보호복으로서, 방열복의 종류는 착용 부위에 따라 다음과 같이 분류된다.

종류	착용 부위	질량
방열상의	상체	3.0kg
방열하의	하체	2.0kg
방열일체복	몸체(상 · 하체)	4.3kg
방열장갑	손	0.5kg
방열두건	머리	2.0kg

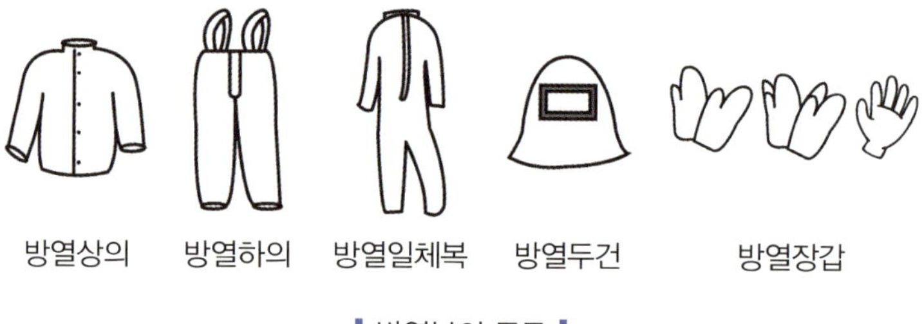

Ⅰ 방열복의 종류 Ⅰ

(8) 안전대

추락에 의한 위험을 방지하기 위해 로프, 고리, 급정지 기구와 근로자의 몸에 묶는 띠 및 부속품을 말하며, 전주 위에서의 전기공사, 통신선로 공사와 같은 고소작업, 광산, 채석장, 토목공사 현장의 고소 또는 급경사 작업에 사용된다.

① 안전대의 종류 및 사용 구분

안전대는 벨트식(B식)과 안전그네식(H식)의 두 가지 종류가 있고, 사용 구분에 따른 종류는 다음과 같다.

종류	사용 구분
벨트식(B식) 안전그네식(H식)	U자 걸이 전용 : 안전대의 로프를 구조물 등에 U자 모양으로 돌린 후 훅을 D링에, 신축 조절기를 각 링에 연결하여 신체의 안전을 도모하는 방법
	1개 걸이 전용 : 로프의 한쪽 끝을 D링에 고정시키고 훅을 구조물에 걸거나 로프를 구조물 등에 한 번 돌린 후 다시 훅을 로프에 걸어주어 추락에 의한 위험을 방지하기 위한 방법
	안전블록 : 안전그네와 연결하여 추락발생시 추락을 억제할 수 있는 자동잠김장치가 갖추어져 있고 죔줄이 자동적으로 수축되는 장치
	추락방지대 : 신체의 추락을 방지하기 위해 자동잠김장치를 갖추고 죔줄과 수직구명줄에 연결된 금속장치

※ 추락방지대 및 안전블록은 안전그네식에만 적용한다.

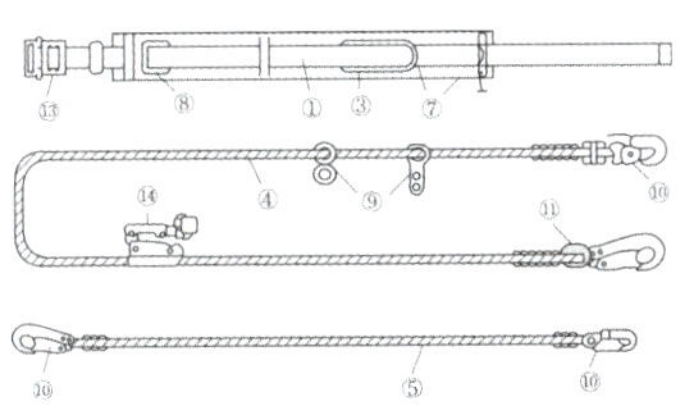

U자 걸이 사용 안전대

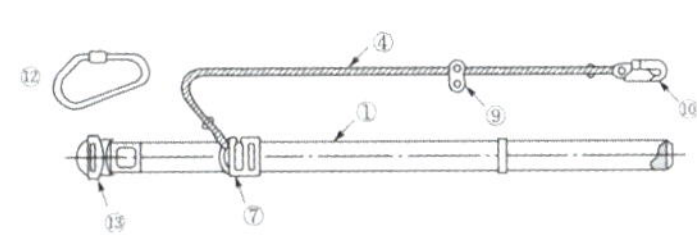

1개 걸이 전용 안전대

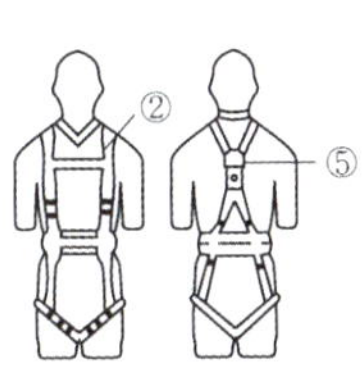

안전그네

안전블록

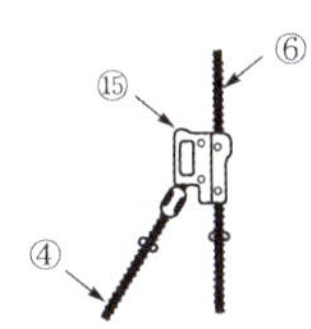

추락방지대

| 안전대의 종류 |

기출문제

안전대의 종류는 사용 구분에 따라 벨트식과 안전그네식으로 구분되는데, 다음 중 안전그네식에만 적용하는 것은?

❶ 추락방지대, 안전블록
② 1개 걸이용, U자 걸이용
③ 1개 걸이용, 추락방지대
④ U자 걸이용, 안전블록

참고

안전대 각부의 명칭

① 벨트	② 안전그네
③ 지탱벨트	④ 죔줄
⑤ 보조 죔줄	⑥ 수직구명줄
⑦ D링	⑧ 각링
⑨ 8자형 링	⑩ 훅
⑪ 보조 훅	⑫ 카라비너
⑬ 버클	⑭ 신축조절기
⑮ 추락방지대	

기출문제

보호구 안전인증고시에 따른 안전블록이 부착된 안전대의 구조 기준 중 안전블록의 줄은 와이어로프인 경우 최소지름은 몇 mm 이상이어야 하는가?

답 4mm 이상

기출 Check!

죔줄로 **합성섬유로프**를 사용할 수 있다.

② 안전대의 구조

㉠ 안전블록이 부착된 안전대의 구조

- 안전블록을 부착하여 사용하는 안전대는 신체지지의 방법으로 안전그네만을 사용할 것
- 안전블록은 정격 사용길이가 명시될 것
- 안전블록의 줄은 합성섬유로프, 웨빙, 와이어로프이어야 하며, 와이어로프인 경우 최소 공칭지름이 4mm 이상일 것

㉡ 추락방지대가 부착된 안전대의 구조

- 추락방지대를 부착하여 사용하는 안전대는 신체지지의 방법으로 안전그네만을 사용하여야 하며 수직구명줄이 포함될 것
- 수직구명줄에서 걸이설비와의 연결부위는 훅 또는 카라비너 등이 장착되어 걸이설비와 확실히 연결될 것
- 유연한 수직구명줄은 합성섬유로프 또는 와이어로프 등이어야 하며, 구명줄이 고정되지 않아 흔들림에 의한 추락방지대의 오작동을 막기 위하여 적절한 긴장수단을 이용, 팽팽히 당겨질 것
- 죔줄은 합성섬유로프, 웨빙, 와이어로프 등일 것
- 고정된 추락방지대의 수직구명줄은 와이어로프 등으로 하며 최소지름이 8mm 이상일 것
- 고정 와이어로프에는 하단부에 무게추가 부착되어 있을 것

(9) 보안경

보안경은 날라 오는 물체에 의한 위험 또는 위험물, 유해 광선에 의한 시력 장해를 방지하기 위한 것으로써, 사용구분에 따라 차광보안경, 유리보안경, 플라스틱 보안경, 도수렌즈 보안경이 있다.

① 보안경의 종류

종류	사용구분	렌즈의 재질
차광 보안경	해로운 자외선 및 적외선 또는 강렬한 가시광선이 발생하는 장소에서 눈을 보호하기 위한 것	유리 및 플라스틱
유리 보안경	미분, 칩, 기타 비산물로부터 눈을 보호하기 위한 것	유리
플라스틱 보안경	미분, 칩, 액체 약품 등 기타 비산물로부터 눈을 보호하기 위한 것(고글형은 부유분진, 액체 약품 등의 비산물로부터 눈을 보호하기 위한 것)	플라스틱

종류	사용구분	렌즈의 재질
도수렌즈 보안경	근시, 원시 혹은 난시인 근로자가 차광 보안경, 유리 보안경을 착용해야 하는 장소에서 작업하는 경우, 빛이나 비산물 및 기타 유해물질로부터 눈을 보호함과 동시에 시력을 교정하기 위한 것	유리 및 플라스틱

② 차광보안경의 종류

종류	사용구분
자외선용	자외선이 발생하는 장소
적외선용	적외선이 발생하는 장소
복합용	자외선 및 적외선이 발생하는 장소
용접용	산소 용접작업 등과 같이 자외선, 적외선 및 강렬한 가시광선이 발생하는 장소

(10) 보안면

작업 시 발생되는 유해·위험요인으로부터 얼굴을 보호하기 위한 보호구이다.

① 보안면의 구분

㉠ 일반 보안면 : 각종 비산물과 유해한 액체로부터 보호

㉡ 용접용 보안면 : 용접작업 시 눈과 안면을 보호

② 보안면의 분류

분류 기준	설명
접면의 면체의 취급방법	• 핸드실드형 : 손에 쥐고 작업 • 헬멧형 안전모 부착식 : 안전모에 장착 • 헬멧형 헤어밴드식 : 용접면에 헤드밴드 부착
카바 플레이트의 개폐 방식	• 개폐식 : 창부분이 이중으로 되어 개폐 가능 • 고정식 : 개폐할 수 없음.

(11) 방음용 귀마개 또는 귀덮개

방음보호구는 소음이 많은 작업장에서 소음에 의한 청각장애를 방지하기 위하여 귀에 착용하는 보호구이다.

① 방음보호구의 분류

분류	설명
방음용 귀마개	외이도에 삽입 또는 외이 내부 · 외이도 입구에 반 삽입함으로서 차음효과를 나타내는 일회용 또는 재사용 가능한 방음용 귀마개
방음용 귀덮개	양쪽 귀 전체를 덮을 수 있는 컵(머리띠 또는 안전모에 부착된 부품을 사용하여 머리에 압착될 수 있는 것)

기출 **Check!**

방음용 귀마개는 귀의 구조상 **외이도**(귓바퀴에서 고막까지 이르는 길)에 잘 맞아야 한다.

기출문제

보호구 안전인증 고시에 따른 방음용 귀마개 또는 귀덮개와 관련된 용어의 정의 중 다음 ( ) 안에 알맞은 것은?

음압수준이란 음압을 데시벨(dB)로 나타낸 것을 말하며, 적분평균소음계 또는 소음계에 규정하는 소음계의 ( ) 특성을 기준으로 한다.

① A ② B
❸ C ④ D

기출문제

산업안전보건법령상 주로 고음을 차음하고, 저음은 차음하지 않는 방음보호구의 기호로 옳은 것은?

① NRR ② EM
③ EP－1 ❹ EP－2

법령

산업안전보건법 시행규칙 별표 7

※ 음압수준 : 음압을 다음 식에 따라 데시벨(dB)로 나타난 것을 말하며, 적분평균소음계(KS C 1505) 또는 소음계(KS C 1502)에 규정하는 소음계의 C 특성을 기준으로 한다.

$$\text{음압수준}(dB) = 20\log_{10}\left(\frac{P_1}{P_0}\right)$$

여기서 P_1: 측정하고자 하는 음압

P_0: 기준음압($P_0 = 20\mu\text{N/m}^2$)

② 방음용 귀마개 또는 귀덮개의 등급

종류	등급	기호	성능
귀마개	1종	EP－1	저음부터 고음까지 차음하는 것
	2종	EP－2	주로 고음을 차음하여 회화음 영역인 저음은 차음하지 않는 것
귀덮개	–	EM	–

4 안전보건표지의 종류 · 용도 및 적용 ★★★★

(1) 안전보건표지의 목적

① 위험한 기계 · 기구 또는 자재의 위험성을 표시로 경고하여 재해를 사전에 방지한다.

② 안전보건표지 속의 그림 또는 부호의 크기는 안전보건표지의 크기와 비례하여야 하며, 안전보건표지 전체 규격의 30% 이상이 되어야 한다.

(2) 안전보건표지의 종류 및 형태

① 분류별 용도와 색채

분류	용도	색채		
		바탕	기본 모형	관련 부호 및 그림
금지표지	특정한 행동을 금지시키는 표지	흰색	빨간색	검은색
경고표지	위해 또는 위험물에 대한 주의를 환기시키는 표지	노란색	검은색	검은색
지시표지	보호구 착용을 지시하는 표지	파란색	–	흰색
안내표지	비상구, 의무실 등의 위치를 알리는 표지	흰색, 녹색	녹색	녹색, 흰색

② 종류와 형태

1 금지 표지	101 출입금지 	102 보행금지 	103 차량통행금지 	104 사용금지 
105 탑승금지 	106 금연 	107 화기금지 	108 물체이동금지 	**2 경고 표지**
201 인화성 물질 경고 	202 산화성 물질 경고 	203 폭발성 물질 경고 	204 급성독성 물질 경고 	205 부식성 물질 경고 
206 방사성 물질 경고 	207 고압전기 경고 	208 매달린 물체 경고 	209 낙하물 경고 	210 고온 경고 
211 저온 경고 	212 몸균형 상실 경고 	213 레이저광선 경고 	214 발암성 · 변이원성 · 생식독성 · 전신독성 · 호흡기과민성 물질 경고 	215 위험장소 경고 
3 지시 표지	301 보안경 착용 	302 방독마스크 착용 	303 방진마스크 착용 	304 보안면 착용 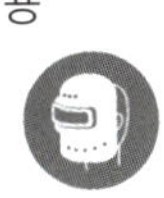
305 안전모 착용 	306 귀마개 착용 	307 안전화 착용 	308 안전장갑 착용 	309 안전복 착용 
4 안내 표지	401 녹십자 표지 	402 응급구호 표지 	403 들것 	404 세안장치 

법령

산업안전보건법 시행규칙 별표 6

참고

안전보건표지의 색상은 앞표지의 안쪽을 참고하세요.

기출문제

산업안전보건법령상 안전보건표지의 종류 중 경고표지의 기본 모형(형태)이 다른 것은?

❶ 폭발성 물질 경고
② 방사성 물질 경고
③ 매달린 물체 경고
④ 고압전기 경고

기출문제

산업안전보건법상 안전보건표지의 종류 중 보안경 착용이 표시된 안전보건표지는?

① 안내표지
② 금지표지
③ 경고표지
❹ 지시표지

기출문제

산업안전보건법령상 안전보건표지의 종류 중 안내표지에 해당하지 않은 것은?

① 들것
② 비상용 기구
❸ 출입구
④ 세안장치

405 비상용 기구	406 비상구	407 좌측 비상구	408 우측 비상구	5 관계자외 출입금지

501 허가대상물질 작업장	502 석면 취급/해체 작업장	503 금지대상물질의 취급 실험실 등
관계자외 출입금지 **(허가물질 명칭)** **제조/사용/보관 중** **보호구/보호복 착용** **흡연 및 음식물 섭취 금지**	**관계자외 출입금지** **석면 취급/해체 중** **보호구/보호복 착용** **흡연 및 음식물 섭취 금지**	**관계자외 출입금지** **발암물질 취급 중** **보호구/보호복 착용** **흡연 및 음식물 섭취 금지**

6 문자 추가 시 예시문		• 내 자신의 건강과 복지를 위하여 안전을 늘 생각한다. • 내 가정의 행복과 화목을 위하여 안전을 늘 생각한다. • 내 자신의 실수로써 동료를 해치지 않도록 안전을 늘 생각한다. • 내 자신이 일으킨 사고로 인한 회사의 재산과 손실을 방지하기 위하여 안전을 늘 생각한다. • 내 자신의 방심과 불안전한 행동이 조국의 번영에 장애가 되지 않도록 하기 위하여 안전을 늘 생각한다.

기출문제

산업안전보건법령상 안전보건 표지의 종류와 형태 중 관계자 외 출입금지에 해당하지 않는 것은?

❶ 관리대상물질 작업장
② 허가대상물질 작업장
③ 석면취급 · 해체 작업장
④ 금지대상물질의 취급 실험실

③ 색도기준

색채	기준	용도	사용 예
빨간색	7.5R 4/14	금지	정지신호, 소화설비 및 그 장소, 유해행위의 금지
		경고	화학물질 취급장소에서의 유해 · 위험 경고
노란색	5Y 8.5/12	경고	화학물질 취급장소에서의 유해 · 위험 경고 이외의 위험경고, 주의표지 또는 기계방호물
파란색	2.5PB 4/10	지시	특정 행위의 지시 및 사실의 고지
녹색	2.5G 4/10	안내	비상구 및 피난소, 사람 또는 차량의 통행표지
흰색	N9.5	–	파란색 또는 녹색에 대한 보조색
검은색	N0.5	–	문자 및 빨간색 또는 노란색에 대한 보조색

법령

산업안전보건법 시행규칙 별표 8

기출문제

산업안전보건법령상 안전보건 표지의 색채와 색도기준의 연결이 틀린 것은?

① 빨간색 – 7.5R 4/14
② 노란색 – 5Y 8.5/12
③ 파란색 – 2.5PB 4/10
❹ 흰색 – N0.5

제3장 산업안전심리

01 산업심리와 심리검사

합격 체크포인트
- 심리검사의 종류 및 구비조건
- 스트레스의 유발요인

1 산업심리학의 정의 및 목적 ★

산업심리학이란 산업에 있어서 인간행동을 심리학적인 방법과 식견을 가지고 연구하는 실천과학이며, 응용심리학의 한 분야이다.

① 인간심리의 관찰, 실험, 조사 및 분석을 통하여 얻은 일정한 과학적 법칙을 산업관리에 적용하여 생산을 증가하고 작업자의 복지를 증진하고자 하는 데 목적이 있다.

② 작업자를 적재적소에 배치할 수 있는 과학적 판단과 배치된 작업자가 만족하게 자기 책무를 다할 수 있는 여건을 만들어 주는 방법을 연구한다.

③ 인사관리에서 산업심리의 목적은 작업자 직무에 대한 능률분석과 작업자 집단의 개인 및 직무에 대한 분석을 수행하는 데 목적이 있다.

2 심리검사의 종류 및 구비 조건 ★

(1) 심리검사의 종류

① 지능검사 ② 적성검사
③ 흥미검사 ④ 성격검사

(2) 심리검사의 구비조건

구비조건	설명
신뢰성	동일한 개인이 동일한 검사를 반복하여도 비슷한 결과가 나와야 한다.
실용성	검사는 사용자가 쉽게 실시하고 해석할 수 있어야 한다.
타당성	검사가 측정하고자 하는 심리적 측면을 정확하게 반영하며, 검사 결과가 실제로 의미 있는 것을 나타내어야 한다.

(3) 심리검사의 기준

① 표준화
② 객관성
③ 규준성
④ 신뢰성
⑤ 타당성

3 심리학적 요인 ★

산업심리학에서의 사고요인은 다음과 같은 정신적 요소가 있다.

① 안전의식의 부족

② 주의력의 부족

③ 방심과 공상

④ 개성적 결함요소

㉠ 과도한 자존심 및 자만심

㉡ 사치와 허영심

㉢ 다혈질 및 인내력 부족

㉣ 나약한 마음

㉤ 게으름

㉥ 도전적 성격

기출문제

사고요인이 되는 정신적 요소 중 개성적 결함요인에 해당하지 않는 것은?

❶ 방심 및 공상
② 도전적인 마음
③ 과도한 집착력
④ 다혈질 및 인내심 부족

4 지각과 정서 ★

(1) 지각의 의미

① 지각은 감각기관을 통해 받아들인 감각적 자극(시각적, 청각적, 촉각적 등)을 해석하고 조직하는 인지적 과정으로, 환경에서 온 정보를 받아들여 뇌 내에서 해석되고 이해되는 과정을 의미한다.

② 심리학에서 지각은 개인의 인지적 과정, 의사결정, 행동에 어떻게 영향을 미치는지를 이해하는 데 중요한 개념으로 사용된다.

(2) 정서의 의미

① 정서는 개인의 감정, 기분, 태도 및 심리적 상태를 나타내는 데 사용되는 개념이다.

② 산업안전심리에서의 개인의 정서는 작업태도, 스트레스 관리, 소통, 협력, 위험인식, 사고 예방 등 안전과 직접적으로 관련된 다양한 측면에 영향을 미칠 수 있다.

5 동기 · 좌절 · 갈등 ★

(1) 동기

① 의미 : 원하는 행동을 시작하고 유지하는 과정

② 유형 : 생리적 동기, 심리적 동기, 내재적 동기, 외재적 동기

(2) 좌절

① 의미 : 기대하거나 원하는 목표를 달성하지 못하거나 어려움을 겪을 때 느끼는 부정적인 정서적 상태

② 요인 : 목표 실패, 사회적 지원 부족, 부정적 자아, 타인과의 비교

(3) 갈등

① 의미 : 개인이나 집단이 함께 일을 수행하는 데 애로를 겪는 형태로서, 정상적인 활동이 방해되거나 파괴되는 상태

② 갈등의 정의 속에 공통된 개념

㉠ 반대의 개념(concepts of opposition)

㉡ 제한된 자원(scarcity sources)의 개념

㉢ 방해(blockage)의 개념

㉣ 당사자의 존재 등

6 불안과 스트레스 ★

(1) 스트레스의 기능

① 스트레스의 순기능 : 적정한 스트레스는 개인의 심신활동을 촉진하고 활성화하여 직무수행에 있어서 문제해결에 창조력을 발휘하게 되고 동기유발이 증가하며 생산성을 향상시키는 데 기여한다.

② 스트레스의 역기능 : 스트레스가 과도하거나 누적되면 역기능 스트레스로 작용하여 심신을 황폐하게 하거나 직무성과에 부정적인 영향을 미친다.

(2) 스트레스의 유발요인

구분	요인	
내적 요인	• 자존심의 손상 • 업무상의 죄책감	• 현실에서의 부적응 • 도전의 좌절과 자만심의 상충
외적 요인	• 경제적 어려움 • 가족의 죽음, 질병	• 가족관계의 갈등 심화 • 자신의 건강 문제

기출문제

스트레스의 주요 요인 중 환경이나 기타 외부에서 일어나는 자극요인이 아닌 것은?
❶ 자존심의 손상
② 대인관계 갈등
③ 죽음, 질병
④ 경제적 어려움

(3) 직무스트레스(조직수준)의 관리 방안

① **과업재설계** : 조직구성원에게 이미 할당된 과업을 변경시키는 것

㉠ 조직구성원의 능력과 적성에 맞게 설계한다.

㉡ 직무배치나 승진 시 개인 적성을 고려한다.

㉢ 직무에서 요구하는 기술의 훈련 프로그램을 개발한다.

㉣ 의사결정 시 적극적으로 참여시킨다.

② **참여관리** : 권한을 분권화시키고 의사결정에의 참여를 확대하여 개인이 과업수행에서 재량권과 자율성을 증가시키는 것

③ **역할분석** : 개인의 역할을 명확히 정의하여 줌으로써 스트레스를 발생시키는 요인을 제거

④ **경력개발** : 경력개발에 대한 무관심은 자신이 정체되고 있다는 느낌과 좌절감으로 이직 성향이나 전직으로 나타나고 과업성과가 떨어지므로 관리자들은 조직구성원들의 경력개발을 위해 노력해야 함.

⑤ **융통성 있는 작업계획** : 작업환경에서 개인의 통제력과 재량권을 확대해 주는 것

⑥ **목표설정** : 개인의 직무에 대한 구체적인 목표를 설정

⑦ **팀 형성** : 작업집단 내에서 협동적, 지원적 관계를 형성함으로써 작업에 대한 효과를 향상시킴.

(4) 조직 차원의 스트레스 대처 방법

구분	내용
종업원	참여정도, 의사소통, 목표설정, 업무설계의 충실화, 여가계획, 조직 외 활동, 독립성, 자기개발, 사회적 지지 등
관리자	경영계획의 지원, 선발, 직무배치의 적절성, 종업원 지원 프로그램, 융통성, 정서적 지원, 복지계획, 지원 시스템, 갈등 감소, 임무의 명료성, 참여적 의사결정, 환경변화, 역할분석, 적응 프로그램, 보상계획 등

02 직업적성과 배치

1 직업적성의 분류 ★★

(1) 직업적성

① **기계적 적성** : 기계 작업에 성공하기 쉬운 특성으로 기계 작업에서의 성공에 관계되는 요인으로는 다음과 같은 것이 있다.

㉠ 손과 팔의 솜씨 : 빨리 그리고 정확히 잔일이나 큰일을 해내는 능력

㉡ 공간 시각화 : 형상이나 크기의 관계를 확실히 판단하여 각 부분을 뜯어서 다시 맞추어 통일된 형태가 되도록 손으로 조작하는 과정

㉢ 기계적 이해 : 공간 시각화, 지각 속도, 추리, 기술적 지식, 기술적 경험 등의 복합적 인자가 합쳐져서 만들어지는 적성

② **사무적 적성** : 사무적 일에는 지능도 중요하지만, 그와 함께 손과 팔의 솜씨나 지각의 속도 및 정확도 등이 특히 중요하다.

(2) 지능(intelligence)

① 지능은 학습, 능력, 추상적 사고, 능력, 환경 적응 능력으로서 새로운 과제 등을 효과적으로 처리할 수 있는 능력이다.

② 직무에서 창의성을 발휘하려면 어느 정도 이상의 지능이 있어야 하고, 그 지능 이상이 되면 창의성은 다른 요인의 영향을 많이 받는다.

(3) 흥미(interest)

① 직무 선택, 직업의 성공, 만족 등 직무적 행동의 동기를 조성한다.

② 직무에 대한 흥미는 직무에 전념하는 태도에 영향을 미친다.

2 적성검사 ★

(1) 적성검사의 의미

① 적성검사란 개인의 개성, 소질, 재능을 일정한 방식에 의거하여 어떤 분야에 적합한가를 객관적으로 확인하는 인간의 측정 행위이다.

합격 체크포인트

- 직업적성의 분류
- 적성배치와 인사관리

기출문제

직업자 적성의 요인이 아닌 것은?
① 성격(인간성)
② 지능
❸ 인간의 연령
④ 흥미

② 적성검사는 개인이 어떤 직무에 임하기에 앞서 그 직무를 최상의 상태로 수행할 수 있는 신뢰성과 타당성에 관하여 진단하고 예측하려는 방법론적 목적을 말한다.

(2) 적성검사의 종류 및 특징

① **종류** : 지능, 수리 능력, 사무 능력, 언어 능력, 공간 판단 능력, 형태 지각 능력, 운동 조절 능력, 손가락 재치, 손의 재치 등에 대하여 일정한 검사방법에 따라 실시한다.

② **특징** : 타당성, 객관성, 표준화, 신뢰성, 규준 등

기출문제

직무적성검사의 특징이 아닌 것은?

❶ 재현성　② 객관성
③ 타당성　④ 표준화

3 직무분석 및 직무평가 ★

① 직무분석이란 직무의 내용과 성격에 관련된 모든 중요한 정보를 수집하고, 이들 정보를 관리 목적에 적합하게 정리하는 체계적 과정이다.

② 인사관리를 합리적으로 수행하기 위해 직무를 중심으로 직무와 인간의 관계를 명확하게 하기 위한 목적이 있다.

4 선발과 배치 및 인사관리 ★

(1) 적성배치의 필요성과 의의

① 인적 측면과 환경적 측면의 타협적 조화가 유지될 때 인간 행동의 변용과 안전 태도 형성으로 재해 사고의 예방 효과를 가져올 수 있다.

② 적성배치는 개인의 능력과 직무에 자격 요건을 상호 보완케 하는 방법이다.

③ 적성배치는 인간의 기초 능력과 직업 특유의 능력을 포괄하는 방향으로 조정되어야 한다.

(2) 합리적인 적성배치를 위하여 고려해야 할 사항

① 적성검사를 실시하여 능력을 평가한다.

② 직무를 평가하여 자격 수준을 결정한다.

③ 주관적인 감정 요소를 배제한다.

④ 인사관리 원칙에 준한다.

⑤ 직무에 영향을 줄 수 있는 환경적 요인을 검토한다.

(3) 적성배치와 사고 예방 대책

① 사고를 일으키는 불안전한 행동의 원인

㉠ 적응 훈련의 미숙

㉡ 적성배치의 부적합

㉢ 적성 관리 미비

② 사고 예방 대책

㉠ 사고는 지능이 높은 쪽과 낮은 쪽이 서로 조화되지 못하는 곳에서 발생된다.

㉡ 따라서 적성배치 시에는 기능적 능력 이상으로 작업의 지능과 인간의 지능과의 균형이 적합해야 한다.

(4) 적성배치와 인사관리

① 적성배치와 인사관리는 '적재적소의 배치'라는 근본적 이념에서 일치한다.

② 관리적 개념에서 적성배치는 능력 위주이고, 인사관리는 조직 기능 우선에 따라 부수적으로 적성배치를 고려하게 된다.

기출문제

다음 중 인사관리의 목적을 가장 올바르게 나타낸 것은?

❶ 사람과 일과의 관계
② 사람과 기계와의 관계
③ 기계와 적성과의 관계
④ 사람과 시간과의 관계

03 인간의 특성과 안전과의 관계

합격 체크포인트

• 인간의 안전심리 5요소
• 착오와 착시

1 안전사고 요인 *

구분	내용
감각운동 기능	• 시각 : 감시적 역할 • 청각 : 연락적 역할 • 피부감각(촉각, 온각, 냉각, 통각) : 경보적 역할 • 심부감각(피부보다도 심부에 있는 근육이나 건 등의 감각 수용기) : 조절적 역할
지각	• 물적 작업조건 자체가 아니라 물적 작업조건에 대한 지각이 능률에 영향을 준다.
안전수단을 생략(단락)하는 경우	• 의식과잉 • 피로 또는 과로 • 주변영향

2 산업안전심리의 요소 ★★

(1) 인간의 안전심리 5요소

요소	설명
동기 (motive)	능동적인 감각에 의한 자극에서 일어나는 사고의 결과로서 사람의 마음을 움직이는 원동력이다.
기질 (temper)	인간의 성격, 능력 등 개인적인 특성을 말하는 것으로 성장 시의 생활환경에서 영향을 받으며, 특히 여러 사람과의 접촉 및 주위환경에 따라 달라진다.
감정 (emotion)	감정은 지각, 사고 등과 같이 대상의 성질을 아는 작용이 아니고 희로애락 등의 의식을 말한다. 사람의 감정은 안전과 밀접한 관계를 가지고 사고를 일으키는 정신적 동기를 만든다.
습성 (habits)	동기, 기질, 감정 등이 밀접한 연관관계를 형성하여 인간의 행동에 영향을 미칠 수 있는 것을 말한다.
습관 (custom)	성장과정을 통해 형성된 특성 등이 자신도 모르게 습관화된 현상을 말하며, 습관에 영향을 미치는 요소로는 동기, 기질, 감정, 습성 등이 있다.

기출문제

다음 중 산업안전심리의 5대 요소에 포함되지 않는 것은?

① 습관 ② 동기
③ 감정 ❹ 지능

(2) 안전과 관련된 인간의 특성

특성	설명
주의력 집중과 배분	인간은 주의를 하는 특성이 있으며, 주의를 집중하는 경우에는 주의의 범위가 좁게 되고, 주의를 확장하는 경우에는 주의의 정도가 낮게 된다.
예측의 수준	인간은 무엇인가 일어날 것 같은 일에 대해서 미리 예측하여 대비하려는 특성이 있다. 예측의 수준은 체험, 지식 등을 기초로 조절된다.
망각	인간은 잊어버리는 특성이 있으며, 이것을 방지하기 위해서 점검표(checklist)를 이용하는 것이 효과적이다.
착오	착오 또는 오인의 메커니즘으로서, 위치의 착오, 순서의 착오, 패턴의 착오, 형태의 착오, 기억의 잘못 등이 있다.

기출문제

경험한 내용이나 학습된 행동을 다시 생각하여 작업에 적용하지 아니하고 방치함으로써 경험의 내용이나 인상이 약해지거나 소멸되는 현상을 무엇이라 하는가?

① 착각 ② 훼손
❸ 망각 ④ 단절

3 착상심리 ★

(1) 게스탈트(gestalt)의 지각 원리

지각 원리	설명
근접성	서로 더 가까이에 있는 것들을 그룹으로 보려고 하는 법칙
유사성	모양이나 크기와 같은 시각적인 요소가 유사한 것끼리 하나의 모양으로 보이는 법칙

지각 원리	설명
연속성	직선의 어느 부분이 가려져 있어도 그 직선이 연속되어 보이는 법칙
폐쇄성	불완전한 형태에 부족한 부분을 채워 완전한 형태로 보려는 법칙
단순성	모호하거나 복잡한 이미지를 가능한 단순한 형태로 인지하려는 법칙
공통성	같은 방향으로 움직이는 요소들은 움직이지 않거나 서로 다른 방향으로 움직이는 요소들보다 더욱 연관되어 보이는 법칙
대칭성	사물의 가운데를 중심으로 대칭인 형태로 보려는 법칙

4 착오와 착시, 착각현상 ★

(1) 착오

착오는 부적합한 의도를 가지고 행동으로 옮긴 경우를 말한다.

① 인지과정 착오의 요인
- ㉠ 생리적 · 심리적 능력의 한계
- ㉡ 정보량 저장능력의 한계
- ㉢ 감각차단 현상(예 단조로운 업무 등)
- ㉣ 정서 불안정

② 판단과정 착오의 요인
- ㉠ 자기합리화
- ㉡ 능력 부족(예 지식, 적성, 기술 등)
- ㉢ 정보 부족
- ㉣ 작업조건의 불량
- ㉤ 억측판단 : 자기 멋대로 주관적인 판단이나 희망적인 관찰에 근거를 두고 다분히 이래도 될 것이라는 것을 확인하지 않고 행동으로 옮기는 판단이며, 억측판단이 발생하는 배경은 아래와 같다.
  - 정보가 불확실할 때
  - 희망적인 관측이 있을 때
  - 과거의 경험적 선입관이 있을 때

③ 착오를 유발할 수 있는 인간 의식의 공통적 경향
- ㉠ 의식은 현상의 대응력에 한계가 있다.
- ㉡ 의식은 그 초점에서 멀어질수록 희미해진다.
- ㉢ 당면한 문제에 의식의 초점이 합치되지 않고 있을 때는 대응력이 저감된다.

기출문제

위치, 순서, 패턴, 형상, 기억오류 등 외부적 요인에 의해 나타나는 것은?
① 메트로놈
② 리스크 테이킹
③ 부주의
❹ 착오

기출문제

경보기가 울려도 기차가 오기까지 아직 시간이 있다고 판단하여 건널목을 건너다가 사고를 당했다. 다음 중 이 재해자의 행동성향으로 옳은 것은?
① 착오 · 착각
② 무의식 행동
❸ 억측판단
④ 지름길 반응

㉣ 인간의 의식은 중단되는 경향이 있다.

㉤ 인간의 의식은 파동한다. 즉, 극도의 긴장을 유지할 수 있는 시간은 불과 수 초이며, 긴장 후에는 반드시 이완한다.

(2) 착시

정상적인 시력을 가지고도 물체를 정확하게 볼 수 없는 현상을 말한다.

종류	그림	현상
뮬러 라이어 (Müller Lyer)의 착시	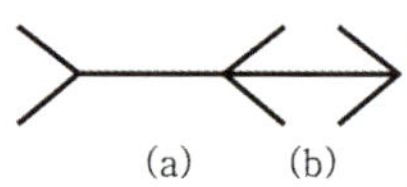	실제로 (a)와 (b)의 길이는 같지만, (a)가 (b)보다 길게 보인다.
헬름홀츠 (Helmholz)의 착시	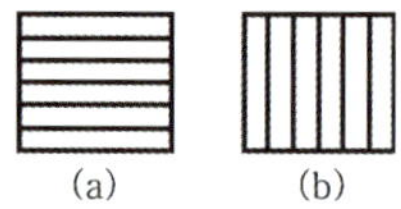	(a)는 세로로 길어 보이고, (b)는 가로로 길어 보인다.
헤링(Hering)의 착시	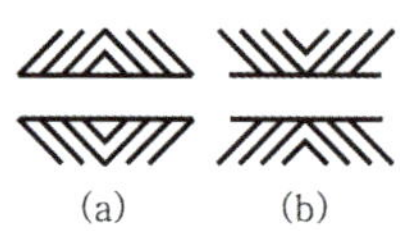	(a)는 평행선의 양 끝이 벌어져 보이고, (b)는 중앙이 벌어져 보인다.
쾰러(Köhler)의 착시 (윤곽 착오)	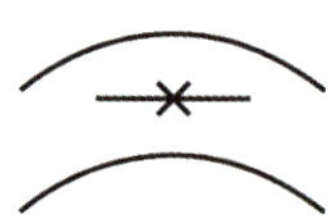	평형의 호를 본 후 즉시 직선을 보면 직선은 호의 반대 방향으로 굽어 보인다.

(3) 착각현상

① **가현운동(β－운동)** : 객관적으로 정지하고 있는 대상물이 급속히 나타나든가 소멸하는 것으로 인하여 일어나는 운동으로, 마치 대상물이 운동하는 것처럼 인식되는 현상을 말한다. 영화의 영상은 가현운동을 활용한 것이다.

② **유도운동** : 실제로는 움직이지 않는 것이 어느 기준의 이동에 유도되어 움직이는 것처럼 느껴지는 현상을 말한다.

③ **자동운동** : 암실 내에서 정지된 소광점을 응시하면 그 광점이 움직이는 것같이 보이는 현상을 말한다. 자동운동이 생기기 쉬운 조건은 다음과 같다.

㉠ 광점이 작은 것

㉡ 시야의 다른 부분이 어두운 것

㉢ 광의 강도가 작은 것

㉣ 대상이 단순한 것

기출문제

다음 중 인간의 착각현상에서 움직이지 않는 것이 움직이는 것처럼 느껴지는 현상을 무엇이라 하는가?

❶ 유도운동　② 잔상운동
③ 자동운동　④ 유선운동

기출문제

다음 중 자동운동이 생기기 쉬운 조건에 해당되지 않는 것은?

① 광점이 작은 것
② 대상이 단순한 것
❸ 광의 강도가 큰 것
④ 시야의 다른 부분이 어두운 것

제4장 인간의 행동과학

01 조직과 인간행동

> 합격 체크포인트
> - 집단에서의 인간관계 메커니즘의 종류
> - 인간의 적응기제

1 인간관계 ★

(1) 호손(Hawthorne) 실험

미국의 메이요(E. Mayo) 교수가 주축이 되어 호손 공장에서 실시한 인간관계 관리의 개선을 위한 연구로, 다음과 같은 연구의 결과가 제시되었다.

① 작업능률을 좌우하는 것은 단지, 임금, 노동 시간 등의 노동 조건과 조명, 환기, 기타 작업환경으로서의 물적 조건만이 아니라, 종업원의 태도, 즉 심리적 · 내적 양상과 감정이 더 중요하다.

② 종업원의 태도 및 감정을 좌우하는 것은 개인적, 사회적 환경, 사내의 협력 관계, 그 소속하는 비공식 집단의 힘이다.

(2) 인간관계 관리 기법

① 제안 제도 : 경영의 참가 의식을 높임, 인간관계를 양호하게 유지, 작업에 보람을 느껴 근로 의욕을 높임.

② 사기 조사 : 개인 및 집단이 사고하는 경향(감정 조사), 사기는 종업원의 근로의욕에 영향을 미치고 개인이나 조직의 목표에도 영향을 미침. 사기가 낮은 집단은 우선적으로 직무 설계로서 직무충실화나 직무확대 시도

③ 인사 담당 제도 : 종업원의 사기와 건전한 상태를 유지, 개발하는데 사용(지시적 상담, 비지시적 상담)

④ 문호 개방 정책 : 직원들이 상사와 자유롭게 소통할 수 있도록 하여 조직 내 소통과 신뢰를 증진

⑤ 고충 처리 제도 : 직원들이 직장에서 겪는 문제나 불만을 공식적으로 제기하고 해결할 수 있도록 지원하는 제도

2 사회행동의 기초 ★

구분	설명
욕구	• 1차적 욕구 : 기아, 갈증, 성, 호흡, 배설 등의 물리적 욕구와 유해 또는 불쾌자극을 회피 또는 배제하려는 위급욕구로 구성된다. • 2차적 욕구 : 경험적으로 획득된 것으로 대개 지위, 명예, 금전과 같은 사회적 욕구들을 말한다.
개성	인간의 성격, 능력, 기질의 3가지 요인이 결합되어 이루어진다.
인지	사태 또는 사상에 대하여 미리 어떠한 지식을 가지고 있느냐에 따라 규정된다.
신념	스스로 획득한 갖가지 경험 및 다른 사람으로부터 얻어진 경험 등으로 이루어지는 종합된 지식의 체계로 판단의 테두리를 정하는 하나의 요인이 된다.
태도	어떤 사태 또는 사상에 대하여 개인 또는 집단 특유의 지속적 반응경향을 말한다.

기출문제

다음 중 집단에서의 인간관계 메커니즘과 가장 거리가 먼 것은?

① 동일화, 일체화
② 커뮤니케이션, 공감
③ 모방, 암시
④ 분열, 강박

3 인간관계 메커니즘 ★★★

(1) 집단에서의 인간관계 메커니즘의 종류

구분	설명
일체화	인간의 심리적 결합
동일화	다른 사람의 행동양식이나 태도를 투입시키거나 다른 사람 가운데서 자기와 비슷한 것을 발견하려는 것
역할학습	유희
투사	자기 속에 억압된 것을 다른 사람의 것으로 생각하는 것
커뮤니케이션	갖가지 행동인식이나 기호를 매개로 하여 어떤 사람으로부터 다른 사람에게 전달되는 과정(언어, 몸짓, 신호, 기호 등)
공감	이입 공감(동정과는 구분해야 함)
모방	남의 행동이나 판단을 표본으로 하여 그것과 같거나, 또는 그것에 가까운 행동, 또는 판단을 취하려는 것
암시	다른 사람으로부터의 판단이나 행동을 무비판적으로 논리적, 사실적 근거 없이 받아들이는 것
승화	자신의 동기를 사회가 용납하는 다른 동기로 변형시킴
합리화	그럴듯한 이유나 변명을 들어 자신의 실패를 정당화
보상	자신의 결함이나 긴장을 해소시키기 위하여 장점 등으로 그 결함을 보충하려는 행동

(2) 인간의 적응기제

구분	설명
도피 기제	• 억압 : 불쾌한 생각이나 감정을 의식 밑바닥으로 눌러 숨기고 차단하는 것 • 퇴행 : 발달 단계를 역행하여 욕구 충족을 시도하는 행동 • 백일몽 : 현실과의 경계가 모호한 환상에 빠져 현실 판단이 어려운 상태 • 고립 : 어려운 상황과의 접촉을 피하여 현실에서 벗어나는 것
방어 기제	• 보상 : 열등감을 해소하기 위해 장점 등으로 결함을 보충하려는 행동 • 합리화 : 자기 실패나 약점을 이유를 들어 남에게 비난을 피하는 것 • 승화 : 억압된 욕구를 가치 있는 목적을 향해 노력하여 충족시키는 것 • 투사 : 자신의 불만이나 불안을 해소하기 위해 남에게 뒤집어씌우는 것 • 동일시 : 자신의 적응 불가능한 특성을 특정 집단과 동일시하여 욕구를 충족시키는 행동
공격 기제	• 직접적인 공격기제 : 폭행, 싸움, 기물파손 등 • 간접적인 공격기제 : 욕설, 비난, 조소 등

기출문제

다음 중 인간의 적응기제 중 방어기제로 볼 수 없는 것은?

① 승화 ❷ 고립
③ 합리화 ④ 보상

4 집단행동 ★

(1) 통제 있는 집단행동

집단의 운영에는 규칙이나 규율이 존재한다.

구분	설명
관습	풍습(folkways), 도덕규범(mores : 풍습에 도덕적 제재가 추가된 사회적인 관습), 예의, 금기(taboo) 등으로 나누어진다.
제도적 행동	합리적으로 집단구성원의 행동을 통제하고 표준화함으로써 집단의 안정을 유지하려는 것이다.
유행	집단 내의 공통적인 행동양식이나 태도 등을 말한다.

(2) 비통제의 집단행동

집단구성원의 감정, 정서에 좌우되고 연속성이 희박하다.

구분	설명
군중	집단구성원 사이에 지위나 역할의 분화가 없고, 구성원 각자는 책임감을 가지지 않으며, 비판력도 가지지 않는다.
모브(mob)	폭동과 같은 것을 말하며, 군중보다 한층 합의성이 없고 감정만으로 행동한다.
패닉(panic)	이상적인 상황 아래에서 모브(mob)가 공격적인 데 비해, 패닉(panic)은 방어적인 것이 특징이다.
심리적 전염	상당한 기간에 걸쳐 무비판적적으로 받아들여져 심리상태가 집단화되는 현상을 말한다.

5 인간의 일반적인 행동특성 ★★★

(1) 레빈(K. Lewin)의 인간행동 법칙

① 레빈은 인간의 행동은 그 자신이 가진 자질, 즉 개체와 심리적인 환경의 상호관계에 있다고 하였다.

② 아래는 이에 대한 상호관계를 보여주는 공식으로, 인간의 행동(B)은 개체(P)와 환경(E)의 함수(f)라는 것을 의미한다.

$$B = f(P \cdot E)$$

여기서, B : behavior(인간의 행동)
f : function(함수관계)
P : person(개체 : 연령, 경험, 심신상태, 성격, 지능 등)
E : environment(심리적 환경 : 인간관계, 작업환경 등)

③ 개체(P)를 구성하는 요인과 환경(E)을 구성하는 요인 중에서 어딘가에 부적절한 것이 있으면 사고가 발생한다.

④ 생산현장에서 작업할 때 안전한 행동을 유발시키기 위해서는 적성배치와 인간의 행동에 크게 영향을 주는 소질(개성적 요소)과 환경의 개선에 중점을 두게 되면 안전도에서 벗어날 만한 불안전한 행동의 방지가 가능하다.

(2) 인간의 행동 특성

① **간결성의 원리** : 인간의 심리활동에 있어서 최소에너지에 의해 어떤 목적에 달성하도록 하려는 경향을 말하며, 이 원리는 착오, 착각, 생략, 단락 등 사고의 심리적 요인을 불러일으키는 원인이 된다.

② **주의의 일점 집중현상** : 한 지점에 주의를 집중하면 다른 곳의 주의는 약해진다.

③ **동조행동** : 소속 집단의 행동 기준이나 원칙에 동조한다.

④ **좌측통행** : 일반적으로 좌측으로 통행하는 경우가 많다.

⑤ **순간적인 경우 대피 방향** : 좌측으로 대피한다.

⑥ **리스크 테이킹(risk taking)** : 객관적인 위험을 자기 나름대로 판정해서 의사결정을 하고 행동에 옮기는 것을 말한다. 안전태도가 양호한 사람은 리스크 테이킹의 정도가 적으며, 안전태도의 수준이 같은 경우 작업의 달성 동기, 성격, 능률 등의 요인의 영향에 의해 리스크 테이킹의 정도가 변한다.

기출문제

다음 중 인간의 행동특성에 관한 레빈(Lewin)의 법칙 "$B = f(P \cdot E)$"에서 f에 해당되는 것은?

① 행동 ② 소질
③ 환경 ❹ 함수

02 재해 빈발성 및 행동과학

1 사고경향 ★

(1) 사고경향성 이론

① 근로자 중 재해가 빈발하는 소질적 결함자가 있다는 이론

② 어떠한 사람이 다른 사람보다 사고를 더 잘 일으킨다는 이론과 사고를 많이 내는 여러 명의 특성을 측정하여 사고를 예방하는 것을 말한다.

2 성격의 유형 ★

재해 빈발자의 성격 유형	무사고자의 성격 유형
• 성급한 성격 • 근심, 걱정, 불안이 많은 성격 • 책임회피, 불평 · 불만 성격 • 무기력한 성격	• 겸손한 성격 • 감정을 통제하는 성격 • 책임감이 강하고 적극적인 성격 • 타인의 잘못에 관용을 베푸는 성격

3 재해 빈발성 ★★

(1) 재해 누발자의 유형

구분	설명
미숙성 누발자	경험이 부족과 새로운 작업이나 환경에 적응하지 못하여 작업을 올바르게 수행하지 못하거나 안전 절차를 따르지 않을 가능성이 높다.
상황성 누발자	일상적으로 안전한 행동을 보이지만, 아래와 같이 특정한 환경이나 압박 상황에서 안전 절차를 무시하거나 위험한 행동을 보일 수 있다. • 작업에 어려움이 많은 작업자 • 기계설비의 결함 • 환경상 주의력 집중이 혼란되는 경우 • 심신에 근심이 있는 작업자
소질성 누발자	성격, 태도, 성향 등에 따라 안전 절차를 무시하거나 부주의한 행동을 자주 보이며, 안전한 행동을 무시하거나 위험한 행동을 꾸준히 보일 가능성이 높다.
습관성 누발자	재해 경험에 의해 겁쟁이가 되거나 신경과민이 된 자를 말한다.

합격 체크포인트

- 매슬로우의 욕구단계이론
- 데이비스의 동기부여 이론
- 허츠버그의 동기 · 위생 이론
- 알더퍼의 ERG 이론
- 맥그리거의 X, Y 이론
- 주의의 특성 및 부주의의 현상

기출문제

다음 중 상황성 누발자의 재해 유발 원인에 해당하는 것은?

① 주의력 산만
② 저지능
❸ 설비의 결함
④ 도덕성 결여

4 동기부여 ★★★

(1) 의의

① 동기란 목표지향적 행동을 유발하도록 지시하고 유인하며 격려함으로써 행동을 촉진시키도록 자극하고 고무하는 내적 상태이다.

② 동기는 인간 행동의 주요 원인이며, 인간 행동을 개발하고 유지하며 일정 방향으로 유도해가는 과정이다.

③ 동기의 개념은 욕구, 충동, 목표, 유인, 자극, 보상 등과 관련된 용어를 포괄하려는 관점에서 이해하여야 한다.

(2) 작업수행 동기의 주요 속성

① 작업수행 동기는 조직에서 요구하는 일을 하려는 동기이다.

② 조직에서 구성원의 직무성과는 각자의 직무수행 능력과 동기부여에 의해서 결정된다.

③ 업무수행 능력은 조직을 구성하고 있는 개인이 자기에게 부여된 직무를 수행하는 데 활용할 수 있는 육체적 · 정신적 기능, 지식 및 경험을 포함한 것이고, 동기부여는 이러한 능력을 직무수행에 활용하려는 의지의 크기를 나타낸다.

$$P = f(A \cdot M)$$

여기서, P : 업무성과(perfomance)
f : 함수관계(function)
A : 능력(ability)
M : 동기부여(motivation)

④ 결국 동기부여는 개인이 담당하는 직무수행에 있어서 그의 능력 정도에 비례하여 직무성과를 올리는 요인으로서의 역할을 담당하며, 다시 말해 생산성 향상의 요인이 된다.

(3) 동기부여 이론

① 매슬로우(A. H. Maslow)의 욕구단계이론

매슬로우는 인간은 끊임없이 나은 환경을 갈망하여서 욕구가 단계를 형성하고 있으며, 낮은 단계의 욕구가 충족되면 높은 단계의 욕구가 행동을 유발시키는 것으로 파악하였다.

기출문제

안전교육훈련에 있어 동기부여 방법에 대한 설명으로 가장 거리가 먼 것은?

① 안전 목표를 명확히 설정한다.
② 결과를 알려준다.
③ 경쟁과 협동을 유발시킨다.
④ 동기유발 수준을 정도 이상으로 높인다.

해설 동기유발의 최적 수준을 유지한다.

단계	설명
제1단계 생리적 욕구	생명유지의 기본적 욕구, 즉 기아, 갈증, 호흡, 배설, 성욕 등 인간의 의식주에 대한 가장 기본적인 욕구(종족보존)
제2단계 안전과 안정 욕구	외부의 위험으로부터 안전, 안정, 질서, 환경에서의 신체적 안전을 바라는 자기 보존의 욕구
제3단계 소속과 사랑의 사회적 욕구	개인이 집단에 의해 받아들여지고, 애정, 결속, 동일시 등과 같이 타인과의 상호작용을 포함한 사회적 욕구
제4단계 존경(자존)의 욕구	자존심, 자기존중, 성공욕구 등과 같이 다른 사람들로부터 존경받고 높이 평가 받고자 하는 욕구
제5단계 자아실현의 욕구	각 개인의 잠재적인 능력을 실현하고자 하는 욕구(성취욕구)

② 맥클랜드(D.C. McClelland)의 성취동기이론

맥클랜드는 성취욕구, 친화욕구, 권력욕구의 세 가지 욕구가 매우 중요한 역할을 하며, 그중에서도 특히 성취욕구의 중요성에 착안하여 집중적으로 연구하였다.

구분	설명
성취욕구	무엇을 이루어내고 싶은 욕구
친화욕구	타인들과 사이좋게 잘 지내고 싶은 욕구
권력욕구	다른 사람에게 영향을 미치고 영향력을 행사하여 상대를 통제하고 싶은 욕구

㉠ 맥클랜드의 성취욕구는 학습, 기억, 인지, 정서 및 사회적 지원 등 다양한 변수들의 영향을 받는다고 주장하였다.

㉡ 맥클랜드는 성취욕구가 강한 사람들의 특징을 다음과 같이 제시하였다.

- 적절한 위험(모험)을 즐긴다.
- 즉각적인 복원조치를 강구할 줄 알고 자신이 하고 있는 일이 구체적으로 어떻게 진행되고 있는가를 알고 싶어 한다.
- 성공에서 얻어지는 보수보다는 성취 그 자체와 그 과정에 더욱 많은 관심을 기울인다.
- 과업에 전념하여 그 목표가 달성될 때까지 자신의 노력을 경주한다.

기출문제

다음 중 매슬로우(Maslow)의 욕구 5단계 이론에 해당되지 않는 것은?

① 생리적 욕구
② 안전 욕구
❸ 감성적 욕구
④ 존경의 욕구

기출문제

데이비스(K. Davis)의 동기부여 이론 등식으로 옳은 것은?

① 지식×기능=태도
② 지식×상황=동기유발
③ 능력×상황=인간의 성과
❹ 능력×동기유발=인간의 성과

기출문제

허츠버그(Herzberg)의 일을 통한 동기부여 원칙으로 틀린 것은?

① 새롭고 어려운 업무의 부여
❷ 교육을 통한 간접적 정보제공
③ 자기과업을 위한 작업자의 책임감 증대
④ 작업자에게 불필요한 통제를 배제

해설 교육을 통한 직접적 정보 제공

③ 데이비스(K. Davis)의 동기부여 이론

데이비스는 다음과 같은 동기부여 이론을 제시하였다.

㉠ 인간의 성과×물질의 성과=경영의 성과
㉡ 능력×동기유발=인간의 성과
㉢ 지식×기능=능력
㉣ 상황×태도=동기유발

④ 허츠버그(F. Herzberg)의 동기 · 위생 이론(2요인 이론)

허츠버그는 인간에게는 전혀 이질적인 두 가지 욕구가 동시에 존재한다고 주장하였고, 다음과 같이 위생요인과 동기요인이 있는 것으로 밝혔다.

위생요인(직무환경)	동기요인(직무내용)
회사정책과 관리, 개인 상호 간의 관계, 감독, 임금, 보수, 작업조건, 지위, 안전	성취감, 책임감, 인정, 성장과 발전, 도전감, 일 그 자체

㉠ 위생요인(유지욕구, 저차원적 욕구)

- 업무의 본질적인 면, 즉 일 자체에 관한 것이 아니라 업무가 수행되고 있는 작업환경 및 작업조건과 관계된 것들이다.
- 위생요인의 욕구가 충족되지 않으면 직무불만족이 생기나, 위생요인이 충족되었다고 해서 직무만족이 생기는 것이 아니다. 다만, 불만이 없어진다는 것이다. 직무만족은 동기요인에 의해 결정된다.
- 인간의 동물적 욕구를 반영하는 것으로 매슬로우의 욕구단계에서 생리적, 안전, 사회적 욕구와 비슷하다.
- 작업설계이론 : 작업설계를 통하여 직무환경 요인을 증가시키면, 작업 시 동기부여를 증진시킬 수 있다.

㉡ 동기요인(만족욕구, 고차원적 욕구)

- 동기요인들이 직무만족에 긍정적인 영향을 미칠 수 있고, 그 결과 개인의 생산능력의 증대를 가져오기도 한다.
- 위생요인의 욕구가 만족되어야 동기요인 욕구가 생긴다.
- 자아실현을 하려는 인간의 독특한 경향을 반영한 것으로 매슬로우의 자아실현욕구와 비슷하다.

⑤ 알더퍼(C.P. Alderfer)의 ERG 이론

알더퍼는 현장연구를 배경으로 매슬로우의 욕구 5단계를 수정하여 조직에서 개인의 욕구동기를 보다 실제적으로 설명하였다. 즉, 인간의 핵심적인 욕구를 존재욕구, 관계욕구 및 성장욕구의 단계로 나누는 이론을 제시하였다.

존재욕구 (existence)	생존에 필요한 물적 자원의 확보와 관련된 욕구(의식주, 봉급, 안전한 작업조건, 직무안전 등)
관계욕구 (relatedness)	사회적 및 지위상의 욕구로서 다른 사람과의 주요한 관계를 유지하고자 하는 욕구(상호작용, 대인욕구 등)
성장욕구 (growth)	내적 자기개발과 자기실현을 포함한 욕구(개인적 발전 능력, 잠재력 충족 등)

알더퍼 이론이 매슬로우 이론과 다른 점은 매슬로우의 이론에서는 저차원의 욕구가 충족되어야만 고차원의 욕구가 등장한다고 하지만, ERG 이론에서는 동시에 두 가지 이상의 욕구가 작동할 수 있다고 주장하고 있는 점이다.

⑥ 맥그리거(McGregor)의 X, Y이론

맥그리거에 의하면 작업이 외부로부터 통제되고 있는 전통적 조직은 인간성과 인간의 동기부여에 대한 여러 가지 가설에 근거하여 운영되고 있다는 것이다.

㉠ X이론은 인간성에 대해 다음과 같은 가설을 설정하고 있으며, X이론은 명령통제에 관한 전통적 관점이다.

- 인간은 게으르며 피동적이고, 일하기 싫어하는 존재이다.
- 책임을 회피하며, 자기보존과 안전을 원하고, 변화에 저항적이다.
- 인간은 이기적이고, 자기중심적이며, 경제적 욕구를 추구한다.
- 관리전략(당근과 채찍) : 경제적 보상체제의 강화, 권위적 리더십의 확립, 엄격한 감독과 통제제도 확립, 상부책임제도의 강화, 조직구조의 고층화 등
- 해당 이론 : 과학적 관리론, 행정관리론 등

㉡ 맥그리거는 관리자가 인간성과 동기부여에 대한 보다 올바른 이해를 바탕으로 하여 관리활동을 수행하는 것이 필요하다고 주장하였다. 그리하여 Y이론이라 불리는 인간행동에 관한 다음과 같은 가설을 설정하고 있다.

- 인간행위는 경제적 욕구보다는 사회심리적 욕구에 의해 결정된다.
- 인간은 이기적 존재이기보다는 사회(타인) 중심의 존재이다.
- 인간은 스스로 책임을 지며, 조직목표에 헌신하여 자기실현을 이루려고 한다.
- 동기만 부여되면 자율적으로 일하며, 창의적 능력을 가지고 있다.

기출문제

다음 중 알더퍼(Alderfer)의 ERG 이론에서 제시한 인간의 3가지 욕구에 해당하는 것은?
❶ Growth 욕구
② Rationalization 욕구
③ Economy 욕구
④ Environment 욕구

기출문제

맥그리거(Mcgregor)의 X · Y이론에서 X이론에 대한 관리 처방으로 볼 수 없는 것은?
❶ 직무의 확장
② 권위주의적 리더십의 확립
③ 경제적 보상체제의 강화
④ 면밀한 감독과 엄격한 통제

기출문제

맥그리거(McGregor)의 Y이론과 관계가 없는 것은?
① 직무 확장
② 책임과 창조력
③ 인간관계 관리방식
❹ 권위주의적 리더십

• 관리전략 : 민주적 리더십의 확립, 분권화와 권한의 위임, 목표에 의한 관리, 직무 확장, 비공식적 조직의 활용, 자체 평가제도의 활성화, 조직구조의 평면화 등
• 해당 이론 : 인간관계론, 조직발전이론, 자아실현이론 등

X이론	Y이론
인간 불신감	상호 신뢰감
성악설	성선설
인간은 원래 게으르고, 태만하여 남의 지배를 받기를 원한다.	인간은 부지런하고, 근면적이며, 자주적이다.
물질욕구(저차원 욕구)	정신욕구(고차원 욕구)
명령통제에 의한 관리	목표통합과 자기통제에 의한 자율관리
저개발국형	선진국형

⑦ 동기부여 이론들의 상호관련성

위생동기요인 (허츠버그)	욕구의 5단계 (매슬로우)	ERG 이론 (알더퍼)	X, Y이론 (맥그리거)
위생요인	1단계 : 생리적 욕구	존재 욕구	X이론
	2단계 : 안전 욕구		
동기요인	3단계 : 사회적 욕구	관계 욕구	Y이론
	4단계 : 존중의 욕구	성장 욕구	
	5단계 : 자아실현의 욕구		

5 주의와 부주의 ★★★★

(1) 주의

① 의미 : 행동의 목적에 의식수준이 집중되는 심리상태

② 특성

선택성	• 주의력의 중복집중 곤란(주의는 동시에 두 개 이상의 방향을 잡지 못함.) • 사람은 한 번에 여러 종류의 자극을 지각하거나 수용하지 못하며, 소수의 특정한 것으로 한정해서 선택함.
변동성	• 주의력의 단속성(고도의 주의는 장시간 지속할 수 없음.) • 주의는 리듬이 있어 언제나 일정한 수준을 지키지는 못함.
방향성	• 한 지점에 주의를 하면 다른 곳의 주의는 약해짐. • 주의를 집중한다는 것은 좋은 태도라고 볼 수 있으나, 반드시 최상이라고 할 수는 없음. • 공간적으로 보면 시선의 초점에 맞았을 때는 쉽게 인지되지만, 시선에서 벗어난 부분은 무시되기 쉬움.

기출문제

주의의 특성에 해당되지 않는 것은?

① 선택성 ② 변동성
❸ 가능성 ④ 방향성

(2) 부주의

① 의미 : 목적수행을 위한 행동 전개 과정에서 목적에서 벗어나는 심리적 · 신체적 변화의 현상

② 부주의의 현상

의식의 단절(무의식)	의식의 흐름에 단절이 생기고 공백 상태가 나타나는 경우(의식의 중단)
의식의 우회(부주의)	의식의 흐름이 빗나갈 경우로, 작업 도중의 걱정, 고뇌, 욕구불만 등에 의해서 발생(예 : 가정불화, 개인고민)
의식 수준의 저하	뚜렷하지 않은 의식의 상태로, 심신이 피로하거나 단조로움 등에 의해서 발생
의식의 혼란	외부의 자극이 애매모호하거나, 자극이 강하거나 약할 때 등과 같이 외적 조건에 의해 의식이 혼란하거나 분산되어 위험요인에 대응할 수 없을 때 발생
의식의 과잉(과긴장 상태)	돌발사태, 긴급이상사태 직면 시 순간적으로 의식이 긴장하고 한 방향으로만 집중되는 판단력 정지, 긴급방위반응 등의 주의의 일점집중 현상이 발생

(3) 부주의 발생원인과 대책

외적 원인 및 대책	• 작업환경 조건의 불량 : 환경 정비 • 작업순서의 부적당 : 작업순서 조절
내적 원인 및 대책	• 소질적 문제 : 적성배치 • 의식의 우회 : 상담(카운슬링) • 경험부족과 미숙련 : 안전교육, 훈련
정신적 측면에 대한 대책	• 주의력 집중훈련 • 스트레스 해소대책 • 안전의식의 재고 • 작업 의욕의 고취
기능 및 작업 측면의 대책	• 적성배치 • 안전작업 방법습득 • 표준작업의 습관화 • 적응력 향상과 작업조건의 개선 • 작업환경 설비의 안전화
설비 및 환경 측면의 대책	• 표준작업 제도의 도입 • 설비 및 작업의 안전화 • 긴급 시 안전대책 수립

기출문제

부주의현상으로 볼 수 없는 것은?
① 의식의 단절
❷ 의식 수준 지속
③ 의식의 과잉
④ 의식의 우회

기출문제

주의의 수준이 Phase 0인 상태에서의 의식상태로 옳은 것은?
❶ 무의식 상태
② 의식의 이완 상태
③ 명료한 상태
④ 과긴장 상태

(4) 인간 의식 레벨의 분류

단계	의식의 상태	생리적 상태	주의 작용
Phase 0	무의식, 실신	수면, 뇌발작	없음
Phase Ⅰ	의식의 둔화	피로, 단조로운 일	부주의
Phase Ⅱ	정상, 이완 상태	안정 기거 시, 휴식 시	수동적
Phase Ⅲ	정상, 명료한 상태	적극 활동 시	능동적
Phase Ⅳ	초긴장, 과긴장 상태	긴급 방위 반응	일점 집중 현상

합격 체크포인트

• 리더십의 유형
• 헤드십과 리더십의 차이

03 집단관리와 리더십

1 리더십의 정의와 유형 ★

(1) 리더십(leadership)의 정의

조직의 바람직한 목표를 달성하기 위하여 조직 내의 여러 집단 또는 개인의 자발적이고 적극적인 노력을 유도, 촉진하는 능력을 말한다.

기출문제

리더십의 유형에 해당되지 않는 것은?
① 권위형
② 민주형
③ 자유방임형
❹ 혼합형

(2) 리더십의 유형

전제적 리더십	• 조직활동의 모든 것을 리더가 직접 결정 및 지시 • 리더는 자신의 신념과 판단을 최상의 것으로 믿고, 부하의 참여나 충고를 받아들이지 않으며 복종만을 강요
민주적 리더십	• 참가적 리더십이라고도 하는데, 조직구성원의 의사를 종합하여 결정하고, 그들의 자발적인 의욕과 참여에 의하여 조직목적을 달성하려는 것이 특징 • 각 구성원의 활동은 자신의 계획과 선택에 따라 이루어지지만, 그 지향점은 생산향상에 있으며, 이를 위하여 리더를 중심으로 적극적인 참여와 협조를 아끼지 않음.
자유방임적 리더십	• 리더가 직접적으로 지시, 명령을 내리지 않으며, 그렇다고 하여서 부하들의 적극적인 협조를 얻는 것도 아님. • 리더는 대외적인 상징이거나 상직적 존재에 불과함.

(3) 관리격자 모형(그리드) 이론

블레이크(R. R. Blake)와 모튼(J. S. Mouton)은 조직구성원의 기본적인 관심을 업적에 대한 관심과 인간에 대한 관심의 두 가지에 두고, 1에서 9까지의 격자도를 그려서 관리 스타일을 측정하는 그리드(grid) 이론을 전개하였다.

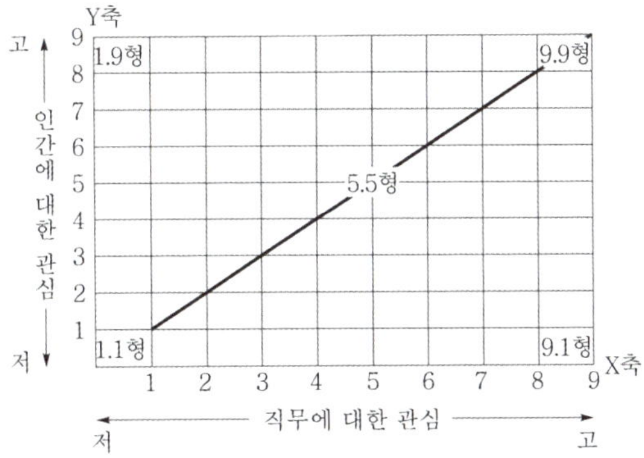

관리격자 리더십 모델

① (1 · 1)형 : 인간과 직무(업적)에 모두 최소의 관심을 가지고 있는 무관심형
② (1 · 9)형 : 인간중심 지향적으로 직무(업적)에 대한 관심이 낮은 컨트리클럽형(인기형)
③ (9 · 1)형 : 직무(업적)에 대하여 최대의 관심을 갖고, 인간에 대하여 무관심한 과업형
④ (9 · 9)형 : 직무(업적)와 인간의 쌍방에 대하여 높은 관심을 갖는 팀형(이상형)
⑤ (5 · 5)형 : 직무(업적) 및 인간에 대한 관심도에 있어서 중간값을 유지하려는 중도형(타협형)

(4) 리더십의 기능

환경판단의 기능	리더 자신을 포함하여 처해 있는 집단 내외의 형상에 대한 정확한 정보를 얻어 일정한 집단효과를 얻기 위한 자료로 분석, 정리하는 것
통일유지의 기능	지도적 지위의 유지에 노력함과 동시에 집단을 구성하는 단위의 이해를 조정함으로써 집단구성원의 일체감, 연대감을 조장하고 최종적으로 집단의 통일성을 유지, 강화하기 위한 활동
집단목표 달성의 기능	집단목표를 설정하고 이를 위한 구체적인 계획을 세워서 보다 생산적인 집단활동의 참가가 가능하도록 집단구성원의 조직화, 모럴(moral) 향상을 내용으로 하는 행동

기출문제

다음 중 리더십의 행동이론 중 관리 그리드(Managerial Grid) 이론에서 리더의 행동 유형과 경향을 올바르게 연결한 것은?
❶ (1.1)형 – 무관심형
② (1.9)형 – 과업형
③ (9.1)형 – 인기형
④ (5.5)형 – 이상형

(5) 리더의 권한

보상적 권한	리더들은 그들의 부하들에게 보상할 수 있는 권한(임금 인상, 승진 등)
강압적 권한	리더가 그들의 부하들에게 처벌할 수 있는 권한(승진 누락, 임금 삭감, 해고 등)
합법적 권한	조직의 규정에 의해 권력구조가 공식화된 권한(리더의 권한을 받아들여야 하는 부하의 의무를 합법화)
위임된 권한	리더가 정한 목표를 부하들이 자신의 것으로 받아들이고, 목표를 성취하기 위해 리더와 함께 일하는 것
전문성의 권한	리더가 집단의 목표수행에 전문적인 지식을 갖고 있는가와 관련된 권한(부하들이 인정하면 자발적으로 리더를 따름.)

2 헤드십과 리더십 ★★

(1) 헤드십(headship)의 정의

집단 내에서 선출된 리더의 경우를 리더십이라 하고, 외부에 의해 선출된 리더의 경우를 헤드십이라 한다.

(2) 헤드십과 리더십의 차이

개인과 상황변수	헤드십	리더십
권한 행사	임명된 헤드	선출된 리더
권한 부여	위에서 위임	밑으로부터 동의
권한 근거	법적 또는 공식적	개인능력
권한 귀속	공식화된 규정에 의함	집단목표에 기여한 공로 인정
상관과 부하와의 관계	지배적	개인적인 영향
책임 귀속	상사	상사와 부하
부하와의 사회적 간격	넓음	좁음
지휘 형태	권위주의적	민주주의적

기출문제

다음 보기 중 헤드십의 특성이 아닌 것을 고르면?

① 지휘 형태는 권위주의적이다.
② 권한 행사는 임명된 헤드이다.
③ 구성원과의 사회적 간격은 넓다.
❹ 상관과 부하와의 관계는 개인적인 영향이다.

3 사기와 집단역학 ★

(1) 집단역학의 정의

집단의 성질, 집단발달의 법칙, 집단과 개인 간의 관계, 집단과 집단 간의 관계, 집단과 조직과의 관계 등에 관한 지식을 얻는 것을 목적으로 하는 연구 분야이다.

(2) 집단의 구조

① 집단은 둘 이상의 사람의 모임으로 공통 목적을 가지고 있다.

② 집단의 목적은 조직의 목적보다 더욱 구체적이고 실질적이며 명확해야 한다.

③ 구성원들은 그들이 가지고 있는 전문지식, 권력, 지위 등의 요인에 따라 서로 구별되며, 그 집단 내에서 어떤 직위를 차지하게 된다.

④ 집단의 구조를 형성하는 중요한 요소는 역할, 규범, 지위, 목표 등이 있다.

(3) 집단의 종류

공식적 집단	• 전체조직의 목표와 관련된 사업을 수행하거나 특별한 필요가 있는 경우에 공식적으로 만들어진 집단 • 각 구성원들의 직무, 권한, 책임 등이 명확하고 집단의 목표나 계층이 잘 규정됨. • 상사와 부하로 구성된 명령집단과 조직의 특수한 프로젝트에 입각해서 구성된 명령집단과 조직 내에서 특수한 프로젝트나 직무에 입각해서 일을 할 수 있도록 구성된 과업집단이 있음.
비공식적 집단	• 각 구성원들이 그들의 작업환경에서 사회적 욕구를 충족시키기 위해 자연발생적으로 형성된 모임 • 자연발생적으로 형성되며, 내면적이고 불가시적이며, 감정의 논리에 따라 구성되고, 정서적 요소가 강하며 일부분의 구성원들만의 소집단으로 이루어짐. • 공통적인 이해와 태도에 따라 형성된 이익집단과 구성원 상호 간의 우호 관계를 위해 모인 우정집단이 있음.

(4) 집단적 사회행동과 특성

① 집단에 있어서 사회행동의 기본형태

㉠ 협력 : 조력, 분업 등

㉡ 대립 : 공격, 경쟁 등

㉢ 도피 : 고립, 정신병, 자살 등

㉣ 융합 : 강제, 타협, 통합 등

② 사회집단의 특성

공동사회와 1차 집단	• 단순하고 동질적이며 혈연적인 친밀한 인간관계가 있는 사회집단 • 공동체 의식으로 인하여 자발적인 협동, 소속감, 책임감 등이 강함(가족, 이웃, 동료, 지역사회 등).
이익사회와 2차 집단	• 계약에 의해 형성되는 집단 • 이해관계를 중심으로 하는 인위적인 협동사회(시장, 회사, 학회, 강당, 국가 등)

기출 문제

집단의 기능에 관한 설명으로 틀린 것은?

❶ 집단의 규범은 변화하기 어려운 것으로 불변적이다.
② 집단 내에 머물도록 하는 내부의 힘을 응집력이라 한다.
③ 규범은 집단을 유지하고, 집단의 목표를 달성하기 위해 만들어진 것이다.
④ 집단이 하나의 집단으로서의 역할을 수행하기 위해서는 집단 목표가 있어야 한다.

중간 집단	• 학교, 교회, 우애단체 등
3차 집단	• 유동적인 중간 집단 • 일시적인 동기가 인연이 되어 어떤 목적이나 조건 없이 형성되는 집단(버스 안의 승객, 경기장의 관중 등)

합격 체크포인트

• 에너지대사율(RMR) 계산
• 생체리듬의 종류 및 변화

04 생체리듬과 피로

1 피로의 증상 및 대책 ★

(1) 피로의 정의

일정한 시간 작업활동을 계속하면 객관적(작업능률의 감퇴 및 저하, 착오의 증가), 주관적(주의력 감소, 흥미 상실, 권태 등)으로 일종의 복잡한 심리적 불쾌감을 일으키는 현상이다. 즉, 생리적, 심리적, 작업면의 변화이다.

(2) 피로의 종류

① 주관적 피로 : '피곤하다'라는 자각 징후을 시작으로, 권태감, 단조감, 포화감, 의지적 노력 저하, 주의산만, 불안과 초조감 등으로 직무 포기

② 객관적 피로 : 작업 리듬이 깨지고 주의산만, 작업수행 의욕과 힘이 떨어지며 생산 실적(생산량과 질) 저하

③ 생리적(기능적) 피로

④ 근육피로

⑤ 신경피로

(3) 피로현상의 3단계

① 1단계 : 중추신경의 피로

② 2단계 : 반사운동신경의 피로

③ 3단계 : 근육의 피로

(4) 피로의 증상

신체적 증상(생리적 현상)	정신적 증상(심리적 현상)
• 몸자세가 흐트러지고 지치게 됨. • 작업에 대한 무감각, 무표정, 경련 등이 일어남. • 작업효과나 작업량 감퇴(저하)	• 주의력 감소(경감) • 불쾌감 증가, 긴장감 해지(해소) • 권태, 태만, 관심 및 흥미 상실 • 졸음, 두통, 싫증, 짜증 발생

(5) 피로의 원인

기계적 요인	인간적 요인
• 기계의 종류 • 조작 부분의 배치 • 조작 부분의 감촉 • 기계 이해의 난이 • 기계의 색채	• 생체적 리듬 • 정신적, 신체적 상태 • 작업시간과 시각, 속도, 강도 • 작업내용, 작업태도, 작업환경 • 사회적 환경

(6) 피로의 회복 대책

① 휴식과 수면을 취한다(가장 좋은 방법).
② 충분한 영양(음식)을 섭취한다.
③ 산책 및 가벼운 체조를 한다.
④ 음악 감상, 오락 등에 의해 기분을 전환한다.
⑤ 목욕, 마사지 등의 물리적 요법 등을 행한다.

2 피로의 측정법 ★

(1) 피로의 측정방법

검사방법	검사항목	측정방법
생리적 방법	• 근력, 근활동 • 반사역치 • 대뇌피질 활동 • 호흡순환 기능 • 인지역치 • 혈색소농도	• 근전도(EMG) • 심전도(ECG) • 뇌전도(EEG) • 청력검사 • 근점거리계, • 점멸융합주파수(플리커법) • 광도계
생화학적 방법	• 혈액수분, 혈단백 • 응혈시간 • 혈액, 뇨전해질 • 요단백, 요교질 배설량 • 부신피질기능 • 변별역치	• 혈액굴절률계 • Na, K, Cl의 상태변동 측정 • 요단백침전
심리학적 방법	• 피부(전위)저항 • 동작분석 • 행동기록 • 연속반응시간 • 정신작업 • 집중유지 기능 • 전신자각 증상	• 피부 전기반사(GSR) • 연속촬영법 • 안구운동 측정 • 표적, 조준, 기록장치

기출문제

다음 중 일반적으로 피로의 회복 대책에 가장 효과적인 방법은?
❶ 휴식과 수면을 취한다.
② 충분한 영양(음식)을 섭취한다.
③ 땀을 낼 수 있는 근력운동을 한다.
④ 모임 참여, 동료와의 대화 등을 통하여 기분을 전환한다.

기출문제

플리커 검사(flicker test)의 목적으로 가장 적절한 것은?
① 혈중 알코올농도 측정
② 체내 산소량 측정
③ 작업강도 측정
❹ 피로의 정도 측정

해설 플리커 검사는 빛의 점멸 및 융합을 이용하여 정신피로 정도를 측정한다.

3 작업강도와 피로 ★

(1) 에너지소비량에 따른 작업등급

작업등급	에너지소비량 (kcal/분)	에너지소비량 8h(kcal/일)	심박수 (박동수/분)	산소소비량 (L/분)
휴식 (앉은 자세)	1.5	<720	60~70	0.3
아주 가벼운 작업	1.6~2.5	768~1,200	65~75	0.3~0.5
가벼운 작업	2.5~5.0	1,200~2,400	75~100	0.5~1.0
보통 작업	5.0~7.5	2,400~3,600	100~125	1.0~1.5
힘든 작업	7.5~10.0	3,600~4,800	125~150	1.5~2.0
아주 힘든 작업	10.0~12.5	4,800~6,000	150~180	2.0~2.5
견디기 어려운 작업	>12.5	>6,000	>180	>2.5

(2) 기초대사량(BMR; Basal Metabolic Rate)

생명을 유지하기 위한 최소한의 에너지소비량을 의미하며, 성, 연령, 체중은 개인의 기초 대사량에 영향을 주는 중요한 요인이다.

(3) 에너지대사율(RMR; Relative Metabolic Rate)

작업강도 단위로서 산소소비량으로 측정한다.

① 계산식

$$RMR = \frac{\text{작업 시 소비 에너지} - \text{안정 시 소비 에너지}}{\text{기초대사 시 소비 에너지}} = \frac{\text{작업대사량}}{\text{기초대사량}}$$

② 작업강도

㉠ 경(輕)작업 : 0~2RMR

㉡ 중(中)작업 : 2~4RMR

㉢ 중(重)작업 : 4~7RMR

㉣ 초중작업 : 7RMR 이상

기출문제

작업의 강도는 에너지대사율(RMR)에 따라 분류된다. 분류 기간 중 중(中)작업의 에너지대사율은?

① 0~1RMR
❷ 2~4RMR
③ 4~7RMR
④ 7~9RMR

4 생체리듬(biorhythm) ★★★

(1) 생체리듬의 변화

① 야간에는 체중이 감소한다.
② 야간에는 말초 운동 기능이 저하된다.
③ 체온, 혈압, 맥박수는 주간에 상승하고 야간에 감소한다.
④ 혈액의 수분과 염분량은 주간에 감소하고 야간에 증가한다.

(2) 생체리듬의 종류와 특징

① 육체적 리듬(P : Physical rhythm)
㉠ 주기 : 23일
㉡ 관련성 : 식욕, 활동력, 지구력 등

② 감성적 리듬(S : Sensitivity rhythm)
㉠ 주기 : 28일
㉡ 관련성 : 주의력, 창조력, 예감, 통찰력 등

③ 지성적 리듬(I : Intellectual rhythm)
㉠ 주기 : 33일
㉡ 관련성 : 상상력, 사고력, 기억력, 의지, 판단, 비판력 등

※ 위험일 : 안정기(+)와 불안정기(−)의 교차점

기출문제

일반적으로 시간의 변화에 따라 야간에 상승하는 생체리듬은?
① 맥박수 ❷ 염분량
③ 혈압 ④ 체중

기출문제

생체리듬(biorhythm) 중 일반적으로 28일을 주기로 반복되며, 주의력 · 창조력 · 예감 및 통찰력 등을 좌우하는 리듬은?
① 육체적 리듬
② 지성적 리듬
❸ 감성적 리듬
④ 정신적 리듬

제 5 장 안전보건교육의 내용 및 방법

합격 체크포인트

- 교육의 3요소
- 손다이크의 학습의 법칙
- 파블로프의 조건반사설

01 교육의 필요성과 목적

1 교육목적 ★

(1) 안전보건교육의 필요성

① 생산기술의 급격한 발전과 변화에 따라 생산공정이나 작업 방법에 변화가 생기고, 이에 해당되는 새로운 안전 기술 및 지식 등을 작업자에게 일깨워 줄 필요가 있다.

② 작업자에게 생산 현장의 위험성이나 유해성, 원자재의 취급 지식과 방법에 대한 안전을 교육을 통하여 행동으로 옮길 수 있도록 태도를 형성시킬 필요가 있다.

③ 과거에 발생했던 중대재해의 사례를 분석하고, 적절한 대책을 세울 수 있는 능력을 배양하도록 교육시킬 필요가 있다.

④ 안전 지식과 태도 교육을 통하여 창의성 있는 특성을 개발시켜 자주적인 안전에 대한 가치관을 심어줄 필요가 있다.

(2) 안전보건교육의 목적

① 사업장 산업재해의 예방

② 작업자의 생명과 신체 보호

③ 안전 유지를 위한 안전한 지식과 기능 및 태도 형성

④ 생산능률과 생산성의 향상

(3) 안전보건교육의 기본 방향

① 사고사례 중심의 안전교육

② 표준작업을 위한 안전교육

③ 안전의식 향상을 위한 안전교육

기출문제

다음 중 안전교육의 기본 방향으로 가장 적합하지 않은 것은?

① 안전작업을 위한 교육
② 사고사례 중심의 안전 교육
❸ 생산활동 개선을 위한 교육
④ 안전의식 향상을 위한 교육

2 교육의 개념 ★

(1) 교육의 3요소

① 교육의 주체 : 교사
② 교육의 개체 : 학생
③ 교육의 매개체 : 교재

(2) 교육의 원칙

① 상대방의 입장에서 교육을 실시한다.
② 동기를 부여하여야 한다.
㉠ 안전 목표를 명확히 설정한다.
㉡ 안전활동의 결과를 평가, 검토한다.
㉢ 경쟁과 협동을 유발한다.
㉣ 동기유발의 최적수준을 유지한다.
㉤ 상벌제도를 합리적으로 시행한다.
③ 쉬운 것으로부터 점차 어려운 것으로 교육을 실시하여야 한다.
④ 반복적으로 교육하여야 한다.
⑤ 한 번에 한 가지씩 교육하여야 한다.
⑥ 추상적이고 관념적이 아닌 구체적인 설명이 중요하다.
⑦ 오감을 활용한다.
⑧ '왜 그렇게 하지 않으면 안되는가'의 기능적 이해가 중요하다.

3 학습지도 이론 ★★

학습지도란 교사가 학습 과제를 활용하여 학습자들에게 학습 환경에서 필요한 자극을 제공하고, 이를 통해 학습자들이 바람직한 행동으로의 변화를 유도하는 과정을 말한다.

(1) 손다이크(Thorndike)의 학습의 법칙(시행착오설)

시행착오란 특정한 문제를 해결하기 위해 다양한 시도와 반응을 시도하다가 우연히 성공하는 현상을 의미한다. 이러한 과정은 자극 상태와 반응 사이의 결합이 형성되며, 이를 반복하면서 문제 해결에 필요한 시간이 줄어들고 개선되는 방법을 통해 점차 문제를 극복해 나가는 과정을 말한다.

① 효과의 법칙
② 연습의 법칙
③ 준비성의 법칙

기출문제

안전교육의 3요소에 해당되지 않는 것은?
① 강사 ❷ 교육방법
③ 수강자 ④ 교재

기출문제

Thorndike의 시행착오설에 의한 학습의 원칙이 아닌 것은?
① 연습의 원칙
② 효과의 원칙
❸ 동일성의 원칙
④ 준비성의 원칙

PART 01 산업재해 예방 및 안전보건교육

기출문제

파블로프(Pavlov)의 조건반사설에 의한 학습이론의 원리가 아닌 것은?
① 일관성의 원리
② 계속성의 원리
❸ 준비성의 원리
④ 강도의 원리

기출문제

기술교육의 형태 중 존 듀이(J. Dewey)의 사고과정 5단계에 해당하지 않는 것은?
① 추론한다.
② 시사를 받는다.
③ 가설을 설정한다.
❹ 가슴으로 생각한다.

기출문제

교육심리학의 기본이론 중 학습지도의 원리가 아닌 것은?
① 직관의 원리
② 개별화의 원리
❸ 계속성의 원리
④ 사회화의 원리

기출문제

성인학습의 원리에 해당되지 않는 것은?
❶ 간접경험의 원리
② 자발학습의 원리
③ 상호학습의 원리
④ 참여교육의 원리

(2) 파블로프(Pavlov)의 조건반사설

동물이나 인간이 무조건적인 자극과 함께 일어나는 반응을 학습을 통해 다른 자극과 연결시켜 새로운 반응을 유발할 수 있다는 이론이다. 조건반사설에 의한 학습이론의 원리는 다음과 같다.

① 일관성의 원리
② 계속성의 원리
③ 시간의 원리
④ 강도의 원리

(3) 존 듀이(J. Dewey)의 5단계 사고 과정

① 1단계 : 시사를 받는다.
② 2단계 : 지식화를 한다.
③ 3단계 : 가설을 설정한다.
④ 4단계 : 추론한다.
⑤ 5단계 : 행동에 의하여 가설을 검토한다.

4 교육심리학의 이해 ★

(1) 학습지도의 원리

① 개별화의 원리
② 사회화의 원리
③ 자발성의 원리
④ 직관의 원리
⑤ 통합성의 원리
⑥ 목적의 원리
⑦ 과학성의 원리

(2) 성인학습의 원리

① 경험 중심, 과정 중심의 원리
② 자발학습의 원리
③ 상호학습의 원리
④ 참여교육의 원리
⑤ 생활적응의 원리

02 교육방법

1 교육훈련기법 ★

작업자에게 실시하는 안전 교육과 훈련은 안전지식을 이해하는 데 그치지 않고, 이를 작업에 효과적으로 적용하고 의욕적으로 실천할 수 있도록 기능을 강화하는 데 중점이 있으며, 이를 위해 다양한 교육 방법론과 기법이 개발되어 적극적으로 적용되고 있다.

2 안전보건교육방법 ★★★★

(1) TWI(Training Within Industry)

① 직장에서 제일선 관리감독자에게 감독자의 기본적인 기능을 익히게 하여 감독 능력을 발휘시키고, 멤버와의 인간관계를 개선하여 생산성 향상을 위한 정형교육 방법이다.

② 대상 : 관리감독자

③ 교육방법 : 토의법과 실연법 중심의 강의

④ 교육과정

㉠ Job Method Training(JMT) : 작업방법 훈련

㉡ Job Instruction Training(JIT) : 작업지도 훈련

㉢ Job Relations Training(JRT) : 인간관계 훈련

㉣ Job Safety Training(JST) : 작업안전 훈련

(2) OJT(On The Job Training)

① 기업 내에서의 종업원 교육 훈련방법의 하나로, 현직자들이 신규 직원들과 함께 실제 업무 환경에서 직접 경험과 실무 기술을 훈련받는 교육 및 훈련 프로세스를 말한다.

② OJT의 특징

㉠ 업무수행과 교육이 동시에 이루어져 교육 내용이 현실적이다.

㉡ 업무와 교육이 직결되어 배운 바를 즉시 업무에 활용할 수 있다.

㉢ 교육을 위해 장소 이동이 필요 없기에 언제든지 실시할 수 있다.

㉣ 상사와 동료 간의 이해와 협동 정신이 강화될 수 있다.

㉤ 강사 초빙이나 장소 임대가 필요 없어, 교육비용이 적게 소요된다.

㉥ 개개인에게 적절한 지도 훈련이 가능하다.

합격 체크포인트

- TWI의 교육과정
- OJT, OFF JT의 특징
- 교육법의 4단계

기출문제

기업 내 정형교육 중 TWI의 교육 내용이 아닌 것은?

① Job Method Training
② Job Relation Training
③ Job Instruction Training
❹ Job Standardization Training

기출문제

안전교육방법 중 O.J.T.(On the Job Training) 특징과 거리가 먼 것은?

① 상호 신뢰 및 이해도가 높아진다.
② 개개인의 적절한 지도훈련이 가능하다.
③ 사업장의 실정에 맞게 실제적 훈련이 가능하다.
❹ 관련 분야의 외부 전문가를 강사로 초빙하는 것이 가능하다.

기출문제

교육훈련기법 중 Off J.T.의 특징에 해당되지 않는 것은?

① 우수한 전문가를 강사로 활용할 수 있다.
② 특별 교재, 교구, 설비를 유효하게 활용할 수 있다.
③ 다수의 근로자에게 조직적 훈련이 가능하다.
❹ 직장의 실정에 맞는 실제적인 교육이 가능하다.

(3) OFF JT(Off The Job Training)

① 계층별, 직능별로 공통적인 요소가 있는 근로자를 직장이 아닌 다른 장소나 방법을 사용하여 교육하는 형태를 말하며, 주로 집단 교육에 적합하다.

② OFF JT 특징

㉠ 다수의 근로자에게 조직적인 훈련이 가능하다.
㉡ 훈련에만 전념할 수 있다.
㉢ 각 교육 훈련마다 적합한 전문 강사를 초청하는 것이 가능하다.
㉣ 다양한 기술과 지식을 습득이 가능하다.

3 학습목적의 3요소 ★

(1) 학습목적의 3요소

학습목표	학습의 목적이나 원하는 결과물을 명확하게 정의한 것
주제	학습목표 달성을 위한 학습의 주요 주제나 내용
학습정도	주제에 대한 학습의 범위와 내용의 정도

기출문제

학습정도(Level of learning)의 4단계를 순서대로 나열한 것은?

① 인지 → 이해 → 지각 → 적용
❷ 인지 → 지각 → 이해 → 적용
③ 지각 → 이해 → 인지 → 적용
④ 지각 → 인지 → 이해 → 적용

(2) 학습정도의 4단계

인지	정보를 인식하고 해석하는 능력
지각	외부 환경에서 오는 자극을 감지하고 이해하는 능력
이해	정보를 해석하고 이해할 수 있는 능력
적용	학습한 내용을 실제 상황에 적용하고 사용할 수 있는 능력

4 교육법의 4단계 ★★

제1단계 도입	• 교육 목표와 주제를 소개하고 교육의 목적을 설명한다. • 교육의 필요성과 중요성을 강조한다. • 학습자들의 관심을 끌고 교육에 대한 동기부여를 제공한다. • 교육 계획서 및 학습 목표를 개요화하여 학습자들에게 제시한다.
제2단계 제시	• 학습 내용을 상세하게 제시하고 설명한다. • 교육자는 주요 개념, 정보, 스킬, 또는 주제와 관련된 자료를 제공한다. • 다양한 교육 방법을 사용하여 학습자의 이해도를 높이고 학습을 촉진한다.

제3단계 적용	• 학습자들이 학습한 내용을 실제 상황에 적용하고 연습한다. • 학습자는 제시된 개념이나 스킬을 연습하고 문제 해결 능력을 향상시킨다. • 시뮬레이션, 실습, 프로젝트, 그룹 활동 등을 통해 학습자의 능력을 발전시킨다.
제4단계 확인	• 학습자들의 이해도와 능력을 확인하고 평가한다. • 교육자는 학습자들에게 시험, 토론 주제를 제공하여 학습자의 성과를 측정한다. • 시뮬레이션, 실습, 프로젝트, 그룹 활동 등을 통해 학습자의 능력을 발전시킨다. • 평가 결과를 분석하고 학습자에게 피드백을 제공한다. • 교육 과정의 효과를 측정하고 조정한다.

5 교육 훈련의 평가방법 *

(1) 교육 훈련평가의 목적

① 작업자의 적정배치

② 지도 방법을 개선

③ 효과적인 학습지도

(2) 학습평가 도구의 기준

타당도	• 평가 결과가 평가하려는 대상과 관련이 있는가? • 평가가 실제로 측정하고자 하는 대상 또는 특성을 정확하게 반영하는가?
신뢰도	• 동일한 조건에서 동일한 결과를 얻을 수 있는 정도를 나타내는가? • 평가의 일관성과 안정성이 높은가?
객관도	• 주관적인 판단이나 편향을 최소화하는가?
실용도	• 평가도구를 개발하고 관리하는 데 필요한 시간, 비용, 자원 등을 고려하는가? • 학습평가를 실제 교육 환경에서 효과적으로 운영할 수 있는가?

기출문제

안전교육훈련의 진행 제3단계에 해당하는 것은?

❶ 적용 ② 제시
③ 도입 ④ 확인

합격 체크포인트

• 교육실시 방법의 종류 및 특징

기출문제

강의법에 대한 설명으로 틀린 것은?

① 많은 내용을 체계적으로 전달할 수 있다.
② 다수를 대상으로 동시에 교육할 수 있다.
③ 전체적인 전망을 제시하는 데 유리하다.
❹ 수강자 개개인의 학습 진도를 조절할 수 있다.

03 교육실시 방법

1 강의법 ★

교사나 전문가가 지식과 정보를 학습자에게 전달하는 전통적인 방법이며, 강사가 주로 강당이나 교실에서 말로 강의하고, 학습자는 듣고 기억하며 학습한다.

장점	• 전문가나 교사가 학습자에게 지식을 효과적으로 전달할 수 있다. • 대규모 강의나 세미나에서 효과적으로 사용할 수 있으며, 많은 학습자에게 동시에 정보를 제공할 수 있다. • 내용이 학습자 간에 일관되게 전달되므로, 모든 학습자가 동일한 기본 지식을 얻을 수 있다. • 대규모 그룹에 대한 교육을 상대적으로 저렴하게 제공할 수 있다.
단점	• 학습자들 간의 상호작용이 제한될 수 있으며, 학습자들이 활발하게 참여하기 어렵다. • 개별적인 요구사항을 충족하기 어렵다. • 단순한 강의 형식은 학습자들의 흥미를 유발하기 어려울 수 있다. • 학습자들은 주로 듣기와 시청만을 통해 정보를 흡수하므로 체험적인 학습과 실제 적용이 제한될 수 있다.

2 토의법 ★★★

교육과 학습 과정에서 학습자들이 활발하게 의견을 나누고 토론하는 방법으로, 학습자들이 주제나 문제를 더 깊이 이해하고 자신의 생각을 발전시키며, 다른 사람의 관점을 이해하고 존중하는 과정을 촉진한다.

장점	• 학습자들은 다른 의견과 비판을 통해 자신의 사고를 개선하고 비판적 사고 능력을 강화할 수 있다. • 학습자들은 토론에 참여하고 의견을 나누는 것에 흥미를 느끼며 학습에 더욱 집중할 수 있다. • 결정된 사항은 받아들이거나 실행시키기 쉽다.
단점	• 시간이 많이 소요된다. • 대규모 그룹에서 토의를 관리하기 어려울 수 있으며, 일부 학습자들이 지나치게 활발하거나 소극적으로 참여된다. • 토의법의 학습 결과를 정량적으로 평가하기 어려울 수 있으며, 주관적인 판단이 많이 들어갈 수 있다.

(1) 토의식 교육법의 종류

① 롤 플레잉(Role Playing)
참가자들에게 주어진 역할에 따라 실제 상황을 연출하도록 하는 방법으로, 감정과 의견을 표현하면서 자기의 역할을 보다 확실히 인식시키는 방법

② 포럼(Forum)
새로운 자료나 교재를 제시하면서 피교육자들에게 활발한 토론을 유도하여 문제점을 찾아내거나 개선 아이디어를 제시하도록 합의를 도출해내는 방법

③ 심포지엄(Symposium)
몇 사람의 전문가가 참여하여 각자의 견해를 발표한 뒤 참가자들로 하여금 의견이나 질문을 나누고 활발한 토의를 진행하는 방법

④ 패널 디스커션(Panel Discussion)
패널 멤버로는 교육과제 전문가 4~5명이 참여하여 피교육자 앞에서 토의를 진행하고, 그 뒤에 피교육자 전원이 참가하여 사회자의 안내에 따라 토의하는 방법

⑤ 버즈 세션(Buzz Session)
6－6 회의라고도 하며, 사회자와 기록계를 선출한 후 참여자들을 6명씩의 소집단으로 나누고, 각 소집단은 6분 동안 자유토의를 진행하여 다양한 의견을 나눈 뒤 종합하는 방법

⑥ 사례 토의(Case Study)
특정 사례에 대해 여러 사람이 사례에 대한 전개 과정, 특성, 문제점과 원인 및 대책을 검토하고 분석하는 교육 방법

3 실연법

교육과 학습 과정에서 실제로 무엇인가를 보여주고, 설명을 통해 습득하게 된 지식이나 기능을 교사의 지도 아래 직접 연습을 통해 적용해 보는 방법

기출문제

학습 지도의 형태 중 토의법에 해당되지 않는 것은?
① 패널 디스커션
② 포럼
❸ 구안법
④ 버즈세션

기출문제

안전교육방법 중 학습자가 이미 설명을 듣거나 시범을 보고 알게 된 지식이나 기능을 강사의 감독 아래 직접적으로 연습하여 적용할 수 있도록 하는 교육방법은?
① 모의법 ② 토의법
❸ 실연법 ④ 반복법

4 프로그램 학습법 ★

학습 과정을 일련의 자기 학습 모듈로 분해하고, 학습자가 자신의 속도와 능력에 따라 진행할 수 있도록 하는 교육 방법이다.

장점	• 각 학습자에게 맞춤형 학습 경험이 제공되므로 학습 효과가 높다. • 학습자는 자신의 학습을 통제하고 독립적으로 진행할 수 있으므로 학습에 대한 책임감을 높일 수 있다. • 시간을 효율적으로 활용할 수 있다. • 지능, 학습적성, 학습속도 등 개인차를 고려할 수 있다.
단점	• 프로그램 학습은 대부분 개별 학습을 강조하므로 학습자 간 상호작용이 부족할 수 있다. • 일부 주제나 과목에는 프로그램 학습이 어려울 수 있으며, 특히 감정이나 창의성을 필요로 하는 주제에는 적용이 제한될 수 있다. • 교재 개발에 많은 시간과 노력이 필요하다.

기출문제

안전교육 중 프로그램 학습법의 장점으로 볼 수 없는 것은?

① 학습자의 학습과정을 쉽게 알 수 있다.
② 지능, 학습 속도 등 개인차를 충분히 고려할 수 있다.
③ 매 반응마다 피드백이 주어지기 때문에 학습자가 흥미를 가질 수 있다.
❹ 여러 가지 수업매체를 동시에 다양하게 활용할 수 있다.

5 모의법(시뮬레이션 교육방법) ★

교육과 학습 과정에서 실제 상황을 인위적으로 모방한 환경에서 학습을 진행하는 교육 방법으로, 이 방법은 학습자들에게 실제 경험과 유사한 상황을 제공하여 문제 해결 능력을 키우고 실제 환경에서의 역할을 연습하도록 도와준다.

6 시청각교육법 ★

학습자들이 시청각 정보를 듣고 이해하고 기억하며 학습하는 교육 방법으로, 이 방법은 동영상, 사진, 오디오 자료, 등을 통해 정보를 전달하고 학습자들의 이해와 기억을 촉진한다.

기출문제

안전교육방법 중 구안법의 4단계의 순서로 옳은 것은?

❶ 목적결정 → 계획수립 → 활동 → 평가
② 계획수립 → 목적결정 → 활동 → 평가
③ 활동 → 계획수립 → 목적결정 → 평가
④ 평가 → 계획수립 → 목적결정 → 활동

7 구안법(project method) ★

학생이 내적으로 갖고 있는 아이디어를 외부에서 현실적으로 구현하고 형성하기 위하여 스스로 계획을 세워 수행하는 학습 방법으로, 목적, 계획, 활동, 평가라는 4단계를 거쳐 이루어진다.

04 안전보건교육 계획 수립 및 실시

1 안전보건교육의 기본 방향 ★

(1) 안전교육의 실시 목적

① 인간 정신의 안전화
② 행동의 안전화
③ 환경의 안전화
④ 설비와 물자의 안전화
⑤ 생산성 및 품질향상 기여
⑥ 직 · 간접적 경제적 손실 방지
⑦ 작업자를 산업재해로부터 보호

(2) 안전교육의 기본 방향

① 사고 예방 중심의 안전교육
기업 내 발생하고 있는 사고 사례를 중심으로 동일하거나 유사한 사고를 방지하기 위하여 직접적인 원인에 대한 치료 방법으로서의 교육을 의미한다.

② 표준 작업을 위한 안전교육
가장 기본이 되는 기업체의 안전 교육으로 체계적, 조직적으로 부단한 교육 실시가 요구된다.

③ 안전 의식 향상을 위한 안전교육
모든 기계, 기구 설비 제품에 대한 설계에서부터 사용에 이르기까지 근본적으로 안전할 수 있는 의식의 개발이 필요하다.

2 안전보건교육의 단계별 교육과정 ★★★

(1) 안전교육의 3종류

① 지식 교육 : 강의, 시청각 교육을 통한 지식의 전달과 이해
② 기능 교육 : 시범, 견학, 실습, 현장실습 교육을 통한 경험 체득과 이해
③ 태도 교육 : 생활 지도, 작업 동작 지도 등을 통한 안전의 습관화

합격 체크포인트
• 안전교육의 3종류

기출문제

안전교육 중 제2단계로 시행되며 같은 것을 반복하여 개인의 시행착오에 의해서만 점차 그 사람에게 형성되는 교육은?
① 안전기술의 교육
② 안전지식의 교육
❸ 안전기능의 교육
④ 안전태도의 교육

기출문제

안전보건교육의 단계별 교육과정 중 근로자가 지켜야 할 규정의 숙지를 위한 교육에 해당하는 것은?

❶ 지식 교육
② 태도 교육
③ 문제해결 교육
④ 기능 교육

기출문제

다음 중 안전보건 교육계획의 수립 시 고려할 사항으로 가장 거리가 먼 것은?

① 현장의 의견을 충분히 반영한다.
② 대상자의 필요한 정보를 수집한다.
③ 안전교육 시행 체계와의 연관성을 고려한다.
❹ 정부 규정에 의한 교육에 한정하여 실시한다.

(2) 안전교육의 단계별 교육과정

과정	교육 목표	내 용
지식 교육	• 안전 의식 제고 • 기능 지식의 준비 • 안전의 감수성 향상	• 안전의식을 향상 • 안전의 책임감을 주입 • 기능, 태도, 교육에 필요한 기초 지식을 주입 • 안전 규정 숙지
기능 교육	• 안전 작업의 기능 • 표준 작업 기능 • 위험 예측 및 응급 처치 기능	• 전문적 기술 기능 • 안전 기술 기능 • 방호 장치 관리 기능 • 점검 검사 정비 기능
태도 교육	• 작업 동작의 정확화 • 공구, 보호구 취급 태도의 안전화 • 점검 태도의 정확화 • 언어 태도의 안전화	• 표준작업 방법의 습관화 • 공구 보호구 취급과 관리 자세의 확립 • 작업 전후의 점검, 검사 요령의 정확한 습관화 • 안전 작업 지시 전달 확인 등 언어 태도의 습관화 및 정확화

3 안전보건교육 계획 ★★★

(1) 교육 계획의 필요성

① 과거에 실시한 교육과의 연관성 파악
② 교육의 단계적 발전을 위한 기준
③ 조직적이며 체계적으로 보다 확실한 교육 실시
④ 교육 목표

(2) 안전교육 계획 수립 시 고려 사항

① 필요한 정보를 수집한다.
② 현장의 의견을 충분히 반영한다.
③ 안전교육 시행 체계와의 관련을 고려한다.
④ 법 규정에 의한 교육에 그치지 않는다.

(3) 안전교육 계획의 작성 절차

① 교육 목적, 교육 목표의 결정
② 교육 계획 작성에 필요한 준비 자료의 수집
③ 준비 자료의 검토와 현장 조사
④ 시범, 실습 자재 확보 대책
⑤ 계획의 작성 확정

(4) 준비 계획과 실시 계획

① 준비 계획(포함 사항)

㉠ 교육 목표의 설정 : 교육 및 훈련의 범위, 교육 보조 자료의 준비 및 사용 지침, 교육 훈련의 의무와 책임 한계 명시

㉡ 교육 종류 및 대상자 범위 결정

㉢ 교육 과목 및 내용 결정

㉣ 교육 담당자 및 강사 편성

㉤ 교육 장소 및 방법, 진행 사항

㉥ 교육 기간 및 시간

㉦ 소요 예산 산정

② 실시 계획(세부 사항)

㉠ 소요 인원 : 학급 편성 및 강사, 지도원 등

㉡ 소요 기자재 : 교안, 교육 보조 재료 등

㉢ 교육 장소

㉣ 시범, 실습 계획

㉤ 사내외 견학 계획

㉥ 그룹 토의 진행 계획

㉦ 협조 부서 및 협조 사항

㉧ 평가 계획

㉨ 일정표

㉩ 소요 예산의 책정

기출문제

다음 중 안전교육 계획 수립 시 포함하여야 할 사항과 가장 거리가 먼 것은?

❶ 교재의 준비
② 교육 기간 및 시간
③ 교육의 종류 및 교육 대상
④ 교육 담당자 및 강사

합격 체크포인트

- 대상별 안전보건교육 시간
- 직무별 안전보건교육 내용

법령

산업안전보건법 시행규칙 별표 4

기출문제

산업안전보건법령상 근로자 안전보건교육 중 작업내용 변경 시의 교육을 할 때 일용근로자 및 근로계약기간이 1주일 이하인 기간제근로자를 제외한 근로자의 교육시간으로 옳은 것은?

① 1시간 이상
❷ 2시간 이상
③ 4시간 이상
④ 8시간 이상

05 안전보건교육의 교육시간 및 교육내용

1 안전보건교육 교육과정별 교육시간 ★★★

(1) 근로자 안전보건교육의 교육시간

<table>
<tr><th>교육과정</th><th colspan="2">교육대상</th><th>교육시간</th></tr>
<tr><td rowspan="3">정기교육</td><td colspan="2">사무직 종사 근로자</td><td>매 반기 6시간 이상</td></tr>
<tr><td rowspan="2">그 밖의 근로자</td><td>판매업무에 직접 종사하는 근로자</td><td>매 반기 6시간 이상</td></tr>
<tr><td>판매업무에 직접 종사하는 근로자 외의 근로자</td><td>매 반기 12시간 이상</td></tr>
<tr><td rowspan="3">채용 시 교육</td><td colspan="2">일용근로자 및 근로계약기간이 1주일 이하인 기간제근로자</td><td>1시간 이상</td></tr>
<tr><td colspan="2">근로계약기간이 1주일 초과 1개월 이하인 기간제근로자</td><td>4시간 이상</td></tr>
<tr><td colspan="2">그 밖의 근로자</td><td>8시간 이상</td></tr>
<tr><td rowspan="2">작업내용 변경 시 교육</td><td colspan="2">일용근로자 및 근로계약기간이 1주일 이하인 기간제근로자</td><td>1시간 이상</td></tr>
<tr><td colspan="2">그 밖의 근로자</td><td>2시간 이상</td></tr>
<tr><td rowspan="3">특별교육</td><td colspan="2">특별교육 대상 작업에 종사하는 일용근로자 및 근로계약기간이 1주일 이하인 기간제 근로자(타워크레인 작업 시 신호업무 작업 제외)</td><td>2시간 이상</td></tr>
<tr><td colspan="2">특별교육 대상 작업 중 타워크레인 작업 시 신호업무 작업에 종사하는 일용근로자 및 근로계약기간이 1주일 이하인 기간제근로자</td><td>8시간 이상</td></tr>
<tr><td colspan="2">특별교육 대상 작업에 종사하는 일용근로자 및 근로계약기간이 1주일 이하인 기간제근로자를 제외한 근로자</td><td>• 16시간 이상(최초 작업에 종사하기 전 4시간 이상 실시하고, 12시간은 3개월 이내에서 분할하여 실시 가능)
• 단기간 작업 또는 간헐적 작업인 경우에는 2시간 이상</td></tr>
<tr><td>건설업 기초 안전 · 보건 교육</td><td colspan="2">건설 일용근로자</td><td>4시간 이상</td></tr>
</table>

(2) 관리감독자 안전보건교육의 교육시간

교육과정	교육시간
정기교육	연간 16시간 이상
채용 시 교육	8시간 이상
작업내용 변경 시 교육	2시간 이상
특별 교육	• 16시간 이상(최초 작업에 종사하기 전 4시간 이상 실시하고, 12시간은 3개월 이내에서 분할하여 실시 가능) • 단기간 작업 또는 간헐적 작업인 경우에는 2시간 이상

(3) 안전보건관리책임자 등에 대한 교육의 교육시간

교육대상	교육시간	
	신규교육	보수교육
안전보건관리책임자	6시간 이상	6시간 이상
안전관리자, 안전관리전문기관의 종사자	34시간 이상	24시간 이상
보건관리자, 보건관리전문기관의 종사자	34시간 이상	24시간 이상
건설재해예방 전문지도기관의 종사자	34시간 이상	24시간 이상
석면조사기관의 종사자	34시간 이상	24시간 이상
안전보건관리담당자	–	8시간 이상
안전검사기관, 자율안전검사기관의 종사자	34시간 이상	24시간 이상

(4) 특수형태근로종사자에 대한 안전보건교육의 교육시간

교육과정	교육시간
최초 노무제공 시 교육	2시간 이상(단기간 작업 또는 간헐적 작업에 노무를 제공하는 경우에는 1시간 이상 실시, 특별교육을 실시한 경우는 면제)
특별 교육	• 16시간 이상(최초 작업에 종사하기 전 4시간 이상 실시하고, 12시간은 3개월 이내에서 분할하여 실시 가능) • 단기간 작업 또는 간헐적 작업인 경우에는 2시간 이상

(5) 검사원 성능검사 교육의 교육시간

교육과정	교육대상	교육시간
성능검사 교육	–	28시간 이상

암기 TIP

관리감독자는 정기교육의 교육시간만 "연간 16시간 이상"으로 다르고, 그 외 교육시간은 일용 및 기간제근로자를 제외한 근로자 시간과 같다.

참고

안전보건관리책임자 등은 해당 직위에 선임 또는 채용된 후 3개월 이내에 신규교육을 받아야 하며, 신규교육을 이수한 후 매 2년이 되는 날을 기준으로 전후 6개월 사이에 보수교육을 받아야 한다.

2 근로자 안전보건교육의 교육내용 ★★

<table>
<tr><th>정기교육</th><th>채용 시 및 작업내용 변경 시 교육</th></tr>
<tr><td colspan="2">〈공통 내용〉
• 산업안전 및 사고 예방에 관한 사항
• 산업보건 및 직업병 예방에 관한 사항
• 위험성평가에 관한 사항
• 산업안전보건법령 및 산업재해보상보험 제도에 관한 사항
• 직무스트레스 예방 및 관리에 관한 사항
• 직장 내 괴롭힘, 고객의 폭언 등으로 인한 건강장해 예방 및 관리에 관한 사항</td></tr>
<tr><td>〈개별 내용〉
• 건강증진 및 질병 예방에 관한 사항
• 유해 · 위험 작업환경 관리에 관한 사항</td><td>〈개별 내용〉
• 기계 · 기구의 위험성과 작업의 순서 및 동선에 관한 사항
• 작업 개시 전 점검에 관한 사항
• 정리정돈 및 청소에 관한 사항
• 사고 발생 시 긴급조치에 관한 사항
• 물질안전보건자료에 관한 사항</td></tr>
</table>

법령

산업안전보건법 시행규칙 별표 5

기출문제

산업안전보건법령에 따른 근로자 안전보건교육 중 근로자 정기안전보건교육의 교육내용에 해당하지 않는 것은?

① 건강증진 및 질병 예방에 관한 사항
② 산업보건 및 직업병 예방에 관한 사항
③ 유해 · 위험 작업환경 관리에 관한 사항
❹ 작업공정의 유해 · 위험과 재해 예방대책에 관한 사항

해설 ④는 관리감독자의 정기안전보건교육의 교육내용이다.

3 관리감독자 안전보건교육의 교육 내용 ★★

<table>
<tr><th>정기교육</th><th>채용 시 및 작업내용 변경 시 교육</th></tr>
<tr><td colspan="2">〈공통 내용〉
• 산업안전 및 사고 예방에 관한 사항
• 산업보건 및 직업병 예방에 관한 사항
• 위험성평가에 관한 사항
• 산업안전보건법령 및 산업재해보상보험 제도에 관한 사항
• 직무스트레스 예방 및 관리에 관한 사항
• 직장 내 괴롭힘, 고객의 폭언 등으로 인한 건강장해 예방 및 관리에 관한 사항
• 사업장 내 안전보건관리체제 및 안전 · 보건조치 현황에 관한 사항
• 표준안전 작업방법 결정 및 지도 · 감독 요령에 관한 사항
• 비상시 또는 재해 발생 시 긴급조치에 관한 사항
• 그 밖의 관리감독자의 직무에 관한 사항</td></tr>
<tr><td>〈개별 내용〉
• 유해·위험 작업환경 관리에 관한 사항
• 작업공정의 유해 · 위험과 재해 예방대책에 관한 사항
• 현장근로자와의 의사소통능력 및 강의능력 등 안전보건교육 능력 배양에 관한 사항</td><td>〈개별 내용〉
• 기계·기구의 위험성과 작업의 순서 및 동선에 관한 사항
• 작업 개시 전 점검에 관한 사항
• 물질안전보건자료에 관한 사항</td></tr>
</table>

암기 TIP

관리감독자 안전보건교육의 정기교육 내용 중 공통 내용의 상위 6개와 "유해 · 위험 작업환경 관리에 관한 사항"은 근로자 정기교육 내용과 같다.

4 특별교육 대상 작업별 교육의 교육내용 *

작업명	교육내용
〈공통 내용〉 제1호부터 제39호까지의 작업	근로자 채용 시 및 작업내용 변경 시 교육과 같은 내용
〈개별 내용〉 1. 고압실 내 작업(잠함공법이나 그 밖의 압기공법으로 대기압을 넘는 기압인 작업실 또는 수갱 내부에서 하는 작업만 해당)	• 고기압 장해의 인체에 미치는 영향에 관한 사항 • 작업의 시간 · 작업 방법 및 절차에 관한 사항 • 압기공법에 관한 기초지식 및 보호구 착용에 관한 사항 • 이상 발생 시 응급조치에 관한 사항 • 그 밖에 안전 · 보건관리에 필요한 사항
2. 아세틸렌 용접장치 또는 가스집합 용접장치를 사용하는 금속의 용접 · 용단 또는 가열작업(발생기 · 도관 등에 의하여 구성되는 용접장치만 해당)	• 용접 흄, 분진 및 유해광선 등의 유해성에 관한 사항 • 가스용접기, 압력조정기, 호스 및 취관두(불꽃이 나오는 용접기의 앞부분) 등의 기기점검에 관한 사항 • 작업방법 · 순서 및 응급처치에 관한 사항 • 안전기 및 보호구 취급에 관한 사항 • 화재예방 및 초기대응에 관한사항 • 그 밖에 안전 · 보건관리에 필요한 사항
3. 밀폐된 장소(탱크 내 또는 환기가 극히 불량한 좁은 장소)에서 하는 용접작업 또는 습한 장소에서 하는 전기용접 작업	• 작업순서, 안전작업방법 및 수칙에 관한 사항 • 환기설비에 관한 사항 • 전격 방지 및 보호구 착용에 관한 사항 • 질식 시 응급조치에 관한 사항 • 작업환경 점검에 관한 사항 • 그 밖에 안전 · 보건관리에 필요한 사항
25. 거푸집 동바리의 조립 또는 해체 작업	• 동바리의 조립방법 및 작업 절차에 관한 사항 • 조립재료의 취급방법 및 설치기준에 관한 사항 • 조립 해체 시의 사고 예방에 관한 사항 • 보호구 착용 및 점검에 관한 사항 • 그 밖에 안전 · 보건관리에 필요한 사항
33. 방사선 업무에 관계되는 작업(의료 및 실험용은 제외)	• 방사선의 유해 · 위험 및 인체에 미치는 영향 • 방사선의 측정기기 기능의 점검에 관한 사항 • 방호거리 · 방호벽 및 방사선물질의 취급 요령에 관한 사항 • 응급처치 및 보호구 착용에 관한 사항 • 그 밖에 안전 · 보건관리에 필요한 사항
39. 타워크레인을 사용하는 작업 시 신호업무를 하는 작업	• 타워크레인의 기계적 특성 및 방호장치 등에 관한 사항 • 화물의 취급 및 안전작업방법에 관한 사항 • 신호방법 및 요령에 관한 사항 • 인양 물건의 위험성 및 낙하 · 비래 · 충돌재해 예방에 관한 사항 • 인양물이 적재될 지반의 조건, 인양하중, 풍압 등이 인양물과 타워크레인에 미치는 영향 • 그 밖에 안전 · 보건관리에 필요한 사항

참고

시행규칙에 따른 39종의 유해·위험 작업은 작업별 특별교육을 실시해야 한다. 왼쪽의 내용은 39종 중 출제 빈도가 높은 대표적인 작업 종류이다.

기출문제

다음 중 산업안전보건법상 사업 내 안전보건교육에 있어 탱크 내 또는 환기가 극히 불량한 좁은 밀폐된 장소에서 용접작업을 하는 근로자에게 실시하여야 하는 특별안전보건교육의 내용에 해당하지 않는 것은?

① 환기설비에 관한 사항
② 작업환경 점검에 관한 사항
③ 질식 시 응급조치에 관한 사항
❹ 안전기 및 보호구 취급에 관한 사항

PART 01 출·제·예·상·문·제

01 다음 중 재해원인의 4M에 대한 내용이 틀린 것은?

① Media : 작업정보, 작업환경
② Machine : 기계설비의 고장, 결함
③ Management : 작업방법, 인간관계
④ Man : 동료나 상사, 본인 이외의 사람

해설 4M의 종류
③ Management : 교육훈련, 안전법규 철저, 안전기준의 정비

02 다음 중 재해예방의 4원칙에 관한 설명으로 적절하지 않은 것은?

① 재해의 발생에는 반드시 그 원인이 있다.
② 사고의 발생과 손실의 발생에는 우연적 관계가 있다.
③ 재해는 원칙적으로 원인만 제거되면 예방이 가능하다.
④ 재해예방을 위한 대책은 존재하지 않으므로 최소화에 중점을 두어야 한다.

해설 재해예방의 4원칙
① 원인계기의 원칙
② 손실우연의 법칙
③ 예방가능의 원칙
④ 대책선정의 원칙 : 재해는 적합한 대책이 선정되어야 한다.

03 무재해운동 추진기법에 있어 위험예지훈련 4라운드에서 제3단계 진행방법에 해당하는 것은?

① 본질 추구　② 현상 파악
③ 목표 설정　④ 대책 수립

해설 위험예지훈련의 4라운드
㉠ 1라운드 : 현상 파악
㉡ 2라운드 : 본질 추구
㉢ 3라운드 : 대책 수립
㉣ 4라운드 : 목표 설정

04 하인리히의 재해발생 이론은 다음과 같이 표현할 수 있다. 이때 α가 의미하는 것으로 옳은 것은?

재해의 발생 = 물적 불안전 상태 + 인적 불안전 행위 + α
= 설비적 결함 + 관리적 결함 + α

① 노출된 위험의 상태　② 재해의 직접원인
③ 재해의 간접원인　④ 잠재된 위험의 상태

해설 하인리히의 재해발생 이론
= 물적 불안전 상태 + 인적 불안전 행위 + α
= 설비적 결함 + 관리적 결함 + α
여기서, α = 잠재된 위험의 상태

05 하인리히 사고예방대책의 기본원리 5단계로 옳은 것은?

① 조직 → 사실의 발견 → 분석 → 시정방법의 선정 → 시정책의 적용
② 조직 → 분석 → 사실의 발견 → 시정방법의 선정 → 시정책의 적용
③ 사실의 발견 → 조직 → 분석 → 시정방법의 선정 → 시정책의 적용
④ 사실의 발견 → 분석 → 조직 → 시정방법의 선정 → 시정책의 적용

해설 하인리히 사고예방대책의 기본원리 5단계
조직 → 사실의 발견 → 평가분석 → 시정방법의 선정 → 시정책의 적용

Answer 01. ③ 02. ④ 03. ④ 04. ④ 05. ①

06 산업안전보건법상 안전관리자의 업무에 해당되지 않는 것은?

① 업무수행 내용의 기록 · 유지
② 산업재해에 관한 통계의 유지 · 관리 · 분석을 위한 보좌 및 조언 · 지도
③ 법 또는 법에 따른 명령으로 정한 안전에 관한 사항의 이행에 관한 보좌 및 조언 · 지도
④ 작업장 내에서 사용되는 전체환기장치 및 국소배기장치 등에 관한 설비의 점검과 작업방법의 공학적 개선에 관한 보좌 및 조언 · 지도

해설 안전관리자의 업무

④는 보건관리자의 업무이며, 안전관리자는 ①, ②, ③을 포함하여 아래의 업무가 있다.
㉠ 산업안전보건위원회 또는 안전 · 보건에 관한 노사협의체에서 심의 · 의결한 업무와 해당 사업자의 안전보건관리규정 및 취업규칙에서 정한 업무
㉡ 위험성평가에 관한 보좌 및 조언 · 지도
㉢ 안전인증대상기계 등과 자율안전확인대상기계 등 구입 시 적격품의 선정에 관한 보좌 및 지도 · 지조언
㉣ 해당 사업장 안전교육계획의 수립 및 안전교육 실시에 관한 보좌 및 지도 · 조언
㉤ 사업장 순회점검, 지도 및 조치 건의
㉥ 산업재해 발생의 원인 조사 · 분석 및 재발방지를 위한 기술적 보좌 및 지도 · 조언
㉦ 업무수행 내용의 기록 · 유지

07 다음 중 방독마스크의 종류와 시험가스가 잘못 연결된 것은?

① 할로겐용 : 수소가스
② 암모니아용 : 암모니아가스
③ 유기화합물용 : 시클로헥산
④ 시안화수소용 : 시안화수소가스

해설 방독마스크의 종류와 시험가스

종류	시험가스
유기화합물용	시클로헥산, 디메틸에테르, 이소부탄
할로겐용	염소가스 또는 증기
황화수소용	황화수소가스
시안화수소용	시안화수소가스
아황산용	아황산가스
암모니아용	암모니아가스

08 산업안전보건법령상 안전 · 보건표지의 색채와 사용 사례의 연결이 틀린 것은?

① 노란색 - 정지신호, 소화설비 및 그 장소, 유해행위의 금지
② 파란색 - 특정 행위의 지시 및 사실의 고지
③ 빨간색 - 화학물질 취급장소에서의 유해 · 위험 경고
④ 녹색 - 비상구 및 피난소, 사람 또는 차량의 통행표지

해설 안전보건표지의 색채와 사용 사례

① 노란색 – 화학물질 취급장소에서의 유해 · 위험 경고 이외의 위험경고, 주의표지 또는 기계방호물

09 적성요인에 있어 직업적성을 검사하는 항목이 아닌 것은?

① 지능　　② 촉각 적응력
③ 형태 식별 능력　　④ 운동 속도

해설 직업적성을 검사하는 항목

①, ③, ④를 포함하여 다음의 항목이 있다.
㉠ 수리 능력　　㉡ 사무 능력
㉢ 언어 능력　　㉣ 공간 판단 능력
㉤ 손재주　　㉥ 손가락 재주

10 다음 중 헤링(Hering)의 착시현상에 해당하는 것은?

① 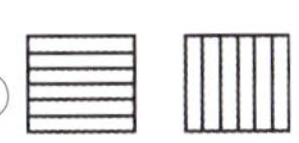
② 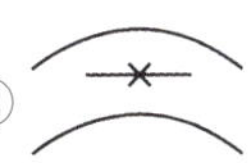
③ 
④ 

해설 착시현상

① 헬름호츠(Helmholz)의 착시 : 왼쪽은 세로로 길어 보이고, 오른쪽은 가로로 길어 보인다.
② 쾰러(Köhler)의 착시 : 직선이 호의 반대방향으로 굽어 보인다.
③ 뮬러 라이어(Müller Lyer)의 착시 : 왼쪽 가운데 직선이 오른쪽보다 길어 보인다.
④ 헤링(Hering)의 착시 : 왼쪽은 평행선의 양 끝이 벌어져 보이고, 오른쪽은 평행선의 중앙이 벌어져 보인다.

Answer 06. ④ 07. ① 08. ① 09. ② 10. ④

11 **주의(Attention)의 특성에 관한 설명 중 틀린 것은?**

① 고도의 주의는 장시간 지속하기 어렵다.
② 한 지점에 주의를 집중하면 다른 곳의 주의는 약해진다.
③ 최고의 주의 집중은 의식의 과잉 상태에서 가능하다.
④ 여러 자극을 지각할 때 소수의 현란한 자극에 선택적 주의를 기울이는 경향이 있다.

해설 주의의 특성
① 변동성 : 고도의 주의는 장시간 지속하기 어렵다.
② 방향성 : 한 지점에 주의를 집중하면 다른 곳의 주의는 약해진다.
④ 선택성 : 여러 자극을 지각할 때 소수의 현란한 자극에 선택적 주의를 기울이는 경향이 있다.

12 **다음 중 교육심리학의 학습이론에 관한 설명으로 옳은 것은?**

① 파블로프(Pavlov)의 조건반사설은 맹목적 시행을 반복하는 가운데 자극과 반응이 결합하여 행동하는 것이다.
② 레빈(Lewin)의 장설은 후천적으로 얻게 되는 반사작용으로 행동을 발생시킨다는 것이다.
③ 톨만(Tolman)의 기호형태설은 학습자의 머리 속에 인지적 지도 같은 인지구조를 바탕으로 학습하려는 것이다.
④ 손다이크(Thorndike)의 시행착오설은 내적, 외적의 전체 구조를 새로운 시점에서 파악하여 행동하는 것이다.

해설 교육심리학의 학습이론
① 파블로프의 조건반사설은 동물이나 인간이 무조건적인 자극과 함께 일어나는 반응을 학습을 통해 다른 자극과 연결시켜 새로운 반응을 유발할 수 있다는 것이다.
② 레빈의 장설은 목표를 향한 신념에 의해 행동하는 것이다.
④ 손다이크의 시행착오설은 맹목적 시행을 반복하는 가운데 자극과 반응이 결합하여 행동하는 것이다.

13 **레빈(Lewin)은 인간의 행동 특성을 다음과 같이 표현하였다. 변수 "E"가 의미하는 것은?**

$$B = f(P \cdot E)$$

① 연령 ② 성격
③ 작업환경 ④ 지능

해설 레빈의 인간 행동 특성
인간의 행동 $B=f(P \cdot E)$
여기서, B : Behavior(인간의 행동)
f : Function(함수관계)
P : Person(소질) – 연령, 성격, 지능
E : Environment(작업환경, 인간관계 요인을 나타내는 변수)

14 **다음 중 맥그리거(Douglas McGregor)의 X이론과 Y이론에 관한 관리 처방으로 가장 적절한 것은?**

① 목표에 의한 관리는 Y이론의 관리 처방에 해당된다.
② 직무의 확장은 X이론의 관리 처방에 해당된다.
③ 상부책임제도의 강화는 Y이론의 관리 처방에 해당된다.
④ 분권화 및 권한의 위임은 X이론의 관리 처방에 해당된다.

해설 맥그리거의 X · Y이론에 관한 관리 처방

X이론	Y이론
• 권위적 리더십의 확립 • 상부책임제도의 강화 • 경제적 보상체제의 강화 • 엄격한 감독과 통제 • 조직구조의 고층화	• 민주적 리더십의 확립 • 분권화 및 권한의 위임 • 목표에 의한 자율관리 • 직무 확장 • 비공식적 조직의 활용 • 자체평가제도의 활성화 • 조직구조의 평면화

15 **특정과업에서 에너지 소비수준에 영향을 미치는 인자가 아닌 것은?**

① 작업방법 ② 작업속도
③ 작업관리 ④ 도구

Answer 11. ③ 12. ③ 13. ③ 14. ① 15. ③

해설 에너지 소비량에 영향을 미치는 인자

① 작업방법 ② 작업속도
③ 작업자세 ④ 도구

16 제일선의 감독자를 교육대상으로 하고, 작업을 지도하는 방법, 작업개선방법 등의 주요 내용을 다루는 기업 내 교육방법은?

① TWI ② MTP
③ ATT ④ CCS

해설 교육방법의 종류

① TWI(Training Within Industry) : 제일선 감독자(직장, 반장, 조장 등)를 대상으로 한 정형훈련
② MTP(Management Training Program) : 관리자 훈련 프로그램 – 관리에 필요한 기본적인 지식 등을 20개 항목으로 정리하여 40시간에 걸쳐 훈련시키는 프로그램
③ ATT(American Telephon & Telegram Co.) : 대상 계층이 한정되지 않은 정형교육으로, 토의식 교육 진행 기법
④ CCS(Civil Communication Section) : 역할 연기법이라고 하며, 최고경영자를 위한 교육으로 실시되는 교육 진행 기법

17 안전교육의 형태 중 O.J.T.(On the Job of Training) 교육과 관련이 가장 먼 것은?

① 다수의 근로자에게 조직적 훈련이 가능하다.
② 직장의 실정에 맞게 실제적인 훈련이 가능하다.
③ 훈련에 필요한 업무의 지속성이 유지된다.
④ 직장의 직속상사에 의한 교육이 가능하다.

해설 O.J.T와 Off J.T. 교육의 특징

O.J.T.	Off J.T.
• 개개인에게 적절한 지도 훈련이 가능하다. • 직장 실정에 맞게 실제적인 훈련이 가능하다. • 업무의 지속성이 유지된다. • 강사 초빙이나 장소 임대가 필요 없어, 교육비용이 적게 소요된다. • 상사와 동료 간의 이해와 협동 정신이 강화될 수 있다.	• 다수의 작업자에게 조직적 훈련이 가능하다. • 업무와 분리되어 훈련에만 전념할 수 있다. • 전문 강사 초청과 특별 교재, 교구, 설비를 유효하게 활용할 수 있다. • 다양한 기술과 지식의 습득이 가능하다. • 다른 직장 사람과의 지식과 경험의 교환이 가능하다.

개정 / 2023

18 산업안전보건법령상 사업 내 안전보건교육의 교육시간에 관한 설명으로 옳은 것은?

① 일용근로자 및 1주일 이하인 기간제근로자를 제외한 그 밖의 근로자의 작업내용 변경 시의 교육은 2시간 이상이다.
② 사무직에 종사하는 근로자의 정기교육은 매 반기 6시간 이상이다.
③ 일용근로자 및 1개월 이하인 기간제근로자를 제외한 그 밖의 근로자의 채용 시 교육은 4시간 이상이다.
④ 관리감독자의 정기교육은 연간 8시간 이상이다.

해설 근로자 및 관리감독자의 안전보건교육 교육시간

교육과정	교육대상	교육시간
정기 교육	사무직 종사 근로자	매 반기 6시간 이상
	판매업무에 직접 종사하는 근로자	매 반기 6시간 이상
	판매업무 외에 종사하는 근로자	매 반기 12시간 이상
	관리감독자	연간 16시간 이상
채용 시 교육	일용근로자 및 1주일 이하인 기간제근로자	1시간 이상
	1주일 초과 1개월 이하인 기간제근로자	4시간 이상
	그 밖의 근로자	8시간 이상
	관리감독자	8시간 이상
작업내용 변경 시 교육	일용근로자 및 1주일 이하인 기간제근로자	1시간 이상
	그 밖의 근로자	2시간 이상
	관리감독자	2시간 이상
특별 교육	일용근로자 및 1주일 이하인 기간제근로자 (타워크레인 신호 작업 제외)	2시간 이상
	타워크레인 신호 작업에 종사하는 일용근로자 및 1주일 이하인 기간제근로자	8시간 이상
건설업 기초 안전보건교육	건설 일용근로자	4시간 이상

Answer 16. ① 17. ① 18. ②

19 산업안전보건법령상 사업 내 안전보건교육에 있어 채용 시의 교육 및 작업내용 변경 시 교육 내용에 포함되지 않는 것은?

① 물질안전보건자료에 관한 사항
② 작업 개시 전 점검에 관한 사항
③ 유해, 위험 작업환경 관리에 관한 사항
④ 기계 · 기구의 위험성과 작업의 순서 및 동선에 관한 사항

해설 채용 시 및 작업내용 변경 시의 안전보건교육 내용
㉠ 산업안전 및 사고 예방에 관한 사항
㉡ 산업보건 및 직업병 예방에 관한 사항
㉢ 위험성평가에 관한 사항
㉣ 산업안전보건법령 및 산업재해보상보험 제도에 관한 사항
㉤ 직무스트레스 예방 및 관리에 관한 사항
㉥ 직장 내 괴롭힘, 고객의 폭언 등으로 인한 건강장해 예방 및 관리에 관한 사항
㉦ 기계 · 기구의 위험성과 작업의 순서 및 동선에 관한 사항
㉧ 작업 개시 전 점검에 관한 사항
㉨ 정리정돈 및 청소에 관한 사항
㉩ 사고 발생 시 긴급조치에 관한 사항
㉪ 물질안전보건자료에 관한 사항
※ ③은 안전보건교육 중 정기교육의 내용이다.

20 산업안전보건법령상 안전보건진단을 받아 안전보건개선계획의 수립 및 명령을 할 수 있는 대상이 아닌 것은?

① 작업환경 불량, 화재 · 폭발 또는 누출 사고 등으로 사업장 주변까지 피해가 확산된 사업장
② 산업재해율이 같은 업종 평균 산업재해율의 2배 이상인 사업장
③ 사업주가 필요한 안전조치 또는 보건조치를 이행하지 아니하여 중대재해가 발생한 사업장
④ 상시작업자 1천명 이상인 사업장에서 직업성 질병자가 연간 2명 이상 발생한 사업장

해설 안전보건진단을 받아 안전보건개선계획을 수립할 대상
㉠ 산업재해율이 같은 업종 평균 산업재해율의 2배 이상인 사업장
㉡ 사업주가 필요한 안전조치 또는 보건조치를 이행하지 아니하여 중대재해가 발생한 사업장
㉢ 직업성 질병자가 연간 2명 이상(상시근로자 1천명 이상 사업장의 경우 3명 이상) 발생한 사업장
㉣ 그 밖에 작업환경 불량, 화재 · 폭발 또는 누출 사고 등으로 사업장 주변까지 피해가 확산된 사업장으로서 고용노동부령으로 정하는 사업장

Answer 19. ③ 20. ④

PART 02

인간공학 및 위험성 평가 · 관리

CONTENTS

산업안전기사

제 1 장 안전과 인간공학

01 인간공학의 정의

1 정의 및 목적 ★★

(1) 인간공학의 정의

① 인간활동의 최적화를 연구하는 학문으로, 작업활동을 할 때 인간으로서 가장 자연스럽게 일하는 방법을 연구한다.

② 인간과 그들이 사용하는 사물과 환경 사이의 상호작용에 대해 연구한다.

(2) 인간공학의 목적

① 인간의 행동, 능력, 한계, 특성 등에 관한 정보를 발견하고, 이를 도구, 기계, 시스템, 과업, 직무, 환경의 설계에 응용함으로써, 기계와 작업을 인간에 맞추어 인간이 생산적이고 안전하며 쾌적하고 효과적으로 이용할 수 있도록 하는 것이다.

② 인간공학의 목적은 작업환경 등에서 작업자의 신체적인 특성이나 행동하는 데 받는 제약조건 등이 고려된 시스템을 디자인하여 인간과 기계 및 작업환경과의 조화가 잘 이루어질 수 있도록 하여 작업자의 안전, 작업능률을 향상하는 데 있다.

㉠ 일과 활동을 수행하는 효능과 효율을 향상하는 것으로, 사용 편의성 증대, 오류 및 사고 감소, 생산성과 안전성 향상, 근골격계질환 감소 등을 들 수 있다.

㉡ 바람직한 인간 가치를 향상하고자 하는 것으로, 안전성 개선, 피로와 스트레스 감소, 쾌적감 증가, 사용자 수용성 향상, 작업 만족도 증대, 생활의 질 개선 등을 들 수 있다.

합격 체크포인트

- 인간공학의 정의 및 목적
- 인간공학 적용에 따른 기대 효과
- 인간공학의 적용 분야

기출문제

인간공학의 목표와 거리가 가장 먼 것은?

① 사고 감소
② 생산성 증대
③ 안전성 향상
❹ 근골격계질환 증가

2 기대효과 및 연구방법론 ★★★★

(1) 인간공학의 기업 적용에 따른 기대효과

① 생산성의 향상
② 작업자의 건강 및 안전 향상
③ 직무만족도의 향상
④ 제품과 작업의 질 향상
⑤ 이직률 및 작업 손실 시간의 감소
⑥ 산재손실비용의 감소
⑦ 기업 이미지와 상품 선호도의 향상
⑧ 노사 간의 신뢰 구축
⑨ 선진 수준의 작업환경과 작업조건을 마련함으로써 국제적 경제력의 확보

(2) 사업장에서의 인간공학 적용 분야

① 작업 관련성 유해 · 위험 작업 분석(작업환경개선)
② 제품설계에 있어 인간에 대한 안전성 평가(장비 및 공구설계)
③ 작업공간의 설계
④ 인간-기계 인터페이스 디자인
⑤ 재해 및 질병 예방

(3) 인간공학 연구조사 기준의 구비조건

실제적 요건	객관적이고 정량적이고 강요적이 아니다. 수집이 쉽고, 특수한 자료수집 기반이나 기기가 필요 없으며, 돈이나 실험자의 수고가 적게 드는 것이어야 한다.
타당성 및 적절성	어떤 변수가 실제로 의도된 목적에 부합하여야 한다.
신뢰성	시간이나 표본 선정과 관계없이 반복 실험 시 재현성이나 일관성, 안정성이 있어야 한다.
순수성 또는 무오염성	측정하고자 하는 변수 이외의 다른 변수의 영향을 받아서는 안 된다.
측정의 민감도	실험 변수의 수준 변화에 따라 기준값의 차이가 존재하는 정도를 말하며, 피실험자 사이에서 볼 수 있는 예상 차이점에 비례하는 단위로 측정해야 한다.

기출문제

다음 중 인간공학을 기업에 적용할 때의 기대효과로 볼 수 없는 것은?
❶ 노사 간의 신뢰 저하
② 제품과 작업의 질 향상
③ 작업자의 건강 및 안전 향상
④ 이직률 및 작업손실시간의 감소

기출문제

사업장에서 인간공학 적용 분야로 틀린 것은?
① 제품설계
❷ 산업독성학
③ 재해 · 질병 예방
④ 작업장 내 조사 및 연구

기출문제

다음 중 인간공학 연구조사에 사용하는 기준의 구비조건과 가장 거리가 먼 것은?
① 적절성
② 무오염성
❸ 다양성
④ 기준척도의 신뢰성

02 인간 - 기계 시스템(체계)

1 인간－기계 시스템의 정의 및 유형 ★★★★

(1) 인간－기계 시스템의 정의와 연구 목적

① 인간과 기계가 조화되어 하나의 시스템으로 운용되는 것을 인간－기계 시스템(man－machine system)이라 한다.

② 인간－기계 시스템의 연구 목적은 안전의 극대화 및 생산능률의 향상에 있다.

(2) 인간－기계 시스템의 유형

수동 시스템 (manual system)	• 입력된 정보에 기초해서 인간 자신의 신체적인 에너지를 동력원으로 사용한다. • 수공구나 다른 보조기구에 힘을 가하여 작업을 제어하는 고도의 유연성이 있는 시스템이다.
기계화 시스템 (mechanical system)	• 반자동 시스템(semiautomatic system)이라고도 한다. • 여러 종류의 동력 공작기계와 같이 고도로 통합된 부품들로 구성되어 있는데, 일반적으로 변화가 별로 없는 기능들을 수행하도록 설계되어 있다. • 동력은 전형적으로 기계가 제공하며, 운전자의 기능이란 조종장치를 사용하여 통제하는 것이다.
자동화 시스템 (automated system)	• 자동화 시스템은 인간이 전혀 또는 거의 개입할 필요가 없다. • 장비는 감지, 의사결정, 행동 기능의 모든 기능을 수행할 수 있다. • 자동화 시스템은 감지되는 모든 가능한 우발상황에 대해서 적절한 행동을 취하게 하기 위해서는 완전하게 프로그램되어 있어야 한다.

(3) 인간에 의한 제어의 정도에 따른 시스템 분류

분류	수동 시스템	기계화 시스템	자동화 시스템
구성	수공구 및 기타 보조물	동력기계 등 고도로 통합된 부품	동력기계화 시스템 고도의 전자회로
동력원	인간 사용자	기계	기계
인간의 기능	동력원으로 작업을 통제	표시장치로부터 정보를 얻어 조종장치를 통해 기계를 통제	감시, 정비유지, 프로그래밍
기계의 기능	인간의 통제를 받아 제품을 생산	동력원을 제공하고, 인간의 통제 아래에서 제품을 생산	감시, 정보처리, 의사결정 및 행동의 프로그램에 의해 수행
예시	목수와 대패 대장장이와 화로	프레스 기계, 자동차 밀링 M/C	자동교환대, 로봇, 무인공장, NC 기계

합격 체크포인트

• 인간－기계 시스템의 유형과 그에 따른 특징
• 인간과 기계의 능력 비교

기출문제

인간－기계 시스템의 연구 목적으로 가장 적절한 것은?
① 정보 저장의 극대화
② 운전 시 피로의 평준화
③ 시스템의 신뢰성 극대화
❹ 안전의 극대화 및 생산능률의 향상

기출문제

인간－기계 시스템에 관한 설명으로 틀린 것은?
① 자동 시스템에서는 인간요소를 고려하여야 한다.
② 자동차 운전이나 전기 드릴 작업은 반자동 시스템의 예시이다.
③ 자동 시스템에서 인간은 감시, 정비유지, 프로그램 등의 작업을 담당한다.
❹ 수동 시스템에서 기계는 동력원을 제공하고, 인간의 통제하에서 제품을 생산한다.

해설 수동 시스템은 인간의 힘을 동력원으로 제공하고, 인간의 통제하에서 제품을 생산한다.

기출문제

다음 중 자동화 시스템에서 인간의 기능으로 적절하지 않은 것은?
① 설비 보전
② 작업계획 수립
❸ 조종장치로 기계를 통제
④ 모니터로 작업 상황 감시

해설 조종장치로 기계를 통제하는 것은 기계화 시스템이다.

2 인간-기계 시스템의 특성 ★★★★

(1) 구조

① 인간-기계 시스템에서의 주체는 어디까지나 인간이며, 인간과 기계의 기능분배, 적합성, 작업환경 검토, 그리고 시스템의 평가와 같은 역할을 수행한다.

② 인간-기계 시스템은 정보라는 매개물을 통하여 서로 기능을 수행하며, 전체적인 시스템의 상호작용을 하게 된다. 이때의 정보는 인간의 감각기관을 통해 자극의 형태로 입력된다.

③ 인간과 기계의 접점이 되는 표시장치나 조종장치의 하드웨어와 소프트웨어를 인간-기계 인터페이스라고 한다. 이 표시장치나 조종장치는 인간의 감각, 정보처리, 동작의 생리학적, 심리학적 특성에 부합되도록 설계되어야 한다.

기출문제

인간-기계 통합 체계의 인간 또는 기계에 의해서 수행되는 기본기능의 유형에 해당하지 않는 것은?

① 감지
❷ 환경
③ 행동
④ 정보보관

(2) 인간-기계 시스템에서의 기본기능

인간-기계 시스템에서의 인간이나 기계는 감각을 통한 정보의 수용, 정보의 보관, 정보의 처리 및 의사결정, 행동의 네 가지 기본적인 기능을 수행한다.

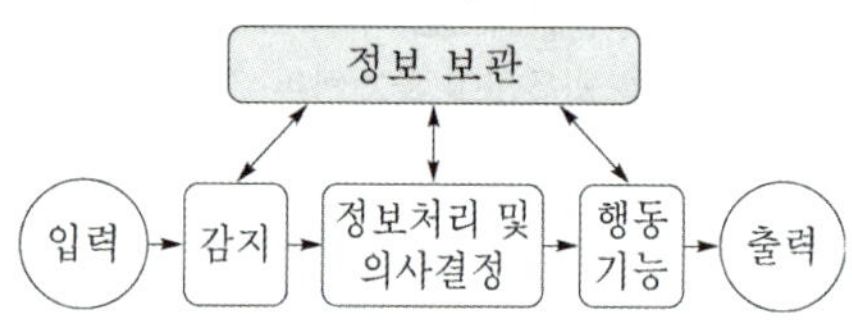

▌인간에 의한 제어의 정도에 따른 분류▐

감지 (정보의 수용)	• 인간 : 시각, 청각, 촉각과 같은 여러 종류의 감각기관이 사용된다. • 기계 : 전자, 사진, 기계적인 여러 종류가 있으며, 음파탐지기와 같이 인간이 감지할 수 없는 것을 감지하기도 한다.
정보의 보관	• 인간 : 인간에 있어서 정보보관이란 기억된 학습 내용과 같은 말이다. • 기계 : 기계에 있어서 정보는 펀치 카드, 형판(template), 기록, 자료표 등과 같은 물리적 기구에 여러 가지 방법으로 보관될 수 있다. 나중에 사용하기 위해서 보관되는 정보는 암호화(code)되거나 부호화(symbol)된 형태로 보관되기도 한다.

정보처리 및 의사결정	• 인간의 정보처리 과정은 그 과정의 복잡성에 상관없이 행동에 대한 결정으로 이어진다. 즉 인간이 정보처리를 하는 경우에는 의사결정이 뒤따르는 것이 일반적이다. • 기계에 있어서는 정해진 절차에 의해 입력에 대한 예정된 반응으로 이루어지는 것처럼, 자동화된 기계장치를 쓸 경우에는 가능한 모든 입력정보에 대해서 미리 프로그램된 방식으로 반응하게 된다.
행동 기능	• 시스템에서의 행동 기능이란 결정 후의 행동을 의미한다. • 행동 기능은 크게 어떤 조종기기의 조작이나 수정, 물질의 취급 등과 같은 물리적인 조종 행동과 신호나 기록 등과 같은 전달 행동으로 나눌 수 있다.

(3) 인간과 기계의 능력 비교

구분	인간	기계
장점	• 시각, 청각, 촉각, 후각, 미각 등의 작은 자극도 감지한다. • 각각으로 변화하는 자극패턴을 인지한다. • 예기치 못한 자극을 탐지한다. • 기억에서 적절한 정보를 꺼낸다. • 결정 시에 여러 가지 경험을 꺼내 맞춘다. • 원리를 여러 문제해결에 응용한다. • 주관적인 평가를 한다. • 아주 새로운 해결책을 생각한다. • 조작이 다른 방식에도 몸으로 순응한다. • 일반화 및 귀납적인 추리가 가능하다.	• 초음파 등과 같이 인간이 감지하지 못하는 것에도 반응한다. • 드물게 일어나는 현상을 감지할 수 있다. • 신속하면서 대량의 정보를 기억할 수 있다. • 신속 · 정확하게 정보를 꺼낸다. • 특정 프로그램에 대해서 수량적 정보를 처리한다. • 입력신호에 신속하고 일관된 반응을 한다. • 연역적인 추리를 한다. • 반복동작을 확실히 한다. • 명령대로 작동한다. • 동시에 여러 가지 활동을 한다. • 물리량을 셈하거나 측량한다.
단점	• 한정된 범위 내에서만 자극을 감지할 수 있다. • 드물게 일어나는 현상을 감시할 수 없다. • 수 계산을 하는 데 한계가 있다. • 신속고도의 신뢰도로서 대량 정보를 꺼낼 수 없다. • 운전작업을 정확히 일정한 힘으로 할 수 없다. • 반복작업을 확실하게 할 수 없다. • 자극에 신속 일관된 반응을 할 수 없다. • 장시간 연속해서 작업을 수행할 수 없다.	• 미리 정해 놓은 활동만을 할 수 있다. • 학습을 하거나 행동을 바꿀 수 없다. • 추리를 하거나 주관적인 평가를 할 수 없다. • 즉석에서 적응할 수 없다. • 기계에 적합한 부호화된 정보만 처리한다.

기출문제

인간이 기계보다 우수한 기능이라 할 수 있는 것은? (단, 인공지능은 제외한다.)

❶ 일반화 및 귀납적 추리
② 신뢰성 있는 반복 작업
③ 신속하고 일관성 있는 반응
④ 대량의 암호화된 정보의 신속한 보관

합격 체크포인트

• 체계 설계 과정의 주요 단계

기출문제

인간－기계 시스템 설계과정 중 직무분석을 하는 단계는?

① 제1단계 : 목표 및 성능명세의 결정
② 제2단계 : 시스템의 정의
❸ 제3단계 : 기본설계
④ 제4단계 : 인터페이스 설계

해설 기본설계 : 인간성능 요건 명세, 직무분석, 작업설계

03 체계(시스템) 설계와 인간요소

1 체계(시스템) 설계 과정의 주요 단계 ★★★★

1단계 : 목표 및 성능명세의 결정	• 시스템의 목적은 통상적으로 '목표'로 표현된다. • 시스템 성능명세는 목표를 달성하기 위해서 시스템이 해야 하는 것을 서술한다.
2단계 : 시스템의 정의	• 시스템의 목표나 성능에 대한 요구사항들이 모두 식별되었으면, 시스템의 목적을 달성하기 위해서 특정한 기본적인 기능들이 수행되어야 한다. 예 우편 업무－우편물의 수집, 일반 구역별 분류, 수송, 지역별 분류, 배달 등
3단계 : 기본설계	• 인간, 하드웨어, 소프트웨어가 수행해야 할 기능을 주었을 때, 특정한 기능을 인간에게 또는 물리적 부품에 할당해야 할지를 명백한 이유를 통해 결정해야 한다. • 인간성능 요건 명세 : 시스템이 요구조건을 만족하기 위하여 인간이 달성하여야 하는 성능 특성들로, 필요한 정확도, 속도, 숙련된 성능을 개발하는 데 필요한 시간 및 사용자 만족도 등이 있다. • 직무분석 : 최종 설계에 사실상 있게 될 각 작업의 명세를 마련하기 위한 것으로, 이러한 명세는 요원 명세, 인력수요, 훈련계획 등의 개발 등 다양한 목적에 사용된다. • 작업설계 : 어떤 종류의 장비를 설계하는 사람은 사실상 그 장비를 사용하는 사람의 작업을 설계하는 것으로, 작업능률과 동시에 작업자에게 작업만족의 기회를 제공하는 작업설계가 이루어져야 한다.
4단계 : 계면 설계(인터페이스 설계)	• 작업공간, 표시장치, 조종장치, 제어, 컴퓨터 대화 등이 포함된다. • 인간－기계 인터페이스는 사용자의 특성을 고려하여 신체적 인터페이스, 지적 인터페이스, 감성적 인터페이스로 분류할 수 있다.
5단계 : 촉진물 설계	• 이 단계에서의 주 초점은 만족스러운 인간성능을 증진할 보조물에 대해서 계획하는 것으로, 지시수첩, 성능보조자료 및 훈련도구와 계획이 포함된다.
6단계 : 시험 및 평가	• 시스템 개발과 연관된 평가 : 시스템 개발의 산물(기기, 절차 및 요인)이 의도된 대로 작동하는가를 입증하기 위하여 산물을 측정하는 것이다.

2 감성공학

① 감성공학이란 인간－기계 체계 인터페이스 설계에 감성적 차원의 조화성을 도입하는 공학이라고 정의할 수 있다.

② 인간이 가지고 있는 소망으로서의 이미지나 감성을 구체적인 제품설계로 실현해 내는 공학적인 접근방법이다.

③ 쉽게 이야기하자면, 인간의 이미지와 감성을 구체적인 물리적 설계 요소로 번역하여 그것을 실현하는 기술이다.

04 인간요소와 휴먼에러

1 휴먼에러의 정의 *

(1) 정의

① 휴먼에러는 허용범위에서 벗어난 일련의 불완전한 행동이며, 인간이 명시된 정확도, 순서, 시간 한계 내에서 지정된 행위를 하지 못하는 것이다.

② 그 결과 시스템 등의 성능과 출력에 부정적 역할이나 중단을 초래한다.

(2) 불안전한 행동의 분류

착오(mistake)	상황해석을 잘못하거나 틀린 목표를 착각하여 행하는 경우
실수(slip)	의도와는 다른 행동을 하는 경우
망각(lapse)	어떤 행동을 잊어버리고 안 하는 경우
위반(violation)	알고 있음에도 의도적으로 따르지 않거나 무시한 경우

2 휴먼에러의 분류 ****

(1) 심리적 분류(Swain과 Guttman)

에러의 원인을 불확정성, 시간지연, 순서착오의 3가지 요인으로 나누어 분류하였다.

생략(누락), 부작위 에러 (omission error)	필요한 작업 또는 절차를 수행하지 않는 데 기인한 에러 예 자동차 전조등을 끄지 않아서 방전되어 시동이 걸리지 않는 에러
시간 에러 (time error)	필요한 작업 또는 절차의 수행 지연으로 인한 에러 예 출근 지연으로 지각한 경우

합격 체크포인트

- 휴먼에러의 심리적 분류
- 휴먼에러의 원인의 수준적 분류
- 휴먼에러의 원인적 분류
- 휴먼에러의 요인

참고

위반은 사업장에서 일반적으로 불안전한 행동으로 분류되나, 작업자의 의도가 있기 때문에 엄격한 의미에서 휴먼에러는 아니다.

기출문제

다음 상황은 인간실수의 분류 중 어느 것에 해당하는가?

> 전자기기 수리공이 어떤 제품의 분해 · 조립 과정을 거쳐서 수리를 마친 후 부품 하나가 남았다.

① time error
❷ omission error
③ command error
④ extraneous error

작위, 행위 에러 (commission error)	필요한 작업 또는 절차의 불확실한 수행으로 인한 에러 예 장애인 주차구역에 주차하여 벌과금을 부과받은 행위
순서 에러 (sequential error)	필요한 작업 또는 절차의 순서착오로 인한 에러 예 자동차 출발 시 핸드브레이크 해제 후 출발해야 하나, 해제하지 않고 출발하여 일어난 상태
불필요한(과잉) 행동 에러 (extraneous error)	불필요한 작업 또는 절차를 수행함으로써 기인한 에러 예 자동차 운전 중에 스마트폰 사용으로 접촉사고를 유발한 경우

기출문제

휴먼에러(Human Error) 원인의 레벨(Level)을 분류할 때 작업조건이나 작업 형태 중에서 다른 문제가 생겨서 그것 때문에 필요한 사항을 실행할 수 없는 에러를 무엇이라고 하는가?

① Command error
② Extraneous error
❸ Secondary error
④ Commission error

(2) 원인의 수준(level)적 분류

1차 에러 (primary error)	작업자 자신으로부터 직접 발생한 에러
2차 에러 (secondary error)	작업 형태나 조건 중에서 다른 문제가 발생하여 필요한 사항을 실행할 수 없는 에러 또는 어떤 결함으로부터 파생하여 발생하는 에러
3차 에러 (command error)	요구되는 것을 실행하고자 하여도 필요한 물품, 정보, 에너지 등이 공급되지 않아서 작업자가 움직일 수 없는 상태에서 발생한 에러

기출문제

라스무센(Rasmussen)은 인간 행동의 종류 또는 수준에 따라 휴먼 에러를 3가지로 분류하였는데 이에 속하지 않는 것은?

① 숙련기반 에러(skill – based error)
❷ 기억기반 에러(memory – based error)
③ 규칙기반 에러(rule – based error)
④ 지식기반 에러(knowledge – based error)

(3) 원인적 분류(rasmussen)

인간의 행동을 숙련기반, 규칙기반, 지식기반 등의 3개 수준으로 분류한 라스무센(rasmussen)의 모델을 사용하여 분류하였다.

숙련기반 에러 (skill – based error)	• 실수(slip) : 의도와는 다른 행동을 하는 경우 예 자동차 하차 시에 창문 개폐를 잊어버리고 내려 분실사고 발생 • 망각(lapse) : 어떤 행동을 잊어버리고 안 하는 경우 예 전화 통화 중에 전화번호를 기억했으나 전화 종료 후 옮겨 적는 행동을 잊어버림.
규칙기반 에러 (rule – based error)	잘못된 규칙을 기억하거나, 정확한 규칙이라도 상황에 맞지 않게 잘못 적용한 경우이다. 예 일본에서 자동차를 우측 운행하다가 사고를 유발하거나, 음주 후 도로의 차선을 착각하여 역주행하다가 사고를 유발하는 경우
지식기반 에러 (knowledge – based error)	처음부터 장기기억 속에 관련 지식이 없는 경우는 추론이나 유추로 지식 처리과정 중에 실패 또는 과오로 이어지는 에러 예 외국에서 도로표지판을 이해하지 못해서 교통위반을 하는 경우

(4) 대뇌정보처리 에러(착오요인)

인지착오(입력) 에러	작업정보의 입수로부터 감각중추에서 하는 인지까지 일어날 수 있는 에러(생리 · 심리적 능력 한계, 정서 불안정, 확인 착오 등)
판단착오 (의사결정) 에러	중추신경의 의사 과정에서 일으키는 에러(정보 부족, 능력 부족, 합리화, 작업조건 불량, 의사결정의 착오, 기억 실패 등)
조작착오(행동) 에러	운동중추에서 올바른 지령이 주어졌으나 동작 도중에 일어난 에러(조치과정 착오)

기출문제

인간의 동작특성 중 판단과정의 착오요인이 아닌 것은?

① 합리화
❷ 정서 불안정
③ 작업조건 불량
④ 정보 부족

3 휴먼에러의 특성 ★★

(1) 긴장수준 변화의 특징

인간의 긴장수준이 낮아졌을 때 휴먼에러가 생기기 쉬워 사고 발생 가능성이 높아진다.

(2) 휴먼에러의 요인

심리적 요인	물리적 요인
• 현재 하고 있는 일에 대한 지식이 부족할 때 • 일을 할 의욕이나 모럴(moral)이 결여되어 있을 때 • 서두르거나 절박한 상황에 놓여 있을 때 • 무엇인가의 체험으로 습관이 되었을 때 • 선입관으로 괜찮다고 느끼고 있을 때 • 주의를 끄는 것이 있어 그것에 치우쳐 주의를 빼앗기고 있을 때 • 많은 자극이 있어 어떤 것에 반응해야 좋을지 알 수 없을 때 • 매우 피로해 있을 때	• 일이 단조로울 때 • 일이 너무 복잡할 때 • 일의 생산성이 너무 강조될 때 • 자극이 너무 많을 때 • 업무를 재촉하는 조직 문화가 있을 때 • 스테레오 타입에 맞지 않는 기기 • 공간적 배치에 맞지 않는 기기

기출문제

휴먼에러(Human Error)의 요인을 심리적 요인과 물리적 요인으로 구분할 때, 심리적 요인에 해당하는 것은?

① 일이 너무 복잡한 경우
② 일의 생산성이 너무 강조될 경우
③ 동일 형상의 것이 나란히 있을 경우
❹ 서두르거나 절박한 상황에 놓여 있을 경우

4 휴먼에러확률 추정기법과 예방기법 ★

(1) 휴먼에러확률에 대한 추정기법

① 일반적인 직무현장에서의 휴먼에러확률 추정을 위한 접근법들은 전체 시스템 내에서의 인간 행위를 작은 단위의 세부 행위로 구분하고, 세부 행위에 대한 자료를 찾아 전체 직무에 대한 휴먼에러확률을 추정하는 방법을 적용하고 있다.

② 휴먼에러확률을 추정하는 방법들의 대부분은 기존자료에 의한 추정이나 시뮬레이션 기법을 사용하고 있다.

(2) 휴먼에러 예방기법

① 휴먼에러를 줄이기 위한 일반적 고려사항 및 대책
㉠ 작업자 특성 조사에 의한 부적격자의 배제
㉡ 가능한 한 많은 휴먼에러에 대한 정보의 획득
㉢ 시각 및 청각에 좋은 조건으로의 정비
㉣ 오인하기 쉬운 조건의 삭제
㉤ 오판하기 쉬운 방향성의 고려
㉥ 오판율을 적게 하기 위한 표시장치의 고려
㉦ 시간요소 고려

② 인적 요인에 관한 대책(인간측면의 행동감수성 고려)
㉠ 작업에 대한 교육 및 훈련과 작업 전 · 후 회의소집
㉡ 작업의 모의훈련으로 시나리오에 의한 리허설
㉢ 소집단 활동의 활성화로 작업방법 및 순서, 안전 포인터 의식, 위험예지활동 등을 지속해서 수행
㉣ 숙달된 전문인력의 적재적소 배치 등

③ 설비 및 작업 환경요인에 관한 대책
㉠ 사전 위험요인의 제거
㉡ 페일세이프(fail safe)와 풀 프루프(fool proof), 배타설계(exclusion design) 기능의 도입
㉢ 예지정보, 인공지능 활용 등의 정보의 피드백
㉣ 경보 시스템(예고 경보, 비과다 정보, 의식 레벨 분류 등)
㉤ 대중의 선호도 활용(습관, 관습 등)
㉥ 시인성(색, 크기, 형태, 위치, 변화성, 나열 등)
㉦ 인체 측정값에 의한 인간공학적 설계 및 적합화

④ 관리 요인에 의한 대책
㉠ 안전에 대한 분위기 조성 : 안전에 대한 엄격함과 중요함 인식, 사기진작과 인간관계 및 의사소통 등
㉡ 설비 및 환경의 사전 개선 : 작업자 특성과 설비, 환경적 시스템과의 적합성 분석 등

기출문제

휴먼에러 예방 대책 중 인적 요인에 대한 대책이 아닌 것은?
❶ 설비 및 환경 개선
② 소집단 활동의 활성화
③ 작업에 대한 교육 및 훈련
④ 전문인력의 적재적소 배치

05 인간계측 및 체계제어

1 인체계측 ★★★★

① 인체측정학과 밀접한 관계를 가지고 있는 생체역학에서는 신체 부위의 길이, 무게, 부피, 운동범위 등을 포함하여 신체 모양이나 기능을 측정하는 것을 다룬다.

② 인체측정의 구분 : 정적 측정, 동적 측정

정적 측정 (구조적 인체치수)	• 형태학적 측정이라고도 하며, 표준 자세에서 움직이지 않는 피측정자를 인체측정기로 구조적 인체치수를 측정하여 특수 또는 일반적 용품의 설계에 기초자료로 활용한다. • 사용 인체측정기 : 마틴식 인체측정기
동적 측정 (기능적 인체치수)	• 일반적으로 상지나 하지의 운동, 체위의 움직임에 따른 상태에서 측정하는 것이다. • 실제의 작업 혹은 실제 조건에 밀접한 관계를 갖는 현실성 있는 인체치수를 구하는 것이다. • 동적 측정을 사용하는 것이 중요한 이유는 신체적 기능을 수행할 때, 각 신체 부위는 독립적으로 움직이는 것이 아니라 조화를 이루어 움직이기 때문이다.

2 인체계측 자료의 응용원칙 ★★★★

(1) 극단치를 이용한 설계

특정한 설비를 설계할 때, 어떤 인체측정 특성의 한 극단에 속하는 사람을 대상으로 설계하면 거의 모든 사람을 수용할 수 있는 경우가 있다.

① 최대 집단값에 의한 설계

㉠ 통상 대상집단에 대한 관련 인체측정 변수의 상위 백분위수를 기준으로 하여 90, 95 혹은 99% 값이 사용된다.

㉡ 예를 들어, 95% 값에 속하는 큰 사람을 수용할 수 있다면, 이보다 작은 사람은 모두 사용된다.

예 문, 탈출구, 통로 등의 공간 여유 설계, 줄사다리의 강도 등의 설계

② 최소 집단값에 의한 설계

㉠ 관련 인체측정 변수분포의 1%, 5%, 10% 등과 같은 하위 백분위수를 기준으로 정한다.

합격 체크포인트

• 정적 측정, 동적 측정의 특징
• 극단치, 조절식, 평균치 설계의 특징
• 시각적, 청각적 표시장치의 특징

기출문제

인체계측 중 실제의 작업 혹은 실제 조건에 밀접한 관계를 갖는 현실성 있는 인체치수를 측정하는 것을 무엇이라 하는가?
❶ 기능적 인체치수
② 구조적 인체치수
③ 파악한계 치수
④ 조절 치수

기출문제

인체계측 자료의 응용원칙이 아닌 것은?
❶ 기존 동일 제품을 기준으로 한 설계
② 최대치수와 최소치수를 기준으로 한 설계
③ 조절범위를 기준으로 한 설계
④ 평균치를 기준으로 한 설계

㉡ 예를 들어, 팔이 짧은 사람이 잡을 수 있다면, 이보다 긴 사람은 모두 잡을 수 있다.

예 선반의 높이, 조종장치까지의 거리 등의 설계

(2) 조절식 설계

체격이 다른 여러 사람에게 맞도록 조절식으로 만드는 것을 말한다.

① 통상 5% 값에서 95% 값까지의 90% 범위를 수용대상으로 설계하는 것이 관례이다.

예 자동차 좌석의 전후조절, 사무실 의자의 상하조절 등의 설계

② 퍼센타일(%ile) 인체치수

퍼센타일(%ile) 인체치수 = 평균 퍼센타일(%ile) 계수 표준편차

(3) 평균치를 이용한 설계

① 인체측정학 관점에서 볼 때 모든 면에서 보통인 사람이란 있을 수 없다. 따라서 이런 사람을 대상으로 장비를 설계하면 안 된다는 주장에도 논리적 근거가 있다.

② 특정한 장비나 설비의 경우, 최대 집단값이나 최소 집단값을 기준으로 설계하기도 부적절하고 조절식으로 하기도 불가능할 경우 평균값을 기준으로 하여 설계하는 경우가 있다.

예 은행의 접수대 높이, 공원의 벤치 등의 설계

기출문제

일반적으로 은행의 접수대 높이나 공원의 벤치를 설계할 때 가장 적합한 인체측정자료의 응용원칙은?

① 조절식 설계
❷ 평균치를 이용한 설계
③ 최대치수를 이용한 설계
④ 최소치수를 이용한 설계

3 표시장치 ★★★★

(1) 입력자극의 암호화

① 입력자극 암호화의 일반적 지침

암호의 양립성	자극 – 반응의 관계가 인간의 기대와 일치해야 한다.
암호의 검출성	주어진 상황 하에서 감지장치나 사람이 감지할 수 있어야 한다.
암호의 변별성	다른 암호표시와 구별되어야 한다.

② 시각장치와 청각장치의 사용 구분

시각장치가 이로운 경우	청각장치가 이로운 경우
• 전달정보가 복잡할 때 • 전달정보가 후에 재참조됨. • 수신자의 청각계통이 과부하일 때 • 수신 장소가 시끄러울 때 • 직무상 수신자가 한곳에 머무르는 경우	• 전달정보가 간단할 때 • 전달정보가 후에 재참조되지 않음. • 전달정보가 즉각적인 행동을 요구할 때 • 수신 장소가 너무 밝을 때 • 직무상 수신자가 자주 움직이는 경우

기출문제

특정한 목적을 위해 시각적 암호, 부호 및 기호를 의도적으로 사용할 때에 반드시 고려하여야 할 사항과 가장 거리가 먼 것은?

① 검출성 ② 판별성
③ 양립성 ❹ 심각성

(2) 시각적 표시장치

① 정량적 표시장치와 정성적 표시장치

정량적 표시장치	정량적 표시장치는 온도와 속도 같이 동적으로 변화하는 변수나 자로 재는 길이와 같은 정적변수의 계량값에 관한 정보를 제공하는 데 사용된다. • 동침(moving pointer)형 : 눈금은 고정되고 지침이 움직이는 형 • 동목(moving scale)형 : 지침은 고정되고 눈금이 움직이는 형 • 계수(digital)형 : 전력계나 택시요금 계기와 같이 기계, 전자적으로 숫자가 표시되는 형
정성적 표시장치	정성적 정보를 제공하는 표시장치는 온도, 압력, 속도와 같이 연속적으로 변하는 변수의 대략적인 값이나 변화 추세, 비율 등을 알고자 할 때 주로 사용한다. • 정성적 표시장치는 색을 이용하여 각 범위의 값들을 따로 암호화하여 설계를 최적화시킬 수 있다. • 색채암호가 부적합한 경우에는 구간을 형상 암호화할 수 있다. • 정성적 표시장치는 상태 점검, 즉 나타내는 값이 정상상태인지의 여부를 판정하는 데에도 사용한다.

② 시각적 암호, 부호, 기호

묘사적 부호	단순하고 정확하게 묘사 예 보도 표지판의 걷는 사람
추상적 부호	도식적으로 압축 예 위험표지판의 해골과 뼈
임의적 부호	이미 고안되어 있는 부호를 학습 예 주의를 나타내는 삼각형

(3) 청각적 표시장치

① 청각을 이용한 경계 및 경보신호의 선택 및 설계

㉠ 귀는 중음역에 가장 민감하므로 500~3,000Hz의 진동수를 사용한다.

㉡ 중음은 멀리 가지 못하므로 장거리(〉300m)용으로는 1,000Hz 이하의 진동수를 사용한다.

㉢ 신호가 장애물을 돌아가거나 칸막이를 통과해야 할 때는 500Hz 이하의 진동수를 사용한다.

㉣ 주의를 끌기 위해서는 초당 1~8번 나는 소리나 초당 1~3번 오르내리는 변조된 신호를 사용한다.

기출문제

운동관계의 양립성을 고려하여 동목(moving scale)형 표시장치를 바람직하게 설계한 것은?
❶ 눈금과 손잡이가 같은 방향으로 회전하도록 설계한다.
② 눈금의 숫자는 우측으로 감소하도록 설계한다.
③ 꼭지의 시계 방향 회전이 지시치를 감소시키도록 설계한다.
④ 위의 세 가지 요건을 동시에 만족시키도록 설계한다.

기출문제

시각적 부호의 유형과 내용으로 틀린 것은?
❶ 명시적 부호 – 별자리를 나타내는 12궁도
② 임의적 부호 – 주의를 나타내는 삼각형
③ 묘사적 부호 – 보도 표지판의 걷는 사람
④ 추상적 부호 – 위험표지판의 해골과 뼈

기출문제

통화이해도 척도로서 통화이해도에 영향을 주는 잡음의 영향을 추정하는 지수는?

① 명료도 지수
❷ 통화 간섭 수준
③ 이해도 점수
④ 통화 공진 수준

기출문제

정보의 촉각적 암호화 방법으로만 구성된 것은?

❶ 점자, 진동, 온도
② 초인종, 점멸등, 점자
③ 신호등, 경보음, 점멸등
④ 연기, 온도, 모스(Morse) 부호

② 통화이해도

㉠ 여러 통신 상황에서 음성통신의 기준은 수화자의 이해도이다.

㉡ 통화이해도의 평가척도

명료도 지수	통화이해도를 추정할 수 있는 지수로, 각 옥타브 대의 음성과 잡음의 dB 값에 가중치를 곱하여 합계를 구한다. 명료도 지수가 0.3 이하이면 이 계통은 음성통화 자료를 전송하는 데 부적당하다.
이해도 점수	통화 중 알아듣는 비율
통화 간섭 수준	통화이해도에 끼치는 잡음의 영향을 추정하는 지수

(4) 촉각적 표시장치

① 표면 촉감을 사용하는 경우 : 점자, 진동, 온도
② 형상을 구별하여 사용하는 경우
③ 크기를 구별하여 사용하는 경우

(5) 후각적 표시장치

① 후각적 표시장치가 많이 쓰이지 않는 이유

㉠ 여러 냄새에 대한 민감도의 개인차가 심하고, 코가 막히면 민감도가 떨어진다.

㉡ 또한 냄새에 빨리 익숙해져서 노출 후에는 냄새의 존재를 느끼지 못하고, 냄새의 확산을 통제하기 힘들기 때문이다.

② 후각적 표시장치는 주로 경보장치로 유용하게 응용되며, 가스누출 탐지, 갱도탈출 신호로 사용한다.

4 제어장치 ★★★★

(1) 제어장치의 기능과 유형

① 이산적인 정보를 전달하는 장치

예 손누름버튼, 발누름버튼, 2－포지션 똑딱스위치, 3－포지션 똑딱스위치, 회전전환 스위치 등

② 연속적인 정보를 전달하는 장치

예 노브, 크랭크, 핸들, 조종간, 페달 등

③ 커서 포지셔닝(cursor positioning) 정보를 제공하는 장치

예 마우스, 트랙볼, 디지타이징 태블릿, 라이트 펜 등

(2) 코딩(암호화)

① 여러 개의 콘솔이나 기기에서 사용되는 조종장치의 손잡이는 운용자가 쉽게 인식하고 조작할 수 있도록 코딩해야 한다.

② 가장 자연스러운 코딩 방법은 공통의 조종장치를 각 콘솔이나 조종장치 패널의 같은 장소에 배치하는 것이다.

③ 코딩의 종류

㉠ 색 코딩	㉡ 형상 코딩
㉢ 크기 코딩	㉣ 촉감 코딩
㉤ 위치 코딩	㉥ 작동방법에 의한 코딩

5 통제표시비(C/R비) ★★★★

(1) 개념

① 조종/표시장치 이동 비율(Control/Response ratio)을 확장한 개념이다.

② 조종장치의 움직이는 거리(회전수)와 체계 반응이나 표시장치 상의 이동요소의 움직이는 거리의 비이다.

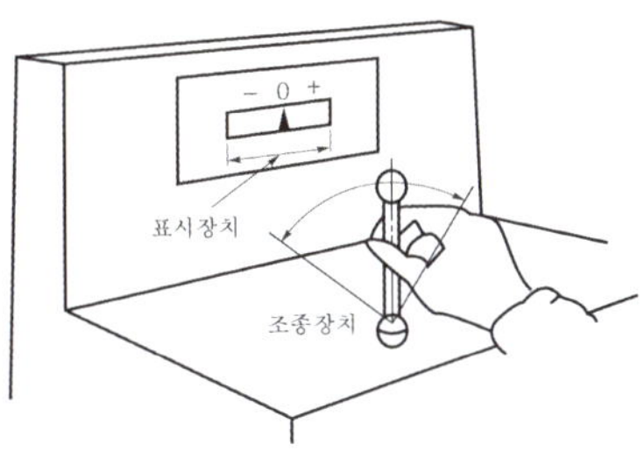

$$C/R\text{비} = \frac{(a/360)\times 2\pi L}{\text{표시장치의 이동거리}}$$

여기서, a : 조종장치가 움직인 각도

L : 반지름(조종장치의 길이)

▍선형 표시장치를 움직이는 조종구에서의 C/R비 ▍

(2) 최적 C/R비

① 일반적으로 표시장치의 연속위치에 또는 정량적으로 맞추는 조종장치를 사용하는 경우에 두 가지 동작이 수반되는데, 하나는 큰 이동 동작이고, 다른 하나는 미세한 조종 동작이다.

② 최적 C/R비를 결정할 때에는 이 두 요소를 절충해야 한다.

기출문제

선형 제어장치를 20cm 이동시켰을 때 선형 표시장치에서 지침이 5cm 이동되었다면, 제어반응(C/R)비는 얼마인가?

해설 C/R비

$$= \frac{\text{조종장치의 이동거리}}{\text{표시장치의 이동거리}} = \frac{20}{5} = 4$$

> **기출문제**
>
> 조종-반응비(Control-Response Ratio, C/R비)에 대한 설명 중 틀린 것은?
>
> ① 조종장치와 표시장치의 이동거리 비율을 의미한다.
>
> ❷ C/R비가 클수록 조종장치는 민감하다.
>
> ③ 최적 C/R비는 조정시간과 이동시간의 교점이다.
>
> ④ 이동시간과 조정시간을 감안하여 최적 C/R비를 구할 수 있다.

> **기출문제**
>
> 양립성(compatibility)에 대한 설명 중 틀린 것은?
>
> ① 개념 양립성, 운동 양립성, 공간 양립성 등이 있다.
>
> ② 인간의 기대에 맞는 자극과 반응의 관계를 의미한다.
>
> ❸ 양립성의 효과가 크면 클수록 코딩의 시간이나 반응의 시간은 길어진다.
>
> ④ 양립성이란 제어장치와 표시장치의 연관성이 인간의 예상과 어느 정도 일치하는 것을 의미한다.

③ 최적 C/R비는 0.2~0.8, 조종간의 경우 2.5~4.0이다.

④ C/R비가 작을수록 조종장치는 민감하다.

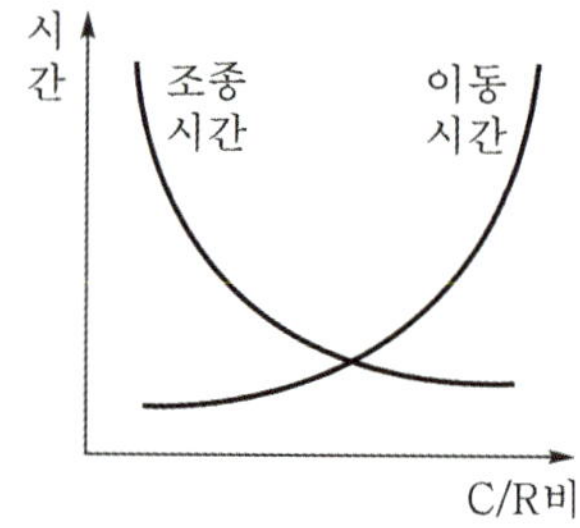

▎C/R비에 따른 이동시간과 조종시간의 관계 ▎

6 양립성 ★★★★

(1) 양립성의 정의

① 양립성(compatibility)이란 자극 간의, 반응 간의 혹은 자극-반응조합의 공간, 운동 혹은 개념적 관계가 인간의 기대와 모순되지 않는 것을 말한다.

② 표시장치나 조종장치가 양립성이 있으면 인간 성능은 일반적으로 향상된다.

③ 양립성의 효과가 크면 클수록 코딩의 시간이나 반응의 시간은 짧아진다.

(2) 양립성의 종류

개념 양립성 (conceptual compatibility)	코드나 심벌의 의미가 인간이 갖고 있는 개념과 양립한다. 예 비행기 모형과 비행장
운동 양립성 (movement compatibility)	조종기를 조작하여 표시장치상의 정보가 움직일 때 반응결과가 인간의 기대와 양립한다. 예 라디오의 음량을 줄일 때 조절장치를 반시계 방향으로 회전
공간 양립성 (spatial compatibility)	공간적 구성이 인간의 기대와 양립한다. 예 버튼의 위치와 관련 디스플레이의 위치가 양립
양식 양립성 (modality compatibility)	직무에 알맞은 자극과 응답의 양식과 양립한다. 예 청각적 자극 제시와 이에 대한 음성 응답

7 수공구

(1) 일반적인 수공구 설계 지침

① 수공구를 선택할 때, 먼저 설명서에 따라 가장 효율적으로 작업을 할 수 있는 종류의 수공구를 찾도록 한다.

② 작업자에게 주는 스트레스가 최소화되도록 설계된 수공구를 선택한다.

③ 적절한 것이 없다면 수공구나 작업장을 재설계하도록 한다.

(2) 자세에 관한 수공구 개선

① 손목을 곧게 유지한다(손목을 꺾지 말고 손잡이를 꺾어라).

② 힘이 요구되는 작업에는 파워 그립(power grip)을 사용한다.

③ 지속적인 정적 근육 부하(loading)를 피한다.

④ 반복적인 손가락 동작을 피한다.

⑤ 양손 중 어느 손으로도 사용이 가능하고 적은 스트레스를 주는 공구를 개인에게 사용되도록 설계한다.

(3) 수공구의 기계적인 부분 개선

① 수동공구 대신에 전동공구를 사용한다.

② 가능한 손잡이의 접촉면을 넓게 한다.

③ 제일 강한 힘을 낼 수 있는 중지와 엄지를 사용한다.

④ 손잡이의 길이가 최소한 10cm는 되도록 설계한다.

⑤ 손잡이가 두 개 달린 공구들은 손잡이 사이의 거리를 알맞게 설계한다.

⑥ 손잡이의 표면은 충격을 흡수할 수 있고, 비전도성으로 설계한다.

⑦ 공구의 무게는 2.3kg 이하로 설계한다.

⑧ 장갑을 알맞게 사용한다.

기출문제

수공구의 설계 원리로 적절하지 않은 것은?

① 손목을 곧게 유지한다.
② 지속적인 정적 근육 부하(loading)를 피한다.
❸ 가능하면 손바닥으로 잡는 power grip보다는 손가락으로 잡는 pinch grip을 이용하도록 한다.
④ 반복적인 손가락 동작을 피한다.

합격 체크포인트

- 신체반응의 측정방법
- 정신부하의 측정방법
- 인체동작의 유형과 범위
- 기초대사량
- 에너지대사율
- 휴식시간의 계산

기출문제

다음 중 간헐적인 페달을 조작할 때 다리에 걸리는 부하를 평가하기에 가장 적당한 측정 변수는?
❶ 근전도
② 산소소비량
③ 심장박동수
④ 에너지소비량

기출문제

정신적 작업 부하에 관한 생리적 척도에 해당하지 않는 것은?
① 부정맥 지수
❷ 근전도
③ 점멸융합주파수
④ 뇌파도

06 신체활동의 생리학적 측정법

1 신체반응의 측정 ★★★★

(1) 생리학적 측정방법

① 근전도(EMG) : 근육활동의 전위차를 기록한다.
② 심전도(ECG) : 심장근육활동의 전위차를 기록한다.
③ 뇌전도(EEG) : 신경활동의 전위차를 기록한다.
④ 안전도(EOG) : 안구운동의 전위차를 기록한다.
⑤ 산소소비량
⑥ 에너지대사율(RMR)
⑦ 전기피부 반응(GSR)
⑧ 점멸융합주파수(플리커법)

(2) 심리학적 방법

① 주의력 테스트
② 집중력 테스트 등

(3) 생화학적 방법

① 혈액
② 요중의 스테로이드양
③ 아드레날린 배설량

2 정신부하의 측정방법 ★★★★

(1) 생리학적 측정방법

① 주로 단일 감각기관에 의존하는 경우에 작업에 대한 정신부하를 측정할 때 이용되는 방법이다.
② 부정맥 지수, 점멸융합주파수, 전기피부 반응, 눈깜박거림, 뇌파 등이 정신작업 부하 평가에 이용된다.

(2) 주관적 측정방법

① 정신부하를 평가하는 데 있어서 가장 정확한 방법이라고 주장하는 학자들이 있다.
② 이 방법은 측정 시 주관적인 상태를 표시하는 등급을 쉽게 조정할 수 있다는 장점이 있다.

3 신체역학 ★

(1) 신체동작의 개념

신체역학은 인체를 뉴턴(Newton)의 운동법칙과 생명체의 생물학적 법칙에 의하여 움직이는 하나의 시스템으로 보고, 인체에 작용하는 힘과 그 결과로 생기는 운동에 관하여 연구한다.

(2) 인체동작의 유형과 범위

굴곡 (flexion)	팔굽혀펴기를 할 때처럼 부위 간의 각도가 감소하는 신체의 움직임
신전 (extension)	굴곡과 반대 방향의 동작으로, 팔꿈치를 펼 때처럼 신체 부위 간의 각도가 증가하는 움직임
외전 (abduction)	팔을 옆으로 들 때처럼 신체 중심선으로부터 이동하는 신체의 움직임
내전 (adduction)	팔을 수평으로 편 위치에서 수직 위치로 내릴 때처럼 신체 외부에서 중심선으로 이동하는 신체의 움직임
회전 (rotation)	• 내선(medial rotation) : 인체의 중심선을 향하여 안쪽으로 회전하는 신체의 움직임 • 외선(lateral rotation) : 인체의 중심선으로부터 바깥쪽으로 회전하는 신체의 움직임
선회 (circumduction)	팔을 어깨에서 원형으로 돌리는 동작처럼 신체 부위의 원형 또는 원추형의 움직임

기출 문제

신체 부위의 운동에 대한 설명으로 틀린 것은?

❶ 굴곡(flexion)은 부위 간의 각도가 증가하는 신체의 움직임을 의미한다.
② 외전(abduction)은 신체 중심선으로부터 이동하는 신체의 움직임을 의미한다.
③ 내전(adduction)은 신체의 외부에서 중심선으로 이동하는 신체의 움직임을 의미한다.
④ 외선(lateral rotation)은 신체의 중심선으로부터 회전하는 신체의 움직임을 의미한다.

참고

몸통을 아치형으로 만들 때처럼 정상 신전 자세 이상으로 인체 부분을 신전하는 것을 과신전(hyper-extension)이라 한다.

4 신체활동의 에너지 소비 ★★★★

(1) 에너지소비량에 따른 작업등급

① 작업등급이 5.0~7.5kcal/분의 보통작업인 경우라면, 신체적으로 건강한 사람은 유기성 산화 과정에 의해 공급되는 에너지를 통해 비교적 긴 시간 동안 작업을 수행할 수 있다.

② 에너지소비량이 7.5kcal/분 이상이 되는 작업은 신체적으로 건강한 사람이라도 작업 중 정상상태에 도달하지 못하며, 작업이 계속될수록 산소결핍과 젖산 축적이 증가하기 때문에 작업자는 자주 휴식을 취하거나 작업을 중단해야 한다.

③ 8시간 동안 계속 작업을 할 때, 남자의 경우 5kcal/분, 여자의 경우 3.5kcal/분을 초과하지 않도록 한다.

기출문제

생명유지에 필요한 단위시간당 에너지량을 무엇이라 하는가?

① 산소소비율
❷ 기초대사량
③ 작업대사량
④ 에너지소비율

기출문제

작업의 강도는 에너지대사율(RMR)에 따라 분류된다. 분류기준 중, 중(中)작업(보통작업)의 에너지 대사율은?

① 0～1RMR
❷ 2～4RMR
③ 4～7RMR
④ 7～9RMR

기출문제

A작업의 평균 에너지소비량이 다음과 같을 때, 60분간의 총 작업시간 내에 포함되어야 하는 휴식시간(분)은?

- 휴식 중 에너지소비량 : 1.5kcal/min
- A작업 시 평균 에너지소비량 : 6kcal/min
- 기초대사를 포함한 작업에 대한 평균소비량 상한 : 5kcal/min

해설

$$R=\frac{T(E-S)}{E-1.5}=\frac{60(6-5)}{6-1.5}=13.3(\text{분})$$

(2) 기초대사량(BMR; Basal Metabolic Rate)

① 생명을 유지하기 위한 최소한의 에너지소비량을 의미한다.

② 개인의 기초대사량에 영향을 주는 중요 요인 : 성, 연령, 체중

㉠ 성인 기초대사량 : 1,500～1,800kcal/일

㉡ 기초＋여가대사량 : 2,300kcal/일

㉢ 작업 시 정상적인 에너지소비량 : 4,300kcal/일

(3) 에너지대사율(RMR; Relative Metabolic Rate)

① 작업강도 단위로서 산소소비량으로 측정한다.

② 계산식

$$R=\frac{\text{작업 시 소비에너지}-\text{안정시 소비에너지}}{\text{기초대사량}}=\frac{\text{작업대사량}}{\text{기초대사량}}$$

③ 작업강도

㉠ 초중작업 : 7RMR 이상

㉡ 중(重)작업 : 4～7RMR

㉢ 중(中)작업 : 2～4RMR

㉣ 경(輕)작업 : 0～2RMR

(4) 휴식시간 계산

$$R=\frac{T(E-S)}{E-1.5}$$

여기서, R : 휴식시간(분)

T : 총 작업시간(분)

E : 해당 작업의 평균 에너지소모량(kcal/min)

S : 권장 평균 에너지소모량(kcal/min)

(권장 에너지소비량의 경우, 남성은 5kcal/min, 여성은 3.5kcal/min으로 계산)

5 동작의 속도와 정확성 ★★★★

(1) 피츠(Fitts)의 법칙

① 막대 꽂기 실험에서와 같이 작업의 난이도와 이동시간을 다음과 같이 정의하며, 이를 Fitts의 법칙이라 한다.

$$ID(\text{bits}) = \log_2 \frac{2A}{W}$$

$$MT = a + b \cdot ID$$

여기서, ID : 작업의 난이도(ID ; Index of Difficulty)

A : 표적 중심선까지의 이동거리

W : 표적의 폭

MT : 이동시간(Movement Time)

② 표적이 작을수록, 그리고 이동거리가 길수록 작업의 난이도와 소요 이동시간이 증가한다.

③ 사람들이 신체적 반응을 통하여 전송할 수 있는 정보량은 상황에 따라 다르지만, 대체적으로 그 상한값은 약 10bit/sec 정도로 추정된다.

07 작업공간 및 작업자세

1 부품배치의 원칙 ★★

중요성의 원칙	부품을 작동하는 성능이 체계의 목표 달성에 긴요한 정도에 따라 우선순위를 설정한다.
사용빈도의 원칙	부품을 사용하는 빈도에 따라 우선순위를 설정한다.
기능별 배치의 원칙	기능적으로 관련된 부품들(표시장치, 조종장치 등)을 모아서 배치한다.
사용순서의 원칙	사용순서에 따라 장치들을 가까이에 배치한다.

2 활동분석 ★

(1) 동작경제의 3가지 원칙(Barnes)

① 신체의 사용에 관한 원칙

㉠ 양손은 동시에 동작을 시작하고, 또 끝마쳐야 한다.

㉡ 휴식시간 이외에 양손이 동시에 노는 시간이 있어서는 안 된다.

㉢ 양팔은 각기 반대 방향에서 대칭적으로 동시에 움직여야 한다.

㉣ 손의 동작은 작업을 원만히 처리할 수 있는 범위 내에서 최소 동작 등급을 사용하도록 한다. 3등급 동작이 손가락만의 동작보다 정확하고 덜 피곤하기 때문에 경작업의 경우에는 3등급 동작이 바람직하다.

기출문제

다음 중 인간의 제어 및 조정능력을 나타내는 법칙인 Fitts' Law와 관련된 변수가 아닌 것은?

① 표적의 폭
❷ 표적의 색상
③ 표적 중심선까지의 이동거리
④ 작업의 난이도

합격 체크포인트

- 부품배치의 원칙
- 동작경제의 3가지 원칙

기출문제

작업공간의 배치에 있어 구성요소 배치의 원칙에 해당하지 않는 것은?

① 기능별 배치의 원칙
② 사용빈도의 원칙
❸ 사용방법의 원칙
④ 사용순서의 원칙

기출문제

다음 중 동작경제의 원칙에 있어 '신체 사용에 관한 원칙'이 아닌 것은?

① 두 손의 동작은 같이 시작해서 같이 끝나야 한다.
② 손의 동작은 유연하고 연속적인 동작이어야 한다.
❸ 공구, 재료 및 제어장치는 사용하기 가까운 곳에 배치해야 한다.
④ 동작이 급작스럽게 크게 바뀌는 직선 동작은 피해야 한다.

해설 ③은 작업역의 배치에 관한 원칙이다.

동작 등급	축	동작 등급	축
1등급	손가락관절	4등급	어깨
2등급	손목	5등급	허리
3등급	팔꿈치		

ⓜ 작업자들을 돕기 위하여 동작의 관성을 이용하여 작업하는 것이 좋다.

ⓑ 구속되거나 제한된 동작 또는 급격한 방향 전환보다는 유연한 동작이 좋다.

ⓢ 작업 동작은 율동이 맞아야 한다.

ⓞ 직선 동작보다는 연속적인 곡선 동작을 취하는 것이 좋다.

ⓙ 탄도 동작(ballistic movement)은 제한되거나 통제된 동작보다 더 신속·정확·용이하다.

기출문제

다음 중 동작의 효율을 높이기 위한 동작경제의 원칙으로 볼 수 없는 것은?

① 신체 사용에 관한 원칙
② 작업장의 배치에 관한 원칙
❸ 복수 작업자의 활용에 관한 원칙
④ 공구 및 설비 디자인에 관한 원칙

② 작업역의 배치에 관한 원칙

㉠ 모든 공구와 재료는 일정한 위치에 정돈되어야 한다.

㉡ 공구와 재료는 작업이 용이하도록 작업자의 주위에 있어야 한다.

㉢ 중력을 이용한 부품 상자나 용기를 이용하여 부품을 부품 사용장소에 가까이 보낼 수 있도록 한다.

㉣ 가능하면 낙하시키는 방법을 이용하여야 한다.

ⓜ 공구 및 재료는 동작에 가장 편리한 순서로 배치하여야 한다.

ⓑ 채광 및 조명장치를 잘 하여야 한다.

ⓢ 의자와 작업대의 모양과 높이는 각 작업자에게 알맞도록 설계되어야 한다.

ⓞ 작업자가 좋은 자세를 취할 수 있는 모양, 높이의 의자를 지급해야 한다.

③ 공구 및 설비의 설계에 관한 원칙

㉠ 치구, 고정장치나 발을 사용함으로써 손의 작업을 보존하고 손은 다른 동작을 담당하도록 하면 편리하다.

㉡ 공구류는 될 수 있는 대로 두 가지 이상의 기능을 조합한 것을 사용하여야 한다.

㉢ 공구류 및 재료는 될 수 있는 대로 다음에 사용하기 쉽도록 놓아두어야 한다.

㉣ 각 손가락이 사용되는 작업에서는 각 손가락의 힘이 같지 않음을 고려하여야 할 것이다.

ⓜ 각종 손잡이는 손에 가장 알맞게 고안함으로써 피로를 감소

시킬 수 있다.

㉥ 각종 레버나 핸들은 작업자가 최소의 움직임으로 사용할 수 있는 위치에 있어야 한다.

3 개별 작업공간 설계지침 ★★★★

(1) 앉은 작업에서의 작업공간

① **작업공간 포락면(workspace envelope)** : 한 장소에서 앉아서 수행하는 작업활동에서 사람이 작업하는 데 사용하는 공간을 말한다. 포락면을 설계할 때에는 수행해야 하는 특정 활동과 공간을 사용할 사람의 유형을 고려하여 상황에 맞추어 설계해야 한다.

② **파악한계(grasping reach)** : 앉은 작업자가 특정한 수작업 기능을 편히 수행할 수 있는 공간의 외곽 한계이다.

③ **특수작업역** : 특정 공간에서 작업하는 구역이다.

④ **작업공간 한계면** : 어떤 수작업을 앉아서 행할 경우 작업을 행하는 사람에게 최적에 가까운 3차원적 공간으로 구성하여 자주 사용하는 조정장치나 물체는 그러한 3차원적 공간 내에 위치해야 하며, 그 공간의 적정한계는 팔이 닿을 수 있는 거리에 의해 결정된다는 것이다.

⑤ **평면작업대** : 일반적으로 앉아서 일하거나 빈번히 '서거나 앉는' 자세에서 사용되는 평면작업대는 작업에 편리하게 팔이 닿는 거리 내에 있어야 한다.

㉠ 정상 작업영역 : 상완을 자연스럽게 수직으로 늘어뜨린 채, 전완만으로 편하게 뻗어 파악할 수 있는 구역(34~45cm)이다.

㉡ 최대 작업영역: 전완과 상완을 곧게 펴서 파악할 수 있는 구역(55~65cm)이다.

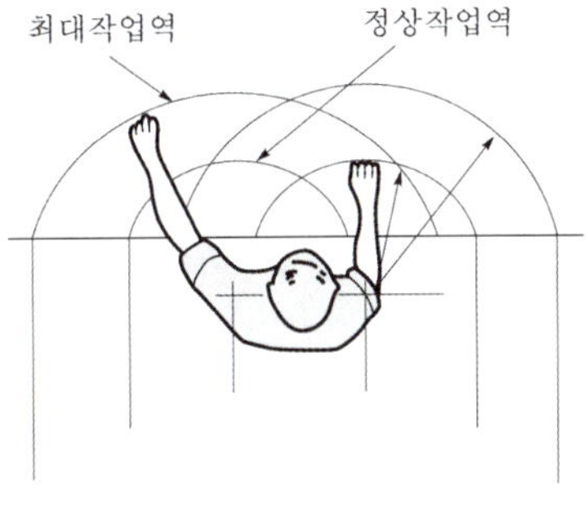

▌정상작업영역과 최대작업영역▌

기출문제

작업공간 포락면에 대한 설명으로 맞는 것은?

① 개인이 그 안에서 일하는 일차원 공간이다.
② 작업복 등은 포락면에 영향을 미치지 않는다.
③ 가장 작은 포락면은 몸통을 움직이는 공간이다.
❹ 작업의 성질에 따라 포락면의 경계가 달라진다.

제2장 위험성 파악 · 결정

합격 체크포인트

• 위험성 평가의 정의 및 목적

기출문제

다음에서 설명하는 용어는?

유해 · 위험요인을 파악하고 해당 유해 · 위험요인에 의한 부상 또는 질병의 발생 가능성(빈도)과 중대성(강도)을 추정 · 결정하고 감소대책을 수립하여 실행하는 일련의 과정을 말한다.

① 위험성 결정
② 유해 · 위험요인 파악
③ 위험빈도 추정
④ 위험성 평가

01 위험성 평가

1 위험성 평가의 정의 및 목적 ★

(1) 위험성 평가의 정의

사업장의 유해 · 위험요인을 파악하고 해당 유해·위험요인에 의한 부상 또는 질병의 발생 가능성(빈도)과 중대성(강도)을 추정·결정하고 감소대책을 수립하여 실행하는 일련의 과정을 말한다.

(2) 위험성 평가의 목적

① 위험성 평가는 사고를 미연에 방지하기 위한 주요 과제로, 체계적인 문서화와 지속적인 수정 · 보완이 필요하다.

② 이를 통해 건설물, 기계 · 기구, 설비, 유해 · 위험물질, 작업 행동 등 다양한 위험을 발굴하고 평가하여 관리한다.

③ 위험성 평가는 작업자의 생명과 안전을 지키고 사고를 예방하며, 발생 시 피해를 최소화하는 것이 목적이다.

2 위험성 평가의 대상 선정

① 평가대상을 공정(작업)별로 분류하여 선정 분류된 공정이 1개 이상의 단위작업으로 구성되고 단위작업이 세부 활동으로 구분될 경우 단위작업을 하나의 평가대상으로 선정한다.

② 작업공정 흐름도에 따라 평가대상 공정(작업)이 결정되면 사업장 안전보건상 위험정보를 작성하여 평가대상 및 범위 확정한다.

③ 위험성 평가 대상 공정(작업)에 대한 안전보건상 위험정보를 사전에 파악한다.

02 위험성 감소대책 수립 및 실행

1 위험도 분석

위험요인을 도출하고 각 위험요인별 위험성의 빈도(가능성)와 강도(중대성)을 각각 가늠하여 그 둘을 곱한 수로 위험도를 나타낸다.

① 빈도 : 유해 · 위험요인에 얼마나 자주 노출되는지, 얼마나 오래 노출되는지, 며칠에 한 번 아차사고가 발생하는지 등을 고려하여 숫자로 나타낸 크기를 말한다.

② 강도 : 위험한 사고로 인해 누구에게 얼마나 큰 피해가 있었는지를 나타내는 척도를 말한다.

2 위험성 개선대책의 종류

(1) 본질적(근원적) 대책

① 위험한 작업의 폐지 · 변경, 위험물질 또는 유해 · 위험요인이 보다 적은 재료로의 대체, 설계나 계획단계에서 위험성을 제거 또는 저감하는 조치이다.

② 법령 등에 규정된 사항이 있는지를 검토하여 법령에 규정된 방법으로 조치를 실시한다.

(2) 공학적 대책

① 인터록, 방호장치, 방책, 국소배기장치 설치 등의 조치이다.

② 위험요인을 제거 · 대체할 수 없을 경우, 도구 · 장비 · 기술 등으로 위험을 줄이는 공학적 조치를 고려한다.

③ 공학적 대책은 위험한 영역에 접근을 차단해 작업자를 보호하므로 활용 가치가 높다.

④ 비용 효율적인 장비 · 도구 · 설비 개선은 개별 작업자뿐 아니라 전체 작업자의 위험 감소에 큰 효과를 발휘한다.

(3) 관리적 대책

① 매뉴얼 정비, 출입금지, 노출관리, 교육훈련 등의 조치이다.

② 작업 절차서를 마련하고, 교육 실시 여부를 검토해 추가 관리 대책을 고려한다.

③ 작업설명서 정비, 출입금지 · 작업허가 제도 도입, 주의사항 교육 등 관리적 조치를 검토한다.

합격 체크포인트

- 위험도의 분석 방법
- 위험성 개선대책의 종류와 조치사항

참고

위험성이 허용 불가하다고 판단되면, 위험성의 크기, 영향을 받는 작업자 수 그리고 개선 대책을 고려하여 위험성 감소 대책을 수립하고 실행한다.

④ 관리적 대책은 실행이 비교적 간단하며, 사업 효율성 향상에 기여할 수 있다.
⑤ 관리적 대책은 지속적이고 현장에서 일상적으로 적용되도록 시행되어야 한다.

(4) 개인보호구의 사용

① 본질적, 공학적, 관리적 대책의 조치에도 제거 · 감소할 수 없었던 위험성에 대해서만 실시하거나, 상기 조치 외의 추가적인 조치로 사용한다.
② 개인보호구는 최종 위험관리 대책으로, 기존 대책을 보완하는 역할을 한다.
③ 개인보호구의 사용은 최소한으로 유지하고, 다른 개선 대책의 대안으로 삼지 않는다.
④ 다른 대책의 적용이 어려울 때 개별 작업자 보호 조치로 개인보호구를 고려한다.

3 위험성 감소대책에 따른 효과 분석 능력

① 사업주는 위험성 감소대책을 실행한 후 해당 공정 또는 작업의 위험성의 크기가 사전에 자체 설정한 허용 가능한 위험성의 범위인지를 확인하여야 한다.
② 사업주는 위험성 평가를 종료한 후 남아 있는 유해 · 위험요인에 대해서는 게시, 주지 등의 방법으로 작업자에게 알려야 한다.

합격 체크포인트

- 위험분석 기법의 종류 및 특징
- 결함수분석(FTA)의 특징 및 고장확률의 계산
- 고장곡선
- 평균고장시간(MTTF)
- 평균고장간격(MTBF)
- 평균수리시간(MTTR)
- 직렬연결, 병렬연결의 신뢰도 계산

03 시스템 위험성 추정 및 결정

1 시스템 안전 ★

(1) 시스템 안전과 시스템 안전관리

① **시스템 안전** : 특정 산업 또는 조직의 시설, 장비, 프로세스 등이 안전한 상태로 설계, 구축, 운영되어 작업자, 환경, 자산 등을 보호하고 사고를 최소화하는 것을 의미하며, 어떤 특정한 기술적, 관리적 기교를 체계적이고 적극적으로 위험을 식별하고 통제하는 데 적용하는 것이다.

② **시스템 안전관리** : 시스템 안전을 전체의 프로그램 요건과 모순 없이 달성하기 위해 시스템 안전 프로그램 여건을 설정하고, 업무 및 활동의 계획 실행 및 완성을 확보하는 관리 업무의 한 요소이다.

(2) 시스템 안전 프로그램(SSPP)에 포함해야 할 사항

① 계획의 개요
② 안전조직
③ 계약 조건
④ 관련 부문과의 조정
⑤ 안전기준
⑥ 안전 해석
⑦ 안전성의 평가
⑧ 안전 데이터의 수집과 갱신
⑨ 경과 및 결과의 보고

(3) MIL－STD－882B

① MIL－STD－882B는 미국 국방부에서 사용하는 안전성 및 신뢰성과 관련된 군사 표준이다. 이 표준은 시스템의 생애 주기 동안 안전성과 신뢰성을 고려하기 위한 지침과 절차를 제공한다.

② **시스템 생애 주기 접근** : MIL－STD－882B는 시스템이나 제품이 개발, 운용, 유지보수 등의 생애 주기 동안 안전성을 유지하기 위한 종합적인 접근을 취한다.

③ **분류 기준**

㉠ 자주 발생하는(frequent)
㉡ 보통 발생하는(probable)
㉢ 가끔 발생하는(occasional)
㉣ 거의 발생하지 않는(remote)
㉤ 극히 발생하지 않는(improbable)

④ **생애 주기 관리** : 시스템이나 제품의 생애 주기 동안 안전성을 유지하기 위한 관리와 유지보수 계획에 대한 가이드라인을 제공한다.

2 위험분석 기법 ★★★★

(1) 예비위험분석(PHA; Preliminary Hazard Analysis)

① PHA는 모든 시스템 안전 프로그램의 최초 단계(설계단계, 구상단계)의 분석으로서, 시스템 내의 위험요소가 얼마나 위험상태에 있는가를 정성적으로 평가하는 것이다.

기출문제

다음 중 시스템 안전 프로그램 계획(SSPP)에 포함되지 않아도 되는 사항은?
① 안전조직
② 안전기준
❸ 안전 종류
④ 안전성 평가

기출문제

시스템 안전 MIL－STD－882B 분류 기준의 위험성 평가 매트릭스에서 발생빈도에 속하지 않는 것은?
① 거의 발생하지 않는(remote)
❷ 전혀 발생하지 않는(impossible)
③ 보통 발생하는(probable)
④ 극히 발생하지 않는(improbable)

기출문제

위험분석 기법 중 시스템 수명주기 관점에서 적용 시점이 가장 빠른 것은?
❶ PHA ② FHA
③ OHA ④ SHA

② PHA의 목적은 시스템 개발단계에서 시스템 고유의 위험영역을 식별하고 예상되는 재해의 위험수준을 평가하는 데 있다.

③ PHA의 기법

㉠ 체크리스트(checklist)에 의한 방법

㉡ 기술적 판단에 의한 방법

㉢ 경험에 따른 방법

④ PHA의 카테고리 분류

Class 1 : **파국적** (catastrophic)	인간의 과오, 환경설계의 특성, 서브시스템의 고장 또는 기능 불량이 시스템의 성능을 저하시켜 그 결과 시스템의 손실 또는 손실을 초래하는 상태
Class 2 : **중대/위기** (critical)	인간의 과오, 환경, 설계의 특성, 서브시스템의 고장 또는 기능 불량이 시스템의 성능을 저하시켜 시스템의 중대한 지장을 초래하거나 인적 부상을 가져오므로 즉시 수정조치를 필요로 하는 상태
Class 3 : **한계적** (marginal)	시스템의 성능저하가 인원의 부상이나 시스템 전체에 중대한 손해를 초래하지 않고 제어가 가능한 상태
Class 4 : **무시가능** (negligible)	시스템의 성능, 기능이나 인적 손실이 전혀 없는 상태

기출문제

시스템 안전분석방법 중 예비위험분석(PHA) 단계에서 식별하는 4가지 범주에 속하지 않는 것은?

① 위기 상태
② 무시가능 상태
③ 파국적 상태
❹ 예비조치 상태

(2) 결함위험분석(FHA; Fault Hazards Analysis)

① 전체 제품을 몇 개의 하부 제품(서브시스템)으로 나누어 제작하는 경우 하부제품이 전체 제품에 미치는 영향을 분석하는 기법으로, 제품 정의 및 개발단계에서 수행된다.

② FHA의 기재사항

㉠ FHA의 기재사항

㉡ 서브시스템의 해석에 사용되는 요소

㉢ 서브시스템에서의 요소의 고장형

㉣ 서브시스템의 고장형에 대한 고장률

㉤ 서브시스템 요소 고장의 운용 형식

㉥ 서브시스템 고장 영향

㉦ 서브시스템의 2차고장 등

기출문제

서브시스템 분석에 사용되는 분석방법으로 시스템 수명주기에서 시스템의 정의 및 개발단계에서 수행되는 위험분석기법은?

❶ FHA ② PHA
③ FTA ④ ETA

(3) 고장형태와 영향분석(FMEA; Failure Modes and Effects Analysis)

① **정의** : FMEA는 서브시스템 위험분석을 위하여 일반적으로 사용되는 전형적인 정성적, 귀납적 분석방법으로, 시스템에 영향을 미치는 모든 요소의 고장을 형태별로 분석하여 그 영향을 검토하는 것이다.

② 위험성의 분류표시

Category 1	생명 또는 가옥의 손실
Category 2	작업수행의 실패
Category 3	활동의 지연
Category 4	영향 없음

③ FMEA의 기재사항

㉠ 요소의 명칭
㉡ 고장의 형태
㉢ 서브시스템 및 전 시스템에 대한 고장의 영향
㉣ 위험성의 분류
㉤ 고장의 발견방식
㉥ 시정발견

④ FMEA의 장단점

장점	• CA(Criticality Analysis)와 병행하는 일이 많다. • FTA보다 서식이 간단하고 비교적 적은 노력으로 분석이 가능하다.
단점	• 논리성이 부족하고 각 요소 간의 영향분석이 어려워 두 가지 이상의 요소가 고장날 때 분석이 곤란하다. • 요소가 통상 물체로 한정되어 있어 인적 원인 규명이 어렵다. • 해석 영역이 물체에 한정되기 때문에 인적 원인 해석이 곤란하다.

⑤ FMEA에서 고장 평점을 결정하는 5가지 평가요소

㉠ 기능적 고장의 중요도
㉡ 고장 발생의 빈도
㉢ 고장방지의 가능성
㉣ 영향을 미치는 시스템의 범위
㉤ 신규 설계 여부

기출문제

서브시스템 위험분석을 위하여 일반적으로 사용되는 전형적인 정성적, 귀납적 분석방법으로, 시스템에 영향을 미치는 모든 요소의 고장을 형태별로 분석하여 그 영향을 검토하는 위험분석 기법은?

① ETA ② HEA
③ PHA ❹ FMEA

기출문제

FMEA에서 고장 평점을 결정하는 5가지 평가요소에 해당하지 않는 것은?

① 영향을 미치는 시스템의 범위
② 고장 발생의 빈도
③ 고장방지의 가능성
❹ 생산능력의 범위

기출문제

'화재 발생'이라는 시작(초기)사상에 대하여, 화재감지기, 화재경보, 스프링클러 등의 성공 또는 실패 작동 여부와 그 확률에 따른 피해 결과를 분석하는 데 가장 적합한 위험분석 기법은?

① FTA ❷ ETA
③ FHA ④ THERP

기출문제

원자력 산업과 같이 상당한 안전이 확보되어 있는 장소에서 추가적인 고도의 안전 달성을 목적으로 하고 있으며, 관리, 설계, 생산, 보전 등 광범위한 안전을 도모하기 위하여 개발된 분석기법은?

① DT ② FTA
③ THERP ❹ MORT

(4) ETA(Event Tree Analysis)

① 사상의 안전도를 사용하여 시스템의 안전도를 나타내는 귀납적, 정량적인 분석법이다.

② 사고 시나리오에서 연속된 사건들의 발생경로를 파악하고 평가하기 위한 귀납적이고 정량적인 시스템 안전 프로그램 분석법이다.

③ 초기사건이 발생했다고 가정한 후 후속사건이 성공했는지, 혹은 실패했는지를 가정하고 이를 최종 결과가 나타날 때까지 계속적으로 분지해 나가는 방식이다.

④ ETA 작성법

㉠ 좌에서 우로 진행한다.

㉡ 요소의 성공사상은 위쪽에, 실패사상은 아래쪽으로 분기한다.

㉢ 분기마다 안전도와 불안전도의 발생확률이 표시된다.

(5) MORT(Management Oversight and Risk Tree)

① 1970년 이후 미국의 W.G. Johnson 등에 의해 개발된 최신 시스템 안전 프로그램으로서, 원자력 산업과 같이 고도의 안전 달성을 위해 개발된 분석기법이다.

② FTA와 같은 논리기법을 이용하여 관리, 설계, 생산, 보전 등의 광범위한 안전을 도모하는 원자력 산업 외에 일반 산업안전에도 적용이 기대된다.

(6) 운용 및 지원 위험분석(Operating and Support[O&S] Hazard Analysis)

시스템의 모든 사용 단계에서 생산, 보전, 시험, 운반, 저장, 운전, 비상탈출, 구조, 훈련 및 폐기 등에 사용되는 인원, 순서, 설비에 관하여 위험을 동정하고 제어하며, 그들의 안전 요건을 결정하기 위하여 실시하는 해석이다.

(7) DT(Decision Tree 또는 Event Tree)

① Decision Tree는 요소의 신뢰도를 이용하여 시스템의 신뢰도를 나타내는 시스템 모델의 하나로, 귀납적이고 정량적인 분석방법이다.

② Decision Tree가 재해사고의 분석에 이용될 때는 Event Tree라고 하며, 이 경우 Tree는 재해사고의 발단이 된 초기사상에서 출발하여 2차적 원인과 안전 수단의 적부 등에 의해 분기되고 최후에 재해사상에 도달한다.

(8) THERP(Technique for Human Error Rate Prediction)

① 시스템에 있어서 인간의 과오(human error)를 정량적으로 평가하기 위하여 1963년 Swain 등에 의해 개발된 기법이다.

② 인간의 과오율의 추정법 등 5개의 스텝으로 되어 있다. 여기에 표시하는 것은 그 중 인간의 동작이 시스템에 미치는 영향을 나타내는 그래프적 방법이다.

③ 기본적으로 ETA의 변형이라고 볼 수 있는 바 루프(loop : 고리), 바이패스(bypass)를 가질 수가 있고, 인간-기계 시스템의 국부적인 상세 분석에 적합하다.

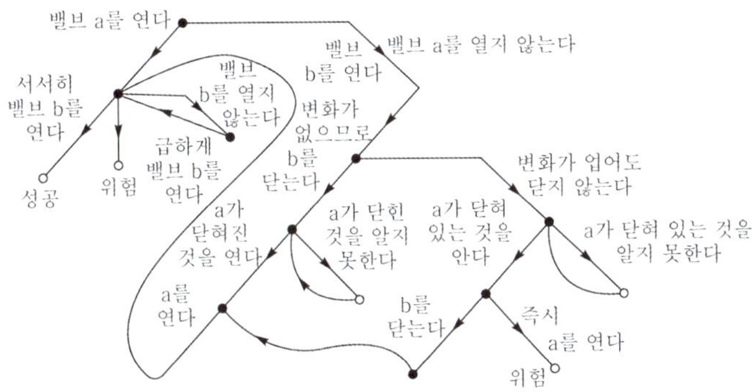

▍THERP의 사용 예제▍

(9) 인간신뢰도 분석사건 나무

① 사건들을 일련의 2지(binary) 의사결정 분지들로 모형화한다.

② 각 마디에서 직무는 옳게 혹은 틀리게 수행된다.

③ 첫 번째 분지를 제외하면 나뭇가지에 부여된 확률들은 모두 조건부 확률이다.

④ 대문자는 실패를 나타내고, 소문자는 성공을 나타낸다.

⑤ 사건 나무가 작성되고 성공 혹은 실패의 조건부 확률의 추정치가 각 가지에 부여되면, 나무를 통한 각 경로의 확률을 계산할 수 있다.

⑥ 종속성은 하나의 직무에서 일하는 사람들 간에 혹은 한 개인에서도 여러 가지 관련되는 직무를 수행할 때 발생할 수 있으며, 완전독립에서부터 완전 종속까지 5단계 이상 수준의 종속도로 나누어 고려한다.

[완전독립(0%), 저(5%), 중(15%), 고(50%), 완전종속(100%)]

⑦ 상호 간의 종속성을 고려했을 때 직무의 성공(또는 실패)에 따르는 다른 직무의 조건부 확률은 다음과 같다.

기출문제

작업자가 계기판의 수치를 읽고 판단하여 밸브를 잠그는 작업을 수행한다고 할 때, 다음 중 이 작업자의 실수 확률을 예측하는 데 가장 적합한 기법은?

❶ THERP ② FMEA
③ OSHA ④ MORT

암기 TIP

인간의 실수(Human Error)를 예측하는 기법은 영문 약자에 HE가 들어있는 THERP이다.

$$\mathrm{Prob}\{N \mid N-1\} = (\%_{\mathrm{dep}})1.0 + (1-\%_{\mathrm{dep}})\mathrm{Prob}\{N\}$$
$$\mathrm{Prob}\{n \mid n-1\} = (\%_{\mathrm{dep}})1.0 + (1-\%_{\mathrm{dep}})\mathrm{Prob}\{n\}$$

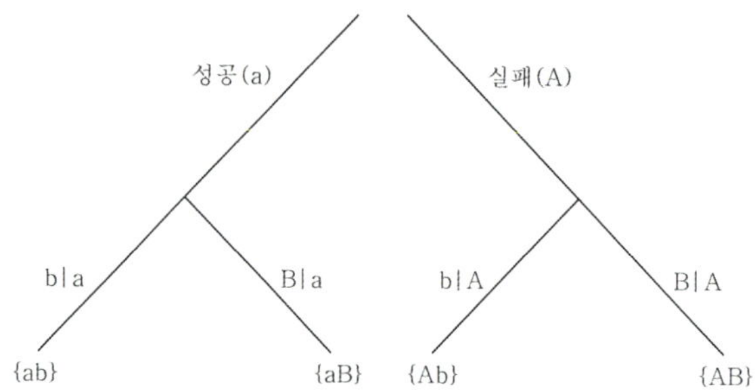

▌인간신뢰도 분석사건 나무▐

(10) 조작자 행동 나무(OAT; Operator Action Tree)

① 위급직무의 순서에 초점을 맞추어 조작자 행동 나무를 구성하고, 이를 사용하여 사건의 위급경로에서의 조작자의 역할을 분석하는 기법이다.

② OAT는 여러 의사결정의 단계에서 조작자의 선택에 따라 성공과 실패의 경로로 가지가 나누어지도록 나타내며, 최종적으로 주어진 직무의 성공과 실패 확률을 추정할 수 있다.

③ 환경적 사건에 대한 인간의 활동으로 감지, 진단, 반응을 인정한다.

(11) CA(Criticality Analysis, 위험도분석)

① 고장이 직접 시스템의 손실과 인명의 사상에 연결되는 높은 위험도(criticality)를 분석한다.

② 고장의 형태가 기기 전체의 고장에 어느 정도 영향을 주는가를 정량적으로 평가하는 방법이다.

③ 정성적 방법에 의한 FMEA에 대해 정량적 성격을 부여한다.

④ **고장등급의 평가**

$$\text{치명도}(C_r) = C_1 \times C_2 \times C_3 \times C_4 \times C_5$$

여기서, C_1 : 고장영향의 중대도
C_2 : 고장의 발생빈도
C_3 : 고장검출의 곤란도
C_4 : 고장방지의 곤란도
C_5 : 고장시정 시 단의 여유도

기출문제

원자력발전소 주제어실의 직무는 4명의 운전원으로 구성된 근무조에 의해 수행되고, 이들의 직무 간에는 서로 영향을 끼치게 된다. 근무조원 중 1차 계통의 운전원 A와 2차 계통의 운전원 B 간의 직무는 중간 정도의 의존성(15%)이 있다. 그리고 운전원 A의 기초 인간실수확률 HEP Prob{A} = 0.001일 때, 운전원 B의 직무실패를 조건으로 한 운전원 A의 직무실패확률은?

해설
$\mathrm{Prob}\{N|N-1\} = (\%_{dep})1.0 + (1-\%_{dep})\mathrm{Prob}$
B가 실패일 때 A의 실패확률:
$\mathrm{Prob}\{A|B\} = (0.15)\times 1.0 + (1-0.15)\times(0.001)$
$= 0.15075$
$\fallingdotseq 0.151$

기출문제

인간 신뢰도 분석기법 중 조작자 행동 나무(Operator Action Tree) 접근방법이 환경적 사건에 대한 인간의 반응을 위해 인정하는 활동 3가지가 아닌 것은?
① 감지 ❷ 추정
③ 진단 ④ 반응

기출문제

위험분석기법 중 고장이 시스템의 손실과 인명의 사상에 연결되는 높은 위험도를 가진 요소나 고장의 형태에 따른 분석법은?
❶ CA ② ETA
③ FHA ④ FTA

(12) HAZOP(Hazard and Operability, 위험 및 운전성 검토)

① 시스템이나 공정에서 발생할 수 있는 위험과 문제점을 식별하고 관리하기 위한 목적으로 사용된다.

② HAZOP은 공정 설계 또는 운영 중에 발생할 수 있는 잠재적인 위험을 최소화하고, 안전성을 향상시키기 위한 중요한 방법 중 하나이다.

③ 전제조건

㉠ 동일 기능의 2가지 이상 기기고장이나 사고는 일어나지 않는다.

㉡ 작업자는 위험상황이 일어났을 때 그것을 인식할 수 있다.

㉢ 안전장치는 필요할 때 정상 동작하는 것으로 한다.

㉣ 작업자는 위험상황 시 필요한 조치를 취하는 것으로 한다.

㉤ 장치와 설비는 설계 및 제작 사양에 맞게 제작된 것으로 한다.

㉥ 위험의 확률이 낮지만 고가의 설비를 요구할 때는 운전원 안전교육 및 직무교육으로 대체한다.

㉦ 사소한 사항이라도 간과하지 않는다.

④ 장단점

장점	• 체계적 접근과 각 분야별 종합적 검토로 완벽히 위험요소 확인이 가능하다. • 공정의 운전정지 시간을 줄여 생산물의 품질 향상이 가능하고, 폐기물 발생이 감소한다. • 작업자에게 공정 안전에 대한 신뢰성을 제공한다. • 학습 및 적용이 쉽다. • 다양한 관점을 가진 팀 단위 수행이 가능하다.
단점	• 팀의 구성 및 구성원의 참여 소요 기간이 과다하다. • 접근 방법이 매우 지루하며, 위험과는 무관한 잠재적인 요소들까지도 함께 도출된다.

⑤ 가이드 워드

㉠ no 또는 not : 완전한 부정

㉡ more 또는 less : 양의 증가 및 감소

㉢ as well as : 부가, 성질상의 증가

㉣ part of : 부분, 성질상의 감소

㉤ reverse : 반대, 설계의도와 정반대

㉥ other than : 기타, 완전한 대체

기출문제

HAZOP 분석기법의 장점이 아닌 것은?

① 학습 및 적용이 쉽다.
② 작업자에게 공정 안전에 대한 신뢰성을 제공한다.
❸ 짧은 시간에 저렴한 비용으로 분석이 가능하다.
④ 다양한 관점을 가진 팀 단위 수행이 가능하다.

기출문제

위험 및 운전성 검토(HAZOP)에서 사용되는 가이드 워드 중에서 성질상의 감소를 의미하는 것은?

❶ Part of
② More less
③ No/Not
④ Other than

3 결함수 분석(FTA; Fault Tree Analysis) ★★★★

(1) 개요

① 결함수 분석은 기계설비 또는 인간-기계 시스템의 고장이나 재해발생 요인을 FT 도표에 의하여 분석하는 방법이다.

② 사건의 결과(사고)로부터 시작하여 원인이나 조건을 찾아나가는 순서로 분석이 이루어진다.

(2) FTA의 특징

① FTA는 고장이나 재해요인의 정성적인 분석뿐만 아니라 개개의 요인이 발생하는 확률을 얻을 수 있으며, 재해발생 후의 규명보다 재해발생 이전의 예측기법으로서의 활용 가치가 높은 유효한 방법이다.

② 정상사상인 재해현상으로부터 기본사상인 재해원인을 향해 연역적으로 하향식 분석을 행하므로, 재해현상과 재해원인의 상호 관련을 해석하여 안전대책을 검토할 수 있다.

③ 정량적 해석이 가능하므로 정량적 예측을 할 수 있다.

④ 복잡하고 대형화된 시스템의 신뢰성 분석 및 안정성 분석에 이용되는 기법이다.

(3) FTA의 논리기호

종류	명칭	설명
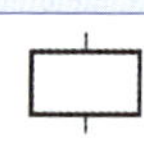	결함사상	개별적인 결함사상
	기본사상	더 이상 전개되지 않는 기본적인 사상
	통상사상	통상 발생이 예상되는 사상(예상되는 원인)
	생략사상	정보 부족 및 해석 기술의 불충분으로 더 이상 전개할 수 없는 사상. 작업 진행에 따라 해석이 가능할 때는 다시 속행한다.
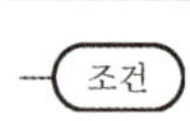	조건부사상	논리 게이트에 연결되어 사용되며, 논리에 적용되는 조건이나 제약 등을 명시한다.
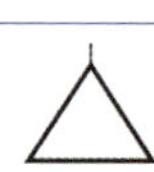	전이기호	FT 도상에서 다른 부분에의 연결을 나타내는 기호로 사용한다.
	AND 게이트	모든 입력사상이 공존할 때만이 출력사상이 발생한다.

기출문제

다음 중 결함수분석의 특징과 거리가 먼 것은?

① 재해발생 이전의 예측기법으로 가치가 높다.
❷ 정량적 해석이 불가능하다.
③ 복잡하고 대형화된 시스템의 신뢰성 분석에 이용된다.
④ 고장이나 재해요인의 정성적 분석이 가능하다.

기출문제

FT도 작성에 사용되는 사상 중 시스템의 정상적인 가동상태에서 일어날 것이 기대되는 사상은?

❶ 통상사상 ② 기본사상
③ 생략사상 ④ 결함사상

	OR 게이트	입력사상 중 어느 것이나 하나가 존재할 때 출력사상이 발생한다.
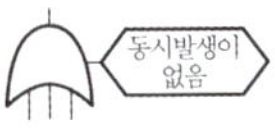	배타적 OR 게이트	입력사상 중 오직 한 개의 발생으로만 출력사상이 생성되는 논리 게이트
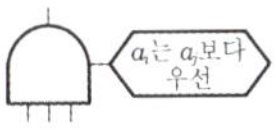	우선적 AND 게이트	입력사상이 특정 순서대로 발생한 경우에만 출력사상이 발생하는 논리 게이트
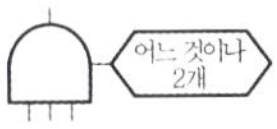	조합 AND 게이트	3개 이상의 입력 중 2개가 일어나면 출력이 생긴다.
	위험지속 And 게이트	입력이 생겨서 일정 시간이 지속될 때 출력이 생긴다.
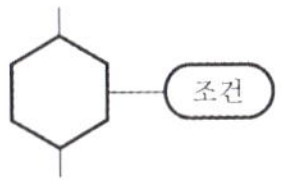	억제 게이트	이 게이트의 출력사상은 한 개의 입력사상에 의해 발생하며, 입력사상이 출력사상을 생성하기 전에 특정 조건을 만족하여야 하는 논리 게이트
	부정 게이트	입력과 반대 현상의 출력이 생긴다.

(4) FTA의 순서

① 정성적 FT의 작성 단계

㉠ 해석하려고 하는 시스템의 공정이나 작업 내용 등을 충분히 파악한다.

㉡ 예견되는 재해를 과거의 재해사례나 재해통계를 근거로 가능한 한 폭넓게 조사한다.

㉢ 재해의 빈도, 강도, 시스템에 미치는 영향 등을 검토한 후 해석의 대상으로 할 재해를 결정한다.

㉣ 해석하는 재해에 관련 있는 기계, 재료, 산업대상물의 불량상태나 작업자의 에러(Error), 환경의 결함, 기타 관리, 감독, 교육 등의 결함원인과 영향을 될 수 있는 데로 상세히 조사하고, 필요하면 PHA나 FMEA를 실시한다.

㉤ FT(Fault Tree)를 작성한다.

② FT의 정량화 단계 : 작성한 FT를 수식화하여 재해의 발생확률을 계산하는 단계이다.

㉠ 컷셋(cut set), 미니멀 컷셋(minimal cut set)을 구한다.

㉡ 기계, 자료, 작업 대상물의 불량상태나 작업자의 에러, 환경의 결함, 기타 관리, 감독, 교육의 결함 상태의 발생 확률을 조사나 자료에 의해 정하여 FT에 표시한다.

기출문제

결함수 분석의 기호 중 입력사상이 어느 하나라도 발생할 경우 출력사상이 발생하는 것은?

① NOR Gate
② AND Gate
❸ OR Gate
④ NAND Gate

기출문제

FTA에서 사용되는 논리 게이트 중 입력과 반대되는 현상으로 출력되는 것은?

❶ 부정 게이트
② 억제 게이트
③ 배타적 OR 게이트
④ 우선적 AND 게이트

㉢ 해석하는 재해의 발생확률을 계산한다.

③ 재해방지 대책의 수립단계

① 재해의 발생확률이 목푯값을 상회할 때는 중요도 해석 등을 하여 가장 유효한 시정 수단을 검토한다.

② 비용이나 기술 등의 제조건을 고려하여 가장 적절한 재해방지 대책을 세워 그 효과를 FT로 재확인한다.

(5) FTA에 의한 재해사례 연구 순서

① 1단계 : 정상사상의 선정

② 2단계 : 각 사상의 재해원인 규명

③ 3단계 : FT도 작성 및 분석

④ 4단계 : 개선 계획의 작성

⑤ 5단계 : 개선안 실시계획

(6) 컷셋(cut set)과 미니멀 컷셋(minimal cut set)

컷셋 (cut set)	• 정상사상을 발생시키는 기본사상의 집합이다. • 모든 기본사상이 일어났을 때 정상사상을 일으키는 기본사상들의 집합이다.
미니멀 컷셋 (minimal cut set)	• 정상사상을 일으키기 위한 기본사상의 최소 집합이다. • 시스템의 위험성을 나타낸다.

(7) 패스셋(path set)과 미니멀 패스셋(minimal path set)

패스셋 (path set)	• 시스템의 고장을 일으키지 않는 기본사상들의 집합이다. • 포함된 기본사상이 일어나지 않을 때 처음으로 정상사상이 일어나지 않는 기본사상들의 집합이다.
미니멀 패스셋 (minimal path set)	• 시스템의 기능을 살리는 최소한의 집합이다. • 시스템의 신뢰성을 나타낸다.

(8) FTA에 의한 고장확률의 계산 방법

① AND 게이트의 경우

n개의 기본사상이 AND 결합으로 그의 정상사상(top event)의 고장을 일으킨다고 할 때, 정상사상이 발생할 확률은 다음과 같다.

$$F = F_1 \cdot F_2 \cdots F_n = \prod_{i=1}^{n} F_i$$

기출문제

결함수 분석(FTA)에 의한 재해사례의 연구 순서가 다음과 같을 때 올바른 순서대로 나열한 것은?

㉠ FT(Fault Tree)도 작성 ㉡ 개선안 실시계획 ㉢ 톱 사상의 선정 ㉣ 사상마다 재해원인 및 요인 규명 ㉤ 개선 계획 작성

① ㉣→㉤→㉢→㉠→㉡
② ㉡→㉣→㉢→㉤→㉠
❸ ㉢→㉣→㉠→㉤→㉡
④ ㉤→㉢→㉡→㉠→㉣

기출문제

FTA에서 특정 조합의 기본사상들이 동시에 결함을 발생하였을 때 정상사상을 일으키는 기본사상의 집합을 무엇이라 하는가?

❶ cut set
② error set
③ path set
④ success set

기출문제

다음 FT도에서 최소 컷셋(minimal cut set)으로만 올바르게 나열한 것은?

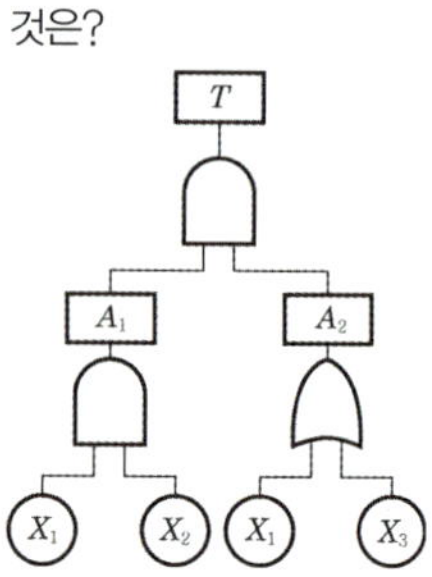

해설

$T = A_1 \cdot A_2$

$= (X_1, X_2) \cdot \begin{pmatrix} X_1 \\ X_3 \end{pmatrix}$

$= \begin{matrix} (X_1, X_2, X_1) \\ (X_1, X_2, X_3) \end{matrix}$

컷셋 : $(X_1, X_2), (X_1, X_2, X_3)$

최소 컷셋 : (X_1, X_2)

② OR 게이트의 경우

n개의 기본사상이 OR 결합으로 정상사상의 고장을 일으킨다고 할 때, 정상사상이 발생할 확률은 다음과 같다.

$$F = 1-(1-F_1)(1-F_2)\cdots(1-F_n) = 1-\prod_{i=1}^{n}(1-F_i)$$

4 신뢰도 계산 ★★★★

신뢰도는 시설, 장비, 시스템 또는 프로세스가 안전하게 운영될 수 있는 정도를 나타낸다. 이는 시설이나 장비가 작동 중에 예기치 않은 고장이나 사고를 일으키지 않고 안전성을 유지하는 능력을 의미한다.

(1) 고장곡선(욕조곡선)

제어계에는 많은 계기 및 제어장치가 조합되어 만들어지는데, 고장 없이 항상 완전히 작동하는 것이 중요하며, 고장이 기계의 신뢰도를 결정한다.

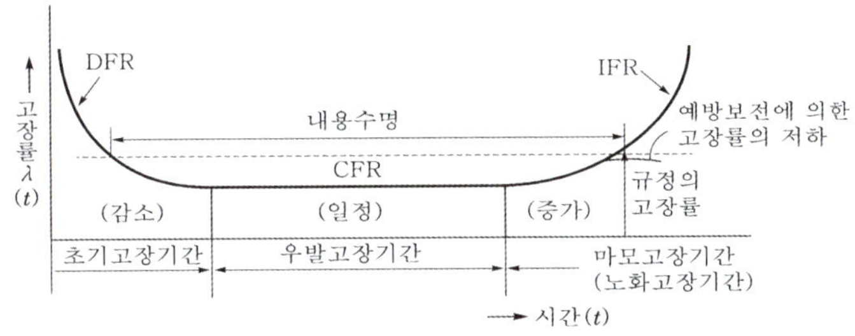

▎고장의 발생과 상황 ▎

① 고장의 유형

초기 고장 (감소형 고장, DFR; (Decreasing Failure Rate)	• 설계상, 구조상 결함, 불량 제조·생산 과정 등의 품질관리 미비로 생기는 고장 형태 • 점검 작업이나 시운전 작업 등으로 사전에 방지할 수 있는 고장 • 디버깅(debugging) 기간 : 기계의 결함을 찾아내 고장률을 안정시키는 기간 • 번인(burn－in) 기간 : 물품을 실제로 장시간 가동하여 그동안 고장난 것을 제거하는 기간 • 초기 고장의 제거 방법 : 디버깅, 번인

기출문제

FT도에서 시스템의 신뢰도는 얼마인가? (단, 모든 부품의 발생확률은 0.1 이다.)

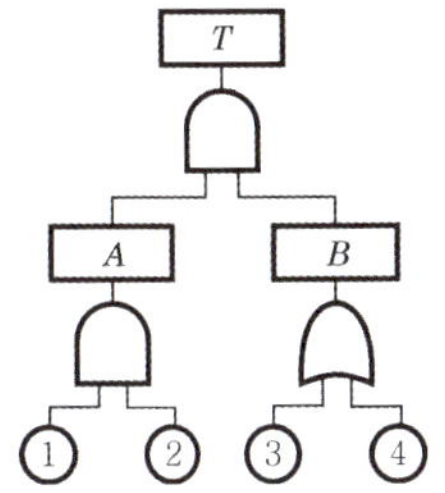

해설

T의 확률(고장확률)
＝A×B(직렬)
＝(①×②)×{1－(1－③)×(1－④)}
＝(0.1×0.1)×{1－(1－0.1)×(1－0.1)}
＝0.0019

시스템의 신뢰도
＝1－고장확률
＝1－0.0019=0.9981

기출문제

일반적인 시스템의 수명곡선(욕조곡선)에서 고장형태 중 증가형 고장률을 나타내는 기간으로 옳은 것은?

① 우발 고장 기간
❷ 마모 고장 기간
③ 초기 고장 기간
④ Burn－in 고장 기간

우발 고장 (일정형 고장, CFR; Constant Failure Rate)	• 과사용, 사용자의 과오, 디버깅 중에 발견되지 않은 고장 때문에 발생하며, 예측할 수 없을 때 생기는 고장 • 시운전이나 점검 작업으로는 방지할 수 없다. • 극한 상황을 고려한 설계, 안전계수를 고려한 설계 등으로 우발 고장을 감소시킬 수 있으며, 정상 운전 중의 고장에 대해 사후보전을 실시하도록 한다.
마모 고장 (증가형 고장, IFR; Increasing Failure Rate)	• 고장률이 점차 상승하는 형태로, 볼베어링 등 기계적 요소나 부품의 마모, 부식, 산화 등에 의해 나타난다. • 고장이 집중적으로 일어나기 직전에 교환을 하면 고장을 사전에 방지할 수 있다. • 장치의 일부가 수명을 다해서 생기는 고장으로, 안전진단 및 적당한 보수에 의해서 방지할 수 있다.

② 고장률과 평균고장간격(MTBF; Mean Time Between Failure)

㉠ MTTF(Mean Time To Failure, 평균고장시간) : 체계가 작동한 후 고장이 발생할 때까지의 평균작동시간

$$\text{평균고장시간}(MTTF) = \frac{\sum \text{동작시간}}{\text{고장횟수}}$$

$$\text{직렬계의 수명: } MTTF \times \frac{1}{\text{요소갯수}(n)}$$

$$\text{병렬계의 수명: } MTTF \times \left(1 + \frac{1}{2} + \frac{1}{3} + \cdots + \frac{1}{n}\right)$$

㉡ MTBF(평균고장간격) : 체계의 고장 발생 순간부터 수리가 완료되어 정상 작동하다가 다시 고장이 발생하기까지의 평균시간(교체)

$$\text{평균고장간격}(MTBF) = \frac{1}{\lambda}$$

$$\text{여기서, 고장률}(\lambda) = \frac{\text{고장건수}(r)}{\text{총 가동시간}(t)}$$

㉢ 신뢰도

$$R(t) = e^{-\lambda t}$$

③ MTTR(Mean Time to Repair, 평균수리시간)

$$\text{평균수리시간}(MTTR) = \frac{\text{수리시간 합계}}{\text{수리횟수}}(\text{시간})$$

$$\text{설비가동률} = \frac{MTBF}{MTBF + MTTR} = \frac{\frac{1}{\lambda}}{\frac{1}{\lambda} + \frac{1}{\mu}}$$

여기서, λ : 고장률, μ : 수리율

기출문제

어느 부품 1,000개를 100,000시간 동안 가동하였을 때 5개의 불량품이 발생하였을 경우 평균고장시간(MTTF)은?

① 1×10^6 시간
❷ 2×10^7 시간
③ 1×10^8 시간
④ 2×10^9 시간

해설

평균고장시간(MTTF)

$$= \frac{\sum \text{동작시간}}{\text{고장횟수}} = \frac{\text{부품} \times \text{동작시간}}{\text{고장횟수}} = \frac{1{,}000 \times 100{,}000}{5} = 2 \times 10^7$$

기출문제

설비보전에서 평균수리시간을 나타내는 것은?

① MTBF ❷ MTTR
③ MTTF ④ MTBP

(2) 설비의 신뢰도

① 직렬연결

㉠ 제어계가 n개의 요소로 만들어져 있고 각 요소의 고장이 독립적으로 발생하는 것이면, 어떤 요소의 고장도 제어계의 기능을 잃은 상태로 있다고 할 때에 신뢰성 공학에는 직렬이라 한다.

㉡ 계산식

$$R_S = R_1 \cdot R_2 \cdot R_3 \cdots R_n = \prod_{i=1}^{n} R_i$$

② 병렬연결(parallel system 또는 fail safe)

㉠ 항공기나 열차의 제어장치처럼 한 부분의 결함이 중대한 사고를 일으킬 염려가 있을 경우에는 병렬연결을 사용한다. 병렬연결은 결함이 생긴 부품의 기능을 대체시킬 수 있는 장치를 중복으로 부착시켜 두는 시스템이다.

㉡ 계산식

$$R_p = 1 - \{(1-R_1)(1-R_2)\cdots(1-R_n)\} = 1 - \prod_{i=1}^{n}(1-R_i)$$

기출문제

병렬로 이루어진 두 요소의 신뢰도가 각각 0.7일 경우, 시스템 전체의 신뢰도는?

해설

$R_p = 1 - \{(1-0.7)\times(1-0.7)\}$
$= 0.91$

제3장 근골격계질환 예방관리

> 합격 체크포인트
> - 근골격계질환의 유해요인
> - 근골격계질환 부담작업의 범위

01 근골격계 유해요인

1 근골격계질환 ★★

(1) 정의와 유형

① 정의 : 반복적인 동작, 부적절한 작업 자세, 무리한 힘의 사용, 날카로운 면과의 신체접촉, 진동 및 온도 등의 요인에 의하여 발생하는 건강장해로서, 목, 어깨, 허리, 팔 · 다리의 신경 · 근육 및 그 주변 신체조직 등에 나타나는 질환을 말한다.

② 유형 : 신체 부위별, 질환별 분류로 나뉜다.

③ 신체부위별 분류

㉠ 손과 손목 부위의 근골격계질환 : 수근관증후군, 결절종, 드퀘르뱅 건초염, 백색수지증 등

㉡ 팔과 팔목 부위의 근골격계질환 : 외상과염과 내상과염 등

㉢ 어깨 부위의 근골격계질환 : 상완부근육(삼각근, 이두박근, 삼두박근 등)의 근막통증후근(MPS), 극상근건염, 상완이두건막염, 회전근개건염 등

㉣ 목 견갑골 부위의 근골격계질환 : 경부 · 견갑부근육의 근막통증후군, 경추신경병증, 경부의 퇴행성관절염 등

> **기출문제**
> 팔꿈치 부위에 발생하는 근골격계질환 유형은?
> ① 결절종
> ❷ 외상과염
> ③ 극상근건염
> ④ 수근관증후군

(2) 근골격계질환의 유해요인

① 반복적인 동작 : 같은 근육을 반복하여 사용하여 발생

② 부자연스러운 또는 취하기 어려운 자세 : 부자연스러운 자세로 정적인 작업을 오래하는 경우 발생

③ 과도한 힘 : 중량물을 들어올리거나 내리기 등 같은 행위 · 동작으로 인해 근육의 힘을 많이 사용하는 경우 발생

④ 접촉 스트레스 : 날카로운 면과의 신체 접촉, 신체가 지속적으로 눌리거나 압력이 가해짐으로써 발생

> **기출문제**
> 손이나 특정 신체부위에 발생하는 누적손상장애(CTDs)의 발생인자와 가장 거리가 먼 것은?
> ① 무리한 힘
> ❷ 다습한 환경
> ③ 장시간의 진동
> ④ 반복도가 높은 작업

⑤ **진동** : 동력기구나 장비와의 접촉으로 손이나 팔의 국부적 진동이 발생하고, 울퉁불퉁한 환경에서 일하거나 진동장비를 사용할 때 전신 진동이 발생

⑥ **온도, 조명 등의 기타 요인** : 극심한 고온 또는 저온, 부적절한 조명에서 작업 시 감각과 민첩성이 저하되며, 눈의 피로가 발생

⑦ **사회심리적 요인** : 직무스트레스, 작업 만족도, 근무조건, 휴식시간, 대인관계, 사회적 요인(작업조직 및 방식의 변화, 노동강도)

(3) 근골격계질환의 유해요인조사

① 유해요인조사 시기

㉠ 사업주는 근로자가 근골격계부담작업을 하는 경우에 3년마다 유해요인 조사를 하여야 한다.

㉡ 다만, 신설되는 사업장의 경우에는 신설일부터 1년 이내에 최초의 유해요인 조사를 하여야 한다.

② 유해요인조사 사항

㉠ 설비 · 작업공정 · 작업량 · 작업속도 등 작업장 상황

㉡ 작업시간 · 작업자세 · 작업방법 등 작업조건

㉢ 작업과 관련된 근골격계질환 징후와 증상 유무 등

법령

산업안전보건기준에 관한 규칙 제657조

2 근골격계 부담작업 ★★★

(1) 근골격계 부담작업의 범위

① 하루에 4시간 이상 집중적으로 자료입력 등을 위해 키보드 또는 마우스를 조작하는 작업

② 하루에 총 2시간 이상 목, 어깨, 팔꿈치, 손목 또는 손을 사용하여 같은 동작을 반복하는 작업

③ 하루에 총 2시간 이상 머리 위에 손이 있거나, 팔꿈치가 어깨 위에 있거나, 팔꿈치를 몸통으로부터 들거나, 팔꿈치를 몸통 뒤쪽에 위치하도록 하는 상태에서 이루어지는 작업

④ 지지되지 않은 상태이거나 임의로 자세를 바꿀 수 없는 조건에서 하루에 총 2시간 이상 목이나 허리를 구부리거나 트는 상태에서 이루어지는 작업

⑤ 하루에 총 2시간 이상 쪼그리고 앉거나 무릎을 굽힌 자세에서 이루어지는 작업

암기 TIP

근골격계 부담작업의 시간 기준

- 자료입력 작업 : 하루에 4시간 이상 작업
- 그 외 작업 : 하루에 총 2시간 이상 작업

기출문제

근골격계부담작업의 범위 및 유해요인조사 방법에 관한 고시상 근골격계부담작업에 해당하지 않는 것은? (단, 상시작업을 기준으로 한다.)

① 하루에 10회 이상 25kg 이상의 물체를 드는 작업
② 하루에 총 2시간 이상 쪼그리고 앉거나 무릎을 굽힌 자세에서 이루어지는 작업
❸ 하루에 총 2시간 이상 시간당 5회 이상 손 또는 무릎을 사용하여 반복적으로 충격을 가하는 작업
④ 하루에 4시간 이상 집중적으로 자료입력 등을 위해 키보드 또는 마우스를 조작하는 작업

⑥ 하루에 총 2시간 이상 지지되지 않은 상태에서 1kg 이상의 물건을 한 손의 손가락으로 집어 옮기거나, 2kg 이상에 상응하는 힘을 가하여 한 손의 손가락으로 물건을 쥐는 작업
⑦ 하루에 총 2시간 이상 지지되지 않은 상태에서 4.5kg 이상의 물건을 한 손으로 들거나 동일한 힘으로 쥐는 작업
⑧ 하루에 10회 이상 25kg 이상의 물체를 드는 작업
⑨ 하루에 25회 이상 10kg 이상의 물체를 무릎 아래에서 들거나, 어깨 위에서 들거나, 팔을 뻗은 상태에서 드는 작업
⑩ 하루에 총 2시간 이상, 분당 2회 이상 4.5kg 이상의 물체를 드는 작업
⑪ 하루에 총 2시간 이상, 시간당 10회 이상 손 또는 무릎을 사용하여 반복적으로 충격을 가하는 작업

(2) 근골격계 부담작업의 유해성 주지

사업주는 근로자가 근골격계부담작업을 하는 경우에 다음의 사항을 근로자에게 알려야 한다.

① 근골격계 부담작업의 유해요인
② 근골격계질환의 징후와 증상
③ 근골격계질환 발생 시의 대처요령
④ 올바른 작업 자세와 작업도구, 작업시설의 올바른 사용방법
⑤ 그 밖에 근골격계질환 예방에 필요한 사항

합격 체크포인트

• 인간공학적 유해요인 평가기법(OWAS, RULA, NLE)의 특징 및 장단점

02 인간공학적 유해요인 평가 및 관리

1 인간공학적 유해요인 평가기법 ★

(1) OWAS(Ovako Working – posture Analysing System)

① 핀란드의 철강회사인 Ovako사와 핀란드 노동위생연구소가 1970년대 중반에 육체 작업에 있어서 부적절한 작업 자세를 구별해낼 목적으로 개발한 평가기법이다.
② 현장에서 기록 및 해석이 쉬워서 많은 작업장에서 작업 자세를 평가한다.
③ 현장성이 강하면서도 상지와 하지의 작업분석이 가능하며, 작업 대상물의 무게를 분석 요인에 포함한다.

④ 특징 및 장단점

분석가능 유해요인	• 부자연스러운 또는 취하기 어려운 자세 • 과도한 힘
평가요소	허리, 다리, 팔, 무게(하중)
적용 가능 업종	인력에 의한 중량물 취급작업, 중공업, 조선업
장점	• 특별한 기구 없이 관찰에 의해서만 작업 자세를 평가할 수 있다. • 평가 기준을 완비하여 분명하고 간편하게 평가할 수 있다. • 현장성이 강하면서도 상지와 하지의 작업 분석이 가능하며, 작업 대상물의 무게를 분석 요인에 포함한다.
단점	• 작업 자세 분류체계가 특정한 작업에만 국한되기 때문에 정밀한 작업자세를 평가하기 어렵다. • 상지나 하지 등 몸의 일부의 움직임이 적으면서도 반복하여 사용하는 작업 등에서는 차이를 파악하기 어렵다. • 지속시간을 검토할 수 없으므로 유지자세의 평가는 어렵다.

(2) RULA(Rapid Upper Limb Assessment)

① 어깨, 팔목, 손목, 목 등 상지(upper limb)에 초점을 맞추어 작업자세로 인한 작업부하를 쉽고 빠르게 평가하기 위해 만들어진 기법이다.

② 작업성 근골격계질환(직업성 상지 질환 : 어깨, 팔꿈치, 손목, 목 등)과 관련한 유해인자에 대한 개인 작업자의 노출 정도를 신속하게 평가하기 위한 방법을 제공한다.

③ 특징 및 장단점

분석가능 유해요인	• 반복성 • 부자연스러운 또는 취하기 어려운 자세 • 과도한 힘
적용 신체 부위	손목, 아래팔, 팔꿈치, 어깨, 목, 몸통
적용 가능 업종	조립작업, 관리업, 생산작업, 재봉업, 정비업, 육류가공업, 식료품출납원, 전화교환원, 초음파기술자, 치과의사/치과기술자
장점	• 상지와 상체의 자세를 측정하기 용이하도록 개발되었다. • 상지의 정적인 자세를 측정하기 용이하다.
단점	• 상지의 분석에 초점을 두고 있기 때문에 전신의 작업자세 분석에는 한계가 있다. • 예를 들어, 쪼그려 앉은 작업자세와 같은 경우는 작업자세 분석이 힘들다.

기출문제

근골격계질환 작업분석 및 평가방법인 OWAS의 평가요소를 모두 고른 것은?

㉠ 상지
㉡ 무게(하중)
㉢ 하지
㉣ 허리

① ㉠, ㉡
② ㉠, ㉢, ㉣
③ ㉡, ㉢, ㉣
④ ㉠, ㉡, ㉢, ㉣

참고

RULA는 근육 피로를 유발하는 부적절한 자세, 힘, 정적 · 반복적 작업 등 신체 부담 요소를 파악하고, 이를 바탕으로 인간공학적 평가 결과를 제공한다.

기출문제

다양한 작업 자세의 신체전반에 대한 부담정도를 분석하는 데 적합한 기법은?

❶ REBA ② QEC
③ NLE ④ JSI

(3) REBA(Rapid Entire Body Assessment)

① 설계상 RULA와 유사하지만, 이 방법은 앉은 자세가 거의 없고 전신을 사용해야 하는 작업의 평가기법이다.

② 전체적인 신체에 대한 부담 정도와 유해인자의 노출 정도를 분석한다.

③ 특징 및 장단점

분석가능 유해요인	• 부자연스러운 또는 취하기 어려운 자세 • 과도한 힘
적용 신체 부위	손목, 팔뚝, 팔꿈치, 어깨, 목, 몸통, 무릎 및 다리
적용 가능 업종	병원의 간호사, 수의사 등과 같이 예측이 힘든 다양한 자세에서 이루어지는 서비스업
장점	• 전신 신체 활동에 대한 빠른 자세 분석 방법으로 설계된 기법이다.
단점	• 힘과 활동을 고려하긴 하지만, 주로 작업 절차에 중점을 둔다.

기출문제

NOISH Lifting Guideline에서 권장무게한계(RWL) 산출에 사용되는 계수가 아닌 것은?

❶ 휴식계수
② 수평계수
③ 수직계수
④ 비대칭계수

(4) NIOSH Lifting Equation(NLE)

① 들기 작업에 대한 권장무게한계(RWL)를 쉽게 산출하여 작업의 위험성을 예측하고 인간공학적인 작업 방법의 개선을 통해 작업자의 직업성 요통을 사전에 예방하기 위한 목적으로 개발되었다.

② 권장무게한계(RWL)는 취급 중량과 취급 횟수, 중량물 취급 위치, 인양 거리, 신체의 비틀기, 중량물 들기의 쉬움 정도 등 여러 요인을 고려하여 다음과 같이 산출한다.

$$RWL = LC \times HM \times VM \times DM \times AM \times FM \times CM$$

여기서, LC : 부하상수, HM : 수평계수
VM : 수직계수, DM : 거리계수
AM : 비대칭계수, FM : 빈도계수
CM : 결합계수

③ 다음과 같은 중량물을 취급하는 작업에는 본 기준을 적용할 수 없다.

㉠ 한 손으로 중량물을 취급하는 경우
㉡ 8시간 이상 중량물을 취급하는 작업을 계속하는 경우
㉢ 앉거나 무릎을 굽힌 자세로 작업을 하는 경우
㉣ 균형이 맞지 않는 중량물을 취급하는 경우

ⓜ 운반이나 밀거나 당기는 작업에서의 중량물취급

ⓑ 빠른 속도로 중량물을 취급하는 경우(약 75cm/초를 넘어가는 경우)

ⓢ 바닥면이 좋지 않은 경우(지면과의 마찰계수가 0.4 미만의 경우)

ⓞ 온도/습도 환경이 나쁜 경우(온도 19~26도, 습도 35~50%의 범위에 속하지 않는 경우)

④ 특징 및 장단점

분석가능 유해요인	• 반복성 • 부자연스러운 또는 취하기 어려운 자세 • 과도한 힘
적용 신체 부위	허리
적용 가능 업종	포장물 배달, 음료 배달, 조립 작업, 인력에 의한 중량물 취급 작업, 무리한 힘이 요구되는 작업, 고정된 들기 작업
장점	• 들기 작업 시 안전하게 작업할 수 있는 작업물의 중량을 계산할 수 있다. • 인간공학적 작업부하, 작업 자세로 인한 부하, 생리학적 측면의 작업부하 모두를 고려한 것이다.
단점	• 전문성이 요구된다. • 들기 작업에만 적절하게 쓰일 수 있으며, 반복적인 작업 자세, 밀기, 당기기 등과 같은 작업에 대해서는 평가가 어렵다.

2 근골격계질환의 개선 및 관리

(1) 근골격계질환의 개선

① 사업주는 작업관찰을 통해 유해요인을 확인하고, 그 원인을 분석하여 그 결과에 따라 공학적 개선 또는 관리적 개선을 실시한다.

② 공학적 개선 : 공구·장비, 작업장, 포장, 부품, 제품 등의 개선

③ 관리적 개선 : 작업의 다양성 제공, 작업일정 및 작업속도 조절, 회복시간 제공, 작업습관 변화, 작업공간, 공구 및 장비의 정기적인 청소 및 유지보수, 운동체조 강화 등

(2) 근골격계질환 예방관리 프로그램 시행

사업주는 다음의 어느 하나에 해당하는 경우 근골격계질환 예방관리 프로그램을 수립하여 시행해야 한다.

기출문제

근골격계질환 예방을 위한 바람직한 관리적 개선 방안으로 볼 수 없는 것은?

❶ 중량물 운반 등 특정 작업에 적합한 작업자를 선별하여 상대적 위험도를 경감시킨다.
② 작업 확대를 통하여 한 작업자가 할 수 있는 일의 다양성을 넓힌다.
③ 전문적인 스트레칭과 체조 등을 교육하고 작업 중 수시로 실시하도록 유도한다.
④ 규칙적이고 적절한 휴식을 통하여 피로의 누적을 예방한다.

① 업무상 근골격계질환으로 인정받은 근로자가 연간 10명 이상 발생한 사업장
② 또는 5명 이상 발생한 사업장으로서 발생 비율이 그 사업장 근로자 수의 10% 이상인 경우
③ 근골격계질환 예방과 관련하여 노사 간 이견이 지속되는 사업장으로서 고용노동부장관이 필요하다고 인정하여 시행할 것을 명령한 경우

(3) 중량물을 인력으로 들어올리는 작업에 대한 관리

① 사업주는 근로자가 취급하는 물품의 중량 · 취급 빈도 · 운반거리 · 운반 속도 등 인체에 부담을 주는 작업의 조건에 따라 작업시간과 휴식시간 등을 적정하게 배분해야 한다.
② 사업주는 근로자가 5kg 이상의 중량물을 인력으로 들어올리는 작업을 하는 경우에 다음의 조치를 해야 한다.
　㉠ 주로 취급하는 물품에 대하여 근로자가 쉽게 알 수 있도록 물품의 중량과 무게중심에 대하여 작업장 주변에 안내표시를 할 것
　㉡ 취급하기 곤란한 물품은 손잡이를 붙이거나, 갈고리, 진공빨판 등 적절한 보조도구를 활용할 것
③ 사업주는 근로자가 중량물을 인력으로 들어올리는 작업을 하는 경우에 무게중심을 낮추거나 대상물에 몸을 밀착하도록 하는 등 근로자에게 신체의 부담을 줄일 수 있는 자세에 대하여 알려야 한다.

합격 체크포인트
• 문제해결의 5단계 절차
• 작업개선의 원칙(ECRS 원칙)
• 개선의 SEARCH 원칙

03 작업관리

1 작업관리

(1) 작업관리의 개요

① 작업관리란 각 생산 작업을 합리적이고 효율적으로 개선하여 표준화하고, 작업의 실시 과정에서 표준이 유지되도록 통제하여 안전하게 작업을 실시하도록 하는 것이다.
② 작업관리는 방법연구와 시간연구로 이루어진다.

(2) 작업관리의 목적

① 최선의 작업방법 개발(개선)

② 방법과 재료, 설비, 공구 등의 표준화

③ 표준시간 설정을 통한 작업효율 관리

④ 제품 품질의 균일, 생산비 절감, 생산성 향상

⑤ 최적의 새로운 작업방법 지도

⑥ 안전

2 문제해결 절차

(1) 문제해결 절차의 정의

기본형 5단계는 문제점이 있다고 지적된 공정 혹은 현재 수행되고 있는 작업 방법에 대한 현황을 기록하고 분석하여, 이 자료를 근거로 개선안을 수립하는 절차이다.

(2) 기본형 5단계 문제해결 절차

1단계 : 연구대상 선정	• 경제성 기술 및 인간적인 면 고려 • 연구 범위 설정
2단계 : 분석과 기록	• 차트와 도표 사용
3단계 : 자료의 검토	• 5W1의 설문방식 도입 • 개선의 ECRS(Eliminate, Combine, Rearrange, Simplify) • 대안의 창출
4단계 : 개선안의 수립	• 관련 세부사항 확정
5단계 : 개선안의 도입	• 인간적 문제 극복 • 개선안의 유지

기출문제

작업관리에서 사용되는 기본형 5단계 문제해결절차로 가장 적절한 것은?

① 자료의 검토 → 연구대상 선정 → 개선안의 수립 → 분석과 기록 → 개선안의 도입

❷ 연구대상 선정 → 분석과 기록 → 자료의 검토 → 개선안의 수립 → 개선안의 도입

③ 연구대상 선정 → 자료의 검토 → 분석과 기록 → 개선안의 수립 → 개선안의 도입

④ 자료의 검토 → 연구대상 선정 → 분석과 기록 → 개선안의 수립 → 개선안의 도입

3 방법연구 ★

(1) 방법연구

① 방법연구란 작업 중에 포함된 불필요한 동작을 제거하기 위하여 작업을 과학적으로 자세히 분석하여 필요한 동작만으로 구성된 효과적이고 합리적인 작업 방법을 설계하는 기법이다.

② 작업 시스템이나 작업방법의 분석·검토·개선에 사용되는 방법연구의 주요 기법

㉠ 공정분석

㉡ 작업분석

㉢ 동작분석

(2) 방법 연구(작업 방법의 개선) 절차

① 작업개선의 원칙(ECRS 원칙)

Eliminate	불필요한 작업·작업 요소 제거
Combine	다른 작업·작업 요소와의 결합
Rearrange	작업 순서의 변경
Simplify	작업·작업 요소의 단순화·간소화

② 개선의 SEARCH 원칙

Simplify operations	작업의 단순화
Eliminate unnecessary work and material	불필요한 작업이나 자재의 제거
Alter sequence	순서의 변경
Requirements	요구조건
Combine operations	작업의 결합
How often	얼마나 자주, 몇 번인가?

기출문제

작업개선을 위하여 도입되는 원리인 ECRS에 포함되지 않는 것은?

① Combine

❷ Standard

③ Eliminate

④ Rearrange

4 작업측정

(1) 작업측정의 개요

① 작업측정이란 제품과 서비스를 생산하는 작업 시스템을 과학적으로 계획·관리하기 위하여 작업 활동에 소요되는 시간과 자원을 측정 또는 추정하는 것이다.

② 작업측정의 목적

㉠ 표준시간의 설정

㉡ 유휴시간의 제거

㉢ 작업성과의 측정

③ 작업측정의 방법

㉠ 직접측정법 : 시간연구법(스톱워치법, VTR 분석법 등), 워크샘플링

㉡ 간접측정법 : 표준자료법, PTS법

(2) 표준시간

① 표준시간의 정의

㉠ 그 일에 보통 정도의 숙련을 가진 작업자가(표준작업 능력)

㉡ 정해진 작업환경에서 정해진 설비, 치공구를 사용하고(표준작업 조건)

㉢ 정해진 작업 방법을 이용하여(표준작업 방법)

㉣ 정신적, 육체적으로 무리가 없는 정상적인 작업 속도로(표준작업 속도)

㉤ 규정된 질과 양의 작업(표준작업량)을 완수하는 데 필요한 시간

② 표준시간의 주요 용도(설정 목적)

㉠ 경제적인 작업방법의 선택 또는 결정

㉡ 원가 및 판매가격의 사전 견적(계획)

㉢ 능률급, 직무급의 결정에 필요한 기초자료의 작성

㉣ 공정관리에 필요한 표준공수 등 기초자료의 작성

㉤ 개인 또는 집단에 대한 표준생산고의 결정

㉥ 작업자와 기계설비의 합리적인 조합 및 1인 담당 기계 대수의 결정

㉦ 작업의 수행도 및 생산성의 측정

㉧ 생산계획의 결정 및 실무 검토

③ 표준시간(ST ; Standard Time)의 계산

$$\text{표준시간}(ST) = \text{정미시간}(NT) + \text{여유시간}(AT)$$

㉠ 정미시간(NT; Normal Time) : 정상시간이라고도 하며, 매회 또는 일정한 간격으로 주기적으로 발생하는 작업요소의 수행시간이다.

$$NT = \text{관측시간의 대푯값}(T_0) \times \left(\frac{\text{레이팅 계수}(R)}{100}\right)$$

㉡ 여유시간(AT; Allowance Time) : 불규칙적으로 다양한 요소에 의해 지연되는 시간이다.

㉢ 관측시간의 대푯값은 관측 평균시간이다(이상 값은 제외).

㉣ 레이팅(rating)계수(R) : 평정계수, 정상화계수라고도 하며, 대상 작업자의 실제 작업속도와 시간 연구자의 정상 작업속도와의 비율이다.

$$\text{레이팅계수}(R) = \frac{\text{기준수행도}}{\text{평가값}} \times 100\%$$

$$= \frac{\text{정상 작업속도}}{\text{실제 작업속도}} \times 100\%$$

④ 표준시간 구하는 공식

㉠ 외경법 : 정미시간에 대한 비율을 여유율로 사용한다.

- $\text{여유율}(A) = \frac{\text{여유시간의 총계}}{\text{정미시간의 총계}} \times 100\%$
- $\text{표준시간}(ST) = \text{정미시간} \times (1 + \text{여유율})$

$$= NT(1+A) = NT\left(1 + \frac{AT}{BT}\right)$$

여기서, NT : 정미시간

AT : 여유시간

㉡ 내경법 : 근무시간에 대한 비율을 여유율로 사용한다.

- $\text{여유율}(A) = \frac{\text{(일반)여유시간}}{\text{실동시간}} \times 100\%$

$$= \frac{\text{여유시간}}{\text{정미시간} + \text{여유시간}} \times 100\%$$

$$= \frac{AT}{NT+AT} \times 100(\%)$$

- $\text{표준시간}(ST) = \text{정미시간} \times \left(\frac{1}{1-\text{여유율}}\right)$

(3) 워크샘플링(work – sampling)

① 워크샘플링이란 간헐적으로 랜덤한 시점에서 연구 대상을 순간적으로 관측하여 대상이 처한 상황을 파악하고, 이를 토대로 관측 기간 동안에 나타난 항목별로 차지하는 비율을 추정하는 방법이다.

② 원리

㉠ 통계적 수법(확률의 법칙)을 이용하여 관측 대상을 무작위로 선정하고, 작업자나 기계의 가동상태를 스톱워치 없이 순간적으로 관측하여 그 상황을 추정한다.

㉡ 순간적으로 관측하므로 작업에 방해가 적으나, 시간연구법보다 자세히 관찰할 수는 없다.

기출문제

어느 작업시간의 관측평균시간이 1.2분, 레이팅 계수가 110%, 여유율이 25%일 때 외경법에 의한 개당 표준시간은 얼마인가?

① 1.32분 ❷ 1.65분
③ 1.53분 ④ 1.50분

해설

$\text{표준시간}(ST) = \text{정미시간} \times (1 + \text{여유율})$

$\text{여유율}(A) = 25\% = \frac{25}{100} = 0.25$

$\text{정미시간}(NT) = 1.2 \times \frac{110}{100} = 1.32\text{분}$

$\text{표준시간}(ST) = 1.32 \times (1 + 0.25) = 1.65\text{분}$

기출문제

간헐적으로 랜덤한 시점에서 연구대상을 순간적으로 관측하여 대상이 처한 상황을 파악하고 이를 토대로 관측시간 동안에 나타난 항목별로 차지하는 비율을 추정하는 방법은?

① PTS법
❷ 워크샘플링
③ 웨스팅하우스법
④ 스톱워치를 이용한 시간연구

③ 워크샘플링 절차

㉠ 연구목적의 수립

㉡ 신뢰수준, 허용오차 결정

㉢ 연구에 관련되는 사람과 협의

㉣ 관측계획의 구체화

㉤ 관측실시

(4) WF(Work Factor)법

① 종래의 스톱워치 방법에 의한 표준시간은 노동조합 등에서 불신하였기 때문에 객관적이며 레이팅(rating)이 필요 없는 작업측정 방안으로 WF법이 개발되었다.

② 특징

㉠ 스톱워치를 사용하지 않는다.

㉡ 정확성과 일관성이 증대한다.

㉢ 동작 개선에 기여한다.

㉣ 실제 작업 전에 표준시간의 산출이 가능하다.

㉤ 작업 방법 변경 시 표준시간의 수정을 위하여 전체 작업을 재측정할 필요가 없다.

㉥ 유동 공정의 균형 유지가 용이하다.

㉦ 기계의 여력 계산 및 생산관리를 위한 기준이 된다.

③ WF법의 구성 : 인간의 육체적 동작시간에 영향을 주는 주요변수

㉠ 중량물을 취급하지 않으며 어떤 인위적 조절이 필요 없는 기초 동작이 있다.

㉡ 기초 동작을 방해하여 시간값을 증가시키는 워크팩터가 있다.

④ WF법의 8가지 표준요소

㉠ 동작－이동(T; Transport)

㉡ 쥐기(Gr; Grasp)

㉢ 미리 놓기(PP; PrePosition)

㉣ 조립(Asy; Assemble)

㉤ 사용(Use; Use)

㉥ 분해(Dsy; Disassemble)

㉦ 내려놓기(Rl; Release)

㉧ 정신 과정(MP; Mental Process)

기출문제

WF(Work Factor)법의 표준 요소가 아닌 것은?

① 쥐기 (Gr; Grasp)
❷ 결정 (Dc; Decide)
③ 조립 (Asy; Assemble)
④ 정신과정 (MP; Mental Process)

⑤ 시간 변동 요인(4가지 주요 변수)

㉠ 사용하는 신체 부위(7가지) : 손가락과 손, 팔, 앞 팔 회전, 몸통, 발, 다리, 머리 회전

㉡ 이동 거리

㉢ 중량 또는 저항

㉣ 인위적 조절(동작의 곤란성) : 방향 조절(S), 주의(P), 방향의 변경(U), 일정한 정지(D)

(5) MTM법

① 모든 작업자가 세밀한 방법으로 행하는 반복성의 작업 또는 작업 방법을 기본(요소) 동작으로 분석하고, 각 기본 동작을 그 성질과 조건에 따라 이미 정해진 표준시간 값을 적용하여 작업의 정미시간을 구하는 방법이다.

② 시간을 구하고자 하는 작업 방법의 분석 수단으로서 작업 방법과 시간을 결부한 것이 특징이며, 작업수행도 기준은 100%이다.

③ 적용 범위

㉠ 대규모의 생산 시스템과 단사이클의 작업형 및 초단사이클의 작업형에 적용한다.

㉡ 주물과 같은 중공업, 대단히 복잡하고 절묘한 손으로 다루는 작업형, 사이클마다 아주 다른 방법의 작업이나 동작 등에는 적용하기 곤란하다.

㉢ 기계에 의하여 통제되는 작업, 정신적 시간, 육체적으로 제한된 동작 등은 완전히 해결할 수 없으며, 스톱워치를 부분적으로 이용해야 한다.

④ MTM의 시간값

1 TMU = 0.00001시간 = 0.0006분 = 0.036초
1 시간 = 100,000TMU

여기서, TMU : Time Measurement Unit

기출문제

7 TMU를 초 단위로 환산하면 몇 초인가?

① 0.025 초
❷ 0.252 초
③ 1.26 초
④ 2.52 초

해설

1 TMU = 0.00001시간
= 0.0006분 = 0.036초
7 TMU = 0.036 × 7 = 0.252초

제4장 유해요인 관리

01 물리적 유해요인 관리

1 개요 및 특징

① 물리적 유해요인이란 에너지의 형태로 사람에게 건강장해를 유발하는 인자를 말하며, 소음, 진동, 이상기온 등이 있다.

② **소음** : 작업장에서 일반적으로 노출되며 인간공학적 측면에도 영향을 준다. 음이 높고, 강도가 크고, 불규칙적으로 발생되는 소음이 유해성이 크다.

③ **진동** : 차량, 선박 등의 운전 중에는 주파수가 낮은 전신진동이 발생하고, 착암기, 연마기 등을 사용할 때는 손과 발 등 특정 부위에 전파되는 국소진동이 발생한다.

④ **이상기온** : 체온조절은 기온, 기습, 기류(이를 기후의 3요소라 함)의 영향을 크게 받는다.

⑤ **전리 및 비전리 방사선**

㉠ 전리방사선 : 공통된 특징은 물질을 이온(Ion)화시키는 성질이다.

㉡ 비전리방사선 : 주파수가 감소하는 순서대로 자외선, 가시광선, 적외선, 마이크로파, 라디오파, 초저주파, 극저주파이다.

2 관리대책

(1) 소음의 관리대책

① **소음 감소 조치** : 강렬한 소음의 기계 · 기구 등의 대체하고, 소음작업 시설의 밀폐 · 흡음(吸音) 또는 격리 등의 조치를 한다.

② **소음 수준의 주지** : 해당 작업장소의 소음 수준, 인체에 미치는 영향과 증상, 보호구의 선정과 착용방법 등을 근로자에게 알린다.

합격 체크포인트

- 물리적 유해요인의 종류 및 관리대책

기출문제

물리적 유해요인의 인자에 해당하지 않는 것은?

① 소음
② 진동
③ 비전리 방사선
❹ 바이오에어로졸

해설 바이오에어로졸은 생물학적 유해요인이다.

(2) 진동의 관리대책

① 방진장갑 등 진동보호구를 지급하여 착용하도록 한다.

② **유해성의 주지** : 인체에 미치는 영향과 증상, 보호구의 선정과 착용방법, 진동 기계 · 기구 관리 및 사용 방법, 진동 장해 예방방법 등을 충분히 알린다.

(3) 고온의 관리대책

① 작업자를 새로이 배치할 때 고온(고열)에 적응될 때까지 단계적으로 작업에 배치한다.

② 작업자가 온도 · 습도를 쉽게 알 수 있도록 온 · 습도계를 작업장소에 비치한다.

③ 인력에 의한 굴착작업 등 에너지 소비량이 많은 작업이나 연속작업은 가능한 한 줄인다.

④ 작업자들이 휴식시간에 이용할 수 있는 휴게시설을 갖춘다. 휴게시설을 설치하는 때에는 고열작업과 격리된 장소에 설치하고 누워서 쉴 수 있는 충분한 넓이를 확보한다.

⑤ 작업복이 심하게 젖게 되는 작업장에는 탈의시설, 목욕시설, 세탁시설과 작업복을 건조시킬 수 있는 시설을 설치한다.

⑥ 고열물체를 취급하는 장소에는 관계자 외 출입을 금하고 경고 표지를 설치한다.

⑦ 작업자가 작업 중 땀을 많이 흘리게 되는 장소에는 소금과 깨끗하고 차가운 음료수 등을 비치한다.

기출문제

고온의 관리대책으로 옳지 않은 것은?

① 작업장소에 온습도계를 비치한다.
② 작업복 세탁 및 건조시설을 설치한다.
③ 휴식시간에 이용할 수 있는 휴게시설을 갖춘다.
❹ 작업자를 새로이 배치할 때 랜덤한 작업에 배치한다.

02 화학적 유해요인 관리

합격 체크포인트

- 화학적 유해요인의 종류 및 관리대책

1 개요 및 특징

① 화학적 유해요인이란 호흡기, 피부, 음식을 통하여 체내에 유입되어 독성을 일으키는 물질이다.

② 독성, 부식성, 인화성, 발화성, 산화성을 가진 물질이 작업장에 입자(흄과 미스트)와 가스(가스와 증기) 상태로 존재한다.

③ 동일한 독성물질이라도 물리 · 화학적 특성에 따라 유해성이 변한다.

㉠ 분진의 경우 입자가 작으면 공기 중에 체류시간이 길어 호흡기 노출이 쉬우며, 혈관분포가 많은 폐포에 도달하여 유해성 상승한다.

ⓛ 유기화합물인 경우 휘발성이 크면 호흡기 노출이 쉽다.
ⓒ 휘발성 물질인 경우 냄새 감지가 어려운 비수용성 물질은 폐포까지 쉽게 도달한다.

④ 공기 중 농도가 같더라도 작업강도가 크면 폐포의 환기율이 커져 많은 양이 흡수된다.

⑤ 화학물질의 노출기준

화학물질	시간가중 평균값(TWA)	단시간 노출값(STEL)
6가크롬 화합물(불용성)	0.01mg/㎥	-
6가크롬 화합물(수용성)	0.01mg/㎥	-
니켈(불용성 무기화합물)	0.2mg/㎥	-
디메틸포름아미드	10ppm	-
벤젠	0.5ppm	2.5ppm
2-브로모프로판	1ppm	-
석면(제조 · 사용하는 경우)	0.1개/㎤	-
이황화탄소	1ppm	-
카드뮴 및 그 화합물 (호흡성 분진인 경우)	0.01(0.002)mg/㎥	-
톨루엔-2,4-디이소시아네이트	0.005ppm	0.02 ppm
트리클로로에틸렌	10ppm	25 ppm
포름알데히드	0.3ppm	-
노말-헥산	50ppm	-

법령

산업안전보건법 시행규칙 별표 19

기출문제

화학물질의 노출기준 중 단시간 노출값(STEL)이 틀린 것은?
① 트리클로로에틸렌-25ppm
② 벤젠-2.5ppm
③ 톨루엔-2,4-디이소시아네이트-0.02ppm
❹ 6가크롬 화합물(불용성)-0.02ppm

2 관리대책

① **화학물질 평가 및 식별** : 사용되는 모든 화학물질에 대한 평가를 실시하고, 각 화학물질이 어떻게 작용하는지 이해하며, 유해물질의 적절한 식별과 라벨링을 통해 작업자에게 정보를 제공한다.

② **작업프로세스 개선** : 덜 유해한 화학물질이나 대체 물질을 사용하도록 프로세스를 개선하거나, 자동화된 시스템 도입을 통해 작업자의 노출을 최소화한다.

③ **환기 시스템 구축** : 화학물질의 증발을 방지하고 농도를 최소화하기 위해 효과적인 환기 시스템을 구축한다.

④ **작업환경 모니터링** : 화학물질 농도를 정기적으로 모니터링하여 작업자의 노출을 추적하고 조절한다.

기출문제

화학적 유해요인의 관리적 대책으로 옳지 않은 것은?
① 환기 시스템 구축
② 비상 상황 대비 계획
③ 개인보호장구 사용
❹ 의료 감시 및 검진

⑤ **작업 교육 및 훈련** : 작업자에게 화학물질의 위험성, 적절한 작업 절차, 개인보호장구(PPE)의 사용 등에 대한 교육 및 훈련을 제공하여 그들이 안전하게 일할 수 있도록 한다.

⑥ **비상 상황 대비 계획** : 화학사고에 대비하여 적절한 비상 대응 계획을 수립하고 작업자에게 교육한다. 여기에는 누출물질 처리, 피난 계획, 응급 처치 등을 포함한다.

⑦ **개인보호장구(PPE)의 사용** : 화학물질의 노출을 최소화하기 위해 적절한 개인보호장구를 제공하고 착용을 권장한다. 여기에는 안전고글, 마스크, 장갑 등을 포함한다.

03 생물학적 유해요인 관리

합격 체크포인트

- 생물학적 유해요인의 종류 및 관리대책

1 개요 및 특징

① 생물학적 유해요인이란 생물체 또는 생물체로부터 방출된 입자, 휘발성분에 의해 건강장해를 유발하는 인자이다.

② 바이러스, 세균, 곰팡이, 기생충, 곤충, 쥐 등이 있다.

③ 고온, 다습 그리고 유기물을 다루는 작업장에서 발생이 가능하다.

④ 사무실에서는 작업자가 많은 경우에 유해요인으로 작용이 가능하다.

⑤ **바이오에어로졸** : 살아있거나 살아있는 생물체를 포함하거나, 또는 살아있는 생물체로부터 방출된 0.01～100㎛ 입경 범위의 부유 입자, 거대 분자 또는 휘발성 성분이다.

기출문제

생물학적 유해요인에 대하여 옳지 않은 것은?

① 생물체 또는 생물체로부터 방출된 입자에 의해 건강장해를 유발하는 인자이다.
② 바이러스, 세균, 기생충 등이 있다.
③ 고온, 다습한 작업장에서 발생이 가능하다.
❹ 사무실에서 작업자가 많은 경우에 유해요인으로 작용되지 않는다.

2 관리대책

① **위험성 평가 및 식별** : 사용되는 모든 미생물 및 생물학적 물질에 대한 위험성을 식별하고 평가하며, 미생물의 종류, 전파 경로, 감염 가능성 등을 고려하여 작업 환경의 위험을 평가한다.

② **적절한 개인보호장구(PPE) 사용** : 작업자에게 적절한 PPE를 제공하고 착용을 권장한다.

③ **효과적인 청소 및 방역 프로토콜 도입** : 작업환경에서의 청소 및 방역을 위한 효과적인 프로토콜을 도입하여 미생물의 전파를 최소화하며, 작업장이나 공동 작업 공간을 정기적으로 청소하고 소독한다.

기출문제

생물학적 유해요인의 관리대책으로 옳지 않은 것은?

① 환기 시스템 구축
② 통제 및 격리 조치
③ 사고 대응 계획 수립
❹ 작업장 온 · 습도계 배치

④ 환기 시스템 구축 : 효과적인 환기 시스템을 도입하여 실내 공기를 정기적으로 교환하고 미생물의 농도를 최소화한다.

⑤ 작업자 교육 및 훈련 : 작업자에게 생물학적 유해요인에 대한 교육을 제공하고, 적절한 작업 절차 및 개인보호장구의 사용 방법에 대한 훈련을 시행한다.

⑥ 의료 감시 및 검진 : 미생물 노출 위험이 있는 작업자에 대한 정기적인 의료 감시와 검진을 실시하여 질병의 조기 발견 및 예방에 기여한다.

⑦ 통제 및 격리 조치 : 미생물이나 감염자와의 접촉을 최소화하기 위해 효과적인 통제 및 격리 조치를 시행한다.

⑧ 사고 대응 계획 수립 : 생물학적 사고에 대비하여 적절한 비상 대응 계획을 수립하고 작업자에게 교육한다. 여기에는 미생물 누출 대응, 피난 계획 등을 포함한다.

제5장 작업환경 관리

합격 체크포인트

- 산업안전보건법상 조도 기준
- 조도 관계식
- 반사율 관계식
- 음량수준 측정 척도
- 소음노출기준
- 열중독증의 강도
- 옥스퍼드(Oxford) 지수
- 습구흑구온도지수(WBGT)
- 온도변화에 따른 인체의 조절 작용

법령

산업안전보건기준에 관한 규칙 제8조

기출문제

산업안전보건법상 근로자가 상시로 정밀작업을 하는 장소의 작업면 조도기준으로 옳은 것은?

① 75럭스(lux) 이상
② 150럭스(lux) 이상
❸ 300럭스(lux) 이상
④ 750럭스(lux) 이상

01 작업환경과 인간공학

1 빛의 특성 ★★★★

(1) 조도와 광량

① 조도(illuminance)

㉠ 어떤 물체나 표면에 도달하는 광의 밀도를 말한다.

㉡ 척도

- foot－candle(fc) : 1cd의 점광원으로부터 1foot 떨어진 구면에 비추는 광의 밀도(1lumen/ft^2)
- lux(meter－candle) : 1cd의 점광원으로부터 1m 떨어진 구면에 비추는 광의 밀도(1lumen/m^2)

㉢ 산업안전보건법상의 조도 기준

작업의 종류	초정밀작업	정밀작업	보통작업	기타 작업
작업면 조도	750lux 이상	300lux 이상	150lux 이상	75lux 이상

② 광량

㉠ 빛의 세기를 말한다.

㉡ 광량(점광원)을 비교하기 위한 목적으로 제정된 표준은 고래기름으로 만든 국제표준 촛불(candle)이었으나, 현재는 candela(cd)를 채택하고 있다.

③ 조도의 관계식 : 조도는 다음 식에서처럼 거리의 제곱에 반비례한다. 이는 점광원에 대해서만 적용된다.

$$조도 = \frac{광량}{거리^2}$$

(2) 광도(luminance), 휘도

① 단위면적당 표면에서 반사 또는 방출되는 광량을 말하며, 휘도라고도 한다.

② 대부분의 표시장치에서 중요한 척도가 되는데, 단위로는 cd/m^2, L(lambert)을 쓴다.

(3) 반사율(reflectance)

① 표면에 도달하는 빛과 결과로서 나오는 광도와의 관계이다.

② 빛을 완전히 발산 및 반사시키는 표면의 반사율은 100%가 된다.

③ 반사율의 관계식

$$\text{반사율}(\%) = \frac{\text{광도(휘도)}}{\text{조도(조명)}}$$

④ 실내의 추천반사율(IES)

구분	천장	벽, 블라인드	가구, 책상	바닥
추천반사율	80~90%	40~60%	25~45%	20~40%

(4) 대비(contrast)

① 대비는 보통 과녁의 광도(L_t)와 배경의 광도(L_b)의 차를 나타내는 척도이다.

② 대비의 계산식에 광도 대신 반사율을 사용할 수 있다.

$$\text{대비}(\%) = \frac{L_b - L_t}{L_b} \times 100$$

(5) 휘광(glare)

① 눈이 적응된 휘도보다 훨씬 밝은 광원(직사휘광) 혹은 반사광(반사휘광)이 시계 내에 있음으로써 생기는 눈부심으로, 성가신 느낌과 불편감을 주고 시성능을 저하시킨다.

② 광원으로부터의 직사휘광 처리

㉠ 광원의 휘도를 줄이고 광원의 수를 늘린다.

㉡ 광원을 시선에서 멀리 위치시킨다.

㉢ 휘광원 주위를 밝게 하여 광속 발산(휘도)비를 줄인다.

㉣ 가리개 또는 차양을 사용한다.

기출문제

다음과 같은 실내 표면에서 일반적으로 추천반사율의 크기를 맞게 나열한 것은?

㉠ 바닥	㉡ 천장
㉢ 가구	㉣ 벽

① ㉠ < ㉣ < ㉢ < ㉡
② ㉣ < ㉠ < ㉡ < ㉢
❸ ㉠ < ㉢ < ㉣ < ㉡
④ ㉣ < ㉡ < ㉠ < ㉢

기출문제

광원으로부터의 직사휘광 처리가 틀린 것은?

① 가리개, 갓, 차양을 사용한다.
② 광원을 시선에서 멀리 위치시킨다.
❸ 광원의 휘도를 높이고 수를 줄인다.
④ 휘광원 주위를 밝게 하여 광도비를 줄인다.

③ 창문으로부터의 직사휘광 처리
  ㉠ 창문을 높이 단다.
  ㉡ 창의 바깥 속에 드리우개(overhang)를 설치한다.
  ㉢ 창문 안쪽에 수직날개를 달아 직사광선을 제한한다.
  ㉣ 차양 또는 발(blind)을 사용한다.

④ 반사휘광의 처리
  ㉠ 발광체의 휘도를 줄인다.
  ㉡ 일반(간접) 조명수준을 높인다.
  ㉢ 산란광, 간접광, 조절판(baffle), 창문에 차양 등을 사용한다.
  ㉣ 반사광이 눈에 비치지 않게 광원을 위치시킨다.
  ㉤ 무광택 도료, 빛을 산란시키는 표면색을 한 사무용 기기, 윤기를 없앤 종이 등을 사용한다.

기출 문제

실내를 고르게 비추고, 눈부심이 적지만 설치비용이 많이 소요되는 조명방식은?

① 국소조명 ② 반사조명
③ 직접조명 ❹ 간접조명

(6) 조명방식

① 직접조명 : 등기구에서 발산되는 광속의 90% 이상을 직접 작업면에 투사하는 조명방식으로, 공장이나 가정의 일반적인 조명방식으로 널리 사용되고 있다.

장점	• 효율이 좋으며 소비전력은 간접조명의 1/2~1/3이다. • 설치비가 저렴하고, 설계가 단순하며 보수가 쉽다.
단점	• 주위와의 심한 휘도의 차, 짙은 그림자와 반사 눈부심이 심하다.

② 간접조명 : 등기구에서 나오는 광속의 90~100%를 천장이나 벽에 투사하고, 여기에서 반사되어 나오는 광속을 이용한다.

장점	• 방바닥면을 고르게 비출 수 있고 빛이 물체에 가려도 그늘이 짙게 생기지 않으며, 빛이 부드러워서 눈부심이 적고 온화한 분위기를 얻을 수 있다. • 보통 천장이 낮고 실내가 넓은 곳에 높이감을 주기 위해 사용한다.
단점	• 효율이 나쁘고 천장색에 따라 조명 빛깔이 변한다. • 설치비가 많이 들고 보수가 쉽지 않다.

2 음의 특성 ★★★★

(1) 음량

① 소리의 크고 작은 느낌은 주로 강도와 진동수에 의해서 일부 영향을 받는다.

② 음량을 측정하는 척도에는 phon, sone 등이 있다.

③ phon

㉠ 1,000Hz 순음의 음압 수준(dB)을 의미한다. 예를 들어, 20dB의 1,000Hz는 20phon이 된다.

㉡ phon은 여러 음의 주관적 등감도(equality)는 나타내지만, 상이한 음의 상대적 크기에 대한 정보는 나타내지 못하는 단점을 지니고 있다.

④ sone

㉠ 다른 음의 상대적인 주관적 크기에 대해서는 sone이라는 음량 척도를 사용한다.

㉡ 40dB의 1,000Hz 순음의 크기(40phon)를 1sone이라 한고, 이 기준음에 비해서 몇 배의 크기를 갖느냐에 따라 음의 sone값이 결정된다. 예를 들어, 기준음보다 10배 크게 들리는 음이 있으면 이 음의 음량은 10sone이다.

㉢ 음량(sone)과 음량수준(phon) 사이에는 다음과 같은 공식이 성립된다.

$$\text{sone값} = 2^{\frac{(phone\text{값} - 40)}{10}}$$

(2) 음압수준(SPL ; Sound – Pressure Level)

① 음원출력(sound power of source)은 음압비의 제곱에 비례하므로, 음압수준은 다음과 같이 정의될 수 있다.

$$\text{SPL(dB)} = 10\log\left(\frac{P_1^2}{P_0^2}\right)$$

여기서, P_1 : 측정하자 하는 음압

P_0 : 기준음압($P_0 = 20\mu N/m^2$)

② 거리에 따른 음의 강도 변화는 다음과 같다.

$$dB_2 = dB_1 - 20\log(d_2/d_1)$$

여기서, d_1, d_2 : 측정하자 하는 음압

기출문제

음량수준을 평가하는 척도와 관계없는 것은?

❶ HSI ② phon
③ dB ④ sone

해설 HSI(열압박지수)는 열평형을 유지하기 위해 증발해야 하는 땀의 양이다.

기출문제

1sone에 관한 설명으로 ( )에 알맞은 수치는?

1sone : (ⓐ)Hz, (ⓑ)dB의 음압수준을 가진 순음의 크기

① ⓐ 1000, ⓑ 1
② ⓐ 4000, ⓑ 1
❸ ⓐ 1000, ⓑ 40
④ ⓐ 4000, ⓑ 40

기출문제

작업 중인 프레스기로부터 50m 떨어진 곳에서 음압을 측정한 결과 음압 수준이 100dB이었다면, 100m 떨어진 곳에서의 음압수준은 약 몇 dB인가?

해설

$dB_2 = dB_1 - 20\log(d_2/d_1)$

이므로,

$= 100 - 20\log(100/50)$

$= 94dB$

3 소음의 특성 ★★★★

(1) 소음 노출기준

① 국제표준화기구(ISO)에서는 소음평가지수로 85dB를 기준으로 잡고 있다.

② 소음노출지수

㉠ 누적소음 노출지수 : 음압수준이 다른 여러 종류의 소음이 장시간 동안 복합적으로 노출된 경우에는 이들 음의 종합효과를 고려한 누적 소음노출지수를 다음과 같이 산출할 수 있다.

$$\text{누적소음노출지수(D)(\%)} = \left(\frac{C_1}{T_1} + \frac{C_2}{T_2} + \cdots + \frac{C_n}{T_n}\right) \times 100$$

여기서, C_i : 특정 소음 내에 노출된 시간

T_i : 특정 소음 내에서의 허용 노출시간

㉡ 시간가중 평균지수(TWA; Time – Weighted Average) : 누적소음 노출지수를 이용하면 시간가중 평균지수를 구할 수 있다. TWA 값은 누적소음 노출지수를 8시간 동안의 평균 소음수준 dB(A) 값으로 변환한 것이다.

$$\text{TWA} = 16.61\log\left(\frac{D}{100}\right) + 90 \text{ (dB(A))}$$

여기서, D : 특정 소음 내에 노출된 시간

dB(A) : 8시간 동안의 평균 소음수준

③ 소음작업과 소음허용 기준

㉠ 소음작업 : 산업안전보건법상 1일 8시간 작업을 기준으로 85dB 이상의 소음이 발생하는 작업

㉡ 강렬한 소음작업 : 다음 기준 dB 이상의 소음이 1일 기준 시간 이상 발생하는 작업

허용음압 dB(A)	90	95	100	105	110	115
1일 노출시간(hr)	8	4	2	1	1/2	1/4

㉢ 충격소음작업 : 소음이 1초 이상의 간격으로 발생하는 작업으로서, 다음 기준 dB를 초과하는 소음이 1일 기준 횟수 이상으로 발생하는 작업

소음강도 dB(A)	120	130	140
1일 노출횟수(회)	10,000	1,000	100

기출문제

K작업장에서 근무하는 작업자가 90dB(A)에 6시간, 95dB(A)에 2시간 동안 노출되었다. 소음노출지수(%)는 얼마인가?

① 55% ❷ 125%
③ 85% ④ 105%

해설 소음노출지수(D)(%)

$= \left(\frac{C_1}{T_1} + \frac{C_2}{T_2} + \cdots + \frac{C_n}{T_n}\right) \times 100$

$= \left(\frac{6}{8} + \frac{2}{4}\right) \times 100$

$= 125\%$

법령

산업안전보건기준에 관한 규칙 제512조

암기 TIP

강렬한 소음작업

- 기준 dB는 90dB부터 115dB까지이다.
- 90dB의 8시간 기준으로 음압이 5dB 증가 시 노출시간은 절반씩 감소한다.

(2) 청력장해

① **일시장해** : 청각피로에 의해서 일시적으로(폭로 후 2시간 이내) 들리지 않다가 보통 1～2시간 후에 회복되는 청력장해를 말한다.

② **영구장해** : 일시장해에서 회복 불가능한 상태로 넘어가는 상태로, 3,000～6,000Hz 범위에서 영향을 받으며, 4,000Hz에서 청력손실이 현저히 커진다. 이러한 소음성 난청의 초기 단계를 보이는 현상을 C_5－dip 현상이라고 한다.

(3) 초음파 소음

① 가청영역위의 주파수를 갖는 소음(일반적으로 20,000Hz 이상)이다.

② 20,000Hz 이상에서 노출 제한은 110dB이다.

③ 소음이 2dB 증가하면 허용기간은 반감한다.

(4) 소음관리 대책

① **소음원의 통제** : 기계의 적절한 설계, 적절한 정비 및 주유, 기계에 고무 받침대 부착, 차량에는 소음기를 사용한다.

② **소음의 격리** : 덮개, 방, 장벽을 사용한다.

③ 차폐장치 및 흡음재료를 사용한다.

④ **능동소음제어** : 감쇠대상의 음파와 역위상인 신호를 보내어 음파 간에 간섭현상을 일으키면서 소음이 저감되도록 한다.

⑤ 적절한 배치

⑥ **방음보호구(귀마개와 귀덮개)의 사용**

㉠ 귀마개의 차음력은 2,000Hz에서 20dB, 4,000Hz에서 25dB의 차음력을 가져야 한다.

㉡ 귀마개와 귀덮개를 동시에 사용해도 차음력은 귀마개의 차음력과 귀덮개의 차음력의 산술적 상가치가 되지 않는다. 이는 우리 귀에 전달되는 음이 외이도만을 통해서 들어오는 것이 아니고 골전도음도 있으며, 새어 들어오는 음도 있기 때문이다.

⑦ 배경음악(BGM)은 60±3dB이 적절하다.

기출문제

나이에 따라 발생하는 청력손실은 다음 중 어떤 주파수의 음에서 가장 먼저 나타나는가?

① 500Hz
② 1,000Hz
③ 2,000Hz
❹ 4,000Hz

기출문제

다음 중 소음에 대한 대책으로 가장 적합하지 않은 것은?

① 소음원의 통제
② 소음의 격리
❸ 소음의 분배
④ 적절한 배치

4 진동과 가속도 ★

(1) 진동의 종류

① 전신진동

㉠ 원인 : 트랙터, 트럭, 흙 파는 기계, 버스, 자동차, 기차, 각종 영농기계에 탑승하였을 때 발생하며, 2~100Hz에서 장해를 유발한다.

㉡ 증후 및 증상 : 진동수가 클수록, 가속도가 클수록 전신장해와 진동감각이 증대하는데, 이러한 진동이 만성적으로 반복되면 천장골좌상이나 신장손상으로 인한 혈뇨, 자각적 동요감, 불쾌감, 불안감 및 동통을 호소하게 된다.

② 국소진동

㉠ 원인 : 전기톱, 착암기, 압축해머, 병타해머, 분쇄기, 산림용 농업기기 등에 의해 발생하며, 8~1,500Hz에서 장해를 유발한다.

㉡ 증후 및 증상 : 심한 진동을 받으면 뼈, 관절 및 신경, 근육, 인대, 혈관 등 연부조직에 이상이 발생된다. 또한 관절연골의 괴저, 천공 등 기형성 관절염, 이단성골연골염, 가성 관절염과 점액낭염 등이 나타나기도 한다(예: 레이노 병).

(2) 인체진동의 특성

① 모든 물체에는 공진주파수가 있으며, 인체와 각 부위, 각 기관도 고유한 공진주파수를 갖는다.

② 인체의 공진주파수는 인체가 진동되면, 각기 다른 진동수로 진동한다.

③ 전신이 진동되는 과정에서 몸에 전달되는 진동은 자세, 좌석의 종류, 진동수 등에 따라 증폭되거나 감쇄된다.

(3) 진동이 생리적 기능에 미치는 영향

① 심장 : 혈관계에 대한 영향과 교감신경계의 영향으로 혈압상승, 심박수 증가, 발한 등의 증상을 보인다.

② 소화기계 : 위장내압의 증가, 복압 상승, 내장하수 등의 증상을 보인다.

③ 기타 : 내분비계 반응장애, 척수장애, 청각장애, 시각장애 등이 나타날 수 있다.

기출문제

A자동차에서 근무하는 K씨는 지게차로 철강판을 하역하는 업무를 한다. 지게차 운전으로 K씨에게 노출된 직업성 질환의 위험요인과 동일한 위험요인에 노출된 작업자는?

① 연마기 운전자
② 착암기 운전자
❸ 대형 운송차량 운전자
④ 목재용 치퍼(Chippers) 운전자

해설 지게차, 대형 운송차량 등의 운전자는 전신진동에 의한 위험요인에 노출된다.

기출문제

진동이 인체에 미치는 영향이 아닌 것은?

① 심박수 증가
❷ 혈압 감소
③ 위장내압의 증가
④ 척수장애

(4) 진동이 작업능률에 미치는 영향

① 전신진동은 진폭에 비례하여 시력이 손상되고 추적작업에 대한 효율을 떨어뜨린다.

② 안정되고 정확한 근육 조절을 요하는 작업은 진동에 의하여 저하된다.

③ 반응시간, 감시, 형태 식별 등 주로 중앙 신경처리에 달린 임무는 진동의 영향을 덜 받는다.

(5) 진동의 대책

① 인체에 전달되는 진동을 줄일 수 있도록 기술적인 조치를 취한다.

② 진동에 노출되는 시간을 줄이도록 한다.

5 열교환 과정과 열압박 ★★

(1) 열교환 과정

① 인간과 주위와의 열교환 과정은 열균형 방정식으로 나타낼 수 있다.

② 열균형 방정식

$$S(\text{열축적}) = M(\text{대사}) - E(\text{증발}) \pm R(\text{복사}) \pm C(\text{대류}) - W(\text{한 일})$$

여기서, S는 열이득 및 열손실량이며, 열평형 상태에서는 0이 된다.

③ 신체가 열적 평형상태에 있으면 열함량의 변화는 없으며($\Delta S=0$), 불균형 상태에서는 체온이 상승하거나($\Delta S>0$) 하강한다($\Delta S<0$).

④ 열교환 과정은 기온이나 습도, 공기의 흐름, 주위의 표면 온도에 영향을 받는다.

⑤ 작업자가 입고 있는 작업복도 열교환 과정에 큰 영향을 미친다.

(2) 열압박

① 생리적 영향

㉠ 체심(core)온도가 가장 우수한 피로지수이다.

㉡ 체심온도는 38.8℃만 되면 기진하게 된다.

㉢ 실효온도가 증가할수록 육체 작업의 기능은 저하된다.

㉣ 열압박은 정신활동에도 악영향을 미친다.

기출문제

다음 중 신체의 열교환 과정을 나타내는 공식으로 올바른 것은? (단, ΔS는 신체 열함량 변화, M은 대사열 발생량, W는 수행한 일, R은 복사열 교환량, C는 대류열 교환량, E는 증발열 발산량을 의미한다.)

❶ $\Delta S = (M - W) \pm R \pm C - E$

② $\Delta S = (M + W) \pm R \pm C + E$

③ $\Delta S = (M - W) + R + C \pm E$

④ $\Delta S = (M - W) \pm R - C \pm E$

기출문제

다음 중 열중독증(heat illness)의 강도를 올바르게 나열한 것은?

ⓐ 열소모	ⓑ 열발진
ⓒ 열경련	ⓓ 열사병

① ⓒ < ⓑ < ⓐ < ⓓ
② ⓒ < ⓑ < ⓓ < ⓐ
❸ ⓑ < ⓒ < ⓐ < ⓓ
④ ⓑ < ⓓ < ⓐ < ⓒ

기출문제

실효온도(effective temperature)에 영향을 주는 요인이 아닌 것은?

① 온도 ② 습도
❸ 복사열 ④ 공기 유동

② 열압박과 성능
㉠ 육체적 작업 : 실효온도가 증가할수록 육체작업의 기능이 저하된다.
㉡ 정신 작업 : 열압박은 정신활동에 악영향을 미치고, 환경조건(실효온도)과 작업시간은 관련이 있다.
㉢ 추적 및 경계임무 : 체심온도만이 성능을 저하시킨다.

③ **열사병** : 고열작업에서 체온조절 기능에 장해가 생기거나 지나친 발한에 의한 탈수와 염분 부족 등으로 인해 체온이 급격하게 오르고 사망에 이를 수 있는 열사병(heat stroke) 등이 발생할 수 있다.

④ **열중독증의 강도** : 열발진 < 열경련 < 열소모 < 열사병 순으로 강도가 세다.

6 실효온도와 Oxford 지수 ★★★★

(1) 실효온도(감각온도, effective temperature)

① 온도, 습도 및 공기유동이 인체에 미치는 열효과를 하나의 수치로 통합한 경험적 감각지수로, 실제로 감각되는 실감온도라고도 한다.
② 상대습도 100%일 때 건구온도에서 느끼는 것과 동일한 온감이다.
③ 실효온도는 저온 조건에서 습도의 영향을 과대평가하고, 고온 조건에서 과소평가한다.
④ **실효온도의 결정요소** : 온도, 습도 , 대류(공기 유동)

(2) 옥스퍼드(Oxford) 지수

① 습건(WD) 지수라고도 한다.
② 습구온도(W)와 건구온도(D)의 가중 평균값으로서 다음과 같이 나타낸다.

$$WD = 0.85W + 0.15D$$

(3) 습구흑구온도지수(WBGT ; Wet－Bulb Globe Temperature)

① 습구흑구온도지수는 흑구온도, 습구온도 및 건구온도의 측정값을 바탕으로 산출된다.

② 태양이 내리쬐는 옥외 산출식

$$WBGT(℃) = 0.7 \times 습구온도 + 0.2 \times 흑구온도 + 0.1 \times 건구온도$$

③ 태양이 내리쬐지 않는 옥내 또는 옥외 산출식

$$WBGT(℃) = 0.7 \times 습구온도 + 0.3 \times 흑구온도$$

7 이상환경 및 노출에 따른 사고와 부상 ★★★

(1) 온도의 영향

① 안전활동에 가장 적당한 온도는 18~21°C로, 이보다 상승하거나 하강함에 따라 사고 빈도는 증가한다.

② 심한 고온이나 저온 상태에서는 사고의 강도가 증가한다.

③ 극단적인 온도의 영향은 연령이 많을수록 현저하다.

④ 고온은 심장에서 흐르는 혈액의 대부분을 냉각시키기 위하여 외부 모세혈관으로 순환을 강요하게 되므로, 뇌중추에 공급할 혈액의 순환 예비량을 감소시킨다.

⑤ 심한 저온 상태와 관련된 사고는 수족 부위의 한기 또는 손재주의 감퇴와 관계가 깊다.

⑥ 안락한계

㉠ 한기 : 18~21°C

㉡ 열기 : 22~24°C

⑦ 불쾌한계

㉠ 한기 : 17°C

㉡ 열기 : 24~41°C

⑧ 증상

㉠ 10°C 이하 : 옥외작업 금지, 수족이 굳어짐

㉡ 10~15.5°C : 손재주 저하

㉢ 18~21°C : 최적 상태

㉣ 37°C : 갱내 온도는 37°C 이하로 유지

⑨ 온도 변화에 따른 인체의 조절작용

㉠ 적온에서 추운 환경으로 바뀔 때

- 피부 온도가 내려간다.

기출문제

태양광선이 내리쬐는 옥외장소의 자연습구온도 20℃, 흑구온도 18℃, 건구온도 30℃일 때 습구흑구온도지수(WBGT)는?

해설

WBGT(℃)

$= (0.7 \times 20) + (0.2 \times 18) + (0.1 \times 30)$

$= 20.6$

기출문제

쾌적 환경에서 추운 환경으로 변화 시 신체의 조절작용이 아닌 것은?

① 피부 온도가 내려간다.
❷ 직장 온도가 약간 내려간다.
③ 몸이 떨리고 소름이 돋는다.
④ 피부를 경유하는 혈액 순환량이 감소한다.

기출문제

기압의 영향으로 옳지 않은 것은?

① 호흡곤란
❷ 시력 감소
③ 귀의 불편함
④ 혈압 변화

- 피부를 경유하는 혈액 순환량이 감소하고, 많은 양의 혈액이 몸의 중심부를 순환한다.
- 직장(直腸) 온도가 약간 올라간다.
- 소름이 돋고 몸이 떨린다.
- 체표면적이 감소하고, 피부의 혈관이 수축된다.

ⓛ 적온에서 더운 환경으로 변할 때

- 피부 온도가 올라간다.
- 많은 양의 혈액이 피부를 경유한다.
- 직장 온도가 내려간다.
- 발한이 시작된다.

⑩ **열과 추위에 대한 순화(장기간 적응)**

㉠ 사람이 더위 혹은 추위에 계속 노출되면, 생리적인 적응이 일어나면서 순화된다.

ⓛ 더운 기후에 대한 환경적응은 4~7일만 지나면 직장 온도와 심박수가 현저히 감소하고 발한율이 증가하며, 12~14일이 지나면 거의 순화하게 된다.

ⓒ 추위에 대한 환경적응은 1주일 정도에도 일어날 수 있지만, 완전한 순화는 수개월 혹은 수년이 걸리는 수도 있다.

(2) 기압의 영향

① **호흡곤란** : 고도가 높아질수록 기압이 감소하여 작업자는 호흡곤란을 느끼게 된다.

② **혈압 변화** : 고도가 높아질수록 주변 기압이 감소하여 혈압이 상승한다.

③ **귀의 불편함** : 비행기 내에서나 고도가 높은 산악 지대에서 기압의 갑작스러운 변화는 귀에 압력이 가해진다.

④ **체온조절의 어려움** : 고도가 높은 환경에서는 기온이 낮고 공기가 희박하여 열전달이 빠르게 일어나게 된다. 이에 따라 체온조절이 어려워진다.

⑤ **피로 및 산소 공급량** : 고도가 높은 환경에서는 공기가 희박하고 산소 공급량이 감소하므로 작업자들은 피로를 더 빨리 느끼게 된다.

8 사무/VDT 작업설계 및 관리 ★

(1) 개요

① VDT는 비디오 영상표시 단말장치(Video Display Terminal)의 약어로, 컴퓨터, 각종 전자기기, 비디오 게임기 등의 모니터를 일컫는다.

② 영상표시 단말기(VDT)의 연속작업은 자료입력, 문서작성, 자료검색, 대화형 작업, 컴퓨터 설계(CAD) 등을 근무시간 동안 연속하여 화면을 보거나 키보드, 마우스 등을 조작하는 작업을 말하는데, 이에 따른 작업설계 방법은 다음과 같다.

(2) 작업자세

① 작업자의 시선 범위

㉠ 화면 상단과 눈높이가 일치해야 한다.

㉡ 화면상의 시야 범위는 수평선상에서 10°~15° 밑에 오도록 한다.

㉢ 화면과의 거리는 최소 40cm 이상이 확보되도록 한다.

② 팔꿈치의 내각과 키보드의 높이

㉠ 위팔은 자연스럽게 늘어뜨리고 어깨가 들리지 않아야 한다.

㉡ 팔꿈치의 내각은 90° 이상 되어야 한다. 조건에 따라 70~135°까지 허용이 가능해야 한다.

③ 아래팔과 손등

㉠ 아래팔과 손등은 일직선을 유지하여 손목이 꺾이지 않도록 한다.

㉡ 키보드의 기울기는 5~15°가 적당하다.

④ 등받이와 발 받침대

㉠ 의자 깊숙이 앉아 등받이에 등이 지지되도록 한다.

㉡ 상체와 하체의 각도는 90° 이상(90~120°)이어야 하며, 100°가 적당하다.

㉢ 발바닥 전면이 바닥에 닿도록 하며, 그렇지 못할 경우 발 받침대를 이용한다.

⑤ 무릎 내각

㉠ 무릎의 내각은 90° 전후가 되도록 한다.

㉡ 의자의 앞부분과 종아리 사이에 손가락을 밀어 넣을 정도의 공간이 있어야 한다.

기출문제

일반적으로 보통 작업자의 정상적인 시선으로 가장 적합한 것은?
① 수평선을 기준으로 위쪽 5° 정도
② 수평선을 기준으로 위쪽 15° 정도
③ 수평선을 기준으로 아래쪽 5° 정도
❹ 수평선을 기준으로 아래쪽 15° 정도

(3) 작업환경 관리

① 조명과 채광

㉠ VDT 작업의 사무환경의 추천 조도는 300~500lux이다.

㉡ 화면, 키보드, 서류의 주요 표면 밝기를 같도록 해야 한다.

㉢ 창문에 차광망, 커튼을 설치하여 밝기 조절이 가능해야 한다.

② 눈부심 방지

㉠ 지나치게 밝은 조명과 채광 등이 작업자의 시야에 직접 들어오지 않도록 한다.

㉡ 빛이 화면에 도달하는 각도가 45° 이내가 되도록 한다.

㉢ 보안경을 착용하거나 화면에 보호기 설치, 조명기구에 차양막을 설치한다.

(4) 작업시간과 휴식시간

① VDT 작업의 지속적인 수행을 금하도록 하고, 다른 작업을 병행하도록 하는 작업확대 또는 작업순환을 하도록 한다.

② 1회 연속 작업시간이 1시간을 넘지 않도록 한다.

③ 연속작업 1시간당 10~15분 휴식을 제공한다.

④ 한 번의 긴 휴식보다는 여러 번의 짧은 휴식이 더 효과적이다.

PART 02

출·제·예·상·문·제

01 연구 기준의 요건과 내용이 옳은 것은?

① 무오염성 : 실제로 의도하는 바와 부합해야 한다.
② 적절성 : 반복 실험 시 재현성이 있어야 한다.
③ 신뢰성 : 측정하고자 하는 변수 이외의 다른 변수의 영향을 받아서는 안 된다.
④ 민감도 : 피실험자 사이에서 볼 수 있는 예상 차이점에 비례하는 단위로 측정해야 한다.

해설 인간공학 연구조사 기준의 구비요건
① 무오염성 : 측정하고자 하는 변수 이외의 다른 변수의 영향을 받아서는 안 된다.
② 적절성 : 실제로 의도하는 바와 부합해야 한다.
③ 신뢰성 : 반복 실험 시 재현성이 있어야 한다.

02 인간-기계 시스템의 설계 과정을 [보기]와 같이 분류할 때 다음 중 인간, 기계의 기능을 할당하는 단계는?

1단계 : 시스템의 목표와 성능명세 결정
2단계 : 시스템의 정의
3단계 : 기본 설계
4단계 : 인터페이스 설계
5단계 : 보조물 설계 혹은 편의수단 설계
6단계 : 평가

① 기본 설계
② 인터페이스 설계
③ 시스템의 목표와 성능명세 결정
④ 보조물 설계 혹은 편의수단 설계

해설 인간-기계 시스템의 설계 과정
㉠ 1단계 : 시스템의 목표와 성능명세 결정-목적 및 존재 이유에 대한 표현
㉡ 2단계 : 시스템의 정의-목표 달성을 위해 필요한 기능의 결정
㉢ 3단계 : 기본 설계-인간 · 기계의 기능을 할당, 직무분석, 작업설계, 인간성능 요건 명세
㉣ 4단계 : 인터페이스 설계-작업공간, 화면설계, 표시 및 조종장치 설계
㉤ 5단계 : 보조물 설계 혹은 편의수단 설계-성능 보조자료, 훈련도구 등 보조물 설계
㉥ 6단계 : 평가-시스템 개발과 관련된 평가와 인간적인 요소 평가

03 인간-기계 시스템에 관한 설명으로 틀린 것은?

① 수동 시스템에서 기계는 동력원을 제공하고 인간의 통제하에서 제품을 생산한다.
② 기계 시스템에서는 고도로 통합된 부품들로 구성되어 있으며, 일반적으로 변화가 거의 없는 기능들을 수행한다.
③ 자동 시스템에서 인간은 감시, 정비, 보전 등의 기능을 수행한다.
④ 자동 시스템에서 인간요소를 고려하여야 한다.

해설 수동 시스템
① 수동 시스템에서 인간의 힘을 동력원으로 제공하고 인간의 통제하에서 제품을 생산한다.

04 상황해석을 잘못하거나 목표를 잘못 설정하여 발생하는 인간의 오류 유형은?

① 실수(Slip) ② 착오(Mistake)
③ 위반(Violation) ④ 망각(Lapse)

해설 인간의 오류 유형
① 실수(Slip) : 의도와는 다른 행동을 하는 경우
③ 위반(Violation) : 알고 있음에도 의도적으로 따르지 않거나 무시한 경우
④ 망각(Lapse) : 어떤 행동을 잊어버리고 안 하는 경우

Answer 01. ④ 02. ① 03. ① 04. ②

05 James Reason의 원인적 휴먼에러 종류 중 다음 설명의 휴먼에러 종류는?

> 자동차가 우측 운행하는 한국의 도로에 익숙해진 운전자가 좌측 운행을 해야 하는 일본에서 우측 운행을 하다가 교통사고를 냈다.

① 고의 사고(Violation)
② 숙련기반 에러(skill－based error)
③ 규칙기반 착오(rule－based mistake)
④ 지식기반 착오(knowledge－based mistake)

해설 휴먼에러의 종류
② 숙련기반 에러 : 실수(slip, 자동차 하차 시에 창문 개폐를 잊어버리고 내려 분실 사고 발생)와 망각(lapse, 전화 통화 중에는 번호를 기억했으나 통화 종료 후 옮겨 적는 행동을 잊어버림)
④ 지식기반 에러 : 외국에서 도로표지판을 이해하지 못해서 교통위반을 하는 경우

06 암호체계의 사용상에 있어서 일반적인 지침에 포함되지 않는 것은?

① 암호의 검출성　② 부호의 양립성
③ 암호의 표준화　④ 암호의 단일 차원화

해설 암호체계 사용상의 일반적인 지침
㉠ 검출성, ㉡ 변별성, ㉢ 양립성

07 시각적 표시장치보다 청각적 표시장치를 사용하는 것이 더 유리한 경우는?

① 정보의 내용이 복잡하고 긴 경우
② 정보가 공간적인 위치를 다룬 경우
③ 직무상 수신자가 한 곳에 머무르는 경우
④ 수신 장소가 너무 밝거나 암순응이 요구될 경우

해설 시각장치보다 청각장치가 유리한 경우
㉠ 전달정보가 간단할 때
㉡ 전달정보가 후에 재참조되지 않을 때
㉢ 전달정보가 즉각적인 행동을 요구할 때
㉣ 수신 장소가 너무 밝을 때
㉤ 직무상 수신자가 자주 움직이는 경우

08 경계 및 경보 신호의 설계지침으로 틀린 것은?

① 주의를 환기시키기 위하여 변조된 신호를 사용한다.
② 배경소음의 진동수와 다른 진동수의 신호를 사용한다.
③ 귀는 중음역에 민감하므로 500～3,000Hz의 진동수를 사용한다.
④ 300m 이상의 장거리용으로는 1,000Hz를 초과하는 진동수를 사용한다.

해설 경계 및 경보 신호의 설계지침
④ 300m 이상의 장거리용으로는 1,000Hz 이하의 진동수를 사용한다.

09 작업공간의 배치에 있어 구성요소 배치의 원칙에 해당하지 않는 것은?

① 기능성의 원칙　② 사용빈도의 원칙
③ 사용순서의 원칙　④ 사용방법의 원칙

해설 구성요소(부품) 배치의 원칙
④ 중요성의 원칙

10 서브시스템 분석에 사용되는 분석방법으로, 시스템 수명주기에서 ㉠에 들어갈 위험분석기법은?

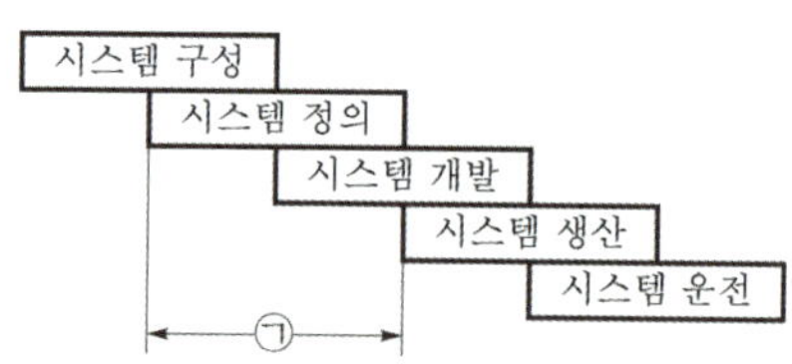

① PHA　② FHA
③ FTA　④ ETA

해설 FHA(Fault Hazards Analysis, 결함위험분석)
전체 제품을 몇 개의 하부 제품(서브시스템)으로 나누어 제작하는 경우 하부 제품이 전체 제품에 미치는 영향을 분석하는 기법으로, 제품 정의 및 개발단계에서 수행된다.

Answer 05. ③ 06. ④ 07. ④ 08. ④ 09. ④ 10. ②

11 예비위험분석(PHA)에서 식별된 사고의 범주가 아닌 것은?

① 중대(critical) ② 한계적(marginal)
③ 파국적(catastrophic) ④ 수용가능(acceptable)

해설 예비위험분석(PHA)에서 식별된 사고의 범주
㉠ Class 1 : 파국적(catastrophic)
㉡ Class 2 : 중대/위기(critical)
㉢ Class 3 : 한계적(marginal)
㉣ Class 4 : 무시가능(negligible)

12 FMEA 분석 시 고장평점법의 5가지 평가요소에 해당하지 않는 것은?

① 고장발생의 빈도
② 신규설계의 가능성
③ 기능적 고장 영향의 중요도
④ 영향을 미치는 시스템의 범위

해설 FMEA 분석 시 고장평점법의 5가지 평가요소
㉠ 고장발생의 빈도
㉡ 기능적 고장 영향의 중요도
㉢ 영향을 미치는 시스템의 범위
㉣ 장방지의 가능성
㉤ 신규설계의 여부

13 THERP(Technique for Human Error Rate Prediction)의 특징에 대한 설명으로 옳은 것을 모두 고른 것은?

㉠ 인간-기계 계(SYSTEM)에서 여러 가지의 인간의 에러와 이에 의해 발생할 수 있는 위험성의 예측과 개선을 위한 기법
㉡ 인간의 과오를 정성적으로 평가하기 위하여 개발된 기법
㉢ 가지처럼 갈라지는 형태의 논리구조와 나무형태의 그래프를 이용

① ㉠, ㉡ ② ㉠, ㉢
③ ㉡, ㉢ ④ ㉠, ㉡, ㉢

해설 THERP
㉡ 인간의 과오를 정량적으로 평가하기 위하여 개발된 분석기법

14 HAZOP 기법에서 사용하는 가이드워드와 그 의미가 잘못 연결된 것은?

① Part of : 성질상의 감소
② As well as : 성질상의 증가
③ Other than : 기타 환경적인 요인
④ More/Less : 정량적인 증가 또는 감소

해설 HAZOP 가이드워드
③ Other Than : 기타, 완전한 대체

15 FTA(Fault Tree Analysis)에 관한 설명으로 옳은 것은?

① 정성적 분석만 가능하다.
② 복잡하고 대형화된 시스템의 신뢰성 분석 및 안정성 분석에 이용되는 기법이다.
③ FT에 동일한 사건이 중복되어 나타나는 경우 상향식(Bottom-up)으로 정상 사건 T의 발생 확률을 계산할 수 있다.
④ 기초사건과 생략사건의 확률 값이 주어지게 되더라도 정상 사건의 최종적인 발생확률을 계산할 수 없다.

해설 FTA(Fault Tree Analysis, 결함나무분석)
① 정성적 분석뿐만 아니라 정량적 분석도 가능하다.
③ 정상사상인 재해현상으로부터 기본사상인 재해원인을 향해 연역적으로 하향식(Top-down) 분석을 행하므로 재해현상과 재해원인의 상호관련을 해석하여 안전대책을 검토할 수 있다.
④ 정량적 해석이 가능하므로 정량적 예측을 행할 수 있다(재해 발생확률 계산 가능).

16 그림과 같은 시스템에서 부품 A, B, C, D의 신뢰도가 모두 r로 동일할 때 이 시스템의 신뢰도는?

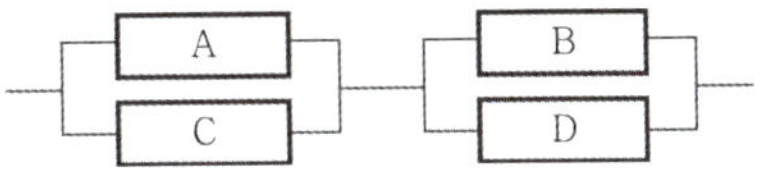

① $r(2-r^2)$ ② $r^2(2-r)^2$
③ $r^2(2-r^2)$ ④ $r^2(2-r)$

Answer 11. ④ 12. ② 13. ② 14. ③ 15. ② 16. ②

해설 신뢰도

㉠ 병렬 연결

(A, C) 구간 $= 1-\{(1-A)(1-C)\} = 1-(1-r)^2$

$= 1-(1-2-r^2) = 2r + r^2 = r(2-r)$

(B, D) 구간 $= 1-\{(1-B)(1-D)\} = r(2-r)$

㉡ 직렬 연결

(AC, BD) 구간 = (A, C)(B, D)

$= r(2-r) \times r(2-r) = r^2(2-r)^2$

17 그림과 같은 FT도에 대한 최소 컷셋(minmal cut sets)으로 옳은 것은? (단, Fussell의 알고리즘을 따른다.)

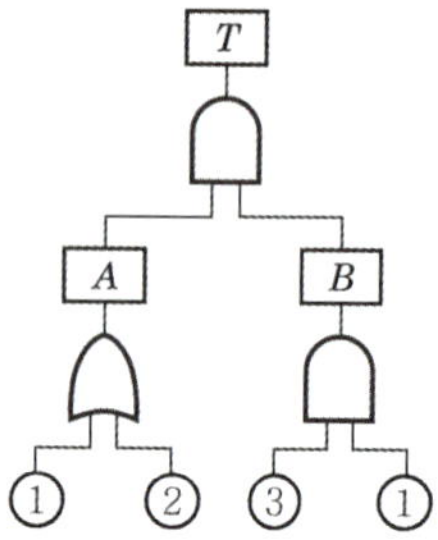

① {1, 2}　② {1, 3}

③ {2, 3}　④ {1, 2, 3}

해설 최소 컷셋(minimal cut sets)

$T = A \cdot B = \begin{Bmatrix} 1 \\ 2 \end{Bmatrix} \cdot \{3, 1\}$

$= \begin{Bmatrix} 1, 3, 1 \\ 2, 3, 1 \end{Bmatrix} = \begin{matrix} (1, 3) \\ (1, 2, 3) \end{matrix}$

컷셋 : (1, 3), (1, 2, 3)

최소 컷셋 : (1, 3)

18 건구온도 30℃, 습구온도 35℃일 때의 옥스퍼드(Oxford) 지수는 얼마인가?

① 20.75℃　② 24.58℃

③ 32.78℃　④ 34.25℃

해설 옥스포드 지수

WD = 0.85W + 0.15D

= 0.85 × 35 + 0.15 × 30 = 34.25℃

19 n개의 요소를 가진 병렬 시스템에 있어 요소의 수명(MTTF)이 지수 분포를 따를 경우, 이 시스템의 수명으로 옳은 것은?

① $MTTF \times n$

② $MTTF \times \frac{1}{n}$

③ $MTTF \times \left(1 + \frac{1}{2} + \cdots + \frac{1}{n}\right)$

④ $MTTF \times \left(1 \times \frac{1}{2} \times \cdots \times \frac{1}{n}\right)$

해설 병렬계 · 직렬계의 수명

㉠ 병렬계의 수명 : $MTTF \times \left(1 + \frac{1}{2} + \cdots + \frac{1}{n}\right)$

㉡ 직렬계의 수명 : $MTTF \times \frac{1}{n}$

20 자동차를 생산하는 공장의 어떤 근로자가 95dB(A)의 소음수준에서 하루 8시간 작업하며 매시간 조용한 휴게실에서 20분씩 휴식을 취한다고 가정하였을 때, 8시간 시간가중평균(TWA)은?

① 약 91dB(A)　② 약 92dB(A)

③ 약 93dB(A)　④ 약 94dB(A)

해설 시간가중 평균지수(TWA)

소음노출지수(%)

$= \left(\frac{\text{특정 소음 내에 노출된 총 시간}}{\text{특정 소음 내에서의 허용노출기준}}\right) \times 100$

$= \frac{8 \times (60-20)}{60 \times 4} \times 100 = 133\%$

시간가중 평균지수(TWA)

$= 16.61 \log\left(\frac{133}{100}\right) + 90 = 92.06\,\text{db(A)}$

Answer 17. ② 18. ④ 19. ③ 20. ②

PART 03

기계 · 기구 및 설비 안전관리

CONTENTS

제 1 장 기계 공정의 안전

01 기계 공정의 특수성 분석

1 설계도(설비 도면, 장비 사양서 등) 검토

① 기계 공정의 특수성을 분석하기 위해서는 설비 도면과 같은 자료를 검토할 수 있다. 설비 도면에는 아래의 자료를 포함하고 있다.

② 장비 사양서 : 기계의 성능, 용량, 작동 조건 등에 대한 상세한 사양을 담은 문서

③ 장비 매뉴얼 : 기계의 조작 방법, 유지보수 방법, 안전 주의 사항 등을 안내하는 매뉴얼

④ 기타 인증 서류 : 안전 규격 및 품질 기준을 충족하는지를 입증하는 인증 서류

2 재해통계 분석기법

① 파레토도(pareto diagram) : 막대그래프와 선 그래프를 모두 포함하는 차트 유형이며, 사고의 유형, 기인물 등 분류 항목을 큰 값에서 작은 값의 순서로 도표화하는 데 편리하다.

② 특성요인도 : 특성과 요인(원인)이 어떻게 관계하고 있는가를 한눈에 알아보기 쉽게 어골상(魚骨狀)으로 작성한 그림이다.

③ 클로즈 분석 : 2개 이상의 문제 관계를 분석하는 데 사용하는 것으로, 데이터를 집계하고 표로 표시하여 요인별 결과 내용을 교차한 크로스 그림을 작성하여 분석한다.

④ 관리도 : 재해 발생 건수 등의 추이를 파악하고 한계선을 설정하여 목표 관리를 수행하는 데 필요한 데이터를 그래프화하여 관리 구역을 설정하고 관리하는 방법이다.

합격 체크포인트

- 재해통계 분석기법
- 표준안전작업 절차서
- 공정분석기술

기출문제

재해원인 분석방법의 통계적 원인분석 중 사고의 유형, 기인물 등 분류 항목을 큰 순서대로 도표화한 것은?

❶ 파레토도
② 특성요인도
③ 크로스도
④ 관리도

3 표준안전작업절차서

① 작업안전분석(JSA; Job Safety Analysis), 작업위험분석(JHA; Job Hazard Analysis), 안전작업방법 기술서(SWMS; Safe Work Method Statement)와 같은 안전작업절차는 표준화된 안전작업 수행 방법을 위험성평가에 기반하여 기술한 절차서이다.

② 안전작업절차서는 작업 수행 시 발생하는 재해 위험성의 감소를 보장하기 위하여 위험요인, 위험성평가, 위험관리 방법을 기술한다.

4 공정도를 활용한 공정분석 기술

① 공정분석이란 분석대상물이 어떠한 경로로 처리되는지를 발생 순서에 따라 가공, 운반, 검사, 정체, 저장의 5가지로 분류하고, 각 공정의 가공 조건, 경과시간, 이동 거리 등과 같은 조건과 함께 분석하는 기법이다.

② 공정분석의 목적은 생산기간의 단축, 재료의 절감, 공정의 개선, 레이아웃 개선, 공정관리 시스템의 개선 등을 위하여 생산의 프로세스를 여러 분석 기법으로 정량화, 계량화함으로써 문제를 찾아내어 개선하기 위해 진행하는 현상분석 기법이다.

합격 체크포인트

- 기계의 위험요인
- 기계설비의 위험점 종류
- 기계설비의 본질적안전
- 기계설비의 방호장치

02 기계의 위험 안전조건 분석

1 기계의 위험요인

회전 동작	• 접촉 및 말림 • 고정부와 회전부 사이에 끼임, 협착, 트랩 형성 • 회전체 자체 위험 등
횡축 동작	• 운동부와 고정부 사이에 위험이 형성됨. • 작업점과 기계적 결합 부분에 위험성이 존재함.
회전체 자체 위험	• 운동부와 고정부 사이에 위험이 형성됨. • 운동부 전후 · 좌우 등에 적절한 안전조치가 필요함.
기타	• 진동 : 가공품이나 기계 부품의 진동에 의한 위험 • 가공 중인 소재 : 특히 회전 소재 가공 접촉 위험 • 부착 공구, 지그 등의 이탈 : 작동 중인 기계에서 부착 공구, 지그 등의 이탈에 의한 위험 • 가공 결함 : 열처리, 용접 불량, 가공 불량 등에 의한 기계파손 위험 • 비기계적 위험 : X선 등의 방사선, 자외선, 압력, 고온, 소음 등에 의한 위험

2 기계설비의 위험점 ★★★★

협착점	왕복운동을 하는 동작운동과 움직임이 없는 고정부분 사이에 형성되는 위험점 예 프레스, 절단기, 성형기, 조형기, 굽힘 기계 등
끼임점	고정부분과 회전하는 동작 부분이 함께 만드는 위험점 예 연삭숫돌과 작업 받침대, 교반기의 날개와 하우스, 왕복운동을 하는 기계 부분 등
절단점	회전하는 운동 부분 자체에서 초래되는 위험점 예 밀링커터, 둥근톱의 톱날, 띠톱 등
물림점	서로 반대 방향으로 맞물려 회전하는 두 개의 회전체에 물려 들어가는 위험점 예 기어와 롤러 등
접선 물림점	회전하는 부분의 접선방향으로 물려 들어갈 위험이 존재하는 위험점 예 풀리와 V벨트 사이, 기어와 랙 사이 등
회전 말림점	회전하는 물체에 작업복 등이 말려드는 위험이 존재하는 위험점 예 회전하는 축, 커플링 등

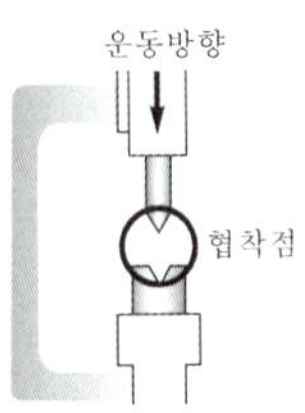

▲ 협착점

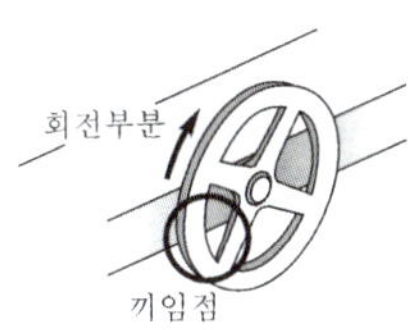

▲ 끼임점

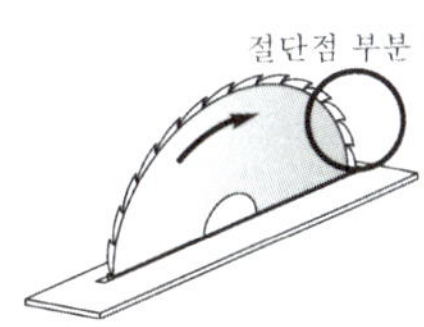

▲ 절단점

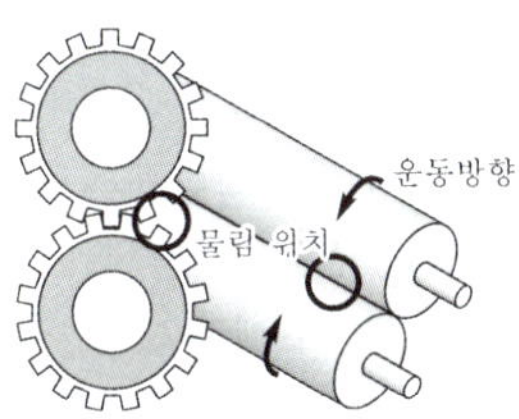

▲ 물림점

▲ 접선 물림점

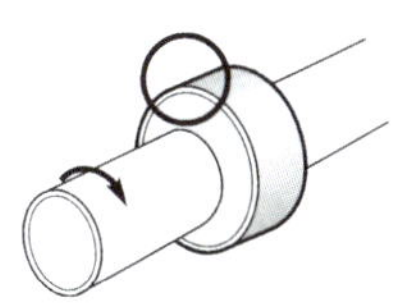
▲ 회전 말림점

| 기계설비의 위험점 |

3 기계설비의 본질적 안전 ★★★★

① 안전기능 내장 : 안전기능이 기계설비의 설계단계에서 반영되어 내장되도록 조치된 것을 말한다.

기출문제

다음 중 기계설비에서 반대로 회전하는 두 개의 회전체가 맞닿는 사이에 발생하는 위험점을 무엇이라 하는가?

❶ 물림점
② 협착점
③ 접선 물림점
④ 회전 말림점

기출문제

보기와 같은 기계요소가 단독으로 발생시키는 위험점은?

밀링커터, 둥근톱날

① 협착점 ② 끼임점
❸ 절단점 ④ 물림점

기출문제

사람이 작업하는 기계장치에서 작업자가 실수를 하거나 오조작을 하여도 안전하게 유지되게 하는 안전설계 방법은?

① Fail safe
② 다중계화
❸ Fool proof
④ Back up

기출문제

페일세이프(Fail safe)의 기능적인 면에서 분류할 때 거리가 가장 먼 것은?

❶ Fool proof
② Fail passive
③ Fail active
④ Fail operational

② **풀프루프(Fool proof)** : 제어장치에 대하여 인간의 오동작을 방지하기 위한 설계로, 미숙련자가 잘 모르고 제품을 사용하더라도 고장이 발생하지 않도록 하거나 작동을 하지 않도록 하여 안전을 확보하는 방법이다.

③ **페일세이프(Fail safe)** : 고장이 발생한 경우라도 피해가 확대되지 않고 단순 고장이나 한시적으로 운영되도록 하여 안전을 확보하는 개념이다. 즉, 시스템의 일부에 고장이 발생해도 안전한 가동이 자동적으로 취해질 수 있는 구조로 설계하는 방식으로, 페일세이프의 기능 3단계는 다음과 같다.

㉠ Fail－passive : 부품이 고장나면 기계는 정지 방향으로 이동한다.

㉡ Fail－active : 부품이 고장나면 기계는 경보를 울리는 가운데 짧은 시간 동안은 운전이 가능하다.

㉢ Fail－operational : 부품의 고장이 발생하더라도 기계는 보수될 때까지 안전한 기능을 유지한다.

4 기계의 일반적인 안전사항

(1) 기계의 정지 및 운전 시 점검사항

정지 상태 시 점검사항	물리적 요인
• 급유 상태 • 전동기 개폐기의 이상 유무 • 방호장치, 동력전달장치의 점검 • 슬라이드 부분 상태 • 힘이 걸린 부분의 흠집, 손상의 이상 유무 • 볼트, 너트의 헐거움이나 풀림 상태 확인 • 스위치 위치와 구조 상태, 접지 상태 점검	• 클러치 • 기어의 맞물림 상태 • 베어링 온도 상승 여부 • 슬라이드면의 온도 상승 여부 • 이상음, 진동 상태 • 시동 정지 상태

(2) 기계 · 기구의 일일(일상) 안전점검

작업 전 점검사항	작업 중 점검사항	작업 후 점검사항
• 설비 작동 상태 • 스위치 상태 • 방호장치 작동 상태 • 환기 상태	• 소음 및 냄새 • 진동 및 복장 • 기름이나 가스 누출 • 안전수칙 준수 여부	• 기계 청소, 정비 • 정리정돈 상태

(3) 기계설비 운전 시 기본 안전수칙

① 방호장치는 유효한 상태로 적절히 사용하며, 허가 없이 무단으로 떼어 놓지 않는다.

② 작업 범위 이외의 기계는 허가 없이 사용하지 않는다.

③ 공동작업을 할 경우 시동을 걸 때 다른 사람에게 위험이 없도록 확실한 신호를 보내고 스위치를 넣는다.

④ 기계설비 운전 중에는 기계에서 이탈하지 않는다.

⑤ 기계설비 운전 중에 기계에서 이상한 소리, 진동, 냄새 등이 날 때는 즉시 전원을 차단한다.

⑥ 기계설비가 고장이 났을 때는 정지, 고장 표시를 반드시 기계설비에 부착한다.

⑦ 작업이 끝나면 손질 점검을 실시하고, 기계의 각 부위를 정지 위치에 놓는다.

(4) 작업장 내 정리정돈

① 공구는 항상 정해진 위치에 정리하여 놓는다.

② 공장 내 혹은 작업장 바닥에 기름을 흘리지 않도록 한다.

③ 배선, 고압가스 도관, 가스용접 호스 등은 통로에 배열하지 말고, 부득이한 경우에는 덮개를 씌워야 하며, 레일 등을 횡단하지 않는다.

④ 소화기구나 비상구 근처에는 물건을 놓지 않는다.

⑤ 작업장은 수시로 정리 정돈한다.

5 기계의 방호장치 ★★★★

(1) 방호장치의 개요

① 방호장치란 기계 · 기구 및 설비를 사용할 때 근로자에게 상해를 입힐 우려가 있는 부분으로부터 근로자를 보호하기 위하여 일시적 또는 영구적으로 설치하는 기계적 안전장치이다.

② 방호장치는 제거, 설치, 조정 및 정비가 가능해야 하며, 그 성능이 정확해야 한다.

(2) 용도에 따른 방호조치의 구분

① 재료, 공구 등의 낙하 · 비래에 의한 위험을 방지한다.

② 위험 부위에 인체의 접촉 또는 접근을 방지한다.

③ 방음, 집진 등을 목적으로 한다.

기출문제

방호장치를 분류할 때는 크게 위험장소에 대한 방호장치와 위험원에 대한 방호장치로 구분할 수 있는데, 다음 중 위험장소에 대한 방호장치가 아닌 것은?

① 격리형 방호장치
② 접근거부형 방호장치
③ 접근반응형 방호장치
❹ 포집형 방호장치

기출문제

작업자의 신체 부위가 위험한계 내로 접근하였을 때 기계적인 작용에 의하여 접근을 못하도록 하는 방호장치는?

① 위치제한형 방호장치
❷ 접근거부형 방호장치
③ 접근반응형 방호장치
④ 감지형 방호장치

(3) 방호장치의 종류 및 방법

위험 장소에 대한 방호장치	위치 제한형	작업자의 신체 부위가 위험한계 밖에 있도록 기계의 조작장치를 위험한 작업점에서 안전거리 이상 떨어지게 하거나, 조작장치를 양손으로 동시 조작하게 함으로써 위험한계에 접근하는 것을 제한하는 방호장치
	접근 거부형	작업자의 신체 부위가 위험한계 내로 접근했을 때 기계적인 작용에 의하여 접근하지 못하도록 저지하는 방호장치
	접근 반응형	작업자의 신체 부위가 위험한계 또는 그 인접한 거리 내로 들어오면 이를 감지하여 그 즉시 기계의 동작을 정지시키고 경보를 발동하는 방호장치
	감지형	이상온도, 이상기압, 과부하 등 기계의 부하가 안전한계치를 초과하는 경우 이를 감지하고 자동으로 안전상태가 되도록 조정하거나 기계의 작동을 중지시키는 방호장치
위험원에 대한 방호장치	포집형	연삭기 덮개나 반발예방장치 등과 같이 위험장소에 설치하여 위험원이 비산하거나 튀는 것을 포집하여 작업자로부터 위험을 차단하는 방호장치

(4) 방호장치의 일반원칙

작업방해의 제거	방호장치로 인해 작업방해가 되면 불안전 행동의 원인을 제공할 뿐만 아니라 생산성에도 영향을 준다.
작업점의 방호	방호장치는 작업자를 위험으로부터 보호하기 위한 것이므로 위험한 작업 부분은 완벽하게 방호되어야 한다.
외관상의 안전화	외관상으로 불완전한 설치나 불안전한 모습은 심리적인 불안감을 주므로 불안전 행동의 원인으로 작용하게 된다.
기계 특성의 적합성	방호장치가 그 기계의 특성에 적합하지 않으면 제 성능을 발휘하지 못하며, 방호장치의 성능이 보장되지 않으면 방호장치로서의 제 기능을 다하지 못한다.

법령

산업안전보건법 시행규칙 제98조

기출문제

산업안전보건법령상 유해 · 위험 방지를 위한 방호조치가 필요한 기계 · 기구가 아닌 것은?

① 예초기
② 지게차
③ 금속절단기
❹ 금속탐지기

6 유해 · 위험기계 등에 대한 방호장치 ★

기계	방호장치	설명
예초기	날접촉 예방장치	절단날 또는 비산물로부터 작업자를 보호하기 위해 설치하는 보호덮개 등의 장치
원심기	회전체 접촉 예방장치	원심기의 케이싱 또는 하우징 내부의 회전통 등에 작업자의 신체 일부가 접촉되는 것을 방지하기 위해 설치하는 덮개 등의 장치
공기 압축기	압력 방출장치	압력용기의 과도한 압력상승을 방지하기 위해 설치하는 안전밸브, 언로드밸브 등의 장치

금속 절단기	날접촉 예방장치	띠톱, 둥근톱 등 금속절단기의 절단날 또는 비산물로부터 작업자를 보호하기 위한 장치
지게차	헤드가드	위쪽으로부터 떨어지는 물건에 의한 위험을 방지하기 위해 머리 위쪽에 설치하는 덮개
	백레스트	마스트를 뒤로 기울일 때 화물이 마스트 방향으로 떨어지는 것을 방지하기 위한 짐받이 틀
포장 기계	구동부 방호 연동장치	진공포장기, 래핑기의 구동부에 설치한 방호장치 등이 개방되면 기계의 작동이 정지되고, 방호장치가 닫힌 상태에서만 기계가 작동되도록 상호 연결하는 장치

7 설비보전

① 설비보전이란 개개의 설비 상태를 정량적으로 파악하여 설비의 이상징후나 장래에 일어날 사태를 예지하고 필요에 따라 적절한 보전 활동을 하는 개념으로, 보전으로 인한 각종 손실을 최소화하고자 하는 방안이다.

② 설비보전의 종류

예방보전(PM; Preventive Maintenance)	고장을 미리 예방하고 유지보수를 통해 시스템이나 장비가 최상의 상태로 유지되도록 하는 활동으로, 시간계획보전, 상태기준보전, 적응보전 등이 있음.
일상보전(RM; Routine Maintenance)	매일, 매주로 점검 · 급유 · 청소 등의 작업을 함으로써 열화나 마모를 가능한 한 방지하도록 하는 것
사후보전(BM; Breakdown Maintenance)	예방보전을 해도 설비는 고장이 나므로, 수리 부품의 준비나 외주 수리, 예비 기계 설치 등의 사후 수리에 대한 여러 대책을 확립해 두는 것이 필요함.
개량보전(CM; Corrective Maintenance)	교정보전이라고도 하며, 설비고장 시에 수리하는 것뿐만 아니라 더 좋은 부품교체 등을 통하여 설비의 열화, 마모의 방지는 물론 수명의 연장을 기하도록 하는 활동
예측보전 (Predictive Maintenance)	보전활동을 기계를 써서 행하도록 하는 방식으로, 예를 들어 진동분석기, 광학측정기 등의 계측기를 기계 고장의 발생이 쉬운 곳에 설치하여 보전에 사용하도록 하는 것이 있다.

기출문제

설비보전은 예방보전과 사후보전으로 대별된다. 다음 중 예방보전의 종류가 아닌 것은?

① 시간계획보전
② 개량보전
③ 상태기준보전
④ 적응보전

해설 개량보전은 사후보전에 해당된다.

8 기계의 위험점 방호

① 작업 부분에 작업자의 신체접촉을 방지한다.

예 덮개

② 안전거리에서 기계를 조작한다(위험지역을 벗어나야 기계가 움직이게 하는 조치).

예 광전자식 방호장치

③ 작업점에 손을 넣을 필요가 없게 하는 방법

예 양수조작식, 원격조작식 방호장치

④ 작업점에 손을 넣을 필요가 없게 하는 방법

예 보조공구 사용, 자동공급배출장치

⑤ 작동 부분상의 돌기 부분은 묻힘형으로 하거나 덮개를 부착한다.

예 회전축, 기어, 풀리 및 플라이휠 등에 부속하는 키 및 핀 등의 고정구를 묻힘형으로 하거나 해당 부위에 덮개를 설치하며, 벨트의 이음 부분에는 돌출된 고정구의 사용을 금지한다.

⑥ 동력전달 부분 및 속도조절 부분에는 덮개를 부착하거나 방호망을 설치한다.

예 기계의 원동기, 회전축, 기어, 풀리, 플라이휠 및 벨트 등 근로자에게 위험을 미칠 우려가 있는 부위에는 덮개, 울, 슬리브 및 건널다리 등을 설치하여야 하며, 건널다리에는 높이 90cm 이상인 손잡이 및 미끄러지지 않는 구조의 발판을 설치한다.

⑦ 회전기계의 물림점(롤러, 기어 등)에는 덮개 또는 울을 설치한다.

⑧ 동력으로 작동하는 기계에는 동력차단장치(스위치, 클러치 및 벨트이동장치) 등을 쉽게 조작할 수 있는 위치에 설치한다.

기출문제

산업안전보건기준에 관한 규칙에 따라 기계 · 기구 및 설비의 위험예방을 위하여 사업주는 회전축 · 기어 · 풀리 및 플라이휠 등에 부속되는 키 · 핀 등의 기계요소는 어떠한 형태로 설치하여야 하는가?

① 개방형　② 돌출형
❸ 묻힘형　④ 고정형

제2장 기계분야 산업재해 조사 및 관리

01 재해조사

1 재해조사의 목적과 유의사항

(1) 재해조사의 목적

① 이미 발생한 재해를 과학적 방법으로 조사, 분석하여 재해의 발생 원인을 규명한다.

② 안전대책을 수립함으로써 동종 및 유사재해의 재발을 방지하고, 안전한 작업상태의 확보와 쾌적한 작업환경을 조성한다.

(2) 재해조사 시 유의사항

① 사실을 수집해야 한다.

② 목격자가 발언하는 사실 이외의 추측의 말은 참고로 한다.

③ 조사는 신속히 행하고 2차 재해의 방지를 도모한다.

④ 사람, 설비, 환경의 측면에서 재해 요인을 도출한다.

⑤ 제3자의 입장에서 공정하게 조사하며, 조사는 2인 이상으로 한다.

⑥ 책임 추궁보다 재발 방지를 우선하는 기본태도를 인지한다.

(3) 조사방법 및 유의사항

① 대부분의 사업장에서는 사용하는 양식은 4M의 원칙을 근거로 한다.

㉠ Man : 인간　　㉡ Machine : 기계 · 설비

㉢ Media : 작업방법 · 환경　　㉣ Management : 관리

② 재해조사의 순서

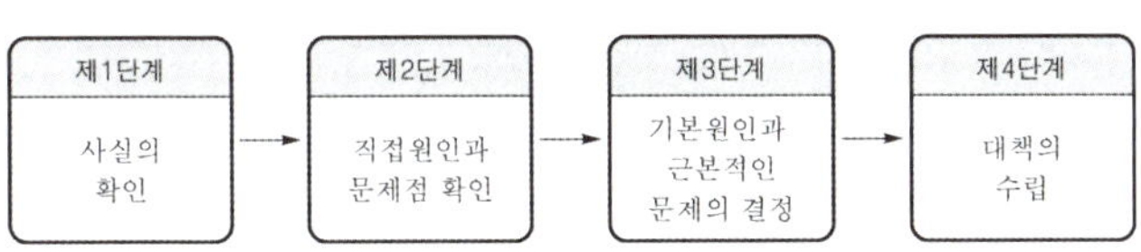

▎재해조사의 순서▎

합격 체크포인트

- 4M 원칙
- 재해발생시 조치사항
- 재해발생의 연쇄관계

기출문제

산업재해의 기본원인 중 "작업정보, 작업방법 및 작업환경" 등이 분류되는 항목은?

① Man
② Machine
❸ Media
④ Management

2 재해 발생 시 조치사항 ★★★

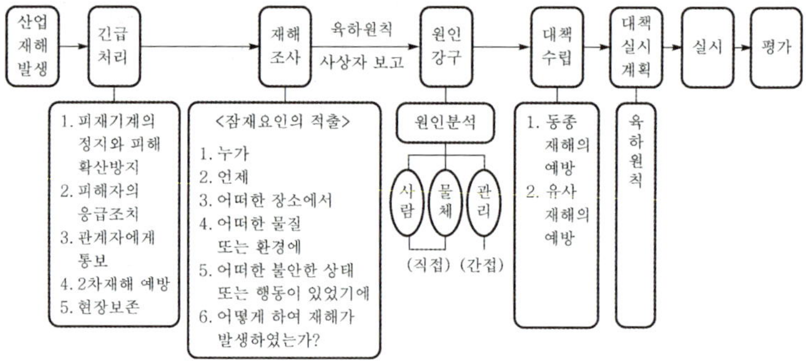

▌재해발생 시 조치사항▐

3 재해의 원인분석 및 조사기법 ★★★

(1) 개별적 원인분석

① 개개의 재해를 하나하나 분석하여 상세하게 원인 규명을 한다.

② 특별재해나 중대재해 원인분석에 적합하다.

③ 재해 발생 건수가 적은 중소기업에 적합하다.

(2) 통계적 원인분석

① 파레토도　　② 특성 요인도

③ 크로스 분석　　④ 관리도

(3) 문답 방식에 의한 재해 원인 분석

① 관리상의 결함 요인을 찾고자 할 때 사용한다.

② 흐름도(flowchart)에 의한 문답방식으로 피드백이 가능하다.

(4) 재해발생 원인

① 재해발생의 원인

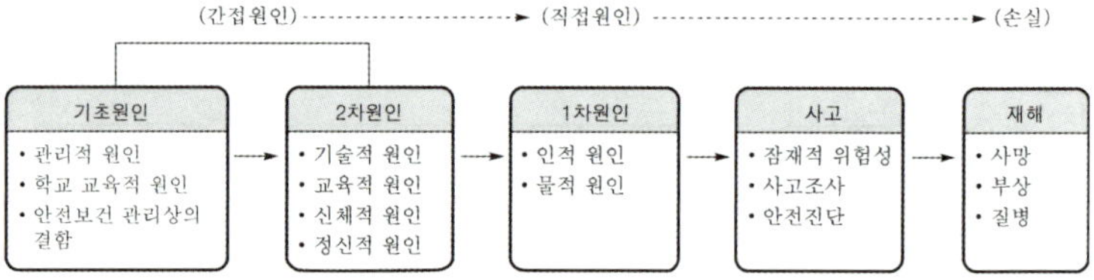

▌재해발생의 원인▐

② 재해의 발생 형태(등치성 이론)

단순 자극형	상호 자극에 의하여 순간적으로 재해가 발생하는 유형으로, 재해가 일어난 장소와 그 시기에 일시적으로 요인이 집중(집중형)
연쇄형	하나의 사고요인이 또 다른 사고요인을 일으키면서 재해를 발생시키는 유형(단순 연쇄형과 복합 연쇄형)
복합형	단순 자극형과 연쇄형의 복합적인 발생 유형

③ 재해발생의 연쇄관계

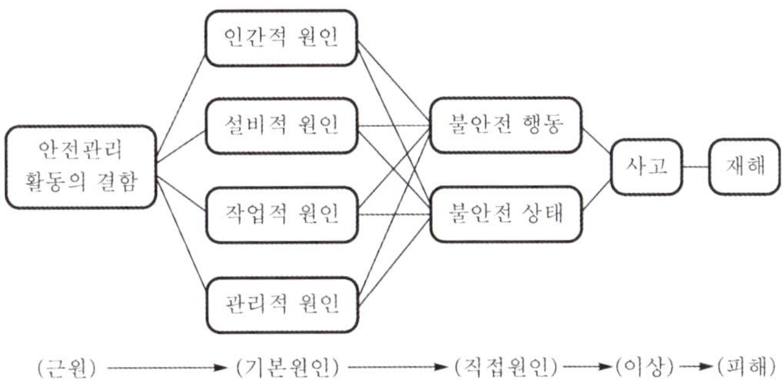

▌재해발생의 연쇄관계▐

02 산재분류 및 통계분석

1 산업재해 분류의 이해

(1) 기인물과 가해물

① 기인물 : 그 발생사고의 근원이 된 것, 즉 그 결함을 시정하면 사고를 일으키지 않고 끝나는 물 또는 사상

② 가해물 : 사람에게 직접 위해를 주는 것

(2) 산업재해의 정도

① 사망

② 영구 전노동불능 재해 : 작업자로서의 노동 기능을 완전히 상실

③ 영구 일부노동불능 재해 : 작업자로서의 노동 기능을 일부 상실

④ 일시 전노동불능 재해 : 신체장애를 수반하지 않은 일반의 휴업 재해

⑤ 일시 일부노동불능 재해 : 취업시간 중 일시적으로 작업을 떠나

합격 체크포인트

- 산업재해의 정도
- 재해 통계의 정의, 종류
- 재해손실비의 계산

기출문제

상해 정도별 분류 중 의사의 진단으로 일정 기간 정규노동에 종사할 수 없는 상해는?

① 영구 일부노동불능 상해
❷ 일시 전노동불능 상해
③ 영구 전노동불능 상해
④ 구급처치 상해

서 진료를 받는 재해

⑥ 구급처치 재해 : 구급처치를 받아 부상의 익일까지 정규작업에 복귀할 수 있는 재해

2 재해 관련 통계의 정의 및 종류 ★★★

(1) 재해율

① 작업자 100명당 발생하는 재해자수의 비율

② 계산 공식

$$재해율 = \frac{재해자\ 수}{근로자\ 수} \times 100$$

(2) 연천인율

① 작업자 1,000명당 1년을 기준으로 발생하는 사상자수

② 계산 공식

$$연천인율 = \frac{연간\ 재해자\ 수}{연평균\ 근로자\ 수} \times 100$$

(3) 도수율, 빈도율(FR; Frequency Rate of injury)

① 연 근로시간 합계 100만 시간당 재해건수

② 현재 산업재해 발생의 빈도를 표시하는 표준의 척도로 사용하고 있다.

③ 계산 공식

$$도수율 = \frac{재해건수}{연\ 근로시간\ 수} \times 10^6$$

④ 연 근로시간수의 정확한 산출이 곤란할 때는 1일 8시간, 1개월 25일, 1년 300일을 시간으로 환산한 연 2,400시간으로 한다.

⑤ 연천인율과 도수율과의 관계

$$연천인율 = 도수율 \times 2.4$$
$$도수율 = 연천인율 \div 2.4$$

기출문제

1년간 80건의 재해가 발생한 A사업장은 1,000명의 근로자가 1주일에 48시간, 1년간 52주를 근무하고 있다. A사업장의 도수율은? (단, 근로자들은 재해와 관련 없는 사유로 연간 노동시간의 3%를 결근하였다.)

답 $\frac{80}{1,000 \times 48 \times 52 \times 0.97} \times 10^6 = 33.04$

기출문제

A사업장의 연천인율이 10.8인 경우, 이 사업장의 도수율은 약 얼마인가?

답 $\frac{10.8}{2.4} = 4.5$

(4) 강도율(SR; Severity Rate of injury)

① 재해의 경중, 즉 강도를 나타내는 척도로서 연 근로시간 1,000시간당 재해에 의해서 잃어버린 총 요양근로손실일수

② 계산 공식

$$강도율(SR)=\frac{총\ 요양근로손실일\ 수}{연\ 근로시간\ 수}\times 100$$

③ 요양근로손실일수의 산정기준

㉠ 사망에 의한 요양근로손실일수 : 7,500일

- 7,500일 = 25년(근로손실년수) × 300일(연간근로일수)
- 근로손실년수 25년 = 55세(근로가능 연령) − 30세(사망자의 평균연령)

㉡ 장해등급별 요양근로손실일수

등급	1~3	4	5	6	7	8
일수	7,500	5,500	4,000	3,000	2,200	1,500
등급	9	10	11	12	13	14
일수	1,000	600	400	200	100	50

(5) 환산강도율 및 환산도수율

① 작업자가 평생 일할 수 있는 시간을 10만 시간으로 추정

② 환산도수율 : 10만 시간당 발생할 수 있는 재해건수(F)

③ 환산강도율 : 10만 시간당 잃을 수 있는 근로손실일수(S)

④ 계산 공식

$$환산도수율(F)=\frac{도수율}{10}$$

$$환산강도율(S)=강도율\times 100$$

⑤ S/F는 재해 1건당 근로손실일수가 된다.

(6) 종합재해지수(FSI; Frequency Severity Indicator)

① 기업 간의 재해지수의 종합적인 비교를 위하여 재해 빈도와 상해의 정도를 종합하여 나타내는 지수

② 계산공식

$$종합\ 재해지수=\sqrt{도수율\times 강도율}$$

기출문제

어떤 사업장의 상시근로자 1,000명이 작업 중 2명의 사망자와 의사진단에 의한 휴업일수 90일의 손실을 가져온 경우 강도율은? (단, 1일 8시간, 연 300일 근무)

답 $\frac{(2\times 7,500)+\left(90\times\frac{300}{365}\right)}{1,000\times 2,400}\times 1,000=6.26$

기출문제

도수율이 24.5이고, 강도율이 1.15인 사업장에서 한 근로자가 입사하여 퇴직할 때까지 근로손실일수는?

답 환산강도율 = 강도율 × 100
= 1.15 × 100
= 115(일)

기출문제

A사업장의 강도율이 2.5이고, 연간 재해 발생건수가 12건, 연간 총 근로시간수가 120만 시간일 때 이 사업장의 종합재해지수는 약 얼마인가?

답 도수율
$=\frac{12}{1.2\times 10^6}\times 10^6=10$

종합재해지수
$=\sqrt{10\times 2.5}=5$

(7) Safe－T－Score

① 과거와 현재의 안전 성적을 비교 · 평가하는 방식

② 안전에 관한 중대성의 차이를 비교하고자 사용하는 방식

③ 계산공식

$$\text{Safe}-\text{T}-\text{Score} = \frac{FR(\text{현재}) - FR(\text{과거})}{\sqrt{\dfrac{FR(\text{과거})}{\text{근로총시간수}(\text{현재})} \times 1{,}000{,}000}}$$

④ 결과가 ＋이면 과거에 비해 나쁘고, －이면 좋은 기록이다.

㉠ 2.00 이상 : 과거보다 심하게 나쁨.

㉡ ＋2.00 ～ －2.00 : 과거에 비해 심각한 차이가 없음.

㉢ －2.00 이하 : 과거보다 좋음.

3 재해손실비의 종류 및 계산 ★★★

(1) 하인리히 방식

① 총 재해비용＝직접비＋간접비(직접비의 4배)

② 직접비와 간접비의 비율 : 1 : 4

③ 직접비 : 재해로 인해 받게 되는 산재 보상금

㉠ 요양급여　　㉡ 휴업급여

㉢ 장해급여　　㉣ 간병급여

㉤ 유족급여　　㉥ 상병(傷病)보상연금

㉦ 장례비　　㉧ 직업재활급여

법령

산업재해보상보험법 제36조

④ 간접비 : 직접비를 제외한 모든 비용

㉠ 인적 손실　　㉡ 물적 손실

㉢ 생산 손실　　㉣ 특수 손실

㉤ 기타 손실

기출문제

재해로 인한 직접비용으로 8,000만원의 산재보상비가 지급되었을 때, 하인리히 방식에 따른 총 손실비용은?

답 직접비와 간접비의 비율은 1 : 4이므로,
8,000만원＋(8,000만원×4)
＝40,000만원

(2) 시몬즈 방식

① 총 재해비용＝보험비용＋비보험비용

② 보험비용＝산재보험료(반드시 사업장에서 지출)

③ 비보험비용＝(A×휴업상해건수)＋(B×통원상해건수)
＋(C×응급처치건수)＋(D×무상해사고건수)

여기서, A, B, C, D는 상해 정도별 비보험비용의 평균치

④ 상해의 구분

㉠ 휴업상해　　㉡ 통원상해

㉢ 응급처치상해　　㉣ 무상해 사고

03 안전점검 · 검사 · 인증 및 진단

합격 체크포인트

- 안전점검의 목적
- 안전인증의 이해
- 안전검사의 이해
- 자율안전검사의 이해

1 안전점검의 정의 및 목적

(1) 정의

안전을 확보하기 위하여 실태를 파악해 설비의 불안전한 상태나 사람의 불안전한 행동에서 생기는 결함을 발견하여 안전대책의 상태를 확인하는 행동이다.

(2) 목적

건설물 및 기계설비 등의 제작기준이나 안전기준에 적합한가를 확인하고, 작업현황 내의 불안전한 상태가 없는지를 확인하는 것으로, 사고발생의 가능성 요인들을 제거하여 안전성을 확보하기 위함이다.

2 안전점검의 종류

(1) 점검주기에 의한 구분

일상점검 (수시점검)	작업 시작 전이나 사용 전 또는 작업 중에 일상적으로 실시하는 점검
정기점검	1개월, 6개월, 1년 단위로 일정 기간마다 정기적으로 실시하는 점검
임시점검	정기점검 실시 후 다음 점검 시기 이전에 기계, 기구, 설비의 갑작스러운 이상 발생 시 임시로 실시하는 점검
특별점검	기계, 기구, 설비의 시설 변경 또는 고장, 수리 등을 할 경우, 정기점검 기간을 초과하여 사용하지 않던 기계설비를 다시 사용하고자 할 경우, 강풍(순간풍속 30m/sec 초과) 또는 지진(중진 이상 지진) 등의 천재지변 후 실시하는 점검

기출문제

안전점검의 종류 중 태풍, 폭우 등에 의한 침수, 지진 등의 천재지변이 발생한 경우나 이상사태 발생 시 관리자나 감독자가 기계 · 기구, 설비 등의 기능상 이상 유무에 대하여 점검하는 것은?

① 일상점검　② 정기점검
❸ 특별점검　④ 수시점검

(2) 점검방법에 의한 구분

외관점검 (육안검사)	기기의 적정한 배치, 부착 상태, 변형, 균열, 손상, 부식, 마모, 볼트의 풀림 등의 유무를 외관의 감각기관인 시각 및 촉감 등으로 조사하고 점검기준에 의해 양호 여부를 확인
기능점검 (조작검사)	간단한 조작을 행하여 대상기기에 대한 기능의 양호 여부를 확인
작동점검 (작동상태검사)	방호장치나 누전차단기 등을 정해진 순서에 의해 작동시켜 그 결과를 관찰하여 상황의 양호 여부를 확인
종합점검	정해진 기준에 따라서 측정검사를 실시하고 정해진 조건에서 운전시험을 실시하여 기계설비의 종합적인 기능을 판단

3 안전점검표(체크리스트)의 작성

(1) 작성 시 유의사항

① 사업장에 적합하고 쉽게 이해되도록 작성한다.

② 재해예방에 효과가 있도록 작성한다.

③ 내용은 구체적으로 표현하고, 위험도가 높은 것부터 순차적으로 작성한다.

④ 주관적 판단을 배제하기 위해 점검 방법과 결과에 대한 판단기준을 정하여 결과를 평가한다.

⑤ 정기적으로 적정성 여부를 검토하고, 수정 보완하여 사용한다.

(2) 포함되어야 할 항목(점검기준)

① 점검대상 ② 점검부분
③ 점검항목 ④ 실시주기
⑤ 점검방법 ⑥ 판정기준
⑦ 조치

4 안전검사 및 안전인증

(1) 안전검사

① 산업안전보건법 따라 유해하거나 위험한 기계 · 기구 · 설비를 사용하는 사용주가 유해 · 위험 기계 등의 안전에 관한 성능이 안전검사 기준에 적합한지 여부에 대하여 안전검사기관으로부터 안전검사를 받도록 함으로써 사용 중 재해를 예방하기 위한 제도이다.

기출문제

안전점검표(체크리스트) 항목 작성 시 유의사항으로 틀린 것은?
① 정기적으로 검토하여 설비나 작업방법이 타당성 있게 개조된 내용일 것
② 사업장에 적합한 독자적 내용을 가지고 작성할 것
❸ 위험성이 낮은 순서 또는 긴급을 요하는 순서대로 작성할 것
④ 점검항목을 이해하기 쉽게 구체적으로 표현할 것

법령

산업안전보건법 제93조
시행령 제78조

② 안전검사 주기

안전검사 대상 기계	안전검사 주기
크레인(이동식은 제외)	사업장에 설치가 끝난 날부터 3년 이내에 최초 안전검사를 실시하되, 그 이후부터 2년마다(건설현장에서 사용하는 것은 최초로 설치한 날부터 6개월마다)
리프트 (이삿짐 운반용은 제외)	
곤돌라	
이동식 크레인	신규등록 이후 3년 이내에 최초 안전검사를 실시하되, 그 이후부터 2년마다
이삿짐 운반용 리프트	
고소작업대	
프레스	사업장에 설치가 끝난 날부터 3년 이내에 최초 안전검사를 실시하되, 그 이후부터 2년마다(공정안전보고서를 제출하여 확인을 받은 압력용기는 4년마다)
전단기	
압력용기	
국소 배기장치	
원심기	
롤러기	
사출성형기	
컨베이어	
산업용 로봇	
혼합기	
파쇄기 또는 분쇄기	

③ 안전검사 실적보고 : 안전검사기관은 분기마다 다음 달 10일까지 분기별 실적과, 매년 1월 20일까지 전년도 실적을 고용노동부장관에게 제출해야 한다.

(2) 자율검사 프로그램에 따른 안전검사

① 산업안전보건법에 따라 사업주가 안전검사대상 위험기계 · 기구 및 설비에 대해 검사프로그램을 정하여 안전보건공단으로부터 인정을 받아 자체적으로 안전검사를 실시하는 제도로, 자율검사 프로그램 인정 시 안전검사가 면제된다.

② 자율검사 프로그램의 인정을 위한 검사 주기 : 안전검사의 주기의 1/2에 해당하는 주기(건설현장 외에서 사용하는 크레인의 경우에는 6개월)마다 검사할 것

③ 자율검사 프로그램의 유효기간 : 2년

법령

산업안전보건법 시행규칙 제126조, 제132조

참고

안전검사대상 기계 등에 혼합기와 파쇄기 또는 분쇄기의 포함은 2026년 6월 26일부터 시행됩니다.

기출문제

안전검사기관 및 자율검사프로그램 인정기관은 고용노동부장관에게 그 실적을 보고하도록 관련 법에 명시되어 있는데, 그 주기로 옳은 것은?

① 매월 ② 격월
❸ 분기 ④ 반기

기출문제

자율검사 프로그램을 인정받기 위해 보유하여야 할 검사장비의 이력카드 작성, 교정주기와 방법 설정 및 관리 등의 관리주체는?

❶ 사업주
② 제조자
③ 안전관리전문기관
④ 안전보건관리책임자

(3) 안전인증

① 안전인증대상 기계 · 기구 등의 안전 성능과 제조자의 기술 능력 및 생산체계가 안전인증기준에 맞는지에 대하여 고용노동부장관이 종합적으로 심사하는 제도이다.

법령

산업안전보건법 시행규칙 별표 14, 15

② 안전인증 표시 방법

안전인증대상 및 자율안전확인 대상 기계 등	안전인증대상 기계 등이 아닌 유해 · 위험기계 등
KCs	S

③ 자율안전확인신고 : 자율안전확인대상 기계 · 기구 등을 제조 또는 수입하는 자가 해당 제품의 안전에 관한 성능이 자율안전기준에 맞는 것임을 확인하여 고용노동부장관에게 신고하는 제도이다.

④ 안전인증 심사의 종류 및 내용

서면심사	안전인증대상 기계 · 기구 등의 종류별 또는 형식별로 설계도면 등 제품기술과 관련된 문서가 안전인증기준에 적합한지에 대한 심사
기술능력 및 생산체계심사	안전인증대상 기계 · 기구 등의 안전 성능을 지속적으로 유지 · 보증하기 위하여 사업장에서 갖추어야 할 기술능력과 생산체계가 안전인증 기준에 적합한지에 대한 심사
제품심사	안전인증대상 기계 · 기구 등이 서면심사 내용과 일치하는지 여부와 안전에 관한 성능이 안전인증기준에 적합한지 여부에 대한 심사
확인심사	안전인증을 받은 제조자가 안전인증기준을 준수하고 있는지를 정기적으로 확인하는 심사

⑤ 안전인증 심사의 경우 2년마다 심사하며 안전인증기준 등의 준수가 우수한 경우에는 3년에 1회 실시가 가능하다.

5 안전진단

(1) 대상

① 진단 명령을 받은 사업장 또는 사업장의 자율 신청에 의거 진단을 실시한다.

② 사전에 사업장의 유해 · 위험 요소를 파악 후 현장 안전보건진단을 실시한다.

㉠ 명령 진단 : 안전보건진단을 명령받은 사업주가 요청한 사업장

㉡ 자율 진단 : 자율적인 개선을 위해 사업주가 진단을 요청하는 사업장

③ 산업안전보건법 이외의 법령에 의한 안전진단을 실시한다.

㉠ 고압가스안전관리법에 의한 정밀안전진단

㉡ 화학물질관리법 시행규칙에 의한 안전진단

㉢ 연구실 안전환경조성에 관한 법률에 의한 정밀안전진단

제3장 기계설비 위험요인 분석

합격 체크포인트

- 공작기계의 종류
- 절삭가공기계의 방호장치
- 선반의 방호장치
- 연삭기의 방호장치

01 공작기계의 안전

1 절삭가공기계의 종류 및 방호장치 ★★★★

(1) 절삭가공기계의 종류

선삭	선반
천공	드릴링머신, 보링머신
전삭	밀링머신, 호빙머신
평삭	플레이너, 셰이퍼
연삭, 연마	연삭기, 연마기
기타(금속가공 등)	브로칭 머신, 톱기계, 래핑머신, 압연기, 신선기, 주조기, 다이캐스팅머신, 프레스 등

(2) 절삭가공기계의 방호장치

선반	실드, 칩 브레이커, 척 커버, 방진구, 보호가드
드릴링머신	방호가드 및 덮개
연삭기, 연마기	덮개
밀링머신	커터가드장치
신선기	덮개, 비상정지장치
다이캐스팅머신	안전문, 안전블록, 비상정지장치
머시닝센터	자동 칩제거장치, 출입문연동장치
플레이너, 셰이퍼	방책, 칩받이, 칸막이

기출문제

다음 중 셰이퍼와 플레이너(Planer)의 방호장치가 아닌 것?

① 방책
② 칩받이
③ 칸막이
❹ 칩 브레이크

2 선반 ★★★

선반은 일감을 회전시키고 공구(바이트 등)를 좌우로 이송하여 주로 절삭 작업을 하는 공작 기계이다.

┃선반 기계의 모습┃

(1) 선반 작업의 위험요인

① 회전 부위에 접촉하거나 말림에 의한 재해발생 위험

② 심압대, 주축대의 결함 및 방진구 미설치로 인한 재해발생 위험

③ 칩 제거 작업 및 칩 비산에 의한 재해발생 위험

(2) 선반의 방호장치

① **실드(Shield)** : 칩 및 절삭유의 비산 방지를 위해 전후, 좌우, 위쪽에 설치하는 플라스틱 덮개

② **칩 브레이커(Chip Breaker)** : 바이트에 설치되며, 가공 시 발생하는 칩을 잘게 끊어 주는 장치

③ **척 커버(Chuck Cover)** : 척이나 척에 물린 가공물의 돌출부에 작업복이 말려 들어가는 것을 방지하는 장치

④ **방진구** : 공작물의 길이가 직경의 12배 이상일 때 고정하는 장치

⑤ **브레이크** : 선반을 일시 정지시키는 장치

(3) 선반 작업의 안전수칙

① 상의의 옷자락은 안으로 넣고, 소맷자락을 묶을 때는 끈을 사용하지 않는다.

② 선반의 베드 위에는 공구를 올려놓지 않는다.

③ 공작물의 설치는 반드시 스위치를 끄고 바이트를 충분히 뗀 다음에 한다.

④ 편심된 가공물의 설치 시에는 균형추를 부착한다.

⑤ 공작물의 설치가 끝나면 척, 렌치류를 곧 떼어 놓는다.

⑥ 시동 전에 척 핸들을 빼둔다.

⑦ 회전 중에 가공품을 직접 만지지 않는다.

기출문제

다음 중 선반에서 절삭가공 시 발생하는 칩을 짧게 끊어지도록 공구에 설치되어 있는 방호장치의 일종인 칩 제거기구를 무엇이라 하는가?

❶ 칩 브레이커
② 칩 받침
③ 칩 실드
④ 칩 커터

기출문제

다음 중 선반작업 시 지켜야 할 안전수칙으로 거리가 먼 것은?

① 작업 중 절삭칩이 눈에 들어가지 않도록 보안경을 착용한다.
② 공작물 세팅에 필요한 공구는 세팅이 끝난 후 바로 제거한다.
❸ 상의의 옷자락은 안으로 넣고, 끈을 이용하여 소맷자락을 묶어 작업을 준비한다.
④ 공작물은 전원스위치를 끄고 바이트를 충분히 멀리 위치시킨 후 고정한다.

해설 소맷자락을 묶을 때는 끈을 사용하지 않는다.

기출 Check!

바이트는 가급적 **짧게** 설치한다.

기출문제

선반에서 일감의 길이가 지름에 비하여 상당히 길 때 사용하는 부속품으로, 절삭 시 절삭저항에 의한 일감의 진동을 방지하는 장치는?

① 칩 브레이커
② 척 커버
❸ 방진구
④ 실드

⑧ 양 센터 작업을 할 때는 심압 센터에 자주 기름을 주어 열의 발생을 막는다.

⑨ 바이트는 가급적 짧게 설치하여 진동이나 휨을 막는다.

⑩ 공작물의 길이가 직경의 12～20배 이상일 때에는 방진구를 사용하여 재료를 고정한다.

⑪ 칩 비산 시에는 보안경을 쓰고 방호판을 설치 및 사용한다.

⑫ 칩을 털어낼 경우에는 브러시를 사용하고, 맨손 또는 면장갑을 착용한 채로 털지 않으며, 특히 스핀들 내면이나 부시를 청소할 때는 기계를 정지하고 브러시 또는 막대에 천을 씌워서 사용한다.

⑬ 주유 및 청소 시에는 반드시 기계를 정지시킨다.

3 밀링 ★★

밀링 가공을 하는 공작기계로서, 주로 평면 공작물을 절삭 가공하나, 더브테일 가공이나 나사 가공 등의 복잡한 가공도 가능하다. 밀링 커버를 붙여 이것에 회전운동을 행하는 주축과 공작물을 고정하여 이송 운동을 하게 하는 테이블이 주요부를 구성하고 있다.

┃ 밀링머신의 모습 ┃

(1) 밀링작업의 위험요인

① 가공 칩에 의한 재해발생 위험
② 회전부에 의한 재해발생 위험

(2) 밀링머신 방호장치

커터가드장치 등

(3) 밀링작업의 안전수칙

① 밀링작업 중 생기는 칩을 가늘고 길기 때문에 비산하여 부상을 당하기 쉬우므로 보안경을 착용한다.

② 제품을 풀어내거나 치수를 측정할 때에는 기계를 정지시킨 후 수행한다.
③ 칩이나 부스러기를 제거할 때는 반드시 브러시를 사용하며, 걸레를 사용하지 않는다.
④ 면장갑은 착용하지 않는다.
⑤ 강력 절삭을 할 때에는 공작물을 바이스에 깊게 물린다.

기출문제

밀링작업 시 안전수칙으로 틀린 것은?
① 보안경을 착용한다.
② 칩은 기계를 정지시킨 다음에 브러시로 제거한다.
③ 가공 중에는 손으로 가공면을 점검하지 않는다.
❹ 면장갑을 착용하여 작업한다.

해설 면장갑은 착용하지 않는다.

4 플레이너 ★

금속 가공용 플레이너는 제어된 방식으로 금속 공작물에서 재료를 제거하는 데 사용되는 기계이다.

▌플레이너의 모습▐

(1) 플레이너의 위험요인

① 칩 및 공작물의 비산
② 공구(바이트)의 파괴로 인한 파편 등

(2) 플레이너의 방호장치

① 방책
② 칩받이
③ 칸막이(방호울)

(3) 플레이너 작업의 안전수칙

① 프레임 내의 피트에는 덮개를 설치하여 재해를 방지한다.
② 베드 위에 다른 물건은 올려놓지 않는다.
③ 바이트는 되도록 짧게 나오도록 설치한다.
④ 플레이너 테이블의 행정 끝이 근로자에게 위험을 미칠 우려가 있을 때는 해당 부위에 덮개 또는 울 등을 설치한다.
⑤ 테이블과 고정벽 또는 다른 기계와의 최소거리가 40cm 이하가 될 때는 기계의 양쪽에 방책을 설치한다.

기출문제

플레이너 작업 시의 안전대책이 아닌 것은?
① 베드 위에 다른 물건을 올려놓지 않는다.
② 바이트는 되도록 짧게 나오도록 설치한다.
③ 프레임 내의 피트(pit)에는 뚜껑을 설치한다.
❹ 칩 브레이커를 사용하여 칩이 길게 되도록 한다.

5 셰이퍼 ★

바이트의 왕복운동으로 평면 혹은 다소 복잡한 형상을 한 작은 면적의 절삭에 사용되는 공작기계로서, 운동체의 중량이 가볍고, 또한 마찰 부분과 소비동력이 적으며, 바이트의 이송을 용이하게 조절할 수 있다.

▎셰이퍼의 모습 ▎

(1) 셰이퍼의 위험요인

① 가공 칩 비산
② 램(ram) 말단부 충돌
③ 바이트의 이탈

(2) 셰이퍼의 방호장치

① 방책
② 칩받이
③ 칸막이(방호울)

(3) 셰이퍼 작업 안전수칙

① 가공물이 가공 중 바이트와 부딪쳐 떨어지는 경우가 있으므로 견고하게 고정한다.
② 바이트는 짧게 물린다.
③ 보안경을 착용한다.
④ 램의 행정은 되도록 짧게 한다.
⑤ 작업 중에는 바이트의 운동방향에 서지 말고, 측면에서 작업한다.
⑥ 칩이 튀어나오지 않도록 칩받이를 달거나 칸막이를 설치한다.
⑦ 가공품을 측정하거나 청소를 할 때는 기계를 정지한다.

기출문제

다음 중 셰이퍼의 작업 시 안전수칙으로 틀린 것은?
① 바이트를 짧게 고정한다.
② 공작물을 견고하게 고정한다.
③ 가드, 방책, 칩받이 등을 설치한다.
❹ 운전자가 바이트의 운동방향에 선다.

6 드릴링머신 ★

주축에 드릴을 끼워서 회전 절삭운동을 시키는 한편 주축에는 직선 이송운동을 시켜 공작물에 구멍을 뚫는 기계이다.

| 탁상용 드릴링머신의 모습 |

(1) 드릴링머신의 위험요인

① 드릴, 탭 등의 공구 또는 척의 끼임에 의한 위험

② 공작물의 고정 불량으로 공작물 비래, 충돌에 의한 위험

③ 절삭칩이 비산되거나 신체접촉에 의한 위험

(2) 드릴링머신의 방호장치

① **방호덮개의 뒷면을 180° 개방하여 작업 시 발생하는 칩 배출을 용이하게 할 것** : 드릴날 교체의 편리성을 위해 가드가 180° 위로 젖혀지는 형태로 설치

② **고정대의 안에 홈을 만들고 바이스를 장착할 것** : 가공 위치에 따라 전후로 이동시키면서 가공 위치로 이동시켜 작업

③ **드릴날 회전제어장치** : 잡고 있던 레버가 일정 위치로 복귀 시 리미트스위치에 의해 전원 차단되고, 드릴날 회전이 정지한다.

(3) 드릴링머신 작업의 안전수칙

① 말려들기 쉬운 장갑이나 소맷자락이 넓은 상의는 착용하지 않는다.

② 칩은 브러시로 털며, 걸레로 털거나 입으로 불지 않는다.

③ 큰 구멍을 뚫을 때는 작은 구멍을 먼저 뚫은 후 큰 구멍을 뚫는다.

④ 보안경을 착용하고 작업한다.

⑤ 드릴이 밑면에 나왔는지 확인하기 위해 손으로 가공물 밑바닥을 만지지 않는다.

⑥ 드릴을 교체할 경우나 드릴에 감겨 있는 칩을 제거할 경우에는 회전을 멈춘다.

기출문제

다음 중 드릴작업의 안전사항이 아닌 것은?

① 옷소매가 길거나 찢어진 옷은 입지 않는다.
❷ 작고 길이가 긴 물건은 플라이어로 잡고 뚫는다.
③ 회전하는 드릴에 걸레 등을 가까이 하지 않는다.
④ 스핀들에서 드릴을 뽑아낼 때에는 드릴 아래에 손을 내밀지 않는다.

해설 작은 일감은 바이스나 클램프를 사용하여 고정한다.

7 연삭기 ★★★★

연삭기는 단단하고 미세한 입자를 결합하여 제작한 연삭숫돌을 고속으로 회전시켜, 가공물의 원통면이나 평면을 극히 소량씩 가공하는 정밀 가공 방법이며, 연삭을 하는 기계이다.

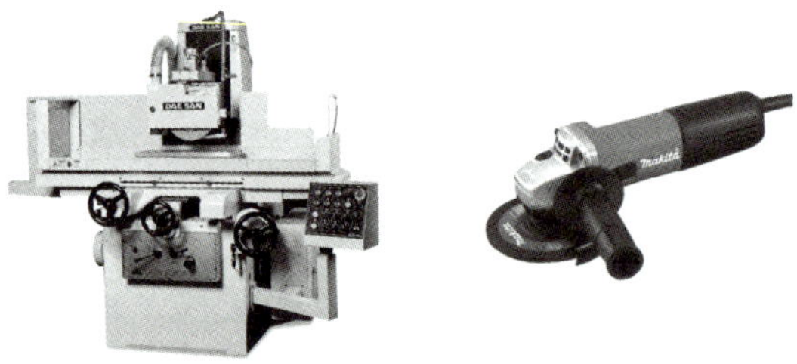

▎평면 연삭기와 휴대용 연삭기 ▎

(1) 연삭기의 위험요인

① 숫돌의 파괴, 파편의 비래 등에 의한 위험
② 회전하는 숫돌에 닿아 절단 · 스침 등의 위험
③ 공작물의 파편이나 칩의 비래에 의한 위험
④ 회전하는 숫돌과 덮개 혹은 고정부의 사이에 낄 위험

기출문제

지름 5cm 이상을 갖는 회전 중인 연삭숫돌의 파괴에 대비하여 필요한 방호장치는?
① 받침대
② 과부하 방지장치
❸ 덮개
④ 프레임

(2) 연삭기의 방호장치

① 덮개 : 근로자의 안전을 위해 덮개를 연삭숫돌과 간격 3mm 이하로 설치한다. 단, 직경이 50mm 미만의 연삭숫돌은 덮개 설치를 예외로 한다.

② 연삭기 덮개 분류

구분	구조
기계식 연삭기 덮개	주판과 측판 또는 주판 구성품
탁상용 연삭기 덮개	주판과 측판, 워크레스트, 조정편
휴대용 연삭기 덮개	주판과 측판 또는 주판, 측판의 일체형

기출문제

연삭숫돌의 상부를 사용하는 것을 목적으로 하는 탁상용 연삭기에서 안전덮개의 노출부위 각도는 몇 ° 이내이어야 하는가?
① 90° 이내 ② 75° 이내
❸ 60° 이내 ④ 105° 이내

③ 탁상용 연삭기의 덮개 각도

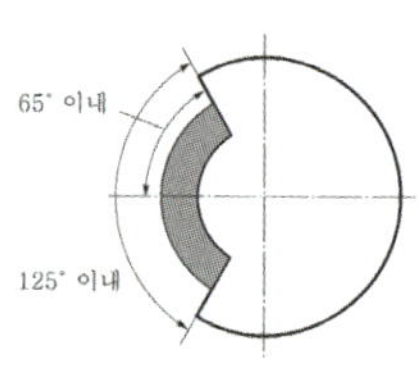

▲ 일반 연삭 작업 등에 사용 목적

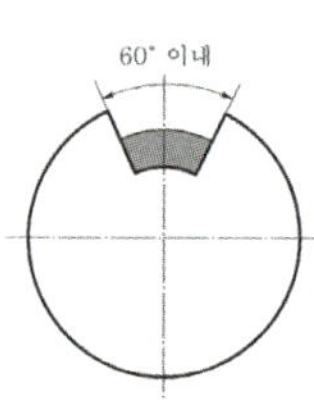

▲ 연삭숫돌의 상부 사용 목적

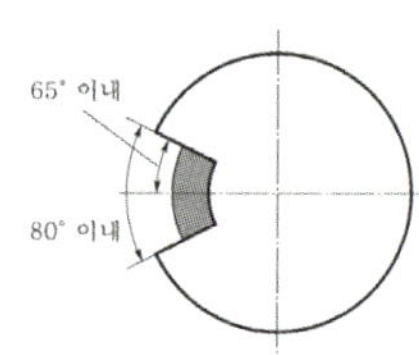

▲ 그 외의 탁상용 연삭기

④ 휴대용, 원통형, 센터리스, 절단기, 평면형 연삭기의 덮개 각도

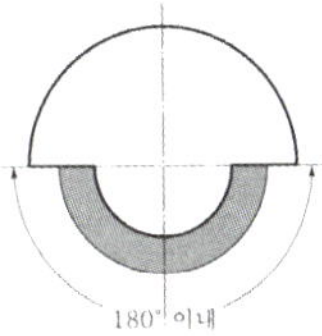

▲ 휴대용, 원통형, 센터리스 연삭기

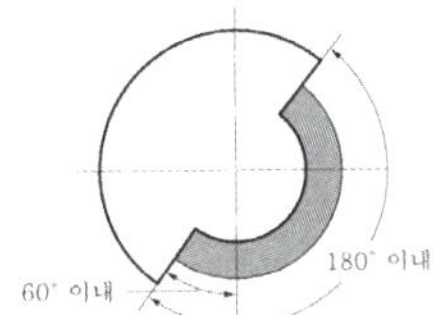

▲ 원통 외면 연삭기 및 센터리스 연삭기

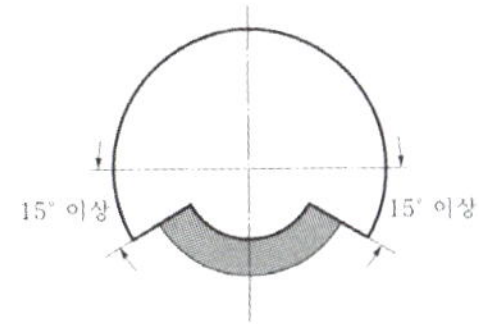

▲ 절단기, 평면형 연삭기

(3) 연삭작업의 안전수칙

① 연삭숫돌을 조심하여 취급하고 사용 전에는 반드시 손상유무를 점검한다.
② 연삭숫돌에는 충격이 가지 않도록 한다.
③ 연삭숫돌은 규격에 맞는 크기의 것을 규정 속도로 사용한다.
④ 방호덮개를 부착한 상태에서 작업한다.
⑤ 작업 시에는 반드시 보안경을 착용한다.
⑥ 연삭기의 노출 각도는 90°이거나 전체 원주의 1/4을 초과하지 않는다.
⑦ 연삭숫돌의 교체 시에는 3분 이상, 작업 시작 전 1분 이상 시운전 후 작업한다.
⑧ 연삭숫돌에 무리한 힘을 가하지 않는다.
⑨ 측면 사용을 목적으로 제작된 연삭숫돌 이외에는 측면 사용을 금지한다.

기출문제

연삭기의 연삭숫돌을 교체했을 경우 시운전은 최소 몇 분 이상 실시해야 하는가?

① 1분 ❷ 3분
③ 5분 ④ 7분

8 소성가공 ★

소성을 가진 재료에 소성 변형을 일으켜 원하는 모양의 제품을 만드는 기술이며, 재료에 가해진 힘이 제거된 후에도 재료의 변형이 원래의 상태로 돌아가지 못하고 영구 변형이 남는 현상을 말한다.

(1) 소성가공의 종류

단조가공	해머나 프레스와 같은 공작 기계로 타격하여 변형하는 작업
압연가공	회전하는 2개의 롤러 사이에 재료를 통과시켜 가공하는 방법. 핀이나 레일, 형강, 봉강 등을 제조할 수 있으며, 주로 연강을 이용함.
인발가공	재료 다이를 통해 잡아당기면서 일정한 단면으로 가공하는 방법
압출가공	재료를 일정한 용기 속에 넣고 밀어붙이는 힘에 의하여 다이를 통과시켜 소정의 모양으로 가공하는 방법

전조가공	다이 또는 롤러를 사용하여 재료에 외력을 가해 눌러 붙여 성형하는 가공 방법. 나사, 볼, 기어 등을 가공함.
판금가공	판상 금속재료를 프레스, 펀칭, 압축, 인장 등으로 가공하여 목적하는 형상으로 변형시켜 가공하는 방법
제관가공	파이프를 가공하는 방법

(2) 압연 온도에 의한 분류

냉간압연(상온가공)	재결정 온도 이하에서 행하는 압연
열간압연(고온가공)	재결정 온도 이상에서 행하는 압연

기출문제

다음 중 소성가공을 열간가공과 냉간가공으로 분류하는 가공온도의 기준은?

① 융해점 온도
② 공석점 온도
③ 공정점 온도
❹ 재결정 온도

02 프레스 및 전단기의 안전

합격 체크포인트

- 프레스의 종류 이해
- 프레스의 방호장치

1 프레스의 종류 및 방호장치 ★★★★

프레스란 금형과 금형을 사이에 두고 슬라이드의 상하작동으로 금속 또는 비금속 물질을 압축, 절단 또는 성형하는 기계이다.

(1) 프레스의 종류

크랭크 프레스 (Crank Press)	크랭크축과 커넥팅 로드와의 플라이휠 회전운동을 직선운동으로 전환시키는 프레스
엑센트릭 프레스 (Eccentric Press)	페달을 밟으면 클러치가 작동하여 주축에 회전력이 전달되는 프레스
토글 프레스 (Toggle Press)	플라이휠의 회전운동을 크랭크 장치를 왕복운동으로 변환시키고, 이것이 다시 토글 기구를 통해 램이 상하운동을 하는 프레스
마찰 프레스 (Friction Press)	마찰력과 나사를 이용한 프레스로서 회전하는 마찰차를 좌우로 이동시켜 수평마찰차와 교대로 접촉시킴으로써 작업하는 프레스
액압 프레스	용량이 큰 프레스로, 실린더 내의 수압 또는 유압으로 기계를 작동시키는 프레스

(2) 프레스의 작업점에 대한 방호 방법

① 금형 안에 손이 들어가지 않는 구조(No－hand in die)

㉠ 안전울(방호울) 설치

㉡ 안전 금형 사용

㉢ 자동화 또는 전용 프레스 도입

- 프레스의 자동송급장치 : 롤 피더, 매거진 피더, 다이얼 피

기출문제

프레스기의 안전대책 중 손을 금형 사이에 집어넣을 수 없도록 하는 본질적 안전화를 위한 방식(no－hand in die)에 해당하는 것은?

① 수인식 ② 광전자식
❸ 방호울식 ④ 손쳐내기식

더, 슬라이드 피더, 그리퍼 피더, 푸셔 피더, 슈트
- 프레스의 자동배출장치 : 셔블 이젝터, 키커, 공기분사장치

② 금형 안에 손이 들어가는 구조(Hand in die)
㉠ 가드식 방호장치
㉡ 수인식 방호장치
㉢ 손쳐내기식 방호장치
㉣ 양수조작식 방호장치
㉤ 광전자식 방호장치

(3) 프레스 방호장치의 종류

구분	종류	기능
광전자식	A－1	신체의 일부가 광선을 차단하면 기계를 급정지시키는 방호장치
	A－2	급정지기능이 없는 프레스의 클러치 개조를 통해 광선 차단 시 급정지시킬 수 있도록 한 방호장치
양수 조작식	B－1 (유 · 공압 밸브식)	1행정 1정지식 프레스에 사용되는 것으로서, 양손으로 동시에 조작하지 않으면 기계가 동작하지 않고, 한 손이라도 떼어내면 급정지시키는 방호장치(위치제한형 방호장치)
	B－2 (전기버튼식)	
게이트 가드식	C	가드가 열려 있는 상태에서는 기계의 위험부분이 동작되지 않고, 기계가 위험한 상태일 때에는 가드를 열 수 없도록 한 방호장치
손쳐내기식	D	슬라이드의 작동에 연동시켜 위험상태로 되기 전에 손을 위험 영역에서 밀어내거나 쳐내는 방호장치
수인식	E	슬라이드와 작업자 손을 끈으로 연결하여 슬라이드 하강 시 작업자 손을 당겨 위험영역에서 빼낼 수 있도록 한 방호장치

(4) 방호장치의 구조와 설치 시 주의사항

① 광전자식 방호장치
㉠ 투광부, 수광부, 컨트롤 부분으로 구성된 것으로, 신체의 일부가 광선을 차단하면 기계를 급정지시키는 방호장치이다.
㉡ 슬라이드 하강 중 정전 또는 방호장치의 이상 시에 정지할 수 있는 구조로, 기계적 고장에 의한 2차 낙하에는 효과가 없다.
㉢ 연속 운전작업에 사용할 수 있으며, 시계를 차단하지 않기 때문에 작업에 지장을 주지 않는다.

기출문제

프레스 작업에서 재해 예방을 위한 재료의 자동송급 또는 자동배출장치가 아닌 것은?
① 롤 피더
② 그리퍼 피더
❸ 플라이어
④ 셔블 이젝터

기출문제

프레스기의 방호장치 중 위치제한형 방호장치에 해당되는 것은?
① 수인식 방호장치
② 광전자식 방호장치
③ 손쳐내기식 방호장치
❹ 양수조작식 방호장치

기출문제

슬라이드가 내려옴에 따라 손을 쳐내는 막대기 좌우로 왕복하면서 위험점으로부터 손을 보호하여 주는 프레스의 안전장치는?
❶ 손쳐내기식 방호장치
② 수인식 방호장치
③ 게이트 가드식 방호방치
④ 양손조작식 방호장치

㉣ 정상동작 표시램프는 녹색, 위험 표시램프는 붉은색으로 하며, 근로자가 쉽게 볼 수 있는 곳에 설치해야 한다.

㉤ 방호장치는 릴레이, 리미트스위치 등의 전기부품의 고장, 전원전압의 변동 및 정전에 의해 슬라이드가 불시에 동작하지 않아야 하며, 사용전원전압의 ±(100분의 20)의 변동에 대하여 정상으로 작동되어야 한다.

㉥ 방호장치의 정상작동 중에 감지가 이루어지거나 공급전원이 중단되는 경우 적어도 두 개 이상의 독립된 출력신호 개폐장치가 꺼진 상태로 되어야 한다.

㉦ 방호장치를 무효화하는 기능이 있어서는 안 된다.

㉧ 연속차광폭은 30mm 이하여야 한다(단, 12광축 이상으로 광축과 작업점과의 수평거리가 500mm를 초과하는 프레스에 사용하는 경우는 40mm 이하).

㉨ 설치거리는 안전거리보다 길어야 한다.

㉩ 안전거리

- 프레스, 전단기의 방호장치 의무안전 인증기준
  D(cm) = 160×프레스 작동 후 작업점까지의 도달시간(초)
- 프레스의 의무안전 인증기준
  D(mm) = 1,600×(T_L+ T_S)

여기서, D : 안전거리

T_L : 손이 광선을 차단한 순간부터 급정지기구가 작동 개시하기 전까지의 시간(방호장치의 작동시간)

T_S : 급정지기구가 작동을 개시할 때부터 슬라이드가 정지할 때까지의 시간(프레스의 급정지시간)

$T_L + T_S$: 최대정지시간

② 양수조작식 방호장치

㉠ 1행정 1정지식 프레스에 사용되는 것으로서, 양손으로 동시에 조작하지 않으면 기계가 동작하지 않으며, 한 손이라도 떼어내면 기계를 정지시키는 방호장치이다.

㉡ 슬라이드 하강 중 정전 또는 방호장치의 이상 시에 정지할 수 있는 구조이어야 한다.

㉢ 방호장치는 릴레이, 리미트스위치 등의 전기부품의 고장, 전원전압의 변동 및 정전에 의해 슬라이드가 불시에 동작하지 않아야 하며, 사용전원전압 ±(100분의 20)의 변동에 대하여 정상으로 작동되어야 한다.

㉣ 1행정 1정지 기구에 사용할 수 있어야 한다.

기출 Check!

- 광전자식 방호장치는 **마찰식 클러치 구조**의 프레스에 사용할 수 있다.
- 정상동작 표시램프는 녹색, 위험 표시램프는 붉은색이다.
- 방호장치는 **사용전원전압의 ±(100분의 20)**의 변동에 대하여 정상으로 작동되어야 한다.

기출문제

광전자식 방호장치의 광선에 신체의 일부가 감지된 후로부터 급정지기구가 작동 개시하기까지의 시간이 40ms이고, 광축의 최소설치거리(안전거리)가 200mm일 때 급정지기구가 작동 개시한 때로부터 프레스기의 슬라이드가 정지될 때까지의 시간은 약 몇 ms인가?

답 200 = 1.6×(40 + T_s)
T_s = 200/1.6 − 40
= 85[ms]

기출문제

다음 중 프레스기에 사용되는 방호장치에 있어 원칙적으로 급정지 기구가 부착되어야만 사용할 수 있는 방식은?

❶ 양수조작식
② 손쳐내기식
③ 가드식
④ 수인식

ⓜ 누름버튼을 양손으로 동시에 조작하지 않으면 작동시킬 수 없는 구조이어야 하며, 양쪽 버튼의 작동시간 차이는 최대 0.5초 이내일 때 프레스가 동작되도록 해야 한다.

ⓗ 1행정마다 누름버튼에서 양손을 떼지 않으면 다음 작업의 동작을 할 수 없는 구조이어야 한다.

ⓢ 누름버튼의 상호 간 내측거리는 300mm 이상이어야 한다.

ⓞ 설치거리는 안전거리보다 길어야 한다.

ⓙ 안전거리

- 프레스, 전단기의 방호장치 의무안전 인증기준
  D(cm) = 160×프레스 작동 후 작업점까지의 도달시간(초)
- 프레스의 의무안전 인증기준
  D(mm) = 1,600×($T_L + T_S$)

여기서, D : 안전거리
T_L : 손이 광선을 차단한 순간부터 급정지기구가 작동 개시하기 전까지의 시간(방호장치의 작동시간)
T_S : 급정지기구가 작동을 개시할 때부터 슬라이드가 정지할 때까지의 시간(프레스의 급정지시간)
$T_L + T_S$: 최대정지시간

③ 양수기동식(급정지 기구가 없는 확동클러치 프레스용)

㉠ 120spm 이상 프레스에서 사용한다.

㉡ 안전거리

$$D = 1.6 \times T_m(\text{mm}) = 1.6 \times \left(\frac{1}{2} + \frac{1}{N}\right) \times \frac{60,000}{\text{spm}}(\text{ms})$$

여기서, D : 안전거리
N : 확동식 클러치의 봉합 개소수(클러치의 맞물림 개소수)
T_m : 양손으로 누름버튼을 누른 뒤 슬라이드가 하사점에 도달하기까지의 최대 소요시간(ms)
spm : 매분행정수

④ 게이트가드식 방호장치

㉠ 가드가 열린 상태에서 슬라이드를 동작시킬 수 없고, 슬라이드 동작 중에는 열 수 없어야 한다.

㉡ 방호장치에 설치된 슬라이드 동작용 리미트스위치는 신체의 일부나 재료 등의 접촉을 방지할 수 있는 구조이어야 한다.

㉢ 확동식 클러치를 부착한 프레스에 사용하는 것은 슬라이드의 상사점에서 정지를 확인할 후가 아니면 개방할 수 없어야 한다.

기출문제

프레스기의 SPM(Stroke Per Minute)이 200이고, 클러치의 맞물림 개소수가 6인 경우 양수기동식 방호장치의 안전거리는?

답 $D = 1.6 \times T_m$
$= 1.6 \times \left(\frac{1}{2} + \frac{1}{6}\right) \times \left(\frac{60,000}{200}\right)$
$= 320$[mm]

㉣ 게이트의 작동방식에 따라 하강식, 횡슬라이드식, 도립식, 상승식이 있다.

⑤ 수인식 방호장치

㉠ 손목 밴드의 재료는 유연한 내유성 피혁 또는 동등한 재료를 사용해야 한다.

㉡ 수인끈의 재료는 합성섬유로 직경이 4mm 이상이어야 한다.

㉢ 수인끈의 끄는 양은 테이블 안 길이의 1/2 이상이어야 한다.

㉣ 수인끈은 늘어나거나 끊어지기 쉬운 것을 사용하면 안 되며, 그 길이를 조정할 수 있어야 한다.

⑥ 손쳐내기식 방호장치

㉠ 슬라이드 하행정 거리의 3/4 위치에서 손을 완전히 밀어내야 한다.

㉡ 손쳐내기 봉의 진폭은 금형 폭 이상이어야 한다.

㉢ 방호판의 폭은 금형 폭의 1/2 이상이어야 되고, 스트로크가 300mm 이상의 프레스는 방호판의 폭을 300mm로 해야 한다.

㉣ 손쳐내기 봉은 손 접촉 시 충격을 완화할 수 있는 충재를 부착해야 한다.

(5) 프레스의 작업 시작 전 점검사항

① 클러치 및 브레이크의 기능

② 크랭크축 · 플라이휠 · 슬라이드 · 연결봉 및 연결나사의 풀림 유무

③ 1행정 1정지 기구 · 급정지장치 및 비상정지장치의 기능

④ 슬라이드 또는 칼날에 의한 위험방지기구의 기능

⑤ 프레스의 금형 및 고정볼트 상태

⑥ 방호장치의 기능

⑦ 전단기의 칼날 및 테이블의 상태

2 금형의 안전화

(1) 금형의 안전화 방법

① **안전울 설치** : 금형 사이에 신체 일부가 들어가지 않도록 안전울을 설치해야 한다.

② **안전금형 사용** : 상사점에 있어서 상형과 하형과의 간격, 가이드 포스트와 부시의 간격이 8mm 이하가 되도록 설치해야 한다.

기출 Check!

수인끈의 길이는 작업자에 따라 **길이를 조정할 수 있어야 한다.**

법령

산업안전보건기준에 관한 규칙 별표 3

기출문제

다음 중 산업안전보건법령상 프레스 등을 사용하여 작업을 할 때에 작업시작 전 점검사항으로 볼 수 없는 것은?

❶ 압력방출장치의 기능
② 클러치 및 브레이크의 기능
③ 프레스의 금형 및 고정볼트 상태
④ 1행정 1정지기구 · 급정지장치 및 비상정지장치의 기능

③ 전용 프레스 사용

㉠ 재료를 자동으로 또는 위험한계 밖으로 송급하기 위한 롤 피드, 슬라이딩 다이 등을 설치한다.

㉡ 가공물과 스크랩이 금형에 부착되는 것을 방지하는 위한 스트리퍼, 녹아웃 등을 설치한다.

㉢ 가공물 등을 자동으로 또한 위험한계 밖으로 반출하기 위한 공기 분사장치 등을 설치한다.

(2) 파손에 따른 위험방지 방법

① 금형의 조립에 이용하는 볼트 또는 너트는 스프링와셔, 조립너트 등에 의해 이완을 방지해야 한다.

② 금형은 하중 중심이 원칙으로 프레스의 하중 중심에 맞아야 한다.

③ 캠 기타 충격이 반복해서 가해지는 부품에는 완충장치를 설치해야 한다.

④ 금형에서는 압축형 스프링을 사용해야 한다.

(3) 탈착 및 운반에 따른 위험방지 방법

① 금형의 탈착 및 운반에 따른 위험방지

㉠ 프레스에 설치하기 위한 금형 설치홈은 설치하는 프레스 볼스터의 T홈에 적합한 형상이고, T홈 안길이는 설치 볼트 직경의 2배 이상이어야 한다.

㉡ 금형의 운반에 있어서 형의 어긋남을 방지하기 위해 대판, 안전핀 등을 사용해야 한다.

② 재료 또는 가공품의 이송방법 자동화

재료를 자동적으로 또는 위험한계 밖으로 송급하기 위한 롤피더, 슬라이딩 다이 등을 설치하여 금형 사이에 손을 넣을 필요가 없도록 조치해야 한다.

③ 수공구의 활용

㉠ 핀셋류

㉡ 플라이어류

㉢ 자석(마그넷) 공구류

㉣ 진공컵류

기출 **Check**!

- 금형에 사용하는 스프링은 압축형을 사용해야 한다.
- 금형을 설치하는 프레스의 T홈 안길이는 설치 볼트 직경의 2배 이상이어야 한다.

합격 체크포인트

- 기타 산업용기계의 종류
- 각 기계별 방호장치

03 기타 산업용 기계 기구

1 롤러기 ★★★★

(1) 롤러기의 정의

① 롤러기란 2개 이상의 롤러를 한 조로 해서 각각 반대 방향으로 회전하면서 가공 재료를 롤러 사이로 통과시켜 롤러의 압력에 의하여 소성변형 또는 연화시키는 기계를 말한다.

② 롤러기의 주요 구조부

㉠ 프레임　　㉡ 롤러

㉢ 급정지장치　　㉣ 유·공압계통

㉤ 제어반

(2) 방호장치의 설치 방법 및 성능조건

① **급정지장치** : 롤러기의 전면에서 작업하고 있는 근로자의 신체 일부가 롤러 사이에 말려들어 가거나 말려 들어갈 우려가 있는 경우에 근로자가 손, 무릎, 복부 등으로 급정지 조작부를 동작시켜 롤러기를 급정지시키는 장치를 말한다.

② 급정지장치의 종류와 설치 위치

급정지장치 조작부의 종류	위치
손으로 조작하는 것	밑면으로부터 1.8m 이내
복부로 조작하는 것	밑면으로부터 0.8m 이상 1.1m 이내
무릎으로 조작하는 것	밑면으로부터 0.4m 이상 0.6m 이내

※ 위치는 급정지장치 조작부의 중심점을 기준으로 한다.

③ 설치 시 주의사항

㉠ 작동이 원활하고 견고하여야 한다.

㉡ 조작부는 근로자가 긴급 시 조작부를 용이하게 알아볼 수 있게 하기 위해 안전에 관한 색상으로 표시한다.

㉢ 조작부는 그 조작에 지장이나 변형이 생기지 않고 강성이 유지되도록 설치한다.

㉣ 조작부에 로프를 사용하는 경우에는 직경이 4mm 이상의 와이어로프 또는 직경이 6mm 이상이고, 절단하중이 300kgf 이상의 합성섬유로프를 사용한다.

기출문제

다음 중 롤러기에 설치하여야 할 방호장치는

① 반발예방장치
❷ 급정지장치
③ 접촉예방장치
④ 파열판장치

기출문제

롤러기 급정지장치 조작부에 사용하는 로프의 성능기준으로 적합한 것은?

① 지름 1mm 이상의 와이어로프
② 지름 2mm 이상의 합성섬유로프
③ 지름 3mm 이상의 합성섬유로프
❹ 지름 4mm 이상의 와이어로프

ⓜ 조작부의 설치위치는 안전기준상의 안전거리를 반드시 확보한다.

ⓑ 조작스위치 및 기동스위치는 분진 기타 불순물이 침투하지 못하도록 밀폐형으로 제조한다.

ⓢ 제동모터 및 기타 제동장치에 제동이 걸린 후에 다시 기동스위치를 재조작하지 않으면 기동될 수 없는 구조여야 한다.

④ 앞면 롤러의 표면속도에 따른 급정지거리

앞면 롤러의 표면속도	급정지거리
30m/min 미만	앞면 롤러 원주의 1/3 이내
30m/min 이상	앞면 롤러 원주의 1/2.5 이내

이때 표면속도 계산 공식은 아래와 같다.

$$V = \frac{\pi \cdot D \cdot N}{1,000} (\mathrm{m/min})$$

여기서, V : 안전거리
D : 롤러 원통의 직경(mm)
N : 1분간 롤러 회전수(rpm)

2 원심기

(1) 정의 및 주요 구조부

① 원심기 또는 원심분리기(centrifuge)란 가속되기 쉬운 공정재료의 혼합물과 관련된 회전 가능한 챔버를 장착하고 있는 분리 장치 등을 말한다.

② 원심기의 주요 구조부

㉠ 보울 및 배출장치

㉡ 프레임(케이싱 또는 하우징 포함)

㉢ 방호장치

㉣ 유압계통

(2) 방호장치

① 덮개와 에어실린더 잠금 연동장치

㉠ 원심력을 이용하여 물질을 분리하거나 추출하는 일련의 작업을 행하는 원심기계에는 덮개를 설치한다.

기출문제

롤러기의 앞면 롤러의 지름이 300mm, 분당회전수가 30회일 경우 허용되는 급정지장치의 급정지거리는 약 몇 mm 이내이어야 하는가?

답 $V = \frac{3.14 \times 300 \times 30}{1,000}$
$= 28.28\mathrm{m/min}$
표면속도가 30m/min 미만이면 급정지거리는 원주의 $\frac{1}{3}$이므로, $3.14 \times 300 \times \frac{1}{3} = 314[\mathrm{mm}]$

㉡ 덮개의 원활한 구동과 내통 회전 중 덮개를 개방할 수 없도록 에어실린더 잠금장치를 설치하고, 잠금장치와 연동회로를 구성한다.

㉢ 타이머로 덮개의 자동 개폐회로를 구성하고 타이머의 신호를 모터와 연동하여 내용물에 따른 작업시간의 조절이 가능하도록 한다.

② 덮개와 전기적 리미트스위치 연동장치

㉠ 덮개의 원활한 구동을 위하여 에어실린더에는 덮개를 설치한다.

㉡ 덮개 부분에 리미트스위치를 부착하여 덮개를 개방하면 전원이 자동차단되고 원심탈수기 회전이 정지되도록 연동회로를 구성한다.

(3) 원심기의 안전기준

> 기출 Check!
> '압력방출장치'는 원심기의 안전을 위한 장치가 아니라, 보일러 및 압력용기의 방호장치이다.

① **덮개의 설치** : 원심기에는 덮개를 설치한다.

② **운전의 정지** : 원심기로부터 내용물을 꺼낼 때는 운전을 정지한다.

③ **최고 사용회전수의 초과 사용 금지** : 원심기의 정격 회전수를 초과하여 사용하는 것을 금지한다.

3 아세틸렌 용접장치 및 가스 집합 용접장치 ★★

(1) 정의 및 구조

① 아세틸렌 용접기는 산소와 아세틸렌이 화합했을 때 발생하는 높은 열을 이용해서 금속을 용접 · 절단하는 장치이다.

② 아세틸렌 용접장치의 구조

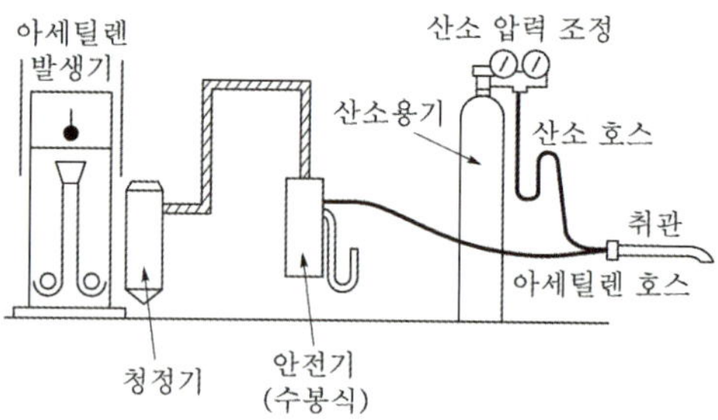

▌아세틸렌 용접장치의 구조 ▌

발생기	카바이드와 물을 반응시켜 아세틸렌 용접장치에서 사용하는 아세틸렌을 발생시키는 장치
도관	발생기로부터 작업 현장으로 가스를 공급하기 위한 배관 설비
취관	선단에 붙인 팁(노즐)으로부터 가스의 유출을 조절하는 기구
안전기	가스의 역류 및 역화를 방지하기 위해 설치하는 방호장치

③ 아세틸렌가스의 화학반응 : 칼슘카바이드(CaC_2)와 물과의 반응

$$CaC_2 + 2H_2O \rightarrow C_2H_2 + Ca(OH)_2 + 31.872kcal$$

④ 아세틸렌 발생기의 종류

투입식	많은 양의 물속에 카바이드를 소량씩 투입하여 비교적 많은 양의 아세틸렌 가스를 발생시키며, 카바이드 1kg에 대하여 6~7L의 물을 사용한다.
주수식	발생기 안에 들어 있는 카바이드에 필요한 양의 물을 주수하여 가스를 발생시키는 방식으로, 소량의 가스를 요할 때 사용한다.
침지식	투입식과 주수식의 절충형으로, 카바이드를 물에 침지시켜 가스를 발생시키며 이동식 발생기로서 널리 사용한다.

(2) 가스 집합 용접장치

① 가스 집합 용접장치는 가스 집합 장치의 용기를 도관에 의해 연결한 장치 또는 인화성 가스의 용기를 도관에 의해 연결한 장치를 말한다.

② 해당 용기의 내용적 합계가 수소 또는 용해아세틸렌 용기에 있어서 400L 이상, 그 외의 인화성 가스용기는 1,000L 이상의 것을 사용해야 한다.

③ 가스 집합 용접장치의 구성 : 안전기, 압력조정기, 도관, 취관 등

④ 압력조정기 : 산소실린더, 용해 아세틸렌, 아세틸렌 배관 등의 압력은 매우 고압이므로 이것을 실제로 용접 작업에 필요한 압력으로 저하시켜 적당한 유량으로 확보하기 위한 장치

(3) 아세틸렌 용접작업 시 발생하는 역화의 원인과 해결 방법

① 역화의 원인

㉠ 압력조정기의 고장

㉡ 산소공급이 과다할 때

㉢ 토치의 성능이 좋지 않을 때

㉣ 토치 팁에 이물질이 묻어 막혔을 때

㉤ 팁과 모재의 접촉

㉥ 토치가 가열되었을 때

기출문제

아세틸렌 용접 시 역류를 방지하기 위하여 설치하여야 하는 것은?

❶ 안전기 ② 청정기
③ 발생기 ④ 유량기

② 해결 방법 : 산소밸브를 잠그고 아세틸렌밸브를 잠근 후 산소밸브를 조금 열고 물에 담근다.

(4) 방호장치의 종류 및 구조와 설치 시 주의사항

① 안전기의 종류

수봉식 역화방지	• 유효수주 : 저압용 25mm 이상, 중압용 50mm 이상
건식 역화방지기	• 소염소자식 • 우회로식

② 구조와 설치 시 주의사항

㉠ 역화방지기의 구조는 소염소자, 역화방지장치 및 방출장치 등을 구비한다.

㉡ 역화방지기는 사용상 지장이 있는 부식, 홈, 균열 등이 없어야 한다.

㉢ 소염소자는 금망, 소결금속 또는 이와 동등 이상의 소염 성능을 가져야 한다.

㉣ 역화방지기는 역화를 방지한 후 복원되어 계속 사용할 수 있는 구조이어야 한다.

③ 방호장치의 설치 방법

㉠ 아세틸렌 용접장치

- 매 취관마다 안전기를 설치해야 한다.
- 주관에 안전기를 설치하고 취관에 가장 근접한 분기관마다 설치해야 한다.
- 가스용기가 발생기와 분리되어 있는 경우 발생기와 가스용기 사이에 설치해야 한다.

㉡ 가스 집합 용접장치

- 주관 및 분기관에 안전기를 설치하여 하나의 취관에 대하여 안전기가 2개 이상 되도록 설치해야 한다.

기출문제

아세틸렌용접장치 및 가스집합 용접장치에서 가스의 역류 및 역화를 방지하기 위한 안전기의 형식에 속하는 것은?

① 주수식　② 침지식
③ 투입식　❹ 수봉식

기출 Check!

아세틸렌 용접장치의 매 취관마다 **안전기**를 설치해야 한다.

4 보일러 ★★★★

(1) 보일러의 정의 및 구조

① 보일러란 밀폐된 강철제 용기 내의 물 또는 열매에 연료의 연소열을 전하여 증기 또는 온수를 만드는 장치를 말한다.

② 보일러는 일반적으로 연소를 연소시켜 얻어진 열을 이용해서 보일러 내의 물을 가열하여 필요한 증기 또는 온수를 얻는 장치로, 연소로와 보일러 본체, 부속장치 및 부속품으로 구성된다.

(2) 보일러 안전장치의 종류

① 고저수위조절장치

㉠ 고저수위지점을 알리는 경보등 · 경보음 장치 등을 설치해야 한다.

㉡ 자동으로 급수 또는 단수되도록 설치해야 한다.

㉢ 플로트식, 전극식, 차압식 등이 있다.

② 압력방출장치

㉠ 보일러 규격에 적합한 압력방출장치를 최고사용압력 이하에서 작동되도록 1개 또는 2개 이상 설치해야 한다.

㉡ 2개 이상 설치할 경우 최고사용압력 이하에서 1개가 작동되고, 다른 압력방출장치는 최고사용압력의 1.05배 이하에서 작동되도록 부착해야 한다.

㉢ 압력방출장치는 설정압력에서 압력방출장치가 적정하게 작동하는지를 검사한 후 납으로 봉인하여 사용해야 한다. 다만, 공정안전보고서 제출 대상으로서 공정안전보고서 이행상태 평가 결과가 우수한 사업장은 압력방출장치에 대하여 4년마다 1회 이상 설정압력에서 압력방출장치가 적정하게 작동하는지를 검사할 수 있다.

㉣ 스프링식, 중추식, 지렛대식 등이 있다.

③ 압력제한스위치

㉠ 보일러의 과열 방지를 위해 최고사용압력과 상용압력 사이에서 버너연소를 차단할 수 있도록 압력제한스위치를 부착하여 사용해야 한다.

㉡ 압력계가 설치된 배관상에 설치해야 한다.

④ **화염검출기** : 연소 상태를 항상 감시하고 그 신호를 프레임 릴레이가 받아서 연소차단밸브를 개폐해야 한다.

기출문제

산업안전보건법령상 보일러의 폭발 위험방지를 위한 방호장치가 아닌 것은?

❶ 급정지장치
② 압력제한스위치
③ 압력방출장치
④ 고저수위조절장치

기출문제

산업안전보건법상 보일러의 안전한 가동을 위하여 보일러 규격에 맞는 압력방출장치가 2개 이상 설치된 경우에 최고사용압력 이하에서 1개가 작동되고, 다른 압력방출장치는 최고사용압력의 몇 배 이하에서 작동되도록 부착하여야 하는가?

① 1.03배 ❷ 1.05배
③ 1.2배 ④ 1.5배

5 압력용기 ★★★★

(1) 압력용기의 정의 및 구조

① 압력용기란 용기의 내면 또는 외면에서 일정한 유체의 압력을 받는 밀폐된 용기를 말한다.

② 갑종 압력용기란 설계압력이 게이지 압력으로 0.2MPa을 초과하는 화학공정 유체취급 용기와 설계압력이 게이지압력으로 1MPa을 초과하는 공기 또는 질소취급 용기를 말하며, 을종 압력용기란 그 밖의 용기를 말한다.

(2) 압력용기의 방호장치 및 구비요건

① 방호장치의 종류

㉠ 안전밸브(Safety Valve 및 Relief Valve)

㉡ 파열판(Rupture Disk)

㉢ 통기밸브(Breather Valve)

② 방호장치의 구비요건

㉠ 구조 및 재질은 압력용기의 내부유체의 압력 및 온도에 적합하며 유체의 부식에 견딜 수 있어야 한다.

㉡ 방호장치의 설정압력은 압력용기의 설계압력 이하로 한다.

㉢ 하나의 압력용기로서 여러 운전조건에서 사용하고자 할 때에는 각각의 운전조건에 알맞은 방호장치를 설치한다.

㉣ 방호장치의 분출용량은 필요분출량 이상으로 한다.

㉤ 안전밸브는 성능검정 합격품으로 한다.

㉥ 안전밸브의 요구성능과 용도

종류	요구 성능	용도
S	증기의 분출압력을 요구	증기
G	가스의 분출압력을 요구	가스

기출문제

다음 중 산업안전보건법에 따라 안지름 150mm 이상의 압력용기, 정변위 압축기 등에 대해서 과압에 따른 폭발을 방지하기 위하여 설치하여야 하는 방호장치는?

① 역화방지기 ❷ 안전밸브
③ 감지기 ④ 체크밸브

6 산업용 로봇 ★★

(1) 산업용 로봇의 정의

① 산업용 로봇은 매니퓰레이터(manipulator) 및 기억장치를 가지고 기억장치정보에 의해 매니퓰레이터의 굴신, 신축, 상하이동, 좌우이동, 선회동작 및 이들의 복합동작을 자동적으로 이행할 수 있는 기계장치를 말한다.

② 매니퓰레이터는 2개 이상의 링크가 회전 또는 직선 운동을 할 수 있는 관절에 의해 연결되어 있는 관절 연쇄체로서, 연쇄체의 끝은 지지기반에 부착되어 있고 다른 끝에는 물체를 잡을 수 있는 손잡이 또는 조립, 용접, 도장 등의 작업을 수행할 수 있는 공구가 부착되어 있다.

(2) 산업용 로봇의 종류

분류	종류	설명
동작 형태에 의한 분류	직각좌표 구조	팔의 자유도가 주로 직각좌표 형식인 로봇
	원통좌표 구조	팔의 자유도가 주로 원통좌표 형식인 로봇
	극좌표 구조	팔의 자유도가 주로 극좌표 형식인 로봇
	관절형 구조	자유도가 주로 다관절인 로봇
기능 수준에 따른 분류	매니퓰레이터 로봇	인간의 팔이나 손의 기능과 유사한 기능을 가지고 대상물을 공간적으로 이동시킬 수 있는 로봇
	수동 매니퓰레이터 로봇	사람이 직접 조작하는 매니퓰레이터
	시퀀스 로봇	미리 설정된 순서와 조건 및 위치에 따라 동작의 각 단계를 점차 진행해가는 로봇
	플레이백 로봇	미리 사람이 작업의 순서, 위치 등의 정보를 기억시켜 그것을 필요에 따라 읽어내어 작업을 할 수 있는 로봇
	수치제어(NC) 로봇	로봇을 움직이지 않고 순서, 조건, 위치 및 기타 정보를 수치, 언어 등에 의해 교시하고 그 정보에 따라 작업을 할 수 있는 로봇
	지능로봇	감상 및 인식 기능에 의해 행동을 결정할 수 있는 로봇

(3) 교시작업

① 작업자가 근접하여 매니퓰레이터의 동작 순서, 위치 또는 속도의 설정 변경, 다른 기기와의 연동 설정 변경 등의 절차를 작성하여 기억장치에 기억시키는 작업을 말한다.

② 교시작업 중 로봇의 예기치 못한 작동 또는 오조작에 의한 위험방지 조치

㉠ 로봇의 조작 방법 및 순서

㉡ 작업 중의 매니퓰레이터의 속도

㉢ 2명 이상의 근로자에게 작업을 시킬 경우의 신호 방법

㉣ 이상을 발견한 경우의 조치

기출문제

산업용 로봇은 크게 입력정보 교시에 의한 분류와 동작 형태에 의한 분류로 나눌 수 있다. 다음 중 입력정보 교시에 의한 분류에 해당되는 것은?

① 관절 로봇
② 극좌표 로봇
③ 원통좌표 로봇
❹ 수치제어 로봇

㉤ 이상을 발견하여 로봇의 운전을 정지시킨 후 이를 재가동시킬 경우의 조치

㉥ 그 밖에 로봇의 예기치 못한 작동 또는 오조작에 의한 위험을 방지하기 위하여 필요한 조치

③ 작업에 종사하고 있는 근로자 또는 그 근로자를 감시하는 사람은 이상을 발견하면 즉시 로봇의 운전을 정지시키기 위한 조치를 취한다.

④ 작업을 하고 있는 로봇의 기동스위치 등에 작업 중이라는 표시를 하는 등 작업에 종사하고 있는 근로자가 아닌 사람이 그 스위치 등을 조작할 수 없도록 필요한 조치를 취한다.

(4) 교시 등의 작업시작 전 점검사항

① 외부 전선의 피복 또는 외장의 손상 유무

② 매니퓰레이터 작동의 이상 유무

③ 제동장치 및 비상정지장치의 기능

(5) 산업용 로봇의 방호장치

① **안전매트** : 자동문에서 흔히 볼 수 있는 것으로 사람이 밟으면 접점이 닫히는 구조로 되어 있으며, 산업용 로봇에 접근하는 출입문 바닥에 설치해야 한다.

② **안전방책**

㉠ 작업 중에 발생하는 진동, 출력, 그 밖의 환경조건에 충분히 견디도록 하는 울타리로서 문을 설치하는 경우, 문을 통해 작업자가 위험구역 내로 출입하는 경우, 로봇이 정지되도록 연동시키는 구조여야 한다.

㉡ 매니퓰레이터와 방책 사이에서 끼임 위험이 없도록 최소 40cm 이상 격리시키고, 방책의 높이는 1.8m 이상 설치한다. 다만, 로봇의 가동범위 등을 고려하여 높이로 인한 위험성이 없는 경우에는 높이를 그 이하로 조절할 수 있다.

③ **비상정지장치** : 로봇 사용 중 비상상황 발생 시 스위치를 눌러 로봇의 위험 동작을 정지시키는 장치이다.

기출 Check!

- 교시작업을 수행할 때에는 매니퓰레이터의 속도를 느리게 한다.
- 이상을 발견하면 안전담당자에게 보고를 하더라도 운전을 계속하면 안 된다.

기출문제

산업용 로봇에서 근로자에게 발생할 수 있는 부상 등의 위험을 방지하기 위하여 방책을 세우고자 할 때 일반적으로 높이는 몇 m 이상으로 해야 하는가?

❶ 1.8 ② 2.1
③ 2.4 ④ 2.7

7 목재 가공용 기계 ★★★

(1) 목재 가공용 기계의 정의 및 종류

목재 가공용 둥근톱	고정된 한 개의 둥근톱날을 이용하여 목재를 절단가공하는 기계
목재 가공용 대패	공작물을 수동 또는 자동으로 직선이송시켜 회전하는 대팻날로 평면깎기, 홈깎기 또는 모떼기 등의 가공을 하는 목재 가공 기계
루터기	고속회전하는 공구를 이용하여 공작물에 조작, 모떼기, 잘라내기 등의 가공을 하는 목공 밀링기계
띠톱기계	프레임에 부착된 상하 또는 좌우 2개의 톱바퀴에 엔드리스형 띠톱을 걸고 목재를 가공하는 기계
모떼기기계	목재의 측면을 원하는 형상으로 가공하는 데 사용하는 기계로, 곡면절삭, 곡선절삭, 홈붙이 작업 등에 사용되는 것

(2) 목재 가공용 둥근톱의 방호장치

① 톱날 접촉예방장치

㉠ 가동식 날 접촉예방장치 : 덮개 하단이 급송되는 가공재의 상면에 항상 접하는 방식으로, 절삭하고 있지 않을 때는 덮개가 테이블 면까지 내려가는 구조이다.

- 절단에 필요한 날 부분 이외의 날은 항상 자동으로 덮을 수 있는 구조일 것
- 앞부분의 보조 덮개에 톱날을 볼 수 있는 홈이 있을 것

㉡ 고정식 날 접촉예방장치 : 비교적 얇은 가공재의 절단용으로 사용되며, 가동상에서는 이송재의 저항이 크게 되어 재료의 상면이 보조 덮개에 접촉되어 상처를 입거나 그 사용이 어려울 수 있는 단점을 해소가 가능하다.

- 덮개 하단이 테이블 면 위로 25mm 이상 높일 수 없는 구조일 것
- 가공재 상면과 덮개와의 간격이 8mm 이내일 것
- 덮개의 전면부에 홈을 설치하여 톱날의 절단을 볼 수 있을 것

② 반발예방장치 : 가공 중에 목재가 튀어오르는 것을 방지하는 것을 목적으로 설치하는 장치이다.

㉠ 분할날 : 절삭된 가공재가 홈 사이로 들어가면서 가공재의 모든 두께에 걸쳐 쐐기 작용을 하여 가공재가 톱을 조이지 않게 하는 장치로, 겸형식과 현수식으로 구분한다.

기출문제

둥근톱 기계의 방호장치 중 반발예방장치의 종류로 틀린 것은?
① 분할날
② 반발방지기구(finger)
③ 보조 안내판
❹ 안전덮개

기출문제

산업안전보건법령상 목재가공용 둥근톱 작업에서 분할날과 톱날 원주면과의 간격은 최대 얼마 이내가 되도록 조정하는가?

① 10mm ❷ 12mm
③ 14mm ④ 16mm

기출문제

산업안전보건법령상 목재 가공용 기계에 사용되는 방호장치의 연결이 옳지 않은 것은?

① 둥근톱기계 : 톱날 접촉예방장치
② 띠톱기계 : 날 접촉예방장치
③ 모떼기기계 : 날 접촉예방장치
❹ 동력식 수동대패기계 : 반발예방장치

- 톱의 뒷날 바로 가까이 설치할 것(12mm 이내)
- 톱의 뒷날의 2/3 이상을 덮는 구조일 것
- 분할날의 두께는 톱날 두께의 1.1배 이상 톱의 치진폭 이하일 것
- 분할날의 설치부는 조절이 가능한 구조일 것
- 분할날의 재료는 탄성이 큰 탄소공구강일 것

㉡ 반발방지톱(반발방지기구, 반발방지조) : 가공재가 뒷날 측에 대해 조금 들뜨고 역행하려 할 때 발톱이 가공재에 물려들어가 반발을 방지한다.

㉢ 반발방지롤러 : 톱 후면에 있어서 들뜨는 것을 누르고 반발을 방지하며 가공재 윗면을 항상 일정한 힘으로 누르는 장치이다.

(3) 동력식 수동대패의 방호장치

① 날 접촉예방장치

㉠ 대패 기계는 가공재의 절삭작업 중 대팻날 바로 위에서 재료를 손으로 누르고 있기 때문에 반발할 경우 또는 재료가 너무 작은 경우에 손이 미끄러져서 노출되어 회전하고 있는 날에 접촉되어 부상당할 위험이 있다.

㉡ 재해를 방지하기 위한 장치가 날 접촉 예방장치로서, 가공재 절삭에 사용되지 않는 날 부분에는 덮개를 설치해야 한다.

② 날 접촉예방장치의 종류

㉠ 가동식 날 접촉 예방장치 : 대팻날 부위를 가공재료의 크기에 따라 움직이며 인체가 날에 접촉하는 것을 방지해 주는 형식

㉡ 고정식 날 접촉 예방장치 : 대팻날 부위를 필요에 따라 수동 조정하도록 하는 형식

③ 날 접촉예방장치의 공통 설치기준

㉠ 안전을 고려한 색상을 사용하여 덮개 표면을 도장하여야 한다.

㉡ 덮개와 급송측 테이블면 사이는 8mm 이하여야 한다.

㉢ 휨, 비틀림 등 변형이 생기지 않을 만큼 충분한 강도를 보유하여야 한다.

④ 가동식 날 접촉예방장치

㉠ 절삭에 필요치 않는 날 부분은 항상 덮을 수 있는 구조여야 한다.

㉡ 절삭작업 후 자동적으로 원래 위치에 되돌아오는 구조여야 한다.

㉢ 이동부분은 회전이 원활하고 쉽게 파손되지 않는 구조여야 한다.

㉣ 가동부의 고정상태 및 작업자의 접촉에 의한 위험이 없어야 한다.

⑤ **고정식 날접촉예방장치** : 가공재 폭에 따라서 덮개위치 조절이 가능한 구조여야 한다.

8 고속회전체

(1) 고속회전체의 정의 및 위험발생원인

① 고속회전체는 터빈이나 원심분리기 등 고속으로 회전하는 기계를 말한다.

② 고속회전체의 원주속도가 초당 25m를 초과하는 회전시험을 하는 때에는 고속회전체의 파괴로 인한 위험을 방지하기 위하여 전용의 견고한 시설물의 내부 또는 견고한 장벽 등으로 격리된 장소에서 실시해야 한다.

③ 고속으로 회전하는 회전축은 원주속도가 일정값(25m/sec) 이상일 때로 제한조건이 주어진다.

④ 회전체의 회전속도가 증가하면 일반적으로 회전체의 지지점을 중심으로 회전진동이 발생하게 되는데, 회전축의 진동은 회전체에 대한 위험속도로 나타나며, 회전체가 위험속도에 도달하면 이론적으로 변위가 무한대로 발생한다.

(2) 고속회전체의 위험요소

① 로터(rotor)의 파단

② 부품의 절손

③ 로터 부품 및 불균형 질량의 이탈

④ 로터 지지대로부터의 이탈

(3) 방호덮개 설치 시 주의사항

① 방호덮개는 회전체는 전체 질량의 1/3이 충격을 주는 파편에 견딜 수 있도록 설치해야 한다.

② 방호덮개 및 격벽은 회전체의 질량, 회전속도, 비산물의 종류 등을 고려해야 한다.

③ **파편의 형상지수 K의 선정** : 적절한 파편의 형상지수 K는 파편의 재질, 경도, 형상, 충격지역 등을 고려하여 선정해야 한다.

9 사출성형기

(1) 정의 및 주요 구조

① 사출성형기란 열을 가하여 용융 상태의 열가소성 또는 열경화성 플라스틱, 고무 등의 재료를 노즐을 통해 2개의 금형 사이에 주입하여 원하는 모양의 제품을 성형 · 생산하는 기계를 말한다.

② 주요 구조

㉠ 사출장치
㉡ 금형조임장치
㉢ 구동장치
㉣ 제어장치
㉤ 주변 부속장치

(2) 사출성형기의 방호장치

① 플레이트의 닫힘에 의한 위험 방호장치
② 조작 반대측 방호장치
③ 플레이트 등에 의한 위험 방호장치
④ 고온위험에 대한 방호장치

(3) 사출성형기의 안전조치

① 안전문 연동장치를 설치한다.
② 안전문 닫힘을 방지하기 위한 작업 발판형 빗장을 설치한다.
③ 바렐 및 노즐 부위 노출 충전부에 절연 캡 또는 덮개를 설치한다.

합격 체크포인트

- 지게차의 구조 및 방호장치
- 컨베이어의 방호장치
- 구내 운반기계의 안전기준

04 운반기계

1 지게차 ★★★★

(1) 지게차의 정의와 위험요인

① 지게차는 차체의 앞에 화물 적재용 포크와 승강용 마스트를 갖추고 포크 위에 화물을 적재하여 운반함과 동시에 포크의 승강작용을 이용하여 적재 또는 하역작업에 사용하는 운반기계이다. 상하로 이동시키는 승강작업 등의 운반작업이 포크에 의해 이루어지므로 포크 리프트(fork lift)라고도 한다.

② 지게차의 위험요인

㉠ 운전자 시야 불량, 운전 미숙, 과속에 의한 충돌위험
㉡ 경사면 또는 무게중심 상승상태에서 급선회에 의한 전도위험

㉢ 화물 과다적재, 편하중, 지면 요철 등에 의한 화물 낙하위험

㉣ 포크를 상승시킨 상태에서 고소작업 중 추락위험

(2) 작업 전 점검사항

① 제동장치 및 조종장치 기능의 이상 유무

② 하역장치 및 유압장치 기능의 이상 유무

③ 바퀴의 이상 유무

④ 전조등, 후미등, 방향지시기 및 경보장치 기능의 이상 유무

(3) 지게차의 안정도

① 지게차는 화물적재 시 지게차 균형추 무게에 의해 안정된 상태를 유지할 수 있도록 최대하중 이하로 적재해야 한다.

② 지게차의 전후 및 좌우 안정도를 유지하기 위하여 주행, 하역 작업 시 안정도 기준을 준수해야 한다.

③ 지게차의 안정도

안정도	지게차의 상태	
하역작업 시 전후안정도 : 4% 이내 (5t 이상 : 3.5%)		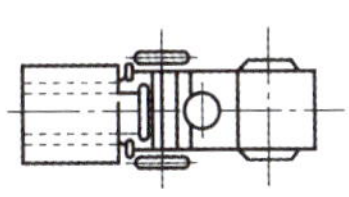 (위에서 본 경우)
주행 시 전후안정도 : 18% 이내		
하역작업 시 좌우안정도 : 6% 이내	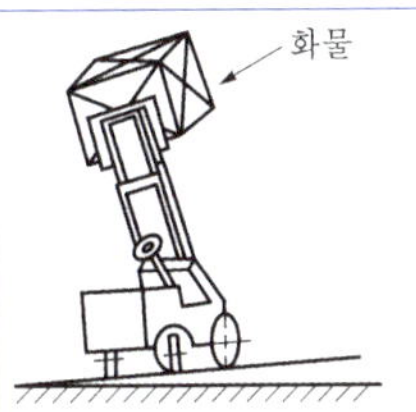 	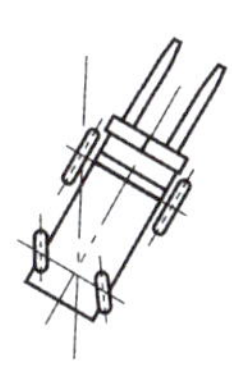 (밑에서 본 경우)
주행 시 좌우안정도 : (15 + 1.1V)% 이내 최대 40%(V = 최고속도 km/h)	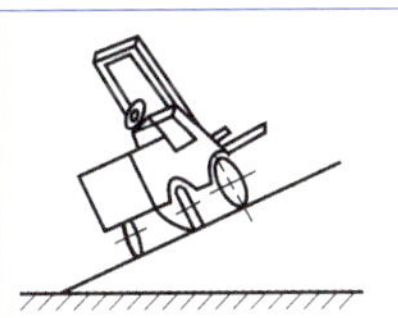	
안정도 = h/ℓ × 100 %	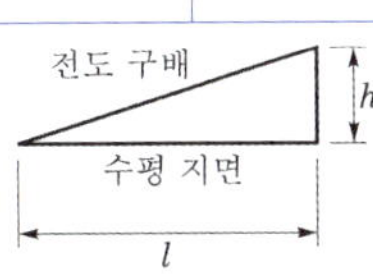 	

기출문제

무부하 상태에서 지게차로 20 km/h의 속도로 주행할 때 좌우 안정도는 몇 % 이내이어야 하는가?

답 15 + 1.1 × V(최고속도)
= 15 × 1.1 × 20 = 37[%]

기출문제

수평거리 20m, 높이가 5m인 경우 지게차의 안정도는 얼마인가?

답 안정도 $= \frac{h}{l} \times 100$
$= \frac{5}{20} \times 100$
= 25[%]

기출문제

지게차의 포크에 적재된 화물이 마스트 후방으로 낙하함으로서 근로자에게 미치는 위험을 방지하기 위하여 설치하는 것은?

① 헤드가드
❷ 백레스트
③ 낙하방지장치
④ 과부하방지장치

기출문제

지게차의 방호장치에 해당하는 것은?

① 버킷
② 포크
③ 마스트
❹ 헤드가드

(4) 지게차 방호장치의 설치기준

① 지게차에는 최대 하중의 2배에 해당하는 등분포 정하중에 견딜 수 있는 강도의 헤드가드를 설치하여야 한다. 4톤을 넘는 값에 대해서는 4톤으로 한다.

② 지게차에는 포크에 적재된 화물이 마스트의 뒤쪽으로 떨어지는 것을 방지하기 위한 백레스트(backrest)를 설치하여야 한다.

③ 지게차에는 7,500Cd(칸델라) 이상의 광도를 가지는 전조등, 2Cd 이상의 광도를 가지는 후미등을 설치하여야 한다.

④ 사용자가 쉽게 잠그고 풀 수 있는 안전벨트를 설치해야 한다.

(5) 지게차 방호장치의 설치방법

① 헤드가드

㉠ 상부틀의 각 개구의 폭 또는 길이는 16cm 미만이어야 한다.

㉡ 운전자가 앉아서 조작하거나 서서 조작하는 지게차는 한국산업표준에서 정하는 높이 기준(입식 : 1.88m, 좌식 : 0.903m) 이상이어야 한다.

② 백레스트

㉠ 외부 충격이나 진동 등에 의해 탈락 또는 파손되지 않도록 견고하게 부착해야 한다.

㉡ 최대하중을 적재한 상태에서 마스트가 뒤쪽으로 경사지더라도 변형 또는 파손이 없어야 한다.

③ 전조등

㉠ 좌우에 1개씩 설치한다.

㉡ 등광색은 백색으로 한다.

㉢ 점등 시 차체의 다른 부분에 의하여 가려지지 아니하여야 한다.

④ 후미등

㉠ 지게차 뒷면 양쪽에 설치한다.

㉡ 등광색은 적색으로 한다.

㉢ 지게차 중심선에 대하여 좌우대칭이 되게 설치한다.

㉣ 등화의 중심점을 기준으로 외측의 수평각 45도에서 볼 때에 투영면적이 12.5cm^2 이상이어야 한다.

2 컨베이어 ★★★★

(1) 컨베이어의 정의와 주요 구조부

① 컨베이어란 재료 · 반제품 · 화물 등을 동력에 의하여 단속 또는 연속 운반하는 기계장치를 말한다.

② **주요 구조부** : 구동장치, 벨트, 체인 등 이송장치, 지지기둥 또는 지지대로 구성되어 있다.

(2) 컨베이어의 종류

① **롤러(roller) 컨베이어** : 나란히 배열한 여러 개의 롤러를 비스듬히 놓거나 기어를 회전시켜 그 위에 실려 있는 운반물을 운반하는 컨베이어

② **스크루(screw) 컨베이어** : 반원통 속에서 나선 모양의 날개가 달린 축이 돌면서 운반물을 나르는 컨베이어

③ **벨트(belt) 컨베이어** : 두 개의 바퀴에 벨트를 걸어 돌리면서 그 위에 운반물을 올려 연속적으로 운반하는 컨베이어

④ **체인(chain) 컨베이어** : 체인을 사용하여 운반물을 운반하는 컨베이어

기출문제

다음 중 컨베이어의 종류가 아닌 것은?

① 체인 컨베이어
② 롤러 컨베이어
③ 스크루 컨베이어
❹ 그리드 컨베이어

(3) 컨베이어의 설치기준

① 컨베이어의 가동 부분과 정지 부분 또는 다른 물체와의 사이에 위험을 미칠 우려가 있는 틈새가 없어야 한다.

② 컨베이어에 설치된 보도 및 운전실 상면은 수평이어야 한다.

③ 보도 폭은 60cm 이상으로 하고 추락의 위험이 있을 때에는 안전난간(상부 난간대는 바닥면 등으로부터 90cm 이상 120cm 이하에 설치하고, 중간 난간대는 상부 난간대와 바닥면 등의 중간에 설치하는 등)을 설치한다. 다만, 보도에 인접한 건설물의 기둥에 접하는 부분에 대하여는 그 폭을 40cm 이상으로 할 수 있다.

④ 가설통로 및 사다리식 통로를 설치할 때에는 산업안전법상 기준을 준수해야 한다.

⑤ 제어장치 조작실의 위치가 지상 또는 외부 상면으로부터 높이 1.5m를 초과하는 위치에 있는 것은 계단, 고정사다리 등을 설치하여야 한다.

⑥ 보도 및 운전실 상면은 발이 걸려 넘어지거나 미끄러지는 등의 위험이 없어야 한다.

⑦ 근로자가 작업 중 접촉할 우려가 있는 구조물 및 컨베이어의 날카

로운 모서리 · 돌기물 등은 제거하거나 방호하는 등의 위험방지조치를 강구하여야 한다.

⑧ 근로자가 컨베이어를 횡단하는 곳에는 바닥면 등으로부터 90cm 이상 120cm 이하에 상부 난간대를 설치하고, 바닥면과의 중간에 중간 난간대가 설치된 건널다리를 설치한다.

⑨ 통로에는 통로가 있는 것을 명시하고 위험한 곳을 방호하는 등의 안전조치를 하도록 하여야 한다.

⑩ 컨베이어 피트, 바닥 등에 개구부가 있는 경우에는 안전난간, 울, 손잡이 등에 충분한 강도를 가진 덮개 등을 설치하여야 한다.

⑪ 작업장 바닥 또는 통로의 위를 지나고 있는 컨베이어는 화물의 낙하를 방지하기 위한 설비를 설치하여야 한다.

⑫ 컨베이어에는 운전이 정지되는 등 이상이 발생된 경우, 다른 컨베이어로의 화물공급을 정지시키는 연동 회로를 설치하여야 한다.

⑬ 폭발의 위험이 있는 가연성 분진 등을 운반하는 컨베이어 또는 폭발의 위험이 있는 장소에 사용되는 컨베이어의 전기기계 · 기구는 방폭구조이어야 한다.

⑭ 컨베이어에는 연속한 비상정지스위치를 설치하거나 적절한 장소에 비상정지스위치를 설치하여야 한다.

⑮ 컨베이어에는 기동을 예고하는 경보장치를 설치하여야 한다.

⑯ 보도, 난간, 계단, 사다리 등은 컨베이어의 가동 개시 전에 설치하여야 한다.

⑰ 컨베이어의 설치장소에는 취급설명서 등을 구비하여야 한다.

참고

컨베이어 운전 시 작업 전 점검사항 내용은 실기 시험에 대비하여 암기하세요.

(4) 컨베이어의 운전 시 주의사항

① 작업 전 점검사항

㉠ 원동기 및 풀리(pulley) 기능의 이상 유무

㉡ 이탈 등의 방지장치 기능의 이상 유무

㉢ 비상정지장치 기능의 이상 유무

㉣ 원동기 · 회전축 · 기어 및 풀리 등의 덮개 또는 울 등의 이상 유무

② 운전 시 준수사항

㉠ 공회전하여 운전 상태 파악

㉡ 정해진 조작스위치 사용

㉢ 운전 시작 전 주변 근로자에게 경고

㉣ 컨베이어는 마지막 쪽의 컨베이어부터 시동하고, 처음 쪽의 컨베이어부터 정지할 것

㉤ 화물 적치 상태에서 시동 · 정지 반복 금지

(5) 방호장치의 종류

① **비상정지장치** : 컨베이어에 근로자의 신체 일부가 말려드는 등 근로자가 위험해질 우려가 있는 경우 및 비상시에는 즉시 컨베이어 등의 운전을 정지시킬 수 있는 비상정지장치를 반드시 설치한다.

② **덮개 또는 울** : 컨베이어로부터 화물의 낙하로 근로자가 위험에 처할 우려가 있는 경우에는 컨베이어에 덮개 또는 울을 설치하는 등 낙하방지를 위한 조치를 취한다.

③ **건널다리** : 운전 중인 컨베이어의 위로 근로자가 넘어가도록 하는 경우에는 위험을 방지하기 위하여 건널다리를 설치하는 등 필요한 조치를 한다.

④ **역주행방지장치** : 컨베이어 · 이송용 롤러 등을 사용하는 경우에는 정전 · 전압강하 등에 따른 화물 또는 운반구의 이탈 및 역주행을 방지하는 장치를 설치한다.

㉠ 기계식 : 라쳇식, 밴드식, 롤러식

㉡ 전기식 : 전기브레이크, 슬러스트브레이크

> **기출문제**
>
> 다음 중 컨베이어의 안전장치로 옳지 않은 것은?
>
> ① 비상정지장치
> ❷ 반발예방장치
> ③ 역회전방지장치
> ④ 이탈방지장치

> **기출문제**
>
> 컨베이어(conveyor) 역전방지장치의 형식을 기계식과 전기식으로 구분할 때 기계식에 해당하지 않는 것은?
>
> ① 라쳇식
> ② 밴드식
> ❸ 슬러스트식
> ④ 롤러식

3 구내 운반기계 ★

(1) 구내 운반기계의 정의와 안전기준

작업장 내 물건이나 화물을 운반할 목적으로 사용하는 기계를 말하며, 지게차, 구내 운반차, 화물자동차, 고소작업대 등이 있다.

(2) 구내 운반기계의 안전기준

① 주행을 제동하거나 정지상태를 유지하기 위해 필요한 제동장치를 갖춰야 한다.

② 경음기를 갖춰야 한다.

③ 구내 운반차의 핸들 중심에서 자체 바깥측까지의 거리가 65cm 이상이어야 한다.

④ 운전석이 차 실내에 있는 것은 좌우에 한 개씩 방향지시기를 갖추어야 한다.

⑤ 전조등과 후미등을 갖추어야 한다.

(3) 작업 전 점검기준

① 제동장치 및 조정장치 기능의 이상 유무
② 하역장치 및 유압장치 기능의 이상 유무
③ 바퀴의 이상 유무
④ 전조등, 후미등, 방향지시기 및 경음기 기능의 이상 유무
⑤ 충전장치를 포함한 홀더 등 결합 상태의 이상 유무

합격 체크포인트

- 양중기의 종류
- 각 세부기계 별 방호장치
- 와이어로프의 안전기준

05 양중기

1 양중기 ★★★★

(1) 양중기의 정의와 종류

① 양중기란 작업장에서 화물 또는 사람을 올리고 내리는 데 사용하는 기계를 말한다.

② 양중기의 종류
㉠ 크레인(호이스트 포함)
㉡ 이동식 크레인
㉢ 리프트(이삿짐운반용 리프트의 경우, 적재하중이 0.1톤 이상인 것으로 한정)
㉣ 곤돌라
㉤ 승강기

법령

산업안전보건기준에 관한 규칙 제132조

기출문제

다음 중 양중기에 해당되지 않는 것은?
❶ 어스드릴 ② 크레인
③ 리프트 ④ 곤돌라

(2) 양중기 사용 전 고려사항

① 양중기는 인양 목적으로 사용하는 데 충분한 용량을 갖고 있으며 안정적이고 적절하여야 한다.
② 화물 취급 시 화물의 추락이나 근로자와의 충돌 등 양중기에 의한 재해를 방지할 수 있도록 양중기에는 방호장치가 설치되어야 한다.
③ 양중기는 작업 회전반경 내에는 방해물이 없는 위치에 안전하고 견고하게 설치되어야 한다. 특히 경사지에서는 제조자가 정한 경사각 범위 내에서 사용되어야 한다.
④ 양중기에는 정격하중 등 안전사용에 대한 정보가 작업자가 잘 볼 수 있는 곳에 표시되어야 하고, 부속장치인 슬링 및 클램프(clamp)에도 최대 허용하중 등 안전정보가 표시되어야 한다.

⑤ 양중작업은 적격자(자격자)에 의해 작업계획서대로 안전한 방식으로 행해져야 하며, 필요시 작업현장의 관리감독자를 선임하여야 한다.

⑥ 양중기(이동식크레인은 제외)가 사람을 태우는 데 사용될 경우 이에 대한 표시와 추가적인 방호장치 및 안전경고 표지가 설치되어야 한다.

⑦ 양중기는 최초 사용 시 안전인증제품을 사용하여야 하며, 사용하기 전 또는 최초 사용 시 법적 안전검사를 받아야 한다.

⑧ 안전검사 후 검사자는 검사결과를 사업주에 제출하여야 하며 사업주는 결과에 따른 적절한 개선조치를 하여야 한다.

2 크레인 ★★★★

(1) 크레인의 종류

① **천장 크레인** : 주행레일 위에 설치된 새들에 직접적으로 지지되는 거더가 있는 크레인을 말한다.

② **호이스트** : 훅이나 기타의 달기구 등을 사용하여 하물을 권상 및 횡행 또는 권상동작만을 행하는 양중기계를 말한다.

③ **갠트리 크레인** : 주행레일 위에 설치된 교각에 의해 지지되는 거더가 있는 크레인을 말한다.

④ **지브 크레인** : 지브나 지브를 따라 움직이는 크래브에 매달린 달기구에 의해 화물을 이동시키는 크레인을 말한다.

⑤ **타워 크레인** : 수직타워의 상부에 위치한 지브를 선회시키는 크레인을 말한다.

(2) 크레인의 구조 및 용어의 정의

① 크레인은 본체인 구조 부분과 물건을 달아 올려서 운반하기 위한 작동 부분이 있다.

② 구조 부분은 일반적으로 강판, 형강, 강관 등을 부재로 하여 이들을 용접 또는 볼트로서 체결한다.

③ 작동 부분은 권상장치, 주행장치, 횡행장치, 선회장치, 기복장치 등이 있고, 주로 전동기에 의해서 기어, 와이어로프 등으로 작동한다.

④ **권상하중** : 크레인의 구조와 재료에 따라 부하하는 것이 가능한 최대하중의 것으로, 이 가운데에는 훅, 크레인 버킷 등의 달아 올리는 기구의 중량을 포함한다.

⑤ **정격하중** : 크레인으로서 지브가 없는 것은 매다는 하중에서, 지브가 있는 크레인에서는 지브 경사각 및 길이와 지브 위의 시브(도르래) 위치에 따라 부하할 수 있는 최대의 하중에서 각각 훅, 크레인 버킷 등의 달기구의 중량에 상당하는 하중을 뺀 하중을 말한다.

⑥ **적재하중** : 짐을 싣고 상승할 수 있는 최대의 하중을 말한다.

⑦ **정격속도** : 크레인에 정격하중에 상당하는 짐을 싣고 주행, 선회, 승강 또는 트롤리의 수평이동 최고속도를 말한다.

기출문제

크레인의 방호장치에 해당되지 않는 것은?

① 권과방지장치
② 과부하방지장치
❸ 자동보수장치
④ 비상정지장치

(3) 크레인의 방호장치

① **권과방지장치** : 양중기에 설치된 권상용 와이어로프 또는 지브 등의 붐 권상용 와이어로프의 권과를 방지하기 위한 장치를 말한다.

② **과부하방지장치** : 하중이 정격을 초과했을 때 자동적으로 상승이 정지되는 장치를 말한다.

③ **비상정지장치** : 작업자가 기계를 잘못 작동시킨 경우 등 어떤 불시의 요인으로 기계를 순간적으로 정지시키고 싶을 때 사용하는 스위치를 말한다.

④ **브레이크장치** : 운동체와 정지체의 기계적 접촉에 의해 운동체를 감속 또는 정지상태로 유지하는 기능을 가진 장치를 말한다.

⑤ **훅해지장치** : 훅걸이용 와이어로프 등이 훅으로부터 벗겨지는 것을 방지하는 방호장치를 말한다. 훅의 입구 간격이 제조자가 제공하는 제품사양서 기준으로 10% 이상 벌어진 것은 폐기해야 한다.

(4) 크레인 작업 전 점검사항

① 권과방지장치, 브레이크, 클러치 및 운전장치의 기능
② 주행로의 상측 및 트롤리(trolley)가 횡행하는 레일의 상태
③ 와이어로프가 통하고 있는 곳의 상태
④ 작업장소의 지반 상태

3 리프트 ★★★★

(1) 리프트의 정의와 종류

① 리프트란 동력을 사용하여 사람이나 화물을 운반하는 것을 목적하는 기계설비를 말한다.

② 건설작업용 리프트

㉠ 건설작업용 리프트란 동력을 사용하여 가이드레일을 따라 상하로 움직이는 운반구를 매달아 사람이나 화물을 운반할 수 있는 설비 또는 이와 유사한 구조 및 성능을 가진 것으로서 건설현장에서 사용하는 것을 말한다.

㉡ 형식에 따른 구분 : 와이어로프식 건설작업용 리프트, 랙 및 피니언식 건설작업용 리프트

㉢ 용도에 따른 구분 : 화물용 리프트, 인화공용 리프트(건물 외벽에서의 작업 등에 적합하도록 근로자가 타거나 화물, 작업자재 등을 실을 수 있는 작업대 등을 구비한 작업대 겸용 운반구를 포함한다)

③ 일반작업용 리프트란 동력에 의하여 가이드레일을 따라 움직이는 운반구를 사용하여 사람이 탑승하지 않고 화물을 운반하기 위한 설비 또는 이와 유사한 구조 및 성능을 가진 것으로 건설현장 외의 장소에서 사용하는 것을 말한다.

㉠ 권동식 : 승강로의 상부에 설치된 호이스트를 이용하여 와이어로프 또는 체인을 감거나 풀어서 운반구를 승강시키는 것을 말한다.

㉡ 랙 및 피니언식 : 승강로에 랙을 만들고 운반구에 랙과 맞물리는 피니언을 설치하여 운반구를 승강시키는 것을 말한다.

㉢ 유압식 : 유체의 압력에 의하여 운반구를 승강시키는 구조를 말하며, 직접 운반구를 지탱해주는 것과 와이어로프나 체인을 이용하여 운반구를 승강시키는 것이 있다.

㉣ 윈치식 : 승강로의 상부에 호이스트 이외의 권상장치를 설치하고 이를 이용하여 와이어로프 또는 체인을 감거나 풀어서 운반구를 승강시키는 것을 말한다.

④ 이삿짐운반용 리프트 : 이삿짐운반용 리프트란 연장 및 축소가 가능하고 끝단을 건축물 등에 지지하는 구조의 사다리형 붐(이하 "사다리 붐"이라 한다)을 따라 동력으로 움직이는 운반구를 사용하여 화물을 운반하는 설비로써 화물자동차 등 차대 위에 탑재하여 이삿짐운반 등에 사용하는 것을 말한다.

기출문제

리프트의 방호장치에 해당되지 않는 것은?

① 권과방지장치
② 과부하방지장치
❸ 압력방출장치
④ 비상정지장치

(2) 리프트의 방호장치

① **권과방지장치**

㉠ 간이리프트의 운반구가 승강로의 최상부 또는 최하부에 설치된 권상기 빔 또는 바닥 등에 충돌하는 것을 방지하기 위하여 전기식 권과방지장치를 1m 전에 멈추도록 하고, 기계식 권과방지장치는 물리적으로 제어할 수 있도록 최상부 50cm 전에 스토퍼를 설치해야 한다.

㉡ 수압 및 유압을 동력으로 사용하는 간이리프트는 제한높이까지만 상승, 하강할 수 있으므로 적용을 제외한다.

② **과부하방지장치** : 리프트에 적재하중을 초과하는 하중을 걸어서 사용하지 않도록 하는 장치를 말한다.

③ **출입문 연동장치**

㉠ 리프트의 승강로에는 화물을 반입할 수 있도록 출입문이 설치되어 있는데, 출입문이 리프트 작동 중 열려 있으면 작업자의 신체 일부가 개구부에 접촉하여 사고 발생의 위험성이 있다.

㉡ 간이리프트에는 출입문이 열린 상태에서는 운반구를 승강시킬 수 없도록 하는 전기식 출입문 연동장치를 설치하고 출입문이 닫혀야만 상시 접촉할 수 있도록 연동장치를 설치해야 한다.

④ **출입문 잠금장치** : 리프트의 출입문은 리프트 작동 중 열려 있거나 열리면 안 되기 때문에 운반구가 지정된 층의 지정된 위치에 있지 않을 때에는 문을 열 수 없도록 운반구 내에서 출입문 잠금장치가 작동되도록 설치해야 한다.

⑤ **비상정지장치**

㉠ 리프트 작동 중 운반구 추락 등 비상 발생 시 운반구를 정지시키기 위한 비상정지장치를 설치해야 한다.

㉡ 비상정지장치는 리프트의 정격속도가 45m/min 미만일 경우에는 순간정지식 비상정지장치를 설치하고, 45m/min 이상일 경우에는 순차정지식 비상정지장치를 설치해야 한다.

⑥ **압력과 상승방지장치** : 수압, 유압을 동력원으로 사용하는 간이리프트에는 압력의 과도한 상승을 방지하기 위한 릴리프밸브 등의 압력과 상승방지장치를 정격하중 1.1배로 조정해야 한다.

(3) 리프트 작업 전 점검사항

① 방호장치, 브레이크 및 클러치의 기능

② 와이어로프가 통하고 있는 곳의 상태

4 곤돌라 ★★★★

(1) 곤돌라의 정의

곤돌라란 작업대, 승강장치 및 그 밖에 부속물로 구성되고, 로프 또는 강선에 매단 발판이나 작업대가 전용의 승강장치에 의해 상승 또는 하강하는 설비를 말한다.

(2) 곤돌라의 방호장치 기준

① 비상정지장치

㉠ 해당 곤돌라의 비상정지장치 작동 시 동력이 차단될 것

㉡ 비상정지용 누름 버튼은 적색으로 머리 부분이 돌출되고 수동 복귀되는 형식일 것

㉢ 누름 버튼의 복귀로 비상정지 조작 직전의 작동이 자동으로 되어서는 아니 될 것

② 권과방지장치

㉠ 곤돌라의 승강장치의 권과방지장치는 정상적으로 작동되어야 한다.

㉡ 수압 · 공기압 · 유압 또는 증기압 실린더 등으로 윈치를 구동하거나 내연기관을 동력으로 사용하는 승강장치 등 구조적으로 권과를 방지할 수 있는 승강장치는 제외한다.

③ 과부하방지장치

㉠ 산업안전보건법에 따른 안전인증품이어야 한다.

㉡ 적재하중을 초과하여 적재 시 주 와이어로프에 걸리는 과부하를 감지하여 경보와 함께 승강되지 않는 구조여야 한다.

㉢ 임의로 조정할 수 없도록 봉인되어 있어야 한다.

㉣ 접근이 용이한 장소에 설치되고, 작동 여부를 확인할 수 있는 표시램프가 점등되어야 하며, 과부하 시 운전자가 용이하게 경보를 들을 수 있어야 한다.

㉤ 수압 또는 유압을 동력으로 사용하는 승강장치 등에는 수압 또는 유압의 과상승을 방지하기 위한 안전밸브가 설치되어야 하고 설정 압력이 표시되어 있어야 한다.

④ 낙하방지장치

㉠ 가설식 곤돌라인 경우 낙하방지장치 등은 보조 와이어로프에 의하여 작업대의 하강을 제지한다.

㉡ 상설식 곤돌라의 경우 작업대의 하강속도가 허용하강속도를 초과할 경우 허용하강속도의 1.3배 이내에서 자동적으로 제어하고, 1.4배에 달할 경우 작업대의 하강을 자동적으로 제지한다.

⑤ **수평 조절장치** : 곤돌라의 작업대가 기울어지는 것을 방지하기 위하여 작업대의 경사를 항시 수평상태로 유지하고 정상적으로 작동되어야 한다.

(3) 곤돌라의 작업 전 점검사항

① 방호장치, 브레이크의 기능

② 와이어로프, 슬링와이어 등의 상태

5 승강기 ★★★★

(1) 승강기의 정의와 종류

① 승강기란 건축물이나 고정된 시설물에 설치되어 일정한 경로에 따라 사람이나 화물을 승강장으로 옮기는 데에 사용되는 설비를 말한다.

② 승강기의 종류

㉠ 승객용 엘리베이터 : 사람의 운송에 적합하게 제조 · 설치된 엘리베이터

㉡ 승객화물용 엘리베이터 : 사람의 운송과 화물 운반을 겸용하는데 적합하게 제조 · 설치된 엘리베이터

㉢ 화물용 엘리베이터 : 화물 운반에 적합하게 제조 · 설치된 엘리베이터로서, 조작자 또는 화물취급자 1명은 탑승할 수 있는 것(적재용량이 300kg 미만인 것은 제외)

㉣ 소형화물용 엘리베이터 : 음식물이나 서적 등 소형 화물의 운반에 적합하게 제조 · 설치된 엘리베이터로서 사람의 탑승이 금지된 것

㉤ 에스컬레이터 : 일정한 경사로 또는 수평로를 따라 위 · 아래 또는 옆으로 움직이는 디딤판을 통해 사람이나 화물을 승강장으로 운송시키는 설비

법령

산업안전보건기준에 관한 규칙 제132조

기출문제

다음 중 산업안전보건법상 승강기의 종류에 해당하지 않는 것은?

❶ 리프트
② 에스컬레이터
③ 화물용 엘리베이터
④ 승객용 엘리베이터

(2) 승강기의 방호장치

① 승강기의 과부하방지장치 · 권과방지장치 · 비상정지장치 및 제동장치 · 파이널리미트스위치 · 조속기 · 출입문 인터록 그 밖의 방호장치가 유효하게 작동될 수 있도록 미리 조정하여야 한다.

② 조속기는 운반구의 속도가 정격속도의 1.3배(카의 정격속도가 45m/min 이하의 승강기는 60m/min)를 초과하지 않는 범위 내에서 과속스위치가 동작하여 전원을 끊고 브레이크를 작동시켜야 한다.

6 와이어로프 ★★★

(1) 와이어로프의 구성

① 와이어로프는 강선(이것을 소선이라고 함)을 여러 개 합하여 꼬아 작은 줄(Strand)을 만들고 이 줄을 꼬아 로프를 만드는데, 그 중심에 심(대마를 꼬아 윤활유를 침투시킨 것)을 넣은 것이다.

② 로프의 구성은 로프의 '스트랜드(꼬임) 수 × 소선의 개수'로 표시하며, 크기는 단면 외접원의 지름으로 표기한다.

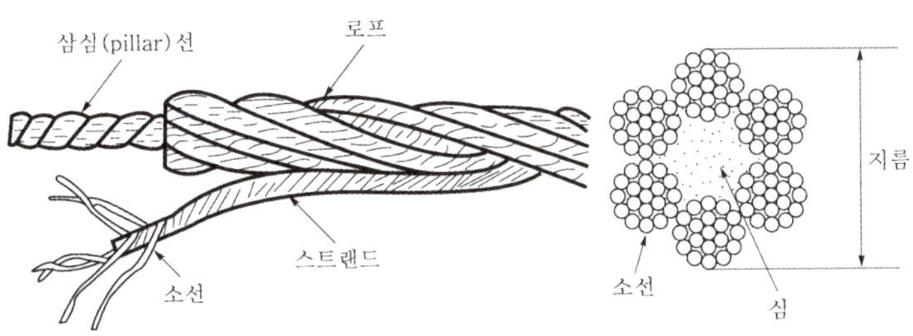

❙ 와이어로프의 구성도와 단면도 ❙

(2) 와이어로프의 꼬임 모양과 꼬임 방향

① **보통꼬임(Regular lay)** : 스트랜드의 꼬임 방향과 소선의 꼬임 방향이 반대인 것을 말한다.

② **랭꼬임(Lang's lay)** : 스트랜드의 꼬임 방향과 소선의 꼬임 방향이 같은 것을 말한다.

기출문제

다음 중 와이어로프의 구성요소가 아닌 것은?

❶ 클립 ② 소선
③ 스트랜드 ④ 심강

PART 03 기계 · 기구 및 설비 안전관리

③ 보통꼬임과 랭꼬임의 비교

보통꼬임 (Regular Lay)	• 로프의 연 방향과 스트랜드의 연 방향이 서로 반대이다. • 랭꼬임에 비해 하중이 걸렸을 때 자전에 대한 저항이 크다. • 랭꼬임에 비해 로프 표면의 소선과 외부와의 접촉 길이가 짧아 마모에 의한 영향이 크므로 랭꼬임에 비해 로프 내구성 면에서 약간 뒤진다. • 랭꼬임에 비해 자전이나 형태 파괴에 대한 저항이 크고 취급이 용이하여, 전반에 걸쳐 광범위하게 많이 사용된다.
랭꼬임 (Lang's Lay)	• 로프의 연 방향과 스트랜드의 연 방향이 동일하다. • 로프 표면의 소선과 외부와의 접촉 길이가 길어 마모에 의한 손상이 작아 보통 연보다 내구성에서 다소 유리하다. • 소선이 로프 중심축과 이루는 각도가 보통 연보다 커서 유연성이 높다. • 스트랜드가 서로 자연히 엉겨붙는 방향과 반대로 꼬여진 부자연스러운 꼬임 방법이므로 꼬임이 단단하지 못해 풀리기 쉬우며, 스트랜드 사이에 틈이 생기기도 하고, 킹크(Kink)가 발생하기 쉽다. • 삭도용 및 광업용 등에 한정적으로 사용된다.

기출문제

천장크레인에 중량 3kN의 화물을 2줄로 매달았을 때 매달기용 와이어(sling wire)에 걸리는 장력은 약 몇 kN인가? (단, 매달기용 와이어(sling wire) 2줄 사이의 각도는 55°이다.)

답 $\dfrac{\frac{중량}{2}}{\cos\frac{\theta}{2}} = \dfrac{\frac{3}{2}}{\cos\frac{55}{2}} = 1.69 \fallingdotseq 1.7$[kN]

(3) 와이어로프에 걸리는 하중

와이어로프에 걸리는 하중은 매다는 각도는 따라 로프에 걸리는 장력이 달라진다.

$$하중(T') = \frac{\frac{W}{2}}{\cos\frac{\theta}{2}}$$

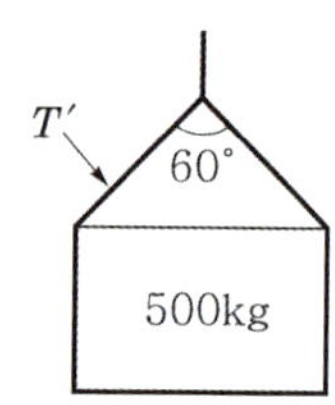

(4) 와이어로프의 안전율(Safety factor), 안전계수

① 안전율은 응력계산 및 재료의 불균질 등에 대한 부정확성을 보충하고, 각 부분의 불충분한 안전율과 더불어 경제적 치수결정에 매우 중요하다.

$$S = \frac{극한(기초,\ 인장)\ 강도}{허용응력} = \frac{파단\ (최대)하중}{안전\ (최대)하중} = \frac{항복강도}{사용응력}$$

② 와이어로프의 안전율(안전계수) 산출공식

$$S = \frac{NP}{Q},\ Q = \frac{NP}{S}$$

여기서, S : 안전거리
N : 로프 가닥수
P : 로프의 파단 강도(kg)
Q : 허용응력(kg)

③ 안전율이나 허용응력을 결정하려면 재질, 하중의 성질, 하중과 응력계산의 정확성, 공작방법 및 정밀도, 부품형상 및 사용장소 등을 고려해야 한다.

④ 와이어로프의 종류별 안전계수(안전율)

와이어로프의 종류	안전계수(안전율)
• 권상용 와이어로프 • 지브의 기복용 와이어로프 • 횡행용 와이어로프 및 케이블 크레인의 주행용 와이어로프	5.0
• 지브의 지지용 와이어로프 • 보조로프 및 고정용 와이어로프	4.0
• 케이블 크레인의 주로프 및 레일로프	2.7
• 근로자가 탑승하는 운반구 지지용 로프	10

(5) 와이어로프의 절단 방법

① 와이어로프를 재단하여 양중작업용구를 제작하는 때에는 반드시 기계적인 방법에 의하여 절단해야 한다.

② 가스 용단 등의 방법에 의하여 절단된 것은 사용을 금지해야 한다.

(6) 와이어로프의 사용금지 조건

① 이음매가 있는 것

② 와이어로프의 한 꼬임(strand)에서 끊어진 소선(소선 필러선을 제외)의 수가 10% 이상인 것

③ 지름의 감소가 공칭지름의 7%를 초과하는 것

④ 꼬인 것

⑤ 심하게 변형 또는 부식된 것

기출문제

와이어로프의 지름 감소에 대한 폐기기준으로 옳은 것은?

① 공칭지름의 1% 초과
② 공칭지름의 3% 초과
③ 공칭지름의 5% 초과
❹ 공칭지름의 7% 초과

제4장 기계안전시설 관리

합격 체크포인트

- 안전작업절차의 이해
- 한국산업규격의 이해
- 국제표준의 이해

01 안전작업절차

1 안전작업절차의 개요

① 안전작업절차란 작업안전분석, 작업위험분석, 안전작업방법 기술서와 같은 안전작업절차는 표준화된 안전작업 수행 방법을 위험성평가에 기반하여 기술한 절차서이다.

② 안전작업절차서는 작업 수행 시 발생하는 재해 위험성의 감소를 보장하기 위하여 위험요인, 위험성평가, 위험관리 방법을 기술한다.

2 안전작업절차의 기본정보

① 작업수행 방법에 대한 설명

② 안전 · 환경에 위험성이 있다고 평가되는 작업의 확인

③ 안전 · 환경 위험성에 대한 기술

④ 작업 시에 적용되어야 하는 관리조치에 대한 기술

⑤ 안전 · 환경적으로 보장된 작업을 수행하기 위해 필요한 조치에 대한 기술

⑥ 준수하여야 할 법령, 기준, 지침 등을 기술

⑦ 작업에 사용되는 장비, 장비 운용자의 자격, 안전 작업방법에 대한 교육 등에 대하여 기술

3 안전작업절차의 실행

① 안전작업절차의 실행은 명시된 요구사항에 따라 작업을 수행하는 근로자 각각에 달려있다.

② 안전작업절차는 관리적인 대책으로 먼저 다른 유형의 근본적인 대책(예 제거, 대체, 격리, 기술적 대책)이 먼저 고려되어야 한다.

③ 이러한 절차는 또한 신규 근로자들을 안전하게 작업/활동을 수행하게 할 수 있도록 도울 뿐만 아니라 신규 근로자들이 교육 및 오리엔테이션을 통해 수행할 작업의 위험성을 파악하는 데 도움을 준다.

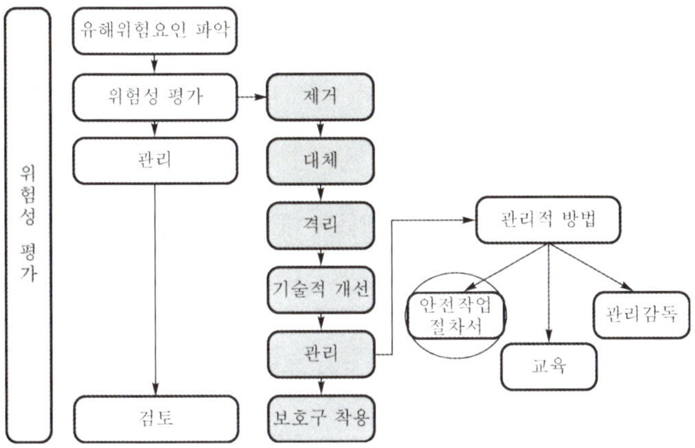

❙ 위험성평가의 모식도 ❙

02 KS B 규격과 ISO 규격

합격 체크포인트

2024년 신규 출제기준입니다.

1 한국산업규격(KS)

(1) 정의

① 한국산업규격(KS; Korean Industrial Standards)은 한국 산업부와 산업계가 함께 수립하고 시행하는 표준으로, 제품 및 서비스의 품질, 안전성, 성능, 환경 등을 규제하고 향상시키는 데 사용된다.

② KS는 국내 시장에서 제품의 품질 및 안전성을 보장하고, 국내 제조업체가 국제 시장에서 경쟁력을 갖출 수 있도록 지원하며, 이는 소비자 보호와 산업 발전을 촉진하는 중요한 역할을 한다.

(2) 한국산업규격의 분류

① KS(한국산업표준) B 규격은 기계 분야 산업표준을 지칭한다.

② 세부 분류로 기계일반, 기계요소, 공구, 공작기계, 측정계산용 기계기구 · 물리기계, 일반기계, 산업기계, 농업기계, 열사용기기 · 가스기기, 계량 · 측정, 산업자동화, 기타 기계로 분류된다.

2 국제표준과 국제표준기구

(1) 국제표준(International Standards)

국제표준은 국가 간의 물질이나 서비스의 교환을 쉽게 하고 지적 · 과학적 · 기술적 · 경제적 활동 분야에서 국제적 협력을 증진하기 위하여 제정된 기준으로서 국제적으로 공인된 표준이다.

(2) 국제표준기구(ISO; International Organization for Standardiza-tion)

① 여러 나라의 표준 제정 단체들의 대표들로 이루어진 국제적인 표준화 기구이다.

② 1947년에 출범하였으며 나라마다 다른 산업, 통상 표준의 문제점을 해결하기 위해 국제적으로 통용되는 표준을 개발하고 보급한다.

(3) 국제표준기구(ISO) 인증

① 기업 또는 조직이 관련 국제표준화 기구에서 제정한 인증 규격 또는 기준에서 요구하는 특정 경영시스템을 구축 및 이행하고 있음을 제3자인 인증기관(KMR)에서 객관적으로 평가하여 적합함을 실증하고 인증을 부여한다.

② 인증의 결과는 대외적인 신뢰성을 제고할 수 있고, 인증의 유효성을 위해 기업 또는 조직은 지속적인 사후관리 개선 활동을 수행하는 것을 말한다. 인증 분야는 품질, 환경, 안전, 정보보호, 지역사회, 윤리 분야 등으로 분류된다.

제5장 설비진단 및 검사

01 비파괴검사

1 비파괴검사의 정의 및 분류 ★★★★

(1) 비파괴검사의 정의

① 비파괴검사란 재료나 구조물 또는 제품을 파괴하거나 분해하지 않고 내부의 결함 유무, 크기, 형상이나 용접 부위의 내부 결함 등을 검사하는 것을 말한다.

② 용접 부위의 내부 결함 등을 재료가 갖고 있는 물리적 성질을 이용하여 외부에서 검사한다.

(2) 결함 위치에 따른 분류

표면 결함 검출을 위한 비파괴검사	내부 결함 검출을 위한 비파괴검사
• 육안검사 • 액체침투탐상검사 • 자분탐상검사 • 와전류탐상검사	• 초음파탐상검사 • 방사선투과검사 • 음향방출검사

(3) 기타 비파괴검사

① **스트레인 측정** : 응력 측정, 안전성 평가

② 기타 : 적외선시험, 내압(유압)시험, 누설시험

2 비파괴검사의 종류별 특징 ★★★★

(1) 육안검사

① 비파괴검사의 가장 기본이 되는 검사 기법으로, 재료, 제품 또는 구조물을 직접 또는 간접적으로 관찰하여 검사 대상체에 결함이 있는지 알아내는 검사이다.

합격 체크포인트

• 비파괴검사의 분류
• 비파괴검사의 종류
• 비파괴검사 종류별 특징

기출문제

다음 중 비파괴시험의 종류가 아닌 것은?
① 자분탐상시험
② 침투탐상시험
③ 와류탐상시험
❹ 샤르피충격시험

② 육안검사는 구조물의 제작 사양, 도면 설계, 규격 등에 적합한지 등의 여부를 결정하는 것까지를 포함한 것으로, 일반적으로 다른 비파괴검사 방법이 사용되기 전에 수행된다.

(2) 누설탐상검사

① 밀봉 용기나 저장시스템 또는 배관 등에서 내용물의 유체가 새거나 외부에서 기밀장치로 다른 유체가 유입되는 것을 검사하거나 유입 · 유출량을 검출하는 비파괴검사 기법이다.

② 누설 검사는 검사 대상체의 내부와 외부의 압력 차이를 만드는 방법에 의하여 수행되며, 크게 가압법과 진공법으로 분류할 수 있다.

기출문제

검사물 표면의 균열이나 피트 등의 결함을 비교적 간단하고 신속하게 검출할 수 있고, 특히 비자성 금속재료의 검사에 자주 이용되는 비파괴 검사법은?

❶ 침투탐상검사
② 초음파탐상검사
③ 자기탐상검사
④ 방사선투과검사

(3) 침투탐상검사(액체침투탐상검사)

① 물체의 표면에 침투력이 강한 적색 또는 형광성의 침투액을 표면에 침투시켜 표면에 열려 있는 균열과 같은 불연속부를 검사할 수 있는 비파괴검사 기법이다.

② 침투탐상검사는 표면에 존재하는 개구 결함인 불연속 내에 침투한 침투액이 만드는 지시 모양을 관찰함으로써 결함을 검출한다.

③ 자분탐상검사와 함께 대표적인 표면검사 방법으로, 자분탐상검사는 강자성체에만 적용이 가능하지만, 침투탐상검사는 철강, 비철재료, 플라스틱, 세라믹 등 거의 모든 재질에 적용이 가능한 장점이 있다.

기출문제

강자성체의 결함을 찾을 때 사용하는 비파괴시험으로, 표면 또는 표층(표면에서 수 mm 이내)에 결함이 있을 경우 누설자속을 이용하여 육안으로 결함을 검출하는 시험법은?

① 와류탐상시험(ET)
❷ 자분탐상시험(MT)
③ 초음파탐상시험(UT)
④ 방사선투과시험(RT)

(4) 자분탐상검사(자기탐상검사)

① 강자성체를 자화하여 표면의 누설자속을 검출하는 비파괴검사 기법이다.

② 균열 등과 같은 불연속부가 존재하는 강자성체를 자화하면 불연속부의 가까운 공간에서 자속이 누설되는 것을 검출하여 불연속부의 존재 및 위치를 찾아낸다.

③ 종류로는 극간법, 축통전법, 직각통전법, 전류관통법, 자속관통법 등이 있다.

(5) 와류탐상검사(와전류탐상검사)

① 금속 등의 도체에 교류를 통한 코일을 접근시켰을 때, 결함이 존재하면 코일에 유기되는 전압이나 전류가 변하는 것을 이용한 비파괴검사 기법이다.

② 전도체에 한하여 전자장 내에서 형성된 와류가 피검체에 통했을 때 균열 등에서 오는 전도율의 차이를 측정하여 결함을 발견한다.

(6) 음향탐상검사

① 응력을 받은 고체 내부에서 국부적인 변형으로 발생된 에너지가 순간적으로 방출될 때 탄성파(압축파)를 검지기로 검출, 전기신호로 변환 · 분석하는 비파괴검사 기법이다.

② 재료가 변형 시에 외부 응력이나 내부의 변형 과정에서 방출되는 낮은 응력파(stress wave)를 감지하여 측정한다.

(7) 초음파탐상검사

① 검사 대상체에 초음파를 전달하여 내부에 존재하는 불연속으로부터 반사한 초음파의 에너지, 진행 시간 등을 분석하여 시험체의 건전성을 평가하는 비파괴검사 기법이다.

② 초음파탐상검사는 용접부에 발생한 미세 균열, 용입 부족, 융합 불량의 검출 능력이 우수하다.

③ 부식 상태를 측정하기 위한 초음파 두께 측정과 내부 결함 검출을 위한 초음파탐상검사로 구분되며, 종류로는 반사식, 투과식, 공진식 등이 있다.

(8) 방사선투과검사

① 방사선을 시험체에 조사하였을 때 투과된 방사선의 강도의 변화를 이용하여 결함을 검출하는 비파괴검사 기법이다.

② 필름에 형성된 흑화도의 차, 즉 농도차로 결함부를 검출할 수 있으며, 재료 및 용접부의 내부결함 검사에 적합하다.

기출문제

초음파 탐상법에 해당하지 않는 것은?

① 반사식 ② 투과식
③ 공진식 ❹ 침투식

합격 체크포인트

- 소음의 정의 및 특징
- 소음의 감소조치

기출문제

소음에 관한 사항으로 틀린 것은?
① 소음에는 익숙해지기 쉽다.
❷ 소음계는 소음에 한하여 계측할 수 있다.
③ 소음의 피해는 정신적, 심리적인 것이 주가 된다.
④ 소음이란 귀에 불쾌한 음이나 생활을 방해하는 음을 통틀어 말한다.

해설 소음계에서 소음에 한하여 계측하는 것은 불가능하다.

법령

산업안전보건기준에 관한 규칙 제512조

암기 TIP

강렬한 소음작업

- 기준 dB는 90dB부터 115dB까지이다.
- 90dB의 8시간 기준으로 음압이 5dB 증가 시 노출시간은 절반씩 감소한다.

02 소음 및 진동 방지 기술

1 소음 ★★★★

(1) 소음의 정의

① 소음은 일반적으로 기계, 기구, 시설 기타 물체의 사용으로 인해 발생하는 강한 소리를 말한다.

② 인간의 쾌적한 생활환경을 해치는 소리 또는 원하지 않는 소리 등으로 각자의 심신상태, 환경조건에 따라 모든 소리가 주관적인 판단에 의해 소음이 될 수 있다.

(2) 소음의 측정 척도

① 강렬한 소음기준

㉠ 소음작업 : 산업안전보건법상 1일 8시간 작업을 기준으로 85dB 이상의 소음이 발생하는 작업

㉡ 강렬한 소음작업 : 다음 기준 dB 이상의 소음이 1일 기준 시간 이상 발생하는 작업

허용음압 dB(A)	90	95	100	105	110	115
1일 노출시간(hr)	8	4	2	1	1/2	1/4

㉢ 충격소음작업 : 소음이 1초 이상의 간격으로 발생하는 작업으로서, 다음 기준 dB를 초과하는 소음이 1일 기준 횟수 이상으로 발생하는 작업

소음강도 dB(A)	120	130	140
1일 노출횟수(회)	10,000	1,000	100

(3) 소음 감소 조치

분류	방법	구체적인 예
소음발생원 대책	• 발생원의 저감화 • 발생원의 제거 • 차음 • 소음 • 제진 • 능동제어 • 운전방법의 개선	• 저소음형 기계의 사용 • 급유, 불균합정비, 부품교환 등 • 방음 커버, 러깅 • 소음기, 흡음 덕트 • 방진고무의 설치 • 제진제의 장치 • 소음기, 덕트, 차음벽에 활용 • 자동화, 배치의 변경 등

전파경로 대책	• 거리감쇠 • 차폐효과 • 흡음 • 지향성 • 능동제어	• 배치의 변경 등 • 차폐물, 방음벽 • 건물 내부의 소음처리 • 음원방향의 변경 • 소음기, 덕트, 차음벽에 활용
수음자 대책	• 차음 • 작업방법의 개선 • 귀의 보호 • 능동제어	• 방음 감시실 • 작업계획의 정리, 원격조작 등 • 귀마개, 귀덮개 • 소음장치 부착

2 진동

(1) 진동의 정의

① 진동(Vibration)이란 물체 또는 질점이 외력을 받아 평형위치에서 요동하거나 떨리는 것을 말하며, 탄성과 관성의 작용에 의해 생겨나는 현상이다.

② 진동 현상은 일상생활에서 흔히 관찰되며, 기계 및 구조물의 진동, 진자의 왕복운동, 튕겨진 현의 운동 등은 진동의 전형적인 예이다.

(2) 진동 방지(방진) 방법

발생원 대책	• 기초 중량을 부가 및 경감한다. • 진동원을 제거한다. (가장 적극적인 방법) • 방진재를 이용하여 탄성을 지지한다. • 기진력을 감쇠시킨다(동적 흡진). • 불평형력의 평형을 유지한다.
전파경로 대책	• 거리감쇠를 크게 한다. • 수진점 부근에 방진구를 설치하여 전파경로를 차단한다.
수진측 대책	• 수진측에 탄성지지를 한다. • 수진점의 기초 중량을 부가 및 경감한다. • 근로자 작업시간 단축 및 교대제를 실시한다. • 근로자 보건교육을 실시한다.

PART 03 출·제·예·상·문·제

01 회전하는 동작부분과 고정부분이 함께 만드는 위험점으로, 주로 연삭숫돌과 작업대, 교반기의 교반날개와 몸체사이에서 형성되는 위험점은?

① 협착점 ② 절단점
③ 물림점 ④ 끼임점

해설 기계의 위험점
① 협착점 : 프레스 등 왕복운동을 하는 기계에서 왕복하는 부품과 고정 부품 사이에 생기는 위험점
② 절단점 : 둥근톱의 톱날 등 회전하는 기계 부분 자체의 위험에서 초래되는 위험점
③ 물림점 : 반대로 회전하는 두 개의 회전체가 맞닿는 사이에 발생하는 위험점

02 기계설비에 대한 본질적인 안전화 방안의 하나인 풀 프루프(Fool Proof)에 관한 설명으로 거리가 먼 것은?

① 계기나 표시를 보기 쉽게 하거나 이른바 인체공학적 설계도 넓은 의미의 풀 프루프에 해당된다.
② 설비 및 기계장치 일부가 고장이 난 경우 기능의 저하는 가져오나 전체 기능은 정지하지 않는다.
③ 인간이 에러를 일으키기 어려운 구조나 기능을 가진다.
④ 조작 순서가 잘못되어도 올바르게 작동한다.

해설 풀 프루프(Fool－proof)
사용자가 조작의 실수를 하더라도 사용자에게 피해를 주지 않도록 하는 설계 개념으로, 사용자가 잘못된 조작을 해도 시스템이나 장치가 동작하지 않고 올바른 조작에만 응답하도록 하는 것이다. 또는 인간이 위험구역에 접근하지 못하게 하는 것으로 격리, 기계화, 시건(lock) 장치 등이 있다.

03 가공기계에 쓰이는 주된 풀 프루프(Fool Proof)에서 가드(Guard)의 형식으로 틀린 것은?

① 인터록 가드(Interlock Guard)
② 안내 가드(Guide Guard)
③ 조정 가드(Adjustable Guard)
④ 고정 가드(Fixed Guard)

해설 풀 프루프(Fool Proof)에서 가드(Guard)의 형식
① 인터록 가드 : 기계식 작동 중에 개폐되는 경우 기계가 정지되는 가드
② 자동 가드 : 정지 중에는 톱날이 드러나지 않게 하는 가드
③ 조정 가드 : 위험점의 모양에 따라 맞추어 조절이 가능한 가드
④ 고정 가드 : 기계식 작동 중에 개구부로부터 가공물과 공구 등을 넣어도 손을 위험 영역에 머무르지 않게 하는 가드

04 조작자의 신체부위가 위험한계 밖에 위치하도록 기계의 조작 장치를 위험구역에서 일정 거리 이상 떨어지게 하는 방호장치는?

① 덮개형 방호장치
② 차단형 방호장치
③ 위치제한형 방호장치
④ 접근반응형 방호장치

해설 방호장치의 종류
㉠ 격리형 방호장치 : 위험한 작업점과 작업자 사이의 접근이 발생하지 않도록 차단벽이나 망를 설치하는 방호장치
㉡ 접근 거부형 방호장치 : 기계적인 작용에 의해 작업자의 신체부위가 위험한계로 진입을 방지하는 방호장치
㉢ 접근 반응형 방호장치 : 작업자의 신체부위가 위험한계로 진입할 시 동작하는 방호장치
㉣ 포집형 방호장치 : 위험원이 비산하거나 튀는 것을 포집하는 방호장치

Answer 01. ④ 02. ② 03. ② 04. ③

05 연간근로자수가 1,000명인 공장의 도수율이 10인 경우 이 공장에서의 연간 발생한 재해건수는 몇 건인가?

① 18건 ② 22건
③ 24건 ④ 28건

해설 도수율과 재해건수

$$도수율 = \frac{재해건수}{연근로시간수} \times 10^6$$

$$재해건수 = \frac{도수율 \times 연근로시간수}{10^6} = \frac{10 \times 1,000 \times 2,400}{10^6} = 24건$$

06 1일 근무시간이 9시간이고, 지난 한 해 동안의 근무일이 300일인 A사업장의 재해건수는 24건, 의사 진단에 의한 총 휴업일수는 3,650일이었다. 해당 사업장의 도수율과 강도율은 얼마인가? (단, 사업장의평균 근로자수는 450명이다.)

① 도수율 : 0.02, 강도율 : 2.55
② 도수율 : 0.19, 강도율 : 0.25
③ 도수율 : 19.75, 강도율 : 2.47
④ 도수율 : 20.43, 강도율 : 2.55

해설 도수율과 강도율

$$도수율 = \frac{재해건수}{연근로시간수} \times 10^6 = \frac{24}{450 \times 9 \times 300} \times 10^6 = 19.75$$

$$강도율 = \frac{총 근로손실일수}{연근로시간수} \times 1,000 = \frac{3,650 \times \frac{300}{365}}{450 \times 9 \times 300} \times 1,000 = 2.47$$

07 다음 중 셰이퍼에서 근로자의 보호를 위한 방호장치가 아닌 것은?

① 방책 ② 칩받이
③ 칸막이 ④ 급속귀환장치

해설 셰이퍼의 방호장치

방책, 칩받이, 칸막이, 가드 등

08 다음 중 선반의 방호장치가 아닌 것은?

① 실드(shield)
② 슬라이딩(sliding)
③ 척 커버(chuck cover)
④ 칩 브레이커(chip breaker)

해설 선반의 방호장치

실드, 척 커버, 칩 브레이커, 고정 브리지, 울 등

09 선반작업의 안전수칙으로 가장 거리가 먼 것은?

① 기계에 주유 및 청소를 할 때에는 저속회전에서 한다.
② 일반적으로 가공물의 길이가 지름의 12배 이상일 때는 방진구를 사용하여 선반작업을 한다.
③ 바이트는 가급적 짧게 설치한다.
④ 면장갑을 사용하지 않는다.

해설 선반작업의 안전수칙

① 기계에 주유 및 청소를 할 때에는 기계를 정지시켜야 한다.

10 밀링작업 시 안전수칙에 관한 설명으로 옳지 않은 것은?

① 칩은 기계를 정지시킨 다음에 브러시 등으로 제거한다.
② 일감 또는 부속장치 등을 설치하거나 제거할 때는 반드시 기계를 정지시키고 작업한다.
③ 커터는 될 수 있는 한 컬럼에서 멀게 설치한다.
④ 강력 절삭을 할 때는 일감을 바이스에 깊게 물린다.

해설 밀링작업 시 안전수칙

③ 커터는 될 수 있는 한 컬럼에서 가깝게 설치한다.

Answer 05. ③ 06. ③ 07. ④ 08. ② 09. ① 10. ③

11 다음 중 플레이너(Planer) 작업 시 안전수칙으로 틀린 것은?

① 바이트(Bite)는 되도록 길게 나오도록 설치한다.
② 테이블 위에는 기계 작동 중에 절대로 올라가지 않는다.
③ 플레이너의 프레임 중앙부에 있는 비트(Bit)에 덮개를 씌운다.
④ 테이블의 이동 범위를 나타내는 안전방호울을 세워 놓아 재해를 예방한다.

해설 플레이너 작업 시 안전수칙
① 바이트(Bite)는 되도록 **짧게** 나오도록 설치한다.

12 공기압축기의 작업 안전수칙으로 가장 적절하지 않은 것은?

① 공기압축기의 점검 및 청소는 반드시 전원을 차단한 후에 실시한다.
② 운전 중에 어떠한 부품도 건드려서는 안 된다.
③ 공기압축기 분해 시 내부의 압축공기를 이용하여 분해한다.
④ 최대공기압력을 초과한 공기압력으로는 절대로 운전하여서는 안 된다.

해설 공기압축기의 작업 안전수칙
③ 공기압축기 분해 시 내부의 압축공기를 **완전히 배출한 후** 분해한다.

13 다음 중 휴대용 동력 드릴 작업 시 안전사항에 관한 설명으로 틀린 것은?

① 드릴의 손잡이를 견고하게 잡고 작업하여 드릴 손잡이 부위가 회전하지 않고 확실하게 제어 가능하도록 한다.
② 절삭하기 위하여 구멍에 드릴날을 넣거나 뺄 때 반발에 의하여 손잡이 부분이 튀거나 회전하여 위험을 초래하지 않도록 팔을 드릴과 직선으로 유지한다.
③ 그릴이나 리머를 고정시키거나 제거하고자 할 때 금속성 망치 등을 사용하여 확실히 고정 또는 제거한다.
④ 드릴을 구멍에 맞추거나 스핀들의 속도를 낮추기 위해서 드릴날을 손으로 잡아서는 안 된다.

해설 휴대용 동력 드릴 작업 시 안전사항
③ 그릴이나 리머를 고정시키거나 제거하고자 할 때 **고무망치를 사용하거나 나무블록 등을 사이에 두고 두드린다.**

14 다음 중 산업안전보건법령상 연삭숫돌을 사용하는 작업의 안전수칙으로 틀린 것은?

① 연삭숫돌을 사용하는 경우 작업시작 전과 연삭숫돌을 교체한 후에는 1분 정도 시운전을 통해 이상 유무를 확인한다.
② 회전 중인 연삭숫돌이 근로자에 위험을 미칠 우려가 있는 경우에 그 부위에 덮개를 설치하여야 한다.
③ 연삭숫돌의 최고 사용회전속도를 초과하여 사용하여서는 안 된다.
④ 측면을 사용하는 목적으로 하는 연삭숫돌 이외에는 측면을 사용해서는 안 된다.

해설 연삭숫돌 작업의 안전수칙
① 연삭숫돌을 사용하는 경우 **작업시작 전에는 1분 정도, 연삭숫돌을 교체한 후에는 3분 정도 시운전**을 통해 이상 유무를 확인한다.

15 다음 중 프레스의 방호장치에 관한 설명으로 틀린 것은?

① 양수조작식 방호장치는 1행정 1정지 기구에 사용할 수 있어야 한다.
② 손쳐내기식 방호장치는 슬라이드 하행정거리의 3/4 위치에서 손을 완전히 밀어내야 한다.
③ 광전자식 방호장치의 정상동작 표기램프는 붉은색, 위험 표시램프는 녹색으로 하며, 쉽게 근로자가 볼 수 있는 곳에 설치해야 한다.
④ 게이트 가드 방호장치는 가드가 열린 상태에서 슬라이드를 동작시킬 수 없고, 또한 슬라이드 작동 중에는 게이트 가드를 열 수 없어야 한다.

Answer 11. ① 12. ③ 13. ③ 14. ① 15. ③

해설 프레스의 방호장치

③ 광전자식 방호장치의 정상동작 표기램프는 녹색, 위험 표시램프는 적색으로 하며, 쉽게 근로자가 볼 수 있는 곳에 설치해야 한다.

16 다음 중 롤러의 급정지 성능으로 적합하지 않은 것은?

① 앞면 롤러 표면 원주속도가 25m/min, 앞면 롤러의 원주가 5m일 때 급정지거리 1.6m 이내
② 앞면 롤러 표면 원주속도가 35m/min, 앞면 롤러의 원주가 7m일 때 급정지거리 2.8m 이내
③ 앞면 롤러 표면 원주속도가 30m/min, 앞면 롤러의 원주가 6m일 때 급정지거리 2.6m 이내
④ 앞면 롤러 표면 원주속도가 20m/min, 앞면 롤러의 원주가 8m일 때 급정지거리 2.6m 이내

해설 앞면 롤러의 표면속도에 따른 급정지거리

앞면 롤러의 표면속도	급정지거리
30m/min 미만	앞면 롤러 원주의 1/3
30m/min 이상	앞면 롤러 원주의 1/2.5

① $5\times\frac{1}{3}=1.67$m 이내

② $7\times\frac{1}{2.5}=2.8$m 이내

③ $6\times\frac{1}{2.5}=2.4$m 이내

④ $8\times\frac{1}{3}=2.676$m 이내

17 산업안전보건법령상 보일러에 설치해야 하는 안전장치로 거리가 가장 먼 것은?

① 해지장치 ② 압력방출장치
③ 압력제한스위치 ④ 고저수위조절장치

해설 보일러의 안전장치

㉠ 압력방출장치 ㉡ 압력제한스위치
㉢ 고저수위조절장치 ㉣ 화염검출기
㉤ 전기적 인터록 장치 등

※ ① 해지장치는 양중기의 안전장치이다.

18 산업안전보건법령상 용접장치의 안전에 관한 준수사항 설명으로 옳은 것은

① 아세틸렌 용접장치의 발생기실을 옥외에 설치한 때에는 그 개구부를 다른 건축물로부터 1m 이상 떨어지도록 하여야 한다.
② 가스집합장치로부터 3m 이내의 장소에서는 화기의 사용을 금지시킨다.
③ 아세틸렌 발생기에서 10m 이내 또는 발생기실에서 4m 이내의 장소에서는 흡연행위를 금지시킨다.
④ 아세틸렌 용접장치를 사용하여 용접작업을 할 경우 게이지 압력이 127kPa을 초과하는 아세틸렌을 발생시켜 사용해서는 아니 된다.

해설 용접장치 안전에 관한 준수사항

㉠ 사업주는 아세틸렌 용접장치를 사용하여 금속의 용접 · 용단 또는 가열작업을 하는 경우에는 게이지 압력이 127kPa을 초과하는 압력의 아세틸렌을 발생시켜 사용해서는 아니 된다.
㉡ 아세틸렌 용접장치의 발생기실은 건물의 최상층에 위치하여야 하며, 화기를 사용하는 설비로부터 3m를 초과하는 장소에 설치하여야 한다.
㉢ 아세틸렌 용접장치의 발생기실을 옥외에 설치한 때에는 그 개구부를 다른 건축물로부터 1.5m 이상 떨어지도록 하여야 한다.
㉣ 아세틸렌 발생기에서 5m 이내 또는 발생기실에서 3m 이내의 장소에서는 흡연행위를 금지시킨다.
㉤ 가스집합장치로부터 5m 이내의 장소에서는 화기의 사용을 금지시킨다.

19 두께 2mm이고 치진폭이 2.5mm인 목재가공용 둥근톱에서 반발예방장치 분할날의 두께(t)로 적절한 것은?

① $2.2\text{mm} \le t < 2.5\text{mm}$
② $2.0\text{mm} \le t < 3.5\text{mm}$
③ $1.5\text{mm} \le t < 2.5\text{mm}$
④ $2.5\text{mm} \le t < 3.5\text{mm}$

해설 분할날의 두께

톱날 두께의 1.1배 이상, 톱날의 치진폭 이하이므로,

$1.1\times2 \le t < 2.5$
$= 2.2 \le t < 2.5$

Answer 16. ③ 17. ① 18. ④ 19. ①

20 **산업안전보건법령상 비파괴검사를 해서 결함 유무를 확인하여야 하는 고속 회전체의 기준으로 옳은 것은?**

① 회전축의 중량이 100kg을 초과하고, 원주속도가 초당 120m 이상인 고속 회전체

② 회전축의 중량이 500kg을 초과하고, 원주속도가 초당 100m 이상인 고속 회전체

③ 회전축의 중량이 1t을 초과하고, 원주속도가 초당 120m 이상인 고속 회전체

④ 회전축의 중량이 3t을 초과하고, 원주속도가 초당 100m 이상인 고속 회전체

해설 비파괴시험의 실시

사업주는 고속 회전체(회전축의 **중량이 1톤을 초과**하고 **원주속도가 초당 120m 이상**인 것으로 한정한다)의 회전시험을 하는 경우 미리 회전축의 재질 및 형상 등에 상응하는 종류의 비파괴검사를 해서 결함 유무를 확인하여야 한다.

Answer 20. ③

PART 04

전기설비 안전관리

CONTENTS

제 1 장 전기안전관리 업무수행

01 전기설비 안전관리

1 개폐기 ★★★

(1) 개폐기의 개요

① 개폐기(Swtich)는 전기선로(회로)를 개폐하는 목적으로 각 극에 설치한다.

② 개폐기의 부착장소
   ㉠ 평상시 부하를 개폐하는 장소
   ㉡ 전력용 퓨즈의 전원측
   ㉢ 인입구 및 고장 점검회로

③ 전동기 운전 시 개폐기의 조작 순서
   ㉠ 운전 개시 : 메인 스위치 → 분전반 스위치 → 전동기용 개폐기
   ㉡ 운전 정지 : 전동기용 개폐기 → 분전반 스위치 → 메인 스위치

(2) 고압개폐기의 종류

유입개폐기 (OS; Oil Switch)	배전선로의 절체, 고장 구간의 구분, 부하전류의 차단 등에 사용한다.
단로기 (DS; Disconnecting Switch)	차단기의 전후에 주로 설치하며, 무부하 선로의 개폐가 주요 목적이다.
주상개폐기 (PCS; Primary Cutout Switch 혹은 COS; Cut Out Switch)	선로의 무부하 절체, 부하전류의 투입, 차단 등에 사용한다.

합격 체크포인트

- 과전류 차단장치 종류
- 누전차단기 원리, 목적, 성능, 설치장소 등
- 피뢰기 종류, 설치장소, 동작특성 등
- 변압기 보호장치 등

기출문제

단로기를 사용하는 주된 목적은?
① 변성기의 개폐
② 이상전압의 차단
③ 과부하 차단
❹ 무부하 선로의 개폐

(3) 개폐기 시설 시 유의사항

① 개폐기의 스파크 화재의 방지대책

㉠ 가연성 증기, 분진 등이 있는 곳은 방폭형으로 한다.

㉡ 화재 예방을 위해서 개폐기는 불연성 상자(함) 안에 넣는다.

㉢ 과전류 차단용 퓨즈는 포장(통형) 퓨즈로 한다.

㉣ 전선이나 기구 부분에 직접 닿지 않도록 하고, 접촉 부분의 산화 또는 나사풀림이 없도록 한다.

㉤ 커버나이프 스위치나 콘센트 등의 덮개가 부서지지 않도록 신중을 기한다.

㉥ 나이프 스위치는 규정된 퓨즈를 사용한다.

㉦ 전자개폐기는 반드시 용량에 맞는 것을 선택한다.

② 아크를 발생하는 기구의 시설

㉠ 고압용, 특고압용의 개폐기, 차단기, 피뢰기로서 동작 시에 아크가 생기는 것은 목재의 벽 또는 천장 기타의 가연성 물체로부터 아래의 정한 값 이상으로 이격하여 시설하여야 한다.

㉡ 기구의 이격거리

고압용 기구	1m 이상
특고압용 기구	2m 이상(사용전압이 35kV 이하의 특고압용의 기구 등으로서, 동작할 때에 생기는 아크의 방향과 길이를 화재가 발생할 우려가 없도록 제한하는 경우에는 1m 이상)

✓ 기출 Check!

• 과전류 차단용 퓨즈는 **포장(통형) 퓨즈**로 한다.

2 과전류차단기 ★★★★

(1) 과전류차단장치(CB; Circuit Breaker)의 개요

① 부하전류 및 고장전류 등 대전류를 차단하는 장치로, 저압용(배선용 차단기, 퓨즈 등)과 고압용 차단기가 있다.

② 과전류차단장치는 반드시 접지선이 아닌 전로에 직렬로 연결하여 과전류 발생 시 전로를 자동으로 차단하도록 설치해야 한다.

③ 차단기 · 퓨즈는 계통에서 발생하는 최대 과전류에 대하여 충분하게 차단할 수 있는 성능을 가져야 한다.

기출 문제

고장전류와 같은 대전류를 차단할 수 있는 것은?

❶ 차단기(CB)
② 유입 개폐기(OS)
③ 단로기(DS)
④ 선로 개폐기(LS)

(2) 퓨즈

① 회로의 단락, 전동기의 과전류가 흐를 때 회로를 차단시키는 역할을 한다.

② 퓨즈의 특성

㉠ 저압전로에 사용하는 범용 퓨즈의 용단특성

정격전류의 구분	시 간	정격전류의 배수	
		불용단전류	용단전류
4A 이하	60분	1.5배	2.1배
4A 초과 16A 미만	60분	1.5배	1.9배
16A 이상 63A 이하	60분	1.25배	1.6배
63A 초과 160A 이하	120분	1.25배	1.6배
160A 초과 400A 이하	180분	1.25배	1.6배
400A 초과	240분	1.25배	1.6배

㉡ 고압전로에 사용하는 포장/비포장 퓨즈의 특성

포장 퓨즈	• 정격전류의 1.3배의 전류에 견딜 것 • 또한 2배의 전류로 120분 안에 용단되는 것
비포장 퓨즈	• 정격전류의 1.25배의 전류에 견딜 것 • 또한 2배의 전류로 2분 안에 용단되는 것

(3) 과전류차단기의 종류

배선용차단기(MCCB; Molded Case Circuit Breaker)	개폐기구가 절연물의 용기 내에 일체로 조립한 것으로, 과부하 및 단락 사고 시 자동으로 전로를 차단하며, 저압에서 사용한다.
기중차단기(ACB; Air Circuit Breaker)	대기 중에서 압축공기를 이용하여 차단하며, 저압에서 사용한다.
공기차단기(ABCB; Air Blast Circuit Breaker)	압축공기로 아크를 소호하여 차단하며, 주로 중간 특고압에 사용한다.
가스차단기(GCB; Gas Circuit Breaker)	SF-6 가스를 소호 매질로 사용하는 차단기로, 차단 특성이 우수하다.
진공차단기(VCB; Vacuum Circuit Breaker)	고진공의 용기 속에서는 수 배의 절연내력이 얻어지는 원리를 이용하여 진공 속에서 접점을 개폐하여 아크를 소호하여 차단한다.
유입차단기(OCB; Oil Circuit Breaker)	탱크 용기에 절연유를 넣어 유중에서 아크를 소멸하여 개폐하는 차단기로, 광범위한 전압에 사용한다.

(4) 배선용차단기의 특성

① 순시트립에 따른 구분(돌입 전류에 대한 순시트립의 범위)

B타입	$3I_n$ 초과 ~ $5I_n$ 이하
C타입	$5I_n$ 초과 ~ $10I_n$ 이하
D타입	$10I_n$ 초과 ~ $20I_n$ 이하

기출문제

한국전기설비규정에 따라 과전류차단기로 저압전로에 사용하는 범용 퓨즈(gG)의 용단전류는 정격전류의 몇 배인가? (단, 정격전류가 4A 이하인 경우이다.)

① 1.5배 ② 1.6배
③ 1.9배 ❹ 2.1배

기출문제

기중차단기의 기호로 옳은 것은?

① VCB ② MCCB
③ OCB ❹ ACB

기출문제

주택용 배선차단기 B타입의 경우 순시동작범위는? (단, I_n는 차단기 정격전류이다.)

❶ $3I_n$ 초과 ~ $5I_n$ 이하
② $5I_n$ 초과 ~ $10I_n$ 이하
③ $10I_n$ 초과 ~ $15I_n$ 이하
④ $10I_n$ 초과 ~ $20I_n$ 이하

② 배선용차단기(주택용)

정격전류	동작시간	부동작전류	동작전류
63A 이하	60분	1.13배	1.45배
63A 초과	120분	1.13배	1.45배

3 누전차단기 ★★★★

(1) 누전차단기(ELB; Earth Leakage Breaker)의 개요

① 누전 시 영상변류기의 유입 및 유출전류가 지락사고전류(Ig) 만큼의 차이를 검출하여 차단하여 인체가 감전되는 것을 방지한다.

② 누전차단기의 사용 목적

㉠ 감전 보호

㉡ 누전 화재 보호

㉢ 전기설비 및 전기기기의 보호

㉣ 다른 계통으로 사고파급 방지

(2) 누전차단기의 구성과 종류

① 누전차단기의 구성요소

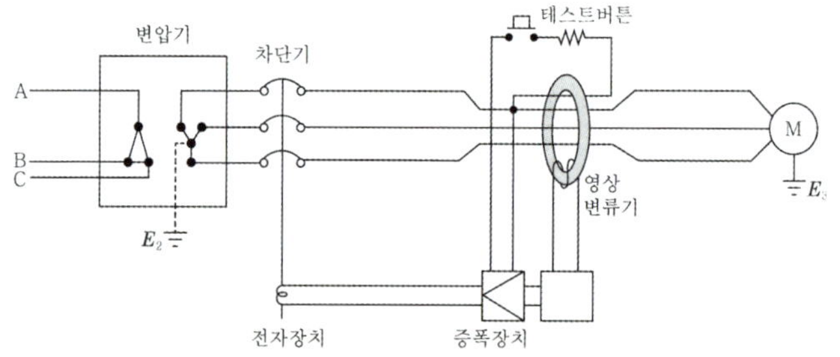

▎누전차단기의 구성도 ▎

㉠ 누전검출부

㉡ 지락검출장치

㉢ 영상변류기(ZCT)

㉣ 차단장치

㉤ 과전류 트립 코일

㉥ 테스트 버튼

> **기출문제**
>
> 누전차단기의 구성요소가 아닌 것은?
>
> ① 누전검출부
> ② 영상변류기
> ③ 차단장치
> ❹ 전력퓨즈

② 누전차단기의 종류와 동작시간

종류	동작시간
감전보호용 누전차단기	0.03초 이내
고속형 누전차단기	0.1초 이내
시연형 누전차단기	0.1초 초과 0.2초 이내
반한시형 누전차단기	0.2초 초과 1초 이내

(3) 누전차단기의 성능과 설치 환경

① 누전차단기의 성능

㉠ 당해 부하에 적합한 차단용량, 정격전류를 갖추어야 한다.

㉡ 정격감도전류는 30mA(일반장소), 15mA(습한 장소) 이하로, 작동시간은 0.03초 이내이어야 한다.

㉢ 정격부동작전류가 정격감도전류의 50% 이상이어야 하고, 이들의 차가 가능한 큰 것이 좋다.

㉣ 절연저항은 5MΩ 이상이어야 한다.

㉤ 누전차단기의 조작용 손잡이 또는 누름단추는 트립프리 기구이어야 한다.

② 누전차단기의 설치 환경(조건)

㉠ 주위 온도는 −10∼40℃, 상대습도가 45∼80% 사이의 표고 1,000m 이하의 장소에 설치한다.

㉡ 설치 장소가 직사광선을 받을 경우 차폐시설을 한다.

㉢ 전원전압이 정격전압의 85∼110% 범위로 한다.

㉣ 정격부하전류가 30A인 이동형 전기기계, 기구에 접속되어 있는 경우 일반적으로 정격감도전류는 30mA 이하인 것을 사용한다.

(4) 누전차단기에 의한 감전방지

① 누전차단기를 설치해야 하는 기계·기구

㉠ 대지전압이 150V를 초과하는 이동형 또는 휴대형 전기기계·기구

㉡ 물 등 도전성이 높은 액체가 있는 습윤 장소에서 사용하는 저압용 전기기계·기구

㉢ 철판·철골 위 등 도전성이 높은 장소에서 사용하는 이동형 또는 휴대형 전기기계·기구

㉣ 임시배선의 전로가 설치되는 장소에서 사용하는 이동형 또는 휴대형 전기기계·기구

기출 Check!

누전차단기의 종류 중 정격감도전류에서 짧은 순서는 동작시간이 다음과 같다.
감전보호형 < 고속형 < 시연형 < 반한시형

기출문제

샤워시설이 있는 욕실에 콘센트를 시설하고자 한다. 이때 설치되는 인체 감전보호용 누전차단기의 정격감도전류는 몇 mA 이하인가?

① 5 ❷ 15
③ 30 ④ 60

법령

산업안전보건기준에 관한 규칙 제304조

기출문제

누전차단기의 설치가 필요한 것은?

① 이중절연구조의 전기기계·기구
② 비접지식 전로의 전기기계·기구
③ 절연대 위에서 사용하는 전기기계·기구
❹ 도전성이 높은 장소의 전기기계·기구

② 누전차단기를 설치하지 않아도 되는 기계 · 기구

㉠ 「전기용품 및 생활용품 안전관리법」이 적용되는 이중절연 또는 이와 같은 수준 이상으로 보호되는 구조로 된 전기기계 · 기구

㉡ 절연대 위 등과 같이 감전위험이 없는 장소에서 사용하는 전기기계 · 기구

㉢ 비접지방식의 전로

법령

한국전기설비규정

(5) 누전차단기의 시설

① 누전차단기를 설치해야 하는 장소

㉠ 금속제 외함을 가지는 사용전압이 50V를 초과하는 저압의 기계기구로서, 사람이 쉽게 접촉할 우려가 있는 곳에 시설하는 것에 전기를 공급하는 전로

㉡ 주택의 인입구 등 이 규정에서 누전차단기 설치를 요구하는 전로

㉢ 특고압전로, 고압전로 또는 저압전로와 변압기에 의하여 결합되는 사용전압 400V 초과의 저압전로 또는 발전기에서 공급하는 사용전압 400V 초과의 저압전로

㉣ 전기용품안전기준의 자동복구 기능을 갖는 누전차단기의 시설

- 독립된 무인 통신 중계소 · 기지국
- 관련 법령에 의해 일반인의 출입을 금지 또는 제한하는 곳
- 옥외의 장소에 무인으로 운전하는 통신 중계기 또는 단위기기 전용회로. 단, 일반인이 특정한 목적을 위해 지체하는(머물러 있는) 장소로서 버스 정류장, 횡단보도 등에는 시설할 수 없다.

② 누전차단기를 설치하지 않아도 되는 경우

㉠ 기계 · 기구를 발전소 · 변전소 · 개폐소 또는 이에 준하는 곳에 시설하는 경우

㉡ 기계 · 기구를 건조한 곳에 시설하는 경우

㉢ 대지전압이 150V 이하인 기계 · 기구를 물기가 있는 곳 이외의 곳에 시설하는 경우

㉣ 「전기용품 및 생활용품 안전관리법」의 적용을 받는 이중절연구조의 기계 · 기구를 시설하는 경우

기출문제

누전차단기를 설치해야 하는 곳은?

① 기계 · 기구를 건조한 장소에 시설한 경우
❷ 대지전압이 220V에서 기계 · 기구를 물기가 없는 장소에 시설한 경우
③ 「전기용품 및 생활용품 안전관리법」의 적용을 받는 2중 절연구조의 기계 · 기구
④ 전원측에 절연변압기(2차 전압이 300V 이하)를 시설한 경우

ⓜ 그 전로의 전원 측에 절연 변압기(2차 전압이 300V 이하인 경우에 한함)를 시설하고, 또한 그 절연 변압기의 부하 측의 전로에 접지하지 아니하는 경우

ⓑ 기계 · 기구가 고무 · 합성수지 기타 절연물로 피복된 경우

ⓢ 기계 · 기구가 유도전동기의 2차측 전로에 접속되는 것일 경우

ⓞ 기계 · 기구 내에 「전기용품 및 생활용품 안전관리법」의 적용을 받는 누전차단기를 설치하고, 또한 기계 · 기구의 전원 연결선이 손상을 받을 우려가 없도록 시설하는 경우

4 피뢰설비 ★★★★

(1) 피뢰기(LA; Lightning Arrester)

① 피뢰기 정의와 설치 목적

㉠ 낙뢰, 혼촉 사고, 개폐기의 개폐 등에 의하여 이상 전압이 발생했을 때 선로와 기기를 보호할 목적으로 설치한다.

㉡ 최근에는 소형화, 내구성, 보수성이 유리한 산화아연(ZnO)형 갭레스 피뢰기가 많이 사용되고 있다.

② 피뢰기의 종류

㉠ 갭형 피뢰기(탄화규소(SiC))

- 구성 : 직렬갭과 특성요소로 구성되어 있다.
- 직렬갭 : 정상전압에서는 방전하지 않고 이상전압 발생 시 신속히 대지로 방류함과 동시에 계속해서 흐르는 속류를 빠른 시간 내에 차단한다.
- 특성요소 : 뇌 서지 등의 비직선 전압, 전류 특성에 따라 큰 방전 전류에서는 저항값이 낮아져 제한전압을 낮게 억제하고, 비교적 낮은 계통의 전압에서는 높은 저항값으로 속류 등을 차단하여 직렬갭에 의한 속류차단을 용이하게 한다.

㉡ 갭레스 피뢰기(금속산화물 ZnO 소자)

- 금속산화물(ZnO 소자) 비직선형 특성요소만을 포개어 애자 속에 봉입함으로써 소형화하고, 가격이 저렴하다.
- 직렬갭이 없어 구조가 간단하고 소형, 경량화된다.
- 속류에 의한 특성요소의 변화가 적다.
- 비직선 특성이 우수하여 주로 사용한다.

기출문제

밸브 저항형 피뢰기의 구성요소로 옳은 것은?

❶ 직렬갭, 특성요소
② 병렬갭, 특성요소
③ 직렬갭, 충격요소
④ 병렬갭, 충격요소

기출문제

피뢰기의 설치 장소가 아닌 것은?

❶ 저압 수용장소의 인입구
② 가공전선로에 접속하는 배전용 변압기의 고압측
③ 지중전선로와 가공전선로가 접속되는 곳
④ 발전소 또는 변전소의 가공전선 인입구 및 인출구

기출문제

피뢰기가 갖추어야 할 특성으로 옳은 것은?

① 충격방전 개시전압이 높을 것
② 제한전압이 높을 것
❸ 뇌전류의 방전 능력이 클 것
④ 속류를 차단하지 않을 것

기출 Check!

- 피뢰기의 정격전압은 통상적으로 **실효값**으로 나타내고 있다.
- 표준충격파형 1.2 × 50μs에서 1.2는 **파두장**, 50은 **파미장**을 뜻한다.
- 고압 및 특고압 전로에 시설하는 피뢰기의 접지저항은 **10Ω 이하**로 한다.

③ 피뢰기의 설치 장소

㉠ 발전소, 변전소 또는 이에 준한 장소의 가공전선 인입구 및 인출구
㉡ 가공전선로에 접속하는 배전용 변압기의 고압측 및 특고압측
㉢ 고압 및 특고압 가공전선로로부터 공급받는 수용장소의 인입구
㉣ 가공전선로와 지중전선로가 접속되는 곳(변곡점)
㉤ 배전선로 차단기의 전원측 및 부하측
㉥ 콘덴서의 전원측

④ 피뢰기의 동작 특성

㉠ 제한전압이 낮을 것
㉡ 방전개시전압이 낮을 것
㉢ 뇌전류 방전 능력이 클 것
㉣ 속류 차단을 확실하게 할 수 있을 것
㉤ 충격방전 개시전압이 낮을 것
㉥ 반복 사용이 가능할 것
㉦ 점검 및 보수가 간단할 것
㉧ 구조가 간단하고 특성이 변하지 않을 것

⑤ 피뢰기의 용어 정의

㉠ 충격파 방전개시전압 : 피뢰기 단자간에 충격 전압을 인가하였을 경우 방전을 개시하는 전압
㉡ 상용주파 방전개시전압 : 피뢰기 단자간에 상용 주파수의 전압을 인가하였을 경우 방전을 개시하는 전압
㉢ 충격비 계산 공식

$$\text{충격비} = \frac{\text{충격방전 개시전압}}{\text{상용주파 방전개시 전압의 파고 값}}$$

㉣ 정격전압 : 속류를 차단할 수 있는 최고의 교류전압으로 실효값으로 표시하며, 사인(sine) 교류인 경우에는 전류 · 전압이 모두 그 최대값의 약 0.7배에 해당한다.
㉤ 충격전압시험 시의 표준충격파형 1.2×50μs의 충격전압시험의 표준충격파형은 파두장이 1.2μs이고 파미장이 50μs인 파형으로, 정(+)방향과 부(−)방향에 각각 3회씩 실시한다.

⑥ **피뢰기 접지** : 고압 또는 특고압 전로에 시설하는 피뢰기 접지저항은 10Ω 이하로 한다.

(2) 피뢰침

① 피뢰설비의 설치 목적

㉠ 건축물에 접근하는 뇌격을 막고 뇌격전류를 대지로 방류

㉡ 뇌격에 의해서 생기는 건축물 등의 화재, 파손, 인명피해 방지

② 피뢰침의 수뢰부 시스템

돌침 방식	선단에 뾰족한 금속도체를 설치하여 뇌격전류를 흡인, 대지로 방류하는 방식
수평도체 방식	보호하고자 하는 건축물의 상부에 수평도체를 가설하여 인하도선을 통하여 대지로 방류(송전선 가공지선 등)
케이지 방식 (메시도체)	피보호물 주위를 적당한 간격(2m, 위험물은 1.5m)의 그물눈 도체로 감싸서 완전히 보호하는 방식

③ 피뢰레벨에 따른 회전구체 반지름 및 메시치수

피뢰 레벨	회전구체 반지름(m)	메시치수(m)	피뢰 레벨	회전구체 반지름(m)	메시치수(m)
Ⅰ	20	5×5	Ⅲ	45	15×15
Ⅱ	30	10×10	Ⅳ	60	20×20

④ 피뢰침의 설치 장소(건축기준법)

㉠ 지상 20m 이상의 건축물

㉡ 지상 20m 미만의 건축물에도 설치해야 하는 장소

- 박물관, 천연기념물의 나무
- 불특정 다수가 집합하는 장소(학교, 병원, 극장 등)
- 위험물을 제조, 취급, 저장하는 장소(화약, 가연성 가스저장소 등)
- 뇌해 위험도가 높은 지방의 건물

⑤ 피뢰침의 접지공사

㉠ 인하도선의 접지전극은 1~2개 이상 매설, 2개 이상 매설 시 상호 2m 이상 이격하고, 30mm² 이상의 도선으로 접속한다.

㉡ 병렬로 매설할 경우 전극 길이의 3배, 최저라도 2m 이상 이격해야 한다.

㉢ 피뢰침의 접지는 10Ω 이하로 한다.

㉣ 접지전극의 깊이는 0.75m 이상이면 실용적이다.

㉤ 뇌전류에 의한 대지표면의 전위경도의 완화대책으로 지하 0.75m 이상으로 매설한다.

㉥ 접지선 근처에 수도관 등 매설금속체가 있으면 역섬락을 고려하여 1.5m 이상 이격해야 한다.

기출문제

피뢰레벨에 따른 회전구체 반경이 틀린 것은?

① 피뢰레벨 Ⅰ : 20m
② 피뢰레벨 Ⅱ : 30m
③ 피뢰레벨 Ⅲ : 50m
④ 피뢰레벨 Ⅳ : 60m

기출 Check!

하나의 피뢰침 인하도선에 2개 이상의 접지극을 병렬접속할 때 간격은 2m 이상이어야 한다.

기출문제

피뢰침의 제한전압이 800kV, 충격절연강도가 1,260kV라 할 때, 보호여유도는 몇 %인가?

답 $\frac{1,260-800}{800}\times 100$
$=57.5\%$

법령

한국전기설비규정

⑥ 피뢰침의 보호여유도 계산공식

$$\text{보호여유도(\%)} = \frac{\text{충격절연강도} - \text{제한전압}}{\text{제한전압}} \times 100$$

⑦ 피뢰침 설치 시 유의 사항

㉠ 피뢰침의 보호각은 회전구체법으로 구하여야 한다.

㉡ 피뢰침의 접지저항은 10Ω 이하로 하여야 한다.

㉢ 피뢰침과 접지극을 연결하는 피뢰도선은 단면적이 $30mm^2$ 이상인 동선을 사용하여 확실하게 접속하여야 한다.

㉣ 피뢰침은 가연성 가스 등이 누설될 우려가 있는 밸브, 게이지 및 배기구는 시설물로부터 1.5m 이상 떨어진 장소에 설치하여야 한다.

5 지락 차단장치 등의 시설

① 특고압전로 또는 고압전로에 변압기에 의하여 결합되는 사용전압 400V 초과의 저압전로

② 발전기에서 공급하는 사용전압 400V 초과의 저압전로

③ 저압 또는 고압전로로서 비상용 조명장치, 비상용승강기, 유도등, 철도용 신호장치, 300V 초과 1kV 이하의 비접지 전로, 전로의 중성점의 접지의 규정에 의한 전로

④ 정전이 공공의 안전 확보에 지장을 줄 우려가 있는 기계기구에 전기를 공급하는 것에는 전로에 지락이 생겼을 때에 경보하는 장치를 설치한 때에는 시설하지 않을 수 있다.

6 변압기 보호장치

(1) 전기적 보호장치

과전류 계전기	변압기 1차에 순시 요소부 과전류 계전기 설치
비율차동 계전기	1, 2차 전류차를 이용 내부단락 및 지락고장 검출

(2) 기계적 보호장치

보호 계전기 (protective relay)	OLTC(On Load Tap Changer) 보호장치
충격 압력 계전기	내부 아크로 가스 압력이 갑자기 상승 시 외함 보호장치
방출안전장치	외함 내에 이상 압력 발생할 경우 보호하는 장치
부흐홀츠(Buchholz) 계전기	내부고장 시 전원측 차단기를 고속으로 차단하는 장치

7 기타 전기설비 ★★★★

(1) 조명설비 조도가 감소하는 이유

① 점등 광원의 노화로 인한 광속의 감소
② 반사면에 붙은 먼지, 오물, 화학적 변질에 의한 광속 반사율 감소
③ 공급전압과 광원의 정격전압의 차이에서 오는 광속의 감소

(2) 전선의 적용

① 22.9kV 가공전선은 AW－ALOC를 적용하고, 접속은 슬리브 접속(sleeve joint)으로 한다.
② 전선의 접속은 기계적으로 동일한 강도를 유지하고, 저항은 20% 이상 감소하여서는 안 된다.
③ 고압 지중 케이블로서 직접매설식에 의하여 콘크리트제 기타 견고한 관 또는 트로프(trough)에 넣지 않고 부설할 수 있는 케이블은 콤바인 덕트 케이블(combine duct cable)이다.

(3) 두 개의 도전(충전)부 사이의 이격거리 개념

① **전기적 간격** : 다른 전위를 갖고 있는 도전부 사이의 이격거리
② **절연 공간거리** : 두 도전부 사이의 공간을 통한 최단거리
③ **충전물 통과거리** : 두 도전부 사이의 충전물을 통과한 최단거리
④ **절연 연면거리** : 두 도전부 사이의 고체 절연물 표면을 따른 최단거리

기출문제

자동차가 통행하는 도로에서 고압의 지중전선로를 직접매설식으로 시설할 때 사용되는 전선으로 가장 적합한 것은?
① 비닐 외장 케이블
② 폴리에틸렌 외장 케이블
③ 클로로프렌 외장 케이블
❹ 콤바인 덕트 케이블

기출문제

설비의 이상현상에 나타나는 아크(Arc)의 종류가 아닌 것은?

① 단락에 의한 아크
② 지락에 의한 아크
③ 차단기에서의 아크
❹ 전선저항에 의한 아크

합격 체크포인트

- 개폐기 정전조작 순서
- 휴전작업 시 유의사항
- 충전선로에 대한 접근 한계거리
- 활선 작업시 보호구 종류

기출문제

정전작업 시 작업 전 조치하여야 할 실무사항으로 틀린 것은?

❶ 단락접지기구의 철거
② 잔류전하의 방전
③ 검전기에 의한 정전 확인
④ 개로개폐기의 잠금 또는 표시

기출 Check!

3상 3선식 전선로의 보수를 위하여 정전작업을 할 때 3선을 모두 단락접지한다.

(4) 설비의 이상현상에 나타나는 아크의 종류

단락전류에 의한 아크	큰 단락전류에 의한 아크에 의해 폭발, 화재 등이 발생할 수 있다.
지락전류에 의한 아크	큰 지락전류가 흐르는 아크에 의해 폭발, 화재 등이 발생할 수 있다.
차단기의 전류 차단 시 아크	큰 아크전류에 의해서 소호 불량 시 화재, 폭발 등 발생할 수 있다.

02 전기작업 안전관리

1 정전작업 시 안전관리 ★★★★

(1) 정전작업 시작 전 조치할 사항

① 전기기기 등에 공급되는 모든 전원을 관련된 도면, 계통도 등으로 확인해야 한다.

② 작업구간 내 모든 개폐기는 개방해야 한다.

③ 개폐기에는 잠금장치 또는 조작(통전)금지 표지판을 부착해야 한다.

④ 분리 조작 후 고·저압용 검전기를 이용하여 전로의 충전 여부를 확인한다.

⑤ 케이블 등 충전될 수 있는 지중선로는 조작 후 방전기구로 방전시켜야 한다.

⑥ 작업구간 전원측 및 부하측에 규정의 3상 단락 접지시켜야 한다.

⑦ 기기의 외함 또는 배전전로에 사선, 활선 여부를 표시해야 한다.

⑧ 정전작업 시작 전 조치 순서

전원차단 → 개폐기 개방 여부 확인 → 검전기로 정전(충전) 여부 확인 → 3상 단락접지 시행(접지측 먼저 연결 후 전원측 연결) → 개폐기 잠금장치 및 안전 표지판 설치 → 작업 전 안전회의 → 작업 개시

⑨ 유입차단기의 구성 및 작동 순서(정전 조작)는 다음과 같다.

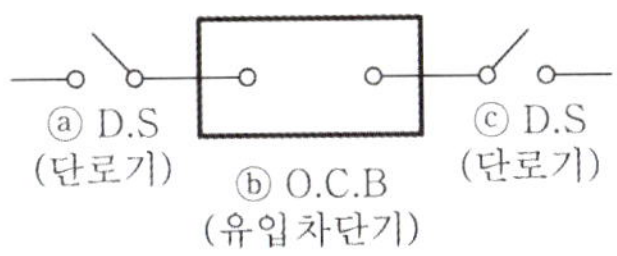

㉠ 차단(개방) 시 : ⓑ → ⓒ → ⓐ
㉡ 투입 시 : ⓒ → ⓐ → ⓑ

▎유입차단기의 작동 순서▐

(2) 정전작업 시 유의사항

① **안전장구 준비** : 저압용 검전기, 고압용 검전기, 접지용구(선), 방전기구, 개폐기 조작기구 등을 준비한다.

② **안전표시물 확보** : 조작꼬리표, 사활선 표시찰, 조작금지표시찰, 작업구간 구획장구 등을 확보하여야 한다.

③ **개폐기 개방 상태 확보(작업책임자 입회하에 시행)**
㉠ 작업 중에는 개폐기 잠금장치를 하여야 한다.
㉡ 개폐기에 접근하지 못하게 안전장구로 구획하여야 한다.
㉢ 조작금지 표시찰을 부착하여야 한다.

④ **잔류전하의 방전** : 정전 후 잔류전하가 남아 있는 지중케이블, 전력콘덴서, 용량이 큰 부하기기 등이 있을 경우 반드시 방전시킨다.

⑤ 작업구간 공급전로의 전후에 접지를 반드시 시행 후 작업 개시해야 한다.

⑥ 개폐기 오조작 방지를 위한 인터록장치, 잠금장치 등을 한다.

(3) 정전작업 종료 후 복귀조작 요령

① 휴전총괄 책임자는 작업계획에 포함된 모든 작업의 종료 여부를 확인한다.

② 작업 전에 설치한 접지장치, 안전표시찰 등을 설치한 작업자가 제거한다.

③ 모든 작업자가 작업구간에서 완전히 떨어져 있는지 확인한다.

④ 모든 작업 관련한 이상 유무를 확인한 후 개폐기를 조작하여 송전한다.

⑤ 정전선로 복귀 조작 후 정전작업 총괄책임자는 이상 유무를 확인하여야 한다.

기출 Check!

- 유입차단기는 차단 시에는 가장 먼저, 투입 시에는 가장 뒤에 조작한다.
- 단로기의 개폐 조작은 부하측에서 전원측으로 진행한다.

기출문제

전기기기, 설비 및 전선로 등의 충전 유무 등을 확인하기 위한 장비는?
① 위상검출기
② 디스콘 스위치
③ COS
❹ 저압 및 고압용 검전기

기출문제

잔류전하가 남아 있을 가능성이 낮은 것은 어느 것인가?
① 전력케이블
② 용량이 큰 부하기기
③ 전력용 콘덴서
❹ 방전 코일

⑥ 정전작업 종료 후 조치순서

접지기구 철거 → 위험표시판 철거 → 작업자 송전구역 내 작업 여부 → 개폐기 투입 → 설비 및 현장 이상 여부 확인

(4) 정전 작업 시 단락하는 접지기구의 사용 목적

① 착오에 의한 송전 방지

② 다른 전로와의 혼촉 방지

③ 유도에 의한 감전위험 방지

2 활선작업 시 안전조치 ★★★

(1) 활선작업 및 활선 근접작업 시 작업지휘자의 임무

① 활선에 근접 시 즉시 경고하여야 한다(가장 중요함).

② 작업자 임무를 부여하고 조정한다.

③ 작업의 시작과 종료를 결정한다.

④ 작업에 대한 전반적인 지시를 한다.

(2) 활선작업 시 안전조치

① 충전전로를 정전시키는 경우에는 휴전작업에 따른 조치를 해야 한다.

② 충전전로를 방호, 차폐하거나 절연 등의 조치를 하는 경우에는 근로자의 신체가 전로와 직접 접촉하거나 도전재료, 공구 또는 기기를 통하여 간접 접촉되지 않도록 해야 한다.

③ 충전전로 취급 작업에 적합한 절연용 보호구를 착용해야 한다.

④ 충전전로에 근접한 장소에서 전기작업을 하는 경우에는 해당 전압에 적합한 절연용 방호구를 설치해야 한다. 다만, 저압인 경우에는 해당 전기작업자가 절연용 보호구를 착용해야 한다.

⑤ 고압 및 특별고압의 전로에서 전기작업을 하는 활선작업용 기구 및 장치를 사용해야 한다.

⑥ 절연용 방호구의 설치·해체작업을 하는 경우에는 절연용 보호구를 착용하거나 활선작업용 기구 및 장치를 사용해야 한다.

⑦ 유자격자가 아닌 작업자가 충전전로 인근의 높은 곳에서 작업할 때에 접근한계거리는 다음과 같다.

㉠ 대지전압이 50kV 이하인 경우 : 300cm 이내

㉡ 대지전압이 50kV 넘는 경우 : 300cm에 10kV당 10cm씩 더한 거리 이내

기출문제

활선작업 및 활선 근접작업 시 반드시 작업지휘자를 정하여야 한다. 작업지휘자의 임무 중 가장 중요한 것은?

① 설계의 계획에 의한 시공을 관리·감독하기 위해서

❷ 활선에 접근 시 즉시 경고하기 위해서

③ 필요한 전기 기자재를 보급하기 위해서

④ 작업을 신속히 처리하기 위해서

법령

산업안전보건기준에 관한 규칙 제321조

⑧ 충전선로에 대한 접근한계거리

충전전로의 선간전압(단위 : kV)	충전전로에 대한 접근한계거리(단위 : cm)
0.3 이하	접촉금지
0.3 초과 0.75 이하	30
0.75 초과 2 이하	45
2 초과 15 이하	60
15 초과 37 이하	90
37 초과 88 이하	110
88 초과 121 이하	130
121 초과 145 이하	150
145 초과 169 이하	170
169 초과 242 이하	230
242 초과 362 이하	380
362 초과 550 이하	550
550 초과 800 이하	790

(3) 충전전로 인근에서의 차량 · 기계장치 작업

① 충전전로 인근에서 차량 · 기계장치 등의 작업이 있는 경우에는 차량 · 기계장치 등을 충전부로부터 3m 이상 이격시켜 유지하되, 대지전압이 50kV를 넘는 경우 10kV 증가할 때마다 10cm씩 증가시켜야 한다.

② 차량 · 기계장치 등의 높이를 낮춘 상태에서 이동하는 경우에는 이격거리를 120cm 이상(대지전압이 50kV를 넘는 경우에는 10kV 증가할 때마다 이격거리를 10cm씩 증가)으로 할 수 있다.

③ 충전전로의 전압에 적합한 절연용 방호구 등을 설치한 경우에는 이격거리를 절연용 방호구 앞면까지로 할 수 있다.

④ 차량 등의 가공 붐대의 버킷이나 끝부분 등이 충전전로의 전압에 적합하게 절연되어 있고 유자격자가 작업을 수행하는 경우에는 붐대의 절연되지 않은 부분과 충전전로 간의 이격거리는 규정된 접근 한계거리까지로 할 수 있다.

⑤ 다음의 경우를 제외하고는 작업자가 차량 등의 그 어느 부분과도 접촉하지 않게 울타리를 설치하거나 감시인 배치 등의 조치를 하여야 한다.

㉠ 근로자가 해당 전압에 적합한 절연용 보호구 등을 착용, 사용하는 경우

㉡ 차량 · 기계장치 등의 절연되지 않은 부분이 접근 한계거리 이내로 접근하지 않도록 하는 경우

기출문제

22.9kV 충전전로에 대해 필수적으로 작업자와 이격시켜야 하는 접근한계거리는?

① 45cm ② 60cm
❸ 90cm ④ 110cm

기출문제

유자격자가 아닌 근로자가 방호되지 않은 충전전로 인근의 높은 곳에서 작업할 때에 근로자의 몸은 충전전로에서 몇 cm 이내로 접근할 수 없도록 하여야 하는가? (단, 대지전압이 50kV이다.)

① 50 ② 100
③ 200 ❹ 300

기출문제

작업자가 교류전압 7,000V 이하의 전로에 활선 근접작업 시 감전사고 방지를 위한 절연용 보호구는?

① 고무절연관
② 절연시트
③ 절연커버
❹ 절연안전모

(4) 활선작업 시 보호구의 종류

① 고무장갑	② ABE형 절연안전모
③ 절연안전화	④ 절연장갑
⑤ 절연장화	⑥ 검전기(활선 여부 확인)

3 기타 전기작업 안전관리

(1) 전기기계 · 기구 등의 충전부 방호

① 작업이나 통행 등으로 인하여 충전 부분에 감전을 방지하기 위한 방호

㉠ 충전부가 노출되지 않도록 폐쇄형 외함이 있는 구조로 한다.
㉡ 충전부에 충분한 절연효과가 있는 방호망이나 절연덮개를 설치한다.
㉢ 충전부는 내구성이 있는 절연물로 완전히 덮어 감싸야 한다.
㉣ 관계 근로자가 아닌 사람의 출입이 금지되는 장소에 충전부를 설치하고, 위험표시 등의 방법으로 방호를 강화한다.

② 노출 충전부가 있는 맨홀 또는 지하실 등의 밀폐공간에서 작업하는 경우에는 덮개, 울타리 또는 절연 칸막이 등을 설치하여야 한다.

③ 개폐되는 문, 경첩이 있는 패널 등을 견고하게 고정시켜야 한다.

기출 Check!

충전부는 출입이 용이한 전개된 장소에 설치하지 않는다.

법령

산업안전보건기준에 관한 규칙 제303조

(2) 전기기계 · 기구의 설치 시 고려사항

① 전기기계 · 기구의 충분한 전기적 용량 및 기계적 강도
② 습기 · 분진 등을 사용하는 장소의 주위 환경
③ 전기적 · 기계적 방호 수단의 적정성
④ 공인된 인증기관의 인증을 받은 제품을 사용한다,
⑤ 기구 등의 전로의 절연내력시험을 충전 부분과 대지 사이에 연속하여 10분간 가하여 절연내력을 시험하였을 때 이에 견디어야 한다.

기출문제

위험방지를 위한 전기기계 · 기구의 설치 시 고려할 사항으로 거리가 먼 것은?

① 전기기계 · 기구의 충분한 전기적 용량 및 기계적 강도
❷ 전기기계 · 기구의 안전효율을 높이기 위한 시간 가동률
③ 습기 · 분진 등 사용장소의 주위 환경
④ 전기적 · 기계적 방호수단의 적정성

(3) 이동 및 휴대장비 등의 전기작업

① 작업자가 착용하거나 취급하고 있는 도전성 공구 · 장비 등이 노출 충전부에 닿지 않도록 하여야 한다.
② 작업자가 사다리를 노출 충전부가 있는 곳에서 사용하는 경우에는 도전성 재질의 사다리를 사용하지 않도록 하여야 한다.

③ 작업자가 젖은 손으로 전기기계 · 기구의 플러그를 꽂거나 제거하지 않도록 하여야 한다.

④ 작업자가 전기회로를 개방, 변환 또는 투입하는 경우에는 전기 차단용으로 특별히 설계된 스위치, 차단기 등을 사용하도록 하여야 한다.

⑤ 차단기 등의 자동 차단된 후에는 전기회로 또는 전기기계 · 기구가 안전하다는 것이 증명되기 전까지는 과전류 차단장치를 재투입하면 안된다.

⑥ 이동하여 사용하는 전기기계 · 기구의 금속제 외함 등의 접지선 중 가요성을 요하는 부분의 접지선은 다심 코드이며, 단면적이 $0.75mm^2$ 이상인 것을 사용하여야 한다.

03 교류 아크용접기의 안전관리

합격 체크포인트

- 아크용접의 원리
- 아크용접기 허용사용률 의미
- 자동전격 방호장치 원리, 기능

1 아크용접기의 개요 ★★★

(1) 아크용접의 원리

① 아크용접은 모재와 용접봉 사이에 적정 온도로 열을 가하여 2개 이상의 금속재료를 접합시키는 기술로, 용접봉이 소모성이면 양극이 되고 비소모성이면 음극이 된다.

② 주로 직류(DC) 아크를 사용했지만, 최근에는 교류(AC) 아크가 많이 사용된다.

③ 용접에 사용되는 전기는 일반적으로 대전류(10～2,000A), 저전압(10～50V)의 방전이다.

(2) 교류 아크용접기의 종류

① **종류** : 고주파 아크용접기, 자동 아크용접기, 교류 아크용접기

② **고주파 아크용접기** : 용접기에 고주파 발생 장치를 장비하고 있어 용접 전류를 5～200,000 사이클의 고주파 전류로 변화시키는데, 그 회로는 용접할 때 전류를 안정되게 하고, 10～50A의 적은 범위의 아크 전류에서도 작업이 가능하다.

③ **자동 아크용접기** : 용접봉을 기계장치로써 피이드하고 아크의 길이를 일정하게 하는 동시에 안전한 작업을 하기 위하여 자동 용접기를 사용하는 용접법이 있다.

(3) 교류 아크용접기의 효율 및 허용사용률

- $\text{효율} = \dfrac{\text{아크출력}}{\text{소비전력}} \times 100 = \dfrac{(\text{아크전압} \times \text{아크전류})}{(\text{아크출력} + \text{내부손실})} \times 100[\%]$
- $\text{허용사용률} = \left(\dfrac{\text{정격2차 전류}}{\text{실제용접전류}}\right)^2 \times \text{정격사용률}[\%]$

(4) 교류 아크용접기 사용 시 안전대책

① 자동전격방지기를 적용한다.

② 절연 용접봉 홀더를 사용한다.

③ 적정한 캡타이어 케이블이나 용접용 케이블 등을 사용한다.

④ 2차측을 공통선으로 연결한다.

⑤ 절연장갑 등을 사용한다.

⑥ 피용접재에 접속되는 접지공사는 100Ω 이하로 한다.

2 교류 아크용접기의 자동전격방지장치 ★★★★

(1) 자동전격방지장치의 용도와 작동원리

① **용도** : 교류 아크용접기의 1차 또는 2차 측에 부착하는 안전장치로서, 용접기의 아크 발생 중단 전후 1초 이내에 용접기의 2차측 무부하전압을 안전전압 25V 이하로 저하시킨다.

② **작동원리**

㉠ 아크 발생이 중지되면 1차측 S1 스위치가 열리게 되고, 보조변압기 S2 스위치가 연결되면서 홀더의 전압을 25V 이하로 저하시킨다.

㉡ 용접봉을 모재에 접촉 시 2차측 회로에 잠시 전류가 흐르고 제어장치에 의해 용접할 때에만 용접기의 주회로를 폐로(ON)하여 형성하고, 그 외에는 주회로를 개로(OFF)하여 출력측에 무부하전압을 저하시키며, 전류 특성은 부특성이다.

㉢ 용접기의 보조변압기, 주회로 변압기, 제어장치, 감지장치 등으로 구성된다.

기출문제

교류 아크용접기의 사용에서 무부하 전압이 80V, 아크 전압 25V, 아크 전류 300A일 경우 효율은 약 몇 %인가? (단, 내부손실은 4kW이다.)

답 $\dfrac{25 \times 300}{(25 \times 300) + 4{,}000} \times 100$
$= \left(\dfrac{7{,}500}{11{,}500}\right) \times 100$
$= 65.2(\%)$

기출문제

교류 아크용접기의 허용사용률(%)은? (단, 정격사용률은 10%, 2차 정력전류는 500A, 교류 아크용접기의 사용전류는 250A 이다.)

답 $\left(\dfrac{500}{250}\right)^2 \times 10 = 40(\%)$

기출문제

교류 아크용접기의 자동전격장치는 전격의 위험을 방지하기 위하여 아크 발생이 중단된 후 약 1초 이내에 출력측 무부하전압을 자동으로 몇 V 이하로 저하시켜야 하는가?

① 85 ② 70
③ 50 ❹ 25

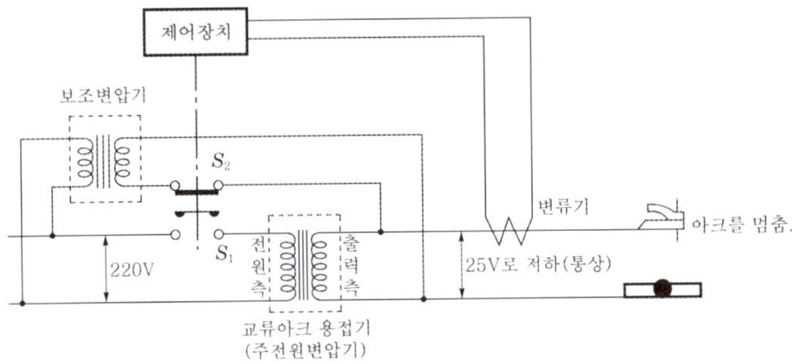

▌교류 아크용접기의 구성▐

(2) 자동전격방지장치의 기능

① 용접 작업 시 감전 위험을 방지한다.

② 전력손실을 절감한다.

③ 인체의 안전전압 1±0.3초 이내, 25V 이하의 전압을 유지한다.

④ 역률을 향상시킨다.

⑤ 용접봉을 모재에 접촉할 때 용접기 2차 회로는 폐회로가 되며, 이 때 흐르는 전류를 감지한다.

(3) 자동전격방지장치의 시동시간, 지동시간, 시동감도

① **시동시간** : 용접봉을 용접 대상물에 접촉시켜서 전격방지기의 주접점이 닫힐 때까지의 시간으로 약 0.06초 정도의 시간이다.

② **지동시간** : 용접봉 홀더에 용접기 출력측의 무부하전압(25V)이 발생한 후 주접점이 개방될 때까지의 시간을 의미한다.

③ **시동감도** : 시동감도는 높을수록 좋으나 극한 상황에서 전격을 방지하기 위해서 500Ω를 상한치로 한다(Ω으로 표시).

(4) 자동전격방지장치의 설치 시 유의사항

① 연직(불가피한 경우는 20° 이내)으로 설치하여야 한다.

② 용접기 이동, 개폐기 작동에 의한 진동, 충격에 견딜 수 있도록 하여야 한다.

③ 점검용 스위치의 조작이 용이하게 설치하여야 한다.

④ 외함은 접지하여야 한다.

⑤ 전원 연결 시 전원의 극성을 맞추어야 한다.

⑥ 경보 표시등 등 외부에서 쉽게 보이도록 설치하여야 한다.

⑦ 전선 접속 부분은 절연테이프 등으로 완전하게 절연 접속하여야 한다.

기출문제

교류 아크용접기 접점방식(Mag-net식)의 전격방지장치에서 지동시간과 용접기 2차측 무부하 전압(V)을 바르게 표현한 것은?

① 0.06초 이내, 25V 이하
❷ 1±0.3초 이내, 25V 이하
③ 2±0.3초 이내, 50V 이하
④ 1.5±0.06초 이내, 50V 이하

기출 Check!

전격방지기를 직각으로만 부착해야하는 것은 아니다.

⑧ 전격방지기와 용접기 사이의 전선 및 접속부는 힘이 가해지지 않아야 한다.

(5) 자동전격방지장치의 사용 전 점검사항

① 자동전격방지장치 외함의 접지 상태
② 자동전격방지장치 외함의 변경, 파손 상태
③ 전자개폐기(전자접촉기) 작동 상태
④ 용접기 배선 및 접속부 피복의 손상 유무
⑤ 소음 발생 유무

제 2 장 감전재해 및 방지대책

01 감전재해의 요인

1 감전의 위험도 ★★★★

(1) 감전의 개요

① 감전이란 전기충전부에 인체의 접촉에 의하여 일어나는 재해로서, 감전, 섬락에 의한 심장마비를 발생하거나 인체에 화상을 입게 되고, 충격에 의한 추락 등 2차적 재해가 발생하는 것을 말한다.

② 전격(electric shock)이란 강한 전류를 갑자기 몸에 느꼈을 때의 충격을 말하며, 감전과 같은 의미로 사용된다.

③ 감전사고를 일으키는 주된 형태

㉠ 충전전로에 인체가 접촉되는 경우

㉡ 고전압의 전선로에 인체가 근접하여 섬락이 발생된 경우

㉢ 충전 전기회로에 인체가 단락회로의 일부를 형성하는 경우

(2) 감전의 위험도

① 감전의 위험요소

1차적 감전 위험요소	2차적 감전 위험요소
• 통전전류 • 통전시간 • 통전경로(감전전류가 흐르는 인체의 부위) • 전원의 종류(교류, 직류)	• 인체의 저항(조건) • 전압(인체에 흐른 전압의 크기) • 주파수 • 계절

② 감전 위험도의 결정 조건

㉠ 인체에 흐르는 전류의 양이 크고(통전전류), 장시간 흐르며(통전시간), 인체의 주요 부분을 흐를수록(통전경로) 위험하다.

㉡ 전압이 동일한 경우 교류가 직류보다 더 위험하다.

합격 체크포인트

• 감전의 위험 요소
• 인체의 저항과 위험도
• 위험전압, 안전전압의 이해
• 전격시 응급조치 요령

기출문제

인체에 미치는 전격 재해의 위험을 결정하는 주된 인자 중 가장 거리가 먼 것은?

❶ 통전전압의 크기
② 통전전류의 크기
③ 통전경로
④ 통전시간

㉢ 교류에 감전된 경우 근육에 경련과 수축이 일어나서 접촉시간이 길어지게 된다.

㉣ 주파수가 높을수록 최소감지전류는 증가한다.

기출문제

대지에서 용접작업을 하고 있는 작업자가 용접봉에 접촉한 경우 통전전류는? (단, 용접기의 출력측 무부하전압 : 90V, 접촉저항(손, 용접봉 등 포함) : 10kΩ, 인체의 내부저항 : 1kΩ, 발과 대지의 접촉저항 : 20kΩ이다.)

답 $\frac{90}{10,000+1,000+20,000} = 0.0029[A] = 2.9[mA]$

(3) 통전전류의 세기에 따른 인체 영향

① 통전전류의 계산 공식

$$통전전류[I] = \frac{전압[V]}{저항[R]} = \frac{출력측\ 무부하전압}{접촉저항+인체의\ 내부저항+발과\ 대지의\ 접촉저항}$$

② 통전전류의 분류

분류	인체에 미치는 영향	통전전류의 세기 (상용주파수 60Hz 교류)
최소감지전류	인체가 전격을 느끼게 되는 최소전류	성인 남자 0.5~1mA
고통한계전류 (가수전류, 이탈 가능)	고통을 참을 수 있으면서 생명에는 위험이 없는 한계의 전류	7 ~ 8mA
마비한계전류 (불수전류, 이탈 불능)	근육이 경련을 일으키거나 신경이 마비되어 자력으로 이탈할 수 없게 되는 전류	10 ~ 15mA
심실세동전류 (치사전류)	심장기능에 영향을 주어 심실세동을 일으키는 전류	$I=\frac{165 \sim 185}{\sqrt{T}}$mA

기출문제

심실세동전류란?

① 최소감지전류
❷ 치사적 전류
③ 고통한계전류
④ 마비한계전류

③ 심실세동전류와 통전시간과의 관계식

$$I=\frac{165 \sim 185}{\sqrt{T}}[mA],\ 일반적인\ 관계식\ I=\frac{165}{\sqrt{T}}[mA]$$

여기서, I : 심실제동전류(1,000명 중 5명 정도가 심실제동을 일으킬 수 있는 값)

T : 통전시간(초)

(4) 인체의 통전경로별 위험도

통전경로	위험도	통전경로	위험도
왼손 ↔ 가슴	1.5	한손 또는 양손 ↔ 앉아 있는 자리	0.7
오른손 ↔ 가슴	1.3	왼손 ↔ 등	0.7
왼손 ↔ 한발 또는 양발	1.0	왼손 ↔ 오른손	0.4
양손 ↔ 양발	1.0	오른손 ↔ 등	0.3
오른손 ↔ 한발 또는 양발	0.8		

기출문제

통전경로별 위험도를 나타낼 경우 위험도가 큰 순서대로 나열한 것은?

ⓐ 왼손 – 오른손
ⓑ 왼손 – 등
ⓒ 양손 – 양발
ⓓ 오른손 – 가슴

① ⓐ – ⓒ – ⓑ – ⓓ
② ⓐ – ⓓ – ⓒ – ⓑ
❸ ⓓ – ⓒ – ⓑ – ⓐ
④ ⓓ – ⓐ – ⓒ – ⓑ

2 인체의 저항 ★★★★

(1) 인체저항의 개요

① 감전의 위험요소 중 하나인 통전경로에서 중요한 것은 전기저항인데, 전격 시 저항은 인체에 해당한다.

② 전압과 인체저항과의 관계

㉠ 부(−)의 저항온도계수를 나타낸다.

㉡ 내부조직의 저항은 전압에 관계없이 일정하다.

㉢ 1,000V 부근에서 피부의 전기저항은 거의 사라진다.

㉣ 남자보다 여자가 일반적으로 전기저항이 적다.

㉤ 피부저항 값은 피부의 건습 차에 변화한다.

- 땀이 나 있는 경우 : 건조 시의 1/12~1/20로 감소
- 물에 젖어 있는 경우 : 건조 시의 약 1/25로 감소

③ 인체 피부의 전기저항에 영향을 주는 항목

㉠ 전원의 종류	㉡ 피부의 인가시간
㉢ 접촉 부위	㉣ 접촉부의 습기 상태
㉤ 피부의 건습 차	㉥ 피부의 접촉 압력
㉦ 접촉 면적	

④ **피부의 광성변화** : 감전사고 시 전선이나 개폐기 터미널 등의 금속 분자가 가열 용융되어 피부 속으로 녹아 들어가는 현상을 말한다.

(2) 인체의 전기적 등가회로

① 인체는 저항성분(R), 캐패시턴스성분(C)으로 구성된다.

② 외부저항(피부저항) 약 500Ω과 내부저항(혈관) 약 500Ω으로 전체적으로 약 1,000Ω이다.

③ 인체의 전기적 등가회로

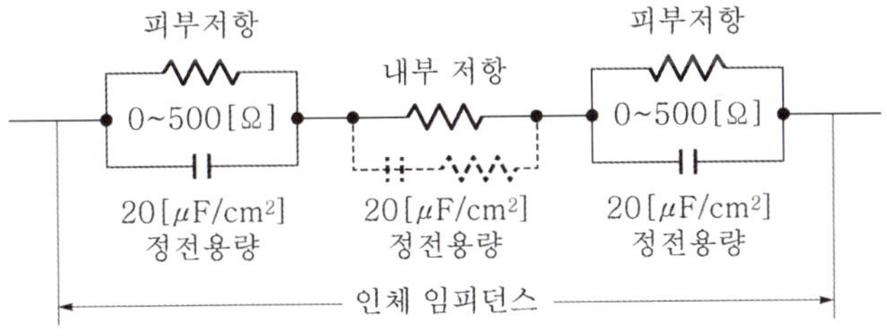

▎인체의 전기적 등가회로▕

기출문제

인체의 피부저항은 피부에 땀이 나 있는 경우 건조 시보다 약 어느 정도 저하되는가?

① 1/2~1/4
② 1/6~1/10
③ 1/12~1/20
④ 1/25~1/35

기출문제

인체 피부의 전기저항에 영향을 주는 주요인자와 가장 거리가 먼 것은?

① 접촉 면적
② 인가전압의 크기
③ 통전경로
④ 인가시간

PART 04 전기설비 안전관리

④ 감전 시 인체에 흐르는 전류는 인가전압에 비례하고, 인체저항에 반비례한다.

⑤ 인체는 전류의 열작용이 전류의 세기와 시간이 어느 정도 이상이 되면 발생한다.

⑥ 같은 크기의 전류가 흘러도 접촉 면적이 커지면 피부저항은 작아지게 된다.

⑦ 전류밀도와 면적은 반비례한다.

⑧ 인가시간이 길어지면 온도상승으로 인체저항은 감소한다.

3 안전전압과 위험전압 ★★★★

법령

한국전기설비규정

기출문제

다음 중 전기설비기술기준에 따른 전압의 구분으로 틀린 것은?

❶ 저압 : 직류 1kV 이하
② 고압 : 교류 1kV를 초과, 7kV 이하
③ 특고압 : 직류 7kV 초과
④ 특고압 : 교류 7kV 초과

기출문제

우리나라의 안전전압으로 볼 수 있는 것은 약 몇 V인가?

❶ 30V ② 50V
③ 60V ④ 70V

(1) 전압의 구분

구분	직류	교류
저압	1,500V 이하	1,000V 이하
고압	1,500V 초과 7,000V 이하	1,000V 초과 7,000V 이하
특고압	7,000V 초과	

(2) 안전전압

① 안전전압은 감전되어도 사람의 몸에 영향을 주지 아니하는 전압을 말한다.

② 안전전압은 일반적으로 30V이고, 주위 여건에 따라 다소 변경될 수 있다.

(3) 접촉전압과 보폭전압

① 대지에 접촉하고 있는 인체에 인가될 수 있는 전압은 접촉전압과 보폭전압으로 구분한다.

접촉전압 (Touch Voltage)	전선로 또는 누전된 전기기기에 인가된 전원과 인체의 접촉으로 인체에 인가된 전압
보폭전압 (Step Voltage)	인체의 양발 사이에 인가된 전압(지표상에 근접 격리된 두 점 간의 거리는 1.0m)

② 접촉전압과 보폭전압의 구성

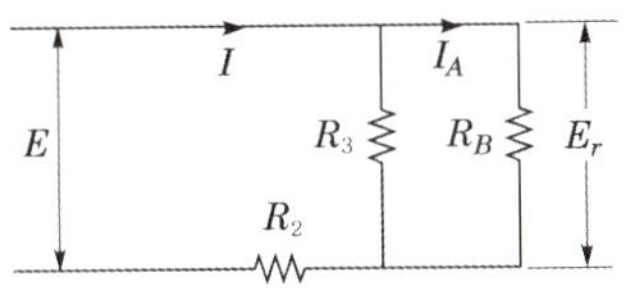

❙ 등가회로 ❙

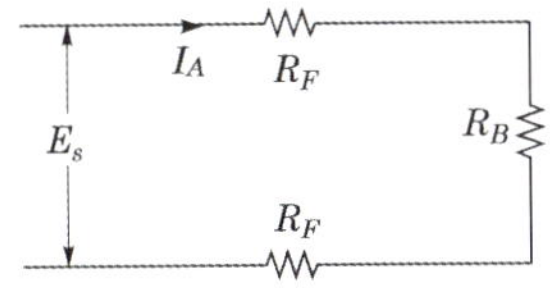

❙ 등가회로 ❙

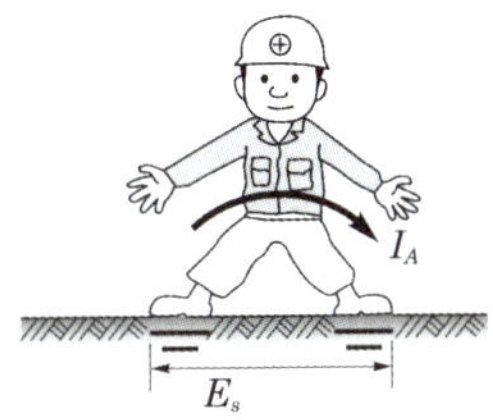

E : 전원전압　E_r : 접촉전압　E_s : 보폭전압　R_B : 인체저항　R_2 : 2종 접지저항　R_3 : 3종 접지저항　R_F : 한발과 대지 사이의 저항

❙ 접촉전압(좌)과 보폭전압(우) ❙

③ 허용접촉전압과 허용보폭전압의 계산공식

- 허용접촉전압$(E) = \left(R_b + \dfrac{3\rho_s}{2}\right) \times I_k$
- 허용보폭전압$(E) = (R_b + 6\rho_s) \times I_k$

여기서, R_b : 인체저항[Ω]

ρ_s : 지표상층 저항률[Ω · m]

I_k : 심실세동전류$\left(\dfrac{0.165}{\sqrt{T}}\right)$[A]

④ 접촉 상태에 따른 허용접촉전압

종별	접촉상태	허용접촉전압	기기접지저항
제1종	수중에 있는 상태 (욕조, 풀장, 수조에 몸이 잠긴 상태)	2.5V 이하	$R \le \dfrac{2.5}{E-2.5} \times R_2$
제2종	인체가 젖은 상태, 기기와 상시 접촉 (수조, 터널 공사장)	25V 이하	$R \le \dfrac{25}{E-25} \times R_2$
제3종	접촉전압을 가할 시 위험성이 높은 상태 (일반적인 장소)	50V 이하	$R \le \dfrac{50}{E-50} \times R_2$
제4종	접촉전압이 강해질 우려가 없는 장소 (안전한 상태의 장소)	제한 없음	$R < 100$

기출문제

어느 변전소에서 고장전류가 유입되었을 때 도전성 구조물과 그 부근 지표상의 점과의 사이(약 1m)의 허용접촉전압은 약 몇 V인가? (단, 심실세동전류 $I_k = \dfrac{0.165}{\sqrt{t}}$A, 인체의 저항 : 1,000Ω, 지표면의 저항률 = 150Ω · m, 통전시간을 1초로 한다.)

답 $\left(1{,}000 + \dfrac{3 \times 150}{2}\right) \times \dfrac{0.165}{\sqrt{1}}$ = 202.13V

기출문제

다음 중 허용접촉전압과 종별이 서로 다른 것은?

❶ 제1종 : 2.5V 초과
② 제2종 : 25V 이하
③ 제3종 : 50V 이하
④ 제4종 : 제한 없음

⑤ 경감 대책

㉠ 접지선을 깊게 매설한다.

㉡ 기기 주위에는 주위 2m 정도는 콘크리트 타설 후 그 주위에 자갈을 포설한다.

㉢ 전기기기 주변 1m 위치에 깊이 0.2~0.4m의 보조접지선을 매설하고 주접지선과 접지한다.

㉣ 메시(Mesh) 접지 시에는 간격을 좁게 설치한다.

4 전격에 의한 인체상해 ★★★★

(1) 감전재해의 개요

① 감전되면 1차적으로 심장부 통전으로 심실세동에 의한 호흡기능 및 혈액순환기능의 정지, 뇌 통전에 따른 호흡기능의 정지 및 호흡중추신경의 손상, 흉부통전에 의한 호흡기능의 정지 등이 발생할 수 있다.

② 고전압에서는 접촉부와 접지 사이의 가장 짧은 경로를 통해서 흘러 통전시간이 아주 짧고, 인체가 접촉부에서 튕겨져 나와 추락에 의한 2차적인 재해가 발생할 수 있다.

③ 인체상해는 통전전류와 시간, 통전경로에 따라 작은 상처에서부터 사망에 이르는 다양한 인체상해가 발생한다.

④ 감전 시 감전전류에 의해 생성된 열로 인하여 심부조직이 손상된다.

⑤ 충전부에 손이 접촉되어 흐르는 전류가 심장을 관통하는 경우는 호흡정지, 심장정지에 발생하여 감전 직후 사망하는 경우가 많다.

⑥ 낮은 전압의 감전전류는 전기저항이 적은 신경이나 혈관계통 등을 통해서 흐르게 된다.

⑦ 감전 시 인체에 흐르는 전류는 인가전압에 비례하고 인체저항에 반비례하며, 인체에서 전류의 열작용은 전류의 세기×시간이 어느 정도 이상이 되면 발생한다.

기출문제

감전사고로 인한 전격사의 메커니즘으로 가장 거리가 먼 것은?
① 흉부 수축에 의한 질식
② 심실세동에 의한 혈액순환기능의 상실
❸ 내장 파열에 의한 소화기계통의 기능 상실
④ 호흡중추신경 마비에 따른 호흡기능 상실

(2) 전격 시 감전전류에 의한 사망 메커니즘

심장, 호흡의 정지에 의한 사망	인체의 훼손에 의한 사망
• 흉부 수축에 의한 질식 • 심실세동에 의한 혈액순환기능 상실 • 호흡중추신경 마비에 따른 호흡기능 상실	• 뇌의 치명적 손상 • 목의 경동맥의 큰 손상 • 인체 중요 장기(심장, 폐, 신장 등)의 손상

(3) 감전에 의한 인체상해 증상

감전 후 치료 과정에 사망(지연사)	감전에 의한 피부 표면 등 국소증상
• 급성 심부전 • 소화기 합병증 • 패혈증 • 인체 내, 외부 화상 • 암의 발생 • 2차적 출혈	• 피부의 표피 박탈 • 피부의 광성 변화 • 피부 반점 • 근육 수축 • 감전성 궤양

기출문제

감전사고 시 전선이나 개폐기 터미널 등의 금속 분자가 고열로 용융됨으로써 피부 속으로 녹아 들어가는 것은?

❶ 피부의 광성 변화
② 전문
③ 표피 박탈
④ 전류 반점

(4) 심장의 맥동주기

① 심장맥동주기는 심장이 한 번의 심박에서 다음 심박까지 한 일을 말하며, R파와 R파 간의 거리를 의미한다.

㉠ P파 : 심방 수축

㉡ Q－R－S파 : 심실 수축

㉢ T파 : 심실의 휴식 시 발생하는 파형(배분극)

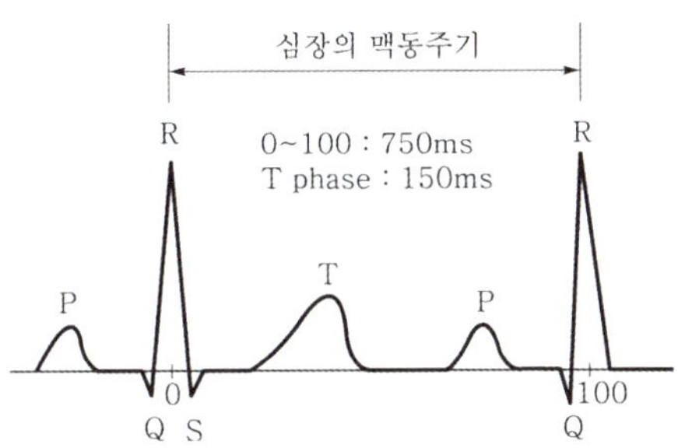

▌심장의 맥동주기▐

② 심실의 수축 종료 후 심실의 휴식 시 발생하는 파형(T파) 부분에서 전격이 발생하면 심실세동의 확률이 가장 커지며 위험하다.

기출 Check!

• T파 : 심실의 휴식 시 발생하는 파형
• 심실의 수축 종료 후 심실의 휴식이 있을 때 전격이 인가되면 심실세동을 일으킬 확률이 크고 위험하다.

(5) 과도전류에 대한 파두장과 전류파고치의 관계

파두장[㎲]	7×100	5×65	2×30
전류파고치[mA]	40 이하	60 이하	90 이하

기출문제

인체의 손과 발 사이에 과도전류를 인가한 경우에 파두장 700s에 따른 전류파고치의 최대값은 약 몇 mA 이하인가?

① 4 ❷ 40
③ 400 ④ 800

(6) 표준충격파 전압

① 파두장(T_f) : 1.2μs

② 파미장(T_l) : 50μs

5 전격 시 응급조치 요령 ★★★

(1) 감전자의 구출 방법

① 순간적으로 피해자의 감전 상황을 판단한다.

② 몸이나 손에 들고 있는 금속 물체가 전선, 스위치, 모터 등에 접촉하였는지 확인하고 감전자를 충전부로부터 분리한다.

③ 설비의 공급원인 스위치를 차단한다(2차 재해예방).

④ 피해자를 관찰한 결과 의식이 없고 호흡 및 심장이 정지했을 때는 신속하게 필요한 응급조치(인공호흡, 심폐소생술)를 한다.

⑤ 병원으로 후송한다.

(2) 인공호흡

① 감전 쇼크에 의하여 심장은 뛰고 있으나 의식을 잃고 호흡이 정지되었을 경우 혈액 중의 산소함유량이 약 1분 이내에 감소하기 시작하여 산소결핍 현상이 나타난다.

② 단시간 내에 인공호흡 등 응급조치를 1분 이내 실시하는 경우 감전 사망자를 95% 이상을 소생시킬 수 있다.

③ 감전사고 후 인공호흡에 의한 소생률

1분 이내	3분 이내	4분 이내	6분 이내
95%	75%	50%	25%

④ 인공호흡 방법

㉠ 인공호흡은 흡기나 내기가 불가능한 상태에 있는 환자에게 호흡을 제공하는 응급의학 절차 중 하나이다.

㉡ 입에서 입으로 또는 마스크 등을 사용하여 인공호흡을 한다.

㉢ 인공호흡 속도 : 매 분당 12~15회(4초 간격)의 속도로 30분 이상 반복하여 실시

(3) 심폐소생술

① 심장마사지는 심폐소생술의 중요한 구성요소 중 하나로 심정지 환자의 심장을 수동으로 압박하여 혈액 순환을 유지하는 절차이다.

② 심폐소생술 방법

㉠ 환자를 평평하고 딱딱한 안전한 위치에 눕혀야 한다.

㉡ 환자가 의식이 있는지 확인한다.

기출문제

감전 재해자가 발생하였을 때 취하여야 할 최우선 조치는? (단, 감전자가 질식 상태라 가정한다.)

① 부상 부위를 치료한다.
❷ 심폐소생술을 실시한다.
③ 의사의 왕진을 요청한다.
④ 우선 병원으로 이동시킨다.

기출문제

감전사고로 인한 호흡 정지 시 구강 대 구강법에 의한 인공호흡의 매분 횟수와 시간은 어느 정도 하는 것이 가장 바람직한가?

① 매분 5~10회, 30분 이하
❷ 매분 12~15회, 30분 이상
③ 매분 20~30회, 30분 이하
④ 매분 30회 이상, 20분~30분 정도

㉢ 주변에 있는 사람에게 환자의 상태를 알리고 119에 신고할 것을 요청한다.

㉣ 맥박과 호흡을 확인한다.

㉤ 평평하고 딱딱한 바닥에 환자를 반듯하게 눕혀 목을 뒤로 젖히고(기도 확보), 5～6cm 깊이, 분당 100～120회의 속도로 30회 눌러 가슴압박을 실시한다.

㉥ 머리를 뒤로 젖혀 기도를 확보하고 2회의 인공호흡을 실시한다.

㉦ 이후 30회의 가슴압박과 2회의 인공호흡을 반복한다.

02 감전재해의 예방 및 조치

1 일반적인 방지대책 ★★★★

(1) 일반적인 감전재해 방지대책

① 누전차단기 또는 누전 경보기를 설치한다.

② 기기의 외함에 보호접지를 한다.

③ 옥내배선의 대지전위를 낮게 한다.

④ 이중절연 구조의 기계, 기구를 사용한다.

⑤ 계통 접지하여 지락 사고 시에 대지전위상승이 적게 한다.

⑥ 절연 변압기를 사용한다.

⑦ 기기의 충전부에 인체가 쉽게 접촉할 수 없도록 방호한다.

⑧ 활선작업 시에는 절연장갑 절연장화 및 활선 공구를 사용한다.

⑨ 전기 위험부의 위험을 표시한다.

⑩ 전로의 보호절연 및 충전부를 격리한다.

⑪ 배선에 사용할 전선의 굵기를 허용전류, 기계적강도, 전압강하 등을 고려하여 결정한다.

(2) 낙뢰에 의한 재해 방지대책

① 피뢰침, 수평도체 등의 피뢰설비를 한다.

② 낙뢰에 의한 서지로부터 기기를 보호하기 위해서 피뢰기를 설치한다.

③ 건물의 접지를 공통접지(등전위 접지)로 한다.

④ 전자기기의 전원선에 서지흡수기를 설치해서 낙뢰로 인한 대지전위 상승에 따른 기기의 파손을 방지한다.

합격 체크포인트

- 감전재해 방지대책
- 특고압용 기계, 기구 충전부 지표상 높이
- 전기기계, 기구 등 감전방지 접지
- 배선 등에 의한 감전사고 방지대책
- 단락접지 용구의 종류

기출문제

다음 중 감전사고 방지대책으로 옳지 않은 것은?

① 설비의 필요한 부분에 보호접지 실시
❷ 노출된 충전부에 통전망 설치
③ 안전전압 이하의 전기기기 사용
④ 전기기기 및 설비의 정비

2 전기기계, 기구 방지대책 ★★★★

(1) 직접접촉(부주의, 사고)에 의한 감전방지

① 충전부 절연에 의한 보호
② 격벽 또는 외함에 의한 보호
③ 충전전로의 절연
④ 충전부의 격리
⑤ 장애물에 의한 보호(무의식적 제거가 불가능하게 보호)
⑥ 비접지식 전로 채용
⑦ 누전차단기 설치에 의한 보호
⑧ 이중절연기기 사용
⑨ 위험표시 등의 조치
⑩ 특고압용 기계 · 기구 주위에 울타리 설치(충전 부분의 지표상 높이 기준)

사용전압의 구분	울타리의 높이와 울타리로부터 충전 부분까지의 거리의 합계 또는 지표상의 높이
35kV 이하	5m
35kV 초과 160kV 이하	6m
160kV 초과	6m에 160kV를 초과하는 10kV 또는 그 단수마다 0.12m를 더한 값

기출문제

감전 등의 재해를 예방하기 위하여 특고압용 기계 · 기구 주위에 관계자 외 출입을 금하도록 울타리를 설치할 때, 울타리의 높이와 울타리로부터 충전부분까지의 거리의 합이 최소 몇 m 이상이 되어야 하는가? (단, 사용전압이 35kV 이하인 특고압용 기계기구이다.)

❶ 5m ② 6m
③ 7m ④ 9m

(2) 간접접촉(고장 시) 보호

① 보호절연
② 보호접지 및 기기접지
③ 사고회로의 신속한 차단
④ 안전전압의 기기 사용
⑤ 비접지식 전로의 채용

(3) 전기기계 · 기구 등에 감전방지 접지

① 이중절연구조의 전기기계 · 기구를 사용한다.
② 누전차단기를 설치한다.
③ 기계 · 기구의 금속제 외함, 외피, 철대 등에 보호접지한다.
④ 안전전압(산업안전보건법 30V로 규정) 이하 전원의 기기를 사용한다.
⑤ 통로바닥에 전선이 놓여 있지 않도록 조치한다.
⑥ 수중펌프를 금속제 물탱크 등의 내부에 설치하여 사용하는 탱크 등을 사용한다.

⑦ 사용전압이 150V를 넘는 전기기계 · 기구의 노출된 비충전 금속체 등을 사용한다.
⑧ 이동식 전기기기의 대책은 기기외함 접지, 이중절연구조를 한 것이다.
⑨ 전기기계 · 기구의 조작 부분을 점검하거나 보수하는 경우에는 전기기계 · 기구로부터 폭 70cm 이상의 작업공간을 확보하여야 한다.

(4) 전기기계 · 기구의 노출된 비충전 금속체 중 충전될 우려가 있는 기기

① 지면이나 접지된 금속체로부터 수직거리 2.4m, 수평거리 1.5m 이내인 것
② 물기 또는 습기가 있는 장소에 설치되어 있는 것
③ 금속으로 되어 있는 기기접지용 전선의 피복 · 외장 또는 배선관 등
④ 사용전압이 대지전압 150V를 넘는 것

3 배선 및 배선기기류의 방지대책

(1) 절연불량(파괴)의 주요 원인

① 높은 이상전압 등에 의한 전기적 요인
② 진동, 충격 등에 의한 기계적 요인
③ 산화 등에 의한 화학적 요인
④ 온도상승에 의한 열적 요인

(2) 배선 및 배선기기류에서 주요 감전위험

① 배선 등의 절연피복 손상에 따른 누전
② 전기기계, 기구의 절연상태 불량에 따른 누전
③ 전선 접속부 절연불량 및 습윤 상태에서 누전

(3) 배선 등에 의한 감전사고 방지대책

① 규격에 적합한 절연전선 사용한다.
② 전선 접속 시 전선의 절연성능 이상이 되도록 피복하거나 적합한 접속기구를 사용한다.
③ 습윤한 장소에서 작업자가 작업 또는 통행 등으로 인하여 접촉할 우려가 있는 이동전선 및 이에 부속하는 접속기구는 그 도전

성이 높은 액체에 대하여 충분한 절연효과가 있는 것을 사용하여야 한다.

④ 근로자가 꽂음접속기를 접속시킬 경우 땀 등에 의하여 젖은 손으로 취급하지 않아야 한다.

⑤ 습윤한 장소에 사용되는 꽂음접속기는 방수형 등 당해 장소에 적합한 것을 사용한다.

⑥ 서로 다른 전압의 꽂음접속기는 상호 접속되지 아니한 구조의 것을 사용한다.

4 절연용 안전장구의 사용

(1) 절연용 안전보호구

① 7,000V 이하의 전로의 활선작업 또는 활선근접작업 시 작업자의 감전 사고를 방지하기 위해 몸에 착용한다.

② **종류** : 절연안전모, 절연장갑, 절연장화, 절연작업복, 보호용 가죽장갑 등

(2) 절연용 안전방호구

① 활선작업 또는 활선근접작업 시 작업자의 감전 사고를 방지하기 위해 전로의 충전부에 장착하는 절연재이다.

② **종류** : 절연방호관, 절연시트, 절연커버, 애자후드, 점퍼호스, 완금커버, 컷아웃스위치 커버, 고무블랭킷 등

(3) 활선장구

① 활선작업 시 감전을 방지하기 위한 기구이다.

② **종류** : 활선 시메라, 활선 커터, 컷아웃스위치 조작봉(배선용 후크봉), 가완옥, DS(디스콘스위치) 조작봉, 활선작업대, 점퍼선, 활선사다리 등

(4) 접지(단락접지) 용구

① 정지 중의 전선로 또는 설비에서 작업을 착수하기 전에 정해진 개소에 설치하여 오송전 또는 유도에 의한 충전의 위험을 방지하기 위한 용구이다.

② **종류** : 갑종 접지용구(발·변전소용), 을종 접지용구(송전선로용), 병종 접지용구(배전선로용)

기출문제

활선작업을 시행할 때 감전의 위험을 방지하고 안전한 작업을 하기 위한 활선장구 중 충전 중인 전선의 변경작업이나 활선작업으로 애자 등을 교환할 때 사용하는 것은?

① 점프선
② 활선 커터
❸ 활선 시메라
④ 디스콘스위치 조작봉

제3장 정전기 장 · 재해 관리

01 정전기 위험요소 파악

1 정전기 발생원리 ★★★★

(1) 정전기 발생원리

① 물질의 내부에 있는 자유전자가 이동하거나 물체 간에 전하가 전달될 때 발생하며, 기본적으로 양(+)전하와 음(−)전하가 서로 상호작용하여 발생한다.

② 전하의 공간적 이동이 적고, 그것에 의한 자계의 효과가 전계에 비해서 무시할 정도의 작은 전기이다.

(2) 정전기 발생에 영향을 주는 요인

물체의 특성	물체가 불순물을 포함하고 있으면 정전기 발생량은 증가한다.
물체의 표면상태	물체 표면이 수분, 기름 등에 의해 오염되었을 때 산화, 부식에 의해 정전기가 크게 발생한다.
물체의 이력	처음 접촉, 분리가 일어날 때 최대가 되며, 이후 접촉, 분리가 반복됨에 따라 발생량은 점차 감소한다.
접촉 면적 및 압력	접촉 면적이 클수록 발생량이 커지고, 접촉 압력이 증가하면 정전기의 발생량도 증가한다.
분리(박리) 속도	분리 속도가 빠를수록 정전기의 발생량은 커지게 된다.

2 정전기의 발생현상 ★★★★

(1) 대전현상

① 대전의 원인 : 접촉, 박리, 마찰, 충돌, 변형, 변태, 이온흡착 등

② 대전의 크기를 결정하는 요인 : 접촉면적, 압력, 마찰빈도, 속도, 온도차

③ 대전의 극성을 결정하는 요인 : 물질의 종류, 표면상태, 이력 등

합격 체크포인트

- 정전기 발생원리
- 대전현상의 종류
- 정전기 방전의 종류
- 정전기 화재(폭발)의 발생 원인
- 방전에너지 이해

기출문제

정전기 발생에 영향을 주는 요인이 아닌 것은?

① 물체의 분리속도
② 물체의 특성
❸ 물체의 접촉시간
④ 물체의 표면상태

기출 Check!

정전기 방지대책으로 대전서열이 가급적 **가까운 것으로 구성**한다.

기출문제

다른 두 물체가 접촉할 때 접촉 전위차가 발생하는 원인으로 옳은 것은?

① 두 물체의 온도의 차
② 두 물체의 습도의 차
③ 두 물체의 밀도의 차
④ 두 물체의 일함수의 차

기출문제

정전기의 발생현상에 포함되지 않는 것은?

① 파괴에 의한 발생
② 분출에 의한 발생
③ 전도대전
④ 유동에 의한 대전

④ 아래의 대전서열에서 두 물질 간의 가까운 위치에 있으면 대전량이 적고, 먼 위치에 있을수록 대전량이 많다. 즉 두 물체의 일함수 차가 원인이다.

+ ←																					→ −
유리	머리카락	나일론	면	양피	알루미늄	폴리에스테르	종이	나무	철	아세테이트	동	스테인리스	고무	아크릴	폴리우레탄	합성섬유	폴리프로필렌	폴리에틸렌	염화비닐	실리콘	테플론

▌고분자 물질의 대전서열▐

⑤ 일함수

㉠ 일함수는 물질 내에 있는 자유전자 하나를 밖으로 끌어내는 데 필요한 최소의 일 또는 에너지이다.

㉡ 물질 내의 전자를 낮은 에너지 준위부터 채웠을 때 가득 찬 최고의 에너지준위(페르미준위)와 물질의 전기력을 갓 벗어난 에너지 준위와의 에너지 차이이다.

(2) 대전현상의 종류

접촉대전	정전기는 2개의 서로 다른 물체가 접촉, 분리하였을 때 표면상태(표면의 부식, 평활도)의 차이에 따라 발생된다.
마찰대전	고체, 액체류 또는 분체류 등의 물체가 마찰을 일으켰을 때나 마찰에 의하여 전하 분리가 일어나 정전기가 발생하는 현상을 말한다.
박리대전	서로 밀착되고 있는 물체가 떨어질 때 전하분리가 일어나 정전기가 발생하는 현상을 말한다.
유동대전	액체류가 파이프 등 고체와 접촉하면 전기이중층이 형성되어 전하의 일부가 액체류의 유동에 의하여 흐르기 때문에 정전기가 발생되는 현상을 말한다.
분출대전	분체류, 액체류, 기체류가 단면적이 작은 개구부로부터 분출할 때 이 사이에 마찰이 일어나 정전기가 발생하는 현상을 말한다.
충돌대전	분체류와 같은 입자 상호 간 혹은 입자와 고체와의 충돌에 의해 빠른 접촉, 분리가 행해지기 때문에 정전기가 발생하는 현상을 말한다.
파괴에 의한 대전	고체, 분체류와 같은 물체가 파괴됐을 때 전하분리 또는 정과 부의 전하의 균형이 깨지면서 정전기가 발생하는 현상을 말한다.
교반(부상) 또는 침강에 의한 대전	비중이 다른 액체 및 고체, 기포 등의 분산, 혼입하여 이것이 침강 또는 부상할 때 액체류와 계면에서 전기이중층이 형성되어 정전기가 발생한다.

마찰대전

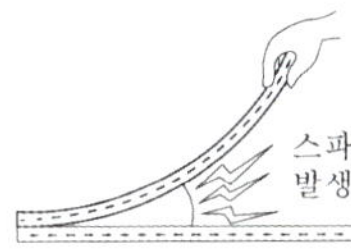

박리대전

충돌대전

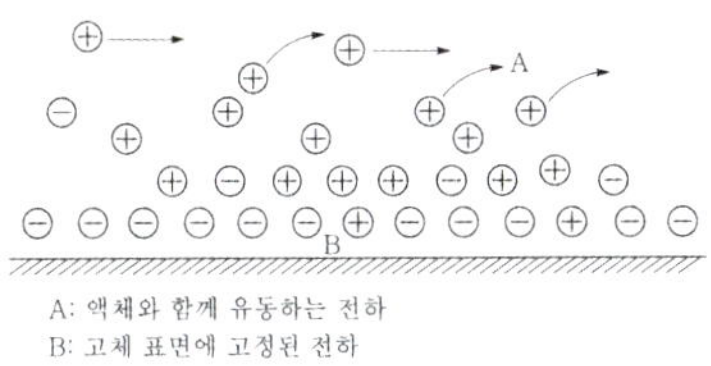

유동대전

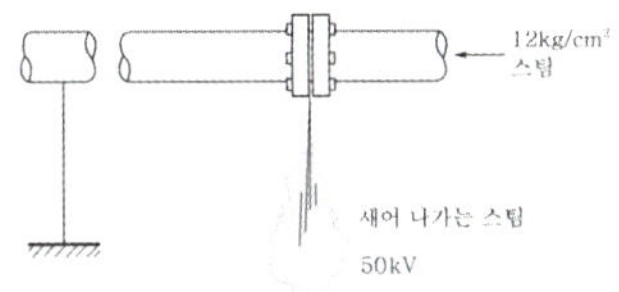

분출대전

▍대전의 형태▍

(3) 정전기의 유도 및 축적

① 정전기의 유도

㉠ 정전기 유도는 대전되지 않은 금속에 대전체를 가까이했을 때 대전체와의 전기력에 의해 금속 내부의 전자가 이동하여 대전되는 현상이다.

㉡ 진공 중에서 1m 떨어져 있는 같은 전하량을 가진 두 대전체 사이에 작용하는 전기력의 크기가 9×10^9N일 때 각 대전체의 전하량을 1[C]이라고 한다.

② 정전기의 축적

㉠ 물체의 표면에서 전하가 누적되는 현상으로, 과대한 누적 시 안전사고의 원인이 될 수 있다.

㉡ 정전기의 축적 요인

- 분리된 절연물질(분진, 고체)
- 전도율이 낮은 액체
- 고온의 기체의 부유 상태
- 절연 격리된 전도성 도체

기출문제

전하의 발생과 축적은 동시에 일어나며 다음의 요인에 의해 정전기가 축적되게 되는데 이 요인과 가장 관련이 먼 것은?

① 저도전율 액체
② 절연 격리된 도전체
③ 절연물
❹ 금속 파이프 내의 분진

3 방전의 형태 및 영향 ★★★★

(1) 정전기의 방전

① 물체의 대전량이 많아지면 그 부근의 공기 중의 전계강도가 공기의 절연파괴 강도 약 30kV/cm에 도달하게 되어 기체의 전리작용이 일어나게 되는데, 이를 방전이라 한다.

② 방전의 종류

코로나 방전	한쪽 극 또는 양극이 봉상 또는 침상으로 되어 있으면, 그 극 부근의 전기장이 특히 강해져 부분적인 방전이 일어나 빛이나 소리를 낸다. 이와 같은 상태를 코로나 방전이라고 하고 오존(O_3)이 발생한다.	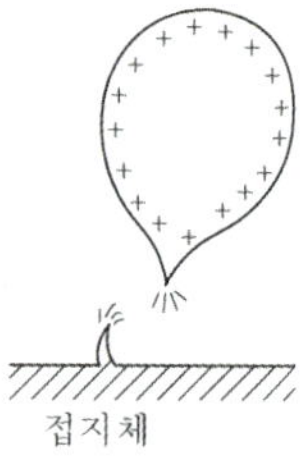
브러시 (스트리머) 방전	직경 10mm 이상의 곡률 반경이 큰 도체와 절연물질(고체, 기체)이나 저도전율 액체 사이에서 대전량이 많을 때 발생하는 수지상의 발광과 펄스상의 파괴음을 수반하는 방전	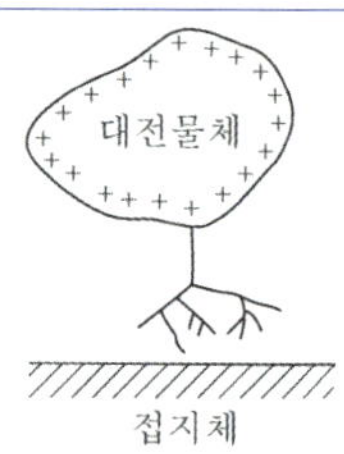
불꽃 (스파크) 방전	㉠ 표면 전하밀도가 분극화된 절연판 표면 또는 도체가 대전되었을 때 접지된 도체 사이에 발생하는 강한 발광, 파괴음, 오존(O_3)이 발생한다. ㉡ 불꽃 방전은 방전에너지가 커 재해나 장해의 주요원인이 된다. ㉢ 방전에너지가 가연물질의 최소착화에너지 이상, 충분한 전위차일 때	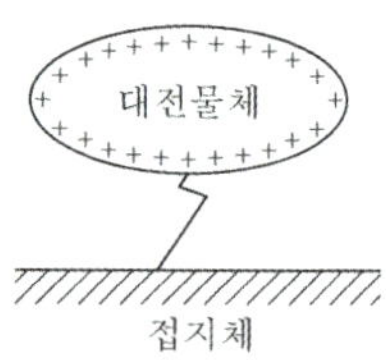
연면 방전	공기 중에 놓인 엷은 절연체 표면의 전계강도가 큰 경우에 고체 표면을 따라서 복수의 수지상 발광을 수반하는 방전	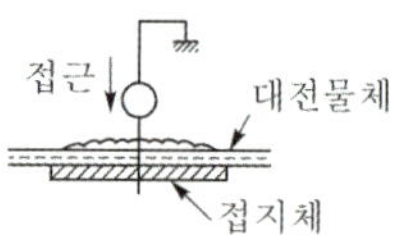
뇌상 방전	공기 중에 뇌상으로 부유하는 대전입자의 규모가 커졌을 때 대전 구름에서 번개형의 발광을 수반하여 발생하는 방전	

기출문제

정전기 방전현상에 해당되지 않는 것은?
① 연면 방전
② 코로나 방전
③ 낙뢰 방전
❹ 스팀 방전

(2) 정전기 소멸과 완화시간

① 완화시간은 정전기가 축적되었다가 처음 값의 36.8%로 감소되는 시간이다.

② 완화시간은 대전체저항 × 정전용량 = 고유저항 × 유전율로 정해진다.

③ 고유저항 또는 유전율이 큰 물질일수록 대전상태가 오래 지속된다.

④ 일반적으로 완화시간은 영전위 소요시간의 1/4～1/5 정도이다.

⑤ 영전위 소요시간은 전하가 완전히 소멸될 때까지의 소요시간을 말한다.

⑥ 계산공식

$$\text{영전위 소요시간}(T) = \frac{18}{\text{전도도}}[\text{초}]$$

여기서, 전도도 : 10,000(picosiemens/m)

4 정전기의 장해 ★★★★

(1) 생산성 장해

① 정전기의 흡인, 반발력에 생산장해

㉠ 가루(분진)에 의한 눈금의 막힘

㉡ 제사공장에서 실의 절단, 보풀 일기, 분진 부착에 의한 품질저하

㉢ 직포의 건조, 정리작업에서 보풀 일기, 분진 부착에 의한 품질저하

㉣ 인쇄 시 종이의 파손, 선명도 저하, 흐트러짐, 오손, 오동작 등

② 방전현상에 의한 부작용

㉠ 방전전류 : 반도체소자 등 전자부품의 파괴, 오동작 등

㉡ 전자파 : 전자기기, 장치 등의 잡음, 오동작

㉢ 발광 : 사진필름 등의 감광

③ 정전기가 컴퓨터에 미치는 문제점

㉠ 메모리 변경이 에러, 프로그램의 분실을 발생시킨다.

㉡ 프린터가 오작동하여 너무 많이 찍히거나 글자가 겹쳐서 찍힌다.

㉢ 잘못된 데이터를 입력시키거나 데이터를 분실한다.

기출문제

대전의 완화를 나타내는 데 필요한 인자인 시정수는 최초의 전하가 약 몇 %까지 완화되는 시간을 말하는가?

① 20 ❷ 37
③ 45 ④ 50

기출문제

정전기에 의한 생산장해가 아닌 것은?

① 가루(분진)에 의한 눈금의 막힘
② 제사공장에서의 실의 절단, 엉킴
③ 인쇄공정의 종이파손, 인쇄선명도 불량, 오손
❹ 방전 전류에 의한 반도체 소자의 입력 임피던스 상승

기출문제

인체에 정전기가 대전되어 있는 전하량이 어느 정도 이상이 되면 방전할 때 인체가 통증을 느끼게 되는가?

① $2 \sim 3 \times 10^{-3}$C
② $2 \sim 3 \times 10^{-5}$C
❸ $2 \sim 3 \times 10^{-7}$C
④ $2 \sim 3 \times 10^{-9}$C

(2) 전격(Electric shock)

① 인체로부터의 방전

인체에 대전전하량이 $2 \sim 3 \times 10^{-7}$C 이상이 되면, 인체의 정전용량은 100pF(100∼200pF)이고, 전압은 약 3kV(V=Q/C)가 된다.

② 인체대전과 전격의 관계

인체대전 전위(kV)	전격의정도	비고
1.0	• 전혀 느낌이 없다.	가냘픈 방전음 발생(감지전압)
2.0	• 손가락 외측에 느낌은 있으나 아프지는 않다.	
3.0	• 가벼운 아픔을 느끼며 침으로 찔린 듯한 느낌을 받는다.	
4.0	• 손가락에 가벼운 아픔을 느끼며, 침으로 깊이 찌르는 듯한 아픔을 느낀다.	
6.0	• 손가락에 강한 아픔을 느끼게 되고, 전격을 받은 후 팔이 무겁게 느껴진다.	방전의 발광이 보인다.
10.0	• 손 전체에 아픔과 전기가 흐른 듯한 느낌을 받는다.	손가락 끝에서 방전발광이 뻗친다.
12.0	• 강한 전격을 손 전체를 강타당한 듯한 느낌을 받는다.	

③ 대전된 물체에서 인체로의 방전

대전된 물체에서 인체로의 대전전하량이 $2 \sim 3 \times 10^{-7}$C 정도이며, 대전전위는 10kV, 대전밀도는 약 10C/m² 이상에서 전격을 느낀다.

(3) 정전기로 인한 화재(폭발) 발생

① 정전기 방전에 의한 화재는 전하의 발생 → 전하의 축적 → 절연파괴 → 방전으로 이어진다.

② 대전물체가 도체인 경우에 정전기의 방전에너지는 W[J]이며, 이 에너지가 가연성 물질의 최소 착화에너지보다 클 경우에 화재·폭발의 우려가 있다.

③ 방전에너지 계산공식

$$\text{방전에너지}(W) = \frac{1}{2}CV^2[\text{J}]$$

여기서, C : 대전물체의 정전용량[F, 1F = $10^6\mu$F]
V : 대전전위[V]

기출문제

정전용량 $C=20\mu$F, 방전시 전압 $V=2$kV일 때 정전에너지(J)는?

답 $\frac{1}{2} \times (20 \times 10^{-6}) \times (2{,}000)^2 = 40$[J]

④ 가연성가스가 폭발범위 내에 있을 때 화재·폭발의 우려가 있다.
⑤ 방전하기 쉬운 전위차가 있을 때 화재·폭발의 우려가 있다.

(4) 정전기 방전에 의한 폭발조사 방법

① 사고의 개요 및 특징
② 전하발생 부위 및 축적기구 규명
③ 방전에 따른 점화 가능성 평가
④ 가연성 분위기 규명
⑤ 사고 재발 방지를 위한 대책 마련
⑥ 결론 도출 과정에 대한 신뢰성 평가

(5) 부도체가 대전(전하가 축적)된 경우

① 대전물체가 한 번에 모두 방전되지 않는 대전 상태가 매우 불균일한 경우
② 대전량 또는 대전의 극성이 매우 변화하는 경우
③ 최소 착화에너지 발생을 억제하도록 해야 하는 부도체의 경우
④ 물체에 인체가 접근했을 때 전격을 느끼는 정도의 대전 상태인 경우
⑤ 부도체 중에 국부적으로 도전율이 높은 곳이 있고, 이것이 대전한 경우

02 정전기 위험요소 제거

1 정전기로 인한 화재 폭발 등의 방지

(1) 정전기 발생 억제 및 제거해야 할 대상설비

① 위험물을 탱크로리 · 탱크차 및 드럼 등에 주입하는 설비
② 탱크로리 · 탱크차 및 드럼 등 위험물 저장설비
③ 화성 액체를 함유하는 도료 및 접착제 등을 제조 · 저장 · 취급 또는 도포(塗布)하는 설비
④ 위험물 건조설비 또는 그 부속 설비
⑤ 인화성 고체를 저장하거나 취급하는 설비
⑥ 드라이클리닝 설비, 염색가공 설비, 또는 모피류 등을 씻는 설비 등 인화성 유기용제를 사용하는 설비
⑦ 유압, 압축공기 또는 고전위 정전기 등을 이용하여 인화성 액체나 인화성 고체를 분무하거나 이송하는 설비

합격 체크포인트

- 정전기 방지위한 접지
- 위험물 유속의 제한
- 제전용 보호구 착용
- 등전위 접지 목적
- 제전기 종류와 방법

법령

산업안전보건기준에 관한 규칙 제325조

기출문제

정전기로 인한 화재 및 폭발을 방지하기 위하여 조치가 필요한 설비가 아닌 것은?
① 드라이클리닝 설비
② 위험물 건조설비
③ 화약류 제조설비
❹ 위험기구의 제전설비

⑧ 고압가스를 이송하거나 저장 · 취급하는 설비
⑨ 화약류 제조설비
⑩ 발파공에 장전된 화약류를 점화시키는 경우에 사용하는 발파기

(2) 정전기에 의한 재해 발생 우려가 있는 설비의 재해방지

① 접지
② 도전성 재료 사용
③ 가습
④ 점화원이 될 우려가 없는 제전장치 사용 등

(3) 인체에 대전된 정전기에 의한 재해방지 조치

① 안전화 및 제전복 착용
② 정전기 제전용구 사용
③ 작업장 바닥 등에 도전성을 갖추도록 함.

2 정전기 위험요소 제거 방법 ★★★

(1) 접지

① 일반적인 접지 목적
㉠ 누설전류에 의한 감전방지
㉡ 낙뢰에 의한 피해방지
㉢ 지락사고 시 대지전위상승 억제 및 절연강도 경감
㉣ 지락사고 시 보호계전기 신속 동작

② 접지저항값
㉠ 정전기 축적 방지를 위한 접지저항은 $10^6 \sim 10^8 \Omega$ 이하이면 충분하고, 전기설비의 접지(수 $\Omega \sim 100\Omega$)가 있을 경우에는 공용으로 사용이 가능하다.
㉡ 대전체가 부도체인 경우에 제전접지(접지저항 $10^6 \sim 10^8 \Omega$)는 접지도체와 직렬로 연결한다.
㉢ 도체와 도체 사이를 접속시키는 본딩의 경우 $10^3 \Omega$ 이하이면 무난하다.

③ 정전기 방지용 접지 방법
㉠ 접지단자와 접지용 도체와의 접속에 이용되는 접지기구는 견고하고 확실하게 접속시켜야 한다.

기출문제

정전기 제거만을 목적으로 하는 접지에 있어서의 적당한 접지저항 값은 몇 Ω 이하로 하면 좋은가?
❶ $10^6 \Omega$ 이하
② $10^{12} \Omega$ 이하
③ $10^{15} \Omega$ 이하
④ $10^{18} \Omega$ 이하

㉡ 접지단자는 접지용 도체, 접지기구와 확실하게 접촉될 수 있도록 금속면이 노출되어 있거나 금속면에 나사, 너트 등을 이용하여 연결할 수 있어야 한다.

㉢ 접지용 도체의 설치는 정전기가 발생하는 작업하기 전이나 발생할 우려가 없게 된 후 정지시간이 경과한 후에 행한다.

㉣ 본딩은 금속도체 상호 간의 전기적 접속이므로 접지용 도체, 접지단자에 의하여 표준 환경조건에서 저항은 $1 \times 10^{3}\Omega$ 미만이 되도록 견고하고 확실하게 실시하여야 한다.

(2) 유속의 제한

① 불활성화할 수 없는 탱크, 탱크로리 등에 위험물을 주입하는 배관은 정전기재해 방지를 위하여 유속을 제한한다.

② 유속제한

㉠ 물이나 기체를 혼합한 비수용성 위험물 : 1m/s 이하

㉡ 이황화탄소, 에테르 등 유동성과 폭발성이 큰 물질 : 1m/s 이하

㉢ 저항률이 $10^{10}\Omega \cdot cm$ 미만의 도전성 위험물 : 7m/s 이하

㉣ 저항률이 $10^{10}\Omega \cdot cm$ 이상인 위험물의 배관 내 유속제한

관 내경(mm)	유속(m/s)	관 내경(mm)	유속(m/s)
0.05	3.5 이하	100	2.5
10	8	200	1.8
25	4.9	400	1.3
50	3.5	600	1.0

(3) 보호구의 착용

① **정전화(Antistatic Shoes) 착용** : 구두의 바닥저항을 $10^{3} \sim 10^{5}$으로 하여 인체에 대전된 정전기를 구두로 통해 대지로 흘려보낸다.

② **제전용 팔찌(손목띠, Wrist strap)** : 역전류에 의한 쇼크 방지를 위한 1MΩ 정도 전류제한용 저항이 내장되어 있다.

③ **정전 작업복 착용**

㉠ 전도성 섬유(직경 50μm)를 넣어 이 전도성 섬유에서 코로나 방전하여 대전하여 전기에너지를 열에너지로 변환시켜서 정전기를 제거하는 작업복

기출문제

정전기 재해의 방지를 위하여 배관 내 액체 유속의 제한이 필요하다. 배관의 내경과 유속제한 값으로 적절하지 않은 것은?

❶ 관 내경(mm) : 25, 제한유속(m/s) : 6.5
② 관 내경(mm) : 50, 제한유속(m/s) : 3.5
③ 관 내경(mm) : 100, 제한유속(m/s) : 2.5
④ 관 내경(mm) : 200, 제한유속(m/s) : 1.8

㉡ 착용 장소
- 정전화를 착용하는 장소
- 전산실 등 전자기기 취급 장소와 반도체 등 전자소자 취급 작업
- 분진발생 작업이나 장소
- 상대습도가 낮은 장소
- 기타 인체가 대전될 우려가 있는 장소

④ 대전물체를 금속판 등으로 차폐한다.
⑤ 작업장 바닥, 인체 접촉면 등에 도전성을 갖추도록 한다.
⑥ 정전기를 제전할 수 있는 용구를 사용한다.
⑦ 바닥 재료는 고유저항이 작은 물질을 사용하여 도전처리한다.

(4) 대전방지제 사용

① 플라스틱이나 화학섬유 등의 정전기 대전방지를 위한 가장 보편적인 방법은 대전방지제를 첨가하는 방법 등을 통해 $10^{14} \sim 10^{20}$ Ω 정도의 부도체의 표면 고유저항을 $10^{10} \sim 10^{11}$ Ω 정도로 낮추면 대전성은 극히 약화된다.

② 대전방지제의 종류
㉠ 외부용 일시성 대전방지제 : 아이온형 활성제, 바이온 활성제, 양성제 활성제 등
㉡ 외부용 내구성 대전방지제 : 아크릴산 유도체, 폴리에틸글리콜 등
㉢ 내부용 대전방지제 등

(5) 가습

① 플라스틱 제품 등은 습도가 증가함에 따라 표면 저항값이 감소된다.
② 정전기 방지를 위해 공기 중의 상대습도를 60~70% 정도로 유지시키는 가습 방법을 사용한다.

(6) 제전기

① **제전기의 효율** : 정전기 재해를 예방하기 위해 설치하는 제전기의 효율은 90% 이상이어야 한다.

기출문제

폴리에스터, 나일론, 아크릴 등의 섬유에 정전기 대전 방지 성능이 특히 효과가 있고, 섬유에의 균일 부착성과 열 안전성이 양호한 외부용 일시성 대전방지제로 옳은 것은?
① 양이온계 활성제
❷ 음이온계 활성제
③ 비이온계 활성제
④ 양성이온계 활성제

기출 Check!

제전기의 제전효율은 90% 이상이어야 한다.

② 제전기의 종류

전압 인가식 제전기	방전전극에 7,000V의 전압을 인가하면 공기가 전리되어 코로나 방전을 일으키면서 발생한 이온으로 대전체의 정전기를 중화시키는 방법이다. 제전효과가 크다
자기 방전식 제전기	스테인리스(5μm), 카본(7μm), 전도성 섬유(50μm) 등에 작은 코로나 방전을 일으켜 제전하며, 고전압의 제전도 가능하나 약간의 대전이 남는 단점이 있다. 제전효과가 보통이다.
방사선식 제전기	방사선 동위원소(폴리니움)의 전리작용(α 입자, β 입자)에 의한 제전기로서, 방사선 장해로 인한 취급주의를 요하며 제전능력이 작고 이동하는 물체에는 부적합하다. 제전효과가 작다.
이온식 스프레이 제전기	물체나 액체의 표면에 이온을 발생시켜 입자를 제어하거나 분사하는 제전기로서, 입자 또는 액체를 미립자 분사, 제어 및 분석하는 게 유효하다.

(7) 본딩 접지(등전위 접지)

① 금속도체 상호 간 혹은 대지에 대하여 전기적으로 절연되어 있는 2개 이상의 금속도체를 전기적으로 접속하여 등전위를 형성함으로써 정전기 방전을 막는 방법이다.

② 의료용 기기, 정보통신기기, 병원전기설비 등에 주로 적용한다.

③ 보호 등전위본딩 도체

주접지단자에 접속하기 위한 등전위본딩 도체는 설비 내에 있는 가장 큰 보호접지도체 단면적의 1/2 이상의 단면적을 가져야 하고, 다음의 단면적 이상이어야 한다.

㉠ 구리 도체 : 6mm²

㉡ 알루미늄 도체 : 16mm²

㉢ 강철 도체 : 50mm²

(8) 반도체 취급 시 정전기로 인한 재해 방지대책

① 송풍형 제전기 설치

② 기기 및 도체의 접지

③ 작업자의 대전방지 작업복(제전복) 및 정전화 착용

④ 작업대에 정전기 매트 사용

기출문제

다음 중 제전기의 종류가 아닌 것은?

① 전압 인가식 제전기
❷ 정전식 제전기
③ 이온식 제전기
④ 자기 방전식 제전기

합격 체크포인트

- 전자파 에너지
- 전자파의 인체에 대한 영향
- 전자파 영향 방지대책

기출문제

전자파 중에서 광량자에너지가 가장 큰 것은?

① 극저주파
② 마이크로파
❸ 가시광선
④ 적외선

03 전자파 장애 방지대책

1 전자파의 개요 ★★

(1) 전자파의 개요

전자파는 60Hz의 방사선, 자외선, 가시광선, 적외선, 마이크로파, 라디오파 등의 전기적 진동의 변화로 발생하는 전계와 자계의 합성인 전자기파 형태이다.

(2) 전자파의 에너지

① 전자파중 광량자 에너지 순위
자외선 > 가시광선 > 적외선 > 마이크로파

② 교류 특고압 가공전선로에서 발생하는 극저주파 전자계는 지표상 1m에서 전계가 3.5kV/m 이하, 자계가 83.3μT 이하가 되도록 시설하는 등 상시 정전유도 및 전자유도 작용에 의하여 사람에게 위험을 줄 우려가 없도록 시설하여야 한다.

2 전자파의 인체 영향과 장애 방지대책 ★★

(1) 전자파가 인체에 미치는 영향

① 인체에 흡수된 전자파 에너지에 의한 열작용
② 전자기장에 의하여 인체 내에 유도된 전류로 인한 신경과 근육의 자극 작용
③ 미약한 전자파의 장기간 누적 효과에 의한 비열 작용
④ 전기장에 의해 대전된 물체와의 접촉이나 스파크 방전에 의한 쇼크 및 화상

(2) 전자파 장애 방지대책

① 전자파 발생하는 기기로부터 전자파 노출을 최소화한다.
② 전자기파 차폐게이지, 차폐스크린, 차폐페인트 등 전자파 차단장치에 의한 차폐를 한다.
③ 전원라인 필터 및 서지보호기 사용한다.
④ 무선라우터, 무선통신장치를 적절한 위치에 설치하여 노출 최소화한다.
⑤ 접지를 실시한다.
⑥ 와이어 링(메시 배선)을 설치한다.

제4장 전기 방폭 관리

01 전기 방폭 설비

1 방폭화 이론 ★★★★

(1) 폭발의 기본조건

① 폭발성 분위기 생성방지

㉠ 폭발성 가스의 누설 및 방출방지 : 위험물질 사용억제 및 개방 상태에서의 사용을 금지한다.

㉡ 폭발성 가스의 체류방지 : 가스누설, 체류 장소의 옥외 이설 또는 외벽 개방 건물설치, 강제 환기 등의 조치한다.

㉢ 폭발성 가스, 분진의 생성방지

② 전기기기(설비)의 방폭화 기본개념

방폭화 방법	방폭구조	설명
점화원의 방폭적 격리	• 내압방폭구조 • 유입방폭구조 • 압력방폭구조	점화원으로 되는 부분을 주위의 가연성 물질과 격리하여야 한다.
전기기기의 안전도 증강	• 안전증방폭구조	전기불꽃의 발생부 및 고온부가 존재하지 않는 전기설비에 대하여 특히 안전도를 증가시켜 고장이 발생할 확률을 0에 가깝게 하는 방법이다.
점화능력의 본질적 억제	• 본질안전방폭구조	사고 시에 발생하는 전기불꽃 고온부가 착화에너지 이하의 값으로 되어 가연물을 착화시킬 본질적 점화능력이 억제된 안전 방폭구조이다.

합격 체크포인트

- 전기기기 방폭화 기본 개념
- 방폭구조의 종류와 선정 방법
- 방폭형 전기기기 종류

기출문제

화재 · 폭발 위험분위기의 생성방지 방법으로 옳지 않은 것은?

① 폭발성 가스의 누설방지
② 가연성 가스의 방출방지
③ 폭발성 가스의 체류방지
❹ 폭발성 가스의 옥내체류

기출문제

전기기기 방폭의 기본개념과 이를 이용한 방폭구조로 볼 수 없는 것은?

① 점화원의 격리 : 내압방폭구조
❷ 폭발성 위험 분위기 해소 : 유입방폭구조
③ 전기기기 안전도의 증강 : 안전증방폭구조
④ 점화 능력의 본질적 억제 : 본질안전방폭구조

(2) 방폭 발생 조건

① 폭발의 기본조건

㉠ 가연성 가스의 존재

㉡ 최소착화에너지 이상의 점화원 존재

㉢ 폭발위험 분위기 조성

② 방폭구조에 관계 있는 위험 특성

㉠ 발화온도

㉡ 화염일주한계

㉢ 최소점화전류

③ 발화원의 종류

㉠ 전기불꽃　㉡ 단열압축

㉢ 고열물질　㉣ 충격 마찰열

㉤ 정전기　㉥ 화학반응열

㉦ 자연발화 등

참고

단열압축이란 가스나 공기를 압축하는 과정에서 열을 외부로 방출하지 않고 유지하는 과정으로 공기압축기, 냉동기, 열펌프 등에 응용한다.

④ 최소발화(착화)에너지에 영향을 주는 조건

㉠ 용기의 크기와 형태(전극 모양)가 작고 뾰족하면 쉽게 착화한다.

㉡ 압력이 상승하면 최소발화에너지가 낮아진다.

㉢ 인화성 물질의 온도가 상승하면 최소발화에너지가 낮아진다.

㉣ 유체의 유속이 높아지면 최소발화에너지가 커진다.

㉤ 산소농도가 높아지면 최소발화에너지가 낮아진다.

(3) 화재·폭발의 위험성

① 가연성 기체의 폭발 분류

㉠ 폭굉(Detonation) : 폭발 중에서도 특히 격렬한 것을 폭굉이라 하며, 매질 중 초음속(1,000∼3,500m/s)으로 진행하는 충격파 파동이다.

㉡ 폭연 : 가연성 가스나 인화성 물질의 증기가 폭발범위 내의 어떤 농도에서 반응속도가 갑자기 증가하여 음속을 초과하지 않는(300m/s 이하) 정상 연소속도 이상으로 개방계에서 연소되는 현상이다.

② 가연성 기체의 발화도 및 전기설비의 최고 표면온도

발화도 등급	증기 또는 가스의 발화온도(℃)	온도 등급	전기기기의 최고표면온도(℃)
G1	450 초과		
G2	300 초과 450 이하	T1	450(300 초과 450 이하)
G3	200 초과 300 이하	T2	300(200 초과 300 이하)
G4	135 초과 200 이하	T3	200(135 초과 200 이하)
G5	100 초과 135 이하	T4	135(100 초과 135 이하)
G6	85 초과 100 이하	T5	100(85 초과 100 이하)
		T6	85 이하

③ 화염일주한계(최대안전틈새, 안전간극)

㉠ 폭발성 분위기 내 방치된 표준용기의 틈새를 통하여 화염이 내부에서 외부로 전파되는 것을 막을 수 있는 틈새를 최대안전틈새라 한다.

㉡ 화염일주한계란 가연성 가스 또는 증기의 위험성을 나타내는 특성값의 하나이며, 화염의 일주(도주)를 방해하는 최소의 에너지를 말한다. 즉 화염의 전파를 저지할 수 있는 접합면 틈새의 최대간격치이다.

㉢ 화염일주한계를 작게 하는 이유는 최소 점화에너지 이하로 열을 식히기 위함이다.

㉣ 일반적으로 화염일주한계가 낮을수록 물질이 불에 민감하며 높을수록 안전하게 다룰 수 있다.

㉤ 내압방폭구조에서 폭발화염이 외부로 전파되지 않도록 안전간극(Safe Gap)을 작게 하여야 한다.

④ 내압방폭구조 방폭전기기기 폭발등급 최대안전틈새

IEC 기준	폭발등급	II A	II B	II C
	최대안전틈새의 치수(mm)	0.9 이상	0.5 초과 0.9 미만	0.5 이하
KSC 기준	폭발등급	1	2	3
	틈의 치수(mm)	0.6 이상	0.4 초과 0.6 미만	0.4 이하

※ 폭발성 가스의 폭발등급 측정에 사용되는 표준용기는 내용적이 8,000cm³, 반구상의 플렌지 접합면의 안길이 25mm의 구상용기의 틈새를 통과시켜 화염일주한계를 측정하는 장치이다.

기출문제

폭발성 가스의 발화온도가 450℃를 초과하는 가스의 발화도 등급은?

❶ G1 ② G2
③ G3 ④ G4

기출문제

다음 ( ) 안의 알맞은 내용을 나타낸 것은?

> 폭발성 가스의 폭발등급 측정에 사용되는 표준용기는 내용적이 (㉮)cm³, 반구상의 플렌지 접합면의 안길이 (㉯)mm의 구상용기의 틈새를 통과시켜 화염일주한계를 측정하는 장치이다.

① ㉮ 600 ㉯ 0.4
② ㉮ 1,800 ㉯ 0.6
③ ㉮ 4,500 ㉯ 8
❹ ㉮ 8,000 ㉯ 25

2 가스 및 증기의 방폭구조 종류와 선정 ★★★★

(1) 가스 및 증기의 방폭구조 종류

① 내압방폭구조(d)

전폐구조로 용기 내부에서 폭발성가스 또는 증기가 폭발하였을 때 용기가 그 압력에 견디며 또한 접합면, 개구부 등을 통하여 외부의 폭발성가스에 인화될 우려가 없도록 한 구조이다.

㉠ 내압방폭구조의 성능(필요충분조건)

- 내부에서 폭발할 경우 그 압력에 견디는 구조이어야 한다.
- 폭발한 화염이 외부로 배출되지 않아야 한다.
- 외함의 표면온도가 외부의 폭발성가스를 점화하지 않아야 한다.
- 안전간극(safe gap)을 적게 하여, 폭발화염이 외부로 전파되지 않도록 한다.
- 내부에서 폭발하더라도 틈의 냉각효과로 인하여 외부의 폭발성가스에 착화될 우려가 없는 구조이다.

㉡ 내압방폭구조의 주요 시험항목

- 폭발강도
- 인화시험
- 기계적 강도시험
- 내압시험
- 열시험
- 전기적 시험

㉢ 내압방폭구조 플랜지 접합부와 장애물 간 최소 이격거리

가스그룹	최소 이격거리(mm)	비고
ⅡA	10	ⅡB로 표시된 기기는 그룹 ⅡA 기기를 필요로 하는 지역에 사용할 수 있다.
ⅡB	30	
ⅡC	40	

② 압력방폭구조(p)

용기 내부에 보호기체(신선한 공기 또는 질소 등의 불연성 기체)를 압입하여 내부압력을 유지함으로써 폭발성가스 또는 증기가 침입하는 것을 방지하는 구조이다.

③ 유입방폭구조(o)

전기기기의 불꽃, 아크 또는 고온이 발생하는 부분을 기름 속에 넣어 기름면 위에 존재하는 폭발성 가스 또는 증기에 인화될 우려가 없도록 한 구조이다.

기출문제

내압방폭구조에서 안전간극(safe gap)을 적게 하는 이유로 옳은 것은?

① 최소점화에너지를 높게 하기 위해
❷ 폭발화염이 외부로 전파되지 않도록 하기 위해
③ 폭발압력에 견디고 파손되지 않도록 하기 위해
④ 설치류가 전선 등을 훼손하지 않도록 하기 위해

기출문제

가스그룹이 ⅡB인 지역에 내압방폭구조 "d"의 방폭기기가 설치되어 있다. 기기의 플랜지 개구부에서 장애물까지의 최소거리(mm)는?

① 10 ② 20
❸ 30 ④ 40

④ 안전증방폭구조(e)

전기불꽃아크 또는 고온이 되어서는 안 될 부분에 점화원 발생을 방지하기 위하여 기계적, 전기적 구조상 안전도를 증가시킨 구조이다.

⑤ 본질안전방폭구조(ia, ib)

㉠ 정상 시 및 사고 시(단선, 단락, 지락 등)에 발생하는 전기불꽃, 아크 또는 고온에 의하여 폭발성가스 또는 증기에 점화되지 않는 것이 점화시험, 기타에 의하여 확인된 구조(사용에너지 30V, 1.3W, 250mA 이내)이다.

㉡ 최소한의 전기에너지만을 방폭 지역에 흐르도록 하여 절대로 점화원으로 작용하지 못하도록 한 구조이다.

⑥ 특수방폭구조(s)

폭발성가스 또는 증기에 점화 또는 위험분위기로 인화를 방지할 수 있는 것이 시험, 기타에 의하여 확인된 구조를 말한다.

㉠ 사입형방폭구조(q) : 용기 내부에 모래 등의 입자를 채우는 구조

㉡ 몰드형방폭구조(m) : 용기 내부에 컴파운드를 채우는 구조

㉢ 비점화형방폭구조(n) : 점화시킬 수 있는 고장이 유발되지 않는 구조

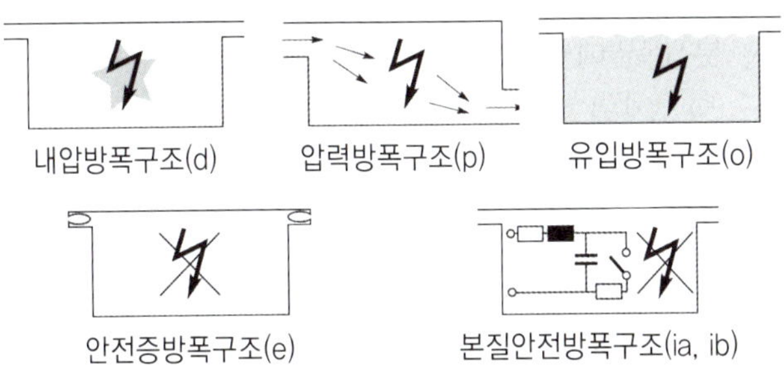

▎방폭구조의 종류 ▎

(2) 가스 및 증기폭발의 위험장소 구분과 방폭구조 선정

① 가스 및 증기폭발의 위험장소 구분

0종 장소	상시 위험분위기가 조성되어 있는 곳
1종 장소	정상상태에서 간헐적으로 위험분위기가 조성되는 곳
2종 장소	이상 시 간헐적으로 위험분위기가 조성되는 곳

기출문제

다음 중 방폭전기기기의 구조별 표시방법으로 틀린 것은?

❶ 내압방폭구조 : p
② 본질안전방폭구조 : ia, ib
③ 유입방폭구조 : o
④ 안전증방폭구조 : e

기출문제

다음 중 0종 장소에 사용될 수 있는 방폭구조의 기호는?

❶ Ex ia ② Ex ib
③ Ex d ④ Ex e

기출문제

정상작동상태에서 폭발 가능성이 없으나 이상상태에서 짧은 시간 동안 폭발성가스 또는 증기가 존재하는 지역에 사용 가능한 방폭구조를 나타내는 기호는?

① ib ② p
③ e ❹ n

기출문제

전기기기의 케이스를 전폐구조로 하며, 접합면에는 일정치 이상의 깊이를 갖는 패킹을 사용하여 분진이 용기 내로 침입하지 못하도록 한 방폭구조는?

① 보통방진 방폭구조
② 분진특수 방폭구조
❸ 특수방진 방폭구조
④ 밀폐방진 방폭구조

② 가스 및 증기의 방폭구조 선정

0종 장소	• 본질안전방폭구조(Ex ia)
1종 장소	• 내압방폭구조(Ex d) • 압력방폭구조(Ex p) • 충진방폭구조(Ex q) • 유입방폭구조(Ex o) • 안전증방폭구조(Ex e) • 본질안전방폭구조(Ex ib) • 몰드방폭구조(Ex m)
2종 장소	• 비점화방폭구조(Ex n)

3 가연성 분진의 방폭구조 종류와 선정 ★★★★

(1) 분진폭발의 개요

① 분진폭발은 부유 상태인 가연성 분진이 점화원에 의해 착화하여 폭발하는 현상으로, 가스폭발에 비해 발생에너지가 수 배 이상 크다.

② 분진폭발을 일으키는 입자는 NFPA에 의하면 공기 중에 420μm 이하의 입자이고, 특히 분진폭발의 위험대상이 되는 입자는 85μm 이하의 분진이다.

③ 분진폭발에 영향을 주는 인자

㉠ 분자의 화학적 조성과 성질
㉡ 분진의 농도와 온도
㉢ 분진의 수분함유량
㉣ 산소 농도
㉤ 분진의 입자크기
㉥ 연소열이 큰 분진
㉦ 분진의 비표면적

(2) 분진방폭구조의 종류

① 특수방진 방폭구조(SDP)

전폐구조로 접합면 깊이를 일정치 이상으로 하든가 접합면에 일정치 이상의 깊이를 갖는 패킹을 사용하여 분진이 용기 내에 침입하지 않도록 한 구조를 말한다.

② 보통방진 방폭구조(DP)

전폐구조로 접합면 깊이로 일정치 이상으로 하든가 접합면에 패킹을 사용하여 분진이 침입하기 어렵게 한 구조를 말한다.

③ 분진특수 방폭구조(XDP)

분진 방폭성능이 있는 것이 확인된 구조를 말한다.

(3) 가연성 분진의 위험장소 구분과 방폭구조 선정

① 가연성 분진의 존재에 따른 폭발 위험장소 구분

20종 장소	공기 중에 분진운의 형태로 폭발성 분진 분위기가 지속적으로 또는 장기간 또는 빈번히 존재하는 장소
21종 장소	공기 중에 분진운의 형태로 폭발성 분진 분위기가 정상작동 조건에서 발생할 수 있는 장소
22종 장소	공기 중에 분진운의 형태로 폭발성 분진 분위기가 정상작동 조건에서 발생하지 않으며, 발생하더라도 단기간만 지속되는 장소

② 분진방폭구조의 선정기준

20종 장소	• 밀폐형 방진 방폭구조(DP A20 또는 DP B20)
21종 장소	• 밀폐방진 방폭구조(DP A20 또는 A21, DP B20 또는 B21 • 특수방진 방폭구조(SDP)
22종 장소	• 20종 장소 및 21종 장소에서 사용 가능한 방폭구조 • 일반방진 방폭구조(DP A22 또는 DP B22) • 보통방진 방폭구조(DP)

4 방폭형 전기기기 ★★★★

(1) 방폭전기기기 전기적 보호

전기회로가 과전류, 지락, 온도상승 등에 의해 이상이 발생할 우려가 있는 경우, 다음과 같은 전기적 보호를 해주어야 한다.

① 과전류 보호

② 지락 보호

③ 노출 도전성 부분의 보호접지선

㉠ 전선관이 충분한 지락전류를 흐르게 할 시에는 결합부에 본딩을 생략할 수 있다.

㉡ 전선관이 최대지락전류를 안전하게 흐르게 할 시 접지선으로 이용이 가능하다.

기출문제

KS C IEC 60079-10-2에 따라 공기 중에 분진운의 형태로 폭발성 분진 분위기가 지속적으로 또는 장기간 또는 빈번히 존재하는 장소는?

① 0종 장소

② 1종 장소

❸ 20종 장소

④ 21종 장소

PART 04 전기설비 안전관리

ⓒ 접지선의 전선 또는 선심은 그 절연피복을 청색을 사용하며, 부득이한 경우 흰색 또는 회색을 사용할 수 있다.

ⓓ 접지선은 600V 비닐절연전선 이상 성능을 갖는 전선을 사용한다.

(2) 방폭전기기기의 확인 및 표시사항

① 방폭전기기기에서 확인하여야 할 정격

ⓐ 정격전압, 정격주파수, 상수

ⓑ 정격전류, 정격출력

ⓒ 용기의 보호등급

ⓓ 부착방식 및 부착형태

ⓔ 주위환경

② 방폭전기기기의 성능기준 표시사항

ⓐ 제조자의 명칭 또는 제조자의 등록상표

ⓑ 제조자의 형식번호

ⓒ 방폭구조를 나타낸 기호

ⓓ 방폭구조의 종류

ⓔ 그룹을 나타낸 기호

ⓕ 온도 등급 기호 : T

ⓖ 제조번호가 필요한 경우는 그 번호

ⓗ 사용조건이 있는 경우는 기호 : X

ⓘ 기타 필요한 사항

기출문제

방폭전기기기의 온도등급의 기호는?

① E　② S
❸ T　④ N

(3) 방폭전기기기의 설치

① 방폭전기기기 설치 시 방호장치

ⓐ 용기의 전부 또는 일부에 유리, 합성수지 등을 사용할 때 보호하는 장치를 한다.

ⓑ 용기는 전폐구조로 전기가 통하는 부분이 외부로부터 손상받지 않아야 한다.

ⓒ 조작 측과 용기와의 접합면은 들어가는 깊이를 5mm 이상으로 하여야 한다.

ⓓ 회전기 측과 용기와의 접합은 나사 접합이나 금속연마 접합을 한다.

ⓔ 다상 전기기기는 결상운전으로 인한 과열 방지조치를 한다.

ⓕ 배선은 단락, 지락 사고 시의 영향과 과부하로부터 보호한다.

ⓖ 자동 차단이 점화의 위험보다 클 때는 경보장치를 사용한다.

② 방폭전기설비가 설치되는 표준 환경조건

㉠ 주변온도 : −20∼40℃(별도의 주위온도 표시가 없을 때 방폭기기의 주위온도)

㉡ 상대습도 : 45∼85%

㉢ 압력 : 80∼110kPa

㉣ 표고 : 1,000m 이하

㉤ 공해, 부식성가스, 진동 등이 존재하지 않는 장소

02 전기 방폭 사고예방 및 대응

1 전기폭발등급 ★★★★

(1) 기기보호등급(EPL ; Equipment Protection Level)

① 기기보호등급의 분류

광산(M)	EPL Ma, EPL Mb
가스(G)	EPL Ga, EPL Gb, EPL Gc
분진(D)	EPL Da, EPL Db, EPL Dc

※ 보호등급 : a(매우 높은 보호등급)
b(높은 보호등급)
c(강화된 보호등급)

② 기기보호등급과 허용장소

종별 장소		기기보호등급(EPL)
가스	0종 장소	Ga
	1종 장소	Ga 또는 Gb
	2종 장소	Ga, Gb 또는 Gc
분진	20종 장소	Da
	21종 장소	Da 또는 Db
	22종 장소	Da, Db 또는 Dc

③ 방폭전기기기의 성능을 나타내는 기호표시

Ex p ⅡA T_5 Ga
㉠ ㉡ ㉢ ㉣ ㉤

여기서, ㉠ 방폭구조의 상징(Ex)
㉡ 방폭구조의 종류(p : 압력방폭구조)
㉢ 폭발등급(ⅡA의 최대안전틈새 : 0.9 이상)

합격 체크포인트
- 기기 보호등급과 허용 장소
- 가스, 증기, 분진 위험 장소 구분
- 방폭전기배선의 선정

기출문제

다음 중 기기보호등급(EPL)에 해당하지 않는 것은?
① EPL Ga ② EPL Ma
③ EPL Dc ❹ EPL Mc

기출문제

방폭전기기기의 성능을 나타내는 기호표시로 EX P ⅡA T_5를 나타내었을 때 관계가 없는 표시내용은?
① 온도등급 ❷ 폭발성능
③ 방폭구조 ④ 폭발등급

㉣ 온도등급(T5 : 85℃ 초과 100℃ 이하)
㉤ 기기보호등급(Ga : 가스, 매우 높은 보호등급)

(2) 방폭인증서에서 방폭부품을 나타내는 데 사용되는 인증번호의 접미사

① U : 방폭부품을 나타내는 데 사용되는 인증번호의 접미사
② X : 안전한 사용을 위한 특별한 조건을 나타내는 인증번호의 접미사

기출문제

KS C IEC 60079 – 6에 따른 유입방폭구조 "o" 방폭장비의 최소 IP 등급은?

① IP44 ② IP54
③ IP55 ❹ IP66

(3) IP보호등급

① 국제 보호등급을 의미하며 IPxx로 표시된다. 앞의 x는 방진등급으로 0~6이며, 뒤의 x는 방수등급으로 0~8이다.
② 유입방폭구조의 방폭장비는 IP66으로, 먼지로부터 완벽하게 보호되어야 하며, 모든 방향의 높은 압력의 분사되는 물로부터 보호되어야 하는 등급을 의미한다.
③ 유입방폭구조의 변압기에 있어서 보호등급은 최소 IP66에 적합해야 한다.
④ 보호 등급의 숫자별 의미

코드 문자	IP	기기의 보호에 대한 의미
제1 특성숫자 (분진 침투에 대한 보호)	0	비보호
	1	지름 50mm 이상의 외부 분진에 대한 보호
	2	지름 12.5mm 이상의 외부 분진에 대한 보호
	3	지금 2.5mm 이상의 외부 분진에 대한 보호
	4	지름 1mm 이상의 외부 분진에 대한 보호
	5	먼지 보호(기기의 만족스러운 운전을 방해 또는 안전을 해치는 양의 먼지는 통과시키지 않음)
	6	방진(먼지 침투 없음)
제2 특성숫자 (위험한 영향을 주는 물의 침투에 대한 보호)	0	비보호
	1	수직낙하
	2	낙하(기울기 15°)
	3	분무
	4	튀김
	5	분사
	6	강한 분사
	7	일시적 침수
	8	연속적 침수
	9	고압 및 고온 물 분사

3 전기방폭설비 예방대책 ★

(1) 전기설비 점화원의 억제 대상

① 직류전동기의 정류자, 권선형 유도전동기의 슬립링
② 개폐기류, 제어기기의 전기접점
③ 기중차단기 개폐접점, 보호계전기 전기접점
④ 전열기, 저항기, 전동고온부
⑤ 이상상태의 변압기, 전동기 권선
⑥ 조명등, 전열기, 전기배선

(2) 방폭전기 배선시설

① 방폭전기 배선

㉠ 내압방폭 금속관 배선
- 후강전선관 혹은 동등 이상의 강도가 있는 것을 사용(내압 방폭성)
- 박스 혹은 패킹을 사용하여 분진이 내부로 침입하지 않도록 시설할 것
- 풀박스 혹은 전기기계 기구는 5턱 이상의 나사 조임으로 접속하는 방법 혹은 내부에 먼지가 침입하지 않도록 접속할 것
- 전동기 등에 접속하는 부분은 가요성을 필요로 하는 부분의 분진 방폭형 플렉시블(가요성) 피팅을 사용하되 내측 반경을 5배 이상으로 할 것
- 재료는 아연도금을 하거나 녹이 발생하는 것을 방지하도록 한 강 또는 가단주철(무쇠)일 것

㉡ 케이블 배선
- 케이블에 MI 케이블, 연피 케이블, 폴리에틸렌 외장 케이블(EV, CV, CF, CE) 또는 금속제 외장을 한 것
- 개장으로 한 케이블 또는 MI 케이블 사용하는 경우를 제외하고 강제전선관, 배관용 탄소강관(가스관) 등의 보호관에 넣어 시설하여야 할 것

㉢ 이동용 전기배선 : 3종 캡타이어 케이블, 4종 캡타이어 케이블

㉣ 본질안전 방폭회로의 배선
- 본질안전 회로가 비 본질안전회로로부터 정전유도 또는 전자유도를 받지 않도록 하여야 할 것
- 본질안전기기와 본질안전 회로의 접지 및 기타 사항에 대하여 조건이 부여될 경우 그 조건에 따라야 할 것

기출문제

저압방폭전기의 배관방법에 대한 설명으로 틀린 것은?
① 전선관용 부속품은 방폭구조에 정한 것을 사용한다.
❷ 전선관용 부속품은 유효 접속면의 깊이를 5mm 이상 되도록 한다.
③ 배선에서 케이블의 표면온도가 대상하는 발화온도에 충분한 여유가 있도록 한다.
④ 가요성 피팅은 방폭구조를 이용하되 내측 반경을 5배 이상으로 한다.

기출문제

방폭지역에서 저압 케이블 공사시 사용해서는 안 되는 케이블은?
① MI 케이블
② 연피 케이블
❸ 0.6/1kV 고무 캡타이어 케이블
④ 0.6/1kV 폴리에틸렌 외장 케이블

• 본질안전기기와 본질안전 관련 기기의 조합 구성에서 본질안전 회로배선을 허용할 것
• 본질안전 방폭 기준에서는 배리어(Barrier)를 의무적으로 적용할 것

② 위험 장소별 방폭 전기배선의 선정

0종 장소	• 본질안전회로의 배선
1종, 2종 장소	• 본질안전회로의 배선 • 내압방폭금속관 배선 • 케이블 배선

제5장 전기설비 위험요인 관리

01 전기설비 위험(화재) 요인 파악

합격 체크포인트

- 화재의 원인 3대 요건
- 전기화재 점화원의 종류
- 누전화재의 3대 요건

1 전기화재 ★★★★

(1) 개요

① 전류가 흐르는 상태에서 발생하는 전기 기구에서 화재를 전기화재라 한다.

② 화재는 대전류에 의한 주울열에 의해 발열하여 화재로 진행한다.

③ 일반적으로 화재의 원인은 발화원, 산소, 착화물(연료)의 발화의 3요건이 구성될 때 화재가 발생한다.

㉠ 발화원(점화원) : 발화에 필요한 에너지를 발생하는 요소를 의미한다.

㉡ 착화물(연료) : 착화에 필요한 물질을 말한다.

㉢ 출화의 경과 : 가연성 물질과 산소가 점화원에 의해 충분한 에너지를 받으면 화재가 발생한다.

(2) 전기화재의 발생 형태

① 배선의 과전류에 의한 과열로 전선피복에 발생

② 변압기, 전동기 등 전기기기의 과열로 발생

③ 누전으로 지속적인 누설전류에 의한 과열로 발생

④ 조명기구, 전열기, 온열기, 전기장판 등 과열로 주위의 가연물에 착화

⑤ 컴퓨터 등 전원부에 발열로 미세먼지에 착화

(3) 전기화재의 주요(경로별) 원인

① 단락 고장전류(약 25%)

② 전기 스파크(약 24%)

③ 누전전류(약 15%)

④ 전기 접속부(접촉부)의 과열(약 12%)

기출문제

전기화재 발생의 원인으로 틀린 것은?
① 발화원
❷ 내화물
③ 착화물
④ 출화의 경과

기출문제

다음 중 전기화재의 경로별 원인으로 거리가 먼 것은?
① 단락
② 누전
❸ 저전압
④ 접촉부의 과열

⑤ 절연열화(약 11%)

⑥ 과부하 전류(약 8%)

⑦ 정전기의 방전 시 화재발생

⑧ 애자의 오손(간접적 원인)

(4) 전기화재 점화원의 종류

① **전기불꽃** : 전기회로, 전기장치, 전기시스템의 고장으로 오버히팅, 단락, 과부하 등의 원인이 된다.

② **정전기** : 물체가 전자를 얻거나 잃어서 전하를 띄게 되는 현상으로 스파크의 원인이 된다.

③ **마찰열** : 두 물체가 서로 상대적으로 움직일 때 마찰력이 작용하여 열이 발생하여 화재의 원인이 된다.

④ **산화반응열(화학반응열)** : 물질이 산소와 반응할 때 발생하는 열을 의미한다.

⑤ **충격에 의한 불꽃 및 발열** : 물체가 강력한 충격을 받거나 물체가 갑자기 움직일 때 발생하는 현상을 말한다.

기출 Check!

누전화재의 3요소에 대한 요건은 전기누전으로 인한 화재조사 시에 착안해야 할 3가지 입증 흔적과 같다.

(5) 누전으로 인한 화재의 3요소에 대한 요건

① **접지점** : 전기기기의 외함으로 누설전류가 흐를 때 안전을 위한 접지선의 접속점을 의미한다.

② **누전점** : 정상적인 전류 흐름에서 벗어나 대지로 흐르는 접촉점을 의미한다.

③ **발화점** : 발화가 처음 시작된 위치를 의미한다.

합격 체크포인트

- 과전류에 의한 화재
- 누전전류에 의한 화재
- 저압전로의 절연성능 시험
- 절연물의 절연계급

02 전기설비 화재의 예방대책

1 화재발생 원인별 예방대책 ★★★★

(1) 전선단락(합선) 고장전류에 의한 화재

① 발생 메커니즘

㉠ 절연피복이 파손 등에 의한 합선이 발생한다.

㉡ 접촉 불량 등 국부발열에 의한 절연열화가 발생한다.

㉢ 화재열 등 외부 열에 의한 절연 파괴된다.

② 예방대책

㉠ 접지를 실시하고, 주기적으로 접지저항을 점검한다.

㉡ 단락 시 전류를 차단하는 차단기를 설치한다.

㉢ 충분한 굵기의 전선을 사용한다.

(2) 부하 과전류에 의한 화재

① 발생 메커니즘

㉠ 전류 증가에 따른 발열량(주울열)이 증가한다.

㉡ 열축적에 의한 화재가 발생한다.

② 예방대책

㉠ 과전류 계전기, 과전류 차단기 등을 설치한다.

㉡ 과전류의 원인이 될 수 있는 단락, 누전 등을 방지한다.

③ 과전류에 의한 전선의 연소단계에 따른 전류밀도

연소단계	전류밀도(A/mm²)	연소현상
인화 개시단계	• 40∼43	허용전류를 3배 정도 흐르게 하면 내부의 고무피복이 용해되어 불을 갖다 대면 인화된다.
착화 개시단계	• 43∼60	전류를 더욱 증가시키면 액상의 고무 형태로 뚝뚝 떨어지기 시작한다.
발화 개시단계	• 발화 후 용단 : 60∼70 • 심선이 용단 : 60∼120	심선이 용단하기 전에 피복이 발화하기 시작한다.
순시용단 단계	• 120 이상	대전류를 순시에 흐르게 하면 심선이 용단되어 피복이 파열되며 동이 비산한다.

(3) 저 · 고압 혼촉에 의한 화재

① 발생 메커니즘

전압이 다른 1차측과 2차측의 전압이 접촉, 단선 등에 의해 생기는 혼촉에 의한 감전 또는 화재가 발생할 수 있다.

② 예방대책

㉠ 변압기 Y－결선의 중성선에 접지를 한다.

㉡ 혼촉방지판 부착 변압기를 적용한다.

기출문제

과전류에 의한 전선의 허용전류보다 큰 전류가 흐르는 경우 절연물이 화구가 없더라도 자연히 발화하고 심선이 용단되는 발화단계의 전선 전류밀도 A/mm²로 옳은 것은?

① 20∼43　② 43∼60
❸ 60∼120　④ 120∼180

기출문제

누전화재가 발생하기 전에 나타나는 현상으로 거리가 가장 먼 것은?
① 인체 감전현상
② 전등 밝기의 변화현상
③ 빈번한 퓨즈 용단현상
❹ 전기 사용 기계장치의 오동작 감소

(4) 누설(전)전류에 의한 화재

① 발생 메커니즘

전선의 절연부분이 열화되거나 불량 또는 손상되어 일정량의 전류가 장시간 진행되어 발열축적에 의해서 화재가 발생한다.

㉠ 계산 공식

$$\text{허용누설전류} = \frac{\text{최대 정격전류}}{2,000}[A]$$

㉡ 가네하라 현상 : 누전회로에 발생하며 탄화 도전로가 생성되어 증식, 확대되면서 발열량이 증대, 발화하는 현상

② 누전사고에 취약한 전기설비 부분

㉠ 전선이 들어가는 금속제 전선관의 끝부분
㉡ 비닐전선을 고정하기 위한 지지용 스테이플 부분
㉢ 인입선과 안테나의 지지대가 교차되어 닿는 부분
㉣ 콘센트, 스위치 박스 등의 내부 배선의 끝부분 또는 전선과 배선기구와의 접속 부분
㉤ 정원 조명등에 전기를 공급하기 위하여 땅속으로 전선을 묻는 부분
㉥ 전선이 수목 또는 물받이 홈통과 닿는 부분
㉦ 광고판, 조명기구 등의 내부, 인출부에서 전선피복, 절연테이프 등 노화된 부분
㉧ 나선으로 접속된 분기회로의 접속점
㉨ 전선의 열화가 발생한 곳
㉩ 리드선과 단자와의 접속이 불량한 곳

③ 예방대책

㉠ 절연파괴의 원인이 되는 과열, 습기, 부식 등을 방지한다.
㉡ 건물 구조재, 수도관, 가스관 프레임 등과 이격하여야 한다.
㉢ 누전화재방지를 위해서 전기(누전)화재경보기를 설치한다.
㉣ 누전차단기 설치 및 수시 확인한다.
㉤ 전선의 접속부는 충분한 절연효력이 있도록 소정의 접속기구 또는 테이프를 사용한다.

(5) 지락전류

① 발생 메커니즘

절연이 파괴되어 대지로 대전류가 흐르는 현상에 의해 화재 발생한다.

② 예방대책

㉠ 지락과전류 계전기(OCGR, GR, SGR)를 설치하여 신속한 사고 전류를 제거한다.

㉡ 절연변압기를 채용한다.

(6) 접촉부 과전류 과열에 의한 발화

① 발생 메커니즘

전선 접속점의 접촉이 불량하여 저항이 생겨 열이 발생하여 주변의 가연성 먼지나 물질에 전달되어 화재가 발생한다.

② 접촉부 과열 예방

㉠ 터미널 단자는 압착공구를 사용하여 시공하고, 접속부 볼트 풀림 및 발열 유무를 정기적으로 점검한다.

㉡ 콘센트, 차단기 등의 접속부 주변에 가연물 방치를 금지한다.

(7) 전기 아크, 스파크에 의한 발화

① 발생 메커니즘

전기 아크, 스파크에 의해 화재가 발생할 수 있다.

② 예방대책

㉠ 퓨즈는 포장(통형) 퓨즈를 사용한다.

㉡ 배전반 내의 먼지, 금속가루 등 분진을 제거한다.

㉢ 가연성 증기, 분진 등이 있는 곳에는 방폭형 개폐기를 사용한다.

(8) 정전기에 의한 화재

① 발생 메커니즘

정전기 화재는 정전기 스파크에 의해 가연성 가스 및 증기 등에 인화할 위험이 크다.

② 정전기의 방지대책

㉠ 도체의 대전방지 : 접지, 본딩

㉡ 부도체의 대전방지

㉢ 대전물체의 차폐 : 금속 차폐제, 금속 외 차폐제

㉣ 제전기에 의한 대전방지

- 제전기의 일반 성능기준 : 100V 이하로 저하시켜 유지
- 코로나 방전형 제전기 : 자기방전형, 전압인가형
- 방사선식 제전기 : 방사선의 전리작용에 의한 이온 이용

기출문제

20Ω의 저항 중에 5A의 전류를 3분간 흘렸을 때의 발열량(cal)은?

① 4,320
② 90,000
❸ 21,600
④ 376,560

해설 발열량
$= 0.24I^2RT[\text{Cal}]$
$= 0.24 \times 5^2 \times 20 \times 3 \times 60$
$= 21,600$

기출문제

개폐기로 인한 발화는 스파크에 의한 가연물의 착화화재가 많이 발생한다. 이를 방지하기 위한 대책으로 틀린 것은?

① 가연성 증기, 분진 등이 있는 곳은 방폭형을 사용한다.
② 개폐기를 불연성 상자 안에 수납한다.
❸ 비포장 퓨즈를 사용한다.
④ 접속 부분의 나사풀림이 없도록 한다.

기출 Check!

트래킹 현상
미소방전이 반복되면서 절연물 표면에 도전성 통로가 형성되는 현상

(9) 트래킹에 의한 화재

① 발생 메커니즘(트래킹 현상)

절연물 표면에 습기, 먼지 등의 이물질이 부착되어 미소 방전이 반복되면서 절연물의 표면에 도전로가 형성되는 현상으로, 계속해서 진행 시 화재로 진행된다.

② 트래킹 화재의 방지대책

㉠ 주위의 먼지, 분진 청소를 한다.

㉡ 정기적으로 차단기, 전기설비의 먼지 청소를 한다.

2 전기기기 및 기계 기구의 화재예방

기출문제

전기화재가 발생되는 비중이 가장 큰 발화원은?
① 주방기기
② 이동식 전열기구
③ 회전체 전기기계 및 기구
❹ 전기배선 및 배선기구

(1) 전기배선

① 회로의 정격전류 이상의 전선 굵기를 선정한다.
② 과전류방지를 위한 적정한 차단기를 설치한다.
③ 코드배선을 금지한다.
④ 콘센트에 문어발식 배선을 금지한다.
⑤ 누전방지를 위한 누전차단기를 설치한다.
⑥ 배선 시 전선의 피복 벗겨짐에 주의한다.

(2) 전기배선기구

① 적정용량의 퓨즈를 사용해야 한다.
② 개폐기의 전선 조임 부분이나 접촉면의 상태관리를 철저히 한다.
③ 콘센트, 플러그의 접촉 상태를 수시로 확인한다.
④ 멀티콘센트 사용 시 문어발식 배선/콘센트 하나에 여러 개의 플러그를 꽂는 것을 금지하며 접속 불량에 의한 과열이 발생하지 않도록 완전하게 꽂는다.

(3) 전기기기 및 장치

① 전기로 및 전기건조장치

㉠ 전기로나 건조장치의 발열부 주위에 가연성 물질의 방치를 금지한다.

㉡ 전기로 내의 온도 이상 상승 시 전원 자동차단장치를 설치한다.

㉢ 설비와 접속부 부근의 배선은 피복의 손상, 과열상승 등에 주의한다.

② 전열기

㉠ 열판의 밑부분에는 차열판이 있는 것을 사용한다.

㉡ 전원스위치의 점멸(ON/OFF)을 확실하게 한다(표시등 부착).

㉢ 인조석, 석면, 벽돌 등 단열성 불연재료로 받침대를 만든다.

㉣ 주위 0.3~0.5m 상방으로 1.0~1.5m 이내에 가연성 물질의 접근을 금지한다.

㉤ 배선, 코드의 용량은 충분한 것을 사용하여 과열을 방지한다.

③ 전등

㉠ 전구는 글로우브 및 금속제 가드를 취부하여 보호하여야 한다.

㉡ 위험물 창고 등에서는 조명설비 수를 줄이거나 방폭형을 설치하여야 한다.

㉢ 소켓은 금속제 등을 피하고, 합성수지제를 선택하고, 접속부가 노출되지 않게 하여야 한다.

㉣ 이동형 전구는 캡타이어 코드를 사용하고 연결부분이 없도록 한다.

3 저압배전선로 절연저항 ★★★★

(1) 절연저항의 개요

① 절연물의 절연성능을 나타내는 척도를 절연저항이라 하고, 그 수치가 클수록 양질의 절연물인 것을 나타낸다.

② 선로설비의 회선 상호간, 회선과 대지 간 및 회선의 심선 상호간의 절연저항은 직류 500V 절연저항계로 측정하여 10MΩ 이상이어야 한다.

(2) 저압전로의 절연성능 시험

전로의 사용전압(V)	DC 시험전압(V)	절연저항
SELV 및 PELV	250	0.5MΩ
FELV 500V 이하	500	1.0MΩ
500V 초과	1,000	1.0MΩ

※ 특별저압(extra low voltage : 2차전압이 AC 50V, DC 120V이하)으로 SELV(비접지회로) 및 PELV(접지회로)은 1차와 2차가 전기적으로 절연된 회로, FELV는 1차와 2차가 전기적으로 절연되지 않은 회로

기출문제

절연물의 절연불량 원인으로 거리가 먼 것은?

① 진동, 충격 등에 의한 기계적 요인
② 산화 등에 의한 화학적 요인
③ 온도상승에 의한 열적 요인
❹ 정격전압에 의한 전기적 요인

기출문제

저압전로의 절연성능시험에서 전로의 사용전압이 380V인 경우 전로의 전선 상호간 및 전로와 대지 사이의 절연저항은 최소 몇 MΩ 이상이어야 하는가?

① 0.4MΩ ❷ 1.0MΩ
③ 1.5MΩ ④ 2.0MΩ

기출문제

절연물의 절연불량 원인으로 거리가 먼 것은?

① 진동, 충격 등에 의한 기계적 요인
② 산화 등에 의한 화학적 요인
③ 온도상승에 의한 열적 요인
❹ 정격전압에 의한 전기적 요인

기출문제

전기기기의 Y종 절연물의 최고 허용온도는?

① 80℃ ② 85℃
❸ 90℃ ④ 105℃

기출 Check!

최고허용온도가 낮은 온도에서 높은 온도의 순서

Y → A → E → B

합격 체크포인트

- 전기화재 진화용 소화기 종류
- 전기화재 진화 시 확산 주수에 의한 소화방법

(3) 절연 특성

① 절연물의 절연저항값을 저하시키는 원인
  ㉠ 높은 이상전압 등에 의한 전기적 요인
  ㉡ 지속적인 진동, 급격한 충격 등에 의한 기계적 요인
  ㉢ 산화 등에 의한 화학적 요인
  ㉣ 온도상승에 의한 열적(과열) 요인

② 절연물의 절연계급

종별	최고허용 온도(℃)	용도별	주요 절연물
Y	90	저전압의 기기	유리화수지, 메타크릴수지, 폴리에틸렌, 폴리염화비닐, 폴리스티렌
A	105	보통의 회전기, 변압기	폴리에스테르수지, 셀룰로오스 유도체, 폴리아미드, 폴리비닐포르말
E	120	대용량, 보통의 기기	멜라민수지, 페놀수지의 유기질, 폴리에스테르 수지
B	130	고전압의 기기	무기질 기재의 각종 성형 적층물
F	155	고전압의 기기	에폭시수지, 폴리우레탄수지, 변성실리콘수지
H	180	건식 변압기	유리, 실리콘, 고무
C	180 이상	특수한 기기	실리콘, 플루오르화에틸렌

03 전기설비 화재 시 진화대책

1 전기화재 시 사용하는 소화기 *

① **분말소화기** : 내부에 화학분말과 압축된 가스에 의해 강한 가스압으로 화학분말을 분사하여 소화하는 소화기이다

② **탄산가스 소화기** : 일반적으로 전기화재에 효과가 뛰어나 가장 많이 사용하는 소화기이다.

③ **하론 소화기** : 하론 소화기는 적은 양으로 화재진압이 가능한 강력한 성능을 가지며, 전기 절연성이 우수해 전기, 전자, 통신설비 등에 사용한다.

④ **증발성 액체 소화기** : 사염화 탄소, 일염화일취화 메탄, 아취화사불화에탄 등의 액체가 사용된다.

2 전력기기 및 배선 화재의 주수에 의한 소화 방법

① 방출과 동시에 확산 주수하는 방법
② 낙하를 시작해서 확산 주수하는 방법
③ 계면활성제를 혼합한 물을 확산 주수하는 방법

04 접지

1 일반적인 접지 방법

(1) 접지 개요

① 전기 기계, 기구가 절연불량으로 기기외함의 금속제 부분이 충전되어 사람이 접촉되면 감전사고가 일어나게 된다.
② 금속제 외함을 접지시켜 누설전류를 대지로 흘려 기기의 외함에 나타나는 대지전압을 감소시켜 감전사고를 막을 수 있다.

(2) 접지의 목적

① 기기 및 선로의 이상전압 발생이 대지전위 억제 및 절연강도 경감한다.
② 설비의 절연물이 손상되었을 때 누설전류에 의한 감전을 방지한다.
③ 송배전선 사고 시 보호계전기를 신속하게 작동시킨다.
④ 변압기 1, 2차 혼촉 시 감전사고를 방지한다.
⑤ 송배전선로 지락전류에 의한 통신장해를 경감한다.
⑥ 낙뢰에 의한 이상전압의 피해를 방지한다.

(3) 전기기계기구의 접지

① 전기기계 · 기구의 금속제 외함, 금속제 외피 및 철대
② 고정 설치되거나 고정 배선에 접속된 전기기계 · 기구의 노출된 비충전 금속체 중 충전될 우려가 있는 다음에 해당하는 비충전 금속체
㉠ 지면이나 접지된 금속체로부터 수직거리 2.4m, 수평거리 1.5m 이내인 것
㉡ 물기 또는 습기가 있는 장소에 설치되어 있는 것
㉢ 금속으로 되어 있는 기기접지용 전선의 피복 · 외장 또는 배선관 등

기출 Check!

전기화재에 물기둥인 상태로 주수하면 감전의 위험이 있어 사용하면 안 된다.

합격 체크포인트

- 접지의 목적
- 접지극 시설 방법
- 보호접지와 등전위접지
- 접지의 기본 3요소
- TN, TT, IT 저압선로 접지계통

기출문제

전기설비에 접지를 하는 목적으로 틀린 것은?
① 누설전류에 의한 감전방지
② 낙뢰에 의한 피해방지
❸ 지락사고 시 대지전위 상승 유도 및 절연강도 증가
④ 지락사고 시 보호계전기 신속동작

법령

산업안전보건기준에 관한 규칙 제302조

기출 Check!

고정 배선에 접속된 전기기계 · 기구 중 사용전압이 **대지전압 150V**를 넘는 비충전 금속체는 접지를 해야 한다.

㉣ 사용전압이 대지전압 150V를 넘는 것

③ 전기를 사용하지 아니하는 설비 중 다음에 해당하는 금속체

㉠ 전동식 양중기의 프레임과 궤도

㉡ 전선이 붙어 있는 비전동식 양중기의 프레임

㉢ 고압 이상의 전기를 사용하는 전기기계 · 기구 주변의 금속제 칸막이 · 망 및 이와 유사한 장치

④ 코드와 플러그를 접속하여 사용하는 전기기계 · 기구 중 다음에 해당하는 노출된 비충전 금속체

㉠ 사용전압이 대지전압 150V를 넘는 것

㉡ 냉장고 · 세탁기 · 컴퓨터 및 주변기기 등과 같은 고정형 전기기계 · 기구

㉢ 고정형 · 이동형 또는 휴대형 전동기계 · 기구

㉣ 물 또는 도전성이 높은 곳에서 사용하는 전기기계 · 기구, 비접지형 콘센트

㉤ 휴대형 손전등

⑤ 수중펌프를 금속제 물탱크 등의 내부에 설치하여 사용하는 경우 그 탱크(이 경우 탱크를 수중펌프의 접지선과 접속하여야 한다.)

(4) 접지가 불필요한 개소

① 사용전압이 직류 300V, 교류 대지전압이 150V 이하의 건조한 곳

② 저압 기계 기구에 지락이 생겼을 경우 자동적으로 차단하는 장치를 설치한 건조한 장소

③ 목재 또는 이와 유사한 절연성 물건 위에 시설된 기계 기구

④ 기계 기구를 목재 등에 설치한 경우

⑤ 철대 외함에 절연대를 설치한 경우

⑥ 외함이 없는 CT가 고무, 합성수지 등의 절연물로 피복을 한 경우

⑦ 이중절연의 기계 기구

⑧ 절연 TR의 비접지 2차 배선 : 2차전압 300V, 3kVA 이하

⑨ 물기 있는 장소 이외의 인체 감전 보호용 ELB 설치 장소

(5) 접지극의 시설 및 접지저항

① 접지극은 지하 75cm 이상 깊은 곳에 매설한다.

② 접지선은 절연전선 또는 케이블을 사용한다.

③ 접지선은 지하 75cm부터 지상 2m까지 합성수지관 또는 몰드로 덮어야 한다.

④ 접지선을 시설한 지지물에는 피뢰침용 지선을 지지하지 않아야 한다.
⑤ 접지극은 지중에서 금속체와 1m 이상 이격하여야 한다.

2 접지의 종류 ★★★★

(1) 접지의 종류

계통접지	전력계통의 한 전선로를 의도적으로 접지하는 것이다. • 비접지 : 중성점을 접지하지 않는 방식으로, 절연변압기와 인체에 접촉에 감전의 위험이 없는 기기 등이 해당된다. • 직접접지 : 저항이 거의 존재하지 않는 도체로 중성점을 접지하는 방식이다. • 저항접지 : 중성점을 적당한 저항의 값으로 접지시키는 방식이다. • 리액턴스접지 : 저항접지방식과 마찬가지로 고장전류를 제한시켜 과도안정도를 향상시킬 목적으로 적용되는 방식이다. • 소호리액터접지 : 중성점을 전선로의 대지정전용량과 공진하는 리액터 접지방식으로, 지락전류가 거의 0에 가까워서 안정도가 양호하고 무정전의 송전이 가능한 접지방식이다.
보호접지	• 인체를 감전으로부터 보호하기 위한 접지로, 전선관, 설비외함, 전등갓 등의 모든 금속제를 접지 및 본딩하여야 한다. • 외함 접지선은 가요성을 요하는 부분의 접지선은 다심코드이며, 단면적이 0.75mm^2 이상인 것을 사용한다.
등전위 접지	• 전위가 다른 각 기기들을 한곳의 접지단자에 연결하는 것을 말한다. • 대지와 전위차는 발생하나 기기 간에는 전위차가 발생하지 않는다. • 보호등전위본딩 도체 : 주접지단자에 접속하기 위한 등전위본딩 도체는 설비 내에 있는 가장 큰 보호접지도체 단면적의 1/2 이상의 단면적을 가져야 하고, 다음의 단면적 이상이어야 한다. – 구리 도체 : 6mm^2 – 알루미늄 도체 : 16mm^2 – 강철 도체 : 50mm^2
낙뢰(피뢰) 방지용 접지	• 낙뢰에 의한 대전류가 흐르므로 대지전위 상승에 의한 피해를 막기 위해 단독 접지를 원칙으로 한다.
정전기 방지용 접지	• 정전기를 대지에 방전시키지 못하면 기기에 내장된 IC나 UNIT에 장해 및 파손을 입힌다. • 기기를 보호하고 안정적 장비 운용을 확보하기 위한 접지이다.

기출문제

접지 목적에 따른 분류에서 고장 시 감전에 대한 보호를 위한 접지를 무엇이라 하는가?
① 계통 접지
❷ 기기 접지
③ 피뢰기 접지
④ 등전위 접지

기출문제

지락전류가 거의 0에 가까워서 안정도가 양호하고 무정전의 송전이 가능한 접지방식은?
① 직접접지 방식
② 리액터접지 방식
③ 저항접지 방식
❹ 소호리액터접지 방식

(2) 저압선로 계통접지

① 접지계통의 분류

㉠ TN 계통 : 직접접지 방식(TN－C 방식, TN－S 방식, TN－C－S 방식)

㉡ TT 계통 : 직접 다중 접지방식

㉢ IT 계통 : 비접지 방식

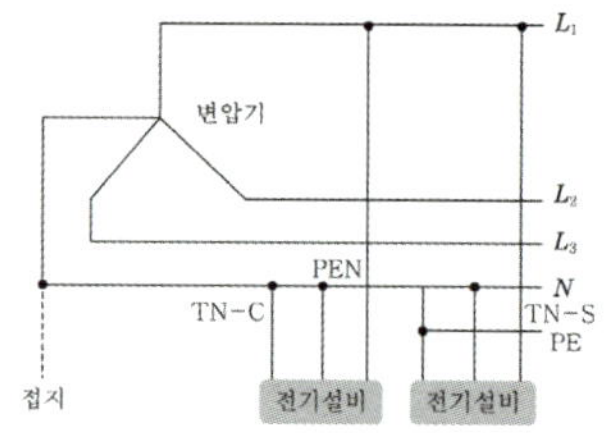

TN－C－S 방식

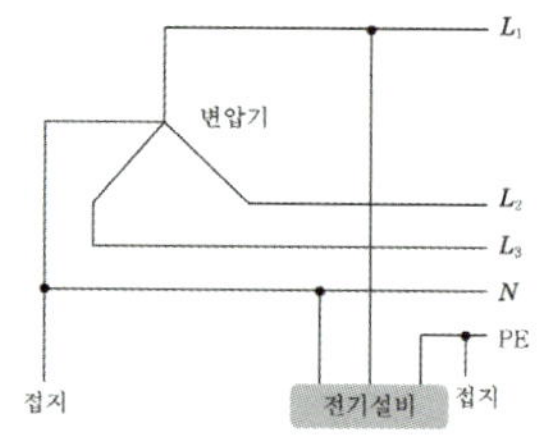

TT 방식

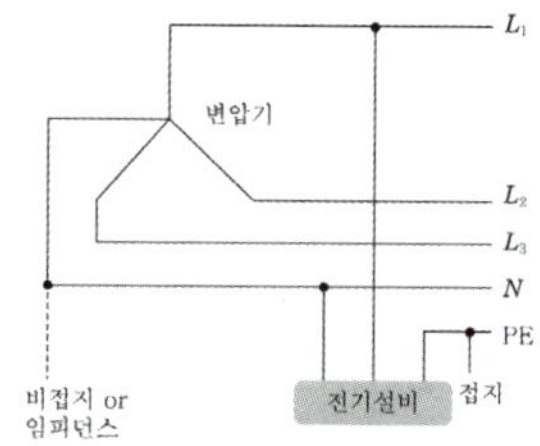

IT 방식

▎계통별 접지 방식▎

② 계통별 접지방식의 요소

㉠ 첫 번째 T : 중성선(N) 접지방법(중선점 접지 여부)

㉡ 두 번째 T : 접지된 중성선과 보호도체(PE) 공통접지

㉢ N : 중성선

㉣ I : 중성선을 비접지(Isolate)

㉤ C : 접지된 중성선과 보호도체의 공통접지(Common)

㉥ S : 접지된 중성선과 보호도체를 분리접지(Separate)

기출문제

접지계통 분류에서 TN접지방식이 아닌 것은?

① TN－S 방식
② TN－C 방식
❸ TN－T 방식
④ TN－C－S 방식

기출문제

계통접지로 적합하지 않는 것은?

① TN 계통 ② TT 계통
❸ IN 계통 ④ IT 계통

3 접지공사 ★★★

(1) 접지의 기본 3요소

① **피접지체** : 케이블, 전동기, 변압기, 기기의 금속제 외함

② **접지도체** : 나연동선, 피복연동선(주로 사용)

㉠ 큰 고장전류가 흐르지 않을 경우

- 구리는 $6mm^2$ 이상
- 철제는 $50mm^2$ 이상

㉡ 접지도체에 피뢰시스템이 접속되는 경우

- 구리는 $16mm^2$ 이상
- 철제는 $50mm^2$ 이상

③ **접지전극** : 동봉, 접지판, 금속봉입 콘크리트, 탄소접지봉 등

④ **접지 계수** : 1선 지락사고가 발생하였을 경우 고장점에서의 건전상 대지전압이 달할 수 있는 최고의 실효치를 사고 제거 후의 선간전압으로 나누어 %로 표시한 값을 말한다.

(2) 접지저항

① 대지와의 전기적 접속 상태를 나타내는데, 저항값이 낮을수록 양호하다.

② 목표한 접지저항값이 부족할 때는 접지극, 접지선을 보강하여 충분히 낮추어야 한다.

③ **접지저항 측정**

$$R_G = \frac{1}{2}(R_1 + R_2 + R_3) - R_2$$

여기서, R_n : 접지저항계로 3개소의 접지저항을 측정한 값

(3) 접지저항치를 결정하는 저항

① 접지극 주변의 토양의 저항(고유저항)

② 접지전극의 표면과 접하는 토양 사이의 접촉저항

③ 접지선 및 접지극의 도체저항

기출문제

접지 저항치를 결정하는 저항이 아닌 것은?

① 접지선, 접지극의 도체저항
❷ 접지전극과 주회로 사이의 낮은 절연저항
③ 접지전극 주위의 토양이 나타내는 저항
④ 접지전극의 표면과 접하는 토양 사이의 접촉저항

기출문제

접지저항 저감방법으로 틀린 것은?

① 접지극의 병렬 접지를 실시한다.
② 접지극의 매설 깊이를 증가시킨다.
❸ 접지극의 크기를 최대한 작게 한다.
④ 접지극 주변의 토양을 개량하여 대지 저항률을 떨어뜨린다.

기출문제

가로등의 접지전극을 지면으로부터 75cm 이상 깊은 곳에 매설하는 주된 이유는?

① 전극의 부식을 방지하기 위하여
❷ 접촉전압을 감소시키기 위하여
③ 접지저항을 증가시키기 위하여
④ 접지선의 단선을 방지하기 위하여

(4) 접지저항 저감방법

① 물리적 저감 방법

㉠ 접지극의 병렬 접지를 실시한다.
㉡ 접지극의 매설 깊이를 증가시킨다.
㉢ 접지극의 크기를 최대한 크게 한다.
㉣ 매설지선 및 평판 접지극 공법을 사용한다.
㉤ 메시 공법으로 시공한다.

② 화학적 저감 방법

㉠ 접지극 주변의 토양을 개량하여 대지저항률을 떨어뜨린다.
㉡ 접지저항 저감제를 사용하여 매설 토지의 대지저항률을 낮춘다.

(5) 접지극의 시설 및 접지저항

① 접지극은 매설하는 토양을 오염시키지 않아야 하며, 가능한 다습한 부분에 설치한다.
② 접지극은 동결 깊이를 감안하여 시설하되, 접지극의 매설 깊이는 지표면으로부터 지하 0.75m 이상으로 한다.
③ 접지도체를 철주 기타의 금속체를 따라서 시설하는 경우에는 접지극을 철주의 밑면으로부터 0.3m 이상의 깊이에 매설하는 경우 이외에는 접지극을 지중에서 그 금속체로부터 1m 이상 떼어 매설하여야 한다.

(6) 토양의 저항률에 영향을 주는 요소

① 토양의 종류
② 토양의 온도
③ 토양에 함유된 수분의 양
④ 토양의 밀도
⑤ 토양에 함유된 수분의 물질의 성분 및 그 농도
⑥ 토양 입자의 크기

PART 04 출·제·예·상·문·제

01 다음 차단기는 개폐기구가 절연물의 용기 내에 일체로 조립한 것으로, 과부하 및 단락 사고 시에 자동적으로 전로를 차단하는 장치는?

① OS ② VCB
③ MCCB ④ ACB

해설 개폐기와 차단기의 종류
① OS(유입개폐기) : 배선전로의 절체, 고장 구간의 구분, 부하전류를 차단하는 개폐기
② VCB(진공차단기) : 진공 속에서 접점을 개폐하여 아크를 소호하는 차단기
③ MCCB(배선용차단기) : 과부하 및 단락 사고 시 자동으로 전로를 차단하는 차단기
④ ACB(기중차단기) : 대기 중의 공기를 이용하여 차단하는 차단기

02 고압전로에 설치된 전동기용 고압전류 제한퓨즈의 불용단전류의 조건은?

① 정격전류 1.3배의 전류로 1시간 이내에 용단되지 않을 것
② 정격전류 1.3배의 전류로 2시간 이내에 용단되지 않을 것
③ 정격전류 2배의 전류로 1시간 이내에 용단되지 않을 것
④ 정격전류 2배의 전류로 2시간 이내에 용단되지 않을 것

해설 고압전류 제한퓨즈의 불용단전류의 조건

퓨즈 종류	불용단전류의 조건
고압용 포장 퓨즈	• 정격전류의 1.3배의 전류에 견딜 것 • 또한 2배의 전류로 120분 안에 용단되는 것
고압용 비포장 퓨즈	• 정격전류의 1.25배의 전류에 견딜 것 • 또한 2배의 전류로 2분 안에 용단되는 것

03 다음 중 산업안전보건기준에 관한 규칙에 따라 누전차단기를 설치하지 않아도 되는 곳은?

① 철판 · 철골 위 등 도전성이 높은 장소에서 사용하는 이동형 전기기계 · 기구
② 대지전압이 220V인 휴대형 전기기계 · 기구
③ 임시배선이 전로가 설치되는 장소에서 사용하는 이동형 전기기계 · 기구
④ 절연대 위에서 사용하는 전기기계 · 기구

해설 누전차단기를 설치하지 않아도 되는 곳
㉠ 이중절연 또는 이와 같은 수준 이상으로 보호되는 구조로 된 전기기계 · 기구
㉡ 절연대 위 등과 같이 감전위험이 없는 장소에서 사용하는 전기기계 · 기구
㉢ 비접지방식의 전로

04 피뢰기가 갖추어야 할 이상적인 성능 중 잘못된 것은?

① 제한전압이 낮아야 한다.
② 반복동작이 가능하여야 한다.
③ 충격방전 개시전압이 높아야 한다.
④ 뇌전류의 방전능력이 크고, 속류의 차단이 확실하여야 한다.

해설 피뢰기의 성능
③ 충격방전 개시전압이 낮아야 한다.

05 피뢰기의 여유도가 33%이고, 충격절연강도가 1,000kV라고 할 때 피뢰기의 제한전압은 약 몇 kV인가?

① 852 ② 752
③ 652 ④ 552

Answer 01. ③ 02. ② 03. ④ 04. ③ 05. ②

PART 04 전기설비 안전관리

해설 피뢰기의 여유도

$$여유도 = \frac{충격절연강도 - 제한전압}{제한전압} \times 100$$

$$33[\%] = \frac{1,000 - 제한전압}{제한전압} \times 100$$

∴ 제한전압 = 751.879[V]

06 전류가 흐르는 상태에서 단로기를 끊었을 때 여러 가지 파괴작용을 일으킨다. 다음 그림에서 유입차단기의 차단순위와 투입 순위가 안전수칙에 가장 적합한 것은?

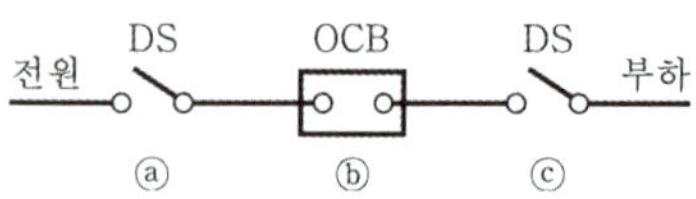

① 차단 : ⓐ－ⓑ－ⓒ, 투입 : ⓐ－ⓑ－ⓒ
② 차단 : ⓑ－ⓒ－ⓐ, 투입 : ⓑ－ⓒ－ⓐ
③ 차단 : ⓒ－ⓑ－ⓐ, 투입 : ⓒ－ⓐ－ⓑ
④ 차단 : ⓑ－ⓒ－ⓐ, 투입 : ⓒ－ⓐ－ⓑ

해설 유입차단기의 작동순서

㉠ 유입차단기(OCB)는 차단 시에는 가장 먼저, 투입 시에는 가장 뒤에 조작한다.
㉡ 단로기(DS)의 개폐 조작은 부하측에서 전원측으로 진행한다.

07 정전작업 시 작업 전 조치사항 중 가장 거리가 먼 것은?

① 검전기로 충전 여부를 확인한다.
② 단락 접지 상태를 수시로 확인한다.
③ 전력케이블의 잔류전하를 방전한다.
④ 전로의 개로 개폐기에 잠금장치 및 통전 금지 표지판을 설치한다.

해설 정전작업 시 작업 중 조치사항

② 단락 접지 상태를 수시로 확인하는 것은 정전작업 중 조치사항이다.

08 다음 중 활선근접작업 시의 안전조치로 적절하지 않은 것은?

① 근로자가 절연용 방호구의 설치 · 해체작업을 하는 경우에는 절연용 보호구를 착용하거나, 활선작업용 기구 및 장치를 사용하도록 하여야 한다.
② 저압인 경우에는 해당 전기작업자가 절연용 보호구를 착용하되, 충전전로에 접촉할 우려가 없는 경우에는 절연용 방호구를 설치하지 아니할 수 있다.
③ 유자격자가 아닌 근로자가 근로자의 몸 또는 긴 도전성 물체가 방호되지 않은 충전전로에서 대지전압이 50kV 이하인 경우에는 400cm 이내로 접근할 수 없도록 하여야 한다.
④ 고압 및 특별고압의 전로에서 전기작업을 하는 근로자에게 활선작업용 기구 및 장치를 사용하여야 한다.

해설 충전전로에서의 전기작업

③ 유자격자가 아닌 근로자가 근로자의 몸 또는 긴 도전성 물체가 방호되지 않은 충전전로에서 대지전압이 50kV 이하인 경우에는 300cm 이내로, 대지전압이 50kV를 넘는 경우에는 10kV당 10cm 더한 거리 이내로 접근할 수 없도록 하여야 한다.

09 자동전격방지장치에 대한 설명으로 틀린 것은?

① 무부하 시 전력손실을 줄인다.
② 무부하전압을 안전전압 이하로 저하시킨다.
③ 용접을 할 때에만 용접기의 주회로를 개로(OFF)시킨다.
④ 교류아크용접기의 안전장치로서 용접기의 1차 또는 2차 측에 부착한다.

해설 자동전격방지장치

③ 용접을 할 때에만 용접기의 주회로를 폐로(ON)시킨다.

Answer 06. ④ 07. ② 08. ③ 09. ③

10 인체감전보호용 누전차단기의 정격감도전류(mA)와 동작시간(초)의 최대값은?

① 10mA, 0.03초　　② 20mA, 0.01초
③ 30mA, 0.03초　　④ 50mA, 0.1초

해설 누전차단기의 정격감도전류와 동작시간
㉠ 정격감도전류
- 일반 장소 : 30mA
- 습한 장소 : 15mA

㉡ 누전차단기 종류와 동작시간
- 감전보호형 누전차단기 : 0.03초 이내
- 시연형 누전차단기 : 0.1초 초과 0.2초 이내
- 반한시형 누전차단기 : 0.2초 초과 1초 이내
- 고속형 누전차단기 : 0.1초 이내

11 인체의 전기저항을 0.5kΩ 이라고 하면 심실세동을 일으키는 위험한계에너지는 몇 J인가? (단, 심실세동전류값 $I=\frac{165}{\sqrt{T}}$mA의 Dalziel의 식을 이용하며, 통전시간은 1초로 한다.)

① 13.6　　② 12.6
③ 11.6　　④ 10.6

해설 위험한계에너지

$$W=I^2RT$$
$$=\left(\frac{165}{\sqrt{1}}\times10^{-3}\right)^2\times500\times1$$
$$=13.6[J]$$

12 인체저항에 대한 설명으로 옳지 않은 것은 어느 것인가?

① 인체저항은 접촉면적에 따라 변한다.
② 피부저항은 물에 젖어 있는 경우 건조 시의 약 1/12로 저하된다.
③ 인체저항은 한 개의 단일 저항체로 보아 최악의 상태를 적용한다.
④ 인체에 전압이 인가되면 체내로 전류가 흐르게 되어 전격의 정도를 결정한다.

해설 피부의 건습 차에 따른 피부저항의 변화
㉠ 땀이 나 있는 경우 : 건조 시의 약 1/12~1/20
㉡ 물에 젖어 있는 경우 : 건조 시의 약 1/25

13 전격사고에 관한 사항과 관계가 없는 것은?

① 감전사고의 피해 정도는 접촉시간에 따라 위험성이 결정된다.
② 전압이 동일한 경우 교류가 직류보다 더 위험하다.
③ 교류에 감전된 경우 근육에 경련과 수축이 일어나서 접촉시간이 길어지게 된다.
④ 주파수가 높을수록 최소감지전류는 감소한다.

해설 감전 위험도의 결정조건
④ 주파수가 높을수록 최소감지전류는 증가한다.

14 다음은 어떤 방전에 대한 설명인가?

정전기가 대전되어 있는 부도체에 접지체가 접근한 경우 대전물체와 접지체 사이에 발생하는 방전과 거의 동시에 부도체의 표면을 따라서 발생하는 나뭇가지 형태의 발광을 수반하는 방전

① 코로나 방전　　② 뇌상 방전
③ 연면 방전　　④ 불꽃 방전

해설 방전의 종류
① 코로나 방전 : 전극간의 전계가 평등하지 않으면 불꽃 방전 이전에 전극 표면상의 전계가 큰 부분에 발광현상이 나타나고, 1~100μA 정도의 전류가 흐르는 현상
② 뇌상 방전 : 공기 중 뇌상으로 부유하는 대전입자가 커졌을 때 대전 구름에서 번개형의 발광을 수반하는 현상
④ 불꽃 방전 : 급격한 전기방전 현상으로, 방전 과정에서 짧은 시간 동안 많은 전류가 흘러 매질에서 불연속적인 불꽃이 발생하는 현상

Answer 10. ③ 11. ① 12. ② 13. ④ 14. ③

15 다음 설명과 가장 관계가 깊은 것은

- 파이프 속에 저항이 높은 액체가 흐를 때 발생된다.
- 액체의 흐름이 정전기 발생에 영향을 준다.

① 충돌대전 ② 박리대전
③ 유동대전 ④ 분출대전

해설 대전현상의 종류

① 충돌대전 : 입자 상호 간 혹은 입자와 고체와의 충돌에 의해 정전기가 발생하는 현상
② 박리대전 : 서로 밀착되고 있는 물체가 떨어질 때 전하분리가 일어나 정전기가 발생하는 현상
④ 분출대전 : 분체류, 액체류, 기체류가 단면적이 작은 개구부로부터 분출할 때 이 사이에 마찰이 일어나 정전기가 발생하는 현상

16 불활성화할 수 없는 탱크, 탱크로리 등에 위험물을 주입하는 배관은 정전기 재해방지를 위하여 배관 내 액체의 유속제한을 한다. 배관 내 유속제한에 대한 설명으로 틀린 것은?

① 물이나 기체를 혼합하는 비수용성 위험물의 배관 내 유속은 1m/s 이하로 할 것
② 저항률이 $10^{10}\Omega \cdot cm$ 미만의 도전성 위험물의 배관 내 유속은 7m/s 이하로 할 것
③ 저항률이 $10^{0}\Omega \cdot cm$ 이상인 위험물의 배관 내 유속은 관내경이 0.05m이면 3.5m/s 이하로 할 것
④ 이황화탄소 등과 같이 유동대전이 심하고 폭발 위험성이 높은 것은 배관 내 유속을 3m/s 이하로 할 것

해설 배관 내 유속의 제한

④ 이황화탄소, 에테르 등과 같이 유동대전이 심하고, 폭발 위험성이 높은 물질의 배관 내 유속은 1m/s 이하로 할 것

17 내압방폭구조의 필요충분조건에 대한 사항으로 틀린 것은?

① 폭발화염이 외부로 유출되지 않을 것
② 습기침투에 대한 보호를 충분히 할 것
③ 내부에서 폭발한 경우 그 압력에 견딜 것
④ 외함의 표면온도가 외부의 폭발성가스를 점화하지 않을 것

해설 내압방폭구조의 필요충분조건

② 습기침투와는 관련성이 없는 **전폐형의 구조**를 해야 한다.

18 방폭전기기기에 "Ex ia ⅡC T4 Ga"라고 표시되어 있다. 해당 기기에 대한 설명으로 틀린 것은

① 정상작동, 예상된 오작동 또는 드문 오작동 중에 점화원이 될 수 없는 "매우 높은" 보호등급의 기기이다.
② 온도 등급이 T4이므로 최고표면온도가 150℃를 초과해서는 안 된다.
③ 본질안전방폭구조로 0종 장소에서 사용이 가능하다.
④ 수소 및 아세틸렌 등의 가스가 존재하는 곳에 사용이 가능하다.

해설 방폭전기기기의 표시사항

㉠ 방폭구조의 상징(Ex)
㉡ 방폭구조의 종류(ia : 본질안전방폭구조)
㉢ 폭발등급(ⅡC : 최대안전틈새 치수 0.5mm 이하)
㉣ 온도등급(T_4 : 최고표면온도 100℃ 이상 135℃ 이하)
㉤ 기기보호등급(Ga : 가스, 매우 높은 보호등급)

Answer 15. ③ 16. ④ 17. ② 18. ②

19 저압전로의 절연성능에 관한 설명으로 적합하지 않은 것은?

① 전로의 사용전압이 SELV 및 PELV일 때 절연저항은 0.5MΩ 이상이어야 한다.
② 전로의 사용전압이 FELV일 때 절연저항은 1.0MΩ 이상이어야 한다.
③ 전로의 사용전압이 FELV일 때 DC 시험전압은 500V이다.
④ 전로의 사용전압이 600V일 때 절연저항은 1.5MΩ 이상이어야 한다.

해설 저압전로의 절연성능 시험

전로의 사용전압	DC 시험전압	절연저항
SELV 및 PELV	250V	0.5MΩ
FELV 500V 이하	500V	1.0MΩ
500V 초과	1,000V	1.0MΩ

20 한국전기설비규정에 따라 보호등전위본딩 도체로서 주접지단자에 접속하기 위한 등전위본딩 도체(구리 도체)의 단면적은 몇 mm^2 이상이어야 하는가? (단, 등전위본딩 도체는 설비 내에 있는 가장 큰 보호접지 도체 단면적의 1/2 이상의 단면적을 가지고 있다.)

① 2.5 ② 6
③ 16 ④ 50

해설 보호등전위본딩 도체의 단면적

구리 도체	알루미늄 도체	강철 도체
$6mm^2$	$16mm^2$	$50mm^2$

Answer 19. ④ 20. ②

NOTE

PART 05

화학설비 안전관리

CONTENTS

산업안전기사

제 1 장 화재 · 폭발 검토

01 화재 · 폭발 이론 및 발생 이해

1 연소의 정의 및 요소 ★★

(1) 연소의 정의

① 연소는 열과 빛을 수반하는 급격한 산화반응이다.

② 탄화수소(C_mH_n)의 연소 시 완전연소의 경우에는 이산화탄소(CO_2)와 수증기(H_2O)가 생성되고, 불완전연소의 경우에는 일산화탄소(CO)와 수소(H_2)가 생성된다.

- 완전연소의 경우 : $C + O_2 \rightarrow CO_2 + 94.1\text{kcal/mol}$
- 불완전연소의 경우 : $C + \frac{1}{2}O_2 \rightarrow CO + 26.4\text{kcal/mol}$

③ 일반적으로 가스가 연소하기 위해서는 가연성 가스와 공기 또는 조연성 가스와 혼합한 상태에서 점화에너지가 가해질 때 폭발적으로 연소하며, 이때 점화에너지는 약 $10^{-4} \sim 10^{-6}$J이 필요하다.

(2) 연소의 3요소

① 가연물(산화되기 쉬운 물질)

㉠ 가연물의 조건

가연물의 구비조건	가연물이 될 수 없는 물질
• 활성화에너지가 작을 것 • 열전도율이 적을 것 • 발열량이 클 것 • 표면적이 넓을 것 • 산소와 친화력이 클 것	• 주기율표 0족의 원소 예 He, Ne, Ar, Kr, Xe, Rn • 이미 산화반응이 완결된 안정된 산화물 예 CO_2, SiO_2, Al_2O_3, P_2O_5 • 질소 또는 질소 화합물 – 산소와 반응은 하지만 흡열반응을 함.

㉡ 가연물의 예

- 가연성 고체 : 목재, 종이, 석탄 등
- 가연성 액체 : 에탄올, 메탄올 등

합격 체크포인트

- 연소의 정의
- 인화점, 발화점 및 연소점
- 연소 · 폭발 형태 및 종류
- 연소(폭발)범위 및 위험도

기출문제

다음 중 가연성 물질이 연소하기 쉬운 조건으로 옳지 않은 것은?

① 연소 발열량이 클 것
② 점화에너지가 작을 것
③ 산소와 친화력이 클 것
❹ 입자의 표면적이 작을 것

- 인화성 액체 : 등유, 경유, 아세톤 등
- 인화성 가스 : 아세틸렌, 메탄, 프로판 등

② **산소공급원** : 공기, 산화제, 자기반응성 물질

③ **점화원(가연물에 활성화 에너지를 주는 것)**

㉠ 정전기
㉡ 나화
㉢ 충격마찰
㉣ 단열압축
㉤ 전기불꽃

2 인화점, 발화점 및 연소점 ★★

(1) 인화점(flash point)

① 가연성 혼합기를 형성하는 최저온도 또는 가연물을 가열할 때 가연성 증기의 연소범위 하한에 도달하는 최저온도이다.
② 인화점이 낮을수록 위험성은 증가한다.

(2) 발화점(ignition point)

① 외부의 점화원 없이 가열된 열의 축적에 의해 발화하는 최저온도이다.

② **발화점이 낮아지는 경우**

㉠ 압력이 큰 경우
㉡ 발열량이 큰 경우
㉢ 화학적 활성도가 큰 경우
㉣ 산소와 친화력이 좋은 경우
㉤ 분자구조가 복잡한 경우
㉥ 습도 및 가스압(증기압)이 낮은 경우

(3) 연소점(fire point)

① 연소가 계속되기 위한 온도를 말한다.
② 대략 인화점보다 10℃ 정도 높은 온도이다.

기출문제

인화점에 대한 설명으로 틀린 것은?
① 가연성 액체의 발화와 관계가 있다.
② 반드시 점화원의 존재와 관련된다.
❸ 연소가 지속적으로 확산될 수 있는 최저온도이다.
④ 연료의 조성, 점도, 비중에 따라 달라진다.

참고

온도가 높은 순서
발화점 > 연소점 > 인화점

3 연소 · 폭발의 형태 및 종류 ★★★★

(1) 연소의 형태와 종류

기체	확산연소 (발염연소, 불꽃연소)	가연성 가스가 공기 중의 지연성 가스와 접촉하여 확산하여 연소하는 것 예 자연화재, 성냥, 양초, 액면화재, 제트화염
	예혼합연소	연소되기 전에 미리 연소 가능한 연소 범위의 혼합가스를 만들어 연소하는 것 예 분젠버너, 가솔린 엔진
액체	증발연소	액체에서 가연성 증기가 발생하여 연소하는 것 예 제1석유류(휘발유), 제2석유류(등유, 경유)
	분무연소 (액적연소)	중유 등을 분무해 미세한 물방울로 만들어 연소하는 것 예 중유, 벙커C유
고체	표면연소	고체가 표면의 고온을 유지하며 연소하는 것 예 목탄, 숯, 코크스, 금속분 등
	자기연소	연소에 필요한 산소를 포함하고 있어 공기 중 산소가 필요 없이 연소하는 것 예 니트로화합물류, 질산에스테르류, 셀룰로이드류, 히드록실아민, 히드리진 유도체 등
	분해연소	고체가 가열되어 열분해가 일어나고 가연성 가스가 공기와 혼합된 상태에서 연소하는 것 예 석탄, 목재, 종이, 섬유, 플라스틱, 고무류 등
	증발연소	가열에 의해 발생한 기체가 공기와 혼합된 상태에서 연소하는 것 예 유황, 나프탈렌, 파라핀(양초), 요오드, 왁스 등

(2) 발화

① 자연발화(auto ignition) : 물질이 서서히 산화되어 축적된 산화열에 의해 발열, 발화하는 현상

② 자연발화의 형태

㉠ 산화열에 의한 발열 : 석탄, 고무분말, 건성유 등

㉡ 분해열에 의한 발열 : 셀룰로이드류, 니트로 셀룰로오스 등

㉢ 흡착열에 의한 발열 : 활성탄, 목탄 분말 등

㉣ 중합열에 의한 발열

㉤ 미생물에 의한 발열 : 퇴비, 먼지 등

③ 자연발화에 영향을 주는 인자

㉠ 발열량 ㉡ 열전도율

㉢ 열의 축적 ㉣ 수분

㉤ 퇴적 방법 ㉥ 공기의 유동

기출문제

다음 중 가연성 가스의 연소 형태에 해당하는 것은?

① 분해연소 ② 증발연소
③ 표면연소 **④ 확산연소**

기출문제

고체 가연물의 일반적인 4가지 연소방식에 해당하지 않는 것은?

① 분해연소 ② 표면연소
③ 확산연소 ④ 증발연소

기출문제

자연발화성을 가진 물질이 자연발화를 일으키는 원인으로 거리가 먼 것은?

① 분해열 **② 증발열**
③ 산화열 ④ 중합열

④ 자연발화의 조건

㉠ 발열량이 클 것

㉡ 열전도율이 작을 것

㉢ 주위의 온도가 높을 것

㉣ 표면적이 넓을 것

⑤ 자연발화 방지법

㉠ 습도가 높은 것을 피할 것

㉡ 저장실의 온도를 낮출 것

㉢ 퇴적 및 수납할 때에 열이 쌓이지 않게 할 것

㉣ 통풍이 잘 되도록 할 것

⑥ 최소 발화(착화)에너지

㉠ 최소 발화(착화)에너지(MIE; Minimum Ignition Energy) : 발화에 필요한 최소한의 에너지

㉡ 최소 발화에너지의 계산

$$E = \frac{1}{2}CV^2$$

여기서, C : 콘덴서의 전기 용량(F), V : 방전전압(V)

㉢ 최소 발화에너지에 영향을 주는 물질 : 혼합물, 농도, 압력, 온도

㉣ 최소 발화에너지의 특징

- 최소 발화에너지는 압력의 증가에 따라 감소한다.
- 일반적으로 분자의 최소 발화에너지는 가연성 가스보다 큰 에너지 준위를 가진다.
- 질소 농도의 증가는 최소 발화에너지를 증가시킨다.

㉤ 주요 가스의 최소 발화에너지(MIE)

가스	MIE(mJ)	가스	MIE(mJ)
수소(H_2)	0.03	헵탄(C_7H_{16})	0.25
에틸렌(C_2H_4)	0.09	프로판(C_3H_8)	0.26
벤젠(C_6H_6)	0.20	메탄(CH_4)	0.29
에탄(C_2H_6)	0.25	아세트알데히드(C_2H_4O)	0.36

기출문제

다음 중 자연발화가 가장 쉽게 일어나기 위한 조건에 해당하는 것은?

① 큰 열전도율
❷ 고온 · 다습한 환경
③ 표면적이 작은 물질
④ 공기의 이동이 많은 장소

참고

축전기의 정전용량 C(F)에 V(V) 전압이 가해져서 Q(C)의 전하가 축적되어 있을 때 정전에너지

$E = \frac{1}{2}QV = \frac{1}{2}CV^2$

기출문제

다음 중 최소 발화에너지가 가장 작은 가연성 가스는?

❶ 수소　② 메탄
③ 에탄　④ 프로판

4 연소(폭발)범위 및 위험도 ★★★★

(1) 연소범위(폭발범위)

① 연소에 필요한 가연성 기체와 공기 또는 산소와의 혼합가스 농도범위로, 단위는 용량 백분율(vol% 또는 %)이다.

㉠ 폭발하한계(LEL; Lower Explosive Limit) : 공기 중에서 인화성 가스 등의 농도가 이 값 미만에서 폭발되지 않는 한계이다.

㉡ 폭발상한계(UEL; Upper Explosive Limit) : 공기 중에서 인화성 가스 등의 농도가 이 값을 넘는 경우에는 폭발되지 않는 한계이다.

② 연소범위가 넓어지는 경우

㉠ 온도가 상승할 경우

㉡ 증기압이 높을 경우

㉢ 산소농도가 높을 경우

㉣ 층류보다 난류인 경우

③ 르샤틀리에 법칙(혼합가스의 연소범위를 구하는 공식)

• 순수한 혼합가스의 경우

$$\frac{100}{L}=\frac{V_1}{L_1}+\frac{V_2}{L_2}+\cdots+\frac{V_n}{L_n} \rightarrow L=\frac{100}{\frac{V_1}{L_1}+\frac{V_2}{L_2}+\cdots+\frac{V_n}{L_n}}$$

• 혼합가스가 공기와 섞여 있는 경우

$$\frac{V_1+\cdots+V_n}{L}=\frac{V_1}{L_1}+\cdots+\frac{V_n}{L_n} \rightarrow L=\frac{V_1+V_2+\cdots+V_n}{\frac{V_1}{L_1}+\frac{V_2}{L_2}+\cdots+\frac{V_n}{L_n}}$$

여기서, L : 혼합가스 폭발 한계치(%)

L_1, L_2, L_n : 각 성분의 단독 폭발 한계치(%)

V_1, V_2, V_n : 각 성분의 부피(%)

100 : $V_1+V_2+\cdots+V_n$ (단독가스 부피의 합)

④ 물질의 연소범위(폭발범위)

가스명	폭발범위(vol%)	
	하한값	상한값
아세틸렌(C_2H_2)	2.5	81
수소(H_2)	4.0	75.0
일산화탄소(CO)	12.5	74.0
에틸렌(C_2H_4)	2.7	36.0

기출문제

메탄 50vol%, 에탄 30vol%, 프로판 20vol%인 혼합가스의 공기 중 폭발하한계는? (단, 메탄, 에탄, 프로판의 폭발하한계는 각각 5.0vol%, 3.0vol%, 2.1vol%이다.)

답 $\frac{100}{\frac{50}{5.0}+\frac{30}{3.0}+\frac{20}{2.1}}$ = 3.38vol%

참고

예를 들어 아세틸렌의 연소범위가 2.5~81%라는 의미는 아세틸렌이 2.5%이고 공기가 97.5%인 조건에서부터 아세틸렌이 81%, 공기가 19%인 조건 사이에서 연소(폭발)가 일어난다는 의미이다.

가스명	폭발범위(vol%)	
	하한값	상한값
암모니아(NH_3)	15.0	28.0
메탄(CH_4)	5.0	15.0
에탄(C_2H_6)	3.0	12.4
프로판(C_3H_8)	2.1	9.5
부탄(C_4H_{10})	1.8	8.4
가솔린(휘발유)	1.4	7.6

(2) 위험도(hazard)

① 폭발범위 상한계(UEL)와 하한계(LEL)의 차를 폭발범위 하한계로 나눈 것으로, H(위험도)로 표시한다.(무차원)

$$위험도(H)=\frac{U-L}{L}$$

여기서, U : 폭발상한계
L : 폭발하한계

② 위험도는 폭발범위에 비례하고 하한계에는 반비례한다.

③ 위험도 값이 클수록 위험성이 크다.

기출문제

공기 중에서 폭발범위가 12.5~74vol%인 일산화탄소의 위험도는 얼마인가?

답 $\frac{74-12.5}{12.5}=4.92$

5 완전연소 조성농도 ★★★★

(1) 완전연소 조성농도(화학 양론농도)

① 가연성 물질의 발열량이 최대이고, 폭발 파괴력이 가장 강한 농도를 말하며, $C_nH_mOCl_f$ 분자식에서 다음과 같은 식으로 계산된다.

$$C_{st}(\text{vol\%})=\frac{\text{가연성 가스의 몰 수}}{\text{가연성 가스의 몰 수}+\text{공기의 몰 수}}\times100$$

$$=\frac{100}{1+4.773\times\left(n+\frac{m-f-2\lambda}{4}\right)}$$

여기서, n : 탄소의 원자 수
m : 수소의 원자 수
f :할로겐원소의 원자 수
λ : 산소의 원자 수
4.773 : 공기의 몰 수

참고

공기중의 산소는 부피 백분율로 약 21%, 중량 백분율로 약 23% 존재한다.

기출문제

프로판(C_3H_8) 가스가 공기 중 연소할 때의 완전조성농도는 약 얼마인가? (단, 공기 중의 산소농도는 21vol%이다.)

답 n은 3, m은 8, f와 λ는 0이므로,

$$\frac{100}{1+4.773\left(3+\frac{8}{4}\right)}$$

=4.02vol%

② 양론계수(C_{st})란 25℃에서의 연소한계를 나타낸다.

③ Jones식에 의한 폭발하한계와 폭발상한계

㉠ $LEL_{25} = 0.55 \times C_{st}$

㉠ $UEL_{25} = 3.50 \times C_{st}$

④ MOC(Minimum Oxygen Concentration, 최소산소농도)

물질이 연소하는 데 필요한 최소산소농도를 말하며, MOC 이하에서는 연소가 일어나지 않는다. MOC 계산식은 다음과 같다.

$$MOC = LEL \times O_2$$

여기서, O_2는 산소의 몰 수

6 화재의 종류 및 예방대책

(1) 화재의 종류

① 화재분류 및 소화방법

분류	구분색	가연물	주된 소화효과	적응 소화제
A급 화재	백색	일반 화재	냉각 효과	물, 강화액소화기, 산 · 알칼리소화기
B급 화재	황색	유류 화재	질식 효과	포소화기, CO_2 소화기
C급 화재	청색	전기 화재	질식, 억제 효과	CO_2 소화기, 분말 소화기, 할로겐화합물 소화기
D급 화재	표시없음(무색)	금속 화재	질식 효과	건조사, 팽창 질석, 팽창 진주암

(2) 화재의 예방대책

① 물적조건 제어(농도)

㉠ 불활성화 : 가연성 혼합기의 공기와 가연성 가스농도를 조절해서 연소범위 밖으로 제어

㉡ 불연화 : 가연물이 없거나 연소범위가 없는 제어

㉢ 난연화 : 제3의 물질을 첨가하여 활성화 에너지를 크게 함으로써 열용량을 키우는 제어

기출문제

프로판(C_3H_8)의 연소에 필요한 최소산소농도의 값은 약 얼마인가? (단, 프로판의 폭발하한은 Jone식에 의해 추산한다.)

① 8.1% ❷ 11.1%
③ 15.1% ④ 20.1%

해설 프로판의 Cst는 4.02vol%이므로(앞쪽 문제 참고), 폭발하한은 0.55×4.02=2.2vol%
프로판의 산소 몰 수는 5이므로, 최소산소농도는 2.2×5=11.1%

기출문제

다음 중 유류화재에 해당하는 화재의 급수는?

① A급 ❷ B급
③ C급 ④ D급

참고

K급 화재 : 주방 화재

참고

소화기의 유지관리(공통)

1. 바닥면으로부터 1.5m 이하에 설치
2. 설치된 지점에 잘 보이도록 「소화기」 표시를 할 것
3. 통행 피난에 지장이 없고 사용 시 반출하기 쉬운 곳에 설치
4. 동결, 변질 또는 분출할 우려가 없는 곳에 설치

② 에너지 조건 제어

㉠ 점화원에 대한 대책

- 충격, 마찰 : 고무, 나무 등의 수공구류 사용
- 정전기 : 접지, 본딩, 가습(70% 이상), 대전방지화, 대전방지제, 대전방지복 등
- 방폭설비 : 본질안전방폭구조, 안전증방폭구조, 내압방폭구조(최대안전틈새), 압력방폭구조, 유입방폭구조, 충전방폭구조
- 점화에너지 : 최소점화에너지(MIE) 이하로 에너지 제어
- 과전류, 단락, 지락, 누전 : 과전류차단기, 누전차단기, 누전경보기, 퓨즈 등
- 나화, 고온표면(난로, 담뱃불, 보일러 등) 주위에 불연재료로 시공

㉡ 온도 상승 방지대책 : 자연발화 방지대책과 동일

7 폭발의 원리 ★★★★

(1) 폭발과 폭굉

① **폭발** : 용기의 파열 또는 급격한 화학반응 등에 의해 가스가 급격히 팽창함으로써 압력이나 충격파가 생성되어 급격히 이동하는 현상이다.

② **폭굉** : 폭발 충격파가 미반응 매질 속으로 음속보다 큰 속도로 이동하는 폭발을 말한다.

참고

매질이란 어떤 물리적 작용을 한 곳에서 다른 곳으로 옮겨주는 매개물을 말한다.

(2) 연소파와 폭굉파, 폭굉유도거리

① **연소파(combustion wave)** : 가연성 가스에 적당한 공기를 선정하여 혼합하고 그 농도를 폭발범위 내에 이르게 하면 확산의 과정이 생략되고, 전파속도가 매우 빠르게 되어 그 진행 속도가 대체로 0.1~10m/s 정도가 되는데, 이를 연소파(combustion wave)라고 한다.

② **폭굉파(detonation wave)** : 관 속의 혼합가스에 일부분 착화하게 되어 연소파가 있는 거리를 진행하면 돌발적으로 연속속도가 증가하여 그 속도가 1,000~3,000m/s에 다다르게 되는데, 이와 같이 극한 반응영역을 폭굉파라 한다.

③ 폭굉유도거리(DID; Detonation Inducement Distance) : 관 속에 폭굉 가스가 존재할 때 최초의 완만한 연소가 격렬한 폭굉으로 발전할 때까지의 거리를 폭굉유도거리라고 한다.

(3) 폭발 원인 물질의 상태에 의한 분류

① 기상폭발

가스폭발	가연성 가스와 조연성 가스(산소)가 일정 비율로 혼합되어 있는 혼합 가스가 점화원과 접촉 시 가스 폭발을 일으킨다. 예 수소, 일산화탄소, 메탄, 에탄, 프로판, 아세틸렌 등
분무폭발	공기 중에 분출된 가연성 액체의 미세한 액적이 무상으로 되어 공기 중에 부유하고 있을 때에 발생하는 폭발이다.
분진폭발	분진, 미스트 등이 일정 농도 이상으로 공기와 혼합 시 발화원에 의해 분진 폭발을 일으킨다. 예 마그네슘, 티타늄 등의 분말, 곡물가루 등

㉠ 폭발의 성립조건

- 가스 및 분진이 밀폐된 공간에 존재해야 한다.
- 가연성 가스, 증기 또는 분진이 폭발범위 내에 머물러야 한다.
- 점화원이 존재해야 한다.
- 산소가 존재해야 한다.

㉡ 가스폭발과 분진폭발의 비교

가스폭발	• 화염, 연소속도가 크다. • 폭발압력이 높다.
분진폭발	• 에너지가 크다. • 연소시간이 느리다. • 불완전연소로 인한 중독(CO)이 발생한다.

㉢ 분진폭발의 발생 순서

분진의 퇴적 → 비산하여 분진운 생성 → 분산 → 발화원 → 전면 폭발 → 2차폭발

㉣ 분진폭발에 영향을 미치는 인자

- 입경 및 입자의 분포
- 연소한계
- 최소점화에너지
- 최대압력 및 최대압력 상승률
- 초기온도 및 압력
- 습도 및 수분
- 불활성 물질
- 발화온도

참고

폭굉유도거리(DID)가 짧아지는 경우

- 정상 연소속도가 큰 혼합물일 경우
- 점화원의 에너지가 클 경우
- 고압일 경우
- 관경이 작을 경우
- 관 속에 방해물이 있을 경우

기출문제

폭발을 기상폭발과 응상폭발로 분류할 때, 다음 중 기상폭발에 해당되지 않는 것은?

① 분진폭발
② 혼합가스 폭발
③ 분무폭발
❹ 수증기 폭발

기출문제

다음 중 분진폭발이 발생하기 쉬운 조건으로 적절하지 않은 것은?

① 발열량이 클 때
❷ 입자의 표면적이 작을 때
③ 입자의 형상이 복잡할 때
④ 분진의 초기온도가 높을 때

② 응상폭발

수증기폭발	액체의 폭발적인 비등현상으로 상태변화(액체→기체)가 일어나며 발생하는 폭발이다.
증기폭발	물, 액체 등이 과열에 의하여 순간적으로 증기화되어 폭발 현상을 일으킨다.
전선폭발	금속의 전선에 대전류가 흘러 전선이 가열되고 용융과 기화가 급격하게 진행되어 폭발을 일으킨다.

(4) 폭발의 공정별 분류

① 핵폭발 : 원자핵의 분열 또는 융합에 동반하여 일어나는 강한 에너지의 유출에 의해 발생한다.

② 물리적 폭발 : 물리 변화를 주제로 한 폭발이다.

㉠ 고압용기 파열

㉡ 탱크 감압 파손

㉢ 폭발적 증발 및 압력방출에 의해 발생

③ 화학적 폭발 : 화학반응에 의하여 짧은 시간에 급격한 압력상승을 수반할 때 압력이 급격하게 방출되어 폭발이 일어난다.

산화폭발	연소가 비정상상태로 되는 경우로서 가연성 가스, 증기, 분진, 미스트 등이 공기와 혼합하여 발생한다.
분해폭발	가스 분자의 분해에 의하여 폭발을 일으킨다. 예 아세틸렌, 니트로셀룰로오스, 유기과산화물 등
중합폭발	염화비닐, 초산비닐, 시안화수소 등이 폭발적으로 중합이 발생되면 격렬하게 발열하여 압력이 급상승하며 폭발을 일으킨다.
촉매폭발	촉매에 의해 폭발하는 것으로 수소 - 산소, 수소 - 염소에 빛을 쬐면 폭발을 일으킨다.

④ 가스폭발 : 가연성 가스와 조연성 가스(산소)가 일정 비율로 혼합되어 있는 혼합가스가 점화원과 접촉 시 가스 폭발을 일으킨다.

⑤ **분진폭발** : 분진, 미스트 등이 일정 농도 이상으로 공기와 혼합 시 발화원에 의해 분진폭발을 일으킨다.

분진폭발을 일으키는 물질	분진폭발을 일으키지 않는 물질
• 금속분(알루미늄, 마그네슘, 아연 분말) • 플라스틱 • 농산물 • 황	• 시멘트 • 생석회(CaO) • 석회석 • 탄산칼슘($CaCO_3$)

※ 분진폭발을 일으키는 분진 입자 크기는 약 100마이크론 이하이다.

⑥ 물리적 폭발과 화학적 폭발의 병립에 의한 폭발

(5) 폭발의 형태에 의한 분류

발화원에 의한 폭발	**착화파괴형 폭발**	용기 내에서의 위험물의 착화에 의한 압력 상승으로 폭발한다.
	누설발화형 폭발	용기에서 누출된 위험물의 착화에 의해 폭발한다.
반응열 축적에 의한 폭발	**자연발화형 폭발**	열 축적에 의한 발화에 의해 폭발한다.
	반응폭주형 폭발	반응열에 의한 반응폭주(runaway reaction)로 인해 폭발이 발생한다.
과열액체 증기폭발	**열 이동형 폭발**	저비점의 액체가 고열물과 접촉하여 순간적인 증발로 인해 폭발이 발생한다.
	평형 파탄형 폭발	용기 파손에 의한 고압액체의 증발로 인해 폭발이 발생한다.

(6) 폭발현상

① **슬롭오버(slop－over) 현상** : 석유화재에서 수분을 포함한 소화약제 방사 시에 급작스런 기화로 인해 열유를 비산시키는 현상(위험물 저장탱크 화재 시 물 또는 포를 화염이 왕성한 표면에 방사할 때 위험물과 함께 탱크 밖으로 흘러넘치는 현상)

② **보일오버(boil－over) 현상** : 유류저장탱크의 화재 중 탱크저부에 물 또는 물－기름 에멀젼이 수증기로 변해 갑작스런 탱크 외부로의 분출을 발생시키는 현상

③ **프로스오버(froth－over) 현상** : 저장탱크 속의 물이 점성을 가진 뜨거운 기름의 표면 아래에서 끓을 때 급격한 부피팽창에 의하여 화재를 수반하지 않고 유류가 탱크 외부로 분출되는 현상

④ **블래비(BLEVE; Boiling Liquid Expanding Vapor Explosion)** : 비등액체 팽창 증기폭발이란 외부화재에 의해 탱크 내 가연성액체가 비등하고 증기가 팽창하면서 폭발을 일으키는 현상

참고

1마이크론이란 1미터의 100만분의 1에 해당하는 길이

기출문제

다음 중 누설발화형 폭발재해의 예방대책으로 가장 거리가 먼 것은?
① 발화원 관리
② 밸브의 오동작 방지
❸ 가연성 가스의 연소
④ 누설물질의 검지 경보

기출문제

폭발에 관한 용어 중 "BLEVE"가 의미하는 것은?
① 고농도의 분진폭발
② 저농도의 분해폭발
③ 개방계 증기운 폭발
❹ 비등액 팽창 증기폭발

⑤ 개방계 증기운폭발(UVCE; Unconfined Vapor Cloud Explosion) : 인화성 가스가 대기 중에 유출되어 구름 형태로 모여 점화원에 의하여 순간적으로 폭발하는 현상

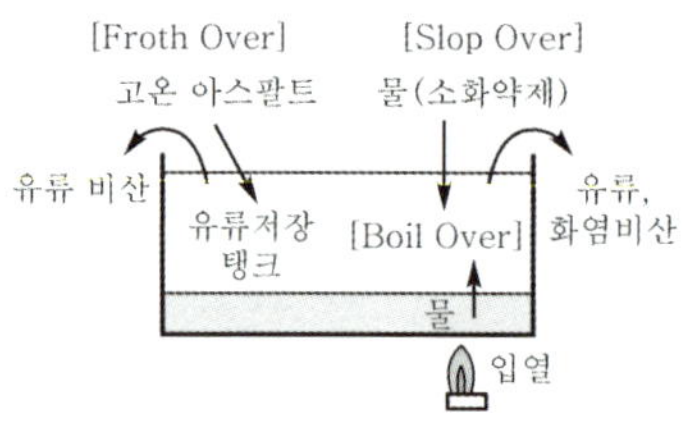

▌유류의 폭발 현상과 BLEVE 발생 사진▐

(7) 폭발등급(안전간격, 화염일주한계)

> **기출문제**
>
> 가연성 가스 및 증기의 위험도에 따른 방폭전기기기의 분류로 폭발등급을 사용하는데, 이러한 폭발등급을 결정하는 것은?
>
> ① 발화도
> ❷ 화염일주한계
> ③ 폭발한계
> ④ 최소발화에너지

① 안전간격(safety gap) : 부피 8L, 틈의 안길이 25mm인 구형용기에 혼합가스를 채우고 점화시켰을 때 화염이 외부까지 전달되지 않는 한계의 틈이다. 안전간격이 작은 가스일수록 위험하다.

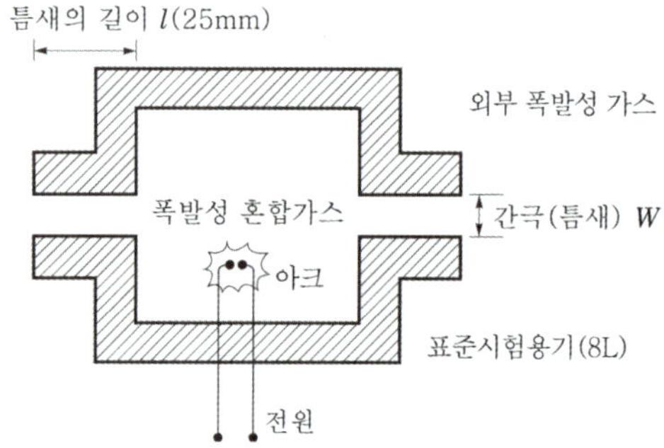

▌폭발등급 측정장치에서의 안전간격(틈새)▐

② 폭발등급에 따른 안전간격과 해당 가스

폭발등급	안전간격(mm)	해당 가스
1등급	0.6mm 초과	메탄, 에탄, 프로판, 부탄
2등급	0.4mm 초과 0.6mm 이하	에틸렌, 석탄가스
3등급	0.4mm 이하	수소, 아세틸렌

02 소화 원리의 이해

1 소화의 정의 ★★★★

(1) 소화의 개요

① 물질이 연소할 때 연소 구역에서 연소의 3요소 중 일부 또는 전부를 없애주면 연소는 중단되는데, 이러한 현상을 소화라고 한다.

② 연소의 3요소인 가연물, 산소공급원, 점화원이 꼭 있어야만 연소가 일어나며, 연소의 3요소 중 한 가지라도 없다면 연소는 일어날 수 없다. 연쇄반응을 포함할 경우 연소의 4요소라고도 한다.

(2) 소화 방법의 종류

제거소화	가연물을 연소 구역에서 제거하는 방법 예 촛불, 유전의 가스, 산불, 가스의 화재
질식소화	가연물이 연소할 때 공기 중 산소의 농도 21%(Vol%)를 15%(Vol%) 이하로 낮추어 연소를 중단시키는 방법 예 장소를 폐쇄하여 공기의 공급을 차단하여 소화
냉각소화	연소물로부터 열을 빼앗아 발화점 이하로 온도를 낮추어 소화하는 방법 예 튀김 기름이 인화되었을 때 싱싱한 야채를 넣어 소화
억제소화	연속적 관계의 차단에 의한 소화하는 방법 예 가연성 기체의 연쇄반응을 차단하여 소화

2 소화의 종류

(1) 물리적 소화

냉각 효과	• 인화점, 발화점 이하로 온도를 낮추어 소화한다. • 에너지 조건을 제어하여 소화한다. • 스프링클러설비 및 옥내 · 외 소화전설비 : 표면냉각(현열 이용) • 물분무설비 : 기상냉각(잠열 이용)
질식 효과	• 산소의 농도를 21%에서 15% 이하로 감소시켜 소화한다. • 물적 조건을 제어하여 소화한다. • 가스계 소화설비의 이산화탄소, 청정소화약제의 불활성가스계, 미분무소화설비(mist water spray)를 사용한다.

합격 체크포인트

• 소화기의 종류
• 소화기 종류별 화학 반응식 작성
• 소화약제의 종류 및 착색제 이해

기출문제

다음 중 연소 시 발생하는 열에너지를 흡수하는 매체를 화염 속에 투입하여 소화하는 방법은?

❶ 냉각소화 ② 희석소화
③ 질식소화 ④ 억제소화

기출문제

소화설비와 주된 소화적용방법의 연결이 옳은 것은?

❶ 포소화설비 : 질식소화
② 스프링클러설비 : 억제소화
③ 이산화탄소소화설비 : 제거소화
④ 할로겐화합물소화설비 : 냉각소화

피복 효과	• 가연물을 피복하여 가연성 가스 발생 억제 및 공기 차단으로 소화한다. • 물적 조건을 제어하여 소화한다. • 금속화재, 유류화재 등을 사용한다. • 금속화재 소화약제, 제3종 분말 소화약제의 분해물인 메타인산에 의한 방진작용, 이산화탄소처럼 공기보다 무거운(비중 1.25) 물질로 가연물 주위를 피복하여 소화하는 방법이다.
유화 효과	• 기름과 물은 혼합되지 않으나 세차게 물을 기름에 뿌리는 경우 일시적으로 기름과 물이 혼합되는데, 이를 에멀전 효과라고 하고, 가연성 가스 방출 방지 및 산소 공급 차단 효과가 있다. • 물적 조건을 제어하여 소화한다. • 콘루프 탱크(CRT ; Cone Roof Tank) 등에서 사용한다.
희석 효과	• 물질의 농도에 다른 물질을 가함으로써 농도를 낮게 하여 소화한다. • 물적 조건을 제어하여 소화한다. • 수용성 물질인 제4류 위험물의 알코올류 및 수용성 액체는 대량의 물을 방사, 가연성 혼합기체는 불활성 가스를 사용하여 가연성 혼합기체 농도를 낮춘다. • 이산화탄소의 질식효과는 산소의 농도를 감소시키는 소화 방법이며, 희석효과는 가연물의 농도를 감소시키는 소화 방법이다.
제거 효과	• 가연물이 연소하기 전에 가연물을 제거하여 소화한다. • 물적 조건을 제어하여 소화한다.

(2) 화학적 소화

연쇄반응 억제 (부촉매 효과)	• 화학적 소화 방법 • 불꽃연소만 소화 가능 • 할로겐화합물소화약제(7족 원소) 또는 분말소화약제(1족 원소) 사용

3 소화기의 종류

(1) 질식 소화기의 종류

① **포말 소화기** : 화학포, 기계포, 알코올포 등의 소화약제를 일정한 비율로 혼합한 수용액을 발포하는 소화기

㉠ 화학포 소화기(A · B 급 화재에 적용)

- 종류 : 보통 전도식, 내통 밀폐식, 내통 밀봉식
- 소화약제

외약제(A제)	탄산수소나트륨($NaHCO_3$), 기포안정제
내약제(B제)	황산알루미늄($Al_2(SO_4)_3$)

참고

- 탄산수소나트륨을 중조 또는 중탄산나트륨이라 하며, 액성은 알칼리성이다.
- 황산알루미늄을 황산반토라고 하며, 액성은 산성이며 용액 속의 부유물을 침전시키는 데 사용된다.

• 화학반응식

$$6NaHCO_3 + Al_2(SO_4)_3 + 18H_2O$$
(탄산수소나트륨) (황산알루미늄) (물)
$$\rightarrow 3Na_2SO_4 + 2Al(OH)_3 + 6CO_2 + 18H_2O$$
(황산나트륨) (수산화알루미늄) (이산화탄소) (물)

㉡ 기계포 소화기(A · B급 화재에 적응)
- 원액과 물의 일정량의 혼합액을 발포장치에 의하여 거품을 방출하는 소화기
- 종류 : 펌프프로포셔너(pump proportioner) 방식, 라인프로포셔너(line proportioner) 방식, 프레져프로포셔너(pressure proportioner) 방식, 프레져사이드프로포셔너(pressure side proportioner) 방식
- 소화약제

원액	가수분해 단백질, 계면활성제, 일정량의 물
포핵(거품 속의 가스)	공기

㉢ 알코올포 소화기
특수포라고도 하며, 알코올 등 수용성인 가연물의 화재에 사용하는 내알코올성 소화기

㉣ 포말의 조건
- 기름보다 가벼우며 화재면과의 부착성이 좋아야 한다.
- 바람 등에 견디는 응집성과 안정성이 있어야 한다.
- 열에 대한 센 막을 가지며 유동성이 좋아야 한다.

② 분말소화기(축압식, 가스가압식)

㉠ 분말 소화제는 일반적으로 B · C급 화재에 사용하나 인산암모늄은 A · B · C급 화재에 적응성이 좋으며, 염화바륨 등은 D급 화재에 사용된다.

㉡ 소화 분말은 가스압에 의하여 방출되며 전기 화재에도 좋으나 특히 유류 화재에 가장 좋으며, 질식과 열분해로 생긴 물은 냉각 효과를 얻을 수 있다.

㉢ 종류

축압식 분말 소화기	소화분말을 채운 용기(철제)에 공기 또는 질소 가스를 축압시켜 방출하며, 압력지시계의 압력은 7.0~9.8kg/cm^2이다.
가스가압식 분말 소화기	봄베식이라고 하며, 용기 본체의 내부 또는 외부에 설치된 가스봄베에서 방출된 가스압으로 소화분말을 방출하는 소화기이다.

참고

알코올포는 화학포에 안정제(지방산염 중 복염)를 첨가한 것이다.

기출문제

분말소화약제로 가장 적절한 것은?

① 사염화탄소
② 브롬화메탄
③ 수산화암모늄
❹ 제1인산암모늄

기출문제

ABC급 분말소화약제의 주성분에 해당하는 것은?

❶ $NH_4H_2PO_4$
② Na_2CO_3
③ Na_2SO_4
④ K_2CO_3

참고

분말소화약제의 소화 효과는 제1종 < 제2종 < 제3종이다.

기출문제

트리에틸알루미늄에 화재가 발생하였을 때 다음 중 가장 적합한 소화약제는?

❶ 팽창질석
② 할로겐화합물
③ 이산화탄소
④ 물

㉣ 소화약제의 종류 및 약제의 착색

제1종 분말	탄산수소나트륨($NaHCO_3$) : 백색(B · C급 화재)
제2종 분말	탄산수소칼륨($KHCO_3$) : 보라색(B · C급 화재)
제3종 분말	제1인산암모늄($NH_4H_2PO_4$) : 담홍색(핑크색) (A · B · C급 화재)
제4종 분말	탄산수소칼륨($KHCO_3$)과 요소($(NH_2)_2CO$)의 혼합물 : 회색(B · C급 화재)

㉤ 화학반응식(열분해 반응식)

- 제1종 분말 : $2NaHCO_3 \rightarrow Na_2CO_3 + CO_2 + H_2O$
  (탄산수소나트륨) (탄산나트륨) (이산화탄소) (물)
- 제2종 분말 : $2KHCO_3 \rightarrow K_2CO_3 + CO_2 + H_2O$
  (탄산수소칼륨) (탄산칼륨) (이산화탄소) (물)
- 제3종 분말 : $NH_4H_2PO_4 \rightarrow HPO_3 + NH_3 + H_2O$
  (인산암모늄) (메타인산) (암모니아) (물)
- 제4종 분말 : $2KHCO_3 + (NH_2)_2CO \rightarrow K_2CO_3 + 2NH_3 + 2CO_2$
  (탄산수소칼륨) (요소) (탄산칼륨) (암모니아) (이산화탄소)

③ 간이소화제

㉠ 마른 모래(만능 소화제)의 보관 방법

- 반드시 건조되어 있을 것
- 가연물이 함유되어 있지 않을 것
- 포대 또는 반절드럼에 넣어 보관할 것
- 부속기구로 삽, 양동이를 비치할 것

㉡ 팽창질석, 팽창진주암(B급)

- 발화점이 낮은 알킬알루미늄, 트리에틸알루미늄 등의 화재에 사용하는 불연성 고체이며, 소방법에서는 소화질석이라 표시한다.
- 질석 또는 진주암을 1,000~1,400℃에서 가열하여 10~15배 팽창한 것으로 매우 가볍다

㉢ 중조톱밥(B급)

포화 소화기가 발명되기 전에 주로 유류화재의 응급조치용으로 많이 사용했으며, 중조에 톱밥을 섞어 만들었다.

㉣ 수증기(A · B급)

- 질식소화 효과에는 크게 기대하기 어려우나 보조적인 역할을 한다.
- 100℃에서 1kg의 수증기는 1,665m^3의 부피를 차지한다.

(2) 냉각 소화기의 종류

① 물 소화기(봉상 : A급 화재, 무상 : A · B급 화재에 적용)

㉠ 물 소화기는 주로 A급 화재에 많이 사용하고 있으나, B급 유류 화재 중 수용성인 가연성 액체에는 무상(안개 상태)으로 주수가 가능하다.

㉡ 봉상(물줄기 상태)으로 B급 화재에 사용하면 화재면의 확대로 매우 위험하다.

㉢ 장점

- 기화잠열(539kcal/kg)이 크다.
- 어디서나 구입하기 쉽다.
- 가격이 저렴하다.
- 사용하기 안전하다.

② 산 · 알칼리 소화기(A급 화재에 적용)

㉠ 전도식과 파병식이 있으며 어느 것이나 중탄산나트륨(외약제)과 농황산(내약제)의 화학반응에 의해 생긴 이산화탄소의 압력으로 물을 방출하는 소화기이다.

㉡ 산 · 알칼리 소화기의 사용 조건

- 방출용액의 PH는 5.5 이상일 것
- 30° 이하로 기울인 경우 약제가 혼합되지 않아야 함.
- 약제 교환 : 2년 1회

㉢ 산 · 알칼리 소화기의 관리 및 사용상 주의사항

- 유류 화재에 부적합
- 전기 시설물의 화재에 사용하지 말 것
- 보관 중 전도시키지 말 것
- 겨울철에는 주성분이 물이므로 동결되지 않도록 할 것

㉣ 산 · 알칼리 소화기의 화학반응식

$$2NaHCO_3 + H_2SO_4 \rightarrow Na_2SO_4 + 2CO_2 + 2H_2O$$

(탄산수소나트륨) (황산) (황산나트륨) (이산화탄소) (물)

③ 강화액 소화기(봉상 : A급, 무상 : A · B · C급 화재에 적용)

㉠ 빙점이 0℃인 물의 단점을 탄산칼륨으로 강화하여 빙점을 −30～−25℃까지 낮춰 한냉지 또는 겨울철에 사용하는 소화기로, 축압식의 경우 상용압력이 8.1～9.8kg/cm²이며, 비중은 1.3～1.4 정도이다.

기출문제

물의 소화력을 높이기 위하여 물에 탄산칼륨(K_2CO_3)과 같은 염류를 첨가한 소화약제를 일반적으로 무엇이라 하는가?

① 포소화약제
② 분말소화약제
❸ 강화액소화약제
④ 산알칼리소화약제

ⓛ 무상(안개 상태)일 때는 A급뿐만 아니라 B · C급에도 사용한다.

(3) 억제 소화기의 종류(할로겐화합물 소화기 : B · C급 화재에 적용, 할론 1211은 A · B · C급 화재에 적용)

① 사염화탄소 소화기(CCl_4, 약칭 : CTC 소화기, 할론 1040)

㉠ 사염화탄소를 소화제로 사용할 경우 반드시 포스겐 가스($COCl_2$)가 발생한다.

ⓛ 화학반응식

- 공기 중에서 화학반응식
  $2CCl_4 + O_2 \rightarrow 2COCl_2 + 2Cl_2$
  (사염화탄소) (산소) (포스겐) (염소)
- 수분 또는 습도가 높은 곳에서의 화학반응식
  $CCl_4 + H_2O \rightarrow COCl_2 + 2HCl$
  (사염화탄소) (물) (포스겐) (염화수소)
- 산화철이 있는 곳에서의 화학반응식
  $3CCl_4 + Fe_2O_3 \rightarrow 3COCl_2 + 2FeCl_3$
  (사염화탄소) (산화제2철) (포스겐) (염화제2철)
- 이산화탄소가 있는 곳에서의 화학반응식
  $CCl_4 + CO_2 \rightarrow 2COCl_2$
  (사염화탄소) (이산화탄소) (포스겐)

② 일염화일취화메탄 소화기(CH_2ClBr, 약칭 : CB 소화기, 할론 1011)
: 할로겐화합물 중 가장 부식성이 강하므로 황동제(놋쇠) 용기를 사용하며, 사염화탄소보다 소화능력은 3배 강하다.

③ 이취화사불화에탄 소화기($C_2F_4Br_2$, 약칭 : FB 소화기, 할론 2402)
: 할로겐화합물 중 우수한 소화기로 독성 및 부식성도 적으며, 일염화일취화메탄보다 2배 정도 소화능력이 강하다.

④ 일취화일염화이불화메탄 소화기(CF_2ClBr, 약칭 : BCF 소화기, 할론 1211) : 할로겐화합물 중 A급, B급, C급의 화재에 유효한 소화기이다.

⑤ 일취화삼불화메탄 소화기(CF_3Br, 약칭 : BTM 소화기, 할론 1301)
: 할로겐화합물 중 가장 소화능력이 좋으며, 독성이 가장 적다.

⑥ 할로겐화합물의 조건

㉠ 비점이 낮을 것

ⓛ 기화되기 쉬울 것

㉢ 공기보다 무겁고 불연성일 것

암기 TIP

소화약제의 할론 번호

할론 번호표기의 첫 번째 숫자는 탄소(C), 두 번째 숫자는 불소(F), 세 번째 숫자는 염소(Cl), 네 번째 숫자는 브롬(Br)을 의미한다.

예 할론 1040 = CCl_4

C	F	Cl	Br
1	0	4	0

기출문제

할론 소화약제 중 Halon 2402의 화학식으로 옳은 것은?

❶ $C_2F_4Br_2$ ② $C_2H_4Br_2$
③ $C_2Br_4H_2$ ④ $C_2Br_4F_2$

해설 할론 2402 = $C_2F_4Br_2$

C	F	Cl	Br
2	4	0	2

⑦ 할로겐화합물을 사용 금지해야 하는 장소 : 지하층, 무창층, 거실 및 사무실의 바닥면적이 $20m^2$ 미만인 곳

⑧ 할로겐화합물 소화설비의 방출방법 : 국소방출식, 전역방출식, 이동방출식

03 폭발방지대책 수립

1 폭발방지대책 ★★★★

(1) 폭발방지설계

① 불활성화(inerting) : 산소 농도를 안전한 농도로 낮추기 위해 불활성 가스를 용기에 주입하는 것

② 치환(purge) : 인화성 가스 또는 증기에 불활성 가스를 주입하여 산소의 농도를 최소산소농도(MOC) 이하로 낮게 하는 작업

㉠ 진공퍼지(vacuum puring)

㉡ 압력퍼지(pressure purging)

㉢ 스위프퍼지(sweep purging)

㉣ 사이폰퍼지(siphon purging)

③ 정전기 제어

④ 환기

⑤ 장치 및 계장의 방폭

⑥ 소화설비(sprinkler system)

⑦ 기타 화재 및 폭발방지를 위한 설계

(2) 폭발방호(explosion protection)대책

① 방산 : 안전밸브나 파열판을 설치하여 용기 내의 기체를 밖으로 방출시켜 압력을 정상화한다.

② 억제 : 압력이 상승하면 폭발 억제장치가 작동하여 소화기를 터지게 하여 파괴적인 폭발압력이 되지 않도록 한다.

③ 봉쇄 : 장치나 건물 등이 폭발압력에 견디도록 설계한다.

④ 차단 : 폭발의 에너지원이 되는 물질의 공급을 차단밸브 등으로 차단한다.

⑤ 안전거리 : 주요설비를 폭발위험설비로부터 이격시켜 설치한다.

⑥ 제거 : 소화설비나 이송등의 방법으로 발화원 또는 폭발이 발생할 수 있는 물질을 제거

합격 체크포인트

- 폭발방지설계 이해
- 불활성화 종류

기출문제

다음 중 퍼지(purge)의 종류에 해당하지 않는 것은?

① 압력퍼지
② 진공퍼지
③ 스위프퍼지
❹ 가열퍼지

기출문제

다음중 폭발방호대책과 가장 거리가 먼 것은?

❶ 불활성화 ② 억제
③ 방산 ④ 봉쇄

2 가스누출감지경보기의 설치

(1) 가스누출감지경보기의 설치

① 가스누출감지경보기를 설치할 때에는 감지대상 가스의 특성을 충분히 고려하여 가장 적절한 것을 선정한다.

② 하나의 감지대상 가스가 가연성이면서 독성인 경우에는 독성가스를 기준하여 가스누출감지경보기를 선정한다.

(2) 가스누출감지경보기를 설치해야 할 장소

① 건축물 내・외에 설치되어 있는 가연성 및 독성물질을 취급하는 압축기, 밸브, 반응기, 배관 연결부위 등 가스의 누출이 우려되는 화학설비 및 부속설비 주변 가열로 등 발화원이 있는 제조설비 주위에 가스가 체류하기 쉬운 장소

② 가연성 및 독성물질의 충진용 설비의 접속부위 주위

③ 방폭지역 내에 위치한 변전실, 배전반실, 제어실 등

④ 기타 특별히 가스가 체류하기 쉬운 장소

(3) 가스누출감지경보기의 설치 위치

① 가스누출감지경보기는 가능한 한 가스의 누출이 우려되는 누출부위에 가까운 장소

② 건축물 밖에 설치되는 가스누출감지경보기는 풍향, 풍속, 가스의 비중 등을 고려하여 가스가 체류하기 쉬운 지점

③ 건축물 내에 설치되는 가스누출감지경보기는 감지대상 가스의 비중이 공기보다 무거운 경우에는 건축물의 환기구 또는 당해 건축물 내의 하부

④ 가스누출감지경보기의 경보기는 근로자가 상주하는 곳에 설치

(4) 가스누출감지경보기의 경보 설정치

① 가연성 가스누출감지경보기는 감지대상 가스의 폭발하한계 25% 이하, 독성가스 누출감지경보기는 해당 독성가스의 허용농도 이하에서 경보가 울리도록 설정해야 한다.

② 가스누출감지경보기의 정밀도는 경보설정치에 대하여 가연성 가스 누출감지경보기는 ±25% 이하, 독성가스 누출감지경보기는 ±30% 이하이어야 한다.

기출 Check!

독성가스 누출감지경보기는 해당 독성가스 **허용농도 이하**에서 경보가 울리도록 설정해야 한다.

(5) 가스누출감지경보기의 성능

① 가연성 가스누출감지경보기는 담배연기 등에, 독성가스 누출감지 경보기는 담배연기, 기계 세척유 가스, 등유의 증발가스, 배기가스 및 탄화수소계 가스, 기타 잡가스에는 경보가 울리지 않아야 한다.

② 가스누출감지경보기의 가스 감지에서 경보 발신까지 걸리는 시간은 경보농도 1.6배 시 보통 30초 이내일 것. 다만, 암모니아, 일산화탄소 또는 이와 유사한 가스 등을 감지하는 가스누출감지 경보기는 1분 이내로 한다.

③ 경보정밀도는 전원의 전압 등의 변동률이 ±10%까지 저하되지 않아야 한다.

④ 지시계 눈금의 범위는 가연성 가스용은 0에서 폭발하한계값, 독성가스는 0에서 허용농도의 3배 값(암모니아를 실내에서 사용하는 경우에는 150ppm)이어야 한다.

⑤ 경보를 발신한 후에는 가스농도가 변화하여도 계속 경보를 울려야 하며, 그 확인 또는 대책을 조치할 때에는 경보가 정지되어야 한다.

(6) 가스누출감지경보기의 구조

① 충분한 강도를 지니며 취급 및 정비가 쉬워야 한다.

② 가스에 접촉하는 부분은 내식성의 재료 또는 충분한 부식방지 처리를 한 재료를 사용하고 그 외의 부분은 도장이나 도금처리가 양호한 재료이어야 한다.

③ 가연성 가스(암모니아 제외) 누출감지경보기는 방폭성능을 갖는 것이어야 한다.

④ 수신회로가 작동상태에 있는 것을 쉽게 식별할 수 있어야 한다.

⑤ 경보는 램프의 점등 또는 점멸과 동시에 경보를 울리는 것이어야 한다.

기출 Check!

암모니아를 제외한 가연성 가스 누출감지경보기는 **방폭성능을 갖는 것**이어야 한다.

제 2 장 화학물질 안전관리 실행

합격 체크포인트

- 가스의 기초법칙 이해
- 이상기체 상태방정식의 이해
- 산업안전보건법에서의 위험물

참고

산업안전보건법에서의 위험물은 위험물질을 7가지로 구분하고 유해위험성 물질로서 규정량을 규정하고 있으며 위험물이라는 용어를 사용하지 않음.

확인 문제

CO_2 44kg을 27℃에서 분출 시 몇 m^3인가?

답 $V = \frac{WRT}{PM}$에서

$V = \frac{44 \times 0.082 \times (27+273)}{1 \times 44}$

$\therefore V = 24.6m^3$

01 화학물질(위험물, 유해화학물질) 확인

1 위험물의 기초화학 ★★★★

(1) 가스의 기초법칙

① **보일의 법칙** : 모든 기체는 온도가 일정할 때 부피는 압력에 반비례한다.

$$P_1 \times V_1 = P_2 \times V_2$$

여기서, P_1 : 처음 압력, P_2 : 나중 압력
V_1 : 처음 부피, V_2 : 나중 부피

② **샤를의 법칙** : 모든 기체의 부피는 압력이 일정할 때 절대 온도에 비례한다.

$$\frac{V_1}{T_1} = \frac{V_2}{T_2}$$

여기서, T_1(°K) : 처음 온도(273+℃)
T_2(°K) : 나중 온도(273+℃)

③ **보일-샤를의 법칙** : 일정량 기체의 부피는 압력에 반비례하고 절대 온도에 비례한다.

$$\frac{P_1 \times V_1}{T_1} = \frac{P_2 \times V_2}{T_2}$$

④ 이상기체 상태방정식

$$P \times V = n \times R \times T = \frac{W}{M} \times R \times T$$

여기서, P : 압력(atm), V : 부피(m^3)
n : 몰수(W/M), R : 0.082(atm m^3/kgmole K)
W : 무게(kg), M : 분자량(kg/kmole)
T : 절대온도(K, 273+℃)

2 위험물의 정의와 특징

(1) 산업안전보건법에서의 위험물의 정의

① 위험물은 화재나 폭발을 일으킬 위험성이 있는 물질로, 어떤 물질의 특성을 기준으로 정의한다.

② 상온 20℃(1기압)에서 대기 중의 산소 또는 수분 등과 쉽게 격렬히 반응하면서 수 초 이내에 방출되는 막대한 에너지로 인해 화재 및 폭발을 유발시키는 물질이다.

(2) 위험물의 특징

① 자연계에 흔히 존재하는 물 또는 산소와의 반응이 용이하다.

② 반응속도가 급격히 진행된다.

③ 반응 시 수반되는 발열량이 크다.

④ 수소와 같은 가연성 가스를 발생시킨다.

⑤ 화학적 구조 및 결합력이 대단히 불안정하다.

3 위험물의 종류 ★★★★

(1) 「산업안전보건기준에 따른 규칙」에 따른 위험물질의 종류

구분	종류	
폭발성 물질 및 유기과산화물	• 질산에스테르류 • 니트로소화합물 • 디아조화합물 • 유기과산화물	• 니트로화합물 • 아조화합물 • 하이드라진 유도체
물반응성 물질 및 인화성 고체	• 리튬 • 나트륨 • 황린 • 적린 • 알킬알루미늄 • 마그네슘 분말 • 금속 분말(마그네슘 분말은 제외) • 알칼리금속(리튬, 칼륨 및 나트륨은 제외) • 유기 금속화합물(알킬알루미늄 및 알킬리튬은 제외) • 금속의 수소화물 • 칼슘 탄화물	• 칼륨 • 황 • 황화인 • 셀룰로이드류 • 알킬리튬 • 금속의 인화물 • 알루미늄 탄화물

기출문제

다음 중 위험물의 일반적인 특성이 아닌 것은?
① 반응 시 발생하는 열량이 크다.
② 물 또는 산소와의 반응이 용이하다.
③ 수소와 같은 가연성 가스가 발생한다.
❹ 화학적 구조 및 결합이 안정되어 있다.

법령

산업안전보건기준에 관한 규칙 별표 1

기출문제

산업안전보건법령상 위험물질의 종류에서 "폭발성 물질 및 유기과산화물"에 해당하는 것은?
① 리튬
❷ 아조화합물
③ 아세틸렌
④ 셀룰로이드류

기출문제

불연성이지만 다른 물질의 연소를 돕는 산화성 액체 물질에 해당하는 것은?

① 히드라진
❷ 과염소산
③ 벤젠
④ 암모니아

법령

산업안전보건법 시행령 별표 13

기출문제

산업안전보건법령상 각 물질이 해당하는 위험물질의 종류를 옳게 연결한 것은?

❶ 아세트산(농도 90%) – 부식성 산류
② 아세톤(농도 90%) – 부식성 염기류
③ 이황화탄소 – 인화성 가스
④ 수산화칼륨 – 인화성 가스

구분	종류
산화성 액체 및 산화성 고체	• 차아염소산 및 그 염류 • 아염소산 및 그 염류 • 염소산 및 그 염류 • 과염소산 및 그 염류 • 브롬산 및 그 염류 • 요오드산 및 그 염류 • 과산화수소 및 무기 과산화물 • 질산 및 그 염류 • 과망간산 및 그 염류 • 중크롬산 및 그 염류
인화성 액체	• 에틸에테르, 가솔린, 아세트알데히드, 산화프로필렌, 그 밖에 인화점이 23℃ 미만이고 초기 끓는점이 35℃ 이하인 물질 • 노말헥산, 아세톤, 메틸에틸케톤, 메틸알코올, 에틸알코올, 이황화탄소, 그 밖에 인화점이 23℃ 미만이고 초기 끓는점이 35℃를 초과하는 물질 • 크실렌, 아세트산아밀, 등유, 경유, 테레핀유, 이소아밀알코올, 아세트산, 하이드라진, 그 밖에 인화점이 23℃ 이상 60℃ 이하인 물질
인화성 가스	• 수소 • 아세틸렌 • 에틸렌 • 메탄 • 에탄 • 프로판 • 부탄 • 인화한계 농도의 최저한도가 13% 이하 또는 최고한도와 최저한도의 차가 12% 이상인 것으로서 표준압력(101.3 kPa) 하의 20℃에서 가스 상태인 물질
부식성 물질	• 부식성 산류 – 농도가 20% 이상인 염산, 황산, 질산, 그 밖에 이와 같은 정도 이상의 부식성을 갖는 물질 – 농도가 60% 이상인 인산, 아세트산, 불산, 그 밖에 이와 같은 정도 이상의 부식성을 가지는 물질 • 부식성 염기류 – 농도가 40% 이상인 수산화나트륨, 수산화칼륨, 그 밖에 이와 같은 정도 이상의 부식성을 가지는 염기류
급성 독성물질	• 쥐에 대한 경구투입실험에 의하여 실험동물의 50%를 사망시킬 수 있는 물질의 양, 즉 LD_{50}(경구, 쥐)이 kg당 300mg 이하인 화학물질 • 쥐 또는 토끼에 대한 경피흡수실험에 의하여 실험동물의 50%를 사망시킬 수 있는 물질의 양, 즉 LD_{50}(경피, 토끼 또는 쥐)이 kg당 1,000mg 이하인 화학물질 • 쥐에 대한 4시간 동안의 흡입실험에 의하여 실험동물의 50%를 사망시킬 수 있는 물질의 농도, 즉 가스 LC_{50}(쥐, 4시간 흡입)이 2,500ppm 이하인 화학물질, 증기 LC_{50}(쥐, 4시간 흡입)이 10mg/L 이하인 화학물질, 분진 또는 미스트 1mg/L 이하인 화학물질

(2) 「위험물안전관리법」에 따른 위험물의 종류

구분	종류	
제1류 (산화성 고체)	• 아염소산염류 • 과염소산염류 • 브로민산염류 • 아이오딘산염류 • 중크롬산염류	• 염소산염류 • 무기과산화물 • 질산염류 • 과망간산염류
제2류 (가연성 고체)	• 황화인(황화린) • 황(유황) • 금속분 • 인화성 고체	• 적린 • 철분 • 마그네슘
제3류 (자연발화성 물질 및 금수성 물질)	• 칼륨 • 알킬알루미늄 • 황린(백린) • 알칼리금속 • 칼슘 또는 알루미늄의 탄화물	• 나트륨 • 알킬리튬 • 금속의 수소화물, 인화물 • 유기금속화합물
제4류 (인화성 액체)	• 특수인화물 • 알코올류	• 제1, 2, 3, 4석유류 • 동식물유류
제5류 (자기반응성 고체)	• 유기과산화물 • 나이트로화합물 • 아조화합물 • 하이드라진 유도체 • 하이드록실아민염류	• 질산에스터류 • 나이트로소화합물 • 디아조화합물 • 하이드록실아민
제6류 (산화성 고체)	• 과염소산 • 질산	• 과산화수소

법령

위험물안전관리법 시행령 별표 1

참고

- 철분은 53㎛의 표준체를 통과하는 것이 50중량퍼센트(%) 이상인 것을 말한다.
- 황화인 : P_4S_3, P_2S_5, P_4S_7
- 황린(P_4) : 인, 백린, 노란인
- 적린 : 붉은 인(P)
- 가솔린은 원류를 분별증류 시 가장 낮은 온도에서 분리되는 것으로, 대략적으로 탄소수가 5~11개까지의 포화 및 불포화 탄화수소의 혼합물로 성분의 비율은 약간씩 다르다.
- 농도 36wt% 이상 과산화수소는 위험물안전관리법에 따른 위험물에 속한다.
- 비중 1.49 이상의 질산만 위험물안전관리법에 해당된다.

4 노출기준 ★

(1) 노출기준

① 노출기준(허용농도) : 근로자가 유해인자에 노출되는 경우 노출기준 이하 수준에서는 거의 모든 근로자에게 건강상 나쁜 영향을 미치지 아니하는 기준

(2) 유해물질의 노출기준

① 시간가중평균 노출기준(TWA; Time Weighted Average)

㉠ 하루 8시간 작업하는 동안 반복 노출되더라도 건강장해를 일으키지 않는 유해물질의 평균농도

㉡ 1일 8시간 작업을 기준으로 하여 유해인자의 측정치에 발생시간을 곱해 8시간으로 나눈 값으로, 산출 공식은 다음과 같다.

$$\text{TWA 환산값} = \frac{C_1T_1 + C_2T_2 + \cdots + C_nT_n}{8}$$

여기서, C : 유해인자의 측정치(단위 : ppm 또는 mg/m³)
T : 유해인자의 발생시간(단위 : 시간)

㉢ 주요 물질의 노출기준(TWA, ppm)

물질	노출기준 값	물질	노출기준 값
염소	1ppm	메탄올	200ppm
암모니아	25ppm	에탄올	1,000ppm

기출문제

다음 중 노출기준(TWA, ppm)값이 가장 작은 물질은?
❶ 염소 ② 암모니아
③ 에탄올 ④ 메탄올

② 단시간 노출기준(STEL; Short Term Exposure Limit)

근로자가 1회 15분간 유해인자에 노출되는 경우의 허용농도로, 이 기준 이하에서는 노출 간격이 1시간 이상인 경우 1일 작업시간 동안 4회까지 노출이 허용될 수 있음을 의미한다.

㉠ 1회 노출 지속시간이 15분 미만이어야 한다.
㉡ 이러한 상태가 1일 4회 이하로 발생해야 한다.
㉢ 각 회의 간격은 60분 이상이어야 한다.

③ 최고 노출기준(C; Ceiling)

㉠ 근로자가 1일 작업시간 동안 잠시라도 노출되어서는 안 되는 기준이다.
㉡ 노출기준 앞에 C를 붙여 표시한다.

(3) 노출기준의 계산

참고

상가작용(additive action)이란 두 종류 이상의 약물을 병용했을 때, 약물의 효력이 따로따로 투여한 경우의 합으로 나타나는 경우를 말한다.

① 각 유해인자의 노출기준은 당해 유해인자가 단독으로 존재하는 경우의 노출기준을 말하며, 2종 또는 그 이상의 유해인자가 혼재하는 경우에는 각 유해인자의 상가작용으로 유해성이 증가할 수 있으므로 다음 식에 의하여 산출하는 노출기준을 사용해야 한다.

② 혼합물의 노출기준 계산

$$\text{노출지수(exposure index) } EI = \frac{C_1}{T_1} + \frac{C_2}{T_2} + \cdots + \frac{C_n}{T_n}$$

여기서, C : 화학물질 각각의 측정치
T : 화학물질 각각의 노출기준
$EI > 1$: 노출기준을 초과함.

기출문제

공기 중 암모니아 20ppm(노출기준 25ppm), 톨루엔 20ppm(노출기준 50ppm)이 완전 혼합되어 존재하고 있다. 혼합물질의 노출기준을 보정하는 데 활용하는 노출지수는 약 얼마인가?

답 $\frac{20}{25} + \frac{20}{50} = 1.2$

③ 혼합물의 TLV－TWA

$$\text{TLV} - \text{TWA} = \frac{C_1 + C_2 + \cdots + C_n}{EI}$$

④ 액체 혼합물의 구성성분(%)을 알 때 혼합물의 허용농도(노출기준)

$$\text{혼합물의 노출기준}(mg/m^3) = \frac{1}{\frac{f_a}{TLV_a} + \frac{f_b}{TLV_b} + \cdots + \frac{f_n}{TLV_n}}$$

여기서, f_1, f_2, f_n : 액체 혼합물에서의 각 성분 무게(중량) 구성비(%)
TLV_1, TLV_2, TLV_n : 해당 물질의 노출기준(mg/m^3)

5 유해화학물질의 유해요인

(1) 유해인자의 유해성 · 위험성 평가 및 관리

① 유해성 · 위험성 평가의 대상이 되는 유해인자의 선정기준

㉠ 유해성 · 위험성 평가가 필요한 유해인자

㉡ 노출 시 변이원성(유전적인 돌연변이를 일으키는 물리적 · 화학적 성질), 흡입독성, 생식독성(생물체의 생식에 해를 끼치는 약물 등의 독성), 발암성 등 근로자의 건강장해 발생이 의심되는 유해인자

㉢ 그 밖의 사회적 물의를 일으키는 등 유해성 · 위험성 평가가 필요한 유해인자

② 선정된 유해인자의 유해성 · 위험성 평가 시 고려사항

㉠ 독성시험자료 등을 통한 유해성 · 위험성 확인

㉡ 화학물질의 노출이 인체에 미치는 영향

㉢ 화학물질의 노출수준

(2) 유해인자 허용기준의 준수

① 사업주는 유해인자의 작업장 내 노출농도를 법령으로 정하는 허용기준 이하로 유지해야 한다.

② 유해인자의 작업장 내 노출농도를 허용기준 이하로 유지하지 않아도 되는 경우

㉠ 유해인자를 취급하거나 정화, 배출하는 시설 및 설비의 설치나 개선이 현존하는 기술로 가능하지 아니한 경우

㉡ 천재지변 등으로 시설과 설비에 중대한 결함이 발생한 경우

㉢ 법령으로 정하는 임시 작업과 단시간 작업의 경우

㉣ 그 밖에 대통령령으로 정하는 경우

참고

임시 작업이란 월 24시간 미만, 단시간 작업이란 1일 1시간 미만의 작업을 말한다.

법령

산업안전보건법 시행규칙 별표 19

③ 노출농도를 허용기준 이하로 유지해야 하는 유해인자

㉠ 6가크롬 화합물

㉡ 납 및 그 무기화합물

㉢ 니켈(불용성 무기화합물로 한정)

㉣ 디메틸포름아미드

㉤ 벤젠

㉥ 2-브로모프로판

㉦ 석면(제조·사용하는 경우만 해당)

㉧ 이황화탄소

㉨ 카드뮴 및 그 화합물

㉩ 톨루엔-2, 4-디이소시아네이트 또는 톨루엔-2, 6-디이소시아네이트

㉪ 트리클로로에틸렌

㉫ 포름알데히드

㉬ 노말헥산

(3) 유해물질의 유해요인

① 유해물질의 농도와 접촉시간(Haber의 법칙)

$$\text{유해지수}(k) = \text{유해물질 농도}(c) \times \text{접촉시간}(t)$$

② 근로자의 감수성

③ 작업 강도

④ 기상조건

(4) 유해·위험 예방조치를 해야 하는 유해요인

안전조치	• 기계, 기구, 그 밖의 설비에 의한 위험 • 폭발성, 발화성 및 인화성 물질 등에 의한 위험 • 전기, 열, 그 밖의 에너지에 의한 위험
보건조치	• 원재료, 가스, 증기, 분진, 흄(fume), 미스트(mist), 산소결핍 병원체 등에 의한 건강장해 • 방사선, 유해광선, 고온, 저온, 초음파, 소음, 진동, 이상기압 등에 의한 건강장해 • 사업장에서 배출되는 기체, 액체 또는 찌꺼기 등에 의한 건강장해 • 계측감시, 컴퓨터 단말기 조작, 정밀공작 등의 작업에 의한 건강장해 • 단순반복작업 또는 인체에 과도한 부담을 주는 작업에 의한 건강장해 • 환기, 채광, 조명, 보온, 방습, 청결 등의 적정기준을 유지하지 아니하여 발생하는 건강장해

기출문제

다음 중 유해물 취급상의 안전을 위한 조치사항으로 가장 적절하지 않은 것은?

❶ 작업 적응자의 배치
② 유해물 발생원의 봉쇄
③ 유해물의 위치, 작업공정의 변경
④ 작업공정의 밀폐와 작업장의 격리

(5) 유해물 취급상의 안전조치

① 유해물 발생원의 봉쇄

② 유해물의 위치, 작업공정의 변경

③ 작업공정의 은폐 및 작업장의 격리

(6) 유해물질 중 입자상 물질의 구분

흄(fume)	금속의 증기가 공기 중에서 응고되어 화학변화를 일으켜 고체의 미립자로 되어 공기 중에 부유하는 것
미스트(mist)	액체의 미세한 입자가 공기 중에 부유하고 있는 것
분진(dust)	기계적 작용에 의해 발생된 고체 미립자가 공기 중에 부유하고 있는 것
스모크(smoke)	유기물의 불완전 연소에 의해 생긴 미립자

기출문제

금속의 증기가 공기 중에서 응고되어 화학변화를 일으켜 고체의 미립자로 되어 공기 중에 부유하는 것을 의미하는 용어는?

❶ 흄 ② 분진
③ 미스트 ④ 스모크

02 화학물질(위험물, 유해화학물질) 유해 위험성 확인

합격 체크포인트

- 화학물질의 유해위험성 이해
- 위험물질별 저장 및 취급방법 이해
- 적정공기

1 위험물의 성질 및 위험성 ★★★★

(1) 위험물의 일반적인 특징

① 물 또는 산소와 반응이 용이하다.

② 반응속도가 급격히 진행된다.

③ 반응 시 발생되는 발열량이 크다.

④ 수소와 같은 가연성 가스를 발생시킨다.

⑤ 화학적 구조나 결합력이 불안정하다.

(2) 풍해성과 금수성

① **풍해성** : 결정수를 함유하는 물질이 공기 중에 결정수를 잃는 현상이다. 즉 수분을 방출하여 고체(가루)가 되는 현상을 말한다.

예 Na_2CO_3(탄산나트륨)

② **금수성** : 물과 반응 시 발화하거나 가연성 가스를 발생시키는 성질이다. 즉 물과의 접촉을 금지해야 한다.

예 물과의 반응으로 가스를 발생시키는 물질

$2K$(칼륨) $+ 2H_2O \rightarrow 2KOH + H_2$(수소) $\uparrow$

CaC_2(탄화칼슘) $+ H_2O \rightarrow Ca(OH)_2 + C_2H_2$(아세틸렌) $\uparrow$

Ca3P_2(인화칼슘) $+ 6H_2O \rightarrow 3Ca(OH)_2 + 2PH_3$(포스핀) $\uparrow$

기출문제

다음 상온에서 물과 격렬히 반응하여 수소를 발생시키는 물질은?

① Ti ❷ K
③ Fe ④ Ag

2 위험물의 저장 및 취급방법

(1) 위험물의 저장 방법

① **나트륨(Na), 칼륨(K)** : 석유 속에 저장한다.

② **황린(P_4)** : 공기 중에서 격렬하게 연소하므로 물속에 저장한다.

$$P_4 + 5O_2 \rightarrow 2P_2O_5(\text{오산화인}) \uparrow$$

③ **적린(P), 마그네슘, 칼륨** : 격리하여 저장한다.

④ **질산은($AgNO_3$) 용액** : 햇빛을 피하여 저장한다(빛에 의해 분해 반응).

⑤ **벤젠(C_6H_6)** : 산화성 물질과 격리하여 저장한다.

⑥ **탄화칼슘(CaC_2, 카바이트)** : 금수성 물질로서 물과 격렬히 반응(아세틸렌 가스 발생)하므로 건조한 곳에 보관한다.

⑦ **질산(HNO_3)** : 통풍이 잘 되는 곳에 보관하고 물기와의 접촉을 피한다.

⑧ **니트로셀룰로오스($C_6H_7O_2(ONO_2)_3$, 질화면)** : 건조하면 분해·폭발하므로 알코올에 적셔 습하게 보관한다(습면상태 유지).

(2) 중독 증세

① **수은 중독** : 구내염, 혈뇨, 손떨림 증상

② **납 중독** : 신경근육계통장애

③ **크롬 중독** : 비중격천공증세

④ **벤젠 중독** : 조혈기관 장애(백혈병)

기출 Check!

크롬 중독 시 비중격천공 증세를 일으킨다.

(3) 기타사항

① **아산화질소(N_2O)** : 가연성 마취제

② 질소(N_2)는 잠함병(잠수병)의 원인 물질이다.

③ 암모니아(NH_3) 가스는 네슬러 시약에 갈색으로 변색된다.

④ 포스겐 가스($COCl_2$) 누설검지의 시험지로 해리슨시험지가 사용된다.

참고

잠수병이란 심해에서 수면으로 너무 빨리 올라올 때 갑작스러운 압력 저하로 혈액 속에 녹아 있는 기체가 폐를 통해 나오지 못하고 혈관 내에서 기체 방울을 형성해 혈관을 막는 증상을 말한다.

(4) 위험물질 등의 제조 등 작업 시 금지 행동

① 폭발성 물질, 유기과산화물을 화기나 그 밖에 점화원이 될 우려가 있는 것에 접근시키거나 가열하거나 마찰시키거나 충격을 가하는 행위

② 물반응성 물질, 인화성 고체를 각각 그 특성에 따라 화기나 그 밖에 점화원이 될 우려가 있는 것에 접근시키거나 발화를 촉진하는

물질 또는 물에 접촉시키거나 가열하거나 마찰시키거나 충격을 가하는 행위

③ 산화성 액체, 산화성 고체를 분해가 촉진될 우려가 있는 물질에 접촉시키거나 가열하거나 마찰시키거나 충격을 가하는 행위

④ 인화성 액체를 화기나 그 밖에 점화원이 될 우려가 있는 것에 접근시키거나 주입 또는 가열하거나 증발시키는 행위

⑤ 인화성 가스를 화기나 그 밖에 점화원이 될 우려가 있는 것에 접근시키거나 압축, 가열 또는 주입하는 행위

⑥ 부식성 물질 또는 급성 독성물질을 누출시키는 등으로 인체에 접촉시키는 행위

⑦ 위험물을 제조하거나 취급하는 설비가 있는 장소에 인화성 가스 또는 산화성 액체 및 산화성 고체를 방치하는 행위

(5) 기타 위험물 취급 시 주의사항

① 물반응성 물질, 인화성 고체를 취급하는 경우에는 물과의 접촉을 방지하기 위하여 완전밀폐된 용기에 저장하거나 빗물 등이 스며들지 않는 건축물 내에 보관해야 한다.

② 액상의 인화성 물질을 호스 등을 사용하여 화학설비, 탱크로리, 드럼 등에 주입할 때는 그 호스 또는 배관 등의 결합부를 확실히 연결하고 누출이 없는 것을 확인한 후에 당해 작업을 해야 한다.

③ 가솔린이 남아 있는 화학설비, 탱크로리, 드럼 등에 등유나 경유를 주입할 때는 미리 그 내부를 깨끗하게 씻어내고, 가솔린의 증기를 불활성 가스로 바꾸는 등 안전한 상태로 되어있는 것을 확인한 후에 당해 작업을 해야 한다. 다만, 아래의 조치를 하는 경우에는 그러하지 아니하다.

㉠ 등유나 경유의 주입 전에 탱크로리, 드럼 등과 주입설비 사이에 접속선 또는 접지선을 연결하여 전위차를 줄이도록 해야 한다.

㉡ 등유나 경유를 주입하는 경우에는 그 액표면의 높이가 주입관의 선단의 높이를 넘을 때까지 주입속도를 1m/s 이하로 해야 한다.

④ 산화에틸렌(C_2H_4O), 아세트알데히드 또는 산화프로필렌을 화학설비, 탱크로리, 드럼 등에 주입할 때는 미리 그 내부의 불활성 가스 외의 가스나 증기를 불활성 가스로 바꾸는 등 안전한 상태로 되어있는 것을 확인한 후에 해당 작업을 해야 한다.

기출 Check!

가솔린이 남아 있는 화학설비에 등유나 경유를 주입하는 경우 주입속도는 1m/s 이하로 하여야 한다.

(6) 인화성 액체 등을 수시로 취급하는 장소

① 인화성 액체, 인화성 가스 등을 수시로 취급하는 장소에서는 환기가 충분하지 않은 상태에서 전기기계, 기구를 작동시켜서는 안 된다.

② 수시로 밀폐된 공간에서 스프레이건을 사용하여 인화성 액체로 세척, 도장 등의 작업을 하는 경우에는 아래와 같은 조치를 하고 전기기계, 기구를 작동시켜야 한다.

㉠ 인화성 액체, 인화성 가스 등으로 폭발위험 분위기가 조성되지 않도록 해당 물질의 공기 중 농도가 인화하한계값의 25%를 넘지 않도록 충분히 환기를 유지할 것

㉡ 조명 등은 고무, 실리콘 등의 패킹이나 실링재료를 사용하여 완전히 밀봉할 것

㉢ 가열성 전기기계, 기구를 사용하는 경우에는 세척 또는 도장용 스프레이건과 동시에 작동되지 않도록 연동장치 등의 조치를 할 것

㉣ 방폭구조 외의 스위치와 콘센트 등의 전기기기는 밀폐공간 외부에 설치되어 있을 것

(7) 폭발 또는 화재 등의 예방

① 인화성 물질의 증기, 가연성 가스 또는 가연성 분진이 존재하여 폭발 또는 화재가 발생할 우려가 있는 장소에서는 당해 증기, 가스 또는 분진에 의한 폭발 또는 화재를 예방하기 위하여 통풍, 환기 및 분진 제거(제진) 등의 조치를 해야 한다.

② 증기 또는 가스에 의한 폭발 또는 화재를 미리 감지할 수 있는 가스검지 및 경보장치를 설치하고 그 성능이 발휘될 수 있도록 해야 한다.

3 인화성 가스 취급 시 주의사항 ★

법령

산업안전보건법 시행령 별표 13

(1) 인화성 가스의 정의

① 인화성 가스는 폭발한계 농도의 하한이 13% 이하 또는 상하한의 차가 12% 이상인 것으로서 표준압력(101.3 kPa) 20℃에서 가스 상태인 물질을 말한다.

② **종류** : 수소, 아세틸렌, 에틸렌, 메탄, 에탄, 프로판, 부탄, 도시가스(LNG), LPG, 암모니아 등이 있다.

(2) 인화성 가스 취급 시 안전관리

① 유해위험요인

㉠ 누출되어 밀폐된 공간에 가스가 축적될 때 점화원에 의해 화재나 폭발 발생

㉡ 용기파손에 의한 누출 및 폭발 위험

㉢ 화염 또는 가스(액화가스)와 접촉 시 화상 또는 동상 위험

② 안전한 취급방법

㉠ 누출되면 쉽게 화재를 유발하므로 누출되지 않는 밀폐구조로 취급

㉡ 인화성 가스 사용, 저장장소는 누설 여부를 할 수 있도록 가스 경보장치 설치

㉢ 인화성 가스 취급장소에서는 흡연, 용접, 그라인딩 작업, 비방폭형 전기기기 사용을 금지하고, 접지 조치로 인체 및 설비 정전기를 없애는 등 점화원 제거

③ 누출 및 화재폭발 시 대응방법

㉠ 인화성 가스 누출 시 지연된 폭발을 수반하는 경우가 많으므로 원격이나 안전한 방법으로 차단할 수 없으면 접근을 지양하고 경고 후 대피 조치

㉡ 폭발 후 누출로 인한 분출 화재(jet fire) 발생 시 가스 차단 외에는 소화할 수 없으므로 다 타도록 내버려두고 인접시설의 피해방지에 주력

4 유해화학물질 취급 시 주의사항 ★★★

(1) 제조 등이 금지되는 유해물질

법령

산업안전보건법 시행령 제87조

① β − 나프틸아민과 그 염(β − naphthylamine and its salts)

② 4 − 니트로디페닐과 그 염(4 − nitrodiphenyl and its salts)

③ 백연을 함유한 페인트(함유된 중량의 비율이 2% 이하인 것은 제외)

④ 벤젠을 함유하는 고무풀(함유된 중량의 비율이 5% 이하인 것은 제외)

⑤ 석면(asbestos)

⑥ 폴리클로리네이티드 터페닐(polychlorinated terphenyls)

⑦ 황린 성냥(yellow phosphorus match)

⑧ ①, ②, ⑤ 또는 ⑥에 해당하는 물질을 함유한 혼합물(함유된 중량의 비율이 1% 이하인 것은 제외)
⑨ 「화학물질관리법」에 따른 금지물질
⑩ 그 밖에 보건상 해로운 물질로서 정부기관에서 정하는 유해물질

(2) 관리대상 유해물질

참고

관리대상 유해물질이란 근로자에게 상당한 건강장해를 일으킬 우려가 있어 건강장해를 예방하기 위한 보건상의 조치가 필요한 원재료, 가스, 증기, 분진, 흄(fume), 미스트(mist)로서 유기화합물, 금속류, 산 · 알칼리류, 가스 상태의 물질류이다.

법령

산업안전보건기준에 관한 규칙 제436~437조

① 관리대상 유해물질 취급설비 작업 시 작업수칙
㉠ 밸브 · 콕 등의 조작(관리대상 유해물질을 내보내는 경우에만 해당한다)
㉡ 냉각장치, 가열장치, 교반장치 및 압축장치의 조작
㉢ 계측장치와 제어장치의 감시 · 조정
㉣ 안전밸브, 긴급 차단장치, 자동경보장치 및 그 밖의 안전장치의 조정
㉤ 뚜껑 · 플랜지 · 밸브 및 콕 등 접합부가 새는지 점검
㉥ 시료의 채취
㉦ 관리대상 유해물질 취급설비의 재가동 시 작업방법
㉧ 이상사태가 발생한 경우의 응급조치
㉨ 그 밖에 관리대상 유해물질이 새지 않도록 하는 조치

② 관리대상 유해물질이 들어있던 탱크의 작업 시 조치사항
㉠ 관리대상 유해물질에 관하여 필요한 지식을 가진 사람이 해당 작업을 지휘하도록 할 것
㉡ 관리대상 유해물질이 들어올 우려가 없는 경우에는 작업을 하는 설비의 개구부를 모두 개방할 것
㉢ 근로자의 신체가 관리대상 유해물질에 의하여 오염된 경우나 작업이 끝난 경우에는 즉시 몸을 씻게 할 것
㉣ 비상시에 작업설비 내부의 근로자를 즉시 대피시키거나 구조하기 위한 기구와 그 밖의 설비를 갖추어 둘 것
㉤ 작업을 하는 설비의 내부에 대하여 작업 전에 관리대상 유해물질의 농도를 측정하거나 그 밖의 방법에 따라 근로자가 건강에 장해를 입을 우려가 있는지를 확인할 것
㉥ 설비 내부에 관리대상 유해물질이 있는 경우에는 설비 내부를 환기장치로 충분히 환기 시킬 것
㉦ 유기화합물질을 넣었던 탱크에 대하여 작업 시작 전에 아래의 조치를 할 것
- 유기화합물이 탱크로부터 배출된 후 탱크 내부에 재 유입되지 않도록 할 것

• 물이나 수증기 등으로 탱크 내부를 씻은 후 그 씻은 물이나 수증기 등을 탱크로부터 배출시킬 것
• 탱크 용적의 3배 이상의 공기를 채웠다가 내보내거나 탱크에 물을 가득 채웠다가 배출시킬 것

ⓞ 사업주는 근로자가 그 설비의 내부에 머리를 넣고 작업하지 않도록 하고 작업하는 근로자에게 주의하도록 미리 알려야 한다.

③ 관리대상 유해물질 취급 작업장의 게시 사항
㉠ 관리대상 유해물질의 명칭
㉡ 인체에 미치는 영향
㉢ 취급상 주의사항
㉣ 착용해야 할 보호구
㉤ 응급조치와 긴급 방재 요령

법령
산업안전보건기준에 관한 규칙 제442조

④ 관리대상 유해물질을 취급하는 근로자의 배치 전 주지 사항
㉠ 관리대상 유해물질의 명칭 및 물리적 · 화학적 특성
㉡ 인체에 미치는 영향과 증상
㉢ 취급상의 주의사항
㉣ 착용해야 할 보호구와 착용 방법
㉤ 위급상황 시의 대처 방법과 응급조치 요령
㉥ 그 밖에 근로자의 건강장해 예방에 관한 사항

법령
산업안전보건기준에 관한 규칙 제449조

(3) 밀폐공간 내 작업 시 조치사항

① 밀폐공간에서 작업 시 작업 시작 전 및 작업 중에 해당 작업장을 적정공기 상태가 유지되도록 환기해야 한다.
㉠ 작업장의 적정공기 수준
• 산소농도의 범위가 18% 이상 23.5% 미만
• 이산화탄소의 농도가 1.5% 미만
• 일산화탄소의 농도가 30ppm 미만
• 황화수소의 농도가 10ppm 미만
㉡ 환기가 곤란한 경우에는 근로자에게 공기호흡기 또는 송기마스크를 지급하고, 근로자는 지급된 보호구를 착용해야 한다.

② 밀폐 장소에 근로자를 입장시킬 때와 퇴장시킬 때마다 인원을 점검해야 한다.

③ 밀폐공간에서 작업하는 근로자가 아닌 사람이 그 장소에 출입하는 것을 금지하고, 출입금지 표지를 밀폐공간 근처의 보기 쉬운 장소에 게시해야 한다.

법령
산업안전보건기준에 관한 규칙 제620~623조

④ 해당 작업장의 내부가 어두운 경우 방폭용 전등을 이용한다.

⑤ 근로자가 밀폐공간에서 작업을 하는 동안 작업상황을 감시할 수 있는 감시인을 지정하여 밀폐공간 외부에 배치해야 한다.

㉠ 감시인은 밀폐공간에 종사하는 근로자에게 이상이 있을 경우에 구조요청 등 필요한 조치를 한 후 이를 즉시 관리감독자에게 알려야 한다.

㉡ 사업주는 근로자가 밀폐공간에서 작업을 하는 동안 그 작업장과 외부의 감시인 간에 항상 연락을 취할 수 있는 설비를 설치해야 한다.

⑥ 밀폐공간에서 산소결핍이나 유해가스로 인한 질식 · 화재 · 폭발 등의 우려가 있으면 즉시 작업을 중단시키고 해당 근로자를 대피하도록 해야 한다.

참고

산소결핍은 공기 중의 산소농도가 18% 미만인 상태이다.

(4) 환기장치의 설치 기준

법령

산업안전보건기준에 관한 규칙 제72~77조

① 후드

㉠ 유해물질이 발생하는 곳마다 설치해야 한다.

㉡ 유해인자의 발생형태와 비중, 작업방법 등을 고려하여 해당 분진 등의 발산원을 제어할 수 있는 구조로 설치해야 한다.

㉢ 후드 형식은 가능하면 포위식 또는 부스식 후드를 설치해야 한다.

㉣ 외부식 또는 리시버식 후드는 해당 분진 등의 발산원에 가장 가까운 위치에 설치해야 한다.

기출 Check!

후드의 개구부 면적은 크게 하지 않는다.

② 덕트

㉠ 가능하면 길이는 짧게 하고 굴곡부의 수는 적게 해야 한다.

㉡ 접속부의 안쪽은 돌출된 부분이 없도록 해야 한다.

㉢ 청소구를 설치하는 등 청소하기 쉬운 구조로 해야 한다.

㉣ 덕트 내부에 오염물질이 쌓이지 않도록 이송속도를 유지해야 한다.

㉤ 연결 부위 등은 외부 공기가 들어오지 않도록 해야 한다.

③ 배풍기

㉠ 국소배기장치에 공기정화장치를 설치하는 경우 정화 후의 공기가 통하는 위치에 배풍기를 설치해야 한다.

㉡ 다만, 빨아들여진 물질로 인하여 폭발할 우려가 없고 배풍기의 날개가 부식될 우려가 없는 경우에는 정화 전의 공기가 통하는 위치에 배풍기를 설치할 수 있다.

④ 배기구와 공기정화장치

㉠ 분진 등을 배출하기 위하여 설치하는 국소배기장치(공기정화장치가 설치된 이동식 국소배기장치는 제외)의 배기구를 직접 외부로 향하도록 개방하여 실외에 설치하는 등 배출되는 분진 등이 작업장으로 재유입되지 않는 구조로 해야 한다.

㉡ 분진 등을 배출하는 장치나 설비에는 그 분진 등으로 인하여 근로자의 건강에 장해가 발생하지 않도록 흡수 · 연소 · 집진 또는 그 밖의 적절한 방식에 의한 공기정화장치를 설치해야 한다.

⑤ 전체 환기장치의 설치기준

㉠ 송풍기 또는 배풍기(덕트를 사용하는 경우에는 해당 덕트의 흡입구를 말함)는 가능한 한 해당 분진 등의 발산원에 가장 가까운 위치에 설치해야 한다.

㉡ 송풍기 또는 배풍기는 직접 외부로 향하도록 개방하여 실외에 설치하는 등 배출되는 분진 등 이 작업장으로 재유입되지 않는 구조로 해야 한다.

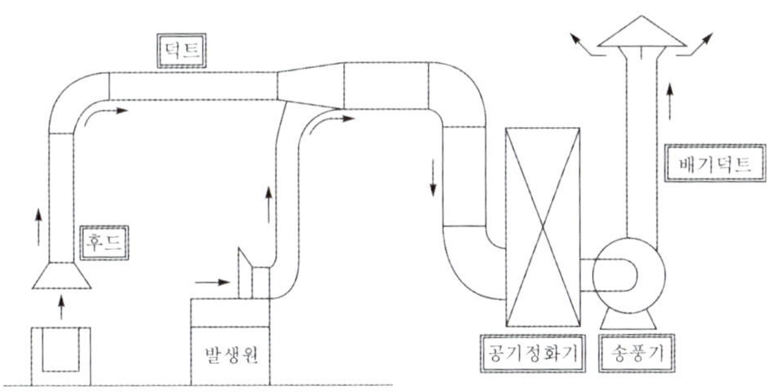

❙ 국소배기시설의 계통도 ❙

5 물질안전보건자료(MSDS)

(1) 물질안전보건자료의 작성

① 물질안전보건자료(MSDS; Material Safety Data Sheets)는 그 물질을 다루는 근로자 및 구매자가 그 위험성을 인지하고 취급, 관리함으로써 인적 · 물적 피해를 줄이기 위하여 항상 비치하도록 하는 자료이다.

② 물질안전보건자료는 물질에 대한 위험성을 나타내는 자료로서 그 물질을 다루는 근로자나 구매자는 이를 꼭 확인해야 한다.

기출 Check!

물질안전보건자료 작성 및 제출 제외 대상 화학물질(관계 법령은 생략)

- 화장품, 위생용품
- 사료, 비료, 농약
- 식품 및 식품 첨가물
- 건강기능식품 등

③ 혼합물인 제품들이 다음의 요건을 모두 충족하는 경우에는 해당 제품들을 대표하여 하나의 물질안전보건자료를 작성할 수 있다.
㉠ 혼합물인 제품들의 구성성분이 같을 것
㉡ 각 구성성분의 함유량 변화가 10%포인트(%P) 이하일 것
㉢ 유사한 유해성을 가질 것

(2) 물질안전보건자료의 작성 항목

① 화학제품과 회사에 관한 정보
② 유해 · 위험성 정보
③ 구성성분의 명칭 및 함유량
④ 응급조치 요령
⑤ 폭발 · 화재 시 대처방법
⑥ 누출 사고 시 대처방법
⑦ 취급 및 저장방법
⑧ 노출방지 및 개인보호구
⑨ 물리화학적 특성
⑩ 안정성과 반응성
⑪ 독성에 관한 정보
⑫ 환경에 미치는 영향
⑬ 폐기 시 주의사항
⑭ 운송에 필요한 정보
⑮ 법적 규제현황
⑯ 기타 참고사항

(3) 게시 및 비치

① 취급 근로자가 쉽게 보거나 접근할 수 있는 장소에 각 화학물질별로 물질안전보건자료를 항상 게시하거나 갖추어 놓아야 한다.
② 취급 작업자가 물질안전보건자료를 쉽게 확인할 수 있는 전산장비를 갖추도록 해야 한다.
③ 게시내용은 물리 · 화학적 특성, 독성에 관한 정보, 폭발화재 시 대처방법, 응급조치요령 등을 포함해야 한다.
④ 게시 장소는 대상화학물질 취급작업 공정 내, 안전사고 또는 직업병 발생 우려 장소, 사업장내 근로자가 보기 쉬운 장소에 비치한다.

기출 Check!

혼합물인 제품의 구성성분의 함유량 변화가 10%포인트 이하인 경우 해당 제품들을 대표하여 하나의 물질안전보건자료를 작성할 수 있다.

법령

화학물질의 분류 · 표시 및 물질안전보건자료에 관한 기준 제10조

기출문제

다음 중 산업안전보건법령상 물질안전보건자료 작성 시 포함되어 있는 주요 작성항목이 아닌 것은?
① 법적 규제 현황
② 폐기 시 주의사항
❸ 주요 구입 및 폐기처
④ 화학제품과 회사에 관한 정보

(4) 물질안전보건자료의 교육시기

① 물질안전보건자료 대상물질을 제조 · 사용 · 운반 또는 저장하는 작업에 근로자를 배치한 경우
② 새로운 물질안전보건자료 대상물질이 도입된 경우
③ 유해성 · 위험성 정보가 변경된 경우

법령

산업안전보건법 시행규칙 제169조

(5) 물질안전보건자료 경고표지 포함사항

① 명칭 : 제품명
② 그림문자 : 화학물질의 분류에 따라 유해 · 위험의 내용을 나타내는 그림
③ 신호어 : 유해 · 위험의 심각성 정도에 따라 표시하는 '위험' 또는 '경고' 문구
④ 유해 · 위험 문구 : 화학물질의 분류에 따라 유해 · 위험을 알리는 문구
⑤ 예방조치 문구 : 화학물질에 노출되거나 부적절한 저장 · 취급 등으로 발생하는 유해 · 위험을 방지하기 위하여 알리는 주요 유의사항
⑥ 공급자 정보 : 물질안전보건자료 대상물질의 제조자 또는 공급자의 이름 및 전화번호 등

03 화학물질 취급설비 개념 확인

합격 체크포인트

- 화학물질 취급설비의 이해
- 건조설비의 이해
- 특수화학설비의 종류

1 각종 장치(고정, 회전 및 안전장치 등)의 종류

(1) 고정장치

① 화학설비
㉠ 반응기 · 혼합조 등 화학물질 반응 또는 혼합장치
㉡ 증류탑 · 흡수탑 · 추출탑 · 감압탑 등 화학물질 분리장치
㉢ 저장탱크 · 계량탱크 · 호퍼 · 사일로 등 화학물질 저장 또는 계량 설비
㉣ 응축기 · 냉각기 · 가열기 · 증발기 등 열교환기류
㉤ 고로 등 점화기를 직접 사용하는 열교환기류
㉥ 캘린더 · 혼합기 · 발포기 · 인쇄기 · 압출기 등 화학제품 가공설비

법령

산업안전보건기준에 관한 규칙 별표 7

ⓢ 분쇄기 · 분체분리기 · 용융기 등 분체화학물질 취급장치
ⓞ 결정조 · 유동탑 · 탈습기 · 건조기 등 분체화학물질 분리장치
ⓩ 펌프류 · 압축기 · 이젝터 등의 화학물질 이송 또는 압축설비

② 화학설비의 부속설비

ㄱ 배관 · 밸브 · 관 · 부속류 등 화학물질 이송 관련 설비
ㄴ 온도 · 압력 · 유량 등을 지시, 기록 등을 하는 자동제어 관련 설비
ㄷ 안전밸브 · 안전판 · 긴급차단 또는 방출밸브 등 비상조치 관련 설비
ㄹ 가스누출감지 및 경보 관련 설비
ㅁ 세정기 · 응축기 · 벤트스택 · 플레어스택 등 폐가스 처리 설비
ㅂ 사이클론 · 백필터(bag filter) · 전기 집진기 등 분진 처리 설비
ㅅ ㄱ부터 ㅂ까지의 설비를 운전하기 위해 부속된 전기 관련 설비
ㅇ 정전기 제거장치, 긴급 샤워설비 등 안전 관련 설비

기출문제

다음 중 산업안전보건법령상 화학설비의 부속설비로만 이루어진 것은?

❶ 사이클론, 백필터, 전기집진기 등 분진처리설비
② 응축기, 냉각기, 가열기, 증발기 등 열교환기류
③ 고로 등 점화기를 직접 사용하는 열교환기류
④ 혼합기, 발포기, 압출기 등 화학제품 가공설비

(2) 회전장치

펌프류 · 압축기 · 이젝터 등의 화학물질 이송 또는 압축설비

(3) 안전장치

① 안전밸브(safety valve)
② 파열판(rupture disc)
③ 체크밸브(check valve)
④ 통기밸브(breather valve)
⑤ 역화 방지기(flame arrester)
⑥ 벤트스택(vent stack)
⑦ 자동경보장치
⑧ 긴급차단밸브(emergency shutoff valve)
⑨ 스팀트랩(steam trap)

2 화학장치(반응기, 정류탑, 열교환기 등)의 특성 ★★★★

(1) 반응기(reactor)

① 반응기는 원료물질을 화학적 반응을 통하여 성질이 다른 물질로 전환하는 설비로서 이와 관련된 계측, 제어 등 일련의 부속장치를 포함하는 장치이다.

② 반응기의 구분

㉠ 조작방식에 의한 분류

회분식 반응기 (batch reactor)	• 원료를 반응기 내에 주입하고, 일정 시간 반응시킨 다음 생성물을 꺼내는 방식이다. • 반응이 진행되는 동안 원료 도입 또는 생성물의 배출이 없다. • 다품종 소량 생산에 유리하다.
연속식 반응기 (plug flow reactor)	• 원료를 연속적으로 반응기에 도입하는 동시에 반응 생성물을 연속적으로 반응기에 배출시키면서 반응을 진행시키는 반응기이다. • 소품종 대량생산에 적합하다.
반회분식 반응기 (semi-batch reactor)	• 반응 성분의 일부를 반응기 내에 넣어두고 반응이 진행됨에 따라 다른 성분을 계속 첨가하는 형식의 반응기이다.

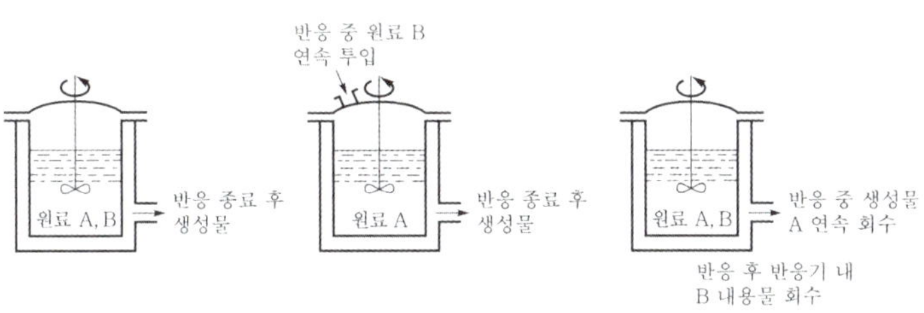

▲ 회분식 ▲ 반회분식 ▲ 연속식

| 조작방식에 의한 반응기의 분류 |

㉡ 구조에 의한 분류

• 관형 반응기
• 탑형 반응기
• 교반기형 반응기
• 유동층형 반응기

③ 반응기의 구비조건

㉠ 고온, 고압에 견딜 것
㉡ 균일한 혼합이 가능할 것

기출문제

다음 중 반응기를 조작방식에 따라 분류할 때 이에 해당하지 않는 것은?
① 회분식 반응기
② 반회분식 반응기
③ 연속식 반응기
❹ 관형식 반응기

㉢ 촉매의 활성에 영향주지 않을 것

㉣ 체류시간 있을 것

㉤ 냉각장치, 가열장치 가질 것

④ 반응기의 설계 시 주요인자

㉠ 온도　　㉡ 압력

㉢ 부식성　　㉣ 상(phase)의 형태

㉤ 체류시간

기출문제

반응기를 설계할 때 고려하여야 할 요인으로 가장 거리가 먼 것은?

① 부식성
② 상의 형태
③ 온도 범위
❹ 중간생성물의 유무

(2) 정류탑

① 정류탑은 응축한 액의 일부를 비기(still)로 되돌아가게 하여 응축기로 가는 증기와 충분한 향류식 접촉을 하도록 하는 탑 모양의 증류장치이다.

② 정류탑의 종류

단탑	특정한 구조의 여러 개 또는 수십 개의 단(plate, tray)으로 성립되어 있으며, 개개의 분단의 단위로 하여 증기와 액체의 접촉이 행해지고 있다. • 체판탑(sieve plate column) • 다공판탑(perforated plate column) • 포종탑(bubble-cap column) • 니플 트레이(nipple tray) • 밸러스트 트레이(ballast tray)
충진탑	• 충진탑 : 기압접촉도가 유화액의 양에 비례하여 흡입된 것을 사용한다. • 포종탑 : 액량에는 무관하며 증기의 압력강하가 크다. • 탑지름이 작은 증류탑 혹은 부식성이 과격한 물질의 증류 등에 이용된다. • 충전물 중에서 가장 일반적으로 사용되고 있는 것으로 라시히 링이 있으며, 이것은 지름 1/2~3B, 높이 1~11/2B 정도의 원통상의 것이며 자기재, 카본재, 철재 등이 있다.

참고

증류(Distillation)란 액체 혼합물을 각 성분의 비점 차이를 이용하여 분리하는 것을 말하고, 정류(Fractionation)란 이러한 증류에 의해 분리된 물질이 더욱 농축되는 것을 말한다.

(3) 열교환기(heat exchanger)

① 열교환기는 온도가 높은 유체로부터 전열벽을 통하여 온도가 낮은 유체에 열을 전달하는 장치이다.

② 열교환기 손실열량

$$Q = K \times A \times \frac{\Delta T}{\Delta X} (\text{kcal/hr})$$

여기서, K : 전열계수,　　A : 면적
　　ΔX : 두께,　　ΔT : 온도변화량

③ 열교환기 효율이 낮아지는 원인

㉠ 스케일(scale)이 관내 외벽에 부착되었을 경우

㉡ 비응축 가스가 축적되었을 경우

㉢ 스팀측 유량이 급속히 감소하여 배압이 올라가는 폐쇄의 경우

㉣ 가열시킬 물질의 유량이 중지되는 경우

④ 열교환기의 일상점검 항목

㉠ 보온재 및 보냉재의 상태

㉡ 도장의 열화 상태

㉢ 접속부(플랜지부), 용접부 등으로부터의 누출 여부

㉣ 기초볼트의 체결 상태

⑤ 다관식 열교환기의 종류

㉠ 고정관판 열교환기

㉡ 유동두식(유동관판식) 열교환기

㉢ U자관 열교환기

㉣ 케틀형 열교환기

⑥ 열교환기의 종류(기하학적 형태에 따른 분류)

원통 다관식 열교환기	가장 널리 사용되고 있는 열교환기로 폭넓은 열전달량을 얻을 수 있으므로 적용범위가 매우 넓고, 신뢰성과 효율이 높다.
이중관식 열교환기	외관 속에 전열관을 동심원 상태로 삽입하여 전열관내 및 외관동체의 환상부에 각각 유체를 흘려서 열교환 시키는 구조이다.
평판형 열교환기	유로 및 강도를 고려하여 요철(凹凸)형으로 프레스 성형된 전열판을 포개서 교대로 각기 유체가 흐르게 한 구조이다.
공랭식 냉각기	냉각수 대신에 공기를 냉각유체로 하고 팬을 사용하여 전열관의 외면에 공기를 강제 통풍시켜 내부유체를 냉각시키는 구조이다.
가열로	액체 혹은 기체연료를 버너를 이용하여 연소시키고 이 때 발생하는 연소열을 이용하여 튜브 내의 유체를 가열하는 구조이다.
코일식 열교환기	탱크나 기타 용기 내의 유체를 가열하기 위하여 용기 내에 전기 코일이나 스팀 코일을 넣어 감아둔 구조이다.

기출문제

열교환기의 정기적 점검을 일상점검과 개방점검으로 구분할 때 개방점검 항목에 해당하는 것은?

① 보냉재의 파손상황
② 플랜지부나 용접부에서의 누출 여부
③ 기초볼트의 체결상태
❹ 생성물, 부착물에 의한 오염상황

⑦ 열교환기의 종류(기능에 따른 분류)

열교환기	두 공정 흐름 사이에 열을 교환하는 장치이다.
냉각기	냉각수 등의 냉각매체를 이용하여 공정상의 유체를 냉각한다.
응축기	냉각수 등의 냉각매체를 이용하여 공정상의 유체를 응축한다.
재비기	스팀 등의 가열매체를 이용하여 증류탑의 바닥에서 유입되는 공정유체를 가열시켜 증기를 발생시킴으로써 증류탑으로 공급되어야 할 열을 전달한다.
증발기	용액의 질을 향상시키기 위해 스팀 등을 이용하여 증발에 의해 용매를 제거시킨다.
예열기	공정으로 유입되는 유체를 가열한다.
2상 흐름 열교환기 (셸앤튜브 열교환기)	2상의 혼합물이 shell(원통)측 또는 tube(튜브)측으로 흐르는 열교환기를 말하며, 응축기와 재비기 등으로 구별된다.

3 화학설비(건조설비 등)의 취급 시 주의사항 ★★★★

(1) 건조설비

① 건조설비란 열원을 사용해서 화약류 단속법에 규정하는 화약, 폭약 및 화공품 이외의 물질을 가열 건조하는 건조실 및 건조기를 총칭해서 건조설비라고 한다.

② 건조설비의 구성
㉠ 구조부분 : 바닥콘크리트, 철골, 보온판 등의 기초부분, 본체, 내부구조물
㉡ 가열장치 : 열원공급장치, 열 순환용 송풍기 등
㉢ 부속설비 : 환기장치, 전기설비, 온도조절장치, 안전장치, 소화장치 등

③ 건조설비의 온도 측정 : 사업주는 건조설비에 대하여 내부의 온도를 수시로 측정할 수 있는 장치를 설치하거나 내부의 온도가 자동으로 조정되는 장치를 설치해야 한다.

④ 건조설비 중 건조실을 독립된 단층 건물로 해야 하는 경우
㉠ 위험물 또는 위험물이 발생하는 물질을 가열 · 건조하는 경우 내용적이 $1m^3$ 이상인 건조설비
㉡ 위험물이 아닌 물질을 가열 · 건조하는 경우로서 다음 용량에 해당하는 건조설비

기출문제

건조설비의 구조를 구조부분, 가열장치, 부속설비로 구분할 때 다음 중 '부속설비'에 속하는 것은?
① 보온판
② 열원장치
❸ 소화장치
④ 철골부

기출문제

위험물 또는 위험물이 발생하는 물질을 가열 · 건조하는 경우 내용적이 몇 세제곱미터 이상인 건조설비인 경우 건조실을 설치하는 건축물의 구조를 독립된 단층 건물로 하여야 하는가? (단, 건조실을 건축물의 최상층에 설치하거나 건축물이 내화구조인 경우는 제외한다.)
❶ 1 ② 10
③ 100 ④ 1,000

- 고체 또는 액체연료의 최대 사용량이 10kg/h 이상
- 기체연료의 최대 사용량이 $1m^3/h$ 이상
- 전기사용 정격용량이 10kW 이상

㉢ 당해 건조실을 건축물의 최상층에 설치하거나 건축물이 내화 구조인 때에는 그러하지 아니하다.

⑤ 건조설비의 구조

㉠ 건조설비의 바깥 면은 불연성 재료로 만들어야 한다.

㉡ 건조설비(유기과산화물을 가열 건조하는 것을 제외)의 내면과 내부의 선반이나 틀은 불연성 재료로 만들어야 한다.

㉢ 위험물 건조설비의 측벽이나 바닥은 견고한 구조로 해야 한다.

㉣ 위험물 건조설비는 그 상부를 가벼운 재료로 만들고, 주위 상황을 고려하여 폭발구를 설치해야 한다.

㉤ 위험물 건조설비는 건조하는 경우에 발생하는 가스 · 증기 또는 분진을 안전한 장소로 배출시킬 수 있는 구조로 해야 한다.

㉥ 액체연료 또는 인화성 가스를 열원의 연료로서 사용하는 건조설비는 점화하는 경우에는 폭발 또는 화재를 예방하기 위하여 연소실이나 그밖에 점화하는 부분을 환기시킬 수 있는 구조로 해야 한다.

㉦ 건조설비의 내부는 청소하기 쉬운 구조로 해야 한다.

㉧ 건조설비의 감시창 · 출입구 및 배기구 등과 같은 개구부는 발화시에 불이 다른 곳으로 번지지 아니하는 위치에 설치하고 필요한 경우에는 즉시 밀폐할 수 있는 구조로 해야 한다.

㉨ 건조설비는 내부의 온도가 부분적으로 상승하지 아니하는 구조로 설치해야 한다.

㉩ 위험물 건조설비의 열원으로서 직화를 사용하지 않아야 한다.

㉪ 위험물 건조설비가 아닌 건조설비의 열원으로서 직화를 사용하는 경우에는 불꽃 등에 의한 화재를 예방하기 위하여 덮개를 설치하거나 격벽을 설치해야 한다.

⑥ 건조설비 사용 시 폭발 또는 화재 예방을 위한 준수사항

㉠ 위험물 건조설비를 사용하는 때에는 미리 내부를 청소하거나 환기해야 한다.

㉡ 위험물 건조설비를 사용하는 때에는 건조로 인하여 발생하는 가스 · 증기 또는 분진에 의하여 폭발 · 화재의 위험이 있는 물질을 안전한 장소로 배출시켜야 한다.

법령

산업안전보건기준에 관한 규칙 제280~283조

기출 **Check!**

- 위험물 건조설비는 상부를 가벼운 재료로 만들고 폭발구를 설치해야 한다.
- 위험물 건조설비의 열원으로 직화를 사용하지 않아야 한다.

ⓒ 위험물 건조설비를 사용하여 가열 건조하는 건조물은 쉽게 이탈되지 않도록 해야 한다.

ⓓ 고온으로 가열 건조한 인화성 액체는 발화의 위험이 없는 온도로 냉각한 후에 격납시켜야 한다.

ⓔ 건조설비(바깥 면이 현저히 고온이 되는 설비만 해당한다)에 가까운 장소에는 인화성 액체를 두지 않도록 해야 한다.

(2) 화학설비 및 그 부속설비 설치 시 안전거리 기준

구분	안전거리
단위공정시설 및 설비로부터 다른 단위공정시설 및 설비의 사이	설비의 바깥 면으로부터 10m 이상
플레어스택으로부터 단위공정시설 및 설비, 위험물질 저장탱크 또는 위험물질 하역설비의 사이	플레어스택으로부터 반경 20m 이상. (다만, 단위공정시설 등이 불연재로 시공된 지붕 아래에 설치된 경우에는 제외)
위험물질 저장탱크로부터 단위공정시설 및 설비, 보일러 또는 가열로의 사이	저장탱크의 바깥 면으로부터 20m 이상. (다만, 저장탱크의 방호벽, 원격조종 화설비 또는 살수설비를 설치한 경우에는 제외)
사무실 · 연구실 · 실험실 · 정비실 또는 식당으로부터 단위공정시설 및 설비, 위험물질 저장탱크, 위험물질 하역설비, 보일러 또는 가열로의 사이	사무실 등의 바깥 면으로부터 20m 이상. (다만, 난방용 보일러인 경우 또는 사무실 등의 벽을 방호구조로 설치한 경우 제외)

(3) 특수화학설비의 종류

① 특수화학설비란 위험물을 기준량 이상으로 제조하거나 취급하는 다음에 해당하는 화학설비를 말한다.

ⓐ 발열반응이 일어나는 반응장치

ⓑ 증류 · 정류 · 증발 · 추출 등 분리를 하는 장치

ⓒ 가열시켜 주는 물질의 온도가 가열되는 위험물질의 분해온도 또는 발화점보다 높은 상태에서 운전되는 설비

ⓓ 반응폭주 등 이상 화학반응에 의하여 위험물질이 발생할 우려가 있는 설비

ⓔ 온도가 350℃ 이상이거나 게이지 압력이 980kPa 이상인 상태에서 운전되는 설비

ⓕ 가열로 또는 가열기

기출 Check!

위험물 건조설비를 사용하여 가열 건조하는 건조물은 쉽게 **이탈되지 않도록** 해야 한다.

참고

단위공정이란 단위공장 내에서 원료가 투입되어 최종제품이 나오는 과정 등 일체를 말하는 것으로서 원료처리공정, 반응공정, 회수공정, 제품저장 및 출하공정 등과 같이 단위공장을 구성하고 있는 각각의 공정을 말한다.

법령

산업안전보건기준에 관한 규칙 별표 8

기출문제

위험물을 저장 · 취급하는 화학설비 및 그 부속설비를 설치할 때 '단위공정시설 및 설비로부터 다른 단위공정시설 및 설비의 사이'의 안전거리는 설비의 바깥 면으로부터 몇 m 이상이 되어야 하는가?

① 5　❷ 10
③ 15　④ 20

법령

산업안전보건기준에 관한 규칙 제273조

4 계측설비 등의 전기설비 ★★

(1) 계측기

① 계측기란 시간이나 물건의 양 따위를 재는 데 쓰는 기구를 말한다.

② 특수화학설비를 설치하는 경우에는 내부의 이상 상태를 조기에 파악하기 위하여 필요한 온도계 · 유량계 · 압력계 등의 계측장치를 설치하여야 한다.

③ 계측기의 종류

유량계	배관 등에 설치하여 공정 중의 유량을 측정하기 위한 계기
온도계	용기, 배관 등의 화학공정 · 장치에 부착되어 공정 중의 온도를 측정할 수 있는 계기
압력계	기체나 액체의 압력을 측정하기 위한 계기

④ 계측기의 구성

검출부	정보원으로부터 정보를 전달부나 수신부에 전달하기 위한 신호로 변환하는 부분
전송부	검출부에서 입력신호를 수신부에 전달하는 신호로 변환하거나 크기를 바꾸는 역할을 하는 부분
수신부	검출부나 전달부의 출력신호를 받아 지시, 기록, 경보를 하는 부분

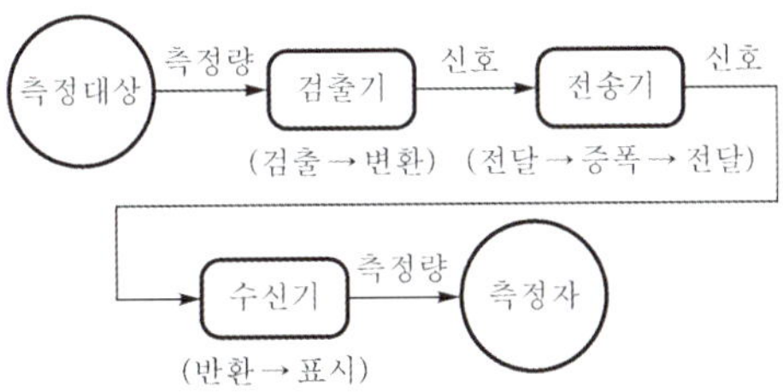

▎계측계통의 신호 흐름 ▎

⑤ 계기의 특성

정특성	측정량이 시간적인 변화가 없을 때 측정량의 크기와 계측기의 지시와의 대응관계
동특성	측정량의 변동에 대하여 계측기의 지시가 어떻게 변하는지의 대응관계

기출문제

산업안전보건법령상 특수화학설비를 설치할 때 내부의 이상상태를 조기에 파악하기 위하여 필요한 계측장치를 설치하여야 한다. 이러한 계측장치로 거리가 먼 것은?

① 압력계 ② 유량계
③ 온도계 ❹ 비중계

PART 05 화학설비 안전관리

기출문제

산업안전보건법령에 따라 사업주가 특수화학설비를 설치하는 때에 그 내부의 이상상태를 조기에 파악하기 위하여 설치하여야 하는 장치는?

❶ 자동경보장치
② 긴급차단장치
③ 자동문 개폐장치
④ 스크러버 개방장치

(2) 특수화학설비 설치 시 필요 장치

① **자동경보장치** : 특수화학설비 내부의 이상 상태를 조기에 파악하기 위한 장치

② **긴급차단장치** : 이상 상태의 발생에 따른 폭발 · 화재 또는 위험물의 누출을 방지하기 위하여 원재료 공급의 긴급차단, 제품 등의 방출, 불활성가스의 주입이나 냉각용수 등의 공급을 위하여 필요한 장치

③ **예비동력원** : 특수화학설비와 그 부속설비에 사용하는 예비동력원을 갖추고 다음의 사항을 준수해야 한다.

㉠ 동력원의 이상에 의한 폭발이나 화재를 방지하기 위하여 즉시 사용할 수 있는 예비동력원을 갖추어 둘 것

㉡ 밸브 · 콕 · 스위치 등에 대해서는 오조작을 방지하기 위하여 잠금장치를 하고 색채표시 등으로 구분할 것

제3장 화공안전 비상조치계획 · 대응

01 비상조치계획 및 평가

1 비상조치계획

(1) 목적

① 사업장에서 발생할 수 있는 화재, 폭발 및 화학물질 누출에 대해 위험성 및 재해 파악 분석을 통해 비상조치 계획(최악 및 대안의 사고 시나리오)을 수립하고 비상조치 위원회, 비상통제 조직을 통해 인명과 재산을 보호한다.

② 사업장에서 화재, 폭발, 위험물 누출 등으로 인한 중대산업사고가 발생했을 때 사업장 내의 근로자나 사업장 인근 지역의 인명과 재산을 보호하고 피해를 최소화하기 위함이다.

(2) 공정안전보고서의 비상조치계획에 포함해야 할 세부내용

① 비상조치를 위한 장비 · 인력 보유현황

② 사고발생 시 각 부서 · 관련 기관과의 비상연락체계

③ 사고발생 시 비상조치를 위한 조직의 임무 및 수행 절차

④ 비상조치계획에 따른 교육계획

⑤ 주민홍보계획

⑥ 그 밖에 비상조치 관련 사항

2 비상대응 교육 훈련

(1) 목적

① 교육훈련은 사업장의 일반 근로자, 사업주, 관리감독자, 도급업체 근로자 및 일용근로자 등 공정안정관리 제도와 관련 있는 사업장의 모든 사람들을 대상으로 한다.

합격 체크포인트

- 비상조치계획에 포함되어야 할 내용 이해

참고

- 중대산업사고란 대통령령으로 정하는 유해하거나 위험한 설비로부터의 위험물질 누출, 화재 및 폭발 등으로 인하여 사업장 내의 근로자에게 즉시 피해를 주거나 사업장 인근 지역에 피해를 줄 수 있는 사고를 말한다.
- 산업재해란 노무를 제공하는 사람이 업무에 관계되는 건설물, 설비, 원재료, 가스, 증기, 분진 등에 의하거나 작업 또는 그 밖의 업무로 인하여 사망 또는 부상하거나 질병에 걸리는 것을 말한다.

법령

산업안전보건법 시행규칙 제50조

법령

중대재해 처벌 등에 관한 법률 시행령 제4조

② 산업안전보건에 관한 기본적인 교육과 공정안전에 관한 직무교육을 실시하여 공정안전관리 수행 능력을 향상시키는 것을 목적으로 한다.

(2) 비상대응 교육훈련

① 교육훈련은 안전보건관리계획에 따라 실시한다.
② 교육훈련은 사업장 내에서 근무하는 관리자를 포함한 모든 근무자에게 실시해야 한다.
③ 교육훈련 내용에는 「산업안전보건법」에서 요구하는 사항을 최대한 모두 포함해야 한다.
④ 근로자는 자기의 업무와 책임에 관련한 적절한 교육을 받지 않고 해당 업무에 종사하여서는 안 된다.

3 자체 매뉴얼 개발

(1) 사업장별 비상조치계획 수립

① 목적
② 비상사태의 구분
③ 위험성 및 재해의 파악 분석
④ 유해·위험물질의 성질·상태 조사
⑤ 비상조치계획의 수립(최악 및 대안의 사고 시나리오의 피해예측 결과를 구체적으로 반영한 대응계획을 포함한다)
⑥ 비상조치계획의 검토
⑦ 비상대피계획
⑧ 비상사태의 발령(중대산업사고의 보고를 포함한다)
⑨ 비상경보의 사업장 내·외부 사고 대응기관 및 피해범위 내 주민 등에 대한 비상경보의 전파
⑩ 비상사태의 종결
⑪ 사고조사
⑫ 비상조치 위원회의 구성
⑬ 비상통제 조직의 기능 및 책무
⑭ 장비보유현황 및 비상통제소의 설치
⑮ 운전정지 절차
⑯ 비상훈련의 실시 및 조정
⑰ 주민 홍보계획 등

제4장 화공 안전점검 운전

01 공정안전 기술

합격 체크포인트
- 공정안전의 이해
- 자동제어의 이해

1 공정안전의 개요

(1) 화학 공정안전

① 화학 공정안전은 화학물질을 대량으로 제조, 취급, 저장하는 동안의 사고 방지에 중점을 두고 있다.

② 화학산업에서의 공정안전 사고의 발생 이유
㉠ 정보 누락
㉡ 사용자 교육 부족
㉢ 기술적 결함
㉣ 사람의 실수(human error)
㉤ 우연한 사고의 연속

③ 공정관리의 이점
㉠ 작업생산성 향상
㉡ 사고 및 재산상의 손실 감소
㉢ 합리적인 경영정보획득
㉣ 품질향상
㉤ 유지보수비용의 감소
㉥ 합리적인 운전정보획득
㉦ 기업의 신뢰도 및 이미지향상
㉧ 신입사원의 선호도향상 및 이직률감소
㉨ 노사관계향상

(2) 화학 공정설계 단계에서 고려해야 할 안전사항

각종 원료, 중간제품, 완제품의 물성 조사	인화점, 발화점, 폭발한계, 금수성 물질 여부, 다른 물질과 혼합 시 이상반응 여부, 분해온도, 부식성, 증기압, 치사량 또는 허용농도, 증기밀도 등
운전 및 설계조건의 결정	운전온도, 압력, 유속 등
운전(제어) 방법의 결정	온도 조절의 자동 또는 수동, 압력 조절 방법, 유량 조절 방법, 원료 계량 및 투입 방법 등
설비별 안전장치의 설치 여부 검토	안전밸브, 파열판, 체크밸브, 긴급 차단밸브, 긴급 방출밸브, 화염방지기(flame arrester), 스크러버(scrubber), 배기 및 환기설비, 플레어 스택(flare stack), 가스검지 및 경보설비, 공기흡입 검지기(산소 검지기) 등
설비별 재질 검토	반응기, 증류탑, 열교환기 등 압력용기, 배관 밸브류 및 가스켓(gasket) 등
이상상태 발생 시 대책	유해위험물질 누출 시, 온도 및 압력 상승 시 등

2 각종 장치

(1) 제어장치

① 자동제어는 기계장치의 운전을 인간 대신에 기계에 의해서 하게 한다는 기술이다.

② 자동제어시스템의 작동 순서

㉠ 어떠한 원인 때문에 프로세스의 상태(예를 들면 온도, 액위 등)가 변화하는가를 검출한다.

㉡ 조절계가 검출치와 설정치를 비교하고 차이가 있으면 그것을 정정하도록 출력신호를 낸다.

㉢ 밸브가 출력신호에 의해서 작동한다.

㉣ 따라서 공정의 상태(유량, 온도 등)가 변한다.

㉤ 그 변화가 다시 검출되어 조절계로 들어간다.

㉥ 조절계가 설정치와 비교하여 출력신호를 변화시킨다.

㉦ 밸브가 작동한다.

기출문제

다음 중 일반적인 자동제어시스템의 작동 순서를 바르게 나열한 것은?

ⓐ 검출	ⓑ 조절계
ⓒ 밸브	ⓓ 공정상황

① ⓐ → ⓑ → ⓓ → ⓒ
❷ ⓓ → ⓐ → ⓑ → ⓒ
③ ⓑ → ⓓ → ⓐ → ⓒ
④ ⓒ → ⓑ → ⓓ → ⓐ

참고

조절계로부터 신호(signal)에 의해 개폐동작을 하는 조절밸브가 있고, 공기압에 의해 열리는 조절밸브를 Air to Open이라 하며, 닫히는 조절밸브를 Air to Close라 한다.

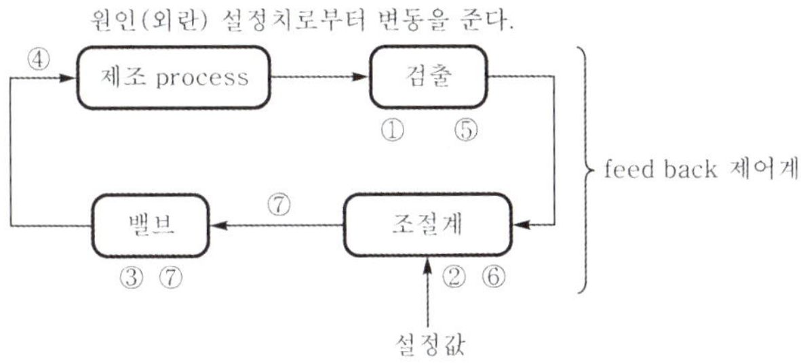

피드백 제어법의 예

(2) 송풍기 및 압축기

① 정의 및 용량 비교

㉠ 압축기(compressor) : 압력과 속도를 줄이기 위해 기계적 에너지를 기체(가스)에 전달하는 것으로, 토출압력이 $1kg/cm^2$ 이상이다.

㉡ 송풍기(blower) : 공기 및 기타 기체를 압송하는 장치로, 수기압 이하의 저압공기를 다량으로 요구하는 경우에 사용하며, 토출압력은 $0.1 \sim 1kg/cm^2$이다.

㉢ 통풍기(fan) : 토출압력이 $0.1kg/cm^2$ 이하이다.

② 압축기의 분류

용적형(부피) 압축기	왕복식	피스톤의 왕복운동으로 가스 압축
	회전식	로터의 회전에 의해 일정 용적의 가스 압축
	다이어프램식	격막의 상하운동으로 가스 압축
회전형(터보) 압축기	원심식	케이싱 내의 임펠러의 회전에 의해 기체가 임펠러 중심부로 흡입되어 외부로 압력과 속도를 가지고 토출
	축류식	선박, 항공기의 프로펠러와 같이 기체가 축 방향으로 흡입되며, 압력과 속도를 가지고 축 방향으로 토출
	혼류식	원심식과 축류식을 혼합한 형태

기출문제

압축기의 종류를 구조에 의해 용적형과 회전형으로 분류할 때, 다음 중 회전형으로만 올바르게 나열한 것은?

❶ 원심식 압축기, 축류식 압축기
② 축류식 압축기, 왕복식 압축기
③ 원심식 압축기, 왕복식 압축기
④ 왕복식 압축기, 단계식 압축기

기출문제

압축기의 운전 중 흡입 배기밸브의 불량으로 인한 주요 현상으로 볼 수 없는 것은?

① 가스 온도가 상승한다.
② 가스 압력에 변화가 초래된다.
③ 밸브 작동음에 이상을 초래한다.
❹ 피스톤링의 마모와 파손이 발생한다.

기출문제

다음 중 관의 지름을 변경하고자 할 때 필요한 관 부속품은?

❶ Reducer ② Elbow
③ Plug ④ Valve

③ 압축기의 주요 이상 원인

실린더 주위의 이상음	• 흡입 · 토출밸브의 불량, 밸브 체결부품이 헐거움이 있는 것 • 피스톤과 실린더 헤드와의 틈새가 없는 것 • 피스톤과 실린더 헤드와의 틈새가 너무 많은 것 • 피스톤 링의 마모, 파손(압력변동을 초래한다) • 실린더 내에 물 기타 이물이 들어가 있는 경우
크랭크 주위의 이상음	• 주 베어링의 마모와 헐거움 • 연접봉 베어링의 마모와 헐거움 • 크로스 헤드의 마모와 헐거움
흡입 배기밸브의 불량	• 가스 압력에 변화를 초래함 • 가스 온도가 상승함 • 밸브 작동음에 이상을 초래함

(3) 배관 및 피팅류

① 관 부속품의 용도별 종류

용도	종류
2개 관의 연결	플랜지(flange), 유니언(union), 커플링(coupling), 니플(nipple), 소켓(socket)
관로의 방향 변경	엘보(elbow), Y자관(Y－branch), 티(tee), 십자(cross)
관의 지름 변경	리듀서(reducer), 부싱(bushing)
유로 차단	플러그(plug), 캡(cap), 밸브(valve)
유량 조절	밸브(valve)

② 공식(pitting)

㉠ 공식은 금속에 구멍을 내는 아주 국부적인 부식이지만, 일단 시작되면 부식이 내부적으로 계속 진행되므로 가장 파괴적이고 깊숙한 부식의 형태 중 하나이다.

㉡ 공식의 영향 : 공식은 원래 정체된 용액 내에서 발생하는 것이기 때문에 유속이 증가하면 공식이 많이 완화된다.

㉢ 부식의 형태 : 금속의 부식에는 산화, 질화 또는 수소취화와 같은 건조상태에서 생기는 건식과 습윤상태에서 생기는 습식이 있다.

③ 배관의 이상 현상

㉠ 공동현상(cavitation) : 물이 관 속을 흐를 때 유동하는 물속의 어느 부분의 정압이 그 때의 물의 증기압보다 낮을 경우 물이 증발하여 부분적으로 증기가 발생되어 배관의 부식을 초래하는 현상으로, 공동현상 방지대책은 다음과 같다.

- 펌프 흡입측 공기유입을 방지한다.
- 수온상승을 방지한다.
- 흡입유속을 낮게 한다.
- 펌프의 회전수를 낮게 한다.
- 흡입관의 지름을 크게 한다.
- 단흡입에서 양흡입으로 바꾼다.

㉡ 수격작용(water hammering) : 관로 내의 물의 운동상태를 갑자기 변화시킴에 따라 생기는 물의 급격한 압력 변화의 현상

㉢ 서징(surging) : 터빈펌프, 압축기, 송풍기 등을 정용량 영역에서 사용하면 압력, 유량이 주기적으로 변동하여 정상적인 운전이 불가능하게 되는 현상(소음, 진동 및 배관파손)

㉣ 비말동반(entrainment) : 액체가 비말 모양의 미소한 액체 방울이 되어 증기나 가스와 함께 운반되는 현상

3 안전장치 ★★★★

(1) 안전밸브(safety valve)

① 안전밸브는 밸브 입구 쪽의 압력이 설정 압력에 도달하면 자동적으로 작동하여 유체가 분출되고 일정 압력 이하가 되면 정상상태로 복원되는 안전장치이다.

② 구분

안전밸브 (safety valve)	스팀, 공기적용, 순간적으로 개방
릴리프밸브 (relief valve)	액체적용, 압력증가에 따라 천천히 개방
안전 릴리프밸브 (safety－relief valve)	가스, 증기 및 액체, 중간 정도의 속도로 개방

③ 배기에 의한 안전밸브의 분류

개방형 안전밸브	보일러 등에 사용
밀폐형 안전밸브	화학설비 등에 사용
벨로우즈(bellows)형 안전밸브	부식성이 강한 가스나 독성이 강한 가스 등에 사용

기출문제

다음 중 펌프의 사용 시 공동현상(cavitation)을 방지하고자 할 때의 조치사항으로 틀린 것은?

❶ 펌프의 회전수를 높인다.
② 흡입비 속도를 작게 한다.
③ 펌프의 흡입관의 두(head) 손실을 줄인다.
④ 펌프의 설치높이를 낮추어 흡입양정을 짧게 한다.

기출문제

이상반응 또는 폭발로 인하여 발생되는 압력의 방출장치가 아닌 것은?

① 파열판
② 폭압방산구
❸ 화염방지기
④ 가용합금 안전밸브

기출문제

산업안전보건법령상 대상 설비에 설치된 안전밸브에 대해서는 경우에 따라 구분된 검사주기마다 안전밸브가 적정하게 작동하는지 검사하여야 한다. 화학공정 유체와 안전밸브의 디스크 또는 시트가 직접 접촉될 수 있도록 설치된 경우의 검사주기로 옳은 것은?

① 매년 1회 이상
❷ 2년마다 1회 이상
③ 3년마다 1회 이상
④ 4년마다 1회 이상

④ 안전밸브의 종류

중추식	압력이 상승할 경우 추의 중량을 이용하여 가스를 외부로 배출하는 방식
지렛대식(레버식)	지렛대 사이에 추를 설치하여 추의 위치에 따라 가스 배출량이 결정되는 방식
파열판식	용기 내 압력이 급격히 상승 시 얇은 금속판이 파열되며 가스를 외부로 배출하는 방식
스프링식	가장 많이 사용되는 방식으로 용기 내 압력이 설정압력 이상이 되면 스프링의 작동으로 가스를 외부로 배출하는 방식. 분출용량에 따라 저양식, 고양식, 전양식, 전량식이 있다.
가용전식	용기 내의 온도가 설정 온도 이상이 되면 가용금속이 녹아 가스를 배출하는 방식

법령

산업안전보건기준에 관한 규칙 제266조

⑤ 안전밸브 등의 전단 · 후단에 차단밸브를 설치해서는 안 된다. 다만, 다음의 어느 하나에 해당하는 경우에는 자물쇠형 또는 이에 준하는 형식의 차단밸브를 설치할 수 있다.

㉠ 인접한 화학설비 및 그 부속설비에 안전밸브 등이 각각 설치되어 있고, 해당 화학설비 및 그 부속설비의 연결 배관에 차단밸브가 없는 경우

㉡ 안전밸브 등의 배출용량의 1/2 이상에 해당하는 용량의 자동압력조절밸브(구동용 동력원의 공급을 차단하는 경우 열리는 구조인 것으로 한정)와 안전밸브 등이 병렬로 연결된 경우

㉢ 화학설비 및 그 부속설비에 안전밸브 등이 복수 방식으로 설치되어 있는 경우

㉣ 예비용 설비를 설치하고 각각의 설비에 안전밸브 등이 설치되어 있는 경우

㉤ 열팽창에 의하여 상승된 압력을 낮추기 위한 목적으로 안전밸브가 설치된 경우

㉥ 하나의 플레어스택(flare stack)에 둘 이상의 단위공정의 플레어헤더(flare header)를 연결하여 사용하는 경우로서 각각의 단위공정의 플레어헤더에 설치된 차단밸브의 열림 · 닫힘 상태를 중앙제어실에서 알 수 있도록 조치한 경우

기출 Check!

- 자동압력조절밸브와 안전밸브가 **병렬로 연결**된 경우 안전밸브에 자물쇠형 차단밸브를 설치할 수 있다.

참고

시건조치란 차단밸브를 함부로 열고 닫을 수 없도록 경고조치하는 것이며, 방법으로는 CSO(밸브가 열려 시건조치된 상태), CSC(밸브가 열려 시건조치된 상태)가 있다.

(2) 파열판(rupture disc)

① 파열판은 안전밸브에 대체할 수 있는 안전장치로서, 판 입구 측의 압력이 설정 압력에 도달하면 판이 파열하면서 유체가 분출하도록 용기 등에 설치된 얇은 판이다.(1회 사용 후 재사용 불가)

참고

급성 독성물질이 지속적으로 외부에 유출될 수 있는 화학설비 및 그 부속설비에 대해서는 파열판과 안전밸브를 직렬로 설치하고 그 사이에는 압력지시계 또는 자동경보장치를 설치하여야 한다.

② 반드시 파열판을 설치해야 하는 경우
㉠ 반응 폭주 등 급격한 압력 상승의 우려가 있는 경우
㉡ 독성물질의 누출로 인하여 주위의 작업환경을 오염시킬 우려가 있는 경우
㉢ 운전 중 안전밸브에 이상 물질이 누적되어 안전밸브가 작동되지 아니할 우려가 있는 경우

법령

산업안전보건기준에 관한 규칙 제262조

(3) 그 외 안전장치

체크밸브 (check valve)	유체의 역류를 방지한다.
대기밸브(통기밸브, breather valve)	평상시에 닫힌 상태로 있다가 탱크의 압력이 미리 설정된 압력에 도달하면 밸브가 열려 탱크 내부의 가스 · 증기 등을 외부로 방출하고 탱크 내부로 외부 공기를 흡입하는 밸브를 말한다.
블로밸브 (blow valve)	과잉 압력을 방출한다.
화염방지기 (flame arrester)	외부로부터의 화염을 차단할 목적으로 인화성 액체(유류탱크) 및 인화성 가스 저장 설비의 상단에 설치한다.
벤트스택 (vent stack)	탱크 내 압력을 정상상태로 유지하기 위한 가스 방출장치이다.
플레어스택 (flare stack)	가스, 고휘발성 액체의 증기를 연소하여 대기 중에 방출하는 스택 형식의 소각탑이다. 밀봉 드럼(seal drum)을 통해 점화버너에 착화 연소하여 가연성, 독성, 냄새 제거 후 대기 중에 방출한다.
블로다운 (blow down)	공정 액체를 빼내고 안전하게 처리하기 위한 설비이다.
스팀트랩 (steam trap)	증기 배관 내에 생성하는 응축수를 제거할 때 증기가 배출되지 않도록 하면서 응축수를 자동적으로 배출하기 위한 장치이다.

기출문제

유류 저장탱크에서 화염의 차단을 목적으로 외부에 증기를 방출하기도 하고 탱크 내 외기를 흡입하기도 하는 부분에 설치하는 안전장치는?
① Vent stack
② Safety valve
③ Gate valve
❹ Flame arrester

기출문제

증기 배관 내에 생성하는 응축수를 제거할 때 증기가 배출되지 않도록 하면서 응축수를 자동적으로 배출하기 위한 장치를 무엇이라 하는가?
① Vent stack
❷ Steam trap
③ Blow down
④ Relief valve

02 안전점검계획 수립

1 안전운전계획 ★

합격 체크포인트

• 공정안전보고서 이해
• 안전운전계획에 포함되는 세부계획 이해

(1) 공정안전보고서의 안전운전계획에 포함해야 할 세부내용
① 안전운전지침서
② 설비점검 · 검사 및 보수계획, 유지계획 및 지침서
③ 안전작업허가

법령

산업안전보건법 시행규칙 제50조

④ 도급업체 안전관리계획
⑤ 근로자 등 교육계획
⑥ 가동 전 점검지침
⑦ 변경요소 관리계획
⑧ 자체감사 및 사고조사계획
⑨ 그 밖에 안전운전에 필요한 사항

03 공정안전보고서 작성심사 · 확인

1 공정안전보고서의 작성 ★

(1) 공정안전보고서의 제출 및 확인

① 유해하거나 위험한 설비를 설치 · 이전하거나 고용노동부 장관이 정하는 주요 구조부분을 변경할 때에는 공정안전보고서를 착공일 30일 전까지 작성하여 제출하여야 한다.
② 공정안전보고서의 확인 후 1년이 경과한 날부터 2년 이내에 공정안전보고서 이행 상태의 평가를 하여야 하며, 고용노동부 장관은 이행상태 평가 후 4년마다 이행상태 평가를 하여야 한다.

(2) 공정안전보고서에 포함되어야 할 사항

① 공정안전자료
② 공정위험성 평가서
③ 안전운전계획
④ 비상조치계획
⑤ 그 밖에 공정상의 안전과 관련하여 고용노동부장관이 필요하다고 인정하여 고시하는 사항

2 공정안전자료 ★★★★

공정안전보고서 중 공정안전자료에는 다음의 세부 내용을 포함해야 한다.
① 취급 · 저장하고 있거나 취급 · 저장하려는 유해 · 위험물질의 종류 및 수량
② 유해 · 위험물질에 대한 물질안전보건자료
③ 유해하거나 위험한 설비의 목록 및 사양

기출문제

다음 중 산업안전보건법령상 공정안전보고서의 안전운전계획에 포함되지 않는 항목은?
① 안전작업허가
② 안전운전지침서
③ 가동 전 점검지침
❹ 비상조치계획에 따른 교육계획

합격 체크포인트

- 공정안전보고서 작성
- 위험성평가

법령

산업안전보건법 제44조
시행령 제44조, 제50조
시행규칙 제50조, 제51조

기출문제

산업안전보건법상 공정안전보고서에 포함되어야 할 사항과 가장 거리가 먼 것은?
① 공정안전자료
② 비상조치계획
❸ 평균 안전율
④ 공정위험성 평가서

기출문제

공정안전보고서 중 공정안전자료에 포함하여야 할 세부내용에 해당하는 것은?
① 비상조치계획에 따른 교육계획
② 안전운전지침서
❸ 각종 건물 · 설비의 배치도
④ 도급업체 안전관리계획

④ 유해하거나 위험한 설비의 운전방법을 알 수 있는 공정도면
⑤ 각종 건물 · 설비의 배치도
⑥ 폭발위험장소 구분도 및 전기단선도
⑦ 위험설비의 안전설계 · 제작 및 설치 관련 지침서

3 공정위험성 평가서

공정안전보고서 중 공정위험성 평가서에는 다음의 위험성평가 기법 중 한 가지 이상을 선정하여 위험성평가를 한 후 그 결과를 작성해야 한다.

체크리스트 (Checklist)	공정 및 설비의 오류, 결함상태, 위험상황 등을 목록화한 형태로 작성하여 경험적으로 비교함으로써 위험성을 파악하는 방법
상대위험순위결정 (DMI; Dow and Mond Indices)	공정 및 설비에 존재하는 위험에 대하여 상대위험 순위를 수치로 지표화하여 그 피해정도를 나타내는 방법
작업자실수분석 (HEA; Human Error Analysis)	설비의 운전원, 보수반원, 기술자 등의 실수에 의해 작업에 영향을 미칠 수 있는 요소를 평가하고 그 실수의 원인을 파악 · 추적하여 정량(定量)적으로 실수의 상대적 순위를 결정하는 방법
사고예상질문분석 (What-if)	공정에 잠재하고 있는 위험요소에 의해 야기될 수 있는 사고를 사전에 예상 · 질문을 통하여 확인 · 예측하여 공정의 위험성 및 사고의 영향을 최소화하기 위한 대책을 제시하는 방법
위험과 운전분석 (HAZOP; Hazard and Operability Studies)	공정에 존재하는 위험 요소들과 공정의 효율을 떨어뜨릴 수 있는 운전상의 문제점을 찾아내어 그 원인을 제거하는 방법
이상위험도분석 (FMECA; Failure Modes Effects and Criticality Analysis)	공정 및 설비의 고장의 형태 및 영향, 고장형태별 위험도 순위 등을 결정하는 방법
결함수분석 (FTA; Fault Tree Analysis)	사고의 원인이 되는 장치의 이상이나 고장의 다양한 조합 및 작업자 실수 원인을 연역적으로 분석하는 방법
사건수분석 (ETA; Event Tree Analysis)	초기사건으로 알려진 특정한 장치의 이상 또는 운전자의 실수에 의해 발생되는 잠재적인 사고결과를 정량(定量)적으로 평가 · 분석하는 방법
원인결과분석 (CCA; Cause-Consequence Analysis)	잠재된 사고의 결과 및 사고의 근본적인 원인을 찾아내고 사고결과와 원인 사이의 상호 관계를 예측하여 위험성을 정량(定量)적으로 평가하는 방법

법령

산업안전보건법 시행규칙 제50조

PART 05 출·제·예·상·문·제

01 연소이론에 대한 설명으로 틀린 것은?

① 착화온도가 낮을수록 연소위험이 크다.
② 인화점이 낮은 물질은 반드시 착화점도 낮다.
③ 인화점이 낮을수록 일반적으로 연소위험이 크다.
④ 연소범위가 넓을수록 연소위험이 크다.

해설 인화점과 착화점의 관계
휘발유는 등유에 비해 인화점이 낮지만 착화점은 높다.

02 메탄, 에탄, 프로판의 폭발하한계가 각각 5vol%, 2vol%, 2.1vol%일 때 다음 중 폭발하한계가 가장 낮은 것은? (단, Le Chatelier의 법칙을 이용한다.)

① 메탄 20vol%, 에탄 30vol%, 프로판 50vol%의 혼합가스
② 메탄 30vol%, 에탄 30vol%, 프로판 40vol%의 혼합가스
③ 메탄 40vol%, 에탄 30vol%, 프로판 30vol%의 혼합가스
④ 메탄 50vol%, 에탄 30vol%, 프로판 20vol%의 혼합가스

해설 폭발하한계 계산

① $\dfrac{100}{\dfrac{20}{5}+\dfrac{30}{2}+\dfrac{50}{2.1}}=2.336$

② $\dfrac{100}{\dfrac{30}{5}+\dfrac{30}{2}+\dfrac{40}{2.1}}=2.497$

③ $\dfrac{100}{\dfrac{40}{5}+\dfrac{30}{2}+\dfrac{30}{2.1}}=2.378$

④ $\dfrac{100}{\dfrac{50}{5}+\dfrac{30}{2}+\dfrac{30}{2.1}}=2.897$

03 다음 중 폭발범위에 관한 설명으로 틀린 것은?

① 상한값과 하한값이 존재한다.
② 온도에는 비례하지만 압력과는 무관하다.
③ 가연성 가스의 종류에 따라 각각 다른 값을 갖는다.
④ 공기와 혼합된 가연성 가스의 체적 농도로 나타낸다.

해설 폭발범위의 관계
㉠ 온도가 높아지면 폭발하한계는 감소하고 폭발상한계는 증가한다.
㉡ 압력이 증가하면 폭발하한계는 거의 영향을 받지 않지만 폭발상한계는 크게 증가한다.

04 다음 표의 가스(A~D)를 위험도가 큰 것부터 작은 순으로 나열한 것은?

	폭발하한값	폭발상한값
A	4.0vol%	75.0vol%
B	3.0vol%	80.0vol%
C	1.25vol%	44.0vol%
D	2.5vol%	81.0vol%

① D − B − C − A ② D − B − A − C
③ C − D − A − B ④ C − D − B − A

해설 위험도 계산

ⓐ $\dfrac{75-4}{4}=17.75$

ⓑ $\dfrac{80-3}{3}=25.67$

ⓒ $\dfrac{44-1.25}{1.25}=34.2$

ⓓ $\dfrac{81-2.5}{2.5}=31.4$

Answer 01. ② 02. ① 03. ② 04. ④

05 에틸렌(C_2H_4)이 완전연소하는 경우 다음의 Jones식을 이용하여 계산할 경우 연소하한계는 약 몇 vol%인가?

Jones식 : $LFL = 0.55 \times C_{st}$

① 0.55 ② 3.6
③ 6.3 ④ 8.5

해설 연소하한계 계산

㉠ 반응식 : $C_2H_4 + 3O_2 \rightarrow 2CO_2 + 2H_2O$

㉡ $$C_{st}(\text{vol\%}) = \frac{100}{1+4.773\times\left(n+\frac{m-f-2\lambda}{4}\right)} = \frac{100}{1+4.773\times\left(2+\frac{4}{4}\right)} = 6.53$$

㉢ $LFL = 0.55 \times 6.53 = 3.6$

06 분진폭발의 특징으로 가장 올바른 것은?

① 가스폭발보다 발생에너지가 작다.
② 폭발압력과 연소속도는 가스폭발보다 크다.
③ 불완전연소로 인한 가스 중독의 위험성은 적다.
④ 화염의 파급 속도보다 압력의 파급 속도가 크다.

해설 분진폭발의 특징

① 가스폭발보다 발생에너지가 크다.
② 폭발압력과 연소속도는 가스폭발보다 작다.
③ 불완전연소로 인한 가스 중독의 위험성이 많다.

07 제1종 분말소화약제의 주성분에 해당하는 것은?

① 사염화탄소 ② 브롬화메탄
③ 수산화암모늄 ④ 탄산수소나트륨

해설 분말 소화약제의 종류와 적응화재

종별	주성분	적응 화재
1종	탄산수소나트륨($NaHCO_3$)	B, C급 화재
2종	탄산수소칼륨($KHCO_3$)	B, C급 화재
3종	제1인산암모늄($NH_4H_2PO_4$)	A, B, C급 화재
4종	탄산수소칼륨과 요소($(NH_2)_2CO$)와의 반응물	B, C급 화재

08 다음 중 질식소화에 해당하는 것은?

① 가연성 기체의 분출화재 시 주밸브를 닫는다.
② 가연성 기체의 연쇄반응을 차단하여 소화한다.
③ 연료탱크를 냉각하여 가연성 가스의 발생속도를 작게 한다.
④ 연소하고 있는 가연물이 존재하는 장소를 기계적으로 폐쇄하여 공기의 공급을 차단한다.

해설 소화방법

① 제거소화 : 가연성 기체의 분출화재 시 주밸브를 닫는다.
② 억제소화 : 가연성 기체의 연쇄반응을 차단하여 소화한다.
③ 희석소화 : 연료 탱크를 냉각하여 가연성 가스의 발생속도를 작게 한다.

09 가스누출감지경보기 설치에 관한 기술상의 지침으로 틀린 것은?

① 암모니아를 제외한 가연성 가스 누출감지경보기는 방폭 성능을 갖는 것이어야 한다.
② 독성가스 누출감지경보기는 해당 독성가스 허용농도의 25% 이하에서 경보가 울리도록 설정하여야 한다.
③ 하나의 감지 대상 가스가 가연성이면서 독성인 경우에는 독성가스를 기준하여 가스누출감지경보기를 선정하여야 한다.
④ 건축물 안에 설치되는 경우, 감지대상 가스의 비중이 공기보다 무거운 경우에는 건축물 내의 하부에 설치하여야 한다.

해설 가스누출감지경보기 설치에 관한 기술상의 지침

㉠ 가연성 가스누출감지경보기는 감지대상 가스의 폭발하한계 25% 이하, 독성가스 누출감지경보기는 해당 독성가스의 허용농도 이하에서 경보가 울리도록 설정하여야 한다.
㉡ 가스누출감지경보의 정밀도는 경보설정치에 대하여 가연성 가스누출감지경보기는 ±25% 이하, 독성가스누출감지경보기는 ±30% 이하이어야 한다.

Answer 05. ② 06. ④ 07. ④ 08. ④ 09. ②

10 다음 중 수분(H_2O)과 반응하여 유독성 가스인 포스핀이 발생되는 물질은?

① 금속나트륨 ② 알루미늄 분발
③ 인화칼슘 ④ 수소화리튬

해설 인화칼슘과 물의 반응식

$Ca_3P_2 + 6H_2O \rightarrow 3Ca(OH)_2 + 2PH_3 \uparrow$
(인화칼슘) (포스핀)

11 위험물의 저장방법으로 적절하지 않은 것은?

① 탄화칼슘은 물 속에 저장한다.
② 벤젠은 산화성 물질과 격리시킨다.
③ 금속나트륨은 석유 속에 저장한다.
④ 질산은 갈색병에 넣어 냉암소에 보관한다.

해설 탄화칼슘의 저장방법

㉠ 탄화칼슘은 물과 반응하여 아세틸렌 가스를 발생시킨다.
㉡ 탄화칼슘은 봉입하여 밀폐용기에 보관한다.

12 질화면(Nitrocellulose)은 저장 · 취급 중에는 에틸알코올 등으로 습면상태를 유지해야 한다. 그 이유를 옳게 설명한 것은?

① 질화면은 건조 상태에서는 자연적으로 분해하면서 발화할 위험이 있기 때문이다.
② 질화면은 알코올과 반응하여 안정한 물질을 만들기 때문이다.
③ 질화면은 건조 상태에서 공기 중의 산소와 환원 반응을 하기 때문이다.
④ 질화면은 건조 상태에서 유독한 중합물을 형성하기 때문이다.

해설 질화면(Nitrocellulose)

건조 상태에서는 자연적으로 분해하면서 발화할 위험이 있기 때문에 저장 · 취급 중에는 에틸알코올 등으로 습면상태를 유지해야 한다.

13 산업안전보건법령에 따라 위험물 건조설비 중 건조실을 설치하는 건축물의 구조를 독립된 단층 건물로 하여야 하는 건조설비가 아닌 것은?

① 위험물 또는 위험물이 발생하는 물질을 가열·건조하는 경우 내용적이 $2m^3$인 건조설비
② 위험물이 아닌 물질을 가열 · 건조하는 경우 액체연료의 최대사용량이 5kg/h인 건조설비
③ 위험물이 아닌 물질을 가열 · 건조하는 경우 기체연료의 최대사용량이 $2m^3/h$인 건조설비
④ 위험물이 아닌 물질을 가열 · 건조하는 경우 전기사용 정격용량이 20kW인 건조설비

해설 독립된 단층 건물로 해야 하는 건조설비

㉠ 위험물 또는 위험물이 발생하는 물질을 가열 · 건조하는 경우 내용적이 $1m^3$ 이상인 건조설비
㉡ 위험물이 아닌 물질을 가열 · 건조하는 경우로서 다음 각 목의 어느 하나의 용량에 해당하는 건조설비
- 고체 또는 액체연료의 최대사용량이 10kg/h 이상
- 기체연료의 최대사용량이 시간당 $1m^3$ 이상
- 전기사용 정격용량이 10kW 이상

14 사업주는 산업안전보건법령에서 정한 설비에 대해서는 과압에 따른 폭발을 방지하기 위하여 안전밸브 등을 설치하여야 한다. 다음 중 이에 해당하는 설비가 아닌 것은

① 원심펌프
② 정변위 압축기
③ 정변위 펌프(토출측에 차단밸브가 설치된 것만 해당한다)
④ 배관(2개 이상의 밸브에 의하여 차단되어 대기 온도에서 액체의 열팽창에 의하여 파열될 우려가 있는 것으로 한정한다)

해설 안전밸브 등의 설치

②, ③, ④와 압력용기(안지름 150mm 이하는 제외) 등의 설비는 과압에 따른 폭발을 방지하기 위하여 안전밸브 또는 파열판을 설치하여야 한다.

Answer 10. ③ 11. ① 12. ① 13. ② 14. ①

15 산업안전보건법에서 정한 위험물질을 기준량 이상 제조하거나 취급하는 화학설비로서 내부의 이상상태를 조기에 파악하기 위하여 필요한 온도계 · 유량계 · 압력계 등의 계측장치를 설치하여야 하는 대상이 아닌 것은?

① 가열로 또는 가열기
② 증류 · 정류 · 증발 · 추출 등 분리를 하는 장치
③ 반응폭주 등 이상 화학반응에 의하여 위험물질이 발생할 우려가 있는 설비
④ 흡열반응이 일어나는 반응장치

해설 특수화학설비의 종류
㉠ **발열반응**이 일어나는 반응장치
㉡ 증류 · 정류 · 증발 · 추출 등 분리를 하는 장치
㉢ 가열시켜 주는 물질의 온도가 가열되는 위험물질의 분해온도 또는 발화점보다 높은 상태에서 운전되는 설비
㉣ 반응폭주 등 이상 화학반응에 의하여 위험물질이 발생할 우려가 있는 설비
㉤ 온도가 350℃ 이상이거나 게이지 압력이 980kPa 이상인 상태에서 운전되는 설비
㉥ 가열로 또는 가열기

16 다음 중 파열판에 관한 설명으로 틀린 것은?

① 압력방출속도가 빠르다.
② 한 번 파열되면 재사용할 수 없다.
③ 한 번 부착한 후에는 교환할 필요가 없다.
④ 높은 점성의 슬러리나 부식성 유체에 적용할 수 있다.

해설 파열판
한 번 사용하면 재사용할 수가 없다. 사용 후에는 교환할 필요가 있다.

17 화염방지기의 설치에 관한 사항으로 (   )에 알맞은 것은?

> 사업주는 인화성 액체 및 인화성 가스를 저장 · 취급하는 화학설비에서 증기나 가스를 대기로 방출하는 경우에는 외부로부터의 화염을 방지하기 위하여 화염방지기를 그 설비 (   )에 설치하여야 한다.

① 상단　　② 하단
③ 중앙　　④ 무게중심

해설 화염방지기의 설치
사업주는 인화성 액체 및 인화성 가스를 저장 · 취급하는 화학설비에서 증기나 가스를 대기로 방출하는 경우에는 외부로부터의 화염을 방지하기 위하여 화염방지기를 그 설비 **상단**에 설치해야 한다.

18 산업안전보건법령상 안전밸브 등의 전단 · 후단에는 차단밸브를 설치하여서는 아니되지만 다음 중 자물쇠형 또는 이에 준하는 형식의 차단밸브를 설치할 수 있는 경우로 틀린 것은?

① 인접한 화학설비 및 그 부속설비에 안전밸브 등이 각각 설치되어 있고, 해당 화학설비 및 그 부속설비의 연결배관에 차단밸브가 없는 경우
② 안전밸브 등의 배출용량의 4분의 1 이상에 해당하는 용량의 자동압력조절밸브와 안전밸브 등이 직렬로 연결된 경우
③ 화학설비 및 그 부속설비에 안전밸브 등이 복수방식으로 설치되어 있는 경우
④ 열팽창에 의하여 상승된 압력을 낮추기 위한 목적으로 안전밸브가 설치된 경우

해설 자물쇠 형식의 차단밸브를 설치할 수 있는 경우
② 안전밸브 등의 배출용량의 **1/2 이상**에 해당하는 용량의 자동압력조절밸브와 안전밸브 등이 **병렬**로 연결된 경우

Answer 15. ④ 16. ③ 17. ① 18. ②

19 산업안전보건법령에 따라 공정안전보고서에 포함해야 할 세부내용 중 공정안전자료에 해당하지 않는 것은?

① 안전운전지침서
② 각종 건물 · 설비의 배치도
③ 유해하거나 위험한 설비의 목록 및 사양
④ 위험설비의 안전설계 · 제작 및 설치관련 지침서

해설 공정안전보고서의 세부 내용
㉠ 취급 · 저장하고 있거나 취급 · 저장하려는 유해 · 위험물질의 종류 및 수량
㉡ 유해 · 위험물질에 대한 물질안전보건자료
㉢ 유해하거나 위험한 설비의 목록 및 사양
㉣ 유해하거나 위험한 설비의 운전방법을 알 수 있는 공정도면
㉤ 각종 건물 · 설비의 배치도
㉥ 폭발위험장소 구분도 및 전기단선도
㉦ 위험설비의 안전설계 · 제작 및 설치관련 지침서

20 다음 중 산업안전보건법령상 물질안전보건자료의 작성 · 비치 제외 대상이 아닌 것은?

① 원자력안전법에 의한 방사성 물질
② 농약관리법에 의한 농약
③ 비료관리법에 의한 비료
④ 관세법에 의해 수입되는 공업용 유기용제

해설 물질안전보건자료의 작성 · 제출 제외 대상 화학물질
① 건강기능식품에 관한 법률에 따른 건강기능식품
② 농약관리법에 따른 농약
③ 마약류 관리에 관한 법률에 따른 마약 및 향정신성의약품
④ 비료관리법에 따른 비료
⑤ 사료관리법에 따른 사료
⑥ 생활주변방사선 안전관리법에 따른 원료물질
⑦ 생활화학제품 및 살생물제의 안전관리에 관한 법률에 따른 안전확인대상생활화학제품 및 살생물제품 중 일반소비자의 생활용으로 제공되는 제품
⑧ 식품위생법에 따른 식품 및 식품첨가물
⑨ 약사법에 따른 의약품 및 의약외품
⑩ 원자력안전법에 따른 방사성물질
⑪ 위생용품 관리법에 따른 위생용품
⑫ 의료기기법에 따른 의료기기
⑬ 첨단재생의료 및 첨단바이오의약품 안전 및 지원에 관한 법률에 따른 첨단바이오의약품
⑭ 총포 · 도검 · 화약류 등의 안전관리에 관한 법률에 따른 화약류
⑮ 폐기물관리법에 따른 폐기물
⑯ 화장품법에 따른 화장품
⑰ 제1호부터 제16호까지의 규정 외의 화학물질 또는 혼합물로서 일반소비자의 생활용으로 제공되는 것(일반소비자의 생활용으로 제공되는 화학물질 또는 혼합물이 사업장 내에서 취급되는 경우를 포함)
⑱ 고용노동부장관이 정하여 고시하는 연구 · 개발용 화학물질 또는 화학제품. 이 경우 법 제110조 제1항부터 제3항까지의 규정에 따른 자료의 제출만 제외된다.
⑲ 그 밖에 고용노동부장관이 독성 · 폭발성 등으로 인한 위해의 정도가 적다고 인정하여 고시하는 화학물질

Answer 19. ① 20. ④

PART 06

건설공사 안전관리

CONTENTS

제1장 건설공사 특성분석

01 건설공사 특수성 분석

1 안전관리계획의 수립 ★

(1) 안전관리계획 수립 대상 건설공사

① 「시설물의 안전 및 유지관리에 관한 특별법」에 따른 제1종 및 제2종 시설물의 건설공사

② 지하 10m 이상을 굴착하는 건설공사

③ 폭발물을 사용하는 건설공사로서 20m 안에 시설물이 있거나 100m 안에 사육하는 가축이 있어 해당 건설공사로 인한 영향을 받을 것이 예상되는 건설공사

④ 10층 이상 16층 미만인 건축물의 건설공사

㉠ 10층 이상인 건축물의 리모델링 또는 해체공사

㉡ 수직증축형 리모델링

⑤ 천공기(높이 10m 이상인 것만 해당), 항타기 및 항발기, 타워크레인이 사용되는 건설공사

⑥ 구조안전성을 확인받아야 하는 가설구조물을 사용하는 건설공사

㉠ 높이가 31m 이상인 비계

㉡ 작업발판 일체형 거푸집 또는 높이 5m 이상인 거푸집 및 동바리

㉢ 터널의 지보공 또는 높이가 2m 이상인 흙막이 지보공

㉣ 동력을 이용하여 움직이는 가설구조물

㉤ 그 밖에 발주자 또는 인허가기관의 장이 필요하다고 인정하는 가설구조물

⑦ 발주자가 특히 안전관리가 필요하다고 인정하는 건설공사 등

합격 체크포인트

- 안전관리계획 수립 대상
- 구조안전성을 확인받아야 하는 가설구조물
- 안전관리계획 통합 작성

참고

건설기술 진흥법 시행령 제98조

기출문제

건설공사 도급인은 건설공사 중에 가설구조물의 붕괴 등 산업재해가 발생할 위험이 있다고 판단되면 건축 · 토목 분야의 전문가의 의견을 들어 건설공사 발주자에게 해당 건설공사의 설계변경을 요청할 수 있는데, 이러한 가설구조물의 기준으로 옳지 않은 것은?

❶ 높이 20m 이상인 비계
② 작업발판 일체형 거푸집 또는 높이 5m 이상인 거푸집 동바리
③ 터널의 지보공 또는 높이 2m 이상인 흙막이 지보공
④ 동력을 이용하여 움직이는 가설구조물

(2) 안전관리계획서의 작성

① 안전관리계획서란 건설업자 또는 주택건설등록업자가 건설공사의 착공에서부터 준공에 이르기까지 발생할 수 있는 안전사고의 예방을 위한 제반 기술적 안전관리활동 계획을 명시한 사전 안전성평가 자료를 말한다.

② 산업안전보건법에 따른 유해·위험방지 계획을 수립해야 하는 건설공사의 경우에는 해당 계획과 안전관리계획을 통합하여 작성할 수 있다.

③ 안전관리계획서의 작성내용(수립기준)

㉠ 건설공사의 개요 및 안전관리조직

㉡ 공정별 안전점검계획(계측장비 및 폐쇄회로 텔레비전 등 안전 모니터링 장비의 설치 및 운용계획 포함)

㉢ 공사장 주변의 안전관리대책(건설공사 중 발파·진동·소음이나 지하수 차단 등으로 인한 주변지역의 피해방지대책과 굴착공사로 인한 위험징후 감지를 위한 계측계획 포함)

㉣ 통행안전시설의 설치 및 교통 소통에 관한 계획

㉤ 안전관리비 집행계획

㉥ 안전교육 및 비상시 긴급조치계획

㉦ 공종별 안전관리계획(대상 시설물별 건설공법 및 시공절차 포함)

법령

건설기술 진흥법 시행규칙 별표 7

기출문제

안전관리계획서의 작성내용과 거리가 먼 것은?

① 건설공사의 안전관리조직
❷ 산업안전보건관리비 집행 방법
③ 공사장 및 주변 안전관리계획
④ 통행안전시설 설치 및 교통 소통계획

2 건설공사의 특수성

(1) 공사장 작업환경의 특수성

작업환경의 특수성	• 주문생산 및 옥외작업 • 비고정적인 생산 현장
작업 자체의 위험성	• 작업 도구나 위치가 이동성을 가진다. • 종합적인 작업이 한 장소에서 동시에 이루어진다.
고용의 불안정과 작업자의 유동성	• 소속감 결여 • 교육기회의 부족
작업자의 안전의식 부족	• 불규칙적인 근로시간 • 피로의 축적 및 생활의 권태
공사환경의 변화	• 공사의 대형화 • 잠재적 위험성 증대

(2) 계약조건의 특수성

세부 사양과 기술 요구사항	건설물의 크기, 재료, 설계 기준 등에 대한 명확한 기술 요구사항이 계약조건에 포함되어야 한다.
공사 기간과 완료일	일정에 따라 진행되어야 하므로, 계약조건에는 공사 기간과 완료일이 명시되어야 한다.
비용 및 지급 조건	건설공사 계약조건에는 비용과 지급 조건이 명시되어야 한다.
변경 사항 및 보증	건설 중에 발생하는 변경 사항에 대한 절차와 비용 책임, 그리고 건설물 보증 기간에 대한 조항이 계약조건에 포함되어야 한다.
안전 및 보호 조항	계약조건에는 작업자들과 주변 환경의 안전을 보장하기 위한 규정과 요구사항이 포함되어야 한다.

02 안전관리 고려사항 확인

1 설계도서 검토

(1) 설계도서 검토의 내용

① 현장 조건에 부합 여부를 검토한다.

② 시공의 실제 가능 여부를 검토한다.

③ 공사 착수 전, 시행 중, 준공 및 인계·인수단계에서 다른 사업과의 상호 부합 여부를 검토한다.

④ 설계도면, 시방서, 구조계산서, 산출내역서 등이 내용에 대한 상호 일치 여부를 검토한다.

⑤ 설계도서에 누락, 오류 등 불명확한 부분의 존재 여부를 검토한다.

⑥ 발주청에서 제공한 공종별 목적물의 물량내역서와 시공자가 제출한 산출내역서 수량과의 일치 여부를 검토한다.

⑦ 시공 시 예상 문제점 등을 검토한다.

합격 체크포인트

- 안전관리조직
- 건설업 안전관리자 배치 기준
- 중대재해의 정의

참고

설계도서란 내역서, 수량산출서, 도면, 시방서, 구조계산서, 현장설명서 등 시공의 합리화를 도모하고 양질의 시설물을 건설하기 위한 자료를 말한다.

2 안전관리조직 ★★

(1) 건설공사 안전관리조직

안전총괄책임자	건설공사의 시공 및 안전에 관한 업무를 총괄 관리
안전관리책임자	토목, 건축, 전기, 기계, 설비 등 건설공사 각 분야별 시공 및 안전관리를 지휘
안전관리담당자	건설공사 현장에서 직접 시공 및 안전관리를 담당
협의체	수급인과 하수급인으로 구성하며, 매월 1회 이상 회의 개최

법령

산업안전보건법 시행령 별표 3

기출문제

건설업의 공사금액이 850억원일 경우 산업안전보건법령에 따른 안전관리자의 수로 옳은 것은? (단, 전체 공사기간을 100으로 할 때 공사 전·후 15에 해당하는 경우는 고려하지 않는다.)

① 1명 이상 ❷ 2명 이상
③ 3명 이상 ④ 4명 이상

(2) 건설업 안전관리자 배치 기준

사업장의 상시근로자 수	안전관리자의 수
공사금액 50억원 이상(관계수급인은 100억원 이상) 120억원 미만(토목공사업의 경우 150억원 미만)	1명 이상
공사금액 120억원 이상(토목공사업의 경우 150억원 이상) 800억원 미만	
공사금액 800억원 이상 1,500억원 미만	2명 이상
공사금액 1,500억원 이상 2,200억원 미만	3명 이상
공사금액 2,200억원 이상 3,000억원 미만	4명 이상
공사금액 3,500억원 이상 3,900억원 미만	5명 이상

※ 전체 공사기간을 100으로 할 때 공사 전·후 15에 해당하는 경우는 고려하지 않음.

3 시공 및 재해사례 검토 ★

(1) 중대재해사례 검토

① 건설공사 시공단계 안전관리에서 재해의 사례를 충분히 검토하여야 한다. 특히 건설공사에서는 중대재해가 많이 발생하므로, 중대재해사례에 대한 검토가 필요하다.

법령

산업안전보건법 시행규칙 제3조

② 중대재해 : 산업재해 중 사망 등 재해 정도가 심하거나 다수의 재해자가 발생한 재해로서, 다음에 해당하는 재해를 말한다.

㉠ 사망자가 1인 이상 발생한 재해

㉡ 3개월 이상의 요양이 필요한 부상자가 동시에 2인 이상 발생한 재해

㉢ 부상자 또는 직업성 질병자가 동시에 10인 이상 발생한 재해

제2장 건설공사 위험성

01 건설공사 유해 · 위험요인 파악

1 유해 · 위험요인 선정 *

(1) 유해 · 위험요인 파악 및 선정

① 사업주와 작업자가 함께 유해 · 위험요인을 발굴하여 예방 대책을 수립 · 실행하여야 한다.

② 유해 · 위험요인은 사업장 순회점검 및 작업자들의 상시적 제안 등을 활용하여 사업장 내 유해 · 위험요인을 파악하여야 한다.

③ 사업장의 유해 · 위험요인을 파악할 때는 사업장의 안전 · 보건 확보를 위해 규정한 다양한 제도의 작성 및 이행과정에서 확인된 유해 · 위험요인들을 활용할 수 있다.

합격 체크포인트

- 유해 · 위험방지계획서 제출 대상공사
- 유해 · 위험방지계획서 제출 시 첨부서류
- 건설작업장 조도 기준

2 안전보건자료 ***

(1) 물질안전보건자료(MSDS)

화학물질에 대하여 유해 위험성, 응급조치 요령, 폭발 · 화재 시 대처방법, 취급 및 저장방법 등을 상세하게 설명해 주는 자료이다.

(2) 작업환경측정결과

사업주가 유해인자로부터 작업자의 건강을 보호하고 쾌적한 작업환경을 조성하기 위하여 인체에 해로운 작업을 하는 작업장으로서 고용노동부령으로 정하는 작업장에 대하여 자격을 가진 자로 하여금 측정을 한 자료이다.

① 근로자가 상시 작업하는 장소의 작업면 조도 기준

㉠ 초정밀작업 : 750Lux 이상

㉡ 정밀작업 : 300Lux 이상

기출문제

건설작업장에서 근로자가 상시 작업하는 장소의 작업면 조도기준으로 옳지 않은 것은? (단, 갱내 작업장과 감광재료를 취급하는 작업장의 경우는 제외)

❶ 초정밀 작업 : 600럭스(lux) 이상
② 정밀작업 : 300럭스(lux) 이상
③ 보통작업 : 150럭스(lux) 이상
④ 초정밀, 정밀, 보통작업을 제외한 기타 작업 : 75럭스(lux) 이상

ⓒ 보통작업 : 150Lux 이상

ⓓ 그 밖의 작업 : 75Lux 이상

② **산소결핍의 기준** : 공기 중의 산소농도가 18% 미만인 상태

기출문제

산소결핍이라 함은 공기 중 산소농도가 몇 퍼센트(%) 미만일 때를 의미하는가?

① 20% ❷ 18%
③ 15% ④ 10%

(3) 특수건강진단결과

유해인자인 소음, 분진, 화학물질, 야간작업 등에 노출되는 업무에 종사하는 작업자를 대상으로 직업병을 조기에 발견하여 직업병을 예방하고 작업자의 건강을 보호, 유지하기 위해 실시하는 건강진단 자료이다.

(4) 유해 · 위험방지계획서

건설공사의 안전성을 확보하기 위해 사업주 스스로 유해위험방지 계획서를 작성하고, 공단에 제출토록 하여 그 계획서를 심사하고 공사 중 계획서 이행 여부를 주기적으로 확인하여 작업자의 안전과 보건을 확보하기 위한 제도이다.

(5) 안전보건대장

건설공사발주자가 작업자의 산업재해 예방을 위하여 건설공사의 계획단계부터 준공 시까지 해당 공사의 위험성을 고려하여 실시하는 계획, 설계 및 시공 단계별 조치 사항이다.

① **안전보건대장 작성대상** : 총 공사금액 50억원(부가세 포함) 이상인 건설공사

② **안전보건대장의 종류**

종류	작성주체	작성시기	발주자 역할
기본안전 보건대장	발주자	건설공사 계획단계	해당 건설공사에서 중점적으로 관리하여야 할 유해 · 위험요인과 이에 대한 감소 대책을 포함한 기본안전보건대장을 작성한다.
설계안전 보건대장	설계자	건설공사 설계단계	기본안전보건대장을 설계자에게 제공하여, 설계자로 하여금 유해 · 위험요인의 감소대책을 담은 설계안전보건대장을 작성토록 하고 그 이행 여부를 확인한다.
공사안전 보건대장	시공사	건설공사 시공단계	건설공사 도급인에게 설계안전보건대장을 제공하고 이를 반영하여 안전한 작업을 위한 공사안전보건대장을 작성하도록 하고 그 이행 여부를 확인한다.

기출문제

건설공사 시공단계에 있어서 안전관리의 문제점에 해당되는 것은?

① 발주자의 조사, 설계 발주능력 미흡
② 용역자의 조사, 설계능력 부실
❸ 발주자의 감독 소홀
④ 사용자의 시설 운영관리 능력 부족

(6) 작업장 출입구 설치 시 준수사항

① 출입구의 위치, 수 및 크기가 작업장의 용도와 특성에 맞도록 한다.

② 출입구에 문을 설치하는 경우에는 근로자가 쉽게 열고 닫을 수 있도록 한다.

③ 주된 목적이 하역운반기계용인 출입구에는 인접하여 보행자용 출입구를 따로 설치한다.

④ 하역운반기계의 통로와 인접하여 있는 출입구에는 접촉에 의하여 근로자에게 위험을 미칠 우려가 있는 경우에는 비상등 · 비상벨 등 경보장치를 설치한다.

⑤ 계단이 출입구와 바로 연결된 경우에는 작업자의 안전한 통행을 위하여 그 사이에 1.2m 이상 거리를 두거나 안내표지 또는 비상벨 등을 설치한다.

기출 Check!

주된 목적이 하역운반기계용인 출입구에는 인접하여 **보행자용 출입구를 따로 설치**한다.

3 유해위험방지계획서 ★★★★

(1) 유해위험방지계획서 제출 대상 건설공사

① 다음의 건축물 또는 시설 등의 건설 · 개조 또는 해체 공사

㉠ 지상높이 31m 이상인 건축물 또는 인공구조물

㉡ 연면적 3만m^2 이상인 건축물

㉢ 연면적 5천m^2 이상인 시설로서 다음의 어느 하나에 해당하는 시설

- 문화 및 집회시설(전시장 및 동물원 · 식물원 제외)
- 판매시설, 운수시설(고속철도의 역사, 집배송시설 제외)
- 종교시설
- 의료시설 중 종합병원
- 숙박시설 중 관광숙박시설
- 지하도상가
- 냉동 · 냉장 창고시설

② 연면적 5천m^2 이상인 냉동 · 냉장 창고시설의 설비공사 및 단열공사

③ 최대 지간(支間)길이(다리의 기둥과 기둥의 중심사이의 거리) 50m 이상인 교량건설 등 공사

④ 터널의 건설 등 공사

법령

산업안전보건법 시행령 제42조

기출문제

유해위험방지계획서를 제출해야 할 건설공사 대상 사업장 기준으로 옳지 않은 것?

❶ 최대 지간길이가 40m 이상인 교량건설 등의 공사
② 지상높이가 31m 이상인 건축물
③ 터널 건설 등의 공사
④ 깊이 10m 이상인 굴착공사

⑤ 다목적댐 · 발전용댐 및 저수용량 2천만톤 이상의 용수 전용댐, 지방상수도 전용댐 건설 등의 공사

⑥ 깊이 10m 이상인 굴착공사

기출문제

건설공사의 유해위험방지계획서 제출 기준일로 옳은 것은?

① 당해공사 착공 1개월 전까지
② 당해공사 착공 15일 전까지
❸ 당해공사 착공 전날까지
④ 당해공사 착공 15일 후까지

(2) 유해위험방지계획서의 제출 시 첨부서류

사업주가 다음의 서류를 첨부하여 해당 공사의 착공 전날까지 한국산업안전보건공단에 2부 제출한다.

① **공사개요 및 안전보건관리계획**

㉠ 공사 개요서

㉡ 공사현장의 주변 현황 및 주변과의 관계를 나타내는 도면(매설물 현황을 포함)

㉢ 건설물, 사용 기계설비 등의 배치를 나타내는 도면

㉣ 전체 공정표

㉤ 산업안전보건관리비 사용계획

㉥ 안전관리 조직표

㉦ 재해 발생 위험 시 연락 및 대피방법

② 작업 공사 종류별 유해 · 위험방지계획

기출문제

산업안전보건법상 유해위험방지계획서를 제출한 사업주는 건설공사 중 얼마 이내마다 관련법에 따라 유해위험방지계획서의 내용과 실제 공사내용이 부합하는지의 여부 등을 확인받아야 하는가?

① 1개월 ② 3개월
❸ 6개월 ④ 12개월

(3) 유해위험방지계획서 제출 후 확인

계획서를 제출한 사업주는 해당 건설물 · 기계 · 기구 및 설비의 시운전 단계에서, 건설공사 중 6개월 이내마다 아래 사항을 확인하여야 한다.

① 유해위험방지계획서의 내용과 실제공사 내용이 부합하는지 여부를 확인하다.

② 유해위험방지계획서 변경내용의 적정성을 확인한다.

③ 추가적인 유해 · 위험요인의 존재 여부를 확인하다.

기출문제

산업안전보건법령상 유해위험방지계획서의 심사 결과에 따른 구분 · 판정의 종류에 해당하지 않는 것은?

❶ 보류
② 부적정
③ 적정
④ 조건부 적정

(4) 유해위험방지계획서 심사 결과의 구분

① **적정** : 근로자의 안전과 보건을 위하여 필요한 조치가 구체적으로 확보되었다고 인정되는 경우

② **조건부 적정** : 근로자의 안전과 보건을 확보하기 위하여 일부 개선이 필요하다고 인정되는 경우

③ **부적정** : 건설물 · 기계 · 기구 및 설비 또는 건설공사가 심사기준에 위반되어 공사착공 시 중대한 위험이 발생할 우려가 있거나 해당 계획에 근본적 결함이 있다고 인정되는 경우

(5) 유해위험방지계획서와 안전관리계획서의 비교

유해위험방지계획서와 안전관리계획서를 통합하여 작성할 수 있다.

구분	유해 · 위험방지계획서	안전관리계획서
목적	작업자의 안전 · 보건 확보	공사 목적물의 안전과 주변 안전, 공중의 안전확보
법적근거	산업안전보건법	건설기술 진흥법
주무부처	고용노동부	국토교통부
제출 의무자	사업주	건설업자 또는 주택건설등록업자
제출대상	㉠ 지상높이 31m 이상 건축물 또는 인공구조물 • 연면적 3만m^2 이상 건축물 • 연면적 5천m^2 이상의 다용도시설(문화 및 집회시설, 판매시설, 운수시설, 종교시설, 종교시설, 종합병원, 관광숙박시설, 지하도상가, 냉동 · 냉장창고시설) ㉡ 연면적 5천m^2 이상 냉동 · 냉장 창고시설의 설비공사 및 단열공사 ㉢ 최대지간길이가 50m 이상인 교량 건설 등의 공사 ㉣ 터널 건설 등의 공사 ㉤ 다목적댐 · 발전용댐 및 저수용량 2천만톤 이상의 용수전용댐 · 지방 상수도 전용댐 건설 등 공사 ㉥ 깊이 10m 이상인 굴착공사	㉠ 1종 및 2종 시설물 공사 ㉡ 지하 10m 이상 굴착공사 ㉢ 폭발물을 사용하는 건설공사로서 20m 안에 시설물이 있거나 100m 안에 양육가축이 있어 해당 건설공사로 인한 영향이 예상되는 공사 ㉣ 10층 이상 16층 미만인 건축물의 건설공사 또는 10층 이상인 건축물의 리모델링 또는 해체공사 ㉤ 천공기(높이 10m 이상), 타워크레인, 항타 및 항발기 사용 건설공사 ㉥ 구조적 안전성을 확인받아야 하는 가설구조물을 사용하는 건설공사 (높이 31m 이상 비계, 작업발판 일체형 거푸집 또는 높이 5m 이상 거푸집 및 동바리, 터널지보공 또는 높이 2m 이상 흙막이 지보공, 동력을 이용하여 움직이는 가설구조물) ㉦ 기타 발주자가 특히 안전관리가 필요하다고 인정하는 건설공사
제출서류	㉠ 공사개요 및 안전보건관리계획 ㉡ 작업공종별 유해 · 위험방지계획	㉠ 총괄안전관리계획 ㉡ 공종별 세부 안전관리계획
제출시기	해당 공사의 착공 전일까지	해당 공사의 착공 전일까지
제출처	한국산업안전보건공단	허가, 인가, 승인 등의 행정기관의 장

기출문제

다음 중 건설공사 유해 · 위험방지계획서 제출대상 공사가 아닌 것은?

① 지상높이가 50m인 건축물 또는 인공구조물 건설공사
❷ 연면적이 3,000㎡인 냉동 · 냉장창고시설의 설비공사
③ 최대지간길이가 60m인 교량 건설공사
④ 터널 건설공사

합격 체크포인트

- 위험성 추정 방법
- 위험성 결정 방법
- 사업장 위험성평가에 관한 지침

참고

건설공사 위험성 추정 · 결정은 2024년에 신설된 출제기준입니다.

02 건설공사 위험성 추정 · 결정

1 위험성 추정 및 평가 방법

(1) 위험성 추정

① 부상 또는 질병으로 이어질 수 있는 가능성(빈도) 및 중대성(강도)의 크기를 추정한다.

② 도출된 위험요인별 사고 빈도(가능성)와 사고의 강도(피해 크기)를 조합하여 위험도를 계산하며, 사업장의 특성에 따라 사고의 빈도와 사고의 강도를 3~6단계로 정한다.

$$\text{위험도} = \text{사고의 빈도} \times \text{사고의 강도}$$

여기서, 사고의 빈도 : 위험이 사고로 발전될 확률, 폭로 빈도와 시간
사고의 강도 : 부상 및 건강장애 정도, 재산손실 크기

(2) 위험성 평가

① 3단계에서 도출된 위험도 계산값에 따라 허용할 수 있는 범위의 위험인지, 허용할 수 없는 위험인지 여부를 판단하는 단계이다.

② 위험성의 크기가 안전한 수준이라고 판단되면, 잔류 위험성이 어느 정도 존재하는지를 명기하고 종료 절차에 들어간다.

③ 안전한 수준이라고 인정되지 않으면 위험성을 감소시키는 개선 대책을 수립하는 절차를 반복한다.

2 위험성 결정 관련 지침 활용

(1) 위험성 결정 일반사항

① 위험의 빈도와 강도를 고려하여 위험도 등급을 결정한다.

② 과거 사고와 자료를 토대로 장래 발생확률과 피해 규모를 계산한다.

③ 기업에 존재하는 위험의 객관적인 파악이 가능하다.

④ 기업 간의 의존도, 한 가지 사고가 여러 가지 손실을 수반한다.

⑤ 발생 빈도보다는 강도에 중점을 둔다.

⑥ 사업장 특성에 따라 관리기준을 달리할 수 있다.

(2) 위험성 결정 방법

① 빈도 · 강도법으로 위험성 수준을 결정하는 경우

㉠ 유해 · 위험요인별 위험성의 크기에 대한 허용가능 여부를 판단한다.

㉡ 허용 가능한 위험성의 기준은 위험성 결정하기 전에 자체적으로 설정한다.

② 기존 빈도 · 강도법으로 위험성 수준을 결정하기 어려운 경우

㉠ 위험의 수준을 직관적으로 평가할 수 있는 경우 : 위험성 수준 3단계 판단법

㉡ 발굴한 위험을 체크리스트로 작성, 현재 조치의 적정성을 점검 : 체크리스트법

㉢ 위험이 적고 간단한 작업인 경우 : 핵심요인 기술법(OPS)

법령

사업장 위험성평가에 관한 지침

제 3 장 건설업 산업안전보건관리비 관리

합격 체크포인트

- 산업안전보건관리비 계상 및 사용기준
- 산업안전보건관리비 대상액 작성요령
- 산업안전보건관리비 항목별 사용내역
- 산업안전보건관리비 사용불가 내역

법령

건설업 산업안전보건관리비 계상 및 사용기준

기출문제

건설업 산업안전보건관리비 계상 및 사용기준은 산업안전보건법에서 정의한 건설공사 중 총 공사금액이 얼마 이상인 공사에 적용하는가?

① 4천만원 ② 3천만원
❸ 2천만원 ④ 1천만원

기출문제

공정율이 65%인 건설현장의 경우 공사 진척에 따른 산업안전보건관리비의 최소 사용기준으로 옳은 것은?

① 40% 이상 ❷ 50% 이상
③ 60% 이상 ④ 70% 이상

01 건설업 산업안전보건관리비 규정

1 건설업 산업안전보건관리비의 계상 및 사용기준 ★★★★

(1) 건설업 산업안전보건관리비의 개념과 적용 범위

① 건설업의 산업안전보건관리비란 산업재해 예방을 위하여 건설공사 현장에서 직접 사용되거나 해당 건설업체의 본사에 설치된 안전전담부서에서 법령에 규정된 사항을 이행하는 데 소요되는 비용을 말한다.

② 적용 범위 : 산업안전보건법에서 정의한 건설공사 중 총 공사금액 2천만원 이상인 공사에 적용한다. 다만, 단가계약에 의하여 행하는 공사에 대하여는 총 계약금액을 기준으로 적용한다.

(2) 계상 및 사용기준

① 발주자가 도급계약 체결을 위한 원가계산에 의한 예정가격을 작성하거나, 자기공사자가 건설공사 사업계획을 수립할 때는 산업안전보건관리비를 계상해야 한다.

② 도급인과 자기공사자는 산업안전보건관리비를 항목별 사용기준에 따라 산업재해예방 목적으로 사용하여야 한다.

③ 공사진척에 따른 산업안전보건관리비 사용기준

공정율 (기성공정률)	50 % 이상 70 % 미만	70 % 이상 90 % 미만	90 % 이상
사용기준	50 % 이상	70 % 이상	90 % 이상

(3) 산업안전보건관리비의 사용

공사금액 4천만원 이상의 도급인 및 자기공사자는 산업안전보건관리비 사용내역서를 작성한다.

2 건설업 산업안전보건관리비 대상액 작성요령 ★★★★

(1) 산업안전보건관리비 대상액

① 대상액은 공사원가계산서 구성항목 중 직접재료비, 간접재료비, 직접노무비를 합한 금액을 말한다.

② 발주자가 재료를 제공할 경우에는 해당 재료비를 포함한다.

(2) 산업안전보건관리비 계상방법

① 발주자가 재료를 제공하거나 완제품 형태로 제작·납품되는 경우 해당 재료비 또는 완제품 가액을 대상액에 포함하여 산출한다.

② 대상액에서 재료비 또는 완제품 가액을 제외하고 산출한 안전보건관리비의 1.2배의 금액을 산출한다.

③ ①과 ②를 비교하여 그 중 작은 값 이상 금액으로 계상한다.

㉠ 대상액이 명확한 경우
- 대상액이 5억원 미만 또는 50억원 이상 : 대상액×비율
- 대상액이 5억원 이상 50억원 미만 : 대상액×비율+기초액

㉡ 대상액이 명확하지 않은 경우
- 총 공사금액의 70%를 대상액으로 계상한다.

④ 공사종류 및 규모별 산업안전보건관리비 계상기준표

구분 / 공사종류	대상액 5억원 미만 적용비율	대상액 5억원 이상 50억원 미만		대상액 50억원 이상 적용비율	보건관리자 선임대상 건설공사의 적용비율
		적용 비율	기초액		
건축공사	3.11%	2.28%	4,325,000원	2.37%	2.64%
토목공사	3.15%	2.53%	3,300,000원	2.60%	2.73%
중건설공사	3.64%	3.05%	2,975,000원	3.11%	3.39%
특수건설공사	2.07%	1.59%	2,450,000원	1.64%	1.78%

기출문제

건설공사의 산업안전보건관리비 계상 시 대상액이 구분되어 있지 않은 공사는 도급계약 또는 자체 사업계획상의 총 공사금액 중 얼마를 대상액으로 하는가?

① 50% ② 60%
❸ 70% ④ 80%

⑤ 설계변경 시 산업안전보건관리비 조정 · 계상 방법

㉠ 설계변경에 따른 안전관리비 산정 계산식

설계변경에 따른 안전관리비 = 설계변경 전의 안전관리비 + 설계변경으로 인한 안전관리비 증감액

㉡ 설계변경으로 인한 안전관리비 증감액 산정 계산식

설계변경으로 인한 안전관리비 증감액 = 설계변경 전의 안전관리비 × 대상액의 증감 비율

㉢ 대상액의 증감 비율 산정 계산식(대상액은 설계변경 전·후의 도급계약서상의 대상액을 말함)

대상액의 증감 비율 = [(설계변경 후 대상액-설계변경 전 대상액)/설계변경 전 대상액] × 100%

3 건설업 산업안전보건관리비의 항목별 사용내역 ★★★★

(1) 건설업 산업안전보건관리비 항목별 사용내역

① 안전관리자 · 보건관리자의 임금 등

㉠ 안전 또는 보건관리 업무만을 전담하는 안전 · 보건관리자의 임금과 출장비 전액

㉡ 안전관리 또는 보건관리 업무를 전담하지 않는 안전관리자 또는 보건관리자의 임금과 출장비의 각각 1/2에 해당하는 비용

㉢ 안전관리자를 선임한 건설공사 현장에서 산업재해 예방 업무만을 수행하는 작업지휘자, 유도자, 신호자 등의 임금 전액

㉣ 관리감독자의 직위에 있는 자가 산업안전보건법 시행령에서 정하는 업무를 수행하는 경우에 지급하는 업무수당(임금의 1/10 이내)

② 안전시설비 등

㉠ 산업재해 예방을 위한 안전난간, 추락방호망, 안전대 부착설비, 방호장치(기계 · 기구와 방호장치가 일체로 제작된 경우, 방호장치 부분의 가액에 한함) 등 안전시설의 구입 · 임대 및 설치를 위해 소요되는 비용

㉡ 스마트 안전장비 구입 · 임대 비용. 다만, 계상된 산업안전보건관리비 총액의 1/10을 초과할 수 없다.

기출 Check!

건설업의 산업안전보건관리비 사용항목

① 안전 · 보건관리자 임금 등
② 안전시설비 등
③ 보호구 등
④ 안전보건진단비 등
⑤ 안전보건교육비 등
⑥ 근로자 건강장해예방비 등
⑦ 건설재해예방전문지도기관 기술지도비
⑧ 본사 전담조직 근로자 임금 등
⑨ 위험성평가 등에 따른 소요 비용

㉢ 용접작업 등 위험작업 시 사용하는 소화기의 구입 · 임대 비용

③ 보호구 등

㉠ 보호구의 구입 · 수리 · 관리 등에 소요되는 비용

㉡ 작업자가 보호구를 직접 구매 · 사용하여 합리적인 범위 내에서 보전하는 비용

㉢ 안전관리자 등의 업무용 피복, 기기 등을 구입하기 위한 비용

㉣ 안전관리자 및 보건관리자가 안전보건 점검 등을 목적으로 건설공사 현장에서 사용하는 차량의 유류비 · 수리비 · 보험료

④ 안전보건진단비 등

㉠ 유해위험방지계획서 작성 등에 소요되는 비용

㉡ 안전보건진단에 소요되는 비용

㉢ 작업환경 측정에 소요되는 비용

㉣ 그 밖에 산업재해예방을 위해 전문기관 등에서 실시하는 진단, 검사, 지도 등에 소요되는 비용

⑤ 안전보건교육비 등

㉠ 의무교육이나 이에 준하는 교육을 위해 건설공사 현장의 교육 장소 설치 · 운영 등에 소요되는 비용

㉡ 산업재해 예방 목적을 가진 다른 법령상 의무교육을 실시하기 위해 소요되는 비용

㉢ 안전보건교육 대상자 등에게 구조 및 응급처치에 관한 교육을 실시하기 위해 소요되는 비용

㉣ 안전보건관리책임자, 안전관리자, 보건관리자가 업무수행을 위해 필요한 정보를 취득하기 위한 목적으로 도서, 정기간행물을 구입하는 데 소요되는 비용

㉤ 건설공사 현장에서 안전기원제 등 산업재해 예방을 기원하는 행사를 개최하기 위해 소요되는 비용. 단, 행사의 방법, 소요된 비용 등을 고려하여 사회통념에 적합한 행사에 한한다.

㉥ 건설공사 현장의 유해 · 위험요인을 제보하거나 개선방안을 제안한 작업자를 격려하기 위해 지급하는 비용

⑥ 작업자 건강장해예방비

㉠ 작업자의 각종 건강장해 예방에 필요한 비용

㉡ 중대재해 목격으로 발생한 정신질환을 치료하기 위한 소요 비용

기출문제

건설업의 산업안전보건관리비 사용항목에 해당되지 않는 것은?

① 안전시설비
② 근로자 건강관리비
❸ 운반기계 수리비
④ 안전진단비

㉢ 감염병의 확산 방지를 위한 마스크, 손소독제, 체온계 구입 비용 및 감염병병원체 검사를 위해 소요되는 비용

㉣ 휴게시설을 갖춘 경우 온도, 조명설치 · 관리기준을 준수하기 위해 소요되는 비용

㉤ 건설공사 현장에서 근로자 심폐소생을 위해 사용되는 자동심장충격기(AED) 구입에 소요되는 비용

⑦ 건설재해예방전문지도기관의 지도에 대한 대가로 자기공사자가 지급하는 비용

⑧ 「중대재해 처벌 등에 관한 법률 시행령」에 해당하는 건설사업자가 아닌 자가 운영하는 사업에서 안전보건 업무를 총괄 · 관리하는 3명 이상으로 구성된 본사 전담조직에 소속된 작업자의 임금 및 업무수행 출장비 전액. 다만, 계상된 산업안전보건관리비 총액의 1/20을 초과할 수 없다.

⑨ 위험성평가 또는 중대재해 처벌 등에 관한 법률 시행령에 따라 유해 · 위험요인 개선을 위해 필요하다고 판단하여 산업안전보건위원회 또는 노사협의체에서 사용하기로 결정한 사항을 이행하기 위한 비용. 다만, 계상된 산업안전보건관리비 총액의 1/10을 초과할 수 없다.

(2) 건설업 산업안전보건관리비 사용불가 내역

① (계약예규)예정가격작성기준 중 아래에 해당되는 비용

• 전력비, 수도광열비	• 운반비
• 기계경비	• 특허권사용료
• 기술료	• 연구개발비
• 품질관리비	• 가설비
• 지급임차료	• 보험료
• 복리후생비	• 보관비
• 외주가공비	• 소모품비
• 여비 · 교통비 · 통신비	• 세금, 공과금
• 폐기물처리비	• 도서인쇄비
• 지급수수료	• 환경보전비
• 보상비	• 안전관리비
• 건설작업자퇴직공제부금비	• 관급자재 관리비
• 법정부담금	• 기타 법정경비

② 다른 법령에서 의무사항으로 규정한 사항을 이행하는 데 필요한 비용
③ 작업자 재해예방 외의 목적이 있는 시설 · 장비나 물건 등을 사용하기 위해 소요되는 비용
④ 환경관리, 민원 또는 수방대비 등 다른 목적이 포함된 경우

(3) 사용내역의 확인

도급인은 산업안전보건관리비 사용내역에 대하여 공사 시작 후 6개월마다 1회 이상 발주자 또는 감리자의 확인을 받아야 한다.

기출문제

건설업 산업안전 보건관리비의 사용내역에 대하여 수급인 또는 자기공사자는 공사 시작 후 몇 개월 마다 1회 이상 발주자 또는 감리원의 확인을 받아야 하는가?

① 3개월 ② 4개월
③ 5개월 ❹ 6개월

제 4 장 건설현장 안전시설 관리

합격 체크포인트

- 추락방호망의 설치
- 방망사의 강도와 방망의 표시
- 안전난간의 구성 및 구조와 설치요건
- 안전대의 종류
- 굴착면의 기울기 기준
- 흙막이 지보공
- 터널 지보공
- 지반개량공의 종류 및 특징
- 낙하물 방지망

법령

산업안전보건기준에 관한 규칙 제42조

01 안전시설 설치 및 관리

1 추락방지용 안전시설 ★★★★

(1) 추락방호망

① 추락이란 사람이 높은 곳에서 떨어지는 것으로 건설현장에서 가장 많이 발생되는 재해의 유형으로, 추락하거나 넘어질 위험이 있는 장소에는 작업발판을 설치하여야 한다.

② 작업발판을 설치하기 곤란한 경우 추락방호망을 설치해야 한다. 다만, 설치하기 곤란한 경우에는 근로자에게 안전대를 착용하도록 하여야 한다.

③ 추락방호망은 건설현장 등의 고소작업에서 추락으로 인하여 작업자에게 위험을 끼칠 우려가 있는 장소에 수평으로 설치하는 방호망을 말한다.

④ 추락방호망의 설치

㉠ 추락방호망의 설치위치는 가능하면 작업면으로부터 가까운 지점에 설치한다. 다만 작업면으로부터 망의 설치지점까지 수직거리는 10m를 초과하지 아니한다.

㉡ 추락방호망은 수평으로 설치하고, 망의 처짐은 짧은 변 길이의 12% 이상이 되도록 한다.

㉢ 건축물 등의 바깥쪽으로 설치하는 경우 추락방호망의 내민 길이는 벽면으로부터 3m 이상. 다만, 그물코가 20mm 이하인 경우 낙하물방지망으로 설치한 것으로 본다.

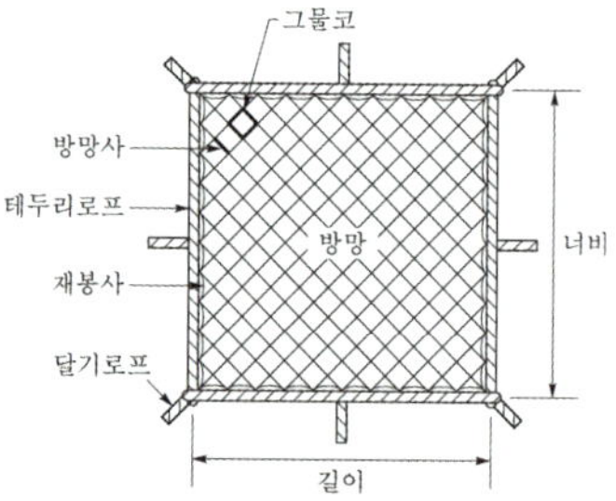

❙ 추락방호망의 구조 ❙

⑤ 방망사의 강도

㉠ 방망사의 신품에 대한 인장강도

그물코의 크기 (단위 : cm)	방망의 종류(단위 : kg)	
	매듭 없는 방망	매듭방망
10	240	200
5	–	110

㉡ 방망사의 폐기 시 인장강도

그물코의 크기 (단위 : cm)	방망의 종류(단위 : kg)	
	매듭 없는 방망	매듭방망
10	150	135
5	–	60

⑥ 지지점의 강도 : 600kg의 외력에 견뎌야 한다.

⑦ 방망의 사용 제한

㉠ 방망사가 규정한 강도 이하인 방망

㉡ 인체 또는 이와 동등 이상의 무게를 갖는 낙하물에 대해 충격을 받은 방망

㉢ 파손한 부분을 보수하지 않은 방망

㉣ 강도가 명확하지 않은 방망

⑧ 방망의 표시 : 제조자명, 제조연월, 재봉치수, 그물코, 신품인 때의 방망의 강도를 표시하여야 한다.

(2) 안전난간

① 안전난간은 작업자의 추락 사고를 방지하기 위해 설치하는 가시설물을 말한다.

② 안전난간의 설치위치

㉠ 중량물 취급 개구부

㉡ 작업대

㉢ 가설계단의 통로

㉣ 흙막이 지보공의 상부

③ 안전난간의 구성 : 상부 난간대와 중간 난간대, 발끝막이판(폭목) 및 난간기둥으로 구성된다.

기출문제

그물코의 크기가 10cm 인 매듭 없는 방망사 신품의 인장강도는 최소 얼마 이상이어야 하는가?

❶ 240kg ② 320kg
③ 400kg ④ 500kg

기출문제

그물코의 크기가 5cm인 매듭 방망사의 폐기 시 인장강도 기준으로 옳은 것은?

① 200kg ② 100kg
❸ 60kg ④ 30kg

법령

추락재해방지 표준안전작업지침

기출문제

건설현장에서 근로자의 추락재해를 예방하기 위한 안전난간을 설치하는 경우 그 구성요소와 거리가 먼 것은?

① 상부 난간대
② 중간 난간대
❸ 사다리
④ 발끝막이판

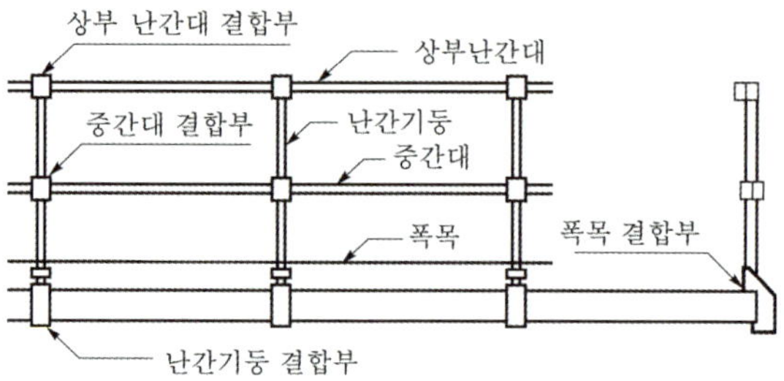

┃ 안전난간의 각부 명칭 ┃

④ 안전난간의 재료

㉠ 안전난간에 사용되는 강재의 재료는 표에 나타낸 것이거나 그 이상의 기계적 성질을 갖는 것이어야 하며, 현저한 손상, 변형, 부식 등이 없는 것이어야 한다.

㉡ 강재의 단면규격

강재의 종류	난간기둥	상부난간대
강관	ϕ 34.0×2.3	ϕ 27.2×2.3
각형강관	30×30×1.6	25×25×1.6
형강	40×40×5	40×40×3

⑤ 안전난간의 설치요건

㉠ 상부 난간대는 바닥면 등으로부터 90cm 이상 지점에 설치하고, 상부 난간대를 120cm 이하에 설치하는 경우에는 중간 난간대는 상부 난간대와 바닥면 등의 중간에 설치해야 하며, 120cm 이상 지점에 설치하는 경우에는 중간 난간대를 2단 이상으로 균등하게 설치하고 난간의 상하 간격은 60cm 이하가 되도록 한다.

㉡ 발끝막이판은 바닥면 등으로부터 10cm 이상의 높이를 유지할 것(공구 등 물체가 작업발판에서 낙하되는 것 방지 목적). 다만, 물체가 떨어지거나 날아올 위험이 없거나 위험을 방지할 수 있는 망을 설치하는 등 필요한 예방 조치를 한 장소는 제외한다.

㉢ 난간기둥은 상부 난간대와 중간 난간대를 견고하게 떠받칠 수 있도록 적정한 간격을 유지한다.

㉣ 상부 난간대와 중간 난간대는 난간 길이 전체에 걸쳐 바닥면 등과 평행을 유지한다.

㉤ 난간대는 지름 2.7cm 이상의 금속제 파이프나 그 이상의 강도가 있는 재료여야 한다.

법령

산업안전보건기준에 관한 규칙 제13조

기출문제

근로자의 추락 등의 위험을 방지하기 위한 안전난간의 설치요건에서 상부 난간대를 120cm 이상 지점에 설치하는 경우 중간 난간대를 최소 몇 단 이상 균등하게 설치하여야 하는가?

❶ 2단 ② 3단
③ 4단 ④ 5단

㉥ 안전난간은 구조적으로 가장 취약한 지점에서 가장 취약한 방향으로 작용하는 100kg 이상의 하중에 견딜 수 있는 튼튼한 구조여야 한다.

⑥ 안전난간의 하중

㉠ 안전난간의 주요부분은 아래의 표의 하중에 대해 충분한 것으로 하며, 하중의 작용방향은 상부 난간대 직각인 면의 모든 방향을 말한다.

㉡ 안전난간의 작용위치 및 하중의 값

종류	안전난간부분	작용위치	하 중
제1종	상부 난간대	스판의 중앙점	120kg
	난간기둥, 난간기둥 결합부, 상부 난간대 설치부	난간기둥과 상부 난간대의 결점	100kg

㉢ 하중에 의한 수평최대처짐은 10mm 이하로 한다.

(3) 안전대

① 안전대란 고소작업(지상으로부터 2m 또는 그 이상의 높이에서 수행하는 작업) 시 추락에 의한 위험을 방지하기 위해 사용하는 보호구이다.

② 안전대의 종류와 선정

종류	등급	사용구분	안전대의 선정
벨트식 (B식)	1종	U자 걸이 전용	전주 위 작업과 같이 발받침이 불완전하여 체중의 일부를 U자 걸이로 안전대에 지지하여야만 작업을 할 수 있는 경우에 사용한다.
	2종	1개 걸이 전용	안전대에 의지하지 않아도 작업할 수 있는 발판이 확보되었을 경우에 사용한다.
	3종	1개 걸이 U자 걸이 공용	1개 걸이와 U자 걸이로 사용할 때 적합하다.
안전그네식 (H식)	4종	안전블록	1개 걸이, U자 걸이 겸용으로 보조후크가 부착되어 있어 U자 걸이 작업 시 후크를 D링에 걸고 벗길 때 추락위험이 많은 경우 적합하다.
	5종	추락방지대	추락방지대를 부착하여 사용하는 안전대는 신체지지의 방법으로 안전그네만을 사용하여야 하며 수직구명줄이 포함된다.

※ 추락방지대 및 안전블록은 안전그네식에만 적용함.

기출문제

안전대의 종류는 사용구분에 따라 벨트식과 안전그네식으로 구분되는데, 이 중 안전그네식에만 적용하는 것은?
❶ 추락방지대, 안전블록
② 1개 걸이용, U자 걸이용
③ 1개 걸이용, 추락방지대
④ U자 걸이용, 안전블록

③ 지면으로부터 안전대 고정점까지의 높이 기준

높이(H) = 로프의 길이 + 로프의 신장 길이 + 작업자 키의 50%

여기서, 로프의 신장 길이 = 로프의 길이 × 신장률

④ 안전대 부착설비

㉠ 높이 2m 이상인 장소에서 작업자에게 안전대를 착용시킨 경우 안전대를 안전하게 사용할 수 있는 부착설비 등을 설치하여야 한다.

㉡ 안전대 및 부속설비의 이상 유무를 작업시작 전에 점검하여야 한다.

㉢ 안전대 부착설비의 종류

- 전용철물 : 턴버클, 와이어클립, 셔클, 용접철물 등
- 철골구조 : 철골의 걸이설비 또는 아이볼트 이용
- 수평구명줄 : 작업자 허리높이보다 위에 설치
- 수직구명줄 : 수직으로 이동하는 작업 시 설치, 추락방지대를 지탱해 주는 부품
- 비계 : 강관비계, 틀비계 등에 셔클과 함께 안전대 죔줄로 부착

기출문제

다음은 안전대와 관련된 설명이다. 아래 내용에 해당되는 용어로 옳은 것은?

로프 또는 레일 등과 같은 유연하거나 단단한 고정줄로서, 추락발생 시 추락을 저지시키는 추락방지대를 지탱해 주는 줄 모양의 부품

① 안전블록
❷ 수직구명줄
③ 죔줄
④ 보조죔줄

(4) 개구부

① 개구부는 일반적으로 외부로 개방된 구멍 모양을 한 부분들의 총칭으로, 구멍, 출입구, 통풍로, 슬래브의 끝단 등을 포함한다.

② 개구부 등의 방호 조치

㉠ 안전난간, 울타리, 수직형 추락방망 또는 덮개 등의 방호 조치를 취한다.

㉡ 뒤집히거나 떨어지지 않도록 덮개를 설치한다.

㉢ 어두운 장소에서도 알아볼 수 있도록 개구부임을 표시한다.

㉣ 난간 설치가 곤란하거나 임시로 난간을 해체해야 하는 경우 추락방호망을 설치한다.

㉤ 추락방호망을 설치하기 곤란한 경우에 작업자는 안전대를 착용한다.

기출문제

작업발판 및 통로의 끝이나 개구부로서 근로자가 추락할 위험이 있는 장소에서 난간 등의 설치가 매우 곤란하거나 작업의 필요상 임시로 난간 등을 해체하여야 하는 경우에 설치하여야 하는 것은?

① 구명구
② 수직보호망
③ 석면포
❹ 추락방호망

(5) 울타리

① 작업 중 또는 통행 시 굴러떨어짐으로 인하여 작업자가 화상 · 질식 등의 위험에 처할 우려가 있는 케틀(kettle), 호퍼(hopper), 피트(pit) 등이 있는 경우에는 그 위험을 방지하기 위하여 필요한 장소에 높이 90cm 이상의 울타리를 설치해야 한다.

기출 Check!

케틀, 호퍼, 피트 등이 있는 경우에 90cm 이상의 울타리를 설치해야 한다.

② 여기에서 케틀(kettle)은 가열 용기, 호퍼(hopper)는 깔때기 모양의 출입구가 있는 큰 통, 피트(pit)는 구덩이를 말한다.

2 붕괴 방지용 안전시설 ★★★★

(1) 붕괴 등에 의한 위험방지

① 토석 및 토사 붕괴의 원인

외적 원인	내적 원인
• 절토 및 성토 높이, 지하수위 증가 • 사면의 기울기 증가 • 토사중량의 증가 • 공사에 의한 진동 및 반복하중 증가	• 토석의 강도 저하 • 성토사면의 다짐 불량 • 점착력의 감소 • 절토사면 토질, 암질, 절리 상태

② 토사 또는 구축물의 붕괴 또는 낙하 등에 의한 위험방지 조치

㉠ 지반은 안전한 경사로 하고 낙하의 위험이 있는 토석을 제거하거나 옹벽, 흙막이 지보공, 터널 지보공, 사면보호공, 지반 개량공 등을 설치할 것

㉡ 토사 등의 붕괴 또는 낙하 원인이 되는 빗물이나 지하수 등을 배제할 것

㉢ 갱내의 낙반·측벽(側壁) 붕괴의 위험이 있는 경우에는 지보공을 설치하고 부석을 제거하는 등 필요한 조치를 할 것

③ 굴착작업 시 점검사항

㉠ 작업장소 및 그 주변의 부석·균열의 유무를 점검한다.

㉡ 함수·용수 및 동결의 유무 또는 상태의 변화를 점검한다.

④ 지반 등의 굴착 시 위험방지

㉠ 지반 등을 굴착하는 경우 굴착면의 기울기 기준

지반의 종류	굴착면의 기울기
모래	1 : 1.8
연암 및 풍화암	1 : 1.0
경암	1 : 0.5
그 밖의 흙	1 : 1.2

㉡ 비가 올 경우를 대비하여 측구를 설치하거나 굴착경사면에 비닐을 덮는 등 빗물 등의 침투에 의한 붕괴재해를 예방하기 위하여 필요한 조치를 실시한다.

기출문제

토사붕괴 원인으로 옳지 않은 것은?
① 경사 및 기울기 증가
② 성토높이의 증가
③ 건설기계 등 하중작용
❹ 토사중량의 감소

법령

산업안전보건기준에 관한 규칙 제50조

법령

산업안전보건기준에 관한 규칙 별표 11

기출문제

풍화암의 굴착면 붕괴에 따른 재해를 예방하기 위한 굴착면의 적정한 기울기 기준은?
① 1 : 1.8 ② 1 : 1.2
❸ 1 : 1.0 ④ 1 : 0.5

㉢ 굴착면 경사가 달라 기울기를 계산하기가 곤란한 경우 해당 굴착면에 대하여 굴착면의 기울기에 따라 붕괴 위험이 증가하지 않도록 해당 각 부분의 경사를 유지한다.

㉣ 굴착작업 시 토사 등의 붕괴 또는 낙하에 의하여 작업자에게 위험을 미칠 우려가 있는 경우에는 미리 흙막이 지보공의 설치, 방호망의 설치 및 작업자의 출입 금지 등 그 위험을 방지하기 위하여 필요한 조치를 실시한다.

(2) 흙막이 지보공

① 흙막이 지보공 작업이란 지하를 굴착할 때 토사가 붕괴되지 않도록 지중에 흙막이 벽체를 설치하는 작업을 말한다.

② **흙막이 지보공의 재료** : 변형, 부식되거나 심하게 손상된 것은 사용을 금지한다.

③ **흙막이 지보공의 조립도**

㉠ 흙막이 지보공을 조립하는 경우 미리 그 구조를 검토한 후 조립도를 작성하여 그 조립도에 따라 조립해야 한다.

㉡ 조립도는 흙막이판 · 말뚝 · 버팀대 및 띠장 등 부재의 배치 · 치수 · 재질 및 설치방법과 순서가 명시되어야 한다.

기출문제

흙막이 지보공을 조립하는 경우 미리 조립도를 작성하여야 하는데 이 조립도에 명시되어야 할 사항과 가장 거리가 먼 것은?

① 부재의 배치
② 부재의 치수
❸ 부재의 긴압 정도
④ 설치방법과 순서

④ **붕괴 등의 위험방지**

㉠ 흙막이 지보공을 설치 시 정기점검 사항

- 부재의 손상, 변형, 부식, 변위 및 탈락의 유무와 상태를 점검한다.
- 버팀대의 긴압의 정도를 점검한다.
- 부재의 접속부, 부착부, 교차부의 상태를 점검한다.
- 침하의 정도를 점검한다.

㉡ 설계도서에 따른 점검을 하고 계측 분석 결과 토압의 증가 등 이상 발견 시 즉시 보강 조치한다.

(3) 터널 지보공

① 터널 지보공이란 굴착 작업 후 복공이 완료되기까지, 지반이 느슨해지는 것을 억제하고 공간을 유지하기 위해 굴착 주변의 지반을 지지하는 구조물을 말한다.

② **재료 및 구조**

㉠ 변형, 부식 또는 심하게 손상된 것은 사용을 금지한다.

㉡ 설치하는 장소의 지반과 관계되는 지질, 지층, 함수, 용수, 균열 및 부식의 상태와 굴착 방법에 맞는 견고한 구조의 터널 지보공을 사용한다.

③ 터널 지보공의 조립도

㉠ 터널 지보공을 조립하는 경우 미리 그 구조를 검토한 후 조립도를 작성하여 그에 따라 조립한다.

㉡ 터널 지보공 조립도는 재료의 재질, 단면규격, 설치간격 및 이음방법 등을 명시한다.

④ 터널 지보공의 조립 또는 변경 시 조치사항

㉠ 주재를 구성하는 1세트의 부재는 동일 평면 내에 배치한다.

㉡ 목재의 터널 지보공은 그 터널 지보공의 각 부재의 긴압 정도가 균등하게 되도록 한다.

㉢ 기둥에는 침하를 방지하기 위하여 받침목을 사용하는 등의 조치를 한다.

㉣ 강아치 지보공 및 목재지주식 지보공 외의 터널 지보공에 대해서는 터널 등의 출입구 부분에 받침대를 설치한다.

⑤ 터널 지보공 설치 시 수시점검 사항(붕괴 등의 방지)

㉠ 부재의 손상, 변형, 부식, 변위 탈락의 유무 및 상태를 확인한다.

㉡ 부재의 긴압 정도를 확인한다.

㉢ 부재의 접속부 및 교차부의 상태를 확인한다.

㉣ 기둥 침하의 유무 및 상태를 확인한다.

⑥ **부재의 해체** : 하중이 걸려 있는 터널 지보공의 부재를 해체하는 경우 해당 부재에 걸려있는 하중을 터널 거푸집 동바리가 받도록 조치한 후 그 부재를 해체한다.

(4) 터널 거푸집 동바리

① 터널 거푸집은 콘크리트를 타설하여 일정한 형상과 치수로 유지시켜 원하는 구조체를 얻도록 하는 가설구조체이며, 거푸집을 안전하게 받쳐주는 것을 동바리라고 한다.

② **터널 거푸집 및 동바리의 재료** : 변형, 부식 또는 심하게 손상된 것 사용 금지한다.

③ **터널 거푸집 및 동바리의 구조** : 터널 거푸집 동바리에 걸리는 하중 또는 거푸집의 형상 등에 맞는 견고한 구조의 터널 거푸집 동바리를 사용한다.

기출문제

터널 지보공을 조립하는 경우에는 미리 그 구조를 검토한 후 조립도를 작성하고, 그 조립도에 따라 조립하도록 하여야 하는데 이 조립도에 명시하여야할 사항과 가장 거리가 먼 것은?

① 이음방법
② 단면규격
③ 재료의 재질
④ 재료의 구입처

기출문제

터널 붕괴를 방지하기 위한 지보공에 대한 점검사항과 가장 거리가 먼 것은?

① 부재의 긴압 정도
② 부재의 손상 · 변형 · 부식 · 변위 탈락의 유무 및 상태
③ 기둥 침하의 유무 및 상태
④ 경보장치의 작동상태

(5) 비탈면 보호공

① 비탈면 보호공은 불안정한 비탈면을 식생과 토목구조물을 시공하여 안정시키는 공법으로, 식생공을 우선적으로 검토하고, 식생공의 적용이 어려운 경우 구조물에 의한 보호공을 적용한다.

② 비탈면 보호공법의 종류

식생공법	녹생토	풍화암이나 경암에 부착망을 앵커핀과 착지핀으로 고정시키고 녹생토를 양잔디와 혼합 살포하여 식생기반을 조성한다.
	덩굴식물 식재공법	토사나 경암 비탈면에 식재 구덩이를 만들어 식물을 식재한다.
	배토습식 공법	토사나 경암에 인공 배양토를 부착 후 양잔디 등을 식재한다.
구조물에 의한 보호공법	돌쌓기, 블록쌓기	• 경사가 1 : 1보다 급경사인 경우 • 비탈면의 토질이 단단하여 토압이 작은 경우
	돌붙임, 블록붙임	• 경사가 1 : 1보다 완만한 경사인 경우 • 점착력이 없는 토사 및 허물어지기 쉬운 절토사면에 사용
	콘크리트 붙임	• 절리가 많은 암석, 낭떠러지 등 붕락의 우려가 있는 경우 • 철근콘크리트 붙임공의 경사 1 : 0.5 • 무근콘크리트 붙임공의 경사 1 : 1 정도
	콘크리트 블록 격자공	• 경사가 1 : 0.8보다 완만한 비탈면 • 프리캐스트 제품으로 격자 내에 객토, 식생, 블록이나 옥석을 깔아 침식을 방지한다.
	현장타설 콘크리트 격자공	• 용수가 있는 풍화암, 비탈면의 장기적 안정이 염려되는 곳 • 콘크리트 블록 격자공으로는 붕락할 염려가 있는 곳
	모르타르 및 숏크리트	• 절토사면에 용수가 없고 당장 붕괴의 위험성은 없으나 풍화되기 쉬운 암석 • 넓은 면적에 효과가 좋으며 경사가 심한 곳, 바위가 돌출한 비탈면에 시공할 수 있다.
	돌망태 옹벽	• 일정 규격의 직사각형 아연도금 철망상자 속에 돌채움을 한 돌망태를 쌓아 올려 벽체를 형성하는 공법이다. • 콘크리트 옹벽 대체공법으로 사용한다. • 배수성이 양호하기 때문에 설계 시에 수압의 작용을 고려할 필요가 없다.

기출문제

사면 보호공법 중 구조물에 의한 보호공법에 해당되지 않는 것은?
① 블록공
❷ 식생구멍공
③ 돌쌓기공
④ 현장타설 콘크리트 격자공

③ 침투수가 옹벽 안정에 미치는 영향

㉠ 옹벽 배면토의 단위수량 감소로 인한 수직 저항력 감소

㉡ 옹벽 바닥면에서의 양압력 증가

㉢ 수평 저항력(수동토압)의 감소

㉣ 포화 또는 부분 포화에 따른 뒷채움용 흙무게의 증가

(6) 지반개량공

① 지반개량공이란 지지력이 낮은 지반을 원지반의 토질 그 자체를 개량하여 지지력의 증가 및 투수성을 저하시키는 공법을 말한다.

② 지반 개량공법의 종류

주입 공법	• 시멘트나 약액을 주입하여 지반을 강화하는 공법이다. • 토사에서 경암까지 적용범위가 넓다. • 종류 : 이중관식주입공, 복합주입공 등
이온교환 공법	• 흙의 흡착양이온의 질과 양을 변경하는 등 흙의 공학적 성질을 변경하여 사면을 안정시키는 공법이다. • 2가 양이온인 염화칼슘을 사면 상부에 타설하여 칼슘이온을 흡착한다.
전기화학적 공법	• 직류전기를 가해 전기화학적으로 흙을 개량하여 사면을 안정시키는 공법이다. • 종류 : 전기침투공(음극에 물이 집수되는 성질을 이용), 전기화학적 고결공(양극에 접하는 흙이 고결되는 것을 이용)
시멘트 안정처리 공법	흙에 시멘트 재료를 첨가하여 교반하여 고화시킨다.
석회안정 처리 공법	점성토에 소석회, 생석회를 가하여 이온교환작용, 화학적 결합작용 등에 따라 토성을 개량하는 공법이다.
소결 공법	• 가열에 의한 토성 개량을 목적으로 한 안정 공법이다. • 일정온도 이상 시 흙과 수분이 비가역적으로 반응하는 것을 이용한다.

기출문제

사면지반 개량공법으로 옳지 않은 것은?

① 전기화학적 공법
② 석회안정처리 공법
③ 이온교환 방법
④ 옹벽 공법

(7) 굴착공사 시 붕괴 방지 공법의 종류

배수공	빗물 등의 지중유입을 방지하고 침투수를 배제하여 비탈면 안정성을 도모한다.
배토공	활동하려는 토사를 제거하여 활동 하중을 경감시켜 사면 안정을 도모한다.
공작물에 의한 방지공	말뚝이나 앵커 공법을 이용한 지반을 보강한다.
압성토공	비탈면 또는 비탈면 하단을 성토하여 붕괴를 방지한다.

기출문제

굴착공사에 있어서 비탈면 붕괴를 방지하기 위하여 실시하는 대책으로 옳지 않은 것은?

① 지표수의 침투를 막기 위해 표면배수공을 한다.
② 지하수위를 내리기 위해 수평배수공을 설치한다.
③ 비탈면 하단을 성토한다.
④ 비탈면 상부에 토사를 적재한다.

3 낙하, 비래방지용 안전시설 ★★★★

(1) 낙하물방지망, 수직보호망, 방호선반

① 물체가 떨어지거나 날아올 위험이 있는 경우 낙하물방지망, 수직보호망 또는 방호선반의 설치, 출입금지구역 설정, 보호구의 착용 등 필요한 조치를 하여야 한다.

㉠ 낙하물방지망 : 고소작업 시 재료나 공구 등의 낙하로 인한 피해를 방지하기 위하여 벽체 및 비계 외부에 설치하는 망

㉡ 수직보호망 : 비래 · 낙하물 등에 의한 재해방지를 목적으로 비계 등의 가설 구조물의 바깥면에 수직으로 설치하는 보호망

㉢ 방호선반 : 고소작업 시 재료나 공구 등의 낙하로 인한 피해를 방지하기 위하여 합판 또는 철판 등의 재료를 사용하여 비계 내측 및 비계 외측에 설치하는 가설물

② 낙하물방지망 또는 방호선반의 설치기준

㉠ 높이 10m 이내마다 설치한다.

㉡ 내민 길이는 벽면으로부터 수평거리 2m 이상으로 한다.

㉢ 수평면과의 각도는 20° 이상 30° 이하를 유지한다.

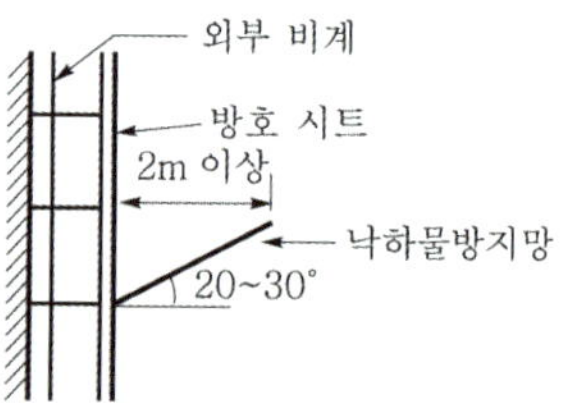

❙ 낙하물방지망의 구조 ❙

(2) 투하설비

① 높이 3m 이상 장소에서 자재를 투하할 경우 사고방지하기 위한 투하설비를 설치하여야 한다.

② 투하설비의 설치기준

㉠ 높이 3m 이상 자재 투하 시 반드시 설치한다.

㉡ 이음부 겹쳐 설치한다.

㉢ 구조체와 결속을 철저히 한다.

㉣ 방호 울타리, 표지판을 설치한다.

㉤ 투하 작업 시 감시원을 배치한다.

㉥ 관계자 외 접근을 금지한다.

㉦ 재료는 THP 400 이상이어야 한다.

기출문제

작업으로 인하여 물체가 떨어지거나 날아올 위험이 있는 경우 필요한 조치와 가장 거리가 먼 것은?

❶ 투하설비 설치
② 낙하물방지망 설치
③ 수직보호망 설치
④ 출입금지구역 설정

기출문제

물체가 떨어지거나 날아올 위험을 방지하기 위한 낙하물방지망 또는 방호선반을 설치할 때 수평면과의 적정한 각도는?

① 10~20°　❷ 20~30°
③ 30~40°　④ 40~45°

02 건설공구 및 장비 안전수칙

1 건설공구의 종류 및 안전수칙 ★★

(1) 주요 건설공구의 종류

전동공구	드릴, 톱, 톱날, 절단기, 그라인더, 전동 드라이버 등 전기나 배터리를 이용하여 작업하는 공구로 작업 효율을 높이기 위해 사용한다.
수공구	망치, 톱, 드라이버, 스패너 등을 포함하여 손으로 사용하는 공구이다.
측정 및 마킹도구	레이저 거리측정기, 수평계 등 정확한 측정과 마킹 작업에 사용한다.

(2) 안전수칙

① 작업에 적합한 공구를 사용한다.
② 공구는 안전한 장소에 보관한다.
③ 작업을 할 때는 규정된 복장 및 보호구를 착용한다.
④ 시설 및 작업 공구는 점검 후 사용한다.
⑤ 작업장 주위환경을 항상 정리 정돈한다.
⑥ 인화물질 또는 폭발물이 있는 장소에서는 화기취급을 금지한다.

(3) 유해위험 기계ㆍ기구 및 방호장치(방호조치를 하여야 양도ㆍ대여가 가능한 기계ㆍ기구)

유해위험 기계ㆍ기구	방호장치	유해위험 기계ㆍ기구	방호장치
예초기	날 접촉 예방장치	**공기압축기**	압력방출장치
지게차	헤드가드, 백레스트	**금속절단기**	날 접촉 예방장치
원심기	회전체 접촉 예방장치	**포장기계**	구동부 방호 연동장치, 덮개

합격 체크포인트

- 유해위험 기계ㆍ기구 및 방호장치의 종류
- 굴착장비의 종류, 특징, 안전대책
- 다짐장비의 종류, 특징
- 차량계 하역운반기계
- 고소작업대 와이어로프 또는 체인의 안전율
- 항타ㆍ항발기 사용시 준수사항
- 권상용 와이어로프
- 차량계 건설기계

법령

산업안전보건법 시행규칙 제98조

기출문제

산업안전보건법령에 다른 유해하거나 위험한 기계ㆍ기구에 설치하여야 할 방호장치를 연결한 것으로 옳지 않은 것은?
❶ 포장기계 – 헤드가드
② 예초기 – 날 접촉 예방장치
③ 원심기 – 회전체 접촉 예방장치
④ 금속절단기 – 날 접촉 예방장치

2 건설장비의 종류 및 안전수칙 ★★★★

(1) 건설장비(건설기계)의 분류

작업의 종류			적정기계의 종류
차량계 건설기계	굴착		불도저(bulldozer), 백호(back hoe), 클램셸(clam shell)
	굴착 · 싣기		파워셔블(power shovel), 트랙터셔블(tractor shovel), 백호, 클램셸, 로더(loader), 드래그라인(dragline)
	굴착 · 운반		불도저, 로더, 스크레이퍼(scraper), 스크레이퍼 도저(scraper dozer),
	정지		불도저, 모터그레이더(motor grader)
	도랑파기		백호, 트렌치(trench)
	다짐		롤러(로드, 진동, 탬핑, 타이어)
	기초 공사용 건설 기계	항타	항타기, 항발기
		천공	천공기, 어스드릴(earth drill), 어스오거(earth auger), 리버스 서큘레이션드릴(reverse circulation drill)
		지반 강화	페이퍼드레인머신(paper drain machine)
	콘크리트 타설		콘크리트 펌프, 콘크리트 펌프카
양중			크레인(타워크레인, 케이블크레인, 지브크레인, 이동식 크레인), 호이스트, 건설작업용 리프트

(2) 차량계 건설기계, 차량계 하역운반기계의 안전수칙

① 운전자가 운전위치를 이탈하는 경우의 준수사항

㉠ 포크, 버킷, 디퍼 등의 장치를 가장 낮은 위치 또는 지면에 내려두어야 한다.

㉡ 원동기를 정지시키고 브레이크를 확실히 거는 등 갑작스러운 주행이나 이탈을 방지하기 위한 조치를 취한다.

㉢ 운전석을 이탈하는 경우에는 시동키를 운전대에서 분리시킨다.

② 차량계 건설기계의 전도방지 조치

㉠ 유도하는 사람을 배치한다.

㉡ 지반의 부동침하 방지한다.

㉢ 갓길의 붕괴 방지 및 도로 폭의 유지한다.

③ 차량계 건설기계(최대제한속도가 10km/h 이하인 것은 제외)를 사용하여 작업하는 경우 미리 작업장소의 지형 및 지반상태 등에 적합한 제한속도를 정하고, 운전자로 하여금 준수하도록 하여야 한다.

기출문제

다음 중 차량계 건설기계에 속하지 않는 것은?

① 불도저
② 스크레이퍼
❸ 타워크레인
④ 항타기

기출문제

굴착과 싣기를 동시에 할 수 있는 토공기계가 아닌 것은?

① 트랙터셔블
② 백호
③ 파워셔블
❹ 모터그레이더

기출문제

차량계 건설기계를 사용하여 작업할 때에 그 기계가 넘어지거나 굴러떨어짐으로써 근로자가 위험해질 우려가 있는 경우에 조치하여야 할 사항과 거리가 먼 것은?

① 갓길의 붕괴 방지
❷ 작업반경 유지
③ 지반의 부동침하 방지
④ 도로 폭의 유지

기출 Check!

최대제한속도가 10km/h 이하인 차량계 건설기계는 미리 작업장소의 지형 및 지반상태 등에 적합한 제한속도를 정하지 않아도 된다.

④ 차량계 건설기계 작업계획서 내용
㉠ 차량계 건설기계의 종류 및 성능
㉡ 차량계 건설기계의 운행경로
㉢ 차량계 건설기계에 의한 작업방법

(3) 굴착장비

① 굴착장비는 땅을 파거나 깎을 때 사용되는 건설기계로, 굴착과 토사 운반은 물론 건물 해체와 지면 정리에도 사용된다.

② 굴착장비의 종류

파워셔블 (power shovel)	• 기계가 위치한 지면보다 높은 곳의 땅을 굴착하는 데 적합하다. • 앞으로 흙을 긁어서 굴착하는 방식이다. • 작업대가 단단하여 굳은 토질의 굴착에도 용이하다. • 굴착공사와 싣기에 많이 사용한다.
드래그라인 (drag Line)	• 기계가 서 있는 위치보다 낮은 장소의 굴착에 적합하다. • 굳은 토질에서의 굴착은 되지 않지만 굴착 반지름이 크다. • 작업 범위가 광범위하고 수중굴착 및 연약한 지반의 굴착에 적합하다. • 골재 채취 등에 사용되며 기계의 위치보다 낮은 곳, 높은 곳 모두 가능하다.
클램셸 (clamshell)	• 수중굴착 및 협소하고 깊은 수직굴착에 주로 사용한다. • 연약지반이나 수중굴착 및 자갈 등을 싣는 데 적합하다. • 깊은 땅파기 공사와 흙막이 버팀대를 설치하는 데 사용한다. • 버켓이 양쪽으로 개폐되며 버켓을 열어서 굴착한다.
백호 (back hoe)	• 장비의 위치보다 낮은 지반 굴착에 사용한다. • 수중굴착이 가능하다. • 토공 작업 시 굴착과 싣기가 동시에 가능하다. • 무한궤도식은 타이어식보다 경사로나 연약지반에서 더 안정적이다.

③ 굴착기계 운행 시 안전대책
㉠ 버킷에 사람의 탑승을 허용해서는 안 된다.
㉡ 운전반경 내에 사람이 있을 때 회전을 멈춘다.
㉢ 장비의 주차 시 경사지나 굴착작업장으로부터 충분히 이격시켜 주차한다.
㉣ 전선이나 구조물 등에 인접하여 붐을 선회하는 작업에는 사전에 회전반경, 높이제한 등 방호조치를 강구한다.

기출문제

장비 자체보다 높은 장소의 땅을 굴착하는 데 적합한 장비는?
❶ 파워셔블
② 불도저
③ 드래그라인
④ 클램셸

기출문제

수중굴착공사에 가장 적합한 건설기계는?
① 파워셔블
② 스크레이퍼
③ 불도저
❹ 클램셸

기출문제

장비가 위치한 지면보다 낮은 장소를 굴착하는 데 적합한 장비는?
❶ 백호
② 파워셔블
③ 트럭 크레인
④ 진폴

기출문제

앵글도저보다 큰 각으로 움직일 수 있어 흙을 깎아 옆으로 밀어내면서 전진하므로 제설, 제토작업 및 다량의 흙을 전방으로 밀고가는 데 적합한 불도저는?

① 스트레이트 도저
② 틸트 도저
③ 레이크 도저
❹ 힌지 도저

기출문제

굴착, 싣기, 운반, 흙깔기 등의 작업을 하나의 기계로서 연속적으로 행할 수 있으며, 비행장과 같이 대규모 정지작업에 적합하고 피견인식 자주식으로 구분할 수 있는 차량계 건설기계는?

① 클램셸(Clamshell)
② 로더(Loader)
③ 불도저(Bulldozer)
❹ 스크레이퍼(Scraper)

기출 Check!

불도저 작업의 종료와 동시에 삽날을 지면에 내리고 주차 제동장치를 건다.

(4) 트랙터계 기계

① 트랙터계 기계는 토사의 굴착 및 단거리 운반, 깔기, 고르기, 메우기 등에 사용되는 건설기계이다.

② 트랙터계 기계의 종류

불도저(bulldozer)	• 주행방식에 의한 분류 : 크롤러형(crawler type), 타이어형(휠형) • 블레이드의 조작방식에 의한 분류 : 와이어로프식, 유압식 • 설치방식에 의한 분류 : 스트레이트(straight) 도저, 앵글(angle) 도저, 틸트(tilt) 도저, U형(U-type) 도저, 레이크(rake) 도저, 습지(wet type) 도저, 트리밍(trimming) 도저, 힌지(hinge) 도저
스크레이퍼(scraper)	• 무른 토사나 토괴로 된 평탄한 지형의 지표면을 얇게 깎거나 일정한 두께로 흙쌓기를 할 경우 사용한다. • 굴착, 적재, 운반, 성토, 흙깔기, 흙다지기 등의 작업을 하나의 기계로 시공한다. • 중 · 장거리 운반이 가능하다. • 트랙터로 견인하는 피견인식 트랙터스크레이퍼와 자주식 모터스크레이퍼로 구분한다.
모터 그레이더(motor grader)	• 배토판(삽날, 블레이드)이 지표를 긁어 땅을 고르게 하는 장비로 지면을 매끈하게 다듬어 끝맺음을 할 때 주로 사용한다. • 작업 시 직진성을 좋게 하기 위하여 후륜에 차동장치가 없기 때문에 작은 회전반경으로 회전하기가 매우 곤란하다. • 운동장의 정지작업, 도로변의 끝손질, 옆도랑 파기, 사면 끝손질 등에 사용한다.

③ 불도저 작업 중 안전조치

㉠ 작업종료와 동시에 삽날을 지면에 내리고 제동한다.
㉡ 모든 조종간은 엔진 시동 전에 중립 위치에 놓는다.
㉢ 장비의 승차 및 하차 시 뛰어내리거나 오르지 말고 안전하게 잡고 오르내린다.
㉣ 야간작업 시 자주 장비에서 내려와 장비 주위를 살피며 점검하여야 한다.

(5) 다짐장비

① 다짐장비는 지반의 강성 증대, 지지력 증대, 전단강도 증대, 투수성 감소의 목적으로 사용하는 건설기계로서 토질에 따라 사용하여야 한다.

② 롤러의 종류

머캐덤 롤러 (macadam roller)	• 3륜 형식 • 쇄석, 자갈 등의 전압에 사용한다.
탠덤 롤러 (tandam roller)	• 2륜 형식 • 머캐덤 롤러의 작업 후 마무리 다짐 또는 아스팔트 포장의 끝마무리에 사용한다.
탬핑 롤러 (tamping roller)	• 롤러 표면에 다수의 돌기를 붙여 접지압을 증가시킨다. • 점성토 지반에 적합하며, 두꺼운 성토 전압 작업에 사용한다.
타이어 롤러 (tire roller)	• 접지압을 공기압으로 조절할 수 있으며, 주로 도로 토공에 많이 이용한다. • 접지압이 크면 깊은 다짐, 접지압이 작으면 표면 다짐이 가능하다.

(6) 항타기 · 항발기

① 항타기란 붐에 파일을 때리는 부속장치를 붙여서 드롭해머나 디젤해머 등으로 강관파일이나 콘크리트파일 등을 때려 넣는 데 사용되는 건설기계를 말한다.

② 항발기는 주로 가설용에 사용된 널말뚝, 파일 등을 뽑는 데 사용되는 기계를 말한다.

③ 항타기 또는 항발기에 대하여 무너짐 방지 준수사항

㉠ 연약한 지반에 설치하는 경우에는 아웃트리거 · 받침 등 지지구조물의 침하를 방지하기 위하여 깔판 · 받침목 등을 사용한다.

㉡ 시설 또는 가설물 등에 설치하는 경우에는 그 내력을 확인하고 내력이 부족하면 그 내력을 보강한다.

㉢ 아웃트리거 · 받침 등 지지구조물이 미끄러질 우려가 있는 경우에는 말뚝 또는 쐐기 등을 사용하여 해당 지지구조물을 고정시킨다.

㉣ 궤도 또는 차로 이동하는 항타기 또는 항발기에 대해서는 불시에 이동하는 것을 방지하기 위하여 레일 클램프및 쐐기 등으로 고정시킨다.

㉤ 상단 부분은 버팀대 · 버팀줄로 고정하여 안정시키고, 그 하단 부분은 견고한 버팀 · 말뚝 또는 철골 등으로 고정시킨다.

기출문제

철륜 표면에 다수의 돌기를 붙여 접지면적을 작게 하여 접지압을 증가시킨 롤러로서 고함수비 점성토 지반의 다짐작업에 적합한 롤러는?

① 탠덤 롤러
② 로드 롤러
③ 타이어 롤러
❹ 탬핑 롤러

④ 사용 시 조치 등 준수사항

㉠ 해머의 운동에 의하여 공기호스와 해머의 접속부가 벗겨지는 것을 방지하기 위하여 그 접속부가 아닌 부위를 선정하여 공기호스를 해머에 고정한다.

㉡ 공기를 차단하는 장치를 해머의 운전자가 쉽게 조작할 수 있는 위치에 설치한다.

㉢ 권상장치 드럼에 권상용 와이어로프가 꼬인 경우 와이어로프에 하중 걸기를 금지한다.

㉣ 권상장치에 하중을 건 상태로 정지하는 경우 쐐기장치 또는 역회전방지용 브레이크 사용하여 제동하는 등 확실하게 정지한다.

⑤ 권상용 와이어로프

㉠ 권상용 와이어로프의 사용금지 기준

- 이음매가 있는 것
- 와이어로프의 한 꼬임에서 끊어진 소선의 수가 10% 이상인 것
- 지름의 감소가 공칭지름의 7%를 초과하는 것
- 꼬인 것
- 심하게 변형되거나 부식된 것
- 열과 전기충격에 의해 손상된 것

㉡ 안전계수 : 권상용 와이어로프의 안전계수가 5 이상이 아니면 사용을 금지한다.

㉢ 와이어로프의 길이

- 권상장치의 드럼에 적어도 2회 감기고 남을 수 있는 충분한 길이여야 한다.
- 권상장치의 드럼에 클램프 · 클립 등을 사용하여 견고하게 고정한다.
- 추 · 해머 등과의 연결은 클램프 · 클립 등을 사용하여 견고하게 한다.

⑥ 도르래의 부착

㉠ 항타기나 항발기에 도르래나 도르래 뭉치를 부착하는 경우에는 파괴될 우려가 없는 브라켓 · 섀클 및 와이어로프 등으로 견고하게 부착한다.

㉡ 권상장치의 드럼축과 권상장치로부터 첫 번째 도르래의 축간의 거리를 권상장치 드럼폭의 15배 이상으로 한다.

기출문제

항타기 또는 항발기의 권상용 와이어로프의 사용금지 기준에 해당하지 않는 것은?

❶ 이음매가 없는 것
② 지름의 감소가 공칭지름의 7%를 초과하는 것
③ 꼬인 것
④ 열과 전기충격에 의해 손상된 것

기출문제

항타기 또는 항발기에 사용되는 권상용 와이어로프의 안전계수는 최소 얼마 이상이어야 하는가?

① 3 ② 4
❸ 5 ④ 6

㉢ 도르래는 권상장치의 드럼 중심을 지나야 하며 축과 수직면 상에 있어야 한다.

⑦ 항타기 · 항발기의 조립 · 해체 시 점검사항

준수사항	• 권상기에 쐐기장치 또는 역회전방지용 브레이크를 부착할 것 • 권상기가 들리거나 미끄러지거나 흔들리지 않도록 설치할 것 • 그 밖에 필요한 사항은 제조사에서 정한 설치 · 해체 작업 설명서에 따를 것
점검사항	• 본체 연결부의 풀림 또는 손상의 유무 • 권상용 와이어로프 · 드럼 및 도르래의 부착 상태의 이상 유무 • 권상장치의 브레이크 및 쐐기장치 기능의 이상 유무 • 권상기의 설치 상태의 이상 유무 • 리더(leader)의 버팀 방법 및 고정 상태의 이상 유무 • 본체 · 부속장치 및 부속품의 강도가 적합한지 여부 • 본체 · 부속장치 및 부속품에 심한 손상 · 마모 · 변형 또는 부식이 있는지 여부

(7) 지게차

① 지게차는 차체 앞에 화물 적재용 포크와 승강용 마스트를 갖추고 포크 위에 화물을 적재하여 운반함과 동시에 포크의 승강작용을 이용하여 적재 또는 하역작업에 사용하는 차량계 운반기계이다.

② 지게차의 방호장치

전조등, 후미등	• 전조등(백색)과 후미등(적색)을 갖추지 아니한 지게차 사용을 금지한다. • 작업자와 충돌할 위험이 있는 경우 후진경보기, 경광등, 후방감지기 설치한다.
헤드가드	• 강도는 지게차 최대하중의 2배 값(4톤을 넘는 값에 대해서는 4톤)의 등분포정하중에 견딜 수 있어야 한다. • 상부틀의 각 개구의 폭 또는 길이가 16cm 미만이어야 한다. • 운전자가 앉아서 조작하거나 서서 조작하는 지게차의 헤드가드는 한국산업표준에서 정하는 높이 기준 이상(좌승식 : 0.903m 이상, 입승식 : 1.88m 이상)
백레스트	• 백레스트(backrest)를 갖추지 아니한 지게차 사용을 금지한다(후방의 화물 낙하 위험이 없는 경우 제외).
안전벨트	• 앉아서 조작하는 지게차의 운전 시 좌석 안전띠를 착용한다.

③ 지게차의 작업 전 점검사항

㉠ 제동장치 및 조종장치 기능의 이상 유무

㉡ 하역장치 및 유압장치 기능의 이상 유무

㉢ 바퀴의 이상 유무

㉣ 전조등, 후미등, 방향지시기 및 경보장치 기능의 이상 유무

기출문제

산업안전보건법령상 지게차에서 통상적으로 갖추고 있어야 하나, 마스트의 후방에서 화물이 낙하함으로써 근로자에게 위험을 미칠 우려가 없는 때에는 반드시 갖추지 않아도 되는 것은?

① 전조등 ② 헤드가드
❸ 백레스트 ④ 포크

기출문제

기준무부하 상태에서 지게차 주행 시의 좌우 안정도 기준은? (단, V는 구내 최고속도(km/h)이다.)

❶ (15+1.1× V)% 이내
② (15+1.1× V)% 이내
③ (15+1.1× V)% 이내
④ (15+1.1× V)% 이내

기출문제

수평거리 20m, 높이 5m인 경우 지게차의 안정도는 얼마인가?

답 $\frac{5}{20} \times 100 = 25\%$

④ 지게차의 안정도

㉠ 지게차의 안정도 기준

- 하역 시 전후 안정도 : 4% 이내(5톤 이상 : 3.5% 이내)
- 하역 시 좌우 안정도 : 6% 이내
- 주행 시 전후 안정도 : 18% 이내
- 주행 시 좌우 안정도 : (15+1.1 V)% 이내

여기서, V : 구내 최고속도(km/h)

㉡ 지게차의 안정도 계산

$$안정도 = \frac{높이}{수평거리} \times 100$$

(8) 구내운반차

① 구내운반차는 공장, 창고, 건설 현장 등의 제한된 지역 내에서 화물을 운반하는 차량을 말한다.

② 구내운반차 사용 시 준수사항

㉠ 주행을 제동하거나 정지상태를 유지하기 위하여 유효한 제동장치를 갖출 것
㉡ 경음기를 갖출 것
㉢ 운전석이 차 실내에 있는 것은 좌우에 한 개씩 방향지시기를 갖출 것
㉣ 전조등과 후미등을 갖출 것(작업을 안전하게 하기 위하여 필요한 조명이 있는 장소에서 사용하는 경우는 제외)
㉤ 구내운반차가 후진 중에 주변의 근로자 또는 차량계 하역운반기계 등과 충돌할 위험이 있는 경우에는 구내운반차에 후진경보기와 경광등을 설치할 것
㉥ 구내운반차에 피견인차를 연결하는 경우 적합한 연결장치를 사용한다.

③ 작업 전 점검사항

㉠ 제동장치 및 조종장치 기능의 이상 유무
㉡ 하역장치 및 유압장치 기능의 이상 유무
㉢ 바퀴의 이상 유무
㉣ 전조등, 후미등, 방향지시기 및 경보장치 기능의 이상 유무
㉤ 충전장치를 포함한 홀더 등의 결합상태의 이상 유무

(9) 고소작업대

① 고소작업대란 공장, 창고 또는 건설 현장 등에서 사용되는 작업 플랫폼으로, 높은 곳에 있는 작업물에 접근하고 작업하기 위해 설계된 장비를 말한다.

② 고소작업대 설치 시 조치사항

㉠ 작업대를 와이어로프 또는 체인으로 올리거나 내릴 경우에는 와이어로프 또는 체인이 끊어져 작업대가 떨어지지 않는 구조여야 할 것

㉡ 와이어로프 또는 체인의 안전율은 5 이상일 것

㉢ 작업대를 유압에 의해 올리거나 내릴 경우에는 작업대를 일정한 위치에 유지할 수 있는 장치를 갖추고 압력의 이상저하를 방지할 수 있는 구조일 것

㉣ 권과방지장치를 갖추거나 압력의 이상상승을 방지할 수 있는 구조일 것

㉤ 붐의 최대 지면경사각을 초과 운전하여 전도되지 않도록 할 것

㉥ 작업대에 정격하중(안전율 5 이상)을 표시할 것

㉦ 작업대에 끼임 · 충돌 등 재해를 예방하기 위한 가드 또는 과상승방지장치를 설치할 것

㉧ 조작반의 스위치는 눈으로 확인할 수 있도록 명칭 및 방향표시를 유지할 것

③ 고소작업대 작업 전 점검사항

㉠ 비상정지장치 및 비상하강방지장치 기능의 이상 유무

㉡ 과부하방지장치의 작동 유무

㉢ 아웃트리거 또는 바퀴의 이상 유무

㉣ 작업면의 기울기 또는 요철 유무

(10) 화물자동차

① 화물을 운송하기에 적합한 화물적재공간을 갖추고, 화물적재공간의 총적재화물의 무게가 운전자를 제외한 승객이 승차공간에 모두 탑승했을 때의 승객의 무게보다 많은 차량을 말한다.

② 화물자동차 사용 시 준수사항

㉠ 바닥으로부터 짐 윗면까지의 높이가 2m 이상인 화물자동차에 짐을 싣는 작업 또는 내리는 작업을 하는 경우 근로자의 추락 등 위험을 방지하기 위하여 안전하게 승강하기 위한 설비를 설치하여야 한다.

기출 문제

고소작업대를 설치 및 이동하는 경우에 준수하여야 할 사항으로 옳지 않은 것은?

❶ 와이어로프 또는 체인의 안전율은 3 이상일 것
② 붐의 최대 지면경사각을 초과 운전하여 전도되지 않도록 할 것
③ 고소작업대를 이동하는 경우 작업대를 가장 낮게 내릴 것
④ 작업대에 끼임 · 충돌 등 재해를 예방하기 위한 가드 또는 과상승방지장치를 설치할 것

기출 Check!

• 와이어로프의 안전계수
$= \frac{\text{절단하중} \times \text{줄의 수}}{\text{정격하중(톤)}}$

• 와이어로프의 최대하중
$= \frac{\text{절단하중}}{\text{와이어로프의 안전계수}}$

기출 문제

다음은 산업안전보건법령에 따른 화물자동차의 승강설비에 관한 사항이다. ( ) 안에 알맞은 내용으로 옳은 것은?

사업주는 바닥으로부터 짐 윗면까지의 높이가 ( ) 이상인 화물자동차에 짐을 싣는 작업 또는 내리는 작업을 하는 경우에는 근로자의 추락 등 위험을 방지하기 위하여 안전하게 오르내리기 위한 설비를 설치하여야 한다.

❶ 2m ② 4m
③ 6m ④ 8m

㉡ 화물자동차에서 화물을 내리는 작업을 하는 경우 화물의 낙하, 추락 등에 의한 위험을 방지하기 위하여 쌓여있는 화물의 중간에서 화물을 빼지 말아야 한다.

㉢ 꼬임이 끊어진 것 또는 심한 손상, 부식된 섬유로프 등을 짐걸이로 사용을 금지한다.

③ 화물자동차 작업 전 점검사항

㉠ 제동장치 및 조종장치의 기능

㉡ 하역장치 및 유압장치의 기능

㉢ 바퀴의 이상 유무

(11) 컨베이어

① 컨베이어란 재료 · 반제품 · 화물 등을 동력으로 단속 운반 또는 연속 운반하는 기계장치를 말한다.

② 종류 : 체인 컨베이어, 롤러 컨베이어, 스크루 컨베이어, 버킷 컨베이어, 벨트 컨베이어 등

③ 컨베이어의 안전장치

이탈 방지장치 및 역주행 방지장치	정전, 전압강하 등에 의한 화물 또는 운반구의 이탈을 방지한다.
덮개, 울	컨베이어 동력전달부, 벨트, 풀리 등 근로자 신체 일부가 끼일 위험이 있는 부분을 방지한다.
비상정지장치	비상시 컨베이어의 운전을 즉시 정지할 수 있어야 한다.
건널다리	운전 중 컨베이어의 위로 근로자가 넘어가도록 하는 경우를 방지한다.

④ 컨베이어 작업 전 점검사항

㉠ 원동기 및 풀리(pully) 기능의 이상 유무

㉡ 이탈 등의 방지장치 기능의 이상 유무

㉢ 비상정지장치 기능의 이상 유무

㉣ 원동기, 회전축, 기어 및 풀리 등의 덮개 또는 울 등의 이상 유무

기출문제

다음 중 컨베이어의 종류가 아닌 것은?

① 체인 컨베이어
② 롤러 컨베이어
③ 스크루 컨베이어
❹ 그리드 컨베이어

제5장 비계 · 거푸집 가시설 위험방지

01 건설 가시설물 설치 및 관리

1 비계 ★★★★

(1) 가설공사

① 가설구조물의 특징(문제점)

㉠ 연결재가 적은 구조로 되기 쉽다.

㉡ 부재 결합이 간략하여 불완전 결합이 많다.

㉢ 구조물이라는 통상의 개념이 확고하지 않으며, 조립이 정밀도가 낮다.

㉣ 임시 시설물로 작업 편의를 위해 부재를 설치하지 않거나, 임의로 해체하기 쉽다.

㉤ 부재는 과소 단면이거나 결함이 있는 재료를 사용하기 쉽다.

㉥ 무너짐, 떨어짐, 넘어짐의 위험이 높다.

② 가설구조물(비계)의 안전요건 : 안전성, 시공성, 경제성

(2) 비계작업 시 안전조치사항

① 달비계 또는 높이 5m 이상의 비계 등의 조립 · 해체 및 변경 작업 시 준수사항

㉠ 작업자가 관리감독자의 지휘에 따라 작업하도록 한다.

㉡ 조립 · 해체 또는 변경의 시기 · 범위 및 절차를 그 작업에 종사하는 작업자에게 주지시킨다.

㉢ 조립 · 해체 또는 변경 작업구역에는 해당 작업자 외 출입을 금지하고 그 내용을 게시한다.

㉣ 비, 눈, 그 밖의 기상 상태의 불안정으로 날씨가 몹시 나쁜 경우에는 작업을 중지한다.

합격 체크포인트

- 비계의 조립 · 해체 및 변경작업
- 강관비계, 강관틀비계, 달비계, 말비계, 이동식비계 설치기준
- 가설통로, 사다리식 통로, 가설계단의 구조
- 작업발판의 구조
- 작업발판 일체형 거푸집
- 동바리 조립 · 해체 시 준수사항
- 흙막이 지보공 위험방지
- 보일링, 히빙,
- 계측기 종류 및 용도

참고

비계란 작업 장소가 높아서 손이 닿지 않는 높은 곳의 작업을 할 수 있도록 공사용 통로나 작업용 발판을 설치하기 위하여 구조물의 주위에 조립, 설치되는 가설구조물을 말한다.

기출문제

가설구조물의 문제점으로 옳지 않은 것은?

① 도괴재해의 가능성이 크다.
② 추락재해 가능성이 크다.
❸ 부재의 결합이 간단하나 연결부가 견고하다.
④ 구조물이라는 통상의 개념이 확고하지 않으며, 조립의 정밀도가 낮다.

기출문제

다음은 달비계 또는 높이 5m 이상의 비계를 조립·해체하거나 변경하는 작업을 하는 경우에 대한 내용이다. ( )에 알맞은 숫자는?

비계재료의 연결·해체작업을 하는 경우에는 폭 ( )cm 이상의 발판을 설치하고 근로자로 하여금 안전대를 사용하도록 하는 등 추락을 방지하기 위한 조치를 할 것

① 15 ❷ 20
③ 25 ④ 30

ⓜ 비계재료의 연결·해체작업을 하는 경우에는 폭 20cm 이상의 발판을 설치하고 안전대를 사용하는 등 추락방지 조치를 취한다.

ⓑ 재료·기구 또는 공구 등을 올리거나 내리는 경우에는 작업자가 달줄 또는 달포대 등을 사용한다.

② 작업중지 또는 비계의 조립·해체·변경 후 점검 및 보수사항

㉠ 발판 재료의 손상 여부 및 부착 또는 걸림 상태
㉡ 해당 비계의 연결부 또는 접속부의 풀림 상태
㉢ 연결 재료 및 연결 철물의 손상 또는 부식 상태
㉣ 손잡이의 탈락 여부
㉤ 기둥의 침하, 변형, 변위 또는 흔들림 상태
㉥ 로프의 부착 상태 및 매단 장치의 흔들림 상태

(3) 비계의 재료

① 비계발판의 재료

㉠ 비계발판은 목재 또는 합판을 사용한다.
㉡ 제재목의 경우는 장섬유질의 경사가 1 : 15 이하이며, 충분히 건조된 것(함수율 15~20% 이내)을 사용한다.
㉢ 변형, 갈라짐, 부식 등이 있는 자재 사용을 금지한다.
㉣ 재료의 강도상 결점은 다음 검사에 적합하여야 한다.
- 발판의 폭과 동일한 길이 내에 있는 결점치수의 총합이 발판폭의 1/4 초과하지 않을 것
- 결점 개개의 크기가 발판의 중앙부에 있는 경우 발판폭의 1/15일 것
- 발판의 갓면에 있을 때는 발판두께의 1/2을 초과하지 않을 것
- 발판의 갈라짐은 발판폭의 1/2을 초과하지 않아야 하며 철선, 띠철로 감아서 보존할 것

㉤ 비계판의 치수는 폭이 두께의 5~6배 이상이어야 하며, 두께는 3.5cm 이상, 길이는 3.6m 이내여야 한다.
㉥ 작업발판의 폭은 40cm 이상, 발판재료 간의 틈은 3cm 이상으로 한다.
㉦ 비계발판은 허용응력을 초과하지 않도록 설계한다.

② 비계용 통나무 조건

㉠ 형상이 곧고 나무결이 바르며 큰옹이, 부식, 갈라짐 등 흠이 없고 건조된 것으로 썩거나 다른 결점이 없어야 한다.

ⓛ 통나무의 직경은 밑둥에서 1.5m 되는 지점에서의 지름이 10cm 이상이고 끝마구리의 지름은 4.5cm 이상이어야 한다.

ⓒ 휨 정도는 길이의 1.5% 이내여야 한다.

ⓡ 밑둥에서 끝마무리까지의 지름의 감소는 1m당 0.5~0.7cm가 이상적이며, 최대 1.5cm를 초과하지 않아야 한다.

ⓜ 결손과 갈라진 길이는 전체 길이의 1/5 이내이고 깊이는 통나무직경의 1/4을 넘지 않아야 한다.

③ 비계용 강관 및 강관틀비계는 가설기자재 성능 검정규격에 합격한 것을 사용한다.

④ 통나무 비계용 결속재료는 모두 새 것을 사용하고 재사용을 금지한다.

⑤ **비계의 부재** : 띠장, 장선, 가새, 수직재, 수평재 등

(4) 통나무 비계, 강관비계 및 강관틀비계

① **통나무 비계의 구조**

㉠ 비계 기둥의 간격은 2.5m 이하, 지상으로부터 첫 번째 띠장은 3m 이하 위치에 설치해야 한다.

ⓛ 비계 기둥이 미끄러지거나 침하하는 것을 방지하기 위하여 비계기둥의 하단부를 묻고, 밑둥잡이를 설치하거나 깔판을 사용하는 등의 조치를 해야 한다.

ⓒ 비계 기둥의 이음
- 겹침이음 : 이음 부분에서 1m 이상을 서로 겹쳐서 두 군데 이상 묶는다.
- 맞댐이음 : 비계기둥 쌍기둥틀로 하거나 1.8m 이상의 덧댐목을 사용하여 네 군데 이상을 묶는다.

ⓡ 비계 기둥 · 띠장 · 장선 등의 접속부 및 교차부는 철선이나 그 밖의 튼튼한 재료로 견고하게 묶어야 한다.

ⓜ 교차 가새로 보강해야 한다.

ⓗ 외줄비계 · 쌍줄비계 또는 돌출비계에 대해서는 벽이음 및 버팀을 설치해야 한다.
- 간격은 수직 방향에서 5.5m 이하, 수평 방향에서는 7.5m 이하로 한다.
- 강관 · 통나무 등의 재료를 사용하여 견고한 것으로 한다.
- 인장재와 압축재로 구성되어 있는 경우에는 인장재와 압축재의 간격은 1m 이내로 한다.

기출문제

비계의 부재 중 기둥과 기둥을 연결시키는 부재가 아닌 것은?
① 띠장 ② 장선
③ 가새 ❹ 작업발판

ⓢ 통나무 비계는 지상높이 4층 이하 또는 12m 이하인 건축물 · 공작물 등의 건조 · 해체 및 조립 등의 작업에만 사용 가능해야 한다.

기출문제

다음은 강관을 사용하여 비계를 구성하는 경우에 대한 내용이다. 다음 ( ) 안에 들어갈 내용으로 옳은 것은?

비계기둥의 간격은 띠장 방향에서는 ( ), 장선 방향에서는 1.5m 이하로 할 것

① 1.2m 이하
② 1.8m 이하
❸ 1.85m 이하
④ 2.85m 이하

② 강관비계의 구조

㉠ 비계기둥의 간격

- 띠장 방향에서는 1.85m 이하, 장선 방향에서는 1.5m 이하로 한다.
- 선박 및 보트 건조작업의 경우 안전성에 대한 구조 검토를 실시하고 조립도를 작성하면 띠장 및 장선 방향으로 각각 2.7m 이하로 한다.

㉡ 띠장 간격은 2.0m 이하로 할 것. 다만, 작업의 성질상 준수하기 곤란하여 쌍기둥틀 등에 의하여 해당 부분을 보강한 경우에는 제외한다.

㉢ 비계기둥의 제일 윗부분으로부터 31m 되는 지점 밑부분의 비계기둥은 2개의 강관으로 묶어 세울 것. 다만, 브라켓(까치발) 등으로 보강하여 2개의 강관으로 묶을 경우 이상의 강도가 유지되는 경우에는 제외한다.

㉣ 비계기둥의 적재하중은 400kg을 초과하지 않도록 한다.

㉤ 작업대에는 안전난간을 설치한다.

㉥ 작업대의 구조물 추락 및 낙하물 방지조치를 설치한다.

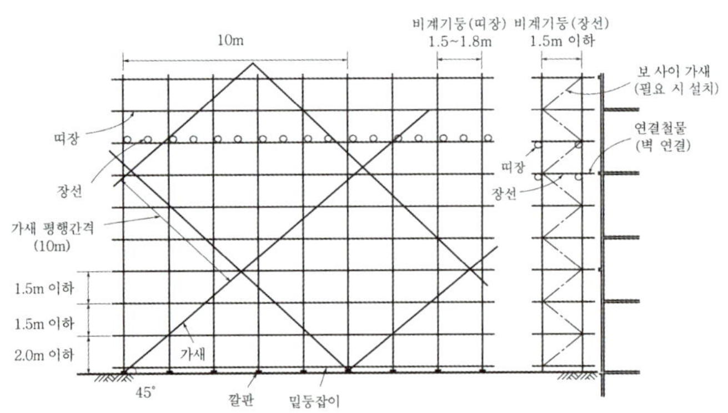

| 강관비계의 구조 |

③ 강관비계 조립 시 준수사항

㉠ 비계기둥에는 미끄러지거나 침하 방지를 위하여 밑받침철물을 사용하거나 깔판 · 받침목 등을 사용하여 밑둥잡이를 설치하는 등의 조치를 한다.

㉡ 강관의 접속부 또는 교차부는 적합한 부속철물을 사용하여

접속하거나 단단히 묶는다.

ⓒ 교차 가새로 보강한다.

ⓓ 외줄비계 · 쌍줄비계 또는 돌출비계에 대해서는 아래에 정하는 바에 따라 벽이음 및 버팀을 설치한다.

- 강관비계의 조립간격

강관비계의 종류	조립간격(단위 : m)	
	수직방향	수평방향
단관비계	5	5
틀비계(높이 5m 미만 제외)	6	8

- 강관 · 통나무 등의 재료를 사용하여 견고한 것으로 할 것
- 인장재와 압축재로 구성되어 있는 경우에는 인장재와 압축재의 간격은 1m 이내로 할 것

④ 강관틀비계 조립 시 준수사항

ⓐ 비계기둥의 밑둥에는 밑받침 철물을 사용하여야 하며, 밑받침에 고저차(高低差)가 있는 경우에는 조절형 밑받침 철물을 사용하여 각각의 강관틀비계가 항상 수평 및 수직을 유지하도록 할 것

ⓑ 전체 높이는 40m를 초과할 수 없으며, 높이가 20m를 초과하거나 중량물의 적재를 수반하는 작업을 할 경우에는 주틀의 높이를 2m 이내로 하고, 주틀 간의 간격을 1.8m 이하로 한다.

ⓒ 주틀 간에 교차 가새를 설치하고 최상층 및 5층 이내마다 수평재를 설치할 것

ⓓ 수직방향으로 6m, 수평방향으로 8m 이내마다 벽이음을 할 것

ⓔ 길이가 띠장 방향으로 4m 이하이고 높이가 10m를 초과하는 경우에는 10m 이내마다 띠장 방향으로 버팀기둥을 설치할 것

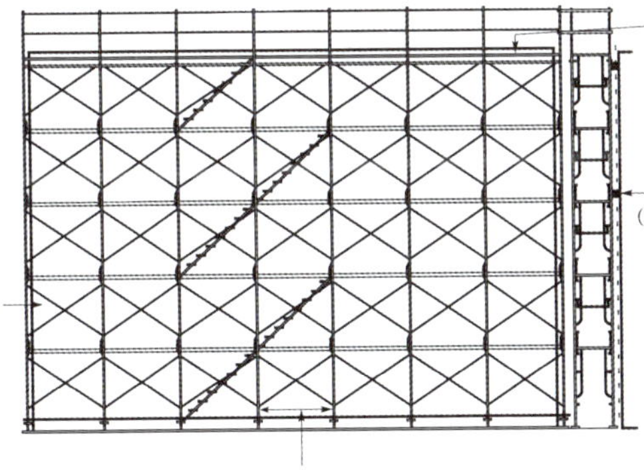

▌강관틀비계의 구조▐

기출문제

단관비계의 도괴 또는 전도를 방지하기 위하여 사용하는 벽이음의 간격 기준으로 옳은 것은?

❶ 수직방향 5m 이하, 수평방향 5m 이하
② 수직방향 6m 이하, 수평방향 6m 이하
③ 수직방향 7m 이하, 수평방향 7m 이하
④ 수직방향 8m 이하, 수평방향 8m 이하

기출문제

강관비계의 수직방향 벽이음 조립간격(m)으로 옳은 것은? (단, 틀비계이며, 높이가 5m 이상일 경우)

① 2m ② 4m
❸ 6m ④ 9m

기출문제

다음은 강관틀비계를 조립하여 사용하는 경우 준수해야 할 기준이다. ( ) 안에 알맞은 숫자를 나열한 것은?

> 길이가 띠장방향으로 (A)m 이하이고 높이가 (B)m를 초과하는 경우에는 (C)m 이내마다 띠장방향으로 버팀기둥을 설치할 것

① A : 4, B : 10, C : 5
❷ A : 4, B : 10, C : 10
③ A : 5, B : 10, C : 5
④ A : 5, B : 10, C : 10

(5) 달비계, 달대비계 및 걸침비계

① 달비계의 구조(곤돌라형 달비계 설치 시 준수사항)

㉠ 달기 와이어로프, 달기 체인, 달기 강선, 달기 강대는 한쪽 끝을 비계의 보 등에, 다른 쪽 끝을 내민 보, 앵커볼트 또는 건축물의 보 등에 각각 풀리지 않도록 설치한다.

㉡ 작업발판은 폭을 40cm 이상으로 하고 틈새가 없도록 한다.

㉢ 작업발판의 재료는 뒤집히거나 떨어지지 않도록 비계의 보 등에 연결하거나 고정시킨다.

㉣ 비계가 흔들리거나 뒤집히는 것을 방지하기 위하여 비계의 보 · 작업발판 등에 버팀을 설치하는 등 필요한 조치를 취한다.

㉤ 선반 비계에서는 보의 접속부 및 교차부를 철선 · 이음철물 등을 사용하여 확실하게 접속시키거나 단단하게 연결시킨다.

㉥ 작업자의 추락 위험을 방지하기 위한 조치사항

- 달비계에 구명줄을 설치할 것
- 작업자에게 안전대를 착용하도록 하고 작업자가 착용한 안전줄을 달비계의 구명줄에 체결하도록 할 것
- 달비계에 안전난간을 설치할 수 있는 구조인 경우에는 달비계에 안전난간을 설치할 것

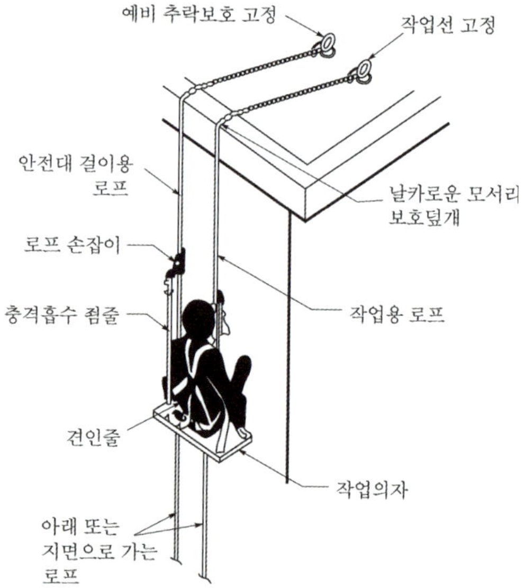

▎달비계의 구조 ▎

기출문제

다음은 산업안전보건법령에 따른 달비계를 설치하는 경우에 준수해야 할 사항이다. ( )에 들어갈 내용으로 옳은 것은?

작업발판은 폭을 ( ) 이상으로 하고 틈새가 없도록 할 것

① 15cm ② 20cm
❸ 40cm ④ 60cm

ⓢ 달비계의 와이어로프, 달기 체인 등의 사용금지 기준

와이어로프의 사용금지 기준	달기 체인의 사용금지 기준
• 이음매가 있는 것 • 와이어로프의 한 꼬임에서 끊어진 소선의 수가 10% 이상인 것 • 지름의 감소가 공칭지름의 7%를 초과하는 것 • 꼬인 것 • 심하게 변형되거나 부식된 것 • 열과 전기충격에 의해 손상된 것	• 달기 체인의 길이가 달기 체인이 제조된 때의 길이의 5%를 초과한 것 • 링의 단면 지름이 달기체인이 제조된 때 길이의 10%를 초과하여 감소한 것 • 균열이 있거나 심하게 변형된 것

ⓞ 달기 강선 및 달기 강대는 심하게 손상 · 변형 또는 부식된 것을 사용하지 않도록 한다.

ⓩ 달비계의 작업용 섬유로프 또는 안전대의 섬유벨트 사용 금지 조건
- 꼬임이 끊어진 것
- 심하게 손상되거나 부식된 것
- 2개 이상의 작업용 섬유로프 또는 섬유벨트를 연결한 것
- 작업높이보다 길이가 짧은 것

② 달대비계의 구조

㉠ 달대비계를 조립하여 사용하는 경우 하중에 충분히 견딜 수 있도록 조치한다.

㉡ 달비계 또는 달대비계 위에서 높은 디딤판, 사다리 등의 사용을 금지한다.

㉢ 달대비계를 매다는 철선은 #8 소성철선을 사용한다.

㉣ 4가닥 정도로 꼬아서 하중에 대한 안전계수를 8 이상 확보한다.

㉤ 철근을 사용할 때에는 19mm 이상 사용한다.

㉥ 반드시 안전모와 안전대를 착용한다.

③ 걸침비계의 구조

㉠ 지지점이 되는 매달림부재의 고정부는 구조물로부터 이탈되지 않도록 견고히 고정한다.

㉡ 비계재료 간에는 서로 움직임, 뒤집힘 등이 없어야 하고 재료가 분리되지 않도록 철물 또는 철선으로 충분히 결속할 것. 다만 작업발판 밑 부분에 띠장 및 장선으로 사용되는 수평부재 간의 결속은 철선을 사용하지 않는다.

㉢ 매달림부재의 안전율은 4이상이어야 한다.

PART 06 건설공사 안전관리

㉣ 작업발판에는 구조검토에 따라 설계한 최대적재하중을 초과하여 적재 금지한다.

㉤ 그 작업에 종사하는 작업자에게 최대적재하중을 충분히 알린다.

(6) 말비계 및 이동식비계

① 말비계의 구조

㉠ 지주부재의 하단에는 미끄럼 방지장치를 설치한다.

㉡ 양쪽 끝부분에 올라서서 작업을 금지한다.

㉢ 지주부재와 수평면의 기울기 75° 이하로 한다.

㉣ 지주부재와 지주부재 사이를 고정시키는 보조부재를 설치한다.

㉤ 말비계 높이가 2m를 초과하는 경우 작업발판 폭은 40cm 이상으로 한다.

㉥ 사다리의 각부는 수평하게 놓아서 상부가 한쪽으로 기우는 것을 방지한다.

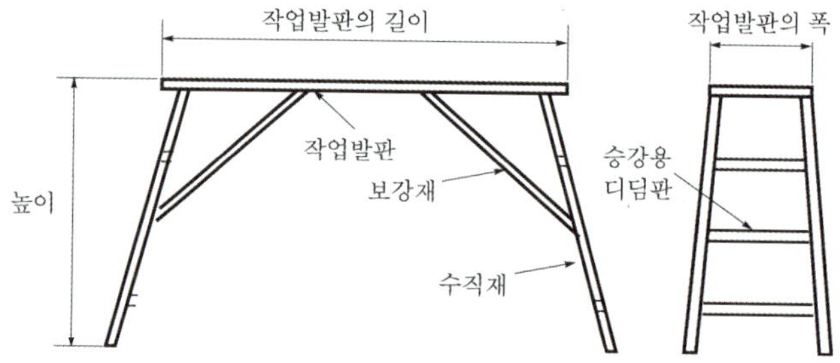

┃ 말비계의 구조 ┃

② 이동식비계의 구조

㉠ 이동식비계의 바퀴에는 뜻밖의 갑작스러운 이동 또는 전도를 방지하기 위하여 브레이크·쐐기 등으로 바퀴를 고정시킨 다음 비계의 일부를 견고한 시설물에 고정하거나 아웃트리거를 설치한다.

㉡ 승강용사다리는 견고하게 설치한다.

㉢ 비계의 최상부에서 작업을 하는 경우에는 안전난간을 설치한다.

㉣ 작업발판은 항상 수평을 유지하고 작업발판 위에서 안전난간을 딛고 작업을 하거나 받침대 또는 사다리를 사용하여 작업하지 않도록 한다.

㉤ 작업발판의 최대적재하중은 250kg을 초과하지 않도록 한다.

㉥ 최대적재하중을 표시한다.

㉦ 안전담당자의 지휘하에 작업을 행한다.

기출문제

말비계를 조립하여 사용하는 경우에 지주부재와 수평면의 기울기는 최대 몇 도 이하로 하여야 하는가?

① 30° ② 45°
③ 60° ❹ 75°

기출문제

다음은 말비계를 조립하여 사용하는 경우에 관한 준수사항이다. ( ) 안에 들어갈 내용으로 옳은 것은?

- 지주부재와 수평면의 기울기를 (A)° 이하로 하고 지주부재와 지주부재를 고정시키는 보조부재를 설치할 것
- 말비계의 높이가 2m를 초과하는 경우에는 작업발판의 폭은 (B)cm 이상으로 할 것

① A : 75, B : 30
❷ A : 75, B : 40
③ A : 85, B : 30
④ A : 85, B : 40

ⓞ 비계의 최대 높이는 밑변 최소폭의 4배 이하이어야 한다.

ⓩ 작업대는 안전난간을 설치하여야 하며 낙하물 방지조치를 설치한다.

ⓒ 상하에서 동시 작업을 할 때에는 충분한 연락을 취하며 작업한다.

(7) 시스템비계

① 시스템비계의 구조

㉠ 수직재 · 수평재 · 가새재를 견고하게 연결하는 구조가 되도록 한다.

㉡ 비계 밑단의 수직재와 받침철물은 밀착되도록 설치하고, 수직재와 받침철물의 연결부의 겹침길이는 받침철물 전체 길이의 1/3 이상이 되도록 한다.

㉢ 수평재는 수직재와 직각으로 설치하여야 하며, 체결 후 흔들림이 없도록 견고하게 설치한다.

㉣ 수직재와 수직재의 연결철물은 이탈되지 않도록 견고한 구조로 한다.

㉤ 벽 연결재의 설치간격은 제조사가 정한 기준에 따라 설치한다.

② 시스템비계 조립 작업 시 준수사항

㉠ 비계 기둥의 밑둥에는 밑받침 철물을 사용하여야 하며, 밑받침에 고저차가 있는 경우에는 조절형 밑받침 철물을 사용하여 시스템 비계가 항상 수평 및 수직을 유지하도록 한다.

㉡ 경사진 바닥에 설치하는 경우에는 피벗형 받침 철물 또는 쐐기 등을 사용하여 밑받침 철물의 바닥면이 수평을 유지하도록 한다.

㉢ 가공전로에 근접하여 비계를 설치하는 경우에는 가공전로를 이설하거나 가공전로에 절연용 방호구를 설치하는 등 가공전로와의 접촉을 방지하기 위하여 필요한 조치를 취한다.

㉣ 비계 내에서 작업자가 상하 또는 좌우로 이동하는 경우에는 반드시 지정된 통로를 이용하도록 주지시킨다.

㉤ 비계 작업 작업자는 같은 수직면상의 위와 아래 동시 작업을 금지한다.

㉥ 작업발판에는 제조사가 정한 최대적재하중을 초과하여 적재해서는 아니 되며, 최대적재하중이 표기된 표지판을 부착하고 작업자에게 주지시킨다.

참고

시스템비계는 수직재, 수평재, 가새재 등의 부재를 공장에서 제작하여 현장에서 조립하여 사용하는 가설 구조물을 말한다.

기출문제

다음은 산업안전보건법령에 따른 시스템비계의 구조에 관한 사항이다. ( ) 안에 들어갈 내용으로 옳은 것은?

> 비계 밑단의 수직재와 받침철물은 밀착되도록 설치하고, 수직재와 받침철물의 연결부의 겹침길이는 받침철물 전체 길이의 ( ) 이상이 되도록 할 것

① 2분의 1 ❷ 3분의 1
③ 4분의 1 ④ 5분의 1

2 작업통로 및 발판 ★★★★

(1) 작업통로

① 작업통로의 종류

㉠ 가설통로는 공사현장 등에서 작업자가 통행하기 위해 임시로 설치되는 통로이다.

㉡ 가설통로의 종류로는 작업발판, 경사로, 가설계단, 사다리, 승강용 트랩 등이 있다.

② 가설통로의 설치기준(구조)

㉠ 견고한 구조로 할 것

㉡ 경사는 30° 이하로 할 것(다만 계단을 설치하거나 높이 2m 미만의 가설통로로서 튼튼한 손잡이를 설치한 경우에는 제외)

㉢ 경사가 15°를 초과하는 경우에는 미끄러지지 아니하는 구조로 할 것

㉣ 추락할 위험이 있는 장소에는 안전난간을 설치할 것(다만 작업상 부득이한 경우에는 필요한 부분만 임시로 해체 가능)

㉤ 수직갱에 가설된 통로의 길이가 15m 이상인 경우에는 10m 이내마다 계단참을 설치할 것

㉥ 건설공사에 사용하는 높이 8m 이상인 비계다리에는 7m 이내마다 계단참을 설치한다.

③ 사다리식 통로의 구조

㉠ 견고한 구조로 할 것

㉡ 심한 손상 · 부식 등이 없는 재료를 사용할 것

㉢ 발판의 간격은 일정하게 할 것

㉣ 발판과 벽과의 사이는 15cm 이상의 간격을 유지할 것

㉤ 폭은 30cm 이상으로 할 것

㉥ 사다리가 넘어지거나 미끄러지는 것을 방지하기 위한 조치를 할 것

㉦ 사다리의 상단은 걸쳐놓은 지점으로부터 60cm 이상 올라가도록 할 것

㉧ 사다리식 통로의 길이가 10m 이상인 경우에는 5m 이내마다 계단참을 설치할 것

㉨ 사다리식 통로의 기울기는 75° 이하로 할 것. 다만 고정식 사다리식 통로의 기울기는 90° 이하로 하고, 그 높이가 7m 이하인 경우에는 바닥으로부터 높이가 2.5m 되는 지점부터 등받이울을 설치할 것

기출문제

사다리식 통로 등을 설치하는 경우 폭은 최소 얼마 이상으로 하여야 하는가?

❶ 30㎝ ② 40㎝
③ 50㎝ ④ 60㎝

기출문제

사다리식 통로 등을 설치하는 경우 고정식 사다리식 통로의 기울기는 최대 몇 도 이하로 하여야 하는가?

① 60° ② 75°
③ 80° ❹ 90°

ⓩ 접이식 사다리 기둥은 사용 시 접혀지거나 펼쳐지지 않도록 철물 등을 사용하여 견고하게 조치를 할 것

④ 경사로 설치 시 준수사항

㉠ 시공하중 또는 폭풍, 진동 등 외력에 대하여 안전하도록 설계해야 한다.

㉡ 경사로는 항상 정비하고 안전통로를 확보해야 한다.

㉢ 비탈면의 경사각은 30° 이내로 하고, 미끄럼막이 간격은 다음과 같다.

경사각	미끄럼막이 간격	경사각	미끄럼막이 간격
30° 이내	30cm	22°	40cm
29°	33cm	19° 20′	43cm
27°	35cm	17°	45cm
24° 15′	37cm	14° 초과	47cm

㉣ 경사로의 폭은 최소 90cm 이상으로 해야 한다.

㉤ 높이 7m 이내마다 계단참을 설치해야 한다.

㉥ 추락방지용 안전난간을 설치해야 한다.

㉦ 목재는 미송, 육송 또는 그 이상의 재질을 가져야 한다.

㉧ 경사로 지지기둥은 3m 이내마다 설치해야 한다.

㉨ 발판은 폭 40cm 이상으로 하고, 틈은 3cm 이내로 설치해야 한다.

㉩ 발판이 이탈하거나 한쪽 끝을 밟으면 다른 쪽이 들리지 않게 장선에 결속한다.

㉪ 결속용 못이나 철선이 발에 걸리지 않아야 한다.

⑤ 가설계단 설치 시 준수사항

㉠ 계단 및 계단참을 설치하는 경우 500kg/m^2 이상의 하중에 견딜 수 있는 강도를 가진 구조로 설치해야 한다.

㉡ 안전율은 4 이상으로 해야 한다.(파괴응력도/허용응력도)

㉢ 계단 및 승강구 바닥을 구멍이 있는 재료로 만드는 경우 렌치나 그 밖의 공구 등이 낙하할 위험이 없는 구조로 해야 한다.

㉣ 계단의 폭은 1m 이상으로 해야 한다.

㉤ 계단에 손잡이 외의 다른 물건 등을 설치하거나 적재를 금지해야 한다.

㉥ 높이가 3m를 초과하는 계단에 높이 3m 이내마다 진행방향으로 너비 1.2m 이상의 계단참을 설치해야 한다.

㉦ 바닥면으로부터 높이 2m 이내의 공간에 장애물이 없도록 해야 한다.

기출문제

건설현장의 가설계단 및 계단참을 설치하는 경우 얼마 이상의 하중에 견딜 수 있는 강도를 가진 구조로 설치하여야 하는가?

① 200kg/m^2
② 300kg/m^2
③ 400kg/m^2
❹ 500kg/m^2

기출문제

공사현장에서 가설계단을 설치하는 경우 높이가 3m를 초과하는 계단에는 높이 3m 이내마다 최소 얼마 이상의 너비를 가진 계단참을 설치하여야 하는가?

① 3.5m ② 2.5m
❸ 1.2m ④ 1.0m

ⓞ 높이 1m 이상인 계단의 개방된 측면에 안전난간을 설치해야 한다.

ⓩ 발판 끝부분과 계단참의 표면은 미끄럼방지 조치를 해야 한다.

⑥ 승강용 트랩 설치 시 준수사항

㉠ 철골 공사 현장에서 철골 작업 시 작업자가 수직방향으로 이동하기 위한 수단으로, 철골 기둥에 사다리 형태의 가설통로를 설치해야 한다.

㉡ 수직방향으로 이동하는 철골부재에는 답단 간격이 30cm 이내인 고정된 승강로를 설치해야 한다.

㉢ 수평방향 철골과 수직방향 철골이 연결되는 부분에는 연결작업을 위하여 작업발판 등을 설치해야 한다.

㉣ 수직 이동용 안전대 부착설비 설치 및 안전대를 걸고 이동해야 한다.

참고

작업발판은 높이가 2m 이상인 고소작업 시 작업자가 안전하게 작업 및 이동할 수 있는 공간 확보를 위해 설치하는 발판이다.

기출문제

달비계를 설치할 때 작업발판의 폭은 최소 얼마 이상으로 하여야 하는가?

① 30cm ❷ 40cm
③ 50cm ④ 60cm

(2) 작업발판

① 작업발판의 구조

㉠ 비계(달비계, 달대비계, 말비계 제외)의 높이가 2m 이상인 작업장소에는 작업발판을 설치하여야 한다.

㉡ 발판 재료는 작업할 때의 하중을 견딜 수 있도록 견고한 것으로 한다.

㉢ 작업발판의 폭은 40cm 이상으로 하고, 발판재료 간의 틈은 3cm 이하로 한다.

㉣ 작업발판의 최대폭은 1.6m 이내이어야 한다.

㉤ 추락의 위험이 있는 장소에는 안전난간을 설치할 것. 다만 작업의 성질상 안전난간을 설치하는 것이 곤란한 경우, 작업의 필요상 임시로 안전난간을 해체할 때에 추락방호망을 설치하거나 안전대를 사용하도록 하는 등 추락위험 방지조치를 한 경우에는 제외한다.

㉥ 작업발판의 지지물은 하중에 의하여 파괴될 우려가 없는 것을 사용한다.

㉦ 작업발판 재료는 뒤집히거나 떨어지지 않도록 2개 이상의 지지물에 연결하거나 고정시킨다.

㉧ 작업발판을 작업에 따라 이동시킬 경우에는 위험 방지에 필요한 조치를 취한다.

㉧ 발판을 겹쳐 이음하는 경우 장선 위에서 이음을 하고 겹침길이는 20cm 이상이어야 한다.

㉨ 발판 1개에 대한 지지물은 2개 이상이어야 한다.

㉩ 작업발판 위에는 돌출된 못, 옹이, 철선 등이 없어야 한다.

㉪ 틈 사이로 물체 등이 떨어질 우려가 있는 곳에는 출입금지 조치를 할 것. 다만 선박 및 보트 건조작업의 경우 선박블록 또는 엔진실 등의 좁은 작업공간에 작업발판을 설치하는 경우 작업발판의 폭을 30cm 이상으로 할 수 있고, 걸침비계의 경우 발판재료 간의 틈을 3cm 이하로 유지하기 곤란하면 5cm 이하로 가능하다.

② 작업발판의 최대적재하중

㉠ 비계의 구조 및 재료에 따라 작업발판의 최대적재하중을 정하고, 초과하지 않는다.

㉡ 달비계(곤돌라의 달비계 제외)의 안전계수

구분		안전계수
달기 와이어로프 및 달기 강선		10 이상
달기 체인 및 달기 훅		5 이상
달기 강대와 달비계의 하부 및 상부 지점	강재	2.5 이상
	목재	5 이상

여기서, 안전계수 = 인장강도/최대허용응력

기출문제

달비계의 최대적재하중을 정함에 있어서 활용하는 안전계수의 기준으로 옳은 것은? (단, 곤돌라의 달비계를 제외한다.)

① 달기 와이어로프 : 5 이상
② 달기 강선 : 5 이상
③ 달기 체인 : 3 이상
❹ 달기 훅 : 5 이상

기출문제

안전계수가 4이고 2,000MPa의 인장강도를 갖는 강선의 최대허용응력은?

❶ 500MPa
② 1,000MPa
③ 1,500MPa
④ 2,000MPa

해설 최대허용응력

$\frac{인장강도}{안전계수} = \frac{2{,}000}{4} = 500$

3 거푸집 및 동바리 ★★★★

(1) 거푸집의 종류

슬라이딩폼	로드(rod) · 유압잭(jack) 등을 이용하여 거푸집을 연속적으로 이동시키면서 콘크리트를 타설할 때 사용하는 것으로 사일로(silo) 공사 등에 적합하다.
메탈폼	강철로 만들어진 패널인 콘크리트 형틀로서 반복사용에 견딜 수 있어 경제적이지만, 형틀을 떼어낸 후 콘크리트면이 매끈하기 때문에 모르타르와 같은 미장재료가 잘 붙지 않으므로, 표면을 거칠게 할 필요가 있다.
워플폼	무량판구조, 평판구조의 특수 상자 모양의 기성재 거푸집으로 2방향 장선 바닥판 구조에 적용가능하다.
페코빔	강재의 인장력을 이용하여 만든 조립보로 받침 기둥이 필요 없고 신축이 가능한 가설 수평 지지보이다.

기출문제

로드(rod) · 유압잭(jack) 등을 이용하여 거푸집을 연속적으로 이동시키면서 콘크리트를 타설할 때 사용되는 것으로 silo 공사 등에 적합한 거푸집은?

① 메탈폼 ❷ 슬라이딩폼
③ 워플폼 ④ 페코빔

(2) 거푸집의 구비 조건

① 간편성　② 경제성
③ 수밀성　④ 정밀성
⑤ 안전성

참고

거푸집은 콘크리트 구조물이 필요한 강도에 도달하기까지 지지하는 가설구조물의 총칭이며, 동바리는 거푸집 및 상부하중을 지지하기 위해 설치하는 부재를 말한다.

(3) 재료 및 조립

① 거푸집 및 동바리의 재료로 변형 · 부식 또는 심하게 손상된 것을 사용하면 안 된다.
② 거푸집 및 동바리를 사용하는 경우에는 거푸집의 형상 및 콘크리트 타설 방법 등에 따른 견고한 구조의 것을 사용해야 한다.
③ 거푸집 및 동바리를 조립하는 경우에는 그 구조를 검토한 후 조립도를 작성하고, 그 조립도에 따라 조립하도록 해야 한다.
④ 조립도에는 거푸집 및 동바리를 구성하는 부재의 재질 · 단면규격 · 설치간격 및 이음방법 등을 명시해야 한다.

(4) 거푸집 및 동바리 설계 시 고려 하중

연직방향 하중	타설 콘크리트 고정하중, 타설 시 충격하중, 작업원 등의 작업하중
횡방향 하중	작업 시 진동, 충격, 풍압, 유수압, 지진 등
콘크리트 측압	콘크리트가 거푸집을 안쪽에서 밀어내는 압력
특수하중	시공 중 예상되는 특수한 하중(콘크리트 편심하중 등)

(5) 거푸집 조립 시 안전 준수사항

① 거푸집을 조립하는 경우에는 거푸집이 콘크리트 하중이나 그 밖의 외력에 견딜 수 있거나, 넘어지지 않도록 견고한 구조의 긴결재(콘크리트를 타설할 때 거푸집이 변형되지 않게 연결하여 고정하는 재료), 버팀대 또는 지지대를 설치하는 등 필요한 조치를 해야 한다.
② 거푸집이 곡면인 경우에는 버팀대의 부착 등 그 거푸집의 부상을 방지하기 위한 조치를 해야 한다.

참고

작업발판 일체형 거푸집은 거푸집의 설치 · 해체, 철근 조립, 콘크리트 타설, 콘크리트 면처리 작업 등을 위하여 거푸집을 작업발판과 일체로 제작하여 사용하는 거푸집을 말한다.

기출문제

산업안전보건법령에 따른 작업발판 일체형 거푸집에 해당되지 않는 것은?
① 갱 폼(Gang Form)
② 슬립 폼(Slip Form)
❸ 유로 폼(Euro Form)
④ 클라이밍 폼(Climbing Form)

(6) 작업발판 일체형 거푸집의 안전 준수사항

① 작업발판 일체형 거푸집의 종류
㉠ 갱 폼(gang form)
㉡ 슬립 폼(slip form)
㉢ 클라이밍 폼(climbing form)
㉣ 터널 라이닝 폼(tunnel lining form)

ⓜ 그 밖에 거푸집과 작업발판이 일체로 제작된 거푸집 등

② 갱 폼의 조립 · 이동 · 양중 · 해체 작업 시 준수사항

㉠ 조립 등 범위 및 작업절차를 미리 그 작업에 종사하는 작업자에게 주지시킬 것

㉡ 작업자가 안전하게 구조물 내부에서 갱 폼의 작업발판으로 출입할 수 있는 이동통로를 설치할 것

㉢ 갱 폼의 지지 또는 고정철물의 이상 유무를 수시점검하고 이상이 발견된 경우에는 교체하도록 할 것

㉣ 갱 폼을 조립하거나 해체하는 경우에는 갱폼을 인양장비에 매단 후에 작업을 실시하도록 하고, 인양장비에 매달기 전에 지지 또는 고정철물을 미리 해체하지 않도록 할 것

㉤ 갱 폼 인양 시 작업발판용 케이지에 작업자가 탑승한 상태에서 갱 폼의 인양작업을 하지 않을 것

③ 갱 폼 이외 작업발판 일체형 거푸집의 작업 시 준수사항

㉠ 조립 등 작업 시 거푸집 부재의 변형 여부와 연결 및 지지재의 이상 유무를 확인할 것

㉡ 조립 등 작업과 관련한 이동 · 양중 · 운반 장비의 고장 · 오조작 등으로 인해 작업자에게 위험을 미칠 우려가 있는 장소에는 작업자의 출입을 금지하는 등 위험 방지 조치를 할 것

㉢ 거푸집이 콘크리트면에 지지될 때에 콘크리트의 굳기 정도와 거푸집의 무게, 풍압 등의 영향으로 거푸집의 갑작스런 이탈 또는 낙하로 인해 작업자가 위험해질 우려가 있는 경우에는 설계도서에서 정한 콘크리트의 양생기간을 준수하거나 콘크리트면에 견고하게 지지하는 등 필요한 조치를 할 것

㉣ 연결 또는 지지 형식으로 조립된 부재의 조립 등 작업을 하는 경우에는 거푸집을 인양장비에 매단 후에 작업을 하도록 하는 등 낙하 · 붕괴 · 전도의 위험 방지를 위하여 필요한 조치를 할 것

(7) 동바리 조립 시 안전 준수사항

① 받침목이나 깔판의 사용, 콘크리트 타설, 말뚝박기 등 동바리의 침하를 방지하기 위한 조치를 해야 한다.

② 동바리의 상하 고정 및 미끄러짐 방지 조치를 해야 한다.

③ 상부 · 하부의 동바리가 동일 수직선상에 위치하도록 하여 깔판 · 받침목에 고정해야 한다.

기출문제

거푸집 동바리의 침하를 방지하기 위한 직접적인 조치로 옳지 않은 것은?

❶ 수평연결재 사용
② 깔판의 사용
③ 콘크리트의 타설
④ 말뚝박기

④ 개구부 상부에 동바리를 설치하는 경우에는 상부하중을 견딜 수 있는 견고한 받침대를 설치해야 한다.

⑤ U헤드 등의 단판이 없는 동바리의 상단에 멍에 등을 올릴 경우에는 해당 상단에 U헤드 등의 단판을 설치하고, 멍에 등이 전도되거나 이탈되지 않도록 고정해야 한다.

⑥ 동바리의 이음은 같은 품질의 재료를 사용해야 한다.

⑦ 강재의 접속부 및 교차부는 볼트 · 클램프 등 전용철물을 사용하여 단단히 연결해야 한다.

⑧ 거푸집의 형상에 따른 부득이한 경우를 제외하고는 깔판이나 받침목은 2단 이상 끼우지 않도록 해야 한다.

⑨ 깔판이나 받침목을 이어서 사용하는 경우는 그 깔판 · 받침목을 단단히 연결해야 한다.

(8) 동바리 유형에 따른 동바리 조립 시 안전 준수사항

① 동바리로 사용하는 파이프 서포트 준수사항

㉠ 파이프 서포트를 3개 이상 이어서 사용하지 않도록 한다.

㉡ 파이프 서포트를 이어서 사용하는 경우에는 4개 이상의 볼트 또는 전용철물을 사용하여 이어야 한다.

㉢ 높이가 3.5m를 초과하는 경우에는 높이 2m 이내마다 수평연결재를 2개 방향으로 만들고 수평연결재의 변위를 방지한다.

② 동바리로 사용하는 강관틀 준수사항

㉠ 강관틀과 강관틀 사이에 교차 가새를 설치한다.

㉡ 최상단 및 5단 이내마다 거푸집 동바리의 측면과 틀면의 방향 및 교차 가새의 방향에서 5개 이내마다 수평연결재를 설치하고 수평연결재의 변위를 방지한다.

㉢ 최상단 및 5단 이내마다 동바리의 틀면의 방향에서 양단 및 5개틀 이내마다 교차 가새의 방향으로 띠장틀을 설치한다.

③ 동바리로 사용하는 조립강주 준수사항

조립강주의 높이가 4m를 초과하는 경우에는 높이 4m 이내마다 수평연결재를 2개 방향으로 설치하고 수평연결재의 변위를 방지한다.

④ 시스템 동바리의 설치방법

㉠ 수평재는 수직재와 직각으로 설치해야 하며, 흔들리지 않도록 견고하게 설치한다.

기출문제

다음 보기의 ( ) 안에 알맞은 내용은?

> 동바리로 사용하는 파이프 서포트의 높이가 ( )m를 초과하는 경우에는 높이 2m 이내마다 수평연결재를 2개 방향으로 만들고 수평연결재의 변위를 방지할 것

① 3 ❷ 3.5
③ 4 ④ 4.5

참고

파이프 서포트의 좌굴하중(임계하중)

$$좌굴하중(P_{cr}) = \frac{\pi^2 EI}{l^2}$$

E : 탄성계수(MPa)
I : 단면 2차 모멘트(mm^2)
l : 부재길이(mm)

참고

시스템 동바리란 규격화 · 부품화된 수직재, 수평재 및 가새재 등의 부재를 현장에서 조립하여 거푸집을 지지하는 지주 형식의 동바리를 말한다.

㉡ 연결철물을 사용하여 수직재를 견고하게 연결하고, 연결부위가 탈락 또는 꺾어지지 않도록 한다.

㉢ 수직 및 수평하중에 대해 동바리의 구조적 안전성이 확보되도록 조립도에 따라 수직재 및 수평재에는 가새재를 견고하게 설치한다.

㉣ 동바리 최상단과 최하단의 수직재와 받침철물은 서로 밀착되도록 설치하고 수직재와 받침철물의 연결부의 겹침길이는 받침철물 전체길이의 1/3 이상 되도록 한다.

(9) 거푸집 및 동바리 작업 시 준수사항

① 거푸집 및 동바리 조립 · 해체작업 시 준수사항

㉠ 해당 작업을 하는 구역에는 관계 작업자 외 출입 금지를 한다.

㉡ 비, 눈, 그 밖의 기상상태의 불안정으로 날씨가 몹시 나쁜 경우에는 작업을 중지한다.

㉢ 재료, 기구 또는 공구 등을 올리거나 내리는 경우에는 작업자로 하여금 달줄 · 달포대 등을 사용한다.

㉣ 낙하 · 충격에 의한 돌발적 재해를 방지하기 위하여 버팀목을 설치하고 거푸집 및 동바리를 인양장비에 매단 후에 작업을 하도록 하는 등 필요한 조치를 취한다.

② 철근조립 등 작업 시 준수사항

㉠ 양중기로 철근을 운반할 경우에는 2군데 이상 묶어서 수평으로 운반한다.

㉡ 작업위치의 높이가 2m 이상일 경우에는 작업발판을 설치하거나 안전대를 착용하게 하는 등 위험 방지를 위하여 필요한 조치를 취한다.

4 흙막이 ★★★★

(1) 흙막이 공법의 분류

구조방식에 의한 분류	지지방식에 의한 분류
• H-pile • 널말뚝 • 지하연속벽 • 역타공법(Top down method)	• 자립식(중력식) • 버팀대식(수평 또는 경사버팀대식 • Earth anchor • Tie load

기출문제

시스템 동바리를 조립하는 경우 수직재와 받침철물 연결부의 겹침길이 기준으로 옳은 것은?

① 받침철물 전체 길이의 1/2 이상
❷ 받침철물 전체 길이의 1/3 이상
③ 받침철물 전체 길이의 1/4 이상
④ 받침철물 전체 길이의 1/5 이상

참고

흙막이 공법은 흙막이 배면에 작용하는 토압에 대응하는 구조물로서 기초굴착에 따른 지반붕괴와 물의 침입을 방지하기 위한 목적으로 토압과 수압을 지지하는 공법을 말한다.

기출문제

흙막이 공법을 흙막이 지지방식에 의한 분류와 구조방식에 의한 분류로 나눌 때 다음 중 지지방식에 의한 분류에 해당하는 것은?

❶ 수평버팀대식 흙막이 공법
② H-pile 공법
③ 지하연속벽 공법
④ Top down method 공법

기출문제

흙막이 지보공을 조립하는 경우 미리 조립도를 작성하여야 하는데, 이 조립도에 명시되어야 할 사항과 가장 거리가 먼 것은?

① 부재의 배치
② 부재의 치수
❸ 부재의 긴압 정도
④ 설치방법과 순서

기출문제

사질지반 굴착 시 굴착부와 지하수위차가 있을 때 수두차에 의하여 삼투압이 생겨 흙막이벽 근입부분을 침식하는 동시에 모래가 액상화되어 솟아오르는 현상은?

① 동상 현상
② 연화 현상
❸ 보일링 현상
④ 히빙 현상

(2) 흙막이 지보공

① **재료** : 흙막이 지보공의 재료로 변형·부식되거나 심하게 손상된 것을 사용해서는 안 된다.

② **조립도**

㉠ 흙막이 지보공을 조립하는 경우 미리 조립도를 작성하여 그 조립도에 따라 조립하도록 하여야 한다.

㉡ 조립도는 흙막이판·말뚝·버팀대 및 띠장 등 부재의 배치·치수·재질 및 설치방법과 순서가 명시되어야 한다.

③ **흙막이 지보공의 위험 방지**

㉠ 흙막이 지보공 설치 시 정기 점검사항
- 부재의 손상·변형·부식·변위 및 탈락의 유무와 상태
- 버팀대의 긴압의 정도
- 부재의 접속부·부착부 및 교차부의 상태
- 침하의 정도

㉡ 상기 점검사항 외에 설계도서에 따른 계측을 하고 계측 분석 결과 토압의 증가 등 이상한 점을 발견한 경우에는 즉시 보강조치를 하여야 한다.

④ **지반의 이상현상**

구분	히빙(heaving) 현상	보일링(boiling) 현상
정의	연약한 점토지반 굴착 시 흙막이벽 내외의 중량차로 인해 흙이 밀려들어 굴착저면이 부풀어 오르는 현상	지하수위가 높은 사질토 지반의 굴착 시 굴착저면과 흙막이 배면의 지하수의 수위차로 인해 굴착저면의 흙과 물이 함께 솟구쳐 오르는 현상
원인	• 흙막이 근입장 깊이 부족 • 흙막이 흙의 중량 차이	• 흙막이 벽체의 근입장 부족 • 굴착면과 배면토의 수두차에 의한 침투압
현상	• 굴착 저면 솟음 • 배면 토사 붕괴	• 흙막이 벽 근입 부분 침식 • 저면이 액상화 현상 • 흙막이공 붕괴 초래
대책	• 흙막이벽의 근입깊이 깊게 • 전면의 굴착부분을 남겨두어 흙의 중량으로 대항 • 굴착예정부분의 일부를 미리 굴착하여 기초콘크리트 타설	• 작업중지 및 굴착토 원상매립 • 지하수위 저하 • 흙막이벽 근입깊이 증가

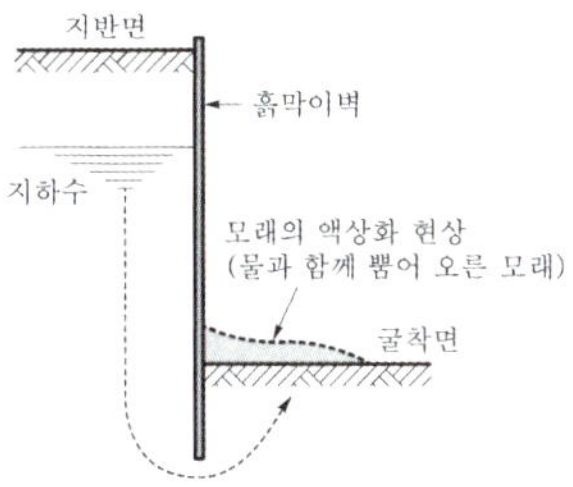

❙ 히빙 현상 ❙

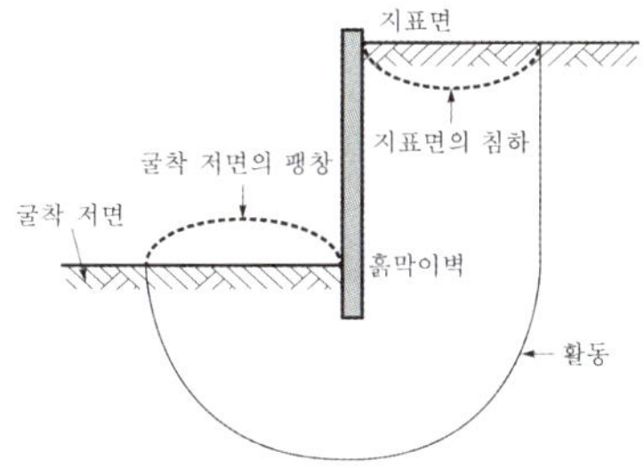

❙ 보일링 현상 ❙

(3) 계측관리

① 계측관리란 흙막이 부재, 토압, 인근 건물 및 지반의 변형, 균열 등에 대비하여 미리 발견, 조치하기 위한 계측기를 설치, 관리하는 것을 말한다.

② 계측기의 종류 및 용도

하중계 (load cell)	버팀보(strut) 또는 어스앵커(earth anchor) 등의 축하중 변화를 측정
건물경사계 (tiltmeter)	구조물의 경사 및 변형 상태를 측정
지중경사계 (inclinometer)	주변 지반의 변형(지중의 수평 변위량) 측정
지하수위계 (water level meter)	지반 내 지하수위의 변화 측정
변형률계 (strain gauge)	흙막이 구조물 각 부재와 인접 구조물의 변형률을 측정
균열계 (crack gauge)	주변 구조물 및 지반 등의 균열 발생 시 균열의 크기와 변화 상태를 측정
간극수압계 (piezometer)	굴착공사에 따른 간극수압의 변화를 측정
토압계 (pressure cell)	주변 지반의 하중으로 인한 토압 변화를 측정
진동 및 소음측정기 (sound level meter)	굴착, 발파 및 장비 작업에 따른 진동과 소음을 측정

③ 계측기의 선정

㉠ 계측기의 정밀도, 계측 범위 및 신뢰도가 계측 목적에 적합해야 한다.

㉡ 구조가 간단하고 설치가 용이해야 한다.

㉢ 온도와 습도의 영향을 적게 받거나 보정이 간단해야 한다.

기출문제

점토지반의 토공사에서 흙막이 밖에 있는 흙이 안으로 밀려 들어와 내측 흙이 부풀어 오르는 현상은?

① 보일링(Boiling)
❷ 히빙(Heaving)
③ 파이핑(Piping)
④ 액상화

기출문제

흙막이 계측기의 종류 중 주변 지반의 변형을 측정하는 기계는?

① Tilt meter
❷ Inclinometer
③ Strain gauge
④ Load cell

기출문제

버팀보, 앵커 등의 축하중 변화 상태를 측정하여 이들 부재의 지지효과 및 그 변화 추이를 파악하는데 사용되는 계측기기는?

① water level meter
❷ load cell
③ piezo meter
④ strain gauge

기출 Check!

발파 허용 진동치 기준

㉠ 문화재 : 0.2cm/sec
㉡ 주택, 아파트 : .5cm/sec
㉢ 상가 : 1.0cm/sec
㉣ 철근콘크리트 빌딩 및 상가 :1.0~4.0cm/sec

PART 06 건설공사 안전관리

㉣ 예상 변위나 응력의 크기보다 계측기의 측정 범위가 넓어야 한다.

㉤ 계기의 오차가 적고 이상 유무의 발견이 쉬워야 한다.

제6장 공사 및 작업 종류별 안전

01 양중 및 해체 공사

1 양중공사 시 안전수칙 ★★★★

(1) 양중기의 종류

① 양중기 : 양중기란 동력을 사용하여 화물, 사람 등을 운반하는 기계를 말하며, 다음의 종류가 있다.

㉠ 크레인[호이스트(hoist)를 포함한다.]

㉡ 이동식 크레인

㉢ 리프트(이삿짐운반용 리프트의 경우 적재하중이 0.1톤 이상인 것으로 한정한다.)

㉣ 곤돌라

㉤ 승강기

② 각 기계의 정의

크레인	• 크레인 : 동력을 사용하여 중량물을 매달아 상하 및 좌우로 운반하는 것을 목적으로 하는 기계 또는 기계장치이다. • 호이스트 : 훅이나 그 밖의 달기구 등을 사용하여 화물을 권상 및 횡행 또는 권상동작만을 하여 양중하는 것이다.
이동식 크레인	• 원동기를 내장하고 있는 것으로서 불특정 장소에 스스로 이동할 수 있는 크레인으로 동력을 사용하여 중량물을 매달아 상하 및 좌우로 운반하는 설비로서, 기중기 또는 화물 · 특수자동차의 작업부에 탑재하여 화물운반 등에 사용하는 기계 또는 기계장치이다.
리프트	• 동력을 사용하여 사람이나 화물을 운반하는 것을 목적으로 하는 기계설비이다. • 종류 : 건설용 리프트, 산업용 리프트, 자동차정비용 리프트, 이삿짐운반용 리프트

합격 체크포인트

- 양중기의 종류, 방호장치
- 양중기의 와이어로프 준수사항
- 크레인 작업시작 전 점검사항
- 와이어로프, 달기체인, 훅 · 샤클, 섬유로프의 사용금지 기준

법령

산업안전보건기준에 관한 규칙 제132조

기출문제

산업안전보건법령상 양중기에 해당하지 않는 것은?

① 곤돌라

② 이동식 크레인

❸ 적재하중 0.05톤의 이삿짐운반용 리프트

④ 화물용 엘리베이터

기출문제

산업안전보건법령에 따른 승강기의 종류에 해당하지 않는 것은?
❶ 리프트
② 승객용 엘리베이터
③ 에스컬레이터
④ 화물용 엘리베이터

법령

산업안전보건법 시행규칙 제107조

기출문제

설치·이전하는 경우 안전인증을 받아야 하는 기계·기구에 해당되지 않는 것은?
① 크레인 ② 리프트
③ 곤돌라 ❹ 고소작업대

기출문제

건설작업용 타워크레인의 안전장치로 옳지 않은 것은?
① 권과방지장치
② 과부하방지장치
③ 비상정지장치
❹ 호이스트 스위치

곤돌라	• 달기발판 또는 운반구, 승강장치, 그 밖의 장치 및 이들에 부속된 기계부품에 의하여 구성되고, 와이어로프 또는 달기강선에 의하여 달기발판 또는 운반구가 전용 승강장치에 의하여 오르내리는 설비이다.
승강기	• 건축물이나 고정된 시설물에 설치되어 일정한 경로에 따라 사람이나 화물을 승강장으로 옮기는 데에 사용되는 설비이다. • 종류 : 승객용 엘리베이터, 승객화물용 엘리베이터, 화물용 엘리베이터, 소형화물용 엘리베이터, 에스컬레이터

③ 안전인증 대상 기계(양중기)

설치·이전하는 경우 안전인증을 받아야 하는 기계	주요 구조 부분을 변경하는 경우 안전인증을 받아야 하는 기계
• 크레인 • 리프트 • 곤돌라	• 크레인 • 리프트 • 곤돌라 • 고소작업대

(2) 양중공사 시 안전수칙

① 양중기(승강기는 제외) 및 달기구를 사용하여 작업하는 운전자 또는 작업자가 보기 쉬운 곳에 해당 기계의 정격하중, 운전속도, 경고표시 등을 부착하여야 한다. 다만, 달기구는 정격하중만 표시한다.

② 양중기의 방호장치 조정

㉠ 양중기에 과부하방지장치, 권과방지장치, 비상정지장치, 제동장치, 그 밖의 방호장치(승강기의 파이널 리미트 스위치, 속도조절기, 출입문 인터록 등)가 정상적으로 작동될 수 있도록 미리 조정해 두어야 한다.

㉡ 크레인 및 이동식크레인에 대한 권과방지장치는 훅·버킷 등 달기구의 윗면이 드럼, 상부 도르래, 트롤리 프레임 등 권상장치의 아랫면과 접촉할 우려가 있는 경우에 그 간격이 0.25m 이상(직동식 권과방지장치는 0.05m 이상)이 되도록 조정하여야 한다.

㉢ 권과방지장치를 설치하지 않은 크레인에 대해서는 권상용 와이어로프에 위험표시를 하고 경보장치를 설치하는 등 권상용 와이어로프가 지나치게 감겨서 작업자가 위험해질 상황을 방지하기 위한 조치를 하여야 한다.

③ 악천후 시 조치사항

순간풍속 기준	조치사항
10m/s 초과	타워크레인의 설치 · 수리 · 점검 또는 해체 작업 중지
15m/s 초과	타워크레인의 운전작업 중지
30m/s 초과 우려	옥외에 설치되어 있는 주행 크레인에 대하여 이탈방지 장치 작동 등 이탈방지 조치를 취함.
30m/s 초과 또는 중진 이상 진도의 지진	옥외에 설치되어 있는 양중기를 사용하여 작업을 하는 경우에는 미리 기계 각 부위에 이상이 있는지 점검
35m/s 초과 우려	건설용 리프트(지하에 설치되어 있는 것은 제외)에 대하여 받침의 수를 증가시키는 등 붕괴 방지 조치를 취함.

(3) 크레인의 안전수칙

① 유압을 동력으로 사용하는 크레인의 과도한 압력상승을 방지하기 위한 안전밸브에 대하여 정격하중을 건 때의 압력 이하로 작동되도록 조정하여야 한다(하중시험 또는 안전도시험의 경우 제외).

② 훅걸이용 와이어로프 등이 훅으로부터 벗겨지는 것을 방지하기 위해 해지장치를 구비한 크레인을 사용하여야 한다.

③ 지브 크레인을 사용하여 작업을 하는 경우에 크레인 명세서에 적혀 있는 지브의 경사각(인양하중이 3톤 미만인 지브 크레인의 경우에는 제조한 자가 지정한 지브의 경사각)의 범위에서 사용하도록 하여야 한다.

④ 같은 주행로에 병렬로 설치되어 있는 주행 크레인의 수리 · 조정 및 점검 등의 작업을 하는 경우, 주행 크레인끼리 충돌하거나 주행 크레인이 작업자와 접촉할 위험을 방지하기 위하여 감시인을 두고 주행로상에 스토퍼(stopper)를 설치하는 등 위험 방지 조치를 하여야 한다.

⑤ 갠트리 크레인 등과 같이 작업장 바닥에 고정된 레일을 따라 주행하는 크레인의 새들(saddle) 돌출부와 주변 구조물 사이의 안전공간이 40cm 이상 되도록 바닥에 표시를 하는 등 안전공간을 확보하여야 한다.

⑥ 타워크레인을 자립고(自立高) 이상의 높이로 설치하는 경우 건축물 등의 벽체에 지지하거나 부득이한 경우 와이어로프에 의하여 지지하여야 한다.

기출문제

강풍이 불어올 때 타워크레인의 운전작업을 중지하여야 하는 순간풍속의 기준으로 옳은 것은?

① 순간풍속이 초당 10m 초과
❷ 순간풍속이 초당 15m 초과
③ 순간풍속이 초당 25m 초과
④ 순간풍속이 초당 30m 초과

기출문제

건설용 리프트의 붕괴 등을 방지하기 위해 받침의 수를 증가시키는 등 안전조치를 하여야 하는 순간풍속 기준은?

① 초당 15m 초과
② 초당 25m 초과
❸ 초당 35m 초과
④ 초당 45m 초과

타워크레인을 벽체에 지지하는 경우 준수 사항	• 서면심사 서류 또는 제조사의 설치작업 설명서 등에 따라 설치해야 하며, 명확하지 않은 경우에는 건설안전분야 산업안전지도사 등의 확인을 받아 설치하거나 기종별 · 모델별 공인된 표준방법으로 설치해야 한다. • 콘크리트구조물에 고정시키는 경우에는 매립이나 관통 또는 이와 같은 수준 이상의 방법으로 충분히 지지되도록 해야 한다. • 건축 중인 시설물에 지지하는 경우에는 그 시설물의 구조적 안정성에 영향이 없어야 한다.
타워크레인을 와이어로프로 지지하는 경우 준수 사항	• 서면심사 서류 또는 제조사의 설치작업 설명서 등에 따라 설치해야 하며, 명확하지 않은 경우에는 건설안전분야 산업안전지도사 등의 확인을 받아 설치하거나 기종별 · 모델별 공인된 표준방법으로 설치해야 한다. • 와이어로프를 고정하기 위한 전용 지지프레임을 사용해야 한다. • 와이어로프 설치각도는 수평면에서 60° 이내로 하되, 지지점은 4개소 이상으로 하고, 같은 각도로 설치해야 한다. • 와이어로프와 그 고정부위는 충분한 강도와 장력을 갖도록 설치하고, 와이어로프를 클립 · 샤클(shackle) 등의 고정기구를 사용하여 견고하게 고정시켜 풀리지 않도록 하며, 사용 중에는 충분한 강도와 장력을 유지해야 한다. • 와이어로프가 가공전선에 근접하지 않도록 해야 한다.

⑦ 크레인 통로의 설치

㉠ 주행 크레인 또는 선회 크레인과 건설물 또는 설비와의 사이에 통로를 설치하는 경우 폭을 0.6m 이상으로 하여야 한다. 다만, 통로 중 건설물의 기둥에 접촉하는 부분은 0.4m 이상으로 할 수 있다.

㉡ 통로 또는 주행궤도 상에서 정비 · 보수 · 점검 등의 작업을 하는 경우 작업자가 주행 크레인에 접촉될 우려가 없도록 크레인의 운전을 정지시키는 등 안전조치를 하여야 한다.

㉢ 작업자의 추락 위험이 있는 경우 아래 사항의 간격을 0.3m 이하로 한다.

- 크레인의 운전실, 운전대를 통하는 통로의 끝과 건설물 등의 벽체의 간격
- 크레인 거더의 통로 끝과 크레인 거더의 간격
- 크레인 거더의 통로로 통하는 통로의 끝과 건설물 등의 벽체의 간격

기출문제

다음은 타워크레인을 와이어로프로 지지하는 경우의 준수해야 할 기준이다. 빈칸에 들어갈 알맞은 내용을 순서대로 옳게 나타낸 것은?

> 와이어로프의 설치각도는 수평면에서 ( )° 이내로 하되, 지지점은 ( )개소 이상으로 하고, 같은 각도로 설치할 것

① 45, 4 ② 45, 5
❸ 60, 4 ④ 60, 5

기출 Check!

와이어로프를 클립 · 샤클 등의 고정기구를 사용하여 **견고하게 고정**시켜 풀리지 않도록 해야 한다.

기출문제

크레인의 운전실 또는 운전대를 통하는 통로의 끝과 건설물 등의 벽체의 간격은 최대 얼마 이하로 하여야 하는가?

① 0.2m ❷ 0.3m
③ 0.4m ④ 0.5m

⑧ 크레인을 사용하여 작업시작 전 점검사항
㉠ 권과방지장치 · 브레이크 · 클러치 및 운전장치의 기능
㉡ 주행로의 상측 및 트롤리(trolley)가 횡행하는 레일의 상태
㉢ 와이어로프가 통하고 있는 곳의 상태

⑨ 타워크레인을 선정하기 위한 사전 검토사항
㉠ 입지조건 ㉡ 인양능력
㉢ 작업반경 ㉣ 붐의 높이
㉤ 건물 형태 ㉥ 건립기계의 소음 영향

⑩ 크레인 등 건설장비의 가공전선로 접근 시 안전대책
㉠ 안전 이격거리를 유지하고 작업한다.
㉡ 장비의 조립, 준비 시부터 가공전선로에 대한 감전 방지 수단을 강구한다.
㉢ 장비 사용 현장의 장애물, 위험물 등을 점검 후 작업계획을 수립한다.

(4) 이동식 크레인의 안전수칙

① 이동식 크레인을 사용하는 경우에 구조 부분을 구성하는 강재 등이 변형되거나 부러지는 일 등을 방지하기 위하여 해당 이동식 크레인의 설계기준(제조자가 제공하는 사용설명서)을 준수하여야 한다.
② 유압을 동력으로 사용하는 이동식 크레인의 과도한 압력상승을 방지하기 위한 안전밸브에 대해 최대 정격하중을 건 때의 압력 이하로 작동되도록 조정하여야 한다. 다만, 하중시험 또는 안전도시험을 실시하여 압력을 조정한 경우는 제외한다.
③ 이동식 크레인을 사용하여 하물을 운반하는 경우 해지장치를 사용하여야 한다.
④ 이동식 크레인을 사용하여 작업을 하는 경우 명세서에 적혀 있는 지브의 경사각(인양하중이 3톤 미만인 이동식 크레인의 경우 제조한 자가 지정한 지브의 경사각)의 범위에서 사용하도록 하여야 한다.

⑤ 이동식 크레인을 사용하여 작업시작 전 점검사항
㉠ 권과방지장치나 그 밖의 경보장치의 기능
㉡ 브레이크 · 클러치 및 조정장치의 기능
㉢ 와이어로프가 통하고 있는 곳 및 작업장소의 지반상태

기출문제

타워크레인을 선정하기 위한 사전 검토사항으로서 가장 거리가 먼 것은?
❶ 붐의 모양 ② 인양능력
③ 작업반경 ④ 붐의 높이

기출문제

이동식 크레인을 사용하여 작업을 할 때 작업시작 전 점검사항이 아닌 것은?
❶ 주행로의 상측 및 트롤리(trolley)가 횡행하는 레일의 상태
② 권과방지장치 그 밖의 경보장치의 기능
③ 브레이크 · 클러치 및 조정장치의 기능
④ 와이어로프가 통하고 있는 곳 및 작업장소의 지반상태

(5) 리프트의 안전수칙

① 리프트(자동차정비용 리프트는 제외)의 운반구 이탈 등의 위험을 방지하기 위하여 권과방지장치, 과부하방지장치, 비상정지장치 등을 설치하는 등 필요한 조치를 하여야 한다.

② 운반구의 내부에만 탑승조작장치가 설치되어 있는 리프트를 사람이 탑승하지 않은 상태로 작동하게 해서는 안 된다.

③ 리프트 조작반에 잠금장치를 설치하는 등 관계 작업자가 아닌 사람이 리프트를 임의로 조작함으로써 발생하는 위험을 방지하기 위하여 필요한 조치를 해야 한다.

④ 피트 등 바닥을 청소하는 경우 운반구 낙하에 의한 위험 방지 조치

㉠ 승강로에 각재 또는 원목 등을 걸칠 것

㉡ 각재 또는 원목 위에 운반구를 놓고 역회전방지기가 붙은 브레이크를 사용하여 구동모터 또는 윈치(winch)를 확실하게 제동해둘 것

⑤ 지반침하, 불량 자재사용 또는 헐거운 결선(結線) 등으로 리프트가 붕괴되거나 넘어지지 않도록 필요한 조치를 하여야 한다.

⑥ 리프트 운반구를 주행로 위에 달아 올린 상태로 정지시켜 두어서는 안 된다.

(6) 곤돌라 및 승강기의 안전수칙

① 곤돌라의 운전방법 또는 고장 시 처치방법을 사용 작업자에게 주지시켜야 한다.

② 리프트 및 승강기의 설치 · 조립 · 수리 · 점검 · 해체 작업 시 조치사항

㉠ 작업을 지휘하는 사람을 선임하여 그 사람의 지휘하에 작업을 실시해야 한다.

㉡ 작업 구역에 관계 작업자 이외의 출입을 금지하고 그 취지를 보기 쉬운 장소에 표시해야 한다.

㉢ 비, 눈, 그 밖에 기상상태의 불안정으로 날씨가 몹시 나쁜 경우에는 그 작업을 중지시켜야 한다.

③ 리프트 및 승강기의 조립 등 작업 지휘자의 이행 사항

㉠ 작업방법과 작업자의 배치를 결정하고 해당 작업을 지휘하는 일

㉡ 재료의 결함 유무 또는 기구, 공구의 기능을 점검하고 불량품을 제거하는 일

㉢ 작업 중 안전대 등 보호구의 착용 상황을 감시하는 일

(7) 양중기의 와이어로프 준수사항

① 와이어로프 등 달기구의 안전계수

구분	안전계수
작업자가 탑승하는 운반구를 지지하는 달기 와이어로프 또는 달기 체인의 경우	10 이상
화물의 하중을 직접 지지하는 달기 와이어로프 또는 달기 체인의 경우	5 이상
훅, 샤클, 클램프, 리프팅 빔의 경우	3 이상
그 밖의 경우	4 이상

여기서, 안전계수는 달기구 절단하중 값을 그 달기구에 걸리는 하중의 최대값으로 나눈 값을 말한다.

② 양중기의 달기 와이어로프 또는 달기 체인과 일체형인 고리걸이 훅 또는 샤클의 안전계수가 사용되는 달기 와이어로프 또는 달기 체인의 안전계수와 같은 값 이상의 것을 사용해야 한다.

③ 와이어로프의 절단방법

㉠ 와이어로프를 절단하여 양중작업 용구를 제작하는 경우 반드시 기계적인 방법으로 절단하여야 하며, 가스용단 등 열에 의한 방법으로 절단해서는 안 된다.

㉡ 아크(arc), 화염, 고온부 접촉 등으로 인하여 열영향을 받은 와이어로프를 사용해서는 안 된다.

④ 링 등의 구비

㉠ 엔드리스(endless)가 아닌 와이어로프 또는 달기 체인에 대하여 그 양단에 훅 · 샤클 · 링 또는 고리를 구비한 것이 아니면 크레인 또는 이동식 크레인의 고리걸이 용구로 사용해서는 안 된다.

㉡ 고리는 꼬아넣기(eye splice), 압축멈춤 등의 방법으로 제작된 것이어야 한다.

㉢ 꼬아넣기는 와이어로프의 모든 꼬임을 3회 이상 끼워 짠 후 각각의 꼬임의 소선 절반을 잘래내고 남은 소선을 다시 2회 이상(모든 꼬임을 4회 이상 끼워 짠 경우에는 1회 이상) 끼워 짜야 한다.

기출문제

양중기에 사용하는 와이어로프에서 화물의 하중을 직접 지지하는 달기 와이어로프 또는 달기 체인의 안전계수 기준은?

① 3 이상 ② 4 이상
❸ 5 이상 ④ 10 이상

PART 06 건설공사 안전관리

⑤ 양중기의 와이어로프 등 사용금지

와이어로프의 사용금지 기준	달기 체인의 사용금지 기준
• 이음매가 있는 것 • 와이어로프의 한 꼬임에서 끊어진 소선의 수가 10% 이상인 것 • 지름의 감소가 공칭지름의 7%를 초과하는 것 • 꼬인 것 • 심하게 변형되거나 부식된 것 • 열과 전기충격에 의해 손상된 것	• 달기 체인의 길이가 달기 체인이 제조된 때의 길이의 5%를 초과한 것 • 링의 단면 지름이 달기체인이 제조된 때 길이의 10%를 초과하여 감소한 것 • 균열이 있거나 심하게 변형된 것 • 달기 강선 및 달기 강대는 심하게 손상 · 변형 또는 부식된 것을 사용하지 않도록 한다.

훅 · 샤클 등의 사용금지 기준	섬유로프의 사용금지 기준
• 훅 · 샤클 · 클램프 및 링 등의 철구로써 변형되어 있는 것 또는 균열이 있는 것 • 중량물을 운반하기 위해 제작하는 지그, 훅의 구조물 운반 중 주변 구조물과의 충돌로 슬링이 이탈된 것 • 안전성 시험을 거쳐 안전율이 4 이상 확보된 중량물 취급용구를 구매하여 사용하지 않거나 자체 제작한 중량물 취급용구에 대하여 비파괴시험을 하지 않은 것	• 꼬임이 끊어진 것 • 심하게 손상되거나 부식된 것 • 2개 이상의 작업용 섬유로프 또는 섬유벨트를 연결한 것 • 작업높이보다 길이가 짧은 것

기출문제

와이어로프의 지름 감소에 대한 폐기기준으로 옳은 것은?
① 공칭지름의 1% 초과
② 공칭지름의 3% 초과
③ 공칭지름의 5% 초과
❹ 공칭지름의 7% 초과

2 해체공사 시 안전수칙 ★★★

(1) 해체작업용 기계기구

종류	목적 및 취급 시 안전기준
압쇄기	• 셔블에 설치하며 유압조작에 의해 콘크리트 등에 강력한 압축력을 가해 파쇄하는 기구 • 압쇄기 사용 건물해체 순서 : 슬래브 → 보 → 벽체 → 기둥
대형 브레이커	• 대형 셔블에 설치하여 사용하는 기구
철제 해머	• 해머를 크레인 등에 부착하여 구조물에 충격을 주어 파쇄하는 기구
화약류	• 콘크리트 파쇄용 화약품
핸드 브레이커	• 압축공기, 유압의 급속한 충격력에 의거 콘크리트 등을 해체할 때 사용하는 기구

기출문제

다음 중 해체작업용 기계 기구로 가장 거리가 먼 것은?
① 압쇄기
② 핸드 브레이커
③ 철제 해머
❹ 진동롤러

기출문제

압쇄기를 사용하여 건물해체 시 그 순서로 가장 타당한 것은?

A : 보	B : 기둥
C : 슬래브	D : 벽체

① A → B → C → D
② A → C → B → D
❸ C → A → D → B
④ D → C → B → A

종류	목적 및 취급 시 안전기준
팽창제	• 광물의 수화반응에 의한 팽창압을 이용하여 파쇄할 때 사용하는 물질 • 팽창제 천공 간격은 콘크리트 강도에 의해 결정되나 30~70cm 정도를 유지해야 함.
절단톱	• 회전날 끝에 다이아몬드 입자를 혼합 경화하여 제조된 절단톱으로 기둥, 보, 바닥, 벽체를 적당한 크기로 절단하여 해체하는 기구
재키	• 구조물의 부재 사이에 설치하여 압력을 가해 해체할 때 사용하는 기구
쐐기타입기	• 직경 30~40mm 정도의 구멍 속에 쐐기를 박아 넣어 구멍을 확대하여 해체하는 기구
화염방사기	• 구조체를 고온으로 용융시키면서 해체하는 기구
절단줄톱	• 와이어에 다이아몬드 절삭날을 부착하여, 고속회전시켜 절단 해체할 때 사용하는 기구

(2) 해체공사 시 안전수칙

① 해체작업 시 준수사항

㉠ 구축물 등의 해체작업 시 구축물 등을 무너뜨리는 작업을 하기 전 넘어지는 위치, 파편의 비산거리 등을 고려하여 해당 작업 반경 내에 사람이 없는지 미리 확인한 후 작업을 실시하고 작업 중에는 작업반경 내 근로자 이외 출입을 금지한다.

㉡ 건축물 해체공법 및 해체공사 구조 안전성 검토 결과 「건축물관리법」에 따른 해체계획서대로 해체되지 못하고 붕괴 우려가 있는 경우 구조보강계획을 작성해야 한다.

② 해체공사 전 확인 사항

㉠ 해체 대상 구조물 조사

㉡ 부지상황 조사

③ 해체공사 작업계획서 내용

㉠ 해체의 방법 및 해체 순서 도면

㉡ 가설설비, 방호설비, 환기설비 및 살수, 방화설비 등의 방법

㉢ 사업장 내 연락방법

㉣ 해체물의 처분계획

㉤ 해체작업용 기계 · 기구 등의 작업계획서

㉥ 해체작업용 화약류 등의 사용계획서

㉦ 그 밖에 안전 · 보건에 관련된 사항

기출문제

도심지 폭파해체공법에 관한 설명으로 옳지 않은 것은?

① 장기간 발생하는 진동, 소음이 적다.
② 해체 속도가 빠르다.
❸ 주위의 구조물에 끼치는 영향이 적다.
④ 많은 분진 발생으로 민원을 발생시킬 우려가 있다.

02 콘크리트 및 PC 공사

1 콘크리트 공사 시 안전수칙 ★★★★

(1) 콘크리트 타설작업 시 준수사항

① 당일의 작업을 시작하기 전에 해당 작업에 관한 거푸집 및 동바리의 변형 · 변위 및 지반의 침하 유무 등을 점검하고 이상이 있으면 보수할 것

② 작업 중에는 감시자를 배치하는 등의 방법으로 거푸집 및 동바리의 변형 · 변위 및 지반의 침하 유무 등을 확인해야 하며, 이상이 있으면 작업을 중지하고 작업자를 대피시킬 것

③ 콘크리트 타설작업 시 거푸집 붕괴의 위험이 발생할 우려가 있으면 충분한 보강조치를 할 것

④ 설계도서상의 콘크리트 양생기간을 준수하여 거푸집 및 동바리를 해체할 것

⑤ 콘크리트를 타설하는 경우 편심이 발생하지 않도록 골고루 분산하여 타설할 것

(2) 콘크리트 타설작업 시 안전수칙

① 타설순서는 계획에 의해 실시한다.

② 진동기의 지나친 진동은 거푸집 도괴의 원인이 될 수 있으므로 적절히 사용한다.

③ 콘크리트를 치는 도중에는 거푸집, 지보공 등의 이상 유무를 확인한다.

④ 손수레로 콘크리트 운반 시에는 천천히 운반하여 거푸집에 충격을 주지 않도록 타설한다.

(3) 콘크리트 타설장비 사용 시 준수사항

① 작업 시작 전 콘크리트 타설장비를 점검하고 이상 발견 시 즉시 보수할 것

② 건축물의 난간 등에서 작업하는 작업자가 호스의 요동 · 선회로 인하여 추락하는 위험을 방지하기 위하여 안전난간 설치 등 필요한 조치를 할 것

③ 콘크리트 타설장비의 붐을 조정하는 경우에는 주변의 전선 등에 의한 위험을 예방하기 위한 적절한 조치를 할 것

합격 체크포인트

- 콘크리트 타설작업 시 준수사항, 안전수칙
- 콘크리트 측압
- 거푸집 및 동바리 구조검토 순서

기출문제

콘크리트 타설작업을 하는 경우에 준수해야 할 사항으로 옳지 않은 것은?

① 당일의 작업을 시작하기 전에 해당 작업에 관한 거푸집 동바리 등의 변형 · 변위 및 지반의 침하 유무 등을 점검하고 이상이 있으면 보수한다.
❷ 작업 중에는 거푸집 동바리 등의 변형 · 변위 및 침하 유무 등을 감시할 수 있는 감시자를 배치하여 이상이 있으면 작업을 빠른 시간 내 우선 완료하고 근로자를 대피시킨다.
③ 콘크리트 타설작업 시 거푸집 붕괴의 위험이 발생할 우려가 있으면 충분한 보강조치를 한다.
④ 콘크리트를 타설하는 경우에는 편심이 발생하지 않도록 골고루 분산하여 타설한다.

참고

콘크리트 타설장비란 콘크리트 플레이싱 붐, 콘크리트 분배기, 콘크리트 펌프카 등을 말한다.

④ 작업 중에 지반의 침하나 아웃트리거 등 콘크리트 타설장비 지지 구조물의 손상 등에 의하여 콘크리트 타설장비가 넘어질 우려가 있는 경우에는 이를 방지하기 위한 적절한 조치를 할 것

(4) 콘크리트 측압에 영향을 주는 요인

① 콘크리트 비중 및 습도가 높을수록 크다.
② 시공연도(workability)가 좋고 다짐이 좋을수록 크다.
③ 콘크리트 슬럼프 값이 클수록 크다.
④ 거푸집 수평 단면이 크고, 표면이 평활할수록 크다.
⑤ 수밀성, 강성이 클수록 크다.
⑥ 콘크리트 타설 높이가 높고, 속도가 빠를수록 크다.
⑦ 철골이나 철근량이 적을수록 크다.
⑧ 외기온도가 낮을수록 크다.

기출문제

콘크리트 타설 시 거푸집의 측압에 영향을 미치는 인자들에 관한 설명으로 옳지 않은 것은?
❶ 슬럼프가 클수록 작다.
② 타설속도가 빠를수록 크다.
③ 거푸집 속의 콘크리트 온도가 낮을수록 크다.
④ 콘크리트의 타설 높이가 높을수록 크다.

(5) 콘크리트 타설을 위한 거푸집 및 동바리의 구조검토 순서

① 가설물에 작용하는 하중 및 외력의 종류, 크기를 산정한다.
② 하중 및 외력에 의하여 각 부재에 생기는 응력을 산정한다.
③ 각 부재에 생기는 응력에 대하여 안전한 단면을 산정한다.
④ 사용할 거푸집 및 동바리의 설치 간격을 결정한다.

2 PC공사 시 안전수칙

(1) PC공사의 특징

장점	• 공장생산으로 품질이 균일 • 구체공사와의 병행 작업으로 공사기간 단축 • 현장작업의 최소화로 노무비 절감 • 대량생산으로 원가절감
단점	• 고소작업이 많으므로 안전관리에 유의 • PC 부재의 접합부 취약 • PC 부재의 운반, 설치 시 파손 우려

참고

PC(Precast Concrete)는 공사의 건식화와 공기단축을 도모하여 공장이나 건설현장 내에서 제작하고, 접합부는 콘크리트에 의한 충전 또는 기타 접합방식으로 현장 조립하여 사용할 수 있도록 한 콘크리트 부재이다.

(2) PC공사 시 시공단계별 안전대책

① PC 운반 시 안전대책
㉠ 부재 반입 작업 시에는 유도자를 배치하여야 한다.
㉡ 하역작업 양중장비 결정 시 고려사항
• 부재의 종류 및 무게
• 작업반경

- 크레인의 양중용량 및 양중속도
- 지형, 현장접근 가능성 등 입지적 조건

㉢ 하역 작업용 이동식 크레인의 아웃트리거는 최대로 뽑아서 설치하여야 한다.

㉣ 이동식 크레인 작업장소의 지반 안전성을 확인하고 지반 상태가 불량할 때에는 철판을 깔아 보강하여 장비의 전도를 방지하여야 한다.

㉤ 하역 작업 장소에는 출입금지 구역을 설정하여야 하며 관리감독자의 지휘하에 작업하여야 한다.

㉥ 부재를 인양할 때 사용하는 와이어로프의 각도는 수평면에 대하여 60° 이상으로 하고 안전계수는 5 이상으로 하여야 한다.

② PC 조립 시 안전대책

㉠ 부재 조립 작업 전 확인 사항
- 작업통로 및 부재별 적정 배치 여부
- 전원설비의 적정 설치 여부
- 작업계획서의 작업순서, 작업방법
- 기자재 및 공구를 점검하고 불량품은 제거, 폐기
- 지그 및 와이어로프 등 부재 인양용 장비의 점검
- 조립작업 작업자 배치 및 구성

㉡ 부재 조립은 현장조립도 및 작업계획서에 따라 차례대로 하여야 한다.

㉢ 부재 조립 시 아래층에서의 작업을 금지하며 상하 동시 작업이 되지 않도록 하여야 한다.

㉣ 조립작업 중 강풍, 우천 등 악천후 시에는 작업을 중지하여야 한다.

㉤ 작업장에는 반드시 작업자들만 출입하여야 하며, 조립작업장 주위에 작업자 이외 사람들의 출입을 금지하기 위한 출입금지 구역을 설정하여야 한다.

㉥ 추락 위험이 있는 곳에서의 작업 시에는 안전대를 착용하여야 한다.

㉦ 공구는 끈 달린 것을 사용하여 낙하를 방지하고, 부품은 포대에 담아야 한다.

㉧ 임시 지지용 버팀대의 고정, 체결 여부를 확인하여야 한다.

③ PC 설치 시 안전대책
㉠ 용접작업 시 용접기의 외함 접지를 확실하게 하여야 한다.
㉡ 불꽃 비산방지 조치를 하고, 작업장소 주위의 가연물을 제거하여야 한다.
㉢ 시공오차 최소화를 위해 접합부 설계를 사전에 충분히 확인하여야 한다.
㉣ 조립 시공 및 유지보수가 용이한 구조의 접합부가 되도록 하여야 한다.
㉤ 접합부 처리 재료는 PC 부재 이상의 강도와 내구성이 있는 재료를 사용하여야 한다.
㉥ 현장의 임시 배선은 가능한 한 지중 또는 가공으로 설치해야 하며 도로 및 통로에 노출되지 않도록 하여야 한다.
㉦ 크레인 작업 시 접촉 위험이 있는 충전 전로에는 절연용 방호구를 설치하여야 한다.

03 운반 및 하역작업

1 운반작업 시 안전수칙 ★★★★

(1) 운반작업의 원칙

① 취급 · 운반작업의 3조건
㉠ 운반거리를 극소화한다.
㉡ 운반 이동을 수작업이 아니라 기계화한다.
㉢ 가급적이면 사람의 손이 가지 않는 방법을 찾는다.

② 취급 · 운반작업의 5원칙
㉠ 운반의 직선화 : 이동되는 운반은 직선으로 한다.
㉡ 운반의 연속화 : 연속으로 운반을 한다.
㉢ 운반의 집중화 : 자재 운반을 집중화한다.
㉣ 운반의 효율화 : 효율을 높인다.
㉤ 수작업 생략화 : 가능한 한 수작업을 없앤다.

(2) 운반작업의 안전수칙

① 운반 가능한 중량인가 파악한다.
② 운반경로 및 장애물 유무를 확인한다.

합격 체크포인트
- 취급 · 운반작업 5원칙
- 화물취급 작업 시 안전수칙
- 항만 하역작업 시 안전수칙

참고

인력운반 작업에 있어 부상 및 질환의 가장 큰 원인은 근골격계질환으로, 전체 질환 중 허리부상이 가장 많이 발생하므로 무게 50kg 이상은 필히 2명이 운반한다.

기출문제

취급 · 운반의 원칙으로 옳지 않은 것은?
① 연속 운반을 할 것
② 생산을 최고로 하는 운반을 생각할 것
③ 운반작업을 집중하여 시킬 것
❹ 곡선 운반을 할 것

③ 대상물의 특성에 따라 필요한 보호구를 확인 · 착용한다.
④ 전체 장척물 길이의 1/2이 되는 지점에 얇은 각목을 받쳐 놓고 감싸 잡는다.
⑤ 허리를 편 상태에서 정강이와 대퇴부 사이의 각도를 90° 이상 유지하면서 다리의 힘으로 일어선다.
⑥ 장척물을 60° 이상의 각도로 세우면서 그 사이에 한쪽 다리를 구부려 허벅지에 대어 받침대로 삼는다.
⑦ 대상물의 중심에 대칭을 잡고 다리 힘으로 선다.

(3) 인력으로 하물 인양 시 준수사항

① 한쪽 발은 들어올리는 물체를 향하여 안전하게 고정시키고 다른 발은 그 뒤에 안전하게 고정시켜야 한다.
② 등은 항상 직립을 유지하여 가능한 한 지면과 수직이 되어야 한다.
③ 무릎은 직각 자세를 취하고 가능한 한 인양물에 근접하여 정면에서 인양해야 한다.
④ 턱은 안으로 당겨 척추와 일직선이 되어야 한다.
⑤ 팔은 몸에 밀착시키고 끌어당기는 자세를 취하며 가능한 한 수평거리를 짧게 해야 한다.
⑥ 손가락으로만 인양물을 잡아서는 아니 되며 손바닥으로 인양물 전체를 잡아야 한다.
⑦ 체중의 중심은 항상 양 다리 중심에 있게 하여 균형을 유지해야 한다.
⑧ 인양하는 최초의 힘은 뒷발 쪽에 두고 인양해야 한다.

기출 Check!
등은 가능한 한 **지면과 수직**이 되어야 한다.

(4) 기계화가 필요한 인력작업

① 3~4인 정도가 상당한 시간에 계속해야 하는 운반 작업
② 발밑에서 머리 위까지 들어 올리는 작업
③ 발밑에서 어깨까지 25kg 이상의 물건을 들어 올리는 작업
④ 발밑에서 허리까지 50kg 이상의 물건을 들어 올리는 작업
⑤ 발밑에서 무릎까지 75kg 이상의 물건을 들어 올리는 작업
⑥ 두 걸음 이상 가로로 운반하는 작업이 연속되는 경우
⑦ 3m 이상 연속하여 운반하는 작업
⑧ 1시간에 10ton 이상의 운반량이 있는 작업

(5) 중량물 운반 시 준수사항

① 중량물을 운반하거나 취급하는 경우 하역운반기계 · 운반용구를 사용하여야 한다.

② 경사면에서 드럼통 등의 중량물을 취급하는 경우 준수사항

㉠ 구름멈춤대, 쐐기 등을 이용하여 중량물의 동요나 이동을 조절할 것

㉡ 중량물이 구르는 방향인 경사면 아래로는 작업자의 출입을 제한할 것

③ 작업자가 인력으로 들어올리는 작업을 하는 경우에 과도한 무게로 인하여 작업자의 목 · 허리 등 근골격계에 무리한 부담을 주지 않도록 최대한 노력하여야 한다.

④ 작업자가 취급하는 물품의 중량 · 취급빈도 · 운반거리 · 운반속도 등 인체에 부담을 주는 작업의 조건에 따라 작업시간과 휴식시간 등을 적정하게 배분하여야 한다.

⑤ 작업자가 5kg 이상의 중량물을 들어올리는 작업을 하는 경우 조치사항

㉠ 주로 취급하는 물품에 대하여 작업자가 쉽게 알 수 있도록 물품의 중량과 무게중심에 대하여 작업장 주변에 안내표시를 할 것

㉡ 취급하기 곤란한 물품은 손잡이를 붙이거나 갈고리, 진동빨판 등 적절한 보조도구를 활용할 것

⑥ 작업자가 중량물을 들어올리는 작업을 하는 경우 무게중심을 낮추거나 대상물에 몸을 밀착하도록 하는 등 신체의 부담을 줄일 수 있는 자세에 대하여 알려야 한다.

2 하역작업 시 안전수칙 ★★★★

(1) 화물취급 작업 시 안전수칙

① 꼬임이 끊어진 것, 심하게 손상되거나 부식된 섬유로프 등을 화물운반용 또는 고정용으로 사용해서는 안 된다.

② 섬유로프 등을 사용하여 화물취급작업을 하는 경우에 섬유로프 등을 점검하고 이상을 발견한 섬유로프 등은 즉시 교체하여야 한다.

기출 Check!

쌓여있는 화물의 중간에서 화물을 빼내도록 해서는 안 된다.

기출문제

부두 · 안벽 등 하역작업을 하는 장소에서 부두 또는 안벽의 선을 따라 통로를 설치하는 경우에는 그 폭을 최소 얼마 이상으로 하여야 하는가?

① 80cm ❷ 90cm
③ 100cm ④ 120cm

③ 차량 등에서 화물을 내리는 작업을 하는 경우에 해당 작업에 종사하는 작업자에게 쌓여있는 화물의 중간에서 화물을 빼내도록 해서는 안 된다.

④ 하역작업장의 조치기준

㉠ 작업장 및 통로의 위험한 부분에는 안전하게 작업할 수 있는 조명을 유지할 것

㉡ 부두 또는 안벽 선을 따라 통로를 설치하는 경우 폭을 90cm 이상으로 할 것

㉢ 육상에서의 통로 및 작업장소로서 다리 또는 선거(船渠) 갑문(閘門)을 넘는 보도 등의 위험한 부분에는 안전난간 또는 울타리 등을 설치할 것

⑤ 바닥으로부터의 높이가 2m 이상 되는 하적단과 인접 하적단 사이의 간격을 10cm 이상으로 하여야 한다.

⑥ 하적단의 붕괴 등에 의한 위험방지

㉠ 하적단의 붕괴 또는 화물의 낙하에 의하여 작업자가 위험해질 우려가 있는 경우에는 그 하적단을 로프로 묶거나 망을 치는 등의 조치를 하여야 한다.

㉡ 하적단을 쌓는 경우에는 기본형을 조성하여 쌓아야 한다.

㉢ 하적단을 헐어내는 경우에는 위에서부터 순차적으로 층계를 만들면서 헐어내어야 하며, 중간에서 헐어내어서는 안 된다.

⑦ 화물의 적재 시 준수사항

㉠ 침하 우려가 없는 튼튼한 기반 위에 적재할 것

㉡ 건물의 칸막이나 벽 등이 화물의 압력에 견딜 만큼의 강도를 지니지 아니한 경우에는 칸막이나 벽에 기대어 적재하지 않도록 할 것

㉢ 불안정할 정도로 높이 쌓아 올리지 말 것

㉣ 하중이 한쪽으로 치우치지 않도록 쌓을 것

(2) 항만 하역작업 시 안전수칙

① 갑판의 윗면에서 선창 밑바닥까지의 깊이가 1.5m를 초과하는 선창의 내부에서 화물취급 작업을 하는 경우에 작업자가 안전하게 통행할 수 있는 설비를 설치하여야 한다.

② 항만 하역작업을 시작하기 전에 선창 내부, 갑판 위 또는 안벽 위에 있는 화물 중에 급성 독성물질이 있는지를 조사하여 안전한 취급방법 및 누출 시 처리방법을 정하여야 한다.

③ 선박 승강설비의 설치 등 안전기준

㉠ 300톤급 이상의 선박에서 하역작업을 하는 경우에 작업자들이 안전하게 오르내릴 수 있는 현문 사다리를 설치하여야 하며, 사다리 밑에 안전망을 설치해야 한다.

㉡ 현문 사다리는 견고한 재료로 제작된 것으로 너비는 55cm 이상이어야 하고, 양측에 82cm 이상의 높이로 울타리를 설치하여야 하며, 바닥은 미끄러지지 않도록 적합한 재질로 처리되어야 한다.

㉢ 현문 사다리는 작업자의 통행에만 사용하여야 하며, 화물용 발판 또는 화물용 보판으로 사용하도록 해서는 안 된다.

기출문제

선박에서 하역작업 시 근로자들이 안전하게 오르내릴 수 있는 현문 사다리 및 안전망을 설치하여야 하는 것은 선박이 최소 몇 톤급 이상일 경우인가?

① 500톤급 ❷ 300톤급
③ 200톤급 ④ 100톤급

PART 06

출·제·예·상·문·제

01 산업안전보건법령상 유해위험방지계획서 제출대상 공사에 해당하는 것은?

① 깊이 5m 이상인 굴착공사
② 최대지간거리 30m 이상인 다리 건설공사
③ 지상높이 21m 이상인 건축물 공사
④ 터널 건설공사

해설 유해위험방지계획서 제출 대상 공사
① 깊이 10m 이상인 굴착공사
② 최대지간길이 50m 이상인 다리의 건설 등 공사
③ 지상높이 31m 이상인 건축물 또는 인공물 공사

02 유해위험방지 계획서를 제출하려고 할 때 그 첨부서류와 가장 거리가 먼 것은?

① 공사개요서
② 산업안전보건관리비 작성요령
③ 전체공정표
④ 재해 발생 위험 시 연락 및 대피방법

해설 유해위험방지계획서 첨부서류
㉠ ①, ③, ④와 다음의 서류를 첨부해야 한다.
㉡ 공사현장의 주변 현황 및 주변과의 관계를 나타내는 도면(매설물 현황을 포함)
㉢ 건설물, 사용 기계설비 등의 배치를 나타내는 도면
㉣ 산업안전보건관리비 사용계획서
㉤ 안전관리 조직표

03 사급자재비가 30억, 직접노무비가 35억, 관급자재비가 20억인 빌딩 신축공사를 할 경우 계상해야 할 산업안전보건관리비는 얼마인가? (단, 공사 종류는 건축공사이다.)

① 122,000,000원 ② 146,640,000원
③ 184,860,000원 ④ 201,450,000원

해설 건설업 산업안전보건관리비의 계상
건축공사의 50억원 이상인 경우 적용 비율은 2.37%이므로 아래와 같이 산출하여 계상한다.
㉠ 관급자재비(재료비)를 포함하여 산출한 산업안전보건관리비 : (30억+35억+20억)×2.37%=201,450,000원
㉡ 관급자재비(재료비)를 제외하고 산출한 산업안전보건관리비의 1.2배 : (30억+35억)×2.37%×1.2=184,860,000원
㉢ ㉠과 ㉡을 비교하여 작은 값으로 계상 : 184,860,000원

04 신품의 추락방호망 중 그물코의 크기 10cm인 매듭 방망의 인장강도 기준으로 옳은 것은?

① 110kg 이상 ② 200kg 이상
③ 360kg 이상 ④ 400kg 이상

해설 방망사의 신품에 대한 인장강도

그물코의 크기 (단위 : cm)	방망의 종류(단위 : kg)	
	매듭 없는 방망	매듭 방망
10	240	200
5	–	110

05 근로자의 추락 등의 위험을 방지하기 위한 안전난간의 설치기준으로 옳지 않은 것은?

① 상부 난간대는 바닥면 · 발판 또는 경사로의 표면으로부터 90cm 이상 지점에 설치할 것
② 발끝막이판은 바닥면 등으로부터 10cm 이상의 높이를 유지할 것
③ 난간대는 지름 1.5cm 이상의 금속제 파이프나 그 이상의 강도를 가진 재료일 것
④ 안전난간은 구조적으로 가장 취약한 지점에서 가장 취약한 방향으로 작용하는 100kg 이상의 하중에 견딜 수 있는 튼튼한 구조일 것

Answer 01. ④ 02. ② 03. ③ 04. ② 05. ③

해설 ③ 난간대는 지름 2.7cm 이상의 금속제 파이프나 그 이상의 강도를 가진 재료일 것

06 로프 길이 2m의 안전대를 착용한 근로자가 추락으로 인한 부상을 당하지 않기 위한 지면으로부터 안전대 고정점까지의 높이(H)의 기준으로 옳은 것은? (단, 로프의 신율 30%, 근로자의 신장 180cm)

① $H>1.5$m ② $H>2.5$m
③ $H>3.5$m ④ $H>4.5$m

해설 지면으로부터 안전대 고정점까지의 높이(H)

H = 로프의 길이 + 로프의 신장 길이 + 작업자 키의 $\frac{1}{2}$

여기서, 로프의 신장 길이 = 로프의 길이 × 신율

$H=2+(2\times0.3)+(1.8\times\frac{1}{2})$
$=3.5$(m)

07 다음은 낙하물 방지망 또는 방호선반을 설치하는 경우의 준수해야 할 사항이다. ( ) 안에 알맞은 숫자는?

높이 (ⓐ)m 이내마다 설치하고, 내민 길이는 벽면으로부터 (ⓑ)m 이상으로 할 것

① ⓐ 10, ⓑ 2 ② ⓐ 8, ⓑ 2
③ ⓐ 10, ⓑ 3 ④ ⓐ 8, ⓑ 3

해설 낙하물방지망 또는 방호선반의 설치기준
㉠ 높이 10m 이내마다 설치하고, 내민 길이는 벽면으로부터 수평거리 2m 이상으로 할 것
㉡ 수평면과의 각도는 20~30°를 유지할 것

08 산업안전보건법령에 따른 지반의 종류별 굴착면의 기울기 기준으로 옳지 않은 것은?

① 모래 – 1 : 1.8 ② 풍화암 – 1 : 1.0
③ 연암 – 1 : 1.0 ④ 경암 – 1 : 0.3

해설 굴착면의 기울기 기준

지반의 종류	굴착면의 기울기
모래	1 : 1.8
연암 및 풍화암	1 : 1.0
경암	1 : 0.5
그 밖의 흙	1 : 1.2

09 미리 작업장소의 지형 및 지반상태 등에 적합한 제한속도를 정하지 않아도 되는 차량계 건설기계의 속도기준은?

① 최대제한속도가 10km/h 이하
② 최대제한속도가 20km/h 이하
③ 최대제한속도가 30km/h 이하
④ 최대제한속도가 40km/h 이하

해설 차량계 건설기계의 제한속도 지정
차량계 건설기계(최대제한속도가 10km/h 이하인 것은 제외)를 사용하여 작업하는 경우 미리 작업장소의 지형 및 지반상태 등에 적합한 제한속도를 정하고, 운전자로 하여금 준수하도록 하여야 한다.

10 다음 중 항타기 및 항발기에 관한 설명으로 옳지 않은 것은?

① 도괴방지를 위해 시설 또는 가설물 등에 설치하는 때에는 그 내력을 확인하고 내력이 부족하면 그 내력을 보강해야 한다.
② 와이어로프의 한 꼬임에서 끊어진 소선(필러선을 제외)의 수가 10% 이상인 것은 권상용 와이어로프로 사용을 금한다.
③ 지름 감소가 공칭지름의 7%를 초과하는 것은 권상용 와이어로프로 사용을 금한다.
④ 권상용 와이어로프의 안전계수가 4 이상이 아니면 이를 사용하여서는 아니 된다.

해설 권상용 와이어로프의 사용금지 기준
④ 권상용 와이어로프의 안전계수가 5 이상이 아니면 사용을 금지한다.

Answer 06. ③ 07. ① 08. ④ 09. ① 10. ④

11 항타기 또는 항발기의 권상용 와이어로프의 절단하중이 100ton일 때 와이어로프에 걸리는 최대하중을 얼마까지 할 수 있는가?

① 20ton ② 33.3ton
③ 40ton ④ 50ton

해설 권상용 와이어로프의 안전계수

$$\text{와이어로프의 안전계수} = \frac{\text{절단하중} \times \text{줄의 수}}{\text{정격하중(톤)}}$$

$$\text{최대하중} = \frac{\text{절단하중}}{\text{와이어로프의 안전계수}} = \frac{100}{5} = 20$$

12 이동식비계를 조립하여 작업을 하는 경우에 대한 준수사항으로 옳지 않은 것은?

① 승강용사다리는 견고하게 설치할 것
② 비계의 최상부에서 작업을 하는 경우에는 안전난간을 설치할 것
③ 작업발판의 최대 적재하중은 400kg을 초과하지 않도록 할 것
④ 작업발판은 항상 수평을 유지하고 작업발판 위에서 안전난간을 딛고 작업을 하거나 받침대 또는 사다리를 사용하여 작업하지 않도록 할 것

해설 이동식비계

③ 작업발판의 최대적재하중은 250kg을 초과하지 않도록 할 것

13 가설통로의 구조에 관한 기준으로 옳지 않은 것은?

① 경사가 15°를 초과하는 경우에는 미끄러지지 아니하는 구조로 할 것
② 경사는 20° 이하로 할 것
③ 추락의 위험이 있는 장소에는 안전난간을 설치할 것
④ 수직갱에 가설된 통로의 길이가 15m 이상인 경우에는 10m 이내마다 계단참을 설치할 것

해설 가설통로의 구조

② 경사는 30° 이하로 할 것. 다만, 계단을 설치하거나 높이 2m 미만의 가설통로로서 튼튼한 손잡이를 설치한 경우에는 그러하지 아니하다.

14 거푸집 동바리 등을 조립 또는 해체하는 작업을 하는 경우 준수사항으로 옳지 않은 것은?

① 재료, 기구 또는 공구 등을 올리거나 내리는 경우에는 근로자로 하여금 달줄·달포대 등의 사용을 금하도록 할 것
② 낙하·충격에 의한 돌발적 재해를 방지하기 위하여 버팀목을 설치하고 거푸집 동바리 등을 인양장비에 매단 후에 작업을 하도록 하는 등 필요한 조치를 할 것
③ 비, 눈, 그 밖의 기상상태의 불안정으로 날씨가 몹시 나쁜 경우에는 그 작업을 중지할 것
④ 해당 작업을 하는 구역에는 관계 근로자가 아닌 사람의 출입을 금지할 것

해설 거푸집 및 동바리 조립·해체작업 시 준수사항

① 재료, 기구 또는 공구 등을 올리거나 내리는 경우에는 작업자로 하여금 달줄·달포대 등을 사용할 것

15 흙막이 붕괴원인 중 보일링(Boiling) 현상이 발생하는 원인에 관한 설명으로 옳지 않은 것은?

① 지반을 굴착 시 굴착부와 지하수위 차가 있을 때 주로 발생한다.
② 연약 사질토 지반의 경우 주로 발생한다.
③ 굴착 저면에서 액상화 현상에 기인하여 발생한다.
④ 연약 점토질 지반에서 배면토의 중량이 굴착부 바닥의 지지력 이상이 되었을 때 주로 발생한다.

해설 지반의 이상현상

④ 연약한 점토질 지반의 굴착 시 흙막이벽 내외의 중량차로 인해 흙이 밀려들어 굴착저면이 부풀어 오르는 현상은 히빙(heaving) 현상이다.

Answer 11. ① 12. ③ 13. ② 14. ① 15. ④

16 타워크레인을 자립고(自立高) 이상의 높이로 설치할 때 지지벽체가 없어 와이어로프로 지지하는 경우의 준수사항으로 옳지 않은 것은?

① 와이어로프를 고정하기 위한 전용 지지프레임을 사용할 것
② 와이어로프 설치각도는 수평면에서 60° 이내로 하되, 지지점은 4개소 이상으로 하고, 같은 각도로 설치할 것
③ 와이어로프와 그 고정부위는 충분한 강도와 장력을 갖도록 설치하되, 와이어로프를 클립 · 샤클(shackle) 등의 기구를 사용하여 고정하지 않도록 유의할 것
④ 와이어로프가 가공전선(架空電線)에 근접하지 않도록 할 것

해설 타워크레인을 와이어로프로 지지하는 경우 준수사항
③ 와이어로프와 그 고정부위는 충분한 강도와 장력을 갖도록 설치하고, 와이어로프를 클립 · 샤클(shackle) 등의 고정기구를 사용하여 견고하게 고정시켜 풀리지 않도록 할 것

17 다음 와이어로프 중 양중기에 사용 가능한 범위 안에 있다고 볼 수 있는 것은?

① 와이어로프의 한 꼬임(스트랜드)에서 끊어진 소선의 수가 8%인 것
② 지름의 감소가 공칭지름의 8%인 것
③ 심하게 부식된 것
④ 이음매가 있는 것

해설 와이어로프의 사용금지 기준
㉠ 이음매가 있는 것
㉡ 와이어로프의 한 꼬임에서 끊어진 소선의 수가 10% 이상인 것
㉢ 지름의 감소가 공칭지름의 7%를 초과하는 것
㉣ 꼬인 것
㉤ 심하게 변형되거나 부식된 것
㉥ 열과 전기충격에 의해 손상된 것

18 해체공사 시 작업용 기계기구의 취급 안전기준에 관한 설명으로 옳지 않은 것은?

① 철제 해머와 와이어로프의 결속은 경험이 많은 사람으로서 선임된 자에 한하여 실시하도록 하여야 한다.
② 팽창제 천공 간격은 콘크리트 강도에 의하여 결정되나 70~120cm 정도를 유지하도록 한다.
③ 쐐기타입으로 해체 시 천공구멍은 타입기 삽입부분의 직경과 거의 같아야 한다.
④ 화염방사기로 해체작업 시 용기 내 압력은 온도에 의해 상승하기 때문에 항상 40℃ 이하로 보존해야 한다.

해설 해체공사 시 작업용 기계기구의 취급 안전기준
② 팽창제 천공 간격은 콘크리트 강도에 의하여 결정되나 30~70cm 정도를 유지하도록 한다.

19 화물취급 작업 시 준수사항으로 옳지 않은 것은?

① 꼬임이 끊어지거나 심하게 부식된 섬유로프는 화물운반용으로 사용해서는 안 된다.
② 섬유로프 등을 사용하여 화물취급작업을 하는 경우에 해당 섬유로프 등을 점검하고 이상을 발견한 섬유로프 등을 즉시 교체하여야 한다.
③ 차량 등에서 화물을 내리는 작업을 하는 경우에 해당 작업에 종사하는 근로자에게 쌓여있는 화물의 중간에서 필요한 화물을 빼낼 수 있도록 허용한다.
④ 하역작업을 하는 장소에서 작업장 및 통로의 위험한 부분에는 안전하게 작업할 수 있는 조명을 유지한다.

해설 화물적재 시의 조치
④ 차량 등에서 화물을 내리는 작업을 하는 경우에 해당 작업에 종사하는 근로자에게 쌓여있는 화물의 중간에서 필요한 화물을 빼내도록 해서는 안 된다.

Answer 16. ③ 17. ① 18. ② 19. ③

20 **콘크리트 타설을 위한 거푸집 동바리의 구조검토 시 가장 선행되어야 할 작업은?**

① 각 부재에 생기는 응력에 대하여 안전한 단면을 산정한다.

② 가설물에 작용하는 하중 및 외력의 종류, 크기를 산정한다.

③ 하중 · 외력에 의하여 각 부재에 생기는 응력을 구한다.

④ 사용할 거푸집 동바리의 설치 간격을 결정한다.

•해설 콘크리트 타설을 위한 거푸집 및 동바리 구조검토 순서

㉠ 가설물에 작용하는 하중 및 외력의 종류, 크기를 산정한다.

㉡ 하중 · 외력에 의하여 각 부재에 생기는 응력을 구한다.

㉢ 각 부재에 생기는 응력에 대하여 안전한 단면을 산정한다.

㉣ 사용할 거푸집 동바리의 설치 간격을 결정한다

Answer 20. ②

2021. 3. 5. 시행

2021년 제1회 산업안전기사 기출문제

제1과목 안전관리론

01 참가자에게 일정한 역할을 주어 실제적으로 연기를 시켜봄으로써 자기의 역할을 보다 확실히 인식할 수 있도록 체험학습을 시키는 교육방법은?

① Symposium ② Brain Storming
③ Role Playing ④ Fish Bowl Playing

해설 토의법 종류
① Symposium(심포지엄) : 여러 사람의 강연자가 하나의 주제에 대해서 짧은 강연을 하고, 청중으로부터 질문이나 의견을 내어 넓은 시야에서 문제를 생각하고, 많은 사람들이 관심을 가지고, 결론을 이끌어 내려고 하는 방법
② Brain Storming(브레인스토밍) : 타인의 비판 없이 자유로운 토론을 통하여 다량의 독창적인 아이디어를 이끌어 내고, 대안적 해결안을 찾기 위한 집단적 사고기법
③ Role Playing(역할연기) : 작업 전 미팅의 시나리오를 작성하여 역할연기를 함으로써 체험 학습하는 것

02 일반적으로 시간의 변화에 따라 야간에 상승하는 생체리듬은?

① 혈압 ② 맥박수
③ 체중 ④ 혈액의 수분

해설 생체리듬의 변화
㉮ 야간에는 체중이 감소한다.
㉯ 야간에는 말초운동 기능이 감소한다.
㉰ 체온, 혈압, 맥박수는 주간에 상승하고 야간에 감소한다.
㉱ 혈액의 수분과 염분량은 주간에 감소하고 야간에 상승한다.

03 하인리히의 재해구성비율 "1:29:300"에서 "29"에 해당되는 사고발생비율은?

① 8.8% ② 9.8%
③ 10.8% ④ 11.8%

해설 하인리히의 재해구성비율
1(중상) : 29(경상) : 300(무상해사고)

$$경상의\ 비율 = \frac{29}{1+29+300} = 8.8\%$$

실기 실기시험까지 대비해서 암기하세요.

04 무재해 운동의 3원칙에 해당되지 않는 것은?

① 무의 원칙 ② 참가의 원칙
③ 선취의 원칙 ④ 대책선정의 원칙

해설 무재해운동의 3원칙
① 무(zero)의 원칙
② 참가의 원칙
③ 선취의 원칙

05 안전보건관리조직의 형태 중 라인－스태프(Line－Staff)형에 관한 설명으로 틀린 것은?

① 조직원 전원을 자율적으로 안전 활동에 참여시킬 수 있다.
② 라인의 관리, 감독자에게도 안전에 관한 책임과 권한이 부여된다.
③ 중규모 사업장(100명 이상~500명 미만)에 적합하다.
④ 안전 활동과 생산업무가 유리될 우려가 없기 때문에 균형을 유지할 수 있어 이상적인 조직형태이다.

Answer 01. ③ 02. ④ 03. ① 04. ④ 05. ③

해설 라인-스태프 혼합형 조직

③ 1,000명 이상의 대규모 사업장에 적합하다.

실기 실기시험까지 대비해서 암기하세요.

06 브레인스토밍 기법에 관한 설명으로 옳은 것은?

① 타인의 의견을 수정하지 않는다.
② 지정된 표현방식에서 벗어나 자유롭게 의견을 제시한다.
③ 참여자에게는 동일한 횟수의 의견제시 기회가 부여된다.
④ 주제와 내용이 다르거나 잘못된 의견은 지적하여 조정한다.

해설 브레인스토밍(Brain Storming)

브레인스토밍은 보다 많은 아이디어를 창출하기 위하여 가능한 한 자유분방하게 모든 의견을 비판 없이 청취하고, 수정발언을 허용하여 대량발언을 유도하는 방법

(새 출제기준에 따른 문제 변경)

07 산업안전보건법령상 안전관리자의 업무가 아닌 것은? (단, 그 밖에 고용노동부장관이 정하는 사항은 제외한다.)

① 업무 수행 내용의 기록
② 산업재해에 관한 통계의 유지 · 관리 · 분석을 위한 보좌 및 지도 · 조언
③ 안전교육계획의 수립 및 안전교육 실시에 관한 보좌 및 지도 · 조언
④ 작업장 내에서 사용되는 전체 환기장치 및 국소 배기장치 등에 관한 설비의 점검

해설 안전관리자의 업무

㉮ ①, ②, ③과 다음의 업무가 있다.
㉯ 안전보건관리규정 및 취업규칙에서 정한 업무
㉰ 위험성평가에 관한 보좌 및 지도 · 조언
㉱ 안전인증대상기계 등과 자율안전확인대상기계 등 구입 시 적격품의 선정에 관한 보좌 및 지도 · 조언
㉲ 사업장 순회점검, 지도 및 조치 건의
㉳ 산업재해 발생의 원인 조사 · 분석 및 재발 방지를 위한 기술적 보좌 및 지도 · 조언
㉴ 안전에 관한 사항의 이행에 관한 보좌 및 지도 · 조언
※ ④ 작업장 내에서 사용되는 전체 환기장치 및 국소 배기장치 등에 관한 설비의 점검에 관한 사항은 보건관리자의 직무이다.

참고 산업안전보건법 시행령 제18조

실기 실기시험까지 대비해서 암기하세요.

08 안전교육 중 같은 것을 반복하여 개인의 시행착오에 의해서만 점차 그 사람에게 형성되는 것은?

① 안전기술의 교육　② 안전지식의 교육
③ 안전기능의 교육　④ 안전태도의 교육

해설 안전교육

안전교육 중 같은 것을 반복하여 개인의 시행착오에 의해서만 점차 그 사람에게 형성되는 것은 2단계 기능교육이다.

09 상황성 누발자의 재해 유발원인과 가장 거리가 먼 것은?

① 작업이 어렵기 때문이다.
② 심신에 근심이 있기 때문이다.
③ 기계설비의 결함이 있기 때문이다.
④ 도덕성이 결여되어 있기 때문이다.

해설 상황성 누발자의 재해 유발원인

㉮ 작업에 어려움이 있는 경우
㉯ 심신에 근심이 있는 경우
㉰ 기계설비의 결함이 있는 경우
㉱ 환경상 주의력 집중이 곤란한 경우

10 작업자 적성의 요인이 아닌 것은?

① 지능　② 인간성
③ 흥미　④ 연령

해설 작업자 적성의 요인

㉮ 지능, ㉯ 인간성, ㉰ 흥미, ㉱ 직업적성

Answer 06. ② 07. ④ 08. ③ 09. ④ 10. ④

11 재해로 인한 직접비용으로 8,000만원의 산재보상비가 지급되었을 때, 하인리히 방식에 따른 총 손실비용은?

① 16,000만원 ② 24,000만원
③ 32,000만원 ④ 40,000만원

해설 하인리히 재해손실비

총 재해비용 = 직접비 + 간접비(직접비의 4배)
직접비 : 간접비 = 1 : 4
직접비 = 8,000만원, 간접비 = 32,000만원
총 재해비용 = 8,000만원 + 32,000만원
= 40,000만원

새 출제기준에 따른 문제 변경

12 산업안전보건법령상 사업 내 안전 · 보건교육에서 근로자 정기 안전 · 보건교육의 교육내용에 해당하지 않는 것은? (단, 기타 산업안전보건법 및 일반관리에 관한 사항은 제외한다.)

① 건강증진 및 질병 예방에 관한 사항
② 산업보건 및 직업병 예방에 관한 사항
③ 유해 · 위험 작업환경 관리에 관한 사항
④ 작업공정의 유해 · 위험과 재해 예방대책에 관한 사항

해설 근로자 정기 안전보건교육의 교육내용

㉮ 산업안전 및 사고 예방에 관한 사항
㉯ 산업보건 및 직업병 예방에 관한 사항
㉰ 위험성 평가에 관한 사항
㉱ 건강증진 및 질병 예방에 관한 사항
㉲ 유해 · 위험 작업환경 관리에 관한 사항
㉳ 산업안전보건법령 및 산업재해보상보험 제도에 관한 사항
㉴ 직무스트레스 예방 및 관리에 관한 사항
㉵ 직장 내 괴롭힘, 고객의 폭언 등으로 인한 건강장해 예방 및 관리에 관한 사항
※ ④ 작업공정의 유해 · 위험과 재해 예방대책에 관한 사항의 경우 관리감독자의 정기 안전보건에 관한 교육내용이다.

참고 산업안전보건법 시행규칙 별표 5

실기 실기시험까지 대비해서 암기하세요.

13 교육훈련기법 중 OFF JT(Off the Job Training)의 장점이 아닌 것은?

① 업무의 계속성이 유지된다.
② 외부의 전문가를 강사로 활용할 수 있다.
③ 특별교재, 시설을 유효하게 사용할 수 있다.
④ 다수의 대상자에게 조직적 훈련이 가능하다.

해설 Off JT

근로자를 직장이 아닌 다른 장소나 방법을 사용하여 교육하는 형태를 말하며, 주로 집단 교육에 적합하다.
※ ① 업무의 계속성이 유지된다는 O.J.T의 장점이다.

14 산업안전보건법령상 중대재해의 범위에 해당하지 않는 것은?

① 1명의 사망자가 발생한 재해
② 1개월의 요양을 요하는 부상자가 동시에 5명 발생한 재해
③ 3개월의 요양을 요하는 부상자가 동시에 3명 발생한 재해
④ 10명의 직업성 질병자가 동시에 발생한 재해

해설 중대재해

㉮ 사망자가 1인 이상 발생한 재해
㉯ 3개월 이상 요양을 요하는 부상자가 동시에 2인 이상 발생하는 발생한 재해
㉰ 부상자 또는 질병자가 동시에 10인 이상 발생한 재해

참고 산업안전보건법 시행규칙 제3조

실기 실기시험까지 대비해서 암기하세요.

15 Thorndike의 시행착오설에 의한 학습의 원칙이 아닌 것은?

① 연습의 법칙 ② 효과의 법칙
③ 동일성의 법칙 ④ 준비성의 법칙

해설 손다이크(Thorndike)의 시행착오설에 의한 학습의 원칙

① 연습 또는 반복의 법칙
② 효과의 법칙
④ 준비성의 법칙

Answer 11. ④ 12. ④ 13. ① 14. ② 15. ③

16 산업안전보건법령상 보안경 착용을 포함하는 안전보건표지의 종류는?

① 지시표지 ② 안내표지
③ 금지표지 ④ 경고표지

해설 안전보건표지 중 지시표지
보안경, 방독마스크, 방진마스크, 보안면, 안전모 등의 착용

참고 산업안전보건법 시행규칙 별표 7

17 보호구에 관한 설명으로 옳은 것은?

① 유해물질이 발생하는 산소결핍지역에서는 필히 방독마스크를 착용하여야 한다.
② 차광용보안경의 사용구분에 따른 종류에는 자외선용, 적외선용, 복합용, 용접용이 있다.
③ 선반작업과 같이 손에 재해가 많이 발생하는 작업장에서는 장갑 착용을 의무화한다.
④ 귀마개는 처음에는 저음만을 차단하는 제품부터 사용하며, 일정 기간이 지난 후 고음까지 모두 차단할 수 있는 제품을 사용한다.

해설 보호구의 사용
① 유해물질이 발생하는 산소결핍지역에서는 필히 **송기마스크**를 착용하여야 한다.
③ 선반작업과 같이 손에 재해가 많이 발생하는 작업장에서는 **장갑을 착용해서는 안 된다.**
③ 귀마개는 고음만을 차단(EP－2)하거나 저음부터 고음까지 모두 차단(EP－1)하는 것이 있다.

개정 / 2023

18 산업안전보건법령상 사업 내 안전보건교육의 교육시간에 관한 설명으로 옳은 것은?

① 일용근로자의 작업내용 변경 시의 교육은 2시간 이상이다.
② 사무직에 종사하는 근로자의 정기교육은 매 반기 6시간 이상이다.
③ 일용근로자 및 1개월 이하의 기간제근로자를 제외한 근로자의 채용 시 교육은 4시간 이상이다.
④ 관리감독자의 지위에 있는 사람의 정기교육은 연간 8시간 이상이다.

해설 근로자 및 관리감독자의 안전보건교육 교육시간
① 일용근로자의 작업내용 변경 시의 교육은 **1시간 이상**이다.
③ 일용근로자 및 1개월 이하의 기간제근로자를 제외한 근로자의 채용 시 교육은 **8시간 이상**이다.
④ 관리감독자의 지위에 있는 사람의 정기교육은 **연간 16시간 이상**이다.

참고 산업안전보건법 시행규칙 별표 4

실기 실기시험까지 대비해서 암기하세요.

19 집단에서의 인간관계 메커니즘(Mechanism)과 가장 거리가 먼 것은?

① 분열, 강박
② 모방, 암시
③ 동일화, 일체화
④ 커뮤니케이션, 공감

해설 집단에서의 인간관계 메커니즘(Mechanism)의 종류
㉮ 모방, 암시 ㉯ 동일화, 일체화
㉰ 커뮤니케이션, 공감 ㉱ 역할학습

새 출제기준에 따른 문제 변경

20 다음 중 안전 · 보건교육의 단계를 순서대로 나타낸 것은?

① 안전 태도교육 → 안전 지식교육 → 안전 기능교육
② 안전 지식교육 → 안전 기능교육 → 안전 태도교육
③ 안전 기능교육 → 안전 지식교육 → 안전 태도교육
④ 안전 자세교육 → 안전 지식교육 → 안전 기능교육

해설 안전교육의 단계별 교육과정
㉮ 1단계 : 지식교육
㉯ 2단계 : 기능교육
㉰ 3단계 : 태도교육

Answer 16. ① 17. ② 18. ② 19. ① 20. ②

제2과목 인간공학 및 시스템 안전공학

21 인체측정 자료를 장비, 설비 등의 설계에 적용하기 위한 응용원칙에 해당하지 않는 것은?

① 조절식 설계
② 극단치를 이용한 설계
③ 구조적 치수 기준의 설계
④ 평균치를 기준으로 한 설계

해설 인체측정 자료의 응용원칙
① 조절식 설계
② 극단치(최소, 최대)를 이용한 설계
④ 평균치를 이용한 설계

22 컷셋(Cut Sets)과 최소 패스셋(Minimal Path Sets)의 정의로 옳은 것은?

① 컷셋은 시스템 고장을 유발시키는 필요 최소한의 고장들의 집합이며, 최소 패스셋은 시스템의 신뢰성을 표시한다.
② 컷셋은 시스템 고장을 유발시키는 기본고장들의 집합이며, 최소 패스셋은 시스템의 불신뢰도를 표시한다.
③ 컷셋은 그 속에 포함되어 있는 모든 기본 사상이 일어났을 때 정상사상을 일으키는 기본사상의 집합이며, 최소 패스셋은 시스템의 신뢰성을 표시한다.
④ 컷셋은 그 속에 포함되어 있는 모든 기본 사상이 일어났을 때 정상사상을 일으키는 기본사상의 집합이며, 최소 패스셋은 시스템의 성공을 유발하는 기본사상의 집합이다.

해설 컷셋과 최소 컷셋, 패스셋과 최소 패스셋
㉮ 컷셋 : 그 속에 포함되어 있는 모든 기본사상이 일어났을 때 정상사상을 일으키는 기본사상의 집합
㉯ 최소 컷셋 : 시스템의 위험성을 표시
㉰ 패스셋 : 시스템의 고장을 일으키지 않는 기본사상들의 집합
㉱ 최소 패스셋 : 시스템의 신뢰성을 표시

실기 실기시험까지 대비해서 암기하세요.

23 작업공간의 배치에 있어 구성요소 배치의 원칙에 해당하지 않는 것은?

① 기능성의 원칙
② 사용빈도의 원칙
③ 사용순서의 원칙
④ 사용방법의 원칙

해설 구성요소(부품) 배치의 원칙
① 기능별 배치의 원칙
② 사용빈도의 원칙
③ 사용순서의 원칙
④ 중요성의 원칙

24 시스템의 수명 및 신뢰성에 관한 설명으로 틀린 것은?

① 병렬설계 및 디레이팅 기술로 시스템의 신뢰성을 증가시킬 수 있다.
② 직렬시스템에서는 부품들 중 최소 수명을 갖는 부품에 의해 시스템 수명이 정해진다.
③ 수리가 가능한 시스템의 평균수명(MTBF)은 평균고장률(λ)과 정비례 관계가 성립한다.
④ 수리가 불가능한 구성요소로 병렬구조를 갖는 설비는 중복도가 늘어날수록 시스템 수명이 길어진다.

해설 시스템의 수명 및 신뢰성
③ 수리가 가능한 시스템의 평균수명(MTBF)은 평균고장률(λ)과 <u>반비례 관계</u>가 성립한다.

25 자동차를 생산하는 공장의 어떤 근로자가 95dB(A)의 소음수준에서 하루 8시간 작업하며 매시간 조용한 휴게실에서 20분씩 휴식을 취한다고 가정하였을 때, 8시간 시간가중평균(TWA)은? (단, 소음은 누적소음노출량측정기로 측정하였으며, OSHA에서 정한 95dB(A)의 허용시간은 4시간이라 가정한다.)

① 약 91dB(A) ② 약 92dB(A)
③ 약 93dB(A) ④ 약 94dB(A)

Answer 21. ③ 22. ③ 23. ④ 24. ③ 25. ②

해설 시간가중 평균지수(TWA)

소음노출지수(%)

$$= \left(\frac{\text{특정 소음 내에 노출된 총 시간}}{\text{특정 소음 내에서의 허용노출기준}}\right) \times 100$$

$$= \frac{8 \times (60-20)}{60 \times 4} \times 100 = 133\%$$

$$\text{시간가중 평균지수(TWA)} = 16.61\log\left(\frac{133}{100}\right) + 90 = 92.06\,\text{db(A)}$$

새 출제기준에 따른 문제 변경

26 다음 중 FTA(Fault Tree Analysis)에 관한 설명으로 가장 적절한 것은?

① 복잡하고 대형화된 시스템의 신뢰성 분석에는 적절하지 않다.

② 시스템 각 구성요소의 기능을 정상인가 또는 고장인가로 점진적으로 구분 짓는다.

③ "그것이 발생하기 위해서는 무엇이 필요한가"라는 것은 연역적이다.

④ 사건들을 일련의 이분(binary) 의사 결정 분기들로 모형화한다.

해설 결함수분석(FTA)

정상사상인 재해현상으로부터 기본사상인 재해원인을 향해 연역적으로 하향식 분석을 행하므로, 재해현상과 재해원인의 상호관련을 해석하여 안전대책을 검토할 수 있다.

새 출제기준에 따른 문제 변경

27 다음 중 욕조곡선에서의 고장 형태에서 일정한 형태의 고장율이 나타나는 구간은?

① 초기 고장구간 ② 마모 고장구간

③ 피로 고장구간 ④ 우발 고장구간

해설 욕조곡선(고장곡선)

㉮ 초기 고장구간 : 감소형, 고장률이 시간에 따라 감소

㉯ 우발 고장구간 : 일정형, 고장률이 시간에 따라 일정

㉰ 마모 고장구간 : 증가형, 고장률이 시간에 따라 증가

28 동작경제의 원칙에 해당하지 않는 것은?

① 공구의 기능을 각각 분리하여 사용하도록 한다.

② 두 팔의 동작은 동시에 서로 반대방향으로 대칭적으로 움직이도록 한다.

③ 공구나 재료는 작업동작이 원활하게 수행되도록 그 위치를 정해준다.

④ 가능하다면 쉽고도 자연스러운 리듬이 작업동작에 생기도록 작업을 배치한다.

해설 동작경제의 원칙

㉮ 신체의 사용에 관한 원칙

㉠ 양손은 동시에 동작을 시작하고, 또 끝마쳐야 한다.

㉡ 휴식시간 이외의 양손이 동시에 노는 시간이 있어서는 안된다.

㉯ 작업역의 배치에 관한 원칙

㉠ 공구와 재료는 작업이 용이하도록 작업자의 주위에 있어야 한다.

㉡ 모든 공구와 재료는 일정한 위치에 정돈되어야 한다.

㉰ 공구 및 설비의 설계에 관한 원칙

㉠ 공구류는 될 수 있는 대로 두 가지 이상의 기능을 조합한 것을 사용하여야 한다.

㉡ 각종 손잡이는 손에 가장 알맞게 고안함으로써 피로를 감소시킬 수 있다.

29 인간이 기계보다 우수한 기능이라 할 수 있는 것은? (단, 인공지능은 제외한다.)

① 일반화 및 귀납적 추리

② 신뢰성 있는 반복 작업

③ 신속하고 일관성 있는 반응

④ 대량의 암호화된 정보의 신속한 보관

해설 인간이 기계보다 우수한 기능

㉮ 시각, 청각, 촉각, 후각, 미각 등의 작은 자극도 감지한다.

㉯ 각각으로 변화하는 자극패턴을 인지한다.

㉰ 예기치 못한 자극을 탐지한다.

㉱ 기억에서 적절한 정보를 꺼낸다.

㉲ 일반화 및 귀납적인 추리가 가능하다.

Answer 26. ③ 27. ④ 28. ① 29. ①

30 **시각적 표시장치보다 청각적 표시장치를 사용하는 것이 더 유리한 경우는?**

① 정보의 내용이 복잡하고 긴 경우
② 정보가 공간적인 위치를 다룬 경우
③ 직무상 수신자가 한 곳에 머무르는 경우
④ 수신 장소가 너무 밝거나 암순응이 요구될 경우

해설 시각장치보다 청각장치가 이로운 경우
㉮ 전달정보가 간단할 때
㉯ 전달정보가 후에 재참조되지 않음
㉰ 전달정보가 즉각적인 행동을 요구할 때
㉱ 수신 장소가 너무 밝을 때
㉲ 직무상 수신자가 자주 움직이는 경우

31 **다음 시스템의 신뢰도 값은?**

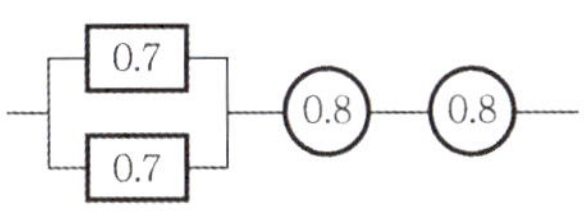

① 0.5824　　② 0.6682
③ 0.7855　　④ 0.8642

해설 시스템의 신뢰도
$R_S = \{1-(1-R_{0.7})(1-R_{0.7})\}R_{0.8} \times R_{0.8}$
$= \{1-(1-0.7)^2\} \times 0.8^2$
$= 0.5824$

새 출제기준에 따른 문제 변경

32 **다음 중 소음에 대한 대책으로 가장 적합하지 않은 것은?**

① 소음원의 통제　　② 소음의 격리
③ 소음의 분배　　④ 적절한 배치

해설 소음대책
㉮ 소음원의 통제
㉯ 소음의 격리
㉰ 적절한 배치
㉱ 차폐장치, 흡음재 사용
㉲ 음향처리제 사용
㉳ 배경음악
㉴ 보호구 사용(가장 소극적인 대책)

33 **그림과 같은 FT도에서 정상사상 T의 발생확률은? (단, X_1, X_2, X_3의 발생확률은 각각 0.1, 0.15, 0.1이다.)**

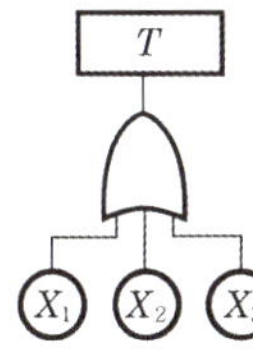

① 0.3115　　② 0.35
③ 0.496　　④ 0.9985

해설 T 의 발생확률
$1-\{(1-0.1)\times(1-0.15)\times(1-0.1)\}=0.3115$

실기 실기시험까지 대비해서 암기하세요.

새 출제기준에 따른 문제 변경

34 **인간의 생리적 부담 척도 중 국소적 근육 활동의 척도로 가장 적합한 것은?**

① 혈압　　② 맥박수
③ 근전도　　④ 점멸융합 주파수

해설 근전도(EMG)
근육이 움직일 때 나오는 미세한 전기신호를 근전도라 하고, 이것을 종이나 화면에 기록한 것을 근전계라고 한다. 근전도는 근육의 활동 정도를 나타낸다.

새 출제기준에 따른 문제 변경

35 **위험구역의 울타리 설계 시 인체 측정자료 중 적용해야 할 인체치수로 가장 적절한 것은?**

① 인체측정 최대치　　② 인체측정 평균치
③ 인체측정 최소치　　④ 구조적 인체 측정치

해설 최대집단값에 의한 설계
㉮ 통상 대상집단에 대한 관련 인체측정 변수의 상위 백분위수를 기준으로 하여 90, 95 혹은 99% 값이 사용된다. 만약 95% 값에 속하는 큰 사람을 수용할 수 있다면, 이보다 작은 사람은 모두 사용된다.
㉯ 예를 들어, 문, 탈출구, 통로 등과 같은 공간 여유를 정하거나 줄사다리의 강도 등을 정할 때 사용한다.

Answer 30. ④ 31. ① 32. ③ 33. ① 34. ③ 35. ①

36 정신작업 부하를 측정하는 척도를 크게 4가지로 분류할 때 심박수의 변동, 뇌 전위, 동공 반응 등 정보처리에 중추신경계 활동이 관여하고 그 활동이나 징후를 측정하는 것은?

① 주관적(subjective) 척도
② 생리적(physiological) 척도
③ 주 임무(primary task) 척도
④ 부 임무(secondary task) 척도

해설 정신부하의 측정방법 중 생리적 측정
주로 단일 감각기관에 의존하는 경우에 작업에 대한 정신 부하를 측정할 때 이용되는 방법이다. 부정맥, 점멸융합주파수, 전기피부 반응, 눈깜박거림, 뇌파 등이 정신작업 부하 평가에 이용된다.

37 서브시스템, 구성요소, 기능 등의 잠재적 고장 형태에 따른 시스템의 위험을 파악하는 위험 분석 기법으로 옳은 것은?

① ETA(Event Tree Analysis)
② HEA(Human Error Analysis)
③ PHA(Preliminary Hazard Analysis)
④ FMEA(Failure Mode and Effect Analysis)

해설 FMEA(고장형태와 영향분석)
서브시스템 위험분석을 위하여 일반적으로 사용되는 전형적인 정성적 · 귀납적 분석방법으로 시스템에 영향을 미치는 모든 요소의 고장을 형태별로 분석하여 그 영향을 검토하는 것이다.

실기 실기시험까지 대비해서 암기하세요.

38 불필요한 작업을 수행함으로써 발생하는 오류로 옳은 것은?

① command error ② extraneous error
③ secondary error ④ commission error

해설 에러
① command error : 요구되는 것을 실행하고자 하여도 필요한 물품 정보 에너지 등이 공급되지 않아서 작업자가 움직일 수 없는 상태에서 발생한 에러
③ secondary error : 작업형태나 작업조건 중에서 다른 문제가 발생하여 필요한 사항을 실행할 수 없는 에러 또는 어떤 결함으로부터 파생하여 발생하는 에러
④ commission error : 작위오류, 필요한 작업 또는 절차의 불확실한 수행으로 인한 에러

실기 실기시험까지 대비해서 암기하세요.

새 출제기준에 따른 문제 변경

39 산업안전보건법상 근로자가 상시로 정밀작업을 하는 장소의 작업면 조도기준으로 옳은 것은?

① 75럭스(lux) 이상 ② 150럭스(lux) 이상
③ 300럭스(lux) 이상 ④ 750럭스(lux) 이상

해설 작업면 조도기준
㉮ 초정밀작업 :750 lux 이상
㉯ 정밀작업 : 300 lux 이상
㉰ 보통작업 : 150 lux 이상
㉱ 기타작업 : 75 lux 이상

참고 산업안전보건기준에 관한 규칙 제8조

실기 실기시험까지 대비해서 암기하세요.

새 출제기준에 따른 문제 변경

40 다음 설명에 해당하는 온열조건의 용어는?

> 온도와 습도 및 공기 유동이 인체에 미치는 열효과를 하나의 수치로 통합한 경험적 감각지수로, 상대습도 100%일 때의 건구온도에서 느끼는 것과 동일한 온감

① Oxford 지수 ② 발한율
③ 실효온도 ④ 열압박지수

해설 실효온도
실효온도는 온도, 습도 및 공기유동이 인체에 미치는 열효과를 하나의 수치로 통합한 경험적 감각지수로 상대습도 100%일 때 이 (건구)온도에서 느끼는 동일한 온감이다. 실효온도는 저온조건에서 습도의 영향을 과대평가하고, 고온조건에서 과소평가한다.

Answer 36. ② 37. ④ 38. ② 39. ③ 40. ③

제3과목 기계위험 방지기술

41 휴대형 연삭기 사용 시 안전사항에 대한 설명으로 가장 적절하지 않은 것은?

① 잘 안 맞는 장갑이나 옷은 착용하지 말 것
② 긴 머리는 묶고 모자를 착용하고 작업할 것
③ 연삭숫돌을 설치하거나 교체하기 전에 전선과 압축공기 호스를 설치할 것
④ 연삭작업 시 클램핑 장치를 사용하여 공작물을 확실히 고정할 것

해설 휴대형 연삭기 사용 시 안전사항
③ 연삭숫돌을 설치하거나 교체하기 전에 전선과 압축공기 호스는 뽑아 놓을 것

42 선반 작업에 대한 안전수칙으로 가장 적절하지 않은 것은?

① 선반의 바이트는 끝을 짧게 장치한다.
② 작업 중에는 면장갑을 착용하지 않도록 한다.
③ 작업이 끝난 후 절삭 칩의 제거는 반드시 브러시 등의 도구를 사용한다.
④ 작업 중 일감의 치수 측정 시 기계 운전 상태를 저속으로 하고 측정한다.

해설 선반 작업에 대한 안전수칙
④ 작업 중 일감의 치수 측정 시 기계 운전을 중지하고 측정한다.

실기 실기시험까지 대비해서 암기하세요.

43 다음 중 금형을 설치 및 조정할 때 안전수칙으로 가장 적절하지 않은 것은?

① 금형을 체결할 때에는 적합한 공구를 사용한다.
② 금형의 설치 및 조정은 전원을 끄고 실시한다.
③ 금형을 부착하기 전에 하사점을 확인하고 설치한다.
④ 금형을 체결할 때에는 안전블록을 잠시 제거하고 실시한다.

해설 금형조정작업의 위험 방지
사업주는 프레스 등의 금형을 부착 · 해체 또는 조정하는 작업을 할 때에 해당 작업에 종사하는 근로자의 신체가 위험한계 내에 있는 경우 슬라이드가 갑자기 작동함으로써 근로자에게 발생할 우려가 있는 위험을 방지하기 위하여 안전블록을 사용하는 등 필요한 조치를 하여야 한다.

44 지게차의 방호장치에 해당하는 것은?

① 버킷 ② 포크
③ 마스트 ④ 헤드가드

해설 헤드가드(head guard)
사업주는 헤드가드를 갖추지 아니한 지게차를 사용해서는 안 된다. 다만, 화물의 낙하에 의하여 지게차의 운전자에게 위험을 미칠 우려가 없는 경우에는 그렇지 않다.

실기 실기시험까지 대비해서 암기하세요.

45 다음 중 절삭가공으로 틀린 것은?

① 선반 ② 밀링
③ 프레스 ④ 보링

해설 프레스 가공
형 또는 공구를 활용하여 누르는 힘을 이용하여 제품을 생산하는 방식이다.

46 산업안전보건법령상 롤러기의 방호장치 설치 시 유의해야 할 사항으로 가장 적절하지 않은 것은?

① 손으로 조작하는 급정지장치의 조작부는 롤러기의 전면 및 후면에 각각 1개씩 수평으로 설치하여야 한다.
② 앞면 롤러의 표면속도가 30m/min 미만인 경우 급정지거리는 앞면 롤러 원주의 1/2.5 이하로 한다.
③ 급정지장치의 조작부에 사용하는 줄은 사용 중 늘어져서는 안 된다.
④ 급정지장치의 조작부에 사용하는 줄은 충분한 인장강도를 가져야 한다.

Answer 41. ③ 42. ④ 43. ④ 44. ④ 45. ③ 46. ②

해설 앞면 롤러의 표면(원주)속도에 따른 급정지거리

앞면 롤러의 표면속도	급정지거리
30m/min 미만	앞면 롤러 원주의 1/3 이내
30m/min 이상	앞면 롤러 원주의 1/2.5 이내

참고 방호장치 자율안전기준 고시 별표 3

실기 실기시험까지 대비해서 암기하세요.

47 보일러 부하의 급변, 수위의 과상승 등에 의해 수분이 증기와 분리되지 않아 보일러 수면이 심하게 솟아올라 올바른 수위를 판단하지 못하는 현상은?

① 프라이밍 ② 모세관
③ 워터해머 ④ 역화

해설 용어
② 모세관 현상 : 액체가 중력과 같은 외부 도움 없이 좁은 관을 오르는 현상이며, 모세관의 지름이 충분히 작을 때 액체의 표면 장력과 액체와 고체 사이의 흡착력에 의해 발생한다.
③ 워터해머 : 배관 중의 밸브를 급속히 폐쇄하면 관 속의 물의 유속은 0이 되나, 유속 에너지가 압력 에너지로 변하여 강한 충돌파가 되면서 배관, 밸브를 진동시켜 생기는 해머로 치는 듯한 음이 발생하는 현상
④ 역화 : 소규모의 가스 폭발에 의해 연소실 입구부터 순간적으로 화염이 역유출하는 현상

48 자동화 설비를 사용하고자 할 때 기능의 안전화를 위하여 검토할 사항으로 거리가 가장 먼 것은?

① 재료 및 가공 결함에 의한 오동작
② 사용압력 변동 시의 오동작
③ 전압강하 및 정전에 따른 오동작
④ 단락 또는 스위치 고장 시의 오동작

해설 기능의 안전화를 위하여 검토할 사항
㉮ 밸브 고장 시의 오동작
㉯ 사용압력 변동 시의 오동작
㉰ 전압강하 및 정전에 따른 오동작
㉱ 단락 또는 스위치 고장 시의 오동작

49 산업안전보건법령상 금속의 용접, 용단에 사용하는 가스 용기를 취급할 때 유의사항으로 틀린 것은?

① 밸브의 개폐는 서서히 할 것
② 운반하는 경우에는 캡을 벗길 것
③ 용기의 온도는 40℃ 이하로 유지할 것
④ 통풍이나 환기가 불충분한 장소에는 설치하지 말 것

해설 가스 용기 취급 시 유의사항
② 운반하는 경우에는 캡을 씌울 것

참고 산업안전보건기준에 관한 규칙 제234조

50 크레인 로프에 질량 2,000kg의 물건을 10m/s^{2}의 가속도로 감아올릴 때, 로프에 걸리는 총 하중(kN)은? (단, 중력가속도는 9.8m/s^2)

① 9.6 ② 19.6
③ 29.6 ④ 39.6

해설 로프에 걸리는 하중
총 하중 = 정하중 + 동하중
= 2,000 + 2,000 / 9.8 × 10
= 4,040.81kgf
4,040.81 × 9.8 / 1,000 = 39.599kN

실기 실기시험까지 대비해서 암기하세요.

51 산업안전보건법령상 보일러에 설치해야 하는 안전장치로 거리가 가장 먼 것은?

① 해지장치 ② 압력방출장치
③ 압력제한스위치 ④ 고·저수위조절장치

해설 보일러의 안전장치
㉮ 압력방출장치
㉯ 압력제한스위치
㉰ 고·저수위조절장치
㉱ 화염 검출기
㉲ 전기적 인터록 장치

참고 산업안전보건기준에 관한 규칙 제119조

실기 실기시험까지 대비해서 암기하세요.

Answer 47. ① 48. ① 49. ② 50. ④ 51. ①

52 프레스 작동 후 작업점까지의 도달시간이 0.3초인 경우 위험한계로부터 양수조작식 방호장치의 최단 설치거리는?

① 48cm 이상 ② 58cm 이상
③ 68cm 이상 ④ 78cm 이상

해설 안전거리(D)

$D=1.6(T_L+T_s)=1.6\times0.3=0.48[\text{m}]=48[\text{cm}]$

여기서, T_L : 버튼에서 손이 떨어질 때부터 급정지기구가 작동할 때까지 시간
T_s : 급정지기구 작동 시부터 슬라이드가 정지할 때까지 시간

53 작업자수 400명, 총 근로시간수 45시간 50주이고, 연재해건수는 100건, 총 요양근로손실일수가 700일인 경우 이 공장의 강도율은?

① 0.11 ② 0.50
③ 0.78 ④ 0.98

해설 강도율

$$\text{강도율}=\frac{\text{총요양근로손실일수}}{\text{연근로총시간수}}\times1{,}000=\frac{700}{400\times45\times50}\times1{,}000=0.78$$

실기 실기시험까지 대비해서 암기하세요.

54 프레스의 손쳐내기식 방호장치 설치기준으로 틀린 것은?

① 방호판의 폭이 금형 폭의 1/2 이상이어야 한다.
② 슬라이드 행정수가 300SPM 이상의 것에 사용한다.
③ 손쳐내기봉의 행정(Stroke) 길이를 금형의 높이에 따라 조정할 수 있고 진동폭은 금형폭 이상이어야 한다.
④ 슬라이드 하행정거리의 3/4 위치에서 손을 완전히 밀어내야 한다.

해설 프레스의 손쳐내기식 방호장치 설치기준

② 슬라이드 행정수가 100SPM 이하의 것에 사용한다.

55 산업안전보건법령상 컨베이어에 설치하는 방호장치로 거리가 가장 먼 것은?

① 건널다리 ② 반발예방장치
③ 비상정지장치 ④ 역주행방지장치

해설 컨베이어의 안전장치

㉮ 비상정지장치
㉯ 역주행방지장치
㉰ 역회전방지장치
㉱ 이탈방지장치
㉲ 덮개 또는 울
㉳ 건널다리

참고 산업안전보건기준에 관한 규칙 제191~195조

56 산업안전보건법령상 숫돌 지름이 60cm인 경우 숫돌 고정 장치인 평형 플랜지의 지름은 최소 몇 cm 이상인가?

① 10 ② 20
③ 30 ④ 60

해설 연삭기 또는 연마기의 제작 및 안전기준

평형플랜지의 직경은 설치하는 숫돌 직경의 1/3 이상이므로, 최소 20cm 이상이어야 하며, 여유값은 1.5mm 이상이어야 한다.

참고 위험기계 · 기구 자율안전확인 고시 별표 1

실기 실기시험까지 대비해서 암기하세요.

57 기계설비의 위험점 중 연삭숫돌과 작업받침대, 교반기의 날개와 하우스 등 고정부분과 회전하는 동작 부분 사이에서 형성되는 위험점은?

① 끼임점 ② 물림점
③ 협착점 ④ 절단점

해설 위험점

② 물림점 : 반대로 회전하는 두 개의 회전체가 맞닿는 사이에 발생하는 위험점
③ 협착점 : 프레스 등 왕복운동을 하는 기계에서 왕복하는 부품과 고정 부품 사이에 생기는 위험점
④ 절단점 : 둥근톱의 톱날 등 회전하는 기계 부분 자체의 위험에서 초래되는 위험점

Answer 52. ① 53. ③ 54. ② 55. ② 56. ② 57. ①

58 500rpm으로 회전하는 연삭숫돌의 지름이 300mm일 때 회전속도(m/min)는?

① 471 ② 551
③ 751 ④ 1,025

해설 원주속도(V)

$$V=\frac{\pi \cdot D \cdot N}{1,000}=\frac{\pi \times 300 \times 500}{1,000}=471$$

여기서, D : 롤러 원통의 직경(mm)
N : 1분간 롤러기의 회전수(rpm)

59 산업안전보건법령상 정상적으로 작동될 수 있도록 미리 조정해 두어야 할 이동식 크레인의 방호장치로 가장 적절하지 않은 것은?

① 제동장치
② 권과방지장치
③ 과부하방지장치
④ 파이널 리미트 스위치

해설 방호장치의 조정
사업주는 양중기에 과부하방지장치, 권과방지장치, 비상정지장치 및 제동장치, 그 밖의 방호장치[(승강기의 파이널 리미트 스위치(final limit switch), 속도조절기, 출입문 인터록(inter lock) 등을 말한다]가 정상적으로 작동될 수 있도록 미리 조정해 두어야 한다.

참고 산업안전보건기준에 관한 규칙 제134조

60 비파괴 검사방법으로 틀린 것은?

① 인장 시험 ② 음향 탐상 시험
③ 와류 탐상 시험 ④ 초음파 탐상 시험

해설 비파괴검사방법
㉮ 음향 탐상 시험
㉯ 와류 탐상 시험
㉰ 자기 탐상 검사
㉱ 침투 탐상 검사
㉲ 초음파 탐상 시험
㉳ 방사선 투과 검사
㉴ 자분 탐상 검사

실기 실기시험까지 대비해서 암기하세요.

제4과목 전기위험 방지기술

61 속류를 차단할 수 있는 최고의 교류전압을 피뢰기의 정격전압이라고 하는데 이 값은 통상적으로 어떤 값으로 나타내고 있는가?

① 최대값 ② 평균값
③ 실효값 ④ 파고값

해설 실효값
실효값은 변화하는 전압이나 전류의 표시 방법. 한 주기 동안의 순시값을 각각 제곱하고 산술 평균을 하여 얻은 값을 제곱근으로 나타내는데, 사인(sine) 교류인 경우에는 전류 · 전압이 모두 그 최대값의 약 0.7배에 해당한다.

62 인체의 전기저항을 500Ω으로 하는 경우 심실세동을 일으킬 수 있는 에너지는 약 얼마인가? (단, 심실세동전류 $I=\frac{165}{\sqrt{t}}$ mA로 한다.)

① 13.6J ② 19.0J
③ 13.6mJ ④ 19.0mJ

해설 전기에너지(W)

$W=I^2RT$

여기서, I : 심실세동전류[A]
R : 전기저항[Ω]
T : 통전시간[s]

$$=\left(\frac{165\times10^{-3}}{\sqrt{1}}\right)^2\times500\times1=13.612[\text{J}]$$

실기 실기시험까지 대비해서 암기하세요.

63 전기설비에 접지를 하는 목적으로 틀린 것은?

① 누설전류에 의한 감전방지
② 낙뢰에 의한 피해방지
③ 지락사고 시 대지전위 상승유도 및 절연강도 증가
④ 지락사고 시 보호계전기 신속동작

Answer 58. ① 59. ④ 60. ① 61. ③ 62. ① 63. ③

해설 전기설비의 접지 목적

③ 지락사고 시 대지전위 **상승억제** 및 절연강도 **경감**

64 전로에 시설하는 기계기구의 철대 및 금속제 외함에 접지공사를 생략할 수 없는 경우는?

① 30V 이하의 기계기구를 건조한 곳에 시설하는 경우

② 물기 없는 장소에 설치하는 저압용 기계기구를 위한 전로에 정격감도전류 40mA 이하, 동작시간 2초 이하의 전류동작형 누전차단기를 시설하는 경우

③ 철대 또는 외함의 주위에 적당한 절연대를 설치하는 경우

④ 「전기용품 및 생활용품 안전관리법」의 적용을 받는 이중절연구조로 되어 있는 기계기구를 시설하는 경우

해설 전기기계 · 기구의 접지

사업주는 누전에 의한 감전의 위험을 방지하기 위하여 다음의 부분에 대하여 접지를 해야 한다.

㉮ 전기 기계 · 기구의 금속제 외함, 금속제 외피 및 철대

㉯ 고정 설치되거나 고정배선에 접속된 전기기계 · 기구의 노출된 비충전 금속체 중 충전될 우려가 있는 다음의 어느 하나에 해당하는 비충전 금속체

㉠ 지면이나 접지된 금속체로부터 수직거리 2.4m, 수평거리 1.5m 이내인 것

㉡ 물기 또는 습기가 있는 장소에 설치되어 있는 것

㉢ 금속으로 되어 있는 기기접지용 전선의 피복 · 외장 또는 배선관 등

㉣ 사용전압이 대지전압 150V를 넘는 것

㉰ 전기를 사용하지 아니하는 설비 중 다음의 어느 하나에 해당하는 금속체

㉠ 전동식 양중기의 프레임과 궤도

㉡ 전선이 붙어 있는 비전동식 양중기의 프레임

㉢ 고압(1.5천V 초과 7천V 이하의 직류전압 또는 1천V 초과 7천V 이하의 교류전압을 말한다) 이상의 전기를 사용하는 전기 기계 · 기구 주변의 금속제 칸막이 · 망 및 이와 유사한 장치

㉱ 코드와 플러그를 접속하여 사용하는 전기 기계 · 기구 중 다음의 어느 하나에 해당하는 노출된 비충전 금속체

㉠ 사용전압이 대지전압 150V를 넘는 것

㉡ 냉장고 · 세탁기 · 컴퓨터 및 주변기기 등과 같은 고정형 전기기계 · 기구

㉢ 고정형 · 이동형 또는 휴대형 전동기계 · 기구

㉣ 물 또는 도전성이 높은 곳에서 사용하는 전기기계 · 기구, 비접지형 콘센트

㉤ 휴대형 손전등

㉲ 수중펌프를 금속제 물탱크 등의 내부에 설치하여 사용하는 경우 그 탱크(이 경우 탱크를 수중펌프의 접지선과 접속하여야 한다)

참고 산업안전보건기준에 관한 규칙 제302조

65 한국전기설비규정에 따라 과전류차단기로 저압전로에 사용하는 범용 퓨즈(gG)의 용단전류는 정격전류의 몇 배인가? (단, 정격전류가 4A 이하인 경우이다.)

① 1.5배 ② 1.6배

③ 1.9배 ④ 2.1배

해설 퓨즈(gG)의 용단특성

정격전류의 구분	시 간	정격전류의 배수	
		불용단전류	용단전류
4A 이하	60분	1.5배	2.1배
4A 초과 16A 미만	60분	1.5배	1.9배
16A 이상 63A 이하	60분	1.25배	1.6배
63A 초과 160A 이하	120분	1.25배	1.6배
160A 초과 400A 이하	180분	1.25배	1.6배
400A 초과	240분	1.25배	1.6배

66 정전기가 대전된 물체를 제전시키려고 한다. 다음 중 대전된 물체의 절연저항이 증가되어 제전의 효과를 감소시키는 것은?

① 접지한다.

② 건조시킨다.

③ 도전성 재료를 첨가한다.

④ 주위를 가습한다.

해설 정전기 재해방지 대책

㉮ 정전기 발생 억제 : 배관 내 유속 조절, 습기 부여, 대전방지제 사용, 금속재료 및 도전성 재료 사용

㉯ 정전기 대전 방지 : 도체인 경우 접지와 본딩 실시

㉰ 정전기 방전 방지 : 대전 물체 접지 등

Answer 64. ② 65. ④ 66. ②

67 감전 등의 재해를 예방하기 위하여 특고압용 기계 · 기구 주위에 관계자 외 출입을 금하도록 울타리를 설치할 때, 울타리의 높이와 울타리로부터 충전부분까지의 거리의 합이 최소 몇 m 이상이 되어야 하는가? (단, 사용전압이 35kV 이하인 특고압용 기계기구이다.)

① 5m ② 6m
③ 7m ④ 9m

해설 특고압용 기계기구 충전부분의 지표상 높이

사용전압의 구분	울타리의 높이와 울타리로부터 충전부분까지의 거리의 합계 또는 지표상의 높이
35kV 이하	5m
35kV 초과 160kV 이하	6m
160kV 초과	6m에 160kV를 초과하는 10kV 또는 그 단수마다 0.12m를 더한 값

68 개폐기로 인한 발화는 스파크에 의한 가연물의 착화화재가 많이 발생한다. 이를 방지하기 위한 대책으로 틀린 것은?

① 가연성 증기, 분진 등이 있는 곳은 방폭형을 사용한다.
② 개폐기를 불연성 상자 안에 수납한다.
③ 비포장 퓨즈를 사용한다.
④ 접속부분의 나사풀림이 없도록 한다.

해설 스파크에 의한 착화화재 방지대책
③ 포장 퓨즈를 사용하여야 한다.

69 극간 정전용량이 1,000pF이고, 착화에너지가 0.019mJ인 가스에서 폭발한계 전압(V)은 약 얼마인가? (단, 소수점 이하는 반올림한다.)

① 3,900 ② 1,950
③ 390 ④ 195

해설 폭발한계 전압

$E=\frac{1}{2}CV^2$에서

$$V=\sqrt{\frac{2E}{C}}=\sqrt{\frac{2\times 0.019\times 10^{-3}}{1,000\times 10^{-12}}}=195[\text{V}]$$

70 개폐기, 차단기, 유도 전압조정기의 최대 사용전압이 7kV 이하인 전로의 경우 절연 내력 시험은 최대 사용전압의 1.5배의 전압을 몇 분간 가하는가?

① 10 ② 15
③ 20 ④ 25

해설 전기기기, 기구 등의 전로의 절연내력
개폐기·차단기·전력용 커패시터 · 유도전압 조정기 · 계기용 변성기 기타의 기구의 전로 및 발전소 · 변전소 · 개폐소 또는 이에 준하는 곳에 시설하는 기계기구의 접속선 및 모선은 충전 부분과 대지 사이에 연속하여 10분간 가하여 절연내력을 시험하였을 때에 이에 견디어야 한다.

71 한국전기설비규정에 따라 욕조나 샤워시설이 있는 욕실 등 인체가 물에 젖어있는 상태에서 전기를 사용하는 장소에 인체감전보호용 누전차단기가 부착된 콘센트를 시설하는 경우 누전차단기의 정격감도전류 및 동작시간은?

① 15mA 이하, 0.01초 이하
② 15mA 이하, 0.03초 이하
③ 30mA 이하, 0.01초 이하
④ 30mA 이하, 0.03초 이하

해설 콘센트의 시설
욕조나 샤워시설이 있는 욕실 또는 화장실 등 인체가 물에 젖어있는 상태에서 전기를 사용하는 장소에 콘센트를 시설하는 경우에는 다음에 따라 시설하여야 한다.
㉮ [전기용품 및 생활용품 안전관리법]의 적용을 받는 인체감전보호용 누전차단기(정격감도전류 15mA 이하, 동작시간 0.03초 이하의 전류동작형의 것에 한한다) 또는 절연변압기(정격용량 3kVA 이하인 것에 한한다)로 보호된 전로에 접속하거나, 인체감전보호용 누전차단기가 부착된 콘센트를 시설하여야 한다.
㉯ 콘센트는 접지극이 있는 방적형 콘센트를 사용하여 211과 140의 규정에 준하여 접지하여야 한다.

Answer 67. ① 68. ③ 69. ④ 70. ① 71. ②

72 불활성화할 수 없는 탱크, 탱크롤리 등에 위험물을 주입하는 배관은 정전기 재해방지를 위하여 배관 내 액체의 유속제한을 한다. 배관 내 유속제한에 대한 설명으로 틀린 것은?

① 물이나 기체를 혼합하는 비수용성 위험물의 배관 내 유속은 1m/s 이하로 할 것
② 저항률이 $10^{10}\Omega \cdot cm$ 미만의 도전성 위험물의 배관 내 유속은 7m/s 이하로 할 것
③ 저항률이 $10^{10}\Omega \cdot cm$ 이상인 위험물의 배관 내 유속은 관내경이 0.05m이면 3.5m/s이하로 할 것
④ 이황화탄소 등과 같이 유동대전이 심하고 폭발 위험성이 높은 것은 배관 내 유속을 3m/s 이하로 할 것

해설 배관 내 유속제한
④ 이황화탄소 등과 같이 유동대전이 심하고 폭발 위험성이 높은 것은 배관 내 유속을 1m/s 이하로 해야 한다.

73 절연물의 절연계급을 최고허용온도가 낮은 온도에서 높은 온도 순으로 배치한 것은?

① Y종 → A종 → E종 → B종
② A종 → B종 → E종 → Y종
③ Y종 → E종 → B종 → A종
④ B종 → Y종 → A종 → E종

해설 절연의 종류별 최고허용온도

종별	최고허용온도	종별	최고허용온도
Y	90℃	F	155℃
A	105℃	H	180℃
E	120℃	C	180℃ 이상
B	130℃		

74 다른 두 물체가 접촉할 때 접촉 전위차가 발생하는 원인으로 옳은 것은?

① 두 물체의 온도 차 ② 두 물체의 습도 차
③ 두 물체의 밀도 차 ④ 두 물체의 일함수 차

해설 일함수
일함수는 물질 내에 있는 전자 하나를 밖으로 끌어내는 데 필요한 최소의 일 또는 에너지이다. 물질 내의 전자를 낮은 에너지 준위부터 채웠을 때 가득 찬 최고의 에너지준위(페르미준위)와 물질의 전기력을 갓 벗어난 에너지준위와의 에너지 차이이다. 열전자 방출량의 온도변화를 측정하거나 외부에서 빛을 비춰주어 광전자가 나오는 것을 확인하는 방법 등으로 구할 수 있다.

75 방폭인증서에서 방폭부품을 나타내는 데 사용되는 인증번호의 접미사는?

① "G" ② "X"
③ "D" ④ "U"

해설 접미사
㉮ U : 방폭부품을 나타내는 데 사용되는 인증번호의 접미사
㉯ X : 안전한 사용을 위한 특별한 조건을 나타내는 인증번호의 접미사

76 고압 및 특고압 전로에 시설하는 피뢰기의 설치장소로 잘못된 곳은?

① 가공전선로와 지중전선로가 접속되는 곳
② 발전소, 변전소의 가공전선 인입구 및 인출구
③ 고압 가공전선로에 접속하는 배전용 변압기의 저압측
④ 고압 가공전선로로부터 공급을 받는 수용장소의 인입구

해설 피뢰기의 설치장소
③ 고압 가공전선로에 접속하는 배전용 변압기의 고압측 및 특고압측

77 변압기의 최소 IP 등급은? (단, 유입 방폭구조의 변압기이다.)

① IP55 ② IP56
③ IP65 ④ IP66

Answer 72. ④ 73. ① 74. ④ 75. ④ 76. ③ 77. ④

해설 변압기의 최소 IP 등급

유입 방폭구조의 변압기에 있어서 보호등급은 최소 IP66에 적합해야 한다.

78 산업안전보건기준에 관한 규칙 제319조에 의한 정전전로에서의 정전작업을 마친 후 전원을 공급하는 경우에 사업주가 작업에 종사하는 근로자 및 전기기기와 접촉할 우려가 있는 근로자에게 감전의 위험이 없도록 준수해야 할 사항이 아닌 것은?

① 단락 접지기구 및 작업기구를 제거하고 전기기기 등이 안전하게 통전될 수 있는지 확인한다.

② 모든 작업자가 작업이 완료된 전기기기에서 떨어져 있는지 확인한다.

③ 잠금장치와 꼬리표를 근로자가 직접 설치한다.

④ 모든 이상 유무를 확인한 후 전기기기 등의 전원을 투입한다.

해설 정전전로에서의 전기작업 시 준수사항

사업주는 작업 중 또는 작업을 마친 후 전원을 공급하는 경우에는 작업에 종사하는 근로자 또는 그 인근에서 작업하거나 정전된 전기기기 등(고정 설치된 것으로 한정한다)과 접촉할 우려가 있는 근로자에게 감전의 위험이 없도록 다음의 사항을 준수하여야 한다.

① 작업기구, 단락 접지기구 등을 제거하고 전기기기 등이 안전하게 통전될 수 있는지를 확인할 것
② 모든 작업자가 작업이 완료된 전기기기 등에서 떨어져 있는지를 확인할 것
③ 잠금장치와 꼬리표는 설치한 근로자가 직접 철거할 것
④ 모든 이상 유무를 확인한 후 전기기기 등의 전원을 투입할 것

실기 실기시험까지 대비해서 암기하세요.

79 가스그룹이 II B인 지역에 내압방폭구조 "d"의 방폭기기가 설치되어 있다. 기기의 플랜지 개구부에서 장애물까지의 최소거리(mm)는?

① 10 ② 20
③ 30 ④ 40

해설 내압방폭구조 플랜지 접합부와 장애물 간 최소 이격거리

가스 그룹	II A	II B	II C
최소 이격거리(mm)	10	30	40

80 방폭전기설비의 용기 내부에서 폭발성가스 또는 증기가 폭발하였을 때 용기가 그 압력에 견디고 접합면이나 개구부를 통해서 외부의 폭발성가스나 증기에 인화되지 않도록 한 방폭구조는?

① 내압 방폭구조
② 압력 방폭구조
③ 유입 방폭구조
④ 본질안전 방폭구조

해설 방폭구조

② 압력 방폭구조 : 전기설비 용기 내부에 공기, 질소, 탄산가스 등의 보호가스를 대기압 이상으로 봉입하여 당해 용기 내부에 가연성가스 또는 증기가 침입하지 못하도록 한 방폭구조
③ 유입 방폭구조 : 생산현장의 분위기에 가연성가스, 증기, 분진 등이 존재하여 폭발의 우려가 있는 경우에 전기설비의 안전을 도모하기 위해 전기기계기구의 전기불꽃 또는 아크를 발생하는 부분을 기름 속에 수용하고, 기름 면 위에 존재하는 폭발성가스에 인화될 우려가 없도록 되어 있는 구조
④ 본질안전 방폭구조 : 위험한 장소에서 사용되는 전기회로(전기 기기의 내부 회로 및 외부배선의 회로)에서 정상시 및 사고 시에 발생하는 전기불꽃 또는 열이 폭발성가스에 점화되지 않는 것이 점화시험 등에 의해 확인된 방폭구조

실기 실기시험까지 대비해서 암기하세요.

Answer 78. ③ 79. ③ 80. ①

제5과목 화학설비위험 방지기술

81 포스겐가스 누설검지의 시험지로 사용되는 것은?

① 연당지　　② 염화파라듐지
③ 하리슨시험지　　④ 초산벤젠지

해설 누설검지 시험지
① 연당지 : 황화수소 누설검지의 시험지
② 염화파라듐지 : 일산화탄소 누설검지의 시험지
④ 초산벤젠지 : 시안화수소 누설검지의 시험지

82 안전밸브 전단 · 후단에 자물쇠형 또는 이에 준하는 형식의 차단밸브 설치를 할 수 있는 경우에 해당하지 않는 것은?

① 자동압력조절밸브와 안전밸브 등이 직렬로 연결된 경우
② 화학설비 및 그 부속설비에 안전밸브 등이 복수방식으로 설치되어 있는 경우
③ 열팽창에 의하여 상승된 압력을 낮추기 위한 목적으로 안전밸브가 설치된 경우
④ 인접한 화학설비 및 그 부속설비에 안전밸브 등이 각각 설치되어 있고, 해당 화학설비 및 그 부속설비의 연결배관에 차단밸브가 없는 경우

해설 자물쇠형 차단밸브의 설치
㉮ ②, ③, ④와 다음의 경우에 설치할 수 있다.
㉯ 안전밸브 등의 배출용량의 1/2 이상에 해당하는 용량의 자동압력조절밸브(구동용 동력원의 공급을 차단하는 경우 열리는 구조인 것으로 한정한다)와 안전밸브 등이 **병렬로 연결**된 경우
㉰ 예비용 설비를 설치하고 각각의 설비에 안전밸브 등이 설치되어 있는 경우
㉱ 하나의 플레어 스택(flare stack)에 둘 이상의 단위공정의 플레어 헤더(flare header)를 연결하여 사용하는 경우로서 각각의 단위공정의 플레어헤더에 설치된 차단밸브의 열림 · 닫힘 상태를 중앙제어실에서 알 수 있도록 조치한 경우

83 압축하면 폭발할 위험성이 높아 아세톤 등에 용해시켜 다공성 물질과 함께 저장하는 물질은?

① 염소　　② 아세틸렌
③ 에탄　　④ 수소

해설 아세틸렌
아세틸렌(C_2H_2)은 압축하면 폭발의 위험성이 높아 아세톤 등에 용해시켜 다공성 물질과 함께 저장한다.

개정 / 2024

84 산업안전보건법령상 대상 설비에 설치된 안전밸브에 대해서는 경우에 따라 구분된 검사주기마다 안전밸브가 적정하게 작동하는지 검사하여야 한다. 화학공정 유체와 안전밸브의 디스크 또는 시트가 직접 접촉될 수 있도록 설치된 경우의 검사주기로 옳은 것은?

① 매년 1회 이상　　② 2년마다 1회 이상
③ 3년마다 1회 이상　　④ 4년마다 1회 이상

해설 안전밸브 등의 검사주기
㉮ 화학공정 유체와 안전밸브의 디스크 또는 시트가 직접 접촉될 수 있도록 설치된 경우 : 2년마다 1회 이상
㉯ 안전밸브 전단에 파열판이 설치된 경우 : 3년마다 1회 이상
㉰ 공정안전보고서 이행상태 평가결과가 우수한 사업장의 안전밸브의 경우 : 4년마다 1회 이상

참고 산업안전보건기준에 관한 규칙 제261조

85 위험물을 산업안전보건법령에서 정한 기준량 이상으로 제조하거나 취급하는 설비로서 특수화학설비에 해당되는 것은?

① 가열시켜 주는 물질의 온도가 가열되는 위험물질의 분해온도보다 높은 상태에서 운전되는 설비
② 상온에서 게이지 압력으로 200kPa의 압력으로 운전되는 설비
③ 대기압하에서 300℃로 운전되는 설비
④ 흡열반응이 행하여지는 반응설비

Answer 81. ③ 82. ① 83. ② 84. ② 85. ①

해설 계측장치를 설치해야 하는 특수화학설비

㉮ 발열반응이 일어나는 반응장치
㉯ 증류 · 정류 · 증발 · 추출 등 분리를 하는 장치
㉰ 가열시켜 주는 물질의 온도가 가열되는 위험물질의 분해온도 또는 발화점보다 높은 상태에서 운전되는 설비
㉱ 반응폭주 등 이상 화학반응에 의하여 위험물질이 발생할 우려가 있는 설비
㉲ 온도가 350℃ 이상이거나 게이지 압력이 980kPa 이상인 상태에서 운전되는 설비
㉳ 가열로 또는 가열기

참고 산업안전보건기준에 관한 규칙 제273조

86 산업안전보건법령상 다음 내용에 해당하는 폭발위험장소는?

> 20종 장소 밖으로서 분진운 형태의 가연성 분진이 폭발농도를 형성할 정도의 충분한 양이 정상작동 중에 존재할 수 있는 장소를 말한다.

① 21종 장소 ② 22종 장소
③ 0종 장소 ④ 1종 장소

해설 폭발위험장소

가스 증기 위험 장소	0종 장소	위험 분위기가 통상인 상태에 있어서 연속해서 또는 장시간 지속해서 존재하는 장소
	1종 장소	통상 상태에서 위험 분위기를 생성할 우려가 있는 장소
	2종 장소	이상한 상태에서 위험 분위기를 생성할 우려가 있는 장소
분진 위험 장소	20종 장소	분진운 형태의 가연성 분진이 폭발 농도를 형성할 정도로 충분한 양이 정상작동 중에 연속적으로 또는 자주 존재하거나, 제어할 수 없을 정도의 양 및 두께의 분진층이 형성될 수 있는 장소
	21종 장소	20종 장소 밖으로서 분진운 형태의 가연성 분진이 폭발 농도를 형성할 정도의 충분한 양이 정상 작동 중에 존재할 수 있는 장소
	22종 장소	21종 장소 외의 장소로서, 가연성 분진운 형태가 드물게 발생 또는 단기간 존재할 우려가 있거나, 이상 작동 상태하에서 가연성 분진층이 존재할 수 있는 장소

참고 방호장치 안전인증 고시 제31조

실기 실기시험까지 대비해서 암기하세요.

87 Li과 Na에 관한 설명으로 틀린 것은?

① 두 금속 모두 실온에서 자연발화의 위험성이 있으므로 알코올 속에 저장해야 한다.
② 두 금속은 물과 반응하여 수소기체를 발생한다.
③ Li은 비중 값이 물보다 작다.
④ Na은 은백색의 무른 금속이다.

해설 리튬과 나트륨

① 두 금속 모두 물반응성 물질로 물과 접촉 시 수산화물과 수소 기체를 생성하며 벤젠이나 석유 속에 밀봉하여 저장한다.

88 다음 중 누설 발화형 폭발재해의 예방 대책으로 가장 거리가 먼 것은?

① 발화원 관리
② 밸브의 오동작 방지
③ 가연성 가스의 연소
④ 누설물질의 검지 경보

해설 누설 발화형 폭발재해의 예방 대책

㉮ 발화원 관리
㉯ 밸브의 오동작 방지
㉰ 누설물질의 검지 경보
㉱ 위험물질의 누설 방지

89 수분을 함유하는 에탄올에서 순수한 에탄올을 얻기 위해 벤젠과 같은 물질은 첨가하여 수분을 제거하는 증류 방법은?

① 공비증류 ② 추출증류
③ 가압증류 ④ 감압증류

해설 증류 방법

② 추출증류 : 끓는점이 비슷한 혼합물이나 공비혼합물 성분의 분리를 용이하게 하기 위하여 사용되는 증류 방법
③ 가압증류 : 가솔린 제조를 위한 석유 증류분의 열분해에서 가열을 가압하에서 급속히 진행하는 증류 방법
④ 감압증류 : 비점이 높은 액체를 정제하는 경우, 증류 장치 내를 진공펌프로 감압하여 저온에서 진행하는 증류 방법

Answer 86. ① 87. ① 88. ③ 89. ①

90 다음 중 인화점에 관한 설명으로 옳은 것은?

① 액체의 표면에서 발생한 증기농도가 공기 중에서 연소하한 농도가 될 수 있는 가장 높은 액체 온도
② 액체의 표면에서 발생한 증기농도가 공기 중에서 연소상한 농도가 될 수 있는 가장 낮은 액체 온도
③ 액체의 표면에서 발생한 증기농도가 공기 중에서 연소하한 농도가 될 수 있는 가장 낮은 액체 온도
④ 액체의 표면에서 발생한 증기농도가 공기 중에서 연소상한 농도가 될 수 있는 가장 높은 액체 온도

해설 인화점
기체 또는 휘발성 액체에서 발생하는 증기가 공기와 섞여서 가연성 또는 폭발성 혼합기체를 형성하고, 여기에 불꽃을 가까이 댔을 때 순간적으로 섬광을 내면서 연소하는, 즉 인화되는 최저의 온도를 말한다. 물질에 따라 특유한 값을 보이며, 주로 액체의 인화성을 판단하는 수치로서 중요하다. 또 시료의 종류를 조사하기 위해서, 특히 일정한 끓는점이나 녹는점을 보이지 않는 것에 많이 이용된다.

91 분진폭발의 특징에 관한 설명으로 옳은 것은?

① 가스폭발보다 발생에너지가 작다.
② 폭발압력과 연소속도는 가스폭발보다 크다.
③ 입자의 크기, 부유성 등이 분진폭발에 영향을 준다.
④ 불완전연소로 인한 가스중독의 위험성은 작다.

해설 분진폭발의 특징
㉮ 가스폭발보다 연소시간이 길고, 발생에너지가 크다.
㉯ 화염의 파급속도보다 압력의 파급속도가 빠르다.
㉰ 가스폭발에 비하여 불완전연소를 일으키기 쉽고 많으므로 연소 후 가스에 의한 중독 위험이 존재한다.
㉱ 주위의 분진에 의해 2차, 3차의 폭발로 파급될 수 있다.
㉲ 폭발 시 입자가 비산하므로 이것에 부딪치는 가연물은 국부적으로 심한 탄화를 일으킨다.

92 위험물안전관리법령상 제1류 위험물에 해당하는 것은?

① 과염소산나트륨 ② 과염소산
③ 과산화수소 ④ 과산화벤조일

해설 제1류 위험물
㉮ 강산화성 물질로 상온에서 고체상태이고 마찰충격으로 많은 산소를 방출할 수 있는 물질로 이루어진 위험물을 말한다.
㉯ 아염소산염류, 염소산염류, 과염소산염류, 무기과산화물, 브롬산염류, 질산염류, 요오드산염류, 과망간산염류, 중크롬산염류 등

참고 위험물안전관리법 시행령 별표 1

93 다음 중 질식소화에 해당하는 것은?

① 가연성 기체의 분출화재 시 주 밸브를 닫는다.
② 가연성 기체의 연쇄반응을 차단하여 소화한다.
③ 연료 탱크를 냉각하여 가연성 가스의 발생속도를 작게 한다.
④ 연소하고 있는 가연물이 존재하는 장소를 기계적으로 폐쇄하여 공기의 공급을 차단한다.

해설 소화방법
① 제거소화 : 가연성 기체의 분출화재 시 주 밸브를 닫는다.
② 억제소화 : 가연성 기체의 연쇄반응을 차단하여 소화한다.
③ 희석소화 : 연료 탱크를 냉각하여 가연성 가스의 발생속도를 작게 한다.

94 산업안전보건기준에 관한 규칙에서 정한 위험물질의 종류에서 "물반응성 물질 및 인화성 고체"에 해당하는 것은?

① 질산에스테르류
② 니트로화합물
③ 칼륨 · 나트륨
④ 니트로소화합물

Answer 90. ③ 91. ③ 92. ① 93. ④ 94. ③

해설 물반응성 물질 및 인화성 고체

㉮ 리튬
㉯ 칼륨 · 나트륨
㉰ 황
㉱ 황린
㉲ 황화인 · 적린
㉳ 셀룰로이드류
㉴ 알킬알루미늄 · 알킬리튬
㉵ 마그네슘 분말
㉶ 금속 분말(마그네슘 분말은 제외)
㉷ 알칼리금속(리튬 · 칼륨 및 나트륨은 제외)
㉸ 유기 금속화합물(알킬알루미늄 및 알킬리튬은 제외)
㉹ 금속의 수소화물
㉺ 금속의 인화물
㉻ 칼슘 탄화물, 알루미늄 탄화물

참고 산업안전보건기준에 관한 규칙 별표 1

실기 실기시험까지 대비해서 암기하세요.

95 공기 중 아세톤의 농도가 200ppm(TLV 500 ppm), 메틸에틸케톤(MEK)의 농도가 100ppm(TLV 200ppm)일 때 혼합물질의 허용농도(ppm)는? (단, 두 물질은 서로 상가작용을 하는 것으로 가정한다.)

① 150 ② 200
③ 270 ④ 333

해설 허용농도

$$\frac{\text{혼합물 공기중 농도}}{\text{노출지수}} = \frac{200+100}{\frac{200}{500}+\frac{100}{200}} = 333.33$$

96 다음 중 분진이 발화 폭발하기 위한 조건으로 거리가 먼 것은?

① 불연성질 ② 미분상태
③ 점화원의 존재 ④ 산소 공급

해설 분진이 발화 폭발하기 위한 조건

㉮ 가연성질
㉯ 미분상태
㉰ 점화원의 존재
㉱ 산소 공급
㉲ 공기 중에서의 교반과 유동

97 다음 중 폭발한계(vol%)의 범위가 가장 넓은 것은?

① 메탄 ② 부탄
③ 톨루엔 ④ 아세틸렌

해설 폭발한계의 범위

① 메탄 : 5 ~ 15
② 부탄 : 1.8 ~ 8.4
③ 톨루엔 : 1.2 ~ 7.1
④ 아세틸렌 : 2.5 ~ 81

98 다음 중 최소발화에너지(E[J])를 구하는 식으로 옳은 것은? (단, I는 전류[A], R은 저항[Ω], V는 전압[V], C는 콘덴서 용량[F], T는 시간[초]이라 한다.)

① $E=IRT$ ② $E=0.24I^2\sqrt{R}$
③ $E=\frac{1}{2}CV^2$ ④ $E=\frac{1}{2}\sqrt{C^2V}$

해설 최소발화에너지

폭발 성질을 가지는 금속 분진, 가스, 증기가 발화하는 데에 필요한 최소한의 에너지를 말한다.

99 공기 중에서 A 물질의 폭발하한계가 4vol%, 상한계가 75vol%라면 이 물질의 위험도는?

① 16.75 ② 17.75
③ 18.75 ④ 19.75

해설 위험도(H)

$$H=\frac{U-L}{L}=\frac{75-4}{4}=17.75$$

여기서, U : 폭발상한계
L : 폭발하한계

100 다음 중 관의 지름을 변경하고자 할 때 필요한 관 부속품은?

① elbow ② reducer
③ plug ④ valve

Answer 95. ④ 96. ① 97. ④ 98. ③ 99. ② 100. ②

해설 관 부속품

① elbow : 관로의 방향을 변경할 때 필요한 관 부속품

③ plug : 유로를 차단할 때 필요한 관 부속품

④ valve : 유량 조절 시 필요한 관 부속품

제6과목 건설안전기술

101 이동식비계를 조립하여 작업을 하는 경우에 준수하여야 할 기준으로 옳지 않은 것은?

① 승강용사다리는 견고하게 설치할 것

② 비계의 최상부에서 작업을 하는 경우에는 안전난간을 설치할 것

③ 작업발판의 최대적재하중은 400kg을 초과하지 않도록 할 것

④ 작업발판은 항상 수평을 유지하고 작업발판 위에서 안전난간을 딛고 작업을 하거나 받침대 또는 사다리를 사용하여 작업하지 않도록 할 것

해설 이동식비계 조립 시 준수사항

㉮ 이동식비계의 바퀴에는 뜻밖의 갑작스러운 이동 또는 전도를 방지하기 위하여 브레이크 · 쐐기 등으로 바퀴를 고정시킨 다음 비계의 일부를 견고한 시설물에 고정하거나 아웃트리거를 설치하는 등 필요한 조치를 할 것

㉯ 승강용사다리는 견고하게 설치할 것

㉰ 비계의 최상부에서 작업을 하는 경우에는 안전난간을 설치할 것

㉱ 작업발판은 항상 수평을 유지하고 작업발판 위에서 안전난간을 딛고 작업을 하거나 받침대 또는 사다리를 사용하여 작업하지 않도록 할 것

㉲ 작업발판의 최대적재하중은 250kg을 초과하지 않도록 할 것

실기 실기시험까지 대비해서 암기하세요.

102 다음 중 지하수위 측정에 사용되는 계측기는?

① Load Cell ② Inclinometer

③ Extensometer ④ Piezometer

해설 계측기

① Load Cell : 콘크리트나 철근의 재료 · 시험체의 역학적 성질을 시험하는 측정 기기

② Inclinometer : 지중의 수평 변위량을 측정하는 지중 경사계

③ Extensometer : 구조물의 인장변형량을 측정하는 신장계

④ Piezometer : 흐르는 물의 정수압을 재는 기구

103 터널 지보공을 조립하거나 변경하는 경우에 조치하여야 하는 사항으로 옳지 않은 것은?

① 목재의 터널 지보공은 그 터널 지보공의 각 부재에 작용하는 긴압 정도를 체크하여 그 정도가 최대한 차이나도록 할 것

② 강아치 지보공의 조립은 연결볼트 및 띠장 등을 사용하여 주재 상호간을 튼튼하게 연결할 것

③ 기둥에는 침하를 방지하기 위하여 받침목을 사용하는 등의 조치를 할 것

④ 주재를 구성하는 1세트의 부재는 동일 평면 내에 배치할 것

해설 터널 지보공의 조립 · 변경 시 조치사항

① 목재의 터널 지보공은 그 터널 지보공의 각 부재의 긴압 정도가 균등하게 되도록 한다.

실기 실기시험까지 대비해서 암기하세요.

104 거푸집 동바리 등을 조립하는 경우에 준수하여야 하는 기준으로 옳지 않은 것은?

① 동바리로 사용하는 파이프 서포트를 이어서 사용하는 경우에는 3개 이상의 볼트 또는 전용철물을 사용하여 이을 것

② 동바리로 사용하는 강관은 높이 2m 이내마다 수평연결재를 2개 방향으로 만들 것

③ 받침목(깔목)이나 깔판의 사용, 콘크리트 타설, 말뚝박기 등 동바리의 침하를 방지하기 위한 조치를 할 것

④ 동바리로 사용하는 파이프 서포트를 3개 이상 이어서 사용하지 않도록 할 것

Answer 101. ③ 102. ④ 103. ① 104. ①

해설 거푸집 동바리 조립 시 준수사항(파이프 서포트의 경우)
㉮ 파이프 서포트를 3개 이상 이어서 사용하지 않도록 할 것
㉯ 파이프 서포트를 이어서 사용하는 경우에는 4개 이상의 볼트 또는 전용철물을 사용하여 이을 것
㉰ 높이가 3.5m를 초과하는 경우에는 높이 2m 이내마다 수평연결재를 2개 방향으로 만들고 수평연결재의 변위를 방지할 것

참고 산업안전보건기준에 관한 규칙 제332조의2

실기 실기시험까지 대비해서 암기하세요.

105 가설통로를 설치하는 경우 준수하여야 할 기준으로 옳지 않은 것은?

① 경사는 30° 이하로 할 것
② 경사가 15°를 초과하는 경우에는 미끄러지지 아니하는 구조로 할 것
③ 추락할 위험이 있는 장소에는 안전난간을 설치할 것
④ 수직갱에 가설된 통로의 길이가 15m 이상인 경우에는 7m 이내마다 계단참을 설치할 것

해설 가설통로의 구조
㉮ 견고한 구조로 할 것
㉯ 경사는 30° 이하로 할 것
㉰ 경사가 15°를 초과하는 경우에는 미끄러지지 아니하는 구조로 할 것
㉱ 추락할 위험이 있는 장소에는 안전난간을 설치할 것
㉲ 수직갱에 가설된 통로의 길이가 15m 이상인 경우에는 10m 이내마다 계단참을 설치할 것
㉳ 건설공사에 사용하는 높이 8m 이상인 비계다리에는 7m 이내마다 계단참을 설치할 것

실기 실기시험까지 대비해서 암기하세요.

106 사면 보호공법 중 구조물에 의한 보호 공법에 해당되지 않는 것은?

① 블록공
② 식생구멍공
③ 돌쌓기공
④ 현장타설 콘크리트 격자공

해설 구조물에 의한 보호공법
㉮ 블록공
㉯ 돌쌓기공
㉰ 돌붙임, 블록붙임
㉱ 콘크리트 붙임
㉲ 콘크리트 블록 격자공
㉳ 현장타설 콘크리트 격자공
㉴ 모르타르 및 숏크리트
㉵ 돌망태 옹벽
※ ② 식생구멍공은 나무에 의한 보호공법이다.

107 안전계수가 4이고 2,000MPa의 인장강도를 갖는 강선의 최대허용응력은?

① 500MPa ② 1,000MPa
③ 1,500MPa ④ 2,000MPa

해설 최대허용응력

$$\frac{\text{인장강도}}{\text{안전계수}} = \frac{2,000}{4} = 500[\text{MPa}]$$

새 출제기준에 따른 문제 변경

108 이동식 크레인을 사용하여 작업을 할 때 작업 시작 전 점검 사항이 아닌 것은?

① 주행로의 상측 및 트롤리(trolley)가 횡행하는 레일의 상태
② 권과방지장치 그 밖의 경보장치의 기능
③ 브레이크 · 클러치 및 조정장치의 기능
④ 와이어로프가 통하고 있는 곳 및 작업장소의 지반상태

해설 이동식 크레인을 사용하여 작업을 할 때 작업 시작 전 점검 사항
② 권과방지장치나 그 밖의 경보장치의 기능
③ 브레이크 · 클러치 및 조정장치의 기능
④ 와이어로프가 통하고 있는 곳 및 작업장소의 지반상태

실기 실기시험까지 대비해서 암기하세요.

Answer 105. ④ 106. ② 107. ① 108. ①

109 화물을 적재하는 경우의 준수사항으로 옳지 않은 것은?

① 침하 우려가 없는 튼튼한 기반 위에 적재할 것
② 건물의 칸막이나 벽 등이 화물의 압력에 견딜 만큼의 강도를 지니지 아니한 경우에는 칸막이나 벽에 기대어 적재하지 않도록 할 것
③ 불안정한 정도로 높이 쌓아 올리지 말 것
④ 하중을 한쪽으로 치우치더라도 화물을 최대한 효율적으로 적재할 것

해설 화물의 적재
④ 하중이 한쪽으로 치우치지 않도록 쌓는다.

110 발파구간 인접구조물에 대한 피해 및 손상을 예방하기 위한 건물기초에서의 허용진동치(cm/sec) 기준으로 옳지 않은 것은? (단, 기존 구조물에 금이 가 있거나 노후구조물 대상일 경우 등은 고려하지 않는다.)

① 문화재 : 0.2cm/sec
② 주택, 아파트 : 0.5cm/sec
③ 상가 : 1.0cm/sec
④ 철골콘크리트 빌딩 : 0.8~1.0cm/sec

해설 발파허용 진동치

건물분류	문화재	주택 아파트	상가	철근콘크리트 빌딩 및 상가
건물기초에서 허용 진동치 (cm/sec)	0.2	0.5	1.0	1.0~4.0

111 거푸집 동바리 등을 조립 또는 해체하는 작업을 하는 경우의 준수사항으로 옳지 않은 것은?

① 재료, 기구 또는 공구 등을 올리거나 내리는 경우에는 근로자로 하여금 달줄·달포대 등의 사용을 금하도록 할 것
② 낙하·충격에 의한 돌발적 재해를 방지하기 위하여 버팀목을 설치하고 거푸집 동바리 등을 인양장비에 매단 후에 작업을 하도록 하는 등 필요한 조치를 할 것
③ 비, 눈, 그 밖의 기상상태의 불안정으로 날씨가 몹시 나쁜 경우에는 그 작업을 중지할 것
④ 해당 작업을 하는 구역에는 관계 근로자가 아닌 사람의 출입을 금지할 것

해설 조립·해체 등 작업 시의 준수사항
㉮ 해당 작업을 하는 구역에는 관계 근로자가 아닌 사람의 출입을 금지할 것
㉯ 비, 눈, 그 밖의 기상상태의 불안정으로 날씨가 몹시 나쁜 경우에는 그 작업을 중지할 것
㉰ 재료, 기구 또는 공구 등을 올리거나 내리는 경우에는 근로자로 하여금 달줄·달포대 등을 사용하도록 할 것
㉱ 낙하·충격에 의한 돌발적 재해를 방지하기 위하여 버팀목을 설치하고 거푸집 및 동바리를 인양장비에 매단 후에 작업을 하도록 하는 등 필요한 조치를 할 것

참고 산업안전보건기준에 관한 규칙 제333조

실기 실기시험까지 대비해서 암기하세요.

112 강관을 사용하여 비계를 구성하는 경우 준수하여야 할 기준으로 옳지 않은 것은?

① 비계기둥의 간격은 띠장 방향에서는 1.85m 이하, 장선 방향에서는 1.5m 이하로 할 것
② 띠장 간격은 2.0m 이하로 할 것
③ 비계기둥의 제일 윗부분으로부터 31m 되는 지점 밑부분의 비계기둥은 3개의 강관으로 묶어 세울 것
④ 비계기둥 간의 적재하중은 400kg을 초과하지 않도록 할 것

해설 강관비계의 구조
㉮ 비계기둥의 간격은 띠장 방향에서는 1.85m 이하, 장선 방향에서는 1.5m 이하로 할 것. 다만, 선박 및 보트 건조작업의 경우 안전성에 대한 구조검토를 실시하고 조립도를 작성하면 띠장 방향 및 장선 방향으로 각각 2.7m 이하로 할 수 있다.
㉯ 띠장 간격은 2.0m 이하로 할 것. 다만, 작업의 성질상 이를 준수하기가 곤란하여 쌍기둥틀 등에 의하여 해당 부분을 보강한 경우에는 그러하지 아니하다.

Answer 109. ④ 110. ④ 111. ① 112. ③

㉢ 비계기둥의 제일 윗부분으로부터 31m 되는 지점 밑부분의 비계기둥은 2개의 강관으로 묶어 세울 것. 다만, 브라켓(bracket, 까치발) 등으로 보강하여 2개의 강관으로 묶을 경우 이상의 강도가 유지되는 경우에는 그러하지 아니하다.

㉣ 비계기둥 간의 적재하중은 400kg을 초과하지 않도록 할 것

참고 산업안전보건기준에 관한 규칙 제60조

실기 실기시험까지 대비해서 암기하세요.

113 크레인 등 건설장비의 가공전선로 접근 시 안전대책으로 옳지 않은 것은?

① 안전 이격거리를 유지하고 작업한다.
② 장비를 가공전선로 밑에 보관한다.
③ 장비의 조립, 준비 시부터 가공전선로에 대한 감전 방지 수단을 강구한다.
④ 장비 사용 현장의 장애물, 위험물 등을 점검 후 작업계획을 수립한다.

해설 충전전로 인근에서의 차량 · 기계 장치 작업
사업주는 충전전로 인근에서 차량, 기계장치 등의 작업이 있는 경우에는 차량 등을 충전전로의 충전부로부터 300cm 이상 이격시켜 유지시키되, 대지전압이 50kV를 넘는 경우 이격시켜 유지하여야 하는 거리는 10kV 증가할 때마다 10cm씩 증가시켜야 한다. 다만, 차량 등의 높이를 낮춘 상태에서 이동하는 경우에는 이격거리를 120cm 이상(대지전압 50kV를 넘는 경우에는 10kV 증가할 때마다 이격거리를 10cm씩 증가)으로 할 수 있다.

참고 산업안전보건기준에 관한 규칙 제322조

새 출제기준에 따른 문제 변경

114 다음 중 건물 해체용 기구가 아닌 것은?

① 압쇄기 ② 스크레이퍼
③ 잭 ④ 철 해머

해설 해체작업용 기계기구
압쇄기, 대형 브레이커, 철제 해머, 화약류, 핸드브레이커, 팽창제, 절단톱, 재키, 쐐기타입기, 화염방사기, 절단 줄톱 등

새 출제기준에 따른 문제 변경

115 콘크리트 강도에 영향을 주는 요소로 거리가 먼 것은?

① 거푸집 모양과 형상
② 콘크리트 재령 및 배합
③ 양생 온도와 습도
④ 타설 및 다지기

해설 거푸집
거푸집은 콘크리트의 형상과 치수를 유지할 수 있도록 하는 가설물로, 콘크리트 강도에 영향을 주지 않는다.

새 출제기준에 따른 문제 변경

116 옥외에 설치되어 있는 주행크레인에 이탈을 방지하기 위한 조치를 취해야 하는 것은 순간풍속이 매 초당 몇 m를 초과할 경우인가?

① 30m ② 35m
③ 40m ④ 45m

해설 폭풍에 의한 이탈 방지
사업주는 순간풍속이 초당 30m를 초과하는 바람이 불어올 우려가 있는 경우 옥외에 설치되어 있는 주행크레인에 대하여 이탈방지장치를 작동시키는 등 이탈 방지를 위한 조치를 하여야 한다.

실기 실기시험까지 대비해서 암기하세요.

117 차량계 건설기계를 사용하여 작업을 하는 경우 작업계획서 내용에 포함되지 않는 사항은?

① 사용하는 차량계 건설기계의 종류 및 성능
② 차량계 건설기계의 운행경로
③ 차량계 건설기계에 의한 작업방법
④ 차량계 건설기계 사용 시 유도자 배치 위치

해설 차량계 건설기계 작업계획서 내용
① 사용하는 차량계 건설기계의 종류 및 성능
② 차량계 건설기계의 운행경로
③ 차량계 건설기계에 의한 작업방법

참고 산업안전보건기준에 관한 규칙 별표 4

Answer 113. ② 114. ② 115. ① 116. ① 117. ④

118 공사진척에 따른 공정률이 다음과 같을 때 안전관리비 사용기준으로 옳은 것은? (단, 공정률은 기성공정률을 기준으로 함)

공정률 : 70퍼센트 이상, 90퍼센트 미만

① 50퍼센트 이상 ② 60퍼센트 이상
③ 70퍼센트 이상 ④ 80퍼센트 이상

해설 공사진척에 따른 안전관리비 사용기준

공정률	50% 이상 70% 미만	70% 이상 90% 미만	90% 이상
사용기준	50% 이상	70% 이상	90% 이상

119 미리 작업장소의 지형 및 지반상태 등에 적합한 제한속도를 정하지 않아도 되는 차량계 건설기계의 속도 기준은?

① 최대 제한속도가 10km/h 이하
② 최대 제한속도가 20km/h 이하
③ 최대 제한속도가 30km/h 이하
④ 최대 제한속도가 40km/h 이하

해설 제한속도의 지정
사업주는 차량계 하역운반기계, 차량계 건설기계(최대 제한속도가 10km 이하인 것은 제외한다.)를 사용하여 작업을 하는 경우 미리 작업장소의 지형 및 지반상태 등에 적합한 제한속도를 정하고, 운전자로 하여금 준수하도록 하여야 한다.

120 유해위험방지계획서를 고용노동부장관에게 제출하고 심사를 받아야 하는 대상 건설공사 기준으로 옳지 않은 것은?

① 최대 지간길이가 50m 이상인 다리의 건설 등 공사
② 지상높이 25m 이상인 건축물 또는 인공구조물의 건설등 공사
③ 깊이 10m 이상인 굴착공사
④ 다목적댐, 발전용댐, 저수용량 2천만톤 이상의 용수 전용 댐 및 지방상수도 전용 댐의 건설 등 공사

해설 유해위험방지계획서 제출 대상 공사
㉮ 다음의 어느 하나에 해당하는 건축물 또는 시설 등의 건설 · 개조 또는 해체공사
　㉠ 지상높이가 31m 이상인 건축물 또는 인공구조물
　㉡ 연면적 3만m^2 이상인 건축물
　㉢ 연면적 5천m^2 이상인 시설로서 다음의 어느 하나에 해당하는 시설
　　• 문화 및 집회시설(전시장 및 동물원 · 식물원은 제외)
　　• 판매시설, 운수시설(고속철도의 역사 및 집배송시설은 제외)
　　• 종교시설
　　• 의료시설 중 종합병원
　　• 숙박시설 중 관광숙박시설
　　• 지하도상가
　　• 냉동 · 냉장 창고시설
㉯ 연면적 5천m^2 이상의 냉동 · 냉장 창고시설의 설비공사 및 단열공사
㉰ 최대 지간길이(다리의 기둥과 기둥의 중심 사이의 거리)가 50m 이상인 교량건설 등 공사
㉱ 터널 건설 등의 공사
㉲ 다목적댐, 발전용댐 및 저수용량 2천만 톤 이상의 용수 전용 댐, 지방상수도 전용 댐 건설
㉳ 깊이 10m 이상인 굴착공사

참고 산업안전보건법 시행령 제42조

실기 실기시험까지 대비해서 암기하세요.

Answer 118. ③ 119. ① 120. ②

2021. 4. 22. 시행

2021년 제2회 산업안전기사 기출문제

제1과목 안전관리론

01 학습자가 자신의 학습속도에 적합하도록 프로그램 자료를 가지고 단독으로 학습하도록 하는 안전교육 방법은?

① 실연법 ② 모의법
③ 토의법 ④ 프로그램 학습법

해설 안전교육 방법
① 실연법 : 수업의 중간이나 마지막 단계에 행하는 것으로써 언어학습이나 문제해결 학습에 효과적인 학습법
③ 토의법 : 특정한 문제에 대하여 서로 비판적인 의견을 교환함으로써 올바른 결론에 도달하는 학습법
④ 프로그램 학습법 : 혼자서 자기능력과 시간, 학습속도에 맞추어 학습할 수 있도록 프로그램 학습 자료를 이용하여 학습하는 형태

02 산업안전보건법령상 특정행위의 지시 및 사실의 고지에 사용되는 안전보건표지의 색도기준으로 옳은 것은?

① 2.5G 4/10 ② 5Y 8.5/12
③ 2.5PB 4/10 ④ 7.5R 4/14

해설 안전보건표지의 색도기준
㉮ 빨간색(금지, 경고) : 7.2R 4/14
㉯ 노란색(경고) : 5Y 8.5/12
㉰ 파란색(지시) : 2.5PB 4/10
㉱ 녹색(안내) : 2.5G 4/10
㉲ 흰색 : N9.5
㉳ 검은색 : N0.5

참고 산업안전보건법 시행규칙 별표 8

실기 실기시험까지 대비해서 암기하세요.

03 헤드십의 특성이 아닌 것은?

① 지휘형태는 권위주의적이다.
② 권한행사는 임명된 헤드이다.
③ 구성원과의 사회적 간격은 넓다.
④ 상관과 부하와의 관계는 개인적인 영향이다.

해설 헤드십과 리더십의 차이

변수	헤드십	리더십
권한행사	임명된 헤드	선출된 리더
권한부여	위에서 위임	밑으로부터 동의
권한근거	법적 또는 공식적	개인능력
권한귀속	공식화된 규정에 의함	집단목표에 기여한 공로 인정
상관과 부하의 관계	지배적	개인적인 영향
책임귀속	상사	상사와 부하
부하와의 사회적 간격	넓음	좁음
지휘형태	권위주의적	민주주의적

04 인간관계의 메커니즘 중 다른 사람의 행동 양식이나 태도를 투입시키거나 다른 사람 가운데서 자기와 비슷한 것을 발견하는 것은?

① 공감 ② 모방
③ 동일화 ④ 일체화

해설 동일화(identification)
다른 사람의 행동양식이나 태도를 투입시키거나 다른 사람 가운데서 자기와 비슷한 것을 발견하려는 것이다.

Answer 01. ④ 02. ③ 03. ④ 04. ③

05 다음의 교육내용과 관련 있는 교육은?

• 작업 동작 및 표준작업방법의 습관화
• 공구 · 보호구 등의 관리 및 취급태도의 확립
• 작업 전후의 점검, 검사요령의 정확화 및 습관화

① 지식교육　　② 기능교육
③ 태도교육　　④ 문제해결교육

해설 안전교육의 단계
㉮ 지식교육 : 강의, 시청각 교육을 통한 지식의 전달과 이해
㉯ 기능교육 : 시범, 견학, 실습, 현장실습 교육을 통한 경험 체득과 이해
㉰ 태도교육 : 생활 지도, 작업 동작 지도 등을 통한 안전의 습관화

06 데이비스(K.Davis)의 동기부여 이론에 관한 등식에서 그 관계가 틀린 것은?

① 지식 × 기능 = 능력
② 상황 × 능력 = 동기유발
③ 능력 × 동기유발 = 인간의 성과
④ 인간의 성과 × 물질의 성과 = 경영의 성과

해설 데이비스(K. Davis)의 동기부여 이론
② 상황×태도 = 동기유발

07 산업안전보건법령상 보호구 안전인증 대상 방독마스크의 유기화합물용 정화통 외부 측면 표시 색으로 옳은 것은?

① 갈색　　② 녹색
③ 회색　　④ 노란색

해설 방독마스크 정화통의 종류와 외부 측면 색상
① 유기화합물 : 갈색
② 암모니아용 : 녹색
③ 할로겐용 : 회색
④ 아황산용 : 노란색

참고 보호구 안전인증 고시 별표 5

실기 실기시험까지 대비해서 암기하세요.

새 출제기준에 따른 문제 변경

08 주의의 수준이 Phase 0인 상태에서의 의식 상태로 옳은 것은?

① 무의식 상태　　② 의식의 이완 상태
③ 명료한 상태　　④ 과긴장 상태

해설 인간 의식 레벨의 분류

단계	의식상태	단계	의식상태
Phase 0	무의식	Phase Ⅲ	정상, 명료
Phase Ⅰ	의식의 둔화	Phase Ⅳ	과긴장
Phase Ⅱ	정상, 이완		

09 TWI의 교육 내용 중 인간관계 관리방법, 즉 부하 통솔법을 주로 다루는 것은?

① JST(Job Safety Training)
② JMT(Job Method Training)
③ JRT(Job Relation Training)
④ JIT(Job Instruction Training)

해설 TWI의 교육 내용
① JST(Job Safety Training) : 작업안전 훈련
② JMT(Job Method Training) : 작업방법 훈련
④ JIT(Job Instruction Training) : 작업지도 훈련

10 산업안전보건법령상 안전보건관리규정에 반드시 포함되어야 할 사항이 아닌 것은? (단, 그 밖에 안전 및 보건에 관한 사항은 제외한다.)

① 재해코스트 분석 방법
② 사고조사 및 대책 수립
③ 작업장 안전 및 보건 관리
④ 안전 및 보건 관리조직과 그 직무

해설 안전보건관리규정의 작성
㉮ 안전 및 보건에 관한 관리조직과 그 직무에 관한 사항
㉯ 안전보건교육에 관한 사항
㉰ 작업장의 안전 및 보건 관리에 관한 사항
㉱ 사고조사 및 대책 수립에 관한 사항
㉲ 그 밖에 안전 및 보건에 관한 사항

참고 산업안전보건법 제25조

실기 실기시험까지 대비해서 암기하세요.

Answer 05. ③ 06. ② 07. ① 08. ① 09. ③ 10. ①

새 출제기준에 따른 문제 변경

11 다음 중 레빈(Lewin. K)에 의하여 제시된 인간의 행동에 관한 식을 올바르게 표현한 것은? (단, B는 인간의 행동, P는 개체, E는 환경, f는 함수관계를 의미한다.)

① $B=f(P \cdot E)$　② $B=f(P+1)$
③ $P=E \cdot f(B)$　④ $E=f(P \cdot B)$

해설 레빈(K. Lewin)의 인간행동 법칙
B : behavior(인간의 행동)
f : function(함수관계)
P : person(개체 : 연령, 경험, 심신 상태, 성격, 지능 등)
E : environment(환경 : 인간관계, 작업환경 등)

12 무재해운동 추진의 3요소에 관한 설명이 아닌 것은?

① 안전보건은 최고경영자의 무재해 및 무질병에 대한 확고한 경영자세로 시작된다.
② 안전보건을 추진하는 데에는 관리감독자들의 생산 활동 속에 안전보건을 실천하는 것이 중요하다.
③ 모든 재해는 잠재요인을 사전에 발견·파악·해결함으로써 근원적으로 산업재해를 없애야 한다.
④ 안전보건은 각자 자신의 문제이며, 동시에 동료의 문제로서 직장의 팀 멤버와 협동 노력하여 자주적으로 추진하는 것이 필요하다.

해설 무재해운동 추진의 3기둥(요소)
㉮ 최고경영자의 안전경영자세
㉯ 안전활동의 라인화
㉰ 직장 자주안전활동의 활성화

13 산업안전보건법령상 안전보건표지의 종류 중 경고표지의 기본모형(형태)이 다른 것은?

① 고압전기 경고　② 방사성물질 경고
③ 폭발성물질 경고　④ 매달린 물체 경고

해설 안전보건표지의 경고표지

① 고압전기 경고	② 방사성 물질 경고	③ 폭발성물질 경고	④ 매달린 물체 경고

참고 산업안전보건법 시행규칙 별표 6

실기 실기시험까지 대비해서 암기하세요.

14 헤링(Hering)의 착시현상에 해당하는 것은?

① 　② 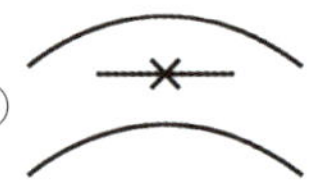

③ 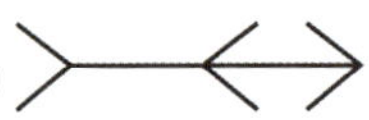　④ 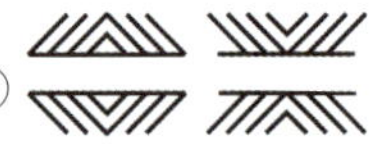

해설 착시현상
① 헬름호츠(Helmholz)의 착시 : 왼쪽은 세로로 길어 보이고, 오른쪽은 가로로 길어 보인다.
② 쾰러(Köhler)의 착시 : 직선이 호의 반대방향으로 굽어 보인다.
③ 뮬러 라이어(Müller Lyer)의 착시 : 왼쪽 가운데 직선이 오른쪽보다 길어 보인다.
④ 헤링(Hering)의 착시 : 왼쪽은 평행선의 양 끝이 벌어져 보이고, 오른쪽은 평행선의 중앙이 벌어져 보인다.

새 출제기준에 따른 문제 변경

15 다음 중 주의의 특성에 관한 설명으로 적절하지 않은 것은?

① 한 지점에 주의를 집중하면 다른 곳의 주의는 약해진다.
② 장시간 주의를 집중하려 해도 주기적으로 부주의의 리듬이 존재한다.
③ 의식이 과잉상태인 경우 최고의 주의집중이 가능해진다.
④ 여러 자극을 지각할 때 소수의 현란한 자극에 선택적 주의를 기울이는 경향이 있다.

Answer 11. ① 12. ③ 13. ③ 14. ④ 15. ③

해설 주의의 특성
㉮ 선택성 : 사람은 한 번에 여러 종류의 자극을 지각하거나 수용하지 못하며, 소수의 특정한 것으로 한정해서 선택하는 기능을 말한다.
㉯ 변동성 : 주의는 리듬이 있어 언제나 일정한 수준을 지키지는 못한다.
㉰ 방향성 : 한 지점에 주의를 하면 다른 곳의 주의는 약해진다.

16 학습을 자극(Stimulus)에 의한 반응(Respon-se)으로 보는 이론에 해당하는 것은?

① 장설(Field Theory)
② 통찰설(Insight Theory)
③ 기호형태설(Sign－gestalt Theory)
④ 시행착오설(Trial and Error Theory)

해설 손다이크(Thorndike)의 시행착오설
손다이크의 시행착오설은 자극과 반응이 결합하여 학습된다는 이론이다.

17 하인리히의 사고방지 기본원리 5단계 중 시정방법의 선정 단계에 있어서 필요한 조치가 아닌 것은?

① 인사조정
② 안전행정의 개선
③ 교육 및 훈련의 개선
④ 안전점검 및 사고조사

해설 하인리히의 사고방지 기본원리 5단계 중 시정방법
㉮ 기술교육 및 훈련의 개선
㉯ 안전행정의 개선
㉰ 인사조정 및 감독체제의 강화

18 산업안전보건법령상 안전보건교육 교육대상별 교육내용 중 관리감독자 정기교육의 내용으로 틀린 것은?

① 정리 정돈 및 청소에 관한 사항
② 유해 · 위험 작업환경 관리에 관한 사항
③ 표준안전작업방법 및 지도 요령에 관한 사항
④ 작업공정의 유해위험과 재해 예방대책에 관한 사항

해설 관리감독자 정기교육의 내용
㉮ ②, ③, ④와 다음의 교육 내용이 포함된다.
㉯ 산업안전 및 사고 예방에 관한 사항
㉰ 산업보건 및 직업병 예방에 관한 사항
㉱ 위험성 평가에 관한 사항
㉲ 산업안전보건법령 및 산업재해보상보험 제도에 관한 사항
㉳ 직무스트레스 예방 및 관리에 관한 사항
㉴ 직장 내 괴롭힘, 고객의 폭언 등으로 인한 건강장해 예방 및 관리에 관한 사항
㉵ 사업장 내 안전보건관리체제 및 안전 · 보건조치 현황에 관한 사항
㉶ 현장근로자와의 의사소통능력 및 강의능력 등 안전보건교육 능력 배양에 관한 사항
㉷ 비상시 또는 재해 발생 시 긴급조치에 관한 사항
㉸ 그 밖의 관리감독자의 직무에 관한 사항

참고 산업안전보건법 시행규칙 별표 5

실기 실기시험까지 대비해서 암기하세요.

19 산업안전보건법령상 협의체 구성 및 운영에 관한 사항으로 (　　)에 알맞은 내용은?

> 도급인은 관계수급인 근로자가 도급인의 사업장에서 작업을 하는 경우 도급인과 수급인을 구성원으로 하는 안전 및 보건에 관한 협의체를 구성 · 운영하여야 한다. 이 협의체는 (　　) 정기적으로 회의를 개최하고 그 결과를 기록 · 보존해야 한다.

① 매월 1회 이상　　② 2개월마다 1회
③ 3개월마다 1회　　④ 6개월마다 1회

해설 협의체 구성 및 운영
도급인은 관계수급인 근로자가 도급인의 사업장에서 작업을 하는 경우 도급인과 수급인을 구성원으로 하는 안전 및 보건에 관한 협의체를 구성 · 운영하여야 한다. 이 협의체는 매월 1회 이상 정기적으로 회의를 개최하고 그 결과를 기록 · 보존해야 한다.

참고 산업안전보건법 시행규칙 제79조

실기 실기시험까지 대비해서 암기하세요.

Answer 16. ④ 17. ④ 18. ① 19. ①

20 산업안전보건법령상 프레스를 사용하여 작업을 할 때 작업시작 전 점검사항으로 틀린 것은?

① 방호장치의 기능
② 언로드밸브의 기능
③ 금형 및 고정볼트 상태
④ 클러치 및 브레이크의 기능

해설 프레스를 사용하여 작업 시 작업시작 전 점검사항
㉮ 클러치 및 브레이크의 기능
㉯ 크랭크축 · 플라이휠 · 슬라이드 · 연결봉 및 연결 나사의 풀림 여부
㉰ 1행정 1정지기구 · 급정지장치 및 비상정지장치의 기능
㉱ 슬라이드 또는 칼날에 의한 위험방지 기구의 기능
㉲ 금형 및 고정볼트 상태
㉳ 방호장치의 기능
㉴ 전단기의 칼날 및 테이블의 상태

참고 산업안전보건기준에 관한 규칙 별표 3

실기 실기시험까지 대비해서 암기하세요.

제2과목 인간공학 및 시스템 안전공학

21 위험분석기법 중 고장이 시스템의 손실과 인명의 사상에 연결되는 높은 위험도를 가진 요소나 고장의 형태에 따른 분석법은?

① CA ② ETA
③ FHA ④ FTA

해설 위험분석기법
② ETA : 사고 시나리오에서 연속된 사건들의 발생 경로를 파악하고 평가하기 위한 귀납적이고 정량적인 시스템안전 프로그램 분석법이다.
③ FHA : 전체 제품을 몇 개의 하부 제품(서브시스템)으로 나누어 제작하는 경우 하부 제품이 전체 제품에 미치는 영향을 분석하는 기법으로 제품 정의 및 개발단계에서 수행된다.
④ FTA : 정상사상인 재해현상으로부터 기본사상인 재해원인을 향해 연역적으로 하향식 분석을 행하므로 재해현상과 재해원인의 상호관련을 해석하여 안전대책을 검토할 수 있다.

22 일반적으로 은행의 접수대 높이나 공원의 벤치를 설계할 때 가장 적합한 인체 측정 자료의 응용원칙은?

① 조절식 설계
② 평균치를 이용한 설계
③ 최대치수를 이용한 설계
④ 최소치수를 이용한 설계

해설 평균치를 이용한 설계
특정한 장비나 설비의 경우, 최대집단값이나 최소집단값을 기준으로 설계하기도 부적절하고 조절식으로 하기도 불가능할 경우 평균값을 기준으로 하여 설계하는 경우가 있다. 평균 신장의 손님을 기준으로 만들어진 은행의 접수대가 특별히 키가 작거나 큰 사람을 기준으로 해서 만드는 것보다는 대다수의 일반 손님에게 덜 불편할 것이다.

새 출제기준에 따른 문제 변경

23 특정한 목적을 위해 시각적 암호, 부호 및 기호를 의도적으로 사용할 때에 반드시 고려하여야 할 사항과 가장 거리가 먼 것은?

① 검출성 ② 판별성
③ 양립성 ④ 심각성

해설 입력자극 암호화의 일반적 지침
㉮ 암호의 양립성 : 자극－반응의 관계가 인간의 기대와 일치해야 한다.
㉯ 암호의 검출성 : 주어진 상황 하에서 감지장치나 사람이 감지할 수 있어야 한다.
㉰ 암호의 변별성 : 다른 암호표시와 구별되어야 한다.

새 출제기준에 따른 문제 변경

24 인지 및 인식의 오류를 예방하기 위해 목표와 관련하여 작동을 계획해야 하는데 특수하고 친숙하지 않은 상황에서 발생하며, 부적절한 분석이나 의사결정을 잘못하여 발생하는 오류는?

① 기능에 기초한 오류(skill－based error)
② 규칙에 기초한 오류(rule－based error)
③ 사고에 기초한 오류(accident－based error)
④ 지식에 기초한 오류(knowledge－based error)

Answer 20. ② 21. ① 22. ② 23. ④ 24. ④

해설 라스무센(Rasmussen)의 인간행동 수준의 3단계

㉮ 숙련기반 에러(skill－based error) : 실수(slip, 자동차 하차 시에 창문 개폐를 잊어버리고 내려 분실사고 발생)와 망각(lapse, 전화통화 중에 전화번호를 기억했으나 전화종료 후 옮겨 적는 행동을 잊어버림)으로 구분한다.

㉯ 규칙기반 에러(rule－based error) : 잘못된 규칙을 기억하거나, 정확한 규칙이라도 상황에 맞지 않게 잘못 적용한 경우이다. 예로 일본에서 자동차를 우측 운행하다가 사고를 유발하거나, 음주 후 도로차선을 착각하여 역주행하다가 사고를 유발하는 경우이다.

㉰ 지식기반 에러(knowledge－based error) : 처음부터 장기기억 속에 관련 지식이 없는 경우는 추론이나 유추로 지식처리과정 중에 실패 또는 과오로 이어지는 에러이다. 예로 외국에서 도로표지판을 이해하지 못해서 교통위반을 하는 경우이다.

25 욕조곡선에서의 고장 형태에서 일정한 형태의 고장률이 나타나는 구간은?

① 초기 고장구간 ② 마모 고장구간
③ 피로 고장구간 ④ 우발 고장구간

해설 고장률의 패턴

㉮ 초기 고장 : 감소형 고장률
㉯ 우발 고장 : 일정형 고장률
㉰ 마모 고장 : 증가형 고장률

26 음량수준을 평가하는 척도와 관계없는 것은?

① dB ② HSI
③ phon ④ sone

해설 HSI(열압박지수)

열평형을 유지하기 위해 증발해야 하는 땀의 양

27 실효온도(effective temperature)에 영향을 주는 요인이 아닌 것은?

① 온도 ② 습도
③ 복사열 ④ 공기 유동

해설 실효온도

실효온도는 **온도, 습도 및 공기 유동**이 인체에 미치는 열 효과를 하나의 수치로 통합한 경험적 감각지수로, 상대습도 100%일 때 이(건구)온도에서 느끼는 동일한 온감이다.

28 FT도에서 시스템의 신뢰도는 얼마인가? (단, 모든 부품의 발생확률은 0.1이다.)

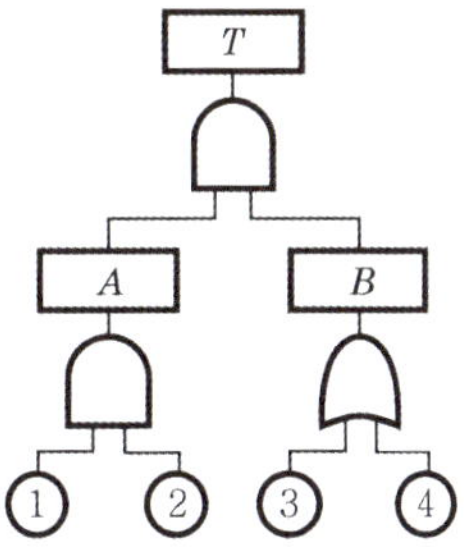

① 0.0033 ② 0.0062
③ 0.9981 ④ 0.9936

해설 신뢰도 계산

㉮ T의 확률(시스템 고장확률) $= A \times B$
$= (①\times②)\times\{1-(1-③)\times(1-④)\}$
$= (0.1\times0.1)\times\{1-(1-0.1)\times(1-0.1)\}$
$= 0.0019$

㉯ 시스템의 신뢰도 $= 1 -$ 고장확률
$= 1 - 0.0019 = 0.9981$

실기 실기시험까지 대비해서 암기하세요.

새 출제기준에 따른 문제 변경

29 정보의 촉각적 암호화 방법으로만 구성된 것은?

① 점자, 진동, 온도
② 초인종, 점멸등, 점자
③ 신호등, 경보음, 점멸등
④ 연기, 온도, 모스(Morse) 부호

해설 조종장치를 촉각적으로 식별하기 위하여 암호화

㉮ 표면 촉감을 사용하는 경우－점자, 진동, 온도
㉯ 형상을 구별하여 사용하는 경우
㉰ 크기를 구별하여 사용하는 경우

Answer 25. ④ 26. ② 27. ③ 28. ③ 29. ①

새 출제기준에 따른 문제 변경

30 다음 중 인간 신뢰도(Human Reliability)의 평가 방법으로 가장 적합하지 않은 것은?

① HCR ② THERP
③ SLIM ④ FMECA

해설 FMECA
설계의 불완전이나 잠재적인 결점을 찾아내기 위해 구성요소의 고장모드와 그 상위 아이템에 대한 영향을 해석하는 기법인 FMEA에서 특히 영향의 치명도에 대한 정도를 중요시할 때는 FMECA라고 한다.

31 시스템 수명주기에 있어서 예비위험분석(PHA)이 이루어지는 단계에 해당하는 것은?

① 구상단계 ② 점검단계
③ 운전단계 ④ 생산단계

해설 예비위험분석(PHA)
PHA는 모든 시스템 안전 프로그램의 최초 단계(설계단계, 구상단계)의 분석으로서 시스템 내의 위험요소가 얼마나 위험상태에 있는가를 정성적으로 평가하는 것이다.

32 FTA에서 사용하는 다음 사상기호에 대한 설명으로 맞는 것은?

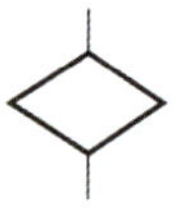

① 시스템 분석에서 좀 더 발전시켜야 하는 사상
② 시스템의 정상적인 가동상태에서 일어날 것이 기대되는 사상
③ 불충분한 자료로 결론을 내릴 수 없어 더 이상 전개할 수 없는 사상
④ 주어진 시스템의 기본사상으로 고장원인이 분석되었기 때문에 더 이상 분석할 필요가 없는 사상

해설 생략사상
정보부족 해석기술의 불충분으로 더 이상 전개할 수 없는 사상. 작업 진행에 따라 해석이 가능할 때는 다시 속행한다.

33 정보를 전송하기 위해 청각적 표시장치보다 시각적 표시장치를 사용하는 것이 더 효과적인 경우는?

① 정보의 내용이 간단한 경우
② 정보가 후에 재참조되는 경우
③ 정보가 즉각적인 행동을 요구하는 경우
④ 정보의 내용이 시간적인 사건을 다루는 경우

해설 시각장치가 이로운 경우
㉮ 전달정보가 복잡할 때
㉯ 전달정보가 후에 재참조될 때
㉰ 수신자의 청각계통이 과부하일 때
㉱ 수신 장소가 시끄러울 때
㉲ 전달정보가 한곳에 머무르는 경우

새 출제기준에 따른 문제 변경

34 결함수분석(FTA)에 의한 재해사례의 연구 순서가 다음과 같을 때 올바른 순서대로 나열한 것은?

ⓐ FT(Fault Tree)도 작성
ⓑ 개선안 실시계획
ⓒ 톱 사상의 선정
ⓓ 사상마다 재해원인 및 요인 규명
ⓔ 개선계획 작성

① ⓓ → ⓔ → ⓒ → ⓐ → ⓑ
② ⓑ → ⓓ → ⓒ → ⓔ → ⓐ
③ ⓒ → ⓓ → ⓐ → ⓔ → ⓑ
④ ⓔ → ⓒ → ⓑ → ⓐ → ⓓ

해설 FTA에 의한 재해사례 연구 순서
㉮ 1단계 : 정상사상의 선정
㉯ 2단계 : 각 사상의 재해원인 규명
㉰ 3단계 : FT도 작성 및 분석
㉱ 4단계 : 개선계획의 작성
㉲ 5단계 : 개선안 실시계획

실기 실기시험까지 대비해서 암기하세요.

Answer 30. ④ 31. ① 32. ③ 33. ② 34. ③

새 출제기준에 따른 문제 변경

35 인간-기계 시스템에서 시스템의 설계를 다음과 같이 구분할 때 제3단계인 기본 설계에 해당되지 않는 것은?

1단계 : 시스템의 목표와 성능 명세 결정
2단계 : 시스템의 정의
3단계 : 기본 설계
4단계 : 인터페이스 설계
5단계 : 보조물 설계
6단계 : 시험 및 평가

① 화면 설계 ② 작업 설계
③ 직무 분석 ④ 기능 할당

해설 기본 설계
㉮ 시스템이 형태를 갖추기 시작하는 단계
㉯ S/W에 대한 기능 할당, 직무 분석, 작업 설계
※ ① 화면 설계는 인터페이스 설계에 해당한다.

새 출제기준에 따른 문제 변경

36 다음 중 최소 컷셋(Minimal cut sets)에 관한 설명으로 옳은 것은?

① 컷셋 중에 타 컷셋을 포함하고 있는 것을 배제하고 남은 컷셋들을 의미한다.
② 어느 고장이나 에러를 일으키지 않으면 재해가 일어나지 않는 시스템의 신뢰성이다.
③ 기본사상이 일어났을 때 정상사상(Top event)을 일으키는 기본사상의 집합이다.
④ 기본사상이 일어나지 않을 때 정상사상(Top event)이 일어나지 않는 기본사상의 집합이다.

해설 최소 컷셋(Minimal cut sets)
㉮ 정상사상을 일으키기 위한 기본사상의 최소집합이다.
㉯ 컷셋 중 타 컷셋을 포함하고 있는 것을 배제하고 남은 컷셋들을 의미한다.
㉰ 시스템의 위험성을 나타낸다.
㉱ 일반적으로 Fussell Algorithm을 사용한다.

실기 실기시험까지 대비해서 암기하세요.

37 의도는 올바른 것이었지만, 행동이 의도한 것과는 다르게 나타나는 오류는?

① Slip ② Mistake
③ Lapse ④ Violation

해설 인간의 오류 유형
① 실수(Slip) : 의도와는 다른 행동을 하는 경우
② 착오(Mistake) : 상황해석을 잘못하거나 틀린 목표를 착각하여 행하는 경우
③ 망각(Lapse) : 어떤 행동을 잊어버리고 안 하는 경우
④ 위반(Violation) : 알고 있음에도 의도적으로 따르지 않거나 무시한 경우

38 동작경제의 원칙과 가장 거리가 먼 것은?

① 급작스런 방향의 전환은 피하도록 할 것
② 가능한 관성을 이용하여 작업하도록 할 것
③ 두 손의 동작은 같이 시작하고 같이 끝나도록 할 것
④ 두 팔의 동작은 동시에 같은 방향으로 움직일 것

해설 동작경제의 원칙
④ 두 팔은 각기 반대 방향에서 대칭적으로 동시에 움직여야 한다.

새 출제기준에 따른 문제 변경

39 다음 중 인간공학을 기업에 적용할 때의 기대효과로 볼 수 없는 것은?

① 노사 간의 신뢰 저하
② 제품과 작업의 질 향상
③ 작업자의 건강 및 안전 향상
④ 이직률 및 작업손실시간의 감소

해설 인간공학의 기업적용에 따른 기대효과
㉮ 생산성의 향상
㉯ 제품과 작업의 질 향상
㉰ 직무만족도의 향상
㉱ 작업자의 건강 및 안전 향상
㉲ 노사 간의 신뢰 구축
㉳ 이직률 및 작업손실시간의 감소

Answer 35. ① 36. ① 37. ① 38. ④ 39. ①

40 두 가지 상태 중 하나가 고장 또는 결함으로 나타나는 비정상적인 사건은?

① 톱사상 ② 결함사상
③ 정상적인 사상 ④ 기본적인 사상

해설 결함사상
두 가지 상태 중 하나가 고장 또는 결함으로 나타나는 비정상적인 사건이며 중간사상이라고도 한다.

제3과목 기계위험 방지기술

41 산업안전보건법령상 보일러 수위가 이상현상으로 인해 위험수위로 변하면 작업자가 쉽게 감지할 수 있도록 경보등, 경보음을 발하고 자동적으로 급수 또는 단수되어 수위를 조절하는 방호장치는?

① 압력방출장치 ② 고저수위 조절장치
③ 압력제한 스위치 ④ 과부하방지장치

해설 보일러의 방호장치
① 압력방출장치 : 보일러의 운전 중에 장치나 용기의 내압이 상승해서 파괴되어 화재, 폭발의 원인이 되므로 이를 방지하기 위해 여분의 압력을 신속하게 방출해서 정상적인 운전압력으로 복귀시키는 장치
③ 압력제한 스위치 : 보일러의 과열을 방지하기 위하여 최고사용압력과 상용압력 사이에서 보일러의 버너 연소를 차단할 수 있도록 하는 장치
④ 과부하방지장치 : 보일러에 허용 이상의 부하가 가해졌을 때에 그 동작을 정지 또는 방지하기 위해 안전 쪽으로 작동시키는 장치

참고 산업안전보건기준에 관한 규칙 제116~118조

실기 실기시험까지 대비해서 암기하세요.

42 프레스 작업에서 제품 및 스크랩을 자동적으로 위험한계 밖으로 배출하기 위한 장치로 틀린 것은?

① 피더 ② 키커
③ 이젝터 ④ 공기 분사 장치

해설 프레스 송급장치와 배출장치
㉮ 송급장치 : 언코일러, 레벨러, 피더 등
㉯ 자동배출장치 : 키커, 이젝터, 공기 분사 장치 등

43 산업안전보건법령상 로봇의 작동범위 내에서 그 로봇에 관하여 교시 등 작업을 행하는 때 작업시작 전 점검사항으로 옳은 것은? (단, 로봇의 동력원을 차단하고 행하는 것은 제외)

① 과부하방지장치의 이상 유무
② 압력제한스위치의 이상 유무
③ 외부 전선의 피복 또는 외장의 손상 유무
④ 권과방지장치의 이상 유무

해설 로봇의 작동범위 내에서 그 로봇에 관하여 교시 등 작업을 행하는 때 작업시작 전 점검사항
㉮ 외부 전선의 피복 또는 외장의 손상 유무
㉯ 매니퓰레이터 작동의 이상 유무
㉰ 제동장치 및 비상정지장치의 기능

참고 산업안전보건기준에 관한 규칙 별표 3

실기 실기시험까지 대비해서 암기하세요.

44 산업안전보건법령상 지게차 작업시작 전 점검사항으로 거리가 가장 먼 것은?

① 제동장치 및 조종장치 기능의 이상 유무
② 압력방출장치의 작동 이상 유무
③ 바퀴의 이상 유무
④ 전조등 · 후미등 · 방향지시기 및 경보장치 기능의 이상 유무

해설 지게차 작업시작 전 점검사항
㉮ 제동장치 및 조종장치 기능의 이상 유무
㉯ 하역장치 및 유압장치 기능의 이상 유무
㉰ 바퀴의 이상 유무
㉱ 전조등 · 후미등 · 방향지시기 및 경보장치 기능의 이상 유무

참고 산업안전보건기준에 관한 규칙 별표 3

실기 실기시험까지 대비해서 암기하세요.

Answer 40. ② 41. ② 42. ① 43. ③ 44. ②

45 다음 중 가공재료의 칩이나 절삭유 등이 비산되어 나오는 위험으로부터 보호하기 위한 선반의 방호장치는?

① 바이트　　② 권과방지장치
③ 압력제한스위치　　④ 실드(shield)

해설 선반의 방호장치
㉮ 칩 브레이커 : 칩(chip)을 짧게 끊어주는 장치
㉯ 실드 : 칩이나 절삭유의 비산을 방지하기 위하여 선반의 전후좌우 및 위쪽에 설치하는 덮개
㉰ 척 커버 : 척에 물린 가공물의 돌출부 등에 작업복 등이 말려들어가는 것을 방지해주는 장치
㉱ 급정지 브레이크 : 작업 중 발생하는 돌발상황에서 선반 작동을 중지시키는 장치
㉲ 덮개 또는 울 : 돌출하여 회전하고 있는 가공물이 근로자에게 위험을 미칠 우려가 있는 경우 설치하는 장치

46 상용운전압력 이상으로 압력이 상승할 경우 보일러의 파열을 방지하기 위하여 버너의 연소를 차단하여 정상압력으로 유도하는 장치는?

① 압력방출장치　　② 고저수위 조절장치
③ 압력제한 스위치　　④ 통풍제어 스위치

해설 보일러의 방호장치
① 압력방출장치 : 계통 내의 압력이 안전제한치 이상 상승하는 것을 방지하기 위해 설정된 압력에 도달하면 자동으로 동작하는 장치
② 고저수위 조절장치 : 보일러 쉘 내의 관수의 수위가 최고한계나 최저한계에 도달했을 때 자동으로 경보를 울리는 동시에 관수의 공급을 차단시켜 주는 장치

47 산업안전보건법령상 보일러의 압력방출장치가 2개 설치된 경우 그 중 1개는 최고사용압력 이하에서 작동된다고 할 때 다른 압력방출장치는 최고사용압력의 최대 몇 배 이하에서 작동되도록 하여야 하는가?

① 0.5　　② 1
③ 1.05　　④ 2

해설 보일러의 압력방출장치
㉮ 사업주는 보일러의 안전한 가동을 위하여 보일러 규격에 맞는 압력방출장치를 1개 또는 2개 이상 설치하고 최고사용압력(설계압력 또는 최고허용압력을 말함) 이하에서 작동되도록 하여야 한다.
㉯ 다만, 압력방출장치가 2개 이상 설치된 경우에는 최고사용압력 이하에서 1개가 작동되고, 다른 압력방출장치는 최고사용압력 1.05배 이하에서 작동되도록 부착하여야 한다.

참고 산업안전보건기준에 관한 규칙 제116조

48 용접부 결함에서 전류가 과대하고, 용접속도가 너무 빨라 용접부의 일부가 홈 또는 오목하게 생기는 결함은?

① 언더컷　　② 기공
③ 균열　　④ 융합불량

해설 용접 결함
㉮ 언더컷(under cut) : 용접부 부근의 모재가 용접열에 의해 움푹 패인 형상
㉯ 언더필(under fill) : 용접이 덜 채워진 현상
㉰ 기공(porosity) : 이물이나 수분 등으로 인해 용접부 내부에 가스가 발생되어 외부를 빠져 나오지 못하고 내부에서 기포를 현상한 상태
㉱ 균열(cracking) : 용접부에 금이 가는 현상
㉲ 용입부족(incomplete penetration) : 용융금속의 두께가 모재 두께보다 적게 용입이 된 상태
㉳ 스패터(spatter) : 용접 시 조그만 금속 알갱이가 튕겨나와 모재에 묻어있는 현상
㉴ 오버랩(over lap) : 용접개선 절단면을 지나 모재 상부까지 용접된 현상

49 물체의 표면에 침투력이 강한 적색 또는 형광성의 침투액을 표면 개구 결함에 침투시켜 직접 또는 자외선 등으로 관찰하여 결함장소와 크기를 판별하는 비파괴시험은?

① 피로시험
② 음향탐상시험
③ 와류탐상시험
④ 침투탐상시험

Answer 45. ④ 46. ③ 47. ③ 48. ① 49. ④

해설 비파괴시험

② 음향탐상시험 : 물체에 망치 등으로 타격 진동시켜 발생하는 낮은 응력파를 검사하는 비파괴시험
③ 와류탐상시험 : 전류가 변화하는 상태를 관찰함으로써 물체 내의 결함의 유무를 검사하는 비파괴시험
※ ① 피로시험 : 재료의 강도를 측정하는 파괴시험

실기 실기시험까지 대비해서 암기하세요.

50 연삭숫돌의 파괴원인으로 거리가 가장 먼 것은?

① 숫돌이 외부의 큰 충격을 받았을 때
② 숫돌의 회전속도가 너무 빠를 때
③ 숫돌 자체에 이미 균열이 있을 때
④ 플랜지 직경이 숫돌 직경의 1/3 이상일 때

해설 연삭숫돌의 파괴원인

㉮ ①, ②, ③과 다음의 원인이 있다.
㉯ 플랜지 직경이 현저히 작거나 지름이 균일하지 않을 때
㉰ 숫돌의 측면을 사용하는 경우

실기 실기시험까지 대비해서 암기하세요.

51 산업안전보건법령상 프레스 등 금형을 부착 · 해체 또는 조정하는 작업을 할 때, 슬라이드가 갑자기 작동함으로써 근로자에게 발생할 우려가 있는 위험을 방지하기 위해 사용해야 하는 것은? (단, 해당 작업에 종사하는 근로자의 신체가 위험한계 내에 있는 경우)

① 방진구 ② 안전블록
③ 시건장치 ④ 날접촉예방장치

해설 금형조정작업의 위험 방지

사업주는 프레스 등의 금형을 부착 · 해체 또는 조정하는 작업을 할 때에 해당 작업에 종사하는 근로자의 신체가 위험한계 내에 있는 경우 슬라이드가 갑자기 작동함으로써 근로자에게 발생할 우려가 있는 위험을 방지하기 위하여 안전블록을 사용하는 등 필요한 조치를 하여야 한다.

참고 산업안전보건기준에 관한 규칙 제104조

52 페일 세이프(fail safe)의 기능적인 면에서 분류할 때 거리가 가장 먼 것은?

① Fool proof ② Fail passive
③ Fail active ④ Fail operational

해설 페일 세이프(fail safe)의 기능적인 면에서 분류 3단계

② Fail passive : 부품이 고장나면 통상 기계는 정지하는 방향으로 이동
③ Fail active : 부품이 고장나면 기계는 경보를 울리는 가운데 짧은 시간 동안의 운전이 가능
④ Fail operational : 부품이 고장나면 기계는 보수가 될 때까지 안전한 기능을 유지

53 산업안전보건법령상 크레인에서 정격하중에 대한 정의는? (단, 지브가 있는 크레인은 제외)

① 부하할 수 있는 최대하중
② 부하할 수 있는 최대하중에서 달기기구의 중량에 상당하는 하중을 뺀 하중
③ 짐을 싣고 상승할 수 있는 최대하중
④ 가장 위험한 상태에서 부하할 수 있는 최대하중

해설 크레인 정격하중

㉮ 크레인의 권상하중(들어 올릴 수 있는 최대의 하중)에서 훅, 크래브 또는 버킷 등 달기기구의 중량에 상당하는 하중을 뺀 하중을 말한다.
㉯ 다만, 지브가 있는 크레인 등으로서 경사각의 위치, 지브의 길이에 따라 권상능력이 달라지는 것은 그 위치의 권상하중에서 달기기구의 중량을 뺀 하중 가운데 최대치를 말한다.

참고 위험기계 · 기구 안전인증 고시 제6조

54 기계설비의 안전조건인 구조의 안전화와 거리가 가장 먼 것은?

① 전압강하에 따른 오동작 방지
② 재료의 결함 방지
③ 설계상의 결함 방지
④ 가공 결함 방지

Answer 50. ④ 51. ② 52. ① 53. ② 54. ①

해설 기계설비의 안전조건

㉮ 외관의 안전화 : 회전부의 방호덮개 설치, 색채 조절

㉯ 기능의 안전화 : 전압강하나 정전 시 오동작 방지, 정전보상장치(UPS)

㉰ 구조의 안전화 : 설계상의 결함 방지, 가공 결함 방지

㉱ 작업의 안전화 : 기동 장치와 배치, 정지 시 시건장치, 안전통로 확보, 작업공간 확보

㉲ 보수, 유지의 안전화 : 정기점검, 교환, 보전용 통로와 작업장 확보

55 공기압축기의 작업안전수칙으로 가장 적절하지 않은 것은?

① 공기압축기의 점검 및 청소는 반드시 전원을 차단한 후에 실시한다.

② 운전 중에 어떠한 부품도 건드려서는 안 된다.

③ 공기압축기 분해 시 내부의 압축공기를 이용하여 분해한다.

④ 최대공기압력을 초과한 공기압력으로는 절대로 운전하여서는 안 된다.

해설 공기압축기의 작업안전수칙

③ 공기압축기 분해 시 내부의 압축공기를 완전히 배출한 후 분해한다.

56 산업안전보건법령상 컨베이어, 이송용 롤러 등을 사용하는 경우 정전 · 전압강하 등에 의한 위험을 방지하기 위하여 설치하는 안전장치는?

① 권과방지장치

② 동력전달장치

③ 과부하방지장치

④ 화물의 이탈 및 역주행 방지장치

해설 이탈 등의 방지

사업주는 컨베이어, 이송용 롤러 등을 사용하는 경우에는 정전 · 전압강하 등에 따른 화물 또는 운반구의 이탈 및 역주행을 방지하는 장치를 갖추어야 한다. 다만, 무동력상태 또는 수평상태로만 사용하여 근로자가 위험해질 우려가 없는 경우에는 그러하지 아니하다.

참고 산업안전보건기준에 관한 규칙 제191조

새 출제기준에 따른 문제 변경

57 한 공장에서 350명의 작업자가 1주일에 40시간씩, 연간 50주를 작업하는 동안에 18건의 재해가 발생하여 25명의 재해자가 발생하였다. 이 근로시간 중에 작업자의 7%가 결근하였다면 이 공장의 도수율은 얼마인가?

① 25.71　② 27.65

③ 35.71　④ 38.40

해설 도수율

$$도수율 = \frac{재해건수}{연근로총시간수}\times 10^6 = \frac{18}{350\times 40\times 50\times 0.93}\times 10^6 = 27.65$$

실기 실기시험까지 대비해서 암기하세요.

58 다음 중 드릴 작업의 안전사항으로 틀린 것은?

① 옷소매가 길거나 찢어진 옷은 입지 않는다.

② 작고, 길이가 긴 물건은 손으로 잡고 뚫는다.

③ 회전하는 드릴에 걸레 등을 가까이 하지 않는다.

④ 스핀들에서 드릴을 뽑아낼 때에는 드릴 아래에 손을 내밀지 않는다.

해설 드릴 작업의 안전사항

② 작고, 길이가 긴 물건은 플라이어로 잡고 뚫는다.

59 산업안전보건법령상 양중기의 과부하방지장치에서 요구하는 일반적인 성능기준으로 가장 적절하지 않은 것은?

① 과부하방지장치 작동 시 경보음과 경보램프가 작동되어야 하며 양중기는 작동이 되지 않아야 한다.

② 외함의 전선 접촉부분은 고무 등으로 밀폐되어 물과 먼지 등이 들어가지 않도록 한다.

③ 과부하방지장치와 타 방호장치는 기능에 서로 장애를 주지 않도록 부착할 수 있는 구조이어야 한다.

④ 방호장치의 기능을 정지 및 제거할 때 양중기의 기능이 동시에 원활하게 작동하는 구조이며 정지해서는 안 된다.

Answer 55. ③ 56. ④ 57. ② 58. ② 59. ④

해설 양중기의 과부하방지장치 성능기준

㉮ 과부하방지장치 작동 시 경보음과 경보램프가 작동되어야 하며 양중기는 작동이 되지 않아야 한다.

㉯ 외함은 납봉인 또는 시건할 수 있는 구조이어야 한다.

㉰ 외함의 전선 접촉부분은 고무 등으로 밀폐되어 물과 먼지 등이 들어가지 않도록 한다.

㉱ 과부하방지장치와 타 방호장치는 기능에 서로 장애를 주지 않도록 부착할 수 있는 구조이어야 한다.

㉲ 방호장치의 기능을 제거 또는 정지할 때 양중기의 기능도 동시에 정지할 수 있는 구조이어야 한다.

㉳ 과부하방지장치는 별표 2의2 각 호의 시험 후 정격하중의 1.1배 권상 시 경보와 함께 권상동작이 정지되고 횡행과 주행동작이 불가능한 구조이어야 한다. 다만, 타워크레인은 정격하중의 1.05배 이내로 한다.

㉴ 과부하방지장치에는 정상동작상태의 녹색 램프와 과부하 시 경고 표시를 할 수 있는 붉은색 램프와 경보음을 발하는 장치 등을 갖추어야 하며, 양중기 운전자가 확인할 수 있는 위치에 설치해야 한다.

참고 방호장치 안전인증 고시 별표 2

60 프레스기의 SPM(stroke per minute)이 200이고, 클러치의 맞물림 개소수가 6인 경우 양수기동식 방호장치의 안전거리는?

① 120mm　② 200mm
③ 320mm　④ 400mm

해설 양수기동식 방호장치의 안전거리(D)

$D = 1.6(T_L + T_s) = 1.6 \times 200 = 320[\text{mm}]$

여기서, T_L : 버튼에서 손이 떨어질 때부터 급정지기구가 작동할 때까지 시간

T_s : 급정지기구 작동 시부터 슬라이드가 정지할 때까지 시간

$$T_L = \left(\frac{1}{\text{클러치 맞물림 개소수}} + \frac{1}{2}\right) \times \frac{60,000}{\text{분당 회전수}}$$
$$= \left(\frac{1}{6} + \frac{1}{2}\right) \times \frac{60,000}{200} = 200$$

제4과목 전기위험 방지기술

61 폭발한계에 도달한 메탄가스가 공기에 혼합되었을 경우 착화한계전압(V)은 약 얼마인가? (단, 메탄의 착화최소에너지는 0.2mJ, 극간용량은 10pF으로 한다.)

① 6,325　② 5,225
③ 4,135　④ 3,035

해설 착화 한계전압(V)

$E = \frac{1}{2}CV^2$에서

$$V = \sqrt{\frac{2E}{C}} = \sqrt{\frac{2 \times 0.2 \times 10^{-3}}{10 \times 10^{-12}}} = 6,325[\text{V}]$$

62 $Q = 2 \times 10^{-7}$[C]으로 대전하고 있는 반경 25cm 도체구의 전위(kV)는 약 얼마인가?

① 7.2　② 12.5
③ 14.4　④ 25

해설 도체구의 전위

$$E = \frac{Q}{4\pi\epsilon_0 R}$$
$$= \frac{2 \times 10^{-7}}{4\pi \times 8.855 \times 10^{-12} \times 0.25} = 7,189.38[\text{V}]$$

63 다음 중 누전차단기를 시설하지 않아도 되는 전로가 아닌 것은? (단, 전로는 금속제 외함을 가지는 사용전압이 50V를 초과하는 저압의 기계기구에 전기를 공급하는 전로이며, 기계기구에는 사람이 쉽게 접촉할 우려가 있다.)

① 기계기구를 건조한 장소에 시설하는 경우
② 기계기구가 고무, 합성수지, 기타 절연물로 피복된 경우
③ 대지전압 200V 이하인 기계기구를 물기가 있는 곳 이외의 곳에 시설하는 경우
④ 「전기용품 및 생활용품 안전관리법」의 적용을 받는 이중절연구조의 기계기구를 시설하는 경우

Answer 60. ③ 61. ① 62. ① 63. ③

해설 누전차단기의 시설

금속제 외함을 가지는 사용전압이 50V를 초과하는 저압의 기계기구로서 사람이 쉽게 접촉할 우려가 있는 곳에 시설하는 것에 전기를 공급하는 전로. 다만, 다음의 어느 하나에 해당하는 경우에는 적용하지 않는다.

㉮ 기계기구를 발전소·변전소·개폐소 또는 이에 준하는 곳에 시설하는 경우
㉯ 기계기구를 건조한 곳에 시설하는 경우
㉰ 대지전압이 150V 이하인 기계기구를 물기가 있는 곳 이외의 곳에 시설하는 경우
㉱ 「전기용품 및 생활용품 안전관리법」의 적용을 받는 이중절연구조의 기계기구를 시설하는 경우
㉲ 그 전로의 전원측에 절연변압기(2차 전압이 300V 이하인 경우에 한한다)를 시설하고 또한 그 절연변압기의 부하측의 전로에 접지하지 아니하는 경우
㉳ 기계기구가 고무·합성수지 기타 절연물로 피복된 경우
㉴ 기계기구가 유도전동기의 2차측 전로에 접속되는 것일 경우
㉵ 기계기구가 131의 8에 규정하는 것일 경우
㉶ 기계기구 내에 「전기용품 및 생활용품 안전관리법」의 적용을 받는 누전차단기를 설치하고, 또한 기계기구의 전원 연결선이 손상을 받을 우려가 없도록 시설하는 경우

참고 한국전기설비규정

실기 실기시험까지 대비해서 암기하세요.

64 누전차단기의 시설방법 중 옳지 않은 것은?

① 시설장소는 배전반 또는 분전반 내에 설치한다.
② 정격전류용량은 해당 전로의 부하전류 값 이상이어야 한다.
③ 정격감도전류는 정상의 사용상태에서 불필요하게 동작하지 않도록 한다.
④ 인체감전보호형은 0.05초 이내에 동작하는 고감도고속형이어야 한다.

해설 누전차단기의 시설방법

④ 인체감전보호형은 0.03초 이내에 동작하는 고감도고속형이어야 한다.

65 고압전로에 설치된 전동기용 고압전류 제한 퓨즈의 불용단전류의 조건은?

① 정격전류 1.3배의 전류로 1시간 이내에 용단되지 않을 것
② 정격전류 1.3배의 전류로 2시간 이내에 용단되지 않을 것
③ 정격전류 2배의 전류로 1시간 이내에 용단되지 않을 것
④ 정격전류 2배의 전류로 2시간 이내에 용단되지 않을 것

해설 고압 및 특고압 전로 중의 과전류차단기의 시설

㉮ 과전류차단기로 시설하는 퓨즈 중 고압전로에 사용하는 포장 퓨즈(퓨즈 이외의 과전류 차단기와 조합하여 하나의 과전류 차단기로 사용하는 것을 제외한다)는 **정격전류의 1.3배의 전류에 견디고 또한 2배의 전류로 120분 안에 용단되는 것** 또는 다음에 적합한 고압전류제한퓨즈이어야 한다.
㉯ 과전류차단기로 시설하는 퓨즈 중 고압전로에 사용하는 비포장 퓨즈는 정격전류의 1.25배의 전류에 견디고 또한 2배의 전류로 2분 안에 용단되는 것이어야 한다.
㉰ 고압 또는 특고압의 전로에 단락이 생긴 경우에 동작하는 과전류차단기는 이것을 시설하는 곳을 통과하는 단락전류를 차단하는 능력을 가지는 것이어야 한다.
㉱ 고압 또는 특고압의 과전류차단기는 그 동작에 따라 그 개폐상태를 표시하는 장치

참고 한국전기설비규정

66 정전기 방지대책 중 적합하지 않는 것은?

① 대전서열이 가급적 먼 것으로 구성한다.
② 카본 블랙을 도포하여 도전성을 부여한다.
③ 유속을 저감시킨다.
④ 도전성 재료를 도포하여 대전을 감소시킨다.

해설 정전기 방지대책

① 대전서열이 가급적 가까운 것으로 구성한다.

실기 실기시험까지 대비해서 암기하세요.

Answer 64. ④ 65. ② 66. ①

67 다음 중 방폭전기기기의 구조별 표시방법으로 틀린 것은?

① 내압방폭구조 : p
② 본질안전방폭구조 : ia, ib
③ 유입방폭구조 : o
④ 안전증방폭구조 : e

해설 방폭구조의 기호
① 내압방폭구조 : d
※ 압력방폭구조 : p

68 내접압용 절연장갑의 등급에 따른 최대사용전압이 틀린 것은? (단, 교류 전압은 실효값이다.)

① 등급 00 : 교류 500V
② 등급 1 : 교류 7,500V
③ 등급 2 : 직류 17,000V
④ 등급 3 : 직류 39,750V

해설 내전압용 절연장갑의 등급

등급	최대사용전압		비고
	교류(V, 실효값)	직류(V)	
00	500	750	
0	1,000	1,500	
1	7,500	11,250	
2	17,000	25,500	
3	26,500	39,750	
4	36,000	54,000	

실기 실기시험까지 대비해서 암기하세요.

69 저압전로의 절연성능에 관한 설명으로 적합하지 않는 것은?

① 전로의 사용전압이 SELV 및 PELV일 때 절연저항은 0.5MΩ 이상이어야 한다.
② 전로의 사용전압이 FELV일 때 절연저항은 1MΩ 이상이어야 한다.
③ 전로의 사용전압이 FELV일 때 DC 시험 전압은 500V이다
④ 전로의 사용전압이 600V일 때 절연저항은 1.5MΩ 이상이어야 한다.

해설 저압전로의 절연성능

전로의 사용전압 [V]	DC 시험전압 [V]	절연저항 [MΩ]
SELV 및 PELV	250	0.5
FELV, 500V 이하	500	1.0
500V 초과	1,000	1.0

※ 특별저압(Extra Low Voltage, 2차 전압이 AC 50V, DC 120V 이하)으로서, SELV(비접지회로 구성) 및 PELV(접지회로 구성)는 1차와 2차가 전기적으로 절연된 회로, FELV는 1차와 2차가 전기적으로 절연되지 않은 회로

참고 전기설비기술기준

70 다음 중 0종 장소에 사용될 수 있는 방폭구조의 기호는?

① Ex ia ② Ex ib
③ Ex d ④ Ex e

해설 장소별 방폭구조

0종 장소	지속적 위험분위기	본질안전방폭구조(Ex ia)
1종 장소	통상상태에서의 간헐적 위험분위기	내압방폭구조(Ex d) 압력방폭구조(Ex p) 충전방폭구조(Ex q) 유입방폭구조(Ex o) 안전증방폭구조(Ex e) 본질안전방폭구조(Ex ib) 몰드방폭구조(Ex m)
2종 장소	이상상태에서의 위험분위기	비점화방폭구조(Ex n)

71 다음 중 전기화재의 주요 원인이라고 할 수 없는 것은?

① 절연전선의 열화 ② 정전기 발생
③ 과전류 발생 ④ 절연저항값의 증가

해설 전기화재의 주요 원인

스파크	누전	접촉부 과열	절연열화에 의한 발열	과전류
24%	15%	12%	11%	8%

Answer 67. ① 68. ③ 69. ④ 70. ① 71. ④

72 배전선로에 정전작업 중 단락 접지기구를 사용하는 목적으로 가장 적합한 것은?

① 통신선 유도 장해 방지
② 배전용 기계 기구의 보호
③ 배전선 통전 시 전위경도 저감
④ 혼촉 또는 오동작에 의한 감전방지

해설 단락접지 실시

㉮ 모든 도체는 상간 단락 및 접지가 될 때까지는 충전부로 간주하여야 한다.
㉯ 시험에 의하여 도체에 '무전압'이라는 것이 확인되면, 수립된 절차에 따라 적절하게 단락접지를 하여야 한다.
㉰ 도체에 대한 단락접지를 하는 이유는 많은 주의에도 불구하고 기기가 재충전되는 경우 작업자를 보호하기 위한 것이다.
㉱ 전로에 용량성 부하가 포함되어 있을 때에는 그 부하에 충전된 모든 전하를 방전시키기 위해서도 단락접지가 필요하다.

73 어느 변전소에서 고장전류가 유입되었을 때 도전성 구조물과 그 부근 지표상의 점과의 사이(약 1m)의 허용접촉전압은 약 몇 V인가? (단, 심실세동전류 : $I_k = \frac{165}{\sqrt{t}}$ A, 인체의 저항 : 1,000Ω, 지표면의 저항률 : 150Ω · m, 통전시간을 1초로 한다.)

① 164　　② 186
③ 202　　④ 228

해설 허용접촉전압(E)

$$E = \frac{0.165}{\sqrt{t}} \times \left(\text{인체저항} + \frac{3}{2} \times \text{지표면 저항}\right)$$
$$= \frac{0.165}{\sqrt{1}} \times \left(1{,}000 + \frac{3}{2} \times 150\right) = 202.125[\text{V}]$$

74 방폭기기 그룹에 관한 설명으로 틀린 것은?

① 그룹 Ⅰ, 그룹 Ⅱ, 그룹 Ⅲ가 있다.
② 그룹 Ⅰ의 기기는 폭발성 갱내 가스에 취약한 광산에서의 사용을 목적으로 한다.
③ 그룹 Ⅱ의 세부 분류로 ⅡA, ⅡB, ⅡC가 있다.
④ ⅡA로 표시된 기기는 그룹 ⅡB 기기를 필요로 하는 지역에 사용할 수 있다.

해설 방폭기기 그룹

④ ⅡB로 표시된 기기는 그룹 ⅡA 기기를 필요로 하는 지역에 사용할 수 있다.

75 한국전기설비규정에 따라 피뢰설비에서 외부피뢰시스템의 수뢰부시스템으로 적합하지 않는 것은?

① 돌침　　② 수평도체
③ 메시도체　　④ 환상도체

해설 수뢰부시스템(Air – termination System)

낙뢰를 포착할 목적으로 돌침, 수평도체, 메시도체 등과 같은 금속 물체를 이용한 외부 피뢰시스템의 일부를 말한다.

76 정전기 재해의 방지를 위하여 배관 내 액체의 유속 제한이 필요하다. 배관의 내경과 유속 제한 값으로 적절하지 않은 것은?

① 관 내경(mm) : 25, 제한유속(m/s) : 6.5
② 관 내경(mm) : 50, 제한유속(m/s) : 3.5
③ 관 내경(mm) : 100, 제한유속(m/s) : 2.5
④ 관 내경(mm) : 200, 제한유속(m/s) : 1.8

해설 관 내경과 유속 제한 값

관 내경(mm)	25	50	100	200
제한유속(m/s)	4.9	3.5	2.5	1.8

77 지락이 생긴 경우 접촉상태에 따라 접촉전압을 제한할 필요가 있다. 인체의 접촉상태에 따른 허용접촉전압을 나타낸 것으로 다음 중 옳지 않은 것은?

① 제1종 : 2.5V 이하
② 제2종 : 25V 이하
③ 제3종 : 35V 이하
④ 제4종 : 제한 없음

Answer 72. ④ 73. ③ 74. ④ 75. ④ 76. ① 77. ③

해설 접촉상태별 허용접촉전압

종별	접촉상태	허용접촉 전압
1종	인체의 대부분이 수중에 있는 상태	2.5V 이하
2종	인체가 현저히 젖어있는 상태, 금속성의 전기기계장치나 구조물에 인체의 일부가 상시 접속되어 있는 상태	25V 이하
3종	통상의 인체상태에 있어서 접촉전압이 가해지더라도 위험성이 낮은 상태	50V 이하
4종	접촉전압이 가해질 우려가 없는 경우	제한 없음

78 계통접지로 적합하지 않는 것은?

① TN 계통 ② TT 계통
③ IN 계통 ④ IT 계통

해설 계통접지의 종류
① TN 계통 : 직접 접지 방식
② TT 계통 : 직접 다중 접지 방식
④ IT 계통 : 비 접지 방식

79 정전기재해의 방지대책에 대한 설명으로 적합하지 않는 것은?

① 접지의 접속은 납땜, 용접 또는 멈춤나사로 실시한다.
② 회전부품의 유막저항이 높으면 도전성의 윤활제를 사용한다.
③ 이동식의 용기는 절연성 고무제 바퀴를 달아서 폭발위험을 제거한다.
④ 폭발의 위험이 있는 구역은 도전성 고무류로 바닥 처리를 한다.

해설 정전기재해의 방지대책
③ 이동식의 용기는 도전성 고무제 바퀴를 달아서 폭발위험을 제거한다.

실기 실기시험까지 대비해서 암기하세요.

80 정전기 발생에 영향을 주는 요인이 아닌 것은?

① 물체의 분리속도
② 물체의 특성
③ 물체의 접촉시간
④ 물체의 표면상태

해설 정전기 발생에 영향을 주는 요인
㉮ 물체의 분리속도
㉯ 물체의 특성
㉰ 물체의 표면상태
㉱ 물체의 이력
㉲ 접촉면적과 압력

제5과목 화학설비위험 방지기술

81 산업안전보건법령상 특수화학설비를 설치할 때 내부의 이상상태를 조기에 파악하기 위하여 필요한 계측장치를 설치하여야 한다. 이러한 계측장치로 거리가 먼 것은?

① 압력계 ② 유량계
③ 온도계 ④ 비중계

해설 계측장치 등의 설치
사업주는 위험물을 별표에서 정한 기준량 이상으로 제조하거나 취급하는 화학설비를 설치하는 경우에는 내부의 이상 상태를 조기에 파악하기 위하여 필요한 온도계 · 유량계 · 압력계 등의 계측장치를 설치하여야 한다.

참고 산업안전보건기준에 관한 규칙 제273조

82 불연성이지만 다른 물질의 연소를 돕는 산화성 액체 물질에 해당하는 것은?

① 히드라진 ② 과염소산
③ 벤젠 ④ 암모니아

해설 산화성 액체(제6류)
과염소산, 과산화수소, 질산 등
※ 히드라진(N_2H_4), 벤젠(C_6H_6), 암모니아(NH_3)는 인화성 물질이다.

Answer 78. ③ 79. ③ 80. ③ 81. ④ 82. ②

83 아세톤에 대한 설명으로 틀린 것은?

① 증기는 유독하므로 흡입하지 않도록 주의해야 한다.
② 무색이고 휘발성이 강한 액체이다.
③ 비중이 0.79이므로 물보다 가볍다.
④ 인화점이 20℃이므로 여름철에 인화 위험이 더 높다.

해설 아세톤
아세톤(CH_3COCH_3)의 인화점은 －20℃이다.

84 다음 [표]를 참조하여 메탄 70vol%, 프로판 21vol%, 부탄 9vol%인 혼합가스의 폭발범위를 구하면 약 몇 vol%인가?

종류	폭발하한계(vol%)	폭발상한계(vol%)
C_4H_{10}	1.8	8.4
C_3H_8	2.1	9.5
C_2H_6	3.0	12.4
CH_4	5.0	15.0

① 3.45～9.11　　② 3.45～12.58
③ 3.85～9.11　　④ 3.85～12.58

해설 폭발범위(폭발하한계～폭발상한계)

$$L=\frac{100}{\frac{V_1}{L_1}+\frac{V_2}{L_2}+\frac{V_3}{L_3}+\cdots}$$

여기서, L_n : 단독가스의 폭발상 · 하한계
V_n : 단독가스의 공기 중 부피(%)
100 : 단독가스 부피의 합

㉮ 폭발하한계 $=\frac{100}{\frac{70}{5}+\frac{21}{2.1}+\frac{9}{1.8}}=3.45$

㉯ 폭발상한계 $=\frac{100}{\frac{70}{15}+\frac{21}{9.5}+\frac{9}{8.4}}=12.58$

85 제1종 분말소화약제의 주성분에 해당하는 것은?

① 사염화탄소　　② 브롬화메탄
③ 수산화암모늄　　④ 탄산수소나트륨

해설 분말 소화약제의 종류 및 적응화재

종별	주성분	적응화재
1종	탄산수소나트륨($NaHCO_3$)	B, C급 화재
2종	탄산수소칼륨($KHCO_3$)	B, C급 화재
3종	제1인산암모늄($NH_4H_2PO_4$)	A, B, C급 화재
4종	탄산수소칼륨과 요소($(NH_2)_2CO$)와의 반응물	B, C급 화재

86 산업안전보건법령상 위험물질의 종류를 구분할 때 다음 물질들이 해당하는 것은?

리튬, 칼륨 · 나트륨, 황, 황린, 황화인 · 적린

① 폭발성 물질 및 유기과산화물
② 산화성 액체 및 산화성 고체
③ 물반응성 물질 및 인화성 고체
④ 급성 독성 물질

해설 물반응성 물질 및 인화성 고체
㉮ 리튬
㉯ 칼륨 · 나트륨
㉰ 황
㉱ 황린
㉲ 황화인 · 적린
㉳ 셀룰로이드류
㉴ 알킬알루미늄 · 알킬리튬
㉵ 마그네슘 분말
㉶ 금속 분말(마그네슘 분말은 제외)
㉷ 알칼리금속(리튬 · 칼륨 및 나트륨은 제외)
㉸ 유기 금속화합물(알킬알루미늄 및 알킬리튬은 제외)
㉹ 금속의 수소화물
㉺ 금속의 인화물
㉻ 칼슘 탄화물, 알루미늄 탄화물

참고 산업안전보건기준에 관한 규칙 별표 1

실기 실기시험까지 대비해서 암기하세요.

Answer 83. ④ 84. ② 85. ④ 86. ③

87 화학물질 및 물리적 인자의 노출기준에서 정한 유해인자에 대한 노출기준의 표시단위가 잘못 연결된 것은?

① 에어로졸 : ppm
② 증기 : ppm
③ 가스 : ppm
④ 고온 : 습구흑구온도지수(WBGT)

해설 해설 제목
에어로졸의 노출기준 표시단위는 mg/m³이다.

88 탄화칼슘이 물과 반응하였을 때 생성물을 옳게 나타낸 것은?

① 수산화칼슘 + 아세틸렌
② 수산화칼슘 + 수소
③ 염화칼슘 + 아세틸렌
④ 염화칼슘 + 수소

해설 탄화칼슘과 물의 반응식

$CaC_2 + 2H_2O \rightarrow Ca(OH)_2 + C_2H_2 \uparrow$
(탄화칼슘) (수산화칼슘) (아세틸렌)

89 다음 중 분진폭발의 특징으로 옳은 것은?

① 가스폭발보다 연소시간이 짧고, 발생에너지가 작다.
② 압력의 파급속도보다 화염의 파급속도가 빠르다.
③ 가스폭발에 비하여 불완전 연소의 발생이 없다.
④ 주위의 분진에 의해 2차, 3차의 폭발로 파급될 수 있다.

해설 분진폭발의 특징
① 가스폭발에 비교하여 연소시간이 길고, 발생에너지가 크다.
② 화염의 파급속도보다 압력의 파급속도가 빠르다.
③ 가스폭발에 비하여 불완전 연소가 많이 발생한다(가스에 의한 중독 위험이 존재한다).

90 가연성 가스 A의 연소범위를 2.2~9.5vol%라 할 때 가스 A의 위험도는 얼마인가?

① 2.52 ② 3.32
③ 4.91 ④ 5.64

해설 위험도(H)

$$H = \frac{U(\text{폭발상한계}) - L(\text{폭발하한계})}{L(\text{폭발하한계})}$$
$$= \frac{9.5 - 2.2}{2.2} = 3.32$$

91 다음 중 증기배관 내에 생성된 증기의 누설을 막고 응축수를 자동적으로 배출하기 위한 안전장치는?

① Steam trap ② Vent stack
③ Blow down ④ Flame arrester

해설 용어
② Vent stack : 탱크 내의 압력을 정상적 상태로 유지하기 위한 일종의 안전장치
③ Blow down : 배기 밸브 또는 배기구가 열리기 시작하고 실린더 내의 가스가 뿜어 나오는 현상
④ Flame arrester : 비교적 저압 또는 상압에서 가연성 증기를 발생하는 유류를 저장하는 탱크에서 외부로 그 증기를 방출하거나, 탱크 내에 외기를 흡인하거나 하는 부분에 설치하는 안전장치

92 CF_3Br 소화약제의 할론 번호를 옳게 나타낸 것은?

① 할론 1031 ② 할론 1311
③ 할론 1301 ④ 할론 1310

해설 소화약제의 할론 번호
할론 번호표기의 첫 번째 숫자는 탄소(C), 두 번째 숫자는 불소(F), 세 번째 숫자는 염소(Cl), 네 번째 숫자는 브롬(Br)을 의미한다.

C	F	Cl	Br
1	3	0	1

Answer 87. ① 88. ① 89. ④ 90. ② 91. ① 92. ③

93 산업안전보건법령에 따라 공정안전보고서에 포함해야 할 세부내용 중 공정안전자료에 해당하지 않는 것은?

① 안전운전 지침서
② 각종 건물 · 설비의 배치도
③ 유해하거나 위험한 설비의 목록 및 사양
④ 위험설비의 안전설계 · 제작 및 설치 관련 지침서

해설 공정안전보고서의 세부내용 등
㉮ ②, ③, ④와 다음의 세부내용이 포함된다.
㉯ 취급 · 저장하고 있거나 취급 · 저장하려는 유해 · 위험물질의 종류 및 수량
㉰ 유해 · 위험물질에 대한 물질안전보건자료
㉱ 유해하거나 위험한 설비의 운전 방법을 알 수 있는 공정도면
㉲ 폭발위험장소 구분도 및 전기단선도

참고 산업안전보건법 시행규칙 제50조

실기 실기시험까지 대비해서 암기하세요.

94 산업안전보건법령상 단위공정시설 및 설비로부터 다른 단위공정 시설 및 설비 사이의 안전거리는 설비의 바깥면부터 얼마 이상이 되어야 하는가?

① 5m ② 10m
③ 15m ④ 20m

해설 시설 및 설비 간의 안전거리
㉮ 단위공정시설 및 설비로부터 다른 단위공정시설 및 설비의 사이 : 설비의 바깥면으로부터 10m 이상
㉯ 플레어스택으로부터 단위공정시설 및 설비, 위험물질 저장탱크 또는 위험물질 하역설비의 사이 : 플레어스택으로부터 반경 20m 이상
㉰ 위험물질 저장탱크로부터 단위공정시설 및 설비, 보일러 또는 가열로의 사이 : 저장탱크의 바깥면으로부터 20m 이상
㉱ 사무실 · 연구실 · 실험실 · 정비실 또는 식당으로부터 단위공정시설 및 설비, 위험물질 저장탱크, 위험물질 하역설비, 보일러 또는 가열로의 사이 : 사무실 등의 바깥면으로부터 20m 이상

참고 산업안전보건기준에 관한 규칙 별표 8

실기 실기시험까지 대비해서 암기하세요.

95 자연발화 성질을 갖는 물질이 아닌 것은?

① 질화면 ② 목탄분말
③ 아마인유 ④ 과염소산

해설 과염소산
과염소산은 산화성 액체이며 불연성이다.

96 다음 중 왕복펌프에 속하지 않는 것은?

① 피스톤 펌프 ② 플런저 펌프
③ 기어 펌프 ④ 격막 펌프

해설 펌프의 분류
㉮ 왕복펌프 : 피스톤 펌프, 플런저 펌프, 격막 펌프, 버킷 펌프 등
㉯ 회전펌프 : 기어 펌프, 베인 펌프
㉰ 원심펌프 : 터빈 펌프, 보어홀 펌프 등
㉱ 축류펌프 : 프로펠러 펌프
㉲ 특수펌프 : 제트 펌프

97 두 물질을 혼합하면 위험성이 커지는 경우가 아닌 것은?

① 이황화탄소 + 물 ② 나트륨 + 물
③ 과산화나트륨 + 염산 ④ 염소산칼륨 + 적린

해설 이황화탄소
물보다 무겁고 물에 녹지 않아 물이 산소공급원을 차단하는 효과를 가지므로 질식소화한다.

98 5% NaOH 수용액과 10% NaOH 수용액을 반응기에 혼합하여 6% 100kg의 NaOH 수용액을 만들려면 각각 몇 kg의 NaOH 수용액이 필요한가?

① 5% NaOH 수용액 : 33.3, 10% NaOH 수용액 : 66.7
② 5% NaOH 수용액 : 50, 10% NaOH 수용액 : 50
③ 5% NaOH 수용액 : 66.7, 10% NaOH 수용액 : 33.3
④ 5% NaOH 수용액 : 80, 10% NaOH 수용액 : 20

Answer 93. ① 94. ② 95. ④ 96. ③ 97. ① 98. ④

해설 수용액 비율

5% NaOH 수용액 : a

10% NaOH 수용액 : 100 − a

$0.05a + 0.1(100 - a) = 0.06 \times 100$

$a = 80$

$\therefore 100 - a = 20$

99 산업안전보건법령에 따라 위험물 건조설비 중 건조실을 설치하는 건축물의 구조를 독립된 단층 건물로 하여야 하는 건조설비가 아닌 것은?

① 위험물 또는 위험물이 발생하는 물질을 가열 · 건조하는 경우 내용적이 $2m^3$인 건조설비

② 위험물이 아닌 물질을 가열 · 건조하는 경우 액체연료의 최대사용량이 5kg/h인 건조설비

③ 위험물이 아닌 물질을 가열 · 건조하는 경우 기체연료의 최대사용량이 $2m^3/h$인 건조설비

④ 위험물이 아닌 물질을 가열 · 건조하는 경우 전기사용 정격용량이 20kW인 건조설비

해설 위험물 건조설비를 설치하는 건축물의 구조

사업주는 다음의 어느 하나에 해당하는 위험물 건조설비 중 건조실을 설치하는 건축물의 구조는 독립된 단층 건물로 하여야 한다. 다만, 해당 건조실을 건축물의 최상층에 설치하거나 건축물이 내화구조인 경우에는 그러하지 아니하다.

㉮ 위험물 또는 위험물이 발생하는 물질을 가열 · 건조하는 경우 내용적이 $1m^3$ 이상인 건조설비

㉯ 위험물이 아닌 물질을 가열 · 건조하는 경우로서 다음의 용량에 해당하는 건조설비

㉠ 고체 또는 액체연료의 최대사용량이 시간당 10kg 이상

㉡ 기체연료의 최대사용량이 시간당 $1m^3$ 이상

㉢ 전기사용 정격용량이 10kW 이상

참고 산업안전보건기준에 관한 규칙 제280조

실기 실기시험까지 대비해서 암기하세요.

100 다음 중 노출기준(TWA, ppm) 값이 가장 작은 물질은?

① 염소 ② 암모니아

③ 에탄올 ④ 메탄올

해설 노출기준(TWA)

① 염소 : 0.5

② 암모니아 : 25

③ 에탄올 : 1,000

④ 메탄올 : 200

제6과목 건설안전기술

101 부두 · 안벽 등 하역작업을 하는 장소에서 부두 또는 안벽의 선을 따라 통로를 설치하는 경우에는 폭을 최소 얼마 이상으로 하여야 하는가?

① 85cm ② 90cm

③ 100cm ④ 120cm

해설 하역작업장의 조치기준

㉮ 작업장 및 통로의 위험한 부분에는 안전하게 작업할 수 있는 조명을 유지한다.

㉯ 부두 또는 안벽의 선을 따라 통로를 설치하는 경우에는 폭을 90cm 이상으로 한다.

㉰ 육상에서의 통로 및 작업장소로서 다리 또는 선거 갑문을 넘는 보도 등의 위험한 부분에는 안전난간 또는 울타리 등을 설치한다.

102 다음은 산업안전보건법령에 따른 산업안전보건관리비의 사용에 관한 규정이다. ( ) 안에 들어갈 내용을 순서대로 옳게 작성한 것은?

> 건설공사도급인은 고용노동부장관이 정하는 바에 따라 해당 건설공사를 위하여 계상된 산업안전보건관리비를 그가 사용하는 근로자와 그의 관계수급인이 사용하는 근로자의 산업재해 및 건강장해 예방에 사용하고, 그 사용명세서를 ( ) 작성하고 건설공사 종료 후 ( )간 보존해야 한다.

① 매월, 6개월

② 매월, 1년

③ 2개월마다, 6개월

④ 2개월마다, 1년

Answer 99. ② 100. ① 101. ② 102. ②

• 해설 산업안전보건관리비의 사용
건설공사도급인은 산업안전보건관리비를 사용하는 해당 건설공사의 금액(고용노동부장관이 정하여 고시하는 방법에 따라 산정한 금액을 말한다)이 4천만 원 이상인 때에는 고용노동부장관이 정하는 바에 따라 **매월**(건설공사가 1개월 이내에 종료되는 사업의 경우에는 해당 건설 공사가 끝나는 날이 속하는 달을 말한다.) 사용명세서를 작성하고, 건설공사 종료 후 **1년 동안** 보존해야 한다.

• 참고 산업안전보건법 시행규칙 제89조

실기 실기시험까지 대비해서 암기하세요.

103 지반의 굴착작업에 있어서 비가 올 경우를 대비한 직접적인 대책으로 옳은 것은?

① 측구 설치
② 낙하물 방지망 설치
③ 추락 방호망 설치
④ 매설물 등의 유무 또는 상태 확인

• 해설 굴착면의 붕괴 등에 의한 위험방지
사업주는 비가 올 경우를 대비하여 **측구(側溝)를 설치하거나 굴착경사면에 비닐을 덮는 등** 빗물 등의 침투에 의한 붕괴재해를 예방하기 위하여 필요한 조치를 하여야 한다.

104 강관틀비계(높이 5m 이상)의 넘어짐을 방지하기 위하여 사용하는 벽이음 및 버팀의 설치간격 기준으로 옳은 것은?

① 수직방향 5m, 수평방향 5m
② 수직방향 6m, 수평방향 7m
③ 수직방향 6m, 수평방향 8m
④ 수직방향 7m, 수평방향 8m

• 해설 강관비계의 조립간격

강관비계의 종류	조립간격(단위 : m)	
	수직방향	수평방향
단관비계	5m	5m
틀비계 (높이 5m 미만인 것 제외)	6m	8m

실기 실기시험까지 대비해서 암기하세요.

105 굴착공사에 있어서 비탈면붕괴를 방지하기 위하여 실시하는 대책으로 옳지 않은 것은?

① 지표수의 침투를 막기 위해 표면배수공을 한다.
② 지하수위를 내리기 위해 수평배수공을 설치한다.
③ 비탈면 하단을 성토한다.
④ 비탈면 상부에 토사를 적재한다.

• 해설 굴착공사 시 비탈면 붕괴 방지대책
④ 활동할 가능성이 있는 토사는 **제거한다.**

106 강관을 사용하여 비계를 구성하는 경우 준수해야 할 사항으로 옳지 않은 것은?

① 비계기둥의 간격은 띠장 방향에서는 1.85m 이하, 장선(長線) 방향에서는 1.5m 이하로 할 것
② 띠장 간격은 2.0m 이하로 할 것
③ 비계기둥의 제일 윗부분으로부터 31m 되는 지점 밑부분의 비계기둥은 3개의 강관으로 묶어 세울 것
④ 비계기둥 간의 적재하중은 400kg을 초과하지 않도록 할 것

• 해설 강관비계의 구조
③ 비계기둥의 제일 윗부분으로부터 31m 되는 지점 밑부분의 비계기둥은 **2개**의 강관으로 묶어 세울 것. 다만, 브라켓(bracket, 까치발) 등으로 보강하여 2개의 강관으로 묶을 경우 이상의 강도가 유지되는 경우에는 그러하지 아니하다.

실기 실기시험까지 대비해서 암기하세요.

107 다음은 산업안전보건법령에 따른 시스템 비계의 구조에 관한 사항이다. ( ) 안에 들어갈 내용으로 옳은 것은?

비계 밑단의 수직재와 받침철물은 밀착되도록 설치하고, 수직재와 받침철물의 연결부의 겹침길이는 받침 철물 전체 길이의 ( ) 이상이 되도록 할 것

① 2분의 1　② 3분의 1
③ 4분의 1　④ 5분의 1

Answer 103. ① 104. ③ 105. ④ 106. ③ 107. ②

해설 시스템 비계의 구조
㉮ 수직재 · 수평재 · 가새재를 견고하게 연결하는 구조가 되도록 할 것
㉯ 비계 밑단의 수직재와 받침철물은 밀착되도록 설치하고, 수직재와 받침철물의 연결부의 겹침길이는 받침철물 전체 길이의 **1/3 이상**이 되도록 할 것
㉰ 수평재는 수직재와 직각으로 설치하여야 하며, 체결 후 흔들림이 없도록 견고하게 설치할 것
㉱ 수직재와 수직재의 연결철물은 이탈되지 않도록 견고한 구조로 할 것
㉲ 벽 연결재의 설치 간격은 제조사가 정한 기준에 따라 설치할 것

참고 산업안전보건기준에 관한 규칙 제69조

실기 실기시험까지 대비해서 암기하세요.

108 건설현장에서 작업으로 인하여 물체가 떨어지거나 날아올 위험이 있는 경우에 대한 안전조치에 해당하지 않는 것은?

① 수직보호망 설치　② 방호선반 설치
③ 울타리 설치　④ 낙하물 방지망 설치

해설 낙하물에 의한 위험의 방지
사업주는 작업으로 인하여 물체가 떨어지거나 날아올 위험이 있는 경우 **낙하물 방지망, 수직보호망 또는 방호선반의 설치, 출입금지구역의 설정, 보호구의 착용** 등 위험을 방지하기 위하여 필요한 조치를 하여야 한다.

109 흙막이 가시설 공사 중 발생할 수 있는 보일링(Boiling) 현상에 관한 설명으로 옳지 않은 것은?

① 이 현상이 발생하면 흙막이 벽의 지지력이 상실된다.
② 지하수위가 높은 지반을 굴착할 때 주로 발생된다.
③ 흙막이벽의 근입장 깊이가 부족할 경우 발생한다.
④ 연약한 점토지반에서 굴착면의 융기로 발생한다.

해설 보일링(boiling) 현상
마감공사 중 지하수위가 높고 더욱더 침투성이 양호한 **사질토 지반**에서 굴착공사에 있어서 굴착이 진행되어 주변의 지하 수위와의 차이가 커지면, 굴착 밑면 부근의 지반 내에 상향하는 침투 흐름이 발생한다. 이 침투 흐름에 의한 침투 압력이 흙 입자가 수중에서 단위 체적중량보다 커지면 흙 입자는 안정성을 상실해서 지반은 흡사 물이 비등한 것과 같은 상태가 되는데, 이것을 보일링 현상이라 한다.

실기 실기시험까지 대비해서 암기하세요.

개정 / 2023

110 거푸집 동바리 등을 조립하는 경우에 준수해야 할 기준으로 옳지 않은 것은?

① 동바리의 상하 고정 및 미끄러짐 방지조치를 하고, 하중의 지지상태를 유지한다.
② 강재의 접속부 및 교차부는 볼트 · 클램프 등 전용철물을 사용하여 단단히 연결한다.
③ 동바리로 사용하는 파이프 서포트의 높이가 3.5m를 초과하는 경우 높이 2m 이내마다 수평연결재를 2개 방향으로 만들고 수평연결재의 변위를 방지할 것
④ 동바리로 사용하는 파이프 서포트는 4개 이상 이어서 사용하지 않도록 할 것

해설 동바리 조립 시의 안전조치
④ 동바리로 사용하는 파이프 서포트는 **3개 이상** 이어서 사용하지 않도록 할 것

참고 산업안전보건기준에 관한 규칙 제332, 332조의2

실기 실기시험까지 대비해서 암기하세요.

111 장비가 위치한 지면보다 낮은 장소를 굴착하는 데 적합한 장비는?

① 트럭크레인　② 파워셔블
③ 백호　④ 진폴

해설 백호(back hoe)
수중굴착이 가능하며, 장비의 위치보다 낮은 지반 굴착에 사용한다.

Answer 108. ③ 109. ④ 110. ④ 111. ③

112 건설공사 도급인은 건설공사 중에 가설구조물의 붕괴 등 산업재해가 발생할 위험이 있다고 판단되면 건축 · 토목 분야의 전문가의 의견을 들어 건설공사 발주자에게 해당 건설공사의 설계변경을 요청할 수 있는데, 이러한 가설구조물의 기준으로 옳지 않은 것은?

① 높이 20m 이상인 비계
② 작업발판 일체형 거푸집 또는 높이 6m 이상인 거푸집 동바리
③ 터널의 지보공 또는 높이 2m 이상인 흙막이 지보공
④ 동력을 이용하여 움직이는 가설구조물

해설 가설구조물의 구조적 안정성 확인

㉮ 높이가 31m 이상이 비계
㉯ 브라켓 비계
㉰ 작업발판 일체형 거푸집 또는 높이가 5m 이상인 거푸집 및 동바리
㉱ 터널의 지보공 또는 높이가 2m 이상인 흙막이 지보공
㉲ 동력을 이용하여 움직이는 가설구조물
㉳ 높이 10m 이상에서 외부작업을 하기 위하여 작업발판 및 안전시설물을 일체화하여 설치하는 가설구조물
㉴ 공사현장에서 제작하여 조립 · 설치하는 복합형 가설 구조물
㉵ 그 밖에 발주자 또는 인 · 허가기관의 장이 필요하다고 인정하는 가설구조물

참고 건설기술 진흥법 시행령 제101조의2

실기 실기시험까지 대비해서 암기하세요.

113 콘크리트 타설 시 안전수칙으로 옳지 않은 것은?

① 타설순서는 계획에 의하여 실시하여야 한다.
② 진동기는 최대한 많이 사용하여야 한다.
③ 콘크리트를 치는 도중에는 거푸집, 지보공 등의 이상 유무를 확인하여야 한다.
④ 손수레로 콘크리트를 운반할 때에는 손수레를 타설하는 위치까지 천천히 운반하여 거푸집에 충격을 주지 아니하도록 타설하여야 한다.

해설 콘크리트 타설 시 안전수칙

② 진동기는 적절히 사용되어야 하며, 지나친 진동은 거푸집 도괴의 원인이 되므로 주의하여야 한다.

114 산업안전보건법령에 따른 작업발판 일체형 거푸집에 해당되지 않는 것은?

① 갱 폼(Gang Form)
② 슬립 폼(Slip Form)
③ 유로 폼(Euro Form)
④ 클라이밍 폼(Climbing Form)

해설 작업발판 일체형 거푸집

㉮ 갱 폼(Gang Form)
㉯ 슬립 폼(Slip Form)
㉰ 클라이밍 폼(Climbing Form)
㉱ 터널 라이닝 폼(tunnel lining form)
㉲ 그 밖에 거푸집과 작업발판이 일체로 제작된 거푸집 등

참고 산업안전보건기준에 관한 규칙 제331조의3

115 터널 지보공을 조립하는 경우에는 미리 그 구조를 검토한 후 조립도를 작성하고, 그 조립도에 따라 조립하도록 하여야 하는데, 이 조립도에 명시하여야 할 사항과 가장 거리가 먼 것은?

① 이음방법　② 단면규격
③ 재료의 재질　④ 재료의 구입처

해설 조립도

㉮ 사업주는 터널 지보공을 조립하는 경우에는 미리 그 구조를 검토한 후 조립도를 작성하고, 그 조립도에 따라 조립하도록 하여야 한다.
㉯ 조립도에는 재료의 재질, 단면규격, 설치간격 및 이음방법 등을 명시하여야 한다.

116 가설통로 설치에 있어 경사가 최소 얼마를 초과하는 경우에는 미끄러지지 아니하는 구조로 하여야 하는가?

① 15도　② 20도
③ 30도　④ 40도

Answer 112. ① 113. ② 114. ③ 115. ④ 116. ①

해설 가설통로의 구조

㉮ 견고한 구조로 할 것
㉯ 경사는 30° 이하로 할 것. 다만, 계단을 설치하거나 높이 2m 미만의 가설통로로서 튼튼한 손잡이를 설치한 경우에는 그러하지 아니하다.
㉰ 경사가 15°를 초과하는 경우에는 미끄러지지 아니하는 구조로 할 것
㉱ 추락할 위험이 있는 장소에는 안전난간을 설치할 것. 다만, 작업상 부득이한 경우에는 필요한 부분만 임시로 해체할 수 있다.
㉲ 수직갱에 가설된 통로의 길이가 15m 이상인 경우에는 10m 이내마다 계단참을 설치할 것
㉳ 건설공사에 사용하는 높이 8m 이상인 비계다리에는 7m 이내마다 계단참을 설치할 것

실기 실기시험까지 대비해서 암기하세요.

117 산업안전보건법령에 따른 건설공사 중 다리 건설공사의 경우 유해위험방지계획서를 제출하여야 하는 기준으로 옳은 것은?

① 최대 지간길이가 40m 이상인 다리의 건설 등 공사
② 최대 지간길이가 50m 이상인 다리의 건설 등 공사
③ 최대 지간길이가 60m 이상인 다리의 건설 등 공사
④ 최대 지간길이가 70m 이상인 다리의 건설 등 공사

해설 유해위험방지계획서 제출 대상 공사

㉮ 다음의 어느 하나에 해당하는 건축물 또는 시설 등의 건설 · 개조 또는 해체공사
  ㉠ 지상높이가 31m 이상인 건축물 또는 인공구조물
  ㉡ 연면적 3만m² 이상인 건축물
  ㉢ 연면적 5천m² 이상인 시설로서 다음의 어느 하나에 해당하는 시설
  • 문화 및 집회시설(전시장 및 동물원 · 식물원은 제외)
  • 판매시설, 운수시설(고속철도의 역사 및 집배송시설은 제외)
  • 종교시설
  • 의료시설 중 종합병원
  • 숙박시설 중 관광숙박시설
  • 지하도상가
  • 냉동 · 냉장 창고시설
㉯ 연면적 5천m² 이상의 냉동 · 냉장 창고시설의 설비공사 및 단열공사
㉰ 최대 지간길이(다리의 기둥과 기둥의 중심 사이의 거리)가 50m 이상인 교량건설 등 공사
㉱ 터널 건설 등의 공사
㉲ 다목적댐, 발전용댐 및 저수용량 2천만 톤 이상의 용수 전용 댐, 지방상수도 전용 댐 건설
㉳ 깊이 10m 이상인 굴착공사

참고 산업안전보건법 시행령 제42조

실기 실기시험까지 대비해서 암기하세요.

118 굴착과 싣기를 동시에 할 수 있는 토공기계가 아닌 것은?

① 트랙터 셔블(tractor shovel)
② 백호(back hoe)
③ 파워 셔블(power shovel)
④ 모터 그레이더(motor grader)

해설 모터 그레이더

토공판을 유압펌프로 작동시켜 도로 공사 현장 등에서 건축을 하려고 땅을 반반하게 고르는 작업에 사용되는 토목 건설기계

119 강관틀비계를 조립하여 사용하는 경우 준수하여야 할 사항으로 옳지 않은 것은?

① 비계기둥의 밑둥에는 밑받침 철물을 사용할 것
② 높이가 20m를 초과하거나 중량물의 적재를 수반하는 작업을 할 경우에는 주틀 간의 간격을 1.8m 이하로 할 것
③ 주틀 간에 교차 가새를 설치하고 최하층 및 3층 이내마다 수평재를 설치할 것
④ 길이가 띠장 방향으로 4m 이하이고 높이가 10m를 초과하는 경우에는 10m 이내마다 띠장 방향으로 버팀기둥을 설치할 것

Answer 117. ② 118. ④ 119. ③

해설 강관틀비계

㉮ 비계기둥의 밑둥에는 밑받침 철물을 사용하여야 하며, 밑받침에 고저차(高低差)가 있는 경우에는 조절형 밑받침 철물을 사용하여 각각의 강관틀비계가 항상 수평 및 수직을 유지하도록 할 것

㉯ 높이가 20m를 초과하거나 중량물의 적재를 수반하는 작업을 할 경우에는 주틀 간의 간격을 1.8m 이하로 할 것

㉰ 주틀 간에 교차 가새를 설치하고 **최상층 및 5층 이내**마다 수평재를 설치할 것

㉱ 수직 방향으로 6m, 수평 방향으로 8m 이내마다 벽이음을 할 것

㉲ 길이가 띠장 방향으로 4m 이하이고 높이가 10m를 초과하는 경우에는 10m 이내마다 띠장 방향으로 버팀기둥을 설치할 것

실기 실기시험까지 대비해서 암기하세요.

120 산업안전보건법령에 따른 양중기의 종류에 해당하지 않는 것은?

① 고소작업차　　② 이동식 크레인
③ 승강기　　④ 리프트(Lift)

해설 양중기의 종류

㉮ 크레인[호스트(hoist)를 포함한다.]

㉯ 이동식 크레인

㉰ 리프트(이삿짐 운반용 리프트의 경우에는 적재하중이 0.1톤 이상인 것으로 한정한다.)

㉱ 곤돌라

㉲ 승강기

참고 산업안전보건기준에 관한 규칙 제132조

실기 실기시험까지 대비해서 암기하세요.

Answer 120. ①

2021. 8. 14. 시행

2021년 제3회 산업안전기사 기출문제

제1과목 안전관리론

새 출제기준에 따른 문제 변경

01 하인리히의 재해발생 이론은 다음과 같이 표현할 수 있다. 이때 α가 의미하는 것으로 옳은 것은?

> 재해의 발생 = 물적 불안전 상태
> + 인적 불안전 행위 + α
> = 설비적 결함 + 관리적 결함 + α

① 노출된 위험의 상태
② 재해의 직접원인
③ 재해의 간접원인
④ 잠재된 위험의 상태

해설 하인리히의 재해발생 이론
재해의 발생 = 물적 불안전 상태(설비적 결함)
+ 인적 불안전 행위(관리적 결함)
+ 잠재된 위험의 상태

02 안전교육에 있어서 동기부여방법으로 가장 거리가 먼 것은?

① 책임감을 느끼게 한다.
② 관리감독을 철저히 한다.
③ 자기 보존본능을 자극한다.
④ 물질적 이해관계에 관심을 두도록 한다.

해설 안전교육에 있어서 동기부여방법
㉮ ①, ③, ④와 다음의 방법이 있다.
㉯ 안전목표를 명확히 설정한다.
㉰ 경쟁과 협동을 유발시킨다.
㉱ 상벌제도를 활용한다.

03 교육과정 중 학습경험조직의 원리에 해당하지 않는 것은?

① 기회의 원리 ② 계속성의 원리
③ 계열성의 원리 ④ 통합성의 원리

해설 학습경험조직의 원리
㉮ 수평적 조직원리 : 범위, 통합성, 균형성, 건전성의 원리
㉯ 수직적 조직원리 : 계속성, 계열성, 수직적 연계성의 원리

04 산업안전보건법령상 안전보건표지의 종류와 형태 중 관계자 외 출입금지에 해당하지 않는 것은?

① 관리대상물질 작업장
② 허가대상물질 작업장
③ 석면취급 · 해체 작업장
④ 금지대상물질의 취급 실험실

해설 관계자 외 출입금지표지 대상
② 허가대상물질 취급 작업장
③ 석면취급 · 해체 · 제거 작업장
④ 금지대상물질의 취급 장소

참고 산업안전보건법 시행규칙 별표 6

실기 실기시험까지 대비해서 암기하세요.

05 근로자 1,000명 이상의 대규모 사업장에 적합한 안전관리 조직의 유형은?

① 직계식 조직 ② 참모식 조직
③ 병렬식 조직 ④ 직계참모식 조직

Answer 01. ④ 02. ② 03. ① 04. ① 05. ④

해설 안전관리 조직의 유형

㉮ 직계식 조직(Line식 조직) : 근로자 100명 이하의 소규모 사업장

㉯ 참모식 조직(Staff식 조직) : 근로자 100~1,000명의 중규모 사업장

㉰ 직계참모식 조직(Line-Staff식 조직) : 근로자 1,000명 이상의 대규모 사업장

실기 실기시험까지 대비해서 암기하세요.

06 산업안전보건법령상 명시된 타워크레인을 사용하는 작업에서 신호업무를 하는 작업 시 특별교육 대상 작업별 교육 내용이 아닌 것은? (단, 그 밖에 안전 · 보건관리에 필요한 사항은 제외한다.)

① 신호방법 및 요령에 관한 사항

② 걸고리 · 와이어로프 점검에 관한 사항

③ 화물의 취급 및 안전작업방법에 관한 사항

④ 인양물이 적재될 지반의 조건, 인양하중, 풍압 등이 인양물과 타워크레인에 미치는 영향

해설 타워크레인을 사용하는 작업에서 신호업무를 하는 작업 시 특별교육 대상 작업별 교육 내용

㉮ 타워크레인의 기계적 특성 및 방호장치 등에 관한 사항

㉯ 화물의 취급 및 안전작업방법에 관한 사항

㉰ 신호방법 및 요령에 관한 사항

㉱ 인양 물건의 위험성 및 낙하 · 비래 · 충돌재해 예방에 관한 사항

㉲ 인양물이 적재될 지반의 조건, 인양하중, 풍압 등이 인양물과 타워크레인에 미치는 영향

㉳ 그 밖에 안전 · 보건관리에 필요한 사항

참고 산업안전보건법 시행규칙 별표 5

실기 실기시험까지 대비해서 암기하세요.

07 보호구 안전인증 고시상 추락방지대가 부착된 안전대 일반구조에 관한 내용 중 틀린 것은?

① 죔줄은 합성섬유로프를 사용해서는 안 된다.

② 고정된 추락방지대의 수직구명줄은 와이어로프 등으로 하며 최소지름이 8mm 이상이어야 한다.

③ 수직구명줄에서 걸이설비와의 연결부위는 훅 또는 카라비너 등이 장착되어 걸이설비와 확실히 연결되어야 한다.

④ 추락방지대를 부착하여 사용하는 안전대는 신체지지의 방법으로 안전그네만을 사용하여야 하며 수직구명줄이 포함되어야 한다.

해설 추락방지대가 부착된 안전대의 구조

㉮ ②, ③, ④와 다음의 항목이 있다.

㉯ 유연한 수직구명줄은 합성섬유로프 또는 와이어로프 등이어야 하며, 구명줄이 고정되지 않아 흔들림에 의한 추락방지대의 오작동을 막기 위하여 적절한 긴장수단을 이용, 팽팽히 당겨질 것

㉰ 죔줄은 합성섬유로프, 웨빙, 와이어로프 등일 것

㉱ 고정 와이어로프에는 하단부에 무게추가 부착되어 있을 것

08 하인리히 재해 구성 비율 중 무상해사고가 600건이라면 사망 또는 중상 발생 건수는?

① 1 ② 2

③ 29 ④ 58

해설 하인리히 재해 구성 비율

하인리히 재해 구성 비율은 1(사망 또는 중상) : 29(경상) : 300(무상해사고)이기 때문에 무상해사고가 600건인 경우 2(사망 또는 중상) : 58(경상) : 600(무상해사고)로 사망 또는 중상 발생 건수는 2건이 된다.

새 출제기준에 따른 문제 변경

09 의무안전인증 대상 보호구 중 AE, ABE종 안전모의 질량증가율은 몇 % 미만이어야 하는가?

① 1% ② 2%

③ 3% ④ 5%

해설 안전모의 내수성 시험

AE, ABE종 안전모는 질량증가율이 1% 미만이어야 한다.

참고 보호구 안전인증 고시 별표 1

실기 실기시험까지 대비해서 암기하세요.

Answer 06. ② 07. ① 08. ② 09. ①

10 강의식 교육지도에서 가장 많은 시간을 소비하는 단계는?

① 도입 ② 제시
③ 적용 ④ 확인

해설 단계별 교육시간(60분 기준)

교육 4단계	강의식	토의식
1단계 : 도입	5분	5분
2단계 : 제시	40분	10분
3단계 : 적용	10분	40분
4단계 : 확인	5분	5분

11 위험예지훈련 4단계의 진행 순서를 바르게 나열한 것은?

① 목표설정 → 현상파악 → 대책수립 → 본질추구
② 목표설정 → 현상파악 → 본질추구 → 대책수립
③ 현상파악 → 본질추구 → 대책수립 → 목표설정
④ 현상파악 → 본질추구 → 목표설정 → 대책수립

해설 위험예지훈련의 4라운드 기법
㉮ 1R : 현상파악 ㉯ 2R : 본질추구
㉰ 3R : 대책수립 ㉱ 4R : 목표설정

12 레빈(Lewin. K)에 의하여 제시된 인간의 행동에 관한 식을 올바르게 표현한 것은? (단, B는 인간의 행동, P는 개체, E는 환경, f는 함수관계를 의미한다.)

① $B=f(P\cdot E)$ ② $B=f(P+1)^E$
③ $P=E\cdot f(B)$ ④ $E=f(P\cdot B)$

해설 레빈(K. Lewin)의 인간행동 법칙
B : behavior(인간의 행동)
f : function(함수관계)
P : person(개체 : 연령, 경험, 심신 상태, 성격, 지능 등)
E : environment(환경 : 인간관계, 작업환경 등)

13 산업안전보건법령상 근로자에 대한 일반건강진단의 실시시기 기준으로 옳은 것은?

① 사무직에 종사하는 근로자 : 1년에 1회 이상
② 사무직에 종사하는 근로자 : 2년에 1회 이상
③ 사무직 외의 업무에 종사하는 근로자 : 6월에 1회 이상
④ 사무직 외의 업무에 종사하는 근로자 : 2년에 1회 이상

해설 일반건강진단의 주기 등
사업주는 상시 사용하는 근로자 중 사무직에 종사하는 근로자(공장 또는 공사현장과 같은 구역에 있지 않은 사무실에서 서무 · 인사 · 경리 · 판매 · 설계 등의 사무업무에 종사하는 근로자를 말하며, 판매업무 등에 직접 종사하는 근로자는 제외한다)에 대해서는 2년에 1회 이상, 그 밖의 근로자에 대해서는 1년에 1회 이상 일반건강진단을 실시해야 한다.

참고 산업안전보건법 시행규칙 제197조

14 매슬로우(Maslow)의 욕구 5단계 이론 중 안전욕구의 단계는?

① 제1단계 ② 제2단계
③ 제3단계 ④ 제4단계

해설 매슬로우(A.H. Maslow)의 욕구단계 이론
㉮ 1단계 : 생리적 욕구
㉯ 2단계 : 안전과 안정욕구
㉰ 3단계 : 소속과 사랑의 사회적 욕구
㉱ 4단계 : 자존(존경)의 욕구
㉲ 5단계 : 자아실현의 욕구

새 출제기준에 따른 문제 변경

15 데이비스(Davis)의 동기부여이론 중 동기유발의 식으로 옳은 것은?

① 지식 × 기능 ② 지식 × 태도
③ 상황 × 기능 ④ 상황 × 태도

해설 데이비스(K. Davis)의 동기부여이론
㉮ 인간의 성과 × 물질의 성과 = 경영의 성과
㉯ 능력 × 동기유발 = 인간의 성과
㉰ 지식 × 기능 = 능력
㉱ 상황 × 태도 = 동기유발

Answer 10. ② 11. ③ 12. ① 13. ② 14. ② 15. ④

16 상황성 누발자의 재해유발원인이 아닌 것은?

① 심신의 근심 ② 작업의 어려움
③ 도덕성의 결여 ④ 기계설비의 결함

해설 상황성 누발자의 재해유발원인
㉮ 작업의 어려움 ㉯ 기계설비의 결함
㉰ 심신의 근심 ㉱ 환경상 주의력 집중 곤란

17 인간의 의식 수준을 5단계로 구분할 때 의식이 몽롱한 상태의 단계는?

① Phase Ⅰ ② Phase Ⅱ
③ Phase Ⅲ ④ Phase Ⅳ

해설 인간의 의식수준 단계
㉮ phase 0 : 의식을 잃은 상태이다.
㉯ phase Ⅰ : 과로했을 때나 야간작업을 했을 때 볼 수 있는 의식수준으로, 부주의 상태가 강해서 인간의 에러가 빈발하며, 운전 작업에서는 전방주시 부주의나 졸음운전 등이 일어나기 쉽다.
㉰ phase Ⅱ : 휴식 시에 볼 수 있는데, 주의력이 전향적으로 기능하지 못하기 때문에 무심코 에러를 저지르기 쉬우며, 단순반복작업을 장시간 지속하는 경우도 여기에 해당한다.
㉱ phase Ⅲ : 적극적인 활동 시의 명쾌한 의식으로 대뇌가 활발히 움직이므로 주의의 범위도 넓고, 에러를 일으키는 일은 거의 없다.
㉲ phase Ⅳ : 과도 긴장 시나 감정 흥분 시의 의식수준으로 대뇌의 활동력은 높지만, 주의가 눈앞의 한 곳에만 집중되고 냉정함이 결여되어 판단은 둔화된다.

18 산업안전보건법령상 사업장에서 산업재해 발생 시 사업주가 기록 · 보존하여야 하는 사항을 모두 고른 것은? (단, 산업재해조사표와 요양신청서의 사본은 보존하지 않았다.)

ㄱ. 사업장의 개요 및 근로자의 인적사항
ㄴ. 재해 발생의 일시 및 장소
ㄷ. 재해 발생의 원인 및 과정
ㄹ. 재해 재발방지 계획

① ㄱ, ㄹ ② ㄴ, ㄷ, ㄹ
③ ㄱ, ㄴ, ㄷ ④ ㄱ, ㄴ, ㄷ, ㄹ

해설 사업장에서 산업재해 발생 시 사업주가 기록 · 보존하여야 하는 사항
㉮ 사업장의 개요 및 근로자의 인적사항
㉯ 재해 발생의 일시 및 장소
㉰ 재해 발생의 원인 및 과정
㉱ 재해 재발방지 계획

참고 산업안전보건법 시행규칙 제72조

새 출제기준에 따른 문제 변경

19 OFF JT 교육의 특징에 해당되는 것은?

① 많은 지식, 경험을 교류할 수 있다.
② 교육 효과가 업무에 신속히 반영된다.
③ 현장의 관리감독자가 강사가 되어 교육을 한다.
④ 다수의 대상자를 일괄적으로 교육하기 어려운 점이 있다.

해설 OFF JT(Off the Job Training)의 특징
㉮ 다수의 근로자에게 조직적인 훈련이 가능하다.
㉯ 훈련에만 전념할 수 있다.
㉰ 각 교육 훈련마다 적합한 전문 강사를 초청하는 것이 가능하다.
㉱ 다양한 기술과 지식의 습득이 가능하다.

20 무재해운동의 이념 중 선취의 원칙에 대한 설명으로 옳은 것은?

① 사고의 잠재요인을 사후에 파악하는 것
② 근로자 전원이 일체감을 조성하여 참여하는 것
③ 위험요소를 사전에 발견, 파악하여 재해를 예방 또는 방지하는 것
④ 관리감독자 또는 경영층에서의 자발적 참여로 안전 활동을 촉진하는 것

해설 무재해운동의 3대 원칙
㉮ 무의 원칙 : 사업장 내의 잠재위험요인을 적극적으로 사전에 발견하고 파악 · 해결함으로써 근원적인 요소들을 없애는 것
㉯ 선취의 원칙 : 위험요소를 사전에 발견, 파악하여 재해를 예방 또는 방지하는 것
㉰ 참가의 원칙 : 근로자 전원의 자발적 참여로 안전 활동을 촉진하는 것

Answer 16. ③ 17. ① 18. ④ 19. ① 20. ③

제2과목 인간공학 및 시스템 안전공학

21 다음 상황은 인간실수의 분류 중 어느 것에 해당하는가?

> 전자기기 수리공이 어떤 제품의 분해 · 조립 과정을 거쳐서 수리를 마친 후 부품 하나가 남았다.

① time error ② omission error
③ command error ④ extraneous error

해설 인간실수의 분류
① time error : 불필요한 작업 또는 절차의 수행지연으로 인한 에러
② ommission error : 필요한 작업 또는 절차를 수행하지 않는 데 기인한 에러
③ command error : 요구되는 것을 실행하고자 하여도 필요한 물품, 정보, 에너지 등이 공급되지 않아서 작업자가 움직일 수 없는 상태에서 발생한 에러
④ extraneous error : 불필요한 작업 또는 절차를 수행함으로써 기인한 에러

(새 출제기준에 따른 문제 변경)

22 일반적인 시스템의 수명곡선(욕조곡선)에서 고장형태 중 증가형 고장률을 나타내는 기간으로 옳은 것은?

① 우발 고장기간 ② 마모 고장기간
③ 초기 고장기간 ④ Burn－in 고장기간

해설 시스템의 수명곡선에서 고장형태 및 고장률
㉮ 초기 고장 : 감소형 고장률
㉯ 우발 고장 : 일정형 고장률
㉰ 마모 고장 : 증가형 고장률

(새 출제기준에 따른 문제 변경)

23 인간공학의 궁극적인 목적과 가장 관계가 깊은 것은?

① 경제성 향상
② 인간 능력의 극대화
③ 설비의 가동률 향상
④ 안전성 및 효율성 향상

해설 인간공학의 목적
㉮ 안전성 향상 ㉯ 작업능률 향상
㉰ 효율성 향상 ㉱ 사용편의성 증대
㉲ 오류감소 ㉳ 생산성 향상
㉴ 안전성 개선

24 통화이해도 척도로서 통화이해도에 영향을 주는 잡음의 영향을 추정하는 지수는?

① 명료도 지수 ② 통화간섭 수준
③ 이해도 점수 ④ 통화공진 수준

해설 통화이해도
① 명료도 지수 : 통화이해도를 추정할 수 있는 지수로, 각 옥타브대의 음성과 잡음의 dB 값에 가중치를 곱하여 합계를 구한다. 명료도지수가 0.3 이하이면 이 계통은 음성통화 자료를 전송하는 데 부적당하다.
③ 이해도 점수 : 통화 중 알아듣는 비율이다.
④ 통화간섭 수준 : 통화이해도에 끼치는 잡음의 영향을 추정하는 지수이다.

25 FTA에 대한 설명으로 가장 거리가 먼 것은?

① 정성적 분석만 가능
② 하향식(top－down) 방법
③ 복잡하고 대형화된 시스템에 활용
④ 논리게이트를 이용하여 도해적으로 표현하여 분석하는 방법

해설 FTA의 특징
㉮ 정상사상인 재해현상으로부터 기본사상인 재해원인을 향해 연역적으로 하향식 분석을 행하므로 재해현상과 재해원인의 상호관련을 해석하여 안전대책을 검토할 수 있다.
㉯ 정량적 해석이 가능하므로 정량적 예측을 행할 수 있다.
㉰ 복잡하고 대형화된 시스템의 신뢰성 분석 및 안정성 분석에 이용되는 기법이다.

실기 실기시험까지 대비해서 암기하세요.

Answer 21. ② 22. ② 23. ④ 24. ② 25. ①

새 출제기준에 따른 문제 변경

26 위험 및 운전성 검토(HAZOP)에서 사용되는 가이드 워드 중에서 성질상의 감소를 의미하는 것은?

① Part of　　② More less
③ No/Not　　④ Other than

해설 HAZOP에서 사용되는 가이드 워드
㉮ No 또는 Not : 완전한 부정
㉯ More 또는 Less : 양의 증가 및 감소
㉰ As Well As : 부가, 성질상의 증가
㉱ Part of : 부분, 성질상의 감소
㉲ Reverse : 반대, 설계의도와 정반대
㉳ Other Than : 기타, 완전한 대체

실기 실기시험까지 대비해서 암기하세요.

27 인간-기계시스템의 설계 과정을 [보기]와 같이 분류할 때 다음 중 인간, 기계의 기능을 할당하는 단계는?

1단계 : 시스템의 목표와 성능명세 결정
2단계 : 시스템의 정의
3단계 : 기본 설계
4단계 : 인터페이스 설계
5단계 : 보조물 설계 혹은 편의수단 설계
6단계 : 평가

① 기본 설계
② 인터페이스 설계
③ 시스템의 목표와 성능명세 결정
④ 보조물 설계 혹은 편의수단 설계

해설 인간-기계시스템의 설계 과정
㉮ 1단계 : 시스템의 목표와 성능명세 결정-목적 및 존재 이유에 대한 표현
㉯ 2단계 : 시스템의 정의-목표달성을 위한 필요한 기능의 결정
㉰ 3단계 : 기본 설계-인간 · 기계의 기능을 할당, 직무분석, 작업설계, 인간성능 요건 명세
㉱ 4단계 : 인터페이스 설계-작업공간, 화면설계, 표시 및 조종장치 설계
㉲ 5단계 : 보조물 설계 혹은 편의수단 설계-성능보조자료, 훈련도구 등 보조물 설계
㉳ 6단계 : 평가-시스템 개발과 관련된 평가와 인간적인 요소 평가

28 FT도에서 최소 컷셋을 올바르게 구한 것은?

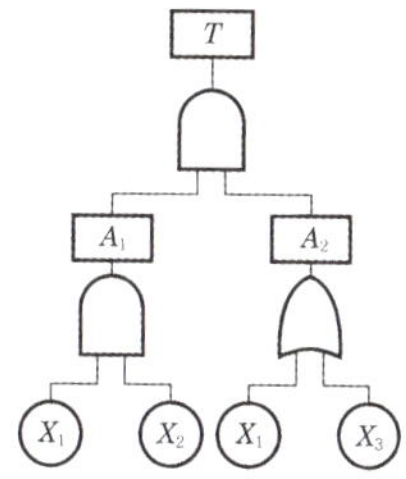

① (X_1, X_2)　　② (X_1, X_3)
③ (X_2, X_3)　　④ (X_1, X_2, X_3)

해설 최소 컷셋

$$T = A_1 \times A_2$$
$$= (X_1 \times X_2) \times (X_1 + X_3)$$
$$= (X_1 \times X_1 \times X_2) + (X_1 \times X_2 \times X_3)$$
$$= (X_1 \times X_2) + (X_1 \times X_2 \times X_3)$$
$$= (X_1 \times X_2) \times (1 + X_3)$$

따라서, 최소 컷셋은 (X_1, X_2)

실기 실기시험까지 대비해서 암기하세요.

29 일반적으로 인체측정치의 최대집단치를 기준으로 설계하는 것은?

① 선반의 높이　　② 공구의 크기
③ 출입문의 크기　　④ 안내 데스크의 높이

해설 최대집단값에 의한 설계
㉮ 통상 대상집단에 대한 관련 인체측정 변수의 상위 백분위수를 기준으로 하여 90, 95 혹은 99% 값이 사용된다. 만약 95% 값에 속하는 큰 사람을 수용할 수 있다면, 이보다 작은 사람은 모두 사용된다.
㉯ 예를 들어, 문, 탈출구, 통로 등과 같은 공간 여유를 정하거나 줄사다리의 강도 등을 정할 때 사용한다.

새 출제기준에 따른 문제 변경

30 다음 중 표시장치에 나타나는 값들이 계속적으로 변하는 경우에는 부적합하며, 인접한 눈금에 대한 지침의 위치를 파악할 필요가 없는 경우의 표시장치 형태로 가장 적합한 것은?

① 정목 동침형　　② 정침 동목형
③ 동목 동침형　　④ 계수형

Answer 26. ① 27. ① 28. ① 29. ③ 30. ④

해설 계수형

전력계나 택시요금 계기와 같이 기계, 전자적으로 숫자가 표시되는 형이다.

31 '화재 발생'이라는 시작(초기)사상에 대하여, 화재감지기, 화재 경보, 스프링클러 등의 성공 또는 실패 작동 여부와 그 확률에 따른 피해 결과를 분석하는 데 가장 적합한 위험분석 기법은?

① FTA ② ETA
③ FHA ④ THERP

해설 ETA(Event Tree Analysis)

초기사건이 발생했다고 가정한 후 후속사건이 성공했는지 혹은 실패했는지를 가정하고 이를 총 결과가 나타날 때까지 계속적으로 분지해 나가는 방식이다.

(새 출제기준에 따른 문제 변경)

32 FT도에 사용하는 기호에서 3개의 입력현상 중 임의의 시간에 2개가 발생하면 출력이 생기는 기호의 명칭은?

① 억제 게이트 ② 조합 AND 게이트
③ 배타적 OR 게이트 ④ 우선적 AND 게이트

해설 조합 AND 게이트

3개 이상의 입력사상 중 어느 것이나 2개가 일어나면 출력이 발생한다.

33 FTA에서 사용되는 사상기호 중 결함사상을 나타낸 기호로 옳은 것은?

① 
② 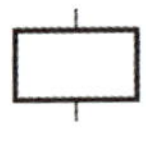
③ 
④ 

해설 FTA 사상기호

① 통상사상 ② 결함사상
③ 기본사상 ④ 생략사상

실기 실기시험까지 대비해서 암기하세요.

(새 출제기준에 따른 문제 변경)

34 전신육체적 작업에 대한 개략적 휴식시간의 산출공식으로 맞는 것은? (단, R은 휴식시간(분), E는 작업의 에너지소비율(kcal/분)이다.)

① $R = E \times \dfrac{60-4}{E-2}$

② $R = 60 \times \dfrac{E-4}{E-1.5}$

③ $R = 60 \times (E-4) \times (E-2)$

④ $R = 60 \times (60-4) \times (E-1.5)$

해설 휴식시간(R)의 산출공식

$$R = \frac{T(E-S)}{E-1.5}$$

여기서, T : 총 작업시간(분)

E : 작업의 평균 에너지소비량(kcal/min)

S : 권장 평균 에너지소비량(남성은 5kcal/min, 여성은 3.5kcal/min)

35 자동차를 타이어가 4개인 하나의 시스템으로 볼 때, 타이어 1개가 파열될 확률이 0.01이라면, 이 자동차의 신뢰도는 약 얼마인가?

① 0.91 ② 0.93
③ 0.96 ④ 0.99

해설 신뢰도

㉮ 고장날 확률 = 1 − 신뢰도

㉯ 직렬연결의 신뢰도

$$R_S = R_1 \cdot R_2 \cdot R_3 \cdots R_n = \prod_{i=1}^{n} R_i$$

$$R_S = (1-0.01) \times (1-0.01) \times (1-0.01) \times (1-0.01) = 0.96$$

(새 출제기준에 따른 문제 변경)

36 FTA에서 특정 조합의 기본사상들이 동시에 결함을 발생하였을 때 정상사상을 일으키는 기본사상의 집합을 무엇이라 하는가?

① cut set ② error set
③ path set ④ success set

Answer 31. ② 32. ② 33. ② 34. ② 35. ③ 36. ①

해설 컷셋(cut set)
FTA에서 특정 조합의 기본사상들이 동시에 결함을 발생하였을 때 정상사상을 일으키는 기본사상의 집합을 말한다.

실기 실기시험까지 대비해서 암기하세요.

새 출제기준에 따른 문제 변경

37 시스템 안전분석 방법 중 예비위험분석(PHA) 단계에서 식별하는 4가지 범주에 속하지 않는 것은?

① 위기 상태 ② 무시가능 상태
③ 파국적 상태 ④ 예비조치 상태

해설 PHA의 카테고리 분류
㉮ 파국적 : 사망, 시스템 손상
㉯ 위기적 : 심각한 상해, 시스템 중대 손상
㉰ 한계적 : 경미한 상해, 시스템 성능 저하
㉱ 무시가능 : 경미한 상해 및 시스템 저하 없음

38 FMEA 분석 시 고장평점법의 5가지 평가요소에 해당하지 않는 것은?

① 고장발생의 빈도
② 신규설계의 가능성
③ 기능적 고장 영향의 중요도
④ 영향을 미치는 시스템의 범위

해설 FMEA 분석 시 고장평점법의 5가지 평가요소
㉮ 고장발생의 빈도
㉯ 신규설계의 여부
㉰ 기능적 고장 영향의 중요도
㉱ 영향을 미치는 시스템의 범위
㉲ 고장방지의 가능성

39 건구온도 30℃, 습구온도 35℃일 때의 옥스퍼드(Oxford) 지수는?

① 20.75 ② 24.58
③ 30.75 ④ 34.25

해설 옥스퍼드(Oxford) 지수
옥스퍼드 지수 $=0.85W+0.15D$
여기서, W : 습구온도
D : 건구온도

$$WD=0.85W+0.15D$$
$$=0.85\times35+0.15\times30=34.25$$

40 설비보전에서 평균수리시간을 나타내는 것은?

① MTBF ② MTTR
③ MTTF ④ MTBP

해설 설비보전
① MTBF(Mean Time Between Failure) : 평균고장간격
② MTTR(Mean Time To Repair) : 평균수리시간
③ MTTF(Mean Time To Failure) : 평균고장시간

제3과목 기계위험 방지기술

41 산업안전보건법령상 사업장 내 근로자 작업환경 중 '강렬한 소음작업'에 해당하지 않는 것은?

① 85데시벨 이상의 소음이 1일 10시간 이상 발생하는 작업
② 90데시벨 이상의 소음이 1일 8시간 이상 발생하는 작업
③ 95데시벨 이상의 소음이 1일 4시간 이상 발생하는 작업
④ 100데시벨 이상의 소음이 1일 2시간 이상 발생하는 작업

해설 강렬한 소음작업의 정의
㉮ 90dB 이상의 소음이 1일 8시간 이상 발생 작업
㉯ 95dB 이상의 소음이 1일 4시간 이상 발생 작업
㉰ 100dB 이상의 소음이 1일 2시간 이상 발생 작업
㉱ 105dB 이상의 소음이 1일 1시간 이상 발생 작업
㉲ 110dB 이상의 소음이 1일 30분 이상 발생 작업
㉳ 115dB 이상의 소음이 1일 15분 이상 발생 작업

참고 산업안전보건기준에 관한 규칙 제512조

Answer 37. ④ 38. ② 39. ④ 40. ② 41. ①

42 산업안전보건법령상 프레스의 작업시작 전 점검 사항이 아닌 것은?

① 슬라이드 또는 칼날에 의한 위험방지 기구의 기능
② 프레스의 금형 및 고정볼트 상태
③ 전단기의 칼날 및 테이블의 상태
④ 권과방지장치 및 그 밖의 경보장치의 기능

해설 프레스 등을 사용하여 작업을 할 때에 작업시작 전 점검사항
㉮ ①, ②, ③과 다음의 점검사항이 있다.
㉯ 클러치 및 브레이크의 기능
㉰ 크랭크축 · 플라이휠 · 슬라이드 · 연결봉 및 연결 나사의 풀림 여부
㉱ 1행정 1정지기구 · 급정지장치 및 비상정지장치의 기능
㉲ 방호장치의 기능

참고 산업안전보건기준에 관한 규칙 별표 3

실기 실기시험까지 대비해서 암기하세요.

43 다음 연삭숫돌의 파괴원인 중 가장 적절하지 않은 것은?

① 숫돌의 회전속도가 너무 빠른 경우
② 플랜지의 직경이 숫돌 직경의 1/3 이상으로 고정된 경우
③ 숫돌 자체에 균열 및 파손이 있는 경우
④ 숫돌에 과대한 충격을 준 경우

해설 연삭숫돌의 파괴원인
㉮ ①, ③, ④와 다음의 원인이 있다.
㉯ 플랜지 직경이 현저히 작거나 지름이 균일하지 않을 때
㉰ 숫돌의 측면을 사용하는 경우

실기 실기시험까지 대비해서 암기하세요.

44 동력전달부분의 전방 35cm 위치에 일반 평형보호망을 설치하고자 한다. 보호망의 최대 구멍의 크기는 몇 mm인가?

① 41　　② 45
③ 51　　④ 55

해설 동력전달부분(전동체)인 경우 개구부 간격
$6+(0.1\times 개구부\ 간격)=6+(0.1\times 350)=41$

45 화물중량이 200kgf, 지게차의 중량이 400kgf, 앞바퀴에서 화물의 무게중심까지의 최단거리가 1m일 때 지게차가 안정되기 위하여 앞바퀴에서 지게차의 무게중심까지 최단거리는 최소 몇 m를 초과해야 하는가?

① 0.2m　　② 0.5m
③ 1m　　④ 2m

해설 지게차가 안정되기 위한 앞바퀴에서 무게중심까지의 최단거리
$M_1 \leq M_2$
$200\times 1 \leq 400\times a$
$a=0.5[m]$

46 산업안전보건법령상 압력용기에서 안전인증된 파열판에 안전인증 표시 외에 추가로 나타내어야 하는 사항이 아닌 것은?

① 분출차(%)
② 호칭지름
③ 용도(요구성능)
④ 유체의 흐름방향 지시

해설 파열판의 안전인증 표시 외 추가표시 사항
㉮ ②, ③, ④와 다음의 사항이 있다.
㉯ 설정파열압력(MPa) 및 설정온도(℃)
㉰ 분출용량(kg/h) 또는 공칭분출계수
㉱ 파열판의 재질

참고 방호장치 안전인증 고시 별표 4

47 선반에서 일감의 길이가 지름에 비하여 상당히 길 때 사용하는 부속품으로, 절삭 시 절삭저항에 의한 일감의 진동을 방지하는 장치는?

① 칩 브레이커　　② 척 커버
③ 방진구　　④ 실드

Answer 42. ④ 43. ② 44. ① 45. ② 46. ① 47. ③

해설 선반의 방호장치

① 칩 브레이커 : 절삭 가공에 있어서 긴 칩(chip)을 짧게 절단, 또는 스프링 형태로 감기게 하기 위해 바이트의 경사면에 홈이나 단을 붙여 칩의 절단이 쉽도록 한 부분
② 척 커버 : 척에 물린 가공물의 돌출부 등에 작업복 등이 말려들어가는 것을 방지해주는 장치
③ 방진구 : 선반에서 일감의 길이가 지름에 비하여 상당히 길 때 사용하는 부속품으로, 절삭 시 절삭 저항에 의한 일감의 진동을 방지하는 장치
④ 실드 : 칩이나 절삭유의 비산을 방지하기 위하여 선반의 전후좌우 및 위쪽에 설치하는 덮개
⑤ 급정지 브레이크 : 작업 중 발생하는 돌발상황에서 선반 작동을 중지시키는 장치
⑥ 덮개 또는 울, 고정 브리지

실기 실기시험까지 대비해서 암기하세요.

48 산업안전보건법령상 프레스를 제외한 사출성형기 · 주형조형기 및 형단조기 등에 관한 안전조치 사항으로 틀린 것은?

① 근로자의 신체 일부가 말려들어갈 우려가 있는 경우에는 양수조작식 방호장치를 설치하여 사용한다.
② 게이트 가드식 방호장치를 설치할 경우에는 연동구조를 적용하여 문을 닫지 않아도 동작할 수 있도록 한다.
③ 사출성형기의 전면에 작업용 발판을 설치할 경우 근로자가 쉽게 미끄러지지 않는 구조여야 한다.
④ 기계의 히터 등의 가열 부위, 감전 우려가 있는 부위에는 방호덮개를 설치하여 사용한다.

해설 사출성형기 등의 방호장치

② 게이트 가드식 방호장치를 설치할 경우에는 연동구조를 적용하여 문을 닫지 않으면 동작하지 않도록 한다.

참고 산업안전보건기준에 관한 규칙 제121조

새 출제기준에 따른 문제 변경

49 어느 사업장의 도수율은 40이고 강도율은 4이다. 이 사업장의 재해 1건당 근로손실일수는 얼마인가?

① 1 ② 10
③ 50 ④ 100

해설 재해율

㉮ 환산도수율$(F) = \dfrac{도수율}{10}$
㉯ 환산강도율(S) = 강도율×100
㉰ 재해 1건당 근로손실일수 $= \dfrac{S}{F}$

$$\therefore \frac{4\times100}{\frac{40}{10}} = \frac{400}{4} = 100$$

실기 실기시험까지 대비해서 암기하세요.

50 밀링작업 시 안전수칙에 관한 설명으로 틀린 것은?

① 칩은 기계를 정지시킨 다음에 브러시 등으로 제거한다.
② 일감 또는 부속장치 등을 설치하거나 제거할 때는 반드시 기계를 정지시키고 작업한다.
③ 면장갑을 반드시 끼고 작업한다.
④ 강력 절삭을 할 때는 일감을 바이스에 깊게 물린다.

해설 밀링작업 시 안전수칙

③ 면장갑을 끼지 않고 작업한다.

51 다음 중 프레스기에 사용되는 방호장치에 있어 원칙적으로 급정지 기구가 부착되어야만 사용할 수 있는 방식은?

① 양수조작식 ② 손쳐내기식
③ 가드식 ④ 수인식

해설 프레스기의 양수조작식 방호장치

양수조작식 프레스기의 경우 방호장치로 급정지 기구가 부착되어야 한다.

Answer 48. ② 49. ④ 50. ③ 51. ①

52 산업안전보건법령상 지게차의 최대하중의 2배 값이 6톤일 경우 헤드가드의 강도는 몇 톤의 등분포정하중에 견딜 수 있어야 하는가?

① 4　　② 6
③ 8　　④ 10

해설 헤드가드

사업주는 다음에 따른 적합한 헤드가드(head guard)를 갖추지 아니한 지게차를 사용해서는 안 된다. 다만, 화물의 낙하에 의하여 지게차의 운전자에게 위험을 미칠 우려가 없는 경우에는 그렇지 않다

㉮ 강도는 지게차의 최대하중의 2배 값(4톤을 넘는 값에 대해서는 4톤으로 한다)의 등분포정하중(等分布靜荷重)에 견딜 수 있을 것
㉯ 상부틀의 각 개구의 폭 또는 길이가 16cm 미만일 것
㉰ 운전자가 앉아서 조작하거나 서서 조작하는 지게차의 헤드가드는 한국산업표준에서 정하는 높이 기준 이상일 것.

참고 산업안전보건기준에 관한 규칙 제180조

실기 실기시험까지 대비해서 암기하세요.

53 강자성체를 자화하여 표면의 누설자속을 검출하는 비파괴 검사 방법은?

① 방사선 투과 시험　　② 인장 시험
③ 초음파 탐상 시험　　④ 자분 탐상 시험

해설 비파괴 검사 방법

① 방사선 투과 시험 : 투과성 방사선을 시험체에 조사하였을 때 투과 방사선 강도 변화 즉, 건전부와 결함부의 투과선량 차에 의한 필름상 농도차로부터 결함을 검출하는 비파괴 검사 방법
③ 초음파 탐상 시험 : 초음파를 시험체 중에 전달하였을 때, 시험체가 나타내는 음향적 성질을 이용하여 시험체의 내부결함이나 재질 등을 조사하는 비파괴 검사 방법
※ ② 인장 시험 : 재료의 형상이나 재질에 따라 정해진 시험편에 인장하중을 주어 그 변형과 휘어짐을 측정해서 기본적인 기계적 성질(탄성계수, 최대강도 등)을 알기 위한 파괴 검사 방법

실기 실기시험까지 대비해서 암기하세요.

54 산업안전보건법령상 보일러 방호장치로 거리가 가장 먼 것은?

① 고저수위 조절장치　　② 아우트리거
③ 압력방출장치　　④ 압력제한스위치

해설 보일러 방호장치

㉮ 압력방출장치
㉯ 압력제한스위치
㉰ 고저수위 조절장치
㉱ 화염 검출기
㉲ 전기적 인터록장치 등

참고 산업안전보건기준에 관한 규칙 제116~119조

55 산업안전보건법령상 아세틸렌 용접장치에 관한 설명이다. ( ) 안에 공통으로 들어갈 내용으로 옳은 것은?

- 사업주는 아세틸렌 용접장치의 취관마다 ( )를 설치하여야 한다.
- 사업주는 가스용기가 발생기와 분리되어 있는 아세틸렌 용접장치에 대하여 발생기와 가스용기 사이에 ( )를 설치하여야 한다.

① 분기장치　　② 자동발생 확인장치
③ 유수 분리장치　　④ 안전기

해설 안전기의 설치

㉮ 사업주는 아세틸렌 용접장치의 취관마다 안전기를 설치하여야 한다. 다만, 주관 및 취관에 가장 가까운 분기관마다 안전기를 부착한 경우에는 그러하지 아니하다.
㉯ 사업주는 가스용기가 발생기와 분리되어 있는 아세틸렌 용접장치에 대하여 발생기와 가스용기 사이에 안전기를 설치하여야 한다.

참고 산업안전보건기준에 관한 규칙 제189조

실기 실기시험까지 대비해서 암기하세요.

Answer 52. ① 53. ④ 54. ② 55. ④

56 프레스기의 안전대책 중 손을 금형 사이에 집어넣을 수 없도록 하는 본질적 안전화를 위한 방식(no-hand in die)에 해당하는 것은?

① 수인식 ② 광전자식
③ 방호울식 ④ 손쳐내기식

해설 프레스기의 위험장소에 대한 방호장치
㉮ 위치 제한형 방식 : 양수 조작식
㉯ 접근 반응형 방식 : 광전자식
㉰ 본질적 안전화를 위한 방식 : 방호울식
㉱ 접근 거부형 방식 : 손쳐내기식

57 회전하는 부분의 접선방향으로 물려 들어갈 위험이 존재하는 점으로 주로 체인, 풀리, 벨트, 기어와 랙 등에서 형성되는 위험점은?

① 끼임점 ② 협착점
③ 절단점 ④ 접선물림점

해설 위험점
① 끼임점 : 회전하는 동작부분과 고정부분이 함께 만드는 위험점으로 주로 연삭숫돌과 작업대, 교반기의 교반날개와 몸체 사이에서 형성되는 위험점
② 협착점 : 프레스 등 왕복운동을 하는 기계에서 왕복하는 부품과 고정 부품 사이에 생기는 위험점
③ 절단점 : 둥근톱의 톱날 등 회전하는 기계 부분 자체의 위험에서 초래되는 위험점

58 산업안전보건법령상 양중기에 해당하지 않는 것은?

① 곤돌라
② 이동식 크레인
③ 적재하중 0.05톤의 이삿짐운반용 리프트
④ 화물용 엘리베이터

해설 양중기의 종류
㉮ 크레인[호이스트(hoist)를 포함]
㉯ 이동식 크레인
㉰ 리프트(이삿짐운반용 리프트의 경우에는 적재하중이 0.1톤 이상인 것으로 한정)
㉱ 곤돌라
㉲ 승강기

참고 산업안전보건기준에 관한 규칙 제132조

실기 실기시험까지 대비해서 암기하세요.

59 다음 설명 중 ( ) 안에 알맞은 내용은?

산업안전보건법령상 롤러기의 급정지장치는 롤러를 무부하로 회전시킨 상태에서 앞면 롤러의 표면속도가 30m/min 미만일 때에는 급정지거리가 앞면 롤러 위주의 ( ) 이내에서 롤러를 정지시킬 수 있는 성능을 보유해야 한다.

① 1/4 ② 1/3
③ 1/2.5 ④ 1/2

해설 앞면 롤러의 표면속도에 따른 급정지거리

앞면 롤러의 표면속도	급정지거리
30m/min 미만	앞면 롤러 원주의 1/3 이내
30m/min 이상	앞면 롤러 원주의 1/2.5 이내

참고 방호장치 자율안전기준 고시 별표 3

실기 실기시험까지 대비해서 암기하세요.

60 산업안전보건법령상 지게차에서 통상적으로 갖추고 있어야 하나, 마스트의 후방에서 화물이 낙하함으로써 근로자에게 위험을 미칠 우려가 없는 때에는 반드시 갖추지 않아도 되는 것은?

① 전조등 ② 헤드가드
③ 백레스트 ④ 포크

해설 백레스트(backrest)
사업주는 백레스트(backrest)를 갖추지 아니한 지게차를 사용해서는 아니 된다. 다만, 마스트의 후방에서 화물이 낙하함으로써 근로자가 위험해질 우려가 없는 경우에는 그러하지 아니하다.

참고 산업안전보건기준에 관한 규칙 제181조

실기 실기시험까지 대비해서 암기하세요.

Answer 56. ③ 57. ④ 58. ③ 59. ② 60. ③

제4과목 전기위험 방지기술

61 피뢰시스템의 등급에 따른 회전구체의 반지름으로 틀린 것은?

① Ⅰ 등급 : 20m ② Ⅱ 등급 : 30m
③ Ⅲ 등급 : 40m ④ Ⅳ 등급 : 60m

해설 피뢰레벨에 따른 회전구체의 반지름, 메시 치수

피뢰레벨	회전구체 반지름(m)	메시 치수(m)
Ⅰ	20	5×5
Ⅱ	30	10×10
Ⅲ	45	15×15
Ⅳ	60	20×20

62 전류가 흐르는 상태에서 단로기를 끊었을 때 여러 가지 파괴작용을 일으킨다. 다음 그림에서 유입차단기의 차단순서와 투입순서가 안전수칙에 가장 적합한 것은?

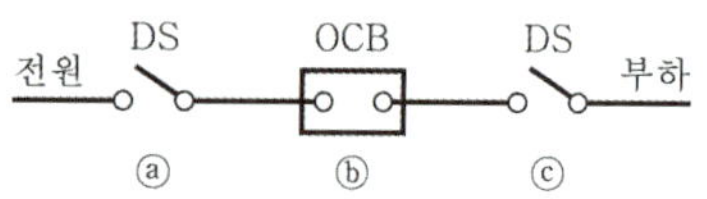

① 차단 : ⓐ→ⓑ→ⓒ, 투입 : ⓐ→ⓑ→ⓒ
② 차단 : ⓑ→ⓒ→ⓐ, 투입 : ⓑ→ⓒ→ⓐ
③ 차단 : ⓒ→ⓑ→ⓐ, 투입 : ⓒ→ⓐ→ⓑ
④ 차단 : ⓑ→ⓒ→ⓐ, 투입 : ⓒ→ⓐ→ⓑ

해설 유입차단기의 작동 순서
개폐 조작은 부하측에서 전원측으로 진행하며, 차단기(VCB)는 차단 시에는 가장 먼저, 투입 시에는 가장 뒤에 조작한다.

63 다음은 무슨 현상을 설명한 것인가?

> 전위차가 있는 2개의 대전체가 특정거리에 접근하게 되면 등전위가 되기 위하여 전하가 절연공간을 깨고 순간적으로 빛과 열을 발생하며 이동하는 현상

① 대전 ② 충전
③ 방전 ④ 열전

해설 용어 정의
① 대전 : 충격, 마찰 등에 의해 전자들이 이동하여 양전하와 음전하의 균형이 깨어지면 다수의 전하가 겉으로 드러나게 되는 현상
② 충전 : 외부로부터 전류를 공급하여 전기에너지를 축적하는 현상
④ 열전 : 서로 다른 종류의 금속선을 접속하고 그 양단을 서로 다른 온도로 유지하면 회로에 전류가 흐르는 현상

64 정전기 재해를 예방하기 위해 설치하는 제전기의 제전효율은 설치 시에 얼마 이상이 되어야 하는가?

① 40% 이상 ② 50% 이상
③ 70% 이상 ④ 90% 이상

해설 제전기의 제전효율
정전기 재해를 예방하기 위해 설치하는 제전기의 제전효율은 설치 시에 90% 이상이 되어야 한다.

65 정전기 화재폭발 원인으로 인체대전에 대한 예방대책으로 옳지 않은 것은?

① Wrist Strap을 사용하여 접지선과 연결한다.
② 대전방지제를 넣은 제전복을 착용한다.
③ 대전방지 성능이 있는 안전화를 착용한다.
④ 바닥 재료는 고유저항이 큰 물질로 사용한다.

해설 인체대전에 대한 예방대책
④ 바닥 재료는 10Ω 이하의 저항을 갖는 물질로 사용한다.

66 정격사용률이 30%, 정격2차전류가 300A인 교류아크 용접기를 200A로 사용하는 경우의 허용사용률(%)은?

① 13.3 ② 67.5
③ 110.3 ④ 157.5

Answer 61. ③ 62. ④ 63. ③ 64. ④ 65. ④ 66. ②

해설 허용사용률

$$허용사용률 = \left(\frac{정격2차전류}{실제용접전류}\right)^2 \times 정격사용률 \times 100$$

$$= \left(\frac{300}{200}\right)^2 \times 0.3 \times 100 = 67.5[\%]$$

67 피뢰기의 제한 전압이 752kV이고 변압기의 기준충격 절연강도가 1,050kV이라면, 보호 여유도(%)는 약 얼마인가?

① 18 ② 28
③ 40 ④ 43

해설 보호 여유도

$$보호\ 여유도 = \frac{충격절연강도 - 제한전압}{제한전압} \times 100$$

$$= \frac{1,050 - 752}{752} \times 100 = 39.62[\%]$$

68 절연물의 절연불량 주요원인으로 거리가 먼 것은?

① 진동, 충격 등에 의한 기계적 요인
② 산화 등에 의한 화학적 요인
③ 온도상승에 의한 열적 요인
④ 정격전압에 의한 전기적 요인

해설 절연물의 절연불량 주요원인
㉮ 진동, 충격 등에 의한 기계적 요인
㉯ 산화 등에 의한 화학적 요인
㉰ 온도상승에 의한 열적 요인
㉱ 높은 이상전압 등에 의한 전기적 요인
㉲ 생물학적 요인

69 고장전류를 차단할 수 있는 것은?

① 차단기(CB)
② 유입 개폐기(OS)
③ 단로기(DS)
④ 선로 개폐기(LS)

해설 차단기(CB)
고장전류를 차단할 수 있는 것은 차단기(CB)이다.

70 주택용 배선차단기 B타입의 경우 순시동작 범위는? (단, I_n는 차단기 정격전류이다.)

① $3I_n$ 초과~$5I_n$ 이하
② $5I_n$ 초과~$10I_n$ 이하
③ $10I_n$ 초과~$15I_n$ 이하
④ $10I_n$ 초과~$20I_n$ 이하

해설 주택용 배선차단기의 순시동작범위

B타입	$3I_n$ 초과~$5I_n$ 이하
C타입	$5I_n$ 초과~$10I_n$ 이하
D타입	$10I_n$ 초과~$20I_n$ 이하

71 다음 중 방폭구조의 종류가 아닌 것은?

① 유압 방폭구조(k)
② 내압 방폭구조(d)
③ 본질안전 방폭구조(i)
④ 압력 방폭구조(p)

해설 장소별 방폭구조

0종 장소	지속적 위험분위기	본질안전방폭구조(Ex ia)
1종 장소	통상상태에서의 간헐적 위험분위기	내압방폭구조(Ex d) 압력방폭구조(Ex p) 충전방폭구조(Ex q) 유입방폭구조(Ex o) 안전증방폭구조(Ex e) 본질안전방폭구조(Ex ib) 몰드방폭구조(Ex m)
2종 장소	이상상태에서의 위험분위기	비점화방폭구조(Ex n)

실기 실기시험까지 대비해서 암기하세요.

72 3,300/220V, 20kVA인 3상 변압기로부터 공급받고 있는 저압 전선로의 절연 부분의 전선과 대지 간의 절연저항의 최소값은 약 몇 Ω 인가? (단, 변압기의 저압 측 중성점에 접지가 되어 있다.)

① 1,240 ② 2,794
③ 4,840 ④ 8,383

Answer 67. ③ 68. ④ 69. ① 70. ① 71. ① 72. ④

해설 3상 변압기의 절연저항(R)

$$R=\frac{V}{Ig}=\frac{V}{\frac{1}{2,000}\times\frac{P}{\sqrt{3}V}}$$
$$=\frac{220}{\frac{1}{2,000}\times\frac{20\times10^3}{\sqrt{3}\times220}}$$
$$=8,383.125[\Omega]$$

73 동작 시 아크가 발생하는 고압 및 특고압용 개폐기 · 차단기의 이격거리(목재의 벽 또는 천장, 기타 가연성 물체로부터의 거리)의 기준으로 옳은 것은? (단, 사용전압이 35kV 이하의 특고압용의 기구 등으로서 동작할 때에 생기는 아크의 방향과 길이를 화재가 발생할 우려가 없도록 제한하는 경우가 아니다.)

① 고압용 : 0.8m 이상, 특고압용 : 1.0m 이상
② 고압용 : 1.0m 이상, 특고압용 : 2.0m 이상
③ 고압용 : 2.0m 이상, 특고압용 : 3.0m 이상
④ 고압용 : 3.5m 이상, 특고압용 : 4.0m 이상

해설 동작 시 아크가 발생하는 이격거리
㉮ 고압용 : 1.0m 이상
㉯ 특고압용 : 2.0m 이상(사용전압이 35kV 이하의 특고압용의 기구 등으로서 동작할 때에 생기는 아크의 방향과 길이를 화재가 발생할 우려가 없도록 제한하는 경우에는 1m 이상)

74 감전사고로 인한 전격사의 메커니즘으로 가장 거리가 먼 것은?

① 흉부수축에 의한 질식
② 심실세동에 의한 혈액순환기능의 상실
③ 내장파열에 의한 소화기계통의 기능 상실
④ 호흡중추신경 마비에 따른 호흡기능 상실

해설 감전사고로 인한 전격사의 메커니즘
㉮ 1차적으로 심장부 통전으로 심실세동에 의한 호흡기능 및 혈액순환기능의 정지, 뇌통전에 따른 호흡기능의 정지 및 중추신경의 손상, 흉부통전에 의한 호흡기능의 정지 등이 발생할 수 있다.
㉯ 2차적으로 추락, 전도, 전류통전 및 화상, 시력손상 등이 발생할 수 있다.

75 욕조나 샤워시설이 있는 욕실 또는 화장실에 콘센트가 시설되어 있다. 해당 전로에 설치된 누전차단기의 정격감도전류와 동작시간은?

① 정격감도전류 15mA 이하, 동작시간 0.01초 이하
② 정격감도전류 15mA 이하, 동작시간 0.03초 이하
③ 정격감도전류 30mA 이하, 동작시간 0.01초 이하
④ 정격감도전류 30mA 이하, 동작시간 0.03초 이하

해설 정격감도전류와 동작시간
욕조나 샤워시설이 있는 욕실 또는 화장실 등 인체가 물에 젖어있는 상태에서 전기를 사용하는 장소에 콘센트를 시설하는 경우에는 다음에 따라 시설하여야 한다.
㉮ [전기용품 및 생활용품 안전관리법]의 적용을 받는 인체감전보호용 누전차단기(정격감도전류 15mA 이하, 동작시간 0.03초 이하의 전류동작형의 것에 한한다) 또는 절연변압기(정격용량 3kVA 이하인 것에 한한다)로 보호된 전로에 접속하거나, 인체감전보호용 누전차단기가 부착된 콘센트를 시설하여야 한다.
㉯ 콘센트는 접지극이 있는 방적형 콘센트를 사용하여 211과 140의 규정에 준하여 접지하여야 한다.

76 인체저항을 500Ω이라 한다면, 심실세동을 일으키는 위험한계 에너지는 약 몇 J인가? (단, 심실세동전류값 $I=\frac{165}{\sqrt{t}}$ mA의 Dalziel의 식을 이용하며, 통전시간은 1초로 한다.)

① 11.5 ② 13.6
③ 15.3 ④ 16.2

해설 위험한계 에너지(W)
$$W=I^2RT=(165\times10^{-3})^2\times500\times1$$
$$=165^2\times10^{-6}\times500\times1=13.6[\text{J}]$$

실기 실기시험까지 대비해서 암기하세요.

77 50kW, 60Hz 3상 유도전동기가 380V 전원에 접속된 경우 흐르는 전류(A)는 약 얼마인가? (단, 역률은 80%이다.)

① 82.24 ② 94.96
③ 116.30 ④ 164.47

Answer 73. ② 74. ③ 75. ② 76. ② 77. ②

해설 유도전동기

$P = \sqrt{3} \cdot V \cdot I \cdot cos\theta [W]$

$I = \frac{P}{\sqrt{3} \times V \times 역률}$

$= \frac{50 \times 10^3}{\sqrt{3} \times 380 \times 0.8} = 94.96[A]$

78 내압방폭용기 "d"에 대한 설명으로 틀린 것은?

① 원통형 나사 접합부의 체결 나사산 수는 5산 이상이어야 한다.
② 가스/증기 그룹이 ⅡB일 때 내압 접합면과 장애물과의 최소 이격거리는 20mm이다.
③ 용기 내부의 폭발이 용기 주위의 폭발성 가스 분위기로 화염이 전파되지 않도록 방지하는 부분은 내압방폭 접합부이다.
④ 가스/증기 그룹이 ⅡC일 때 내압 접합면과 장애물과의 최소 이격거리는 40mm이다.

해설 내압방폭구조 플랜지 접합부와 장애물 간 최소 이격거리

가스 그룹	II A	II B	II C
최소 이격거리(mm)	10	30	40

79 KS C IEC 60079-0의 정의에 따라 '두 도전부 사이의 고체 절연물 표면을 따른 최단거리'를 나타내는 명칭은?

① 전기적 간격
② 절연공간거리
③ 연면거리
④ 충전물 통과거리

해설 용어
① 전기적 간격 : 다른 전위를 갖고 있는 도전부 사이의 이격거리
② 절연 공간거리 : 두 도전부 사이의 공간을 통한 최단거리
④ 충전물 통과거리 : 두 도전부 사이의 충전물을 통과한 최단거리

80 접지 목적에 따른 분류에서 병원설비의 의료용 전기전자(M · E)기기와 모든 금속부분 또는 도전바닥에도 접지하여 전위를 동일하게 하기 위한 접지를 무엇이라 하는가?

① 계통 접지
② 등전위 접지
③ 노이즈방지용 접지
④ 정전기 장해방지 이용 접지

해설 등전위 접지
금속도체 상호 간 혹은 대지에 대하여 전기적으로 절연되어 있는 2개 이상의 금속도체를 전기적으로 접속하여 등전위를 형성함으로써 정전기 방전을 막는 방법이다.
※ 계통 접지란 고압전로와 저압전로가 혼촉되었을 때의 감전이나 화재를 방지하기 위하여 수행하는 접지이다.

제5과목 화학설비위험 방지기술

81 다음 중 고체연소의 종류에 해당하지 않는 것은?

① 표면연소 ② 증발연소
③ 분해연소 ④ 예혼합연소

해설 연소의 종류
㉮ 고체 : 분해연소, 표면연소, 증발연소, 자기연소 등
㉯ 액체 : 증발연소, 분해연소, 분무연소, 그을음연소 등
㉰ 기체 : 확산연소, 폭발연소, 예혼합연소, 그을음연소 등

82 가연성 물질을 취급하는 장치를 퍼지하고자 할 때 잘못된 것은?

① 대상물질의 물성을 파악한다.
② 사용하는 불활성 가스의 물성을 파악한다.
③ 퍼지용 가스를 가능한 한 빠른 속도로 단시간에 다량 송입한다.
④ 장치 내부를 세정한 후 퍼지용 가스를 송입한다.

Answer 78. ② 79. ③ 80. ② 81. ④ 82. ③

해설 가연성 물질을 취급하는 장치의 퍼지 방법

③ 퍼지용 가스를 가능한 한 느린 속도로 장시간에 소량 송입한다.

83 위험물질에 대한 설명 중 틀린 것은?

① 과산화나트륨에 물이 접촉하는 것은 위험하다.
② 황린은 물속에 저장한다.
③ 염소산나트륨은 물과 반응하여 폭발성의 수소 기체를 발생한다.
④ 아세트알데히드는 0℃ 이하의 온도에서도 인화할 수 있다.

해설 염소산나트륨($NaClO_3$)

염소산나트륨은 물에 잘 녹으며 조해성(공기 중에 노출되어 있는 고체가 수분을 흡수하여 녹는 현상)이 크다.

84 공정안전보고서 중 공정안전자료에 포함하여야 할 세부내용에 해당하는 것은?

① 비상조치계획에 따른 교육계획
② 안전운전지침서
③ 각종 건물 · 설비의 배치도
④ 도급업체 안전관리계획

해설 공정안전보고서의 세부 내용

㉮ 취급 · 저장하고 있거나 취급 · 저장하려는 유해 · 위험물질의 종류 및 수량
㉯ 유해 · 위험물질에 대한 물질안전보건자료
㉰ 유해하거나 위험한 설비의 목록 및 사양
㉱ 유해하거나 위험한 설비의 운전방법을 알 수 있는 공정도면
㉲ 각종 건물 · 설비의 배치도
㉳ 폭발위험장소 구분도 및 전기단선도
㉴ 위험설비의 안전설계 · 제작 및 설치 관련 지침서

참고 산업안전보건법 시행규칙 제50조

실기 실기시험까지 대비해서 암기하세요.

85 디에틸에테르의 연소범위에 가장 가까운 값은?

① 2~10.4%　　② 1.9~48%
③ 2.5~15%　　④ 1.5~7.8%

해설 디에틸에테르($C_2H_5OC_2H_5$)

폭발하한계 : 1.9, 폭발상한계 : 48

86 공기 중에서 A 가스의 폭발하한계는 2.2vol%이다. 이 폭발하한계 값을 기준으로 하여 표준상태에서 A 가스와 공기의 혼합기체 1m³에 함유되어 있는 A 가스의 질량을 구하면 약 몇 g인가? (단, A 가스의 분자량은 26이다.)

① 19.02　　② 25.54
③ 29.02　　④ 35.54

해설 가스의 질량

1m³ 중에 2.2vol%가 섞여 있으므로, 0.022m³ = 22L가 있다.

표준상태에서의 부피는 22.4L, 분자량은 26이므로,

$$질량 = \frac{22}{22.4 \times 26} = 25.54[g]$$

87 다음 물질 중 물에 가장 잘 용해되는 것은?

① 아세톤　　② 벤젠
③ 톨루엔　　④ 휘발유

해설 아세톤

물 등 대부분의 용매와 잘 섞이며 휘발성이 강하고 인화성이 크며 독성물질이다.

88 다음 가스 중 가장 독성이 큰 것은?

① CO　　② $COCl_2$
③ NH_3　　④ H_2

해설 포스겐($COCl_2$)

불소와 함께 TWA가 0.1로 가장 강한 독성 물질이다.

Answer 83. ③ 84. ③ 85. ② 86. ② 87. ① 88. ②

89 가스누출감지경보기 설치에 관한 기술상의 지침으로 틀린 것은?

① 암모니아를 제외한 가연성가스 누출감지경보기는 방폭성능을 갖는 것이어야 한다.
② 독성가스 누출감지경보기는 해당 독성가스 허용농도의 25% 이하에서 경보가 울리도록 설정하여야 한다.
③ 하나의 감지대상가스가 가연성이면서 독성인 경우에는 독성가스를 기준하여 가스누출감지경보기를 선정하여야 한다.
④ 건축물 안에 설치되는 경우, 감지대상가스의 비중이 공기보다 무거운 경우에는 건축물 내의 하부에 설치하여야 한다.

해설 가스누출감지경보기 설치에 관한 기술상의 지침

㉮ 가연성가스 누출감지경보기는 감지대상 가스의 폭발하한계 25% 이하, 독성가스 누출감지경보기는 해당 독성가스의 허용농도 이하에서 경보가 울리도록 설정하여야 한다.
㉯ 가스누출감지경보의 정밀도는 경보설정치에 대하여 가연성가스 누출감지경보기는 ±25% 이하, 독성가스 누출감지경보기는 ±30% 이하이어야 한다.

90 폭발을 기상폭발과 응상폭발로 분류할 때 기상폭발에 해당되지 않는 것은?

① 분진폭발 ② 혼합가스폭발
③ 분무폭발 ④ 수증기폭발

해설 폭발물 원인물질의 물리적 상태에 따른 폭발의 분류

㉮ 기상폭발 : 분해폭발, 분진폭발, 분무폭발, 가스폭발, 혼합가스폭발 등
㉯ 응상폭발 : 수증기폭발, 전선폭발, 고상 간의 전이에 의한 폭발, 혼합 위험에 의한 폭발 등

91 처음 온도가 20℃인 공기를 절대압력 1기압에서 3기압으로 단열압축하면 최종온도는 약 몇 도인가? (단, 공기의 비열비 1.4이다.)

① 68℃ ② 75℃
③ 128℃ ④ 164℃

해설 단열과정

$$\frac{T_2}{T_1} = \left(\frac{P_2}{P_1}\right)^{\frac{r-1}{r}}$$

여기서, T_1, T_2 : 기체의 처음, 압축 후의 온도
P_1, P_2 : 기체의 처음, 압축 후의 압력
r : 공기의 비열비

$$T_2 = T_1 \times \left(\frac{P_2}{P_1}\right)^{\frac{r-1}{r}}$$

$$= (273+20) \times \left(\frac{3}{1}\right)^{\frac{1.4-1}{1.4}} = 401.04[\text{K}]$$

$401.04[\text{K}] - 273 = 128.04[℃]$

92 물질의 누출방지용으로써 접합면을 상호 밀착시키기 위하여 사용하는 것은?

① 개스킷 ② 체크밸브
③ 플러그 ④ 콕크

해설 용어

② 체크밸브 : 유체가 일정한 방향으로만 흐르게 하는 관 부속품
③ 플러그 : 유로를 차단할 때 사용하는 관 부속품
④ 콕크 : 유로를 흐르는 유체의 양을 조절하는 관 부속품

93 건조설비의 구조를 구조부분, 가열장치, 부속설비로 구분할 때 다음 중 "부속설비"에 속하는 것은?

① 보온판 ② 열원장치
③ 소화장치 ④ 철골부

해설 건조설비의 구조

㉮ 구조부분 : 바닥콘크리트, 철골, 보온판 등의 기초부분, 본체, 내부 구조물
㉯ 가열장치 : 열원공급장치, 열 순환용 송풍기 등
㉰ 부속설비 : 환기장치, 전기설비, 온도조절장치, 안전장치, 소화장치 등

Answer 89. ② 90. ④ 91. ③ 92. ① 93. ③

94 에틸렌(C_2H_4)이 완전연소하는 경우 다음의 Jones식을 이용하여 계산할 경우 연소하한계는 약 몇 vol%인가?

Jones식 : $LFL = 0.55 \times C_{st}$

① 0.55　② 3.6
③ 6.3　④ 8.5

해설 연소하한계

$$C_{st}(vol\%) = \frac{100}{1+4.773\left(n+\frac{m-f-2\lambda}{4}\right)}$$

여기서, n : 탄소, m : 수소
f : 할로겐원소, λ : 산소의 원자수
부탄(C_2H_4)에서 n : 2, m : 4, f : 0, λ : 0

$$C_{st}(Vol\%) = \frac{100}{1+4.773\left(2+\frac{4}{4}\right)} = 6.53$$

연소하한계 $= 0.55 \times C_{st} = 0.55 \times 6.53 = 3.6$

95 [보기]의 물질을 폭발범위가 넓은 것부터 좁은 순서로 옳게 배열한 것은?

H_2　C_3H_8　CH_4　CO

① $CO > H_2 > C_3H_8 > CH_4$
② $H_2 > CO > CH_4 > C_3H_8$
③ $C_3H_8 > CO > CH_4 > H_2$
④ $CH_4 > H_2 > CO > C_3H_8$

해설 폭발범위
㉮ H_2(수소) : 4 ~ 75%
㉯ CO(일산화탄소) : 12.5 ~ 74%
㉰ CH_4(메탄) : 5 ~ 15%
㉱ C_3H_8(프로판) : 2.1 ~ 9.5%

96 산업안전보건법령상 위험물질의 종류에서 "폭발성 물질 및 유기과산화물"에 해당하는 것은?

① 디아조화합물　② 황린
③ 알킬알루미늄　④ 마그네슘 분말

해설 폭발성 물질 및 유기과산화물
㉮ 질산에스테르류
㉯ 니트로화합물
㉰ 니트로소화합물
㉱ 아조화합물
㉲ 디아조화합물
㉳ 하이드라진 유도체
㉴ 유기과산화물
㉵ 그 밖에 ㉮부터 ㉴까지의 물질과 같은 정도의 폭발 위험이 있는 물질
㉶ ㉮부터 ㉵까지의 물질을 함유한 물질

참고 산업안전보건기준에 관한 규칙 별표 1

실기 실기시험까지 대비해서 암기하세요.

97 화염방지기의 설치에 관한 사항으로 (　)에 알맞은 것은?

사업주는 인화성 액체 및 인화성 가스를 저장·취급하는 화학설비에서 증기나 가스를 대기로 방출하는 경우에는 외부로부터의 화염을 방지하기 위하여 화염방지기를 그 설비 (　)에 설치하여야 한다.

① 상단　② 하단
③ 중앙　④ 무게중심

해설 화염방지기의 설치 등
사업주는 인화성 액체 및 인화성 가스를 저장·취급하는 화학설비에서 증기나 가스를 대기로 방출하는 경우에는 외부로부터의 화염을 방지하기 위하여 화염방지기를 그 설비 상단에 설치해야 한다.

참고 산업안전보건기준에 관한 규칙 제269조

98 다음 중 인화성 가스가 아닌 것은?

① 부탄　② 메탄
③ 수소　④ 산소

해설 인화성 가스
㉮ 수소　㉯ 아세틸렌　㉰ 에틸렌
㉱ 메탄　㉲ 에탄　㉳ 프로판
㉴ 부탄
※ 산소는 조연성 가스이다.

Answer 94. ② 95. ② 96. ① 97. ① 98. ④

99 반응기를 조작방식에 따라 분류할 때 해당되지 않는 것은?

① 회분식 반응기　　② 반회분식 반응기
③ 연속식 반응기　　④ 관형식 반응기

해설 반응기의 종류
㉮ 구조방식에 따른 분류 : 교반조형, 관형, 탑형, 유동층형
㉯ 조작방식에 따른 분류 : 회분식, 반회분식, 연속식

100 다음 중 가연성 물질과 산화성 고체가 혼합하고 있을 때 연소에 미치는 현상으로 옳은 것은?

① 착화온도(발화점)가 높아진다.
② 최소점화에너지가 감소하며, 폭발의 위험성이 증가한다.
③ 가스나 가연성 증기의 경우 공기혼합보다 연소범위가 축소된다.
④ 공기 중에서보다 산화작용이 약하게 발생하여 화염온도가 감소하며 연소속도가 늦어진다.

해설 가연성 물질과 산화성 고체가 혼합될 경우
산화성 물질이 가연성 물질의 산소공급원 역할을 하여 최소점화에너지가 감소하며, 폭발의 위험성이 증가한다.

제6과목 건설안전기술

101 건설현장에서 사용되는 작업발판 일체형 거푸집의 종류에 해당되지 않는 것은?

① 갱 폼(gang form)
② 슬립 폼(slip form)
③ 클라이밍 폼(climbing form)
④ 유로 폼(euro form)

해설 작업발판 일체형 거푸집
㉮ 갱 폼　㉯ 슬립 폼　㉰ 클라이밍 폼
㉱ 터널 라이닝 폼(tunnel lining form)
㉲ 그 밖에 거푸집과 작업발판이 일체로 제작된 거푸집 등

102 콘크리트 타설작업을 하는 경우 준수하여야 할 사항으로 옳지 않은 것은?

① 당일의 작업을 시작하기 전에 해당 작업에 관한 거푸집 및 동바리 등의 변형 · 변위 및 지반의 침하 유무 등을 점검하고 이상이 있으면 보수할 것
② 콘크리트를 타설하는 경우에는 편심이 발생하지 않도록 골고루 분산하여 타설할 것
③ 설계도서상의 콘크리트 양생기간을 준수하여 거푸집 동바리 등을 해체할 것
④ 작업 중에는 거푸집 및 동바리 등의 변형 · 변위 및 침하 유무 등을 감시할 수 있는 감시자를 배치하여 이상이 있으면 작업을 중지하지 아니하고, 즉시 충분한 보강조치를 실시할 것

해설 콘크리트 타설작업을 하는 경우 준수사항
㉮ 당일의 작업을 시작하기 전에 해당 작업에 관한 거푸집 및 동바리 등의 변형 · 변위 및 지반의 침하 유무 등을 점검하고 이상이 있으면 보수할 것
㉯ 작업 중에는 감시자를 배치하는 등의 방법으로 거푸집 및 동바리의 변형 · 변위 및 침하 유무 등을 확인해야 하며, 이상이 있으면 작업을 중지하고 근로자를 대피시킬 것
㉰ 콘크리트 타설작업 시 거푸집 붕괴의 위험이 발생할 우려가 있으면 충분한 보강조치를 할 것
㉱ 설계도서상의 콘크리트 양생기간을 준수하여 거푸집 동바리 등을 해체할 것
㉲ 콘크리트를 타설하는 경우에는 편심이 발생하지 않도록 골고루 분산하여 타설할 것

실기 실기시험까지 대비해서 암기하세요.

103 버팀보, 앵커 등의 축하중 변화상태를 측정하여 이들 부재의 지지효과 및 그 변화 추이를 파악하는 데 사용되는 계측기기는?

① water level meter　　② load cell
③ piezo meter　　④ strain gauge

해설 계측기기
① water level meter : 수위를 측정하기 위한 기구. 하천 속에 표척을 설치하여 수면을 측정하는 수위표와 하천과 연결된 샘을 파서 측정하는 자기 수위계가 있다.

Answer 99. ④ 100. ② 101. ④ 102. ④ 103. ②

③ pirzo meter : 지하수면이나 정수압면(potentio－metric surface)의 표고값을 관측하기 위해 설치하는 작은 직경의 비양수정으로 내압수두계라고도 한다.

③ strain gauge : 물체가 외력으로 변형될 때 등에 변형을 측정하는 측정기를 말하며, 물체에 부착시켜 측정한다.

104 근로자의 추락 등의 위험을 방지하기 위한 안전난간의 설치기준으로 옳지 않은 것은?

① 상부 난간대와 중간 난간대는 난간 길이 전체에 걸쳐 바닥면 등과 평행을 유지할 것

② 발끝막이판은 바닥면 등으로부터 20cm 이상의 높이를 유지할 것

③ 난간대는 지름 2.7cm 이상의 금속제 파이프나 그 이상의 강도가 있는 재료일 것

④ 안전난간은 구조적으로 가장 취약한 지점에서 가장 취약한 방향으로 작용하는 100kg 이상의 하중에 견딜 수 있는 튼튼한 구조일 것

해설 안전난간의 구조 및 설치요건

㉮ 상부 난간대, 중간 난간대, 발끝막이판 및 난간기둥으로 구성할 것. 다만, 중간 난간대, 발끝막이판 및 난간기둥은 이와 비슷한 구조와 성능을 가진 것으로 대체할 수 있다.

㉯ 상부 난간대는 바닥면 · 발판 또는 경사로의 표면(이하 "바닥면 등"이라 한다)으로부터 90cm 이상 지점에 설치하고, 상부 난간대를 120cm 이하에 설치하는 경우에는 중간 난간대는 상부 난간대와 바닥면 등의 중간에 설치해야 하며, 120cm 이상 지점에 설치하는 경우에는 중간 난간대를 2단 이상으로 균등하게 설치하고 난간의 상하 간격은 60cm 이하가 되도록 할 것. 다만, 난간기둥 간의 간격이 25cm 이하인 경우에는 중간 난간대를 설치하지 않을 수 있다.

㉰ 발끝막이판은 바닥면 등으로부터 10cm 이상의 높이를 유지할 것. 다만, 물체가 떨어지거나 날아올 위험이 없거나 그 위험을 방지할 수 있는 망을 설치하는 등 필요한 예방 조치를 한 장소는 제외한다.

㉱ 난간기둥은 상부 난간대와 중간 난간대를 견고하게 떠받칠 수 있도록 적정한 간격을 유지할 것

㉲ 상부 난간대와 중간 난간대는 난간 길이 전체에 걸쳐 바닥면 등과 평행을 유지할 것

㉳ 난간대는 지름 2.7cm 이상의 금속제 파이프나 그 이상의 강도가 있는 재료일 것

㉴ 안전난간은 구조적으로 가장 취약한 지점에서 가장 취약한 방향으로 작용하는 100kg 이상의 하중에 견딜 수 있는 튼튼한 구조일 것

실기 실기시험까지 대비해서 암기하세요.

105 차량계 건설기계를 사용하여 작업을 하는 경우 작업계획서 내용에 포함되지 않는 것은?

① 사용하는 차량계 건설기계의 종류 및 성능

② 차량계 건설기계의 운행경로

③ 차량계 건설기계에 의한 작업방법

④ 차량계 건설기계의 유지보수방법

해설 차량계 건설기계 작업계획서 내용

① 사용하는 차량계 건설기계의 종류 및 성능

② 차량계 건설기계의 운행경로

③ 차량계 건설기계에 의한 작업방법

실기 실기시험까지 대비해서 암기하세요.

106 다음은 산업안전보건법령에 따른 항타기 또는 항발기에 권상용 와이어로프를 사용하는 경우에 준수하여야 할 사항이다. ( ) 안에 알맞은 내용으로 옳은 것은?

> 권상용 와이어로프는 추 또는 해머가 최저의 위치에 있을 때 또는 널말뚝을 빼내기 시작할 때를 기준으로 권상장치의 드럼에 적어도 ( ) 감기고 남을 수 있는 충분한 길이일 것

① 1회　　② 2회

③ 4회　　④ 6회

해설 권상용 와이어로프의 길이 등

㉮ 권상용 와이어로프는 추 또는 해머가 최저의 위치에 있을 때 또는 널말뚝을 빼내기 시작할 때를 기준으로 권상장치의 드럼에 적어도 2회 감기고 남을 수 있는 충분한 길이일 것

㉯ 권상용 와이어로프는 권상장치의 드럼에 클램프 · 클립 등을 사용하여 견고하게 고정할 것

㉰ 권상용 와이어로프에서 추 · 해머 등과의 연결은 클램프 · 클립 등을 사용하여 견고하게 할 것

참고 산업안전보건기준에 관한 규칙 제212조

Answer 104. ② 105. ④ 106. ②

107 거푸집 동바리 구조에서 높이가 l =3.5m인 파이프 서포트의 좌굴하중은? (단, 상부받이판과 하부받이판은 힌지로 가정하고, 단면 2차 모멘트 I=8.31cm⁴, 탄성계수 E=2.1×10⁵MPa)

① 14,060N ② 15,060N
③ 16,060N ④ 17,060N

해설 좌굴하중

$$\frac{\pi^2 EI}{l^2} = \frac{\pi^2 \times 2.1 \times 10^5 \times 83,100}{3,500^2} = 14,059.93$$

새 출제기준에 따른 문제 변경

108 다음 중 산업안전보건법상 승강기의 종류에 해당하지 않는 것은?

① 에스컬레이터
② 리프트
③ 화물용 엘리베이터
④ 승객화물용 엘리베이터

해설 승강기의 종류
㉮ 승객용 엘리베이터
㉯ 승객화물용 엘리베이터
㉰ 화물용 엘리베이터
㉱ 소형화물용 엘리베이터
㉲ 에스컬레이터

참고 산업안전보건기준에 관한 규칙 제132조

109 산업안전보건법령에 따른 유해위험방지계획서 제출 대상 공사로 볼 수 없는 것은?

① 지상 높이가 31m 이상인 건축물의 건설공사
② 터널 건설공사
③ 깊이 10m 이상인 굴착공사
④ 다리의 전체 길이가 40m 이상인 건설공사

해설 유해위험방지계획서 제출 대상 공사
㉮ 다음의 어느 하나에 해당하는 건축물 또는 시설 등의 건설 · 개조 또는 해체공사
㉠ 지상높이가 31m 이상인 건축물 또는 인공구조물
㉡ 연면적 3만m^2 이상인 건축물
㉢ 연면적 5천m^2 이상인 시설로서 다음의 어느 하나에 해당하는 시설
• 문화 및 집회시설(전시장 및 동물원 · 식물원은 제외)
• 판매시설, 운수시설(고속철도의 역사 및 집배송시설은 제외)
• 종교시설
• 의료시설 중 종합병원
• 숙박시설 중 관광숙박시설
• 지하도상가
• 냉동 · 냉장 창고시설
㉯ 연면적 5천m^2 이상의 냉동 · 냉장 창고시설의 설비공사 및 단열공사
㉰ 최대 지간길이(다리의 기둥과 기둥의 중심 사이의 거리)가 50m 이상인 교량건설 등 공사
㉱ 터널 건설 등의 공사
㉲ 다목적댐, 발전용댐 및 저수용량 2천만 톤 이상의 용수 전용 댐, 지방상수도 전용 댐 건설
㉳ 깊이 10m 이상인 굴착공사

참고 산업안전보건법 시행령 제42조

실기 실기시험까지 대비해서 암기하세요.

110 하역작업 등에 의한 위험을 방지하기 위하여 준수하여야 할 사항으로 옳지 않은 것은?

① 꼬임이 끊어진 섬유로프를 화물운반용으로 사용해서는 안 된다.
② 심하게 부식된 섬유로프를 고정용으로 사용해서는 안 된다.
③ 차량 등에서 화물을 내리는 작업 시 해당 작업에 종사하는 근로자에게 쌓여 있는 화물 중간에서 화물을 빼내도록 할 경우에는 사전 교육을 철저히 한다.
④ 부두 또는 안벽의 선을 따라 통로를 설치하는 경우에는 폭을 90cm 이상으로 한다.

해설 화물 중간에서 빼내기 금지
사업주는 화물자동차에서 화물을 내리는 작업을 하는 경우에는 그 작업을 하는 근로자에게 쌓여 있는 화물의 중간에서 화물을 빼내도록 해서는 아니 된다.

Answer 107. ① 108. ② 109. ④ 110. ③

111 사다리식 통로 등을 설치하는 경우 고정식 사다리식 통로의 기울기는 최대 몇 도 이하로 하여야 하는가?

① 60도 ② 75도
③ 80도 ④ 90도

해설 사다리식 통로 등의 조건
사다리식 통로의 기울기는 75° 이하로 할 것. 다만, 고정식 사다리식 통로의 기울기는 90° 이하로 하고, 그 높이가 7m 이상인 경우에는 바닥으로부터 높이가 2.5.m 되는 지점부터 등받이울을 설치할 것

실기 실기시험까지 대비해서 암기하세요.

112 추락방지용 방망 중 그물코의 크기가 5cm인 매듭 방망 신품의 인장강도는 최소 몇 kg 이상이어야 하는가?

① 60 ② 110
③ 150 ④ 200

해설 방망사의 신품에 대한 인장강도

그물코의 크기 (단위 : cm)	방망의 종류(단위 : kg)	
	매듭 없는 방망	매듭 방망
10	240	200
5	–	110

실기 실기시험까지 대비해서 암기하세요.

113 단관비계의 도괴 또는 전도를 방지하기 위하여 사용하는 벽이음의 간격 기준으로 옳은 것은?

① 수직방향 5m 이하, 수평방향 5m 이하
② 수직방향 6m 이하, 수평방향 6m 이하
③ 수직방향 7m 이하, 수평방향 7m 이하
④ 수직방향 8m 이하, 수평방향 8m 이하

해설 강관비계의 조립간격

강관비계의 종류	조립간격(단위 : m)	
	수직방향	수평방향
단관비계	5m	5m
틀비계 (높이 5m 미만인 것 제외)	6m	8m

114 인력으로 하물을 인양할 때의 몸의 자세와 관련하여 준수하여야 할 사항으로 옳지 않은 것은?

① 한쪽 발은 들어올리는 물체를 향하여 안전하게 고정시키고 다른 발은 그 뒤에 안전하게 고정시킬 것
② 등은 항상 직립한 상태와 90도 각도를 유지하여 가능한 한 지면과 수평이 되도록 할 것
③ 팔은 몸에 밀착시키고 끌어당기는 자세를 취하며 가능한 한 수평거리를 짧게 할 것
④ 손가락으로만 인양물을 잡아서는 아니 되며 손바닥으로 인양물 전체를 잡을 것

해설 운반하역 표준안전 작업지침
㉮ 한쪽 발은 들어올리는 물체를 향하여 안전하게 고정시키고 다른 발은 그 뒤에 안전하게 고정시킬 것
㉯ 등은 항상 직립을 유지하여 가능한 한 **지면과 수직**이 되도록 할 것
㉰ 무릎은 직각 자세를 취하고 몸은 가능한 한 인양물에 근접하여 정면에서 인양할 것
㉱ 턱은 안으로 당겨 척추와 일직선이 되도록 할 것
㉲ 팔은 몸에 밀착시키고 끌어당기는 자세를 취하며 가능한 한 수평거리를 짧게 할 것
㉳ 손가락으로만 인양물을 잡아서는 아니 되며 손바닥으로 인양물 전체를 잡을 것
㉴ 체중의 중심은 항상 양 다리 중심에 있게 하여 균형을 유지할 것
㉵ 인양하는 최초의 힘은 뒷발쪽에 두고 인양할 것

(개정 / 2022)

115 산업안전보건관리비 항목 중 안전시설비로 사용가능한 것은?

① 다른 법령에서 의무사항으로 규정한 사항을 이행하는 데 필요한 비용
② 작업자 재해예방 외의 목적이 있는 시설 · 장비나 물건 등을 사용하기 위해 소요되는 비용
③ 용접 작업 등 화재 위험작업 시 사용하는 소화기의 구입 · 임대비용
④ 환경관리, 민원 또는 수방대비 등 다른 목적이 포함된 경우

Answer 111. ④ 112. ② 113. ① 114. ② 115. ③

해설 건설업 산업안전보건관리비 계상 및 사용기준

㉮ 산업안전보건관리비의 안전시설비 내역
- ㉠ 산업재해 예방을 위한 안전난간, 추락방호망, 안전대 부착설비, 방호장치(기계 · 기구와 방호장치가 일체로 제작된 경우, 방호장치 부분의 가액에 한함) 등 안전시설의 구입 · 임대 및 설치를 위해 소요되는 비용
- ㉡ 스마트 안전장비 구입 · 임대 비용. 다만, 계상된 산업안전보건관리비 총액의 1/10을 초과할 수 없다.
- ㉢ 용접 작업 등 화재 위험작업 시 사용하는 소화기의 구입 · 임대비용

㉯ 건설업 산업안전보건관리비의 사용불가 내역
- ㉠ 다른 법령에서 의무사항으로 규정한 사항을 이행하는 데 필요한 비용
- ㉡ 작업자 재해예방 외의 목적이 있는 시설 · 장비나 물건 등을 사용하기 위해 소요되는 비용
- ㉢ 환경관리, 민원 또는 수방대비 등 다른 목적이 포함된 경우

새 출제기준에 따른 문제 변경

116 통나무비계의 비계기둥 이음을 겹침이음 할 경우 그 겹침이음 길이는 최소 몇 m 이상으로 하여야 하는가?

① 1m ② 1.5m
③ 2m ④ 2.5m

해설 통나무비계 기둥의 이음

㉮ 겹침이음 : 이음 부분에서 1m 이상을 서로 겹쳐서 두 군데 이상 묶을 것

㉯ 맞댐이음 : 비계기둥을 쌍기둥틀로 하거나 1.8m 이상의 덧댐목을 사용하여 네 군데 이상을 묶을 것

117 강관비계를 사용하여 비계를 구성하는 경우 준수해야 할 기준으로 옳지 않은 것은?

① 비계기둥의 간격은 띠장 방향에서는 1.85m 이하, 장선 방향에서는 1.5m 이하로 할 것
② 띠장 간격은 2.0m 이하로 할 것
③ 비계기둥의 제일 윗부분으로부터 31m 되는 지점 밑부분의 비계기둥은 2개의 강관으로 묶어 세울 것
④ 비계기둥 간의 적재하중은 600kg을 초과하지 않도록 할 것

해설 강관비계의 구조

① 비계기둥의 간격은 띠장 방향에서는 1.85m 이하, 장선 방향에서는 1.5m 이하로 할 것. 다만, 선박 및 보트 건조작업의 경우 안전성에 대한 구조검토를 실시하고 조립도를 작성하면 띠장 방향 및 장선 방향으로 각각 2.7m 이하로 할 수 있다.
② 띠장 간격은 2.0m 이하로 할 것. 다만, 작업의 성질상 이를 준수하기가 곤란하여 쌍기둥틀 등에 의하여 해당 부분을 보강한 경우에는 그러하지 아니하다.
③ 비계기둥의 제일 윗부분으로부터 31m 되는 지점 밑 부분의 비계기둥은 2개의 강관으로 묶어 세울 것. 다만, 브라켓(bracket, 까치발) 등으로 보강하여 2개의 강관으로 묶을 경우 이상의 강도가 유지되는 경우에는 그러하지 아니하다.
④ 비계기둥 간의 적재하중은 400kg을 초과하지 않도록 한다.

실기 실기시험까지 대비해서 암기하세요.

118 다음은 산업안전보건법령에 따른 화물자동차의 승강설비에 관한 사항이다. (　) 안에 알맞은 내용으로 옳은 것은?

> 사업주는 바닥으로부터 짐 윗면까지의 높이가 (　) 이상인 화물자동차에 짐을 싣는 작업 또는 내리는 작업을 하는 경우에는 근로자의 추가 위험을 방지하기 위하여 해당 작업에 종사하는 근로자가 바닥과 적재함의 짐 윗면 간을 안전하게 오르내리기 위한 설비를 설치하여야 한다.

① 2m ② 4m
③ 6m ④ 8m

해설 승강설비

사업주는 바닥으로부터 짐 윗면까지의 높이가 2m 이상인 화물자동차에 짐을 싣는 작업 또는 내리는 작업을 하는 경우에는 근로자의 추가 위험을 방지하기 위하여 해당 작업에 종사하는 근로자가 바닥과 적재함의 짐 윗면 간을 안전하게 오르내리기 위한 설비를 설치하여야 한다.

참고 산업안전보건기준에 관한 규칙 제187조

Answer 116. ① 117. ④ 118. ①

119 달비계의 최대적재하중을 정함에 있어서 활용하는 안전계수의 기준으로 옳은 것은? (단, 곤돌라의 달비계를 제외한다.)

① 달기 훅 : 5 이상
② 달기 강선 : 5 이상
③ 달기 체인 : 3 이상
④ 달기 와이어로프 : 5 이상

해설 작업발판의 최대적재하중
㉮ 달기 와이어로프 및 달기 강선의 안전계수 : 10 이상
㉯ 달기 체인 및 달기 훅의 안전계수 : 5 이상
㉰ 달기 강대와 달비계의 하부 및 상부 지점의 안전계수 : 강재의 경우 2.5 이상, 목재의 경우 5 이상

새 출제기준에 따른 문제 변경

120 건설재해대책의 사면 보호공법 중 식물을 생육시켜 그 뿌리로 사면의 표층토를 고정하여 빗물에 의한 침식, 동상, 이완 등을 방지하고, 녹화에 의한 경관 조성을 목적으로 시공하는 것은?

① 실드공 ② 뿜어 붙이기공
③ 식생공 ④ 블록공

해설 식생공법
㉮ 녹생토 : 풍화암이나 경암에 부착망을 앵커핀과 착지핀으로 고정시키고 녹생토를 양잔디와 혼합 살포하여 식생기반을 조성
㉯ 덩굴식물 식재공법 : 토사나 경암 비탈면에 식재 구덩이를 만들어 식물을 식재
㉰ 배토습식공법 : 토사나 경암에 인공 배양토를 부착 후 양잔디 등을 식재

Answer 119. ① 120. ③

2022. 3. 5. 시행

2022년 제1회 산업안전기사 기출문제

제1과목 안전관리론

01 산업안전보건법령상 산업안전보건위원회의 구성 · 운영에 관한 설명 중 틀린 것은?

① 정기회의는 분기마다 소집한다.
② 위원장은 위원 중에서 호선(互選)한다.
③ 근로자대표가 지명하는 명예산업안전 감독관은 근로자위원에 속한다.
④ 공사금액 100억원 이상의 건설업의 경우 산업안전보건위원회를 구성 · 운영해야 한다.

해설 건설업의 산업안전보건위원회 구성 · 운영
㉮ 대상 사업의 종류 및 상시근로자 수
㉠ 토사석 광업 외 : 상시근로자 50명 이상
㉡ 농업, 어업 외 : 상시근로자 300명 이상
㉢ 건설업 : 공사금액 120억원 이상(토목공사업은 150억원 이상)
㉯ 위원 구성
㉠ 근로자위원 : 근로자대표, 명예산업안전감독관, 근로자대표가 지명하는 9명 이내의 해당 사업장의 근로자
㉡ 사용자위원 : 해당 사업의 대표자, 안전관리자, 보건관리자, 산업보건의, 대표자가 지명하는 9명 이내의 해당 사업장 부서의 장
㉰ 위원장 선출 : 위원 중에서 호선. 이 경우 근로자위원과 사용자위원 중 각 1명을 공동위원장으로 선출할 수 있다.
㉱ 회의의 종류
㉠ 정기회의 : 분기마다 위원장이 소집
㉡ 임시회의 : 위원장이 필요하다고 인정할 때 소집

참고 산업안전보건법 제24조, 시행령 제34~37조

02 산업안전보건법령상 잠함(潛函) 또는 잠수작업 등 높은 기압에서 작업하는 근로자의 근로시간 기준은?

① 1일 6시간, 1주 32시간 초과금지
② 1일 6시간, 1주 34시간 초과금지
③ 1일 8시간, 1주 32시간 초과금지
④ 1일 8시간, 1주 34시간 초과금지

해설 유해 · 위험작업에 대한 근로시간 제한
사업주는 유해하거나 위험한 작업으로서 높은 기압에서 하는 작업(잠함 또는 잠수 작업) 등 대통령령으로 정하는 작업에 종사하는 근로자에게는 1일 6시간, 1주 34시간을 초과하여 근로하게 해서는 안 된다.

새 출제기준에 따른 문제 변경

03 매슬로우(Maslow)의 욕구 5단계 중 안전 욕구는 몇 단계인가?

① 1단계 ② 2단계
③ 3단계 ④ 4단계

해설 매슬로우(Maslow)의 욕구 단계 이론
① 1단계 : 생리적 욕구
② 2단계 : 안전 욕구
③ 3단계 : 사회적 욕구
④ 4단계 : 존경 욕구
⑤ 5단계 : 자아실현의 욕구

새 출제기준에 따른 문제 변경

04 산업안전보건법상 안전보건표지의 종류 중 보안경 착용이 표시된 안전보건표지는?

① 안내표지 ② 금지표지
③ 경고표지 ④ 지시표지

Answer 01. ④ 02. ② 03. ② 04. ④

해설 안전보건표지 중 지시표지
보안경, 방독마스크, 방진마스크, 보안면, 안전모 등의 착용

참고 산업안전보건법 시행규칙 별표 6

05 안전보건교육 계획 수립 시 고려사항 중 틀린 것은?

① 필요한 정보를 수집한다.
② 현장의 의견은 고려하지 않는다.
③ 지도안은 교육대상을 고려하여 작성한다.
④ 법령에 의한 교육에만 그치지 않아야 한다.

해설 안전보건교육 계획 수립 시 고려사항
② 현장의 의견을 고려한다.

06 학습지도의 형태 중 몇 사람의 전문가가 주제에 대한 견해를 발표하고 참가자로 하여금 의견을 내거나 질문을 하게 하는 토의방식은?

① 포럼(Forum)
② 심포지엄(Symposium)
③ 버즈세션(Buzz session)
④ 자유토의법(Free discussion method)

해설 토의방식의 종류
① 포럼 : 새로운 자료나 교재를 제시하고 거기서의 문제점을 피교육자로 하여금 제기하도록 하거나 의견을 여러 가지 방법으로 발표하게 하여 다시 깊이 파고들어 토의를 행하는 방법
③ 버즈세션 : 참가자가 다수인 경우에 참가자를 소집단으로 구성하여 개별 회의를 진행한 후 의견을 종합하는 방법으로, 6-6 회의라고도 한다.

개정 / 2023

07 산업안전보건법령상 근로자 안전보건교육 대상에 따른 교육시간 기준 중 틀린 것은? (단, 상시 작업이며, 일용근로자는 제외한다.)

① 특별교육 - 16시간 이상
② 채용 시 교육 - 8시간 이상
③ 작업내용 변경 시 교육 - 2시간 이상
④ 사무직 종사 근로자 정기교육 - 매 반기 4시간 이상

해설 근로자의 안전보건교육 교육시간

교육과정	교육대상	교육시간
정기교육	사무직 종사 근로자	매 반기 6시간 이상
	판매업무에 직접 종사하는 근로자	매 반기 6시간 이상
	판매업무 외에 종사하는 근로자	매 반기 12시간 이상
채용 시 교육	일용근로자 및 1주일 이하인 기간제근로자	1시간 이상
	1주일 초과 1개월 이하인 기간제근로자	4시간 이상
	그 밖의 근로자	8시간 이상
작업내용 변경 시 교육	일용근로자 및 1주일 이하인 기간제근로자	1시간 이상
	그 밖의 근로자	2시간 이상
특별교육	일용근로자 및 1주일 이하인 기간제근로자 (타워크레인 신호 작업 제외)	2시간 이상
	타워크레인 신호 작업에 종사하는 일용근로자 및 1주일 이하인 기간제근로자	8시간 이상
	일용근로자 및 1주일 이하인 기간제근로자를 제외한 근로자	• 16시간 이상 • 단기간 또는 간헐적 작업인 경우 2시간 이상
건설업 기초 안전보건교육	건설 일용근로자	4시간 이상

참고 산업안전보건법 시행규칙 별표 4

08 버드(Bird)의 신 도미노이론 5단계에 해당하지 않는 것은?

① 제어부족(관리) ② 직접원인(징후)
③ 간접원인(평가) ④ 기본원인(기원)

해설 버드(Bird)의 신 도미노이론 5단계
㉠ 1단계 : 제어부족(관리)
㉡ 2단계 : 기본원인(기원) - 개인적, 작업상 요인
㉢ 3단계 : 직접원인(징후) - 불안전한 행동 및 상태
㉣ 4단계 : 사고(접촉)
㉤ 5단계 : 재해(손실)

Answer 05. ② 06. ② 07. ④ 08. ③

09 재해예방의 4원칙에 해당하지 않는 것은?

① 예방가능의 원칙　② 손실우연의 원칙
③ 원인연계의 원칙　④ 재해 연쇄성의 원칙

해설 재해예방의 4원칙
① 예방가능의 원칙　② 손실우연의 원칙
③ 원인연계의 원칙　④ 대책선정의 원칙

새 출제기준에 따른 문제 변경

10 주의의 수준이 Phase 0인 상태에서의 의식 상태로 옳은 것은?

① 무의식 상태　② 의식의 이완 상태
③ 명료한 상태　④ 과긴장 상태

해설 인간 의식 레벨의 분류
㉠ Phase 0 : 무의식, 실신
㉡ Phase Ⅰ : 의식의 둔화
㉢ Phase Ⅱ : 정상, 이완 상태
㉣ Phase Ⅲ : 정상, 명료한 상태
㉤ Phase Ⅳ : 초긴장, 과긴장 상태

11 타일러(Tyler)의 교육과정 중 학습경험선정의 원리에 해당하는 것은?

① 기회의 원리　② 계속성의 원리
③ 계열성의 원리　④ 통합성의 원리

해설 타일러(Tyler)의 학습경험선정 원리
㉠ 기회의 원리　㉡ 동기유발의 원리
㉢ 가능성의 원리　㉣ 다목적의 원리
㉤ 협동의 원리

12 주의(Attention)의 특성에 관한 설명 중 틀린 것은?

① 고도의 주의는 장시간 지속하기 어렵다.
② 한 지점에 주의를 집중하면 다른 곳의 주의는 약해진다.
③ 최고의 주의 집중은 의식의 과잉 상태에서 가능하다.
④ 여러 자극을 지각할 때 소수의 현란한 자극에 선택적 주의를 기울이는 경향이 있다.

해설 주의(Attention)의 특징
① 변동성, ② 방향성, ④ 선택성

13 산업재해보상보험법령상 법정보상비(보험급여)의 종류가 아닌 것은?

① 장례비　② 간병급여
③ 직업재활급여　④ 생산손실비용

해설 법정보상비(보험급여)의 종류
㉠ 요양급여　㉡ 휴업급여
㉢ 장해급여　㉣ 간병급여
㉤ 유족급여　㉥ 상병보상연금
㉦ 장례비　㉧ 직업재활급여

참고 산업재해보상보험법 제36조

14 산업안전보건법령상 그림과 같은 기본모형이 나타내는 안전 · 보건표지의 표시사항으로 옳은 것은? (단, L은 안전 · 보건표지를 인식할 수 있거나 인식해야 할 안전거리를 말한다.)

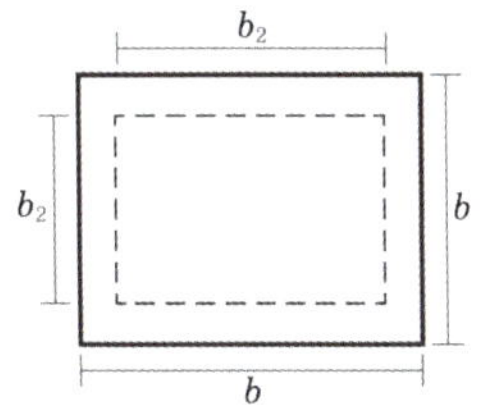

$b \geq 0.0224L$
$b_2 = 0.8b$

① 금지　② 경고
③ 지시　④ 안내

해설 안전보건표지의 기본모형
㉠ 금지표지 : 원
㉡ 경고표지 : 삼각형, 마름모
㉢ 지시표지 : 원
㉣ 안내표지 : 사각형

15 사회행동의 기본 형태가 아닌 것은?

① 모방　② 대립
③ 도피　④ 협력

Answer 09. ④ 10. ① 11. ① 12. ③ 13. ④ 14. ④ 15. ①

해설 사회행동의 기본 형태
㉠ 융합 : 강제, 타협, 통합
㉡ 대립 : 공격, 경쟁
㉢ 도피 : 고립, 정신병, 자살
㉣ 협력 : 조력, 분업

16 기업 내의 계층별 교육훈련 중 주로 관리감독자를 교육대상자로 하며 작업을 가르치는 능력, 작업방법을 개선하는 기능 등을 교육내용으로 하는 기업 내 정형교육은?

① TWI(Training Within Industry)
② ATT(American Telephone Telegram)
③ MTP(Management Training Program)
④ ATP(Administration Training Program)

해설 TWI(Training Within Industry)
제일선 감독자(직장, 반장, 조장 등)를 대상으로 감독자의 기본적인 기능을 몸에 익히게 해서 감독 능력을 발휘시키는 것을 목적으로 하는 정형훈련

17 위험예지훈련의 문제해결 4라운드에 해당하지 않는 것은?

① 현상파악 ② 본질추구
③ 대책수립 ④ 원인결정

해설 위험예지훈련의 문제해결 4단계(4R)
㉠ 1라운드 : 현상파악
㉡ 2라운드 : 본질추구
㉢ 3라운드 : 대책수립
㉣ 4라운드 : 목표설정

18 바이오리듬(생체리듬)에 관한 설명 중 틀린 것은?

① 안정기(+)와 불안정기(−)의 교차점을 위험일이라 한다.
② 감성적 리듬은 33일을 주기로 반복하며, 주의력, 예감 등과 관련되어 있다.
③ 지성적 리듬은 "I"로 표시하며 사고력과 관련이 있다.
④ 육체적 리듬은 신체적 컨디션의 율동적 발현, 즉 식욕·활동력 등과 밀접한 관계를 갖는다.

해설 바이오리듬(생체리듬)의 주기
㉠ 육체적 리듬 : 23일
㉡ 감성적 리듬 : 28일
㉢ 지성적 리듬 : 33일

19 운동의 시지각(착각현상) 중 자동운동이 발생하기 쉬운 조건에 해당하지 않는 것은?

① 광점이 작은 것
② 대상이 단순한 것
③ 광의 강도가 큰 것
④ 시야의 다른 부분이 어두운 것

해설 자동운동이 생기기 쉬운 조건
③ 광의 강도가 작은 것

20 보호구 안전인증 고시상 안전인증 방독마스크의 정화통 종류와 외부 측면의 표시 색이 잘못 연결된 것은?

① 할로겐용 – 회색 ② 황화수소용 – 회색
③ 암모니아용 – 회색 ④ 시안화수소용 – 회색

해설 방독마스크 정화통 종류와 외부 측면 색상
③ 암모니아용 – 녹색

참고 보호구 안전인증 고시 별표 5

제2과목 인간공학 및 시스템 안전공학

새 출제기준에 따른 문제 변경

21 FTA에 사용되는 기호 중 '통상사상'을 나타내는 기호는?

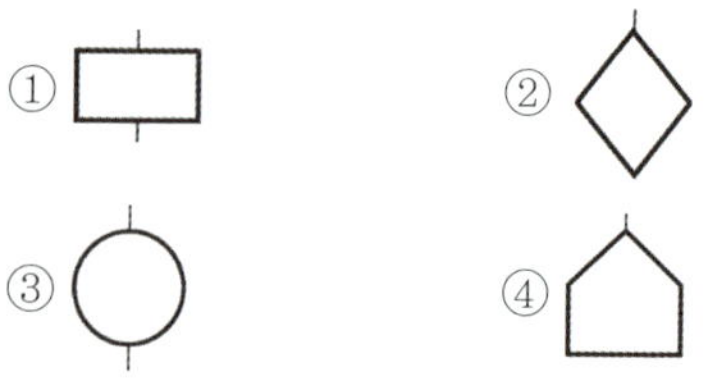

Answer 16. ① 17. ④ 18. ② 19. ③ 20. ③ 21. ④

해설 FTA 사상기호

① 결함사상 ② 생략사상
③ 기본사상 ④ 통상사상

22 그림과 같은 시스템에서 부품 A, B, C, D의 신뢰도가 모두 r로 동일할 때 이 시스템의 신뢰도는?

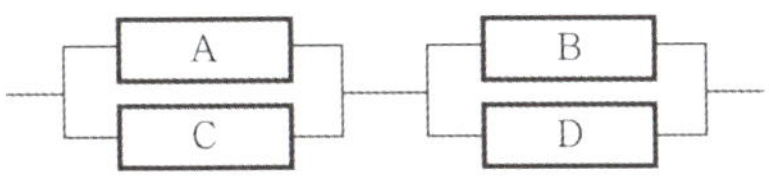

① $r(2-r^2)$ ② $r^2(2-r)^2$
③ $r^2(2-r^2)$ ④ $r^2(2-r)$

해설 신뢰도

㉮ 병렬연결

㉠ $(A.C)$ 구간 $=1-(1-A)(1-C)$
$=1-(1-r)^2$
$=1-(1-2r+r^2)$
$=2r-r^2$
$=r(2-r)$

㉡ $(B.D)$ 구간 $=1-(1-B)(1-D)$
$=r(2-r)$

㉯ 직렬연결

$(AC,\ BD)=(A,C)(B,D)$
$=r(2-r)\times r(2-r)=r^2(2-r)^2$

23 서브시스템 분석에 사용되는 분석방법으로 시스템 수명주기에서 ㉠에 들어갈 위험분석기법은?

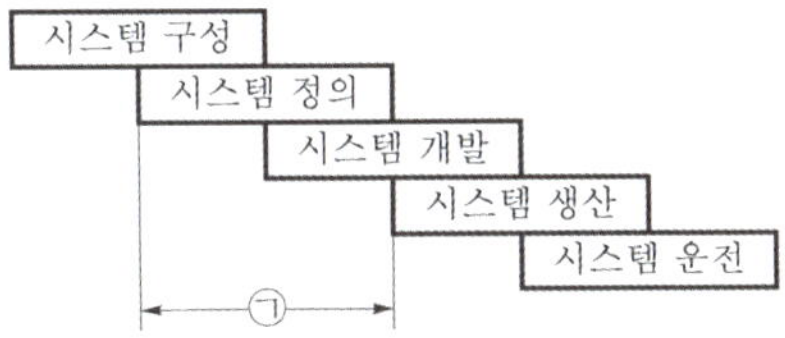

① PHA ② FHA
③ FTA ④ ETA

해설 결함위험분석(FHA; Fault Hazards Analysis)

전체 제품을 몇 개의 하부 제품(서브시스템)으로 나누어 제작하는 경우, 하부 제품이 전체 제품에 미치는 영향을 분석하는 기법으로 **제품 정의 및 개발 단계**에서 수행된다.

24 정신적 작업 부하에 관한 생리적 척도에 해당하지 않는 것은?

① 근전도 ② 뇌파도
③ 부정맥 지수 ④ 점멸융합주파수

해설 정신 부하의 생리적 측정 방법

주로 단일 감각기관에 의존하는 경우에 작업에 대한 정신 부하를 측정할 때 이용되는 방법으로, **부정맥, 점멸융합주파수, 전기피부 반응, 눈 깜박거림, 뇌파도** 등이 정신 작업 부하 평가에 이용된다.

새 출제기준에 따른 문제 변경

25 시스템 안전 프로그램에서의 최초 단계 해석으로 시스템 내의 위험한 요소가 어떤 위험상태에 있는가를 정성적으로 평가하는 방법은?

① FHA ② PHA
③ FTA ④ FMEA

해설 예비위험분석(PHA; Preliminary Hazard Analysis)

PHA는 모든 시스템 안전 프로그램의 **최초 단계(설계단계, 구상단계)**의 분석으로서, 시스템 내의 위험요소가 어떤 위험상태에 있는가를 정성적으로 평가하는 것이다.

새 출제기준에 따른 문제 변경

26 다음 중 인체측정학에 있어 구조적 인체 치수는 신체가 어떠한 자세에 있을 때 측정한 치수를 말하는가?

① 양손을 벌리고 서 있는 자세
② 고개를 들고 앉아있는 자세
③ 움직이지 않고 고정된 자세
④ 누워서 편안히 쉬고 있는 자세

해설 구조적 인체 치수(정적 인체 계측)

㉠ 신체를 고정시킨 자세에서 피측정자를 인체 측정기 등으로 측정
㉡ 여러 가지 설계의 표준이 되는 기초적 치수 결정
㉢ 마틴식 인체 계측기 사용

Answer 22. ② 23. ② 24. ① 25. ② 26. ③

27 인간공학의 목표와 거리가 가장 먼 것은?

① 사고 감소 ② 생산성 증대
③ 안전성 향상 ④ 근골격계질환 증가

해설 인간공학의 목표
④ 근골격계질환 <u>감소</u>

새 출제기준에 따른 문제 변경

28 다음 FT도에서 최소 컷셋(Minimal cut set)으로만 올바르게 나열한 것은?

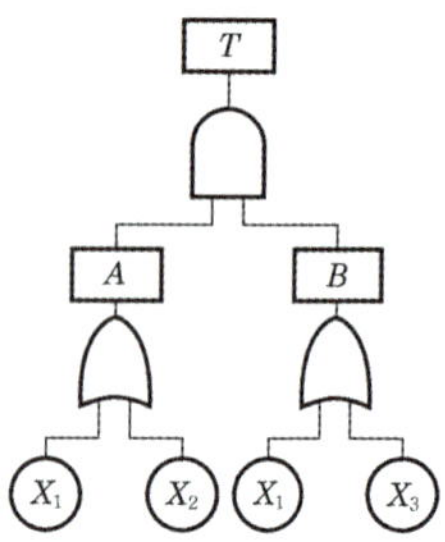

① $[X_1]$ ② $[X_1], [X_2]$
③ $[X_1, X_2, X_3]$ ④ $[X_1, X_2], [X_1, X_3]$

해설 최소 컷셋(Minimal cut set)

$$T = A \times B$$
$$= (X_1 + X_2) \times (X_1 + X_3)$$
$$= (X_1X_1) + (X_1X_3) + (X_2X_1) + (X_2X_3)$$
$$= X_1 + (X_1X_3) + (X_2X_1) + (X_2X_3)$$
$$= X_1(1 + X_3) + (X_2X_1) + (X_2X_3)$$
$$= X_1 + (X_2X_1) + (X_2X_3)$$
$$= X_1(1 + X_2) + (X_2X_3)$$
$$= X_1 + (X_2X_3)$$

$\{X_1\}$, $\{X_2,\ X_3\}$이면 사고가 발생한다.
따라서 최소 컷셋은 $\{X_1\}$이다.

29 예비위험분석(PHA)에서 식별된 사고의 범주가 아닌 것은?

① 중대(critical) ② 한계적(marginal)
③ 파국적(catastrophic) ④ 수용가능(acceptable)

해설 예비위험분석(PHA)에서 식별된 사고의 범주
㉠ Class 1 : 파국적(catastrophic)
㉡ Class 2 : 중대(critical)
㉢ Class 3 : 한계적(marginal)
㉣ Class 4 : 무시(negligible)

새 출제기준에 따른 문제 변경

30 작업개선을 위하여 도입되는 원리인 ECRS에 포함되지 않는 것은?

① Combine ② Standard
③ Eliminate ④ Rearrange

해설 ECRS
㉠ E(Eliminate, 제거) : 불필요한 작업요소 제거
㉡ C(Combine, 결합) : 작업요소의 결합
㉢ R(Rearrange, 재배치) : 작업순서의 재배치
㉣ S(Simplify, 단순화) : 작업요소의 단순화

31 근골격계 부담작업의 범위 및 유해요인조사 방법에 관한 고시상 근골격계 부담작업에 해당하지 않는 것은? (단, 상시작업을 기준으로 한다.)

① 하루에 10회 이상 25kg 이상의 물체를 드는 작업
② 하루에 총 2시간 이상 쪼그리고 앉거나 무릎을 굽힌 자세에서 이루어지는 작업
③ 하루에 총 2시간 이상 시간당 5회 이상 손 또는 무릎을 사용하여 반복적으로 충격을 가하는 작업
④ 하루에 4시간 이상 집중적으로 자료입력 등을 위해 키보드 또는 마우스를 조작하는 작업

해설 근골격계 부담작업
㉠ ①, ②, ④와 다음의 작업이 해당된다.
㉡ 하루에 총 2시간 이상 지지되지 않은 상태에서 1kg 이상의 물건을 한 손의 손가락으로 집어 옮기거나, 2kg 이상에 상응하는 힘을 가하여 한 손의 손가락으로 물건을 쥐는 작업
㉢ 하루에 총 2시간 이상 지지되지 않은 상태에서 4.5kg 이상의 물건을 한 손으로 들거나 동일한 힘으로 쥐는 작업
㉣ 하루에 25회 이상 10kg 이상의 물체를 무릎 아래에서 들거나, 어깨 위에서 들거나, 팔을 뻗은 상태에서 드는 작업
㉤ 하루에 총 2시간 이상 분당 2회 이상 4.5kg 이상의 물체를 드는 작업
㉥ 하루에 총 2시간 이상 시간당 <u>10회</u> 이상 손 또는 무릎을 사용하여 반복적으로 충격을 가하는 작업

Answer 27. ④ 28. ① 29. ④ 30. ② 31. ③

32 반사경 없이 모든 방향으로 빛을 발하는 점광원에서 3m 떨어진 곳의 조도가 300lux라면 2m 떨어진 곳에서 조도(lux)는?

① 375 ② 675
③ 875 ④ 975

해설 조도

$$조도 = \frac{광량}{(거리)^2}$$

여기서 광량(x)은 $\frac{x}{3^2} = 300$(lux)이므로, 광량(x)은 2,700이다. 따라서 2m일 때 조도는 $\frac{2,700}{2^2} = 675$ (lux)이다.

33 시각적 식별에 영향을 주는 각 요소에 대한 설명 중 틀린 것은?

① 조도는 광원의 세기를 말한다.
② 휘도는 단위 면적당 표면에 반사 또는 방출되는 광량을 말한다.
③ 반사율은 물체의 표면에 도달하는 조도와 광도의 비를 말한다.
④ 광도 대비란 표적의 광도와 배경의 광도의 차이를 배경 광도로 나눈 값을 말한다.

해설 조도

조도는 어떤 물체나 표면에 도달하는 광의 밀도를 말한다.

34 부품 배치의 원칙 중 기능적으로 관련된 부품들을 모아서 배치한다는 원칙은?

① 중요성의 원칙 ② 사용빈도의 원칙
③ 사용순서의 원칙 ④ 기능별 배치의 원칙

해설 부품배치의 원칙

① 중요성의 원칙 : 부품을 작동하는 성능이 체계의 목표달성에 긴요한 정도에 따라 우선순위를 설정한다.
② 사용빈도의 원칙 : 부품을 사용하는 빈도에 따라 우선순위를 설정한다.
③ 사용순서의 원칙 : 사용순서에 따라 장치들을 가까이에 배치한다.
④ 기능별 배치의 원칙 : 기능적으로 관련된 부품들(표시장치, 조종장치 등)을 모아서 배치한다.

35 HAZOP 분석기법의 장점이 아닌 것은?

① 학습 및 적용이 쉽다.
② 기법 적용에 큰 전문성을 요구하지 않는다.
③ 짧은 시간에 저렴한 비용으로 분석이 가능하다.
④ 다양한 관점을 가진 팀 단위 수행이 가능하다.

해설 HAZOP 분석기법의 장점

㉠ 체계적인 접근과 각 분야별 종합적 검토로 완벽하게 위험요소의 확인이 가능하다.
㉡ 공정의 운전정지 시간을 줄여 생산물의 품질 향상이 가능하고, 폐기물 발생이 감소한다.
㉢ 근로자에게 공정안전에 대한 신뢰성을 제공한다.
※ 많은 인력과 시간이 필요하므로 비용이 많이 드는 단점이 있다.

36 태양광이 내리쬐지 않는 옥내의 습구흑구온도지수(WBGT) 산출식은?

① 0.6 × 자연습구온도 + 0.3 × 흑구온도
② 0.7 × 자연습구온도 + 0.3 × 흑구온도
③ 0.6 × 자연습구온도 + 0.4 × 흑구온도
④ 0.7 × 자연습구온도 + 0.4 × 흑구온도

해설 습구흑구온도지수(WBGT)

㉠ 태양이 내리쬐지 않는 옥내
WBGT(℃) = (0.7 × 자연습구온도) + (0.3 × 흑구온도)
㉡ 태양광이 내리쬐는 옥외
WBGT(℃) = (0.7 × 자연습구온도) + (0.2 × 흑구온도) + (0.1 × 건구온도)

37 FTA에서 사용되는 논리 게이트 중 입력과 반대되는 현상으로 출력되는 것은?

① 부정 게이트 ② 억제 게이트
③ 배타적 OR 게이트 ④ 우선적 AND 게이트

Answer 32. ② 33. ① 34. ④ 35. ③ 36. ② 37. ①

해설 논리 게이트

② 억제 게이트 : 이 게이트의 출력 사상은 한 개의 입력 사상에 의해 발생하며, 입력 사상이 출력 사상을 생성하기 전에 특정 조건을 만족하여야 하는 논리 게이트

③ 배타적 OR 게이트 : 입력 사상 중 오직 한 개의 발생으로만 출력 사상이 생성되는 논리 게이트

④ 우선적 AND 게이트 : 입력 사상이 특정 순서대로 발생한 경우에만 출력 사상이 발생하는 논리 게이트

새 출제기준에 따른 문제 변경

38 사업장에서 인간공학 적용분야로 틀린 것은?

① 제품설계
② 산업독성학
③ 재해 · 질병예방
④ 작업장 내 조사 및 연구

해설 사업장에서 인간공학 적용분야

㉠ 작업관련성 유해 · 위험 작업분석(작업환경개선)
㉡ 제품설계에 있어 인간에 대한 안전성평가(장비 및 공구설계)
㉢ 작업공간의 설계
㉣ 인간 – 기계 인터페이스 디자인
㉤ 재해 및 질병 예방

39 양립성의 종류가 아닌 것은?

① 개념의 양립성
② 감성의 양립성
③ 운동의 양립성
④ 공간의 양립성

해설 양립성의 종류

㉠ 개념 양립성 : 코드나 심벌의 의미가 인간이 갖고 있는 개념과 양립하는 것이다.
㉡ 운동 양립성 : 조종기를 조작하여 표시장치상의 정보가 움직일 때 반응결과가 인간의 기대와 양립하는 것이다.
㉢ 공간 양립성 : 공간적 구성이 인간의 기대와 양립하는 것이다.
㉣ 양식 양립성 : 직무에 알맞은 자극과 응답의 양식과 양립하는 것이다.

40 James Reason의 원인적 휴먼에러 종류 중 다음 설명의 휴먼에러 종류는?

> 자동차가 우측 운행하는 한국의 도로에 익숙해진 운전자가 좌측 운행을 해야 하는 일본에서 우측 운행을 하다가 교통사고를 냈다.

① 고의 사고(Violation)
② 숙련 기반 에러(Skill based error)
③ 규칙 기반 착오(Rule based mistake)
④ 지식 기반 착오(Knowledge based mistake)

해설 휴먼에러

㉠ 숙련 기반 에러 : 실수(slip, 자동차 하차 시에 창문 개폐를 잊어버리고 내려 분실 사고 발생)와 망각(lapse, 전화통화 중에 전화번호를 기억했으나 전화종료 후 옮겨 적는 행동을 잊어버림)으로 구분한다.
㉡ 규칙 기반 에러 : 잘못된 규칙을 기억하거나, 정확한 규칙이라도 상황에 맞지 않게 잘못 적용한 경우이다. 예로 일본에서 자동차를 우측 운행하다가 사고를 유발하거나, 음주 후 도로차선을 착각하여 역주행하다가 사고를 유발하는 경우이다.
㉢ 지식 기반 에러 : 처음부터 장기기억 속에 관련 지식이 없는 경우에 추론이나 유추로 지식 처리과정 중에 실패 또는 과오로 이어지는 에러이다. 예로 외국에서 도로표지판을 이해하지 못해서 교통위반을 하는 경우이다.

제3과목 기계위험 방지기술

41 산업안전보건법령상 사업주가 진동 작업을 하는 근로자에게 충분히 알려야 할 사항과 거리가 가장 먼 것은?

① 인체에 미치는 영향과 증상
② 진동기계 · 기구 관리방법
③ 보호구 선정과 착용방법
④ 진동재해 시 비상연락체계

해설 유해성 등의 주지

④ 진동 장해 예방방법

Answer 38. ② 39. ② 40. ③ 41. ④

42 산업안전보건법령상 크레인에 전용 탑승설비를 설치하고 근로자를 달아 올린 상태에서 작업에 종사시킬 경우 근로자의 추락 위험을 방지하기 위하여 실시해야 할 조치 사항으로 적합하지 않은 것은?

① 승차석 외의 탑승 제한
② 안전대나 구명줄의 설치
③ 탑승설비의 하강 시 동력하강방법을 사용
④ 탑승설비가 뒤집히거나 떨어지지 않도록 필요한 조치

해설 탑승의 제한
사업주는 크레인을 사용하여 근로자를 운반하거나 근로자를 달아 올린 상태에서 작업에 종사시켜서는 아니 된다. 다만, 크레인에 전용 탑승설비를 설치하고 추락 위험을 방지하기 위하여 다음의 조치를 한 경우에는 그러하지 아니하다.
㉠ 탑승설비가 뒤집히거나 떨어지지 않도록 필요한 조치를 할 것
㉡ 안전대나 구명줄을 설치하고, 안전난간을 설치할 수 있는 구조인 경우에는 안전난간을 설치할 것
㉢ 탑승설비를 하강시킬 때에는 동력하강방법으로 할 것

43 연삭기에서 숫돌의 바깥지름이 150mm일 경우 평형플랜지 지름은 몇 mm 이상이어야 하는가?

① 30 ② 50
③ 60 ④ 90

해설 연삭기 또는 연마기의 제작 및 안전기준
평형플랜지의 직경은 설치하는 숫돌 직경의 1/3 이상, 여유값은 1.5mm 이상이어야 한다.
따라서 평형플랜지 지름은 $150 \times 1/3 = 50$(mm)이다.

새 출제기준에 따른 문제 변경

44 도수율이 13.35인 사업장의 연천인율은?

① 33.38 ② 32.04
③ 5.34 ④ 5.56

해설 연천인율과 도수율의 관계
㉠ 연천인율 = 도수율 × 2.4
㉡ 도수율 = 연천인율 ÷ 2.4
따라서 연천인율은 $13.35 \times 2.4 = 32.04$

45 양중기 과부하방지장치의 일반적인 공통사항에 대한 설명 중 부적합한 것은?

① 과부하방지장치와 타 방호장치는 기능에 서로 장애를 주지 않도록 부착할 수 있는 구조이어야 한다.
② 방호장치의 기능을 변형 또는 보수할 때 양중기의 기능도 동시에 정지할 수 있는 구조이어야 한다.
③ 과부방지장치에는 정상동작 상태의 녹색램프와 과부하 시 경고 표시를 할 수 있는 붉은색램프와 경보음을 발하는 장치 등을 갖추어야 하며, 양중기 운전자가 확인할 수 있는 위치에 설치해야 한다.
④ 과부하방지장치 작동 시 경보음과 경보램프가 작동되어야 하며, 양중기는 작동이 되지 않아야 한다. 다만, 크레인은 과부하 상태 해지를 위하여 권상된 만큼 권하시킬 수 있다.

해설 양중기 과부하방지장치의 성능기준
② 방호장치의 기능을 제거 또는 정지할 때 양중기의 기능도 동시에 정지할 수 있는 구조이어야 한다.

46 방호장치를 분류할 때는 크게 위험장소에 대한 방호장치와 위험원에 대한 방호장치로 구분할 수 있는데, 다음 중 위험장소에 대한 방호장치가 아닌 것은?

① 격리형 방호장치
② 접근거부형 방호장치
③ 접근반응형 방호장치
④ 포집형 방호장치

해설 방호장치의 분류
㉠ 위험장소에 대한 방호장치 : 격리형, 위치제한형, 접근거부형, 접근반응형, 감지형
㉡ 위험원에 대한 방호장치 : 포집형

Answer 42. ① 43. ② 44. ② 45. ② 46. ④

47 산업안전보건법령상 프레스 작업시작 전 점검해야 할 사항에 해당하는 것은?

① 와이어로프가 통하고 있는 곳 및 작업장소의 지반상태
② 하역장치 및 유압장치 기능
③ 권과방지장치 및 그 밖의 경보장치의 기능
④ 1행정 1정지기구 · 급정지장치 및 비상정지장치의 기능

해설 프레스 작업시작 전 점검사항
㉠ 클러치 및 브레이크의 기능
㉡ 크랭크축 · 플라이휠 · 슬라이드 · 연결봉 및 연결 나사의 풀림 여부
㉢ 1행정 1정지기구 · 급정지장치 및 비상정지장치의 기능
㉣ 슬라이드 또는 칼날에 의한 위험방지 기구의 기능
㉤ 프레스의 금형 및 고정볼트 상태
㉥ 방호장치의 기능
㉦ 전단기(剪斷機)의 칼날 및 테이블의 상태

참고 산업안전보건기준에 관한 규칙 별표 3

48 산업안전보건법령상 목재가공용 기계에 사용되는 방호장치의 연결이 옳지 않은 것은?

① 둥근톱기계 : 톱날접촉예방장치
② 띠톱기계 : 날접촉예방장치
③ 모떼기기계 : 날접촉예방장치
④ 동력식 수동대패기계 : 반발예방장치

해설 목재가공용 기계에 사용되는 방호장치
④ 동력식 수동대패기계 : 날접촉예방장치

참고 산업안전보건기준에 관한 규칙 제105~110조

49 다음 중 금속 등의 도체에 교류를 통한 코일을 접근시켰을 때, 결함이 존재하면 코일에 유기되는 전압이나 전류가 변하는 것을 이용한 검사방법은?

① 자분탐상검사
② 초음파탐상검사
③ 와류탐상검사
④ 침투형탐상검사

해설 비파괴검사
① 자분탐상검사 : 강재나 용접부에 자력선을 통과시켜서 결함을 검측하는 검사방법
② 초음파탐상검사 : 파장이 짧은 초음파를 검사물 내부에 침투시켜 내부 결함 또는 불균일층의 존재를 검측하는 검사방법
④ 침투형광탐상검사 : 비자성 금속재료의 표면에 침투액을 침투시켜 균열을 검측하는 검사방법

50 산업안전보건법령상에서 정한 양중기의 종류에 해당하지 않는 것은?

① 크레인[호이스트(hoist)를 포함한다]
② 도르래
③ 곤돌라
④ 승강기

해설 양중기의 종류
㉠ 크레인[호스트(hoist)를 포함한다.]
㉡ 이동식 크레인
㉢ 리프트(이삿짐 운반용 리프트의 경우에는 적재하중이 0.1톤 이상인 것으로 한정한다.)
㉣ 곤돌라
㉤ 승강기

참고 산업안전보건기준에 관한 규칙 제132조

51 롤러의 급정지를 위한 방호장치를 설치하고자 한다. 앞면 롤러 직경이 36cm이고, 분당회전속도가 50rpm이라면 급정지거리는 약 얼마 이내이어야 하는가? (단, 무부하동작에 해당한다.)

① 45cm ② 50cm
③ 55cm ④ 60cm

해설 앞면 롤러의 표면속도에 따른 급정지거리

앞면 롤러의 표면속도	급정지거리
30m/min 미만	앞면 롤러 원주의 1/3
30m/min 이상	앞면 롤러 원주의 1/2.5

㉠ 표면속도 $= \dfrac{\pi DN}{1,000} = \dfrac{\pi \times 360 \times 50}{1,000} = 56.5$(m/min)
여기서 D : 롤러의 직경(mm)
N : 분당회전수(rpm)
㉡ 급정지거리 $= \pi D \times \dfrac{1}{2.5} = \dfrac{\pi \times 360}{2.5} = 452.16$(mm)

Answer 47. ④ 48. ④ 49. ③ 50. ② 51. ①

52 다음 중 금형 설치 · 해체작업의 일반적인 안전사항으로 틀린 것은?

① 고정볼트는 고정 후 가능하면 나사산이 3~4개 정도 짧게 남겨 슬라이드 면과의 사이에 협착이 발생하지 않도록 해야 한다.
② 금형 고정용 브래킷(물림판)을 고정시킬 때 고정용 브래킷은 수평이 되게 하고, 고정볼트는 수직이 되게 고정하여야 한다.
③ 금형을 설치하는 프레스의 T홈 안길이는 설치볼트 직경 이하로 한다.
④ 금형의 설치용구는 프레스의 구조에 적합한 형태로 한다.

해설 금형 설치 · 해체작업의 일반적인 안전사항
③ 금형을 설치하는 프레스의 T홈 안길이는 설치 볼트 직경의 2배 이상으로 한다.

53 산업안전보건법령상 보일러에 설치하는 압력방출장치에 대하여 검사 후 봉인에 사용되는 재료로 가장 적합한 것은?

① 납 ② 주석
③ 구리 ④ 알루미늄

해설 압력방출장치
압력방출장치는 매년 1회 이상 「국가표준기본법」에 따라 산업통상자원부장관의 지정을 받은 국가교정업무 전담기관에서 교정을 받은 압력계를 이용하여 설정압력에서 압력방출장치가 적정하게 작동하는지를 검사한 후 납으로 봉인하여 사용하여야 한다.

참고 산업안전보건기준에 관한 규칙 제116조

54 슬라이드가 내려옴에 따라 손을 쳐내는 막대가 좌우로 왕복하면서 위험점으로부터 손을 보호하여 주는 프레스의 안전장치는?

① 수인식 방호장치
② 양손조작식 방호장치
③ 손쳐내기식 방호장치
④ 게이트 가드식 방호장치

해설 프레스 또는 전단기 방호장치의 종류

종류	기능
광전자식	신체의 일부가 광선을 차단하면 기계를 급정지시키는 방호장치
양수 조작식	양손으로 동시에 조작하지 않으면 기계가 동작하지 않으며, 한손이라도 떼어내면 기계를 정지시키는 방호장치
가드식	가드가 열려 있는 상태에서는 기계의 위험부분이 동작되지 않고 위험한 상태일 때에는 가드를 열 수 없도록 한 방호장치
손쳐 내기식	슬라이드의 작동에 연동시켜 위험상태로 되기 전에 손을 위험영역에서 밀어내거나 쳐내는 방호장치
수인식	슬라이드와 작업자 손을 끈으로 연결하여 슬라이드 하강 시 작업자 손을 당겨 위험영역에서 빼낼 수 있도록 한 방호장치

55 산업안전보건법령에 따라 사업주는 근로자가 안전하게 통행할 수 있도록 통로에 얼마 이상의 채광 또는 조명시설을 하여야 하는가?

① 50럭스 ② 75럭스
③ 90럭스 ④ 100럭스

해설 통로의 조명
사업주는 근로자가 안전하게 통행할 수 있도록 통로에 75럭스 이상의 채광 또는 조명시설을 하여야 한다.

참고 산업안전보건기준에 관한 규칙 제21조

56 다음 중 롤러기 급정지장치의 종류가 아닌 것은?

① 어깨조작식 ② 손조작식
③ 복부조작식 ④ 무릎조작식

해설 급정지장치 조작부의 종류 및 위치

급정지장치 조작부의 종류	위치
손으로 조작하는 것	밑면으로부터 1.8m 이내
복부로 조작하는 것	밑면으로부터 0.8m 이상 1.1m 이내
무릎으로 조작하는 것	밑면으로부터 0.4m 이상 0.6m 이내

Answer 52. ③ 53. ① 54. ③ 55. ② 56. ①

57 산업안전보건법령상 다음 중 보일러의 방호장치와 가장 거리가 먼 것은?

① 언로드밸브　　② 압력방출장치
③ 압력제한스위치　　④ 고 · 저수위조절장치

해설 보일러의 방호장치
① 화염검출기　　② 압력방출장치
③ 압력제한스위치　　④ 고 · 저수위조절장치

58 산업안전보건법령에 따라 레버풀러(lever puller) 또는 체인블록(chain block)을 사용하는 경우 훅의 입구(hook mouth) 간격이 제조자가 제공하는 제품사양서 기준으로 몇 % 이상 벌어진 것은 폐기하여야 하는가?

① 3　　② 5
③ 7　　④ 10

해설 레버풀러 또는 체인블록 사용 시 준수사항
훅의 입구(hook mouth) 간격이 제조자가 제공하는 제품사양서 기준으로 10% 이상 벌어진 것은 폐기할 것

59 컨베이어(conveyor) 역전방지장치의 형식을 기계식과 전기식으로 구분할 때 기계식에 해당하지 않는 것은?

① 라쳇식　　② 밴드식
③ 슬러스트식　　④ 롤러식

해설 컨베이어(conveyor) 역전방지장치의 형식
㉠ 기계식 : 라쳇식, 밴드식, 롤러식
㉡ 전기식 : 슬러스트식, 전기식

60 다음 중 연삭숫돌의 3요소가 아닌 것은?

① 결합제　　② 입자
③ 저항　　④ 기공

해설 연삭숫돌의 3요소
㉠ 결합제 : 절삭날의 지지
㉡ 입자 : 절삭날
㉢ 기공 : 칩의 저장, 배출

제4과목 전기위험 방지기술

61 다음 (　) 안의 알맞은 내용을 나타낸 것은?

> 폭발성가스의 폭발등급 측정에 사용되는 표준용기는 내용적이 (㉮)cm^3, 반구상의 플랜지 접합면의 안길이 (㉯)mm의 구상용기의 틈새를 통과시켜 화염일주 한계를 측정하는 장치이다.

① ㉮ 600　㉯ 0.4　　② ㉮ 1,800 ㉯ 0.6
③ ㉮ 4,500 ㉯ 8　　④ ㉮ 8,000 ㉯ 25

해설 폭발등급 측정에 사용되는 표준용기
폭발성가스의 폭발등급 측정에 사용되는 표준용기는 내용적이 8,000cm^3, 반구상의 플랜지 접합면의 안길이 25mm의 구상용기의 틈새를 통과시켜 화염일주 한계를 측정하는 장치이다.

62 다음 차단기는 개폐기구가 절연물의 용기 내에 일체로 조립한 것으로, 과부하 및 단락 사고 시에 자동적으로 전로를 차단하는 장치는?

① OS　　② VCB
③ MCCB　　④ ACB

해설 차단기의 종류
① OS(Oil Switch) : 개폐기로 전로의 개폐를 절연유 속에서 하는 스위치(고압용)
② VCB(Vacuum Circuit Breaker) : 진공차단기(고압, 특고압용)
③ MCCB(Molded Case Circuit Breaker) : 배선용 차단기(저압용)
④ ACB(Air Circuit Breaker) : 기중 차단기(저압용)

63 전격의 위험을 결정하는 주된 인자로 가장 거리가 먼 것은?

① 통전전류　　② 통전시간
③ 통전경로　　④ 접촉전압

해설 전격의 위험을 결정하는 주된 인자
① 통전전류　　② 통전시간
③ 통전경로　　④ 전원의 종류

Answer 57. ① 58. ④ 59. ③ 60. ③ 61. ④ 62. ③ 63. ④

64 한국전기설비규정에 따라 보호 등전위본딩 도체로서 주접지단자에 접속하기 위한 등전위본딩 도체(구리 도체)의 단면적은 몇 mm^2 이상이어야 하는가? (단, 등전위본딩 도체는 설비 내에 있는 가장 큰 보호접지 도체 단면적의 $\frac{1}{2}$ 이상의 단면적을 가지고 있다.)

① 2.5　　② 6
③ 16　　④ 50

해설 등전위본딩 도체의 단면적
보호등전위본딩 도체로서 주접지단자에 접속하기 위한 등전위본딩 도체는 설비 내에 있는 가장 큰 보호접지 도체 단면적의 1/2 이상의 단면적을 가져야 하고, 다음의 단면적 이상이어야 한다.
㉠ 구리 도체 : $6mm^2$
㉡ 알루미늄 도체 : $16mm^2$
㉢ 강철 도체 : $50mm^2$

65 내압방폭구조의 필요충분조건에 대한 사항으로 틀린 것은?

① 폭발화염이 외부로 유출되지 않을 것
② 습기침투에 대한 보호를 충분히 할 것
③ 내부에서 폭발한 경우 그 압력에 견딜 것
④ 외함의 표면온도가 외부의 폭발성가스를 점화하지 않을 것

해설 내압방폭구조의 필요충분조건
① 폭발화염이 외부로 유출되지 않을 것
② 외부 폭발 시에 발생되는 폭발 압력에 견딜 것
③ 내부에서 폭발한 경우 그 압력에 견딜 것
④ 외함의 표면온도가 외부의 폭발성가스를 점화하지 않을 것

66 저압전로의 절연성능 시험에서 전로의 사용전압이 380V인 경우 전로의 전선 상호간 및 전로와 대지 사이의 절연저항은 최소 몇 MΩ 이상이어야 하는가?

① 0.1　　② 0.3
③ 0.5　　④ 1

해설 저압전로의 절연성능

전로의 사용전압 [V]	DC 시험전압 [V]	절연저항 [MΩ]
SELV 및 PELV	250	0.5
FELV, 500V 이하	500	1.0
500V 초과	1000	1.0

※ 특별저압(Extra Low Voltage, 2차 전압이 AC 50V, DC 120V 이하)으로서, SELV(비접지회로 구성) 및 PELV(접지회로 구성)는 1차와 2차가 전기적으로 절연된 회로, FELV는 1차와 2차가 전기적으로 절연되지 않은 회로

67 교류 아크용접기의 허용사용률(%)은? (단, 정격사용률은 10%, 2차 정격전류는 500A, 교류 아크용접기의 사용전류는 250A이다.)

① 30　　② 40
③ 50　　④ 60

해설 허용사용률(%)

$$= \left(\frac{2차\ 정격전류}{실제\ 용접전류}\right)^2 \times 정격사용률$$

$$= \left(\frac{500}{250}\right)^2 \times 10 = 40(\%)$$

68 다음 중 전동기를 운전하고자 할 때 개폐기의 조작 순서로 옳은 것은?

① 메인 스위치 → 분전반 스위치 → 전동기용 개폐기
② 분전반 스위치 → 메인 스위치 → 전동기용 개폐기
③ 전동기용 개폐기 → 분전반 스위치 → 메인 스위치
④ 분전반 스위치 → 전동기용 스위치 → 메인 스위치

해설 전동기를 운전하고자 할 때 개폐기의 조작 순서
메인 스위치 → 분전반 스위치 → 전동기용 개폐기

Answer 64. ② 65. ② 66. ④ 67. ② 68. ①

69 다음 빈칸에 들어갈 내용으로 알맞는 것은?

"교류 특고압 가공전선로에서 발생하는 극저주파 전자계는 지표상 1m에서 전계가 (ⓐ), 자계가 (ⓑ)가 되도록 시설하는 등 상시 정전유도 및 전자유도 작용에 의하여 사람에게 위험을 줄 우려가 없도록 시설하여야 한다."

① ⓐ 0.35kV/m 이하, ⓑ 0.833μT 이하
② ⓐ 3.5kV/m 이하, ⓑ 8.3μT 이하
③ ⓐ 3.5kV/m 이하, ⓑ 83.3μT 이하
④ ⓐ 3.5kV/m 이하, ⓑ 833μT 이하

해설 유도장해 방지
특고압 가공전선로에서 발생하는 극저주파 전자계는 지표상 1m에서 전계가 3.5kV/m 이하, 자계가 83.3μT 이하가 되도록 시설하는 등 상시 정전유도 및 전자유도 작용에 의하여 사람에게 위험을 줄 우려가 없도록 시설하여야 한다.

70 다음 중 감전사고를 방지하기 위한 방법으로 틀린 것은?

① 전기기기 및 설비의 위험부에 위험표지
② 전기설비에 대한 누전차단기 설치
③ 전기기기에 대한 정격표시
④ 무자격자는 전기기계 및 기구에 전기적인 접촉 금지

해설 감전사고 방지대책
전기기기에 대한 정격표시는 감전사고 방지용이 아니라 효율적인 전기기기 사용을 위해 필요한 것이다.

71 외부피뢰시스템에서 접지극은 지표면에서 몇 m 이상 깊이로 매설하여야 하는가? (단, 동결심도는 고려하지 않는 경우이다.)

① 0.5 ② 0.75
③ 1 ④ 1.25

해설 접지극의 매설
지표면에서 0.75m 이상 깊이로 매설하여야 한다. 다만, 필요시는 해당 지역의 동결심도를 고려한 깊이로 할 수 있다.

72 정전기의 재해방지 대책이 아닌 것은?

① 부도체에는 도전성을 향상 또는 제전기를 설치 운영한다.
② 접촉 및 분리를 일으키는 기계적 작용으로 인한 정전기 발생을 적게 하기 위해서는 가능한 접촉 면적을 크게 하여야 한다.
③ 저항률이 $10^{10}\Omega \cdot cm$ 미만의 도전성 위험물의 배관유속은 7m/s 이하로 한다.
④ 생산공정에 별다른 문제가 없다면, 습도를 70(%) 정도 유지하는 것도 무방하다.

해설 정전기의 재해방지 대책
② 접촉 및 분리를 일으키는 기계적 작용으로 인한 정전기 발생을 적게 하기 위해서는 가능한 접촉 면적을 작게 하여야 한다.

73 어떤 부도체에서 정전용량이 10pF이고, 전압이 5kV일 때 전하량(C)은?

① 9×10^{-12} ② 6×10^{-10}
③ 5×10^{-8} ④ 2×10^{-6}

해설 전하량
전하량(Q)=정전용량(C)×전압(V)
$= 10\times10^{-12}\times5\times10^{3}=5\times10^{-8}$[C]

74 KS C IEC 60079-0에 따른 방폭에 대한 설명으로 틀린 것은?

① 기호 "X"는 방폭기기의 특정사용조건을 나타내는 데 사용되는 인증번호의 접미사이다.
② 인화하한(LFL)과 인화상한(UFL) 사이의 범위가 클수록 폭발성가스 분위기 형성 가능성이 크다.
③ 기기그룹에 따라 폭발성가스를 분류할 경우 ⅡA의 대표 가스로 에틸렌이 있다.
④ 연면거리는 두 도전부 사이의 고체 절연물 표면을 따른 최단거리를 말한다.

해설 기기그룹에 따른 대표 가스

기기그룹의 분류	II A	II B	II C
대표 가스	프로판	에틸렌	수소

Answer 69. ③ 70. ③ 71. ② 72. ② 73. ③ 74. ③

75 다음 중 활선근접 작업 시의 안전조치로 적절하지 않은 것은?

① 근로자가 절연용 방호구의 설치·해체작업을 하는 경우에는 절연용 보호구를 착용하거나 활선작업용 기구 및 장치를 사용하도록 하여야 한다.
② 저압인 경우에는 해당 전기작업자가 절연용 보호구를 착용하되, 충전 전로에 접촉할 우려가 없는 경우에는 절연용 방호구를 설치하지 아니할 수 있다.
③ 유자격자가 아닌 근로자가 근로자의 몸 또는 긴 도전성 물체가 방호되지 않은 충전전로에서 대지전압이 50kV 이하인 경우에는 400cm 이내로 접근할 수 없도록 하여야 한다.
④ 고압 및 특별고압의 전로에서 전기작업을 하는 근로자에게 활선작업용 기구 및 장치를 사용하여야 한다.

해설 충전전로에서의 전기작업

③ 유자격자가 아닌 근로자가 충전전로 인근의 높은 곳에서 작업할 때에 근로자의 몸 또는 긴 도전성 물체가 방호되지 않은 충전전로에서 대지전압이 50kV 이하인 경우에는 300cm 이내로, 대지전압이 50kV를 넘는 경우에는 10kV당 10cm씩 더한 거리 이내로 각각 접근할 수 없도록 할 것

76 다음 중 밸브 저항형 피뢰기의 구성요소로 옳은 것은?

① 직렬갭, 특성요소
② 병렬갭, 특성요소
③ 직렬갭, 충격요소
④ 병렬갭, 충격요소

해설 밸브 저항형 피뢰기의 구성요소

㉠ 직렬갭 : 정상상태에서는 방전하지 않고 절연상태를 유지하지만, 이상전압 발생 시 신속하게 대지로 방전시켜 이상전압을 흡수함과 동시에 계속해서 흐르는 속류를 빠른 시간 내에 차단한다.
㉡ 특성요소 : 탄화규소를 주성분으로 하는 저항체로 피뢰기의 본체이다.

77 정전기 제거 방법으로 가장 거리가 먼 것은?

① 작업장 바닥을 도전처리한다.
② 설비의 도체 부분은 접지시킨다.
③ 작업자는 대전방지화를 신는다.
④ 작업장을 항온으로 유지한다.

해설 정전기 재해방지 조치

㉠ 정전기 발생 억제
㉡ 정전기 대전 방지
㉢ 정전기 방전 방지

78 인체의 전기저항을 0.5kΩ 이라고 하면, 심실세동을 일으키는 위험한계 에너지는 몇 J인가? (단, 심실세동전류값 $I = \frac{165}{\sqrt{T}}$ mA의 Dalziel의 식을 이용하며, 통전시간은 1초로 한다.)

① 13.6　　② 12.6
③ 11.6　　④ 10.6

해설 위험한계 에너지

$W = I^2RT$

여기서, I : 심실세동전류(A)
R : 전기저항(Ω)
T : 통전시간(s)

$= (165 \times 10^{-3})^2 \times 500\,\Omega \times 1(\text{초}) = 13.6[\text{J}]$

79 다음 중 전기설비기술기준에 따른 전압의 구분으로 틀린 것은?

① 저압 : 직류 1kV 이하
② 고압 : 교류 1kV를 초과, 7kV 이하
③ 특고압 : 직류 7kV 초과
④ 특고압 : 교류 7kV 초과

해설 전압의 구분

구분	직류	교류
저압	1,500V 이하	1,000V 이하
고압	1,500V 초과 7,000V 이하	1,000V 초과 7,000V 이하
특고압	7,000V 초과	

Answer 75. ③ 76. ① 77. ④ 78. ① 79. ①

80 가스 그룹 Ⅱ B 지역에 설치된 내압방폭구조 "d" 장비의 플랜지 개구부에서 장애물까지의 최소 거리(mm)는?

① 10 ② 20
③ 30 ④ 40

해설 내압방폭구조 플랜지 접합부와 장애물 간 최소 이격거리

가스 그룹	Ⅱ A	Ⅱ B	Ⅱ C
최소 이격거리(mm)	10	30	40

제5과목 화학설비위험 방지기술

81 다음 설명이 의미하는 것은?

온도, 압력 등 제어상태가 규정의 조건을 벗어나는 것에 의해 반응속도가 지수함수적으로 증대되고, 반응용기 내의 온도, 압력이 급격히 이상 상승되어 규정 조건을 벗어나고, 반응이 과격화되는 현상

① 비등 ② 과열 · 과압
③ 폭발 ④ 반응폭주

해설 비등과 반응폭주

㉠ 비등 : 액체가 어느 온도 이상으로 가열되어, 그 증기압이 주위의 압력보다 커져서 액체의 표면뿐만 아니라 내부에서도 기화하는 현상
㉡ 반응폭주 : 반응속도가 지수함수적으로 증대되고, 반응용기 내의 온도, 압력이 급격히 이상 상승되어 반응이 과격화되는 현상

82 다음 중 전기화재의 종류에 해당하는 것은?

① A급 ② B급
③ C급 ④ D급

해설 화재의 분류 및 적응 소화제

분류	가연물	적응 소화제
A급	일반 가연물	물, 강화액, 산 · 알칼리 소화기
B급	유류	포, CO_2, 분말 소화기
C급	전기	CO_2, 분말, 할로겐화합물 소화기
D급	금속	건조사, 팽창 질석, 팽창 진주암

83 다음 중 폭발범위에 관한 설명으로 틀린 것은 어느 것인가?

① 상한값과 하한값이 존재한다.
② 온도에는 비례하지만 압력과는 무관하다.
③ 가연성 가스의 종류에 따라 각각 다른 값을 갖는다.
④ 공기와 혼합된 가연성 가스의 체적 농도로 나타낸다.

해설 폭발범위와 온도 및 압력과의 관계

㉠ 온도가 높아지면 폭발상한계는 증가하고, 폭발하한계는 감소한다.
㉡ 압력이 높아지면 폭발하한계는 거의 영향을 받지 않지만, 폭발상한계는 크게 증가한다.

84 다음 [표]와 같은 혼합가스의 폭발범위(vol%)로 옳은 것은?

종류	용적비율 (vol%)	폭발하한계 (vol%)	폭발상한계 (vol%)
CH_4	70	5	15
C_2H_6	15	3	12.5
C_3H_8	5	2.1	9.5
C_4H_{10}	10	1.9	8.5

① 3.75～13.21
② 4.33～13.21
③ 4.33～15.22
④ 3.75～15.22

해설 폭발범위(폭발하한계～폭발상한계)

$$L=\frac{100}{\frac{V_1}{L_1}+\frac{V_2}{L_2}+\frac{V_3}{L_3}+\cdots}$$

여기서, L_n : 각 혼합가스의 폭발상 · 하한계
V_n : 각 혼합가스의 혼합비(%)

㉠ 폭발하한계 $=\frac{100}{\frac{70}{5}+\frac{15}{3}+\frac{5}{2.1}+\frac{10}{1.9}}=3.75$

㉡ 폭발상한계 $=\frac{100}{\frac{70}{15}+\frac{15}{12.5}+\frac{5}{9.5}+\frac{10}{8.5}}=13.21$

Answer 80. ③ 81. ④ 82. ③ 83. ② 84. ①

85 위험물을 저장 · 취급하는 화학설비 및 그 부속설비를 설치할 때 '단위공정시설 및 설비로부터 다른 단위공정시설 및 설비의 사이'의 안전거리는 설비의 바깥면으로부터 몇 m 이상이 되어야 하는가?

① 5 ② 10
③ 15 ④ 20

해설 시설 및 설비 간의 안전거리
㉠ 단위공정시설 및 설비로부터 다른 단위공정시설 및 설비의 사이 : 설비의 바깥면으로부터 10m 이상
㉡ 플레어스택으로부터 단위공정시설 및 설비, 위험물질 저장탱크 또는 위험물질 하역설비의 사이 : 플레어스택으로부터 반경 20m 이상
㉢ 위험물질 저장탱크로부터 단위공정시설 및 설비, 보일러 또는 가열로의 사이 : 저장탱크의 바깥면으로부터 20m 이상
㉣ 사무실 · 연구실 · 실험실 · 정비실 또는 식당으로부터 단위공정시설 및 설비, 위험물질 저장탱크, 위험물질 하역설비, 보일러 또는 가열로의 사이 : 사무실 등의 바깥면으로부터 20m 이상

86 열교환기의 열교환 능률을 향상시키기 위한 방법으로 거리가 먼 것은?

① 유체의 유속을 적절하게 조절한다.
② 유체의 흐르는 방향을 병류로 한다.
③ 열교환기 입구와 출구의 온도차를 크게 한다.
④ 열전도율이 좋은 재료를 사용한다.

해설 열교환기의 열교환 능률 향상
유체의 흐르는 방향을 고온 유체와 저온 유체의 입구가 서로 **향류로(반대쪽으로)** 하는 것이 좋다.

87 다음 중 인화성 물질이 아닌 것은?

① 디에틸에테르 ② 아세톤
③ 에틸알코올 ④ 과염소산칼륨

해설 산화성 고체
과염소산칼륨은 **산화성 고체**이다.

88 산업안전보건법령상 위험물질의 종류에서 "폭발성 물질 및 유기과산화물"에 해당하는 것은?

① 리튬 ② 아조화합물
③ 아세틸렌 ④ 셀룰로이드류

해설 폭발성 물질 및 유기과산화물
㉠ 질산에스테르류
㉡ 니트로화합물
㉢ 니트로소화합물
㉣ 아조화합물
㉤ 디아조화합물
㉥ 하이드라진 유도체
㉦ 유기과산화물 등

89 건축물 공사에 사용되고 있으나, 불에 타는 성질이 있어서 화재 시 유독한 시안화수소 가스가 발생되는 물질은?

① 염화비닐 ② 염화에틸렌
③ 메타크릴산메틸 ④ 우레탄

해설 우레탄
건축물 공사에 벽면 단열재로 사용되고 있으나, 발화점이 낮고 화재 시 유독한 시안화수소(HCN) 가스가 발생한다.

90 반응기를 설계할 때 고려하여야 할 요인으로 가장 거리가 먼 것은?

① 부식성
② 상의 형태
③ 온도 범위
④ 중간생성물의 유무

해설 반응기를 설계할 때 고려하여야 할 요인
㉠ 부식성 ㉡ 상의 형태
㉢ 온도 범위 ㉣ 운전압력
㉤ 체류시간 ㉥ 공간속도
㉦ 열전달 ㉧ 온도조절
㉨ 조작방법
㉩ 수율 : 물질의 투입량과 목적에 맞는 물질의 생산량의 비

Answer 85. ② 86. ② 87. ④ 88. ② 89. ④ 90. ④

91 에틸알코올 1몰이 완전 연소 시 생성되는 CO_2와 H_2O의 몰수로 옳은 것은?

① CO_2 : 1, H_2O : 4 ② CO_2 : 2, H_2O : 3
③ CO_2 : 3, H_2O : 2 ④ CO_2 : 4, H_2O : 1

해설 에틸알코올(C_2H_5OH)의 연소반응식
에틸알코올 1몰 연소 시 2몰의 이산화탄소와 3몰의 물이 생성된다.
$C_2H_5OH + 3O_2 \rightarrow 2CO_2 + 3H_2O$

92 산업안전보건법령상 각 물질이 해당하는 위험물질의 종류를 옳게 연결한 것은?

① 아세트산(농도 90%) – 부식성 산류
② 아세톤(농도 90%) – 부식성 염기류
③ 이황화탄소 – 인화성 가스
④ 수산화칼륨 – 인화성 가스

해설 위험물질의 종류
① 아세트산(농도 60% 이상) – 부식성 산류
② 아세톤 – 인화성 액체
③ 이황화탄소 – 인화성 액체
④ 수산화칼륨(농도 40% 이상) – 부식성 염기류

참고 부식성 물질

구분	종류
인화성 액체	에틸에테르, 가솔린, 아세트알데히드, 노르말헥산, 아세톤, 이황화탄소 등
부식성 산류	• 농도가 20% 이상인 염산, 황산, 질산, 그 밖에 이와 같은 정도 이상의 부식성을 가지는 물질 • 농도가 60% 이상인 인산, 아세트산, 불산, 그 밖에 이와 같은 정도 이상의 부식성을 가지는 물질
부식성 염기류	농도가 40% 이상인 수산화나트륨, 수산화칼륨, 그 밖에 이와 같은 정도 이상의 부식성을 가지는 염기류

참고 산업안전보건기준에 관한 규칙 별표 1

93 물과의 반응으로 유독한 포스핀가스를 발생하는 것은?

① HCl ② NaCl
③ Ca_3P_2 ④ $Al(OH)_3$

해설 인화칼슘(Ca_3P_2)
인화칼슘 – 물 또는 약산과 반응하여 유독한 포스핀가스(PH_3)가 발생한다.
$Ca_3P_2 + 6H_2O \rightarrow 3Ca(OH)_2 + 2PH_3 \uparrow$

94 분진폭발의 요인을 물리적 인자와 화학적 인자로 분류할 때 화학적 인자에 해당하는 것은?

① 연소열 ② 입도분포
③ 열전도율 ④ 입자의 형상

해설 분진폭발의 요인
㉠ 물리적 인자 : 입도분포, 열전도율, 입자의 형상
㉡ 화학적 인자 : 연소열, 화학적 성질과 조성

95 메탄올에 관한 설명으로 틀린 것은?

① 무색투명한 액체이다.
② 비중은 1보다 크고, 증기는 공기보다 가볍다.
③ 금속나트륨과 반응하여 수소를 발생한다.
④ 물에 잘 녹는다.

해설 메탄올
메탄올(CH_3OH)의 비중은 0.79이고, 증기 비중은 1.1로 공기보다 무겁다.

96 다음 중 자연발화가 쉽게 일어나는 조건으로 틀린 것은?

① 주위온도가 높을수록
② 열 축적이 클수록
③ 적당량의 수분이 존재할 때
④ 표면적이 작을수록

해설 자연발화가 쉽게 일어나는 조건
④ 표면적이 클수록 자연발화가 쉽게 일어난다.

97 다음 중 인화점이 가장 낮은 것은?

① 벤젠 ② 메탄올
③ 이황화탄소 ④ 경유

Answer 91. ② 92. ① 93. ③ 94. ① 95. ② 96. ④ 97. ③

해설 인화점
① 벤젠 : −11℃
② 메탄올 : 11℃
③ 이황화탄소 : −30℃
④ 경유 : 50~60℃

98 자연발화성을 가진 물질이 자연발화를 일으키는 원인으로 거리가 먼 것은?

① 분해열 ② 증발열
③ 산화열 ④ 중합열

해설 자연발화성을 가진 물질이 자연발화를 일으키는 원인
분해열, 산화열, 중합열, 흡착열, 미생물 등

99 비점이 낮은 가연성 액체 저장탱크 주위에 화재가 발생했을 때 저장탱크 내부의 비등현상으로 인한 압력 상승으로 탱크가 파열되어 그 내용물이 증발, 팽창하면서 발생되는 폭발현상은?

① Back Draft ② BLEVE
③ Flash Over ④ UVCE

해설 비등액체 팽창증기 폭발(BLEVE; Boiling Liquid Expanding Explosion)
직화에 노출된 가열된 용기 또는 탱크가 내부 액체의 비등으로 급격한 압력 증가로 외벽의 가열로 강도를 상실한 면에서 파열, 폭발하는 겹사슬 매커니즘을 가진 폭발현상

100 사업주는 산업안전보건법령에서 정한 설비에 대해서는 과압에 따른 폭발을 방지하기 위하여 안전밸브 등을 설치하여야 한다. 다음 중 이에 해당하는 설비가 아닌 것은?

① 원심펌프
② 정변위 압축기
③ 정변위 펌프(토출축에 차단밸브가 설치된 것만 해당한다)
④ 배관(2개 이상의 밸브에 의하여 차단되어 대기 온도에서 액체의 열팽창에 의하여 파열될 우려가 있는 것으로 한정한다)

해설 안전밸브 등의 설치
① 압력 용기 ② 정변위 압축기
③ 정변위 펌프 ④ 배관

제6과목 건설안전기술

101 유해·위험방지계획서 제출 시 첨부서류로 옳지 않은 것은?

① 공사현장의 주변 현황 및 주변과의 관계를 나타내는 도면
② 공사개요서
③ 전체공정표
④ 작업인부의 배치를 나타내는 도면 및 서류

해설 유해·위험방지계획서 제출 시 첨부서류
① 공사현장의 주변 현황 및 주변과의 관계를 나타내는 도면
② 공사개요서
③ 전체공정표
④ 산업안전보건관리비 사용계획서
⑤ 안전관리 조직표
⑥ 재해 발생 위험 시 연락 및 대피방법

102 거푸집 해체작업 시 유의사항으로 옳지 않은 것은?

① 일반적으로 수평부재의 거푸집은 연직부재의 거푸집보다 빨리 떼어낸다.
② 해체된 거푸집이나 각목 등에 박혀있는 못 또는 날카로운 돌출물은 즉시 제거하여야 한다.
③ 상하 동시 작업은 원칙적으로 금지하여 부득이한 경우에는 긴밀히 연락을 위하며 작업을 하여야 한다.
④ 거푸집 해체작업장 주위에는 관계자를 제외하고는 출입을 금지시켜야 한다.

해설 거푸집 해체작업 시 유의사항
① 일반적으로 <u>연직부재의 거푸집은 수평부재의 거푸집보다</u> 빨리 떼어낸다.

Answer 98. ② 99. ② 100. ① 101. ④ 102. ①

103 사다리식 통로 등을 설치하는 경우 통로 구조로서 옳지 않은 것은?

① 발판의 간격은 일정하게 한다.
② 발판과 벽과의 사이는 15cm 이상의 간격을 유지한다.
③ 사다리의 상단은 걸쳐놓은 지점으로부터 60cm 이상 올라가도록 한다.
④ 폭은 40cm 이상으로 한다.

해설 사다리식 통로 등의 구조
④ 폭은 30cm 이상으로 할 것

104 추락 재해방지 설비 중 근로자의 추락재해를 방지할 수 있는 설비로 작업발판 설치가 곤란한 경우에 필요한 설비는?

① 경사로 ② 추락방호망
③ 고정사다리 ④ 달비계

해설 추락의 방지
사업주는 작업발판을 설치하기 곤란한 경우 기준에 맞는 추락방호망을 설치해야 한다. 다만, 추락방호망을 설치하기 곤란한 경우에는 근로자에게 안전대를 착용하도록 하는 등 추락위험을 방지하기 위해 필요한 조치를 해야 한다.

105 콘크리트 타설작업을 하는 경우에 준수해야 할 사항으로 옳지 않은 것은?

① 당일의 작업을 시작하기 전에 해당 작업에 관한 거푸집 및 동바리 등의 변형 · 변위 및 지반의 침하 유무 등을 점검하고 이상이 있으면 보수한다.
② 작업 중에는 거푸집 및 동바리 등의 변형 · 변위 및 침하 유무 등을 감시할 수 있는 감시자를 배치하여 이상이 있으면 작업을 빠른 시간 내 우선 완료하고 근로자를 대피시킨다.
③ 콘크리트 타설작업 시 거푸집 붕괴의 위험이 발생할 우려가 있으면 보강조치를 한다.
④ 콘크리트를 타설하는 경우에는 편심이 발생하지 않도록 골고루 분산하여 타설한다.

해설 콘크리트의 타설작업
② 작업 중에는 감시자를 배치하는 등의 방법으로 거푸집 및 동바리의 변형 · 변위 및 침하 유무 등을 확인해야 하며, 이상이 있으면 작업을 중지하고 근로자를 대피시킬 것

106 작업장 출입구 설치 시 준수해야 할 사항으로 옳지 않은 것은?

① 출입구의 위치, 수 및 크기가 작업장의 용도와 특성에 맞도록 한다.
② 출입구에 문을 설치하는 경우에는 근로자가 쉽게 열고 닫을 수 있도록 한다.
③ 주된 목적이 하역운반기계용인 출구에는 보행자용 출입구를 따로 설치하지 않는다.
④ 계단이 출입구와 바로 연결된 경우에는 작업자의 안전한 통행을 위하여 그 사이에 1.2m 이상 거리를 두거나 안내표지 또는 비상벨 등을 설치한다.

해설 작업장의 출입구
③ 주된 목적이 하역운반기계용인 출입구에는 인접하여 보행자용 출입구를 따로 설치할 것

107 건설작업장에서 근로자가 상시 작업하는 장소의 작업면 조도기준으로 옳지 않은 것은? (단, 갱내 작업장과 감광재료를 취급하는 작업장의 경우는 제외)

① 초정밀작업 : 600럭스(lux) 이상
② 정밀작업 : 300럭스(lux) 이상
③ 보통작업 : 150럭스(lux) 이상
④ 초정밀, 정밀, 보통작업을 제외한 기타 작업 : 75럭스(lux) 이상

해설 작업면 조도기준
① 초정밀작업 : 750럭스(lux) 이상

Answer 103. ④ 104. ② 105. ② 106. ③ 107. ①

개정 / 2022

108 건설업 산업안전보건관리비 계상 및 사용 기준에 따른 보호구 등 구입비 항목에서 산업안전보건관리비로 사용이 가능한 경우는?

① 다른 법령에서 의무사항으로 규정한 사항을 이행하는 데 필요한 비용
② 보호구의 구입 · 수리 · 관리 등에 소요되는 비용
③ 작업자 재해예방 외의 목적이 있는 시설·장비나 물건 등을 사용하기 위해 소요되는 비용
④ 환경관리, 민원 또는 수방대비 등 다른 목적이 포함된 경우

해설 건설업 산업안전보건관리비 사용불가 내역
① 다른 법령에서 의무사항으로 규정한 사항을 이행하는 데 필요한 비용
③ 작업자 재해예방 외의 목적이 있는 시설 · 장비나 물건 등을 사용하기 위해 소요되는 비용
④ 환경관리, 민원 또는 수방대비 등 다른 목적이 포함된 경우

109 옥외에 설치되어 있는 주행크레인에 대하여 이탈방지장치를 작동시키는 등 그 이탈을 방지하기 위한 조치를 하여야 하는 순간풍속에 대한 기준으로 옳은 것은?

① 순간풍속이 초당 10m를 초과하는 바람이 불어올 우려가 있는 경우
② 순간풍속이 초당 20m를 초과하는 바람이 불어올 우려가 있는 경우
③ 순간풍속이 초당 30m를 초과하는 바람이 불어올 우려가 있는 경우
④ 순간풍속이 초당 40m를 초과하는 바람이 불어올 우려가 있는 경우

해설 폭풍에 의한 이탈 방지
사업주는 순간풍속이 초당 30m를 초과하는 바람이 불어올 우려가 있는 경우 옥외에 설치되어 있는 주행크레인에 대하여 이탈방지장치를 작동시키는 등 이탈 방지를 위한 조치를 하여야 한다.

개정 / 2023

110 지반 등의 굴착작업 시 연암의 굴착면 기울기로 옳은 것은?

① 1 : 0.3 ② 1 : 0.5
③ 1 : 0.8 ④ 1 : 1.0

해설 굴착면의 기울기 기준

지반의 종류	굴착면의 기울기
모래	1 : 1.8
연암 및 풍화암	1 : 1.0
경암	1 : 0.5
그 밖의 흙	1 : 1.2

111 철골작업 시 철골부재에서 근로자가 수직방향으로 이동하는 경우에 설치하여야 하는 고정된 승강로의 최대 답단 간격은 얼마 이내인가?

① 20cm ② 25cm
③ 30cm ④ 40cm

해설 승강로의 설치
사업주는 근로자가 수직방향으로 이동하는 철골부재에는 답단 간격이 30cm 이내인 고정된 승강로를 설치하여야 하며, 수평방향 철골과 수직방향 철골이 연결되는 부분에는 연결작업을 위하여 작업발판 등을 설치하여야 한다.

112 재해사고를 방지하기 위하여 크레인에 설치된 방호장치로 옳지 않은 것은?

① 공기정화장치
② 비상정지장치
③ 제동장치
④ 권과방지장치

해설 방호장치의 조정
사업주는 양중기에 과부하방지장치, 권과방지장치, 비상정지장치 및 제동장치, 그 밖의 방호장치가 정상적으로 작동될 수 있도록 미리 조정해 두어야 한다.

Answer 108. ② 109. ③ 110. ④ 111. ③ 112. ①

113 흙막이벽의 근입 깊이를 깊게 하고, 전면의 굴착부분을 남겨두어 흙의 중량으로 대항하게 하거나, 굴착예정부분의 일부를 미리 굴착하여 기초콘크리트를 타설하는 등의 대책과 가장 관계 깊은 것은?

① 파이핑현상이 있을 때
② 히빙현상이 있을 때
③ 지하수위가 높을 때
④ 굴착깊이가 깊을 때

해설 히빙현상의 대책
㉠ 흙막이벽 근입 깊이를 깊게 한다.
㉡ 전면의 굴착부분을 남겨두어 흙의 중량으로 대항하게 한다.
㉢ 굴착예정부분의 일부를 미리 굴착하여 기초콘크리트를 타설한다.
㉣ 지반개량을 하여 전단강도를 저하시킨다.
㉤ 지반의 지하수위를 저하시킨다.
㉥ 굴착부 주변의 상재하중을 제거한다.

114 가설구조물의 문제점으로 옳지 않은 것은 어느 것인가?

① 도괴재해의 가능성이 크다.
② 추락재해 가능성이 크다.
③ 부재의 결합이 간단하나 연결부가 견고하다.
④ 구조물이라는 통상의 개념이 확고하지 않으며 조립의 정밀도가 낮다.

해설 가설구조물의 문제점
③ 부재의 결합이 간단하여 불완전 연결이 되기 쉽다.

115 비계의 높이가 2m 이상인 작업장소에 작업발판을 설치할 경우 준수하여야 할 기준으로 옳지 않은 것은?

① 작업발판의 폭은 30cm 이상으로 한다.
② 발판재료 간의 틈은 3cm 이하로 한다.
③ 추락의 위험성이 있는 장소에는 안전난간을 설치한다.
④ 발판재료는 뒤집히거나 떨어지지 않도록 2개 이상의 지지물에 연결하거나 고정시킨다.

해설 작업발판의 구조
작업발판의 폭은 40cm 이상으로 하고, 발판재료 간의 틈은 3cm 이하로 한다.

116 강관틀비계를 조립하여 사용하는 경우 준수해야 할 기준으로 옳지 않은 것은?

① 수직방향으로 6m, 수평방향으로 8m 이내마다 벽이음을 할 것
② 높이가 20m를 초과하거나 중량물의 적재를 수반하는 작업을 할 경우에는 주틀 간의 간격을 2.4m 이하로 할 것
③ 길이가 띠장 방향으로 4m 이하이고 높이가 10m를 초과하는 경우에는 10m 이내마다 띠장 방향으로 버팀기둥을 설치할 것
④ 주틀 간에 교차가새를 설치하고 최상층 및 5층 이내마다 수평재를 설치할 것

해설 강관틀비계
② 높이가 20m를 초과하거나 중량물의 적재를 수반하는 작업을 할 경우에는 주틀 간의 간격을 1.8m 이하로 할 것

117 사면지반 개량공법으로 옳지 않은 것은?

① 전기 화학적 공법　② 석회 안정처리 공법
③ 이온 교환 공법　④ 옹벽 공법

해설 옹벽 공법
④ 옹벽 공법은 사면 보강공법이다.

118 취급 · 운반의 원칙으로 옳지 않은 것은?

① 운반 작업을 집중하여 시킬 것
② 생산을 최고로 하는 운반을 생각할 것
③ 곡선 운반을 할 것
④ 연속 운반을 할 것

해설 취급 · 운반의 원칙
③ 직선 운반을 할 것

Answer 113. ② 114. ③ 115. ① 116. ② 117. ④ 118. ③

119 법면 붕괴에 의한 재해 예방조치로서 옳은 것은?

① 지표수와 지하수의 침투를 방지한다.
② 법면의 경사를 증가한다.
③ 절토 및 성토높이를 증가한다.
④ 토질의 상태에 관계없이 구배조건을 일정하게 한다.

해설 법면 붕괴에 의한 재해 예방조치
② 법면의 경사를 **감소**한다.
③ 절토 및 성토높이를 **낮게** 한다.
④ 토질의 **상태에 따라** 구배조건을 일정하게 한다.

120 가설통로의 설치기준으로 옳지 않은 것은 어느 것인가?

① 경사가 15°를 초과하는 때에는 미끄러지지 않는 구조로 한다.
② 건설공사에 사용하는 높이 8m 이상인 비계다리에는 7m 이내마다 계단참을 설치한다.
③ 수직갱에 가설된 통로의 길이가 15m 이상일 경우에는 15m 이내마다 계단참을 설치한다.
④ 추락의 위험이 있는 장소에는 안전난간을 설치한다.

해설 가설통로의 구조
③ 수직갱에 가설된 토로의 길이가 15m 이상인 경우에는 **10m 이내**마다 계단참을 설치할 것

Answer 119. ① 120. ③

2022. 4. 24. 시행

2022년 제2회 산업안전기사 기출문제

제1과목 안전관리론

01 매슬로우(Maslow)의 인간의 욕구단계 중 5번째 단계에 속하는 것은?

① 안전 욕구　② 존경의 욕구
③ 사회적 욕구　④ 자아실현의 욕구

해설 매슬로우(Maslow)의 욕구 단계 이론
㉮ 1단계 : 생리적 욕구
㉯ 2단계 : 안전 욕구
㉰ 3단계 : 사회적 욕구
㉱ 4단계 : 존경 욕구
㉲ 5단계 : 자아실현의 욕구

새 출제기준에 따른 문제 변경

02 라인(Line)형 안전관리 조직의 특징으로 옳은 것은?

① 안전에 관한 기술의 축적이 용이하다.
② 안전에 관한 지시나 조치가 신속하다.
③ 조직원 전원을 자율적으로 안전활동에 참여시킬 수 있다.
④ 권한 다툼이나 조정 때문에 통제수속이 복잡해지며, 시간과 노력이 소모된다.

해설 라인(Line)형 안전관리 조직의 특징
① 안전에 관한 기술의 축적이 **용이하지 않다.**
③ 조직원 전원을 자율적으로 안전활동에 **참여시키기 어렵다.**
④ **명령계통이 간단명료**하여 권한 다툼이나 조정이 필요 없다.

03 학습지도의 형태 중 참가자에게 일정한 역할을 주어 실제적으로 연기를 시켜봄으로써 자기의 역할을 보다 확실히 인식시키는 방법은?

① 포럼(Forum)
② 심포지엄(Symposium)
③ 롤 플레잉(Role playing)
④ 사례연구법(Case study method)

해설 토의법의 종류
① 포럼 : 새로운 자료나 교재를 제시하고, 문제점을 피교육자로 하여금 제기하도록 하거나 의견을 발표하게 하고 청중과 토론자간 활발한 의견개진 과정을 통해 합의를 도출해내는 방법
② 심포지엄 : 여러 사람의 강연자가 하나의 주제에 대해서 짧은 강연을 하고, 그 뒤부터 청중으로부터 질문이나 의견을 내어 많은 사람들에 관심을 가지고 결론을 이끌어 내려고 하는 집단 토론방식
④ 사례연구법 : 연구대상이 되는 사례에 관한 각종 자료를 조사 수집하고, 이 자료를 토대로 체계적으로 또는 총체적으로 이해한 후 그에 맞는 문제해결의 방도를 구체적으로 강구하기에 유용한 조사연구법

04 보호구 자율안전확인 고시상 자율안전확인 보호구에 표시하여야 하는 사항을 모두 고른 것은?

㉠ 모델명　㉡ 제조 번호
㉢ 사용 기한　㉣ 자율안전확인 번호

① ㉠, ㉡, ㉢　② ㉠, ㉡, ㉣
③ ㉠, ㉢, ㉣　④ ㉡, ㉢, ㉣

Answer 01. ④ 02. ② 03. ③ 04. ②

해설 보호구 안전인증제품에 표시할 사항
㉮ 모델명 ㉯ 제조 번호
㉰ 자율안전확인 번호 ㉱ 형식 또는 모델명
㉲ 규격 또는 등급 등 ㉳ 제조자명
㉴ 제조연월

05 보호구 안전인증 고시상 전로 또는 평로 등의 작업 시 사용하는 방열두건의 차광도 번호는?

① #2~#3 ② #3~#5
③ #6~#8 ④ #9~#11

해설 방열두건의 사용 구분

차광도 번호	사용 구분
#2~#3	고로강판가열로, 조괴(造塊) 등의 작업
#3~#5	전로 또는 평로 등의 작업
#6~#8	전기로의 작업

새 출제기준에 따른 문제 변경

06 안전교육의 3요소에 해당되지 않는 것은?

① 강사 ② 교육방법
③ 수강자 ④ 교재

해설 교육의 3요소
㉮ 교사(강사) ㉯ 학생(수강자) ㉰ 교재

07 산업안전보건법령상 안전보건관리규정 작성 시 포함되어야 하는 사항을 모두 고른 것은? (단, 그 밖에 안전 및 보건에 관한 사항은 제외한다.)

㉠ 안전보건교육에 관한 사항
㉡ 재해사례 연구 · 토의 결과에 관한 사항
㉢ 사고조사 및 대책 수립에 관한 사항
㉣ 작업장의 안전 및 보건 관리에 관한 사항
㉤ 안전 및 보건에 관한 관리조직과 그 직무에 관한 사항

① ㉠, ㉡, ㉢, ㉣ ② ㉠, ㉡, ㉣, ㉤
③ ㉠, ㉢, ㉣, ㉤ ④ ㉡, ㉢, ㉣, ㉤

해설 안전보건관리규정의 작성
㉮ ㉠, ㉢, ㉣, ㉤과 다음의 사항이 포함되어야 한다.
㉯ 그 밖에 안전 및 보건에 관한 사항

참고 산업안전보건법 제25조

08 다음 중 억측판단이 발생하는 배경으로 볼 수 없는 것은?

① 정보가 불확실할 때
② 타인의 의견에 동조할 때
③ 희망적인 관측이 있을 때
④ 과거에 성공한 경험이 있을 때

해설 억측판단이 발생하는 배경
㉮ 정보가 불확실할 때
㉯ 희망적인 관측이 있을 때
㉰ 과거에 성공한 경험이 있을 때

09 하인리히의 사고예방원리 5단계 중 교육 및 훈련의 개선, 인사조정, 안전관리규정 및 수칙의 개선 등을 행하는 단계는?

① 사실의 발견 ② 분석 평가
③ 시정방법의 선정 ④ 시정책의 적용

해설 하인리히의 사고예방원리 5단계
㉮ 1단계 : 안전관리 조직
㉯ 2단계 : 사실의 발견
㉰ 3단계 : 분석 평가
㉱ 4단계 : 시정방법(시정책)의 선정
㉲ 5단계 : 시정방법(시정책)의 적용

10 다음 중 재해예방의 4원칙에 대한 설명으로 틀린 것은?

① 재해발생은 반드시 원인이 있다.
② 손실과 사고와의 관계는 필연적이다.
③ 재해는 원인을 제거하면 예방이 가능하다.
④ 재해를 예방하기 위한 대책은 반드시 존재한다.

해설 재해예방의 4원칙
① 원인계기의 원칙 : 재해는 직접 원인과 간접 원인이 연계되어 일어난다.
② 손실우연의 원칙 : 사고의 결과로 생기는 손실은 우연히 발생한다.
③ 예방가능의 원칙 : 천재지변을 제외한 모든 재해는 예방이 가능하다.
④ 대책선정의 원칙 : 재해는 적합한 대책이 선정되어야 한다.

Answer 05. ② 06. ② 07. ③ 08. ② 09. ③ 10. ②

11 산업안전보건법령상 안전보건진단을 받아 안전보건개선계획의 수립 및 명령을 할 수 있는 대상이 아닌 것은?

① 작업환경 불량, 화재 · 폭발 또는 누출 사고 등으로 사업장 주변까지 피해가 확산된 사업장
② 산업재해율이 같은 업종 평균 산업재해율의 2배 이상인 사업장
③ 사업주가 필요한 안전조치 또는 보건조치를 이행하지 아니하여 중대재해가 발생한 사업장
④ 상시근로자 1천명 이상인 사업장에서 직업성 질병자가 연간 2명 이상 발생한 사업장

해설 안전보건진단을 받아 안전보건개선계획을 수립할 대상

㉮ 산업재해율이 같은 업종 평균 산업재해율의 2배 이상인 사업장
㉯ 사업주가 필요한 안전조치 또는 보건조치를 이행하지 아니하여 중대재해가 발생한 사업장
㉰ 직업성 질병자가 연간 2명 이상(상시근로자 1천명 이상 사업장의 경우 3명 이상) 발생한 사업장
㉱ 그 밖에 작업환경 불량, 화재 · 폭발 또는 누출 사고 등으로 사업장 주변까지 피해가 확산된 사업장으로서 고용노동부령으로 정하는 사업장

참고 산업안전보건법 시행령 제49조

12 버드(Bird)의 재해분포에 따르면 20건의 경상(물적, 인적상해)사고가 발생했을 때 무상해 · 무사고(위험순간) 고장 발생 건수는?

① 200 ② 600
③ 1,200 ④ 12,000

해설 버드의 재해발생 비율

중상 : 경상 : 무상해사고 : 무상해 무사고 = 1 : 10 : 30 : 600이므로, 경상이 20건인 경우 무상해 무사고는 1,200건이다.

13 산업안전보건법령상 다음의 안전보건표지 중 기본모형이 다른 것은?

① 위험장소 경고 ② 레이저 광선 경고
③ 방사성 물질 경고 ④ 부식성 물질 경고

해설 안전보건표지의 경고표지

① 위험장소 경고	② 레이저광선 경고	③ 방사성 물질 경고	④ 부식성 물질 경고

참고 산업안전보건법 시행규칙 별표 6

14 산업안전보건법령상 거푸집 동바리의 조립 또는 해체작업 시 특별교육 내용이 아닌 것은? (단, 그 밖에 안전 · 보건관리에 필요한 사항은 제외한다.)

① 비계의 조립순서 및 방법에 관한 사항
② 조립 해체 시의 사고 예방에 관한 사항
③ 동바리의 조립방법 및 작업 절차에 관한 사항
④ 조립재료의 취급방법 및 설치기준에 관한 사항

해설 거푸집 동바리의 조립 · 해체작업 시 특별교육 내용

㉮ 조립 해체 시의 사고 예방에 관한 사항
㉯ 동바리의 조립방법 및 작업 절차에 관한 사항
㉰ 조립재료의 취급방법 및 설치기준에 관한 사항
㉱ 보호구 착용 및 점검에 관한 사항
㉲ 그 밖에 안전 · 보건관리에 필요한 사항

참고 산업안전보건법 시행규칙 별표 5

15 기업 내 정형교육 중 TWI(Training Within Industry)의 교육내용이 아닌 것은?

① Job Method Training
② Job Relation Training
③ Job Instruction Training
④ Job Standardization Training

해설 관리감독자 훈련(TWI)

㉮ Job Method Training : 작업방법훈련
㉯ Job Instruction Training : 작업지도훈련
㉰ Job Relation Training : 인간관계훈련
㉱ Job Safety Training : 작업안전훈련

Answer 11. ④ 12. ③ 13. ④ 14. ① 15. ④

16 학습정도(Level of learning)의 4단계를 순서대로 나열한 것은?

① 인지 → 이해 → 지각 → 적용
② 인지 → 지각 → 이해 → 적용
③ 지각 → 이해 → 인지 → 적용
④ 지각 → 인지 → 이해 → 적용

해설 학습정도의 4단계
인지 → 지각 → 이해 → 적용

17 레빈(Lewin)의 법칙 $B=f(P \cdot E)$ 중 B가 의미하는 것은?

① 행동　　② 경험
③ 환경　　④ 인간관계

해설 레빈(K. Lewin)의 인간행동 법칙
B : behavior(인간의 행동)
f : function(함수관계)
P : person(개체 : 연령, 경험, 심신 상태, 성격, 지능 등)
E : environment(환경 : 인간관계, 작업환경 등)

18 산업안전보건법령상 안전관리자의 업무가 아닌 것은? (단, 그 밖에 고용노동부장관이 정하는 사항은 제외한다.)

① 업무 수행 내용의 기록
② 산업재해에 관한 통계의 유지 · 관리 · 분석을 위한 보좌 및 지도 · 조언
③ 안전교육계획의 수립 및 안전교육 실시에 관한 보좌 및 지도 · 조언
④ 작업장 내에서 사용되는 전체 환기장치 및 국소 배기장치 등에 관한 설비의 점검

해설 안전관리자의 업무
④는 보건관리자의 업무이다.

참고 산업안전보건법 시행령 제18조

19 재해원인을 직접원인과 간접원인으로 분류할 때 직접원인에 해당하는 것은?

① 물적 원인　　② 교육적 원인
③ 정신적 원인　　④ 관리적 원인

해설 재해원인의 직접원인
㉮ 물적 원인(불안전한 상태) : 물 자체의 결함, 방호장치의 결함, 보호구의 결함 등
㉯ 인적 원인(불안전한 행동) : 위험장소 접근, 보호구의 잘못 사용, 위험물 취급 부주의 등

20 헤드십(headship)의 특성에 관한 설명으로 틀린 것은?

① 지휘 형태는 권위주의적이다.
② 상사의 권한 근거는 비공식적이다.
③ 상사와 부하의 관계는 지배적이다.
④ 상사와 부하의 사회적 간격은 넓다.

해설 헤드십과 리더십의 차이

변수	헤드십	리더십
권한행사	임명된 헤드	선출된 리더
권한부여	위에서 위임	밑으로부터 동의
권한근거	법적 또는 공식적	개인능력
권한귀속	공식화된 규정에 의함.	집단목표에 기여한 공로 인정
상관과 부하의 관계	지배적	개인적인 영향
책임귀속	상사	상사와 부하
부하와의 사회적 간격	넓음	좁음
지휘형태	권위주의적	민주주의적

제2과목 인간공학 및 시스템 안전공학

21 위험분석 기법 중 시스템 수명주기 관점에서 적용 시점이 가장 빠른 것은?

① PHA　　② FHA
③ OHA　　④ SHA

Answer 16. ② 17. ① 18. ④ 19. ① 20. ② 21. ①

해설 예비위험분석(PHA)
모든 시스템 안전 프로그램의 최초 단계(설계단계, 구상단계)의 분석으로서 시스템 내의 위험요소가 얼마나 위험상태에 있는가를 정성적으로 평가하는 것

22 상황해석을 잘못하거나 목표를 잘못 설정하여 발생하는 인간의 오류 유형은?

① 실수(Slip) ② 착오(Mistake)
③ 위반(Violation) ④ 건망증(Lapse)

해설 인간의 오류 유형
① 실수(Slip) : 의도와는 다른 행동을 하는 경우
③ 위반(Violation) : 알고 있음에도 의도적으로 따르지 않거나 무시한 경우
④ 건망증(Lapse) : 어떤 행동을 잊어버리고 안 하는 경우

23 A작업의 평균 에너지소비량이 다음과 같을 때, 60분간의 총 작업시간 내에 포함되어야 하는 휴식시간(분)은?

- 휴식 중 에너지소비량 : 1.5kcal/min
- A작업 시 평균 에너지소비량 : 6kcal/min
- 기초대사를 포함한 작업에 대한 평균 에너지소비량 상한 : 5kcal/min

① 10.3 ② 11.3
③ 12.3 ④ 13.3

해설 휴식시간(R)의 산정
$$R=\frac{T(E-S)}{E-1.5}$$
여기서, T : 총 작업시간(분)
E : 작업의 평균 에너지소비량(kcal/min)
S : 권장 평균 에너지소비량(남성은 5kcal/min, 여성은 3.5kcal/min)
따라서, $R=\frac{60\times(6-5)}{6-1.5}=13.3$

24 시스템의 수명곡선(욕조곡선)에 있어서 디버깅(debugging)에 관한 설명으로 옳은 것은?

① 초기 고장의 결함을 찾아 고장률을 안정시키는 과정이다.
② 우발 고장의 결함을 찾아 고장률을 안정시키는 과정이다.
③ 마모 고장의 결함을 찾아 고장률을 안정시키는 과정이다.
④ 기계 결함을 발견하기 위해 동작 시험을 하는 기간이다.

해설 디버깅(debugging)
초기 고장에서 나타나며, 기계의 초기 결함을 찾아내 고장률을 안정시키는 기간이다.

새 출제기준에 따른 문제 변경

25 강의용 책걸상을 설계할 때 고려해야 할 변수와 적용할 인체측정자료 응용원칙이 적절하게 연결된 것은?

① 의자 높이 – 최대 집단치 설계
② 의자 깊이 – 최대 집단치 설계
③ 의자 너비 – 최대 집단치 설계
④ 책상 높이 – 최대 집단치 설계

해설 최대 집단치 설계
특정한 설비를 설계할 때, 어떤 인체측정 특성의 한 극단에 속하는 사람을 대상으로 설계하면 거의 모든 사람을 수용할 수 있는 경우가 있다. 최대 집단치 설계는 문, 탈출구, 통로 등과 같은 공간 여유를 정하거나 줄사다리의 강도 등을 정할 때 사용한다.

26 인간공학에 대한 설명으로 틀린 것은?

① 인간 – 기계 시스템의 안전성, 편리성, 효율성을 높인다.
② 인간을 작업과 기계에 맞추는 설계 철학이 바탕이 된다.
③ 인간이 사용하는 물건, 설비, 환경의 설계에 적용된다.
④ 인간의 생리적, 심리적인 면에서의 특성이나 한계점을 고려한다.

Answer 22. ② 23. ④ 24. ① 25. ③ 26. ②

해설 인간공학

인간활동의 최적화를 연구하는 학문으로, 인간이 작업을 하는 경우에 인간으로서 가장 자연스럽게 일하는 방법을 연구하며, 기계와 작업을 인간에 맞추어 인간이 생산적이고 안전하며 쾌적하고 효과적으로 이용할 수 있도록 하는 것이다.

27 HAZOP 기법에서 사용하는 가이드워드와 그 의미가 잘못 연결된 것은?

① Part of : 성질상의 감소
② As well as : 성질상의 증가
③ Other than : 기타 환경적인 요인
④ More/Less : 정량적인 증가 또는 감소

해설 HAZOP 가이드워드

㉮ No 또는 Not : 완전한 부정
㉯ More 또는 Less : 양의 증가 및 감소
㉰ Part of : 부분, 성질상의 감소
㉱ As Well As : 부가, 성질상의 증가
㉲ Reverse : 반대, 설계의도와 정반대
㉳ Other Than : 기타, 완전한 대체

28 그림과 같은 FT도에 대한 최소 컷셋(minimal cut sets)으로 옳은 것은? (단, Fussell의 알고리즘을 따른다.)

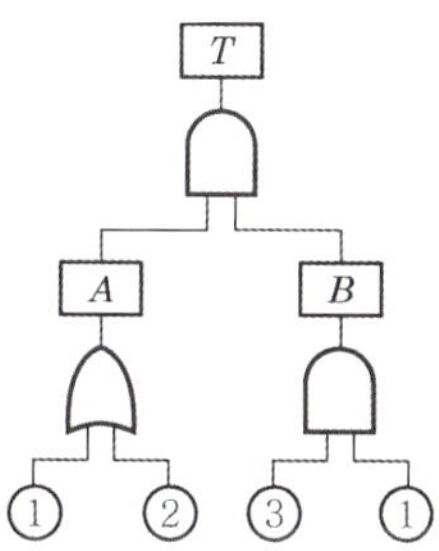

① {1, 2}　　② {1, 3}
③ {2, 3}　　④ {1, 2, 3}

해설 최소 컷셋(minimal cut sets)

$T = A \cdot B = (①+②) \cdot (①\times③)$
$= ①③ + ①②③$
$= ①③(1+②)$
$= ①③$

29 경계 및 경보신호의 설계지침으로 틀린 것은?

① 주의를 환기시키기 위하여 변조된 신호를 사용한다.
② 배경소음의 진동수와 다른 진동수의 신호를 사용한다.
③ 귀는 중음역에 민감하므로 500~3,000Hz의 진동수를 사용한다.
④ 300m 이상의 장거리용으로는 1,000Hz를 초과하는 진동수를 사용한다.

해설 경계 및 경보신호의 설계지침

④ 300m 이상의 장거리용으로는 1,000Hz 이하의 진동수를 사용한다.

30 FTA(Fault Tree Analysis)에서 사용되는 사상기호 중 통상의 작업이나 기계의 상태에서 재해의 발생 원인이 되는 요소가 있는 것을 나타내는 것은?

① 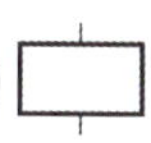
② 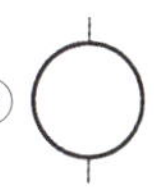
③ 
④ 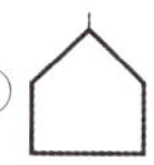

해설 FTA 사상 기호

① 결함사상　　② 기본사상
③ 생략사상　　④ 통상사상

새 출제기준에 따른 문제 변경

31 다음 중 동작경제의 원칙에 있어 신체사용에 관한 원칙이 아닌 것은?

① 두 손의 동작은 같이 시작해서 같이 끝나야 한다.
② 손의 동작은 유연하고 연속적인 동작이어야 한다.
③ 공구, 재료 및 제어장치는 사용하기 가까운 곳에 배치해야 한다.
④ 동작이 급작스럽게 크게 바뀌는 직선 동작은 피해야 한다.

Answer 27. ③ 28. ② 29. ④ 30. ④ 31. ③

해설 신체사용에 관한 법칙

㉮ 양손은 동시에 동작을 시작하고, 또 끝마쳐야 한다.
㉯ 휴식시간 이외에 양손이 동시에 노는 시간이 있어서는 안 된다.
㉰ 양팔은 각기 반대방향에서 대칭적으로 동시에 움직여야 한다.
㉱ 손의 동작은 작업을 원만히 처리할 수 있는 범위 내에서 최소동작등급을 사용하도록 한다. 3등급 동작이 손가락만의 동작보다 정확하고 덜 피곤하기 때문에 경작업의 경우에는 3등급 동작이 바람직하다.
㉲ 작업자들을 돕기 위하여 동작의 관성을 이용하여 작업하는 것이 좋다.
㉳ 구속되거나 제한된 동작 또는 급격한 방향전환보다는 유연한 동작이 좋다.
㉴ 작업동작은 율동이 맞아야 한다.
㉵ 직선동작보다는 연속적인 곡선동작을 취하는 것이 좋다.
㉶ 탄도동작(ballistic movement)은 제한되거나 통제된 동작보다 더 신속 · 정확 · 용이하다.

32 근골격계질환 작업분석 및 평가 방법인 OWAS의 평가요소를 모두 고른 것은?

㉠ 상지	㉡ 무게(하중)
㉢ 하지	㉣ 허리

① ㉠, ㉡　　② ㉠, ㉢, ㉣
③ ㉡, ㉢, ㉣　　④ ㉠, ㉡, ㉢, ㉣

해설 OWAS 평가항목

㉮ 허리(back)　　㉯ 팔(arms)
㉰ 다리(legs)　　㉱ 하중(weight)

새 출제기준에 따른 문제 변경

33 병렬로 이루어진 두 요소의 신뢰도가 각각 0.7일 경우, 시스템 전체의 신뢰도는?

① 0.30　　② 0.49
③ 0.70　　④ 0.91

해설 병렬 신뢰도

$$R_S = 1 - \{(1-R_A)\times(1-R_B)\}$$
$$= 1 - \{(1-0.7)\times(1-0.7)\} = 0.91$$

34 n개의 요소를 가진 병렬 시스템에 있어 요소의 수명(MTTF)이 지수 분포를 따를 경우, 이 시스템의 수명으로 옳은 것은?

① $MTTF \times n$
② $MTTF \times \frac{1}{n}$
③ $MTTF \times \left(1 + \frac{1}{2} + \cdots + \frac{1}{n}\right)$
④ $MTTF \times \left(1 \times \frac{1}{2} \times \cdots \times \frac{1}{n}\right)$

해설 병렬계 · 직렬계의 수명

㉮ 병렬계의 수명 : $MTTF \times \left(1 + \frac{1}{2} + \cdots + \frac{1}{n}\right)$
㉯ 직렬계의 수명 : $MTTF \times \frac{1}{n}$

35 인간-기계 시스템에 관한 설명으로 틀린 것은?

① 자동 시스템에서는 인간요소를 고려하여야 한다.
② 자동차 운전이나 전기 드릴 작업은 반자동 시스템의 예시이다.
③ 자동 시스템에서 인간은 감시, 정비유지, 프로그램 등의 작업을 담당한다.
④ 수동 시스템에서 기계는 동력원을 제공하고 인간의 통제하에서 제품을 생산한다.

해설 인간-기계 시스템

④ 수동 시스템에서 인간의 힘을 동력원으로 제공하고 인간의 통제하에서 제품을 생산한다.

36 양식 양립성의 예시로 가장 적절한 것은?

① 자동차 설계 시 고도계 높낮이 표시
② 방사능 사업장에 방사능 폐기물 표시
③ 청각적 자극 제시와 이에 대한 음성 응답
④ 자동차 설계 시 제어장치와 표시장치의 배열

해설 양립성의 종류와 예시

㉮ 공간 양립성 : ①, ④
㉯ 개념 양립성 : ②
㉰ 양식 양립성 : ③
㉱ 운동 양립성 : 조종장치의 조작방향에 따라서 기계장치나 자동차 등이 움직이는 것

Answer 32. ④ 33. ④ 34. ③ 35. ④ 36. ③

37 다음에서 설명하는 용어는?

유해 · 위험요인을 파악하고 해당 유해 · 위험요인에 의한 부상 또는 질병의 발생 가능성(빈도)과 중대성(강도)을 추정 · 결정하고 감소대책을 수립하여 실행하는 일련의 과정을 말한다.

① 위험성 결정　② 위험성 평가
③ 위험빈도 추정　④ 유해 · 위험요인 파악

해설 위험성 평가 관련 용어
① 위험성 결정 : 추정된 위험성이 받아들여질 만한 수준인지 여부를 판단하는 과정
③ 위험빈도 추정 : 추정된 위험성의 빈도가 얼마나 자주 발생할지 낮음, 높음 등으로 구분하여 추정하는 과정
④ 유해 · 위험요인 파악 : 유해요인과 위험요인을 찾아내는 과정

38 FTA(Fault Tree Analysis)에 관한 설명으로 옳은 것은?

① 정성적 분석만 가능하다.
② 복잡하고 대형화된 시스템의 신뢰성 분석 및 안정성 분석에 이용되는 기법이다.
③ FT에 동일한 사건이 중복되어 나타나는 경우 상향식(Bottom-up)으로 정상 사건 T의 발생 확률을 계산할 수 있다.
④ 기초 사건과 생략 사건의 확률값이 주어지게 되더라도 정상 사건의 최종적인 발생 확률을 계산할 수 없다.

해설 FTA(결함나무분석)의 특징
㉮ 고장이나 재해요인의 정성적인 분석뿐만 아니라, 정량적으로 해석하여 정량적 예측을 할 수 있다.
㉯ 복잡하고 대형화된 시스템의 신뢰성 분석 및 정성 분석에 이용되는 기법이다.
㉰ 정상사상인 재해현상으로부터 기본사상인 재해원인을 향해 연역적으로 하향식(Tob-down) 분석을 행하므로 재해현상과 재해원인의 상호관련을 해석하여 안전대책을 검토할 수 있다.
㉱ 개개의 요인이 발생하는 확률을 얻을 수 있으며, 재해발생 후의 규명보다 재해발생 이전의 예측기법으로서 활용가치가 높은 유효한 방법이다.

39 태양광선이 내리쬐는 옥외장소의 자연습구온도 20℃, 흑구온도 18℃, 건구온도 30℃일 때 습구흑구온도지수(WBGT)는?

① 20.6℃　② 22.5℃
③ 25.0℃　④ 28.5℃

해설 태양이 내리쬐는 옥외의 습구흑구온도지수(WBGT)
WBGT = (0.7×자연습구온도) + (0.2×흑구온도) + (0.1×건구온도)
= (0.7×20) + (0.2×18) + (0.1×30)
= 20.6

새 출제기준에 따른 문제 변경

40 사업장에서 인간공학 적용분야로 틀린 것은?

① 제품설계　② 산업독성학
③ 재해 · 질병예방　④ 작업장 내 조사 및 연구

해설 사업장에서 인간공학의 적용분야
㉮ 작업관련성 유해 · 위험 작업분석(작업환경개선)
㉯ 제품설계에 있어 인간에 대한 안전성평가(장비 및 공구설계)
㉰ 작업공간의 설계
㉱ 인간-기계 인터페이스 디자인
㉲ 재해 및 질병 예방

제3과목 기계위험 방지기술

41 다음 중 와이어로프의 구성요소가 아닌 것은 어느 것인가?

① 클립　② 소선
③ 스트랜드　④ 심강

해설 와이어로프의 구성요소
소선(wire)을 꼬아서 스트랜드(strand)를 만들어 로프를 만든 것으로, 중심에 심강을 넣은 것이다.

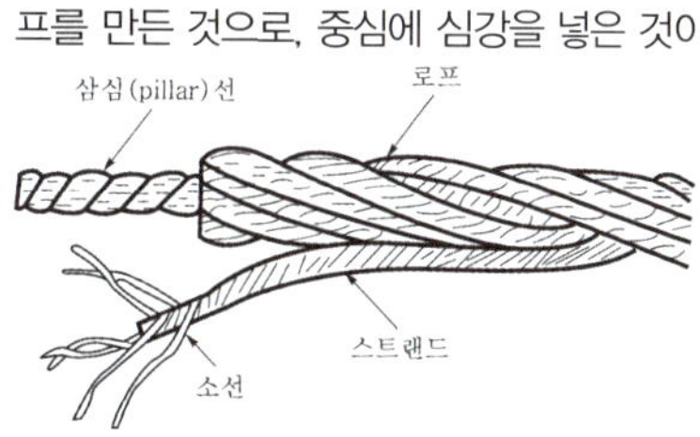

Answer 37. ② 38. ② 39. ① 40. ② 41. ①

42 산업안전보건법령상 산업용 로봇에 의한 작업 시 안전조치 사항으로 적절하지 않은 것은?

① 로봇의 운전으로 인해 근로자가 로봇에 부딪칠 위험이 있을 때에는 높이 1.8m 이상의 울타리를 설치하여야 한다.
② 작업을 하고 있는 동안 로봇의 기동스위치 등은 작업에 종사하고 있는 근로자가 아닌 사람이 그 스위치 등을 조작할 수 없도록 필요한 조치를 한다.
③ 로봇의 조작방법 및 순서, 작업 중의 매니퓰레이터의 속도 등에 관한 지침에 따라 작업을 하여야 한다.
④ 작업에 종사하는 근로자가 이상을 발견하면 관리감독자에게 우선 보고하고, 지시가 나올 때까지 작업을 진행한다.

해설 산업용 로봇에 의한 작업 시 안전조치 사항
㉮ 다음의 사항에 관한 지침을 정하고 그 지침에 따라 작업을 시킬 것
㉠ 로봇의 조작방법 및 순서
㉡ 작업 중의 매니퓰레이터의 속도
㉢ 2명 이상의 근로자에게 작업을 시킬 경우의 신호방법
㉣ 이상을 발견한 경우의 조치
㉤ 이상을 발견하여 로봇의 운전을 정지시킨 후 이를 재가동시킬 경우의 조치
㉥ 그 밖에 로봇의 예기치 못한 작동 또는 오조작에 의한 위험을 방지하기 위하여 필요한 조치
㉯ 작업에 종사하고 있는 근로자 또는 그 근로자를 감시하는 사람은 이상을 발견하면 즉시 로봇의 운전을 정지시키기 위한 조치를 할 것
㉰ 작업을 하고 있는 동안 로봇의 기동스위치 등에 작업 중이라는 표시를 하는 등 작업에 종사하고 있는 근로자가 아닌 사람이 그 스위치 등을 조작할 수 없도록 필요한 조치를 할 것

참고 산업안전보건기준에 관한 규칙 제222조

실기 실기시험까지 대비해서 암기하세요.

43 밀링 작업 시 안전수칙으로 옳지 않은 것은?

① 테이블 위에 공구나 기타 물건 등을 올려놓지 않는다.
② 제품 치수를 측정할 때는 절삭 공구의 회전을 정지한다.
③ 강력 절삭을 할 때는 일감을 바이스에 짧게 물린다.
④ 상 · 하, 좌 · 우 이송장치의 핸들은 사용 후 풀어 둔다.

해설 밀링 작업 시 안전수칙
③ 강력 절삭을 할 때는 일감을 바이스에 깊게 물린다.

44 다음 중 지게차의 작업 상태별 안정도에 관한 설명으로 틀린 것은? (단, V는 최고속도(km/h)이다.)

① 기준 부하상태에서 하역작업 시의 전후 안정도는 20% 이내이다.
② 기준 부하상태에서 하역작업 시의 좌우 안정도는 6% 이내이다.
③ 기준 무부하상태에서 주행 시의 전후 안정도는 18% 이내이다.
④ 기준 무부하상태에서 주행 시의 좌우 안정도는 (15+1.1V)% 이내이다.

해설 지게차의 작업 상태별 안정도
① 기준 부하상태의 하역작업 시의 전후 안정도는 4% 이내이다.

45 산업안전보건법령상 보일러의 안전한 가동을 위하여 보일러 규격에 맞는 압력방출장치가 2개 이상 설치된 경우에 최고사용압력 이하에서 1개가 작동되고, 다른 압력방출장치는 최고사용압력의 몇 배 이하에서 작동되도록 부착하여야 하는가?

① 1.03배 ② 1.05배
③ 1.2배 ④ 1.5배

Answer 42. ④ 43. ③ 44. ① 45. ②

해설 보일러의 압력방출장치

㉮ 사업주는 보일러의 안전한 가동을 위하여 보일러 규격에 맞는 압력방출장치를 1개 또는 2개 이상 설치하고 최고사용압력(설계압력 또는 최고허용압력을 말함) 이하에서 작동되도록 하여야 한다.

㉯ 다만, 압력방출장치가 2개 이상 설치된 경우에는 최고사용압력 이하에서 1개가 작동되고, 다른 압력방출장치는 최고사용압력 1.05배 이하에서 작동되도록 부착하여야 한다.

참고 산업안전보건기준에 관한 규칙 제116조

실기 실기시험까지 대비해서 암기하세요.

46 금형의 설치, 해체, 운반 시 안전사항에 관한 설명으로 틀린 것은?

① 운반을 위하여 관통 아이볼트가 사용될 때는 구멍 틈새가 최소화되도록 한다.

② 금형을 설치하는 프레스의 T홈 안길이는 설치 볼트 지름의 1/2 이하로 한다.

③ 고정볼트는 고정 후 가능하면 나사산을 3～4개 정도 짧게 남겨 설치 또는 해체 시 슬라이드 면과의 사이에 협착이 발생하지 않도록 해야 한다.

④ 운반 시 상부금형과 하부금형이 닿을 위험이 있을 때는 고정 패드를 이용한 스트랩, 금속재질이나 우레탄 고무의 블록 등을 사용한다.

해설 금형의 설치, 해체, 운반 시 안전사항

② 금형을 설치하는 프레스의 T홈 안길이는 설치 볼트 지름의 2배 이상으로 한다.

47 선반에서 절삭 가공 시 발생하는 칩을 짧게 끊어지도록 공구에 설치되어 있는 방호장치의 일종인 칩 제거 기구를 무엇이라 하는가?

① 칩 브레이커 ② 칩 받침

③ 칩 실드 ④ 칩 커터

해설 선반의 방호장치

㉮ 칩 브레이커 : 절삭 가공에 있어서 긴 칩(chip)을 짧게 절단, 또는 스프링 형태로 감기게 하기 위해 바이트의 경사면에 홈이나 단(段)을 붙여, 칩의 절단이 쉽도록 한 부분

㉯ 실드 : 칩이나 절삭유의 비산을 방지하기 위하여 선반의 전후좌우 및 위쪽에 설치하는 덮개

㉰ 척 커버 : 척에 물린 가공물의 돌출부 등에 작업복 등이 말려들어가는 것을 방지해주는 장치

㉱ 방진구 : 선반에서 일감의 길이가 지름에 비하여 상당히 길 때 사용하는 부속품으로, 절삭 시 절삭 저항에 의한 일감의 진동을 방지하는 장치

㉲ 급정지 브레이크 : 작업 중 발생하는 돌발상황에서 선반 작동을 중지시키는 장치

㉳ 덮개 또는 울, 고정 브리지

48 다음 중 산업안전보건법령상 안전인증대상 방호장치에 해당하지 않는 것은?

① 연삭기 덮개

② 압력용기 압력방출용 파열판

③ 압력용기 압력방출용 안전밸브

④ 방폭구조(防爆構造) 전기기계 · 기구 및 부품

해설 안전인증대상 방호장치

㉮ 압력용기 압력방출용 파열판

㉯ 압력용기 압력방출용 안전밸브

㉰ 방폭구조(防爆構造) 전기기계 · 기구 및 부품

㉱ 프레스 및 전단기 방호장치

㉲ 양중기용(揚重機用) 과부하 방지장치

㉳ 보일러 압력방출용 안전밸브

※ ① 연삭기 덮개는 자율안전확인대상 방호장치이다.

참고 산업안전보건법 시행령 제74조

49 인장강도가 $250N/mm^2$인 강판에서 안전율이 4라면 이 강판의 허용응력(N/mm^2)은 얼마인가?

① 42.5 ② 62.5

③ 82.5 ④ 102.5

해설 안전율

$$\text{안전율} = \frac{\text{인장강도}}{\text{허용응력}}$$

$$\text{허용응력} = \frac{\text{인장강도}}{\text{안전율}} = \frac{250}{4} = 62.5$$

Answer 46. ② 47. ① 48. ① 49. ②

50 산업안전보건법령상 강렬한 소음작업에서 데시벨에 따른 노출시간으로 적합하지 않은 것은?

① 100데시벨 이상의 소음이 1일 2시간 이상 발생하는 작업
② 110데시벨 이상의 소음이 1일 30분 이상 발생하는 작업
③ 115데시벨 이상의 소음이 1일 15분 이상 발생하는 작업
④ 120데시벨 이상의 소음이 1일 7분 이상 발생하는 작업

해설 강렬한 소음작업의 정의
㉮ 90dB 이상의 소음이 1일 8시간 이상 발생 작업
㉯ 95dB 이상의 소음이 1일 4시간 이상 발생 작업
㉰ 100dB 이상의 소음이 1일 2시간 이상 발생 작업
㉱ 105dB 이상의 소음이 1일 1시간 이상 발생 작업
㉲ 110dB 이상의 소음이 1일 30분 이상 발생 작업
㉳ 115dB 이상의 소음이 1일 15분 이상 발생 작업

참고 산업안전보건기준에 관한 규칙 제512조

51 연간 1,000명의 작업자가 근무하는 사업장에서 연간 24건의 재해가 발생하고, 의사진단에 의한 총휴업일수는 8,760일이었다. 이 사업장의 도수율과 강도율은 각각 얼마인가?

① 도수율 : 10 강도율 : 6
② 도수율 : 15 강도율 : 3
③ 도수율 : 15 강도율 : 3
④ 도수율 : 10 강도율 : 3

해설 도수율과 강도율
㉮ 도수율 $= \dfrac{\text{재해건수}}{\text{연근로총시간수}} \times 10^6$
$= \dfrac{24}{1,000 \times 8 \times 300} \times 10^6 = 10$
㉯ 강도율 $= \dfrac{\text{총요양근로손실일수}}{\text{연근로총시간수}} \times 1,000$
$= \dfrac{8,760 \times \dfrac{300}{365}}{1,000 \times 8 \times 300} \times 1,000 = 3$

52 방호장치 안전인증 고시에 따라 프레스 및 전단기에 사용되는 광전자식 방호장치의 일반구조에 대한 설명으로 가장 적절하지 않은 것은?

① 정상동작 표시램프는 녹색, 위험 표시램프는 붉은색으로 하며, 근로자가 쉽게 볼 수 있는 곳에 설치해야 한다.
② 슬라이드 하강 중 정전 또는 방호장치의 이상 시에 정지할 수 있는 구조이어야 한다.
③ 방호장치는 릴레이, 리미트 스위치 등의 전기부품의 고장, 전원전압의 변동 및 정전에 의해 슬라이드가 불시에 동작하지 않아야 하며, 사용전원전압의 ±(100분의 10)의 변동에 대하여 정상으로 작동되어야 한다.
④ 방호장치의 감지기능은 규정한 검출영역 전체에 걸쳐 유효하여야 한다(다만, 블랭킹 기능이 있는 경우 그렇지 않다).

해설 광전자식 방호장치의 일반구조
방호장치는 릴레이, 리미트 스위치 등의 전기부품의 고장, 전원전압의 변동 및 정전에 의해 슬라이드가 불시에 동작하지 않아야 하며, 사용전원전압의 ±(100분의 20)의 변동에 대하여 정상으로 작동되어야 한다.

53 보기와 같은 기계요소가 단독으로 발생시키는 위험점은?

밀링커터, 둥근톱날

① 협착점 ② 끼임점
③ 절단점 ④ 물림점

해설 위험점
① 협착점 : 왕복운동을 하는 기계에서 왕복하는 부품과 고정 부품 사이에 생기는 위험점
② 끼임점 : 회전하는 동작부분과 고정부분이 함께 만드는 위험점
③ 절단점 : 회전하는 기계 부분 자체의 위험에서 초래되는 위험점
④ 물림점 : 회전하는 부분의 접선방향으로 물려 들어갈 위험이 존재하는 위험점

Answer 50. ④ 51. ④ 52. ③ 53. ③

54 다음 중 크레인의 방호장치로 가장 거리가 먼 것은?

① 권과방지장치
② 과부하방지장치
③ 비상정지장치
④ 자동보수장치

해설 크레인의 방호장치
사업주는 양중기에 과부하방지장치, 권과방지장치, 비상정지장치 및 제동장치, 그 밖의 방호장치가 정상적으로 작동될 수 있도록 미리 조정해 두어야 한다.

55 산업안전보건법령상 프레스기를 사용하여 작업을 할 때 작업시작 전 점검사항으로 틀린 것은?

① 클러치 및 브레이크의 기능
② 압력방출장치의 기능
③ 크랭크축 · 플라이휠 · 슬라이드 · 연결봉 및 연결나사의 풀림 유무
④ 프레스의 금형 및 고정 볼트의 상태

해설 프레스기 작업시작 전 점검사항
㉮ 클러치 및 브레이크의 기능
㉯ 크랭크축 · 플라이휠 · 슬라이드 · 연결봉 및 연결나사의 풀림 유무
㉰ 1행정 1정지기구 · 급정지장치 및 비상정지장치의 기능
㉱ 슬라이드 또는 칼날에 의한 위험방지기구의 기능
㉲ 프레스의 금형 및 고정 볼트의 상태
㉳ 방호장치의 기능
㉴ 전단기의 칼날 및 테이블의 상태
※ ②는 공기압축기의 작업시작 전 점검사항이다.

참고 산업안전보건기준에 관한 규칙 별표 3

실기 실기시험까지 대비해서 암기하세요.

56 설비보전은 예방보전과 사후보전으로 대별된다. 다음 중 예방보전의 종류가 아닌 것은?

① 시간계획보전 ② 개량보전
③ 상태기준보전 ④ 적응보전

해설 설비보전의 분류
㉮ 예방보전 : 시간계획보전, 상태기준보전, 적응보전
㉯ 사후보전 : 개량보전

57 천장크레인에 중량 3kN의 화물을 2줄로 매달았을 때 매달기용 와이어(sling wire)에 걸리는 장력은 약 몇 kN인가? (단, 매달기용 와이어(sling wire) 2줄 사이의 각도는 55°이다.)

① 1.3 ② 1.7
③ 2.0 ④ 2.3

해설 와이어로프에 걸리는 장력

$$T=\frac{\frac{\text{화물무게}}{2}}{\cos\frac{\theta}{2}}=\frac{\frac{3}{2}}{\cos\frac{55}{2}}=1.69\fallingdotseq1.7(\text{kN})$$

58 다음 중 롤러의 급정지 성능으로 적합하지 않은 것은?

① 앞면 롤러 표면 원주속도가 25m/min, 앞면 롤러의 원주가 5m일 때 급정지거리 1.6m 이내
② 앞면 롤러 표면 원주속도가 35m/min, 앞면 롤러의 원주가 7m일 때 급정지거리 2.8m 이내
③ 앞면 롤러 표면 원주속도가 30m/min, 앞면 롤러의 원주가 6m일 때 급정지거리 2.6m 이내
④ 앞면 롤러 표면 원주속도가 20m/min, 앞면 롤러의 원주가 8m일 때 급정지거리 2.6m 이내

해설 앞면 롤러의 표면속도에 따른 급정지거리

앞면 롤러의 표면속도	급정지거리
30m/min 미만	앞면 롤러 원주의 1/3
30m/min 이상	앞면 롤러 원주의 1/2.5

① 급정지거리 $=5\times\frac{1}{3}=1.6$(m) 이내
② 급정지거리 $=7\times\frac{1}{2.5}=2.8$(m) 이내
③ 급정지거리 $=6\times\frac{1}{2.5}=2.4$(m) 이내
④ 급정지거리 $=8\times\frac{1}{3}=2.6$(m) 이내

Answer 54. ④ 55. ② 56. ② 57. ② 58. ③

59 조작자의 신체부위가 위험한계 밖에 위치하도록 기계의 조작 장치를 위험구역에서 일정거리 이상 떨어지게 하는 방호장치는?

① 덮개형 방호장치
② 차단형 방호장치
③ 위치제한형 방호장치
④ 접근반응형 방호장치

•해설 방호장치의 종류
㉮ 위험장소에 따른 분류
㉠ 격리형 방호장치 : 위험한 작업점과 작업자 사이의 접근이 발생하지 않도록 차단벽이나 망을 설치하는 방호장치
㉡ 위치제한형 방호장치 : 조작자의 신체부위가 위험한계 밖에 위치하도록 기계의 조작 장치를 위험구역에서 일정거리 이상 떨어지게 하는 방호장치
㉢ 접근 거부형 방호장치 : 기계적인 작용에 의해 작업자의 신체부위가 위험한계로 진입을 방지하는 방호장치
㉣ 접근 반응형 방호장치 : 작업자의 신체부위가 위험한계로 진입할 시 동작하는 방호장치
㉯ 위험원에 따른 분류
㉠ 포집형 방호장치 : 위험원이 비산하거나 튀는 것을 포집하는 방호장치
㉡ 감지형 방호장치 : 기계의 부하가 안전한계치를 초과하는 경우 감지하여 자동으로 안전상태로 조정하는 방호장치

60 산업안전보건법령상 아세틸렌 용접장치의 아세틸렌 발생기실을 설치하는 경우 준수하여야 하는 사항으로 옳은 것은?

① 벽은 가연성 재료로 하고 철근 콘크리트 또는 그 밖에 이와 동등하거나 그 이상의 강도를 가진 구조로 할 것
② 바닥면적의 16분의 1 이상의 단면적을 가진 배기통을 옥상으로 돌출시키고 그 개구부를 창이나 출입구로부터 1.5m 이상 떨어지도록 할 것
③ 출입구의 문은 불연성 재료로 하고 두께 1.0mm 이상의 강도를 가진 구조로 할 것
④ 발생기실을 옥외에 설치한 경우에는 그 개구부를 다른 건축물로부터 1.0m 이내 떨어지도록 할 것

•해설 발생기실의 구조 등
① 벽은 불연성 재료로 하고 철근 콘크리트 또는 그 밖에 이와 같은 수준이거나 그 이상의 강도를 가진 구조로 할 것
② 바닥면적의 16분의 1 이상의 단면적을 가진 배기통을 옥상으로 돌출시키고 그 개구부를 창이나 출입구로부터 1.5m 이상 떨어지도록 할 것
③ 출입구의 문은 불연성 재료로 하고 두께 1.5mm 이상의 철판이나 그 밖에 그 이상의 강도를 가진 구조로 할 것
④ 발생기실을 옥외에 설치한 경우에는 그 개구부를 다른 건축물로부터 1.5m 이상 떨어지도록 할 것
⑤ 지붕과 천장에는 얇은 철판이나 가벼운 불연성 재료를 사용할 것
⑥ 벽과 발생기 사이에는 발생기의 조정 또는 카바이드 공급 등의 작업을 방해하지 않도록 간격을 확보할 것

•참고 산업안전보건기준에 관한 규칙 제287조

제4과목 전기위험 방지기술

61 대지에서 용접작업을 하고 있는 작업자가 용접봉에 접촉한 경우 통전전류는? (단, 용접기의 출력 측 무부하전압 : 90V, 접촉저항(손, 용접봉 등 포함) : 10kΩ, 인체의 내부저항 : 1kΩ, 발과 대지의 접촉저항 : 20kΩ 이다.)

① 약 0.19mA ② 약 0.29mA
③ 약 1.96mA ④ 약 2.90mA

•해설 통전전류

$$I = \frac{V[\mathrm{V}]}{R[\Omega]} = \frac{90\,[\mathrm{V}]}{(10+1+20)\times 1{,}000\,[\Omega]}$$
$$= 0.0029[\mathrm{A}] = 2.9[\mathrm{mA}]$$

Answer 59. ③ 60. ② 61. ④

62 KS C IEC 60079-10-2에 따라 공기 중에 분진운의 형태로 폭발성 분진 분위기가 지속적으로 또는 장기간 또는 빈번히 존재하는 장소는?

① 0종 장소 ② 1종 장소
③ 20종 장소 ④ 21종 장소

해설 가연성 분진의 존재에 따른 위험장소의 구분

㉮ 20종 장소 : 공기 중에 분진운의 형태로 폭발성 분진 분위기가 지속적으로 또는 장기간 또는 빈번히 존재하는 장소
㉯ 21종 장소 : 공기 중에 분진운의 형태로 폭발성 분진 분위기가 정상작동조건에서 발행할 수 있는 장소
㉰ 22종 장소 : 공기 중에 분진운의 형태로 폭발성 분진 분위기가 정상작동조건에서 발생하지 않으며, 발생하더라도 단기간만 지속되는 장소

63 설비의 이상현상에 나타나는 아크(arc)의 종류가 아닌 것은?

① 단락에 의한 아크
② 지락에 의한 아크
③ 차단기에서의 아크
④ 전선저항에 의한 아크

해설 설비의 이상현상에 나타나는 아크(arc)의 종류

㉮ 단락에 의한 아크
㉯ 지락에 의한 아크
㉰ 차단기에서의 아크
㉱ 전선절단에 의한 아크
㉲ 섬락에 의한 아크 등

64 정전기 재해방지에 관한 설명 중 틀린 것은?

① 이황화탄소의 수송 과정에서 배관 내의 유속을 2.5m/s 이상으로 한다.
② 포장 과정에서 용기를 도전성 재료에 접지한다.
③ 인쇄 과정에서 도포량을 소량으로 하고 접지한다.
④ 작업장의 습도를 높여 전하가 제거되기 쉽게 한다.

해설 정전기 방지를 위한 유속의 제한

① 이황화탄소의 수송 과정에서 배관 내의 유속을 1m/s 이하로 한다.

65 한국전기설비규정에 따라 사람이 쉽게 접촉할 우려가 있는 곳에 금속제 외함을 가지는 저압의 기계·기구가 시설되어 있다. 이 기계·기구의 사용전압이 몇 V를 초과할 때 전기를 공급하는 전로에 누전차단기를 시설해야 하는가? (단, 누전차단기를 시설하지 않아도 되는 조건은 제외한다.)

① 30V ② 40V
③ 50V ④ 60V

해설 누전차단기를 시설해야 하는 전로

금속제 외함을 가지는 사용전압이 50V를 초과하는 저압의 기계·기구로서 사람이 쉽게 접촉할 우려가 있는 곳에 시설하는 것에 전기를 공급하는 전로에 누전차단기를 설치하여야 한다.

66 다음 중 방폭설비의 보호등급(IP)에 대한 설명으로 옳은 것은?

① 제1 특성 숫자가 "1"인 경우 지름 50mm 이상의 외부 분진에 대한 보호
② 제1 특성 숫자가 "2"인 경우 지름 10mm 이상의 외부 분진에 대한 보호
③ 제2 특성 숫자가 "1"인 경우 지름 50mm 이상의 외부 분진에 대한 보호
④ 제2 특성 숫자가 "2"인 경우 지름 10mm 이상의 외부 분진에 대한 보호

해설 방폭 설비의 보호등급(IP, KS C IEC60529)

제1 특성 숫자 (분진 침투에 대한 보호)	0	비보호
	1	지름 50mm 이상의 외부 분진에 대한 보호
	2	지름 12.5mm 이상의 외부 분진에 대한 보호
	3	지금 2.5mm 이상의 외부 분진에 대한 보호
	4	지름 1mm 이상의 외부 분진에 대한 보호
	5	먼지 보호(기기의 만족스러운 운전을 방해 또는 안전을 해치는 양의 먼지는 통과시키지 않음)
	6	방진(먼지 침투 없음)
제2 특성 숫자 (위험한 영향을 주는 물의 침투에 대한 보호)	0	비보호
	1	수직낙하
	2	낙하(기울기 15°)
	3	분무
	4	튀김
	5	분사
	6	강한 분사
	7	일시적 침수
	8	연속적 침수
	9	고압 및 고온 물 분사

Answer 62. ③ 63. ④ 64. ① 65. ③ 66. ①

67 **정전기 발생에 영향을 주는 요인에 대한 설명으로 틀린 것은?**

① 물체의 분리속도가 빠를수록 발생량은 적어진다.
② 접촉면적이 크고 접촉압력이 높을수록 발생량이 많아진다.
③ 물체 표면이 수분이나 기름으로 오염되면 산화 및 부식에 의해 발생량이 많아진다.
④ 정전기의 발생은 처음 접촉, 분리할 때가 최대로 되고 접촉, 분리가 반복됨에 따라 발생량은 감소한다.

해설 정전기 발생에 영향을 주는 요인
① 물체의 분리속도가 빠를수록 발생량은 많아진다.

68 **전기기기, 설비 및 전선로 등의 충전 유무 등을 확인하기 위한 장비는?**

① 위상검출기 ② 디스콘 스위치
③ COS ④ 저압 및 고압용 검전기

해설 전기기기, 설비 및 전선로 등에서의 장비
① 위상검출기 : 상대적인 위상 혹은 신호 간의 시간차를 나타내는 출력 신호를 꺼내는 회로
② 디스콘 스위치(DS) : 차단 기능이 없고 무부하 상태에서만 열거나 닫도록 하는 스위치
③ COS : 옥내배선의 인입점 · 분기점 등에 사용되는 스위치

69 **피뢰기로서 갖추어야 할 성능 중 틀린 것은?**

① 충격 방전 개시전압이 낮을 것
② 뇌전류 방전 능력이 클 것
③ 제한전압이 높을 것
④ 속류 차단을 확실하게 할 수 있을 것

해설 피뢰기로서 갖추어야 할 성능
㉮ 충격 방전 개시전압이 낮을 것
㉯ 뇌전류 방전 능력이 클 것
㉰ 제한전압이 낮을 것
㉱ 속류 차단을 확실하게 할 수 있을 것
㉲ 반복 사용이 가능할 것
㉳ 구조가 간단하고 특성이 변하지 않을 것
㉴ 점검 및 보수가 간단할 것

70 **접지저항 저감 방법으로 틀린 것은?**

① 접지극의 병렬 접지를 실시한다.
② 접지극의 매설 깊이를 증가시킨다.
③ 접지극의 크기를 최대한 작게 한다.
④ 접지극 주변의 토양을 개량하여 대지저항률을 떨어뜨린다.

해설 접지저항 저감 방법
㉮ 물리적 저감 방법
㉠ 접지극의 병렬 접지를 실시한다.
㉡ 접지극의 매설 깊이를 증가시킨다.
㉢ 접지극의 크기를 최대한 크게 한다.
㉣ 매설지선 및 평판 접지극 공법을 사용한다.
㉤ Mesh 공법으로 시공한다.
㉯ 화학적 저감 방법
㉠ 접지극 주변의 토양을 개량하여 대지저항률을 떨어뜨린다.
㉡ 접지저항 저감제를 사용하여 매설 토지의 대지저항률을 낮춘다.

71 **다음 중 아크방전의 전압전류 특성으로 가장 옳은 것은?**

①
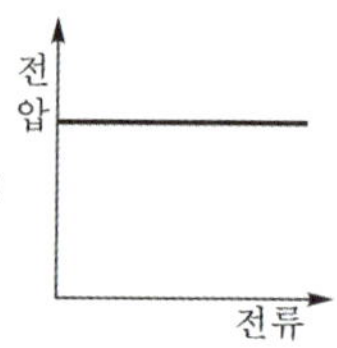

②
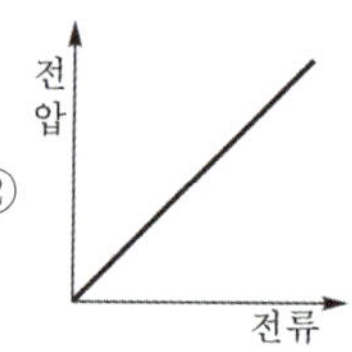

③
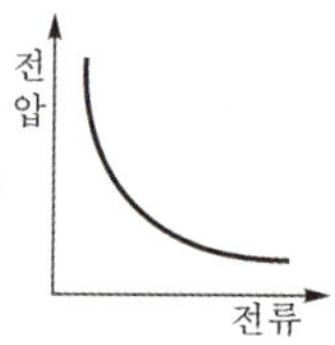

④
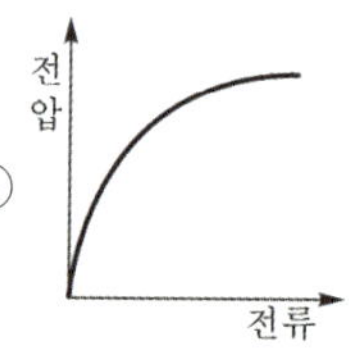

해설 아크방전의 전압 – 전류 특성
아크방전의 전압 – 전류 특성은 부특성을 갖는다.

72 **교류 아크용접기의 사용에서 무부하 전압이 80V, 아크 전압 25V, 아크 전류 300A일 경우 효율은 약 몇 %인가? (단, 내부손실은 4kW이다.)**

① 65.2 ② 70.5
③ 75.3 ④ 80.6

Answer 67. ① 68. ④ 69. ③ 70. ③ 71. ③ 72. ①

해설 용접기의 출력

㉮ 아크 출력 = 아크 전압 × 안전 전류

= 25×300 = 7,500[W]

㉯ 소비 전력 = 아크 출력 + 내부 손실

= 7,500 + 4,000 = 11,500[W]

㉰ 효율 = $\frac{\text{아크출력}}{\text{소비 전력}} \times 100$

$= \frac{7,500}{11,500} \times 100 = 65.2[\%]$

73 다음 중 기기보호등급(EPL)에 해당하지 않는 것은?

① EPL Ga ② EPL Ma

③ EPL Dc ④ EPL Mc

해설 기기보호등급(EPL)

㉮ 광산 : EPL Ma, EPL Mb

㉯ 가스 : EPL Ga, EPL Gb, EPL Gc

㉰ 분진 : EPL Da, EPL Db, EPL Dc

㉱ M : 광산, G : 가스, D : 분진

㉲ a : 매우 높은 보호등급, b : 높은 보호등급, c : 강화된 보호등급

74 다음 중 산업안전보건기준에 관한 규칙에 따라 누전차단기를 설치하지 않아도 되는 곳은?

① 철판·철골 위 등 도전성이 높은 장소에서 사용하는 이동형 전기기계·기구

② 대지전압이 220V인 휴대형 전기기계·기구

③ 임시배선의 전로가 설치되는 장소에서 사용하는 이동형 전기기계·기구

④ 절연대 위에서 사용하는 전기기계·기구

해설 누전차단기를 설치하지 않아도 되는 경우

㉮ 이중절연 또는 이와 같은 수준 이상으로 보호되는 구조로 된 전기기계·기구

㉯ 절연대 위 등과 같이 감전위험이 없는 장소에서 사용하는 전기기계·기구

㉰ 비접지방식의 전로

참고 산업안전보건기준에 관한 규칙 제304조

75 다음 설명이 나타내는 현상은?

전압이 인가된 이극도체 간의 고체 절연물 표면에 이물질이 부착되면 미소방전이 일어난다. 이 미소방전이 반복되면서 절연물 표면에 도전성 통로가 형성되는 현상이다.

① 흑연화 현상 ② 트래킹 현상

③ 반단선 현상 ④ 절연이동 현상

해설 ① 흑연화 현상 : 주철 내에 존재하는 탄화물을 철과 흑연으로 분해하는 현상

③ 반단선 현상 : 전선의 소선 중 일부가 끊어지는 현상

76 다음 중 방폭구조의 종류가 아닌 것은?

① 본질안전방폭구조

② 고압방폭구조

③ 압력방폭구조

④ 내압방폭구조

해설 방폭구조의 종류와 기호

0종 장소	지속적 위험분위기	본질안전방폭구조(Ex ia)
1종 장소	통상상태에서의 간헐적 위험분위기	내압방폭구조(Ex d) 압력방폭구조(Ex p) 충전방폭구조(Ex q) 유압방폭구조(Ex o) 안전증방폭구조(Ex e) 본질안전방폭구조(Ex ib) 몰드방폭구조(Ex m)
2종 장소	이상상태에서의 위험분위기	비점화방폭구조(Ex n)

77 심실세동 전류 $I = \frac{165}{\sqrt{t}}$[mA]라면 심실세동 시 인체에 직접 받는 전기에너지(cal)는 약 얼마인가? (단, t는 통전시간으로 1초이며, 인체의 저항은 500Ω으로 한다.)

① 0.52 ② 1.35

③ 2.14 ④ 3.27

Answer 73. ④ 74. ④ 75. ② 76. ② 77. ④

해설 전기에너지(W)

㉮ $W=I^2RT$

여기서, I : 심실세동전류[A]

R : 전기저항[Ω]

T : 통전시간[s]

$=(165\times10^{-3})^2\times500\times1=13.6$[J]

㉯ cal 기준 : 13.6[J]×0.24[cal/J]=3.27[cal]

78 산업안전보건기준에 관한 규칙에 따른 전기기계 · 기구의 설치 시 고려할 사항으로 거리가 먼 것은?

① 전기기계 · 기구의 충분한 전기적 용량 및 기계적 강도
② 전기기계 · 기구의 안전효율을 높이기 위한 시간 가동률
③ 습기 · 분진 등 사용장소의 주위 환경
④ 전기적 · 기계적 방호수단의 적정성

해설 전기 기계 · 기구의 적정설치시 고려할 사항

① 전기기계 · 기구의 충분한 전기적 용량 및 기계적 강도
③ 습기 · 분진 등 사용장소의 주위 환경
④ 전기적 · 기계적 방호수단의 적정성

참고 산업안전보건기준에 관한 규칙 제303조

79 정전작업 시 조치사항으로 틀린 것은?

① 작업 전 전기설비의 잔류 전하를 확실히 방전한다.
② 개로된 전로의 충전 여부를 검전기구에 의하여 확인한다.
③ 개폐기에 잠금장치를 하고 통전금지에 관한 표지판은 제거한다.
④ 예비 동력원의 역송전에 의한 감전의 위험을 방지하기 위해 단락접지 기구를 사용하여 단락 접지를 한다.

해설 정전전로에서 전기작업 시 준수할 절차

㉮ 전기기기 등에 공급되는 모든 전원을 관련 도면, 배선도 등으로 확인할 것
㉯ 전원을 차단한 후 각 단로기 등을 개방하고 확인할 것
㉰ 차단장치나 단로기 등에 잠금장치 및 꼬리표를 부착할 것
㉱ 개로된 전로에서 유도전압 또는 전기에너지가 축적되어 근로자에게 전기위험을 끼칠 수 있는 전기기기 등은 접촉하기 전에 잔류전하를 완전히 방전시킬 것
㉲ 검전기를 이용하여 작업 대상 기기가 충전되었는지를 확인할 것
㉳ 전기기기 등이 다른 노출 충전부와의 접촉, 유도 또는 예비동력원의 역송전 등으로 전압이 발생할 우려가 있는 경우에는 충분한 용량을 가진 단락 접지기구를 이용하여 접지할 것

참고 산업안전보건기준에 관한 규칙 제319조

80 정전기로 인한 화재 폭발의 위험이 가장 높은 것은?

① 드라이클리닝설비 ② 농작물 건조기
③ 가습기 ④ 전동기

해설 정전기로 인한 화재 폭발 등 방지 조치 대상 설비

㉮ 위험물을 탱크로리 · 탱크차 및 드럼 등에 주입하는 설비
㉯ 탱크로리 · 탱크차 및 드럼 등 위험물저장설비
㉰ 인화성 액체를 함유하는 도료 및 접착제 등을 제조 · 저장 · 취급 또는 도포하는 설비
㉱ 위험물 건조설비 또는 그 부속설비
㉲ 인화성 고체를 저장하거나 취급하는 설비
㉳ 드라이클리닝설비, 염색가공설비 또는 모피류 등을 씻는 설비 등 인화성유기용제를 사용하는 설비
㉴ 유압, 압축공기 또는 고전위정전기 등을 이용하여 인화성 액체나 인화성 고체를 분무하거나 이송하는 설비
㉵ 고압가스를 이송하거나 저장 · 취급하는 설비
㉶ 화약류 제조설비
㉷ 발파공에 장전된 화약류를 점화시키는 경우에 사용하는 발파기(발파공을 막는 재료로 물을 사용하거나 갱도발파를 하는 경우는 제외한다)

참고 산업안전보건기준에 관한 규칙 제325조

Answer 78. ② 79. ③ 80. ①

제5과목 화학설비위험 방지기술

81 산업안전보건법에서 정한 위험물질을 기준량 이상 제조하거나 취급하는 화학설비로서 내부의 이상상태를 조기에 파악하기 위하여 필요한 온도계 · 유량계 · 압력계 등의 계측장치를 설치하여야 하는 대상이 아닌 것은?

① 가열로 또는 가열기
② 증류 · 정류 · 증발 · 추출 등 분리를 하는 장치
③ 반응폭주 등 이상 화학반응에 의하여 위험물질이 발생할 우려가 있는 설비
④ 흡열반응이 일어나는 반응장치

해설 계측장치 등의 설치
㉮ **발열반응**이 일어나는 반응장치
㉯ 증류 · 정류 · 증발 · 추출 등 분리를 하는 장치
㉰ 가열시켜 주는 물질의 온도가 가열되는 위험물질의 분해온도 또는 발화점보다 높은 상태에서 운전되는 설비
㉱ 반응폭주 등 이상 화학반응에 의하여 위험물질이 발생할 우려가 있는 설비
㉲ 온도가 350℃ 이상이거나 게이지 압력이 980kPa 이상인 상태에서 운전되는 설비
㉳ 가열로 또는 가열기

참고 산업안전보건기준에 관한 규칙 제273조

82 다음 중 퍼지(purge)의 종류에 해당하지 않는 것은?

① 압력퍼지 ② 진공퍼지
③ 스위프퍼지 ④ 가열퍼지

해설 퍼지(purge)의 종류
㉮ 압력퍼지 ㉯ 진공퍼지
㉰ 스위프퍼지 ㉱ 사이펀퍼지

83 가스를 분류할 때 독성가스에 해당하지 않는 것은?

① 황화수소 ② 시안화수소
③ 이산화탄소 ④ 산화에틸렌

해설 이산화탄소
이산화탄소는 질식성가스이다.

84 폭발한계와 완전연소 조성 관계인 Jones 식을 이용하여 부탄(C_4H_{10})의 폭발하한계를 구하면 몇 vol%인가?

① 1.4 ② 1.7
③ 2.0 ④ 2.3

해설 폭발하한계

$$C_{st}(vol\%) = \frac{100}{1+4.773\left(n+\frac{m-f-2\lambda}{4}\right)}$$

여기서, n : 탄소, m : 수소
f : 할로겐원소, λ : 산소의 원자수
부탄(C_4H_{10})에서 n : 4, m : 10, f : 0, λ : 0

$$C_{st}(Vol\%) = \frac{100}{1+4.773(4+\frac{10}{4})} = 3.122$$

폭발하한계 $= 0.55 \times C_{st} = 0.55 \times 3.122 = 1.71$

85 다음 중 폭발 방호 대책과 가장 거리가 먼 것은 어느 것인가?

① 불활성화 ② 억제
③ 방산 ④ 봉쇄

해설 불활성화
불활성화는 화재 방호 대책이다.

86 질화면(Nitrocellulose)은 저장 · 취급 중에는 에틸알코올 등으로 습면 상태를 유지해야 한다. 그 이유를 옳게 설명한 것은?

① 질화면은 건조 상태에서는 자연적으로 분해하면서 발화할 위험이 있기 때문이다.
② 질화면은 알코올과 반응하여 안정한 물질을 만들기 때문이다.
③ 질화면은 건조 상태에서 공기 중의 산소와 환원반응을 하기 때문이다.
④ 질화면은 건조 상태에서 유독한 중합물을 형성하기 때문이다.

Answer 81. ④ 82. ④ 83. ③ 84. ② 85. ① 86. ①

해설 질화면(Nitrocellulose)

건조 상태에서는 자연적으로 분해하면서 발화할 위험이 있기 때문에 저장 · 취급 중에는 에틸알코올 등으로 습면 상태를 유지해야 한다.

87 분진폭발의 특징으로 옳은 것은?

① 연소속도가 가스폭발보다 크다.
② 완전연소로 가스중독의 위험이 작다.
③ 화염의 파급 속도보다 압력의 파급 속도가 빠르다.
④ 가스폭발보다 연소시간은 짧고, 발생에너지는 작다.

해설 분진폭발의 특징

① 연소속도가 가스폭발보다 작다.
② 가스폭발에 비하여 불완전 연소를 일으키기 쉬우므로 연소 후 가스에 의한 중독 위험이 존재한다.
③ 화염의 파급 속도보다 압력의 파급 속도가 빠르다.
④ 가스폭발보다 연소시간이 길고, 발생에너지가 크다.
⑤ 주위의 분진에 의해 2차, 3차의 폭발로 파급될 수 있다.
⑥ 폭발 시 입자가 비산하므로 이것에 부딪치는 가연물은 국부적으로 심한 탄화를 일으킨다.

88 사업주는 인화성 액체 및 인화성 가스를 저장 취급하는 화학설비에서 증기나 가스를 대기로 방출하는 경우에는 외부로부터의 화염을 방지하기 위하여 화염방지기를 설치하여야 한다. 다음 중 화염방지기의 설치 위치로 옳은 것은?

① 설비의 상단 ② 설비의 하단
③ 설비의 측면 ④ 설비의 조작부

해설 화염방지기의 설치 등

사업주는 인화성 액체 및 인화성 가스를 저장 · 취급하는 화학설비에서 증기나 가스를 대기로 방출하는 경우에는 외부로부터의 화염을 방지하기 위하여 화염방지기를 그 설비 상단에 설치해야 한다.

참고 산업안전보건기준에 관한 규칙 제269조

89 크롬에 대한 설명으로 옳은 것은?

① 은백색 광택이 있는 금속이다.
② 중독 시 미나마타병이 발병한다.
③ 비중이 물보다 작은 값을 나타낸다.
④ 3가 크롬이 인체에 가장 유해하다.

해설 크롬

② 중독 시 비중격천공 증세를 일으킨다.
③ 비중은 7.19로 물보다 큰 값을 나타낸다.
④ 3가보다 6가 크롬이 인체에 유해하다.

90 열교환탱크 외부를 두께 0.2m의 단열재(열전도율 k = 0.037kcal/m · h · ℃)로 보온하였더니 단열재 내면은 40℃, 외면은 20℃이었다. 면적 $1m^2$당 1시간에 손실되는 열량(kcal)은?

① 0.0037 ② 0.037
③ 1.37 ④ 3.7

해설 손실열량(Q)

$$Q=\frac{\text{열전도율}\times\text{단면적}\times\text{온도차이}\times\text{시간}}{\text{두께}}$$
$$=\frac{0.037\times1\times(40-20)}{0.2}=3.7$$

91 산업안전보건법령상 다음 인화성 가스의 정의에서 ( ) 안에 알맞은 값은?

> "인화성 가스"란 인화한계 농도의 최저한도가 (㉠)% 이하 또는 최고한도와 최저한도의 차가 (㉡)% 이상인 것으로서 표준압력(101.3kPa), 20℃에서 가스 상태인 물질을 말한다.

① ㉠ 13, ㉡ 12 ② ㉠ 13, ㉡ 15
③ ㉠ 12, ㉡ 13 ④ ㉠ 12, ㉡ 15

해설 인화성 가스

인화성 가스란 인화한계 농도의 최저한도가 13% 이하 또는 최고한도와 최저한도의 차가 12% 이상인 것으로서 표준압력(101.3kPa)에서 20℃에서 가스 상태인 물질을 말한다.

참고 산업안전보건법 시행령 별표 13

Answer 87. ③ 88. ① 89. ① 90. ④ 91. ①

92 액체 표면에서 발생한 증기농도가 공기 중에서 연소하한농도가 될 수 있는 가장 낮은 액체 온도를 무엇이라 하는가?

① 인화점 ② 비등점
③ 연소점 ④ 발화온도

해설 용어의 정의
② 비등점 : 액체와 그 증기가 평형하게 공존하고 있을 때 일정 압력하에서 일정한 온도를 유지하고 있는데, 이 온도를 그 압력에 대한 비등점이라 부른다.
③ 연소점 : 시료가 클리브랜드 인화점 측정장치 내에서 인화점에 달한 후 다시 가열을 계속해, 연소가 5초간 계속되었을 때의 최초 온도를 말한다.
④ 발화온도 : 공기나 산소 속에서 물질을 가열할 때 스스로 발화하여 연소를 시작하는 최저 온도를 말한다.

93 다음 중 위험물의 저장방법으로 적절하지 않은 것은?

① 탄화칼슘은 물속에 저장한다.
② 벤젠은 산화성 물질과 격리시킨다.
③ 금속나트륨은 석유 속에 저장한다.
④ 질산은 갈색병에 넣어 냉암소에 보관한다.

해설 탄화칼슘의 저장방법
① 탄화칼슘은 물반응성 물질로, 물과 접촉 시 아세틸렌 가스를 발생시키므로 밀폐용기에 저장하고 불연성 가스로 봉입한 후 보관해야 한다.

94 다음 중 반응기의 구조 방식에 의한 분류에 해당하는 것은?

① 탑형 반응기
② 연속식 반응기
③ 반회분식 반응기
④ 회분식 균일상반응기

해설 반응기의 분류
㉮ 구조 방식에 의한 분류 : 교반조형, 관형, 탑형, 유동층형
㉯ 조작 방식에 의한 분류 : 회분식, 반회분식, 연속식

95 다음 중 열교환기의 보수에 있어 일상점검 항목과 정기적 개방점검 항목으로 구분할 때 일상점검항목으로 거리가 먼 것은?

① 도장의 노후상황
② 부착물에 의한 오염의 상황
③ 보온재, 보냉재의 파손 여부
④ 기초볼트의 체결정도

해설 열교환기의 점검항목
㉮ 일상점검 항목
㉠ 보온재 및 보냉재의 파손상황
㉡ 도장의 노후 상황
㉢ 플랜지(Flange)부, 용접부 등의 누설 여부
㉣ 기초볼트의 조임 상태
㉯ 정기적 개방점검 항목
㉠ 부식 및 고분자 등 생성물의 상황, 또는 부착물에 의한 오염의 상황
㉡ 부식의 형태, 정도, 범위
㉢ 누출의 원인이 되는 비율, 결점
㉣ 칠의 두께 감소정도
㉤ 용접선의 상황
㉥ 라이닝(lining) 또는 코팅(coating)의 상태

96 다음 중 공기 중 최소 발화에너지 값이 가장 작은 물질은?

① 에틸렌 ② 아세트알데히드
③ 메탄 ④ 에탄

해설 최소발화에너지(MIE)
① 에틸렌 : 0.096mJ
② 아세트알데히드 : 0.36mJ
③ 메탄 : 0.28mJ
④ 에탄 : 0.67mJ

97 알루미늄분이 고온의 물과 반응하였을 때 생성되는 가스는?

① 이산화탄소 ② 수소
③ 메탄 ④ 에탄

해설 알루미늄분과 물의 반응식
$2Al + 6H_2O \rightarrow 2Al(OH)_3 + 3H_2 \uparrow$

Answer 92. ① 93. ① 94. ① 95. ② 96. ① 97. ②

98 다음 [표]의 가스(A~D)를 위험도가 큰 것부터 작은 순으로 나열한 것은?

	폭발하한값	폭발상한값
A	4.0vol%	75.0vol%
B	3.0vol%	80.0vol%
C	1.25vol%	44.0vol%
D	2.5vol%	81.0vol%

① D−B−C−A ② D−B−A−C
③ C−D−A−B ④ C−D−B−A

해설 위험도(H)

$$H=\frac{U-L}{L}$$

여기서, U : 폭발상한계, L : 폭발하한계

㉮ $A=\frac{75-4}{4}=17.75$

㉯ $B=\frac{80-3}{3}=25.67$

㉰ $C=\frac{44-1.25}{1.25}=34.2$

㉱ $D=\frac{81-2.5}{2.5}=31.4$

99 메탄, 에탄, 프로판의 폭발하한계가 각각 5vol%, 2vol%, 2.1vol%일 때 다음 중 폭발하한계가 가장 낮은 것은? (단, Le Chatelier의 법칙을 이용한다.)

① 메탄 20vol%, 에탄 30vol%, 프로판 50vol%의 혼합가스
② 메탄 30vol%, 에탄 30vol%, 프로판 40vol%의 혼합가스
③ 메탄 40vol%, 에탄 30vol%, 프로판 30vol%의 혼합가스
④ 메탄 50vol%, 에탄 30vol%, 프로판 20vol%의 혼합가스

해설 혼합가스의 폭발하한계

$$L=\frac{100}{\frac{V_1}{L_1}+\frac{V_2}{L_2}+\frac{V_3}{L_3}\cdots}$$

여기서, L_n : 각 혼합가스의 폭발상·하한계
V_n : 각 혼합가스의 혼합비(%)

① 폭발하한계 $=\frac{100}{\frac{20}{5}+\frac{30}{2}+\frac{50}{2.1}}=2.336$

② 폭발하한계 $=\frac{100}{\frac{30}{5}+\frac{30}{2}+\frac{40}{2.1}}=2.497$

③ 폭발하한계 $=\frac{100}{\frac{40}{5}+\frac{30}{2}+\frac{30}{2.1}}=2.378$

④ 폭발하한계 $=\frac{100}{\frac{50}{5}+\frac{30}{2}+\frac{20}{2.1}}=2.897$

100 고압가스 용기 파열사고의 주요 원인 중 하나는 용기의 내압력(耐壓力, capacity to resist pressure) 부족이다. 다음 중 내압력 부족의 원인으로 거리가 먼 것은?

① 용기 내벽의 부식 ② 강재의 피로
③ 과잉 충전 ④ 용접 불량

해설 용기의 내압력 부족의 원인
과잉 충전은 용기 내압력의 이상 상승의 원인에 해당된다.

제6과목 건설안전기술

개정 / 2023

101 건설현장에 동바리 설치 시 준수사항으로 옳지 않은 것은?

① 파이프 서포트 높이가 4.5m를 초과하는 경우에는 높이 2m 이내마다 2개 방향으로 수평 연결재를 설치한다.
② 동바리의 침하 방지를 위해 받침목(깔목)이나 깔판의 사용, 콘크리트 타설, 말뚝박기 등을 실시한다.
③ 강재의 접속부 및 교차부는 볼트 또는 클램프 등 전용철물을 사용한다.
④ 강관틀 동바리는 강관틀과 강관틀 사이에 교차가새를 설치한다.

Answer 98. ④ 99. ① 100. ③ 101. ①

해설 동바리 조립 시의 안전조치

① 파이프 서포트의 높이가 3.5m를 초과하는 경우에는 높이 2m 이내마다 2개 방향으로 수평연결재를 설치한다.

102 고소작업대를 설치 및 이동하는 경우에 준수하여야 할 사항으로 옳지 않은 것은?

① 와이어로프 또는 체인의 안전율은 3 이상일 것
② 붐의 최대 지면경사각을 초과 운전하여 전도되지 않도록 할 것
③ 고소작업대를 이동하는 경우 작업대를 가장 낮게 내릴 것
④ 작업대에 끼임·충돌 등 재해를 예방하기 위한 가드 또는 과상승방지장치를 설치할 것

해설 고소작업대 설치·이동 시 준수사항

㉮ 고소작업대 설치 시 구조
②, ④와 다음에 해당하는 것을 설치해야 한다.
㉠ 작업대를 와이어로프 또는 체인으로 올리거나 내릴 경우에는 와이어로프 또는 체인이 끊어져 작업대가 떨어지지 않는 구조여야 하며, 안전율은 5 이상일 것
㉡ 작업대를 유압에 의해 올리거나 내릴 경우에는 작업대를 일정한 위치에 유지할 수 있는 장치를 갖추고 압력의 이상저하를 방지할 수 있는 구조일 것
㉢ 권과방지장치를 갖추거나 압력의 이상상승을 방지할 수 있는 구조일 것
㉣ 작업대에 정격하중(안전율 5 이상)을 표시할 것
㉤ 조작반의 스위치는 눈으로 확인할 수 있도록 명칭 및 방향표시를 유지할 것
㉯ 고소작업대 설치 시 준수사항
㉠ 바닥과 고소작업대는 가능하면 수평을 유지하도록 할 것
㉡ 갑작스러운 이동을 방지하기 위하여 아웃트리거 또는 브레이크 등을 확실히 사용할 것
㉰ 고소작업대 이동 시 준수사항
③과 다음의 준수사항이 있다.
㉠ 작업자를 태우고 이동하지 말 것. 다만, 이동 중 전도 등의 위험예방을 위하여 유도하는 사람을 배치하고 짧은 구간을 이동하는 경우에는 제1호에 따라 작업대를 가장 낮게 내린 상태에서 작업자를 태우고 이동할 수 있다.
㉡ 이동통로의 요철 상태 또는 장애물의 유무 등을 확인할 것

103 건설공사의 유해위험방지계획서 제출기준일로 옳은 것은?

① 당해공사 착공 1개월 전까지
② 당해공사 착공 15일 전까지
③ 당해공사 착공 전날까지
④ 당해공사 착공 15일 후까지

해설 제출서류

건설공사를 착공하려는 사업주가 유해위험방지계획서를 제출할 때에는 건설공사 유해위험방지계획서에 서류를 첨부하여 해당 공사의 착공(유해위험방지계획서 작성 대상 시설물 또는 구조물의 공사를 시작하는 것을 말하며, 대지 정리 및 가설사무소 설치 등의 공사 준비기간은 착공으로 보지 않는다) 전날까지 공단에 2부를 제출해야 한다.

104 유해위험방지계획서를 제출하려고 할 때 그 첨부서류와 가장 거리가 먼 것은?

① 공사개요서
② 산업안전보건관리비 작성요령
③ 전체공정표
④ 재해 발생 위험 시 연락 및 대피방법

해설 유해위험방지계획서 첨부서류

㉮ ①, ③, ④와 다음의 첨부서류가 있다.
㉯ 공사현장의 주변 현황 및 주변과의 관계를 나타내는 도면
㉰ 건설물, 사용 기계설비 등의 배치를 나타내는 도면
㉱ 산업안전보건관리비 사용계획서
㉲ 안전관리 조직표

105 가설공사 표준안전 작업지침에 따른 통로발판을 설치하여 사용함에 있어 준수사항으로 옳지 않은 것은?

① 추락의 위험이 있는 곳에는 안전난간이나 철책을 설치하여야 한다.
② 작업발판의 최대폭은 1.6m 이내이어야 한다.
③ 비계발판의 구조에 따라 최대 적재하중을 정하고 이를 초과하지 않도록 하여야 한다.
④ 발판을 겹쳐 이음하는 경우 장선 위에서 이음을 하고 겹침길이는 10cm 이상으로 하여야 한다.

Answer 102. ① 103. ③ 104. ② 105. ④

해설 통로발판

㉮ ①, ②, ③과 다음의 사항을 준수하여야 한다.

㉯ 근로자가 작업 및 이동하기에 충분한 넓이가 확보되어야 한다.

㉰ 발판을 겹쳐 이음하는 경우 장선 위에서 이음을 하고 겹침길이는 20cm 이상으로 한다.

㉱ 발판 1개에 대한 지지물은 2개 이상이어야 한다.

㉲ 작업발판 위에는 돌출된 못, 옹이, 철선 등이 없어야 한다.

106 항타기 또는 항발기의 사용 시 준수사항으로 옳지 않은 것은?

① 공기를 차단하는 장치를 작업관리자가 쉽게 조작할 수 있는 위치에 설치한다.

② 해머의 운동에 의하여 공기호스와 해머의 접속부가 파손되거나 벗겨지는 것을 방지하기 위하여 그 접속부가 아닌 부위를 선정하여 증기호스 또는 공기호스를 해머에 고정시킨다.

③ 항타기나 항발기의 권상장치의 드럼에 권상용 와이어로프가 꼬인 경우에는 와이어로프에 하중을 걸어서는 안 된다.

④ 항타기나 항발기의 권상장치에 하중을 건 상태로 정지하여 두는 경우에는 쐐기장치 또는 역회전방지용 브레이크를 사용하여 제동하는 등 확실하게 정지시켜 두어야 한다.

해설 항타기 또는 항발기의 사용 시의 조치

① 공기를 차단하는 장치를 해머의 운전자가 쉽게 조작할 수 있는 위치에 설치할 것

107 건설업 중 유해위험방지계획서 제출 대상 사업장으로 옳지 않은 것은?

① 지상높이가 31m 이상인 건축물 또는 인공구조물, 연면적 30,000m² 이상인 건축물 또는 연면적 5,000m² 이상의 문화 및 집회시설의 건설공사

② 연면적 3,000m² 이상의 냉동 · 냉장 창고시설의 설비공사 및 단열공사

③ 깊이 10m 이상인 굴착공사

④ 최대 지간길이가 50m 이상인 다리의 건설공사

해설 유해위험방지계획서 제출 대상 공사

㉮ 다음에 해당하는 건축물 또는 시설 등의 건설·개조 또는 해체 공사

㉠ 지상높이가 31m 이상인 건축물 또는 인공구조물

㉡ 연면적 30,000m² 이상인 건축물

㉢ 연면적 5,000m² 이상인 시설로서 다음에 해당하는 시설

- 문화 및 집회시설(전시장 및 동물원 · 식물원은 제외한다)
- 판매시설, 운수시설(고속철도의 역사 및 집배송시설은 제외한다)
- 종교시설
- 의료시설 중 종합병원
- 숙박시설 중 관광숙박시설
- 지하도상가
- 냉동 · 냉장 창고시설

㉯ 연면적 5,000m² 이상인 냉동 · 냉장 창고시설의 설비공사 및 단열공사

㉰ 최대 지간길이(다리의 기둥과 기둥의 중심사이의 거리)가 50m 이상인 다리의 건설 등 공사

㉱ 터널의 건설 등 공사

㉲ 다목적댐, 발전용댐, 저수용량 2천만톤 이상의 용수 전용 댐 및 지방상수도 전용 댐의 건설 등 공사

㉳ 깊이 10m 이상인 굴착공사

참고 산업안전보건법 시행령 제42조

실기 실기시험까지 대비해서 암기하세요.

108 건설작업용 타워크레인의 안전장치로 옳지 않은 것은?

① 권과 방지장치

② 과부하 방지장치

③ 비상정지 장치

④ 호이스트 스위치

해설 크레인의 방호장치

사업주는 양중기에 과부하방지장치, 권과방지장치, 비상정지장치 및 제동장치, 그 밖의 방호장치가 정상적으로 작동될 수 있도록 미리 조정해 두어야 한다.

Answer 106. ① 107. ② 108. ④

109 이동식 비계를 조립하여 작업을 하는 경우의 준수기준으로 옳지 않은 것은?

① 비계의 최상부에서 작업을 할 때에는 안전난간을 설치하여야 한다.
② 작업발판의 최대 적재하중은 400kg을 초과하지 않도록 한다.
③ 승강용 사다리는 견고하게 설치하여야 한다.
④ 작업발판은 항상 수평을 유지하고 작업발판 위에서 안전난간을 딛고 작업을 하거나 받침대 또는 사다리를 사용하여 작업하지 않도록 한다.

해설 이동식 비계
㉮ ①, ③, ④와 다음의 사항을 준수하여야 한다.
㉯ 이동식 비계의 바퀴에는 갑작스러운 이동 또는 전도를 방지하기 위하여 브레이크, 쐐기 등으로 바퀴를 고정시킨 다음, 비계의 일부를 견고한 시설물에 고정하거나 아우트리거를 설치하는 등 필요한 조치를 할 것
㉰ 작업발판의 최대적재하중은 250kg을 초과하지 않도록 할 것

110 토사붕괴 원인으로 옳지 않은 것은?

① 경사 및 기울기 증가
② 성토높이의 증가
③ 건설기계 등 하중작용
④ 토사중량의 감소

해설 토사붕괴의 원인
㉮ 외적 원인
㉠ 절토 및 성토 높이와 지하수위의 증가
㉡ 사면법면의 기울기 증가
㉢ 지표수, 지하수의 침투에 의한 **토사중량의 증가**
㉣ 공사에 의한 진동 및 반복 하중 증가
㉤ 지진, 차량, 구조물의 중량과 토사 및 암석의 혼합층 두께의 증가
㉯ 내적 원인
㉠ 토석의 강도 저하
㉡ 성토사면의 다짐 불량
㉢ 점착력의 감소
㉣ 절토사면의 토질, 암질, 절리의 상태

실기 실기시험까지 대비해서 암기하세요.

111 건설용 리프트의 붕괴 등을 방지하기 위해 받침의 수를 증가시키는 등 안전조치를 하여야 하는 순간풍속 기준은?

① 초당 15미터 초과　② 초당 25미터 초과
③ 초당 35미터 초과　④ 초당 45미터 초과

해설 붕괴 등의 방지
㉮ 사업주는 지반침하, 불량한 자재사용 또는 헐거운 결선(結線) 등으로 리프트가 붕괴되거나 넘어지지 않도록 필요한 조치를 하여야 한다.
㉯ 사업주는 순간풍속이 초당 35m를 초과하는 바람이 불어올 우려가 있는 경우 건설용 리프트(지하에 설치되어 있는 것은 제외)에 대하여 받침의 수를 증가시키는 등 그 붕괴 등을 방지하기 위한 조치를 하여야 한다.

112 토사붕괴에 따른 재해를 방지하기 위한 흙막이 지보공 부재로 옳지 않은 것은?

① 흙막이판　② 말뚝
③ 턴버클　④ 띠장

해설 턴버클
지지막대나 지지 와이어로프 등의 길이를 조절하기 위한 기구. 철골 구조나 목조의 현장 조립 등에서 다시 세우기나 철근가새 등에 사용한다.

113 가설구조물의 특징으로 옳지 않은 것은?

① 연결재가 적은 구조로 되기 쉽다.
② 부재 결합이 간략하여 불안전 결합이다.
③ 구조물이라는 개념이 확고하여 조립의 정밀도가 높다.
④ 사용부재는 과소단면이거나 결함재가 되기 쉽다.

해설 가설구조물의 특징
구조물이라는 개념이 확고하지 않아 조립의 정밀도가 낮다.

Answer 109. ② 110. ④ 111. ③ 112. ③ 113. ③

114 사다리식 통로 등의 구조에 설치기준으로 옳지 않은 것은?

① 발판의 간격은 일정하게 할 것
② 발판과 벽과의 사이는 15cm 이상의 간격을 유지할 것
③ 사다리식 통로의 길이가 10m 이상인 때에는 7m 이내마다 계단참을 설치할 것
④ 사다리의 상단은 걸쳐놓은 지점으로부터 60cm 이상 올라가도록 할 것

해설 사다리식 통로 등의 구조
㉮ 견고한 구조로 할 것
㉯ 심한 손상 · 부식 등이 없는 재료를 사용할 것
㉰ 발판의 간격은 일정하게 할 것
㉱ 발판과 벽과의 사이는 15cm 이상의 간격을 유지할 것
㉲ 폭은 30cm 이상으로 할 것
㉳ 사다리가 넘어지거나 미끄러지는 것을 방지하기 위한 조치를 할 것
㉴ 사다리의 상단은 걸쳐놓은 지점으로부터 60cm 이상 올라가도록 할 것
㉵ 사다리식 통로의 길이가 10m 이상인 경우에는 5m 이내마다 계단참을 설치할 것
㉶ 사다리식 통로의 길울기는 75° 이하로 할 것. 다만, 고정식 사다리식 통로의 기울기는 90° 이하로 하고, 그 높이가 7m 이상인 경우에는 바닥으로부터 높이가 2.5m 되는 지점부터 등받이울을 설치할 것
㉷ 접이식 사다리 기둥은 사용 시 접혀지거나 펼쳐지지 않도록 철물 등을 사용하여 견고하게 조치할 것

실기 실기시험까지 대비해서 암기하세요.

115 가설통로를 설치하는 경우 준수해야 할 기준으로 옳지 않은 것은?

① 경사는 30° 이하로 할 것
② 경사가 25°를 초과하는 경우에는 미끄러지지 아니하는 구조로 할 것
③ 건설공사에 사용하는 높이 8m 이상인 비계다리에는 7m 이내마다 계단참을 설치할 것
④ 수직갱에 가설된 통로의 길이가 15m 이상인 때에는 10m 이내마다 계단참을 설치할 것

해설 가설통로의 구조
㉮ 견고한 구조로 할 것
㉯ 경사는 30° 이하로 할 것. 다만, 계단을 설치하거나 높이 2m 미만의 가설통로로서 튼튼한 손잡이를 설치한 경우에는 그러하지 아니하다.
㉰ 경사가 15°를 초과하는 경우에는 미끄러지지 아니하는 구조로 할 것
㉱ 추락할 위험이 있는 장소에는 안전난간을 설치할 것. 다만, 작업상 부득이한 경우에는 필요한 부분만 임시로 해체할 수 있다.
㉲ 수직갱에 가설된 통로의 길이가 15m 이상인 경우에는 10m 이내마다 계단참을 설치할 것
㉳ 건설공사에 사용하는 높이 8m 이상인 비계다리에는 7m 이내마다 계단참을 설치할 것

새 출제기준에 따른 문제 변경

116 로프길이 2m의 안전대를 착용한 근로자가 추락으로 부상을 당하지 않기 위한 지면으로부터 안전대 고정점까지의 높이(H)의 기준으로 옳은 것은? (단, 로프의 신장율 30%, 근로자의 신장 180cm)

① H > 1.5m ② H > 2.5m
③ H > 3.5m ④ H > 4.5m

해설 지면으로부터 안전대 고정점까지의 높이 기준(H)
H = 로프 길이 + 로프 신장길이 + 작업자 키의 50%
$= 2+(2\times0.3)+(1.8\times0.5)$
$= 3.5[m]$

개정 / 2022

117 건설업 산업안전보건관리비 계상 및 사용기준은 산업안전보건법의 적용을 받는 건설공사 중 총 공사금액이 얼마 이상인 공사에 적용하는가?

① 4천만원 ② 3천만원
③ 2천만원 ④ 1천만원

해설 건설업 산업안전보건관리비 계상 및 사용기준
산업안전보건법에서 정의한 건설공사 중 총공사금액 2천만원 이상인 공사에 적용한다.

Answer 114. ③ 115. ② 116. ③ 117. ③

118 건설업의 공사금액이 850억원일 경우 산업안전보건법령에 따른 안전관리자의 수로 옳은 것은? (단, 전체 공사기간을 100으로 할 때 공사 전 · 후 15에 해당하는 경우는 고려하지 않는다.)

① 1명 이상 ② 2명 이상
③ 3명 이상 ④ 4명 이상

해설 건설업의 공사금액에 따른 안전관리자의 수
㉮ 50억원~800억원 : 1명 이상
㉯ 800억원~1,500억원 : 2명 이상
㉰ 1,500억원~2,200억원 : 3명 이상

참고 산업안전보건법 시행령 별표 3

119 동바리의 침하를 방지하기 위한 직접적인 조치로 옳지 않은 것은?

① 수평연결재 사용 ② 깔판의 사용
③ 콘크리트의 타설 ④ 말뚝박기

해설 동바리 조립 시의 안전조치
받침목이나 깔판의 사용, 콘크리트 타설, 말뚝박기 등 동바리의 침하를 방지하기 위한 조치를 할 것

120 달비계에 사용하는 와이어로프의 사용금지 기준으로 옳지 않은 것은?

① 이음매가 있는 것
② 열과 전기 충격에 의해 손상된 것
③ 지름의 감소가 공칭지름의 7%를 초과하는 것
④ 와이어로프의 한 꼬임에서 끊어진 소선의 수가 7% 이상인 것

해설 와이어로프의 사용금지 기준
㉮ 이음매가 있는 것
㉯ 와이어로프의 한 꼬임에서 끊어진 소선의 수가 10% 이상인 것
㉰ 지름의 감소가 공칭지름의 7%를 초과하는 것
㉱ 꼬인 것
㉲ 심하게 변형되거나 부식된 것
㉳ 열과 전기충격에 의해 손상된 것

Answer 118. ② 119. ① 120. ④

2022. 8. 14. 시행

2022년 제3회 산업안전기사 CBT기출복원문제

제1과목 안전관리론

01 안전관리조직의 참모식(staff형)에 대한 장점이 아닌 것은?

① 경영자의 조언과 자문역할을 한다.
② 안전정보 수집이 용이하고 빠르다.
③ 안전에 관한 명령과 지시는 생산라인을 통해 신속하게 전달한다.
④ 안전전문가가 안전계획을 세워 문제해결 방안을 모색하고 조치한다.

해설 참모식 안전관리조직의 장점
㉮ 경영자의 조언과 자문역할을 한다.
㉯ 안전정보 수집이 빠르고 용이하다.
㉰ 사업장의 특수성에 적합한 기술 연구를 전문으로 할 수 있고(안전지식 및 기술축적), 사업자에 알맞은 개선안을 마련할 수 있다.

02 하인리히의 사고방지 기본원리 5단계 중 시정 방법의 선정 단계에 있어서 필요한 조치가 아닌 것은?

① 인사조정
② 안전행정의 개선
③ 교육 및 훈련의 개선
④ 안전점검 및 사고조사

해설 하인리히의 사고방지 기본원리 5단계 중 시정 방법의 개선
㉮ 인사조정 ㉯ 안전행정의 개선
㉰ 교육 및 훈련의 개선 ㉱ 기술적 개선
㉲ 규정 및 수칙의 개선 ㉳ 이행 독려의 체제강화

03 하인리히의 재해발생 이론은 다음과 같이 표현할 수 있다. 이때 α가 의미하는 것으로 옳은 것은?

재해의 발생 = 물적 불안전 상태
+ 인적 불안전 행위 + α
= 설비적 결함 + 관리적 결함 + α

① 노출된 위험의 상태
② 재해의 직접원인
③ 재해의 간접원인
④ 잠재된 위험의 상태

해설 하인리히의 재해발생 이론
재해의 발생 = 물적 불안전 상태(설비적 결함)
+ 인적 불안전 행위(관리적 결함)
+ 잠재된 위험의 상태

04 브레인스토밍 기법에 관한 설명으로 옳은 것은?

① 타인의 의견을 수정하지 않는다.
② 지정된 표현방식에서 벗어나 자유롭게 의견을 제시한다.
③ 참여자에게는 동일한 횟수의 의견제시 기회가 부여된다.
④ 주제와 내용이 다르거나 잘못된 의견은 지적하여 조정한다.

해설 브레인스토밍(Brain Storming)
브레인스토밍은 보다 많은 아이디어를 창출하기 위하여 가능한 한 자유분방하게 모든 의견을 비판 없이 청취하고, 수정발언을 허용하여 대량발언을 유도하는 기법이다.

Answer 01. ③ 02. ④ 03. ④ 04. ②

05 교육훈련의 4단계를 올바르게 나열한 것은?

① 도입 → 적용 → 제시 → 확인
② 도입 → 확인 → 제시 → 적용
③ 적용 → 제시 → 도입 → 확인
④ 도입 → 제시 → 적용 → 확인

해설 교육훈련 지도방법의 4단계 순서
도입 → 제시 → 적용 → 확인

06 산업안전보건법령상 산업안전보건위원회의 구성 · 운영에 관한 설명 중 틀린 것은?

① 정기회의는 분기마다 소집한다.
② 위원장은 위원 중에서 호선한다.
③ 근로자대표가 지명하는 명예산업안전감독관은 근로자 위원에 속한다.
④ 공사금액 100억원 이상의 건설업의 경우 산업안전보건위원회를 구성 · 운영해야 한다.

해설 산업안전보건위원회의 구성
④ 공사금액 120억 이상의 건설업의 경우 산업안전보건위원회를 구성 · 운영해야 한다.

참고 산업안전보건법 시행령 제34조

07 산업안전보건법령상 보안경 착용을 포함하는 안전보건표지의 종류는?

① 지시표지 ② 안내표지
③ 금지표지 ④ 경고표지

해설 안전보건표지 중 지시표지
보안경, 방독마스크, 방진마스크, 보안면 착용 등

참고 산업안전보건법 시행규칙 별표 7

08 공기 중 산소농도가 부족하고, 공기 중에 미립자상 물질이 부유하는 장에서 사용하기에 가장 적절한 보호구는?

① 면마스크 ② 방독마스크
③ 송기마스크 ④ 방진마스크

해설 송기마스크
산소가 전혀 없는 곳에서도 사용할 수 있으며 작업시간에 크게 지장을 받지 않는 송기마스크를 착용해야 적절하다.

09 보호구 안전인증 고시에 따른 방음용 귀마개 또는 귀덮개와 관련된 용어의 정의 중 다음 ( ) 안에 알맞은 것은?

> 음압수준이란 음압을 다음 식에 따라 데시벨(dB)로 나타낸 것을 말하며, 적분평균소음계(KS C 1505) 또는 소음계(KS C 1502)에 규정하는 소음계의 ( ) 특성을 기준으로 한다.

① A ② B
③ C ④ D

해설 음압수준
음압을 다음 식에 따라 데시벨(dB)로 나타낸 것을 말하며, 적분평균소음계(KS C 1505) 또는 소음계(KS C 1502)에 규정하는 소음계의 C 특성을 기준으로 한다.

$$\text{음압수준}(dB) = 20\log_{10}\left(\frac{P_1}{P_0}\right)$$

여기서, P_1 : 측정하고자 하는 음압
P_0 : 기준음압($P_0 = 20\mu\text{N/m}^2$)

10 적응기제 중 도피기제의 유형이 아닌 것은?

① 합리화 ② 고립
③ 퇴행 ④ 억압

해설 적응기제
㉮ 방어기제 : 투사, 보상, 승화, 합리화, 동일시
㉯ 도피기제 : 고립, 억압, 퇴행, 백일몽

11 집단에서의 인간관계 메커니즘(Mechanism)과 가장 거리가 먼 것은?

① 분열, 강박 ② 모방, 암시
③ 동일화, 일체화 ④ 커뮤니케이션, 공감

Answer 05. ④ 06. ④ 07. ① 08. ③ 09. ③ 10. ① 11. ①

해설 집단에서의 인간관계 메커니즘의 종류

㉮ 일체화	㉯ 동일화
㉰ 역할학습	㉱ 투사
㉲ 커뮤니케이션	㉳ 공감
㉴ 모방	㉵ 암시
㉶ 승화	㉷ 합리화
㉸ 보상	

12 데이비스(Davis)의 동기부여 이론 중 동기유발의 식으로 옳은 것은?

① 지식 × 기능　　② 지식 × 태도
③ 상황 × 기능　　④ 상황 × 태도

해설 데이비스(K. Davis)의 동기부여 이론
㉮ 인간의 성과×물질의 성과=경영의 성과
㉯ 능력×동기유발=인간의 성과
㉰ 지식×기능=능력
㉱ 상황×태도=동기유발

13 생체리듬의 변화에 대한 설명으로 틀린 것은?

① 야간에는 체중이 감소한다.
② 야간에는 말초운동 기능 저하된다.
③ 체온, 혈압, 맥박수는 주간에 상승하고 야간에 감소한다.
④ 혈액의 수분과 염분량은 주간에 증가하고 야간에 감소한다.

해설 생체리듬의 변화
㉮ 생체리듬에서 중요한 것은 낮에는 신체활동이 유리하며, 밤에는 휴식이 효율적이라는 것이다.
㉯ 혈액의 수분과 염분량은 주간에는 감소하고 야간에는 증가한다.
㉰ 체중은 주간작업보다 야간작업일 때 더 많이 감소하고, 피로의 자각증상은 주간보다 야간에 더 많이 증가한다.
㉱ 몸이 흥분한 상태일 때는 교감신경이 우세하고, 수면을 취하거나 휴식을 할 때는 부교감신경이 우세하다.

14 다음 중 인간의 행동특성에 관한 레빈(Lewin)의 법칙 "$B=f(P \cdot E)$"에서 P에 해당되는 것은?

① 행동　　② 소질
③ 환경　　④ 함수

해설 레빈(Lewin)의 법칙
㉮ B : Behavior(인간의 행동)
㉯ P : Person(개인 : 연령, 경험, 심신상태, 성격, 지능, 소질)
㉰ E : environment(심리적 환경 : 인간관계, 작업환경)
㉱ f : function(함수관계)

15 참가자에게 일정한 역할을 주어 실제적으로 연기를 시켜봄으로써 자기의 역할을 보다 확실히 인식할 수 있도록 체험학습을 시키는 교육방법은?

① Role playing　　② Brain storming
③ Action playing　　④ Fish Bowl plaing

해설 롤 플레잉(Role Playing)
참가자들에게 주어진 역할에 따라 실제 상황을 연출하도록 하는 방법으로, 감정과 의견을 표현하면서 자기의 역할을 보다 확실히 인식시키는 방법

16 다음의 교육내용과 관련 있는 교육은?

- 작업 동작 및 표준 작업 방법의 습관화
- 공구·보호구 등의 관리 및 취급 태도의 확립
- 작업 전후 점검, 검사요령의 정확화 및 습관화

① 지식교육　　② 기능교육
③ 태도교육　　④ 문제해결교육

해설 위의 교육내용과 관련 있는 교육은 태도교육이다.

17 성인학습의 원리에 해당되지 않는 것은?

① 간접경험의 원리　　② 자발학습의 원리
③ 상호학습의 원리　　④ 참여교육의 원리

Answer 12. ④ 13. ④ 14. ② 15. ① 16. ③ 17. ①

해설 성인학습의 원리

㉮ 자발학습의 원리
㉯ 상호학습의 원리
㉰ 참여교육의 원리
㉱ 경험중심, 과정중심의 원리
㉲ 생활적응의 원리

18 안전교육방법 중 강의법에 대한 설명으로 옳지 않은 것은?

① 단기간의 교육 시간 내에 비교적 많은 내용을 전달할 수 있다.
② 다수의 수강자를 대상으로 동시에 교육할 수 있다.
③ 다른 교육방법에 비해 수강자의 참여가 제약된다.
④ 수강자 개개인의 학습진도를 조절할 수 있다.

해설 강의법

④ 수강자 개개인의 학습진도를 조절할 수 **없다.**

19 안전교육에 대한 설명으로 옳은 것은?

① 사례중심과 실연을 통하여 기능적 이해를 돕는다.
② 사무직과 기능직은 그 업무가 판이하게 다르므로 분리하여 교육한다.
③ 현장 작업자는 이해력이 낮으므로 단순반복 및 암기를 시킨다.
④ 안전교육에 건성으로 참여하는 것을 방지하기 위하여 인사고과에 필히 반영한다.

해설 안전교육

② 사무직과 기능직은 그 업무가 다르지만, 정기안전교육의 경우 통합하여 교육할 수 있다.
③ 현장 작업자는 이해력이 낮다고 단정할 수 없다.
④ 안전교육에 건성으로 참여하는 것을 방지하기 위하여 인사고과에 반영하는 것은 민원 발생 우려가 있다.

20 산업안전보건법령상 유해위험 방지계획서 제출 대상 공사에 해당하는 것은?

① 깊이가 5m 이상인 굴착공사
② 최대 지간거리 30m 이상인 교량건설 공사
③ 지상 높이 21m 이상인 건축물 공사
④ 터널 건설 공사

해설 유해위험방지계획서 제출 대상 공사

㉮ 지상높이가 31m 이상인 건축물 또는 인공구조물
㉯ 연면적 30,000m² 이상인 건축물
㉰ 연면적 5,000m² 이상인 냉동 · 냉장 창고시설의 설비공사 및 단열공사
㉱ 최대 지간길이(다리의 기둥과 기둥의 중심사이의 거리)가 50m 이상인 다리의 건설 등 공사
㉲ 터널 건설 등의 공사
㉳ 다목적댐, 발전용댐, 저수용량 2천만톤 이상의 용수 전용 댐 및 지방상수도 전용 댐의 건설 등 공사
㉴ 깊이 10m 이상인 굴착공사

참고 산업안전보건법 시행령 제42조

실기 실기시험까지 대비해서 암기하세요.

제2과목 인간공학 및 시스템 안전공학

21 인간이 기계와 비교하여 정보처리 및 결정의 측면에서 상대적으로 우수한 것은? (단, 인공지능은 제외한다.)

① 연역적 추리 ② 정량적 정보처리
③ 관찰을 통한 일반화 ④ 정보의 신속한 보관

해설 인간의 장점

㉮ 시각, 청각, 촉각, 후각, 미각 등의 작은 자극도 감지한다.
㉯ 각각으로 변화하는 자극패턴을 인지한다.
㉰ 예기치 못한 자극을 탐지한다.
㉱ 기억에서 적절한 정보를 꺼낸다.
㉲ 결정 시에 여러 가지 경험을 꺼내 맞춘다.
㉳ 귀납적으로 추리한다.
㉴ 원리를 여러 문제해결에 응용한다.
㉵ 주관적인 평가를 한다.
㉶ 아주 새로운 해결책을 생각한다.
㉷ 조작이 다른 방식에도 몸을 순응한다.

Answer 18. ④ 19. ① 20. ④ 21. ③

22 다음 중 인간공학의 목표와 가장 거리가 먼 것은?

① 에러 감소 ② 생산성 증대
③ 안전성 향상 ④ 신체 건강 증진

해설 인간공학의 목표
① 에러 감소 ② 생산성 증대
③ 안전성 향상 ④ 안락감 향상

23 James Reason의 원인적 휴먼에러 종류 중 다음 설명의 휴먼에러 종류는?

> 자동차가 우측 운행하는 한국의 도로에 익숙해진 운전자가 좌측 운행을 해야 하는 일본에서 우측 운행을 하다가 교통사고를 냈다.

① 고의 사고(Violation)
② 숙련 기반 에러(Skill based error)
③ 규칙 기반 착오(Rule based mistake)
④ 지식 기반 착오(Knowledge based mistake)

해설 휴먼에러
㉮ 규칙 기반 착오 : 잘못된 규칙을 기억하거나, 정확한 규칙이라도 상황에 맞지 않게 잘못 적용한 경우이다. 예로 일본에서 자동차를 우측 운행하다가 사고를 유발하거나, 음주 후 도로차선을 착각하여 역주행하다가 사고를 유발하는 경우이다.
㉯ 숙련 기반 에러 : 실수(slip, 자동차 하차 시에 창문 개폐를 잊어버리고 내려 분실 사고 발생)와 망각(lapse, 전화통화 중에 전화번호를 기억했으나 전화종료 후 옮겨 적는 행동을 잊어버림)으로 구분한다.
㉰ 지식 기반 착오 : 처음부터 장기기억 속에 관련 지식이 없는 경우는 추론이나 유추로 지식처리과정 중에 실패 또는 과오로 이어지는 에러이다. 예로 외국에서 도로표지판을 이해하지 못해서 교통위반을 하는 경우이다.

24 다음 중 인간-기계 시스템을 3가지로 분류한 설명으로 틀린 것은?

① 자동 시스템에서는 인간요소를 고려하여야 한다.
② 자동 시스템에서 인간은 감시, 정비유지, 프로그램 등의 작업을 담당한다.
③ 수동 시스템에서 기계는 동력원을 제공하고 인간의 통제하에서 제품을 생산한다.
④ 기계 시스템에서는 동력기계화 체계와 고도로 통합된 부품으로 구성된다.

해설 수동 시스템
입력된 정보에 기초해서 인간 자신의 신체적인 에너지를 동력원으로 사용한다.

25 어느 부품 1,000개를 100,000시간 동안 가동하였을 때 5개의 불량품이 발생하였을 경우 평균고장시간(MTTF)은?

① 1×10^6시간 ② 2×10^7시간
③ 1×10^8시간 ④ 2×10^9시간

해설 평균고장시간(MTTF)

$$\text{MTTF} = \frac{\sum \text{동작시간}}{\text{고장횟수}} = \frac{1,000\times100,000}{5} = 2\times10^7$$

26 FT도에 사용되는 다음 게이트의 명칭은?

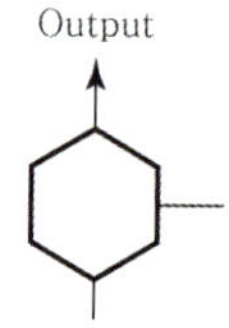

① 부정 게이트
② 억제 게이트
③ 배타적 OR 게이트
④ 우선적 AND 게이트

해설 억제 게이트
억제 게이트의 출력 사상은 한 개의 입력 사상에 의해 발생하며, 입력 사상이 출력 사상을 생성하기 전에 특정 조건을 만족하여야 하는 논리 게이트

Answer 22. ④ 23. ③ 24. ③ 25. ② 26. ②

27 FTA(Fault Tree Analysis)에 사용되는 논리기호와 명칭이 올바르게 연결된 것은?

①  : 전이기호　② 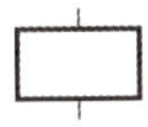 : 기본사상

③  : 통상사상　④ 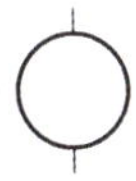 : 결함사상

해설 FTA 논리기호

전이기호	기본사상	결함사상
	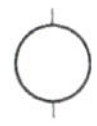	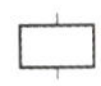

28 다음 시스템의 신뢰도는 얼마인가? (단, 각 요소의 신뢰도는 a, b가 각 0.8, c, d 가 각 0.6이다.)

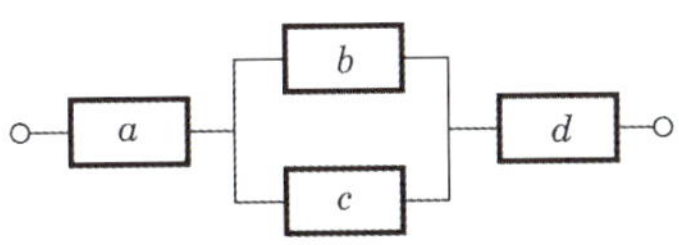

① 0.2245　② 0.3754
③ 0.4416　④ 0.5756

해설 직 · 병렬시스템의 신뢰도

$R_S = R_a\{1-(1-R_b)(1-R_c)\}R_d$

$= 0.8 \times \{1-(1-0.8)\times(1-0.6)\} \times 0.6$

$= 0.8 \times 0.92 \times 0.6 = 0.4416$

29 시스템의 수명 및 신뢰성에 관한 설명으로 틀린 것은?

① 병렬설계 및 디레이팅 기술로 시스템의 신뢰성을 증가시킬 수 있다.
② 직렬시스템에서는 부품들 중 최소 수명을 갖는 부품에 의해 시스템 수명이 정해진다.
③ 수리가 가능한 시스템의 평균 수명(MTBF)은 평균 고장률(λ)과 정비례 관계가 성립한다.
④ 수리가 불가능한 구성요소로 병렬구조를 갖는 설비는 중복도가 늘어날수록 시스템 수명이 길어진다.

해설 시스템의 수명 및 신뢰성

③ 수리가 가능한 시스템의 평균수명(MTBF)은 평균고장률(λ)과 반비례 관계가 성립한다.

30 그림과 같은 FT도에서 정상사상 T의 발생 확률은? (단, X_1, X_2, X_3의 발생 확률은 각각 0.1, 0.15, 0.1이다.)

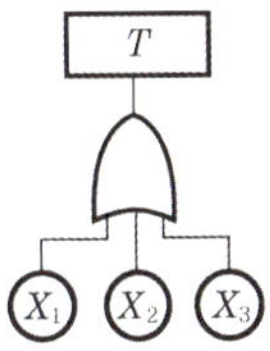

① 0.3115　② 0.35
③ 0.496　④ 0.9985

해설 T의 발생 확률

$1-\{(1-0.1)\times(1-0.15)\times(1-0.1)\}$

$=0.3115$

31 일반적인 시스템의 수명곡선(욕조곡선)에서 고장형태 중 증가형 고장률을 나타내는 기간으로 옳은 것은?

① 우발 고장기간　② 마모 고장기간
③ 초기 고장기간　④ Burn－in 고장기간

해설 시스템의 수명곡선에서 고장형태 및 고장률

㉮ 초기 고장 : 감소형 고장률
㉯ 우발 고장 : 일정형 고장률
㉰ 마모 고장 : 증가형 고장률

32 FMEA의 장점이라 할 수 있는 것은?

① 분석방법에 대한 논리적 배경이 강하다.
② 물적, 인적요소 모두가 분석대상이 된다.
③ 서식이 간단하고 비교적 적은 노력으로 분석이 가능하다.
④ 두 가지 이상의 요소가 동시에 고장 나는 경우에도 분석이 용이하다.

Answer 27. ③ 28. ③ 29. ③ 30. ① 31. ② 32. ③

해설 고장형태와 영향분석(FMEA ; Failure Modes and Effects Analysis)

㉮ FTA보다 서식이 간단하고 비교적 적은 노력으로 특별한 노력 없이 분석이 가능하다.

㉯ CA(Criticality Analysis)와 병행하는 일이 많다.

33 다음 중 근골격계부담작업에 속하지 않는 것은?

① 하루에 10회 이상 25kg 이상의 물체를 드는 작업

② 하루에 총 2시간 이상 목, 어깨, 팔꿈치, 손목 또는 손을 사용하여 같은 동작을 반복하는 작업

③ 하루에 총 2시간 이상 쪼그리고 앉거나 무릎을 굽힌 자세에서 이루어지는 작업

④ 하루에 총 2시간 이상 시간당 5회 이상 손 또는 무릎을 사용하여 반복적으로 충격을 가하는 작업

해설 근골격계부담작업의 범위

④ 하루에 총 2시간 이상 시간당 10회 이상 손 또는 무릎을 사용하여 반복적으로 충격을 가하는 작업이다.

실기 실기시험까지 대비해서 암기하세요.

34 신체 부위의 운동에 대한 설명으로 틀린 것은?

① 굴곡(flexion)은 부위 간의 각도가 증가하는 신체의 움직임을 의미한다.

② 외전(abduction)은 신체 중심선으로부터 이동하는 신체의 움직임을 의미한다.

③ 내전(adduction)은 신체의 외부에서 중심선으로 이동하는 신체의 움직임을 의미한다.

④ 외선(lateral rotation)은 신체의 중심선으로부터 회전하는 신체의 움직임을 의미한다.

해설 인체동작의 유형과 범위

㉮ 굴곡(flexion) : 팔꿈치로 팔 굽혀 펴기 할 때처럼 관절에서의 각도가 감소하는 인체부분의 동작

㉯ 상향(supination) : 손바닥을 위로 향하도록 하는 회전

㉰ 외전(abduction) : 팔을 옆으로 들 때처럼 인체 중심선에서 멀어지는 측면에서의 인체부위의 동작

㉱ 신전(extension) : 굴곡과 반대방향의 동작으로, 팔꿈치를 펼 때처럼 관절에서의 각도가 증가하는 동작

35 다음 중 소음의 1일 노출시간과 소음강도의 기준이 잘못 연결된 것은?

① 8hr – 90dB(A) ② 2hr – 100dB(A)

③ 1/2hr – 110dB(A) ④ 1/4hr – 120dB(A)

해설 소음의 노출기준

㉮ 90dB(A) 이상의 소음이 1일 8시간

㉯ 95dB(A) 이상의 소음이 1일 4시간

㉰ 100dB(A) 이상의 소음이 1일 2시간

㉱ 105dB(A) 이상의 소음이 1일 1시간

㉲ 110dB(A) 이상의 소음이 1일 1/2시간

㉳ 115dB(A) 이상의 소음이 1일 1/4시간

참고 산업안전보건기준에 관한 규칙 제512조

36 일반적으로 보통 작업자의 정상적인 시선으로 가장 적합한 것은?

① 수평선을 기준으로 위쪽 5° 정도

② 수평선을 기준으로 위쪽 15° 정도

③ 수평선을 기준으로 아래쪽 5° 정도

④ 수평선을 기준으로 아래쪽 15° 정도

해설 작업자의 시선 범위

㉮ 화면 상단과 눈높이가 일치해야 한다.

㉯ 화면상의 시야 범위는 수평선상에서 10~15° 밑에 오도록 한다.

㉰ 화면과의 거리는 최소 40cm 이상이 확보되도록 한다.

37 국소진동에 지속적으로 노출된 근로자에게 발생할 수 있으며, 말초혈관 장해로 손가락이 창백해지고 동통을 느끼는 질환의 명칭은?

① 레이노 병(Raynaud's phenomenon)

② 파킨슨 병(Parkinson's disease)

③ 규폐증

④ C_5 – dip 현상

Answer 33. ④ 34. ① 35. ④ 36. ④ 37. ①

해설 레이노 병(Raynaud's phenomenon)
진동으로 인한 말초혈관운동의 장해로 발생한다.

38 태양광이 내리쬐지 않는 옥내의 습구흑구온도지수(WBGT) 산출식은?

① 0.6 × 자연습구온도 + 0.3 × 흑구온도
② 0.7 × 자연습구온도 + 0.3 × 흑구온도
③ 0.6 × 자연습구온도 + 0.4 × 흑구온도
④ 0.7 × 자연습구온도 + 0.4 × 흑구온도

해설 태양이 내리쬐지 않는 옥내의 습구흑구온도지수(WBGT)
WBGT(℃) = 0.7 × 습구온도 + 0.3 × 흑구온도

39 다음 중 청각적 표시장치의 설계에 관한 설명으로 가장 거리가 먼 것은?

① 신호를 멀리 보내고자 할 때는 낮은 주파수를 사용하는 것이 바람직하다.
② 배경 소음의 주파수와 다른 주파수의 신호를 사용하는 것이 바람직하다.
③ 신호가 장애물을 돌아가야 할 때에는 높은 주파수를 사용하는 것이 바람직하다.
④ 경보는 청취자에게 위급 상황에 대한 정보를 제공하는 것이 바람직하다.

해설 청각적 표시장치
㉮ 귀는 중음역(中音域)에 가장 민감하므로 500~3,000Hz의 진동수를 사용한다.
㉯ 중음은 멀리 가지 못하므로 장거리(>300m)용으로는 1,000Hz 이하의 진동수를 사용한다.
㉰ 신호가 장애물을 돌아가거나 칸막이를 통과해야 할 때는 500Hz 이하의 진동수를 사용한다.
㉱ 주의를 끌기 위해서는 초당 1~8번 나는 소리나 초당 1~3번 오르내리는 변조된 신호를 사용한다.
㉲ 배경 소음의 진동수와 다른 신호를 사용한다.
㉳ 경보효과를 높이기 위해서 개시시간이 짧은 고강도 신호를 사용하고, 소화기를 사용하는 경우에는 좌우로 교번하는 신호를 사용한다.
㉴ 가능하면 다른 용도에 쓰이지 않는 확성기(speaker), 경적(horn) 등과 같은 별도의 통신계통을 사용한다.

40 8시간 근무를 기준으로 남성작업자 A의 대사량을 측정한 결과, 산소소비량이 1.3L/min으로 측정되었다. Murrell 방법으로 계산 시, 8시간의 총 근로시간에 포함되어야 할 휴식시간은?

① 124분 ② 134분
③ 144분 ④ 154분

해설 휴식시간(R)의 산정

$$R = \frac{T(E-S)}{E-1.5}$$

여기서, T : 총 작업시간(분)
E : 작업의 평균 에너지소비량(kcal/min)
S : 권장 평균 에너지소비량(남성은 5kcal/min, 여성은 3.5kcal/min)

E = 분당 산소소비량×산소 1L당 에너지소비량 = 1.3×5 = 6.5kcal/min

따라서, $R = \frac{(8\times60)\times(6.5-5)}{6.5-1.5} = 144$

제3과목 기계위험 방지기술

41 허용응력이 1kN/mm^{2}이고, 단면적이 2mm^{2}인 강판의 극한하중이 4,000N이라면 안전율은 얼마인가?

① 2 ② 4
③ 5 ④ 50

해설 $\text{안전율} = \frac{\text{극한하중}}{\text{허용응력}} = \frac{4,000}{2\times10^3} = 2$

42 다음 중 셰이퍼에서 근로자의 보호를 위한 방호장치가 아닌 것은?

① 방책 ② 칩받이
③ 칸막이 ④ 급속귀환장치

해설 셰이퍼에서 근로자의 보호를 위한 방호장치
① 방책 ② 칩받이
③ 칸막이 ④ 가드 등

Answer 38. ② 39. ③ 40. ③ 41. ① 42. ④

43 다음 중 방호장치의 기본목적과 가장 관계가 먼 것은?

① 작업자의 보호
② 기계기능의 향상
③ 인적 · 물적 손실의 방지
④ 기계위험 부위의 접촉방지

해설 방호장치의 기본목적
㉮ ①, ③, ④와 다음의 목적이 있다.
㉯ 가공물 등의 낙하에 의한 위험방지
㉰ 비산으로 인한 위험방지

44 다음 중 산업안전보건법령상 프레스 등을 사용하여 작업을 할 때에 작업시작 전 점검 사항으로 볼 수 없는 것은?

① 압력방출장치의 기능
② 클러치 및 브레이크의 기능
③ 프레스의 금형 및 고정볼트 상태
④ 1행정 1정지기구 · 급정지장치 및 비상정지장치의 기능

해설 프레스 등의 작업 시 작업시작 전 점검사항
㉮ ②, ③, ④와 다음의 점검사항이 있다.
㉯ 크랭크축 · 플라이휠 · 슬라이드 · 연결봉 및 연결 나사의 풀림 여부
㉰ 슬라이드 또는 칼날에 의한 위험방지 기구의 기능
㉱ 방호장치의 기능
㉲ 전단기의 칼날 및 테이블의 상태

참고 산업안전보건기준에 관한 규칙 별표 3

실기 실기시험까지 대비해서 암기하세요.

45 프레스 작업에서 제품 및 스크랩을 자동적으로 위험한계 밖으로 배출하기 위한 장치로 볼 수 없는 것은?

① 피더 ② 키커
③ 이젝터 ④ 공기 분사 장치

해설 프레스 작업에서의 장치
① 피더는 프레스의 가공용 공급장치이다.

46 아세틸렌 용접장치를 사용하여 금속의 용접 · 용단 또는 가열작업을 하는 경우 아세틸렌을 발생시키는 게이지 압력은 최대 몇 kPa 이하여야 하는가?

① 17 ② 88
③ 127 ④ 210

해설 압력의 제한
사업주는 아세틸렌 용접장치를 사용하여 금속의 용접 · 용단 또는 가열작업을 하는 경우에는 게이지 압력이 127kPa을 초과하는 압력의 아세틸렌을 발생시켜 사용해서는 아니 된다.

참고 산업안전보건기준에 관한 규칙 제285조

47 A사업장의 도수율이 2로 산출되었을 때 그 결과에 대한 해석으로 옳은 것은?

① 근로자 1,000명당 1년 동안 발생한 재해자수가 2명이다.
② 연근로시간 1,000시간당 발생한 근로손실일수가 2일이다.
③ 근로자 10,000명당 1년간 발생한 사망자수가 2명이다.
④ 연근로시간 1,000,000시간당 발생한 재해건수가 2건이다.

해설 도수율
도수율은 산업재해의 발생빈도를 나타내는 것으로, 연근로시간 합계 100만 시간당 재해건수이다

$$\text{도수율} = \frac{\text{재해건수}}{\text{연근로총시간수}} \times 10^6$$

48 연삭기에서 숫돌의 바깥지름이 150mm일 경우 평형플랜지 지름은 몇 mm 이상이어야 하는가?

① 30 ② 50
③ 60 ④ 90

해설 연삭기 또는 연마기의 제작 및 안전기준
평형플랜지의 직경은 설치하는 숫돌 직경의 1/3 이상, 여유값은 1.5㎜ 이상이어야 한다.
∴ 150×1/3=50

Answer 43. ② 44. ① 45. ① 46. ③ 47. ④ 48. ②

49 연삭기 작업 시 작업자가 안심하고 작업을 할 수 있는 상태는?

① 탁상용 연삭기에서 숫돌과 작업 받침대의 간격이 5mm이다.
② 덮개 재료의 인장강도는 224MPa이다.
③ 숫돌 교체 후 2분 정도 시험운전을 실시하여 해당 기계의 이상 여부를 확인하였다.
④ 작업 시작 전 1분 정도 시험운전을 실시하여 해당 기계의 이상 여부를 확인하였다.

해설 연삭기 작업의 안전수칙
① 탁상용 연삭기에서 숫돌과 작업 받침대의 간격이 3mm 이내를 유지해야 한다.
② 덮개 재료의 인장강도는 274.5MPa 이상이어야 한다.
③ 숫돌 교체 후 3분 이상 시험운전을 실시하여 해당 기계의 이상 여부를 확인해야 한다.

50 다음 중 산업안전보건법령상 연삭숫돌을 사용하는 작업의 안전수칙으로 틀린 것은?

① 연삭숫돌을 사용하는 경우 작업시작 전과 연삭숫돌을 교체한 후에는 1분 정도 시운전을 통해 이상 유무를 확인한다.
② 회전 중인 연삭숫돌이 근로자에 위험을 미칠 우려가 있는 경우에 그 부위에 덮개를 설치하여야 한다.
③ 연삭숫돌의 최고 사용회전속도를 초과하여 사용하여서는 안 된다.
④ 측면을 사용하는 목적으로 하는 연삭숫돌 이외에는 측면을 사용해서는 안 된다.

해설 연삭숫돌 작업의 안전수칙
① 연삭숫돌을 사용하는 경우 작업시작 전에는 1분 정도, 연삭숫돌을 교체한 후에는 3분 정도 시운전을 통해 이상 유무를 확인한다.

참고 산업안전보건기준에 관한 규칙 제122조

51 프레스 및 전단기에서 위험한계 내에서 작업하는 작업자의 안전을 위하여 안전블록의 사용 등 필요한 조치를 취해야 한다. 다음 중 안전블록을 사용해야 하는 작업으로 가장 거리가 먼 것은?

① 금형 가공작업 ② 금형 해체작업
③ 금형 부착작업 ④ 금형 조정작업

해설 금형 조정작업의 위험방지
사업주는 프레스 등의 금형을 부착 · 해체 또는 조정하는 작업을 할 때에 해당 작업에 종사하는 근로자의 신체가 위험한계 내에 있는 경우 슬라이드가 갑자기 작동함으로써 근로자에게 발생할 우려가 있는 위험을 방지하기 위하여 안전블록을 사용하는 등 필요한 조치를 하여야 한다.

52 밀링작업 시 안전 수칙에 관한 설명으로 옳지 않은 것은?

① 칩은 기계를 정지시킨 다음에 브러시 등으로 제거한다.
② 일감 또는 부속장치 등을 설치하거나 제거할 때는 반드시 기계를 정지시키고 작업한다.
③ 커터는 될 수 있는 한 컬럼에서 멀게 설치한다.
④ 강력 절삭을 할 때는 일감을 바이스에 깊게 물린다.

해설 밀링작업 시 안전수칙
③ 커터는 될 수 있는 한 컬럼에서 가깝게 설치한다.

53 롤러기의 급정지장치에 관한 설명으로 가장 적절하지 않은 것은?

① 복부 조작식은 조작부 중심점을 기준으로 밑면으로부터 1.2~1.4m 이내의 높이로 설치한다.
② 손 조작식은 조작부 중심점을 기준으로 밑면으로부터 1.8m 이내의 높이로 설치한다.
③ 급정지장치의 조작부에 사용하는 줄은 사용 중에 늘어져서는 안 된다.
④ 급정지장치의 조작부에 사용하는 줄은 충분한 인장강도를 가져야 한다.

Answer 49. ④ 50. ① 51. ① 52. ③ 53. ①

해설 조작부 설치 위치에 따른 롤러기 급정지장치의 종류

종류	설치 위치
손 조작식	밑면에서 1.8m 이내
복부 조작식	밑면에서 0.8m 이상 1.1m 이내
무릎 조작식	밑면에서 0.6m 이내

※ 위치는 급정지장치 조작부의 중심점을 기준

실기 실기시험까지 대비해서 암기하세요.

54 산업안전보건법령에 따라 아세틸렌 용접장치의 아세틸렌 발생기를 설치하는 경우, 발생기실의 설치장소에 대한 설명 중 A, B에 들어갈 내용으로 옳은 것은?

- 발생기실은 건물의 최상층에 위치하여야 하며, 화기를 사용하는 설비로부터 (A)를 초과하는 장소에 설치하여야 한다.
- 발생기실을 옥외에 설치한 경우에는 그 개구부를 다른 건축물로부터 (B) 이상 떨어지도록 하여야 한다.

① A : 1.5m, B : 3m ② A : 2m, B : 4m
③ A : 3m, B : 1.5m ④ A : 4m, B : 2m

해설 발생기실의 설치장소 등

㉮ 사업주는 아세틸렌 용접장치의 아세틸렌 발생기를 설치하는 경우에는 전용의 발생기실에 설치하여야 한다.

㉯ 발생기실은 건물의 최상층에 위치하여야 하며, 화기를 사용하는 설비로부터 3m를 초과하는 장소에 설치하여야 한다.

㉰ 발생기실을 옥외에 설치한 경우에는 그 개구부를 다른 건축물로부터 1.5m 이상 떨어지도록 하여야 한다.

참고 산업안전보건기준에 관한 규칙 제286조

실기 실기시험까지 대비해서 암기하세요.

55 프레스 및 전단기에 사용되는 손쳐내기식 방호장치의 성능기준에 대한 설명 중 옳지 않은 것은?

① 진동각도 · 진폭시험 : 행정길이가 최소일 때 진동각도는 60°~90°이다.

② 진동각도 · 진폭시험 : 행정길이가 최대일 때 진동각도는 30°~60°이다.

③ 완충시험 : 손쳐내기봉에 의한 과도한 충격이 없어야 한다.

④ 무부하 동작시험 : 1회의 오동작도 없어야 한다.

해설 프레스 및 전단기의 방호장치의 성능기준

③ 진동각도 · 진폭시험 : 행정길이가 최대일 때 진동각도는 45°~90°이다.

56 슬라이드가 내려옴에 따라 손을 쳐내는 막대기 좌우로 왕복하면서 위험점으로부터 손을 보호하여 주는 프레스의 안전장치는?

① 손쳐내기식 방호장치
② 수인식 방호장치
③ 게이트 가드식 방호방치
④ 양손조작식 방호장치

해설 방호장치

② 수인식 방호장치 : 슬라이드와 작업자의 손을 끈으로 연결하여 슬라이드 하강 시 작업자의 손을 당겨 위험에서 벗어날 수 있게 한 안전장치

③ 게이트 가드식 방호방치 : 연동구조를 적용하여 문을 닫지 않으면 동작할 수 없도록 한 안전장치

④ 양손조작식 방호장치 : 기계의 조작을 양손으로 동시에 하지 않으면 기계가 동작하지 않으며, 한 손이라도 떼어내면 급정지하는 안전장치

57 지게차의 안정을 유지하기 위한 안정도 기준으로 틀린 것은?

① 5톤 미만의 부하 상태에서 하역작업 시의 전후 안정도는 4% 이내이어야 한다.

② 부하 상태에서 하역작업 시의 좌우 안정도는 10% 이내이어야 한다.

③ 무부하 상태에서 주행 시의 좌우 안정도는 (15 + 1.1 × V)% 이내이어야 한다.(단, V는 구내 최고속도[km/h])

④ 부하 상태에서 주행 시 전후 안정도는 18% 이내이어야 한다.

Answer 54. ③ 55. ② 56. ① 57. ②

해설 지게차의 안정도 기준

② 부하 상태에서 하역작업 시의 좌우 안정도는 6% 이내이어야 한다.

58 다음 중 선반에서 사용하는 바이트와 관련된 방호장치는?

① 심압대　② 터릿
③ 칩 브레이커　④ 주축대

해설 방호장치

① 심압대 : 주축대의 반대쪽 베드 위에 있으며, 주축의 센터와 더불어 공작물의 오른쪽 끝을 센터로 지지하는 역할을 한다.
② 터릿 : 회전이 가능한 원형 판 위에 구조물 설치가 가능하도록 한 장치
④ 주축대 : 선반의 왼쪽 끝에 고정되어 있는 동력을 전달하는 부분으로 그 속에 주축이 내장되어 있고, 이에 센터를 끼워 심압대와 함께 공작물을 지지한다. 주축의 회전 속도 및 이송 속도를 조정하는 변환 장치가 갖추어져 있다.

59 가공기계에 쓰이는 주된 풀 프루프(Fool Proof)에서 가드(Guard)의 형식으로 틀린 것은?

① 인터록 가드(Interlock Guard)
② 안내 가드(Guide Guard)
③ 조정 가드(Adjustable Guard)
④ 고정 가드(Fixed Guard)

해설 풀 프루프(Fool Proof)에서 가드의 형식

① 인터록 가드(Interlock Guard) : 기계식 작동 중에 개폐되는 경우 기계가 정지되는 가드
② 자동 가드(Automatic Guard) : 정지 중에는 톱날이 드러나지 않게 하는 가드
③ 조정 가드(Adjustable Guard) : 위험점의 모양에 따라 맞추어 조절이 가능한 가드
④ 고정 가드(Fixed Guard) : 기계식 작동 중에 개구부로부터 가공물과 공구 등을 넣어도 손을 위험영역에 머무르지 않게 하는 가드

60 지게차의 방호장치에 해당하지 않는 것은?

① 백레스트　② 전조등, 후미등
③ 헤드가드　④ 비상정지장치

해설 지게차의 방호장치

① 백레스트
② 전조등, 후미등
③ 헤드가드

제4과목 전기위험 방지기술

61 3300/220V, 20kVA인 3상 변압기로부터 공급받고 있는 저압 전선로의 절연 부분의 전선과 대지 간의 절연저항의 최소값은 약 몇 Ω 인가? (단, 변압기의 저압 측 중성점에 접지가 되어 있다.)

① 1,240　② 2,794
③ 4,840　④ 8,383

해설 절연저항(R)

$$R=\frac{V}{Ig}=\frac{V}{\frac{1}{2,000}\times\frac{P}{\sqrt{3}\,V}}$$

$$=\frac{220}{\frac{1}{2,000}\times\frac{20\times10^3}{\sqrt{3}\times220}}$$

$$=8,383.125[\Omega]$$

62 누전차단기의 시설방법 중 옳지 않은 것은?

① 시설장소는 배전반 또는 분전반 내에 설치한다.
② 정격전류용량은 해당 전로의 부하전류 값 이상이어야 한다.
③ 정격감도전류는 정상의 사용상태에서 불필요하게 동작하지 않도록 한다.
④ 인체감전보호형은 0.05초 이내에 동작하는 고감도고속형이어야 한다.

해설 누전차단기의 시설방법

④ 인체감전보호형은 0.03초 이내에 동작하는 고감도고속형이어야 한다.

Answer 58. ③ 59. ② 60. ④ 61. ④ 62. ④

63 피뢰시스템의 등급에 따른 회전구체의 반지름으로 틀린 것은?

① Ⅰ 등급 : 20m ② Ⅱ 등급 : 30m
③ Ⅲ 등급 : 40m ④ Ⅳ 등급 : 60m

해설 보호등급별 회전구체의 반지름, 메시 치수

보호등급	회전구체 반지름(m)	메시 치수(m)
Ⅰ	20	5×5
Ⅱ	30	10×10
Ⅲ	45	15×15
Ⅳ	60	20×20

참고 한국전기설비규정

64 활선 작업 시 사용할 수 없는 전기작업용 안전장구는?

① 전기안전모 ② 절연장갑
③ 검전기 ④ 승주용 가제

해설 활선 작업 시 사용하는 전기작업용 안전장구
㉮ 전기안전모 ㉯ 절연장갑
㉰ 검전기 ㉱ 절연화, 절연장화
㉲ 절연복

65 고압 및 특고압의 전로에 시설하는 피뢰기에 접지공사를 할 때 접지저항의 최대값은 몇 Ω 이하로 해야 하는가?

① 100 ② 20
③ 10 ④ 5

해설 피뢰기의 접지저항
피뢰기의 접지저항은 10Ω 이하로 해야 한다.

66 고장전류를 차단할 수 있는 것은?

① 차단기(CB) ② 유입 개폐기(OS)
③ 단로기(DS) ④ 선로 개폐기(LS)

해설 차단기(CB)
고장전류를 차단할 수 있는 것은 차단기(CB)이다.

67 인체저항을 500Ω이라 한다면, 심실세동을 일으키는 위험한계 에너지는 약 몇 J인가? (단, 심실세동전류값 $I=\frac{165}{\sqrt{t}}$ mA의 Dalziel의 식을 이용하며, 통전시간은 1초로 한다.)

① 11.5 ② 13.6
③ 15.3 ④ 16.2

해설 위험한계 에너지

$$W=I^2RT=(165\times10^{-3})^2\times500\times1$$
$$=165^2\times10^{-6}\times500\times1=13.6[\mathrm{J}]$$

68 감전 재해자가 발생하였을 때 취하여야 할 최우선 조치는? (단, 감전자가 질식상태라 가정함.)

① 부상 부위를 치료한다.
② 심폐소생술을 실시한다.
③ 의사의 왕진을 요청한다.
④ 우선 병원으로 이동시킨다.

해설 감전 사고 시 응급조치
감전 재해자의 호흡 정지 후 심폐소생술을 얼마나 빨리 실시하느냐에 따라 소생률의 차이가 크다.

69 다음 중 전압을 구분한 것으로 알맞은 것은?

① 저압이란 교류는 600V 이하, 직류는 교류의 $\sqrt{2}$배 이하인 전압을 말한다.
② 저압이란 교류는 1,000V 이하, 직류는 1,200V 이하의 전압을 말한다.
③ 고압이란 교류는 1,000V 초과 7,000V 이하, 직류는 1,500V 초과 7,000V 이하의 전압을 말한다.
④ 특고압이란 교류, 직류 모두 7,500V를 넘는 전압을 말한다.

해설 전압의 구분

저압	교류는 1,000V 이하, 직류는 1,500V 이하
고압	교류는 1,000V를, 직류는 1,500V를 초과하고, 7,000V 이하
특고압	교류, 직류 모두 7,000V를 초과

참고 한국전기설비규정

Answer 63. ③ 64. ④ 65. ③ 66. ① 67. ② 68. ② 69. ③

70 감전되어 사망하는 주된 메커니즘으로 틀린 것은?

① 심장부에 전류가 흘러 심실세동이 발생하여 혈액 순환 기능이 상실되어 일어난 것
② 흉골에 전류가 흘러 혈압이 약해져 뇌에 산소 공급기능이 정지되어 일어난 것
③ 뇌의 호흡중추 신경에 전류가 흘러 호흡 기능이 정지되어 일어난 것
④ 흉부에 전류가 흘러 흉부수축에 의한 질식으로 일어난 것

해설 감전전류에 의한 사망 메커니즘
1차적으로 **심장부 통전**으로 심실세동에 의한 호흡 기능 및 혈액 순환 기능의 정지, **뇌 통전**에 따른 호흡기능의 정지 및 호흡 중추신경의 손상, **흉부 통전**에 의한 호흡 기능의 정지 등이 발생할 수 있다.

71 충격전압시험 시의 표준충격파형을 1.2×50μs로 나타내는 경우 1.2와 50이 뜻하는 것은?

① 파두장 – 파미장
② 최초섬락시간 – 최종섬락시간
③ 라이징타임 – 스테이블타임
④ 라이징타임 – 충격전압인가시간

해설 충격전압시험 시의 표준충격파형
충격전압시험의 표준충격파형은 **파두장**이 1.2μs이고 **파미장**이 50μs인 파형으로 정(+)방향과 부(−)방향에 각각 3회씩 실시한다.

72 정전기로 인한 화재 폭발의 위험이 가장 높은 것은?

① 드라이클리닝 설비 ② 농작물 건조기
③ 가습기 ④ 전동기

해설 정전기로 인한 화재 폭발 등 방지대책 대상 설비
드라이클리닝 설비, 염색가공설비 또는 모피류 등을 씻는 설비 등 인화성 유기용제를 사용하는 설비는 정전기로 인한 화재 폭발 등의 방지대책을 해야 한다.

73 제전기의 종류가 아닌 것은?

① 전압인가식 제전기
② 정전식 제전기
③ 방사선식 제전기
④ 자기방전식 제전기

해설 제전기의 종류
㉮ 전압인가식 제전기
㉯ 방사선식 제전기
㉰ 자기방전식 제전기
㉱ 이온식 스프레이 제전기

74 정전기로 인한 화재 및 폭발을 방지하기 위하여 조치가 필요한 설비가 아닌 것은?

① 드라이클리닝 설비
② 위험물 건조설비
③ 화약류 제조설비
④ 위험기구의 제전설비

해설 정전기로 인한 화재 폭발 등 방지대책 대상 설비
㉮ 위험물을 탱크로리 · 탱크차 및 드럼 등에 주입하는 설비
㉯ 탱크로리 · 탱크차 및 드럼 등 위험물 저장설비
㉰ 인화성 액체를 함유하는 도료 및 접착제 등을 제조 · 저장 · 취급 또는 도포하는 설비
㉱ **위험물 건조설비** 또는 그 부속 설비
㉲ 인화성 고체를 저장하거나 취급하는 설비
㉳ **드라이클리닝 설비**, 염색가공설비 또는 모피류 등을 씻는 설비 등 인화성 유기용제를 사용하는 설비
㉴ 유압, 압축공기 또는 고전위정전기 등을 이용하여 인화성 액체나 인화성 고체를 분무하거나 이송하는 설비
㉵ 고압가스를 이송하거나 저장 · 취급하는 설비
㉶ **화약류 제조설비**
㉷ 발파공에 장전된 화약류를 점화시키는 경우에 사용하는 발파기(발파공을 막는 재료로 물을 사용하거나 갱도발파를 하는 경우는 제외)

참고 산업안전보건기준에 관한 규칙 제325조

Answer 70. ② 71. ① 72. ① 73. ② 74. ④

75 KS C IEC 60079－0에 따른 방폭에 대한 설명으로 틀린 것은?

① 기호 "X"는 방폭기기의 특정 사용조건을 나타내는 데 사용되는 인증번호의 접미사이다.
② 인화하한(LFL)과 인화상한(UFL) 사이의 범위가 클수록 폭발성 가스 분위기 형성 가능성이 크다.
③ 기기그룹에 따라 폭발성 가스를 분류할 때 ⅡA의 대표 가스로 에틸렌이 있다.
④ 연면거리는 두 도전부 사이의 고체 절연물 표면을 따른 최단 거리를 말한다.

해설 폭발성 가스의 분류

③ 기기그룹에 따라 폭발성 가스를 분류할 때 ⅡA의 대표 가스로 **프로판**이 있다.
※ 에틸렌은 ⅡB의 대표 가스이다.

76 방폭기기－일반요구사항(KS C IEC 60079－0) 규정에서 제시하고 있는 방폭기기 설치 시 표준 환경조건이 아닌 것은?

① 압력 : 80～110kPa
② 상대습도 : 40～80%
③ 주위온도 : －20～40℃
④ 산소 함유율 21%v/v의 공기

해설 방폭기기 설치 시 표준 환경조건

② 상대습도 : 45～85%
③ 주위온도 : －20～60℃를 표준으로 하지만, 달리 명시하거나 표시하지 않는 한 방폭기기의 정상 주위온도 범위는 －20～40℃이다.

77 다음에서 설명하고 있는 방폭구조는?

> 전기기기의 정상 사용 조건 및 특정 비정상 상태에서 과도한 온도 상승, 아크 또는 스파크의 발생위험을 방지하기 위해 추가적인 안전조치를 취한 것으로 Ex e라고 표시한다.

① 유입 방폭구조　② 압력 방폭구조
③ 내압 방폭구조　④ 안전증 방폭구조

해설 방폭구조의 종류

① 유입 방폭구조(Ex o) : 생산현장의 분위기에 가연성 가스, 증기, 분진 등이 존재하여 폭발의 우려가 있는 경우에 전기설비의 안전을 도모하기 위해 전기기계기구의 전기불꽃 또는 아크를 발생하는 부분을 기름 속에 수용하고, 기름 면 위에 존재하는 폭발성 가스에 인화될 우려가 없도록 되어 있는 구조
② 압력 방폭구조(Ex p) : 전기설비 용기 내부에 공기, 질소, 탄산가스 등의 보호가스를 대기압 이상으로 봉입하여 당해 용기 내부에 가연성 가스 또는 증기가 침입하지 못하도록 한 구조
③ 내압 방폭구조(Ex d) : 방폭전기설비의 용기 내부에서 폭발성 가스 또는 증기가 폭발하였을 때 용기가 그 압력에 견디고 접합면이나 개구부를 통해서 외부의 폭발성 가스나 증기에 인화되지 않도록 한 구조

78 변압기의 최소 IP 등급은? (단, 유입 방폭구조의 변압기이다.)

① IP55　② IP56
③ IP65　④ IP66

해설 유입 방포구조 변압기의 IP 등급

유입 방폭구조의 변압기에 있어서 보호등급은 최소 **IP66**에 적합해야 한다.

79 전기설비에 접지를 하는 목적으로 틀린 것은?

① 누설전류에 의한 감전방지
② 낙뢰에 의한 피해방지
③ 지락사고 시 대지전위 상승유도 및 절연강도 증가
④ 지락사고 시 보호계전기 신속동작

해설 전기설비의 접지 목적

③ 지락사고 시 대지전위 **상승억제 및 절연강도 경감**이 목적이다.

Answer 75. ③ 76. ② 77. ④ 78. ④ 79. ③

80 온도조절용 바이메탈과 온도 퓨즈가 회로에 조합되어 있는 다리미를 사용한 가정에서 화재가 발생했다. 다리미에 부착되어 있던 바이메탈과 온도 퓨즈를 대상으로 화재사고를 분석하려 하는 데 논리기호를 사용하여 표현하고자 한다. 어느 기호가 적당한가? (단, 바이메탈의 작동과 온도 퓨즈가 끊어졌을 경우를 0, 그렇지 않을 경우를 1이라 한다.)

①  ② 

③ 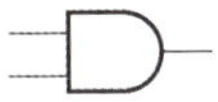 ④ 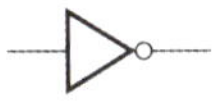

해설 AND 게이트(논리곱)
불대수의 AND 연산을 하는 게이트로, 2개의 입력 A와 B를 받아 A와 B 둘 다 1이면 결과가 1이 되고, 나머지 경우에는 0이 된다.

제5과목 화학설비위험 방지기술

81 CF_3Br 소화약제의 할론 번호를 옳게 나타낸 것은?

① 할론 1031 ② 할론 1311
③ 할론 1301 ④ 할론 1310

해설 소화약제의 할론 번호
할론 번호표기의 첫 번째 숫자는 탄소(C), 두 번째 숫자는 불소(F), 세 번째 숫자는 염소(Cl), 네 번째 숫자는 브롬(Br)을 의미한다.

C	F	Cl	Br
1	3	0	1

82 다음 중 분진폭발이 발생하기 쉬운 조건으로 적절하지 않은 것은?

① 발열량이 클 때
② 입자의 표면적이 작을 때
③ 입자의 형상이 복잡할 때
④ 분진의 초기 온도가 높을 때

해설 분진폭발이 발생하기 쉬운 조건
② 입자의 표면적이 클 때 분진폭발이 발생하기 쉽다.

83 분진폭발의 특징으로 옳은 것은?

① 연소속도가 가스폭발보다 크다.
② 완전연소로 가스중독의 위험이 작다.
③ 화염의 파급 속도보다 압력의 파급 속도가 크다.
④ 가스폭발보다 연소시간은 짧고 발생에너지는 작다.

해설 분진폭발의 특징
① 연소속도가 가스폭발보다 작다.
② 가스폭발에 비하여 불완전 연소를 일으키기 쉬우므로 연소 후 가스에 의한 중독 위험이 존재한다.
③ 화염의 파급 속도보다 압력의 파급 속도가 빠르다.
④ 가스폭발보다 연소시간이 길고, 발생에너지가 크다.
⑤ 주위의 분진에 의해 2차, 3차의 폭발로 파급될 수 있다.
⑥ 폭발 시 입자가 비산하므로 이것에 부딪치는 가연물은 국부적으로 심한 탄화를 일으킨다.

84 다음 중 자연발화가 쉽게 일어나는 조건으로 틀린 것은?

① 주위온도가 높을수록
② 열 축적이 클수록
③ 적당량의 수분이 존재할 때
④ 표면적이 작을수록

해설 자연발화가 쉽게 일어나는 조건
④ 표면적이 작은 것이 아닌 클수록 자연발화가 쉽게 일어난다.

85 다음 중 폭발범위에 관한 설명으로 틀린 것은?

① 상한값과 하한값이 존재한다.
② 온도에는 비례하지만 압력과는 무관하다.
③ 가연성 가스의 종류에 따라 각각 다른 값을 갖는다.
④ 공기와 혼합된 가연성가스의 체적 농도로 나타낸다.

Answer 80. ③ 81. ③ 82. ② 83. ③ 84. ④ 85. ②

해설 폭발범위의 특징
㉮ 온도가 높아지면 폭발하한계는 감소하고, 폭발상한계는 증가한다.
㉯ 압력이 증가하면 폭발하한계는 거의 영향을 받지 않지만, 폭발상한계는 크게 증가한다.

86 분진폭발의 요인을 물리적 인자와 화학적 인자로 분류할 때 화학적 인자에 해당하는 것은?

① 연소열 ② 입도분포
③ 열전도율 ④ 입자의 형성

해설 분진폭발의 요인
㉮ 물리적 인자 : 입도분포, 열전도율, 입자의 형성
㉯ 화학적 인자 : 연소열, 화학적 성질과 조성

87 폭발을 기상폭발과 응상폭발로 분류할 때 기상폭발에 해당되지 않는 것은?

① 분진폭발 ② 혼합가스폭발
③ 분무폭발 ④ 수증기폭발

해설 폭발 원인물질의 물리적 상태에 따른 폭발의 분류
㉮ 기상폭발 : 분해폭발, 분진폭발, 분무폭발, 가스폭발, 혼합가스폭발 등
㉯ 응상폭발 : 수증기폭발, 전선폭발, 고상 간의 전이에 의한 폭발, 혼합 위험에 의한 폭발 등

88 아세톤에 대한 설명으로 틀린 것은?

① 증기는 유독하므로 흡입하지 않도록 주의해야 한다.
② 무색이고 휘발성이 강한 액체이다.
③ 비중이 0.79이므로 물보다 가볍다.
④ 인화점이 20℃이므로 여름철에 더 인화 위험이 높다.

해설 아세톤
④ 인화점이 －20℃이므로 상온에서도 인화 위험이 높다.

89 다음 중 화학공장에서 주로 사용되는 불활성 가스는?

① 수소 ② 수증기
③ 질소 ④ 일산화탄소

해설 불활성 가스
공기, 질소, 헬륨, 탄산가스 등을 불활성 가스로 사용하는데, 헬륨이 불활성화 효과는 가장 좋지만, 화학공장에서는 질소를 주로 사용한다.

90 고체 가연물의 일반적인 4가지 연소방식에 해당하지 않는 것은?

① 분해연소 ② 표면연소
③ 확산연소 ④ 증발연소

해설 연소의 종류
㉮ 고체 ; 분해연소, 표면연소, 증발연소, 자기연소 등
㉯ 액체 : 증발연소, 분해연소, 분무연소, 그을음연소 등
㉰ 기체 : 확산연소, 폭발연소, 혼합연소, 그을음연소 등

91 고압의 환경에서 장시간 작업하는 경우에 발생할 수 있는 잠함병 또는 잠수병은 다음 중 어떤 물질에 의하여 중독현상이 일어나는가?

① 질소 ② 황화수소
③ 일산화탄소 ④ 이산화탄소

해설 잠수병
깊은 바닷속은 수압이 매우 높아 호흡을 통해 몸속으로 들어간 질소 기체가 체외로 잘 빠져나가지 못하고 혈액 속에 녹게 되는데, 그러다 수면 위로 빠르게 올라오면 체내에 있던 질소 기체가 갑작스럽게 기포를 만들면서 혈액 속을 돌아다니게 되어 몸에 통증을 유발하는 병

92 다음 중 최소발화에너지가 가장 작은 가연성 가스는?

① 수소 ② 메탄
③ 에탄 ④ 프로판

Answer 86. ① 87. ④ 88. ④ 89. ③ 90. ③ 91. ① 92. ①

해설 최소발화에너지

㉮ 수소 : 0.019mJ ㉯ 메탄 : 0.28mJ
㉰ 에탄 : 0.67mJ ㉱ 프로판 : 0.26mJ

93 다음 중 유기과산화물로 분류되는 것은?

① 메틸에틸케톤 ② 과망간산칼륨
③ 과산화마그네슘 ④ 과산화벤조일

해설 폭발성 물질 및 유기과산화물

㉮ 질산에스테르류
㉯ 니트로화합물
㉰ 니트로소화합물
㉱ 아조화합물
㉲ 디아조화합물
㉳ 하이드라진 유도체
㉴ 유기과산화물
㉵ 그 밖에 ㉮목부터 ㉴목까지의 물질과 같은 정도의 폭발 위험이 있는 물질

참고 산업안전보건기준에 관한 규칙 별표 1

94 가연성물질의 저장 시 산소농도를 일정한 값 이하로 낮추어 연소를 방지할 수 있는데, 이때 첨가하는 물질로 적합하지 않은 것은?

① 질소 ② 이산화탄소
③ 헬륨 ④ 일산화탄소

해설 일산화탄소

무색 · 무취의 가연성 가스이며 독성 가스로서 산소가 부족한 상태로 연료가 연소할 때 불완전 연소로 발생하며, 공기 중에 0.5%가 있으면 5~10분 안에 사망할 수 있다.

95 산업안전보건법령상 위험물질의 종류와 해당물질의 연결이 옳은 것은?

① 폭발성 물질 : 마그네슘분말
② 인화성 고체 : 중크롬산
③ 산화성 물질 : 니트로소화합물
④ 인화성 가스 : 에탄

해설 위험물질의 종류

① 마그네슘분말 : 가연성 고체
② 중크롬산 : 산화성 액체 및 산화성 고체
③ 니트로소화합물 : 폭발성 물질 및 유기과산화물

96 다음 중 퍼지의 종류에 해당하지 않는 것은?

① 압력퍼지 ② 진공퍼지
③ 스위프퍼지 ④ 가열퍼지

해설 퍼지(불활성화)의 종류

① 압력퍼지 ② 진공퍼지
③ 스위프퍼지 ④ 사이폰퍼지

97 다음 물질이 물과 접촉하였을 때 위험성이 가장 낮은 것은?

① 과산화칼륨 ② 나트륨
③ 메틸리튬 ④ 이황화탄소

해설 이황화탄소

이황화탄소는 가연성 증기 발생을 억제하기 위해 물속에 저장하므로 물과 접촉 시 위험성이 매우 낮다.

98 대기압에서 사용하나 증발에 의한 액체의 손실을 방지함과 동시에 액면 위의 공간에 폭발성 위험가스를 형성할 위험이 적은 구조의 저장탱크는?

① 유동형 지붕 탱크
② 원추형 지붕 탱크
③ 원통형 저장탱크
④ 구형 저장탱크

해설 원통형 저장 탱크

횡방향으로 굽힘가공한 원통형상을 갖고 상하 단부가 'ㄷ'자 단면 형상으로 절곡된 플랜지부를 갖는 원통 유니트들을 다단으로 적층 시공함으로써, 더욱 안정된 구조적 성능을 제공할 수 있고, 원통 유니트의 원주부에 형성된 다수의 절곡홈에 의해서 열변형 방지 성능이 탁월하고 물의 내부 회전율을 원활하게 할 수 있다.

Answer 93. ④ 94. ④ 95. ④ 96. ④ 97. ④ 98. ①

99 다음 중 산업안전보건법령상 공정안전 보고서의 안전운전계획에 포함되지 않는 항목은?

① 안전작업허가
② 안전운전지침서
③ 가동 전 점검지침
④ 비상조치계획에 따른 교육계획

해설 안전운전계획에 포함되어야 하는 항목
㉮ 안전운전지침서
㉯ 설비점검 · 검사 및 보수계획, 유지계획 및 지침서
㉰ 안전작업허가
㉱ 도급업체 안전관리계획
㉲ 근로자 등 교육계획
㉳ 가동 전 점검지침
㉴ 변경요소 관리계획
㉵ 자체감사 및 사고조사계획
㉶ 그 밖에 안전운전에 필요한 사항

참고 산업안전보건법 시행규칙 제50조

100 다음 중 밀폐공간 내 작업 시의 조치사항으로 가장 거리가 먼 것은?

① 산소결핍이 우려되거나 유해가스 등의 농도가 높아서 폭발할 우려가 있는 경우는 진행 중인 작업에 방해되지 않도록 주의하면서 환기를 강화하여야 한다.
② 해당 작업장을 적정한 공기상태로 유지되도록 환기하여야 한다.
③ 해당 장소에 근로자를 입장시킬 때와 퇴장시킬 때에 각각 인원을 점검하여야 한다.
④ 해당 작업장과 외부의 감시인 사이에 상시연락을 취할 수 있는 설비를 설치하여야 한다.

해설 밀폐공간 내 작업 시 조치사항
① 산소결핍이 우려되거나 유해가스 등의 농도가 높아서 폭발할 우려가 있는 경우는 **진행 중인 작업을 중지**하고 안전대책을 강구하여야 한다.

제6과목 건설안전기술

101 건설공사도급인은 건설공사 중에 가설구조물의 붕괴 등 산업재해가 발생할 위험이 있다고 판단되면 건축 · 토목 분야의 전문가의 의견을 들어 건설공사 발주자에게 해당 건설공사의 설계변경을 요청할 수 있는데, 이러한 가설구조물의 기준으로 옳지 않은 것은?

① 높이 20m 이상인 비계
② 작업 발판 일체형 거푸집 또는 높이 6m 이상인 거푸집 동바리
③ 터널의 지보공 또는 높이 2m 이상인 흙막이 지보공
④ 동력을 이용하여 움직이는 가설구조물

해설 가설구조물의 구조적 안정성 확인
㉮ 높이가 **31m 이상**인 비계
㉯ 작업 발판 일체형 거푸집 또는 높이가 5m 이상인 거푸집 및 동바리
㉰ 터널의 지보공 또는 높이가 2m 이상인 흙막이 지보공
㉱ 동력을 이용하여 움직이는 가설구조물
㉲ 공사현장에서 제작하여 조립 · 설치하는 복합형 가설구조물

102 흙막이 계측기의 종류 중 주변 지반의 변형을 측정하는 기계는?

① Tilt meter ② Inclino meter
③ Strain gauge ④ Load cell

해설 흙막이 계측기의 종류
① Tilt meter(경사계) : 구조물의 경사 및 변형 상태를 측정하는 기구
③ Strain gauge(변형률계) : 버팀대의 변형을 측정하는 기구
④ Load cell(하중계) : 실제 축 하중 변화를 측정하는 기구

Answer 99. ④ 100. ① 101. ① 102. ②

103 그물코의 크기가 10cm인 매듭 없는 방망사 신품의 인장강도는 최소 얼마 이상이어야 하는가?

① 240kg ② 320kg
③ 400kg ④ 500kg

해설 방망사의 신품에 대한 인장강도

그물코의 크기 (단위 : cm)	방망의 종류(단위 : kg)	
	매듭 없는 방망	매듭 방망
10	240	200
5	–	110

참고 추락재해방지 표준안전작업지침 제5조

개정 / 2024

104 산업안전보건관리비 계상 및 사용기준에 따른 공사 종류별 계상기준으로 옳은 것은? (단, 건축공사이고, 대상액이 5억원 미만인 경우)

① 2.07% ② 3.11%
③ 3.15% ④ 3.64%

해설 공사종류 및 규모별 산업안전관리비 계상기준표

공사 종류 \ 대상액	5억원 미만 비율	5억원 이상 50억원 미만		50억원 이상 비율
		비율	기초액	
건축공사	3.11%	2.28%	4,325천원	2.37%
토목공사	3.15%	2.53%	3,300천원	2.60%
중건설공사	3.64%	3.05%	2,975천원	3.11%
특수건설공사	2.07%	1.59%	2,450천원	1.64%

참고 건설업 산업안전보건관리비 계상 및 사용기준

105 타워크레인을 와이어로프로 지지하는 경우에 준수해야 할 사항으로 옳지 않은 것은?

① 와이어로프를 고정하기 위한 전용 지지프레임을 사용할 것
② 와이어로프 설치각도는 수평면에서 60° 이상으로 하되, 지지점은 4개소 미만으로 할 것
③ 와이어로프와 그 고정부위는 충분한 강도와 장력을 갖도록 설치할 것
④ 와이어로프가 가공전선에 근접하지 않도록 할 것

해설 타워크레인의 지지

② 와이어로프 설치각도는 수평면에서 60° 이내로 하되, 지지점은 4개소 이상으로 하고, 같은 각도로 설치한다.

106 터널 지보공을 조립하거나 변경하는 경우에 조치하여야 하는 사항으로 옳지 않은 것은?

① 목재의 터널 지보공은 그 터널 지보공의 각 부재에 작용하는 긴압 정도를 체크하여 그 정도가 최대한 차이 나도록 할 것
② 강(鋼)아치 지보공의 조립은 연결볼트 및 띠장 등을 사용하여 주재 상호간을 튼튼하게 연결할 것
③ 기둥에는 침하를 방지하기 위하여 받침목을 사용하는 등의 조치를 할 것
④ 주재(主材)를 구성하는 1세트의 부재는 동일 평면 내에 배치할 것

해설 터널 지보공의 조립 또는 변경 시 조치

① 목재의 터널 지보공은 그 터널 지보공의 각 부재의 긴압 정도가 균등하게 되도록 할 것

107 장비가 위치한 지면보다 낮은 장소를 굴착하는 데 적합한 장비는?

① 파워쇼벨 ② 백호
③ 트럭크레인 ④ 진폴

해설 백호(Back Hoe)

㉮ 장비의 위치보다 낮은 지반 굴착에 사용하며, 수중 굴착 가능하다.
㉯ 토공 작업 시 굴착과 싣기가 동시에 가능하다
㉰ 무한궤도식은 타이어식보다 경사로나 연약지반에서 더 안정적이다.

108 타워 크레인(Tower Crane)을 선정하기 위한 사전 검토사항으로서 가장 거리가 먼 것은?

① 붐의 모양 ② 인양능력
③ 작업반경 ④ 붐의 높이

Answer 103. ① 104. ② 105. ② 106. ① 107. ② 108. ①

해설 타워 크레인을 선정하기 위한 사전 검토사항

㉮ 인양능력 ㉯ 작업반경
㉰ 붐의 높이 ㉱ 입지조건
㉲ 건물 형태 ㉳ 건립기계의 소음 영향

개정 / 2023

109 산업안전보건법령에 따른 지반의 종류별 굴착면의 기울기 기준으로 옳지 않은 것은?

① 모래 – 1 : 1.8 ② 연암 – 1 : 1.2
③ 풍화암 – 1 : 1.0 ④ 경암 – 1 : 0.5

해설 굴착면의 기울기 기준

지반의 종류	기울기
모래	1 : 1.8
연암 및 풍화암	1 : 1.0
경암	1 : 0.5
그 밖의 흙	1 : 1.2

참고 산업안전보건기준에 관한 규칙 별표 11

개정 / 2023

110 다음은 산업안전보건법령에 따른 동바리로 사용하는 파이프 서포트에 관한 사항이다. ( ) 안에 들어갈 내용을 순서대로 옳게 나타낸 것은?

> ㉠ 파이프 서포트를 (A) 이상 이어서 사용하지 않도록 할 것
> ㉡ 파이프 서포트를 이어서 사용하는 경우에는 (B) 이상의 볼트 또는 전용 철물을 사용하여 이을 것

① A : 2개, B : 2개 ② A : 3개, B : 4개
③ A : 4개, B : 3개 ④ A : 4개, B : 4개

해설 동바리로 사용하는 파이프 서포트 준수사항

㉮ 파이프 서포트를 3개 이상 이어서 사용하지 않도록 할 것
㉯ 파이프 서포트를 이어서 사용하는 경우에는 4개 이상의 볼트 또는 전용 철물을 사용하여 이을 것
㉰ 높이가 3.5m를 초과하는 경우에는 높이 2m 이내마다 수평연결재를 2개 방향으로 만들고 수평연결재의 변위를 방지할 것

참고 산업안전보건기준에 관한 규칙 제332조의2

111 차량계 건설기계를 사용하여 작업을 하는 경우 작업계획서 내용에 포함되지 않는 사항은?

① 사용하는 차량계 건설기계의 종류 및 성능
② 차량계 건설기계의 운행경로
③ 차량계 건설기계에 의한 작업방법
④ 차량계 건설기계 사용 시 유도자 배치 위치

해설 차량계 건설기계 작업계획서 내용

① 사용하는 차량계 건설기계의 종류 및 성능
② 차량계 건설기계의 운행경로
③ 차량계 건설기계에 의한 작업방법

참고 산업안전보건기준에 관한 규칙 별표 4

112 비계의 높이가 2m 이상인 작업장소에 설치하여야 하는 작업발판의 기준으로 옳지 않은 것은? (달비계, 달대비계 및 말비계는 제외한다.)

① 작업 발판의 폭은 40cm 이상으로 하고, 발판 재료 간의 틈은 3cm 이하로 할 것
② 추락의 위험이 있는 장소에는 안전난간을 설치할 것
③ 작업 발판의 지지물은 하중에 의하여 파괴될 우려가 없는 것을 사용할 것
④ 작업 발판 재료는 뒤집히거나 떨어지지 않도록 1개 이상의 지지물에 연결하거나 고정시킬 것

해설 작업발판의 구조

④ 작업 발판 재료는 뒤집히거나 떨어지지 않도록 2개 이상의 지지물에 연결하거나 고정시킬 것

113 옥외에 설치되어 있는 주행크레인에 대하여 이탈방지장치를 작동시키는 등 이탈 방지를 위한 조치를 하여야 하는 풍속기준으로 옳은 것은?

① 순간풍속이 20m/sec를 초과할 때
② 순간풍속이 25m/sec를 초과할 때
③ 순간풍속이 30m/sec를 초과할 때
④ 순간풍속이 35m/sec를 초과할 때

Answer 109. ② 110. ② 111. ④ 112. ④ 113. ③

해설 크레인의 폭풍에 의한 이탈 방지를 위한 풍속기준

순간풍속이 초당 30m를 초과하는 바람이 불어올 우려가 있는 경우 옥외에 설치되어 있는 주행 크레인에 대하여 이탈방지장치를 작동시키는 등 이탈 방지를 위한 조치를 하여야 한다.

114 산소결핍이라 함은 공기 중 산소농도가 몇 퍼센트(%) 미만일 때를 의미하는가?

① 20% ② 18%
③ 15% ④ 10%

해설 산소결핍

산소결핍이란 공기 중의 산소농도가 18% 미만인 상태를 말한다.

115 건설현장에 달비계를 설치하여 작업 시 달비계에 사용 가능한 와이어로프로 볼 수 있는 것은?

① 이음매가 있는 것
② 와이어로프의 한 꼬임에서 끊어진 소선의 수가 5%인 것
③ 지름의 감소가 공칭지름의 10%인 것
④ 열과 전기충격에 의해 손상된 것

해설 와이어로프 사용금지 기준

㉮ 이음매가 있는 것
㉯ 와이어로프의 한 꼬임에서 끊어진 소선의 수가 10% 이상인 것
㉰ 지름의 감소가 공칭지름의 7%를 초과하는 것
㉱ 꼬인 것
㉲ 심하게 변형되거나 부식된 것
㉳ 열과 전기충격에 의해 손상된 것

116 재발사고를 방지하기 위하여 크레인에 설치된 방호장치와 거리가 먼 것은?

① 공기정화장치 ② 비상정지장치
③ 제동장치 ④ 권과방지장치

해설 크레인의 방호장치

① 과부하방지장치 ② 비상정치장치
③ 제동장치 ④ 권과방지장치

117 가설통로의 설치기준으로 옳지 않은 것은?

① 추락할 위험이 있는 장소에는 안전난간을 설치할 것
② 경사가 10°를 초과하는 경우에는 미끄러지지 아니하는 구조로 할 것
③ 경사는 30° 이하로 할 것
④ 건설공사에 사용하는 높이 8m 이상인 비계다리에는 7m 이내마다 계단참을 설치할 것

해설 가설통로의 구조

㉮ 견고한 구조로 할 것
㉯ 경사는 30° 이하로 할 것
㉰ 경사가 15°를 초과하는 경우에는 미끄러지지 아니하는 구조
㉱ 추락할 위험이 있는 장소에는 안전난간을 설치할 것. 다만, 작업상 부득이한 경우에는 필요한 부분만 임시로 해체할 수 있다.
㉲ 수직갱에 가설된 통로의 길이가 15m 이상인 경우에는 10m 이내마다 계단참을 설치할 것
㉳ 건설공사에 사용하는 높이 8m 이상인 비계다리에는 7m 이내마다 계단참을 설치할 것

118 취급 · 운반의 원칙으로 옳지 않은 것은?

① 운반 작업을 집중하여 시킬 것
② 생산을 최고로 하는 운반을 생각할 것
③ 곡선 운반을 할 것
④ 연속 운반을 할 것

해설 취급 · 운반의 원칙

③ 직선 운반을 할 것

119 도심지 폭파해체공법에 관한 설명으로 옳지 않은 것은?

① 장기간 발생하는 진동, 소음이 적다.
② 해체 속도가 빠르다.
③ 주위의 구조물에 끼치는 영향이 적다.
④ 많은 분진 발생으로 민원을 발생시킬 우려가 있다.

해설 도심지 폭파 해체공법

③ 주위의 구조물에 끼치는 영향이 매우 크다.

Answer 114. ② 115. ② 116. ① 117. ② 118. ③ 119. ③

120 **콘크리트 타설 시 거푸집의 측압에 영향을 미치는 인자들에 관한 설명으로 옳지 않은 것은?**

① 슬럼프가 클수록 작다.

② 타설 속도가 빠를수록 크다.

③ 거푸집 속의 콘크리트 온도가 낮을수록 크다.

④ 콘크리트의 타설 높이가 높을수록 크다.

해설 콘크리트 타설 시 거푸집의 측압에 영향을 미치는 인자

① 콘크리트 슬럼프 값이 클수록 크다.

Answer 120. ①

2023. 4. 7. 시행

2023년 제1회 산업안전기사 CBT기출복원문제

제1과목 안전관리론

01 위험예지훈련의 문제해결 4라운드에 해당하지 않는 것은?

① 현상파악　② 본질추구
③ 대책수립　④ 원인결정

해설 문제해결 4단계
㉮ 1R : 현상파악　㉯ 2R : 본질추구
㉰ 3R : 대책수립　㉱ 4R : 목표설정

02 다음 중 재해 예방의 4원칙에 관한 설명으로 적절하지 않은 것은?

① 재해의 발생에는 반드시 그 원인이 있다.
② 사고의 발생과 손실의 발생에는 우연적 관계가 있다.
③ 재해는 원칙적으로 원인만 제거되면 예방이 가능하다.
④ 재해예방을 위한 대책은 존재하지 않으므로 최소화에 중점을 두어야 한다.

해설 재해 예방의 4원칙
① 예방가능의 원칙　② 손실우연의 원칙
③ 원인계기의 원칙　④ 대책선정의 원칙

03 하인리히의 사고예방원리 5단계 중 교육 및 훈련의 개선, 인사조정, 안전관리규정 및 수칙의 개선 등을 행하는 단계는?

① 사실의 발견　② 분석 평가
③ 시정방법의 선정　④ 시정책의 적용

해설 하인리히의 사고예방원리 5단계
㉮ 제1단계 – 조직 : 안전관리 조직을 구성하여 안전활동 방침 및 계획을 수립한다.
㉯ 제2단계 – 사실의 발견 : 각종 안전사고 및 안전활동에 대한 기록을 검토하고 작업을 분석하여 불안전요소를 발견한다.
㉰ 제3단계 – 평가분석 : 사고를 발생시킨 직접적 및 간접적 원인을 찾아낸다.
㉱ 제4단계 – 시정책의 선정 : 분석을 통하여 색출된 원인을 토대로 효과적인 개선방법을 선정하며, 개선방안에는 **기술적 개선, 인사조정, 교육 및 훈련의 개선, 안전행정의 개선** 등이 있다.
㉲ 제5단계 – 시정책의 적용 : 목표를 설정하여 실시하고 실시결과를 재평가하여 불합리한 점은 재조정되어 실시한다.

04 무재해운동의 이념 중 선취의 원칙에 대한 설명으로 옳은 것은?

① 사고의 잠재요인을 사후에 파악하는 것
② 근로자 전원이 일체감을 조성하여 참여하는 것
③ 위험요소를 사전에 발견, 파악하여 재해를 예방 또는 방지하는 것
④ 관리감독자 또는 경영층에서의 자발적 참여로 안전 활동을 촉진하는 것

해설 3대 원칙
㉮ 무의 원칙 : 사업장 내의 잠재위험요인을 적극적으로 사전에 발견하고 파악 · 해결함으로써 근원적인 요소들을 없앤다.
㉯ 선취의 원칙 : 위험요소를 사전에 발견, 파악하여 재해를 예방 또는 방지하는 것
㉰ 참가의 원칙 : 근로자 전원의 자발적 참여로 안전 활동을 촉진하는 것

Answer 01. ④ 02. ④ 03. ③ 04. ③

05 산업안전보건법상 안전관리자의 업무는?

① 직업성질환 발생의 원인조사 및 대책수립
② 해당 사업장 안전교육계획의 수립 및 안전교육 실시에 관한 보좌 조언 · 지도
③ 근로자의 건강장해의 원인조사와 재발방지를 위한 의학적 조치
④ 당해 작업에서 발생한 산업재해에 관한 보고 및 이에 대한 응급조치

해설 안전관리자의 업무
㉮ 산업안전보건위원회 또는 안전 및 보건에 관한 노사협의체에서 심의 · 의결한 업무와 해당 사업장의 안전보건관리규정 및 취업규칙에서 정한 직무
㉯ 위험성평가에 관한 보좌 및 지도 · 조언
㉰ 안전인증대상기계 등 과 자율안전확인대상기계 등 구입 시 적격품의 선정에 관한 보좌 및 지도 · 조언
㉱ 해당 사업장 안전교육계획의 수립 및 안전교육 실시에 관한 보좌 및 지도 · 조언
㉲ 사업장 순회점검, 지도 및 조치 건의
㉳ 산업재해 발생의 원인 조사 · 분석 및 재발 방지를 위한 기술적 보좌 및 지도 · 조언
㉴ 산업재해에 관한 통계의 유지 · 관리 · 분석을 위한 보좌 및 지도 · 조언
㉵ 법 또는 법에 따른 명령으로 정한 안전에 관한 사항의 이행에 관한 보좌 및 지도 · 조언
㉶ 업무 수행 내용의 기록 · 유지
㉷ 기타 안전에 관한 사항으로서 고용노동부장관이 정하는 사항

참고 산업안전보건법 시행령 제18조

실기 실기시험까지 대비해서 암기하세요.

06 산업안전보건법령상 중대재해의 범위에 해당하지 않는 것은?

① 1명의 사망자가 발생한 재해
② 1개월의 요양을 요하는 부상자가 동시에 5명 발생한 재해
③ 3개월의 요양을 요하는 부상자가 동시에 3명 발생한 재해
④ 10명의 직업성 질병자가 동시에 발생한 재해

해설 중대재해의 범위
㉮ 사망자가 1인 이상 발생한 재해
㉯ 3개월 이상 요양을 요하는 부상자가 동시에 2인 이상 발생하는 발생한 재해
㉰ 부상자 또는 직업성 질병자가 동시에 10인 이상 발생한 재해

참고 산업안전보건법 시행규칙 제3조

실기 실기시험까지 대비해서 암기하세요.

07 산업안전보건법령상 안전보건표지의 종류 중 경고표지에 해당하지 않는 것은?

① 레이저광선 경고
② 급성독성물질 경고
③ 매달린 물체 경고
④ 차량통행 경고

해설 안전보건표지의 종류
④ 차량통행의 경우 금지표지에 해당한다.

참고 산업안전보건법 시행규칙 별표 7

08 최대사용전압이 교류(실효값) 500V 또는 직류 750V인 내전압용 절연장갑의 등급은?

① 00　② 0
③ 1　④ 2

해설 절연장갑의 등급

등급	최대사용전압	
	교류(V, 실효값)	직류(V)
00	500	750
0	1,000	1,500
1	7,500	11,250
2	17,000	25,500
3	26,500	39,750
4	36,000	54,000

참고 보호구 의무 안전인증 별표 3

실기 실기시험까지 대비해서 암기하세요.

Answer 05. ② 06. ② 07. ④ 08. ①

09 보호구 안전인증 고시상 안전인증 방독마스크의 정화통 종류와 외부 측면의 표시 색이 잘못 연결된 것은?

① 할로겐용 – 회색
② 황화수소용 – 회색
③ 암모니아용 – 회색
④ 시안화수소용 – 회색

해설 방독마스크 정화통의 종류와 외부 측면 색상
㉮ 암모니아용 정화통 – 녹색
㉯ 유기화합물용 정화통 – 갈색
㉰ 아황산용 정화통 – 노란색

참고 보호구 의무 안전인증 별표 5

실기 실기시험까지 대비해서 암기하세요.

10 허즈버그(Herzberg)의 위생–동기 이론에서 동기요인에 해당하는 것은?

① 감독 ② 안전
③ 책임감 ④ 작업조건

해설 허즈버그(Herzberg)의 동기요인
㉮ 성취감 ㉯ 책임감
㉰ 인정 ㉱ 성장과 발전
㉲ 도전감 ㉳ 일 그 자체

11 레빈(Lewin)은 인간의 행동 특성을 다음과 같이 표현하였다. 변수 'P'가 의미하는 것은?

$$B = f(P \cdot E)$$

① 행동 ② 소질
③ 환경 ④ 함수

해설 레빈(K. Lewin)의 인간행동 법칙
B : behavior(인간의 행동)
f : function(함수관계)
P : person(개체 : 연령, 경험, 심신 상태, 성격, 지능 등)
E : environment(환경 : 인간관계, 작업환경 등)

12 다음 중 상황성 누발자의 재해유발원인으로 옳지 않은 것은?

① 작업의 난이성 ② 기계설비의 결함
③ 도덕성의 결여 ④ 심신의 근심

해설 상황성 누발자의 재해유발원인
㉮ 작업의 난이성
㉯ 기계설비의 결함
㉰ 심신의 근심
㉱ 환경상 주의력의 집중이 혼란되기 때문에 발생되는 자

13 주의(Attention)의 특성에 관한 설명 중 틀린 것은?

① 고도의 주의는 장시간 지속하기 어렵다.
② 한 지점에 주의를 집중하면 다른 곳의 주의는 약해진다.
③ 최고의 주의 집중은 의식의 과잉 상태에서 가능하다.
④ 여러 자극을 지각할 때 소수의 현란한 자극에 선택적 주의를 기울이는 경향이 있다.

해설 주의(Attention)의 특성
① 변동성 : 고도의 주의는 장시간 지속하기 어렵다.
② 방향성 : 한 지점에 주의를 집중하면 다른 곳의 주의는 약해진다.
④ 선택성 : 여러 자극을 지각할 때 소수의 현란한 자극에 선택적 주의를 기울이는 경향이 있다.

14 생체리듬의 변화에 대한 설명으로 틀린 것은?

① 야간에는 체중이 감소한다.
② 야간에는 말초운동 기능이 증가된다.
③ 체온, 혈압, 맥박수는 주간에 상승하고 야간에 감소한다.
④ 혈액의 수분과 염분량은 주간에 감소하고 야간에 상승한다.

해설 생체리듬의 변화
② 야간에는 말초운동 기능이 감소한다.

Answer 09. ③ 10. ③ 11. ② 12. ③ 13. ③ 14. ②

15 **안전교육 중 같은 것을 반복하여 개인의 시행착오에 의해서만 점차 그 사람에게 형성되는 것은?**

① 안전기술의 교육 ② 안전지식의 교육
③ 안전기능의 교육 ④ 안전태도의 교육

해설 안전기능의 교육
안전교육 중 같은 것을 반복하여 개인의 시행착오에 의해서만 점차 그 사람에게 형성되는 것은 2단계 기능교육이다.

16 **교육심리학의 학습이론에 관한 설명 중 옳은 것은?**

① 파블로프(Pavlov)의 조건반사설은 자극에 대한 반응을 통해 학습한다는 것이다.
② 레빈(Lewin)의 장설은 후천적으로 얻게 되는 반사작용으로 행동을 발생시킨다는 것이다.
③ 톨만(Tolman)의 기호형태설은 학습자의 머리 속에 인지적 지도 같은 인지구조를 바탕으로 학습하려는 것이다.
④ 손다이크(Thorndike)의 시행착오설은 내적, 외적의 전체구조를 새로운 시점에서 파악하여 행동하는 것이다.

해설 교육심리학의 학습이론
① 파블로프(Pavlov)의 조건반사설은 동물이나 인간이 무조건적인 자극과 함께 일어나는 반응을 학습을 통해 다른 자극과 연결시켜 새로운 반응을 유발할 수 있다는 것이다.
② 레빈(Lewin)의 장설은 목표를 향한 신념에 의해 행동한다는 것이다.
④ 손다이크(Thorndike)의 시행착오설은 맹목적 시행을 반복하는 가운데 자극과 반응이 결합하여 행동하는 것이다.

17 **산업안전보건법령상 근로자 안전 · 보건교육 기준 중 관리감독자 정기안전 · 보건교육의 교육내용으로 옳지 않은 것은? (단, 산업안전보건법 및 일반관리에 관한 사항은 제외한다.)**

① 산업안전 및 사고 예방에 관한 사항
② 사고 발생 시 긴급조치에 관한 사항
③ 건강증진 및 질병 예방에 관한 사항
④ 산업보건 및 직업병 예방에 관한 사항

해설 관리감독자 정기안전 · 보건교육의 교육내용
㉮ ①, ②, ④와 다음의 내용이 포함된다.
㉯ 위험성평가에 관한 사항
㉰ 유해 · 위험 작업환경 관리에 관한 사항
㉱ 산업안전보건법령 및 산업재해보상보험 제도에 관한 사항
㉲ 직무스트레스 예방 및 관리에 관한 사항
㉳ 직장 내 괴롭힘, 고객의 폭언 등으로 인한 건강장해 예방 및 관리에 관한 사항
㉴ 작업공정의 유해 · 위험과 재해 예방대책에 관한 사항
㉵ 사업장 내 안전보건관리체제 및 안전 · 보건조치 현황에 관한 사항
㉶ 표준안전 작업방법 결정 및 지도 · 감독 요령에 관한 사항
㉷ 현장근로자와의 의사소통능력 및 강의능력 등 안전보건교육 능력 배양에 관한 사항
㉸ 그 밖의 관리감독자의 직무에 관한 사항

참고 산업안전보건법 시행규칙 별표 5

실기 실기시험까지 대비해서 암기하세요.

18 **다음 중 방독마스크의 성능기준에 있어 사용 장소에 따른 등급의 설명으로 틀린 것은?**

① 고농도는 가스 또는 증기의 농도가 100분의 2 이하의 대기 중에서 사용하는 것을 말한다.
② 중농도는 가스 또는 증기의 농도가 100분의 1 이하의 대기 중에서 사용하는 것을 말한다.
③ 저농도는 가스 또는 증기의 농도가 100분의 0.5 이하의 대기 중에서 사용하는 것으로서 긴급용이 아닌 것을 말한다.
④ 고농도와 중농도에서 사용하는 방독마스크는 전면형(격리식, 직결식)을 사용해야 한다.

해설 방독마스크 사용 장소에 따른 등급
③ 저농도 및 최저농도는 가스 또는 증기의 농도가 100분의 0.1 이하의 대기 중에서 사용하는 것으로서 긴급용이 아닌 것을 말한다.

참고 보호구 의무 안전인증 별표 5

실기 실기시험까지 대비해서 암기하세요.

Answer 15. ③ 16. ③ 17. ③ 18. ③

19 Thorndike의 시행착오설에 의한 학습의 원칙이 아닌 것은?

① 연습의 원칙　② 효과의 원칙
③ 동일성의 원칙　④ 준비성의 원칙

해설 손다이크(Thorndike)의 시행착오설에 의한 학습의 법칙
① 연습 또는 반복의 법칙
② 효과의 법칙
④ 준비성의 법칙

20 산업안전보건법령상 안전보건관리규정 작성 시 포함되어야 하는 사항을 모두 고른 것은? (단, 그 밖에 안전 및 보건에 관한 사항은 제외한다.)

㉠ 안전보건교육에 관한 사항
㉡ 재해사례 연구토의 결과에 관한 사항
㉢ 사고 조사 및 대책 수립에 관한 사항
㉣ 작업장의 안전 및 보건 관리에 관한 사항
㉤ 안전 및 보건에 관한 관리조직과 그 직무에 관한 사항

① ㉠, ㉡, ㉢, ㉣　② ㉠, ㉡, ㉣, ㉤
③ ㉠, ㉢, ㉣, ㉤　④ ㉡, ㉢, ㉣, ㉤

해설 안전보건관리규정의 작성
㉮ ㉠, ㉢, ㉣, ㉤과 다음의 사항이 포함되어야 한다.
㉯ 그 밖에 안전 보건에 관한 사항

참고 산업안전보건법 제25조

제2과목 인간공학 및 시스템 안전공학

21 다음 중 표시장치에 나타나는 값들이 계속적으로 변하는 경우에는 부적합하며, 인접한 눈금에 대한 지침의 위치를 파악할 필요가 없는 경우의 표시장치 형태로 가장 적합한 것은?

① 정목 동침형　② 정침 동목형
③ 동목 동침형　④ 계수형

해설 계수형
전력계나 택시요금 계기와 같이 기계, 전자적으로 숫자가 표시되는 형

22 사업장에서 인간공학 적용분야로 틀린 것은?

① 제품설계　② 산업독성학
③ 재해 · 질병예방　④ 작업장 내 조사 및 연구

해설 사업장에서 인간공학 적용분야
㉮ 작업관련성 유해 · 위험 작업 분석(작업환경개선)
㉯ 제품설계에 있어 인간에 대한 안전성평가(장비 및 공구설계)
㉰ 작업공간의 설계
㉱ 인간 – 기계 인터페이스 디자인
㉲ 재해 및 질병 예방

23 인지 및 인식의 오류를 예방하기 위해 목표와 관련하여 작동을 계획해야 하는데 특수하고 친숙하지 않은 상황에서 발생하며, 부적절한 분석이나 의사결정을 잘못하여 발생하는 오류는?

① 기능에 기초한 오류(skill – based error)
② 규칙에 기초한 오류(rule – based error)
③ 사고에 기초한 오류(accident – based error)
④ 지식에 기초한 오류(knowledge – based error)

해설 라스무센(Rasmussen)의 인간행동 수준의 3단계
㉮ 숙련기반 에러(skill – based error) : 실수(slip, 자동차 하차 시에 창문 개폐를 잊어버리고 내려 분실사고 발생)와 망각(lapse, 전화통화 중에 전화번호를 기억했으나 전화종료 후 옮겨 적는 행동을 잊어버림)으로 구분한다.
㉯ 규칙기반 에러(rule – based error) : 잘못된 규칙을 기억하거나, 정확한 규칙이라도 상황에 맞지 않게 잘못 적용한 경우이다. 예로 일본에서 자동차를 우측 운행하다가 사고를 유발하거나, 음주 후 도로차선을 착각하여 역주행하다가 사고를 유발하는 경우이다.
㉰ 지식기반 에러(knowledge – based error) : 처음부터 장기기억 속에 관련 지식이 없는 경우는 추론이나 유추로 지식처리과정 중에 실패 또는 과오로 이어지는 에러이다. 예로 외국에서 도로표지판을 이해하지 못해서 교통위반을 하는 경우이다.

Answer 19. ③ 20. ③ 21. ④ 22. ② 23. ④

24 다음 중 인간-기계시스템의 설계 시 시스템의 기능을 정의하는 단계는?

① 제1단계 : 시스템의 목표와 성능명세서 결정
② 제2단계 : 시스템의 정의
③ 제3단계 : 기본설계
④ 제4단계 : 인터페이스 설계

해설 시스템 설계과정의 주요단계
㉮ 1단계 : 목표 및 성능명세 결정
㉯ 2단계 : 시스템의 정의
㉰ 3단계 : 기본설계
㉱ 4단계 : 인터페이스 설계
㉲ 5단계 : 촉진물 설계
㉳ 6단계 : 시험 및 평가

25 서브시스템, 구성요소, 기능 등의 잠재적 고장 형태에 따른 시스템의 위험을 파악하는 위험 분석 기법으로 옳은 것은?

① ETA(Event Tree Analysis)
② HEA(Human Error Analysis)
③ PHA(Preliminary Hazard Analysis)
④ FMEA(Failure Mode and Effect Analysis)

해설 FMEA(고장의 형태와 영향분석)
서브시스템 위험분석을 위하여 일반적으로 사용되는 전형적인 정성적 · 귀납적 분석 방법으로, 시스템에 영향을 미치는 모든 요소의 고장을 형태별로 분석하여 그 영향을 검토하는 것이다.

26 프레스에 설치된 안전장치의 수명은 지수분포를 따르며 평균수명은 100시간이다. 새로 구입한 안전장치가 50시간 동안 고장 없이 작동할 확률(A)과 이미 100시간을 사용한 안전장치가 앞으로 100시간 이상 견딜 확률(B)은 약 얼마인가?

① A : 0.368, B : 0.368
② A : 0.607, B : 0.368
③ A : 0.368, B : 0.607
④ A : 0.607, B : 0.607

해설 신뢰도
50시간 : $e^{-\left(\frac{t}{t_0}\right)}=e^{-\left(\frac{50}{100}\right)}=0.607$
100시간 : $e^{-\left(\frac{t}{t_0}\right)}=e^{-\left(\frac{100}{100}\right)}=0.368$
여기서, t : 앞으로 고장 없이 사용할 시간
t_0 : 평균고장시간 또는 평균수명

27 다음 FT도에서 최소 컷셋을 올바르게 구한 것은?

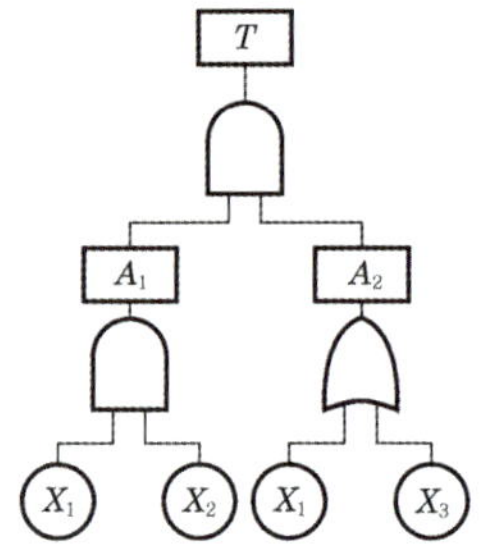

① (X_1, X_2)　② (X_1, X_3)
③ (X_2, X_3)　④ (X_1, X_2, X_3)

해설 최소 컷셋(Minimal cut set)
$T=A_1\times A_2$
$=(X_1\times X_2)\times(X_1+X_3)$
$=(X_1\times X_1\times X_2)+(X_1\times X_2\times X_3)$
$=(X_1\times X_2)+(X_1\times X_2\times X_3)$
$=(X_1\times X_2)\times(1+X_3)$
따라서, 최소 컷셋은 (X_1, X_2)

28 시스템의 수명곡선(욕조곡선)에 있어서 디버깅(Debugging)에 관한 설명으로 옳은 것은?

① 초기 고장의 결함을 찾아 고장률을 안정시키는 과정이다.
② 우발 고장의 결함을 찾아 고장률을 안정시키는 과정이다.
③ 마모 고장의 결함을 찾아 고장률을 안정시키는 과정이다.
④ 기계 결함을 발견하기 위해 동작시험을 하는 기간이다.

Answer 24. ② 25. ④ 26. ② 27. ① 28. ①

해설 디버깅(Debugging)

초기 고장에서 나타나며, 기계의 초기 결함을 찾아내 고장률을 안정화시키는 기간

29 다음 중 결함수분석법(FTA)에서의 미니멀 컷셋과 미니멀 패스셋에 관한 설명으로 옳은 것은?

① 미니멀 컷셋은 정상사상(top event)을 일으키기 위한 최소한의 컷셋이다.

② 미니멀 컷셋은 시스템의 신뢰성을 표시하는 것이다.

③ 미니멀 패스셋은 시스템의 위험성을 표시하는 것이다.

④ 미니멀 패스셋은 시스템의 고장을 발생시키는 최소의 패스셋이다.

해설 미니멀 컷셋, 미니멀 패스셋

㉮ 미니멀 컷셋 : 정상사상을 일으키기 위한 기본사상의 최소 집합(최소한의 컷)으로, 시스템의 위험성을 나타낸다

㉯ 미니멀 패스셋 : 시스템의 기능을 살리는 최소한의 집합으로, 시스템의 신뢰성을 나타낸다.

30 시스템안전 프로그램에서의 최초단계 해석으로 시스템 내의 위험한 요소가 어떤 위험상태에 있는가를 정성적으로 평가하는 방법은?

① FHA ② PHA

③ FTA ④ FMEA

해설 PHA(예비위험분석)

PHA는 모든 시스템 안전 프로그램의 최초 단계(설계단계, 구상단계)의 분석으로서, 시스템 내의 위험요소가 어떤 위험상태에 있는가를 정성적으로 평가하는 것이다.

31 FTA에서 사용되는 논리 게이트 중 입력과 반대되는 현상으로 출력되는 것은?

① 부정 게이트 ② 억제 게이트

③ 배타적 OR 게이트 ④ 우선적 AND 게이트

해설 논리게이트

② 억제 게이트 : 이 게이트의 출력 사상은 한 개의 입력 사상에 의해 발생하며, 입력 사상이 출력 사상을 생성하기 전에 특정 조건을 만족하여야 하는 논리게이트

③ 배타적 OR 게이트 : 입력 사상 중 오직 한 개의 발생으로만 출력 사상이 생성되는 논리게이트

④ 우선적 AND 게이트 : 입력 사상이 특정 순서대로 발생한 경우에만 출력 사상이 발생하는 논리게이트

32 그림과 같이 7개의 부품으로 구성된 시스템의 신뢰도는 약 얼마인가? (단, 네모 안의 숫자는 각 부품의 신뢰도이다.)

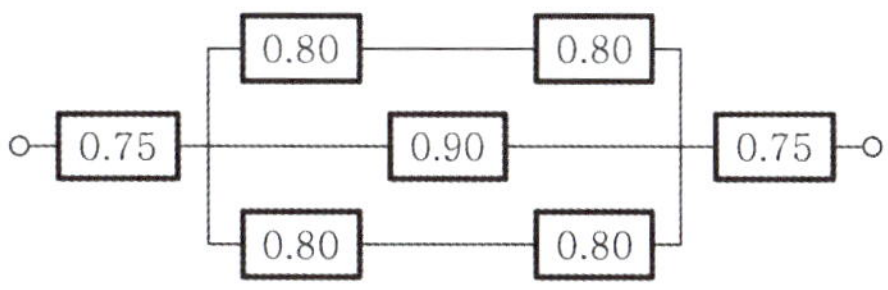

① 0.5552 ② 0.5427

③ 0.6234 ④ 0.9740

해설 시스템 신뢰도(R_s)

$= R_{0.75}[1-(1-R_{0.8}R_{0.8})(1-R_{0.9})(1-R_{0.8}R_{0.8})]R_{0.75}$

$= 0.75 \times [1-\{1-(0.8\times0.8)\}(1-0.9)$
$\{1-(0.8\times0.8)\}] \times 0.75$

$= 0.75 \times [1-(1-0.64)(1-0.9)(1-0.64)] \times 0.75$

$= 0.5552$

33 근골격계질환 작업분석 및 평가방법인 OWAS의 평가요소를 모두 고른 것은?

ㄱ. 상지 ㄴ. 무게(하중)
ㄷ. 하지 ㄹ. 허리

① ㄱ, ㄴ ② ㄱ, ㄷ, ㄹ

③ ㄴ, ㄷ, ㄹ ④ ㄱ, ㄴ, ㄷ, ㄹ

해설 OWAS 평가항목

㉮ 허리(back) ㉯ 팔(arms)

㉰ 다리(legs) ㉱ 하중(weight)

Answer 29. ① 30. ② 31. ① 32. ① 33. ④

34 음량수준을 평가하는 척도와 관계 없는 것은?

① dB ② HSI
③ phon ④ sone

해설 HSI(열압박지수)
열평형을 유지하기 위해 증발해야 하는 땀의 양

35 일반적으로 은행의 접수대 높이나 공원의 벤치를 설계할 때 가장 적합한 인체 측정 자료의 응용 원칙은?

① 조절식 설계
② 평균치를 이용한 설계
③ 최대치수를 이용한 설계
④ 최소치수를 이용한 설계

해설 평균치를 이용한 설계
특정한 장비나 설비의 경우, 최대 집단값이나 최소 집단값을 기준으로 설계하기도 부적절하고 조절식으로 하기도 불가능할 경우 평균값을 기준으로 하여 설계하는 경우가 있다. 평균 신장의 손님을 기준으로 만들어진 은행의 접수대가 특별히 키가 작거나 큰 사람을 기준으로 해서 만드는 것보다는 대다수의 일반 손님에게 덜 불편할 것이다.

36 산업안전보건기준에 관한 규칙상 작업장의 작업면에 따른 적정 조명 수준은 초정밀작업에서 (㉠)lux 이상이고, 보통작업에서는 (㉡)lux 이상이다. ( ) 안에 들어갈 내용은?

① ㉠ : 650, ㉡ : 150
② ㉠ : 650, ㉡ : 250
③ ㉠ : 750, ㉡ : 150
④ ㉠ : 750, ㉡ : 250

해설 작업면에 대한 조도기준
㉮ 초정밀작업 : 750lux 이상
㉯ 정밀작업 : 300lux 이상
㉰ 보통작업 : 150lux 이상
㉱ 기타작업 : 75lux 이상

참고 산업안전보건기준에 관한 규칙 제8조

37 작업공간의 배치에 있어 구성요소 배치의 원칙에 해당하지 않는 것은?

① 기능성의 원칙 ② 사용빈도의 원칙
③ 사용순서의 원칙 ④ 사용방법의 원칙

해설 구성요소(부품) 배치의 원칙
㉮ 중요성의 원칙
㉯ 사용빈도의 원칙
㉰ 기능별 배치의 원칙
㉱ 사용순서의 원칙

38 컴퓨터 스크린 상에 있는 버튼을 선택하기 위해 커서를 이동시키는 데 걸리는 시간을 예측하는 가장 적합한 법칙은?

① Fitts의 법칙 ② Lewin의 법칙
③ Hick의 법칙 ④ Weber의 법칙

해설 Fitts의 법칙
표적이 작을수록 또 이동거리가 길수록 작업의 난이도와 소요 이동시간이 증가한다.

39 작업자가 용이하게 기계 · 기구를 식별하도록 암호화(Coding)를 한다. 암호화 방법이 아닌 것은?

① 강도 ② 형상
③ 크기 ④ 색채

해설 기계 · 기구를 식별하도록 암호화(Coding)의 종류
㉮ 형상 암호화 ㉯ 크기 암호화
㉰ 색채 암호화 ㉱ 촉감 암호화

40 소음방지 대책에 있어 가장 효과적인 방법은?

① 음원에 대한 대책
② 수음자에 대한 대책
③ 전파경로에 대한 대책
④ 거리감쇠와 지향성에 대한 대책

해설 소음방지 대책
소음방지 대책은 소음원 대책, 전파경로 대책, 수음자 대책 순서에 따라 소음원의 제거 → 소음수준의 저감 → 소음의 차단 → 개인보호구 착용순으로 이루어진다.

Answer 34. ② 35. ② 36. ③ 37. ④ 38. ① 39. ① 40. ①

제3과목 기계위험 방지기술

41 취성재료의 극한강도가 128MPa이며, 허용응력이 64MPa일 경우 안전계수는?

① 1 ② 2
③ 4 ④ 1/2

해설 안전계수

$$안전계수 = \frac{극한강도}{허용응력} = \frac{128}{64} = 2$$

42 어느 사업장의 도수율은 40이고 강도율은 4이다. 이 사업장의 재해 1건당 근로손실일수는 얼마인가?

① 1 ② 10
③ 50 ④ 100

해설 재해율

㉮ 환산도수율(F) $= \frac{도수율}{10} = \frac{40}{10} = 4$

㉯ 환산강도율(S) $=$ 강도율$\times 100$
$= 4 \times 100 = 400$

㉰ 재해 1건당 근로손실일수$= \frac{S}{F} = \frac{400}{4} = 100$

43 산업안전보건법령에 따라 레버풀러(lever puller) 또는 체인블록(chain block)을 사용하는 경우 훅의 입구(hook mouth) 간격이 제조자가 제공하는 제품사양서 기준으로 몇 % 이상 벌어진 것은 폐기하여야 하는가?

① 3 ② 5
③ 7 ④ 10

해설 레버풀러 또는 체인블록 사용 시 준수사항
훅의 입구(hook mouth) 간격이 제조자가 제공하는 제품사양서 기준으로 10% 이상 벌어진 것은 폐기할 것

참고 산업안전보건기준에 관한 규칙 제96조

44 산업안전보건법령상 프레스 등을 사용하여 작업을 할 때에 작업시작 전 점검 사항으로 가장 거리가 먼 것은?

① 압력방출장치의 기능
② 클러치 및 브레이크의 기능
③ 프레스의 금형 및 고정볼트 상태
④ 1행정 1정지기구 · 급정지장치 및 비상정지장치의 기능

해설 프레스 등을 사용하여 작업을 할 때 작업시작 전 점검사항

㉮ 클러치 및 브레이크의 기능
㉯ 크랭크축 · 플라이휠 · 슬라이드 · 연결봉 및 연결 나사의 풀림 여부
㉰ 1행정 1정지기구 · 급정지장치 및 비상정지장치의 기능
㉱ 슬라이드 또는 칼날에 의한 위험방지 기구의 기능
㉲ 프레스의 금형 및 고정볼트 상태
㉳ 방호장치의 기능
㉴ 전단기의 칼날 및 테이블의 상태

참고 산업안전보건기준에 관한 규칙 별표 3

실기 실기시험까지 대비해서 암기하세요.

45 휴대용 동력 드릴의 사용 시 주의해야 할 사항에 대한 설명으로 옳지 않은 것은?

① 드릴 작업 시 과도한 진동을 일으키면 즉시 작업을 중단한다.
② 드릴이나 리머를 고정하거나 제거할 때는 금속성 망치 등을 사용한다.
③ 절삭하기 위하여 구멍에 드릴 날을 넣거나 뺄 때는 팔을 드릴과 직선이 되도록 한다.
④ 작업 중에는 드릴을 구멍에 맞추거나 하기 위해서 드릴 날을 손으로 잡아서는 안 된다.

해설 휴대용 동력 드릴 사용 시 주의사항
② 드릴이나 리머를 고정하거나 제거할 때는 고무망치를 사용하거나 나무블록 등을 사이에 두고 두드린다.

Answer 41. ② 42. ④ 43. ④ 44. ① 45. ②

46 원동기, 풀리, 기어 등 근로자에게 위험을 미칠 우려가 있는 부위에 설치하는 위험방지 장치가 아닌 것은?

① 덮개 ② 슬리브
③ 건널다리 ④ 램

해설 원동기 · 회전축 등의 위험 방지
사업주는 기계의 원동기 · 회전축 · 기어 · 풀리 · 플라이휠 · 벨트 및 체인 등 근로자가 위험에 처할 우려가 있는 부위에 **덮개 · 울 · 슬리브 및 건널다리** 등을 설치하여야 한다.

참고 산업안전보건기준에 관한 규칙 제87조

실기 실기시험까지 대비해서 암기하세요.

47 다음 ( ) 안에 들어갈 용어로 알맞은 것은?

> 사업주는 보일러의 과열을 방지하기 위하여 최고사용 압력과 상용 압력 사이에서 보일러의 버너 연소를 차단할 수 있도록 ( )을(를) 부착하여 사용하여야 한다.

① 고저수위 조절장치 ② 압력방출장치
③ 압력제한스위치 ④ 파열판

해설 보일러의 안전장치
㉮ 압력방출장치 : 사업주는 보일러의 안전한 가동을 위하여 보일러 규격에 맞는 압력방출장치를 1개 또는 2개 이상 설치하고 최고사용압력(설계압력 또는 최고허용압력을 말한다. 이하 같다) 이하에서 작동되도록 하여야 한다. 다만, 압력방출장치가 2개 이상 설치된 경우에는 최고사용압력 이하에서 1개가 작동되고, 다른 압력방출장치는 최고사용압력 1.05배 이하에서 작동되도록 부착하여야 한다.
㉯ 압력제한스위치 : 사업주는 보일러의 과열을 방지하기 위하여 최고사용압력과 상용압력 사이에서 보일러의 버너 연소를 차단할 수 있도록 **압력제한스위치**를 부착하여 사용하여야 한다.
㉰ 고저수위 조절장치 : 사업주는 고저수위(高低水位) 조절장치의 동작 상태를 작업자가 쉽게 감시하도록 하기 위하여 고저수위지점을 알리는 경보등 · 경보음장치 등을 설치하여야 하며, 자동으로 급수되거나 단수되도록 설치하여야 한다.

48 산업안전보건법령상 지게차에서 통상적으로 갖추고 있어야 하나, 마스트의 후방에서 화물이 낙하함으로써 근로자에게 위험을 미칠 우려가 없는 때에는 반드시 갖추지 않아도 되는 것은?

① 전조등 ② 헤드가드
③ 백레스트 ④ 포크

해설 백레스트(backrest)
사업주는 백레스트를 갖추지 아니한 지게차를 사용해서는 아니 된다. 다만, 마스트의 후방에서 화물이 낙하함으로써 근로자가 위험해질 우려가 없는 경우에는 그러하지 아니하다.

참고 산업안전보건기준에 관한 규칙 제181조

49 아세틸렌 용접장치에 사용하는 역화방지기에서 요구되는 일반적인 구조로 옳지 않은 것은?

① 재사용 시 안전에 우려가 있으므로 역화방지 후 바로 폐기하도록 해야 한다.
② 다듬질 면이 매끈하고 사용상 지장이 있는 부식, 흠, 균열 등이 없어야 한다.
③ 가스의 흐름방향은 지워지지 않도록 돌출 또는 각인하여 표시하여야 한다.
④ 소염소자는 금망, 소결금속, 스틸울(steelwool), 다공성 금속물 또는 이와 동등 이상의 소염성능을 갖는 것이어야 한다.

해설 역화방지기
고온 가스가 방지기에 침입하면 서모 스타트가 움직여 밸브를 닫아 고온 가스를 차단하는 구조로 되어 있다. 역화를 방지한 후 복원이 되어 **계속 사용할 수 있는 구조**이어야 한다.

50 다음 중 선반의 방호장치로 가장 거리가 먼 것은?

① 실드 ② 슬라이딩
③ 척 커버 ④ 칩 브레이커

해설 선반의 방호장치
㉮ 실드 ㉯ 척 커버
㉰ 칩 브레이커 ㉱ 브레이크
㉲ 방진구

Answer 46. ④ 47. ③ 48. ③ 49. ① 50. ②

51 밀링 작업 시 안전수칙에 관한 설명으로 틀린 것은?

① 칩은 기계를 정지시킨 다음에 브러시 등으로 제거한다.
② 일감 또는 부속장치 등을 설치하거나 제거할 때는 반드시 기계를 정지시키고 작업한다.
③ 면장갑을 반드시 끼고 작업한다.
④ 강력 절삭을 할 때는 일감을 바이스에 깊게 물린다.

해설 밀링 작업 시 안전수칙
③ 밀링 작업 시 면장갑을 끼지 않고 작업하여야 한다.

52 범용 수동 선반의 방호조치에 관한 설명으로 옳지 않은 것은?

① 척 가드의 폭은 공작물의 가공작업에 방해가 되지 않는 범위 내에서 척 전체 길이를 방호할 수 있을 것
② 척 가드의 개방 시 스핀들의 작동이 정지되도록 연동회로를 구성할 것
③ 전면 칩 가드의 폭은 새들 폭 이하로 설치할 것
④ 전면 칩 가드는 심압대가 베드 끝단부에 위치하고 있고 공작물 고정장치에서 심압대까지 가드를 연장시킬 수 없는 경우에는 부착위치를 조정할 수 있을 것

해설 범용 수동 선반의 방호조치
③ 전면 칩 가드의 폭은 새들 폭 이상으로 설치하여야 한다.

53 슬라이드가 내려옴에 따라 손을 쳐내는 막대가 좌우로 왕복하면서 위험점으로부터 손을 보호하여 주는 프레스의 안전장치는?

① 수인식 방호장치
② 양손조작식 방호장치
③ 손쳐내기식 방호장치
④ 게이트 가드식 방호장치

해설 프레스 또는 전단기 방호장치의 종류와 분류
㉮ 광전자식(A－1) : 프레스 또는 전단기에서 일반적으로 많이 활용하고 있는 형태로서 투광부, 수광부, 컨트롤 부분으로 구성되며, 신체 일부가 광선을 차단하면 기계를 급정지시키는 방호장치
㉯ 광전자식(A－2) : 급정지기능이 없는 프레스의 클러치 개조를 통해 광선 차단 시 급정지시킬 수 있도록 한 방호장치
㉰ 양수조작식(B－1, B－2) : 1행정 1정지식 프레스에 사용되는 것으로서 양손으로 동시에 조작하지 않으면 기계가 동작하지 않으며, 한 손이라도 떼어내면 기계를 정지시키는 방호장치
㉱ 가드식(C) : 가드가 열려 있는 상태에서는 기계의 위험부분이 동작되지 않고 기계가 위험한 상태일 때에는 가드를 열 수 없도록 한 방호장치
㉲ 손쳐내기식(D) : 슬라이드의 작동에 연동시켜 위험상태로 되기 전에 손을 위험 영역에서 밀어내거나 쳐내는 방호장치로서 프레스용으로 확동식 클러치형 프레스에 한해서 사용됨(다만, 광전자식 또는 양수조작식과 이중으로 설치 시에는 급정지 가능 프레스에 사용 가능).
㉳ 수인식(E) : 슬라이드와 작업자 손을 끈으로 연결하여 슬라이드 하강 시 작업자 손을 당겨 위험영역에서 빼낼 수 있도록 한 방호장치로서 프레스용으로 확동식 클러치형 프레스에 한해서 사용됨(다만, 광전자식 또는 양수조작식과 이중으로 설치 시에는 급정지 가능 프레스에 사용 가능).

54 산업안전보건법령상 금속의 용접, 용단에 사용하는 가스 용기를 취급할 때 유의사항으로 틀린 것은?

① 밸브의 개폐는 서서히 할 것
② 운반하는 경우에는 캡을 벗길 것
③ 용기의 온도는 40℃ 이하로 유지할 것
④ 통풍이나 환기가 불충분한 장소에는 설치하지 말 것

해설 가스 등의 용기 취급 시 유의사항
② 가스 용기를 운반하는 경우에는 캡을 씌우고 운반하여야 한다.

참고 산업안전보건기준에 관한 규칙 제234조

Answer 51. ③ 52. ③ 53. ③ 54. ②

55 **사출성형기에서 동력작동 시 금형 고정장치의 안전사항에 대한 설명으로 옳지 않은 것은?**

① 금형 또는 부품의 낙하를 방지하기 위해 기계적 억제장치를 추가하거나 자체 고정장치(self retain clamping unit) 등을 설치해야 한다.
② 자석식 금형 고정장치는 상·하(좌·우) 금형의 정확한 위치가 자동적으로 모니터(monitor) 되어야 한다.
③ 상·하(좌·우)의 두 금형 중 어느 하나가 위치를 이탈하는 경우 플레이트를 작동시켜야 한다.
④ 전자석 금형 고정장치를 사용하는 경우에는 전자기파에 의한 영향을 받지 않도록 전자파 내성 대책을 고려해야 한다.

해설 금형 고정장치의 안전사항
③ 상·하(좌·우)의 두 금형 중 어느 하나가 위치를 이탈하는 경우 플레이트를 더 이상 움직이지 않아야 한다.

56 **회전 중인 연삭숫돌이 근로자에게 위험을 미칠 우려가 있을 시 덮개를 설치하여야 할 연삭숫돌의 최소 지름은?**

① 지름이 5cm 이상인 것
② 지름이 10cm 이상인 것
③ 지름이 15cm 이상인 것
④ 지름이 20cm 이상인 것

해설 연삭숫돌의 덮개
사업주는 회전 중인 연삭숫돌(지름이 5cm 이상인 것으로 한정)이 근로자에게 위험을 미칠 우려가 있는 경우에 그 부위에 덮개를 설치하여야 한다.

참고 산업안전보건기준에 관한 규칙 제122조

57 **가공기계에 쓰이는 주된 풀 프루프(Fool Proof)에서 가드(Guard)의 형식으로 틀린 것은?**

① 인터록 가드(Interlock Guard)
② 안내 가드(Guide Guard)
③ 조정 가드(Adjustable Guard)
④ 고정 가드(Fixed Guard)

해설 풀 프루프(Fool Proof)에서 가드의 형식
① 인터록 가드(Interlock Guard) : 기계식 작동 중에 개폐되는 경우 기계가 정지되는 가드
② 자동 가드(Automatic Guard) : 정지 중에는 톱날이 드러나지 않게 하는 가드
③ 조정 가드(Adjustable Guard) : 위험점의 모양에 따라 맞추어 조절이 가능한 가드
④ 고정 가드(Fixed Guard) : 기계식 작동 중에 개구부로부터 가공물과 공구 등을 넣어도 손을 위험영역에 머무르지 않게 하는 가드

58 **산업안전보건법령상 보일러의 안전한 가동을 위하여 보일러 규격에 맞는 압력방출장치가 2개 이상 설치된 경우에 최고사용압력 이하에서 1개가 작동되고, 다른 압력방출장치는 최고사용압력의 몇 배 이하에서 작동되도록 부착하여야 하는가?**

① 1.03배 ② 1.05배
③ 1.2배 ④ 1.5배

해설 압력방출장치
사업주는 보일러의 안전한 가동을 위하여 보일러 규격에 맞는 압력방출장치를 1개 또는 2개 이상 설치하고 최고사용압력(설계압력 또는 최고허용압력을 말함.) 이하에서 작동되도록 하여야 한다. 다만, 압력방출장치가 2개 이상 설치된 경우에는 최고사용압력 이하에서 1개가 작동되고, 다른 압력방출장치는 최고사용압력 1.05배 이하에서 작동되도록 부착하여야 한다.

참고 산업안전보건기준에 관한 규칙 제116조

59 **기능의 안전화 방안을 소극적 대책과 적극적 대책으로 구분할 때 다음 중 적극적 대책에 해당하는 것은?**

① 기계의 이상을 확인하고 급정지시켰다.
② 원활한 작동을 위해 급유를 하였다.
③ 회로를 개선하여 오동작을 방지하도록 하였다.
④ 기계를 볼트 및 너트가 이완되지 않도록 다시 조립하였다.

Answer 55. ③ 56. ① 57. ② 58. ② 59. ③

해설 기능의 안전화 방안

㉮ 소극적 대책
㉠ 기계설비의 이상 시에 기계를 급정지시킨다.
㉡ 기계설비의 이상 시에 안전장치가 작동되도록 한다.

㉯ 적극적 대책
㉠ 전기회로를 개선하여 오동작을 방지한다.

60 자분탐상검사에서 사용하는 자화방법이 아닌 것은?

① 축통전법 ② 전류 관통법
③ 극간법 ④ 임피던스법

해설 자분탐상검사

㉮ 직각통전법 ㉯ 전류 관통법
㉰ 극간법 ㉱ 자속관통법
㉲ 축통전법

제4과목 전기위험 방지기술

61 인입개폐기를 개방하지 않고 전등용 변압기 1차측 COS만 개방 후 전등용 변압기 접속용 볼트 작업 중 동력용 COS에 접촉, 사망한 사고에 대한 원인으로 가장 거리가 먼 것은?

① 안전장구 미사용
② 동력용 변압기 COS 미개방
③ 전등용 변압기 2차측 COS 미개방
④ 인입구 개폐기 미개방한 상태에서 작업

해설 전등용 변압기

전등용 변압기 1차측 COS(컷아웃스위치)를 개방하면 2차측 COS 개방은 의미가 없다.

62 인체의 저항을 500Ω 이라 할 때 단상 440V의 회로에서 누전으로 인한 감전재해를 방지할 목적으로 설치하는 누전차단기의 규격은?

① 30mA, 0.1초 ② 30mA, 0.03초
③ 50mA, 0.1초 ④ 50mA, 0.3초

해설 누전차단기의 규격

전기기계 · 기구에 설치되어 있는 누전차단기는 정격감도전류가 30mA 이하이고, 작동시간은 0.03초 이내이어야 한다.

63 전기기기, 설비 및 전선로 등의 충전 유무 등을 확인하기 위한 장비는?

① 위상검출기
② 디스콘 스위치
③ COS
④ 저압 및 고압용 검전기

해설 검전기

검전기는 전기기기, 설비 및 전선로 등의 충전 유무 등을 확인하기 위한 장비이다.

64 한국전기설비규정에 따라 과전류차단기로 저압전로에 사용하는 범용 퓨즈(gG)의 용단전류는 정격전류의 몇 배인가? (단, 정격전류가 4A 이하인 경우이다.)

① 1.5배 ② 1.6배
③ 1.9배 ④ 2.1배

해설 퓨즈의 용단특성

정격전류의 구분	시 간	정격전류의 배수	
		불용단전류	용단전류
4A 이하	60분	1.5배	2.1배
4A 초과 16A 미만	60분	1.5배	1.9배
16A 이상 63A 이하	60분	1.25배	1.6배
63A 초과 160A 이하	120분	1.25배	1.6배
160A 초과 400A 이하	180분	1.25배	1.6배
400A 초과	240분	1.25배	1.6배

65 피뢰침의 제한전압이 800kV, 충격절연강도가 1,000kV라 할 때, 보호여유도는 몇 %인가?

① 25 ② 33
③ 47 ④ 63

Answer 60. ④ 61. ③ 62. ② 63. ④ 64. ④ 65. ①

해설 피뢰침의 보호여유도

$$보호여유도 = \frac{충격절연강도 - 제한전압}{제한전압} \times 100$$

$$= \frac{1,000 - 800}{800} \times 100 = 25[\%]$$

66 동작 시 아크가 발생하는 고압 및 특고압용 개폐기 · 차단기의 이격거리(목재의 벽 또는 천장, 기타 가연성 물체로부터의 거리)외 기준으로 옳은 것은? (단, 사용전압이 35kV 이하의 특고압용의 기구 등으로서 동작할 때에 생기는 아크의 방향과 길이를 화재가 발생할 우려가 없도록 제한하는 경우가 아니다.)

① 고압용 : 0.8m 이상, 특고압용 : 1.0m 이상
② 고압용 : 1.0m 이상, 특고압용 : 2.0m 이상
③ 고압용 : 2.0m 이상, 특고압용 : 3.0m 이상
④ 고압용 : 3.5m 이상, 특고압용 : 4.0m 이상

해설 아크를 발생하는 기구의 시설 등의 이격거리
㉮ 고압용 : 1.0m 이상
㉯ 특고압용 : 2.0m 이상(사용전압이 35kV 이하의 특고압용의 기구 등으로서 동작할 때에 생기는 아크의 방향과 길이를 화재가 발생할 우려가 없도록 제한하는 경우에는 1m 이상)

67 개폐조작 시 안전절차에 따른 차단 순서와 투입 순서로 가장 올바른 것은?

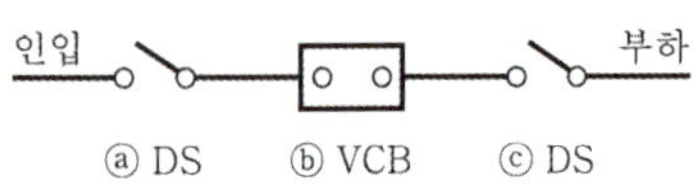

① 차단 ⓑ → ⓐ → ⓒ, 투입 ⓐ → ⓑ → ⓒ
② 차단 ⓑ → ⓒ → ⓐ, 투입 ⓐ → ⓑ → ⓒ
③ 차단 ⓑ → ⓐ → ⓒ, 투입 ⓒ → ⓑ → ⓐ
④ 차단 ⓑ → ⓒ → ⓐ, 투입 ⓒ → ⓐ → ⓑ

해설 개폐조작 시 안전절차에 따른 차단 및 투입 순서
개폐조작은 부하측에서 전원측으로 진행하며, 차단기(VCB)는 차단 시에는 가장 먼저, 투입 시에는 가장 뒤에 조작한다.

68 전기설비기술기준에서 정의하는 전압의 구분으로 틀린 것은?

① 교류 저압 : 1,000V 이하
② 직류 저압 : 1,500V 이하
③ 직류 고압 : 1,500V 초과 7,000V 이하
④ 특고압 : 7,000V 이상

해설 표준전압의 구분

저압	교류는 1,000V 이하, 직류는 1,500V 이하
고압	교류는 1,000V를, 직류는 1,500V를 초과하고, 7,000V 이하
특고압	교류, 직류 모두 7,000V를 초과

69 감전쇼크에 의해 호흡이 정지되었을 경우 일반적으로 약 몇 분 이내에 응급처치를 개시하면 95% 정도를 소생시킬 수 있는가?

① 1분 이내　② 3분 이내
③ 5분 이내　④ 7분 이내

해설 감전사고 후 인공호흡에 의한 소생률

1분 이내	3분 이내	4분 이내	6분 이내
95%	75%	50%	25%

70 누전된 전동기에 인체가 접촉하여 500mA의 누전전류가 흘렀고 정격감도전류 500mA인 누전차단기가 동작하였다. 이때 인체전류를 약 10mA로 제한하기 위해서는 전동기 외함에 설치할 접지저항의 크기는 약 몇 Ω 인가? (단, 인체저항은 500Ω 이며, 다른 저항은 무시한다.)

① 5　② 10
③ 50　④ 100

해설 접지저항
㉮ 전압(V) $= IR = 0.01 \times 500 = 5[V]$
㉯ 접지저항 $= \frac{V}{I} = \frac{5}{0.5 - 0.01} = 10.2[\Omega]$

Answer 66. ② 67. ④ 68. ④ 69. ① 70. ②

71 감전사고를 방지하기 위한 방법으로 틀린 것은?

① 전기기기 및 설비의 위험부에 위험표지
② 전기설비에 대한 누전차단기 설치
③ 전기기에 대한 정격표시
④ 무자격자는 전기계 및 기구에 전기적인 접촉 금지

해설 감전사고의 방지 방법
③ 전기기기에 대한 정격표시는 감전사고 방지용이 아니라, 효율적인 전기기기 사용을 위해 필요한 것이다.

72 아크방전의 전압 – 전류 특성으로 가장 옳은 것은?

①
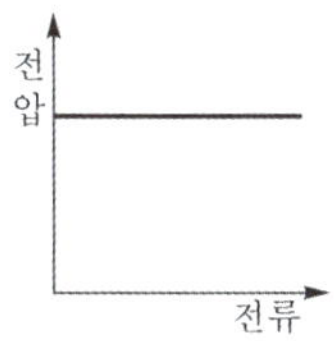

②
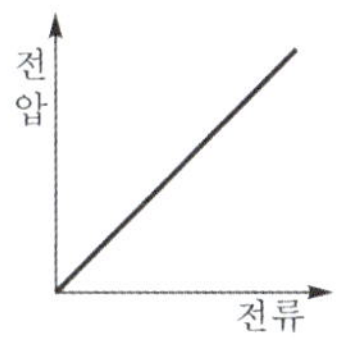

③
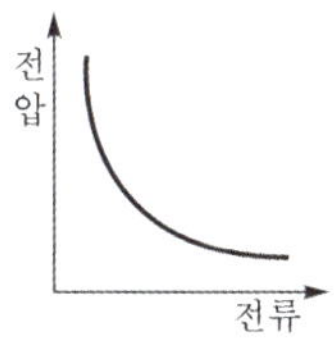

④
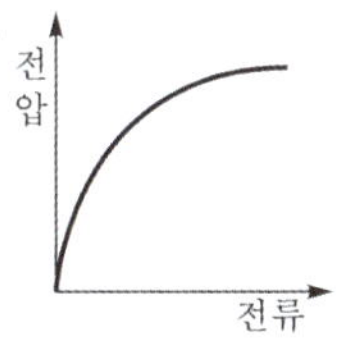

해설 아크방전의 전압 – 전류 특성
아크방전의 전압 – 전류 특성은 부특성을 갖는다.

73 정전기로 인한 화재 폭발의 위험이 가장 높은 것은?

① 드라이클리닝 설비 ② 농작물 건조기
③ 가습기 ④ 전동기

해설 정전기로 인한 화재 폭발 등 방지대책 대상 설비
㉮ 위험물을 탱크로리 · 탱크차 및 드럼 등에 주입하는 설비
㉯ 탱크로리 · 탱크차 및 드럼 등 위험물 저장설비
㉰ 인화성 액체를 함유하는 도료 및 접착제 등을 제조 · 저장 · 취급 또는 도포하는 설비
㉱ 위험물 건조설비 또는 그 부속 설비
㉲ 인화성 고체를 저장하거나 취급하는 설비
㉳ 드라이클리닝 설비, 염색가공설비 또는 모피류 등을 씻는 설비 등 인화성 유기용제를 사용하는 설비
㉴ 유압, 압축공기 또는 고전위정전기 등을 이용하여 인화성 액체나 인화성 고체를 분무하거나 이송하는 설비
㉵ 고압가스를 이송하거나 저장 · 취급하는 설비
㉶ 화약류 제조설비
㉷ 발파공에 장전된 화약류를 점화시키는 경우에 사용하는 발파기(발파공을 막는 재료로 물을 사용하거나 갱도발파를 하는 경우는 제외)

74 정전기 재해를 예방하기 위해 설치하는 제전기의 제전효율은 설치 시에 얼마 이상이 되어야 하는가?

① 40% 이상 ② 50% 이상
③ 70% 이상 ④ 90% 이상

해설 제전기의 제전효율
정전기 재해를 예방하기 위해 설치하는 제전기의 효율은 90% 이상이어야 한다.

75 다음 중 1종 위험장소로 분류되지 않는 것은?

① Floating roof tank 상의 shell 내의 부분
② 인화성 액체의 용기 내부의 액면 상부의 공간부
③ 점검수리 작업에서 가연성 가스 또는 증기를 방출하는 경우의 밸브 부근
④ 탱크폴리, 드럼관 등이 인화성 액체를 충전하고 있는 경우의 개구부 부근

해설 위험장소
인화성 액체의 용기 내부의 액면 상부의 공간부의 경우 상시 위험분위기가 조성되어 있는 곳이므로 0종 위험장소이다.

76 1[C]을 갖는 2개의 전하가 공기 중에서 1[m]의 거리에 있을 때 이들 사이에 작용하는 정전력은?

① 8.854×10^{-12}[N] ② 1.0[N]
③ 3×10^{3}[N] ④ 9×10^{9}[N]

Answer 71. ③ 72. ③ 73. ① 74. ④ 75. ② 76. ④

해설 1[C]

진공 중에서 1m 떨어져 있는 같은 전하량을 가진 두 대전체 사이에 작용하는 전기력의 크기가 9×10^9N일 때 각 대전체의 전하량을 1[C]이라고 한다.

77 방폭구조와 기호의 연결이 틀린 것은?

① 압력방폭구조 : p
② 내압방폭구조 : d
③ 안전증방폭구조 : s
④ 본질안전방폭구조 : ia 또는 ib

해설 방폭구조의 종류와 기호

0종 장소	지속적 위험분위기	본질안전방폭구조(Ex ia)
1종 장소	통상상태에서의 간헐적 위험분위기	내압방폭구조(Ex d) 압력방폭구조(Ex p) 충전방폭구조(Ex q) 유압방폭구조(Ex o) **안전증방폭구조(Ex e)** 본질안전방폭구조(Ex ib) 몰드방폭구조(Ex m)
2종 장소	이상상태에서의 위험분위기	비점화방폭구조(Ex n)

78 다음은 무슨 현상을 설명한 것인가?

> 전위차가 있는 2개의 대전체가 특정거리에 접근하게 되면 등전위가 되기 위하여 전하가 절연공간을 깨고 순간적으로 빛과 열을 발생하며 이동하는 현상

① 대전　　② 충전
③ 방전　　④ 열전

해설 용어 정의

① 대전 : 충격, 마찰 등에 의해 전자들이 이동하여 양전하와 음전하의 균형이 깨어지면 다수의 전하가 겉으로 드러나게 되는 현상
② 충전 : 외부로부터 전류를 공급하여 전기에너지를 축적하는 현상
④ 열전 : 서로 다른 종류의 금속선을 접속하고 그 양단을 서로 다른 온도로 유지하면 회로에 전류가 흐르는 현상

79 접지의 종류와 목적이 바르게 짝지어지지 않은 것은?

① 계통접지 – 고압전로와 저압전로가 혼촉되었을 때의 감전이나 화재 방지를 위하여
② 지락검출용 접지 – 차단기의 동작을 확실하게 하기 위하여
③ 기능용 접지 – 피뢰기 등의 기능손상을 방지하기 위하여
④ 등전위 접지 – 병원에 있어서 의료기기 사용 시 안전을 위하여

해설 접지의 종류

③ <u>피뢰 접지</u> – 피뢰기 등의 기능손상을 방지하기 위하여 한다.

80 인체저항을 500Ω 이라 한다면, 심실세동을 일으키는 위험한계 에너지는 약 몇 J인가? (단, 심실세동전류값 $I=\frac{165}{\sqrt{t}}$[mA]의 Dalziel의 식을 이용하며, 통전시간은 1초로 한다.)

① 11.5　　② 13.6
③ 15.3　　④ 16.2

해설 위험한계 에너지(W)

$W=I^2RT$

여기서, I : 심실세동전류[A]
R : 전기저항[Ω]
T : 통전시간[s]

$=(165\times10^{-3})^2\times500\times1=13.6$[J]

제5과목 화학설비위험 방지기술

81 다음 중 자연발화가 가장 쉽게 일어나기 위한 조건에 해당하는 것은?

① 큰 열전도율
② 고온, 다습한 환경
③ 표면적이 작은 물질
④ 공기의 이동이 많은 장소

Answer 77. ③ 78. ③ 79. ③ 80. ② 81. ②

해설 자연발화의 조건

㉮ 발열량이 클 것
㉯ 열전도율이 작을 것
㉰ 주위의 온도가 높을 것
㉱ 표면적이 넓을 것

82 다음 중 분진이 발화 폭발하기 위한 조건으로 거리가 먼 것은?

① 불연성질
② 미분상태
③ 점화원의 존재
④ 지연성 가스 중에서의 교반과 운동

해설 분진이 발화 폭발하기 위한 조건

① 가연성

83 화염방지기의 설치에 관한 사항으로 ( )에 알맞은 것은?

> 사업주는 인화성 액체 및 인화성 가스를 저장 · 취급하는 화학설비에서 증기나 가스를 대기로 방출하는 경우에는 외부로부터의 화염을 방지하기 위하여 화염방지기를 그 설비 ( )에 설치하여야 한다.

① 상단 ② 하단
③ 중앙 ④ 무게중심

해설 화염방지기의 설치 등

사업주는 인화성 액체 및 인화성 가스를 저장 · 취급하는 화학설비에서 증기나 가스를 대기로 방출하는 경우에는 외부로부터의 화염을 방지하기 위하여 화염방지기를 그 설비 상단에 설치해야 한다.

84 처음 온도가 20℃인 공기를 절대압력 1기압에서 3기압으로 단열압축하면 최종온도는 약 몇 도인가? (단, 공기의 비열비 1.4이다.)

① 68℃ ② 75℃
③ 128℃ ④ 164℃

해설 단열과정

$$\frac{T_2}{T_1}=\left(\frac{P_2}{P_1}\right)^{\frac{r-1}{r}}$$

여기서, r : 공기의 비열비
T_1 : 기체의 처음 온도, T_2 : 압축 후 온도
P_1 : 기체의 처음 압력, P_2 : 압축 후 압력

$$T_2=(273+20)\times\left(\frac{3}{1}\right)^{\frac{1.4-1}{1.4}}=401.04K$$

$401.04-273=128.04℃$

85 폭발의 위험성을 고려하기 위해 정전에너지 값을 구하고자 한다. 다음 중 정전에너지를 구하는 식은? (단, E는 정전에너지, C는 정전 용량, V는 전압을 의미한다.)

① $E=\frac{1}{2}CV^2$ ② $E=\frac{1}{2}VC^2$
③ $E=VC^2$ ④ $E=\frac{1}{4}VC$

해설 정전에너지

$$E=\frac{1}{2}QV=\frac{1}{2}CV^2$$

86 할론 소화약제 중 Halon 2402의 화학식으로 옳은 것은?

① $C_2F_4Br_2$ ② $C_2H_4Br_2$
③ $C_2Br_4H_2$ ④ $C_2Br_4F_2$

해설 소화약제의 할론 번호

할론 번호표기의 첫 번째 숫자는 탄소(C), 두 번째 숫자는 불소(F), 세 번째 숫자는 염소(Cl), 네 번째 숫자는 브롬(Br)을 의미한다.

C	F	Cl	Br
2	4	0	2

87 다음 중 C급 화재에 해당하는 것은?

① 금속화재 ② 전기화재
③ 일반화재 ④ 유류화재

Answer 82. ① 83. ① 84. ③ 85. ① 86. ① 87. ②

해설 화재의 분류 및 적응 소화제

분류	가연물	적응 소화제
A급	일반 가연물	물, 강화액, 산·알칼리 소화기
B급	유류	포, CO_2, 분말 소화기
C급	전기	CO_2, 분말, 할로겐화합물 소화기
D급	금속	건조사, 팽창 질석, 팽창 진주암

실기 실기시험까지 대비해서 암기하세요.

88 다음 중 분말 소화약제로 가장 적절한 것은?

① 사염화탄소 ② 브롬화메탄
③ 수산화암모늄 ④ 제1인산암모늄

해설 소화약제의 종류 및 적응 화재

종별	주성분	적응 화재
1종	탄산수소나트륨($NaHCO_3$)	B, C급 화재
2종	탄산수소칼륨($KHCO_3$)	B, C급 화재
3종	제1인산암모늄($NH_4H_2PO_4$)	A, B, C급 화재
4종	탄산수소칼륨과 요소($(NH_2)_2CO$)와의 반응물	B, C급 화재

89 각 물질(A~D)의 폭발상한계와 하한계가 다음 [표]와 같을 때 다음 중 위험도가 가장 큰 물질은?

구분	A	B	C	D
폭발상한계	9.5	8.4	15.0	13
폭발하한계	2.1	1.8	5.0	2.6

① A ② B
③ C ④ D

해설 위험도

$$위험도 = \frac{폭발상한계 - 폭발하한계}{폭발하한계}$$

① A : $\frac{9.5-2.1}{2.1}=3.52$

② B : $\frac{8.4-1.8}{1.8}=3.67$

③ C : $\frac{15.0-5.0}{5.0}=2$

④ D : $\frac{13.0-2.6}{2.6}=4$

90 다음 중 반응기의 구조 방식에 의한 분류에 해당하는 것은?

① 탑형 반응기 ② 연속식 반응기
③ 반회분식 반응기 ④ 회분식 균일상반응기

해설 반응기의 구분

㉮ 구조 방식에 의한 분류 : 관형 반응기, 탑형 반응기, 교반기형 반응기, 유동층형 반응기
㉯ 운전 방식에 의한 분류 : 회분식 반응기, 반회분식 반응기, 연속 반응기

91 산업안전보건법령상 '부식성 산류'에 해당하지 않는 것은?

① 농도 20%인 염산
② 농도 40%인 인산
③ 농도 50%인 질산
④ 농도 60%인 아세트산

해설 부식성 산류 및 염기류

㉮ 부식성 산류
㉠ 농도가 20% 이상인 염산, 황산, 질산, 그 밖에 이와 같은 정도 이상의 부식성을 갖는 물질
㉡ 농도가 60% 이상인 인산, 아세트산, 불산, 그 밖에 이와 같은 정도 이상의 부식성을 가지는 물질
㉯ 부식성 염기류
농도가 40% 이상인 수산화나트륨, 수산화칼륨, 그 밖에 이와 같은 정도 이상의 부식성을 가지는 염기류

참고 산업안전보건기준에 관한 규칙 별표 1

92 크롬에 대한 설명으로 옳은 것은?

① 은백색 광택이 있는 금속이다.
② 중독 시 미나마타병이 발병한다.
③ 비중이 물보다 작은 값을 나타낸다.
④ 3가 크롬이 인체에 가장 유해하다.

해설 크롬

② 중독 시 비중격천공 증세를 일으킨다.
③ 비중은 7.19로 물보다 큰 값을 나타낸다.
④ 3가보다 6가 크롬이 인체에 유해하다.

Answer 88. ④ 89. ④ 90. ① 91. ② 92. ①

93 일산화탄소에 대한 설명으로 틀린 것은?

① 무색 · 무취의 기체이다.
② 염소와 촉매 존재 하에 반응하여 포스겐이 된다.
③ 인체 내의 헤모글로빈과 결합하여 산소운반기능을 저하시킨다.
④ 불연성 가스로서, 허용농도가 10ppm이다.

해설 일산화탄소
④ 가연성 가스로서, 허용농도가 50ppm이다.

94 다음의 설명에 해당하는 안전장치는?

> 대형의 반응기, 탑, 탱크 등에서 이상상태가 발생할 때 밸브를 정지시켜 원료공급을 차단하기 위한 안전장치로, 공기압식, 유압식, 전기식 등이 있다.

① 파열판　　② 안전밸브
③ 스팀트랩　　④ 긴급차단장치

해설 안전장치
① 파열판 : 밀폐된 용기, 배관 등의 내압이 이상 상승하였을 경우 정해진 압력에서 파열되어 본체의 파괴를 막을 수 있도록 제조된 원형의 얇은 금속판
② 안전밸브 : 압력이 일정 한도 이상으로 상승한 때나 워터 해머 등의 이상 압력이 발생했을 때, 과잉 압력을 자동적으로 방출시키는 밸브
③ 스팀트랩 : 드럼이나 관 속의 증기가 일부 응결(凝結)하여 물이 되었을 때 자동적으로 물만을 외부로 배출하는 장치

95 열교환기의 열교환능률을 향상시키기 위한 방법이 아닌 것은?

① 유체의 유속을 적절하게 조절한다.
② 유체의 흐르는 방향을 병류로 한다.
③ 열교환하는 유체의 온도차를 크게 한다.
④ 열전도율이 높은 재료를 사용한다.

해설 열교환기의 열교환능률
유체의 흐르는 방향을 향류(2개의 유체 사이에서 열의 이동이나 물질의 이동이 있는 경우, 2개의 유체가 흐르는 방향이 반대인 경우를 말한다. 이에 반하여 양 유체가 흐르는 방향이 같은 경우를 병류라고 하고, 서로 수직으로 흐르는 경우는 십자류라고 한다)로 한다.

96 보기의 물질을 폭발범위가 넓은 것부터 좁은 순서로 바르게 배열한 것은?

> H_2　C_3H_8　CH_4　CO

① CO > H_2 > C_3H_8 > CH_4
② H_2 > CO > CH_4 > C_3H_8
③ C_3H_8 > CO > CH_4 > H_2
④ CH_4 > H_2 > CO > C_3H_8

해설 폭발범위

가스	폭발 하한계	폭발 상한계	폭발 범위 (상한계 - 하한계)
H_2(수소)	4	75	75 − 4 = 71
C_3H_8(프로판)	2.1	9.5	9.5 − 2.1 = 7.4
CH_4(메탄)	5	15	15 − 5 = 10
CO(일산화탄소)	12.5	74	74 − 12.5 = 61.5

97 산업안전보건법령에서 인화성 액체를 정의할 때 기준이 되는 표준압력은 몇 kPa인가?

① 1　　② 100
③ 101.3　　④ 273.15

해설 유해 · 위험물질 규정량
인화성 액체란 표준압력(101.3kPa)에서 인화점이 60℃ 이하이거나 고온 · 고압의 공정운전조건으로 인하여 화재 · 폭발위험이 있는 상태에서 취급되는 가연성 물질을 말한다.

참고 산업안전보건법 시행령 별표 13

98 고온에서 완전 열분해하였을 때 산소를 발생하는 물질은?

① 황화수소　　② 과염소산칼륨
③ 메틸리튬　　④ 적린

Answer 93. ④ 94. ④ 95. ② 96. ② 97. ③ 98. ②

해설 과염소산칼륨

$KClO_4 \rightarrow KCl + 2O_2$

99 다음 중 산업안전보건법령상 공정안전 보고서의 안전운전 계획에 포함되지 않는 항목은?

① 안전작업허가
② 안전운전지침서
③ 가동 전 점검지침
④ 비상조치계획에 따른 교육계획

해설 안전운전계획에 포함되어야 하는 항목

㉮ ①, ②, ③과 다음의 항목이 포함되어야 한다.
㉯ 설비점검 · 검사 및 보수계획, 유지계획 및 지침서
㉰ 도급업체 안전관리계획
㉱ 근로자 등 교육계획
㉲ 변경요소 관리계획
㉳ 자체감사 및 사고조사계획
㉴ 그 밖에 안전운전에 필요한 사항

참고 산업안전보건법 시행규칙 제50조

100 다음 중 고체의 연소방식에 관한 설명으로 옳은 것은?

① 분해연소란 고체가 표면의 고온을 유지하며 타는 것을 말한다.
② 표면연소란 고체가 가열되어 열분해가 일어나고 가연성 가스가 공기 중의 산소와 타는 것을 말한다.
③ 자기연소란 공기 중 산소를 필요로 하지 않고 자신이 분해되며 타는 것을 말한다.
④ 분무연소란 고체가 가열되어 가연성 가스를 발생시키며 타는 것을 말한다.

해설 고체의 연소방식

① 분해연소란 고체가 가열되어 열분해가 일어나고, 가연성 가스가 공기 중의 산소와 타는 것을 말한다.
② 표면연소란 고체가 표면의 고온을 유지하며 타는 것을 말한다.
④ 분무연소란 중유 등을 분무해서 미세한 물방울로 만들어 연소시키는 것을 말한다.

제6과목 건설안전기술

101 산업안전보건법령에 따른 유해위험방지계획서 제출 대상 공사로 볼 수 없는 것은?

① 지상 높이가 31m 이상인 건축물의 건설공사
② 터널 건설공사
③ 깊이 10m 이상인 굴착공사
④ 다리의 전체 길이가 40m 이상인 건설공사

해설 유해위험방지계획서 제출 대상 공사

㉮ 다음의 어느 하나에 해당하는 건축물 또는 시설 등의 건설 · 개조 또는 해체공사
㉠ 지상높이가 31m 이상인 건축물 또는 인공구조물
㉡ 연면적 3만m^2 이상인 건축물
㉢ 연면적 5천m^2 이상인 시설로서 다음의 어느 하나에 해당하는 시설
- 문화 및 집회시설(전시장 및 동물원 · 식물원은 제외)
- 판매시설, 운수시설(고속철도의 역사 및 집배송시설은 제외)
- 종교시설
- 의료시설 중 종합병원
- 숙박시설 중 관광숙박시설
- 지하도상가
- 냉동 · 냉장 창고시설

㉯ 연면적 5천m^2 이상의 냉동 · 냉장 창고시설의 설비공사 및 단열공사
㉰ 최대 지간길이(다리의 기둥과 기둥의 중심 사이의 거리)가 50m 이상인 교량건설 등 공사
㉱ 터널 건설 등의 공사
㉲ 다목적댐, 발전용댐 및 저수용량 2천만 톤 이상의 용수 전용 댐, 지방상수도 전용 댐 건설
㉳ 깊이 10m 이상인 굴착공사

참고 산업안전보건법 시행령 제42조

실기 실기시험까지 대비해서 암기하세요.

102 항타기 또는 항발기의 권상장치 드럼축과 권상장치로부터 첫 번째 도르래의 축 간의 거리는 권상장치 드럼폭의 몇 배 이상으로 하여야 하는가?

① 5배 ② 8배
③ 10배 ④ 15배

Answer 99. ④ 100. ③ 101. ④ 102. ④

해설 도르래의 부착 등

㉮ 사업주는 항타기나 항발기에 도르래나 도르래 뭉치를 부착하는 경우에는 부착부가 받는 하중에 의하여 파괴될 우려가 없는 브라켓 · 섀클 및 와이어로프 등으로 견고하게 부착하여야 한다.

㉯ 사업주는 항타기 또는 항발기의 권상장치의 드럼축과 권상장치로부터 첫 번째 도르래의 축 간의 거리를 권상장치 드럼폭의 15배 이상으로 하여야 한다.

㉰ ㉯항의 도르래는 권상장치의 드럼 중심을 지나야 하며 축과 수직면상에 있어야 한다.

㉱ 항타기나 항발기의 구조상 권상용 와이어로프가 꼬일 우려가 없는 경우에는 ㉯항과 ㉰항을 적용하지 아니한다.

103 사업의 종류가 건설업이고, 공사금액이 850억원일 경우 산업안전보건법령에 따른 안전관리자를 최소 몇 명 이상 두어야 하는가? (단, 상시근로자는 600명으로 가정)

① 1명 이상 ② 2명 이상
③ 3명 이상 ④ 4명 이상

해설 건설업 안전관리자 배치 기준

사업 종류	사업장의 상시근로자 수	안전관리자의 수
건설업	공사금액 50억원 이상(관계수급인은 100억원 이상) 120억원 미만(토목공사업의 경우에는 150억원 미만)	1명 이상
	공사금액 120억원 이상(토목공사업의 경우에는 150억원 이상) 800억원 미만	
	공사금액 800억원 이상 1,500억원 미만	2명 이상
	공사금액 1,500억원 이상 2,200억원 미만	3명 이상

참고 산업안전보건법 시행령 별표 3

실기 실기시험까지 대비해서 암기하세요.

104 공정률이 65%인 건설현장의 경우 공사진척에 따른 산업안전보건관리비 사용기준은 얼마 이상인가?

① 50% ② 60%
③ 70% ④ 90%

해설 공사진척에 따른 산업안전보건관리비 사용기준

공정률	50% 이상 70% 미만	70% 이상 90% 미만	90% 이상
사용기준	50% 이상	70% 이상	90% 이상

105 추락 재해방지 설비 중 근로자의 추락재해를 방지할 수 있는 설비로 작업발판 설치가 곤란한 경우에 필요한 설비는?

① 경사로 ② 추락방호망
③ 고장사다리 ④ 달비계

해설 추락에 의한 위험 방지

㉮ 사업주는 근로자가 추락하거나 넘어질 위험이 있는 장소 또는 기계 · 설비 · 선박블록 등에서 작업을 할 때에 근로자가 위험해질 우려가 있는 경우 비계를 조립하는 등의 방법으로 작업발판을 설치하여야 한다.

㉯ 사업주는 ㉮항에 따른 작업발판을 설치하기 곤란한 경우 한국산업표준에서 정하는 성능기준에 맞는 추락방호망을 설치해야 한다.

㉰ 다만, 추락방호망을 설치하기 곤란한 경우에는 근로자에게 안전대를 착용하도록 하는 등 추락위험을 방지하기 위해 필요한 조치를 해야 한다.

106 작업으로 인하여 물체가 떨어지거나 날아올 위험이 있는 경우 필요한 조치와 가장 거리가 먼 것은?

① 투하설비 설치
② 낙하물 방지망 설치
③ 수직보호망 설치
④ 출입금지구역 설정

해설 낙하물에 의한 위험의 방지

사업주는 작업으로 인하여 물체가 떨어지거나 날아올 위험이 있는 경우 낙하물 방지망, 수직보호망 또는 방호선반의 설치, 출입금지구역의 설정, 보호구의 착용 등 위험을 방지하기 위하여 필요한 조치를 하여야 한다.

Answer 103. ② 104. ① 105. ② 106. ①

107 추락방지용 방망 중 그물코의 크기가 5cm인 매듭 방망 신품의 인장강도는 최소 몇 kg 이상이어야 하는가?

① 60 ② 110
③ 150 ④ 200

해설 방망사의 신품에 대한 인장강도

그물코의 크기 (단위 : cm)	방망의 종류(단위 : kg)	
	매듭 없는 방망	매듭 방망
10	240	200
5	–	110

108 이동식비계를 조립하여 작업을 하는 경우의 준수사항으로 옳지 않은 것은?

① 비계의 최상부에서 작업을 하는 경우에는 안전난간을 설치할 것
② 작업발판은 항상 수평을 유지하고 작업발판 위에서 안전난간을 딛고 작업을 하거나 받침대 또는 사다리를 사용하여 작업하지 않도록 할 것
③ 작업발판의 최대적재하중은 150kg을 초과하지 않도록 할 것
④ 이동식비계의 바퀴에는 뜻밖의 갑작스러운 이동 또는 전도를 방지하기 위하여 브레이크 · 쐐기 등으로 바퀴를 고정시킨 다음 비계의 일부를 견고한 시설물에 고정하거나 아웃트리거(outrigger)를 설치하는 등 필요한 조치를 할 것

해설 이동식비계를 조립하여 작업하는 경우 준수사항
㉮ ①, ②, ④와 다음의 사항을 준수하여야 한다.
㉯ 승강용사다리는 견고하게 설치할 것
㉰ 작업발판의 최대적재하중은 250kg을 초과하지 않도록 할 것

실기 실기시험까지 대비해서 암기하세요.

109 옥외에 설치되어 있는 주행크레인에 대하여 이탈방지장치를 작동시키는 등 이탈 방지를 위한 조치를 하여야 하는 풍속기준으로 옳은 것은?

① 순간풍속이 20m/sec를 초과할 때
② 순간풍속이 25m/sec를 초과할 때
③ 순간풍속이 30m/sec를 초과할 때
④ 순간풍속이 35m/sec를 초과할 때

해설 폭풍에 의한 이탈 방지
㉮ 순간풍속이 10m/s를 초과하는 경우 타워크레인의 설치 · 수리 · 점검 또는 해체 작업을 중지한다.
㉯ 순간풍속이 15m/s를 초과하는 경우 타워크레인의 운전작업을 중지한다.
㉰ 순간풍속이 30m/s를 초과하는 바람이 불어올 우려가 있는 경우 옥외에 설치되어 있는 주행 크레인에 대하여 이탈방지장치 작동 등 이탈방지 조치를 취한다.
㉱ 순간풍속이 30m/s를 초과하는 바람이 불거나 중진 이상 진도의 지진이 있은 후에 옥외에 설치되어 있는 양중기를 사용하여 작업을 하는 경우에는 미리 기계 각 부위에 이상이 있는지 점검한다.

110 다음 중 차량계 건설기계에 속하지 않는 것은?

① 불도저 ② 스크레이퍼
③ 타워크레인 ④ 항타기

해설 차량계 건설기계
㉮ 도저형 건설기계(불도저, 스트레이트도저 등)
㉯ 스크레이퍼(흙을 절삭 · 운반하거나 펴 고르는 등의 작업을 하는 토공기계)
㉰ 항타기 및 항발기
※ ③ 타워크레인은 양중기에 속한다.

111 건설공사 위험성평가에 관한 내용으로 옳지 않은 것은?

① 건설물, 기계 · 기구, 설비 등에 의한 유해 · 위험요인을 찾아내어 위험성을 결정하고 그 결과에 따른 조치를 하는 것을 말한다.
② 사업주는 위험성평가의 실시내용 및 결과를 기록 · 보존하여야 한다.
③ 위험성평가 기록물의 보존기간은 2년이다.
④ 위험성평가 기록물에는 평가대상의 유해 · 위험요인, 위험성 결정의 내용 등이 포함된다.

해설 위험성평가 실시내용 및 결과의 기록 · 보존
③ 위험성평가 기록물의 보존기간은 3년이다.

Answer 107. ② 108. ③ 109. ③ 110. ③ 111. ③

112 흙막이벽 근입깊이를 깊게 하고, 전면의 굴착부분을 남겨두어 흙의 중량으로 대항하게 하거나, 굴착예정부분의 일부를 미리 굴착하여 기초콘크리트를 타설하는 등의 대책과 가장 관계가 깊은 것은?

① 파이핑 현상이 있을 때
② 히빙 현상이 있을 때
③ 지하수위가 높을 때
④ 굴착 깊이가 깊을 때

해설 히빙 현상의 대책
㉮ 흙막이벽 근입깊이를 깊게 한다.
㉯ 전면의 굴착부분을 남겨두어 흙의 중량으로 대항하게 한다.
㉰ 굴착예정부분의 일부를 미리 굴착하여 기초콘크리트를 타설한다.
㉱ 지반개량을 하여 전단강도를 저하시킨다.
㉲ 지반의 지하수위를 저하시킨다.
㉳ 굴착부 주변의 상재하중을 제거한다.

113 가설통로의 설치기준으로 옳지 않은 것은?

① 경사가 15°를 초과하는 때에는 미끄러지지 않는 구조로 한다.
② 건설공사에 사용하는 높이 8m 이상인 비계다리에는 7m 이내마다 계단참을 설치한다.
③ 수직갱에 가설된 통로의 길이가 15m 이상일 경우에는 15m 이내마다 계단참을 설치한다.
④ 추락할 위험이 있는 장소에는 안전난간을 설치할 것

해설 가설통로의 구조
㉮ ①, ②, ④와 다음의 사항을 준수하여야 한다.
㉯ 견고한 구조로 할 것
㉰ 경사는 30도 이하로 할 것. 다만, 계단을 설치하거나 높이 2m 미만의 가설통로로서 튼튼한 손잡이를 설치한 경우에는 그러하지 아니하다.
㉱ 추락할 위험이 있는 장소에는 안전난간을 설치할 것. 다만, 작업상 부득이한 경우에는 필요한 부분만 임시로 해체할 수 있다.
㉲ 수직갱에 가설된 통로의 길이가 15m 이상인 경우에는 10m 이내마다 계단참을 설치할 것

실기 실기시험까지 대비해서 암기하세요.

114 비계의 높이가 2m 이상인 작업 장소에 설치하는 작업 발판의 설치기준으로 옳지 않은 것은? (단, 달비계, 달대비계 및 말비계는 제외)

① 작업 발판의 폭은 40cm 이상으로 한다.
② 작업 발판 재료는 뒤집히거나 떨어지지 않도록 하나 이상의 지지물에 연결하거나 고정시킨다.
③ 발판 재료 간의 틈은 3cm 이하로 한다.
④ 작업 발판의 지지물은 하중에 의하여 파괴될 우려가 없는 것을 사용한다.

해설 작업 발판의 구조
② 작업 발판 재료는 뒤집히거나 떨어지지 않도록 둘 이상의 지지물에 연결하거나 고정시킨다.

115 강관틀비계를 조립하여 사용하는 경우 준수해야 하는 사항으로 옳지 않은 것은?

① 길이가 띠장 방향으로 4m 이하이고 높이가 10m를 초과하는 경우에는 10m 이내마다 띠장 방향으로 버팀기둥을 설치할 것
② 높이가 20m를 초과하거나 중량물의 적재를 수반하는 작업을 할 경우에는 주틀 간의 간격을 1.8m 이하로 할 것
③ 주틀 간에 교차가새를 설치하고 최상층 및 10층 이내마다 수평재를 설치할 것
④ 수직 방향으로 6m, 수평 방향으로 8m 이내마다 벽이음을 할 것

해설 해설 제목
③ 주틀 간에 교차 가새를 설치하고 최상층 및 5층 이내마다 수평재를 설치할 것

116 작업장에 계단 및 계단참을 설치하는 경우 매 m^2당 최소 몇 kg 이상의 하중에 견딜 수 있는 강도를 가진 구조로 설치하여야 하는가?

① 300kg ② 400kg
③ 500kg ④ 600kg

Answer 112. ② 113. ③ 114. ② 115. ③ 116. ③

해설 계단의 강도

사업주는 계단 및 계단참을 설치하는 경우 매 m^2당 500kg 이상의 하중에 견딜 수 있는 강도를 가진 구조로 설치하여야 하며, 안전율은 4 이상으로 하여야 한다.

117 강관비계를 조립할 때 준수하여야 할 사항으로 옳지 않은 것은?

① 띠장 간격은 3m 이하로 할 것
② 비계기둥의 간격은 띠장 방향에서는 1.85m 이하, 장선(長線) 방향에서는 1.5m 이하로 할 것
③ 비계기둥의 제일 윗부분으로부터 31m 되는 지점 밑부분의 비계기둥은 2개의 강관으로 묶어 세울 것
④ 비계기둥 간의 적재하중은 400kg을 초과하지 않도록 할 것

해설 강관비계의 구조

① 띠장 간격은 2m 이하로 할 것. 다만, 작업의 성질상 이를 준수하기가 곤란하여 쌍기둥틀 등에 의하여 해당 부분을 보강한 경우에는 그러하지 아니하다.

118 산업안전보건법령에 따른 양중기의 종류에 해당하지 않는 것은?

① 곤돌라 ② 리프트
③ 클램쉘 ④ 크레인

해설 양중기의 종류

㉮ 크레인[호스트(hoist)를 포함한다.]
㉯ 이동식 크레인
㉰ 리프트(이삿짐 운반용 리프트의 경우에는 적재하중이 0.1톤 이상인 것으로 한정한다.)
㉱ 곤돌라
㉲ 승강기

참고 산업안전보건기준에 관한 규칙 제132조

119 달비계의 최대 적재하중을 정하는 경우 그 안전계수 기준으로 옳지 않은 것은?

① 달기 와이어로프 및 달기 강선의 안전계수 : 10 이상
② 달기 체인 및 달기 훅의 안전계수 : 5 이상
③ 달기 강대와 달비계의 하부 및 상부 지점의 안전계수 : 강재의 경우 3 이상
④ 달기 강대와 달비계의 하부 및 상부지점의 안전계수 : 목재의 경우 5 이상

해설 작업발판의 최대적재하중

③ 달기 강대와 달비계의 하부 및 상부 지점의 안전계수 : 강재의 경우 2.5 이상

※ 안전계수는 와이어로프 등의 절단하중 값을 그 와이어로프 등에 걸리는 하중의 최대값으로 나눈 값을 말한다.

120 도심지 폭파해체공법에 관한 설명으로 옳지 않은 것은?

① 장기간 발생하는 진동, 소음이 적다.
② 해체 속도가 빠르다.
③ 주위의 구조물에 끼치는 영향이 적다.
④ 많은 분진 발생으로 민원을 발생시킬 우려가 있다.

해설 도심지 폭파해체공법

③ 주위의 구조물에 끼치는 영향이 매우 크다.

Answer 117. ① 118. ③ 119. ③ 120. ③

2023. 5. 13. 시행

2023년 제2회 산업안전기사 CBT기출복원문제

제1과목 안전관리론

01 라인(Line)형 안전관리 조직의 특징으로 옳은 것은?

① 안전에 관한 기술의 축적이 용이하다.
② 안전에 관한 지시나 조치가 신속하다.
③ 조직원 전원을 자율적으로 안전활동에 참여시킬 수 있다.
④ 권한 다툼이나 조정 때문에 통제수속이 복잡해지며, 시간과 노력이 소모된다.

해설 라인(Line)형 안전관리 조직의 특징
① 안전에 관한 기술의 축적이 용이하지 않다.
③ 조직원 전원을 자율적으로 안전활동에 참여시키기 어렵다.
④ 명령계통이 간단명료하여 권한 다툼이나 조정이 필요 없다.

02 산업안전보건법령에 따른 안전보건관리규정에 포함되어야 할 세부 내용이 아닌 것은?

① 위험성 감소대책 수립 및 시행에 관한 사항
② 하도급 사업장에 대한 안전 · 보건관리에 관한 사항
③ 질병자의 근로 금지 및 취업 제한 등에 관한 사항
④ 물질안전보건자료에 관한 사항

해설 안전보건관리규정의 세부 내용
㉮ 안전 · 보건 관리조직과 그 직무
㉯ 안전 · 보건 교육
㉰ 작업장 안전관리
㉱ 작업장 보건관리
㉲ 사고 조사 및 대책 수립
㉳ 위험성평가에 관한 사항
※ ④ 물질안전보건자료에 관한 사항은 안전보건관리규정에 포함되어 있지 않다.

참고 산업안전보건법 시행규칙 별표 3

03 새로 손을 얹고 팀의 행동구호를 외치는 무재해 운동 추진 기법의 하나로, 스킨십(Skinship)에 바탕을 두고 팀 전원의 일체감, 연대감을 느끼게 하며, 대뇌피질에 안전태도 형성에 좋은 이미지를 심어주는 기법은?

① Touch and call
② Brain Storming
③ Error cause removal
④ Safety training observation program

해설 무재해운동 추진기법 중 터치 앤드 콜(Touch and call)
피부를 맞대고 같이 소리치는 것으로서 전원의 스킨쉽(Skinship)이라 할 수 있다. 이는 팀의 일체감, 연대감을 조성할 수 있고 동시에 대뇌 구피질에 좋은 이미지를 불어 넣어 안전행동을 하도록 하는 것이다.

04 버드(Bird)의 재해분포에 따르면 20건의 경상(물적, 인적상해)사고가 발생했을 때 무상해 · 무사고(위험순간) 고장 발생 건수는?

① 200　② 600
③ 1,200　④ 12,000

해설 버드의 재해발생 비
중상 : 경상 : 무상해사고 : 무상해 무사고
= 1 : 10 : 30 : 600이므로, 경상이 20건인 경우 무상해 무사고는 1,200건이다.

Answer 01. ② 02. ④ 03. ① 04. ③

05 재해예방의 4원칙에 해당하지 않는 것은?

① 예방가능의 원칙 ② 손실우연의 원칙
③ 원인연계의 원칙 ④ 재해 연쇄성의 원칙

해설 재해예방의 4원칙
④ 대책선정의 원칙

06 사고예방대책의 기본원리 5단계 중 틀린 것은?

① 1단계 : 안전관리계획
② 2단계 : 현상파악
③ 3단계 : 분석평가
④ 4단계 : 대책의 선정

해설 사고예방 원리의 5단계
① 제1단계 : 조직
② 제2단계 : 사실의 발견
③ 제3단계 : 평가분석
④ 제4단계 : 시정책의 선정
⑤ 제5단계 : 시정책의 적용

07 산업안전보건법령상 안전 · 보건표지의 색채와 사용사례의 연결로 틀린 것은?

① 노란색 – 화학물질 취급장소에서의 유해 · 위험 경고 이외의 위험경고
② 파란색 – 특정 행위의 지시 및 사실의 고지
③ 빨간색 – 화학물질 취급장소에서의 유해 · 위험 경고
④ 녹색 – 정지신호, 소화설비 및 그 장소, 유해행위의 금지

해설 안전보건표지의 색도기준 및 용도
④ 녹색 – 비상구 및 피난소, 사람 또는 차량의 통행표지

참고 산업안전보건법 시행규칙 별표 6

실기 실기시험까지 대비해서 암기하세요.

08 산업안전보건법상 방독마스크 사용이 가능한 공기 중 최소 산소농도 기준은 몇 % 이상인가?

① 14% ② 16%
③ 18% ④ 20%

해설 방독마스크의 성능기준
방독마스크는 산소농도가 18% 이상인 장소에서 사용하여야 하고, 고농도와 중농도에서 사용하는 방독마스크는 전면형(격리식, 직결식)을 사용해야 한다.

참고 보호구 안전인증 고시 별표 5

09 보호구에 관한 설명으로 옳은 것은?

① 유해물질이 발생하는 산소결핍지역에서는 필히 방독마스크를 착용하여야 한다.
② 차광용보안경의 사용 구분에 따른 종류에는 자외선용, 적외선용, 복합용, 용접용이 있다.
③ 선반작업과 같이 손에 재해가 많이 발생하는 작업장에서는 장갑 착용을 의무화한다.
④ 귀마개는 처음에는 저음만을 차단하는 제품부터 사용하며, 일정 기간이 지난 후 고음까지 모두 차단할 수 있는 제품을 사용한다.

해설 보호구의 사용
① 유해물질이 발생하는 산소결핍지역에서는 필히 송기마스크를 착용하여야 한다.
③ 선반작업과 같이 손에 재해가 많이 발생하는 작업장에서는 장갑 착용을 해서는 안 된다.
④ 귀마개는 고음만을 차단(EP – 2)하거나, 저음부터 고음까지 모두 차단(EP – 1)하는 것이 있다.

10 억측판단이 발생하는 배경으로 볼 수 없는 것은?

① 정보가 불확실할 때
② 타인의 의견에 동조할 때
③ 희망적인 관측이 있을 때
④ 과거에 성공한 경험이 있을 때

해설 억측판단이 발생하는 배경
① 정보가 불확실할 때
③ 희망적인 관측이 있을 때
④ 과거의 경험적 선입관이 있을 때

Answer 05. ④ 06. ① 07. ④ 08. ③ 09. ② 10. ②

11 생체리듬의 변화에 대한 설명으로 틀린 것은?

① 야간에는 체중이 감소한다.
② 야간에는 말초운동 기능 저하된다
③ 체온, 혈압, 맥박수는 주간에 상승하고 야간에 감소한다.
④ 혈액의 수분과 염분량은 주간에 증가하고 야간에 감소한다.

해설 생체리듬의 변화
㉮ 생체리듬에서 중요한 것은 낮에는 신체활동이 유리하며, 밤에는 휴식이 효율적이라는 것이다.
㉯ 혈액의 수분과 염분량은 주간에는 감소하고, 야간에는 증가한다.
㉰ 체중은 주간 작업보다 야간 작업일 때 더 많이 감소하고, 피로의 자각증상은 주간보다 야간에 더 많이 증가한다.
㉱ 몸이 흥분한 상태일 때는 교감신경이 우세하고, 수면을 취하거나 휴식을 할 때는 부교감신경이 우세하다.

12 집단에서의 인간관계 메커니즘(Mechani－sm)과 가장 거리가 먼 것은?

① 모방, 암시　② 분열, 강박
③ 동일화, 일체화　④ 커뮤니케이션, 공감

해설 집단에서의 인간관계 메커니즘의 종류
㉮ 일체화　㉯ 동일화
㉰ 역할학습　㉱ 투사
㉲ 커뮤니케이션　㉳ 공감
㉴ 모방　㉵ 암시
㉶ 승화　㉷ 합리화
㉸ 보상

13 상황성 누발자의 재해유발원인이 아닌 것은?

① 심신의 근심　② 작업의 어려움
③ 도덕성의 결여　④ 기계설비의 결함

해설 상황성 누발자의 재해유발원인
㉮ 작업에 어려움이 많은 작업자
㉯ 기계설비의 결함
㉰ 환경상 주의력 집중이 혼란되는 경우
㉱ 심신에 근심이 있는 작업자

14 작업을 하고 있을 때 긴급 이상상태 또는 돌발 사태가 되면 순간적으로 긴장하게 되어 판단능력의 둔화 또는 정지상태가 되는 것은?

① 의식의 우회　② 의식의 과잉
③ 의식의 단절　④ 의식의 수준저하

해설 부주의의 현상
① 의식의 우회 : 의식의 흐름이 샛길로 빗나갈 경우로 작업 도중의 걱정, 고뇌, 욕구불만 등에 의해서 발생한다. 예로, 가정불화나 개인적 고민으로 인하여 정서적 갈등을 하고 있을 때 나타나는 부주의 현상이다.
③ 의식의 단절 : 의식의 흐름에 단절이 생기고 공백상태가 나타나는 경우(의식의 중단)이다.
④ 의식의 수준저하 : 외부의 자극이 애매모호하거나, 자극이 강할 때 및 약할 때 등과 같이 외적조건에 의해 의식이 혼란하거나 분산되어 위험요인에 대응할 수 없을 때 발생한다.

15 자율검사프로그램을 인정받기 위해 보유하여야 할 검사장비의 이력카드 작성, 교정주기와 방법 설정 및 관리 등의 관리 주체는?

① 사업주
② 제조사
③ 안전관리전문기관
④ 안전보건관리책임자

해설 자율검사프로그램
자율검사프로그램을 인정받기 위해 보유하여야 할 검사장비의 이력카드 작성, 교정주기와 방법 설정 및 관리 등의 관리 주체는 사업주이다.

16 산업안전보건법령상 근로자 안전 · 보건교육 중 관리감독자 정기안전 · 보건교육의 교육내용이 아닌 것은?

① 작업 개시 전 점검에 관한 사항
② 산업보건 및 직업병 예방에 관한 사항
③ 유해 · 위험 작업환경 관리에 관한 사항
④ 작업공정의 유해 · 위험과 재해 예방대책에 관한 사항

Answer 11. ④ 12. ② 13. ③ 14. ② 15. ① 16. ①

해설 관리감독자 정기안전 · 보건교육 내용

㉮ 산업보건 및 직업병 예방에 관한 사항
㉯ 산업안전 및 사고 예방에 관한 사항
㉰ 위험성평가에 관한 사항
㉱ 유해 · 위험 작업환경 관리에 관한 사항
㉲ 산업안전보건법령 및 산업재해보상보험 제도에 관한 사항
㉳ 직무스트레스 예방 및 관리에 관한 사항
㉴ 직장 내 괴롭힘, 고객의 폭언 등으로 인한 건강장해 예방 및 관리에 관한 사항
㉵ 작업공정의 유해 · 위험과 재해 예방대책에 관한 사항
㉶ 사업장 내 안전보건관리체제 및 안전 · 보건조치 현황에 관한 사항
㉷ 표준안전 작업방법 결정 및 지도 · 감독 요령에 관한 사항
㉸ 현장근로자와의 의사소통능력 및 강의능력 등 안전보건교육 능력 배양에 관한 사항
㉹ 비상시 또는 재해 발생 시 긴급조치에 관한 사항
㉺ 그 밖의 관리감독자의 직무에 관한 사항

참고 산업안전보건법 시행규칙 별표 5

실기 실기시험까지 대비해서 암기하세요.

17 다음 중 방독마스크의 성능기준에 있어 사용 장소에 따른 등급의 설명으로 틀린 것은?

① 고농도는 가스 또는 증기의 농도가 100분의 2 이하의 대기 중에서 사용하는 것을 말한다.
② 중농도는 가스 또는 증기의 농도가 100분의 1 이하의 대기 중에서 사용하는 것을 말한다.
③ 저농도는 가스 또는 증기의 농도가 100분의 0.5 이하의 대기 중에서 사용하는 것으로서 긴급용이 아닌 것을 말한다.
④ 고농도와 중농도에서 사용하는 방독마스크는 전면형(격리식, 직결식)을 사용해야 한다.

해설 방독마스크 사용 장소에 따른 등급

㉮ 고농도 : 가스 또는 증기의 농도가 100분의 2 이하의 대기 중에서 사용한다.
㉯ 중농도 : 가스 또는 증기의 농도가 100분의 1 이하의 대기 중에서 사용한다.
㉰ 저농도 및 최저농도 : 가스 또는 증기의 농도가 100분의 0.1 이하의 대기 중에서 사용하는 것으로서 긴급용이 아닌 것을 말한다.

실기 실기시험까지 대비해서 암기하세요.

18 교육훈련 방법 중 OJT(On the Job Training)의 특징으로 옳지 않은 것은?

① 동시에 다수의 근로자들을 조직적으로 훈련이 가능하다.
② 개개인에게 적절한 지도 훈련이 가능하다.
③ 훈련효과에 의해 상호 신뢰 및 이해도가 높아진다.
④ 직장의 실정에 맞게 실제적 훈련이 가능하다.

해설 OJT(On the Job Training)

현직자들이 신규 직원들과 함께 실제 업무 환경에서 직접 경험과 실무 기술을 훈련받는 교육 및 훈련 프로세스를 말한다.

※ ① 동시에 다수의 근로자들을 조직적으로 훈련이 가능한 것은 Off J.T의 특징이다.

19 제일선의 감독자를 교육대상으로 하고, 작업을 지도하는 방법, 작업개선방법 등의 주요 내용을 다루는 기업 내 교육방법은?

① TWI ② MTP
③ ATT ④ CCS

해설 교육방법의 종류

① TWI(Training Within Industry) : 제일선 감독자에게 감독자의 기본적인 기능을 몸에 익히게 해서 감독능력을 발휘시키는 것을 목적으로 하는 것으로서 제일선 감독자(직장, 반장, 조장 등)를 대상으로 한 정형훈련
② ATT(American Telephon & Telegram Co.) : 대상계층이 한정되지 않은 정형교육으로 토의식 교육 진행 기법
③ CCS(Civil Communication Section) : 역할 연기법이라고 하며, 최고경영자를 위한 교육으로 실시되는 교육 진행 기법
④ MTP(Management Training Program) : 관리자 훈련 프로그램 – 관리에 필요한 기본적인 지식 등을 20개 항목으로 정리하여 40시간에 걸쳐 훈련시키는 프로그램

Answer 17. ③ 18. ① 19. ①

20 산업안전보건법령상 유해위험 방지계획서 제출 대상 공사에 해당하는 것은?

① 깊이가 5m 이상인 굴착공사
② 최대 지간거리 30m 이상인 교량건설 공사
③ 지상 높이 21m 이상인 건축물 공사
④ 터널 건설 공사

해설 유해위험방지계획서 제출 대상
㉮ 지상높이가 31m 이상인 건축물 또는 인공구조물
㉯ 연면적 30,000m² 이상인 건축물
㉰ 연면적 5,000m² 이상인 냉동 · 냉장 창고시설의 설비공사 및 단열공사
㉱ 최대 지간길이(다리의 기둥과 기둥의 중심사이의 거리)가 50m 이상인 다리의 건설 등 공사
㉲ 터널 건설 등의 공사
㉳ 다목적댐, 발전용댐, 저수용량 2천만톤 이상의 용수 전용 댐 및 지방상수도 전용 댐의 건설 등 공사
㉴ 깊이 10m 이상인 굴착공사

참고 산업안전보건법 시행령 제42조

실기 실기시험까지 대비해서 암기하세요.

제2과목 인간공학 및 시스템 안전공학

21 다음 중 휴먼에러(human error)의 심리적 요인으로 옳은 것은?

① 일이 너무 복잡한 경우
② 일의 생산성이 너무 강조될 경우
③ 동일 형상의 것이 나란히 있을 경우
④ 서두르거나 절박한 상황에 놓여있을 경우

해설 휴먼에러의 심리적 요인
㉮ 현재 하고 있는 일에 대한 지식이 부족할 때
㉯ 일을 할 의욕이나 모럴(moral)이 결여되어 있을 때
㉰ 서두르거나 절박한 상황에 놓여있을 때
㉱ 무엇인가의 체험으로 습관적이 되어 있을 때
㉲ 선입관으로 괜찮다고 느끼고 있을 때
㉳ 주의를 끄는 것이 있어 그것에 치우쳐 주의를 빼앗기고 있을 때
㉴ 많은 자극이 있어 어떤 것에 반응해야 좋을지 알 수 없을 때
㉵ 매우 피로해 있을 때

22 인간 에러(human error)에 관한 설명으로 틀린 것은?

① omission error : 필요한 작업 또는 절차를 수행하지 않는 데 기인한 에러
② commission error : 필요한 작업 또는 절차의 수행지연으로 인한 에러
③ extraneous error : 불필요한 작업 또는 절차를 수행함으로써 기인한 에러
④ sequential error : 필요한 작업 또는 절차의 순서 착오로 인한 에러

해설 작위 에러, 행위 에러(commission error)
필요한 작업 또는 절차의 불확실한 수행으로 인한 에러이다(예 : 장애인 주차구역에 주차하여 벌과금을 부과받은 행위).

23 인간공학 실험에서 측정변수가 다른 외적 변수에 영향을 받지 않도록 하는 요건을 의미하는 특성은?

① 적절성 ② 무오염성
③ 민감도 ④ 신뢰성

해설 인간공학 연구방법론
① 적절성 : 어떤 변수가 실제로 의도하는 바를 어느 정도 평가하는지 결정하는 것을 말한다.
② 무오염성 : 측정하는 구조 외적인 변수의 영향을 받지 않는 것을 말한다.
③ 민감도 : 실험변수 수준 변화에 따라 기준값의 차이가 존재하는 정도를 말하며, 피검자 사이에서 볼 수 있는 예상 차이점에 비례하는 단위로 측정해야 한다.
④ 신뢰성 : 시간이나 대표적 표본의 선정에 관계없이 변수측정의 일관성이나 안정성을 말한다.

24 인간-기계시스템의 연구 목적으로 가장 적절한 것은?

① 정보 저장의 극대화
② 운전 시 피로의 평준화
③ 시스템의 신뢰성 극대화
④ 안전의 극대화 및 생산능률의 향상

Answer 20. ④ 21. ④ 22. ② 23. ② 24. ④

해설 인간-기계시스템의 연구목적
㉮ 안전의 극대화 및 생산능률의 향상
㉯ 안전성의 향상과 사고 방지
㉰ 작업환경의 쾌적성

25 다음 중 FT의 작성방법에 관한 설명으로 틀린 것은?

① 정성 · 정량적으로 해석 · 평가하기 전에는 FT를 간소화해야 한다.
② 정상(Top)사상과 기본사상과의 관계는 논리게이트를 이용해 도해한다.
③ FT를 작성하려면 먼저 분석대상 시스템을 완전히 이해하여야 한다.
④ FT 작성을 쉽게 하기 위해서는 정상(Top)사상을 최대한 광범위하게 정의한다.

해설 FT의 작성방법
정상사상을 최대한 광범위하게 정의하면 단일사고의 해석으로 인해 예상하지 못하거나 사소한 위험성을 간과하기 쉽다.

26 FTA에 대한 설명으로 틀린 것은?

① 정성적 분석만 가능하다.
② 하향식(top-down) 방법이다.
③ 짧은 시간에 점검할 수 있다.
④ 비전문가라도 쉽게 할 수 있다.

해설 결함나무분석(FTA : Fault Tree Analysis)
㉮ 정상사상인 재해현상으로부터 기본사상인 재해원인을 향해 연역적으로 하향식 분석을 행하므로 재해현상과 재해원인의 상호관련을 해석하여 안전대책을 검토할 수 있다.
㉯ <u>정량적 해석</u>이 가능하므로 정량적 예측을 행할 수 있다.
㉰ 복잡하고 대형화된 시스템의 신뢰성 분석 및 안정성 분석에 이용되는 기법이다.

27 시스템 수명주기에 있어서 예비위험분석(PHA)이 이루어지는 단계에 해당하는 것은?

① 구상단계 ② 점검단계
③ 운전단계 ④ 생산단계

해설 예비위험분석(PHA)
PHA는 모든 시스템 안전 프로그램의 최초 단계(<u>설계단계, 구상단계</u>)의 분석으로서, 시스템 내의 위험요소가 얼마나 위험상태에 있는가를 정성적으로 평가하는 것이다.

28 인간과 기계의 신뢰도가 인간 0.40, 기계 0.95인 경우, 병렬작업 시 전체 신뢰도는?

① 0.89 ② 0.92
③ 0.95 ④ 0.97

해설 직 · 병렬 시스템의 신뢰도
$$R_S = 1 - \{(1 - R_{0.40})(1 - R_{0.95})\}$$
$$= 1 - \{(1 - 0.4) \times (1 - 0.95)\}$$
$$= 0.97$$

실기 실기시험까지 대비해서 암기하세요.

29 병렬 시스템의 대한 특성이 아닌 것은?

① 요소의 수가 많을수록 고장의 기회는 줄어든다.
② 요소의 중복도가 늘어날수록 시스템의 수명은 길어진다.
③ 요소의 어느 하나라도 정상이면 시스템은 정상이다.
④ 시스템의 수명은 요소 중에서 수명이 가장 짧은 것으로 정해진다.

해설 병렬 시스템의 특성
④ 시스템의 수명은 요소 중 수명이 가장 <u>긴 것</u>에 의하여 결정된다.

Answer 25. ④ 26. ① 27. ① 28. ④ 29. ④

30 다음 그림과 같은 직 · 병렬 시스템의 신뢰도는? (단, 병렬 각 구성요소의 신뢰도는 R이고, 직렬 구성요소의 신뢰도는 M이다.)

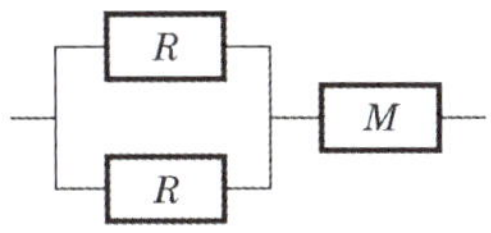

① MR^3
② $R^2(1-MR)$
③ $M(R^2+R)-1$
④ $M(2R-R^2)$

해설 직 · 병렬 시스템의 신뢰도

$$R_S=\{1-(1-R)(1-R)\}M$$
$$=M\{1-(1-R)^2\}$$
$$=M(2R-R^2)$$

31 FTA에서 시스템의 기능을 살리는 데 필요한 최소 요인의 집합을 무엇이라 하는가?

① critical set
② minimal gate
③ minimal path
④ Boolean indicated cut set

해설 미니멀 패스(minimal path)
시스템의 기능을 살리는 최소한의 집합으로, 시스템의 신뢰성을 나타낸다.

32 다음 중 톱다운(top－down) 접근방법으로 일반적 원리로부터 논리의 절차를 밟아서 각각의 사실이나 명제를 이끌어내는 연역적 평가기법은?

① FTA ② ETA
③ FMEA ④ HAZOP

해설 평가기법
㉮ FTA : 연역적, 정량적
㉯ FMEA : 귀납적, 정성적
㉰ DT, ETA : 귀납적, 정량적

33 근골격계부담작업의 범위 및 유해요인조사 방법에 관한 고시상 근골격계부담작업에 해당하지 않는 것은? (단, 상시작업을 기준으로 한다.)

① 하루에 10회 이상 25kg 이상의 물체를 드는 작업
② 하루에 총 2시간 이상 쪼그리고 앉거나 무릎을 굽힌 자세에서 이루어지는 작업
③ 하루에 총 2시간 이상 시간당 5회 이상 손 또는 무릎을 사용하여 반복적으로 충격을 가하는 작업
④ 하루에 4시간 이상 집중적으로 자료입력 등을 위해 키보드 또는 마우스를 조작하는 작업

해설 근골격계부담작업의 범위
③ 하루에 총 2시간 이상 시간당 <u>10회</u> 이상 손 또는 무릎을 사용하여 반복적으로 충격을 가하는 작업이다.

실기 실기시험까지 대비해서 암기하세요.

34 다음 중 인체계측자료의 응용원칙에 있어 조절 범위에서 수용하는 통상의 범위는 몇 %tile 정도인가?

① 5～95%tile ② 20～80%tile
③ 30～70%tile ④ 40～60%tile

해설 조절식 설계
통상 5% 값에서 95% 값까지의 90% 범위를 수용대상으로 설계하는 것이 관례이다.

35 다음 중 청각적 표시장치보다 시각적 표시장치를 이용하는 경우가 더 유리한 경우는?

① 메시지가 간단한 경우
② 메시지가 추후에 재참조되는 경우
③ 직무상 수신자가 자주 움직이는 경우
④ 메시지가 즉각적인 행동을 요구할 때

해설 시각 장치를 사용하는게 더 유리한 경우
㉮ 전달정보가 복잡할 때
㉯ 전달정보가 후에 재참조되는 경우
㉰ 수신자의 청각계통이 과부하일 때
㉱ 수신 장소가 시끄러울 때
㉲ 직무상 수신자가 한곳에 머무르는 경우

Answer 30. ④ 31. ③ 32. ① 33. ③ 34. ① 35. ②

36 음량수준을 측정할 수 있는 3가지 척도에 해당되지 않는 것은?

① sone
② 럭스
③ phon
④ 인식소음 수준

해설 럭스(lux)

조도는 어떤 물체나 표면에 도달하는 광의 밀도를 말한다.

37 다음 중 인체측정학에 있어 구조적 인체 치수는 신체가 어떠한 자세에 있을 때 측정한 치수를 말하는가?

① 양손을 벌리고 서있는 자세
② 고개를 들고 앉아있는 자세
③ 움직이지 않고 고정된 자세
④ 누워서 편안히 쉬고 있는 자세

해설 구조적 인체 치수(정적 인체 계측)

㉮ 신체를 고정시킨 자세에서 피측정자를 인체 측정기 등으로 측정
㉯ 여러 가지 설계의 표준이 되는 기초적 치수 결정
㉰ 마틴식 인체 계측기 사용

38 강의용 책걸상을 설계할 때 고려해야 할 변수와 적용할 인체측정자료 응용원칙이 적절하게 연결된 것은?

① 의자 높이 – 최대 집단치 설계
② 의자 깊이 – 최대 집단치 설계
③ 의자 너비 – 최대 집단치 설계
④ 책상 높이 – 최대 집단치 설계

해설 최대 집단치 설계

특정한 설비를 설계할 때, 어떤 인체측정 특성의 한 극단에 속하는 사람을 대상으로 설계하면 거의 모든 사람을 수용할 수 있는 경우가 있다. 문, 탈출구, 통로 등과 같은 공간 여유를 정하거나 줄사다리의 강도 등을 정할 때 사용한다.

39 동작 경제 원칙에 해당되지 않는 것은?

① 신체사용에 관한 원칙
② 작업장 배치에 관한 원칙
③ 사용자 요구 조건에 관한 원칙
④ 공구 및 설비 디자인에 관한 원칙

해설 동작 경제의 원칙

㉮ 신체사용에 관한 원칙
㉯ 작업장 배치에 관한 원칙
㉰ 공구 및 설비 디자인에 관한 원칙

40 시스템 안전분석 방법 중 HAZOP에서 '완전대체'를 의미하는 것은?

① Not ② Reverse
③ Part of ④ Other Than

해설 가이드 워드

㉮ No 또는 Not : 완전한 부정
㉯ More 또는 Less : 양의 증가 및 감소
㉰ As Well As : 부가, 성질상의 증가
㉱ Part of : 부분, 성질상의 감소
㉲ Reverse : 반대, 설계의도와 정반대
㉳ Other Than : 기타, 완전한 대체

제3과목 기계위험 방지기술

41 크레인의 로프에 질량 100kg인 물체를 5m/s^{2}의 가속도로 감아올릴 때, 로프에 걸리는 하중은 약 몇 N인가?

① 500N ② 1,480N
③ 2,540N ④ 4,900N

해설 로프에 걸리는 하중

정하중 : 100kg
동하중 : 100/9.8×5 = 51.02kgf
총하중 = 정하중 + 동하중 = 151.02kgf
151.02×9.8 = 1479.996N

Answer 36. ② 37. ③ 38. ③ 39. ③ 40. ④ 41. ②

42 인장강도가 250N/mm^2인 강판의 안전율이 4라면 이 강판의 허용응력(N/mm^2)은 얼마인가?

① 42.5　　② 62.5
③ 82.5　　④ 102.5

해설 안전율

$$안전율 = \frac{인장강도}{허용응력}$$

$$허용응력 = \frac{인장강도}{안전율} = \frac{250}{4} = 62.5$$

43 다음 설명 중 ( ) 안에 알맞은 내용은?

롤러기의 급정지장치는 롤러를 무부하로 회전시킨 상태에서 앞면 롤러의 표면속도가 30m/min 미만일 때에는 급정지거리가 앞면 롤러 원주의 ( ) 이내에서 롤러를 정지시킬 수 있는 성능을 보유하여야 한다.

① 1/2　　② 1/4
③ 1/3　　④ 1/2.5

해설 앞면 롤러의 표면속도에 따른 급정지거리

앞면 롤러의 표면속도	급정지거리
30m/min 미만	앞면 롤러 원주의 1/3
30m/min 이상	앞면 롤러 원주의 1/2.5

44 산업안전보건법령상 컨베이어를 사용하여 작업을 할 때 작업시작 전 점검사항으로 가장 거리가 먼 것은?

① 원동기 및 풀리(pulley) 기능의 이상 유무
② 이탈 등의 방지장치 기능의 이상 유무
③ 유압장치의 기능의 이상 유무
④ 비상정지장치 기능의 이상 유무

해설 컨베이어를 사용하여 작업을 할 때 작업시작 전 점검사항
㉮ ①, ②, ④와 다음의 점검사항이 있다.
㉯ 원동기 · 회전축 · 기어 및 풀리 등의 덮개 또는 울 등의 이상 유무

참고 산업안전보건기준에 관한 규칙 별표 3

실기 실기시험까지 대비해서 암기하세요.

45 기능의 안전화 방안을 소극적 대책과 적극적 대책으로 구분할 때 다음 중 적극적 대책에 해당하는 것은?

① 기계의 이상을 확인하고 급정지시켰다.
② 원활한 작동을 위해 급유를 하였다.
③ 회로를 개선하여 오동작을 방지하도록 하였다.
④ 기계를 볼트 및 너트가 이완되지 않도록 다시 조립하였다.

해설 기능의 안전화 방안
㉮ 소극적 대책
㉠ 기계설비의 이상 시에 기계를 급정지시킨다.
㉡ 기계설비의 이상 시에 안전장치가 작동되도록 한다.
㉯ 적극적 대책
㉠ 전기회로를 개선하여 오동작을 방지한다.

46 기준무부하 상태에서 지게차 주행 시의 좌우 안정도 기준은? (단, V는 구내최고속도(km/h)이다.)

① $(15+1.1\times V)$% 이내
② $(15+1.5\times V)$% 이내
③ $(20+1.1\times V)$% 이내
④ $(20+1.5\times V)$% 이내

해설 지게차의 안정도
㉮ 주행 시
㉠ 전후 안정도 : 18% 이내
㉡ 좌우 안정도 : $(15+1.1V)$% 이내
㉯ 하역 작업 시
㉠ 전후 안정도 : 4% 이내(5톤 이상은 3.5% 이내)
㉡ 좌우 안정도 : 6% 이내

실기 실기시험까지 대비해서 암기하세요.

47 숫돌지름이 60cm인 경우 숫돌 고정 장치인 평형 플랜지 지름은 몇 cm 이상이어야 하는가?

① 10cm　　② 20cm
③ 30cm　　④ 60cm

Answer 42. ② 43. ③ 44. ③ 45. ③ 46. ① 47. ②

해설 플랜지의 지름

평형 플랜지의 지름 = 숫돌 직경의 1/3 이상

$60 \times \frac{1}{3} = 20$

실기 실기시험까지 대비해서 암기하세요.

48 다음 중 회전축, 커플링 등 회전하는 물체에 작업복 등이 말려드는 위험을 초래하는 위험점은?

① 협착점　② 접선물림점
③ 절단점　④ 회전말림점

해설 위험점

① 협착점 : 프레스 등 왕복운동을 하는 기계에서 왕복하는 부품과 고정 부품 사이에 생기는 위험점
② 접선물림점 : 벨트와 풀리 등 회전하는 부분의 접선 방향으로 물려 들어가는 위험점
③ 절단점 : 둥근톱의 톱날 등 회전하는 기계 부분 자체의 위험에서 초래되는 위험점

49 다음 설명에 해당하는 기계는?

- chip이 가늘고 예리하여 손을 잘 다치게 한다.
- 주로 평면공작물을 절삭 가공하나, 더브테일 가공이나 나사 등의 복잡한 가공도 가능하다.
- 장갑은 착용을 금하고, 보안경을 착용해야 한다.

① 선반　② 호방 머신
③ 연삭기　④ 밀링

해설 밀링작업 시 안전수칙

㉮ 칩이나 부스러기를 제거할 때는 반드시 브러시를 사용하며, 걸레를 사용하지 않는다.
㉯ 제품을 풀어내거나 치수를 측정할 때에는 기계를 정지시킨 후 수행한다.
㉰ 밀링작업 중 생기는 칩을 가늘고 길기 때문에 비산하여 부상을 당하기 쉬우므로 보안경을 착용한다.
㉱ 면장갑은 착용하지 않는다.
㉲ 강력 절삭을 할 때에는 공작물을 바이스에 깊게 물린다.

50 공기압축기의 작업안전수칙으로 가장 적절하지 않은 것은?

① 공기압축기의 점검 및 청소는 반드시 전원을 차단한 후에 실시한다.
② 운전 중에 어떠한 부품도 건드려서는 안 된다.
③ 공기압축기 분해 시 내부의 압축공기를 이용하여 분해한다.
④ 최대공기압력을 초과한 공기압력으로는 절대로 운전하여서는 안 된다.

해설 공기압축기의 안전수칙

③ 공기압축기 분해 시 내부의 압축공기를 완전히 배출한 후 분해한다.

51 산업안전보건법령상 승강기의 종류로 옳지 않은 것은?

① 승객용 엘리베이터
② 리프트
③ 화물용 엘리베이터
④ 승객화물용 엘리베이터

해설 승강기의 종류

㉮ 승객용 엘리베이터 : 사람의 운송에 적합하게 제조 · 설치된 엘리베이터
㉯ 승객화물용 엘리베이터 : 사람의 운송과 화물 운반을 겸용하는 데 적합하게 제조 · 설치된 엘리베이터
㉰ 화물용 엘리베이터 : 화물 운반에 적합하게 제조 · 설치된 엘리베이터로서 조작자 또는 화물취급자 1명은 탑승할 수 있는 것(적재용량이 300kg 미만인 것은 제외한다)
㉱ 소형화물용 엘리베이터 : 음식물이나 서적 등 소형 화물의 운반에 적합하게 제조 · 설치된 엘리베이터로서 사람의 탑승이 금지된 것
㉲ 에스컬레이터 : 일정한 경사로 또는 수평로를 따라 위 · 아래 또는 옆으로 움직이는 디딤판을 통해 사람이나 화물을 승강장으로 운송시키는 설비

참고 산업안전보건기준에 관한 규칙 제132조

Answer 48. ④ 49. ④ 50. ③ 51. ②

52 아세틸렌 용접장치에서 사용하는 발생기실의 구조에 대한 요구사항으로 틀린 것은?

① 벽의 재료는 불연성의 재료를 사용할 것
② 천정과 벽은 견고한 콘크리트 구조로 할 것
③ 출입구의 문은 두께 1.5mm 이상의 철판 또는 이와 동등 이상의 강도를 가진 구조로 할 것
④ 바닥 면적의 16분의 1 이상의 단면적을 가진 배기통을 옥상으로 돌출시킬 것

해설 발생기실의 구조
㉮ ①, ③, ④와 다음의 사항을 준수하여야 한다.
㉯ 벽은 철근 콘크리트 또는 그 밖에 이와 같은 수준이거나 그 이상의 강도를 가진 구조로 할 것
㉰ 지붕과 천장에는 얇은 철판이나 가벼운 불연성 재료를 사용할 것
㉱ 벽과 발생기 사이에는 발생기의 조정 또는 카바이드 공급 등의 작업을 방해하지 않도록 간격을 확보할 것

53 산업안전보건법령상 지게차에서 통상적으로 갖추고 있어야 하나, 마스트의 후방에서 화물이 낙하함으로써 근로자에게 위험을 미칠 우려가 없는 때에는 반드시 갖추지 않아도 되는 것은?

① 전조등 ② 헤드가드
③ 백레스트 ④ 포크

해설 백레스트
사업주는 백레스트(backrest)를 갖추지 아니한 지게차를 사용해서는 아니 된다. 다만, 마스트의 후방에서 화물이 낙하함으로써 근로자가 위험해질 우려가 없는 경우에는 그러하지 아니하다.

참고 산업안전보건기준에 관한 규칙 제181조

54 연삭작업에서 숫돌의 파괴원인으로 가장 적절하지 않은 것은?

① 숫돌의 회전속도가 너무 빠를 때
② 연삭작업 시 숫돌의 정면을 사용할 때
③ 숫돌에 큰 충격을 줬을 때
④ 숫돌의 회전중심이 제대로 잡히지 않았을 때

해설 숫돌의 파괴원인
연삭작업 시 측면 사용을 목적으로 제작된 연삭숫돌 이외의 측면 사용을 금지한다.

55 프레스기의 비상정지스위치 작동 후 슬라이드가 하사점까지 도달시간이 0.15초 걸렸다면 양수기동식 방호장치의 안전거리는 최소 몇 cm 이상이어야 하는가?

① 24 ② 240
③ 15 ④ 150

해설 양수기동식 방호장치의 안전거리
160×프레스기 작동 후 작업점까지 도달시간(s)
$= 160 \times 0.15 = 24$(cm)

56 보일러에서 압력이 규정 압력이상으로 상승하여 과열되는 원인으로 가장 관계가 적은 것은?

① 수관 및 본체의 청소 불량
② 관수가 부족할 때 보일러 가동
③ 절탄기의 미부착
④ 수면계의 고장으로 인한 드럼 내의 물의 감소

해설 보일러 과열의 원인
① 수관 및 본체의 청소 불량
② 관수가 부족할 때 보일러 가동
④ 수면계의 고장으로 인한 드럼 내의 물의 감소

57 목재가공용 둥근톱에서 안전을 위해 요구되는 구조로 옳지 않은 것은?

① 톱날은 어떤 경우에도 외부에 노출되지 않고 덮개가 덮여 있어야 한다.
② 작업 중 근로자의 부주의에도 신체의 일부가 날에 접촉할 염려가 없도록 설계되어야 한다.
③ 덮개 및 지지부는 경량이면서 충분한 강도를 가져야 하며, 외부에서 힘을 가했을 때 쉽게 회전될 수 있는 구조로 설계되어야 한다.
④ 덮개의 가동부는 원활하게 상하로 움직일 수 있고 좌우로 움직일 수 없는 구조로 설계되어야 한다.

Answer 52. ② 53. ③ 54. ② 55. ① 56. ③ 57. ③

해설 목재가공용 둥근톱의 구조

③ 덮개 및 지지부는 경량이면서 충분한 강도를 가져야 하며, 외부에서 힘을 가했을 때 쉽게 회전될 수 없는 구조로 설계되어야 한다.

58 산업안전보건법령상 보일러의 안전한 가동을 위하여 보일러 규격에 맞는 압력방출장치가 2개 이상 설치된 경우에 최고사용압력 이하에서 1개가 작동되고, 다른 압력방출장치는 최고사용압력의 몇 배 이하에서 작동되도록 부착하여야 하는가?

① 1.03배　② 1.05배
③ 1.2배　④ 1.5배

해설 압력방출장치

사업주는 보일러의 안전한 가동을 위하여 보일러 규격에 맞는 압력방출장치를 1개 또는 2개 이상 설치하고 최고사용압력(설계압력 또는 최고허용압력을 말함.) 이하에서 작동되도록 하여야 한다. 다만, 압력방출장치가 2개 이상 설치된 경우에는 최고사용압력 이하에서 1개가 작동되고, 다른 압력방출장치는 최고사용압력 1.05배 이하에서 작동되도록 부착하여야 한다.

참고 산업안전보건기준에 관한 규칙 제116조

59 산업안전보건법령에 따라 레버풀러(lever puller) 또는 체인블록(chain block)을 사용하는 경우 훅의 입구(hook mouth) 간격이 제조자가 제공하는 제품사양서 기준으로 몇 % 이상 벌어진 것은 폐기하여야 하는가?

① 3　② 5
③ 7　④ 10

해설 레버풀러(lever puller) 또는 체인블록(chain block)을 사용하는 경우 준수사항

훅의 입구(hook mouth) 간격이 제조자가 제공하는 제품사양서 기준으로 10% 이상 벌어진 것은 폐기하여야 한다.

참고 산업안전보건기준에 관한 규칙 제96조

60 산업안전보건법령상 강렬한 소음작업에서 데시벨에 따른 노출시간으로 적합하지 않은 것은?

① 100데시벨 이상의 소음이 1일 2시간 이상 발생하는 작업
② 110데시벨 이상의 소음이 1일 30분 이상 발생하는 작업
③ 115데시벨 이상의 소음이 1일 15분 이상 발생하는 작업
④ 120데시벨 이상의 소음이 1일 7분 이상 발생하는 작업

해설 강렬한 소음작업의 정의

㉮ 90dB 이상의 소음이 1일 8시간 이상 발생 작업
㉯ 95dB 이상의 소음이 1일 4시간 이상 발생 작업
㉰ 100dB 이상의 소음이 1일 2시간 이상 발생 작업
㉱ 105dB 이상의 소음이 1일 1시간 이상 발생 작업
㉲ 110dB 이상의 소음이 1일 30분 이상 발생 작업
㉳ 115dB 이상의 소음이 1일 15분 이상 발생 작업

참고 산업안전보건기준에 관한 규칙 제512조

제4과목 전기위험 방지기술

61 교류아크 용접기의 자동전격 방지장치란 용접기의 2차전압을 25V 이하로 자동조절하여 안전을 도모하려는 것이다. 다음 사항 중 어떤 시점에서 그 기능이 발휘되어야 하는가?

① 전체 작업시간 동안
② 아크를 발생시킬 때만
③ 용접작업을 진행하고 있는 동안만
④ 용접작업 중단 직후부터 다음 아크 발생 시까지

해설 교류아크 용접기의 자동전격 방지장치

교류아크 용접기의 자동전격 방지장치는 용접작업을 중단하는 직후에 작동하여 다음 아크 발생 시까지 기능이 발휘되어야 한다.

Answer 58. ② 59. ④ 60. ④ 61. ④

62 한국전기설비규정에 따라 욕조나 샤워시설이 있는 욕실 등 인체가 물에 젖어있는 상태에서 전기를 사용하는 장소에 인체감전보호용 누전차단기가 부착된 콘센트를 시설하는 경우 누전차단기의 정격감도전류 및 동작시간은?

① 15mA 이하, 0.01초 이하
② 15mA 이하, 0.03초 이하
③ 30mA 이하, 0.01초 이하
④ 30mA 이하, 0.03초 이하

해설 콘센트의 시설

욕조나 샤워시설이 있는 욕실 또는 화장실 등 인체가 물에 젖어있는 상태에서 전기를 사용하는 장소에 콘센트를 시설하는 경우에는 다음에 따라 시설하여야 한다.

㉮ [전기용품 및 생활용품 안전관리법]의 적용을 받는 인체감전보호용 누전차단기(**정격감도전류 15mA 이하, 동작시간 0.03초 이하**의 전류동작형의 것에 한한다) 또는 절연변압기(정격용량 3kVA 이하인 것에 한한다)로 보호된 전로에 접속하거나, 인체감전보호용 누전차단기가 부착된 콘센트를 시설하여야 한다.

㉯ 콘센트는 접지극이 있는 방적형 콘센트를 사용하여 211과 140의 규정에 준하여 접지하여야 한다.

63 이동식 전기기기의 감전사고를 방지하기 위한 가장 적정한 시설은?

① 접지설비 ② 폭발방지설비
③ 시건장치 ④ 피뢰기설비

해설 이동식 전기기기의 감전사고 방지대책

이동식 전기기기의 감전사고를 방지하기 위한 가장 적정한 대책으로는 접지설비이다.

64 누전차단기의 구성요소가 아닌 것은?

① 누전검출부 ② 영상변류기
③ 차단장치 ④ 전력퓨즈

해설 누전차단기의 구성요소

① 누전검출부 ② 영상변류기
③ 차단장치 ④ 지락 검출장비
⑤ 테스트 버튼

65 전기기계 · 기구의 기능 설명으로 옳은 것은?

① CB는 부하전류를 개폐시킬 수 있다.
② ACB는 진공 중에서 차단동작을 한다.
③ DS는 회로의 개폐 및 대용량부하를 개폐시킨다.
④ 피뢰침은 뇌나 계통의 개폐에 의해 발생하는 이상 전압을 대지로 방전시킨다.

해설 전기기계 · 기구의 기능

② ACB는 저압선로에서 차단동작을 한다.
③ DS는 기기의 점검, 보수 시 또는 회로전환 변경 시 무부하 상태의 선로를 개폐시킨다.
④ 피뢰침은 벼락의 피해를 막기 위하여 건물의 가장 높은 곳에 세우는, 끝이 뾰족한 금속제의 막대기 도선으로 접지하여 땅속으로 전류를 흐르게 하여 벼락을 피한다.

66 단로기를 사용하는 주된 목적은?

① 과부하 차단
② 변성기의 개폐
③ 이상전압의 차단
④ 무부하 선로의 개폐

해설 단로기

단로기는 송전선이나 변전소 등에서 차단기를 열린 무부하 상태에서 주 회로의 접속을 변경하기 위하여 회로를 개폐하는 장치이다.

67 감전사고로 인한 호흡 정지 시 구강대 구강법에 의한 인공호흡의 매분 회수와 시간은 어느 정도 하는 것이 가장 바람직한가?

① 매분 5~10회, 30분 이하
② 매분 12~15회, 30분 이상
③ 매분 20~30회, 30분 이하
④ 매분 30회 이상, 20분~30분 정도

해설 인공호흡

인공호흡은 매분 **12~15회, 30분 이상** 실시해야 한다.

Answer 62. ② 63. ① 64. ④ 65. ① 66. ④ 67. ②

68 일반 허용접촉 전압과 그 종별을 짝지은 것으로 틀린 것은?

① 제1종 : 0.5V 이하 ② 제2종 : 25V 이하
③ 제3종 : 50V 이하 ④ 제4종 : 제한 없음

해설 접촉상태별 허용접촉 전압

종별	접촉상태	허용접촉 전압
1종	인체의 대부분이 수중에 있는 상태	2.5V 이하
2종	인체가 현저히 젖어있는 상태, 금속성의 전기기계장치나 구조물에 인체의 일부가 상시 접속되어 있는 상태	25V 이하
3종	통상의 인체상태에 있어서 접촉전압이 가해지더라도 위험성이 낮은 상태	50V 이하
4종	접촉전압이 가해질 우려가 없는 경우	제한 없음

69 우리나라에서 사용하고 있는 전압(교류와 직류)을 크기에 따라 구분한 것으로 알맞은 것은?

① 저압 : 직류는 1,200V 이하
② 저압 : 교류는 1,000V 이하
③ 고압 : 직류는 1,200V를 초과하고, 6kV 이하
④ 고압 : 교류는 1,000V를 초과하고, 6kV 이하

해설 전압의 구분

저압	교류는 1,000V 이하, 직류는 1,500V 이하
고압	교류는 1,000V를, 직류는 1,500V를 초과하고, 7,000V 이하
특고압	교류, 직류 모두 7,000V를 초과

70 인체의 저항을 1,000Ω 으로 볼 때 심실세동을 일으키는 전류에서의 전기에너지는 약 몇 J인가? (단, 심실세동전류는 $\frac{165}{\sqrt{t}}$ mA이며, 통전시간 T는 1초, 전원은 정현파 교류이다.)

① 13.6J ② 27.2J
③ 136.6J ④ 272.2J

해설 전기에너지(W)

$$W=I^2RT=\left(\frac{165\times10^{-3}}{\sqrt{T}}\right)^2RT$$
$$=(165\times10^{-3})^2\times1,000=27.224$$

71 인체의 피부 전기저항은 여러 가지의 제반조건에 의해서 변화를 일으키는데, 제반조건으로써 가장 가까운 것은?

① 피부의 청결 ② 피부의 노화
③ 인가전압의 크기 ④ 통전경로

해설 인체의 피부 전기저항

인체의 피부 전기저항은 인가전압이 높을수록, 교류전압이면서 습기가 많을수록, 통전시간이 길수록 낮아지고 통전전류는 커진다.

72 다음 중 정전기의 발생 현상에 포함되지 않는 것은?

① 파괴에 의한 발생
② 분출에 의한 발생
③ 전도 대전
④ 유동에 의한 대전

해설 정전기의 발생 현상

㉮ 분출 대전 ㉯ 박리 대전
㉰ 유동 대전 ㉱ 마찰 대전
㉲ 충돌 대전 ㉳ 유도 대전
㉴ 비말 대전 ㉵ 침강 대전
㉶ 적하 대전 ㉷ 교반 대전
㉸ 파괴에 의한 발생

73 다음 중 불꽃(spark)방전의 발생 시 공기 중에 생성되는 물질은?

① O_2 ② O_3
③ H_2 ④ C

해설 불꽃방전

불꽃방전의 발생 시 공기 중에 오존(O_3)이 생성된다.

Answer 68. ① 69. ② 70. ② 71. ③ 72. ③ 73. ②

74 작업장소 중 제전복을 착용하지 않아도 되는 장소는?

① 상대 습도가 높은 장소
② 분진이 발생하기 쉬운 장소
③ LCD 등 display 제조 작업 장소
④ 반도체 등 전기소자 취급 작업 장소

해설 제전복 착용
상대 습도가 높은 장소는 정전기 발생 가능성이 낮으므로 제전복을 착용하지 않아도 된다.

75 방폭전기기기의 온도등급에서 기호 T2의 의미로 맞는 것은?

① 최고표면온도의 허용치가 135℃ 이하인 것
② 최고표면온도의 허용치가 200℃ 이하인 것
③ 최고표면온도의 허용치가 300℃ 이하인 것
④ 최고표면온도의 허용치가 450℃ 이하인 것

해설 방폭전기기기의 온도등급

발화도 등급	온도 등급	가스의 발화온도(℃)	전기기기의 최고표면온도(℃)
G1		450 초과	
G2	T1	300 초과 450 이하	450(300 초과 450 이하)
G3	T2	200 초과 300 이하	300(200 초과 300 이하)
G4	T3	135 초과 200 이하	200(135 초과 200 이하)
G5	T4	100 초과 135 이하	135(100 초과 135 이하)
G6	T5	85 초과 100 이하	100(85 초과 100 이하)
	T6		85 이하

76 내부에서 폭발하더라도 틈의 냉각 효과로 인하여 외부의 폭발성 가스에 착화될 우려가 없는 방폭구조는?

① 내압 방폭구조
② 유입 방폭구조
③ 안전증 방폭구조
④ 본질안전 방폭구조

해설 방폭구조의 종류
② 유입 방폭구조 : 생산현장의 분위기에 가연성가스, 증기, 분진 등이 존재하여 폭발의 우려가 있는 경우에 전기설비의 안전을 도모하기 위해 전기기계기구의 전기불꽃 또는 아크를 발생하는 부분을 기름 속에 수용하고, 기름면 위에 존재하는 폭발성 가스에 인화될 우려가 없도록 되어 있는 구조
③ 안전증 방폭구조 : 기기 내의 먼지나 비말의 침입 및 충전부에 외부로부터의 접촉을 방지하고 있고 원칙으로 전폐(全閉) 구조로 한다.
④ 본질안전 방폭구조 : 위험한 장소에서 사용되는 전기회로(전기 기기의 내부 회로 및 외부배선의 회로)에서 정상 및 사고 시에 발생하는 전기불꽃 또는 열이 폭발성 가스에 점화되지 않는 것이 점화시험 등에 의해 확인된 구조

77 가연성 증기나 먼지 등이 체류할 우려가 있는 장소의 전기회로에 설치하여야 하는 누전경보기의 수신기가 갖추어야 할 성능으로 옳은 것은?

① 음향장치를 가진 수신기
② 가스감지기를 가진 수신기
③ 차단기구를 가진 수신기
④ 분진농도 측정기를 가진 수신기

해설 누전경보기의 수신기가 갖추어야 할 성능
가연성 증기나 먼지 등이 체류할 우려가 있는 장소의 전기회로에는 해당 부분의 전기회로를 차단할 수 있는 차단기구를 가진 수신기를 설치한다.

78 저압방폭구조 배선 중 노출 도전성 부분의 보호 접지선으로 알맞은 항목은?

① 전선관이 충분한 지락전류를 흐르게 할 시에도 결합부에 본딩(bonding)을 해야 한다.
② 전선관이 최대지락전류를 안전하게 흐르게 할 시 접지선으로 이용 가능하다.
③ 접지선의 전선 또는 선심은 그 절연피복을 흰색 또는 검은색을 사용한다.
④ 접지선은 1,000V 비닐절연전선 이상 성능을 갖는 전선을 사용한다.

Answer 74. ① 75. ③ 76. ① 77. ③ 78. ②

해설 노출 도전성 보호 접지선

① 전선관이 충분한 지락전류를 흐르게 할 시에는 결합부에 본딩(bonding)을 생략할 수 있다.

③ 접지선의 전선 또는 선심은 그 절연피복을 청색을 사용하며, 부득이한 경우 흰색 또는 회색을 사용할 수 있다.

④ 접지선은 600V 비닐절연전선 이상 성능을 갖는 전선을 사용한다.

79 과전류에 의해 전선의 허용전류보다 큰 전류가 흐르는 경우 절연물이 화구가 없더라도 자연히 발화하고 심선이 용단되는 발화단계의 전선 전류밀도(A/mm^2)는?

① 10～20 ② 30～50

③ 60～120 ④ 130～200

해설 과전류에 의한 전선의 용단 전류밀도(A/mm^2)

인화 단계		40 ~ 43
착화 단계		43 ~ 60
발화 단계	발화 후 용단	60 ~ 70
	용단과 동시 발화	75 ~ 120
용단 단계		120 이상

80 온도조절용 바이메탈과 온도 퓨즈가 회로에 조합되어 있는 다리미를 사용한 가정에서 화재가 발생했다. 다리미에 부착되어 있던 바이메탈과 온도 퓨즈를 대상으로 화재사고를 분석하려 하는데 논리기호를 사용하여 표현하고자 한다. 어느 기호가 적당한가? (단, 바이메탈의 작동과 온도 퓨즈가 끊어졌을 경우를 0, 그렇지 않을 경우를 1이라 한다.)

① 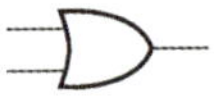 ② 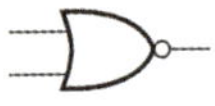

③ 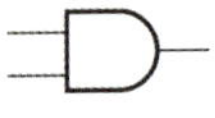 ④ 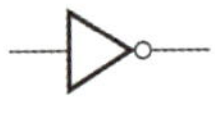

해설 AND 게이트(논리곱)

불대수의 AND 연산을 하는 게이트로, 2개의 입력 A와 B를 받아 A와 B 둘 다 1이면 결과가 1이 되고, 나머지 경우에는 0이 된다.

제5과목 화학설비위험 방지기술

81 다음 중 분진이 발화 폭발하기 위한 조건으로 거리가 먼 것은?

① 불연성질

② 미분상태

③ 점화원의 존재

④ 지연성 가스 중에서의 교반과 운동

해설 분진이 발화 폭발하기 위한 조건

① 가연성

82 다음 중 분진폭발에 관한 설명으로 틀린 것은?

① 가스폭발에 비교하여 연소시간이 짧고, 발생에너지가 작다.

② 최초의 부분적인 폭발이 분진의 비산으로 2차, 3차 폭발로 파급되어 피해가 커진다.

③ 가스에 비하여 불완전 연소를 일으키기 쉬우므로 연소 후 가스에 의한 중독 위험이 있다.

④ 폭발 시 입자가 비산하므로 이것에 부딪치는 가연물로 국부적으로 탄화를 일으킬 수 있다.

해설 분진폭발

① 가스폭발에 비교하여 연소시간이 길고, 발생에너지가 크다.

83 다음 중 응상폭발이 아닌 것은?

① 분해폭발

② 수증기폭발

③ 전선폭발

④ 고상 간의 전이에 의한 폭발

해설 폭발물 원인물질의 물리적 상태에 따른 폭발의 분류

㉮ 기상폭발 : 분해폭발, 분진폭발, 분무폭발, 가스폭발, 혼합가스폭발 등

㉯ 응상폭발 : 수증기폭발, 전선폭발, 고상 간의 전이에 의한 폭발, 혼합 위험에 의한 폭발 등

Answer 79. ③ 80. ③ 81. ① 82. ① 83. ①

84 사업주는 인화성 액체 및 인화성 가스를 저장 취급하는 화학설비에서 증기나 가스를 대기로 방출하는 경우에는 외부로부터의 화염을 방지하기 위하여 화염방지기를 설치하여야 한다. 다음 중 화염방지기의 설치 위치로 옳은 것은?

① 설비의 상단 ② 설비의 하단
③ 설비의 측면 ④ 설비의 조작부

해설 화염방지기의 설치

인화성 액체 및 인화성 가스를 저장 · 취급하는 화학설비에서 증기나 가스를 대기로 방출하는 경우에는 외부로부터의 화염을 방지하기 위하여 화염방지기를 그 설비 상단에 설치해야 한다. 다만, 대기로 연결된 통기관에 화염방지 기능이 있는 통기밸브가 설치되어 있거나, 인화점이 38℃ 이상 60℃ 이하인 인화성 액체를 저장 · 취급할 때에 화염방지 기능을 가지는 인화방지망을 설치한 경우에는 그렇지 않다.

85 고체 가연물의 일반적인 4가지 연소방식에 해당하지 않는 것은?

① 분해연소 ② 표면연소
③ 확산연소 ④ 증발연소

해설 연소의 종류

㉮ 고체 : 분해연소, 표면연소, 증발연소, 자기연소 등
㉯ 액체 : 증발연소, 분해연소, 분무연소, 그을음연소 등
㉰ 기체 : 확산연소, 폭발연소, 예혼합연소, 그을음연소 등

86 고압가스 용기 파열사고의 주요 원인 중 하나는 용기의 내압력 부족이다. 다음 중 내압력 부족의 원인으로 거리가 먼 것은?

① 용기 내벽의 부식
② 강재의 피로
③ 과잉 충전
④ 용접 불량

해설 용기의 내압력 부족의 원인

과잉 충전은 용기 내압력의 이상 상승의 원인에 해당된다.

87 액체 표면에서 발생한 증기농도가 공기 중에서 연소하한농도가 될 수 있는 가장 낮은 액체온도를 무엇이라 하는가?

① 인화점 ② 비등점
③ 연소점 ④ 발화온도

해설 비등점, 연소점, 발화온도

② 비등점 : 액체와 그 증기가 평형하게 공존하고 있을 때 그것은 일정 압력하에서 일정한 온도를 유지하고 있다는 것이 알려져 있다. 이 온도를 그 압력에 대한 비등점이라 부른다.
③ 연소점 : 시료가 클리블랜드 인화점 측정 장치 내에서 인화점에 달한 후 다시 가열을 계속해, 연소가 5초간 계속되었을 때의 최초의 온도를 말한다.
④ 발화온도 : 공기나 산소 속에서 물질을 가열할 때 스스로 발화하여 연소를 시작하는 최저 온도. 가열 시간, 공기 혼합의 방법, 용기의 재질과 모양 따위에 따라 변하며, 보통 인화점보다 10~20℃가 높다.

88 디에틸에테르와 에틸알코올이 3:1로 혼합증기의 몰비가 각각 0.75, 0.25이고, 디에틸에테르와 에틸알코올의 폭발하한값이 각각 1.9vol%, 4.3vol%일 때 혼합가스의 폭발하한값은 약 몇 vol%인가?

① 2.2 ② 3.5
③ 22.0 ④ 34.7

해설 폭발하한계

폭발상 · 하한계$(L)=\dfrac{100}{\dfrac{V_1}{L_1}+\dfrac{V_2}{L_2}+\dfrac{V_3}{L_3}+\cdots}$

여기서, L_1, L_2, L_3 : 단독가스의 폭발상 · 하한계
V_1, V_2, V_3 : 단독가스의 공기 중 부피
100 : 단독가스 부피의 합

$$L=\frac{100}{\frac{75}{1.9}+\frac{25}{4.3}}=\frac{100}{45.287}=2.208$$

실기 실기시험까지 대비해서 암기하세요.

Answer 84. ① 85. ③ 86. ③ 87. ① 88. ①

89 산업안전보건법령상 위험물질의 종류를 구분할 때 다음 물질들이 해당하는 것은?

리튬, 칼륨 · 나트륨, 황, 황린, 황화인 · 적린

① 폭발성 물질 및 유기과산화물
② 산화성 액체 및 산화성 고체
③ 물반응성 물질 및 인화성 고체
④ 급성 독성 물질

해설 물반응성 물질 및 인화성 고체
㉮ 리튬 ㉯ 칼륨 · 나트륨
㉰ 황 ㉱ 황린
㉲ 황화인 · 적린 ㉳ 셀룰로이드류
㉴ 알킬알루미늄 · 알킬리튬
㉵ 마그네슘 분말
㉶ 금속 분말(마그네슘 분말은 제외)
㉷ 알칼리금속(리튬 · 칼륨 및 나트륨은 제외)
㉸ 유기 금속화합물(알킬알루미늄 및 알킬리튬은 제외)
㉹ 금속의 수소화물
㉺ 금속의 인화물
㉻ 칼슘 탄화물, 알루미늄 탄화물

참고 산업안전보건기준에 관한 규칙 별표 1

90 산업안전보건법령에서 규정하고 있는 위험물질의 종류 중 부식성 염기류로 분류되기 위하여 농도가 40% 이상이어야 하는 물질은?

① 염산 ② 아세트산
③ 불산 ④ 수산화칼륨

해설 부식성 물질

구분	종류
부식성 산류	• 농도가 20% 이상인 염산, 황산, 질산, 그 밖에 이와 같은 정도 이상의 부식성을 가지는 물질 • 농도가 60% 이상인 인산, 아세트산, 불산, 그 밖에 이와 같은 정도 이상의 부식성을 가지는 물질
부식성 염기류	농도가 40% 이상인 수산화나트륨, 수산화칼륨, 그 밖에 이와 같은 정도 이상의 부식성을 가지는 염기류

참고 산업안전보건기준에 관한 규칙 별표 1

91 반응폭주 등 급격한 압력상승의 우려가 있는 경우에 설치하여야 하는 것은?

① 파열판 ② 통기밸브
③ 체크밸브 ④ Flame arrester

해설 파열판의 설치
㉮ 반응 폭주 등 급격한 압력상승의 우려가 있는 경우
㉯ 급성 독성물질의 누출로 인하여 주위의 작업환경을 오염시킬 우려가 있는 경우
㉰ 운전 중 안전밸브에 이상 물질이 누적되어 안전밸브가 작동되지 아니할 우려가 있는 경우

92 니트로셀룰로오스의 취급 및 저장방법에 관한 설명으로 틀린 것은?

① 저장 중 충격과 마찰 등을 방지하여야 한다.
② 물과 격렬히 반응하여 폭발함으로 습기를 제거하고, 건조 상태를 유지한다.
③ 자연발화 방지를 위하여 안전용제를 사용한다.
④ 화재 시 질식소화는 적응성이 없으므로 냉각소화를 한다.

해설 니트로셀룰로오스의 취급 및 저장방법
물, 에틸알코올 또는 이소프로필알코올 25%에 적셔 습면의 상태로 보관한다.

93 마그네슘의 저장 및 취급에 관한 설명으로 틀린 것은?

① 화기를 엄금하고, 가열, 충격, 마찰을 피한다.
② 분말이 비산하지 않도록 밀봉하여 저장한다.
③ 제6류 위험물과 같은 산화제와 혼합되지 않도록 격리, 저장한다.
④ 일단 연소하면 소화가 곤란하지만 초기 소화 또는 소규모 화재 시 물, CO_2 소화설비를 이용하여 소화한다.

해설 마그네슘의 저장 및 취급방법
마그네슘은 분진폭발성 물질이고, 소화 시 건조사나 분말소화약제를 이용하여 소화한다.

Answer 89. ③ 90. ④ 91. ① 92. ② 93. ④

94 산업안전보건법령상 위험물질의 종류에서 '폭발성 물질 및 유기과산화물'에 해당하는 것은?

① 리튬　　② 아조화합물
③ 아세틸렌　　④ 셀룰로이드류

해설 위험물질의 종류
㉮ 리튬, 셀룰로이드류 : 물반응성 물질 및 인화성 고체
㉯ 아세틸렌 : 인화성 가스

95 다음 중 완전연소 조성농도가 가장 낮은 것은?

① 메탄(CH_4)　　② 프로판(C_3H_8)
③ 부탄(C_4H_{10})　　④ 아세틸렌(C_2H_2)

해설 완전연소 조성농도
완전연소 조성농도 계산식에서 분모의 값인 클수록 완전연소 조성농도가 낮으므로, 산소의 농도를 구하면 다음과 같다.

$$C_{st}(Vol\%) = \frac{100}{1+4.773\times\left(n+\frac{m-f-2\lambda}{4}\right)}$$

여기서, n : 탄소 원자 수, m : 수소의 원자 수
f : 할로겐 원소의 원자 수
λ : 산소의 원자 수

가스	산소농도
메탄(CH_4)	1 + 4/4 = 2
프로판(C_3H_8)	3 + 8/4 = 5
부탄(C_4H_{10})	4 + 10/4 = 6.5
아세틸렌(C_2H_2)	2 + 2/4 = 2.5

96 대기압에서 사용하나 증발에 의한 액체의 손실을 방지함과 동시에 액면 위의 공간에 폭발성 위험가스를 형성할 위험이 적은 구조의 저장탱크는?

① 유동형 지붕탱크　　② 원추형 지붕탱크
③ 원통형 저장탱크　　④ 구형 저장탱크

해설 원통형 저장 탱크
횡방향으로 굽힘가공한 원통 형상을 갖고 상하 단부가 'ㄷ'자 단면 형상으로 절곡된 플랜지부를 갖는 원통 유니트들을 다단으로 적층 시공함으로써, 더욱 안정된 구조적 성능을 제공할 수 있고, 원통 유니트의 원주부에 형성된 다수의 절곡홈에 의해서 열변형 방지 성능이 탁월하고 물의 내부 회전율을 원활하게 할 수 있다.

97 위험물안전관리법령에서 정한 위험물의 유형 구분이 나머지 셋과 다른 하나는?

① 질산　　② 질산칼륨
③ 과염소산　　④ 과산화수소

해설 위험물의 유형
㉮ 질산칼륨 : 산화성 고체, 제1류 위험물
㉯ 질산, 과염소산, 과산화수소 : 산화성 액체, 제6류 위험물

98 다음 중 축류식 압축기에 대한 설명으로 옳은 것은?

① Casing 내에 1개 또는 수 개의 회전체를 설치하여 이것을 회전시킬 때 Casing과 피스톤 사이의 체적이 감소해서 기체를 압축하는 방식이다.
② 실린더 내에서 피스톤을 왕복시켜 이것에 따라 개폐하는 흡입밸브 및 배기밸브의 작용에 의해 기체를 압축하는 방식이다.
③ Casing 내에 넣어진 날개바퀴를 회전시켜 기체에 작용하는 원심력에 의해서 기체를 압송하는 방식이다.
④ 프로펠러의 회전에 의한 추진력에 의해 기체를 압송하는 방식이다.

해설 압축기의 종류
① 회전식 압축기 : Casing 내에 1개 또는 수 개의 회전체를 설치하여 이것을 회전시킬 때 Casing과 피스톤 사이의 체적이 감소해서 기체를 압축하는 방식이다.
② 왕복식 압축기 : 실린더 내에서 피스톤을 왕복시켜 이것에 따라 개폐하는 흡입밸브 및 배기밸브의 작용에 의해 기체를 압축하는 방식이다.
③ 원심식 압축기 : Casing 내에 넣어진 날개바퀴를 회전시켜 기체에 작용하는 원심력에 의해서 기체를 압송하는 방식이다.

99 다음 중 노출기준(TWA)이 가장 낮은 물질은?

① 염소　　② 암모니아
③ 에탄올　　④ 메탄올

Answer 94. ② 95. ③ 96. ① 97. ② 98. ④ 99. ①

해설 허용노출기준(TWA)

① 염소 : 0.5ppm
② 암모니아 : 25ppm
③ 에탄올 : 1,000ppm
④ 메탄올 : 200ppm

100 다음 중 압축기 운전 시 토출압력이 갑자기 증가하는 이유로 가장 적절한 것은?

① 윤활유의 과다
② 피스톤 링의 가스 누설
③ 토출관 내에 저항 발생
④ 저장조 내 가스압의 감소

해설 압축기 운전 시 토출압력의 증가 이유

압축기 운전 시 토출압력이 갑자기 증가하는 이유는 토출관 내에 저항이 발생하기 때문이다

제6과목 건설안전기술

101 차량계 하역운반기계 등에 화물을 적재하는 경우에 준수하여야 할 사항으로 옳지 않은 것은?

① 하중이 한쪽으로 치우쳐서 효율적으로 적재되도록 할 것
② 구내운반차 또는 화물자동차의 경우 화물의 붕괴 또는 낙하에 의한 위험을 방지하기 위하여 화물에 로프를 거는 등 필요한 조치를 할 것
③ 운전자의 시야를 가리지 않도록 화물을 적재할 것
④ 최대적재량을 초과하지 않도록 할 것

해설 화물적재 시의 조치사항

① 하중이 한쪽으로 치우치지 않도록 적재할 것

102 건설공사의 유해위험방지계획서 제출 기준일로 옳은 것은?

① 당해공사 착공 1개월 전까지
② 당해공사 착공 15일 전까지
③ 당해공사 착공 전날까지
④ 당해공사 착공 15일 후까지

해설 건설공사의 유해위험방지계획서

사업주가 유해위험방지계획서를 제출할 때에는 건설공사 유해위험방지계획서에 서류를 첨부하여 **해당 공사의 착공 전날까지** 공단에 2부를 제출해야 한다.

103 거푸집 해체작업 시 유의사항으로 옳지 않은 것은?

① 일반적으로 수평부재의 거푸집은 연직부재의 거푸집보다 빨리 떼어낸다.
② 해체된 거푸집이나 각목 등에 박혀있는 못 또는 날카로운 돌출물은 즉시 제거하여야 한다.
③ 상하 동시 작업은 원칙적으로 금지하여 부득이한 경우에는 긴밀히 연락을 위하여 작업을 하여야 한다.
④ 거푸집 해체작업장 주위에는 관계자를 제외하고는 출입을 금지시켜야 한다.

해설 거푸집 해체작업 시 유의사항

① 일반적으로 연직부재의 거푸집은 수평부재의 거푸집보다 빨리 떼어낸다.

104 근로자에게 작업 중 또는 통행 시 전락(轉落)으로 인하여 근로자가 화상 · 질식 등의 위험에 처할 우려가 있는 케틀(kettle), 호퍼(hopper), 피트(pit) 등이 있는 경우에 그 위험을 방지하기 위하여 최소 높이 얼마 이상의 울타리를 설치하여야 하는가?

① 80cm 이상 ② 85cm 이상
③ 90cm 이상 ④ 95cm 이상

해설 울타리의 설치

사업주는 근로자에게 작업 중 또는 통행 시 굴러떨어짐으로 인하여 근로자가 화상 · 질식 등의 위험에 처할 우려가 있는 케틀(kettle, 가열용기), 호퍼(hopper, 깔때기 모양의 출입구가 있는 큰 통), 피트(pit, 구멍) 등이 있는 경우에는 그 위험을 방지하기 위하여 필요한 장소에 높이 **90cm 이상의 울타리**를 설치하여야 한다.

Answer 100. ③ 101. ① 102. ③ 103. ① 104. ③

105 그물코의 크기가 10cm인 매듭 없는 방망사 신품의 인장강도는 최소 얼마 이상이어야 하는가?

① 240kg　② 320kg
③ 400kg　④ 500kg

해설 방망사의 신품에 대한 인장강도

그물코의 크기 (단위 : cm)	방망의 종류(단위 : kg)	
	매듭 없는 방망	매듭 방망
10	240	200
5	–	110

106 다음 중 방망에 표시해야 할 사항이 아닌 것은?

① 방망의 신축성　② 제조자명
③ 제조년월　④ 재봉 치수

해설 방망의 표시사항
㉮ 제조자명　㉯ 제조년월　㉰ 재봉 치수
㉱ 그물코, 신품인대의 방망의 강도

107 옥외에 설치되어 있는 주행크레인에 대하여 이탈방지장치를 작동시키는 등 이탈방지를 위한 조치를 하여야 하는 풍속기준으로 옳은 것은?

① 순간풍속이 20m/sec를 초과할 때
② 순간풍속이 25m/sec를 초과할 때
③ 순간풍속이 30m/sec를 초과할 때
④ 순간풍속이 35m/sec를 초과할 때

해설 폭풍에 의한 이탈방지 기준
사업주는 순간풍속이 초당 30m를 초과하는 바람이 불어올 우려가 있는 경우 옥외에 설치되어 있는 주행크레인에 대하여 이탈방지장치를 작동시키는 등 이탈방지를 위한 조치를 하여야 한다.

108 흙막이 지보공을 설치하였을 때 정기적으로 점검하여 이상 발견 시 즉시 보수하여야 할 사항이 아닌 것은?

① 굴착 깊이의 정도
② 버팀대의 긴압의 정도
③ 부재의 접속부 · 부착부 및 교차부의 상태
④ 부재의 손상 · 변형 · 부식 · 변위 및 탈락의 유무와 상태

해설 붕괴 등의 위험방지
① 침하의 정도

실기 실기시험까지 대비해서 암기하세요.

109 추락재해에 대한 예방차원에서 고소작업의 감소를 위한 근본적인 대책으로 옳은 것은?

① 방망 설치
② 지붕트러스의 일체화 또는 지상에서 조립
③ 안전대 사용
④ 비계 등에 의한 작업대 설치

해설 추락재해에 대한 근본적인 대책
고소작업의 감소를 위한 근본적인 대책은 고소작업을 하지 않는 것이므로 지상에서 작업하는 여건을 만드는 것이 최우선이다.

110 타워크레인(Tower Crane)을 선정하기 위한 사전 검토사항으로서 가장 거리가 먼 것은?

① 붐의 모양　② 인양능력
③ 작업반경　④ 붐의 높이

해설 타워크레인을 선정하기 위한 사전 검토사항
㉮ 인양능력　㉯ 작업반경
㉰ 붐의 높이　㉱ 입지조건
㉲ 건물 형태　㉳ 건립기계의 소음 영향

111 다음 중 해체작업용 기계 · 기구로 가장 거리가 먼 것은?

① 압쇄기　② 핸드 브레이커
③ 철제 해머　④ 진동롤러

해설 해체작업용 기계 · 기구
① 압쇄기, ② 핸드 브레이커, ③ 철제 해머
※ ④ 진동롤러는 해체작업용 기계 기구가 아닌 다짐 기계에 속한다.

Answer 105. ① 106. ① 107. ③ 108. ① 109. ② 110. ① 111. ④

112 차량계 하역운반기계를 사용하는 작업을 할 때 그 기계가 넘어지거나 굴러떨어짐으로써 근로자에게 위험을 미칠 우려가 있는 경우에 우선적으로 조치하여야 할 사항과 가장 거리가 먼 것은?

① 해당 기계에 대한 유도자 배치
② 지반의 부동침하 방지 조치
③ 갓길 붕괴 방지 조치
④ 경보 장치 설치

해설 전도 등의 방지
차량계 하역운반기계 등을 사용하는 작업을 할 때에 그 기계가 넘어지거나 굴러떨어짐으로써 근로자에게 위험을 미칠 우려가 있는 경우에는 그 기계를 **유도하는 사람을 배치하고 지반의 부동 침하와 방지 및 갓길 붕괴를 방지하기 위한 조치**를 하여야 한다.

실기 실기시험까지 대비해서 암기하세요.

113 이동식비계 조립 및 사용 시 준수사항으로 옳지 않은 것은?

① 비계의 최상부에서 작업을 하는 경우에는 안전난간을 설치할 것
② 승강용 사다리는 견고하게 설치할 것
③ 작업발판은 항상 수평을 유지하고 작업발판 위에서 작업을 위한 거리가 부족할 경우에는 받침대 또는 사다리를 사용할 것
④ 작업발판의 최대적재하중은 250kg을 초과하지 않도록 할 것

해설 이동식비계
㉮ ①, ②, ④와 다음의 사항을 준수하여야 한다.
㉯ 이동식비계의 바퀴에는 뜻밖의 갑작스러운 이동 또는 전도를 방지하기 위하여 브레이크, 쐐기 등으로 바퀴를 고정시킨 다음, 비계의 일부를 견고한 시설물에 고정하거나 아웃트리거(outrigger, 전도 방지용 지지대)를 설치하는 등 필요한 조치를 할 것
㉰ 작업발판은 항상 수평을 유지하고 작업발판 위에서 안전난간을 딛고 작업을 하거나 **받침대 또는 사다리를 사용하여 작업하지 않도록 할 것**

114 강관비계의 설치 기준으로 옳은 것은?

① 비계기둥의 간격은 띠장 방향에서는 1.5m 이상 1.8m 이하로 하고, 장선 방향에서는 2.0m 이하로 한다.
② 띠장 간격은 1.8m 이하로 설치하되, 첫 번째 띠장은 지상으로부터 2m 이하의 위치에 설치한다.
③ 비계기둥 간의 적재하중은 400kg을 초과하지 않도록 한다.
④ 비계기둥의 제일 윗부분으로부터 21m 되는 지점 밑부분의 비계기둥은 2개의 강관으로 묶어 세운다.

해설 강관비계의 구조
① 비계기둥의 간격은 **띠장 방향에서는 1.85m 이하, 장선 방향에서는 1.5m 이하**로 할 것. 다만, 선박 및 보트 건조작업의 경우 안전성에 대한 구조검토를 실시하고 조립도를 작성하면 띠장 방향 및 장선 방향으로 각각 2.7m 이하로 할 수 있다.
② **띠장 간격은 2.0m 이하**로 할 것. 다만, 작업의 성질상 이를 준수하기가 곤란하여 쌍기둥틀 등에 의하여 해당 부분을 보강한 경우에는 그러하지 아니하다.
④ 비계기둥의 제일 윗부분으로부터 **31m 되는 지점** 밑부분의 비계기둥은 2개의 강관으로 묶어 세울 것. 다만, 브라켓 등으로 보강하여 2개의 강관으로 묶을 경우 이상의 강도가 유지되는 경우에는 그러하지 아니하다.

115 미리 작업장소의 지형 및 지반상태 등에 적합한 제한속도를 정하지 않아도 되는 차량계 건설기계의 속도 기준은?

① 최대 제한속도가 10km/h 이하
② 최대 제한속도가 20km/h 이하
③ 최대 제한속도가 30km/h 이하
④ 최대 제한속도가 40km/h 이하

해설 제한속도의 지정
차량계 하역운반기계, 차량계 건설기계(최대 제한속도가 **10km 이하인 것은 제외**한다.)를 사용하여 작업을 하는 경우 미리 작업장소의 지형 및 지반 상태 등에 적합한 제한속도를 정하고, 운전자로 하여금 준수하도록 하여야 한다.

참고 산업안전보건기준에 관한 규칙 제98조

Answer 112. ④ 113. ③ 114. ③ 115. ①

116 표준관입시험에 관한 설명으로 옳지 않은 것은?

① N치(N－value)는 지반을 30cm 굴진하는 데 필요한 타격횟수를 의미한다.
② N치 4~10일 경우 모래의 상대밀도는 매우 단단한 편이다.
③ 63.5kg 무게의 추를 76cm 높이에서 자유낙하하여 타격하는 시험이다.
④ 사질지반에 적용하며, 점토지반에서는 편차가 커서 신뢰성이 떨어진다.

해설 사질토의 상대밀도와 분류

상대밀도	매우 느슨	느슨	보통 조밀	조밀	매우 조밀
N Value	0~4	4~10	10 ~30	30 ~50	50 초과

117 흙막이 가시설 공사 중 발생할 수 있는 보일링(Boiling) 현상에 관한 설명으로 옳지 않은 것은?

① 이 현상이 발생하면 흙막이 벽의 지지력이 상실된다.
② 지하수위가 높은 지반을 굴착할 때 주로 발생된다.
③ 흙막이벽의 근입장 깊이가 부족할 경우 발생한다.
④ 연약한 점토지반에서 굴착면의 융기로 발생한다.

해설 보일링 현상
마감공사 중 지하수위가 높고 더욱더 침투성이 양호한 사질토 지반에서 굴착공사에 있어서 굴착이 진행되어 주변의 지하수위와의 차이가 커지면, 굴착 밑면 부근의 지반 내에 상향하는 침투 흐름이 발생한다. 이 침투 흐름에 의한 침투 압력이 흙 입자가 수중에서 단위 체적중량보다 커지면 흙 입자는 안정성을 상실해서 지반은 흡사 물이 비등한 것과 같은 상태가 되는데, 이것을 보일링 현상이라 한다.

118 취급 · 운반의 원칙으로 옳지 않은 것은?

① 운반 작업을 집중하여 시킬 것
② 생산을 최고로 하는 운반을 생각할 것
③ 곡선 운반을 할 것
④ 연속 운반을 할 것

해설 취급 · 운반의 원칙
③ 직선 운반을 할 것

119 콘크리트 강도에 영향을 주는 요소로 거리가 먼 것은?

① 거푸집 모양과 형상
② 콘크리트 재령 및 배합
③ 양생 온도와 습도
④ 타설 및 다지기

해설 콘크리트 강도에 영향을 주는 요소
거푸집은 콘크리트의 형상과 치수를 유지할 수 있도록 하는 가설물로, 콘크리트 강도에 영향을 주지 않는다.

120 화물운반 하역작업 중 걸이작업에 관한 설명으로 옳지 않은 것은?

① 와이어로프 등은 크레인의 후크 중심에 걸어야 한다.
② 인양 물체의 안정을 위하여 2줄 걸이 이상을 사용하여야 한다.
③ 매다는 각도는 60° 이상으로 하여야 한다.
④ 근로자를 매달린 물체위에 탑승시키지 않아야 한다.

해설 화물운반 하역작업 중 걸이작업
③ 매다는 각도는 60° 이내로 하여야 한다.

Answer 116. ② 117. ④ 118. ③ 119. ① 120. ③

2023. 7. 8. 시행

2023년 제3회 산업안전기사 CBT기출복원문제

제1과목 안전관리론

01 라인(Line)형 안전관리 조직의 특징으로 옳은 것은?

① 안전에 관한 기술의 축적이 용이하다.
② 안전에 관한 지시나 조치가 신속하다.
③ 조직원 전원을 자율적으로 안전활동에 참여시킬 수 있다.
④ 권한 다툼이나 조정 때문에 통제수속이 복잡해지며, 시간과 노력이 소모된다.

해설 라인형 조직(직계식 조직)
㉮ 장점
㉠ 명령계통이 매우 간단하면서 일관성을 가진다.
㉡ 책임과 권한이 분명하다.
㉢ 경영 전체의 질서유지가 잘된다.
㉯ 단점
㉠ 상위자 1인에 권한이 집중되어 있기 때문에 과중한 책임을 지게된다.
㉡ 권한을 위양하여 관리단계가 길어지면 상하 커뮤니케이션에 시간이 걸린다.
㉢ 횡적 커뮤니케이션이 어렵다.

02 재해예방의 4원칙에 대한 설명으로 틀린 것은?

① 재해 발생은 반드시 원인이 있다.
② 손실과 사고와의 관계는 필연적이다.
③ 재해는 원인을 제거하면 예방이 가능하다.
④ 재해를 예방하기 위한 대책은 반드시 존재한다.

해설 재해예방의 4원칙
① 원인 계기의 원칙 : 재해는 직접 원인과 간접 원인이 연계되어 일어난다.
② 손실 우연의 원칙 : 사고의 결과 생기는 손실은 우연히 발생한다.
③ 예방 가능의 원칙 : 천재지변은 제외한 모든 재해는 예방이 가능하다.
④ 대책 선정의 원칙 : 재해는 적합한 대책이 선정되어야 한다.

03 근로자 1,000명 이상의 대규모 사업장에 적합한 안전관리 조직의 유형은?

① 직계식 조직　② 참모식 조직
③ 병렬식 조직　④ 직계참모식 조직

해설 안전관리 조직의 유형
① 직계식 조직(Line식 조직) : 근로자 100명 이하의 소규모 사업장
② 참모식 조직(Staff식 조직) : 근로자 100~1,000명의 중규모 사업장
④ 직계참모식 조직(Line-Staff식 조직) : 근로자 1,000명 이상의 대규모 사업장

04 하인리히 사고예방대책의 기본원리 5단계로 옳은 것은?

① 조직 → 사실의 발견 → 분석 → 시정방법의 선정 → 시정책의 적용
② 조직 → 분석 → 사실의 발견 → 시정방법의 선정 → 시정책의 적용
③ 사실의 발견 → 조직 → 분석 → 시정방법의 선정 → 시정책의 적용
④ 사실의 발견 → 분석 → 조직 → 시정방법의 선정 → 시정책의 적용

Answer 01. ② 02. ② 03. ④ 04. ①

해설 하인리히의 재해예방 5단계
㉮ 제1단계 : 조직
㉯ 제2단계 : 사실의 발견
㉰ 제3단계 : 평가분석
㉱ 제4단계 : 시정책의 선정
㉲ 제5단계 : 시정책의 적용

05 버드(Bird)의 재해발생에 관한 연쇄이론 중 직접적인 원인은 몇 단계에 해당되는가?

① 1단계 ② 2단계
③ 3단계 ④ 4단계

해설 버드(Bird)의 도미노 이론
㉮ 제1단계 : 제어의 부족 – 관리
㉯ 제2단계 : 기본 원인
㉰ 제3단계 : 직접 원인 · 인적 원인, 물적 원인
㉱ 제4단계 : 사고
㉲ 제5단계 : 상해

06 무재해운동의 기본이념 3원칙 중 다음에서 설명하는 것은?

직장 내의 모든 잠재위험요인을 적극적으로 사전에 발견, 파악, 해결함으로써 뿌리에서부터 산업재해를 제거하는 것

① 무의 원칙 ② 선취의 원칙
③ 참가의 원칙 ④ 확인의 원칙

해설 무재해운동의 3대 원칙
무의 원칙, 선취의 원칙, 참가의 원칙

실기 실기시험까지 대비해서 암기하세요.

07 Thorndike의 시행착오설에 의한 학습의 법칙이 아닌 것은?

① 연습의 법칙 ② 효과의 법칙
③ 동일성의 법칙 ④ 준비성의 법칙

해설 손다이크(Thorndike)의 시행착오설에 의한 학습의 법칙
① 연습 또는 반복의 법칙
② 효과의 법칙
④ 준비성의 법칙

08 안전인증 절연장갑에 안전인증 표시 외에 추가로 표시하여야 하는 등급별 색상의 연결로 옳은 것은? (단, 고용노동부 고시를 기준으로 한다.)

① 00등급 : 갈색 ② 0등급 : 흰색
③ 1등급 : 노란색 ④ 2등급 : 빨간색

해설 절연장갑의 등급별 색상

등급	00	0	1	2	3	4
색상	갈색	빨간색	흰색	노란색	녹색	등색

실기 실기시험까지 대비해서 암기하세요.

09 산업안전보건법상 안전 · 보건표지의 종류 중 보안경 착용이 표시된 안전 · 보건표지는?

① 안내표지 ② 금지표지
③ 경고표지 ④ 지시표지

해설 안전보건표지 중 지시표지
보안경, 방독마스크, 방진마스크, 보안면, 안전모 등의 착용

참고 산업안전보건법 시행규칙 별표 7

10 억측판단이 발생하는 배경으로 볼 수 없는 것은?

① 정보가 불확실할 때
② 타인의 의견에 동조할 때
③ 희망적인 관측이 있을 때
④ 과거에 성공한 경험이 있을 때

해설 억측판단이 발생하는 배경
① 정보가 불확실할 때
③ 희망적인 관측이 있을 때
④ 과거에 성공한 경험이 있을 때

Answer 05. ③ 06. ① 07. ③ 08. ① 09. ④ 10. ②

11 데이비스(Davis)의 동기부여이론 중 동기유발의 식으로 옳은 것은?

① 지식×기능　② 지식×태도
③ 상황×기능　④ 상황×태도

해설 데이비스(K. Davis)의 동기부여이론
㉮ 인간의 성과×물질의 성과=경영의 성과
㉯ 능력×동기유발=인간의 성과(human performance)
㉰ 지식(knowledge)×기능(skill)=능력(ability)
㉱ 상황(situation)×태도(attitude)=동기유발(motivation)

12 다음 중 작업을 하고 있을 때 긴급 이상상태 또는 돌발 사태가 되면 순간적으로 긴장하게 되어 판단능력의 둔화 또는 정지상태가 되는 것을 무엇이라고 하는가?

① 의식의 우회　② 의식의 과잉
③ 의식의 단절　④ 의식의 수준저하

해설 부주의의 현상
① 의식의 우회 : 의식의 흐름이 샛길로 빗나갈 경우로 작업 도중의 걱정, 고뇌, 욕구불만 등에 의해서 발생한다. 예로, 가정불화나 개인적 고민으로 인하여 정서적 갈등을 하고 있을 때 나타나는 부주의 현상이다.
② 의식의 과잉 : 돌발사태, 긴급 이상상태 직면 시 순간적으로 의식이 긴장하고 한 방향으로만 집중되는 판단력 정지, 긴급방위반응 등의 주의의 일점집중현상이 발생한다.
③ 의식의 단절 : 의식의 흐름에 단절이 생기고 공백상태가 나타나는 경우(의식의 중단)이다.
④ 의식의 수준저하 : 외부의 자극이 애매모호하거나, 자극이 강할 때 및 약할 때 등과 같이 외적조건에 의해 의식이 혼란하거나 분산되어 위험요인에 대응할 수 없을 때 발생한다.

13 스트레스의 요인 중 외부적 자극 요인에 해당하지 않는 것은?

① 자존심의 손상　② 대인관계 갈등
③ 가족의 죽음, 질병　④ 경제적 어려움

해설 스트레스에 영향을 주는 요인
① 내적 요인
㉠ 자존심의 손상
㉡ 도전의 좌절과 자만심의 상충
㉢ 현실에서의 부적응
② 외적 요인
㉠ 직장에서의 대인관계 갈등과 대립
㉡ 경제적 어려움
㉢ 질병, 죽음

14 생체리듬(Bio Rhythm) 중 일반적으로 28일을 주기로 반복되며, 주의력 · 창조력 · 예감 및 통찰력 등을 좌우하는 리듬은?

① 육체적 리듬　② 지성적 리듬
③ 감성적 리듬　④ 정신적 리듬

해설 생체리듬(Bio Rhythm)

리듬 \ 방법	주기	색
육체적(P)	23일	청색
감성적(S)	28일	적색
지성적(I)	33일	녹색
위험일(O)	점, 하트형, 클로버형 등	

15 학습정도(Level of learning)의 4단계를 순서대로 나열한 것은?

① 인지 → 이해 → 지각 → 적용
② 인지 → 지각 → 이해 → 적용
③ 지각 → 이해 → 인지 → 적용
④ 지각 → 인지 → 이해 → 적용

해설 학습정도(Level of learning)의 4단계
인지 → 지각 → 이해 → 적용

16 안전교육훈련의 진행 제3단계에 해당하는 것은?

① 적용　② 제시
③ 도입　④ 확인

Answer 11. ④ 12. ② 13. ① 14. ③ 15. ② 16. ①

해설 안전교육훈련의 진행 단계

㉮ 1단계 : 도입　㉯ 2단계 : 제시
㉰ 3단계 : 적용　㉱ 4단계 : 확인

17 산업안전보건법령상 근로자 안전보건교육 대상에 따른 교육시간 기준 중 틀린 것은? (단, 상시 작업이며, 일용근로자는 제외한다.)

① 특별교육 – 16시간 이상
② 채용 시 교육 – 8시간 이상
③ 작업내용 변경 시 교육 – 2시간 이상
④ 사무직 종사 근로자 정기교육 – 매 반기 3시간 이상

해설 근로자 안전보건교육 대상에 따른 교육시간

④ 사무직 종사 근로자 정기교육 시간 – 매 반기 6시간 이상

참고 산업안전보건법 시행규칙 별표 4

18 Off.J.T 교육의 특징에 해당되는 것은?

① 많은 지식, 경험을 교류할 수 있다.
② 교육 효과가 업무에 신속히 반영된다.
③ 현장의 관리 감독자가 강사가 되어 교육을 한다.
④ 다수의 대상자를 일괄적으로 교육하기 어려운 점이 있다.

해설 Off JT(Off the Job Training)의 특징

㉮ 다수의 근로자에게 조직적인 훈련이 가능하다.
㉯ 훈련에만 전념할 수 있다.
㉰ 각 교육 훈련마다 적합한 전문 강사를 초청하는 것이 가능하다.
㉱ 다양한 기술과 지식의 습득이 가능하다.

19 안전교육의 단계에 있어 교육대상자가 스스로 행함으로써 습득하게 하는 교육은?

① 의식교육　② 기능교육
③ 지식교육　④ 태도교육

해설 안전교육의 단계

㉮ 지식교육 : 강의, 시청각 교육을 통한 지식의 전달과 이해
㉯ 기능교육 : 시범, 견학, 실습, 현장실습 교육을 통한 경험 체득과 이해
㉰ 태도교육 : 생활 지도, 작업 동작 지도 등을 통한 안전의 습관화

20 산업안전보건법령상 안전보건관리규정 작성 시 포함되어야 하는 사항을 모두 고른 것은? (단, 그 밖에 안전 및 보건에 관한 사항은 제외한다.)

㉠ 안전보건교육에 관한 사항
㉡ 재해사례 연구 · 토의 결과에 관한 사항
㉢ 사고조사 및 대책 수립에 관한 사항
㉣ 작업장의 안전 및 보건 관리에 관한 사항
㉤ 안전 및 보건에 관한 관리조직과 그 직무에 관한 사항

① ㉠, ㉡, ㉢, ㉣　② ㉠, ㉡, ㉣, ㉤
③ ㉠, ㉢, ㉣, ㉤　④ ㉡, ㉢, ㉣, ㉤

해설 안전보건관리규정의 작성

㉮ ㉠, ㉢, ㉣, ㉤과 다음의 사항이 포함되어야 한다.
㉯ 그 밖에 안전 및 보건에 관한 사항

참고 산업안전보건법 제25조

제2과목 인간공학 및 시스템 안전공학

21 다음 중 인간공학 연구조사에 사용되는 기준의 구비조건과 가장 거리가 먼 것은?

① 적절성　② 무오염성
③ 부호성　④ 기준 척도의 신뢰성

해설 인간공학 연구조사에 사용되는 기준의 구비조건

① 적절성 : 어떤 변수가 실제로 의도하는 바를 어느 정도 평가하는지 결정하는 것이다.
② 무오염성 : 측정하는 구조 외적인 변수의 영향을 받지 않는 것을 말한다.
④ 기준 척도의 신뢰성 : 시간이나 대표적 표본의 선정에 관계없이, 변수측정의 일관성이나 안정성을 말한다.

Answer 17. ④ 18. ① 19. ② 20. ③ 21. ③

22 인간-기계시스템 설계과정 중 직무분석을 하는 단계는?

① 제1단계 : 시스템의 목표와 성능명세 결정
② 제2단계 : 시스템의 정의
③ 제3단계 : 기본 설계
④ 제4단계 : 인터페이스 설계

해설 인간-기계시스템 설계과정
㉮ 1단계 : 시스템의 목표와 성능명세 결정-목적 및 조재 이유에 대한 개괄적 표현
㉯ 2단계 : 시스템의 정의-목표 달성을 위한 필요한 기능의 결정
㉰ 3단계 : 기본 설계-작업설계, 직무분석, 기능할당, 인간성능 요건 명세
㉱ 4단계 : 인터페이스 설계-작업공간, 화면설계, 표시 및 조종장치
㉲ 5단계 : 보조물 설계 혹은 편의수단 설계-성능보조자료, 훈련 도구 등 보조물 계획
㉳ 6단계 : 평가

23 휴먼 에러(Human Error)의 요인을 심리적 요인과 물리적 요인으로 구분할 때, 심리적 요인에 해당하는 것은?

① 일이 너무 복잡한 경우
② 일의 생산성이 너무 강조될 경우
③ 동일 형상의 것이 나란히 있을 경우
④ 서두르거나 절박한 상황에 놓여있을 경우

해설 휴먼에러의 심리적 요인
㉮ 현재 하고 있는 일에 대한 지식이 부족할 때
㉯ 일을 할 의욕이나 모럴(moral)이 결여되어 있을 때
㉰ 서두르거나 절박한 상황에 놓여 있을 때
㉱ 무엇인가의 체험으로 습관적이 되어 있을 때
㉲ 선입관으로 괜찮다고 느끼고 있을 때
㉳ 주의를 끄는 것이 있어 그것에 치우쳐 주의를 빼앗기고 있을 때
㉴ 많은 자극이 있어 어떤 것에 반응해야 좋을지 알 수 없을 때
㉵ 매우 피로해 있을 때

24 휴먼 에러 예방 대책 중 인적 요인에 대한 대책이 아닌 것은?

① 설비 및 환경 개선
② 소집단 활동의 활성화
③ 작업에 대한 교육 및 훈련
④ 전문인력의 적재적소 배치

해설 인적 요인에 관한 대책(인간측면의 행동 감수성 고려)
㉮ 작업에 대한 교육 및 훈련과 작업 전, 후 회의소집
㉯ 작업의 모의훈련으로 시나리오에 의한 리허설
㉰ 소집단 활동의 활성화로 작업방법 및 순서, 안전 포인터 의식, 위험예지활동 등을 지속적으로 수행
㉱ 숙달된 전문인력의 적재적소 배치 등

25 결함수분석법(FTA)에서의 미니멀 컷셋과 미니멀 패스셋에 관한 설명으로 맞는 것은?

① 미니멀 컷셋은 시스템의 신뢰성을 표시하는 것이다.
② 미니멀 패스셋은 시스템의 위험성을 표시하는 것이다.
③ 미니멀 패스셋은 시스템의 고장을 발생시키는 최소의 패스셋이다.
④ 미니멀 컷셋은 정상사상(top event)을 일으키기 위한 최소한의 컷셋이다.

해설 미니멀 컷셋과 미니멀 패스셋
㉮ 미니멀 컷셋 : 정상사상(고장)을 일으키기 위한 기본사상의 최소 집합(최소한의 컷)으로, 시스템의 위험성을 나타낸다
㉯ 미니멀 패스셋 : 시스템의 기능을 살리는 최소한의 집합으로, 시스템의 신뢰성을 나타낸다.

26 시스템 안전분석 방법 중 HAZOP에서 '완전대체'를 의미하는 것은?

① NOT
② REVERSE
③ PART OF
④ OTHER THAN

Answer 22. ③ 23. ④ 24. ① 25. ④ 26. ④

해설 가이드 워드
- ㉮ No 또는 Not : 완전한 부정
- ㉯ More 또는 Less : 양의 증가 및 감소
- ㉰ As Well As : 부가, 성질상의 증가
- ㉱ Part of : 부분, 성질상의 감소
- ㉲ Reverse : 반대, 설계의도와 정반대
- ㉳ Other Than : 기타, 완전한 대체

실기 실기시험까지 대비해서 암기하세요.

27 FTA에서 사용하는 수정 게이트의 종류 중 3개의 입력현상 중 2개가 발생한 경우에 출력이 생기는 것은?

① 위험지속기호 ② 조합 AND 게이트
③ 배타적 OR 게이트 ④ 억제 게이트

해설 AND 게이트
모든 입력사상이 공존할 때에만 출력사상이 발생한다.

28 n개의 요소를 가진 병렬 시스템에 있어 요소의 수명(MTTF)이 지수분포를 따를 경우 이 시스템의 수명을 구하는 식으로 맞는 것은?

① $MTTF \times n$

② $MTTF \times \dfrac{1}{n}$

③ $MTTF \times \left(1 + \dfrac{1}{2} + \cdots + \dfrac{1}{n}\right)$

④ $MTTF \times \left(1 \times \dfrac{1}{2} \times \cdots \times \dfrac{1}{n}\right)$

해설 병렬계 · 직렬계의 수명
- ㉮ 병렬계의 수명 : $MTTF \times \left(1 + \dfrac{1}{2} + \cdots + \dfrac{1}{n}\right)$
- ㉯ 직렬계의 수명 : $MTTF \times \dfrac{1}{n}$

29 고장형태와 영향분석(FMEA)에서 평가요소로 틀린 것은?

① 고장발생의 빈도
② 고장의 영향크기
③ 고장방지의 가능성
④ 기능적 고장 영향의 중요도

해설 FMEA에서 고장 평점을 결정하는 5가지 평가요소
- ㉮ 기능적 고장의 중요도
- ㉯ 고장발생의 빈도
- ㉰ 고장방지의 가능성
- ㉱ 영향을 미치는 시스템의 범위
- ㉲ 신규 설계 여부

30 서브시스템 분석에 사용되는 분석방법으로 시스템 수명주기에서 ㉠에 들어갈 위험분석기법은?

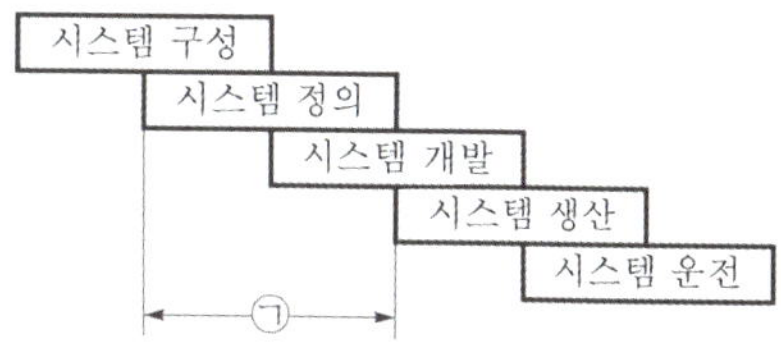

① PHA ② FHA
③ FTA ④ ETA

해설 결함위험분석(FHA; Fault Hazards Analysis)
전체 제품을 몇 개의 하부 제품(서브시스템)으로 나누어 제작하는 경우, 하부 제품이 전체 제품에 미치는 영향을 분석하는 기법으로 제품 정의 및 개발 단계에서 수행된다.

31 FT도에 사용되는 다음 게이트의 명칭은?

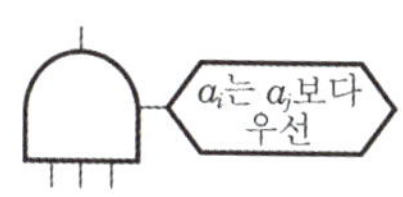

① 억제 게이트 ② 부정 게이트
③ 배타적 OR 게이트 ④ 우선적 AND 게이트

해설 FTA 논리기호

억제 게이트	부정 게이트	배타적 OR 게이트
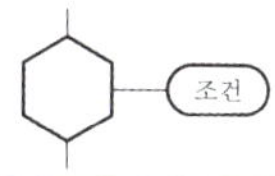		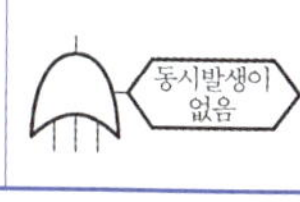

Answer 27. ② 28. ③ 29. ② 30. ② 31. ④

32 반사율이 60%인 작업 대상물에 대하여 근로자가 검사 작업을 수행할 때 휘도(luminance)가 90fL이라면 이 작업에서의 소요조명(fc)은 얼마인가?

① 75 ② 150
③ 200 ④ 300

해설 소요조명

$$소요조명 = \frac{휘도}{반사율} = \frac{90}{0.6} = 150(fc)$$

33 NOISH lifting guideline에서 권장무게한계(RWL) 산출에 사용되는 계수가 아닌 것은?

① 휴식 계수 ② 수평 계수
③ 수직 계수 ④ 비대칭 계수

해설 권장무게한계(RWL : Recommended Weight Limit)

RWL = LC×HM×VM× DM×AM×FM×CM
여기서, LC : 부하 상수, HM : 수평 계수
VM : 수직 계수, DM : 거리 계수
AM : 비대칭 계수

34 양립성의 종류에 포함되지 않는 것은?

① 공간 양립성 ② 형태 양립성
③ 개념 양립성 ④ 운동 양립성

해설 양립성의 종류

① 공간 양립성 ② 양식 양립성
③ 개념 양립성 ④ 운동 양립성

35 열압박 지수 중 실효 온도(effective tempera-ture) 지수 개발 시 고려한 인체에 미치는 열효과의 조건에 해당하지 않는 것은?

① 온도 ② 습도
③ 공기 유동 ④ 복사열

해설 실효온도의 결정요소

① 온도 ② 습도
③ 대류(공기 유동)

36 다음 중 강한 음영 때문에 근로자의 눈 피로도가 큰 조명방법은?

① 간접조명 ② 반간접조명
③ 직접조명 ④ 전반조명

해설 조명방법

직접조명 설치 시 음영이 크게 생기므로 간접조명이 권장된다.

37 A작업의 평균 에너지소비량이 다음과 같을 때, 60분간의 총 작업시간 내에 포함되어야 하는 휴식시간(분)은?

- 휴식 중 에너지소비량 : 1.5kcal/min
- A작업 시 평균 에너지소비량 : 6kcal/min
- 기초대사를 포함한 작업에 대한 평균 에너지소비량 상한 : 5kcal/min

① 10.3 ② 11.3
③ 12.3 ④ 13.3

해설 휴식시간(R)의 산정

Murrell의 공식 $R = \frac{T(E-S)}{E-1.5}$

여기서, T : 총 작업시간(분)
E : 작업의 평균 에너지소비량(kcal/min)
S : 권장 평균 에너지소비량(남성은 5kcal/min, 여성은 3.5kcal/min)

따라서, $R = \frac{60\times(6-5)}{6-1.5} = 13.3$

실기 실기시험까지 대비해서 암기하세요.

38 소음방지 대책에 있어 가장 효과적인 방법은?

① 음원에 대한 대책
② 수음자에 대한 대책
③ 전파경로에 대한 대책
④ 거리감쇠와 지향성에 대한 대책

해설 소음방지 대책

소음방지 대책은 소음원 대책, 전파경로 대책, 수음자 대책 순서에 따라 소음원의 제거 → 소음수준의 저감 → 소음의 차단 → 개인보호구 착용순으로 이루어진다.

Answer 32. ② 33. ① 34. ② 35. ④ 36. ③ 37. ④ 38. ①

39 다음 중 간헐적인 페달을 조작할 때 다리에 걸리는 부하를 평가하기에 가장 적당한 측정 변수는?

① 근전도 ② 산소소비량
③ 심장박동수 ④ 에너지소비량

해설 근전도
관절운동을 위해 근육이 수축할 때 전기적 신호를 검출할 수 있는데, 근무리가 있는 부위의 피부에 전극을 부착하여 기록할 수 있다. 근육에서의 전기적 신호를 기록하는 것을 근전도라 하며, 국부근육활동의 척도로서 사용된다.

40 다음 중 동작경제의 원칙에 있어 신체사용에 관한 원칙이 아닌 것은?

① 두 손의 동작은 같이 시작해서 같이 끝나야 한다.
② 손의 동작은 유연하고 연속적인 동작이어야 한다.
③ 공구, 재료 및 제어장치는 사용하기 가까운 곳에 배치해야 한다.
④ 동작이 급작스럽게 크게 바뀌는 직선 동작은 피해야 한다.

해설 신체사용에 관한 원칙
㉮ 양손은 동시에 동작을 시작하고, 또 끝마쳐야 한다.
㉯ 휴식시간 이외에 양손이 동시에 노는 시간이 있어서는 안 된다.
㉰ 양팔은 각기 반대방향에서 대칭적으로 동시에 움직여야 한다.
㉱ 손의 동작은 작업을 원만히 처리할 수 있는 범위 내에서 최소동작등급을 사용하도록 한다. 3등급 동작이 손가락만의 동작보다 정확하고 덜 피곤하기 때문에 경작업의 경우에는 3등급 동작이 바람직하다.
㉲ 작업자들을 돕기 위하여 동작의 관성을 이용하여 작업하는 것이 좋다.
㉳ 구속되거나 제한된 동작 또는 급격한 방향전환보다는 유연한 동작이 좋다.
㉴ 작업동작은 율동이 맞아야 한다.
㉵ 직선동작보다는 연속적인 곡선동작을 취하는 것이 좋다.
㉶ 탄도동작(ballistic movement)은 제한되거나 통제된 동작보다 더 신속·정확·용이하다.

제3과목 기계위험 방지기술

41 그림과 같이 50kN의 중량물을 와이어 로프를 이용하여 상부에 60°의 각도가 되도록 들어 올릴 때, 로프 하나에 걸리는 하중(T)은 약 몇 kN인가?

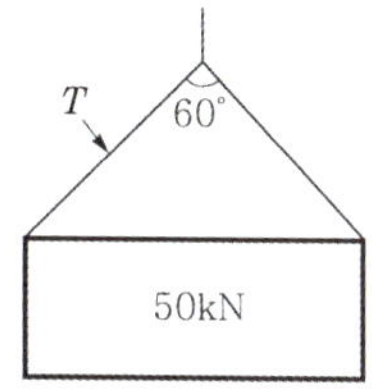

① 16.8 ② 24.5
③ 28.9 ④ 37.9

해설 로프의 하중(T)

$$T = \frac{\frac{w}{2}}{\cos\frac{\alpha}{2}} = \frac{\frac{50}{2}}{\cos\frac{60}{2}} = 28.867\text{kN}$$

42 질량 100kg의 화물이 와이어로프에 매달려 $2m/s^2$의 가속도로 권상되고 있다. 이때 와이어로프에 작용하는 장력의 크기는 몇 N인가? (단, 여기서 중력가속도는 $10m/s^2$로 한다.)

① 200N ② 300N
③ 1,200N ④ 2,000N

해설 로프에 작용하는 장력
총하중 = 정하중 + 동하중

$$= 100 + \left(\frac{100}{10} \times 2\right) = 120$$

$$\text{동하중} = \frac{\text{정하중(kg)}}{\text{중력가속도}(m/s^2)}$$

장력(N) = 총하중(kg) × 중력가속도(m/s^2)
= 120 × 10 = 1,200

43 일반적으로 장갑을 착용해야 하는 작업은?

① 드릴작업 ② 밀링작업
③ 선반작업 ④ 전기용접작업

Answer 39. ① 40. ③ 41. ③ 42. ③ 43. ④

APPENDIX 부록 과년도 기출문제

해설 장갑의 착용 금지
드릴, 밀링, 선반, 연삭, 해머 작업 등 공작기계 작업 시에는 장갑을 착용하지 않아야 한다.

44 프레스 작업시작 전 점검해야 할 사항으로 거리가 먼 것은?

① 매니퓰레이터 작동의 이상 유무
② 클러치 및 브레이크 기능
③ 슬라이드, 연결봉 및 연결 나사의 풀림 여부
④ 프레스 금형 및 고정볼트 상태

해설 프레스의 작업시작 전 점검사항
㉮ 클러치 및 브레이크 기능
㉯ 크랭크축 · 플라이휠 · 슬라이드 · 연결봉 및 연결 나사의 풀림 여부
㉰ 1행정 1정지기구 · 급정지장치 및 비상정지장치의 기능
㉰ 슬라이드 또는 칼날에 의한 위험방지기구의 기능
㉱ 방호장치의 기능
㉲ 전단기의 칼날 및 테이블의 상태
※ ①은 로봇의 교시 작업시작 전 점검사항이다.

실기 실기시험까지 대비해서 암기하세요.

45 숫돌 지름이 60cm인 경우 숫돌 고정 장치인 평형플랜지 지름은 몇 cm 이상이어야 하는가?

① 10cm ② 20cm
③ 30cm ④ 60cm

해설 연삭기 또는 연마기의 제작 및 안전기준
평형플랜지의 직경은 설치하는 숫돌 직경의 1/3 이상, 여유값은 1.5mm 이상이어야 한다.
$\therefore 60 \times 1/3 = 20$

46 다음 중 프레스 방호장치에서 게이트 가드식 방호장치의 종류를 작동방식에 따라 분류할 때 가장 거리가 먼 것은?

① 경사식 ② 하강식
③ 도립식 ④ 횡 슬라이드 식

해설 작동방식에 따른 게이트 가드식 방호장치 분류
㉮ 상승식 ㉯ 하강식
㉰ 도립식 ㉱ 횡 슬라이드 식

47 산업안전보건법령상 보일러에 설치해야 하는 안전장치로 거리가 가장 먼 것은?

① 해지장치
② 압력방출장치
③ 압력제한스위치
④ 고 · 저수위조절장치

해설 폭발위험의 방지
사업주는 보일러의 폭발 사고를 예방하기 위하여 압력방출장치, 압력제한스위치, 고저수위 조절장치, 화염 검출기 등의 기능이 정상적으로 작동될 수 있도록 유지 · 관리하여야 한다.

참고 산업안전보건기준에 관한 규칙 제119조

48 산업안전보건법령에 따라 다음 괄호 안에 들어갈 내용으로 옳은 것은?

> 바닥으로부터 짐 윗면까지의 높이가 ( )m 이상인 화물자동차에 짐을 싣는 작업 또는 내리는 작업을 하는 경우에는 근로자의 추가 위험을 방지하기 위하여 해당 작업에 종사하는 근로자가 바닥과 적재함의 짐 윗면 간을 안전하게 오르내리기 위한 설비를 설치하여야 한다.

① 1.5 ② 2
③ 2.5 ④ 3

해설 화물자동차의 승강설비
사업주는 바닥으로부터 짐 윗면까지의 높이가 2m 이상인 화물자동차에 짐을 싣는 작업 또는 내리는 작업을 하는 경우에는 근로자의 추가 위험을 방지하기 위하여 해당 작업에 종사하는 근로자가 바닥과 적재함의 짐 윗면 간을 안전하게 오르내리기 위한 설비를 설치하여야 한다.

참고 산업안전보건기준에 관한 규칙 제187조

Answer 44. ① 45. ② 46. ① 47. ① 48. ②

49 다음 중 프레스기에 사용되는 방호장치에 있어 원칙적으로 급정지 기구가 부착되어야만 사용할 수 있는 방식은?

① 양수조작식 ② 손쳐내기식
③ 가드식 ④ 수인식

해설 프레스기의 방호장치
양수조작식 프레스기의 경우 방호장치로 급정지 기구가 부착되어야 한다.

50 다음 중 연삭숫돌의 3요소가 아닌 것은?

① 결합제 ② 입자
③ 저항 ④ 기공

해설 연삭숫돌의 3요소
① 결합제 : 절삭날의 지지
② 입자 : 절삭날
④ 기공 : 칩의 저장, 배출

51 지게차 및 구내 운반차의 작업시작 전 점검사항이 아닌 것은?

① 버킷, 디퍼 등의 이상 유무
② 제동장치 및 조종장치 기능의 이상 유무
③ 하역장치 및 유압장치
④ 전조등, 후미등, 경보장치 기능의 이상 유무

해설 지게차를 사용하여 작업을 하는 때의 작업시작 전 점검사항
㉮ ②, ③, ④와 다음의 점검사항이 있다.
㉯ 바퀴의 이상 유무

실기 실기시험까지 대비해서 암기하세요.

52 양중기(승강기를 제외한다.)를 사용하여 작업하는 운전자 또는 작업자가 보기 쉬운 곳에 해당 양중기에 대해 표시하여야 할 내용이 아닌 것은?

① 정격 하중 ② 운전 속도
③ 경고 표시 ④ 최대 인양 높이

해설 정격하중 등의 표시
사업주는 양중기 및 달기구를 사용하여 작업하는 운전자 또는 작업자가 보기 쉬운 곳에 해당 기계의 정격하중, 운전속도, 경고표시 등을 부착하여야 한다. 다만, 달기구는 정격하중만 표시한다.

53 밀링 작업 시 안전수칙으로 옳지 않은 것은?

① 테이블 위에 공구나 기타 물건 등을 올려놓지 않는다.
② 제품 치수를 측정할 때는 절삭 공구의 회전을 정지한다.
③ 강력 절삭을 할 때는 일감을 바이스에 짧게 물린다.
④ 상 · 하, 좌 · 우 이송장치의 핸들은 사용 후 풀어 둔다.

해설 밀링 작업 시 안전수칙
③ 강력 절삭을 할 때는 일감을 바이스에 깊게 물린다.

54 다음 중 금형 설치 · 해체작업의 일반적인 안전사항으로 틀린 것은?

① 고정볼트는 고정 후 가능하면 나사산이 3~4개 정도 짧게 남겨 슬라이드 면과의 사이에 협착이 발생하지 않도록 해야 한다.
② 금형 고정용 브래킷(물림판)을 고정시킬 때 고정용 브래킷은 수평이 되게 하고, 고정볼트는 수직이 되게 고정하여야 한다.
③ 금형을 설치하는 프레스의 T홈 안길이는 설치 볼트 직경 이하로 한다.
④ 금형의 설치용구는 프레스의 구조에 적합한 형태로 한다.

해설 금형 설치 · 해체작업의 안전사항
③ 금형을 설치하는 프레스의 T홈 안길이는 설치 볼트 직경의 2배 이상으로 한다.

Answer 49. ① 50. ③ 51. ① 52. ④ 53. ③ 54. ③

55 지게차 주행 시의 좌우 안정도 기준은? (단, V는 구내최고속도(km/h)이다.)

① $(15+1.1\times V)$% 이내
② $(15+1.5\times V)$% 이내
③ $(20+1.1\times V)$% 이내
④ $(20+1.5\times V)$% 이내

해설 지게차의 안정도
㉮ 주행 시
㉠ 전후 안정도 : 18% 이내
㉡ 좌우 안정도 : $(15+1.1V)$% 이내
㉯ 하역 작업 시
㉠ 전후 안정도 : 4% 이내(5톤 이상은 3.5% 이내)
㉡ 좌우 안정도 : 6% 이내

56 연삭숫돌의 상부를 사용하는 것을 목적으로 하는 탁상용 연삭기에서 안전덮개의 노출부위 각도는 몇 ° 이내이어야 하는가?

① 90° 이내 ② 75° 이내
③ 60° 이내 ④ 105° 이내

해설 연삭기 덮개의 최대노출각도

종류	덮개의 최대 노출 각도
연삭숫돌의 상부를 사용하는 것을 목적으로 하는 탁상용 연삭기	60° 이내
일반 연삭작업 등에 사용하는 것을 목적으로 하는 탁상용 연삭기	125° 이내
평면 연삭기, 절단 연삭기	150° 이내
원통 연삭기, 공구 연삭기, 휴대용 연삭기, 스윙 연삭기, 슬래브 연삭기	180° 이내

57 크레인에 돌발 상황이 발생한 경우 안전을 유지하기 위하여 모든 전원을 차단하여 크레인을 급정지시키는 방호장치는?

① 호이스트 ② 이탈방지장치
③ 비상정지장치 ④ 아웃트리거

해설 방호장치의 조정
사업주는 다음 각 호의 양중기에 과부하방지장치, 권과방지장치, **비상정지장치 및 제동장치**, 그 밖의 방호장치가 정상적으로 작동될 수 있도록 미리 조정해 두어야 한다.

58 프레스 작동 후 슬라이드가 하사점에 도달할 때까지의 소요시간이 0.5s일 때 양수기동식 방호장치의 안전거리는 최소 얼마인가?

① 200mm ② 400mm
③ 600mm ④ 800mm

해설 안전거리(D)
$D=1.6(T_L+T_s)=1.6\times0.5=0.8[m]=800[mm]$
여기서, T_L : 버튼에서 손이 떨어질 때부터 급정지기구가 작동할 때까지 시간
T_s : 급정지기구 작동 시부터 슬라이드가 정지할 때까지 시간

59 컨베이어, 이송용 롤러 등을 사용하는 때에 정전, 전압강하 등에 의한 위협을 방지하기 위하여 설치하는 안전장치는?

① 덮개 또는 울
② 비상정지장치
③ 과부하방지장치
④ 이탈 및 역주행 방지장치

해설 컨베이어의 제작 및 안전기준
컨베이어, 이송용 롤러 등을 사용하는 때에 정전, 전압강하 등에 의한 위협을 방지하기 위하여 **이탈 및 역주행방지장치**를 설치하여야 한다.

60 다음 중 와전류 비파괴검사법의 특징과 가장 거리가 먼 것은?

① 관, 환봉 등의 제품에 대해 자동화 및 고속화된 검사가 가능하다.
② 검사 대상 이외의 재료적 인자(투자율, 열처리, 온도 등)에 대한 영향이 적다.
③ 가는 선, 얇은 판의 경우도 검사가 가능하다.
④ 표면 아래 깊은 위치에 있는 결함은 검출이 곤란하다.

해설 와전류 비파괴검사법의 특징
② 검사 대상 이외의 재료적 인자(투자율, 열처리, 온도 등)에 대한 영향이 **크다.**

Answer 55. ① 56. ③ 57. ③ 58. ④ 59. ④ 60. ②

제4과목 전기위험 방지기술

61 교류 아크용접기의 허용사용률(%)은? (단, 정격사용률은 10%, 2차 정격전류는 500A, 교류 아크용접기의 사용전류는 250A이다.)

① 30 ② 40
③ 50 ④ 60

해설 허용사용률

$$\text{허용사용률} = \left(\frac{\text{정격2차전류}}{\text{실제용접전류}}\right)^2 \times \text{정격사용률} \times 100$$
$$= \left(\frac{500}{250}\right)^2 \times 0.1 \times 100 = 40\%$$

62 단로기를 사용하는 주된 목적은?

① 과부하 차단
② 변성기의 개폐
③ 이상전압의 차단
④ 무부하 선로의 개폐

해설 단로기
단로기는 송전선이나 변전소 등에서 차단기를 열린 무부하 상태에서 주 회로의 접속을 변경하기 위하여 회로를 개폐하는 장치이다.

63 다음 차단기는 개폐기구가 절연물의 용기 내에 일체로 조립한 것으로, 과부하 및 단락사고 시에 자동적으로 전로를 차단하는 장치는?

① OS ② VCB
③ MCCB ④ ACB

해설 차단기
① OS(Oil Switch) : 개폐기로 전로의 개폐를 절연유 속에서 하는 스위치(고압용)
② VCB(Vacuum Circuit Breaker) : 진공차단기(고압, 특고압용)
③ MCCB(Molded Case Circuit Breaker) : 배선용 차단기(저압용)
④ ACB(Air Circuit Breaker) : 기중 차단기(저압용)

64 피뢰레벨에 따른 회전구체 반경이 틀린 것은?

① 피뢰레벨 Ⅰ : 20m
② 피뢰레벨 Ⅱ : 30m
③ 피뢰레벨 Ⅲ : 50m
④ 피뢰레벨 Ⅳ : 60m

해설 피뢰레벨에 따른 회전구체 반경

피뢰레벨	회전구체 반지름(m)	메시치수(m)
Ⅰ	20	5×5
Ⅱ	30	10×10
Ⅲ	45	15×15
Ⅳ	60	20×20

65 정전작업 시 작업 전 조치하여야 할 실무사항으로 틀린 것은?

① 잔류전하의 방전
② 단락 접지기구의 철거
③ 검전기에 의한 정전 확인
④ 개로개폐기의 잠금 또는 표시

해설 정전작업 시 작업 전 조치사항
② 정전작업을 위한 개폐기 조작 후 단락 접지기구를 이용하여 접지 후 작업을 해야한다.

66 욕실 등 물기가 많은 장소에서 인체감전보호형 누전차단기의 정격감도전류와 동작시간은?

① 정격감도전류 30mA, 동작시간 0.01초 이내
② 정격감도전류 30mA, 동작시간 0.03초 이내
③ 정격감도전류 15mA, 동작시간 0.01초 이내
④ 정격감도전류 15mA, 동작시간 0.03초 이내

해설 누전차단기의 정격감도전류와 동작시간
인체가 물에 젖었거나 물을 사용하는 장소(욕실 등)에는 정격감도전류 15mA에서 0.03초 이내의 누전차단기를 사용한다.

Answer 61. ② 62. ④ 63. ③ 64. ③ 65. ② 66. ④

67 심실세동을 일으키는 위험한계 에너지는 약 몇 J인가? (단, 심실세동 전류 $I = \frac{165}{\sqrt{t}}$ mA, 인체의 전기저항 $R = 800\Omega$, 통전시간 $T = 1$초이다.)

① 12 ② 22
③ 32 ④ 42

해설 전기에너지(W)
$W = I^2RT = (165 \times 10^{-3})^2 \times 800 \times 1 = 21.78[J]$

68 전기설비에 작업자의 직접 접촉에 의한 감전 방지 대책이 아닌 것은?

① 충전부에 절연 방호망을 설치할 것
② 충전부는 내구성이 있는 절연물로 완전히 덮어 감쌀 것
③ 충전부가 노출되지 않도록 폐쇄형 외함구조로 할 것
④ 관계자 외에도 쉽게 출입이 가능한 장소에 충전부를 설치할 것

해설 충전부의 감전방지 대책
④ 충전부는 관계자 외 출입이 금지된 장소에 설치하고, 위험표시 등의 방법으로 방호를 강화할 것

69 다음은 전기안전에 관한 일반적인 사항을 기술한 것이다. 옳게 설명된 것은?

① 200V 동력용 전동기의 외함에 특별 제3종 접지공사를 하였다.
② 배선에 사용할 전선의 굵기를 허용전류, 기계적 강도, 전압강하 등을 고려하여 결정하였다.
③ 누전을 방지하기 위해 피뢰침 설비를 설치하였다.
④ 전선 접속 시 전선의 세기가 30% 이상 감소되었다.

해설 전기안전에 관한 일반적인 사항
① 전동기 등 기기에는 철대 및 외함에 접지를 하여야 한다.
② 누전을 방지하기 위해 누전차단기를 설치해야 한다.
③ 전선 접속 시 전선의 세기가 20% 이상 감소되지 않아야 한다.

70 개폐조작 시 안전절차에 따른 차단 순서와 투입 순서로 가장 올바른 것은?

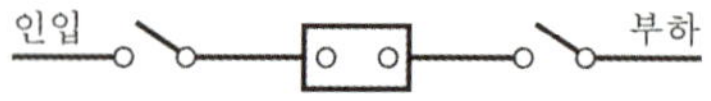

ⓐ DS ⓑ VCB ⓒ DS

① 차단 : ⓑ → ⓐ → ⓒ, 투입 : ⓐ → ⓑ → ⓒ
② 차단 : ⓑ → ⓒ → ⓐ, 투입 : ⓐ → ⓑ → ⓒ
③ 차단 : ⓑ → ⓐ → ⓒ, 투입 : ⓒ → ⓑ → ⓐ
④ 차단 : ⓑ → ⓒ → ⓐ, 투입 : ⓒ → ⓐ → ⓑ

해설 유입차단기의 작동 순서
개폐 조작은 부하측에서 전원측으로 진행하며, 차단기(VCB)는 차단 시에는 가장 먼저, 투입 시에는 가장 뒤에 조작한다.

71 정전기로 인한 화재 폭발의 위험이 가장 높은 것은?

① 드라이클리닝설비
② 농작물 건조기
③ 가습기
④ 전동기

해설 정전기로 인한 화재 폭발 등 방지대책 대상설비
㉮ 위험물을 탱크로리 · 탱크차 및 드럼 등에 주입하는 설비
㉯ 탱크로리 · 탱크차 및 드럼 등 위험물저장설비
㉰ 인화성 액체를 함유하는 도료 및 접착제 등을 제조 · 저장 · 취급 또는 도포하는 설비
㉱ 위험물 건조설비 또는 그 부속설비
㉲ 인화성 고체를 저장하거나 취급하는 설비
㉳ 드라이클리닝설비, 염색가공설비 또는 모피류 등을 씻는 설비 등 인화성 유기용제를 사용하는 설비
㉴ 유압, 압축공기 또는 고전위 정전기 등을 이용하여 인화성 액체나 인화성 고체를 분무하거나 이송하는 설비
㉵ 고압가스를 이송하거나 저장 · 취급하는 설비
㉶ 화약류 제조설비
㉷ 발파공에 장전된 화약류를 점화시키는 경우에 사용하는 발파기(발파공을 막는 재료로 물을 사용하거나 갱도발파를 하는 경우는 제외)

Answer 67. ② 68. ④ 69. ② 70. ④ 71. ①

72 인체저항이 5,000Ω 이고, 전류가 3mA가 흘렀다. 인체의 정전용량이 0.1μF라면 인체에 대전된 정전하는 몇 μC인가?

① 0.5　② 1.0
③ 1.5　④ 2.0

해설 전기에너지
㉮ 전압 $V = IR = 3 \times 10^{-3}[A] \times 5{,}000[\Omega] = 15[V]$
㉯ 정전하 $Q = VC = 15[V] \times 0.1[\mu F] = 1.5[\mu C]$

73 다음은 어떤 방전에 대한 설명인가?

정전기가 대전되어 있는 부도체에 접지체가 접근한 경우 대전물체와 접지체 사이에 발생하는 방전과 거의 동시에 부도체의 표면을 따라서 발생하는 나뭇가지 형태의 발광을 수반하는 방전

① 코로나 방전　② 뇌상 방전
③ 연면 방전　④ 불꽃 방전

해설 방전의 종류
① 코로나 방전 : 전극 간의 전압을 상승시켜 가면 어느 값에서 불꽃 방전이 발생하는데, 전극 간의 전계가 평등하지 않으면 불꽃 방전 이전에 전극 표면상의 전계가 큰 부분에 발광 현상이 나타나고, 1~100μA 정도의 전류가 흐르는 현상
② 뇌상 방전 : 공기 중 뇌상으로 부유하는 대전입자가 커졌을 때 대전운에서 번개형의 발광을 수반하는 현상
④ 불꽃 방전 : 급격한 전기 방전 현상으로, 방전 과정에서 짧은 시간 동안 많은 전류가 흘러 매질에서 불연속적인 불꽃이 발생하는 현상

74 대전의 완화를 나타내는 데 중요한 인자인 시정수(time constant)는 최초의 전하가 약 몇 %까지 완화되는 시간을 말하는가?

① 20%　② 37%
③ 45%　④ 50%

해설 정전기의 완화 시간
정전기의 완화시간은 정전기가 축적되었다가 소멸되는 과정에서 처음 값의 36.8%로 감소되는 데 걸리는 시간

75 가연성 가스가 있는 곳에 저압 옥내 전기설비를 금속관 공사에 의해 시설하고자 한다. 관 상호 간 또는 관과 전기기계기구와는 몇 턱 이상 나사조임으로 접속하여야 하는가?

① 2턱　② 3턱
③ 4턱　④ 5턱

해설 가스증기 위험장소
관 상호 간 및 관과 박스 기타의 부속품, 풀 박스 또는 전기기계기구와는 5턱 이상 나사 조임으로 접속하는 방법 또는 기타 이와 동등 이상의 효력이 있는 방법에 의하여 견고하게 접속할 것

76 분진폭발 방지대책으로 가장 거리가 먼 것은?

① 작업장 등은 분진이 퇴적하지 않는 형상으로 한다.
② 분진 취급 장치에는 유효한 집진 장치를 설치한다.
③ 분체 프로세스 장치는 밀폐화하고 누설이 없도록 한다.
④ 분진폭발의 우려가 있는 작업장에는 감독자를 상주시킨다.

해설 분진폭발 방지대책
분진폭발은 감독자 상주가 아닌 누설 확인이 먼저 선행되어야 한다.

77 폭발위험장소에서의 본질안전 방폭구조에 대한 설명으로 틀린 것은?

① 본질안전 방폭구조의 기본적 개념은 점화능력의 본질적 억제이다.
② 본질안전 방폭구조는 Ex ib는 fault에 대한 2중 안전보장으로 0종~2종 장소에 사용할 수 있다.
③ 이론적으로는 모든 전기기기를 본질안전 방폭구조를 적용할 수 있으나, 동력을 직접 사용하는 기기는 실제적으로 적용이 곤란하다.
④ 온도, 압력, 액면유량 등의 검출용 측정기는 대표적인 본질 안전 방폭구조의 예이다.

해설 본질안전 방폭구조
② 본질안전 방폭구조는 Ex ib는 1종 장소, Ex ia는 0종 장소에서 사용할 수 있다.

Answer 72. ③ 73. ③ 74. ② 75. ④ 76. ④ 77. ②

78 다음에서 설명하고 있는 방폭구조는?

> 전기기기의 정상 사용 조건 및 특정 비정상 상태에서 과도한 온도 상승, 아크 또는 스파크의 발생위험을 방지하기 위해 추가적인 안전 조치를 취한 것으로 Ex e라고 표시한다.

① 유입 방폭구조　② 압력 방폭구조
③ 내압 방폭구조　④ 안전증 방폭구조

해설 방폭구조의 종류

① 유입 방폭구조 : 생산현장의 분위기에 가연성가스, 증기, 분진 등이 존재하여 폭발의 우려가 있는 경우에 전기설비의 안전을 도모하기 위해 전기기계기구의 전기불꽃 또는 아크를 발생하는 부분을 기름 속에 수용하고, 기름 면 위에 존재하는 폭발성가스에 인화될 우려가 없도록 되어 있는 구조
② 압력 방폭구조 : 전기설비 용기 내부에 공기, 질소, 탄산가스 등의 보호가스를 대기압 이상으로 봉입하여 당해 용기 내부에 가연성가스 또는 증기가 침입하지 못하도록 한 구조
③ 내압 방폭구조 : 방폭전기설비의 용기 내부에서 폭발성가스 또는 증기가 폭발하였을 때 용기가 그 압력에 견디고 접합면이나 개구부를 통해서 외부의 폭발성가스나 증기에 인화되지 않도록 한 구조

79 다음 중 전기화재의 주요 원인이라고 할 수 없는 것은?

① 절연전선의 열화　② 정전기 발생
③ 과전류 발생　④ 절연저항값의 증가

해설 전기화재의 주요 원인

스파크	누전	접촉부 과열	절연열화에 의한 발열	과전류
24%	15%	12%	11%	8%

80 접지 저항치를 결정하는 저항이 아닌 것은?

① 접지선, 접지극의 도체저항
② 접지전극과 주회로 사이의 낮은 절연저항
③ 접지전극 주위의 토양이 나타내는 저항
④ 접지전극의 표면과 접하는 토양 사이의 접촉저항

해설 접지 저항치를 결정하는 저항

① 접지선, 접지극의 도체저항
③ 접지전극 주위의 토양이 나타내는 저항
④ 접지전극의 표면과 접하는 토양 사이의 접촉저항

제5과목 화학설비위험 방지기술

81 고체의 연소형태 중 증발연소에 속하는 것은?

① 나프탈렌　② 목재
③ TNT　④ 목탄

해설 연소의 분류

상태	연소의 종류	예
고체	증발연소	유황, 나프탈렌, 파라핀(양초), 요오드, 왁스 등
	분해연소	석탄, 목재, 종이, 섬유, 플라스틱, 고무류 등
	표면연소	목탄, 숯, 코크스, 금속분 등
	자기연소	니트로화합물류, 질산에스테르류, 셀룰로이드류 등
액체	증발연소	제1석유류(휘발유), 제2석유류(등유, 경유)
	분무연소	중유, 벙커C유
기체	확산연소	자연화재, 성냥, 양초, 액면화재, 제트화염
	예혼합연소	분젠버너, 가솔린 엔진

82 다음 중 분진폭발에 관한 설명으로 틀린 것은?

① 폭발한계 내에서 분진의 휘발성분이 많으면 폭발 위험성이 높다.
② 분진이 발화 폭발하기 위한 조건은 가연성, 미분상태, 공기 중에서의 교반과 유동 및 점화원의 존재이다.
③ 가스폭발과 비교하여 연소의 속도나 폭발의 압력이 크고, 연소시간이 짧으며, 발생에너지가 작다.
④ 폭발한계는 입자의 크기, 입도분포, 산소농도, 함유수분, 가연성가스의 혼입 등에 의해 같은 물질의 분진에서도 달라진다.

Answer 78. ④ 79. ④ 80. ② 81. ① 82. ③

해설 분진폭발
③ 가스폭발과 비교하여 연소의 속도나 폭발의 압력이 작고, 연소시간이 길며, 발생에너지가 크다.

④ 발화온도 : 공기나 산소 속에서 물질을 가열할 때 스스로 발화하여 연소를 시작하는 최저 온도. 가열 시간, 공기 혼합의 방법, 용기의 재질과 모양 따위에 따라 변하며, 보통 인화점보다 10~20℃가 높다.

83 소화약제 IG－100의 구성성분은?

① 질소 ② 산소
③ 이산화탄소 ④ 수소

해설 소화약제의 구성성분

구분	소화약제	화학식
할로겐 화합물	퍼플로우부탄(FC－3－1－10)	C_4F_{10}
	클로로테트라플루오르에탄(HCFC－124)	$CJHCIFCF_3$
	펜타플루오로에탄(HFC－125)	CHF_2CF_3
	트리플루오로메탄(HFC－23)	CHF_3
불활성 가스	불연성 · 불활성기체 혼합가스(IG－01)	Ar
	불연성 · 불활성기체 혼합가스(IG－100)	N_2
	불연성 · 불활성기체 혼합가스(IG－541)	N_2 : 52%, Ar : 40%, CO_2 : 8%
	불연성 · 불활성기체 혼합가스(IG－55)	N2 : 50%, Ar : 50%

84 액체 표면에서 발생한 증기농도가 공기 중에서 연소하한농도가 될 수 있는 가장 낮은 액체온도를 무엇이라 하는가?

① 인화점 ② 비등점
③ 연소점 ④ 발화온도

해설 비등점, 연소점, 발화온도
② 비등점 : 액체와 그 증기가 평형하게 공존하고 있을 때 그것은 일정 압력하에서 일정한 온도를 유지하고 있다는 것이 알려져 있다. 이 온도를 그 압력에 대한 비등점이라 부른다.
③ 연소점 : 시료가 클리블랜드 인화점 측정 장치 내에서 인화점에 달한 후 다시 가열을 계속해, 연소가 5초간 계속되었을 때의 최초의 온도를 말한다.

85 공기 중에서 A 가스의 폭발하한계는 2.2vol%이다. 이 폭발하한계 값을 기준으로 하여 표준 상태에서 A 가스와 공기의 혼합기체 $1m^3$에 함유되어 있는 A 가스의 질량을 구하면 약 몇 g인가? (단, A 가스의 분자량은 26이다.)

① 19.02 ② 25.54
③ 29.02 ④ 35.54

해설 가스의 질량
표준상태의 기체의 부피는 22.4L＝$0.0224m^3$

$$\text{가스의 질량} = \frac{26\times0.022}{0.0224} = 25.54g$$

86 프로판(C_3H_8) 가스가 공기 중 연소할 때의 화학양론농도는 약 얼마인가? (단, 공기 중의 산소농도는 21vol%이다.)

① 2.5vol% ② 4.0vol%
③ 5.6vol% ④ 9.5vol%

해설 화학양론농도(완전연소 조성농도)
반응식 : $C_3H_8 + 5O_2 \rightarrow 3CO_2 + 4H_2O$

$$C_{st}(Vol\%) = \frac{100}{1+4.773\times\left(n+\frac{m-f-2\lambda}{4}\right)} = \frac{100}{1+4.773\times\left(3+\frac{8}{4}\right)} = 4.02$$

여기서, n : 탄소 원자 수, m : 수소의 원자 수
f : 할로겐 원소의 원자 수
λ : 산소의 원자 수

87 가연성 가스 A의 연소범위를 2.2~9.5vol%라 할 때 가스 A의 위험도는 얼마인가?

① 2.52 ② 3.32
③ 4.91 ④ 5.64

Answer 83. ① 84. ① 85. ② 86. ② 87. ②

APPENDIX 부록 과년도 기출문제

해설 위험도(H)

$$H = \frac{U(\text{폭발상한계}) - L(\text{폭발하한계})}{L(\text{폭발하한계})}$$

$$= \frac{9.5-2.2}{2.2} = 3.32$$

실기 실기시험까지 대비해서 암기하세요.

88 산업안전보건법령상 다음 내용에 해당하는 폭발위험장소는?

> 20종 장소 밖으로서 분진운 형태의 가연성 분진이 폭발농도를 형성할 정도의 충분한 양이 정상작동 중에 존재할 수 있는 장소를 말한다.

① 21종 장소　② 22종 장소
③ 0종 장소　④ 1종 장소

해설 폭발위험장소

가스 증기 위험 장소	0종 장소	위험 분위기가 통상인 상태에 있어서 연속해서 또는 장시간 지속해서 존재하는 장소
	1종 장소	통상 상태에서 위험 분위기를 생성할 우려가 있는 장소
	2종 장소	이상한 상태에서 위험 분위기를 생성할 우려가 있는 장소
분진 위험 장소	20종 장소	분진운 형태의 가연성 분진이 폭발농도를 형성할 정도로 충분한 양이 정상작동 중에 연속적으로 또는 자주 존재하거나, 제어할 수 없을 정도의 양 및 두께의 분진층이 형성될 수 있는 장소
	21종 장소	20종 장소 밖으로서 분진운 형태의 가연성 분진이 폭발농도를 형성할 정도의 충분한 양이 정상작동 중에 존재할 수 있는 장소
	22종 장소	21종 장소 외의 장소로서, 가연성 분진운 형태가 드물게 발생 또는 단기간 존재할 우려가 있거나, 이상작동 상태하에서 가연성 분진층이 존재할 수 있는 장소

89 다음 중 반응기의 구조방식에 대한 분류에 해당하는 것은?

① 탑형 반응기　② 연속식 반응기
③ 반회분식 반응기　④ 회분식 균일상반응기

해설 반응기의 분류

㉮ 구조 방식에 의한 분류 : 교반조형, 관형, 탑형, 유동층형
㉯ 조작 방식에 의한 분류 : 회분식, 반회분식, 연속식

90 액화 프로판 310kg을 내용적 50L 용기에 충전할 때 필요한 소요 용기의 수는 몇 개인가? (단, 액화 프로판의 가스정수는 2.35이다.)

① 15　② 17
③ 19　④ 21

해설 소요 용기의 수

$$\text{용기의 수} = \frac{\text{가스질량(kg)} \times \text{가스정수}}{\text{내용적(L)}}$$

$$= \frac{310 \times 2.35}{50}$$

$= 14.57 = 15$개

91 산업안전보건법령상 단위공정시설 및 설비로부터 다른 단위공정 시설 및 설비사이의 안전거리는 설비의 바깥 면부터 얼마 이상이 되어야 하는가?

① 5m　② 10m
③ 15m　④ 20m

해설 시설 및 설비 간의 안전거리

㉮ 단위공정시설 및 설비로부터 다른 단위공정시설 및 설비의 사이 : 설비의 바깥면으로부터 10m 이상
㉯ 플레어스택으로부터 단위공정시설 및 설비, 위험물질 저장탱크 또는 위험물질 하역설비의 사이 : 플레어스택으로부터 반경 20m 이상
㉰ 위험물질 저장탱크로부터 단위공정시설 및 설비, 보일러 또는 가열로의 사이 : 저장탱크의 바깥면으로부터 20m 이상
㉱ 사무실 · 연구실 · 실험실 · 정비실 또는 식당으로부터 단위공정시설 및 설비, 위험물질 저장탱크, 위험물질 하역설비, 보일러 또는 가열로의 사이 : 사무실 등의 바깥면으로부터 20m 이상

참고 산업안전보건기준에 관한 규칙 별표 8

Answer 88. ① 89. ① 90. ① 91. ②

92 위험물안전관리법령에서 정한 위험물의 유형 구분이 나머지 셋과 다른 하나는?

① 질산　　② 질산칼륨
③ 과염소산　　④ 과산화수소

해설 위험물 및 지정수량
㉮ 질산칼륨 : 산화성 고체(제1류 위험물)
㉯ 질산, 과염소산, 과산화수소 : 산화성 액체(제6류 위험물)

참고 위험물안전관리법 시행령 별표 1

93 메탄, 에탄, 프로판의 폭발하한계가 각각 5vol%, 2vol%, 2.1vol%일 때 다음 중 폭발하한계가 가장 낮은 것은? (단, Le Chatelier의 법칙을 이용한다.)

① 메탄 20vol%, 에탄 30vol%, 프로판 50vol%의 혼합가스
② 메탄 30vol%, 에탄 30vol%, 프로판 40vol%의 혼합가스
③ 메탄 40vol%, 에탄 30vol%, 프로판 30vol%의 혼합가스
④ 메탄 50vol%, 에탄 30vol%, 프로판 20vol%의 혼합가스

해설 혼합가스의 폭발하한계

$$L=\frac{100}{\frac{V_1}{L_1}+\frac{V_2}{L_2}+\frac{V_3}{L_3}\cdots}$$

여기서, L_n : 각 혼합가스의 폭발상 · 하한계
V_n : 각 혼합가스의 혼합비(%)

① 폭발하한계 $=\frac{100}{\frac{20}{5}+\frac{30}{2}+\frac{50}{2.1}}=2.336$

② 폭발하한계 $=\frac{100}{\frac{30}{5}+\frac{30}{2}+\frac{40}{2.1}}=2.497$

③ 폭발하한계 $=\frac{100}{\frac{40}{5}+\frac{30}{2}+\frac{30}{2.1}}=2.378$

④ 폭발하한계 $=\frac{100}{\frac{50}{5}+\frac{30}{2}+\frac{20}{2.1}}=2.897$

94 가연성가스의 폭발범위에 관한 설명으로 틀린 것은?

① 압력 증가에 따라 폭발 상한계와 하한계가 모두 현저히 증가한다.
② 불활성가스를 주입하면 폭발범위는 좁아진다.
③ 온도의 상승과 함께 폭발범위는 넓어진다.
④ 산소 중에서 폭발범위는 공기 중에서보다 넓어진다.

해설 가연성가스의 폭발범위
① 압력 증가에 따라 상한계는 현저히 증가하고 하한계는 변동이 없다.

95 다음 중 폭발한계(vol%)의 범위가 가장 넓은 것은?

① 메탄　　② 부탄
③ 톨루엔　　④ 아세틸렌

해설 폭발한계의 범위
① 메탄 : 5 ~ 15
② 부탄 : 1.8 ~ 8.4
③ 톨루엔 : 1.2 ~ 7.1
④ 아세틸렌 : 2.5 ~ 81

96 반응기를 설계할 때 고려하여야 할 요인으로 가장 거리가 먼 것은?

① 부식성
② 상의 형태
③ 온도 범위
④ 중간생성물의 유무

해설 반응기를 설계할 때 고려하여야 할 요인
㉮ 부식성　　㉯ 상의 형태
㉰ 온도 범위　　㉱ 운전압력
㉲ 체류시간　　㉳ 공간속도
㉴ 열전달　　㉵ 온도조절
㉶ 조작방법
㉷ 수율 : 물질의 투입량과 목적에 맞는 물질의 생산량의 비

Answer 92. ② 93. ① 94. ① 95. ④ 96. ④

97 압축하면 폭발할 위험성이 높아 아세톤 등에 용해시켜 다공성 물질과 함께 저장하는 물질은?

① 염소　　② 아세틸렌
③ 에탄　　④ 수소

해설 아세틸렌의 위험성
아세틸렌(C_2H_2)은 압축하면 폭발의 위험성이 높아 아세톤 등에 용해시켜 다공성 물질과 함께 저장한다.

98 산업안전보건법령상 화학설비와 화학설비의 부속설비를 구분할 때 화학설비에 해당하는 것은?

① 응축기 · 냉각기 · 가열기 · 증발기 등 열 교환기류
② 사이클론 · 백필터 · 전기집진기 등 분진처리설비
③ 온도 · 압력 · 유량 등을 지시 · 기록 등을 하는 자동제어 관련설비
④ 안전밸브 · 안전판 · 긴급차단 또는 방출밸브 등 비상조치 관련설비

해설 화학설비 및 그 부속설비의 종류
㉮ 화학설비
㉠ 반응기 · 혼합조 등 화학물질 반응 또는 혼합장치
㉡ 증류탑 · 흡수탑 · 추출탑 · 감압탑 등 화학물질 분리장치
㉢ 저장탱크 · 계량탱크 · 호퍼 · 사일로 등 화학물질 저장설비 또는 계량설비
㉣ 응축기 · 냉각기 · 가열기 · 증발기 등 열교환기류
㉤ 고로 등 점화기를 직접 사용하는 열교환기류
㉥ 캘린더(calender) · 혼합기 · 발포기 · 인쇄기 · 압출기 등 화학제품 가공설비
㉦ 분쇄기 · 분체분리기 · 용융기 등 분체화학물질 취급장치
㉧ 결정조 · 유동탑 · 탈습기 · 건조기 등 분체화학물질 분리장치
㉨ 펌프류 · 압축기 · 이젝터(ejector) 등의 화학물질 이송 또는 압축설비
㉯ 화학설비의 부속설비
㉠ 배관 · 밸브 · 관 · 부속류 등 화학물질 이송 관련 설비
㉡ 온도 · 압력 · 유량 등을 지시 · 기록 등을 하는 자동제어 관련설비
㉢ 안전밸브 · 안전판 · 긴급차단 또는 방출밸브 등 비상조치 관련설비
㉣ 가스누출감지 및 경보 관련 설비
㉤ 세정기, 응축기, 벤트스택(bent stack), 플레어스택(flare stack) 등 폐가스처리설비
㉥ 사이클론 · 백필터 · 전기집진기 등 분진처리설비
㉦ ㉮목부터 ㉥목까지의 설비를 운전하기 위하여 부속된 전기 관련 설비
㉧ 정전기 제거장치, 긴급 샤워설비 등 안전 관련 설비

참고 산업안전보건기준에 관한 규칙 별표 7

99 송풍기의 회전차 속도가 1,300rpm일 때 송풍량이 분당 300m³였다. 송풍량을 분당 400m³으로 증가시키고자 한다면 송풍기의 회전차 속도는 약 몇 rpm으로 하여야 하는가?

① 1,533　　② 1,733
③ 1,967　　④ 2,167

해설 송풍기의 회전차 속도
상사의 법칙 $Q_2 = Q_1 \times \frac{N_2}{N_1}$

$$= 1,300 \times \frac{400}{300} = 1,733[\text{rpm}]$$

100 압축기와 송풍의 관로에 심한 공기의 맥동과 진동을 발생하면서 불안정한 운전이 되는 서징(surging) 현상의 방지법으로 옳지 않은 것은?

① 풍량을 감소시킨다.
② 배관의 경사를 완만하게 한다.
③ 교축밸브를 기계에서 멀리 설치한다.
④ 토출가스를 흡입측에 바이패스 시키거나 방출밸브에 의해 대기로 방출시킨다.

해설 서징 현상의 방지법
③ 교축밸브를 토출 측 직후에 설치한다.

Answer　97. ②　98. ①　99. ②　100. ③

제6과목 건설안전기술

101 지반의 굴착 작업에 있어서 비가 올 경우를 대비한 직접적인 대책으로 옳은 것은?

① 측구 설치
② 낙하물 방지망 설치
③ 추락 방호망 설치
④ 매설물 등의 유무 또는 상태 확인

해설 지반의 붕괴 등에 의한 위험방지
㉮ 사업주는 굴착작업에 있어서 지반의 붕괴 또는 토석의 낙하에 의하여 근로자에게 위험을 미칠 우려가 있는 경우에는 미리 흙막이 지보공의 설치, 방호망의 설치 및 근로자의 출입 금지 등 그 위험을 방지하기 위하여 필요한 조치를 하여야 한다.
㉯ 사업주가 비가 올 경우를 대비하여 측구를 설치하거나 굴착경사면에 비닐을 덮는 등 빗물 등의 침투에 의한 붕괴재해를 예방하기 위하여 필요한 조치를 하여야 한다.

102 다음 중 건설공사의 유해위험 방지계획서 제출기준일이 맞는 것은?

① 해당공사 착공 전일까지
② 해당공사 착공 15일 전까지
③ 해당공사 착공 1개월 전까지
④ 해당공사 착공 15일 후

해설 유해위험방지계획서 제출 기준일
사업주가 해당 공사의 착공 전날까지 공단에 2부를 제출한다.

103 작업장 출입구 설치 시 준수해야 할 사항으로 옳지 않은 것은?

① 출입구의 위치 · 수 및 크기가 작업장의 용도와 특성에 맞도록 한다.
② 출입구에 문을 설치하는 경우에는 근로자가 쉽게 열고 닫을 수 있도록 한다.
③ 주된 목적이 하역운반기계용인 출입구에는 보행자용 출입구를 따로 설치하지 않는다.
④ 계단이 출입구와 바로 연결된 경우에는 작업자의 안전한 통행을 위하여 그 사이에 1.2m 이상 거리를 두거나 안내표지 또는 비상벨 등을 설치한다.

해설 작업장의 출입구
③ 주된 목적이 하역운반기계용인 출입구에는 인접하여 보행자용 출입구를 따로 설치할 것

104 건설업 산업안전보건관리비 중 안전시설비로 사용할 수 없는 것은?

① 안전통로
② 비계에 추가 설치하는 추락방지용 안전난간
③ 사다리 전도방지장치
④ 통로의 낙하물 방호선반

해설 건설업 산업안전보건관리비의 사용 내역
안전발판, 안전통로, 안전계단 등과 같이 명칭에 관계없이 공사 수행에 필요한 가시설들은 사용이 불가하다.

105 구축물이 풍압 · 지진 등에 의하여 붕괴 또는 전도하는 위험을 예방하기 위한 조치와 가장 거리가 먼 것은?

① 설계도서에 따라 시공했는지 확인
② 건설공사 시방서에 따라 시공했는지 확인
③ 「건축물의 구조기준 등에 관한 규칙」에 따른 구조기준을 준수했는지 확인
④ 보호구 및 방호장치의 성능검정 합격품을 사용했는지 확인

해설 구축물 또는 이와 유사한 시설물 등의 안전 유지
구축물 또는 이와 유사한 시설물에 대하여 자중, 적재하중, 적설, 풍압, 지진이나 진동 및 충격 등에 의하여 전도 · 폭발하거나 무너지는 등의 위험을 예방하기 위하여 다음의 조치를 하여야 한다.
㉮ 설계도서에 따라 시공했는지 확인
㉯ 건설공사 시방서에 따라 시공했는지 확인
㉰ 「건축물의 구조기준 등에 관한 규칙」에 따른 구조기준을 준수했는지 확인

Answer 101. ① 102. ① 103. ③ 104. ① 105. ④

106 지반 등의 굴착작업 시 연암의 굴착면 기울기로 옳은 것은?

① 1 : 0.3　　② 1 : 0.5
③ 1 : 0.8　　④ 1 : 1.0

해설 굴착면의 기울기 기준

지반의 종류	기울기
모래	1 : 1.8
연암 및 풍화암	1 : 1.0
경암	1 : 0.5
그 밖의 흙	1 : 1.2

107 추락방지망 설치 시 그물코의 크기가 10cm인 매듭 있는 방망의 신품에 대한 인장강도 기준으로 옳은 것은?

① 100kgf 이상　　② 200kgf 이상
③ 300kgf 이상　　④ 400kgf 이상

해설 방망사의 신품에 대한 인장강도

그물코의 크기 (단위 : cm)	방망의 종류(단위 : kg)	
	매듭 없는 방망	매듭 방망
10	240	200
5	–	110

108 표준관입시험에 관한 설명으로 옳지 않은 것은?

① N치(N－value)는 지반을 30cm 굴진하는 데 필요한 타격횟수를 의미한다.
② N치 4~10일 경우 모래의 상대밀도는 매우 단단한 편이다.
③ 63.5kg 무게의 추를 76cm 높이에서 자유낙하하여 타격하는 시험이다.
④ 사질지반에 적용하며, 점토지반에서는 편차가 커서 신뢰성이 떨어진다.

해설 사질토의 상대밀도와 분류

상대 밀도	매우 느슨	느슨	보통 조밀	조밀	매우 조밀
N Value	0~4	4~10	10 ~30	30 ~50	50 초과

109 설치 · 이전하는 경우 안전인증을 받아야 하는 기계 · 기구에 해당되지 않는 것은?

① 크레인　　② 리프트
③ 곤돌라　　④ 고소작업대

해설 안전인증대상기계
① 크레인, ② 리프트, ③ 곤돌라
※ ④ 고소작업대는 주요 구조 부분을 변경하는 경우 안전인증을 받아야 하는 기계 및 설비이다.

참고 산업안전보건법 시행규칙 제107조

110 클램셀(Clam shell)의 용도로 옳지 않은 것은?

① 잠함 안의 굴착에 사용된다.
② 수면 아래의 자갈, 모래를 굴착하고 준설선에 많이 사용된다.
③ 건축구조물의 기초 등 정해진 범위의 깊은 굴착에 적합하다.
④ 단단한 지반의 작업도 가능하며, 작업속도가 빠르고 특히 암반굴착에 적합하다.

해설 클램셀(clam shell)의 용도
④ 파는 힘이 약하여 사질지반의 굴착에 적합하다.

111 발파구간 인접구조물에 대한 피해 및 손상을 예방하기 위한 건물기초에서의 허용진동치(cm/sec) 기준으로 옳지 않은 것은? (단, 기존 구조물에 금이 가 있거나 노후구조물 대상일 경우 등은 고려하지 않는다.)

① 문화재 : 0.2cm/sec
② 주택, 아파트 : 0.5cm/sec
③ 상가 : 1.0cm/sec
④ 철골콘크리트 빌딩 : 0.8 ~ 1.0cm/sec

해설 발파허용 진동치

건물분류	문화재	주택 아파트	상가	철근콘크리트 빌딩 및 상가
건물기초에서 허용 진동치 (cm/sec)	0.2	0.5	1.0	1.0~4.0

Answer 106. ④ 107. ② 108. ② 109. ④ 110. ④ 111. ④

112 다음 중 해체작업용 기계 · 기구로 가장 거리가 먼 것은?

① 압쇄기　② 핸드 브레이커
③ 철제 해머　④ 진동롤러

해설 해체작업용 기계 · 기구
① 압쇄기, ② 핸드 브레이커, ③ 철제 해머
※ ④ 진동롤러는 해체작업용 기계 기구가 아닌 다짐 기계에 속한다.

113 굴착공사에 있어서 비탈면붕괴를 방지하기 위하여 실시하는 대책으로 옳지 않은 것은?

① 지표수의 침투를 막기 위해 표면배수공을 한다.
② 지하수위를 내리기 위해 수평배수공을 설치한다.
③ 비탈면 하단을 성토한다.
④ 비탈면 상부에 토사를 적재한다.

해설 굴착공사 시 비탈면 붕괴 방지대책
㉮ ①, ②, ③과 다음의 방지대책이 있다.
㉯ 활동할 가능성이 있는 토사는 제거한다.
㉰ 말뚝을 박아 지반을 강화한다.

114 강관을 사용하여 비계를 구성하는 경우 준수하여야 할 기준으로 옳지 않은 것은?

① 비계기둥의 간격은 띠장 방향에서는 1.85m 이하, 장선(長線) 방향에서는 1.5m 이하로 할 것
② 띠장 간격은 2.0m 이하로 할 것
③ 비계기둥의 제일 윗부분으로부터 31m 되는 지점 밑부분의 비계기둥은 3개의 강관으로 묶어 세울 것
④ 비계기둥 간의 적재하중은 400kg을 초과하지 않도록 할 것

해설 강관비계의 구조
③ 비계기둥의 제일 윗부분으로부터 31m 되는 지점 밑부분의 비계기둥은 2개의 강관으로 묶어 세울 것. 다만, 브라켓(bracket, 까치발) 등으로 보강하여 2개의 강관으로 묶을 경우 이상의 강도가 유지되는 경우에는 그러하지 아니하다.

115 로드(rod) · 유압잭(jack) 등을 이용하여 거푸집을 연속적으로 이동시키면서 콘크리트를 타설할 때 사용되는 것으로 silo 공사 등에 적합한 거푸집은?

① 메탈폼　② 슬라이딩폼
③ 워플폼　④ 페코빔

해설 거푸집의 종류
① 메탈폼 : 강철로 만들어진 패널인 콘크리트 형틀로서 길이 150, 120, 90, 60cm, 너비 45, 30, 24cm 등의 조합에 의한 여러 가지의 것이 있다. 반복사용에 견딜 수 있어 경제적이지만, 형틀을 떼어낸 후 콘크리트면이 매끈하기 때문에 모르타르와 같은 미장재료가 잘 붙지 않으므로, 표면을 거칠게 할 필요가 있다. 춥거나 더운 계절에 콘크리트 표면이 빨리 경화되는 단점이 있다.
③ 워플폼 : 무량판구조, 평판구조의 특수 상자 모양의 기성재 거푸집으로, 2방향 장선 바닥판 구조에 적용이 가능하다.
④ 페코빔 : 강재의 인장력을 이용하여 만든 조립보로, 받침 기둥이 필요 없고 좌우로 신축이 가능한 가설 수평 지지보이다.

116 화물취급 작업 시 준수사항으로 옳지 않은 것은?

① 꼬임이 끊어지거나 심하게 부식된 섬유로프는 화물운반용으로 사용해서는 아니 된다.
② 섬유로프 등을 사용하여 화물취급작업을 하는 경우에 해당 섬유로프 등을 점검하고 이상을 발견한 섬유로프 등을 즉시 교체하여야 한다.
③ 차량 등에서 화물을 내리는 작업을 하는 경우에 해당 작업에 종사하는 근로자에게 쌓여 있는 화물의 중간에서 필요한 화물을 빼낼 수 있도록 허용한다.
④ 하역작업을 하는 장소에서 작업장 및 통로의 위험한 부분에는 안전하게 작업할 수 있는 조명을 유지한다.

해설 화물 중간에서 화물 빼내기 금지
③ 사업주는 차량 등에서 화물을 내리는 작업을 하는 경우에 해당 작업에 종사하는 근로자에게 쌓여 있는 화물 중간에서 화물을 빼내도록 해서는 아니 된다.

Answer 112. ④ 113. ④ 114. ③ 115. ② 116. ③

117 개착식 흙막이벽의 계측 내용에 해당되지 않는 것은?

① 경사측정 ② 지하수위 측정
③ 변형률 측정 ④ 내공변위 측정

해설 흙막이벽의 계측
④ 내공변위 측정은 터널 내부의 붕괴 예측하기 위한 방법이다.

118 압쇄기를 사용하여 건물해체 시 그 순서로 가장 타당한 것은?

A : 보 B : 기둥
C : 슬래브 D : 벽체

① A → B → C → D ② A → C → B → D
③ C → A → D → B ④ D → C → B → A

해설 압쇄기를 사용하여 건물해체 시 순서
슬래브 → 보 → 벽체 → 기둥

119 가설통로 설치에 있어 경사가 최소 얼마를 초과하는 경우에는 미끄러지지 아니하는 구조로 하여야 하는가?

① 15도 ② 20도
③ 30도 ④ 40도

해설 가설통로의 구조
㉮ 견고한 구조로 할 것
㉯ 경사는 30° 이하로 할 것. 다만, 계단을 설치하거나 높이 2m 미만의 가설통로로서 튼튼한 손잡이를 설치한 경우에는 그러하지 아니하다.
㉰ 경사가 15°를 초과하는 경우에는 미끄러지지 아니하는 구조로 할 것
㉱ 추락할 위험이 있는 장소에는 안전난간을 설치할 것. 다만, 작업상 부득이한 경우에는 필요한 부분만 임시로 해체할 수 있다.
㉲ 수직갱에 가설된 통로의 길이가 15m 이상인 경우에는 10m 이내마다 계단참을 설치할 것
㉳ 건설공사에 사용하는 높이 8m 이상인 비계다리에는 7m 이내마다 계단참을 설치할 것

실기 실기시험까지 대비해서 암기하세요.

120 시스템 비계를 사용하여 비계를 구성하는 경우의 준수사항으로 옳지 않은 것은?

① 수직재 · 수평재 · 가새재를 견고하게 연결하는 구조가 되도록 할 것
② 수평재는 수직재와 직각으로 설치하여야 하며, 체결 후 흔들림이 없도록 견고하게 설치할 것
③ 비계 밑단의 수직재와 받침철물은 밀착 되도록 설치하고, 수직재와 받침철물의 연결부의 겹침 길이는 받침철물 전체길이의 3분의 1 이상이 되도록 할 것
④ 벽 연결재의 설치간격은 시공자가 안전을 고려하여 임의대로 결정한 후 설치할 것

해설 시스템 비계의 구조
④ 벽 연결재의 설치간격은 제조사가 정한 기준에 따라 설치한다.

Answer 117. ④ 118. ③ 119. ① 120. ④

2024. 2. 15. 시행

2024년 제1회 산업안전기사 CBT기출복원문제

제1과목 산업재해 예방 및 안전보건교육

01 하인리히의 재해발생 이론은 다음과 같이 표현할 수 있다. 이때 α가 의미하는 것으로 옳은 것은?

재해의 발생 = 물적 불안전 상태
+ 인적 불안전 행위 + α
= 설비적 결함 + 관리적 결함 + α

① 노출된 위험의 상태
② 재해의 직접원인
③ 재해의 간접원인
④ 잠재된 위험의 상태

해설 하인리히의 재해발생 이론
재해의 발생 = 물적 불안전 상태(설비적 결함)
+ 인적 불안전 행위(관리적 결함)
+ 잠재된 위험의 상태

02 다음 중 재해예방의 4원칙과 관련이 가장 적은 것은?

① 모든 재해의 발생 원인은 우연적인 상황에서 발생한다.
② 재해손실은 사고가 발생할 때 사고 대상의 조건에 따라 달라진다.
③ 재해예방을 위한 가능한 안전대책은 반드시 존재한다.
④ 재해는 원칙적으로 원인만 제거되면 예방이 가능하다.

해설 재해예방의 4원칙
① 원인계기의 원칙 : 재해는 우연히 발생하는 것이 아니라 직접 원인과 간접 원인이 연계되어 일어난다.
② 손실우연의 원칙 : 사고의 결과로 생기는 손실은 조건에 따라 달라지며 우연히 발생한다.
③ 대책선정의 원칙 : 재해는 적합한 대책이 선정되어야 한다.
④ 예방가능의 원칙 : 천재지변을 제외한 모든 재해는 예방이 가능하다.

03 다음 중 하인리히가 제시한 1 : 29 : 300의 재해구성비율에 관한 설명으로 틀린 것은?

① 총 사고발생건수는 300건이다.
② 중상 또는 사망은 1회 발생된다.
③ 고장이 포함되는 무상해사고는 300건 발생된다.
④ 인적, 물적 손실이 수반되는 경상이 29건 발생된다.

해설 하인리히의 1 : 29 : 300의 법칙
동일사고를 반복하여 일으켰다고 하면 총 사고발생건수 330건에서 중상 또는 사망의 경우가 1회, 경상의 경우가 29회, 상해가 없는 경우가 300회의 비율로 발생한다는 것이다.

실기 실기시험까지 대비해서 암기하세요.

04 타인의 비판 없이 자유로운 토론을 통하여 다량의 독창적인 아이디어를 이끌어 내고, 대안적 해결안을 찾기 위한 집단적 사고기법은?

① Role playing
② Brain storming
③ Action playing
④ Fish Bowl playing

Answer 01. ④ 02. ① 03. ① 04. ②

APPENDIX 부록 과년도 기출문제

해설 브레인스토밍(Brainstorming)

브레인스토밍은 보다 많은 아이디어를 창출하기 위하여 가능한 한 자유분방하게 모든 의견을 비판 없이 청취하고, 수정발언을 허용하여 대량발언을 유도하는 방법이다.

05 다음 중 무재해운동 추진에 있어 무재해로 보는 경우가 아닌 것은?

① 출·퇴근 도중에 발생한 재해
② 제3자의 행위에 의한 업무상 재해
③ 운동경기 등 각종 행사 중 발생한 재해
④ 사업주가 제공한 사업장 내의 시설물에서 작업개시 전의 작업준비 및 작업종료 후의 정리정돈 과정에서 발생한 재해

해설 무재해운동

사업주가 제공한 사업장 내의 시설물에서 작업개시 전의 작업준비 및 작업종료 후의 정리정돈 과정에서 발생한 재해의 경우 무재해로 볼 수 없다.

06 하인리히의 사고예방원리 5단계 중 교육 및 훈련의 개선, 인사조정, 안전관리규정 및 수칙의 개선 등을 행하는 단계는?

① 사실의 발견　② 분석 평가
③ 시정방법의 선정　④ 시정책의 적용

해설 하인리히의 사고예방원리 5단계

㉮ 1단계 : 안전관리 조직
㉯ 2단계 : 사실의 발견
㉰ 3단계 : 분석 평가
㉱ 4단계 : 시정방법(시정책)의 선정
㉲ 5단계 : 시정방법(시정책)의 적용

07 다음 중 안전모의 성능시험에 있어서 AE, ABE종에만 한하여 실시하는 시험은?

① 내관통성시험, 충격흡수성시험
② 난연성시험, 내수성시험
③ 내관통성시험, 내전압성시험
④ 내전압성시험, 내수성시험

해설 안전모의 성능시험

AE, ABE종은 내전압성을 가지는 안전모이며, 내전압성시험과 내수성시험을 한다.

실기 실기시험까지 대비해서 암기하세요.

08 안전인증 절연장갑에 안전인증 표시 외에 추가로 표시하여야 하는 등급별 색상의 연결로 옳은 것은? (단, 고용노동부 고시를 기준으로 한다.)

① 00등급 : 갈색　② 0등급 : 흰색
③ 1등급 : 노란색　④ 2등급 : 빨간색

해설 절연장갑의 등급

등급	최대사용전압		색상
	교류(V, 실효값)	직류(V)	
00	500	750	갈색
0	1,000	1,500	빨간색
1	7,500	11,250	흰색
2	17,000	25,500	노란색
3	26,500	39,750	녹색
4	36,000	54,000	등색

참고 보호구 안전인증 고시 별표 3

실기 실기시험까지 대비해서 암기하세요.

09 보호구에 관한 설명으로 옳은 것은?

① 유해물질이 발생하는 산소결핍 지역에서는 필히 방독마스크를 착용하여야 한다.
② 차광용보안경의 사용구분에 따른 종류에는 자외선용, 적외선용, 복합용, 용접용이 있다.
③ 선반작업과 같이 손에 재해가 많이 발생하는 작업장에서는 장갑 착용을 의무화한다.
④ 귀마개는 처음에는 저음만을 차단하는 제품부터 사용하며, 일정 기간이 지난 후 고음까지 모두 차단할 수 있는 제품을 사용한다.

해설 보호구의 사용

① 유해물질이 발생하는 산소결핍 지역에서는 필히 **송기마스크**를 착용하여야 한다.
③ 선반작업과 같이 손에 재해가 많이 발생하는 작업장에서는 **장갑 착용을 해서는 안 된다.**
④ 귀마개는 고음만을 차단(EP－2)하거나, 저음부터 고음까지 모두 차단(EP－1)하는 것이 있다.

Answer 05. ④ 06. ③ 07. ④ 08. ① 09. ②

10 Y · G 성격검사에서 "안전, 적응, 적극형"에 해당하는 형의 종류는?

① A형 ② B형
③ C형 ④ D형

해설 Y · G 성격검사
① A형(평균형) : 조화 및 적응형
② B형(우편형) : 활동적 및 외향형
③ C형(좌편형) : 온순, 소극적 내향형
④ D형(우하형) : 안전, 적응, 적극형
⑤ E형(좌하형) : 불안전, 부적응, 수동형

11 레빈(Lewin)은 인간의 행동 특성을 다음과 같이 표현하였다. 변수 'P'가 의미하는 것은?

$$B = f(P \cdot E)$$

① 행동 ② 소질
③ 환경 ④ 함수

해설 레빈(K. Lewin)의 인간행동 법칙
B : behavior(인간의 행동)
f : function(함수관계)
P : person(개체 : 연령, 경험, 심신 상태, 성격, 지능 등)
E : environment(환경 : 인간관계, 작업환경 등)

12 인간관계의 메커니즘 중 다른 사람의 행동 양식이나 태도를 투입시키거나 다른 사람 가운데서 자기와 비슷한 것을 발견하는 것은?

① 공감 ② 모방
③ 동일화 ④ 일체화

해설 동일화(identification)
다른 사람의 행동양식이나 태도를 투입시키거나 다른 사람 가운데서 자기와 비슷한 것을 발견하려는 것이다.

13 주의의 특성에 해당되지 않는 것은?

① 선택성 ② 변동성
③ 가능성 ④ 방향성

해설 주의의 특성
① 선택성, ② 변동성, ④ 방향성

14 생체리듬의 변화에 대한 설명으로 틀린 것은?

① 야간에는 체중이 감소한다.
② 야간에는 말초운동 기능이 증가된다.
③ 체온, 혈압, 맥박수는 주간에 상승하고 야간에 감소한다.
④ 혈액의 수분과 염분량은 주간에 감소하고 야간에 상승한다.

해설 생체리듬의 변화
② 야간에는 말초운동 기능이 감소한다.

15 안전교육훈련의 진행 제3단계에 해당하는 것은?

① 적용 ② 제시
③ 도입 ④ 확인

해설 안전교육훈련의 진행 단계
㉮ 제1단계 : 도입 ㉯ 제2단계 : 제시
㉰ 제3단계 : 적용 ㉱ 제4단계 : 확인

16 안전교육방법 중 학습자가 이미 설명을 듣거나 시범을 보고 알게 된 지식이나 기능을 강사의 감독 아래 직접적으로 연습하여 적용할 수 있도록 하는 교육방법은?

① 모의법 ② 토의법
③ 실연법 ④ 반복법

해설 실연법
학습 과정에서 실제로 무엇인가를 보여주고, 설명을 통해 습득하게 된 지식이나 기능을 교사의 지도 아래 직접 연습을 통해 적용해 보는 방법

Answer 10. ④ 11. ② 12. ③ 13. ③ 14. ② 15. ① 16. ③

17 안전교육의 학습경험선정 원리에 해당되지 않는 것은?

① 계속성의 원리 ② 가능성의 원리
③ 동기유발의 원리 ④ 다목적 달성의 원리

해설 안전교육의 학습경험선정 원리
㉮ 가능성의 원리 ㉯ 동기유발의 원리
㉰ 다목적 달성의 원리 ㉱ 기회의 원리
㉲ 협동의 원리

18 학습지도 형태 중 다음 토의법 유형에 대한 설명으로 옳은 것은?

> 6-6회의라고도 하며, 6명씩 소집단으로 구분하고 집단별로 각각의 사회자를 선발하여 6분간씩 자유토의를 행하여 의견을 종합하는 방법

① 버즈세션(Buzz session)
② 포럼(Forum)
③ 심포지엄(Symposium)
④ 패널 디스커션(Panel discussion)

해설 토의식 교육기법
② 포럼 : 새로운 자료나 교재를 제시하고 거기서의 문제점을 피교육자로 하여금 제기하도록 하거나 의견을 여러 가지 방법으로 발표하게 하여 다시 깊이 파고들어 토의를 행하는 방법
③ 심포지엄 : 여러 사람의 강연자가 하나의 주제에 대해서 짧은 강연을 하고, 그 뒤로 청중으로부터 질문이나 의견을 내어 많은 사람들에 관심을 가지고 결론을 이끌어 내려고 하는 집단 토론방식
④ 패널 디스커션 : 토론 집단을 패널 멤버와 청중으로 나누고, 먼저 문제에 대해 패널 멤버인 각 분야의 전문가로 하여금 토론하게 한 다음, 청중과 패널 멤버 사이에 질의응답을 하도록 하는 토론 형식

19 타일러(Tyler)의 교육과정 중 학습경험선정의 원리에 해당하는 것은?

① 기회의 원리 ② 계속성의 원리
③ 계열성의 원리 ④ 통합성의 원리

해설 학습경험선정의 원리
㉮ 기회의 원리 ㉯ 만족의 원리
㉰ 가능성의 원리 ㉱ 다경험의 원리
㉲ 다성과의 원리 ㉳ 협동의 원리

20 산업안전보건법령상 잠함(潛函) 또는 잠수작업 등 높은 기압에서 작업하는 근로자의 근로시간 기준은?

① 1일 6시간, 1주 32시간 초과금지
② 1일 6시간, 1주 34시간 초과금지
③ 1일 8시간, 1주 32시간 초과금지
④ 1일 8시간, 1주 34시간 초과금지

해설 유해 · 위험작업에 대한 근로시간 제한 등
사업주는 유해하거나 위험한 작업으로서 높은 기압에서 하는 작업 등 대통령령으로 정하는 작업에 종사하는 근로자에게는 1일 6시간, 1주 34시간을 초과하여 근로하게 해서는 아니 된다.

참고 산업안전보건법 제139조

제2과목 인간공학 및 위험성 평가 · 관리

21 인간공학 실험에서 측정변수가 다른 외적 변수에 영향을 받지 않도록 하는 요건을 의미하는 특성은?

① 적절성 ② 무오염성
③ 민감도 ④ 신뢰성

해설 인간공학 연구방법론
① 적절성 : 어떤 변수가 실제로 의도하는 바를 어느 정도 평가하는지 결정하는 것을 말한다.
② 무오염성 : 측정하는 구조 외적인 변수의 영향을 받지 않는 것을 말한다.
③ 민감도 : 실험변수 수준 변화에 따라 기준값의 차이가 존재하는 정도를 말하며, 피검자 사이에서 볼 수 있는 예상 차이점에 비례하는 단위로 측정해야 한다.
④ 신뢰성 : 시간이나 대표적 표본의 선정에 관계없이 변수측정의 일관성이나 안정성을 말한다.

Answer 17. ① 18. ① 19. ① 20. ② 21. ②

22 설비보전에서 평균수리시간의 의미로 맞는 것은?

① MTTR ② MTBF
③ MTTF ④ MTBP

해설 평균수리시간, 평균고장간격, 평균고장시간
① MTTR(Mean Time To Repair) : 평균 수리에 소요되는 시간
② MTBF(Mean Time Between Failure) : 부품, 장치 혹은 컴퓨터 시스템을 동작시켰을 경우의 고장에서 고장까지의 평균시간, 즉 평균고장간격을 말한다.
③ MTTF(Mean Time To Failure) : 평균고장시간

23 인간-기계시스템 설계과정 중 직무분석을 하는 단계는?

① 제1단계 : 시스템의 목표와 성능명세 결정
② 제2단계 : 시스템의 정의
③ 제3단계 : 기본 설계
④ 제4단계 : 인터페이스 설계

해설 인간-기계시스템 설계과정
㉮ 1단계 : 시스템의 목표와 성능명세 결정-목적 및 조재 이유에 대한 개괄적 표현
㉯ 2단계 : 시스템의 정의-목표 달성을 위한 필요한 기능의 결정
㉰ 3단계 : 기본 설계-작업설계, 직무분석, 기능할당, 인간성능 요건 명세
㉱ 4단계 : 인터페이스 설계-작업공간, 화면설계, 표시 및 조종장치
㉲ 5단계 : 보조물 설계 혹은 편의수단 설계-성능보조자료, 훈련 도구 등 보조물 계획
㉳ 6단계 : 평가

24 다음 설명에 해당하는 인간의 오류모형은?

> 상황이나 목표의 해석은 정확하나 의도와는 다른 행동을 한 경우

① 착오(Mistake) ② 실수(Slip)
③ 건망증(Lapse) ④ 위반(Violation)

해설 인간의 정보처리 과정에서 발생되는 에러
① 착오(Mistake) : 상황해석을 잘못하거나 틀린 목표를 착각하여 행하는 경우
③ 건망증(Lapse) : 어떤 행동을 잊어버리고 안하는 경우
④ 위반(Violation) : 알고 있음에도 의도적으로 따르지 않거나 무시한 경우

25 다음 중 FTA에서 활용하는 최소 컷셋(Minimal cut sets)에 관한 설명으로 옳은 것은?

① 해당 시스템에 대한 신뢰도를 나타낸다.
② 컷셋 중에 타 컷셋을 포함하고 있는 것을 배제하고 남은 컷셋들을 의미한다.
③ 어느 고장이나 에러를 일으키지 않으면 재해가 일어나지 않는 시스템의 신뢰성이다.
④ 기본사상이 일어나지 않을 때 정상사상(Top event)이 일어나지 않는 기본사상의 집합이다.

해설 최소 컷셋(Minimal cut sets)
㉮ 정상사상을 일으키기 위한 기본사상들의 최소 집합으로, 시스템의 위험성을 나타낸다.
㉯ 컷셋 중 타 컷셋을 포함하고 있는 것을 배제하고 남은 컷셋들을 의미

실기 실기시험까지 대비해서 암기하세요.

26 어떤 결함수를 분석하여 minimal cut set을 구한 결과 다음과 같았다. 각 기본사상의 발생확률을 q_i, $i=1, 2, 3$이라 할 때, 정상사상의 발생확률 함수로 맞는 것은?

$$k_1=[1,2],\ k_2=[1,3],\ k_3=[2,3]$$

① $q_1q_2+q_1q_2-q_2q_3$
② $q_1q_2+q_1q_3-q_2q_3$
③ $q_1q_2+q_1q_3+q_2q_3-q_1q_2q_3$
④ $q_1q_2+q_1q_3+q_2q_3-2q_1q_2q_3$

Answer 22. ① 23. ③ 24. ② 25. ② 26. ④

APPENDIX 부록 과년도 기출문제

해설 정상사상의 발생확률

$$\begin{aligned}T &= 1-(1-k_1)(1-k_2)(1-k_3)\\ &= 1-(1-k_2-k_1-k_1k_2)(1-k_3)\\ &= 1-(1-k_2k_1-k_1k_2-k_3+k_2k_3+k_1k_3+k_1k_2k_3)\\ &= k_2+k_1+k_1k_2+k_3-k_2k_3-k_1k_3-k_1k_2k_3\\ &= q_1q_3+q_1q_2+q_1q_2q_3+q_2q_3-q_1q_2q_3-q_1q_2q_3\\ &= q_1q_2+q_1q_3+q_2q_3-2q_1q_2q_3\end{aligned}$$

27 그림과 같은 FT도에 대한 최소 컷셋(minimal cut sets)으로 옳은 것은? (단, Fussell의 알고리즘을 따른다.)

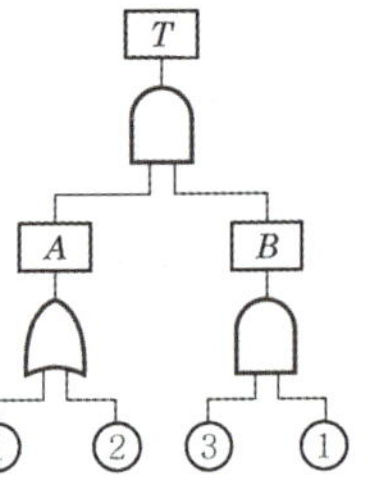

① {1, 2}　　② {1, 3}
③ {2, 3}　　④ {1, 2, 3}

해설 최소 컷셋(minimal cut sets)

$T = A \cdot B$ = (①+②)·(①×③)
= ①③+①②③
= ①③(1+②)
= ①③

실기 실기시험까지 대비해서 암기하세요.

28 FT 작성에 사용되는 사상 중 시스템의 정상적인 가동상태에서 일어날 것이 기대되는 사상은?

① 통상사상　　② 기본사상
③ 생략사상　　④ 결함사상

해설 FT 작성 시 사용되는 사상
① 통상사상 : 통상발생이 예상되는 사상
② 기본사상 : 더 이상 전개되지 않는 기본적인 사상
③ 생략사상 : 정보부족 해석기술의 불충분으로 더 이상 전개할 수 없는 사상. 작업 진행에 따라 해석이 가능할 때는 다시 속행한다.
④ 결함사상 : 개별적인 결함사상

실기 실기시험까지 대비해서 암기하세요.

29 FMEA의 장점이라 할 수 있는 것은?

① 분석방법에 대한 논리적 배경이 강하다.
② 물적, 인적요소 모두가 분석대상이 된다.
③ 서식이 간단하고 비교적 적은 노력으로 분석이 가능하다.
④ 두 가지 이상의 요소가 동시에 고장 나는 경우에도 분석이 용이하다.

해설 고장형태와 영향분석(FMEA; Failure Modes and Effects Analysis)
㉮ FTA보다 서식이 간단하고 비교적 적은 노력으로 특별한 노력 없이 분석이 가능하다.
㉯ CA(Criticality Analysis)와 병행하는 일이 많다.

30 욕조곡선에서의 고장 형태에서 일정한 형태의 고장률이 나타나는 구간은?

① 초기 고장구간　　② 마모 고장구간
③ 피로 고장구간　　④ 우발 고장구간

해설 시스템의 수명곡선에서 고장형태 및 고장률
㉮ 초기 고장 : 감소형 고장률
㉯ 우발 고장 : 일정형 고장률
㉰ 마모 고장 : 증가형 고장률

31 FTA 결과 다음과 같은 패스셋을 구하였다. 최소 패스셋(Minimal path sets)으로 옳은 것은?

$$\{X_2, X_3, X_4\}$$
$$\{X_1, X_3, X_4\}$$
$$\{X_3, X_4\}$$

① $\{X_3, X_4\}$
② $\{X_1, X_3, X_4\}$
③ $\{X_2, X_3, X_4\}$
④ $\{X_2, X_3, X_4\}$와 $\{X_3, X_4\}$

해설 최소 패스셋
최소 패스셋이란 시스템이 고장 나지 않도록 하는 최소한의 기본사상의 조합을 말하므로, 최소 패스셋은 $\{X_3, X_4\}$이다.

Answer 27. ② 28. ① 29. ③ 30. ④ 31. ①

32 그림과 같이 FTA로 분석된 시스템에서 현재 모든 기본사상에 대한 부품이 고장난 상태이다. 부품 X_1 부터 부품 X_5 까지 순서대로 복구한다면 어느 부품을 수리 완료하는 순간부터 시스템은 정상가동이 되겠는가?

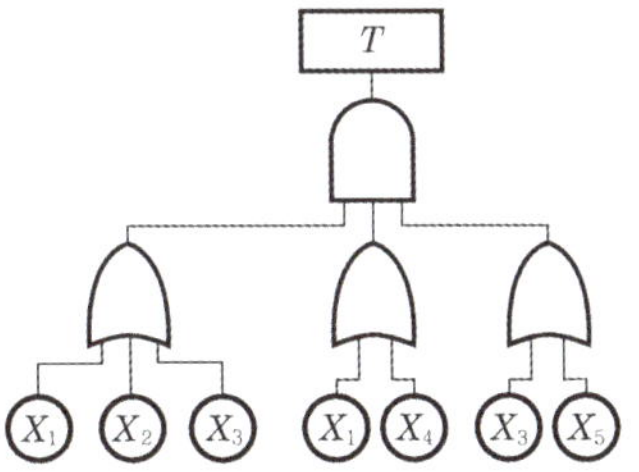

① 부품 X_2
② 부품 X_3
③ 부품 X_4
④ 부품 X_5

해설 시스템 복구
㉮ 3개의 OR 게이트가 AND 게이트로 연결되어 있으므로, OR 게이트 3개가 모두 정상이면 전체 시스템은 정상이 된다.
㉯ 부품 X_1 부터 부품 X_3 까지 수리하면 OR 게이트 3개가 정상이 되어 전체 시스템은 정상이 된다.

33 손이나 특정 신체부위에 발생하는 누적손상장애(CTDs)의 발생인자와 가장 거리가 먼 것은?

① 무리한 힘
② 다습한 환경
③ 장시간의 진동
④ 반복도가 높은 작업

해설 손이나 특정 신체부위에 발생하는 누적손상장애(CTDs)의 발생인자
㉮ 무리한 힘
㉯ 장시간의 진동
㉰ 반복도가 높은 작업
㉱ 부자연스런, 부적절한 자세
㉲ 접촉 스트레스
㉳ 극심한 저온 또는 고온
㉴ 너무 밝거나 어두운 조명

34 인지 및 인식의 오류를 예방하기 위해 목표와 관련하여 작동을 계획해야 하는데 특수하고 친숙하지 않은 상황에서 발생하며, 부적절한 분석이나 의사결정을 잘못하여 발생하는 오류는?

① 기능에 기초한 오류(skill – based error)
② 규칙에 기초한 오류(rule – based error)
③ 사고에 기초한 오류(accident – based error)
④ 지식에 기초한 오류(knowledge – based error)

해설 라스무센(Rasmussen)의 인간행동 수준의 3단계
㉮ 숙련기반 에러(skill – based error) : 실수(slip, 자동차 하차 시에 창문 개폐를 잊어버리고 내려 분실사고 발생)와 망각(lapse, 전화통화 중에 전화번호를 기억했으나 전화종료 후 옮겨 적는 행동을 잊어버림)으로 구분한다.
㉯ 규칙기반 에러(rule – based error) : 잘못된 규칙을 기억하거나, 정확한 규칙이라도 상황에 맞지 않게 잘못 적용한 경우이다. 예로 일본에서 자동차를 우측 운행하다가 사고를 유발하거나, 음주 후 도로 차선을 착각하여 역주행하다가 사고를 유발하는 경우이다.
㉰ 지식기반 에러(knowledge – based error) : 처음부터 장기기억 속에 관련 지식이 없는 경우는 추론이나 유추로 지식처리 과정 중에 실패 또는 과오로 이어지는 에러이다. 예로 외국에서 도로표지판을 이해하지 못해서 교통위반을 하는 경우이다.

35 강의용 책걸상을 설계할 때 고려해야 할 변수와 적용할 인체측정자료 응용원칙이 적절하게 연결된 것은?

① 의자 높이 – 최대 집단치 설계
② 의자 깊이 – 최대 집단치 설계
③ 의자 너비 – 최대 집단치 설계
④ 책상 높이 – 최대 집단치 설계

해설 최대 집단치 설계
특정한 설비를 설계할 때, 어떤 인체측정 특성의 한 극단에 속하는 사람을 대상으로 설계하면 거의 모든 사람을 수용할 수 있는 경우가 있다. 문, 탈출구, 통로 등과 같은 공간 여유를 정하거나 줄사다리의 강도 등을 정할 때 사용한다.

Answer 32. ② 33. ② 34. ④ 35. ③

36 다음 중 인체계측자료의 응용원칙에 있어 조절 범위에서 수용하는 통상의 범위는 몇 %tile 정도인가?

① 5~95%tile ② 20~80%tile
③ 30~70%tile ④ 40~60%tile

해설 조절식 설계
통상 5% 값에서 95% 값까지의 90% 범위를 수용대상으로 설계하는 것이 관례이다.

37 다음 중 동작경제의 원칙에 있어 신체사용에 관한 원칙이 아닌 것은?

① 두 손의 동작은 같이 시작해서 같이 끝나야 한다.
② 손의 동작은 유연하고 연속적인 동작이여야 한다.
③ 공구, 재료 및 제어장치는 사용하기 가까운 곳에 배치해야 한다.
④ 동작이 급작스럽게 크게 바뀌는 직선 동작은 피해야 한다.

해설 신체사용에 관한 법칙
㉮ 양손은 동시에 동작을 시작하고, 또 끝마쳐야 한다.
㉯ 휴식시간 이외에 양손이 동시에 노는 시간이 있어서는 안 된다.
㉰ 양팔은 각기 반대방향에서 대칭적으로 동시에 움직여야 한다.
㉱ 손의 동작은 작업을 원만히 처리할 수 있는 범위 내에서 최소동작등급을 사용하도록 한다. 3등급 동작이 손가락만의 동작보다 정확하고 덜 피곤하기 때문에 경작업의 경우에는 3등급 동작이 바람직하다.
㉲ 작업자들을 돕기 위하여 동작의 관성을 이용하여 작업하는 것이 좋다.
㉳ 구속되거나 제한된 동작 또는 급격한 방향전환보다는 유연한 동작이 좋다.
㉴ 작업동작은 율동이 맞아야 한다.
㉵ 직선동작보다는 연속적인 곡선동작을 취하는 것이 좋다.
㉶ 탄도동작(ballistic movement)은 제한되거나 통제된 동작보다 더 신속 · 정확 · 용이하다.

38 정보의 촉각적 암호화 방법으로만 구성된 것은?

① 점자, 진동, 온도
② 초인종, 점멸등, 점자
③ 신호등, 경보음, 점멸등
④ 연기, 온도, 모스(Morse)부호

해설 조종장치를 촉각적으로 식별하기 위하여 암호화
㉮ 표면 촉감을 사용하는 경우 : 점자, 진동, 온도
㉯ 형상을 구별하여 사용하는 경우
㉰ 크기를 구별하여 사용하는 경우

39 음압수준이 70dB인 경우, 1,000Hz에서 순음의 phon 치는?

① 50phon ② 70phon
③ 90phon ④ 100phon

해설 음량(phon)
어떤 음의 음량 수준을 나타내는 phon값은 이 음과 같은 크기로 들리는 1,000Hz 순음의 음압수준(dB)을 의미한다. 예를 들어, 20dB의 1,000Hz는 20phon이 된다.

40 온도와 습도 및 공기 유동이 인체에 미치는 열효과를 하나의 수치로 통합한 경험적 감각지수로, 상대습도 100%일 때의 건구 온도에서 느끼는 것과 동일한 온감을 의미하는 온열조건의 용어는?

① Oxford 지수 ② 발한율
③ 실효온도 ④ 열압박지수

해설 실효온도
실효온도는 온도, 습도 및 공기 유동이 인체에 미치는 열 효과를 하나의 수치로 통합한 경험적 감각지수로, 상대습도 100%일 때 이 (건구)온도에서 느끼는 동일한 온감이다.

Answer 36. ① 37. ③ 38. ① 39. ② 40. ③

제3과목 기계 · 기구 및 설비 안전관리

41 500rpm으로 회전하는 연삭숫돌의 지름이 300mm일 때 회전속도(m/min)는?

① 471 ② 551
③ 751 ④ 1,025

해설 로프 하중

표면속도(V)= $\frac{\pi \cdot D \cdot N}{1,000}$(m/min)

여기서, D : 롤러 원통의 직경(mm)
N : 1분간 롤러기가 회전되는 수(rpm)

$V = \frac{\pi \times 300 \times 500}{1,000} = 471$(m/min)

42 작업자의 신체부위가 위험한계 내로 접근하였을 때 기계적인 작용에 의하여 접근을 못하도록 하는 방호장치는?

① 위치제한형 방호장치
② 접근거부형 방호장치
③ 접근반응형 방호장치
④ 감지형 방호장치

해설 방호장치의 종류

㉮ 위험장소에 따른 분류
㉠ 격리형 방호장치 : 위험한 작업점과 작업자 사이의 접근이 발생하지 않도록 차단벽이나 망을 설치하는 방호장치
㉡ 위치제한형 방호장치 : 조작자의 신체부위가 위험한계 밖에 위치하도록 기계의 조작 장치를 위험구역에서 일정거리 이상 떨어지게 하는 방호장치
㉢ 접근 거부형 방호장치 : 기계적인 작용에 의해 작업자의 신체부위가 위험한계로 진입을 방지하는 방호장치
㉣ 접근 반응형 방호장치 : 작업자의 신체부위가 위험한계로 진입할 시 동작하는 방호장치

㉯ 위험원에 따른 분류
㉠ 포집형 방호장치 : 위험원이 비산하거나 튀는 것을 포집하는 방호장치
㉡ 감지형 방호장치 : 기계의 부하가 안전한계치를 초과하는 경우 감지하여 자동으로 안전상태로 조정하는 방호장치

43 보기와 같은 기계요소가 단독으로 발생시키는 위험점은?

밀링커터, 둥근톱날

① 협착점 ② 끼임점
③ 절단점 ④ 물림점

해설 위험점

㉮ 협착점 : 왕복운동하는 동작부분과 운동이 없는 고정부분 사이에서 형성되는 위험점
㉯ 끼임점 : 회전운동하는 동작부분과 고정부분 사이에서 형성되는 위험점
㉰ 절단점 : 회전하는 운동부분 자체의 위험이나 운동하는 기계부분 자체의 위험에서 초래되는 위험점
㉱ 물림점 : 회전하는 2개의 회전체에 물려 들어가는 위험점
㉲ 접선 물림점 : 회전하는 부분의 접선 방향으로 물려 들어가는 위험점
㉳ 회전 말림점 : 회전체에 작업복 등이 말려 들어가는 위험점

실기 실기시험까지 대비해서 암기하세요.

44 다음 중 산업안전보건법령상 안전인증대상 방호장치에 해당하지 않는 것은?

① 연삭기 덮개
② 압력용기 압력방출용 파열판
③ 압력용기 압력방출용 안전밸브
④ 방폭구조 전기기계 · 기구 및 부품

해설 안전인증대상 방호장치

㉮ 압력용기 압력방출용 파열판
㉯ 압력용기 압력방출용 안전밸브
㉰ 방폭구조 전기기계 · 기구 및 부품
㉱ 프레스 및 전단기 방호장치
㉲ 양중기용 과부하 방지장치
㉳ 보일러 압력방출용 안전밸브
㉴ 절연용 방호구 및 활선작업용 기구 등
※ ① 연삭기 덮개는 자율안전확인대상 방호장치이다.

참고 산업안전보건법 시행령 제74조

Answer 41. ① 42. ② 43. ③ 44. ①

45 방호장치 안전인증 고시에 따라 프레스 및 전단기에 사용되는 광전자식 방호장치의 일반구조에 대한 설명으로 가장 적절하지 않은 것은?

① 정상동작표시램프는 녹색, 위험표시램프는 붉은색으로 하며, 근로자가 쉽게 볼 수 있는 곳에 설치해야 한다.
② 슬라이드 하강 중 정전 또는 방호장치의 이상 시에 정지할 수 있는 구조이어야 한다.
③ 방호장치는 릴레이, 리미트 스위치 등의 전기부품의 고장, 전원전압의 변동 및 정전에 의해 슬라이드가 불시에 동작하지 않아야 하며, 사용전원전압의 ±(100분의 10)의 변동에 대하여 정상으로 작동되어야 한다.
④ 방호장치의 감지기능은 규정한 검출영역 전체에 걸쳐 유효하여야 한다. (다만, 블랭킹 기능이 있는 경우 그렇지 않다.)

해설 광전자식 방호장치의 일반사항
③ 방호장치는 릴레이, 리미트 스위치 등의 전기부품의 고장, 전원전압의 변동 및 정전에 의해 슬라이드가 불시에 동작하지 않아야 하며, 사용전원전압의 ±(100분의 20)의 변동에 대하여 정상으로 작동되어야 한다.

참고 방호장치 안전인증 고시 별표 1

46 다음 중 롤러기 급정지장치의 종류가 아닌 것은?

① 어깨조작식 ② 손조작식
③ 복부조작식 ④ 무릎조작식

해설 급정지장치 조작부의 종류 및 위치

급정지장치 조작부의 종류	위치
손으로 조작하는 것	밑면으로부터 1.8m 이내
복부로 조작하는 것	밑면으로부터 0.8m 이상 1.1m 이내
무릎으로 조작하는 것	밑면으로부터 0.4m 이상 0.6m 이내

참고 방호장치 자율안전기준 고시 별표 3

47 산업안전보건법령상 보일러의 압력방출장치가 2개 설치된 경우 그중 1개는 최고사용압력 이하에서 작동된다고 할 때 다른 압력방출장치는 최고사용압력의 최대 몇 배 이하에서 작동되도록 하여야 하는가?

① 0.5 ② 1
③ 1.05 ④ 2

해설 압력방출장치
사업주는 보일러의 안전한 가동을 위하여 보일러 규격에 맞는 압력방출장치를 1개 또는 2개 이상 설치하고 최고사용압력(설계압력 또는 최고허용압력을 말한다. 이하 같다) 이하에서 작동되도록 하여야 한다. 다만, 압력방출장치가 2개 이상 설치된 경우에는 최고사용압력 이하에서 1개가 작동되고, 다른 압력방출장치는 최고사용압력 1.05배 이하에서 작동되도록 부착하여야 한다.

참고 산업안전보건기준에 관한 규칙 제116조

실기 실기시험까지 대비해서 암기하세요.

48 다음 중 프레스기에 사용되는 방호장치에 있어 원칙적으로 급정지 기구가 부착되어야만 사용할 수 있는 방식은?

① 양수조작식 ② 손쳐내기식
③ 가드식 ④ 수인식

해설 양수조작식
기계의 조작을 양손으로 동시에 하지 않으면 기계가 가동하지 않으며, 한 손이라도 떼어내면 급정지하는 장치

참고 방호장치 안전인증 고시 별표 1

49 프레스 및 전단기에서 위험한계 내에서 작업하는 작업자의 안전을 위하여 안전블록의 사용 등 필요한 조치를 취해야 한다. 다음 중 안전블록을 사용해야 하는 작업으로 가장 거리가 먼 것은?

① 금형 가공작업 ② 금형 해체작업
③ 금형 부착작업 ④ 금형 조정작업

Answer 45. ③ 46. ① 47. ③ 48. ① 49. ①

해설 금형조정작업의 위험방지

사업주는 프레스 등의 **금형을 부착 · 해체 또는 조정하는 작업**을 할 때에 해당 작업에 종사하는 근로자의 신체가 위험한계 내에 있는 경우 슬라이드가 갑자기 작동함으로써 근로자에게 발생할 우려가 있는 위험을 방지하기 위하여 안전블록을 사용하는 등 필요한 조치를 하여야 한다.

참고 산업안전보건에 관한 규칙 제104조

50 다음 (   ) 안에 들어갈 용어로 알맞은 것은?

사업주는 보일러의 과열을 방지하기 위하여 최고사용압력과 상용압력 사이에서 보일러의 버너 연소를 차단할 수 있도록 (   )을(를) 부착하여 사용하여야 한다.

① 고저수위 조절장치 ② 압력방출장치
③ 압력제한스위치 ④ 파열판

해설 보일러의 안전장치

㉮ 압력제한스위치 : 사업주는 보일러의 과열을 방지하기 위하여 최고사용압력과 상용압력 사이에서 보일러의 버너 연소를 차단할 수 있도록 **압력제한스위치**를 부착하여 사용하여야 한다.

㉯ 압력방출장치 : 사업주는 보일러의 안전한 가동을 위하여 보일러 규격에 맞는 압력방출장치를 1개 또는 2개 이상 설치하고 최고사용압력(설계압력 또는 최고허용압력을 말한다. 이하 같다) 이하에서 작동되도록 하여야 한다. 다만, 압력방출장치가 2개 이상 설치된 경우에는 최고사용압력 이하에서 1개가 작동되고, 다른 압력방출장치는 최고사용압력 1.05배 이하에서 작동되도록 부착하여야 한다.

㉰ 고저수위 조절장치 : 사업주는 고저수위(高低水位) 조절장치의 동작 상태를 작업자가 쉽게 감시하도록 하기 위하여 고저수위지점을 알리는 경보등 · 경보음장치 등을 설치하여야 하며, 자동으로 급수되거나 단수되도록 설치하여야 한다.

실기 실기시험까지 대비해서 암기하세요.

51 다음 중 드릴작업의 안전사항이 아닌 것은?

① 옷소매가 길거나 찢어진 옷은 입지 않는다.
② 작고, 길이가 긴 물건은 플라이어로 잡고 뚫는다.
③ 회전하는 드릴에 걸레 등을 가까이 하지 않는다.
④ 스핀들에서 드릴을 뽑아낼 때에는 드릴 아래에 손을 내밀지 않는다.

해설 드릴작업의 안전사항

② 작은 물건은 **바이스나 클램프를 사용**하여 장착하고 직접 손으로 지지하는 것을 피한다.

실기 실기시험까지 대비해서 암기하세요.

52 지게차의 방호장치에 해당하는 것은?

① 버킷 ② 포크
③ 마스트 ④ 헤드가드

해설 헤드가드(head guard)

사업주는 헤드가드를 갖추지 아니한 지게차를 사용해서는 안 된다. 다만, 화물의 낙하에 의하여 지게차의 운전자에게 위험을 미칠 우려가 없는 경우에는 그렇지 않다.

실기 실기시험까지 대비해서 암기하세요.

53 지름 5cm 이상을 갖는 회전 중인 연삭숫돌의 파괴에 대비하여 필요한 방호장치는?

① 받침대 ② 과부하 방지장치
③ 덮개 ④ 프레임

해설 연삭숫돌의 덮개

사업주는 회전 중인 연삭숫돌(지름이 5cm 이상인 것으로 한정)이 근로자에게 위험을 미칠 우려가 있는 경우에 그 부위에 **덮개를 설치**하여야 한다.

참고 산업안전보건기준에 관한 규칙 제122조

실기 실기시험까지 대비해서 암기하세요.

Answer 50. ③ 51. ② 52. ④ 53. ③

54 다음 중 롤러의 급정지 성능으로 적합하지 않은 것은?

① 앞면 롤러 표면 원주속도가 25m/min, 앞면 롤러의 원주가 5m일 때 급정지거리 1.6m 이내
② 앞면 롤러 표면 원주속도가 35m/min, 앞면 롤러의 원주가 7m일 때 급정지거리 2.8m 이내
③ 앞면 롤러 표면 원주속도가 30m/min, 앞면 롤러의 원주가 6m일 때 급정지거리 2.6m 이내
④ 앞면 롤러 표면 원주속도가 20m/min, 앞면 롤러의 원주가 8m일 때 급정지거리 2.6m 이내

해설 앞면 롤러의 표면속도에 따른 급정지거리

앞면 롤러의 표면속도	급정지거리
30m/min 미만	앞면 롤러 원주의 1/3
30m/min 이상	앞면 롤러 원주의 1/2.5

① 급정지거리 $= 5 \times \frac{1}{3} = 1.6$(m) 이내

② 급정지거리 $= 7 \times \frac{1}{2.5} = 2.8$(m) 이내

③ 급정지거리 $= 6 \times \frac{1}{2.5} = 2.4$(m) 이내

④ 급정지거리 $= 8 \times \frac{1}{3} = 2.6$(m) 이내

실기 실기시험까지 대비해서 암기하세요.

55 산업안전보건법령상 목재가공용 둥근톱 작업에서 분할날과 톱날 원주면과의 간격은 최대 얼마 이내가 되도록 조정하는가?

① 10mm ② 12mm
③ 14mm ④ 16mm

해설 목재가공용 둥근톱의 분할날 설치
견고히 고정할 수 있으며 분할날과 톱날 원주면과의 거리는 12mm 이내로 조정, 유지할 수 있어야 하고 표준 테이블면(승강반에 있어서도 테이블을 최하로 내린 때의 면) 상의 톱 뒷날의 2/3 이상을 덮도록 할 것

참고 방호장치 자율안전기준 고시 별표 5

56 다음 중 선반의 방호장치로 가장 거리가 먼 것은?

① 실드(Shield) ② 슬라이딩
③ 척 커버 ④ 칩 브레이커

해설 선반의 방호장치
㉮ 실드
㉯ 척 커버
㉰ 칩 브레이커
㉱ 급정지 브레이크
㉲ 덮개 또는 울, 고정 브리지

실기 실기시험까지 대비해서 암기하세요.

57 양중기(승강기를 제외한다.)를 사용하여 작업하는 운전자 또는 작업자가 보기 쉬운 곳에 해당 양중기에 대해 표시하여야 할 내용이 아닌 것은?

① 정격 하중 ② 운전 속도
③ 경고 표시 ④ 최대 인양 높이

해설 정격하중 등의 표시
사업주는 양중기 및 달기구를 사용하여 작업하는 운전자 또는 작업자가 보기 쉬운 곳에 해당 기계의 정격하중, 운전속도, 경고표시 등을 부착하여야 한다. 다만, 달기구는 정격하중만 표시한다.

참고 산업안전보건기준에 관한 규칙 제133조

58 프레스의 손쳐내기식 방호장치 설치기준으로 틀린 것은?

① 방호판의 폭이 금형 폭의 1/2 이상이어야 한다.
② 슬라이드 행정수가 300SPM 이상의 것에 사용한다.
③ 손쳐내기봉의 행정(Stroke) 길이를 금형의 높이에 따라 조정할 수 있고 진동폭은 금형폭 이상이어야 한다.
④ 슬라이드 하행정거리의 3/4 위치에서 손을 완전히 밀어내야 한다.

해설 해설 제목
② 슬라이드 행정수가 100SPM 이하의 것에 사용한다.

Answer 54. ③ 55. ② 56. ② 57. ④ 58. ②

59 기계설비의 작업능률과 안전을 위해 공장의 설비 배치 3단계를 올바른 순서대로 나열한 것은?

① 지역배치 → 건물배치 → 기계배치
② 건물배치 → 지역배치 → 기계배치
③ 기계배치 → 건물배치 → 지역배치
④ 지역배치 → 기계배치 → 건물배치

해설 공장의 설비 배치 3단계
지역배치 → 건물배치 → 기계배치

60 다음 중 공장 소음에 대한 방지계획에 있어 소음원에 대한 대책에 해당하지 않는 것은?

① 해당 설비의 밀폐
② 설비실의 차음벽 시공
③ 작업자의 보호구 착용
④ 소음기 및 흡음장치 설치

해설 공장 소음에 대한 방지계획에 있어 소음원에 대한 대책
㉮ 소음원의 통제
㉯ 소음설비의 격리
㉰ 설비의 적절한 배치
㉱ 저소음 설비의 사용

제4과목 전기설비 안전관리

61 입욕자에게 전기적 자극을 주기 위한 전기욕기의 전원장치에 내장되어 있는 전원 변압기의 2차측 전로의 사용전압은 몇 V 이하로 하여야 하는가?

① 10　② 15
③ 30　④ 60

해설 전기욕기의 전원장치
전기욕기의 전원장치에 내장되어 있는 전원 변압기의 2차측 전로의 사용전압은 10V 이하로 하여야 한다.

62 인체감전보호용 누전차단기의 정격감도전류(mA)와 동작시간(초)의 최대값은?

① 10mA, 0.03초　② 20mA, 0.01초
③ 30mA, 0.03초　④ 50mA, 0.1초

해설 누전차단기의 정격감도전류와 동작시간
㉮ 시연형 누전차단기 : 0.1초 초과 0.2초 이내
㉯ 반한시형 누전차단기 : 0.2초 초과 1초 이내
㉰ 고속형 누전차단기 : 0.1초 이내
㉱ 감전보호용 누전차단기 : 0.03초 이내

63 고압 및 특고압의 전로에 시설하는 피뢰기에 접지공사를 할 때 접지저항의 최대값은 몇 Ω 이하로 해야 하는가?

① 100　② 20
③ 10　④ 5

해설 피뢰기의 접지저항
피뢰기의 접지저항은 10Ω 이하로 해야 한다.

64 누전으로 인한 화재의 3요소에 대한 요건이 아닌 것은?

① 접속점　② 출화점
③ 누전점　④ 접지점

해설 누전으로 인한 화재의 3요소
② 출화점(발화점), ③ 누전점, ④ 접지점

65 전동기용 퓨즈 사용 목적으로 알맞은 것은?

① 과전압 차단
② 누설전류 차단
③ 지락과전류 차단
④ 회로에 흐르는 과전류 차단

해설 전동기용 퓨즈
전동기용 퓨즈의 사용 목적은 회로에 흐르는 과전류를 차단하기 위함이다.

Answer 59. ① 60. ③ 61. ① 62. ③ 63. ③ 64. ① 65. ④

66 피뢰침의 제한전압이 800kV, 충격절연강도가 1,000kV라 할 때, 보호여유도는 몇 %인가?

① 25　② 33
③ 47　④ 63

해설 보호여유도

$$\text{보호여유도} = \frac{\text{충격절연강도} - \text{제한전압}}{\text{제한전압}} \times 100$$
$$= \frac{1,000 - 800}{800} \times 100 = 25[\%]$$

67 다음 ( ) 안에 들어갈 내용으로 옳은 것은?

A. 감전 시 인체에 흐르는 전류는 인가전압에 (㉠) 하고 인체 저항에 (㉡)한다.
B. 인체는 전류의 열작용이 (㉢)×(㉣)이 어느 정도 이상이 되면 발생한다.

① ㉠ 비례, ㉡ 반비례, ㉢ 전류의 세기, ㉣ 시간
② ㉠ 반비례, ㉡ 비례, ㉢ 전류의 세기, ㉣ 시간
③ ㉠ 비례, ㉡ 반비례, ㉢ 전압, ㉣ 시간
④ ㉠ 반비례, ㉡ 비례, ㉢ 전압, ㉣ 시간

해설 감전 시 인체에 흐르는 전류

감전 시 인체에 흐르는 전류는 인가전압에 비례하고 인체 저항에 반비례하며, 인체는 전류의 열작용이 전류의 세기×시간이 어느 정도 이상이 되면 발생한다.

68 인체통전으로 인한 전격(electric shock)의 정도를 정함에 있어 그 인자로서 가장 거리가 먼 것은?

① 전압의 크기　② 통전시간
③ 전류의 크기　④ 통전경로

해설 전격위험도 결정조건

㉮ 1차적 감전위험요소 : 통전전류의 크기, 통전경로, 통전시간, 전원의 종류
㉯ 2차적 감전위험요소 : 인체의 조건, 전압, 계절 주파수

69 감전쇼크에 의해 호흡이 정지되었을 경우 일반적으로 약 몇 분 이내에 응급처치를 개시하면 95% 정도를 소생시킬 수 있는가?

① 1분 이내　② 3분 이내
③ 5분 이내　④ 7분 이내

해설 인공호흡의 소생률

1분 이내	3분 이내	4분 이내	6분 이내
95%	75%	50%	25%

70 전기시설의 직접 접촉에 의한 감전방지 방법으로 적절하지 않은 것은?

① 충전부는 내구성이 있는 절연물로 완전히 덮어 감쌀 것
② 충전부가 노출되지 않도록 폐쇄형 외함이 있는 구조로 할 것
③ 충전부에 충분한 절연효과가 있는 방호망 또는 절연 덮개를 설치할 것
④ 충전부는 출입이 용이한 전개된 장소에 설치하고, 위험표시 등의 방법으로 방호를 강화할 것

해설 전기 기계 · 기구 등의 충전부 방호

④ 발전소 · 변전소 및 개폐소 등 구획되어 있는 장소로서 관계 근로자가 아닌 사람의 출입이 금지되는 장소에 충전부를 설치하고, 위험표시 등의 방법으로 방호를 강화할 것

참고 산업안전보건기준에 관한 규칙 제301조

71 정전작업 시 조치사항으로 틀린 것은?

① 작업 전 전기설비의 잔류전하를 확실히 방전한다.
② 개로된 전로의 충전 여부를 검전기구에 의하여 확인한다.
③ 개폐기에 잠금장치를 하고 통전금지에 관한 표지판은 제거한다.
④ 예비 동력원의 역송전에 의한 감전의 위험을 방지하기 위해 단락접지 기구를 사용하여 단락 접지를 한다.

Answer 66. ① 67. ① 68. ① 69. ① 70. ④ 71. ③

해설 정전전로에서의 전기작업시의 준수 할 절차

㉮ 전기기기 등에 공급되는 모든 전원을 관련 도면, 배선도 등으로 확인할 것
㉯ 전원을 차단한 후 각 단로기 등을 개방하고 확인할 것
㉰ 차단장치나 단로기 등에 **잠금장치 및 꼬리표를 부착할 것**
㉱ 개로된 전로에서 유도전압 또는 전기에너지가 축적되어 근로자에게 전기위험을 끼칠 수 있는 전기기기 등은 접촉하기 전에 잔류전하를 완전히 방전시킬 것
㉲ 검전기를 이용하여 작업 대상 기기가 충전되었는지를 확인할 것
㉳ 전기기기 등이 다른 노출 충전부와의 접촉, 유도 또는 예비동력원의 역송전 등으로 전압이 발생할 우려가 있는 경우에는 충분한 용량을 가진 단락 접지기구를 이용하여 접지할 것

참고 산업안전보건기준에 관한 규칙 제319조

72 정전기 발생에 영향을 주는 요인이 아닌 것은?

① 분리속도
② 물체의 질량
③ 접촉면적 및 압력
④ 물체의 표면상태

해설 정전기 발생에 영향을 주는 요인

㉮ 분리속도 ㉯ 접촉면적 및 압력
㉰ 물체의 표면상태 ㉱ 물체의 특성
㉲ 물질의 대전이력

73 제전기의 종류가 아닌 것은?

① 전압인가식 제전기
② 정전식 제전기
③ 방사선식 제전기
④ 자기방전식 제전기

해설 제전기의 종류

① 전압인가식 제전기
③ 방사선식 제전기
④ 자기방전식 제전기

74 인체의 표면적이 $0.5m^2$이고 정전용량은 $0.02pF/cm^2$이다. 3,300V의 전압이 인가되어 있는 전선에 접근하여 작업을 할 때 인체에 축적되는 정전기 에너지(J)는?

① 5.445×10^{-2} ② 5.445×10^{-4}
③ 2.723×10^{-2} ④ 2.723×10^{-4}

해설 정전기 에너지 W[J]

$$W = \frac{1}{2}CV^2$$
$$= \frac{1}{2} \times (100 \times 10^{-12}) \times (3,300)^2 = 5.445 \times 10^{-4}$$

여기서, C = 인체의 표면적[m^2] × 정전용량[F/m^2]
$= 0.5 \times 0.02 \times 10^{-12} \times 10^4$
$= 100 \times 10^{-12}$
V = 3,300[V]

75 분진방폭 배선시설에 분진침투 방지재료로 가장 적합한 것은?

① 분진침투 케이블
② 컴파운드(compound)
③ 자기융착성 테이프
④ 실링피팅(sealing fitting)

해설 분진침투 방지재료

자기융착성 테이프는 습기, 분진, 기름 등의 침투 방지 목적으로 사용하는 테이프이며, 작업자의 손이 미끄러지지 않도록 하는 용도로도 많이 사용된다.

76 다음 중 기기보호등급(EPL)에 해당하지 않는 것은?

① EPL Ga ② EPL Ma
③ EPL Dc ④ EPL Mc

해설 기기보호등급(EPL)

㉮ 광산 : EPL Ma, EPL Mb
㉯ 가스 : EPL Ga, EPL Gb, EPL Gc
㉰ 분진 : EPL Da, EPL Db, EPL Dc
㉱ M : 광산, G : 가스, D : 분진
㉲ a : 매우 높은 보호등급, b : 높은 보호등급, c : 강화된 보호등급

Answer 72. ② 73. ② 74. ② 75. ③ 76. ④

77 방폭전기설비의 용기내부에서 폭발성가스 또는 증기가 폭발하였을 때 용기가 그 압력에 견디고 접합면이나 개구부를 통해서 외부의 폭발성가스나 증기에 인화되지 않도록 한 방폭구조는?

① 내압 방폭구조
② 압력 방폭구조
③ 유입 방포구조
④ 본질안전 방폭구조

해설 방폭구조의 종류

② 압력 방폭구조 : 전기설비 용기 내부에 공기, 질소, 탄산가스 등의 보호가스를 대기압 이상으로 봉입하여 당해 용기 내부에 가연성가스 또는 증기가 침입하지 못하도록 한 방폭구조

③ 유입 방폭구조 : 생산현장의 분위기에 가연성가스, 증기, 분진 등이 존재하여 폭발의 우려가 있는 경우에 전기설비의 안전을 도모하기 위해 전기기계기구의 전기불꽃 또는 아크를 발생하는 부분을 기름 속에 수용하고, 기름 면 위에 존재하는 폭발성가스에 인화될 우려가 없도록 되어 있는 구조

④ 본질안전 방폭구조 : 위험한 장소에서 사용되는 전기회로(전기 기기의 내부 회로 및 외부배선의 회로)에서 정상시 및 사고 시에 발생하는 전기불꽃 또는 열이 폭발성가스에 점화되지 않는 것이 점화시험 등에 의해 확인된 방폭구조

실기 실기시험까지 대비해서 암기하세요.

78 금속관의 방폭형 부속품에 대한 설명으로 틀린 것은?

① 재료는 아연도금을 하거나 녹이 스는 것을 방지하도록 한 강 또는 가단주철일 것
② 안쪽 면 및 끝부분은 전선의 피복을 손상하지 않도록 매끈한 것일 것
③ 전선관과의 접속부분의 나사는 5턱 이상 완전히 나사결합이 될 수 있는 길이일 것
④ 완성품은 유입방폭구조의 폭발압력시험에 적합할 것

해설 금속관의 방폭형 부속품

④ 완성품은 **내압방폭구조**의 폭발압력시험에 적합할 것

79 절연전선의 과전류에 의한 연소단계 중 착화단계의 전선전류밀도(A/mm²)로 알맞은 것은?

① 40A/mm²
② 50A/mm²
③ 65A/mm²
④ 120A/mm²

해설 과전류에 의한 전선의 용단 전류밀도

인화단계	40~43[A/mm²]
착화단계	43~60[A/mm²]
발화단계	60~70[A/mm²]
용단단계	120[A/mm²] 이상

80 피뢰기의 설치장소가 아닌 것은? (단, 직접 접속하는 전선이 짧은 경우 및 피보호기기가 보호범위 내에 위치하는 경우가 아니다.)

① 저압을 공급받는 수용장소의 인입구
② 지중전선로와 가공전선로가 접속되는 곳
③ 가공전선로에 접속하는 배전용 변압기의 고압측
④ 발전소 또는 변전소의 가공전선 인입구 및 인출구

해설 피뢰기의 설치장소

① **고압 및 특고압**을 공급받는 수용장소의 인입구

제5과목 화학설비 안전관리

81 다음 중 응상폭발이 아닌 것은?

① 분해폭발
② 수증기폭발
③ 전선폭발
④ 고상간의 전이에 의한 폭발

해설 폭발물 원인물질의 물리적 상태에 따른 폭발의 분류

㉮ **기상폭발** : **분해폭발**, 분진폭발, 분무폭발, 가스폭발, 혼합가스폭발 등

㉯ 응상폭발 : 수증기폭발, 전선폭발, 고상 간의 전이에 의한 폭발, 혼합 위험에 의한 폭발 등

Answer 77. ① 78. ④ 79. ② 80. ① 81. ①

82 저압방폭구조 배선 중 노출 도전성 부분의 보호 접지선으로 알맞은 항목은?

① 전선관이 충분한 지락전류를 흐르게 할 시에도 결합부에 본딩(bonding)을 해야 한다.
② 전선관이 최대지락전류를 안전하게 흐르게 할 시 접지선으로 이용 가능하다.
③ 접지선의 전선 또는 선심은 그 절연피복을 흰색 또는 검은색을 사용한다.
④ 접지선은 1,000V 비닐절연전선 이상 성능을 갖는 전선을 사용한다.

해설 노출 도전성 보호 접지선

① 전선관이 충분한 지락전류를 흐르게 할 시에는 결합부에 본딩(bonding)을 **생략할 수 있다.**
③ 접지선의 전선 또는 선심은 그 절연피복을 **청색을 사용**하며, 부득이한 경우 흰색 또는 회색을 사용할 수 있다.
④ 접지선은 **600V** 비닐절연전선 이상 성능을 갖는 전선을 사용한다.

83 부탄(C_4H_{10})의 연소에 필요한 최소산소농도(MOC)를 추정하여 계산하면 약 몇 vol%인가? (단, 부탄의 폭발하한계는 공기 중에서 1.6vol%이다.)

① 5.6　② 7.8
③ 10.4　④ 14.1

해설 최소산소농도(MOC)

반응식 : $2C_4H_{10} + 13O_2 \rightarrow 8CO_2 + 10H_2O$

$$산소양론계수 = n + \frac{m-f-2\lambda}{4} = 4 + \frac{10}{4} = 6.5$$

여기서, n : 탄소 원자 수
m : 수소의 원자 수
f : 할로겐 원소의 원자 수
λ : 산소의 원자 수

최소산소농도 = 산소양론계수 × 폭발하한계
= 6.5 × 1.6 = 10.4

84 분진폭발의 발생 순서로 옳은 것은?

① 비산 → 분산 → 퇴적분진 → 발화원 → 2차폭발 → 전면폭발
② 비산 → 퇴적분진 → 분산 → 발화원 → 2차폭발 → 전면폭발
③ 퇴적분진 → 발화원 → 분산 → 비산 → 전면폭발 → 2차폭발
④ 퇴적분진 → 비산 → 분산 → 발화원 → 전면폭발 → 2차폭발

해설 분진폭발의 발생 순서

퇴적분진 → 비산 → 분산 → 발화원 → 전면폭발 → 2차폭발

85 위험물 또는 가스에 의한 화재를 경보하는 기구에 필요한 설비가 아닌 것은?

① 간이완강기　② 자동화재감지기
③ 축전지설비　④ 자동화재수신기

해설 화재경보설비

㉮ 자동화재감지기
㉯ 축전지설비
㉰ 자동화재수신기
㉱ 단독경보형감지기
㉲ 비상경보설비 등
※ ① 간이완강기는 피난구조설비에 속한다.

참고 소방시설 설비 및 관리에 관한 법률 시행령 별표 1

86 다음 중 고체연소의 종류에 해당하지 않는 것은?

① 표면연소　② 증발연소
③ 분해연소　④ 예혼합연소

해설 연소의 종류

㉮ 고체 : 분해연소, 표면연소, 증발연소, 자기연소 등
㉯ 액체 : 증발연소, 분해연소, 분무연소, 그을음연소 등
㉰ **기체** : 확산연소, 폭발연소, **예혼합연소**, 그을음연소 등

Answer 82. ② 83. ③ 84. ④ 85. ① 86. ④

87 다음 중 CO_2 소화약제의 장점으로 볼 수 없는 것은?

① 기체 팽창률 및 기화 잠열이 작다.
② 액화하여 용기에 보관할 수 있다.
③ 전기에 대해 부도체이다.
④ 자체 증기압이 높기 때문에 자체 압력으로 방사가 가능하다.

해설 CO_2 소화약제의 장점
㉮ 기체 팽창률 및 기화 잠열이 **크다.**
㉯ 무색, 무취이며 독성이 없어 사용을 할 때 인체에 주는 악영향이 거의 없다.
㉰ 사용기한이 반영구적인 장점을 가지고 있어 오랫동안 화재에 적용할 수 있다.

88 다음 중 분진폭발에 관한 설명으로 틀린 것은?

① 가스폭발에 비교하여 연소시간이 짧고, 발생에너지가 작다.
② 최초의 부분적인 폭발이 분진의 비산으로 2차, 3차 폭발로 파급되어 피해가 커진다.
③ 가스에 비하여 불완전 연소를 일으키기 쉬우므로 연소 후 가스에 의한 중독 위험이 있다.
④ 폭발 시 입자가 비산하므로 이것에 부딪치는 가연물로 국부적으로 탄화를 일으킬 수 있다.

해설 분진폭발
① 가스폭발에 비교하여 **연소시간이 길고, 발생에너지가 크다.**

89 열교환기의 정기적 점검을 일상점검과 개방점검으로 구분할 때 개방점검 항목에 해당하는 것은?

① 보냉재의 파손 상황
② 플랜지부나 용접부에서의 누출 여부
③ 기초볼트의 체결 상태
④ 생성물, 부착물에 의한 오염 상황

해설 열교환기의 정기적 점검 항목
㉮ 일상점검 항목
㉠ 보온재 및 보냉재의 파손 상황
㉡ 도장의 노후 상황
㉢ 플랜지(Flange)부, 용접부 등의 누설 여부
㉣ 기초볼트의 조임 상태
㉯ 개방점검 항목
㉠ 부식 및 고분자 등 생성물의 상황, 또는 부착물에 의한 오염의 상황
㉡ 부식의 형태, 정도, 범위
㉢ 누출의 원인이 되는 비율, 결점
㉣ 칠의 두께 감소정도
㉤ 용접선의 상황

90 전기시설의 직접 접촉에 의한 감전방지 방법으로 적절하지 않은 것은?

① 충전부는 내구성이 있는 절연물로 완전히 덮어 감쌀 것
② 충전부가 노출되지 않도록 폐쇄형 외함이 있는 구조로 할 것
③ 충전부에 충분한 절연효과가 있는 방호망 또는 절연 덮개를 설치할 것
④ 충전부는 관계자 외 출입이 용이한 전개된 장소에 설치하고 위험표시 등의 방법으로 방호를 강화할 것

해설 전기 기계 · 기구 등의 충전부 방호
④ 충전부는 관계자 외 **출입이 금지된 장소**에 설치하고 위험표시 등의 방법으로 방호를 강화할 것

참고 산업안전보건기준에 관한 규칙 제301조

91 다음 물질이 물과 접촉하였을 때 위험성이 가장 낮은 것은?

① 과산화칼륨　② 나트륨
③ 메틸리튬　④ 이황화탄소

해설 이황화탄소
이황화탄소는 가연성 증기 발생을 억제하기 위해 물속에 저장하므로 물과 접촉 시 위험성이 매우 낮다.

Answer 87. ① 88. ① 89. ④ 90. ④ 91. ④

92 산업안전보건기준에 관한 규칙 중 급성 독성 물질에 관한 기준 중 일부이다. (A)와 (B)에 알맞은 수치를 옳게 나타낸 것은?

- 쥐에 대한 경구 투입실험에 의하여 실험동물의 50퍼센트를 사망시킬 수 있는 물질의 양, 즉 LD_{50}(경구, 쥐)이 킬로그램당 (A)밀리그램 –(체중) 이하인 화학물질
- 쥐 또는 토끼에 대한 경피 흡수실험에 의하여 실험동물의 50퍼센트를 사망시킬 수 있는 물질의 양, 즉 LD_{50}(경피, 토끼 또는 쥐)이 킬로그램당 (B)밀리그램 –(체중) 이하인 화학물질

① A : 1000, B : 300　② A : 1000, B : 1000
③ A : 300, B : 300　④ A : 300, B : 1000

해설 급성 독성물질
㉮ 쥐에 대한 경구 투입실험에 의하여 실험동물의 50%를 사망시킬 수 있는 물질의 양, 즉 LD_{50}(경구, 쥐)이 kg당 300mg –(체중) 이하인 화학물질
㉯ 쥐 또는 토끼에 대한 경피 흡수실험에 의하여 실험동물의 50%를 사망시킬 수 있는 물질의 양, 즉 LD_{50}(경피, 토끼 또는 쥐)이 kg당 1,000mg –(체중) 이하인 화학물질
㉰ 쥐에 대한 4시간 동안의 흡입실험에 의하여 실험동물의 50%를 사망시킬 수 있는 물질의 농도, 즉 가스 LC_{50}(쥐, 4시간 흡입)이 2,500ppm 이하인 화학물질, 증기 LC_{50}(쥐, 4시간 흡입)이 10mg/ℓ 이하인 화학물질, 분진 또는 미스트 1mg/ℓ 이하인 화학물질

참고 산업안전보건기준에 관한 규칙 별표 1

실기 실기시험까지 대비해서 암기하세요.

93 에틸알콜(C_2H_5OH) 1몰이 완전연소할 때 생성되는 CO_2의 몰수로 옳은 것은?

① 1　② 2
③ 3　④ 4

해설 에틸알코올(C_2H_5OH)의 연소반응식
$C_2H_5OH + 3O_2 \rightarrow 2CO_2 + 3H_2O$
에틸알코올 1몰 연소 시 2몰의 이산화탄소와 3몰의 물이 생성된다.

94 다음 중 퍼지의 종류에 해당하지 않는 것은?

① 압력퍼지　② 진공퍼지
③ 스위프퍼지　④ 가열퍼지

해설 퍼지(불황성화)의 종류
① 압력퍼지　② 진공퍼지
③ 스위프퍼지　④ 사이펀퍼지

실기 실기시험까지 대비해서 암기하세요.

95 일산화탄소에 대한 설명으로 틀린 것은?

① 무색 · 무취의 기체이다.
② 염소와 촉매 존재 하에 반응하여 포스겐이 된다.
③ 인체 내의 헤모글로빈과 결합하여 산소운반기능을 저하시킨다.
④ 불연성 가스로서, 허용농도가 10ppm이다.

해설 일산화탄소
④ 가연성 가스로서, 허용농도가 50ppm이다.

96 다음 중 반응기를 조작방식에 따라 분류할 때 이에 해당하지 않는 것은?

① 회분식 반응기　② 반회분식 반응기
③ 연속식 반응기　④ 관형식 반응기

해설 반응기의 종류
㉮ 구조방식에 따른 분류 : 관형식, 탑형식, 교반조형식, 유동층형식
㉯ 조작방식에 따른 분류 : 회분식, 반회분식, 연속식

97 인화점이 각 온도 범위에 포함되지 않는 물질은?

① −30℃ 미만 : 디에틸에테르
② −30℃ 이상 0℃ 미만 : 아세톤
③ 0℃ 이상 30℃ 미만 : 벤젠
④ 30℃ 이상 65℃ 이하 : 아세트산

해설 인화점
③ 벤젠 : 인화점이 21℃ 미만

Answer 92. ④ 93. ② 94. ④ 95. ④ 96. ④ 97. ③

98 사업주는 산업안전보건기준에 관한 규칙에서 정한 위험물을 기준량 이상으로 제조하거나 취급하는 특수화학설비를 설치하는 경우에는 내부의 이상 상태를 조기에 파악하기 위하여 필요한 온도계 · 유량계 · 압력계 등의 계측장치를 설치하여야 한다. 이때 위험물질별 기준량으로 옳은 것은?

① 부탄 – 25m^3
② 부탄 – 150m^3
③ 시안화수소 – 5kg
④ 시안화수소 – 200kg

해설 위험물질의 기준량
①, ② 부탄 – 50m^3

참고 산업안전보건기준에 관한 규칙 별표 9

99 산업안전보건기준에 관한 규칙상 국소배기장치의 후드 설치기준이 아닌 것은?

① 유해물질이 발생하는 곳마다 설치할 것
② 후드의 개구부 면적은 가능한 한 크게 할 것
③ 외부식 또는 리시버식 후드는 해당 분진 등의 발산원에 가장 가까운 위치에 설치할 것
④ 후드 형식은 가능하면 포위식 또는 부스식 후드를 설치할 것

해설 후드의 설치기준
㉮ ①, ③, ④와 다음의 설치기준이 있다.
㉯ 유해인자의 발생형태와 비중, 작업방법 등을 고려하여 해당 분진 등의 발산원을 제어할 수 있는 구조로 설치할 것

참고 산업안전보건기준에 관한 규칙 제72조

100 다음 중 관의 지름을 변경하고자 할 때 필요한 관 부속품은?

① reducer ② elbow
③ plug ④ valve

해설 관 부속품
② elbow : 관로의 방향 변경용 부속품
③ plug : 유로 차단용 부속품
④ valve : 유로 차단용 부속품

제6과목 건설공사 안전관리

101 타워 크레인(Tower Crane)을 선정하기 위한 사전 검토사항으로서 가장 거리가 먼 것은?

① 붐의 모양 ② 인양능력
③ 작업반경 ④ 붐의 높이

해설 타워 크레인을 선정하기 위한 사전 검토사항
㉮ 인양능력 ㉯ 작업반경
㉰ 붐의 높이 ㉱ 입지조건
㉲ 건물 형태 ㉳ 건립기계의 소음 영향

102 작업장 출입구 설치 시 준수해야 할 사항으로 옳지 않은 것은?

① 출입구의 위치 · 수 및 크기가 작업장의 용도와 특성에 맞도록 한다.
② 출입구에 문을 설치하는 경우에는 근로자가 쉽게 열고 닫을 수 있도록 한다.
③ 주된 목적이 하역운반기계용인 출입구에는 보행자용 출입구를 따로 설치하지 않는다.
④ 계단이 출입구와 바로 연결된 경우에는 작업자의 안전한 통행을 위하여 그 사이에 1.2m 이상 거리를 두거나 안내표지 또는 비상벨 등을 설치한다.

해설 작업장의 출입구
③ 주된 목적이 하역운반기계용인 출입구에는 인접하여 보행자용 출입구를 따로 설치할 것

103 달비계의 구조에서 달비계 작업발판의 폭은 최소 얼마 이상이어야 하는가?

① 30cm ② 40cm
③ 50cm ④ 60cm

해설 달비계의 구조
작업발판은 폭을 40cm 이상으로 하고 틈새가 없도록 할 것

실기 실기시험까지 대비해서 암기하세요.

Answer 98. ③ 99. ② 100. ① 101. ① 102. ③ 103. ②

104 건설업 산업안전 보건관리비의 사용내역에 대하여 수급인 또는 자기공사자는 공사 시작 후 몇 개월마다 1회 이상 발주자 또는 감리원의 확인을 받아야 하는가?

① 3개월　　② 4개월
③ 5개월　　④ 6개월

해설 건설업 산업안전보건관리비 계상 및 사용기준
수급인 또는 자기공사자는 안전보건관리비 사용내역에 대하여 공사 시작 후 6개월마다 1회 이상 발주자 또는 감리원의 확인을 받아야 한다. 다만, 6개월 이내에 공사가 종료되는 경우에는 종료 시 확인을 받아야 한다.

105 옥외에 설치되어 있는 주행크레인에 대하여 이탈방지장치를 작동시키는 등 이탈 방지를 위한 조치를 하여야 하는 풍속기준으로 옳은 것은?

① 순간풍속이 20m/sec를 초과할 때
② 순간풍속이 25m/sec를 초과할 때
③ 순간풍속이 30m/sec를 초과할 때
④ 순간풍속이 35m/sec를 초과할 때

해설 폭풍에 의한 이탈 방지
사업주는 순간풍속이 초당 30m를 초과하는 바람이 불어올 우려가 있는 경우 옥외에 설치되어 있는 주행크레인에 대하여 이탈방지장치를 작동시키는 등 이탈 방지를 위한 조치를 하여야 한다.

참고 산업안전보건기준에 관한 규칙 제140조

실기 실기시험까지 대비해서 암기하세요.

106 폭우 시 옹벽배면의 배수시설이 취약하면 옹벽저면을 통하여 침투수(seepage)의 수위가 올라간다. 이 침투수가 옹벽의 안정에 미치는 영향으로 옳지 않은 것은?

① 옹벽 배면토의 단위수량 감소로 인한 수직 저항력 증가
② 옹벽 바닥면에서의 양압력 증가
③ 수평 저항력(수동토압)의 감소
④ 포화 또는 부분 포화에 따른 뒷채움용 흙무게의 증가

해설 침투수가 옹벽의 안정에 미치는 영향
① 옹벽 배면토의 단위수량 감소로 인한 수직 저항력이 감소

107 추락방지용 방망 중 그물코의 크기가 5cm인 매듭 방망 신품의 인장강도는 최소 몇 kg 이상이어야 하는가?

① 60　　② 110
③ 150　　④ 200

해설 방망사의 신품에 대한 인장강도

그물코의 크기 (단위 : cm)	방망의 종류(단위 : kg)	
	매듭 없는 방망	매듭 방망
10	240	200
5	–	110

실기 실기시험까지 대비해서 암기하세요.

108 다음 중 차량계 건설기계에 속하지 않는 것은?

① 불도저　　② 스크레이퍼
③ 타워크레인　　④ 항타기

해설 차량계 건설기계
불도저, 스크레이퍼, 항타기, 백호, 클램셸, 파워셔블 등
※ ③ 타워크레인은 양중기에 속한다.

109 차량계 건설기계를 사용하여 작업을 하는 경우 작업계획서 내용에 포함되지 않는 사항은?

① 사용하는 차량계 건설기계의 종류 및 성능
② 차량계 건설기계의 운행경로
③ 차량계 건설기계에 의한 작업방법
④ 차량계 건설기계 사용 시 유도자 배치 위치

해설 차량계 건설기계 작업계획서 내용
① 사용하는 차량계 건설기계의 종류 및 성능
② 차량계 건설기계의 운행경로
③ 차량계 건설기계에 의한 작업방법

실기 실기시험까지 대비해서 암기하세요.

Answer 104. ④ 105. ③ 106. ① 107. ② 108. ③ 109. ④

110 유해 · 위험 방지를 위한 방호조치를 하지 아니하고는 양도 · 대여 · 설치 또는 사용에 제공하거나, 양도 · 대여를 목적으로 진열해서는 아니 되는 기계 · 기구에 해당하지 않는 것은?

① 지게차　　② 공기압축기
③ 원심기　　④ 덤프트럭

해설 유해 · 위험 방지를 위한 방호조치가 필요한 기계 · 기구
㉮ 지게차　　㉯ 공기압축기
㉰ 원심기　　㉱ 예초기
㉲ 금속절단기
㉳ 포장기계(진공포장기, 래핑기로 한정)

참고 산업안전보건법 시행령 별표 20

실기 실기시험까지 대비해서 암기하세요.

111 거푸집 동바리 등을 조립하는 경우에 준수하여야 하는 기준으로 옳지 않은 것은?

① 동바리로 사용하는 파이프 서포트를 이어서 사용하는 경우에는 3개 이상의 볼트 또는 전용 철물을 사용하여 이을 것
② 동바리로 사용하는 강관은 높이 2m 이내마다 수평연결재를 2개 방향으로 만들 것
③ 받침목(깔목)의 사용, 콘크리트 타설, 말뚝박기 등 동바리의 침하를 방지하기 위한 조치를 할 것
④ 동바리로 사용하는 파이프 서포트를 3개 이상 이어서 사용하지 않도록 할 것

해설 동바리로 사용하는 파이프 서포트 준수사항
㉮ 파이프 서포트를 3개 이상 이어서 사용하지 않도록 할 것
㉯ 파이프 서포트를 이어서 사용하는 경우에는 4개 이상의 볼트 또는 전용 철물을 사용하여 이을 것
㉰ 높이가 3.5m를 초과하는 경우에는 높이 2m 이내마다 수평연결재를 2개 방향으로 만들고 수평연결재의 변위를 방지할 것
㉱ 동바리를 조립하는 경우 받침목이나 깔판의 사용, 콘크리트 타설, 말뚝박기 등 동바리의 침하를 방지하기 위한 조치를 할 것

참고 산업안전보건기준에 관한 규칙 제332조의2

실기 실기시험까지 대비해서 암기하세요.

112 건설현장에 설치하는 사다리식 통로의 설치기준으로 옳지 않은 것은?

① 발판과 벽과의 사이는 15cm 이상의 간격을 유지할 것
② 발판의 간격은 일정하게 할 것
③ 사다리의 상단은 걸쳐놓은 지점으로부터 60cm 이상 올라가도록 할 것
④ 사다리식 통로의 길이가 10m 이상인 경우에는 3m 이내마다 계단참을 설치할 것

해설 사다리식 통로 등의 구조
㉮ 견고한 구조로 할 것
㉯ 심한 손상 · 부식 등이 없는 재료를 사용할 것
㉰ 발판의 간격은 일정하게 할 것
㉱ 발판과 벽과의 사이는 15cm 이상의 간격을 유지할 것
㉲ 폭은 30cm 이상으로 할 것
㉳ 사다리가 넘어지거나 미끄러지는 것을 방지하기 위한 조치를 할 것
㉴ 사다리의 상단은 걸쳐놓은 지점으로부터 60cm 이상 올라가도록 할 것
㉵ 사다리식 통로의 길이가 10m 이상인 경우에는 5m 이내마다 계단참을 설치할 것
㉶ 사다리식 통로의 기울기는 75° 이하로 할 것. 다만, 고정식 사다리식 통로의 기울기는 90° 이하로 하고, 그 높이가 7m 이상인 경우에는 바닥으로부터 높이가 2.5m 되는 지점부터 등받이울을 설치할 것
㉷ 접이식 사다리 기둥은 사용 시 접혀지거나 펼쳐지지 않도록 철물 등을 사용하여 견고하게 조치할 것

실기 실기시험까지 대비해서 암기하세요.

113 강관비계를 조립할 때 준수하여야 할 사항으로 옳지 않은 것은?

① 띠장 간격은 3m 이하로 할 것
② 비계기둥의 간격은 띠장 방향에서는 1.85m 이하, 장선(長線) 방향에서는 1.5m 이하로 할 것
③ 비계기둥의 제일 윗부분으로부터 31m 되는 지점 밑부분의 비계기둥은 2개의 강관으로 묶어 세울 것
④ 비계기둥 간의 적재하중은 400kg을 초과하지 않도록 할 것

Answer 110. ④ 111. ① 112. ④ 113. ①

해설 강관비계의 구조

① 띠장 간격은 2m 이하로 할 것. 다만, 작업의 성질상 이를 준수하기가 곤란하여 쌍기둥틀 등에 의하여 해당 부분을 보강한 경우에는 그러하지 아니하다.

참고 산업안전보건기준에 관한 규칙 제60조

실기 실기시험까지 대비해서 암기하세요.

114 거푸집 해체작업 시 유의사항으로 옳지 않은 것은?

① 일반적으로 수평부재의 거푸집은 연직부재의 거푸집보다 빨리 떼어낸다.
② 해체된 거푸집이나 각목 등에 박혀있는 못 또는 날카로운 돌출물은 즉시 제거하여야 한다.
③ 상하 동시 작업은 원칙적으로 금지하여 부득이한 경우에는 긴밀히 연락을 위하며 작업을 하여야 한다.
④ 거푸집 해체작업장 주위에는 관계자를 제외하고는 출입을 금지시켜야 한다.

해설 거푸집 해체작업 시 유의사항

① 일반적으로 연직부재의 거푸집은 수평부재의 거푸집보다 빨리 떼어낸다.

115 강관틀비계를 조립하여 사용하는 경우 준수해야 할 기준으로 옳지 않은 것은?

① 높이가 20m를 초과하거나 중량물의 적재를 수반하는 작업을 할 경우에는 주틀 간의 간격을 2.4m 이하로 할 것
② 수직방향으로 6m, 수평방향으로 8m 이내마다 벽이음을 할 것
③ 길이가 띠장 방향으로 4m 이하이고 높이가 10m를 초과하는 경우에는 10m 이내마다 띠장 방향으로 버팀기둥을 설치할 것
④ 주틀 간에 교차 가새를 설치하고 최상층 및 5층 이내마다 수평재를 설치할 것

해설 강관틀비계 조립 시 준수사항

㉮ 비계기둥의 밑둥에는 밑받침 철물을 사용하여야 하며 밑받침에 고저차가 있는 경우에는 조절형 밑받침 철물을 사용하여 각각의 강관틀비계가 항상 수평 및 수직을 유지하도록 한다.
㉯ 높이가 20m를 초과하는 중량물의 적재를 수반하는 작업을 할 경우에는 주틀 간의 간격을 1.8m 이하로 한다.
㉰ 주틀 간에 교차 가새를 설치하고 최상층 및 5층 이내마다 수평재를 설치할 것
㉱ 수직방향으로 6m, 수평방향으로 8m 이내마다 벽이음을 할 것
㉲ 길이가 띠장 방향으로 4m 이하이고 높이가 10m를 초과하는 경우에는 10m 이내마다 띠장 방향으로 버팀기둥을 설치할 것

실기 실기시험까지 대비해서 암기하세요.

116 다음은 가설통로를 설치하는 경우의 준수사항이다. ( ) 안에 들어갈 숫자로 옳은 것은?

건설공사에 사용하는 높이 8m 이상인 비계다리에는 ( )m 이내마다 계단참을 설치할 것

① 7	② 6
③ 5	④ 4

해설 가설통로 등의 구조

㉮ 견고한 구조로 할 것
㉯ 경사는 30° 이하로 할 것. 다만, 계단을 설치하거나 높이 2m 미만의 가설통로로서 튼튼한 손잡이를 설치한 경우에는 그러하지 아니하다.
㉰ 경사가 15°를 초과하는 경우에는 미끄러지지 아니하는 구조로 할 것
㉱ 추락할 위험이 있는 장소에는 안전난간을 설치할 것. 다만, 작업상 부득이한 경우에는 필요한 부분만 임시로 해체할 수 있다.
㉲ 수직갱에 가설된 통로의 길이가 15m 이상인 경우에는 10m 이내마다 계단참을 설치할 것
㉳ 건설공사에 사용하는 높이 8m 이상인 비계다리에는 7m 이내마다 계단참을 설치할 것

실기 실기시험까지 대비해서 암기하세요.

Answer 114. ① 115. ① 116. ①

117 **터널 등의 건설작업을 하는 경우에 낙반 등에 의하여 근로자가 위험해질 우려가 있는 경우에 필요한 조치와 가장 거리가 먼 것은?**

① 터널 지보공을 설치한다.
② 록볼트를 설치한다.
③ 환기, 조명시설을 설치한다.
④ 부석을 제거한다.

해설 낙반 등에 의한 위험의 방지
사업주는 터널 등의 건설작업을 하는 경우에 낙반 등에 의하여 근로자가 위험해질 우려가 있는 경우에 **터널 지보공 및 록볼트의 설치, 부석(浮石)의 제거** 등 위험을 방지하기 위하여 필요한 조치를 하여야 한다.

참고 산업안전보건기준에 관한 규칙 제351조

실기 실기시험까지 대비해서 암기하세요.

118 **타워크레인을 자립고(自立高) 이상의 높이로 설치할 때 지지벽체가 없어 와이어로프로 지지하는 경우의 준수사항으로 옳지 않은 것은?**

① 와이어로프를 고정하기 위한 전용 지지프레임을 사용할 것
② 와이어로프 설치각도는 수평면에서 60° 이내로 하되, 지지점은 4개소 이상으로 하고, 같은 각도로 설치할 것
③ 와이어로프와 그 고정부위는 충분한 강도와 장력을 갖도록 설치하되, 와이어로프를 클립 · 샤클(shackle) 등의 기구를 사용하여 고정하지 않도록 유의할 것
④ 와이어로프가 가공전선에 근접하지 않도록 할 것

해설 타워크레인의 지지
③ 와이어로프와 그 고정부위는 충분한 강도와 장력을 갖도록 설치하고, 와이어로프를 클립 · 샤클(shackle, 연결고리) 등의 고정기구를 사용하여 **견고하게 고정시켜** 풀리지 않도록 하며, 사용 중에는 충분한 강도와 장력을 유지하도록 할 것

참고 산업안전보건기준에 관한 규칙 제142조

119 **화물을 적재하는 경우의 준수사항으로 옳지 않은 것은?**

① 침하 우려가 없는 튼튼한 기반 위에 적재할 것
② 건물의 칸막이나 벽 등이 화물의 압력에 견딜 만큼의 강도를 지니지 아니한 경우에는 칸막이나 벽에 기대어 적재하지 않도록 할 것
③ 불안정한 정도로 높이 쌓아 올리지 말 것
④ 하중을 한쪽으로 치우치더라도 화물을 최대한 효율적으로 적재할 것

해설 화물적재 시의 준수사항
④ 하중이 한쪽으로 **치우치지 않도록** 쌓을 것

120 **인력으로 하물을 인양할 때의 몸의 자세와 관련하여 준수하여야 할 사항으로 옳지 않은 것은?**

① 한쪽 발은 들어올리는 물체를 향하여 안전하게 고정시키고 다른 발은 그 뒤에 안전하게 고정시킬 것
② 등은 항상 직립한 상태와 90도 각도를 유지하여 가능한 한 지면과 수평이 되도록 할 것
③ 팔은 몸에 밀착시키고 끌어당기는 자세를 취하며 가능한 한 수평거리를 짧게 할 것
④ 손가락으로만 인양물을 잡아서는 아니 되며 손바닥으로 인양물 전체를 잡을 것

해설 운반하역 표준안전 작업지침
㉮ 한쪽 발은 들어올리는 물체를 향하여 안전하게 고정시키고 다른 발은 그 뒤에 안전하게 고정시킬 것
㉯ 등은 항상 직립을 유지하여 가능한 한 **지면과 수직**이 되도록 할 것
㉰ 무릎은 직각자세를 취하고 몸은 가능한 한 인양물에 근접하여 정면에서 인양할 것
㉱ 턱은 안으로 당겨 척추와 일직선이 되도록 할 것
㉲ 팔은 몸에 밀착시키고 끌어당기는 자세를 취하며 가능한 한 수평거리를 짧게 할 것
㉳ 손가락으로만 인양물을 잡아서는 아니 되며 손바닥으로 인양물 전체를 잡을 것
㉴ 체중의 중심은 항상 양 다리 중심에 있게 하여 균형을 유지할 것
㉵ 인양하는 최초의 힘은 뒷발쪽에 두고 인양할 것

Answer 117. ③ 118. ③ 119. ④ 120. ②

2024. 5. 9. 시행

2024년 제2회 산업안전기사 CBT기출복원문제

제1과목 산업재해 예방 및 안전보건교육

01 산업안전보건법령상 안전보건관리규정에 반드시 포함되어야 할 사항이 아닌 것은? (단, 그 밖에 안전 및 보건에 관한 사항은 제외한다.)

① 재해코스트 분석 방법
② 사고 조사 및 대책 수립
③ 작업장 안전 및 보건 관리
④ 안전 및 보건 관리조직과 그 직무

해설 안전보건관리규정의 작성
㉮ 안전 및 보건 관리에 관한 사항
㉯ 안전보건교육에 관한 사항
㉰ 작업장의 안전 및 보건 관리에 관한 사항
㉱ 사고 조사 및 대책 수립에 관한 사항
㉲ 그 밖에 안전 및 보건에 관한 사항

참고 산업안전보건법 제25조

실기 실기시험까지 대비해서 암기하세요.

02 아담스(Edward Adams)의 사고연쇄 반응 이론 중 관리자가 의사결정을 잘못하거나 감독자가 관리적 잘못을 하였을 때의 단계에 해당되는 것은?

① 사고 ② 작전적 에러
③ 관리구조 결함 ④ 전술적 에러

해설 아담스(Adams)의 연쇄이론
㉮ 작전적(전략적) 에러는 관리자나 감독자에 의해서 만들어진 에러이다.
㉯ 관리자의 행동은 정책, 목표, 권위, 결과에 대한 책임, 책무, 주위의 넓이, 권한 위임 등과 같은 영역에서 의사결정이 잘못 행해지든가 행해지지 않는 것을 말한다.

03 하인리히의 재해발생 이론은 다음과 같이 표현할 수 있다. 이때 α가 의미하는 것으로 옳은 것은?

재해의 발생＝물적 불안전 상태
＋인적 불안전 행위＋α
＝설비적 결함＋관리적 결함＋α

① 노출된 위험의 상태
② 재해의 직접원인
③ 재해의 간접원인
④ 잠재된 위험의 상태

해설 하인리히의 재해발생 이론
재해의 발생＝물적 불안전 상태(설비적 결함)
＋인적 불안전 행위(관리적 결함)
＋잠재된 위험의 상태

04 다음 중 하인리히가 제시한 1 : 29 : 300의 재해구성비율에 관한 설명으로 틀린 것은?

① 총 사고발생건수는 300건이다.
② 중상 또는 사망은 1회 발생된다.
③ 고장이 포함되는 무상해사고는 300건 발생된다.
④ 인적, 물적 손실이 수반되는 경상이 29건 발생된다.

해설 하인리히의 1 : 29 : 300의 법칙
동일사고를 반복하여 일으켰다고 하면 총 사고발생건수 330건에서 중상 또는 사망의 경우가 1회, 경상의 경우가 29회, 상해가 없는 경우가 300회의 비율로 발생한다는 것이다.

실기 실기시험까지 대비해서 암기하세요.

Answer 01. ① 02. ② 03. ④ 04. ①

05 산업안전보건법상 사업 내 안전 · 보건교육 중 관리감독자 정기안전 · 보건교육의 교육내용이 아닌 것은?

① 유해 · 위험 작업환경 관리에 관한 사항
② 표준안전작업방법 결정 및 지도 · 감독 요령에 관한 사항
③ 작업공정의 유해 · 위험과 재해 예방대책에 관한 사항
④ 기계 · 기구의 위험성과 작업의 순서 및 동선에 관한 사항

해설 정기안전 · 보건교육의 교육내용
㉮ ①, ②, ③과 다음의 내용이 포함된다.
㉯ 산업안전 및 사고 예방에 관한 사항
㉰ 산업보건 및 직업병 예방에 관한 사항
㉱ 위험성평가에 관한 사항
㉲ 산업안전보건법령 및 산업재해보상보험 제도에 관한 사항
㉳ 직무스트레스 예방 및 관리에 관한 사항
㉴ 직장 내 괴롭힘, 고객의 폭언 등으로 인한 건강장해 예방 및 관리에 관한 사항
㉵ 사업장 내 안전보건관리체제 및 안전 · 보건조치 현황에 관한 사항
㉶ 현장근로자와의 의사소통능력 및 강의능력 등 안전보건교육 능력 배양에 관한 사항
㉷ 비상시 또는 재해 발생 시 긴급조치에 관한 사항
㉸ 그 밖의 관리감독자의 직무에 관한 사항

참고 산업안전보건법 시행규칙 별표 5

실기 실기시험까지 대비해서 암기하세요.

06 타인의 비판 없이 자유로운 토론을 통하여 다량의 독창적인 아이디어를 이끌어 내고, 대안적 해결안을 찾기 위한 집단적 사고기법은?

① Role playing
② Brain storming
③ Action playing
④ Fish Bowl playing

해설 브레인스토밍(Brain storming)
브레인스토밍은 보다 많은 아이디어를 창출하기 위하여 가능한 한 자유분방하게 모든 의견을 비판 없이 청취하고, 수정발언을 허용하여 대량발언을 유도하는 방법이다.

07 다음 설명의 학습지도 형태는 어떤 토의법 유형인가?

> 6-6 회의라고도 하며, 6명씩 소집단으로 구분하고 집단별로 각각의 사회자를 선발하여 6분간씩 자유토의를 행하여 의견을 종합하는 방법

① 포럼(Forum)
② 버즈세션(Buzz Session)
③ 케이스 메소드(Case Method)
④ 패널 디스커션(Panel discussion)

해설 토의식 교육기법
① 포럼 : 새로운 자료나 교재를 제시하고 거기서의 문제점을 피교육자로 하여금 제기하도록 하거나 의견을 여러 가지 방법으로 발표하게 하여 다시 깊이 파고들어 토의를 행하는 방법
③ 케이스 메소드 : 사례를 발표하고 문제적 사실과 상호관계에 대해 검토한 뒤 대책을 토의하는 학습방법
④ 패널 디스커션 : 토론 집단을 패널 멤버와 청중으로 나누고, 먼저 문제에 대해 패널 멤버인 각 분야의 전문가로 하여금 토론하게 한 다음, 청중과 패널 멤버 사이에 질의응답을 하도록 하는 토론 형식

08 산업안전보건법령상 보안경 착용을 포함하는 안전보건표지의 종류는?

① 지시표지 ② 안내표지
③ 금지표지 ④ 경고표지

해설 안전보건표지 중 지시표지
보안경, 방독마스크, 방진마스크, 보안면 착용 등

참고 산업안전보건법 시행규칙 별표 7

Answer 05. ④ 06. ② 07. ② 08. ①

09 산업안전보건법령상 안전보건표지의 종류 중 경고표지의 기본모형(형태)이 다른 것은?

① 고압전기 경고 ② 방사성물질 경고
③ 폭발성물질 경고 ④ 매달린 물체 경고

해설 안전보건표지의 경고표지

① 고압전기 경고	② 방사성 물질 경고	③ 폭발성물질 경고	④ 매달린 물체 경고

참고 산업안전보건법 시행규칙 별표 6

실기 실기시험까지 대비해서 암기하세요.

10 직무적성검사의 특징과 가장 거리가 먼 것은?

① 재현성 ② 객관성
③ 타당성 ④ 표준화

해설 직무특성검사의 특징
객관성, 타당성, 표준화, 신뢰성, 규준

11 무재해운동에 관한 설명으로 틀린 것은?

① 제3자의 행위에 의한 업무상 재해는 무재해로 본다.
② 작업 시간 중 천재지변 또는 돌발적인 사고로 인한 구조행위 또는 긴급피난 중 발생한 사고는 무재해로 본다.
③ 무재해란 무재해운동 시행사업장에서 근로자가 업무에 기인하여 사망 또는 2일 이상의 요양을 요하는 부상 또는 질병에 이환되지 않는 것을 말한다.
④ 작업 시간 외에 천재지변 또는 돌발적인 사고 우려가 많은 장소에서 사회통념상 인정되는 업무수행 중 발생한 사고는 무재해로 본다.

해설 무재해운동
③ 무재해란 무재해운동 시행사업장에서 근로자가 업무에 기인하여 사망 또는 4일 이상의 요양을 요하는 부상 또는 질병이 발생하지 않는 것을 말한다.

12 레빈(Lewin)은 인간의 행동 특성을 다음과 같이 표현하였다. 변수 'E'가 의미하는 것은?

$$B = f(P \cdot E)$$

① 연령 ② 성격
③ 작업환경 ④ 지능

해설 레빈(K. Lewin)의 인간행동 법칙
B : behavior(인간의 행동)
f : function(함수관계)
P : person(개체 : 연령, 경험, 심신 상태, 성격, 지능 등)
E : environment(환경 : 인간관계, 작업환경 등)

13 특정 과업에서 에너지 소비수준에 영향을 미치는 인자가 아닌 것은?

① 작업방법 ② 작업속도
③ 작업관리 ④ 도구

해설 에너지소비량에 영향을 미치는 인자
작업방법, 작업속도, 도구, 작업자세

14 교육훈련의 4단계를 올바르게 나열한 것은?

① 도입 → 적용 → 제시 → 확인
② 도입 → 확인 → 제시 → 적용
③ 적용 → 제시 → 도입 → 확인
④ 도입 → 제시 → 적용 → 확인

해설 교육훈련 지도방법의 4단계 순서
도입 → 제시 → 적용 → 확인

15 다음 중 안전교육의 기본 방향과 가장 거리가 먼 것은?

① 생산성 향상을 위한 교육
② 사고사례 중심의 안전교육
③ 안전작업을 위한 교육
④ 안전의식 향상을 위한 교육

Answer 09. ③ 10. ① 11. ③ 12. ③ 13. ③ 14. ④ 15. ①

해설 안전교육의 기본방향

② 사고사례 중심의 안전교육
③ 안전작업(표준작업)을 위한 안전교육
④ 안전의식 향상을 위한 안전교육

16 데이비스(Davis)의 동기부여이론 중 동기유발의 식으로 옳은 것은?

① 지식×기능 ② 지식×태도
③ 상황×기능 ④ 상황×태도

해설 데이비스(K. Davis)의 동기부여이론

㉮ 인간의 성과×물질의 성과=경영의 성과
㉯ 능력×동기유발=인간의 성과
㉰ 지식×기능=능력
㉱ 상황× 태도=동기유발

17 OJT(On Job Training)의 특징에 대한 설명으로 옳은 것은?

① 특별한 교재·교구·설비 등을 이용하는 것이 가능하다.
② 외부의 전문가를 위촉하여 전문교육을 실시할 수 있다.
③ 직장의 실정에 맞는 구체적이고 실제적인 지도교육이 가능하다.
④ 다수의 근로자들에게 조직적 훈련이 가능하다.

해설 OJT(On Job Training)의 특징

㉮ 직장의 실정에 맞는 구체적이고 실제적인 지도 교육이 가능하다.
㉯ 직장의 실정에 맞게 실제적 훈련이 가능하다.
㉰ 훈련과 업무의 계속성이 끊어지지 않는다.
㉱ 개개인에 대한 효율적인 지도훈련이 가능하다.
㉲ 교육을 담당하는 상사와 부하 간의 의사소통과 신뢰감이 깊어진다.

18 안전교육에 대한 설명으로 옳은 것은?

① 사례중심과 실연을 통하여 기능적 이해를 돕는다.
② 사무직과 기능직은 그 업무가 판이하게 다르므로 분리하여 교육한다.
③ 현장 작업자는 이해력이 낮으므로 단순반복 및 암기를 시킨다.
④ 안전교육에 건성으로 참여하는 것을 방지하기 위하여 인사고과에 필히 반영한다.

해설 안전교육

② 사무직과 기능직은 그 업무가 다르지만, 정기안전교육의 경우 통합하여 교육할 수 있다.
③ 현장 작업자는 이해력이 낮다고 단정할 수 없다.
④ 안전교육에 건성으로 참여하는 것을 방지하기 위하여 인사고과에 반영하는 것은 민원 발생 우려가 있다.

19 파블로프(Pavlov)의 조건반사설에 의한 학습이론의 원리가 아닌 것은?

① 일관성의 원리 ② 계속성의 원리
③ 준비성의 원리 ④ 강도의 원리

해설 조건반사설에 의한 학습이론의 원리

일관성, 계속성, 시간, 강도의 원리

20 산업안전보건법령상 안전보건진단을 받아 안전보건개선계획의 수립 및 명령을 할 수 있는 대상이 아닌 것은?

① 작업환경 불량, 화재·폭발 또는 누출 사고 등으로 사업장 주변까지 피해가 확산된 사업장
② 산업재해율이 같은 업종 평균 산업재해율의 2배 이상인 사업장
③ 사업주가 필요한 안전조치 또는 보건조치를 이행하지 아니하여 중대재해가 발생한 사업장
④ 상시근로자 1천명 이상인 사업장에서 직업성 질병자가 연간 2명 이상 발생한 사업장

해설 안전보건진단을 받아 안전보건개선계획을 수립할 대상

㉮ 산업재해율이 같은 업종 평균 산업재해율의 2배 이상인 사업장
㉯ 사업주가 필요한 안전조치 또는 보건조치를 이행하지 아니하여 중대재해가 발생한 사업장
㉰ 직업성 질병자가 연간 2명 이상(상시근로자 1천명 이상 사업장의 경우 3명 이상) 발생한 사업장

Answer 16. ④ 17. ③ 18. ① 19. ③ 20. ④

㉣ 그 밖에 작업환경 불량, 화재 · 폭발 또는 누출 사고 등으로 사업장 주변까지 피해가 확산된 사업장으로서 고용노동부령으로 정하는 사업장

참고 산업안전보건법 시행령 제49조

실기 실기시험까지 대비해서 암기하세요.

제2과목 인간공학 및 위험성 평가 · 관리

21 사업장에서 인간공학 적용분야로 틀린 것은?

① 제품설계 ② 산업독성학
③ 재해 · 질병예방 ④ 작업장 내 조사 및 연구

해설 사업장에서 인간공학 적용분야
㉮ 작업관련성 유해 · 위험 작업분석(작업환경개선)
㉯ 제품설계에 있어 인간에 대한 안전성 평가(장비 및 공구설계)
㉰ 작업공간의 설계
㉱ 인간-기계 인터페이스 디자인
㉲ 재해 및 질병 예방

22 인간공학에 대한 설명으로 틀린 것은?

① 인간이 사용하는 물건, 설비, 환경의 설계에 적용된다.
② 인간을 작업과 기계에 맞추는 설계 철학이 바탕이 된다.
③ 인간-기계 시스템의 안전성과 편리성, 효율성을 높인다.
④ 인간의 생리적, 심리적인 면에서의 특성이나 한계점을 고려한다.

해설 인간공학
인간공학이란 인간활동의 최적화를 연구하는 학문으로 인간이 작업활동을 하는 경우에 인간으로서 가장 자연스럽게 일하는 방법을 연구하는 것이며, 인간과 그들이 사용하는 사물과 환경 사이의 상호작용에 대해 연구하는 것이다. 또한, 인간공학은 **사람들에게 알맞도록 작업을 맞추어 주는 과학(지식)**이다.

23 인간의 실수 중 수행해야 할 작업 및 단계를 생략하여 발생하는 오류는?

① omission error ② commission error
③ sequence error ④ timing error

해설 휴먼에러의 오류
① 부작위 에러(omission error) : 필요한 작업 또는 절차를 수행하지 않는 데 기인한 에러
② 작위 에러(commission error) : 필요한 작업 또는 절차의 불확실한 수행으로 인한 에러
③ 순서 에러(sequence error) : 필요한 작업 또는 절차의 순서착오로 인한 에러
④ 시간 에러(timing error) : 필요한 작업 또는 절차의 수행 지연으로 인한 에러

24 인간공학 연구조사에 사용되는 기준의 구비조건과 가장 거리가 먼 것은?

① 적절성 ② 다양성
③ 무오염성 ④ 기준 척도의 신뢰성

해설 인간공학 연구조사에 사용되는 기준의 구비조건
① 적절성 : 어떤 변수가 실제로 의도하는 바를 어느 정도 평가하는지 결정하는 것이다.
③ 무오염성 : 측정하는 구조 외적인 변수의 영향을 받지 않는 것을 말한다.
④ 기준 척도의 신뢰성 : 시간이나 대표적 표본의 선정에 관계없이, 변수측정의 일관성이나 안정성을 말한다.

25 인간과 기계의 신뢰도가 인간 0.40, 기계 0.95인 경우, 병렬작업 시 전체 신뢰도는?

① 0.89 ② 0.92
③ 0.95 ④ 0.97

해설 직 · 병렬 시스템의 신뢰도

$$R_S = 1-\{(1-R_{0.40})(1-R_{0.95})\}$$
$$= 1-\{(1-0.4)\times(1-0.95)\}$$
$$= 1-0.03 = 0.97$$

Answer 21. ② 22. ② 23. ① 24. ② 25. ④

26 인체 계측 중 운전 또는 워드 작업과 같이 인체의 각 부분이 서로 조화를 이루며 움직이는 자세에서의 인체치수를 측정하는 것을 무엇이라 하는가?

① 구조적 치수 ② 정적 치수
③ 외곽 치수 ④ 기능적 치수

해설 동적측정(기능적 인체치수)
㉮ 동적 인체측정은 일반적으로 상지나 하지의 운동, 체위의 움직임에 따른 상태에서 측정하는 것이다.
㉯ 동적 인체측정은 실제의 작업 혹은 실제 조건에 밀접한 관계를 갖는 현실성 있는 인체치수를 구하는 것이다.
㉰ 동적측정은 마틴식 계측기로는 측정이 불가능하며, 사진 및 시네마 필름을 사용한 3차원(공간) 해석장치나 새로운 계측 시스템이 요구된다.
㉱ 동적측정을 사용하는 것이 중요한 이유는 신체적 기능을 수행할 때, 각 신체 부위는 독립적으로 움직이는 것이 아니라 조화를 이루어 움직이기 때문이다.

27 결함수분석법(FTA)에서의 미니멀 컷셋과 미니멀 패스셋에 관한 설명으로 맞는 것은?

① 미니멀 컷셋은 시스템의 신뢰성을 표시하는 것이다.
② 미니멀 패스셋은 시스템의 위험성을 표시하는 것이다.
③ 미니멀 패스셋은 시스템의 고장을 발생시키는 최소의 패스셋이다.
④ 미니멀 컷셋은 정상사상(top event)을 일으키기 위한 최소한의 컷셋이다.

해설 미니멀 컷셋과 미니멀 패스셋
㉮ 미니멀 컷셋 : 정상사상(고장)을 일으키는 최소의 기본사상으로, 시스템의 위험성을 나타낸다
㉯ 미니멀 패스셋 : 어떤 동작이나 실수를 일으키지 않으면 고장은 발생하지 않는 것으로, 시스템의 신뢰성을 나타낸다.

실기 실기시험까지 대비해서 암기하세요.

28 강의용 책걸상을 설계할 때 고려해야 할 변수와 적용할 인체측정자료 응용원칙이 적절하게 연결된 것은?

① 의자 높이 – 최대 집단치 설계
② 의자 깊이 – 최대 집단치 설계
③ 의자 너비 – 최대 집단치 설계
④ 책상 높이 – 최대 집단치 설계

해설 최대 집단치 설계
특정한 설비를 설계할 때, 어떤 인체측정 특성의 한 극단에 속하는 사람을 대상으로 설계하면 거의 모든 사람을 수용할 수 있는 경우가 있다. 문, 탈출구, 통로 등과 같은 공간 여유를 정하거나 줄사다리의 강도 등을 정할 때 사용한다.

29 다음 중 인간의 과오(Human Error)를 정량적으로 평가하고 분석하는 데 사용하는 기법으로 가장 적절한 것은?

① THERP ② FMEA
③ CA ④ FMECA

해설 THERP(Technique for Human Error Rate Prediction)
시스템에 있어서 인간의 과오(human error)를 정량적으로 평가하기 위하여 1963년 Swain 등에 의해 개발된 기법

30 HAZOP 기법에서 사용하는 가이드워드와 그 의미가 잘못 연결된 것은?

① Other than : 기타 환경적인 요인
② No/Not : 디자인 의도의 완전한 부정
③ Reverse : 디자인 의도의 논리적 반대
④ More/Less : 정량적인 증가 또는 감소

해설 HAZOP 가이드워드
㉮ Other Than : 기타, 완전한 대체
㉯ No 또는 Not : 완전한 부정
㉰ Reverse : 반대, 설계의도와 정반대
㉱ More 또는 Less : 양의 증가 및 감소
㉲ Part of : 부분, 성질상의 감소
㉳ As Well As : 부가, 성질상의 증가

Answer 26. ④ 27. ④ 28. ③ 29. ① 30. ①

31 그림과 같은 FT도에 대한 최소 컷셋(minimal cut sets)으로 옳은 것은? (단, Fussell의 알고리즘을 따른다.)

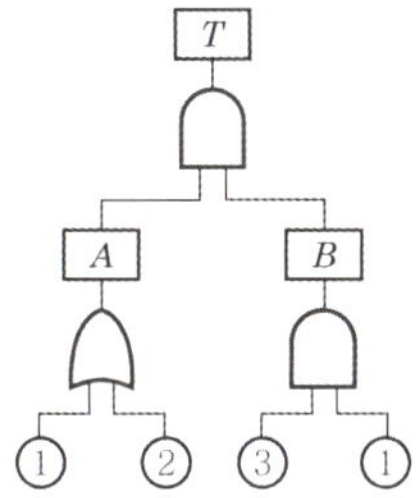

① {1, 2}
② {1, 3}
③ {2, 3}
④ {1, 2, 3}

해설 최소 컷셋(minimal cut sets)

$T = A \cdot B = (①+②) \cdot (①\times③)$
$= ①③ + ①②③$
$= ①③(1+②)$
$= ①③$

실기 실기시험까지 대비해서 암기하세요.

32 병렬 시스템의 대한 특성이 아닌 것은?

① 요소의 수가 많을수록 고장의 기회는 줄어든다.
② 요소의 중복도가 늘어날수록 시스템의 수명은 길어진다.
③ 요소의 어느 하나라도 정상이면 시스템은 정상이다.
④ 시스템의 수명은 요소 중에서 수명이 가장 짧은 것으로 정해진다.

해설 병렬 시스템의 특성

④ 시스템의 수명은 요소 중 수명이 가장 긴 것에 의하여 결정된다.

33 다음 중 소음 발생에 있어 음원에 대한 대책으로 볼 수 없는 것은?

① 설비의 격리
② 적절한 재배치
③ 저소음 설비 사용
④ 귀마개 및 귀덮개 사용

해설 음원에 대한 대책

① 설비의 격리
② 적절한 재배치
③ 저소음 설비 사용
④ 소음원의 통제

34 근골격계질환 작업분석 및 평가 방법인 OWAS의 평가요소를 모두 고른 것은?

㉠ 상지
㉡ 무게(하중)
㉢ 하지
㉣ 허리

① ㉠, ㉡
② ㉠, ㉢, ㉣
③ ㉡, ㉢, ㉣
④ ㉠, ㉡, ㉢, ㉣

해설 OWAS 평가항목

㉮ 허리(back)
㉯ 팔(arms)
㉰ 다리(legs)
㉱ 하중(weight)

35 시각 표시장치보다 청각 표시장치의 사용이 바람직한 경우는?

① 전언이 복잡한 경우
② 전언이 재참조되는 경우
③ 전언이 즉각적인 행동을 요구하는 경우
④ 직무상 수신자가 한 곳에 머무는 경우

해설 청각장치가 이로운 경우

㉮ 전달정보가 간단할 때
㉯ 전달정보는 후에 재참조되지 않음
㉰ 전달정보가 즉각적인 행동을 요구할 때
㉱ 수신 장소가 너무 밝을 때
㉲ 직무상 수신자가 자주 움직이는 경우

36 다음 중 실효온도(Effective Temperature)에 대한 설명으로 틀린 것은?

① 체온계로 입안의 온도를 측정하여 기준으로 한다.
② 실제로 감각되는 온도로서 실감온도라고 한다.
③ 온도, 습도 및 공기 유동이 인체에 미치는 열효과를 나타낸 것이다.
④ 상대습도 100%일 때의 건구온도에서 느끼는 것과 동일한 온감이다.

Answer 31. ② 32. ④ 33. ④ 34. ④ 35. ③ 36. ①

해설 실효온도

㉮ 온도, 습도 및 공기유동이 인체에 미치는 열효과를 하나의 수치로 통합한 경험적 감각지수이다.
㉯ 상대습도 100%일 때 이 (건구)온도에서 느끼는 동일한 온감이다.
㉰ 저온조건에서 습도의 영향을 과대평가하고, 고온조건에서 과소평가한다.
㉱ 실효온도의 결정요소 : 온도, 습도, 대류

37 음량수준을 평가하는 척도와 관계없는 것은?

① dB ② HSI
③ phon ④ sone

해설 HSI(열압박지수)

열평형을 유지하기 위해 증발해야 하는 땀의 양

38 다음 중 청각적 표시장치의 설계에 관한 설명으로 가장 거리가 먼 것은?

① 신호를 멀리 보내고자 할 때는 낮은 주파수를 사용하는 것이 바람직하다.
② 배경소음의 주파수와 다른 주파수의 신호를 사용하는 것이 바람직하다.
③ 신호가 장애물을 돌아가야 할 때에는 높은 주파수를 사용하는 것이 바람직하다.
④ 경보는 청취자에게 위급 상황에 대한 정보를 제공하는 것이 바람직하다.

해설 청각적 표시장치

㉮ 귀는 중음역(中音域)에 가장 민감하므로 500~3,000Hz의 진동수를 사용한다.
㉯ 중음은 멀리 가지 못하므로 장거리(>300m)용으로는 1,000Hz 이하의 진동수를 사용한다.
㉰ 신호가 장애물을 돌아가거나 칸막이를 통과해야 할 때는 500Hz 이하의 진동수를 사용한다.
㉱ 주의를 끌기 위해서는 초당 1~8번 나는 소리나 초당 1~3번 오르내리는 변조된 신호를 사용한다.
㉲ 배경소음의 진동수와 다른 신호를 사용한다.
㉳ 경보효과를 높이기 위해서 개시시간이 짧은 고강도 신호를 사용하고, 소화기를 사용하는 경우에는 좌우로 교번하는 신호를 사용한다.
㉴ 가능하면 다른 용도에 쓰이지 않는 확성기(speaker), 경적(horn) 등과 같은 별도의 통신계통을 사용한다.

39 인지 및 인식의 오류를 예방하기 위해 목표와 관련하여 작동을 계획해야 하는데 특수하고 친숙하지 않은 상황에서 발생하며, 부적절한 분석이나 의사결정을 잘못하여 발생하는 오류는?

① 기능에 기초한 행동(Skill－based Behavior)
② 규칙에 기초한 행동(Rule－based Behavior)
③ 사고에 기초한 행동(Accident－based Behavior)
④ 지식에 기초한 행동(Knowledge－based Behavior)

해설 원인적 분류(Rasmussen)

㉮ 숙련기반 에러(skill－based error)
㉯ 규칙기반 에러(rule－based error)
㉰ 지식기반 에러(knowledge－based error)

40 다음 중 소음에 의한 청력손실이 가장 심각한 주파수 범위는?

① 500~1,000Hz ② 3,000~4,000Hz
③ 8,000~10,000Hz ④ 15,000~20,000Hz

해설 청력장해

㉮ 일시장해 : 청각피로에 의해서 일시적으로(폭로 후 2시간 이내) 들리지 않다가 보통 1~2시간 후에 회복되는 청력장해를 말한다.
㉯ 영구장해 : 일시장해에서 회복 불가능한 상태로 넘어가는 상태로 3,000~6,000Hz 범위에서 영향을 받으며 4,000Hz에서 청력손실이 현저히 커진다. 이러한 소음성 난청의 초기 단계를 보이는 현상을 C_5－dip 현상이라고 한다.

제3과목 기계 · 기구 및 설비 안전관리

41 연강의 인장강도가 420MPa이고, 허용응력이 140MPa이라면 안전율은?

① 1 ② 2
③ 3 ④ 4

해설 안전율

$$안전율 = \frac{인장강도}{허용응력} = \frac{420}{140} = 3$$

Answer 37. ② 38. ③ 39. ④ 40. ② 41. ③

42 산업안전보건법령상 양중기를 사용하여 작업하는 운전자 또는 작업자가 보기 쉬운 곳에 해당 양중기에 대해 표시하여야 할 내용으로 가장 거리가 먼 것은? (단, 승강기는 제외한다.)

① 정격하중 ② 운전 속도
③ 경고 표시 ④ 최대 인양 높이

해설 정격하중의 표시
사업주는 양중기 및 달기구를 사용하여 작업하는 운전자 또는 작업자가 보기 쉬운 곳에 해당 기계의 정격하중, 운전 속도, 경고 표시 등을 부착하여야 한다. 다만, 달기구는 정격하중만 표시한다.

참고 산업안전보건에 관한 규칙 제133조

43 롤러기의 급정지장치에 관한 설명으로 가장 적절하지 않은 것은?

① 복부 조작식은 조작부 중심점을 기준으로 밑면으로부터 1.2~1.4m 이내의 높이로 설치한다.
② 손 조작식은 조작부 중심점을 기준으로 밑면으로부터 1.8m 이내의 높이로 설치한다.
③ 급정지장치의 조작부에 사용하는 줄은 사용 중에 늘어져서는 안 된다.
④ 급정지장치의 조작부에 사용하는 줄은 충분한 인장강도를 가져야 한다.

해설 조작부 설치 위치에 따른 롤러기 급정지장치의 종류

종류	설치 위치
손 조작식	밑면에서 1.8m 이내
복부 조작식	밑면에서 0.8m 이상 1.1m 이내
무릎 조작식	밑면에서 0.6m 이내

※ 위치는 급정지장치 조작부의 중심점을 기준

실기 실기시험까지 대비해서 암기하세요.

44 프레스 작업시작 전 점검해야 할 사항으로 거리가 먼 것은?

① 매니퓰레이터 작동의 이상 유무
② 클러치 및 브레이크 기능
③ 슬라이드, 연결봉 및 연결 나사의 풀림 여부
④ 프레스 금형 및 고정볼트 상태

해설 프레스의 작업시작 전 점검사항
㉮ 클러치 및 브레이크 기능
㉯ 크랭크축 · 플라이휠 · 슬라이드 · 연결봉 및 연결 나사의 풀림 여부
㉰ 1행정 1정지기구 · 급정지장치 및 비상정지장치의 기능
㉱ 슬라이드 또는 칼날에 의한 위험방지기구의 기능
㉲ 방호장치의 기능
㉳ 전단기의 칼날 및 테이블의 상태
※ ①은 로봇의 교시 작업시작 전 점검사항이다.

실기 실기시험까지 대비해서 암기하세요.

45 원동기, 풀리, 기어 등 근로자에게 위험을 미칠 우려가 있는 부위에 설치하는 위험방지 장치가 아닌 것은?

① 덮개 ② 슬리브
③ 건널다리 ④ 램

해설 원동기 · 회전축 등의 위험 방지
사업주는 기계의 원동기 · 회전축 · 기어 · 풀리 · 플라이휠 · 벨트 및 체인 등 근로자가 위험에 처할 우려가 있는 부위에 덮개 · 울 · 슬리브 및 건널다리 등을 설치하여야 한다.

참고 산업안전보건에 관한 규칙 제87조

실기 실기시험까지 대비해서 암기하세요.

46 프레스기의 비상정지스위치 작동 후 슬라이드가 하사점까지 도달시간이 0.15초 걸렸다면 양수기동식 방호장치의 안전거리는 최소 몇 cm 이상이어야 하는가?

① 24 ② 240
③ 15 ④ 150

해설 양수기동식 방호장치의 안전거리(D)
$D=1.6(T_L+T_s)=1.6\times0.15=0.24[\text{m}]=24[\text{cm}]$
여기서, T_L : 버튼에서 손이 떨어질 때부터 급정지기구가 작동할 때까지 시간
T_s : 급정지기구 작동 시부터 슬라이드가 정지할 때까지 시간

실기 실기시험까지 대비해서 암기하세요.

Answer 42. ④ 43. ① 44. ① 45. ④ 46. ①

47 산업안전보건법령상 산업용 로봇에 의한 작업 시 안전조치 사항으로 적절하지 않은 것은?

① 로봇의 운전으로 인해 근로자가 로봇에 부딪힐 위험이 있을 때에는 높이 1.8m 이상의 울타리를 설치하여야 한다.
② 작업을 하고 있는 동안 로봇의 기동스위치 등은 작업에 종사하고 있는 근로자가 아닌 사람이 그 스위치 등을 조작할 수 없도록 필요한 조치를 한다.
③ 로봇의 조작방법 및 순서, 작업 중의 매니퓰레이터의 속도 등에 관한 지침에 따라 작업을 하여야 한다.
④ 작업에 종사하는 근로자가 이상을 발견하면, 관리 감독자에게 우선 보고하고, 지시가 나올 때까지 작업을 진행한다.

해설 산업용 로봇에 의한 작업 시 안전조치 사항
④ 작업에 종사하고 있는 근로자 또는 그 근로자를 감시하는 사람은 이상을 발견하면 즉시 로봇의 운전을 정지시키기 위한 조치를 할 것

참고 산업안전보건에 관한 규칙 제222조

실기 실기시험까지 대비해서 암기하세요.

48 크레인에서 일반적인 권상용 와이어로프 및 권상용 체인의 안전율 기준은?

① 10 이상 ② 2.7 이상
③ 4 이상 ④ 5 이상

해설 와이어로프 등 달기구의 안전계수
㉮ 근로자가 탑승하는 운반구를 지지하는 달기와이어로프 또는 달기체인의 경우 : 10 이상
㉯ 화물의 하중을 직접 지지하는 달기와이어로프 또는 달기체인의 경우 : 5 이상
㉰ 훅, 샤클, 클램프, 리프팅 빔의 경우 : 3 이상
㉱ 그 밖의 경우 : 4 이상

참고 산업안전보건에 관한 규칙 제163조

실기 실기시험까지 대비해서 암기하세요.

49 밀링 작업 시 안전수칙으로 옳지 않은 것은?

① 테이블 위에 공구나 기타 물건 등을 올려놓지 않는다.
② 제품 치수를 측정할 때는 절삭 공구의 회전을 정지한다.
③ 강력 절삭을 할 때는 일감을 바이스에 짧게 물린다.
④ 상·하, 좌·우 이송장치의 핸들은 사용 후 풀어 둔다.

해설 밀링 작업 시 안전수칙
③ 강력 절삭을 할 때는 일감을 바이스에 깊게 물린다.

실기 실기시험까지 대비해서 암기하세요.

50 회전 중인 연삭숫돌이 근로자에게 위험을 미칠 우려가 있을 시 덮개를 설치하여야 할 연삭숫돌의 최소 지름은?

① 지름이 5cm 이상인 것
② 지름이 10cm 이상인 것
③ 지름이 15cm 이상인 것
④ 지름이 20cm 이상인 것

해설 연삭숫돌의 덮개
사업주는 회전 중인 연삭숫돌(지름이 5cm 이상인 것으로 한정)이 근로자에게 위험을 미칠 우려가 있는 경우에 그 부위에 덮개를 설치하여야 한다.

참고 산업안전보건기준에 관한 규칙 제122조

실기 실기시험까지 대비해서 암기하세요.

51 다음 설명 중 ( ) 안에 알맞은 내용은?

> 산업안전보건법령상 롤러기의 급정지장치는 롤러를 무부하로 회전시킨 상태에서 앞면 롤러의 표면속도가 30m/min 미만일 때에는 급정지거리가 앞면 롤러 위주의 ( ) 이내에서 롤러를 정지시킬 수 있는 성능을 보유해야 한다.

① 1/4 ② 1/3
③ 1/2.5 ④ 1/2

Answer 47. ④ 48. ④ 49. ③ 50. ① 51. ②

해설 앞면 롤러의 표면속도에 따른 급정지거리

앞면 롤러의 표면속도	급정지거리
30m/min 미만	앞면 롤러 원주의 1/3
30m/min 이상	앞면 롤러 원주의 1/2.5

참고 방호장치 자율안전기준 고시 별표 3

실기 실기시험까지 대비해서 암기하세요.

52 용접장치에서 안전기의 설치 기준에 관한 설명으로 옳지 않은 것은?

① 아세틸렌 용접장치에 대하여는 일반적으로 각 취관마다 안전기를 설치하여야 한다.
② 아세틸렌 용접장치의 안전기는 가스용기와 발생기가 분리되어 있는 경우 발생기와 가스용기 사이에 설치한다.
③ 가스집합 용접장치에서는 주관 및 분기관에 안전기를 설치하며, 이 경우 하나의 취관에 2개 이상의 안전기를 설치한다.
④ 가스집합 용접장치의 안전기 설치는 화기사용설비로부터 3m 이상 떨어진 곳에 설치한다.

해설 용접장치에서 안전기의 설치 기준
④ 가스집합 용접장치의 안전기 설치는 화기사용설비로부터 5m 이상 떨어진 곳에 설치한다.

참고 산업안전보건에 관한 규칙 제293, 295조

53 연삭기의 안전작업수칙에 대한 설명 중 가장 거리가 먼 것은?

① 숫돌의 정면에 서서 숫돌 원주면을 사용한다.
② 숫돌 교체 시 3분 이상 시운전을 한다.
③ 숫돌의 회전은 최고 사용 원주속도를 초과하여 사용하지 않는다.
④ 연삭숫돌에 충격을 가하지 않는다.

해설 연삭기의 안전작업수칙
㉮ 사업주는 회전 중인 연삭숫돌(지름이 5cm 이상인 것으로 한정한다)이 근로자에게 위험을 미칠 우려가 있는 경우에 그 부위에 덮개를 설치하여야 한다.
㉯ 사업주는 연삭숫돌을 사용하는 작업의 경우 작업을 시작하기 전에는 1분 이상, 연삭숫돌을 교체한 후에는 3분 이상 시험운전을 하고 해당 기계에 이상이 있는지를 확인하여야 한다.
㉰ 제2항에 따른 시험운전에 사용하는 연삭숫돌은 작업시작 전에 결함이 있는지를 확인한 후 사용하여야 한다.
㉱ 사업주는 연삭숫돌의 최고 사용회전속도를 초과하여 사용하도록 해서는 아니 된다.
㉲ 사업주는 측면을 사용하는 것을 목적으로 하지 않는 연삭숫돌을 사용하는 경우 측면을 사용하도록 해서는 아니 된다.

실기 실기시험까지 대비해서 암기하세요.

54 보일러에서 압력방출장치가 2개 설치된 경우 최고사용압력이 1MPa일 때 압력방출장치의 설정 방법으로 가장 옳은 것은?

① 2개 모두 1.1MPa 이하에서 작동되도록 설정하였다.
② 하나는 1MPa 이하에서 작동되고 나머지는 1.1MPa 이하에서 작동되도록 설정하였다.
③ 하나는 1MPa 이하에서 작동되고 나머지는 1.05MPa 이하에서 작동되도록 설정하였다.
④ 2개 모두 1.05MPa 이하에서 작동되도록 설정하였다.

해설 압력방출장치
사업주는 보일러의 안전한 가동을 위하여 보일러 규격에 맞는 압력방출장치를 1개 또는 2개 이상 설치하고 최고사용압력(설계압력 또는 최고허용압력을 말한다. 이하 같다) 이하에서 작동되도록 하여야 한다. 다만, 압력방출장치가 2개 이상 설치된 경우에는 최고사용압력 이하에서 1개가 작동되고, 다른 압력방출장치는 최고사용압력 1.05배 이하에서 작동되도록 부착하여야 한다.

참고 산업안전보건기준에 관한 규칙 제116조

Answer 52. ④ 53. ① 54. ③

55 슬라이드가 내려옴에 따라 손을 쳐내는 막대가 좌우로 왕복하면서 위험한계에 있는 손을 보호하는 프레스 방호장치는?

① 수인식 ② 게이트 가드식
③ 반발예방장치 ④ 손쳐내기식

해설 프레스 또는 전단기 방호장치의 종류와 분류

㉮ 광전자식(A-1) : 프레스 또는 전단기에서 일반적으로 많이 활용하고 있는 형태로서 투광부, 수광부, 컨트롤 부분으로 구성된 것으로서 신체 일부가 광선을 차단하면 기계를 급정지시키는 방호장치
㉯ 광전자식(A-2) : 급정지기능이 없는 프레스의 클러치 개조를 통해 광선 차단 시 급정지시킬 수 있도록 한 방호장치
㉰ 양수조작식(B-1, B-2) : 1행정 1정지식 프레스에 사용되는 것으로서 양손으로 동시에 조작하지 않으면 기계가 동작하지 않으며, 한 손이라도 떼어내면 기계를 정지시키는 방호장치
㉱ 가드식(C) : 가드가 열려 있는 상태에서는 기계의 위험부분이 동작되지 않고 기계가 위험한 상태일 때에는 가드를 열 수 없도록 한 방호장치
㉲ 손쳐내기식(D) : 슬라이드의 작동에 연동시켜 위험상태로 되기 전에 손을 위험 영역에서 밀어내거나 쳐내는 방호장치로서 프레스용으로 확동식 클러치형 프레스에 한해서 사용됨(다만, 광전자식 또는 양수조작식과 이중으로 설치 시에는 급정지 가능 프레스에 사용 가능).
㉳ 수인식(E) : 슬라이드와 작업자 손을 끈으로 연결하여 슬라이드 하강 시 작업자 손을 당겨 위험영역에서 빼낼 수 있도록 한 방호장치로서 프레스용으로 확동식 클러치형 프레스에 한해서 사용됨(다만, 광전자식 또는 양수조작식과 이중으로 설치 시에는 급정지 가능 프레스에 사용 가능).

실기 실기시험까지 대비해서 암기하세요.

56 산업안전보건법령상에서 정한 양중기의 종류에 해당하지 않는 것은?

① 크레인[호이스트(hoist)를 포함한다]
② 도르래
③ 곤돌라
④ 승강기

해설 양중기의 종류

㉮ 크레인[호이스트(hoist)를 포함한다]
㉯ 이동식 크레인
㉰ 리프트(이삿짐 운반용 리프트의 경우에는 적재하중이 0.1톤 이상인 것으로 한정한다)
㉱ 곤돌라
㉲ 승강기

참고 산업안전보건기준에 관한 규칙 제132조

57 산업안전보건법령상 로봇을 운전하는 경우 근로자가 로봇에 부딪칠 위험이 있을 때 높이는 최소 얼마 이상의 울타리를 설치하여야 하는가? (단, 로봇의 가동범위 등을 고려하여 높이로 인한 위험성이 없는 경우는 제외)

① 0.9m ② 1.2m
③ 1.5m ④ 1.8m

해설 운전 중의 위험방지

사업주는 로봇의 운전으로 인하여 근로자에게 발생할 수 있는 부상 등의 위험을 방지하기 위하여 높이 1.8m 이상의 울타리(로봇의 가동범위 등을 고려하여 높이로 인한 위험성이 없는 경우에는 높이를 그 이하로 조절할 수 있다)를 설치해야 하며, 컨베이어 시스템의 설치 등으로 울타리를 설치할 수 없는 일부 구간에 대해서는 안전매트 또는 광전자식 방호장치 등 감응형 방호장치를 설치해야 한다.

참고 산업안전보건기준에 관한 규칙 제223조

58 다음 중 크레인의 방호장치로 가장 거리가 먼 것은?

① 권과방지장치 ② 과부하방지장치
③ 비상정지장치 ④ 자동보수장치

해설 방호장치의 조정

사업주는 양중기에 과부하방지장치, 권과방지장치, 비상정지장치 및 제동장치, 그 밖의 방호장치가 정상적으로 작동될 수 있도록 미리 조정해 두어야 한다.

참고 산업안전보건기준에 관한 규칙 제134조

실기 실기시험까지 대비해서 암기하세요.

Answer 55. ④ 56. ② 57. ④ 58. ④

59 회전하는 부분의 접선방향으로 물려 들어갈 위험이 존재하는 점으로 주로 체인, 풀리, 벨트, 기어와 랙 등에서 형성되는 위험점은?

① 끼임점 ② 협착점
③ 절단점 ④ 접선물림점

해설 위험점
① 끼임점 : 회전하는 동작부분과 고정부분이 함께 만드는 위험점으로 주로 연삭숫돌과 작업대, 교반기의 교반날개와 몸체 사이에서 형성되는 위험점
② 협착점 : 프레스 등 왕복운동을 하는 기계에서 왕복하는 부품과 고정 부품 사이에 생기는 위험점
③ 절단점 : 둥근톱의 톱날 등 회전하는 기계 부분 자체의 위험에서 초래되는 위험점

실기 실기시험까지 대비해서 암기하세요.

60 산업안전보건법령상 강렬한 소음작업에서 데시벨에 따른 노출시간으로 적합하지 않은 것은?

① 100데시벨 이상의 소음이 1일 2시간 이상 발생하는 작업
② 110데시벨 이상의 소음이 1일 30분 이상 발생하는 작업
③ 115데시벨 이상의 소음이 1일 15분 이상 발생하는 작업
④ 120데시벨 이상의 소음이 1일 7분 이상 발생하는 작업

해설 강렬한 소음작업의 정의
㉮ 90dB 이상의 소음이 1일 8시간 이상 발생 작업
㉯ 95dB 이상의 소음이 1일 4시간 이상 발생 작업
㉰ 100dB 이상의 소음이 1일 2시간 이상 발생 작업
㉱ 105dB 이상의 소음이 1일 1시간 이상 발생 작업
㉲ 110dB 이상의 소음이 1일 30분 이상 발생 작업
㉳ 115dB 이상의 소음이 1일 15분 이상 발생 작업

참고 산업안전보건기준에 관한 규칙 제512조

제4과목 전기설비 안전관리

61 누전차단기의 시설방법 중 옳지 않은 것은?

① 시설장소는 배전반 또는 분전반 내에 설치한다.
② 정격전류용량은 해당 전로의 부하전류 값 이상이어야 한다.
③ 정격감도전류는 정상의 사용상태에서 불필요하게 동작하지 않도록 한다.
④ 인체감전보호형은 0.05초 이내에 동작하는 고감도고속형이어야 한다.

해설 누전차단기에 의한 감전방지
인체감전보호형은 0.03초 이내에 동작하는 고감도고속형이어야 한다.

참고 산업안전보건기준에 관한 규칙 제304조

62 전류가 흐르는 상태에서 단로기를 끊었을 때 여러 가지 파괴작용을 일으킨다. 다음 그림에서 유입차단기의 차단순위와 투입순위가 안전수칙에 가장 적합한 것은?

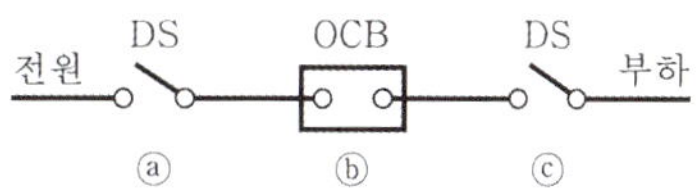

① 차단 : ⓐ → ⓑ → ⓒ, 투입 : ⓐ → ⓑ → ⓒ
② 차단 : ⓑ → ⓒ → ⓐ, 투입 : ⓑ → ⓒ → ⓐ
③ 차단 : ⓒ → ⓑ → ⓐ, 투입 : ⓒ → ⓐ → ⓑ
④ 차단 : ⓑ → ⓒ → ⓐ, 투입 : ⓒ → ⓐ → ⓑ

해설 유입차단기의 작동 순서
개폐 조작은 부하측에서 전원측으로 진행하며, 차단기(VCB)는 차단 시에는 가장 먼저, 투입 시에는 가장 뒤에 조작한다.

63 한국전기설비규정에 따라 피뢰설비에서 외부피뢰시스템의 수뢰부시스템으로 적합하지 않는 것은?

① 돌침 ② 수평도체
③ 메시도체 ④ 환상도체

Answer 59. ④ 60. ④ 61. ④ 62. ④ 63. ④

해설 수뢰부시스템(Air－termination System)

낙뢰를 포착할 목적으로 **돌침, 수평도체, 메시도체** 등과 같은 금속 물체를 이용한 외부피뢰시스템의 일부를 말한다.

64 피뢰기로서 갖추어야 할 성능 중 틀린 것은?

① 충격 방전 개시전압이 낮을 것
② 뇌전류 방전 능력이 클 것
③ 제한전압이 높을 것
④ 속류 차단을 확실하게 할 수 있을 것

해설 피뢰기로서 갖추어야 할 성능

㉮ ①, ③, ④와 다음의 성능을 갖추어야 한다.
㉯ 제한전압이 **낮을 것**
㉰ 반복 사용이 가능할 것
㉱ 구조가 간단하고 특성이 변하지 않을 것
㉲ 점검 및 보수가 간단할 것

65 주택용 배선차단기 B타입의 경우 순시동작 범위는? (단, I_n는 차단기 정격전류이다.)

① $3I_n$ 초과～$5I_n$ 이하
② $5I_n$ 초과～$10I_n$ 이하
③ $10I_n$ 초과～$15I_n$ 이하
④ $10I_n$ 초과～$20I_n$ 이하

해설 주택용 배선차단기의 순시동작범위

B타입	$3I_n$ 초과～$5I_n$ 이하
C타입	$5I_n$ 초과～$10I_n$ 이하
D타입	$10I_n$ 초과～$20I_n$ 이하

66 전동기용 퓨즈 사용 목적으로 알맞은 것은?

① 과전압 차단
② 누설전류 차단
③ 지락과전류 차단
④ 회로에 흐르는 과전류 차단

해설 전동기용 퓨즈

전동기용 퓨즈의 사용 목적은 **회로에 흐르는 과전류를 차단**하기 위함이다.

67 감전사고를 일으키는 주된 형태가 아닌 것은?

① 충전전로에 인체가 접촉되는 경우
② 이중절연 구조로 된 전기 기계 · 기구를 사용하는 경우
③ 고전압의 전선로에 인체가 근접하여 섬락이 발생된 경우
④ 충전 전기회로에 인체가 단락회로의 일부를 형성하는 경우

해설 감전사고 예방대책

② 이중절연 구조로 된 전기 기계 · 기구를 사용하는 경우는 감전사고 예방대책이다.

68 감전 등의 재해를 예방하기 위하여 특고압용 기계 · 기구 주위에 관계자 외 출입을 금하도록 울타리를 설치할 때, 울타리의 높이와 울타리로부터 충전부분까지의 거리의 합이 최소 몇 m 이상이 되어야 하는가? (단, 사용전압이 35kV 이하인 특고압용 기계기구이다.)

① 5m　　② 6m
③ 7m　　④ 9m

해설 특고압용 기계기구 충전부분의 지표상 높이

사용전압의 구분	울타리의 높이와 울타리로부터 충전부분까지의 거리의 합계 또는 지표상의 높이
35kV 이하	5m
35kV 초과 160kV 이하	6m
160kV 초과	6m에 160kV를 초과하는 10kV 또는 그 단수마다 0.12m를 더한 값

참고 한국전기설비규정

69 인체의 전기저항을 500Ω 이라 하는 경우 심실세동을 일으킬 수 있는 에너지는 약 얼마인가? (단, 심실세동전류 $I=\frac{165}{\sqrt{t}}$ mA로 한다.)

① 11.5　　② 13.6
③ 15.3　　④ 16.2

Answer 64. ③ 65. ① 66. ④ 67. ② 68. ① 69. ②

해설 전기에너지(W)

$W=I^2RT$

여기서, I : 심실세동전류[A]

R : 전기저항[Ω]

T : 통전시간[s]

$=(165\times10^{-3})^2\times500\times1=13.6$[J]

70 전기시설의 직접 접촉에 의한 감전방지 방법으로 적절하지 않은 것은?

① 충전부는 내구성이 있는 절연물로 완전히 덮어 감쌀 것
② 충전부가 노출되지 않도록 폐쇄형 외함이 있는 구조로 할 것
③ 충전부에 충분한 절연효과가 있는 방호망 또는 절연 덮개를 설치할 것
④ 충전부는 출입이 용이한 전개된 장소에 설치하고, 위험표시 등의 방법으로 방호를 강화할 것

해설 전기 기계 · 기구 등의 충전부 방호

④ 발전소 · 변전소 및 개폐소 등 구획되어 있는 장소로서 관계 근로자가 아닌 사람의 출입이 금지되는 장소에 충전부를 설치하고, 위험표시 등의 방법으로 방호를 강화할 것

참고 산업안전보건기준에 관한 규칙 제301조

71 인체통전으로 인한 전격(electric shock)의 정도를 정함에 있어 그 인자로서 가장 거리가 먼 것은?

① 전압의 크기　② 통전시간
③ 전류의 크기　④ 통전경로

해설 전격위험도 결정조건

㉮ 1차적 감전위험요소 : 통전전류의 크기, 통전경로, 통전시간, 전원의 종류
㉯ 2차적 감전위험요소 : 인체의 조건, 전압, 계절 주파수

72 정전유도를 받고 있는 접지되어 있지 않는 도전성 물체에 접촉한 경우 전격을 당하게 되는데, 이 때 물체에 유도된 전압 V(V)를 옳게 나타낸 것은? (단, E는 송전선의 대지전압, C_1은 송전선과 물체 사이의 정전용량, C_2는 물체와 대지 사이의 정전용량이며, 물체와 대지 사이의 저항은 무시한다.)

① $V=\dfrac{C_1}{C_1+C_2}\cdot E$　② $V=\dfrac{C_1+C_2}{C_1}\cdot E$
③ $V=\dfrac{C_1}{C_1\times C_2}\cdot E$　④ $V=\dfrac{C_1\times C_2}{C_1}\cdot E$

해설 정전유도

직렬합성용량 $C_T=\dfrac{C_1\times C_2}{C_1+C_2}$

C_2 전압 $V=\dfrac{C_T}{C_2}\times E$

$=\dfrac{C_1\times C_2}{C_1+C_2}\times\dfrac{1}{C_2}\times E$

$=\dfrac{C_1}{C_1+C_2}\times E$

73 다음 중 불꽃(spark)방전의 발생 시 공기 중에 생성되는 물질은?

① O_2　② O_3
③ H_2　④ C

해설 불꽃(spark)방전

불꽃방전의 발생 시 공기 중에 오존(O_3)이 생성된다.

74 정전기 발생에 영향을 주는 요인이 아닌 것은?

① 물체의 분리속도　② 물체의 특성
③ 물체의 접촉시간　④ 물체의 표면상태

해설 정전기 발생에 영향을 주는 요인

㉮ 물체의 분리속도　㉯ 물체의 특성
㉰ 물체의 표면상태　㉱ 물체의 이력
㉲ 압력

Answer 70. ④ 71. ① 72. ① 73. ② 74. ③

APPENDIX 부록 과년도 기출문제

75 내부에서 폭발하더라도 틈의 냉각 효과로 인하여 외부의 폭발성 가스에 착화될 우려가 없는 방폭구조는?

① 내압 방폭구조 ② 유입 방폭구조
③ 안전증 방폭구조 ④ 본질안전 방폭구조

해설 방폭구조의 종류

② 유입 방폭구조 : 생산현장의 분위기에 가연성 가스, 증기, 분진 등이 존재하여 폭발의 우려가 있는 경우에 전기설비의 안전을 도모하기 위해 전기기계기구의 전기불꽃 또는 아크를 발생하는 부분을 기름 속에 수용하고, 기름면 위에 존재하는 폭발성 가스에 인화될 우려가 없도록 되어 있는 구조
③ 안전증 방폭구조 : 기기 내의 먼지나 비말의 침입 및 충전부에 외부로부터의 접촉을 방지하고 있고 원칙으로 전폐(全閉) 구조로 한다.
④ 본질안전 방폭구조 : 위험한 장소에서 사용되는 전기회로(전기기기의 내부 회로 및 외부배선의 회로)에서 정상 시 및 사고 시에 발생하는 전기불꽃 또는 열이 폭발성 가스에 점화되지 않는 것이 점화시험 등에 의해 확인된 구조

실기 실기시험까지 대비해서 암기하세요.

76 전기화재가 발생되는 비중이 가장 큰 발화원은?

① 주방기기
② 이동식 전열기구
③ 회전체 전기기계 및 기구
④ 전기배선 및 배선기구

해설 전기화재의 경로별 원인

단락	스파크	누전	접촉부의 과열	절연열화에 의한 발열	과전류
25%	24%	15%	12%	11%	8%

77 입욕자에게 전기적 자극을 주기 위한 전기욕기의 전원장치에 내장되어 있는 전원 변압기의 2차측 전로의 사용전압은 몇 V 이하로 하여야 하는가?

① 10 ② 15
③ 30 ④ 60

해설 전기욕기의 전원장치

전기욕기의 전원장치에 내장되어 있는 전원 변압기의 2차측 전로의 사용전압은 10V 이하로 하여야 한다.

78 KS C IEC 60079－0에 따른 방폭에 대한 설명으로 틀린 것은?

① 기호 "X"는 방폭기기의 특정 사용조건을 나타내는 데 사용되는 인증번호의 접미사이다.
② 인화하한(LFL)과 인화상한(UFL) 사이의 범위가 클수록 폭발성 가스 분위기 형성 가능성이 크다.
③ 기기그룹에 따라 폭발성 가스를 분류할 때 ⅡA의 대표 가스로 에틸렌이 있다.
④ 연면거리는 두 도전부 사이의 고체 절연물 표면을 따른 최단 거리를 말한다.

해설 폭발성 가스의 분류

③ 기기그룹에 따라 폭발성 가스를 분류할 때 ⅡA의 대표 가스로 프로판이 있다.
※ 에틸렌은 ⅡB의 대표 가스이다.

79 절연전선의 과전류에 의한 연소단계 중 착화단계의 전선전류밀도(A/mm^2)로 알맞은 것은?

① $40A/mm^2$ ② $50A/mm^2$
③ $65A/mm^2$ ④ $120A/mm^2$

해설 과전류에 의한 전선의 용단 전류밀도

인화단계	40～43[A/mm^2]
착화단계	43～60[A/mm^2]
발화단계	60～70[A/mm^2]
용단단계	120[A/mm^2] 이상

80 계통접지로 적합하지 않는 것은?

① TN 계통 ② TT 계통
③ IN 계통 ④ IT 계통

해설 계통접지의 종류

① TN 계통 : 직접 접지 방식
② TT 계통 : 직접 다중 접지 방식
④ IT 계통 : 비 접지 방식

Answer 75. ① 76. ④ 77. ① 78. ③ 79. ② 80. ③

제5과목 화학설비 안전관리

81 제1종 분말소화약제의 주성분에 해당하는 것은?

① 사염화탄소 ② 브롬화메탄
③ 수산화암모늄 ④ 탄산수소나트륨

해설 분말 소화약제의 종류 및 적응화재

종별	주성분	적응 화재
1종	탄산수소나트륨($NaHCO_3$)	B, C급 화재
2종	탄산수소칼륨($KHCO_3$)	B, C급 화재
3종	제1인산암모늄($NH_4H_2PO_4$)	A, B, C급 화재
4종	탄산수소칼륨과 요소($(NH_2)_2CO$)와의 반응물	B, C급 화재

82 분진폭발의 특징에 관한 설명으로 옳은 것은?

① 가스폭발보다 발생에너지가 작다.
② 폭발압력과 연소속도는 가스폭발보다 크다.
③ 입자의 크기, 부유성 등이 분진폭발에 영향을 준다.
④ 불완전연소로 인한 가스중독의 위험성은 작다.

해설 분진폭발의 특징

① 가스폭발보다 연소시간이 길고, 발생에너지가 크다.
② 연소속도가 가스폭발보다 작다.
③ 주위의 분진에 의해 2차, 3차의 폭발로 파급될 수 있다.
④ 가스폭발에 비하여 불완전 연소를 일으키기 쉬우므로 연소 후 가스에 의한 중독 위험이 존재한다.
⑤ 화염의 파급 속도보다 압력의 파급 속도가 빠르다.
⑥ 폭발 시 입자가 비산하므로 이것에 부딪치는 가연물은 국부적으로 심한 탄화를 일으킨다.

83 고체의 연소형태 중 증발연소에 속하는 것은?

① 나프탈렌 ② 목재
③ TNT ④ 목탄

해설 연소의 분류

상태	연소의 종류	예
고체	증발연소	유황, 나프탈렌, 파라핀(양초), 요오드, 왁스 등
	분해연소	석탄, 목재, 종이, 섬유, 플라스틱, 고무류 등
	표면연소	목탄, 숯, 코크스, 금속분 등
	자기연소	니트로화합물류, 질산에스테르류, 셀룰로이드류 등
액체	증발연소	제1석유류(휘발유), 제2석유류(등유, 경유)
	분무연소	중유, 벙커C유
기체	확산연소	자연화재, 성냥, 양초, 액면화재, 제트화염
	예혼합연소	분젠버너, 가솔린 엔진

84 다음 중 자연발화가 쉽게 일어나는 조건으로 틀린 것은?

① 주위온도가 높을수록
② 열 축적이 클수록
③ 적당량의 수분이 존재할 때
④ 표면적이 작을수록

해설 자연발화가 쉽게 일어나는 조건

④ 표면적이 클수록

85 에틸알코올 1몰이 완전연소 시 생성되는 CO_2와 H_2O의 몰수로 옳은 것은?

① CO_2 : 1, H_2O : 4
② CO_2 : 2, H_2O : 3
③ CO_2 : 3, H_2O : 2
④ CO_2 : 4, H_2O : 1

해설 에틸알코올(C_2H_5OH)의 연소반응식

에틸알코올 1몰 연소 시 2몰의 이산화탄소와 3몰의 물이 생성된다.

$C_2H_5OH + 3O_2 \rightarrow 2CO_2 + 3H_2O$

Answer 81. ④ 82. ③ 83. ① 84. ④ 85. ②

86 메탄 1vol%, 헥산 2vol%, 에틸렌 2vol%, 공기 95vol%로 된 혼합가스의 폭발하한계값(vol%)은 약 얼마인가? (단, 메탄, 헥산, 에틸렌의 폭발하한계 값은 각각 5.0, 1.1, 2.7vol%이다.)

① 1.8 ② 3.5
③ 12.8 ④ 21.7

해설 혼합가스의 폭발하한계

$$L = \frac{V_1 + V_2 + V_3 \cdots}{\frac{V_1}{L_1} + \frac{V_2}{L_2} + \frac{V_3}{L_3} \cdots}$$

여기서, L_n : 각 혼합가스의 폭발상 · 하한계
V_n : 각 혼합가스의 혼합비(%)
100 : 단독가스 부피의 합

$$L = \frac{1+2+2}{\frac{1}{5} + \frac{2}{1.1} + \frac{2}{2.7}} = 1.8$$

87 물과의 반응으로 유독한 포스핀 가스를 발생하는 것은?

① HCl ② NaCl
③ Ca_3P_2 ④ $Al(OH)_3$

해설 인화칼슘과 물의 반응식

$Ca_3P_2 + 6H_2O \rightarrow 3Ca(OH)_2 + 2PH_3$
(인화칼슘) (포스핀 가스)

88 금속의 용접 · 용단 또는 가열에 사용되는 가스 등의 용기를 취급할 때의 준수사항으로 틀린 것은?

① 전도의 위험이 없도록 한다.
② 밸브를 서서히 개폐한다.
③ 용해아세틸렌의 용기는 세워서 보관한다.
④ 용기의 온도를 65℃ 이하로 유지한다.

해설 가스 등의 용기

㉮ 용기의 온도를 40℃ 이하로 유지할 것
㉯ 전도의 위험이 없도록 할 것
㉰ 충격을 가하지 않도록 할 것
㉱ 운반하는 경우에는 캡을 씌울 것
㉲ 사용하는 경우에는 용기의 마개에 부착되어있는 유류 및 먼지를 제거할 것
㉳ 밸브의 개폐는 서서히 할 것
㉴ 사용 전 또는 사용 중인 용기와 그 밖의 용기를 명확히 구별하여 보관할 것
㉵ 용해아세틸렌의 용기는 세워 둘 것
㉶ 용기의 부식 · 마모 또는 변형상태를 점검한 후 사용할 것

참고 산업안전보건기준에 관한 규칙 제234조

89 다음 중 폭발 방호 대책과 가장 거리가 먼 것은?

① 불활성화 ② 억제
③ 방산 ④ 봉쇄

해설 폭발 방호 대책

② 억제, ③ 방산, ④ 봉쇄
※ ① 불활성화는 화재 방호 대책이다.

90 건조설비를 사용하여 작업을 하는 경우에 폭발이나 화재를 예방하기 위하여 준수하여야 하는 사항으로 틀린 것은?

① 위험물 건조설비를 사용하는 경우에는 미리 내부를 청소하거나 환기할 것
② 위험물 건조설비를 사용하여 가열건조하는 건조물은 쉽게 이탈되도록 할 것
③ 고온으로 가열건조한 인화성 액체는 발화의 위험이 없는 온도로 냉각한 후에 격납시킬 것
④ 바깥 면이 현저히 고온이 되는 건조설비에 가까운 장소에는 인화성 액체를 두지 않도록 할 것

해설 건조설비의 사용

㉮ ①, ③, ④와 다음의 사항을 준수하여야 한다.
㉯ 위험물 건조설비를 사용하여 가열건조하는 건조물은 쉽게 이탈되지 않도록 할 것
㉰ 위험물 건조설비를 사용하는 경우에는 건조로 인하여 발생하는 가스 · 증기 또는 분진에 의하여 폭발 · 화재의 위험이 있는 물질을 안전한 장소로 배출시킬 것

참고 산업안전보건기준에 관한 규칙 제283조

Answer 86. ① 87. ③ 88. ④ 89. ① 90. ②

91 다음 중 완전연소 조성농도가 가장 낮은 것은?

① 메탄(CH_4) ② 프로판(C_3H_8)
③ 부탄(C_4H_{10}) ④ 아세틸렌(C_2H_2)

해설 완전연소 조성농도

완전연소 조성농도 계산식에서 분모의 값이 클수록 완전연소 조성농도가 낮으므로, 산소의 농도를 구하면 다음과 같다.

$$C_{st}(Vol\%) = \frac{100}{1+4.773\times\left(n+\frac{m-f-2\lambda}{4}\right)}$$

여기서, n : 탄소 원자 수, m : 수소의 원자 수
f : 할로겐 원소의 원자 수
λ : 산소의 원자 수

가스	산소농도
메탄(CH_4)	1 + 4/4 = 2
프로판(C_3H_8)	3 + 8/4 = 5
부탄(C_4H_{10})	4 + 10/4 = 6.5
아세틸렌(C_2H_2)	2 + 2/4 = 2.5

92 수분을 함유하는 에탄올에서 순수한 에탄올을 얻기 위해 벤젠과 같은 물질은 첨가하여 수분을 제거하는 증류 방법은?

① 공비증류 ② 추출증류
③ 가압증류 ④ 감압증류

해설 증류 방법

② 추출증류 : 끓는점이 비슷한 혼합물이나 공비혼합물 성분의 분리를 용이하게 하기 위하여 사용되는 증류 방법
③ 가압증류 : 가솔린 제조를 위한 석유 증류분의 열분해에서 가열을 가압하에서 급속히 진행하는 증류 방법
④ 감압증류 : 비점이 높은 액체를 정제하는 경우, 증류 장치 내를 진공펌프로 감압하여 저온에서 진행하는 증류 방법

93 다음 가스 중 가장 독성이 큰 것은?

① CO ② $COCl_2$
③ NH_3 ④ H_2

해설 물질의 노출기준

① 일산화탄소(CO) : TWA 50ppm
② 포스겐($COCl_2$) : TWA 0.1ppm
③ 암모니아(NH_3) : TWA 25ppm
※ 산업안전보건기준에 관한 규칙에서 '적정공기'란 일산화탄소의 농도가 30ppm 미만인 수준의 공기를 말한다.

참고 산업안전보건기준에 관한 규칙 제618조

94 아세틸렌 압축 시 사용되는 희석제로 적당하지 않은 것은?

① 메탄 ② 질소
③ 산소 ④ 에틸렌

해설 희석제

아세틸렌 압축 시 사용되는 희석제로는 메탄, 질소, 에틸렌, 일산화탄소 등을 사용한다.

95 산업안전보건법령상 폭발성 물질을 취급하는 화학설비를 설치하는 경우에 단위공정설비로부터 다른 단위공정설비 사이의 안전거리는 설비 바깥면으로부터 몇 m 이상이어야 하는가?

① 10 ② 15
③ 20 ④ 30

해설 시설 및 설비 간의 안전거리

㉮ 단위공정시설 및 설비로부터 다른 단위공정시설 및 설비의 사이 : 설비의 바깥면으로부터 10m 이상
㉯ 플레어스택으로부터 단위공정시설 및 설비, 위험물질 저장탱크 또는 위험물질 하역설비의 사이 : 플레어스택으로부터 반경 20m 이상
㉰ 위험물질 저장탱크로부터 단위공정시설 및 설비, 보일러 또는 가열로의 사이 : 저장탱크의 바깥면으로부터 20m 이상
㉱ 사무실 · 연구실 · 실험실 · 정비실 또는 식당으로부터 단위공정시설 및 설비, 위험물질 저장탱크, 위험물질 하역설비, 보일러 또는 가열로의 사이 : 사무실 등의 바깥면으로부터 20m 이상

참고 산업안전보건기준에 관한 규칙 별표 8

실기 실기시험까지 대비해서 암기하세요.

Answer 91. ③ 92. ① 93. ② 94. ③ 95. ①

96 다음 중 압축기 운전 시 토출압력이 갑자기 증가하는 이유로 가장 적절한 것은?

① 윤활유의 과다
② 피스톤 링의 가스 누설
③ 토출관 내에 저항 발생
④ 저장조 내 가스압의 감소

해설 압축기의 토출압력의 증가
압축기 운전 시 토출압력이 갑자기 증가하는 이유는 토출관 내에 저항이 발생하기 때문이다.

97 다음 중 인화점이 가장 낮은 물질은?

① CS_2 ② C_2H_5OH
③ CH_3COCH_3 ④ $CH_3COOC_2H_5$

해설 인화성 가스의 인화점
① CS_2(이황화탄소) : −30℃
② C_2H_5OH(에틸알코올) : 13℃
③ CH_3COCH_3(아세톤) : −18℃
④ $CH_3COOC_2H_5$(아세트산에틸) : −4℃

98 다음 중 유기과산화물로 분류되는 것은?

① 메틸에틸케톤 ② 과망간산칼륨
③ 과산화마그네슘 ④ 과산화벤조일

해설 폭발성 물질 및 유기과산화물
㉮ 질산에스테르류
㉯ 니트로화합물
㉰ 니트로소화합물
㉱ 아조화합물
㉲ 디아조화합물
㉳ 하이드라진 유도체
㉴ 유기과산화물
㉵ 그 밖에 ㉮목부터 ㉴목까지의 물질과 같은 정도의 폭발 위험이 있는 물질
㉶ ㉮목부터 ㉵목까지의 물질을 함유한 물질

참고 산업안전보건기준에 관한 규칙 별표 1

실기 실기시험까지 대비해서 암기하세요.

99 공정안전보고서에 포함하여야 할 세부 내용 중 공정안전자료의 세부내용이 아닌 것은?

① 유해 · 위험설비의 목록 및 사양
② 폭발 위험장소 구분도 및 전기단선도
③ 유해 · 위험물질에 대한 물질안전보건자료
④ 설비점검 · 검사 및 보수계획, 유지계획 및 지침서

해설 공정안전보고서의 세부 내용 등
㉮ 취급 · 저장하고 있거나 취급 · 저장하려는 유해 · 위험물질의 종류 및 수량
㉯ 유해 · 위험물질에 대한 물질안전보건자료
㉰ 유해 · 위험설비의 목록 및 사양
㉱ 유해하거나 위험한 설비의 운전 방법을 알 수 있는 공정도면
㉲ 각종 건물 · 설비의 배치도
㉳ 폭발 위험장소 구분도 및 전기단선도
㉴ 위험 설비의 안전설계 · 제작 및 설치 관련 지침서

참고 산업안전보건법 시행규칙 제50조

실기 실기시험까지 대비해서 암기하세요.

100 산업안전보건법령에 따라 유해하거나 위험한 설비의 설치 · 이전 또는 주요 구조부분의 변경공사 시 공정안전보고서의 제출시기는 착공일 며칠 전까지 관련기관에 제출하여야 하는가?

① 15일 ② 30일
③ 60일 ④ 90일

해설 공정안전보고서의 제출 시기
사업주는 유해하거나 위험한 설비의 설치 · 이전 또는 주요 구조부분의 변경공사의 착공일(기존 설비의 제조 · 취급 · 저장 물질이 변경되거나 제조량 · 취급량 · 저장량이 증가하여 유해 · 위험물질 규정량에 해당하게 된 경우에는 그 해당일을 말한다) 30일 전까지 공정안전보고서를 2부 작성하여 공단에 제출해야 한다.

참고 산업안전보건법 시행규칙 제51조

실기 실기시험까지 대비해서 암기하세요.

Answer 96. ③ 97. ① 98. ④ 99. ④ 100. ②

제6과목 건설공사 안전관리

101 터널 지보공을 조립하는 경우에는 미리 그 구조를 검토한 후 조립도를 작성하고, 그 조립도에 따라 조립하도록 하여야 하는데, 이 조립도에 명시하여야 할 사항과 가장 거리가 먼 것은?

① 이음방법　② 단면규격
③ 재료의 재질　④ 재료의 구입처

해설 터널 지보공 조립도
㉮ 사업주는 터널 지보공을 조립하는 경우에는 미리 그 구조를 검토한 후 조립도를 작성하고, 그 조립도에 따라 조립하도록 하여야 한다.
㉯ 조립도에는 재료의 재질, 단면규격, 설치간격 및 이음방법 등을 명시하여야 한다.

참고 산업안전보건기준에 관한 규칙 제363조

102 터널지보공을 설치한 경우에 수시로 점검하고, 이상을 발견한 경우에는 즉시 보강하거나 보수해야 할 사항이 아닌 것은?

① 부재의 긴압 정도
② 기둥침하의 유무 및 상태
③ 부재의 접속부 및 교차부 상태
④ 부재를 구성하는 재질의 종류 확인

해설 붕괴 등의 방지
㉮ 부재의 손상 · 변형 · 부식 · 변위 탈락의 유무 및 상태
㉯ 부재의 긴압 정도
㉰ 기둥침하의 유무 및 상태
㉱ 부재의 접속부 및 교차부 상태

참고 산업안전보건기준에 관한 규칙 제366조

실기 실기시험까지 대비해서 암기하세요.

103 다음 중 해체작업용 기계 기구로 가장 거리가 먼 것은?

① 압쇄기　② 핸드 브레이커
③ 철제 해머　④ 진동롤러

해설 해체작업용 기계 · 기구
① 압쇄기, ② 핸드 브레이커, ③ 철제 해머
※ ④ 진동롤러는 해체작업용 기계 기구가 아닌 다짐기계에 속한다.

104 유해위험방지계획서 제출 대상 공사로 볼 수 없는 것은?

① 지상 높이가 31m 이상인 건축물의 건설공사
② 터널 건설공사
③ 깊이 10m 이상인 굴착공사
④ 교량의 전체 길이가 40m 이상인 교량공사

해설 유해위험방지계획서 제출 대상 공사
㉮ 다음의 어느 하나에 해당하는 건축물 또는 시설 등의 건설 · 개조 또는 해체공사
㉠ 지상높이가 31m 이상인 건축물 또는 인공구조물
㉡ 연면적 3만m^2 이상인 건축물
㉢ 연면적 5천m^2 이상인 시설로서 다음의 어느 하나에 해당하는 시설
- 문화 및 집회시설(전시장 및 동물원 · 식물원은 제외)
- 판매시설, 운수시설(고속철도의 역사 및 집배송시설은 제외)
- 종교시설
- 의료시설 중 종합병원
- 숙박시설 중 관광숙박시설
- 지하도상가
- 냉동 · 냉장 창고시설

㉯ 연면적 5천m^2 이상의 냉동 · 냉장 창고시설의 설비공사 및 단열공사
㉰ 최대 지간길이(다리의 기둥과 기둥의 중심 사이의 거리)가 50m 이상인 교량건설 등 공사
㉱ 터널 건설 등의 공사
㉲ 다목적댐, 발전용댐 및 저수용량 2천만 톤 이상의 용수 전용 댐, 지방상수도 전용 댐 건설
㉳ 깊이 10m 이상인 굴착공사

참고 산업안전보건법 시행령 제42조

실기 실기시험까지 대비해서 암기하세요.

Answer 101. ④ 102. ④ 103. ④ 104. ④

105 건설업 산업안전보건관리비 계상 및 사용기준(고용노동부 고시)은 산업안전보건법에서 정의하는 건설 공사 중 총 공사금액이 얼마 이상인 공사에 적용하는가?

① 4천만원 ② 3천만원
③ 2천만원 ④ 1천만원

해설 건설업 산업안전보건관리비 계상 및 사용기준
산업안전보건법에서 정의하는 건설공사 중 총 공사금액 **2천만원 이상인 공사**에 적용한다. 다만, 단가계약에 의하여 행하는 공사에 대하여는 총 계약금액을 기준으로 적용한다.

실기 실기시험까지 대비해서 암기하세요.

106 굴착과 싣기를 동시에 할 수 있는 토공기계가 아닌 것은?

① 트랙터 셔블(tractor shovel)
② 백호(back hoe)
③ 파워 셔블(power shovel)
④ 모터 그레이더(motor grader)

해설 모터 그레이더
토공판을 유압펌프로 작동시켜 도로 공사 현장 등에서 건축을 하려고 땅을 반반하게 고르는 작업에 사용되는 토목 건설기계

107 타워 크레인(Tower Crane)을 선정하기 위한 사전 검토사항으로서 가장 거리가 먼 것은?

① 붐의 모양 ② 인양능력
③ 작업반경 ④ 붐의 높이

해설 타워 크레인을 선정하기 위한 사전 검토사항
㉮ 인양능력
㉯ 작업반경
㉰ 붐의 높이
㉱ 입지조건
㉲ 건물 형태
㉳ 건립기계의 소음 영향

108 토사붕괴 원인으로 옳지 않은 것은?

① 경사 및 기울기 증가
② 성토높이의 증가
③ 건설기계 등 하중작용
④ 토사중량의 감소

해설 토사붕괴의 원인
㉮ 외적 원인
㉠ 절토 및 성토 높이와 지하수위의 증가
㉡ 사면법면의 기울기 증가
㉢ 지표수, 지하수의 침투에 의한 **토사중량의 증가**
㉣ 공사에 의한 진동 및 반복 하중 증가
㉤ 지진, 차량, 구조물의 중량과 토사 및 암석의 혼합층 두께의 증가
㉯ 내적 원인
㉠ 토석의 강도 저하
㉡ 성토사면의 다짐 불량
㉢ 점착력의 감소
㉣ 절토사면의 토질, 암질, 절리의 상태

109 철골공사 시 안전작업방법 및 준수사항으로 옳지 않은 것은?

① 강풍, 폭우 등과 같은 악천우 시에는 작업을 중지하여야 하며, 특히 강풍 시에는 높은 곳에 있는 부재나 공구류가 낙하비래하지 않도록 조치하여야 한다.
② 철골부재 반입 시 시공순서가 빠른 부재는 상단부에 위치하도록 한다.
③ 구명줄 설치 시 마닐라 로프 직경 10mm를 기준하여 설치하고 작업 방법을 충분히 검토하여야 한다.
④ 철골보의 두 곳을 매어 인양시킬 때 와이어 로프의 내각은 60° 이하이어야 한다.

해설 철골공사 시 표준안전작업지침
③ 구명줄을 설치할 경우에는 1가닥의 구명줄을 여러 명이 동시에 사용하지 않도록 하여야 하며, 구명줄을 **마닐라 로프 직경 16mm**를 기준하여 설치하고 작업 방법을 충분히 검토하여야 한다.

Answer 105. ③ 106. ④ 107. ① 108. ④ 109. ③

110 작업으로 인하여 물체가 떨어지거나 날아올 위험이 있는 경우 필요한 조치와 가장 거리가 먼 것은?

① 투하설비 설치　② 낙하물 방지망 설치
③ 수직보호망 설치　④ 출입금지구역 설정

해설 낙하물에 의한 위험의 방지
사업주는 작업으로 인하여 물체가 떨어지거나 날아올 위험이 있는 경우 **낙하물 방지망, 수직보호망 또는 방호선반의 설치, 출입금지구역의 설정, 보호구의 착용** 등 위험을 방지하기 위하여 필요한 조치를 하여야 한다.

참고 산업안전보건기준에 관한 규칙 제14조

111 말비계를 조립하여 사용하는 경우에 지주부재와 수평면의 기울기는 최대 몇 도 이하로 하여야 하는가?

① 30°　② 45°
③ 60°　④ 75°

해설 말비계 조립 시 준수사항
㉮ 지주부재의 하단에는 미끄럼 방지장치를 하고, 근로자가 양측 끝부분에 올라서서 작업하지 않도록 한다.
㉯ 지주부재와 수평면의 기울기를 **75° 이하**로 하고, 지주부재와 지주부재 사이를 고정시키는 보조부재를 설치한다.
㉰ 말비계의 높이가 2m를 초과하는 경우에는 작업발판의 폭을 40cm 이상으로 한다.

참고 산업안전보건기준에 관한 규칙 제67조

실기 실기시험까지 대비해서 암기하세요.

112 흙막이 가시설 공사 중 발생할 수 있는 보일링(Boiling) 현상에 관한 설명으로 옳지 않은 것은?

① 이 현상이 발생하면 흙막이 벽의 지지력이 상실된다.
② 지하수위가 높은 지반을 굴착할 때 주로 발생된다.
③ 흙막이벽의 근입장 깊이가 부족할 경우 발생한다.
④ 연약한 점토지반에서 굴착면의 융기로 발생한다.

해설 보일링 현상
마감공사 중 지하수위가 높고 더욱더 침투성이 양호한 **사질토 지반**에서 굴착공사에 있어서 굴착이 진행되어 주변의 지하수위와의 차이가 커지면, 굴착 밑면 부근의 지반 내에 상향하는 침투 흐름이 발생한다. 이 침투 흐름에 의한 침투 압력이 흙 입자가 수중에서 단위 체적중량보다 커지면 흙 입자는 안정성을 상실해서 지반은 흡사 물이 비등한 것과 같은 상태가 되는데, 이것을 보일링 현상이라 한다.

실기 실기시험까지 대비해서 암기하세요.

113 철골작업 시 기상조건에 따라 안전상 작업을 중지하여야 하는 경우에 해당되는 기준으로 옳은 것은?

① 강우량이 시간당 5mm 이상인 경우
② 강우량이 시간당 10mm 이상인 경우
③ 풍속이 초당 10m 이상인 경우
④ 강설량이 시간당 20mm 이상인 경우

해설 철골작업의 제한
㉮ 풍속이 초당 10m 이상인 경우
㉯ 강우량이 시간당 1mm 이상인 경우
㉰ 강설량이 시간당 1cm 이상인 경우

참고 산업안전보건기준에 관한 규칙 제383조

실기 실기시험까지 대비해서 암기하세요.

114 거푸집 동바리 등을 조립하는 경우에 준수하여야 할 안전조치기준으로 옳지 않은 것은?

① 동바리로 사용하는 강관은 높이 2m 이내마다 수평연결재를 2개 방향으로 만들고 수평연결재의 변위를 방지할 것
② 동바리로 사용하는 파이프 서포트는 3개 이상 이어서 사용하지 않도록 할 것
③ 동바리로 사용하는 파이프 서포트를 이어서 사용하는 경우에는 3개 이상의 볼트 또는 전용 철물을 사용하여 이을 것
④ 동바리로 사용하는 강관틀과 강관틀 사이에는 교차가새를 설치할 것

Answer 110. ① 111. ④ 112. ④ 113. ③ 114. ③

해설 동바리로 사용하는 파이프 서포트 준수사항

㉮ 파이프 서포트를 3개 이상 이어서 사용하지 않도록 할 것

㉯ 파이프 서포트를 이어서 사용하는 경우에는 4개 이상의 볼트 또는 전용 철물을 사용하여 이을 것

㉰ 높이가 3.5m를 초과하는 경우에는 높이 2m 이내마다 수평연결재를 2개 방향으로 만들고 수평연결재의 변위를 방지할 것

㉱ 동바리를 조립하는 경우 받침목이나 깔판의 사용, 콘크리트 타설, 말뚝박기 등 동바리의 침하를 방지하기 위한 조치를 할 것

참고 산업안전보건기준에 관한 규칙 제332조의2

실기 실기시험까지 대비해서 암기하세요.

115 단관비계의 도괴 또는 전도를 방지하기 위하여 사용하는 벽이음의 간격 기준으로 옳은 것은?

① 수직방향 5m 이하, 수평방향 5m 이하
② 수직방향 6m 이하, 수평방향 6m 이하
③ 수직방향 7m 이하, 수평방향 7m 이하
④ 수직방향 8m 이하, 수평방향 8m 이하

해설 강관비계의 조립간격

강관비계의 종류	조립간격(단위 : m)	
	수직방향	수평방향
단관비계	5m	5m
틀비계 (높이 5m 미만인 것 제외)	6m	8m

실기 실기시험까지 대비해서 암기하세요.

116 발파구간 인접구조물에 대한 피해 및 손상을 예방하기 위한 건물기초에서의 허용진동치(cm/sec) 기준으로 옳지 않은 것은? (단, 기존 구조물에 금이 가 있거나 노후구조물 대상일 경우 등은 고려하지 않는다.)

① 문화재 : 0.2cm/sec
② 주택, 아파트 : 0.5cm/sec
③ 상가 : 1.0cm/sec
④ 철골콘크리트 빌딩 : 0.8~1.0cm/sec

해설 발파허용 진동치

건물분류	문화재	주택 아파트	상가	철근콘크리트 빌딩 및 상가
건물기초에서 허용 진동치 (cm/sec)	0.2	0.5	1.0	1.0~4.0

117 거푸집 해체작업 시 유의사항으로 옳지 않은 것은?

① 일반적으로 수평부재의 거푸집은 연직부재의 거푸집보다 빨리 떼어낸다.
② 해체된 거푸집이나 각목 등에 박혀있는 못 또는 날카로운 돌출물은 즉시 제거하여야 한다.
③ 상하 동시 작업은 원칙적으로 금지하여 부득이한 경우에는 긴밀히 연락을 위하며 작업을 하여야 한다.
④ 거푸집 해체작업장 주위에는 관계자를 제외하고는 출입을 금지시켜야 한다.

해설 거푸집 해체작업 시 유의사항

① 일반적으로 연직부재의 거푸집은 수평부재의 거푸집보다 빨리 떼어낸다.

실기 실기시험까지 대비해서 암기하세요.

118 철골건립준비를 할 때 준수하여야 할 사항과 가장 거리가 먼 것은?

① 지상 작업장에서 건립준비 및 기계기구를 배치할 경우에는 낙하물의 위험이 없는 평탄한 장소를 선정하여 정비하고 경사지에는 작업대나 임시발판 등을 설치하는 등 안전조치를 한 후 작업하여야 한다.
② 건립작업에 다소 지장이 있다 하더라도 수목은 제거하여서는 안 된다.
③ 사용 전에 기계기구에 대한 정비 및 보수를 철저히 실시하여야 한다.
④ 기계에 부착된 앵커 등 고정장치와 기초구조 등을 확인하여야 한다.

Answer 115. ① 116. ④ 117. ① 118. ②

해설 철골건립준비

㉮ 지상 작업장에서 건립준비 및 기계기구를 배치할 경우에는 낙하물의 위험이 없는 평탄한 장소를 선정하여 정비하고 경사지에서는 작업대나 임시발판 등을 설치하는 등 안전하게 한 후 작업하여야 한다.
㉯ 건립작업에 지장이 되는 수목은 제거하거나 이설하여야 한다.
㉰ 인근에 건축물 또는 고압선 등이 있는 경우에는 이에 대한 방호조치 및 안전조치를 하여야 한다.
㉱ 사용 전에 기계기구에 대한 정비 및 보수를 철저히 실시하여야 한다.
㉲ 기계가 계획대로 배치되어 있는가, 윈치는 작업구역을 확인할 수 있는 곳에 위치하였는가, 기계에 부착된 앵커 등 고정장치와 기초구조 등을 확인하여야 한다.

참고 철골공사 표준안전작업지침 제7조

119 항만하역작업에서의 선박승강설비 설치기준으로 옳지 않은 것은?

① 200톤급 이상의 선박에서 하역작업을 하는 경우에 근로자들이 안전하게 오르내릴 수 있는 현문(舷門) 사다리를 설치하여야 하며, 이 사다리 밑에 안전망을 설치하여야 한다.
② 현문 사다리는 견고한 재료로 제작된 것으로 너비는 55cm 이상이어야 한다.
③ 현문 사다리의 양측에는 82cm 이상의 높이로 울타리를 설치하여야 한다.
④ 현문 사다리는 근로자의 통행에만 사용하여야 하며, 화물용 발판 또는 화물용 보판으로 사용하도록 해서는 아니 된다.

해설 선박승강설비의 설치

사업주는 300톤급 이상의 선박에서 하역작업을 하는 경우에 근로자들이 안전하게 오르내릴 수 있는 현문 사다리를 설치하여야 하며, 이 사다리 밑에 안전망을 설치하여야 한다.

참고 산업안전보건기준에 관한 규칙 제397조

120 크레인의 운전실 또는 운전대를 통하는 통로의 끝과 건설물 등의 벽체의 간격은 최대 얼마 이하로 하여야 하는가?

① 0.2m ② 0.3m
③ 0.4m ④ 0.5m

해설 건설물 등의 벽체와 통로의 간격

사업주는 다음의 간격을 0.3m 이하로 하여야 한다. 다만, 근로자가 추락할 위험이 없는 경우에는 그 간격을 0.3m 이하로 유지하지 아니할 수 있다.
㉠ 크레인의 운전실 또는 운전대를 통하는 통로의 끝과 건설물 등의 벽체의 간격
㉡ 크레인 거더(girder)의 통로 끝과 크레인 거더의 간격
㉢ 크레인 거더의 통로로 통하는 통로의 끝과 건설물 등의 벽체의 간격

참고 산업안전보건기준에 관한 규칙 제145조

Answer 119. ① 120. ②

2024. 7. 5. 시행

2024년 제3회 산업안전기사 CBT기출복원문제

제1과목 산업재해 예방 및 안전보건교육

01 다음 중 재해 예방의 4원칙에 관한 설명으로 적절하지 않은 것은?

① 재해의 발생에는 반드시 그 원인이 있다.
② 사고의 발생과 손실의 발생에는 우연적 관계가 있다.
③ 재해는 원칙적으로 원인만 제거되면 예방이 가능하다.
④ 재해예방을 위한 대책은 존재하지 않으므로 최소화에 중점을 두어야 한다.

해설 재해예방의 4원칙
① 원인계기의 원칙 : 재해는 직접 원인과 간접 원인이 연계되어 일어난다.
② 손실우연의 원칙 : 사고의 결과로 생기는 손실은 우연히 발생한다.
③ 예방가능의 원칙 : 천재지변을 제외한 모든 재해는 예방이 가능하다.
④ 대책선정의 원칙 : 재해는 적합한 대책이 선정되어야 한다.

02 위험예지훈련 4R(라운드) 기법의 진행방법에서 3R에 해당하는 것은?

① 목표설정　　② 대책수립
③ 본질추구　　④ 현상파악

해설 위험예지훈련의 문제해결 4라운드 기법
㉮ 1R : 현상파악　　㉯ 2R : 본질추구
㉰ 3R : 대책수립　　㉱ 4R : 목표설정

실기 실기시험까지 대비해서 암기하세요.

03 산업안전보건법령상 협의체 구성 및 운영에 관한 사항으로 (　　)에 알맞은 내용은?

> 도급인은 관계수급인 근로자가 도급인의 사업장에서 작업을 하는 경우 도급인과 수급인을 구성원으로 하는 안전 및 보건에 관한 협의체를 구성 및 운영하여야 한다. 이 협의체는 (　　) 정기적으로 회의를 개최하고 그 결과를 기록·보존해야 한다.

① 매월 1회 이상　　② 2개월마다 1회
③ 3개월마다 1회　　④ 6개월마다 1회

해설 협의체의 구성 및 운영
도급인은 관계수급인 근로자가 도급인의 사업장에서 작업을 하는 경우 도급인과 수급인을 구성원으로 하는 안전 및 보건에 관한 협의체를 구성·운영하여야 한다. 이 협의체는 매월 1회 이상 정기적으로 회의를 개최하고 그 결과를 기록·보존해야 한다.

참고 산업안전보건법 시행규칙 제79조

실기 실기시험까지 대비해서 암기하세요.

04 위험예지훈련 중 작업현장에서 그때 그 장소의 상황에 즉응하여 실시하는 것은?

① 자문자답 위험예지훈련
② T.B.M 위험예지훈련
③ 시나리오 역할연기훈련
④ 1인 위험예지훈련

해설 T.B.M(Tool Box Meeting) 위험예지훈련
10인 이하의 작업자들이 작업 현장 근처에서 작업 전에 관리감독자를 중심으로 작업내용, 위험요인, 안전작업절차 등에 대해 10분 내외로 서로 확인 및 의논하는 활동을 의미한다.

Answer 01. ④ 02. ② 03. ① 04. ②

05 하인리히의 사고방지 기본원리 5단계 중 시정방법의 선정 단계에 있어서 필요한 조치가 아닌 것은?

① 인사조정
② 안전행정의 개선
③ 교육 및 훈련의 개선
④ 안전점검 및 사고조사

해설 하인리히의 사고방지 기본원리 5단계 중 시정방법의 선정
㉮ 인사조정 및 감독체제의 강화
㉯ 안전행정의 개선
㉰ 기술교육 및 훈련의 개선

06 다음 재해원인 중 간접원인에 해당하지 않는 것은?

① 기술적 원인 ② 교육적 원인
③ 관리적 원인 ④ 인적 원인

해설 재해원인
㉮ 직접원인 : 물적 원인, 인적 원인
㉯ 간접원인 : 기술적, 교육적, 관리적 원인

07 다음의 방진마스크 형태로 옳은 것은?

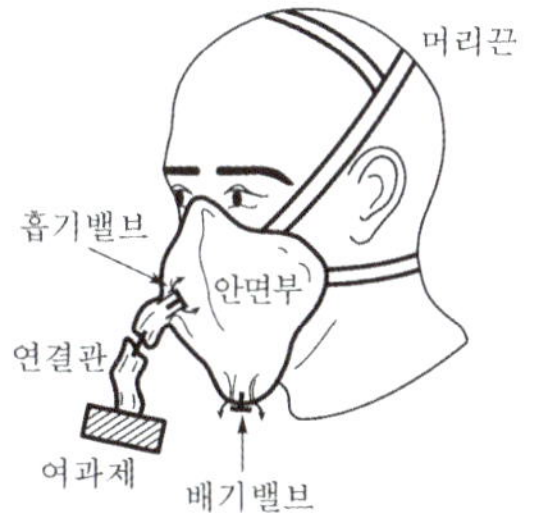

① 직결식 전면형 ② 직결식 반면형
③ 격리식 전면형 ④ 격리식 반면형

해설 방진마스크 종류

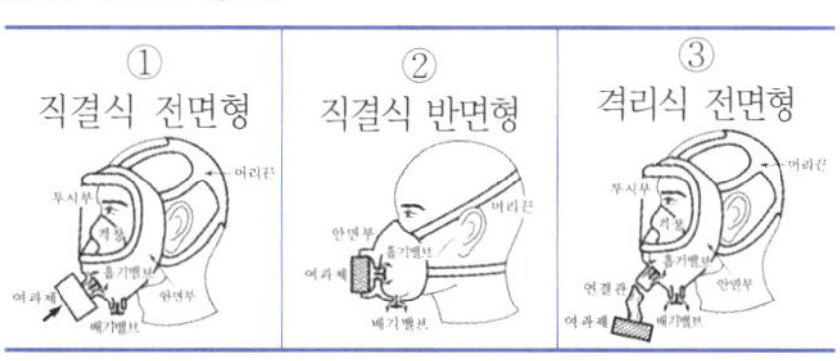

08 공기 중 산소농도가 부족하고, 공기 중에 미립자상 물질이 부유하는 장소에서 사용하기에 가장 적절한 보호구는?

① 면마스크 ② 방독마스크
③ 송기마스크 ④ 방진마스크

해설 송기마스크
산소가 전혀 없는 곳에서도 사용할 수 있으며, 작업시간에 크게 지장을 받지 않는 송기마스크를 착용해야 적절하다.

실기 실기시험까지 대비해서 암기하세요.

09 보호구 안전인증 고시상 추락방지대가 부착된 안전대 일반구조에 관한 내용 중 틀린 것은?

① 죔줄은 합성섬유로프를 사용해서는 안 된다.
② 고정된 추락방지대의 수직구명줄은 와이어로프 등으로 하며 최소지름이 8mm 이상이어야 한다.
③ 수직구명줄에서 걸이설비와의 연결부위는 훅 또는 카라비너 등이 장착되어 걸이설비와 확실히 연결되어야 한다.
④ 추락방지대를 부착하여 사용하는 안전대는 신체 지지의 방법으로 안전그네만을 사용하여야 하며 수직구명줄이 포함되어야 한다.

해설 추락방지대가 부착된 안전대의 구조
㉮ ②, ③, ④와 다음의 사항을 준수하여야 한다.
㉯ 유연한 수직구명줄은 합성섬유로프 또는 와이어로프 등이어야 하며, 구명줄이 고정되지 않아 흔들림에 의한 추락방지대의 오작동을 막기 위하여 적절한 긴장수단을 이용, 팽팽히 당겨질 것
㉰ 죔줄은 합성섬유로프, 웨빙, 와이어로프 등일 것
㉱ 고정 와이어로프에는 하단부에 무게 추가 부착되어 있을 것

10 Y · G 성격검사에서 "안전, 적응, 적극형"에 해당하는 형의 종류는?

① A형 ② B형
③ C형 ④ D형

Answer 05. ④ 06. ④ 07. ④ 08. ③ 09. ① 10. ④

해설 Y · G 성격검사

① A형(평균형) : 조화 및 적응형
② B형(우편형) : 활동적 및 외향형
③ C형(좌편형) : 온순, 소극적 내향형
④ D형(우하형) : 안전, 적응, 적극형
⑤ E형(좌하형) : 불안전, 부적응, 수동형

11 인간의 행동 특성과 관련한 레빈(Lewin)의 법칙 중 P가 의미하는 것은?

$$B = f(P \cdot E)$$

① 사람의 경험, 성격 등
② 인간의 행동
③ 심리에 영향을 주는 인간관계
④ 심리에 영향을 미치는 작업환경

해설 레빈(K. Lewin)의 인간행동 법칙

B : behavior(인간의 행동)
f : function(함수관계)
P : person(개체 : 연령, 경험, 심신 상태, 성격, 지능 등)
E : environment(환경 : 인간관계, 작업환경 등)

12 다음 중 맥그리거(McGregor)의 Y이론과 가장 거리가 먼 것은?

① 성선설 ② 상호신뢰
③ 선진국형 ④ 권위주의적 리더십

해설 맥그리거(McGregor)의 Y이론

Y이론의 경우 인간성과 동기부여에 대한 보다 올바른 이해를 바탕으로 하여 관리활동을 수행하는 것을 말한다.

13 다음 중 매슬로우(Maslow)의 욕구 5단계 이론에 해당되지 않는 것은?

① 생리적 욕구 ② 안전 욕구
③ 감성적 욕구 ④ 존경의 욕구

해설 매슬로우(Maslow)의 욕구 단계 이론

㉮ 1단계 : 생리적 욕구
㉯ 2단계 : 안전 욕구
㉰ 3단계 : 사회적 욕구
㉱ 4단계 : 존경 욕구
㉲ 5단계 : 자아실현의 욕구

14 생체리듬의 변화에 대한 설명으로 틀린 것은?

① 야간에는 체중이 감소한다.
② 야간에는 말초운동 기능 저하된다.
③ 체온, 혈압, 맥박수는 주간에 상승하고 야간에 감소한다.
④ 혈액의 수분과 염분량은 주간에 증가하고 야간에 감소한다.

해설 생체리듬의 변화

④ 혈액의 수분과 염분량은 주간에는 감소하고 야간에는 증가한다.

15 학습을 자극(Stimulus)에 의한 반응(Response)으로 보는 이론에 해당하는 것은?

① 장설(Field Theory)
② 통찰설(Insight Theory)
③ 기호형태설(Sign-gestalt Theory)
④ 시행착오설(Trial and Error Theory)

해설 손다이크(Thorndike)의 시행착오설

손다이크의 시행착오설은 자극과 반응이 결합하여 학습된다는 이론이다.

16 학습지도의 형태 중 몇 사람의 전문가에 의해 과정에 관한 견해를 발표하고 참가자로 하여금 의견이나 질문을 하게 하는 토의방식은?

① 포럼(Forum)
② 심포지엄(Symposium)
③ 버즈세션(Buzz session)
④ 자유토의법(Free discussion method)

Answer 11. ① 12. ④ 13. ③ 14. ④ 15. ④ 16. ②

해설 토의방식의 종류

① 포럼 : 새로운 자료나 교재를 제시하고 거기서의 문제점을 피교육자로 하여금 제기하도록 하거나 의견을 여러 가지 방법으로 발표하게 하여 다시 깊이 파고들어 토의를 행하는 방법

③ 버즈세션 : 참가자가 다수인 경우에 참가자를 소집단으로 구성하여 개별 회의를 진행한 후 의견을 종합하는 방법으로, 6－6 회의라고도 한다.

17 산업안전보건법령에 따라 환기가 극히 불량한 좁은 밀폐된 장소에서 용접작업을 하는 근로자를 대상으로 한 특별안전 · 보건교육 내용에 포함되지 않는 것은? (단, 일반적인 안전 · 보건에 필요한 사항은 제외한다.)

① 환기설비에 관한 사항
② 질식 시 응급조치에 관한 사항
③ 작업순서, 안전작업방법 및 수칙에 관한 사항
④ 폭발 한계점, 발화점 및 인화점 등에 관한 사항

해설 밀폐된 장소에서 하는 용접작업 또는 습한 장소에서 하는 전기 용접작업의 특별안전교육 내용

㉮ ①, ②, ③과 다음의 내용이 포함된다.
㉯ 전격 방지 및 보호구 착용에 관한 사항
㉯ 작업환경 점검에 관한 사항

참고 산업안전보건법 시행규칙 별표 5

실기 실기시험까지 대비해서 암기하세요.

18 안전교육의 단계에 있어 교육대상자가 스스로 행함으로써 습득하게 하는 교육은?

① 의식교육 ② 기능교육
③ 지식교육 ④ 태도교육

해설 안전교육의 단계

㉮ 지식교육 : 강의, 시청각 교육을 통한 지식의 전달과 이해
㉯ 기능교육 : 시범, 견학, 실습, 현장실습 교육을 통한 경험 체득과 이해
㉰ 태도교육 : 생활 지도, 작업 동작 지도 등을 통한 안전의 습관화

19 산업안전보건법령상 안전보건교육 교육대상별 교육내용 중 관리감독자 정기교육의 내용으로 틀린 것은?

① 정리 정돈 및 청소에 관한 사항
② 유해 · 위험 작업환경 관리에 관한 사항
③ 표준안전작업방법 및 지도 요령에 관한 사항
④ 작업공정의 유해위험과 재해 예방대책에 관한 사항

해설 관리감독자 정기교육의 내용

㉮ ②, ③, ④와 다음의 내용이 포함된다.
㉯ 산업안전 및 사고 예방에 관한 사항
㉰ 산업보건 및 직업병 예방에 관한 사항
㉱ 위험성 평가에 관한 사항
㉲ 산업안전보건법령 및 산업재해보상보험 제도에 관한 사항
㉳ 직무스트레스 예방 및 관리에 관한 사항
㉴ 직장 내 괴롭힘, 고객의 폭언 등으로 인한 건강장해 예방 및 관리에 관한 사항
㉵ 사업장 내 안전보건관리체제 및 안전 · 보건조치 현황에 관한 사항
㉶ 현장근로자와의 의사소통능력 및 강의능력 등 안전보건교육 능력 배양에 관한 사항
㉷ 비상시 또는 재해 발생 시 긴급조치에 관한 사항
㉸ 그 밖의 관리감독자의 직무에 관한 사항

참고 산업안전보건법 시행규칙 별표 5

실기 실기시험까지 대비해서 암기하세요.

20 산업안전보건법령상 잠함(潛函) 또는 잠수작업 등 높은 기압에서 작업하는 근로자의 근로시간 기준은?

① 1일 6시간, 1주 32시간 초과금지
② 1일 6시간, 1주 34시간 초과금지
③ 1일 8시간, 1주 32시간 초과금지
④ 1일 8시간, 1주 34시간 초과금지

해설 유해 · 위험작업에 대한 근로시간 제한 등

사업주는 유해하거나 위험한 작업으로서 높은 기압에서 하는 작업 등 대통령령으로 정하는 작업에 종사하는 근로자에게는 1일 6시간, 1주 34시간을 초과하여 근로하게 해서는 아니 된다.

참고 산업안전보건법 제139조

Answer 17. ④ 18. ② 19. ① 20. ②

제2과목 인간공학 및 위험성 평가 · 관리

21 Rasmussen은 행동을 세 가지로 분류하였는데, 그 분류에 해당하지 않는 것은?

① 숙련 기반 행동(skill – based behavior)
② 지식 기반 행동(knowledge – based behavior)
③ 경험 기반 행동(experience – based behavior)
④ 규칙 기반 행동(rule – based behavior)

해설 라스무센(Rasmussen)의 인간행동 수준의 3단계

㉮ 숙련기반 에러(skill – based error) : 실수(slip, 자동차 하차 시에 창문 개폐를 잊어버리고 내려 분실사고 발생)와 망각(lapse, 전화통화 중에 전화번호를 기억했으나 전화종료 후 옮겨 적는 행동을 잊어버림)으로 구분한다.
㉯ 규칙기반 에러(rule – based error) : 잘못된 규칙을 기억하거나, 정확한 규칙이라도 상황에 맞지 않게 잘못 적용한 경우이다. 예로 일본에서 자동차를 우측 운행하다가 사고를 유발하거나, 음주 후 도로 차선을 착각하여 역주행하다가 사고를 유발하는 경우이다.
㉰ 지식기반 에러(knowledge – based error) : 처음부터 장기기억 속에 관련 지식이 없는 경우는 추론이나 유추로 지식처리과정 중에 실패 또는 과오로 이어지는 에러이다. 예로 외국에서 도로표지판을 이해하지 못해서 교통위반을 하는 경우이다.

22 사업장에서 인간공학 적용분야로 틀린 것은?

① 제품설계
② 산업독성학
③ 재해 · 질병예방
④ 작업장 내 조사 및 연구

해설 사업장에서 인간공학 적용분야

㉮ 작업관련성 유해 · 위험 작업분석(작업환경개선)
㉯ 제품설계에 있어 인간에 대한 안전성 평가(장비 및 공구설계)
㉰ 작업공간의 설계
㉱ 인간 – 기계 인터페이스 디자인
㉲ 재해 및 질병 예방

23 인간 – 기계 시스템을 설계할 때에는 특정 기능을 기계에 할당하거나 인간에게 할당하게 된다. 이러한 기능할당과 관련된 사항으로 옳지 않은 것은? (단, 인공지능과 관련된 사항은 제외한다.)

① 인간은 원칙을 적용하여 다양한 문제를 해결하는 능력이 기계에 비해 우월하다.
② 일반적으로 기계는 장시간 일관성이 있는 작업을 수행하는 능력이 인간에 비해 우월하다.
③ 인간은 소음, 이상온도 등의 환경에서 작업을 수행하는 능력이 기계에 비해 우월하다.
④ 일반적으로 인간은 주위가 이상하거나 예기치 못한 사건을 감지하여 대처하는 능력이 기계에 비해 우월하다.

해설 인간 – 기계 시스템 설계

③ 기계는 소음, 이상온도 등의 환경에서 작업을 수행하는 능력이 인간에 비해 우월하다.

24 휴먼에러 예방대책 중 인적 요인에 대한 대책이 아닌 것은?

① 설비 및 환경 개선
② 소집단 활동의 활성화
③ 작업에 대한 교육 및 훈련
④ 전문인력의 적재적소 배치

해설 인적 요인에 관한 대책(인간측면의 행동 감수성 고려)

㉮ 작업에 대한 교육 및 훈련과 작업 전 · 후 회의소집
㉯ 작업의 모의훈련으로 시나리오에 의한 리허설
㉰ 소집단 활동의 활성화로 작업방법 및 순서, 안전 포인터 의식, 위험예지활동 등을 지속적으로 수행
㉱ 숙달된 전문인력의 적재적소 배치 등

25 다음 시스템의 신뢰도는 얼마인가? (단, 각 요소의 신뢰도는 a, b가 각 0.8, c, d가 각 0.6이다.)

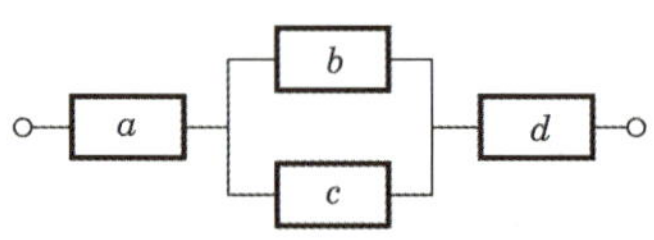

① 0.2245 ② 0.3754
③ 0.4416 ④ 0.5756

Answer 21. ③ 22. ② 23. ③ 24. ① 25. ③

해설 직 · 병렬시스템의 신뢰도

$$R_S = R_a\{1-(1-R_b)(1-R_c)\}R_d$$
$$= 0.8 \times \{1-(1-0.8) \times (1-0.6)\} \times 0.6$$
$$= 0.8 \times 0.92 \times 0.6 = 0.4416$$

26 인간실수확률에 대한 추정기법으로 가장 적절하지 않은 것은?

① CIT(Critical Incident Technique) : 위급사건기법
② FMEA(Failure Mode and Effect Analysis) : 고장형태 영향분석
③ TCRAM(Task Criticality Rating Analysis Method) : 직무위급도 분석법
④ THERP(Technique for Human Error Rate Predict－ion) : 인간 실수율 예측기법

해설 FMEA(Failure Mode and Effect Analysis)
서브시스템 위험분석을 위하여 일반적으로 사용되는 전형적인 정성적, 귀납적 분석 방법으로, 시스템에 영향을 미치는 모든 요소의 고장을 형태별로 분석하여 그 영향을 검토하는 것이다.

27 일반적으로 은행의 접수대 높이나 공원의 벤치를 설계할 때 가장 적합한 인체 측정 자료의 응용 원칙은?

① 조절식 설계
② 평균치를 이용한 설계
③ 최대치수를 이용한 설계
④ 최소치수를 이용한 설계

해설 평균치를 이용한 설계
특정한 장비나 설비의 경우, 최대 집단값이나 최소 집단값을 기준으로 설계하기도 부적절하고 조절식으로 하기도 불가능할 경우 평균값을 기준으로 하여 설계하는 경우가 있다. 평균 신장의 손님을 기준으로 만들어진 은행의 접수대가 특별히 키가 작거나 큰 사람을 기준으로 해서 만드는 것보다는 대다수의 일반 손님에게 덜 불편할 것이다.

28 다음 중 결함수분석의 기대효과와 가장 관계가 먼 것은?

① 사고원인 규명의 간편화
② 시간에 따른 원인 분석
③ 사고원인 분석의 정량화
④ 시스템의 결함 진단

해설 결함수분석의 기대효과
㉮ 사고원인 규명의 간편화
㉯ 사고원인 분석의 일반화, 정량화
㉰ 시스템의 결함 진단
㉱ 노력 시간의 절감
㉲ 안전점검 체크리스트 작성

29 특정한 목적을 위해 시각적 암호, 부호 및 기호를 의도적으로 사용할 때에 반드시 고려하여야 할 사항과 가장 거리가 먼 것은?

① 검출성 ② 판별성
③ 양립성 ④ 심각성

해설 입력자극 암호화의 일반적 지침
㉮ 암호의 양립성 : 자극－반응의 관계가 인간의 기대와 일치해야 한다.
㉯ 암호의 검출성 : 주어진 상황하에서 감지장치나 사람이 감지할 수 있어야 한다.
㉰ 암호의 변별성 : 다른 암호표시와 구별되어야 한다.

30 그림과 같은 FT도에 대한 최소 컷셋(minmal cut sets)으로 옳은 것은? (단, Fussell의 알고리즘을 따른다.)

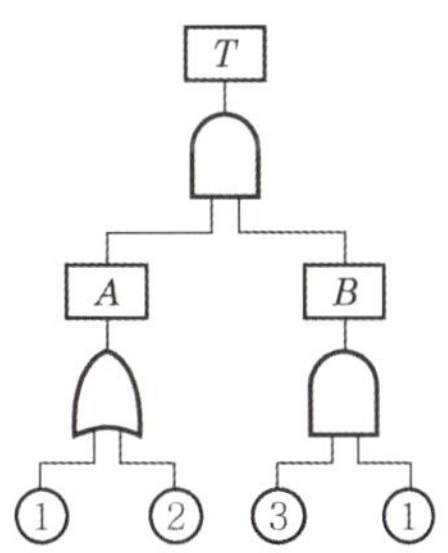

① {1, 2} ② {1, 3}
③ {2, 3} ④ {1, 2, 3}

Answer 26. ② 27. ② 28. ② 29. ④ 30. ②

해설 최소 컷셋(minimal cut sets)

$T = A \cdot B = (①+②) \cdot (①\times③)$
$= ①③ + ①②③$
$= ①③(1+②)$
$= ①③$

실기 실기시험까지 대비해서 암기하세요.

31 태양광이 내리쬐지 않는 옥내의 습구흑구온도지수(WBGT) 산출식은?

① 0.6×자연습구온도+0.3×흑구온도
② 0.7×자연습구온도+0.3×흑구온도
③ 0.6×자연습구온도+0.4×흑구온도
④ 0.7×자연습구온도+0.4×흑구온도

해설 습구흑구온도지수(WBGT)

㉮ 태양이 내리쬐지 않는 옥내
WBGT(℃)=(0.7×자연습구온도)+(0.3×흑구온도)

㉯ 태양광이 내리쬐는 옥외
WBGT(℃)=(0.7×자연습구온도)+(0.2×흑구온도)+(0.1×건구온도)

32 욕조곡선에서의 고장 형태에서 일정한 형태의 고장률이 나타나는 구간은?

① 초기 고장구간　② 마모 고장구간
③ 피로 고장구간　④ 우발 고장구간

해설 시스템의 수명곡선에서 고장형태 및 고장률

㉮ 초기 고장 : 감소형 고장률
㉯ 우발 고장 : 일정형 고장률
㉰ 마모 고장 : 증가형 고장률

33 근골격계질환 작업분석 및 평가 방법인 OWAS의 평가요소를 모두 고른 것은?

㉠ 상지	㉡ 무게(하중)
㉢ 하지	㉣ 허리

① ㉠, ㉡　② ㉠, ㉢, ㉣
③ ㉡, ㉢, ㉣　④ ㉠, ㉡, ㉢, ㉣

해설 OWAS 평가항목

㉮ 허리(back)　㉯ 팔(arms)
㉰ 다리(legs)　㉱ 하중(weight)

34 신체 부위의 운동에 대한 설명으로 틀린 것은?

① 굴곡(flexion)은 부위 간의 각도가 증가하는 신체의 움직임을 의미한다.
② 외전(abduction)은 신체 중심선으로부터 이동하는 신체의 움직임을 의미한다.
③ 내전(adduction)은 신체의 외부에서 중심선으로 이동하는 신체의 움직임을 의미한다.
④ 외선(lateral rotation)은 신체의 중심선으로부터 회전하는 신체의 움직임을 의미한다.

해설 인체동작의 유형과 범위

㉮ 굴곡(flexion) : 팔꿈치로 팔 굽혀 펴기 할 때처럼 관절에서의 각도가 감소하는 인체부분의 동작
㉯ 상향(supination) : 손바닥을 위로 향하도록 하는 회전
㉰ 외전(abduction) : 팔을 옆으로 들 때처럼 인체 중심선에서 멀어지는 측면에서의 인체부위의 동작
㉱ 신전(extension) : 굴곡과 반대방향의 동작으로, 팔꿈치를 펼 때처럼 관절에서의 각도가 증가하는 동작

35 산업안전보건법상 근로자가 상시로 정밀작업을 하는 장소의 작업면 조도기준으로 옳은 것은?

① 75럭스(lux) 이상　② 150럭스(lux) 이상
③ 300럭스(lux) 이상　④ 750럭스(lux) 이상

해설 작업면에 대한 조도기준

㉮ 초정밀작업 : 750럭스(lux) 이상
㉯ 정밀작업 : 300럭스(lux) 이상
㉰ 보통작업 : 150럭스(lux) 이상
㉱ 기타작업 : 75럭스(lux) 이상

참고 산업안전보건기준에 관한 규칙 제8조

실기 실기시험까지 대비해서 암기하세요.

Answer 31. ② 32. ④ 33. ④ 34. ① 35. ③

36 다음 중 동작경제의 원칙으로 틀린 것은?

① 가능한 한 관성을 이용하여 작업을 한다.
② 공구의 기능을 결합하여 사용하도록 한다.
③ 휴식시간을 제외하고는 양손이 같이 쉬도록 한다.
④ 작업자가 작업 중에 자세를 변경할 수 있도록 한다.

해설 동작경제의 원칙
③ 휴식시간 이외에 양손이 동시에 쉬는 시간이 있어서는 안 된다.

37 다음 중 표시장치에 나타나는 값들이 계속적으로 변하는 경우에는 부적합하며, 인접한 눈금에 대한 지침의 위치를 파악할 필요가 없는 경우의 표시장치 형태로 가장 적합한 것은?

① 정목 동침형 ② 정침 동목형
③ 동목 동침형 ④ 계수형

해설 계수형
전력계나 택시요금 계기와 같이 기계, 전자적으로 숫자가 표시되는 형

38 다음 중 FTA에서 사용되는 minimal cut set에 관한 설명으로 틀린 것은?

① 사고에 대한 시스템의 약점을 표현한다.
② 정상사상을 일으키는 최소한의 집합이다.
③ 시스템에 고장이 발생하지 않도록 하는 모든 사상의 집합이다.
④ 일반적으로 Fussell Algorithm을 이용한다.

해설 미니멀 컷셋, 미니멀 패스셋
㉮ 미니멀 컷셋 : 정상사상을 일으키기 위한 기본사상의 최소 집합(최소한의 컷)으로, 시스템의 위험성을 나타낸다
㉯ 미니멀 패스셋 : 시스템의 기능을 살리는 최소한의 집합으로, 시스템의 신뢰성을 나타낸다.

실기 실기시험까지 대비해서 암기하세요.

39 다음 중 인체측정과 작업공간의 설계에 관한 설명으로 옳은 것은?

① 구조적 인체 치수는 움직이는 몸의 자세로부터 측정한 것이다.
② 선반의 높이, 조작에 필요한 힘 등을 정할 때에는 인체 측정치의 최대집단치를 적용한다.
③ 수평 작업대에서의 정상작업영역은 상완을 자연스럽게 늘어뜨린 상태에서 전완을 뻗어 파악할 수 있는 영역을 말한다.
④ 수평 작업대에서의 최대작업영역은 다리를 고정시킨 후 최대한으로 파악할 수 있는 영역을 말한다.

해설 정상작업영역
상완을 자연스럽게 수직으로 늘어뜨린 채, 전완만으로 편하게 뻗어 파악할 수 있는 구역(34~45cm)을 말한다.

40 시각적 부호의 유형과 내용으로 틀린 것은?

① 임의적 부호 – 주의를 나타내는 삼각형
② 명시적 부호 – 위험표지판의 해골과 뼈
③ 묘사적 부호 – 보도 표지판의 걷는 사람
④ 추상적 부호 – 별자리를 나타내는 12궁도

해설 부호의 유형
㉮ 묘사적 부호 : 단순하고 정확하게 묘사
㉯ 추상적 부호 : 도식적으로 압축
㉰ 임의적 부호 : 이미 고안되어 있는 부호를 배워야 한다.

제3과목 기계 · 기구 및 설비 안전관리

41 취성재료의 극한강도가 128MPa이며, 허용응력이 64MPa일 경우 안전계수는?

① 1 ② 2
③ 4 ④ 1/2

Answer 36. ③ 37. ④ 38. ③ 39. ③ 40. ② 41. ②

해설 안전계수

$$\text{안전계수} = \frac{\text{극한강도}}{\text{허용응력}} = \frac{128}{64} = 2$$

42 방호장치를 분류할 때는 크게 위험장소에 대한 방호장치와 위험원에 대한 방호장치로 구분할 수 있는데, 다음 중 위험장소에 대한 방호장치가 아닌 것은?

① 격리형 방호장치
② 접근거부형 방호장치
③ 접근반응형 방호장치
④ 포집형 방호장치

해설 방호장치의 분류
㉮ 위험장소에 대한 방호장치 : 격리형, 위치제한형, 접근거부형, 접근반응형, 감지형
㉯ 위험원에 대한 방호장치 : 포집형

43 기계설비의 안전조건인 구조의 안전화와 거리가 가장 먼 것은?

① 전압 강하에 따른 오동작 방지
② 재료의 결함 방지
③ 설계상의 결함 방지
④ 가공 결함 방지

해설 기계설비의 안전조건
㉮ 외관의 안전화 : 회전부의 방호덮개 설치, 색채조절
㉯ 기능의 안전화 : 전압 강하나 정전 시 오동작 방지, 정전보상장치(UPS)
㉰ 구조의 안전화 : 재료의 결함 방지, 설계상의 결함 방지, 가공 결함 방지
㉱ 작업의 안전화 : 기동 장치와 배치, 정지 시 시건장치, 안전통로 확보, 작업공간 확보
㉲ 보수, 유지의 안전화 : 정기점검, 교환, 보전용 통로와 작업장 확보

실기 실기시험까지 대비해서 암기하세요.

44 산업안전보건법령에 따라 프레스 등을 사용하여 작업을 하는 경우 작업시작 전 점검사항과 거리가 먼 것은?

① 전단기의 칼날 및 테이블의 상태
② 프레스의 금형 및 고정 볼트 상태
③ 슬라이드 또는 칼날에 의한 위험방지 기구의 기능
④ 전자밸브, 압력조정밸브 기타 공압 계통의 이상 유무

해설 프레스 등의 작업 시 작업시작 전 점검사항
㉮ 클러치 및 브레이크의 기능
㉯ 크랭크축 · 플라이휠 · 슬라이드 · 연결봉 및 연결 나사의 풀림 여부
㉰ 1행정 1정지기구 · 급정지장치 및 비상정지장치의 기능
㉱ 슬라이드 또는 칼날에 의한 위험방지 기구의 기능
㉲ 프레스의 금형 및 고정 볼트 상태
㉳ 방호장치의 기능
㉴ 전단기의 칼날 및 테이블의 상태

참고 산업안전보건기준에 관한 규칙 별표 3

실기 실기시험까지 대비해서 암기하세요.

45 회전 중인 연삭숫돌이 근로자에게 위험을 미칠 우려가 있을 시 덮개를 설치하여야 할 연삭숫돌의 최소 지름은?

① 지름이 5cm 이상인 것
② 지름이 10cm 이상인 것
③ 지름이 15cm 이상인 것
④ 지름이 20cm 이상인 것

해설 연삭숫돌의 덮개
사업주는 회전 중인 연삭숫돌(지름이 5cm 이상인 것으로 한정)이 근로자에게 위험을 미칠 우려가 있는 경우에 그 부위에 덮개를 설치하여야 한다.

참고 산업안전보건기준에 관한 규칙 제122조

실기 실기시험까지 대비해서 암기하세요.

Answer 42. ④ 43. ① 44. ④ 45. ①

46 산업안전보건법령상 롤러기의 방호장치 중 롤러의 앞면 표면속도가 30m/min 이상일 때 무부하 동작에서 급정지거리는?

① 앞면 롤러 원주의 1/2.5 이내
② 앞면 롤러 원주의 1/3 이내
③ 앞면 롤러 원주의 1/3.5 이내
④ 앞면 롤러 원주의 1/5.5 이내

해설 앞면 롤러의 표면속도에 따른 급정지거리

앞면 롤러의 표면속도	급정지거리
30m/min 미만	앞면 롤러 원주의 1/3
30m/min 이상	앞면 롤러 원주의 1/2.5

참고 방호장치 자율안전기준 고시 별표 3

실기 실기시험까지 대비해서 암기하세요.

47 연삭숫돌의 지름이 20cm이고, 원주속도가 250m/min일 때 연삭숫돌의 회전수는 약 몇 rpm인가?

① 398 ② 433
③ 489 ④ 552

해설 회전체의 원주속도(V)

$$V = \frac{\pi DN}{1,000}$$

여기서, V : 회전속도(m/min)
D : 지름(mm)
N : 회전수(rpm)

$$N = \frac{V \times 1,000}{\pi D} = \frac{250 \times 1,000}{3.14 \times 200} = 398.1$$

48 아세틸렌용접장치 및 가스집합용접장치에서 가스의 역류 및 역화를 방지하기 위한 안전기의 형식에 속하는 것은?

① 주수식 ② 침지식
③ 투입식 ④ 수봉식

해설 안전기의 형식
㉮ 수봉식
㉯ 건식

49 산업안전보건법령상 보일러에 설치해야 하는 안전장치로 거리가 가장 먼 것은?

① 해지장치
② 압력방출장치
③ 압력제한스위치
④ 고 · 저수위조절장치

해설 보일러의 안전장치
㉮ 압력방출장치
㉯ 압력제한스위치
㉰ 고 · 저수위조절장치
㉱ 화염검출기
㉲ 전기적 인터록 장치

참고 산업안전보건기준에 관한 규칙 제116~118조

실기 실기시험까지 대비해서 암기하세요.

50 프레스 작업에서 제품 및 스크랩을 자동적으로 위험한계 밖으로 배출하기 위한 장치로 틀린 것은?

① 피더 ② 키커
③ 이젝터 ④ 공기 분사 장치

해설 프레스 송급장치와 배출장치
㉮ 송급장치 : 언코일러, 레벨러, 피더 등
㉯ 자동배출장치 : 키커, 이젝터, 공기 분사 장치 등

51 다음 중 크레인의 방호장치로 가장 거리가 먼 것은?

① 권과방지장치 ② 과부하방지장치
③ 비상정지장치 ④ 자동보수장치

해설 방호장치의 조정
사업주는 양중기에 과부하방지장치, 권과방지장치, 비상정지장치 및 제동장치, 그 밖의 방호장치가 정상적으로 작동될 수 있도록 미리 조정해 두어야 한다.

참고 산업안전보건기준에 관한 규칙 제134조

실기 실기시험까지 대비해서 암기하세요.

Answer 46. ① 47. ① 48. ④ 49. ① 50. ① 51. ④

52 롤러의 가드 설치방법 중 안전한 작업공간에서 사고를 일으키는 공간함정(trap)을 막기위해 확보해야 할 신체 부위별 최소 틈새가 바르게 짝지어진 것은?

① 다리 : 240mm ② 발 : 180mm
③ 손목 : 150mm ④ 손가락 : 25mm

해설 보호가드에 필요한 최소 틈새(단위 : mm)

신체 부위	몸	다리	발	팔	손목	손가락
최소 틈새	500	180	120		100	25

53 프레스 작동 후 작업점까지의 도달시간이 0.3초인 경우 위험한계로부터 양수조작식 방호장치의 최단 설치거리는?

① 48cm 이상 ② 58cm 이상
③ 68cm 이상 ④ 78cm 이상

해설 안전거리(D)

$D = 1.6(T_L + T_s) = 1.6 \times 0.3 = 0.48[\text{m}] = 48[\text{cm}]$

여기서, T_L : 버튼에서 손이 떨어질 때부터 급정지기구가 작동할 때까지 시간

T_s : 급정지기구 작동 시부터 슬라이드가 정지할 때까지 시간

54 산업안전보건법령상 지게차 작업시작 전 점검사항으로 거리가 가장 먼 것은?

① 제동장치 및 조종장치 기능의 이상 유무
② 압력방출장치의 작동 이상 유무
③ 바퀴의 이상 유무
④ 전조등 · 후미등 · 방향지시기 및 경보장치 기능의 이상 유무

해설 지게차 작업시작 전 점검사항

㉮ ①, ③, ④와 다음의 점검사항이 있다.
㉯ 하역장치 및 유압장치 기능의 이상 유무

참고 산업안전보건기준에 관한 규칙 별표 3

실기 실기시험까지 대비해서 암기하세요.

55 다음 중 가공재료의 칩이나 절삭유 등이 비산되어 나오는 위험으로부터 보호하기 위한 선반의 방호장치는?

① 바이트 ② 권과방지장치
③ 압력제한스위치 ④ 실드(shield)

해설 선반의 방호장치

㉮ 칩 브레이커 : 칩을 잘게 끊어주는 장치
㉯ 실드 : 칩 및 절삭유의 비산 방지를 위해 전후좌우 위쪽에 설치하는 플라스틱 덮개
㉰ 급정지 브레이크 : 작업 중 돌발상황에 선반 작동을 중지시키는 장치
㉱ 척 커버 : 척이나 가공물의 돌출물에 작업복 등이 말려 들어가는 것을 방지하는 장치
㉲ 덮개 또는 울 : 돌출하여 회전하고 있는 가공물이 근로자에게 위험을 미칠 우려가 있는 경우 설치하는 장치

실기 실기시험까지 대비해서 암기하세요.

56 산업안전보건법령상 아세틸렌 용접장치에 관한 설명이다. ( ) 안에 공통으로 들어갈 내용으로 옳은 것은?

- 사업주는 아세틸렌 용접장치의 취관마다 ( )를 설치하여야 한다.
- 사업주는 가스용기가 발생기와 분리되어 있는 아세틸렌 용접장치에 대하여 발생기와 가스용기 사이에 ( )를 설치하여야 한다.

① 분기장치 ② 자동발생 확인장치
③ 유수 분리장치 ④ 안전기

해설 안전기의 설치

㉮ 사업주는 아세틸렌 용접장치의 취관마다 **안전기**를 설치하여야 한다. 다만, 주관 및 취관에 가장 가까운 분기관마다 안전기를 부착한 경우에는 그러하지 아니하다.
㉯ 사업주는 가스용기가 발생기와 분리되어 있는 아세틸렌 용접장치에 대하여 발생기와 가스용기 사이에 **안전기**를 설치하여야 한다.

참고 산업안전보건기준에 관한 규칙 제189조

실기 실기시험까지 대비해서 암기하세요.

Answer 52. ④ 53. ① 54. ② 55. ④ 56. ④

57 보일러에서 폭발사고를 미연에 방지하기 위해 화염 상태를 검출할 수 있는 장치가 필요하다. 이 중 바이메탈을 이용하여 화염을 검출하는 것은?

① 프레임 아이 ② 스택 스위치
③ 전자 개폐기 ④ 프레임 로드

해설 스택 스위치
화염의 발열을 검출하는 방식의 바이메탈식 화염 검출기

58 용접부 결함에서 전류가 과대하고, 용접속도가 너무 빨라 용접부의 일부가 홈 또는 오목하게 생기는 결함은?

① 언더컷 ② 기공
③ 균열 ④ 융합불량

해설 용접 결함
㉮ 언더컷(under cut) : 용접부 부근의 모재가 용접열에 의해 움푹 패인 형상
㉯ 언더필(under fill) : 용접이 덜 채워진 현상
㉰ 기공(porosity) : 이물이나 수분 등으로 인해 용접부 내부에 가스가 발생되어 외부로 빠져 나오지 못하고 내부에서 기포를 현상한 상태
㉱ 균열(cracking) : 용접부에 금이 가는 현상
㉲ 용입부족(incomplete penetration) : 용융금속의 두께가 모재 두께보다 적게 용입이 된 상태
㉳ 스패터(spatter) : 용접 시 조그만 금속 알갱이가 튕겨나와 모재에 묻어있는 현상
㉴ 오버랩(over lap) : 용접개선 절단면을 지나 모재 상부까지 용접된 현상

59 기계설비에 대한 본질적인 안전화 방안의 하나인 풀 프루프(Fool Proof)에 관한 설명으로 거리가 먼 것은?

① 계기나 표시를 보기 쉽게 하거나 이른바 인체공학적 설계도 넓은 의미의 풀 프루프에 해당된다.
② 설비 및 기계장치 일부가 고장이 난 경우 기능의 저하는 가져오나 전체 기능은 정지하지 않는다.
③ 인간이 에러를 일으키기 어려운 구조나 기능을 가진다.
④ 조작 순서가 잘못되어도 올바르게 작동한다.

해설 풀 프루프(Fool－proof)
사용자가 조작의 실수를 하더라도 사용자에게 피해를 주지 않도록 하는 설계 개념으로 사용자가 아무리 잘못된 조작을 해도 시스템이나 장치가 동작하지 않고 올바른 조작에만 응답하도록 하는 것이다. 또는 인간이 위험구역에 접근하지 못하게 하는 것으로 격리, 기계화, 시건(lock) 장치가 있다.

60 비파괴시험의 종류가 아닌 것은?

① 자분 탐상시험 ② 침투 탐상시험
③ 와류 탐상시험 ④ 샤르피 충격시험

해설 비파괴시험의 종류
㉮ 자분 탐상시험 ㉯ 침투 탐상시험
㉰ 와류 탐상시험 ㉱ 육안검사
㉲ 누설검사 ㉳ 침투검사
㉴ 초음파검사 ㉵ 자기탐상검사
㉶ 음향검사 ㉷ 방사선검사

제4과목 전기설비 안전관리

61 주택용 배선차단기 B타입의 경우 순시동작범위는? (단, I_n는 차단기 정격전류이다.)

① $3I_n$ 초과～$5I_n$ 이하
② $5I_n$ 초과～$10I_n$ 이하
③ $10I_n$ 초과～$15I_n$ 이하
④ $10I_n$ 초과～$20I_n$ 이하

해설 주택용 배선차단기의 순시동작범위

B타입	$3I_n$ 초과～$5I_n$ 이하
C타입	$5I_n$ 초과～$10I_n$ 이하
D타입	$10I_n$ 초과～$20I_n$ 이하

62 한국전기설비규정에 따라 피뢰설비에서 외부피뢰시스템의 수뢰부시스템으로 적합하지 않는 것은?

① 돌침 ② 수평도체
③ 메시도체 ④ 환상도체

Answer 57. ② 58. ① 59. ② 60. ④ 61. ① 62. ④

APPENDIX 부록 과년도 기출문제

해설 수뢰부시스템(Air－termination System)
낙뢰를 포착할 목적으로 돌침, 수평도체, 메시도체 등과 같은 금속 물체를 이용한 외부피뢰시스템의 일부를 말한다.

63 욕실 등 물기가 많은 장소에서 인체감전보호형 누전차단기의 정격감도전류와 동작시간은?

① 정격감도전류 30mA, 동작시간 0.01초 이내
② 정격감도전류 30mA, 동작시간 0.03초 이내
③ 정격감도전류 15mA, 동작시간 0.01초 이내
④ 정격감도전류 15mA, 동작시간 0.03초 이내

해설 인체감전보호형 누전차단기의 정격감도전류와 동작시간
인체가 물에 젖었거나 물을 사용하는 장소(욕실 등)에는 정격감도전류 15mA에서 0.03초 이내의 누전차단기를 사용한다.

실기 실기시험까지 대비해서 암기하세요.

64 피뢰기가 갖추어야 할 특성으로 알맞은 것은?

① 충격방전 개시전압이 높을 것
② 제한 전압이 높을 것
③ 뇌전류의 방전 능력이 클 것
④ 속류를 차단하지 않을 것

해설 피뢰기가 갖추어야 할 특성
① 충격방전 개시전압이 낮을 것
② 제한 전압이 낮을 것
④ 속류를 확실하게 차단할 것

65 아크용접 작업 시 감전사고 방지대책으로 틀린 것은?

① 절연 장갑의 사용
② 절연 용접봉의 사용
③ 적정한 케이블의 사용
④ 절연 용접봉의 홀더의 사용

해설 아크용접 작업 시 감전사고 방지대책
절연 용접봉을 사용하더라도 자동전격방지기의 설치가 필요하다.

66 그림과 같은 설비에 누전되었을 때 인체가 접촉하여도 안전하도록 ELV를 설치하려고 한다. 누전차단기 동작전류 및 시간으로 가장 적당한 것은?

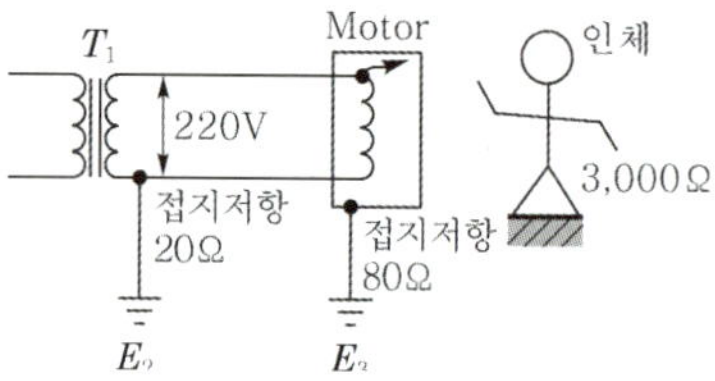

① 30mA, 0.1초
② 60mA, 0.1초
③ 90mA, 0.1초
④ 120mA, 0.1초

해설 누전차단기의 정격감도전류와 동작시간

구분		동작시간
고감도형	고속형	정격감도전류(30mA)에서 0.1초 이내
		인체감전보호용은 정격감도전류(30mA)에서 0.03초 이내
	시연형	정격감도전류(30mA)에서 0.1초 초과 2초 이내
	반한시형	정격감도전류(30mA)에서 0.2초 초과 ~2초 이내
		정격감도전류(30mA) 1.4배의 전류에서 0.1초 초과~0.5초 이내
		정격감도전류(30mA) 4.4배의 전류에서 0.05초 이내
중감도형	고속형	정격감도전류(30mA)에서 0.1초 이내
	시연형	정격감도전류(30mA)에서 0.1초 초과 ~2초 이내
저감도형	고속형	정격감도전류(30mA)에서 0.1초 이내
	시연형	정격감도전류(30mA)에서 0.1초 초과 ~2초 이내

67 내전압용 절연장갑의 등급에 따른 최대사용전압이 틀린 것은? (단, 교류 전압은 실효값이다.)

① 등급 00 : 교류 500V
② 등급 1 : 교류 7,500V
③ 등급 2 : 직류 17,000V
④ 등급 3 : 직류 39,750V

Answer 63. ④ 64. ③ 65. ② 66. ① 67. ③

해설 내전압용 절연장갑의 등급

등급	최대사용전압		비고
	교류(V, 실효값)	직류(V)	
00	500	750	
0	1,000	1,500	
1	7,500	11,250	
2	17,000	25,500	
3	26,500	39,750	
4	36,000	54,000	

참고 보호구 안전인증 고시 별표 3

실기 실기시험까지 대비해서 암기하세요.

68 전기기기의 충격 전압시험 시 사용하는 표준 충격파형(T_f, T_t)은?

① $1.2 \times 50\mu s$ ② $1.2 \times 100\mu s$
③ $2.4 \times 50\mu s$ ④ $2.4 \times 100\mu s$

해설 전기기기의 충격 전압시험 시 사용하는 표준충격파형
파두시간이 $1.2\mu s$, 파미시간이 $50\mu s$ 소요하는 파형으로, 정(+) 방향과 부(−) 방향에 각각 3회씩 충격전압시험을 실시하도록 되어 있다.

69 심장의 맥동주기 중 어느 때에 전격이 인가되면 심실세동을 일으킬 확률이 크고 위험한가?

① 심방의 수축이 있을 때
② 심실의 수축이 있을 때
③ 심실의 수축 종료 후 심실의 휴식이 있을 때
④ 심실의 수축이 있고 심방의 휴식이 있을 때

해설 심장의 맥동주기
심장의 맥동주기는 R파와 R파 간의 거리를 말하며, 심실의 수축이 종료 후 심실의 휴식 시 발생하는 파형(T파) 부분에서 전격이 발생하면 심실세동의 확률이 가장 커지며 위험하다.

70 심실세동 전류란?

① 최소 감지전류 ② 치사적 전류
③ 고통 한계전류 ④ 마비 한계전류

해설 심실세동 전류
심실세동 전류란 심장에 흐르는 전류가 어떤 값에 도달하면, 심장이 경련을 일으키며, 정상 맥동이 뛰지 않게 되어 혈액을 내보내는 심실이 세동을 일으키게 되며 이 상태는 대단히 위험해서 사망하는 일이 많다.

실기 실기시험까지 대비해서 암기하세요.

71 폭발한계에 도달한 메탄가스가 공기에 혼합되었을 경우 착화한계전압(V)은 약 얼마인가? (단, 메탄의 착화최소에너지는 0.2mJ, 극간용량은 10pF으로 한다.)

① 6,325 ② 5,225
③ 4,135 ④ 3,035

해설 착화한계전압(V)

$$V = \sqrt{\frac{2E}{C}} = \sqrt{\frac{2 \times 0.2 \times 10^{-3}}{10 \times 10^{-12}}} = 6,325[\mathrm{V}]$$

72 정전기 대전현상의 설명으로 틀린 것은?

① 충돌대전 : 분체류와 같은 입자 상호간이나 입자와 고체와의 충돌에 의해 빠른 접촉 또는 분리가 행하여짐으로써 정전기가 발생되는 현상
② 유동대전 : 액체류가 파이프 등 내부에서 유동할 때 액체와 관 벽 사이에서 정전기가 발생되는 현상
③ 박리대전 : 고체나 분체류와 같은 물체가 파괴되었을 때 전하분리에 의해 정전기가 발생되는 현상
④ 분출대전 : 분체류, 액체류, 기체류가 단면적이 작은 분출구를 통해 공기 중으로 분출될 때 분출하는 물질과 분출구의 마찰로 인해 정전기가 발생되는 현상

해설 정전기 대전현상
③ 박리대전 : 고체나 분체류가 밀착되어 있다가 떼어낼 때 정전기가 발생되는 현상

Answer 68. ① 69. ③ 70. ② 71. ① 72. ③

73 대전의 완화를 나타내는 데 중요한 인자인 시정수(time constant)는 최초의 전하가 약 몇 %까지 완화되는 시간을 말하는가?

① 20%　　② 37%
③ 45%　　④ 50%

해설 **정전기의 완화시간**
정전기의 완화시간은 정전기가 축적되었다가 소멸되는 과정에서 처음 값의 36.8%로 감소되는 데 걸리는 시간을 말한다.

74 다음 설명이 나타내는 현상은?

> 전압이 인가된 이극도체 간의 고체 절연물 표면에 이물질이 부착되면 미소방전이 일어난다. 이 미소방전이 반복되면서 절연물 표면에 도전성 통로가 형성되는 현상이다.

① 흑연화현상　　② 트래킹현상
③ 반단선현상　　④ 절연이동현상

해설 **흑연화현상, 반단선현상**
① 흑연화현상 : 주철 내에 존재하는 탄화물을 철과 흑연으로 분해하는 현상
③ 반단선현상 : 전선의 소선 중 일부가 끊어지는 현상

75 방폭지역에서 저압케이블 공사 시 사용해서는 안 되는 케이블은?

① MI 케이블
② 연피 케이블
③ 0.6/1kV 고무캡타이어 케이블
④ 0.6/1kV 폴리에틸렌 외장케이블

해설 **방폭지역에 사용하는 저압케이블**
㉮ MI 케이블
㉯ 연피 케이블
㉰ 0.6/1kV 폴리에틸렌 외장케이블
㉱ 0.6/1kV 비닐절연 외장 케이블
㉲ 0.6/1kV 콘크리트 직매용 케이블

76 방폭전기설비의 용기내부에서 폭발성가스 또는 증기가 폭발하였을 때 용기가 그 압력에 견디고 접합면이나 개구부를 통해서 외부의 폭발성가스나 증기에 인화되지 않도록 한 방폭구조는?

① 내압 방폭구조
② 압력 방폭구조
③ 유입 방폭구조
④ 본질안전 방폭구조

해설 **방폭구조의 종류**
② 압력 방폭구조 : 전기설비 용기 내부에 공기, 질소, 탄산가스 등의 보호가스를 대기압 이상으로 봉입하여 당해 용기 내부에 가연성가스 또는 증기가 침입하지 못하도록 한 방폭구조
③ 유입 방폭구조 : 생산현장의 분위기에 가연성가스, 증기, 분진 등이 존재하여 폭발의 우려가 있는 경우에 전기설비의 안전을 도모하기 위해 전기기계기구의 전기불꽃 또는 아크를 발생하는 부분을 기름 속에 수용하고, 기름 면 위에 존재하는 폭발성가스에 인화될 우려가 없도록 되어 있는 방폭구조
④ 본질안전 방폭구조 : 위험한 장소에서 사용되는 전기회로(전기기기의 내부 회로 및 외부 배선의 회로)에서 정상 시 및 사고 시에 발생하는 전기불꽃 또는 열이 폭발성가스에 점화되지 않는 것이 점화시험 등에 의해 확인된 방폭구조

77 $Q=2\times10^{-7}$[C]으로 대전하고 있는 반경 25cm 도체구의 전위(kV)는 약 얼마인가?

① 7.2　　② 12.5
③ 14.4　　④ 25

해설 **도체구의 전위**

$$E=\frac{Q}{4\pi\epsilon_0 R}$$

$$=\frac{2\times10^{-7}}{4\pi\times8.855\times10^{-12}\times0.25}=7,189.38[\text{V}]$$

Answer 73. ② 74. ② 75. ③ 76. ① 77. ①

78 다음 ( ) 안의 알맞은 내용을 나타낸 것은?

폭발성 가스의 폭발등급 측정에 사용되는 표준용기는 내용적이 (ⓐ)cm^3, 반구상의 플렌지 접합면의 안길이 (ⓑ)mm의 구상용기의 틈새를 통과시켜 화염일주 한계를 측정하는 장치이다.

① ⓐ 600, ⓑ 0.4　② ⓐ 1,800, ⓑ 0.6
③ ⓐ 4,500, ⓑ 8　④ ⓐ 8,000, ⓑ 25

해설 폭발등급 측정에 사용되는 표준용기
폭발성 가스의 폭발등급 측정에 사용되는 표준용기는 내용적이 8,000cm^3, 반구상의 플렌지 접합면의 안길이 25mm의 구상용기의 틈새를 통과시켜 화염일주 한계를 측정하는 장치이다.

79 6,600/100V, 15kVA의 변압기에서 공급하는 저압 전선로의 허용 누설전류는 몇 A를 넘지 않아야 하는가?

① 0.025　② 0.045
③ 0.075　④ 0.085

해설 과전류에 의한 전선의 용단 전류밀도
누설전류는 2차 정격전류의 2,000분의 1을 넘지 않아야 하므로, 150[A]/2000 = 0.075[A]이다. 여기서 변압기의 2차 정격전류는 15,000[VA]/100[V] = 150A이다.

80 누전차단기의 시설방법 중 옳지 않은 것은?

① 시설장소는 배전반 또는 분전반 내에 설치한다.
② 정격전류용량은 해당 전로의 부하전류 값 이상이어야 한다.
③ 정격감도전류는 정상의 사용상태에서 불필요하게 동작하지 않도록 한다.
④ 인체감전보호형은 0.05초 이내에 동작하는 고감도고속형이어야 한다.

해설 누전차단기에 의한 감전방지
인체감전보호형은 0.03초 이내에 동작하는 고감도고속형이어야 한다.

참고 산업안전보건기준에 관한 규칙 제304조

제5과목 화학설비 안전관리

81 폭발원인물질의 물리적 상태에 따라 구분할 때 기상폭발(gas explosion)에 해당되지 않는 것은?

① 분진폭발　② 응상폭발
③ 분무폭발　④ 가스폭발

해설 폭발물 원인물질의 물리적 상태에 따른 폭발의 분류
㉮ 기상폭발 : 분해폭발, 분진폭발, 분무폭발, 가스폭발, 혼합가스폭발 등
㉯ 응상폭발 : 수증기폭발, 전선폭발, 고상 간의 전이에 의한 폭발, 혼합 위험에 의한 폭발 등

82 자연발화성을 가진 물질이 자연발화를 일으키는 원인으로 거리가 먼 것은?

① 분해열　② 증발열
③ 산화열　④ 중합열

해설 자연발화성을 가진 물질이 자연발화를 일으키는 원인
분해열, 산화열, 중합열, 흡착열, 미생물 등

83 처음 온도가 20℃인 공기를 절대압력 1기압에서 3기압으로 단열압축하면 최종온도는 약 몇 도인가? (단, 공기의 비열비 1.4이다.)

① 68℃　② 75℃
③ 128℃　④ 164℃

해설 단열과정

$$\frac{T_2}{T_1} = \left(\frac{P_2}{P_1}\right)^{\frac{r-1}{r}}$$

여기서, T_1, T_2 : 기체의 처음, 압축 후의 온도
P_1, P_2 : 기체의 처음, 압축 후의 압력
r : 공기의 비열비

$$T_2 = T_1 \times \left(\frac{P_2}{P_1}\right)^{\frac{r-1}{r}}$$

$$= (273+20) \times \left(\frac{3}{1}\right)^{\frac{1.4-1}{1.4}} = 401.04[K]$$

401.04[K] − 273 = 128.04[℃]

Answer 78. ④ 79. ③ 80. ④ 81. ② 82. ② 83. ③

84 연소이론에 대한 설명으로 틀린 것은?

① 착화온도가 낮을수록 연소위험이 크다.
② 인화점이 낮은 물질은 반드시 착화점도 낮다.
③ 인화점이 낮을수록 일반적으로 연소위험이 크다.
④ 연소범위가 넓을수록 연소위험이 크다.

해설 인화점과 착화점
휘발유는 등유에 비해 인화점이 낮지만 착화점은 높다.

85 에틸알코올 1몰이 완전연소 시 생성되는 CO_2와 H_2O의 몰수로 옳은 것은?

① CO_2 : 1, H_2O : 4　② CO_2 : 2, H_2O : 3
③ CO_2 : 3, H_2O : 2　④ CO_2 : 4, H_2O : 1

해설 에틸알코올(C_2H_5OH)의 연소반응식
에틸알코올 1몰 연소 시 2몰의 이산화탄소와 3몰의 물이 생성된다.
$C_2H_5OH + 3O_2 \rightarrow 2CO_2 + 3H_2O$

86 탄화수소 증기의 연소하한값 추정식은 연료의 양론농도(Cst)의 0.55배이다. 프로판 1몰의 연소반응식이 다음과 같을 때 연소하한값은 약 몇 vol%인가?

$$C_3H_8 + 5O_2 \rightarrow 3CO_2 + 4H_2O$$

① 2.22　② 4.03
③ 4.44　④ 8.06

해설 연소하한값

$$C_{st}(vol\%) = \frac{100}{1 + 4.773\left(n + \frac{m - f - 2\lambda}{4}\right)}$$

여기서, n : 탄소, m : 수소
f : 할로겐원소, λ : 산소의 원자수
프로판(C_3H_8)에서 n : 3, m : 8, f : 0, λ : 0

$$C_{st}(Vol\%) = \frac{100}{1 + 4.773 \times \left(3 + \frac{8}{4}\right)} = 4.02$$

연소하한값 $= 0.55 \times C_{st} = 0.55 \times 4.02 = 2.22$

87 가연성물질을 취급하는 장치를 퍼지하고자 할 때 잘못된 것은?

① 대상물질의 물성을 파악한다.
② 사용하는 불활성 가스의 물성을 파악한다.
③ 퍼지용 가스를 가능한 한 빠른 속도로 단시간에 다량 송입한다.
④ 장치내부를 세정한 후 퍼지용 가스를 송입한다.

해설 퍼지
③ 퍼지용 가스를 가능한 한 느린 속도로 장시간에 소량 송입한다.

88 소화약제 IG－100의 구성성분은?

① 질소　② 산소
③ 이산화탄소　④ 수소

해설 소화약제의 구성성분

구분	소화약제	화학식
할로겐 화합물	퍼플로우부탄 (FC－3－1－10)	C_4F_{10}
	클로로테트라플루오르에탄 (HCFC－124)	CJHCIFCF_3
	펜타플루오로에탄 (HFC－125)	CHF_2CF_3
	트리플루오로메탄 (HFC－23)	CHF_3
불활성 가스	불연성·불활성기체혼합가스 (IG－01)	Ar
	불연성·불활성기체혼합가스 (IG－100)	N_2
	불연성·불활성기체혼합가스 (IG－541)	N_2 : 52%, Ar : 40%, CO_2 : 8%
	불연성·불활성기체혼합가스 (IG－55)	N_2 : 50%, Ar : 50%

89 산업안전보건법령에서 규정하고 있는 위험물질의 종류 중 부식성 염기류로 분류되기 위하여 농도가 40% 이상이어야 하는 물질은?

① 염산　② 아세트산
③ 불산　④ 수산화칼륨

Answer 84. ② 85. ② 86. ① 87. ③ 88. ① 89. ④

해설 부식성 물질

구분	종류
부식성 산류	• 농도가 20% 이상인 염산, 황산, 질산, 그 밖에 이와 같은 정도 이상의 부식성을 가지는 물질 • 농도가 60% 이상인 인산, 아세트산, 불산, 그 밖에 이와 같은 정도 이상의 부식성을 가지는 물질
부식성 염기류	농도가 40% 이상인 수산화나트륨, 수산화칼륨, 그 밖에 이와 같은 정도 이상의 부식성을 가지는 염기류

참고 산업안전보건기준에 관한 규칙 별표 1

90 탄화칼슘이 물과 반응하였을 때 생성물을 옳게 나타낸 것은?

① 수산화칼슘＋아세틸렌
② 수산화칼슘＋수소
③ 염화칼슘＋아세틸렌
④ 염화칼슘＋수소

해설 탄화칼슘과 물의 반응식

$CaC_2 + 2H_2O \rightarrow Ca(OH)_2 + C_2H_2 \uparrow$

(탄화칼슘) (수산화칼슘) (아세틸렌)

91 위험물안전관리법령에 의한 위험물의 분류 중 제1류 위험물에 속하는 것은?

① 염소산염류 ② 황린
③ 금속칼륨 ④ 질산에스테르

해설 위험물의 분류
㉮ 황린, 금속칼슘 : 제3류 위험물(자연발화성 물질 및 금수성 물질)
㉯ 질산에스테르 : 제5류 위험물(자기반응성 물질)

참고 위험물안전관리법 별표 1

92 다음 중 위험물의 저장방법으로 적절하지 않은 것은?

① 탄화칼슘은 물속에 저장한다.
② 벤젠은 산화성 물질과 격리시킨다.
③ 금속나트륨은 석유 속에 저장한다.
④ 질산은 갈색병에 넣어 냉암소에 보관한다.

해설 탄화칼슘의 저장방법
① 탄화칼슘은 물반응성 물질로, 물과 접촉 시 아세틸렌 가스를 발생시키므로 밀폐용기에 저장하고 불연성 가스로 봉입한 후 보관해야 한다.

93 다음 중 산업안전보건법령상 위험물질의 종류에 있어 인화성 가스에 해당하지 않는 것은?

① 수소 ② 부탄
③ 에틸렌 ④ 과산화수소

해설 인화성 가스
㉮ 수소 ㉯ 부탄 ㉰ 에틸렌
㉱ 아세틸렌 ㉲ 메탄 ㉳ 에탄
㉴ 프로판

참고 산업안전보건기준에 관한 규칙 별표 1

94 산업안전보건법령상 폭발성 물질을 취급하는 화학설비를 설치하는 경우에 단위공정설비로부터 다른 단위공정설비 사이의 안전거리는 설비 바깥면으로부터 몇 m 이상이어야 하는가?

① 10 ② 15
③ 20 ④ 30

해설 시설 및 설비 간의 안전거리
㉮ 단위공정시설 및 설비로부터 다른 단위공정시설 및 설비의 사이 : 설비의 바깥면으로부터 10m 이상
㉯ 플레어스택으로부터 단위공정시설 및 설비, 위험물질 저장탱크 또는 위험물질 하역설비의 사이 : 플레어스택으로부터 반경 20m 이상
㉰ 위험물질 저장탱크로부터 단위공정시설 및 설비, 보일러 또는 가열로의 사이 : 저장탱크의 바깥면으로부터 20m 이상
㉱ 사무실 · 연구실 · 실험실 · 정비실 또는 식당으로부터 단위공정시설 및 설비, 위험물질 저장탱크, 위험물질 하역설비, 보일러 또는 가열로의 사이 : 사무실 등의 바깥면으로부터 20m 이상

참고 산업안전보건기준에 관한 규칙 별표 8

실기 실기시험까지 대비해서 암기하세요.

Answer 90. ① 91. ① 92. ① 93. ④ 94. ①

95 위험물질을 저장하는 방법으로 틀린 것은?

① 황인은 물속에 저장
② 나트륨은 석유 속에 저장
③ 칼륨은 석유 속에 저장
④ 리튬은 물속에 저장

해설 리튬의 저장 방법
리튬은 물과 접촉할 경우 수소가스를 발생시키며, 리튬은 등유 속에 저장한다.

96 산업안전보건법령상 특수화학설비를 설치할 때 내부의 이상상태를 조기에 파악하기 위하여 필요한 계측장치를 설치하여야 한다. 이러한 계측장치로 거리가 먼 것은?

① 압력계　② 유량계
③ 온도계　④ 비중계

해설 계측장치 등의 설치
사업주는 위험물질의 기준량 이상으로 제조하거나 취급하는 특수화학설비를 설치하는 경우에는 내부의 이상 상태를 조기에 파악하기 위하여 필요한 온도계 · 유량계 · 압력계 등의 계측장치를 설치하여야 한다.

참고 산업안전보건기준에 관한 규칙 제273조

97 산업안전보건법령상 다음 인화성 가스의 정의에서 (　) 안에 알맞은 값은?

"인화성 가스"란 인화한계 농도의 최저한도가 (㉠)% 이하 또는 최고한도와 최저한도의 차가 (㉡)% 이상인 것으로서 표준압력(101.3kPa), 20℃에서 가스 상태인 물질을 말한다.

① ㉠ 13, ㉡ 12　② ㉠ 13, ㉡ 15
③ ㉠ 12, ㉡ 13　④ ㉠ 12, ㉡ 15

해설 인화성 가스
인화성 가스란 인화한계 농도의 최저한도가 13% 이하 또는 최고한도와 최저한도의 차가 12% 이상인 것으로서 표준압력(101.3kPa에서 20℃에서 가스 상태인 물질을 말한다.

참고 산업안전보건법 시행령 별표 13

98 다음 중 물과 반응하여 수소가스를 발생할 위험이 가장 낮은 물질은?

① Mg　② Zn
③ Cu　④ Na

해설 구리(Cu)
구리는 상온에서 고체 상태로 존재하며, 녹는점이 낮아 물과 접촉해도 반응하지 않는다.

99 사업주는 안전밸브 등의 전단 · 후단에 차단밸브를 설치해서는 아니 된다. 다만, 별도로 정한 경우에 해당할 때는 자물쇠형 또는 이에 준하는 형식의 차단밸브를 설치할 수 있다. 이에 해당하는 경우가 아닌 것은?

① 화학설비 및 그 부속설비에 안전밸브 등이 복수 방식으로 설치되어 있는 경우
② 예비용 설비를 설치하고 각각의 설비에 안전밸브 등이 설치되어 있는 경우
③ 파열판과 안전밸브를 직렬로 설치한 경우
④ 열팽창에 의하여 상승된 압력을 낮추기 위한 목적으로 안전밸브가 설치된 경우

해설 자물쇠형 차단밸브를 설치할 수 있는 경우
㉮ ①, ②, ④와 다음의 경우가 있다.
㉯ 인접한 화학설비 및 그 부속설비에 안전밸브 등이 각각 설치되어 있고, 해당 화학설비 및 그 부속설비의 연결배관에 차단밸브가 없는 경우
㉰ 안전밸브 등의 배출용량의 1/2 이상에 해당하는 용량의 자동압력조절밸브(구동용 동력원의 공급을 차단하는 경우 열리는 구조인 것으로 한정)와 안전밸브 등이 병렬로 연결된 경우

참고 산업안전보건기준에 관한 규칙 제266조

100 다음의 설명에 해당하는 안전장치는?

대형의 반응기, 탑, 탱크 등에서 이상상태가 발생할 때 밸브를 정지시켜 원료공급을 차단하기 위한 안전장치로, 공기압식, 유압식, 전기식 등이 있다.

① 파열판　② 안전밸브
③ 스팀트랩　④ 긴급차단장치

Answer 95. ④ 96. ④ 97. ① 98. ③ 99. ③ 100. ④

해설 안전장치

① 파열판 : 밀폐된 용기, 배관 등의 내압이 이상 상승하였을 경우 정해진 압력에서 파열되어 본체의 파괴를 막을 수 있도록 제조된 원형의 얇은 금속판
② 안전밸브 : 압력이 일정 한도 이상으로 상승한 때나 워터 해머 등의 이상 압력이 발생했을 때, 과잉 압력을 자동적으로 방출시키는 밸브
③ 스팀트랩 : 드럼이나 관 속의 증기가 일부 응결(凝結)하여 물이 되었을 때 자동적으로 물만을 외부로 배출하는 장치

실기 실기시험까지 대비해서 암기하세요.

제6과목 건설공사 안전관리

101 건설공사 시공단계에 있어서 안전관리의 문제점에 해당되는 것은?

① 발주자의 조사, 설계 발주능력 미흡
② 용역자의 조사, 설계능력 부실
③ 발주자의 감독 소홀
④ 사용자의 시설 운영관리 능력 부족

해설 시공단계에 있어서 안전관리

시공단계의 안전관리에서 발주자와 설계자의 책임과 역할이 추가되었다.

102 산소결핍이라 함은 공기 중 산소농도가 몇 퍼센트(%) 미만일 때를 의미하는가?

① 20% ② 18%
③ 15% ④ 10%

해설 산소결핍

산소결핍이란 공기 중의 산소농도가 18% 미만인 상태를 말한다.

103 지반 등의 굴착 시 위험을 방지하기 위한 경암 지반 굴착면의 기울기 기준으로 옳은 것은?

① 1 : 0.3 ② 1 : 0.4
③ 1 : 0.5 ④ 1 : 0.6

해설 굴착면의 기울기 기준

지반의 종류	기울기
모래	1 : 1.8
연암 및 풍화암	1 : 1.0
경암	1 : 0.5
그 밖의 흙	1 : 1.2

104 유해위험방지계획서를 제출해야 할 건설공사 대상 사업장 기준으로 옳지 않은 것은?

① 최대 지간길이가 40m 이상인 교량건설 등의 공사
② 지상높이가 31m 이상인 건축물
③ 터널 건설 등의 공사
④ 깊이 10m 이상인 굴착공사

해설 유해위험방지계획서 제출 대상 공사

㉮ 다음의 어느 하나에 해당하는 건축물 또는 시설 등의 건설 · 개조 또는 해체공사
  ㉠ 지상높이가 31m 이상인 건축물 또는 인공구조물
  ㉡ 연면적 3만m^2 이상인 건축물
  ㉢ 연면적 5천m^2 이상인 시설로서 다음의 어느 하나에 해당하는 시설
    • 문화 및 집회시설(전시장 및 동물원 · 식물원은 제외)
    • 판매시설, 운수시설(고속철도의 역사 및 집배송시설은 제외)
    • 종교시설
    • 의료시설 중 종합병원
    • 숙박시설 중 관광숙박시설
    • 지하도상가
    • 냉동 · 냉장 창고시설
㉯ 연면적 5천m^2 이상의 냉동 · 냉장창고시설의 설비공사 및 단열공사
㉰ **최대 지간길이**(다리의 기둥과 기둥의 중심 사이의 거리)가 **50m 이상**인 교량건설 등 공사
㉱ 터널 건설 등의 공사
㉲ 다목적댐, 발전용댐 및 저수용량 2천만 톤 이상의 용수 전용 댐, 지방상수도 전용 댐 건설
㉳ 깊이 10m 이상인 굴착공사

참고 산업안전보건법 시행령 제42조

실기 실기시험까지 대비해서 암기하세요.

Answer 101. ③ 102. ② 103. ③ 104. ①

105 건설업 산업안전보건관리비 계상 및 사용 기준에 따른 안전관리비의 개인보호구 및 안전장구 구입비 항목에서 안전관리비로 사용이 가능한 경우는?

① 안전 · 보건관리자가 선임되지 않은 현장에서 안전 · 보건업무를 담당하는 현장관계자용 무전기, 카메라, 컴퓨터, 프린터 등 업무용 기기
② 혹한 · 혹서에 장기간 노출로 인해 건강장해를 일으킬 우려가 있는 경우 특정 근로자에게 지급되는 기능성 보호 장구
③ 근로자에게 일률적으로 지급하는 보냉 · 보온장구
④ 감리원이나 외부에서 방문하는 인사에게 지급하는 보호구

해설 건설업 산업안전보건관리비에 따른 사용불가 항목
㉮ 안전 · 보건관리자가 선임되지 않은 현장에서 안전 · 보건 업무를 담당하는 현장관계자용 무전기, 카메라, 컴퓨터, 프린터 등 업무용 기기
㉯ 근로자 보호 목적으로 보기 어려운 피복, 장구, 용품 등
㉠ 작업복, 방한복, 방한장갑, 면장갑, 코팅장갑 등
※ 다만, 근로자의 건강장해 예방을 위해 사용하는 미세먼지 마스크, 쿨토시, 아이스조끼, 핫팩, 발열조끼 등은 사용 가능함.
㉡ 감리원이나 외부에서 방문하는 이사에게 지급하는 보호구

106 폭우 시 옹벽배면의 배수시설이 취약하면 옹벽저면을 통하여 침투수(seepage)의 수위가 올라간다. 이 침투수가 옹벽의 안정에 미치는 영향으로 옳지 않은 것은?

① 옹벽 배면토의 단위수량 감소로 인한 수직 저항력 증가
② 옹벽 바닥면에서의 양압력 증가
③ 수평 저항력(수동토압)의 감소
④ 포화 또는 부분 포화에 따른 뒷채움용 흙무게의 증가

해설 침투수가 옹벽의 안정에 미치는 영향
① 옹벽 배면토의 단위수량 감소로 인한 수직 저항력이 감소

107 다음 설명에 해당하는 안전대와 관련된 용어로 옳은 것은? (단, 보호구 안전인증 고시 기준)

신체지지의 목적으로 전신에 착용하는 띠 모양의 것으로서 상체 등 신체 일부분만 지지하는 것은 제외한다.

① 안전그네 ② 벨트
③ 죔줄 ④ 버클

해설 안전대의 정의
② 벨트 : 신체지지의 목적으로 허리에 착용하는 띠 모양의 부품
③ 죔줄 : 벨트 또는 안전그네를 구명줄 또는 구조물 등 그 밖의 걸이설비와 연결하기 위한 줄모양의 부품
④ 버클 : 벨트 또는 안전그네를 신체에 착용하기 위해 그 끝에 부착한 금속장치

108 이동식 크레인을 사용하여 작업을 할 때 작업 시작 전 점검 사항이 아닌 것은?

① 주행로의 상측 및 트롤리(trolley)가 횡행하는 레일의 상태
② 권과방지장치 그 밖의 경보장치의 기능
③ 브레이크 · 클러치 및 조정장치의 기능
④ 와이어로프가 통하고 있는 곳 및 작업장소의 지반상태

해설 이동식 크레인을 사용하여 작업을 할 때 작업 시작 전 점검 사항
② 권과방지장치나 그 밖의 경보장치의 기능
③ 브레이크 · 클러치 및 조정장치의 기능
④ 와이어로프가 통하고 있는 곳 및 작업장소의 지반상태

참고 산업안전보건기준에 관한 규칙 별표 3

실기 실기시험까지 대비해서 암기하세요.

109 장비가 위치한 지면보다 낮은 장소를 굴착하는 데 적합한 장비는?

① 트럭크레인 ② 파워셔블
③ 백호 ④ 진폴

Answer 105. ② 106. ① 107. ① 108. ① 109. ③

해설 백호(back hoe)
수중굴착이 가능하며, 장비의 위치보다 낮은 지반 굴착에 사용한다.

110 굴착공사에 있어서 비탈면 붕괴를 방지하기 위하여 실시하는 대책으로 옳지 않은 것은?

① 지표수의 침투를 막기 위해 표면배수공을 한다.
② 지하수위를 내리기 위해 수평배수공을 설치한다.
③ 비탈면 하단을 성토한다.
④ 비탈면 상부에 토사를 적재한다.

해설 굴착공사 시 비탈면 붕괴 방지대책
㉮ ①, ②, ③과 다음의 방지대책이 있다.
㉯ 활동할 가능성이 있는 토사는 제거한다.
㉰ 말뚝을 박아 지반을 강화한다.

111 가설통로 설치에 있어 경사가 최소 얼마를 초과하는 경우에는 미끄러지지 아니하는 구조로 하여야 하는가?

① 15도 ② 20도
③ 30도 ④ 40도

해설 가설통로의 구조
㉮ 견고한 구조로 할 것
㉯ 경사는 30° 이하로 할 것. 다만, 계단을 설치하거나 높이 2m 미만의 가설통로로서 튼튼한 손잡이를 설치한 경우에는 그러하지 아니하다.
㉰ 경사가 15°를 초과하는 경우에는 미끄러지지 아니하는 구조로 할 것
㉱ 추락할 위험이 있는 장소에는 안전난간을 설치할 것. 다만, 작업상 부득이한 경우에는 필요한 부분만 임시로 해체할 수 있다.
㉲ 수직갱에 가설된 통로의 길이가 15m 이상인 경우에는 10m 이내마다 계단참을 설치할 것
㉳ 건설공사에 사용하는 높이 8m 이상인 비계다리에는 7m 이내마다 계단참을 설치할 것

참고 산업안전보건기준에 관한 규칙 제23조

실기 실기시험까지 대비해서 암기하세요.

112 강관비계를 조립할 때 준수하여야 할 사항으로 옳지 않은 것은?

① 띠장 간격은 3m 이하로 할 것
② 비계기둥의 간격은 띠장 방향에서는 1.85m 이하, 장선(長線) 방향에서는 1.5m 이하로 할 것
③ 비계기둥의 제일 윗부분으로부터 31m 되는 지점 밑부분의 비계기둥은 2개의 강관으로 묶어 세울 것
④ 비계기둥 간의 적재하중은 400kg을 초과하지 않도록 할 것

해설 강관비계의 구조
① 띠장 간격은 2m 이하로 할 것. 다만, 작업의 성질상 이를 준수하기가 곤란하여 쌍기둥틀 등에 의하여 해당 부분을 보강한 경우에는 그러하지 아니하다.

참고 산업안전보건기준에 관한 규칙 제60조

실기 실기시험까지 대비해서 암기하세요.

113 다음은 산업안전보건법령에 따른 시스템 비계의 구조에 관한 사항이다. ( ) 안에 들어갈 내용으로 옳은 것은?

> 비계 밑단의 수직재와 받침철물은 밀착되도록 설치하고, 수직재와 받침철물의 연결부의 겹침길이는 받침 철물 전체 길이의 ( ) 이상이 되도록 할 것

① 2분의 1 ② 3분의 1
③ 4분의 1 ④ 5분의 1

해설 시스템 비계의 구조
㉮ 수직재 · 수평재 · 가새재를 견고하게 연결하는 구조가 되도록 할 것
㉯ 비계 밑단의 수직재와 받침철물은 밀착되도록 설치하고, 수직재와 받침철물의 연결부의 겹침길이는 받침철물 전체 길이의 1/3 이상이 되도록 할 것
㉰ 수평재는 수직재와 직각으로 설치하여야 하며, 체결 후 흔들림이 없도록 견고하게 설치할 것
㉱ 수직재와 수직재의 연결철물은 이탈되지 않도록 견고한 구조로 할 것

Answer 110. ④ 111. ① 112. ① 113. ②

㉮ 벽 연결재의 설치 간격은 제조사가 정한 기준에 따라 설치할 것

참고 산업안전보건기준에 관한 규칙 제69조

실기 실기시험까지 대비해서 암기하세요.

114 부두 · 안벽 등 하역작업을 하는 장소에서 부두 또는 안벽의 선을 따라 통로를 설치하는 경우에는 폭을 최소 얼마 이상으로 하여야 하는가?

① 85cm ② 90cm

③ 100cm ④ 120cm

해설 하역작업장의 조치기준

㉮ 작업장 및 통로의 위험한 부분에는 안전하게 작업할 수 있는 조명을 유지한다.

㉯ 부두 또는 안벽의 선을 따라 통로를 설치하는 경우에는 폭을 90cm 이상으로 한다.

㉰ 육상에서의 통로 및 작업장소로서 다리 또는 선거 갑문을 넘는 보도 등의 위험한 부분에는 안전난간 또는 울타리 등을 설치한다.

참고 산업안전보건기준에 관한 규칙 제390조

실기 실기시험까지 대비해서 암기하세요.

115 거푸집 해체 작업 시 유의사항으로 옳지 않은 것은?

① 일반적으로 수평부재의 거푸집은 연직부재의 거푸집보다 빨리 떼어낸다.

② 해체된 거푸집이나 각목 등에 박혀있는 못 또는 날카로운 돌출물은 즉시 제거하여야 한다.

③ 상하 동시 작업은 원칙적으로 금지하여 부득이한 경우에는 긴밀히 연락을 위하며 작업을 하여야 한다.

④ 거푸집 해체작업장 주위에는 관계자를 제외하고는 출입을 금지시켜야 한다.

해설 거푸집 해체 작업 시 유의사항

① 일반적으로 **연직부재의 거푸집은 수평부재의 거푸집보다 빨리 떼어낸다.**

실기 실기시험까지 대비해서 암기하세요.

116 동바리로 사용하는 파이프 서포트는 최대 몇 개 이상 이어서 사용하지 않아야 하는가?

① 2개 ② 3개

③ 4개 ④ 5개

해설 동바리로 사용하는 파이프 서포트

㉮ 파이프 서포트를 3개 이상 이어서 사용하지 않도록 할 것

㉯ 파이프 서포트를 이어서 사용하는 경우에는 4개 이상의 볼트 또는 전용철물을 사용하여 이을 것

㉰ 높이가 3.5m를 초과하는 경우에는 높이 2m 이내마다 수평연결재를 2개 방향으로 만들고 수평연결재의 변위를 방지할 것

참고 산업안전보건기준에 관한 규칙 제332조의2

실기 실기시험까지 대비해서 암기하세요.

117 달비계의 최대 적재하중을 정함에 있어서 활용하는 안전계수의 기준으로 옳은 것은? (단, 곤돌라의 달비계를 제외한다.)

① 달기 훅 : 5 이상

② 달기 강선 : 5 이상

③ 달기 체인 : 3 이상

④ 달기 와이어로프 : 5 이상

해설 작업 발판의 최대적재하중

㉮ 달기 와이어로프 및 달기 강선의 안전계수 : 10 이상

㉯ 달기 체인 및 달기 훅의 안전계수 : 5 이상

㉰ 달기 강대와 달비계의 하부 및 상부 지점의 안전계수 : 강재의 경우 2.5 이상, 목재의 경우 5 이상

참고 산업안전보건기준에 관한 규칙 제55조

실기 실기시험까지 대비해서 암기하세요.

Answer 114. ② 115. ① 116. ② 117. ①

118 콘크리트 타설작업 시 안전에 대한 유의사항으로 옳지 않은 것은?

① 콘크리트를 치는 도중에는 지보공 · 거푸집 등의 이상 유무를 확인한다.
② 높은 곳으로부터 콘크리트를 타설할 때는 호퍼로 받아 거푸집 내에 꽂아 넣는 슈트를 통해서 부어 넣어야 한다.
③ 진동기를 가능한 한 많이 사용할수록 거푸집에 작용하는 측압상 안전하다.
④ 콘크리트를 한 곳에만 치우쳐서 타설하지 않도록 주의한다.

해설 콘크리트 타설작업 시 유의사항
③ 진동기의 지나친 진동은 거푸집 도괴의 원인이 될 수 있으므로 적절히 사용한다.

119 취급 · 운반의 원칙으로 옳지 않은 것은?

① 운반 작업을 집중하여 시킬 것
② 생산을 최고로 하는 운반을 생각할 것
③ 곡선 운반을 할 것
④ 연속 운반을 할 것

해설 취급 · 운반의 원칙
③ 직선 운반을 할 것

120 건설용 리프트의 붕괴 등을 방지하기 위해 받침의 수를 증가시키는 등 안전조치를 하여야 하는 순간풍속 기준은?

① 초당 15미터 초과 ② 초당 25미터 초과
③ 초당 35미터 초과 ④ 초당 45미터 초과

해설 붕괴 등의 방지
㉮ 사업주는 지반침하, 불량한 자재사용 또는 헐거운 결선 등으로 리프트가 붕괴되거나 넘어지지 않도록 필요한 조치를 하여야 한다.
㉯ 사업주는 순간풍속이 초당 35m를 초과하는 바람이 불어올 우려가 있는 경우 건설용 리프트(지하에 설치되어 있는 것은 제외)에 대하여 받침의 수를 증가시키는 등 그 붕괴 등을 방지하기 위한 조치를 하여야 한다.

참고 산업안전보건기준에 관한 규칙 제154조

실기 실기시험까지 대비해서 암기하세요.

Answer 118. ③ 119. ③ 120. ③

NOTE

2025. 2. 7. 시행

2025년 제1회 산업안전기사 CBT기출복원문제

제1과목 산업재해 예방 및 안전보건교육

01 다음 중 재해예방의 4원칙에 대한 설명으로 틀린 것은?

① 재해발생은 반드시 원인이 있다.
② 손실과 사고와의 관계는 필연적이다.
③ 재해는 원인을 제거하면 예방이 가능하다.
④ 재해를 예방하기 위한 대책은 반드시 존재한다.

해설 재해예방의 4원칙
㉮ 원인 계기의 원칙 : 재해는 직접 원인과 간접 원인이 연계되어 일어난다.
㉯ 손실 우연의 원칙 : 사고의 결과 생기는 손실은 **우연히** 발생한다.
㉰ 예방 가능의 원칙 : 천재지변을 제외한 모든 재해는 예방이 가능하다.
㉱ 대책 선정의 원칙 : 재해는 적합한 대책이 선정되어야 한다.

02 버드(Bird)의 재해발생에 관한 연쇄이론 중 직접적인 원인은 몇 단계에 해당되는가?

① 1단계 ② 2단계
③ 3단계 ④ 4단계

해설 버드(Bird)의 도미노 이론
㉮ 제1단계 : 제어의 부족 – 관리
㉯ 제2단계 : 기본 원인
㉰ 제3단계 : **직접 원인**, 인적 원인, 물적 원인
㉱ 제4단계 : 사고
㉲ 제5단계 : 상해

03 다음 무재해운동의 이념 중 "선취의 원칙"에 대한 설명으로 가장 적절한 것은?

① 사고의 잠재요인을 사후에 파악하는 것
② 근로자 전원이 일체감을 조성하여 참여하는 것
③ 위험요소를 사전에 발견, 파악하여 재해를 예방 또는 방지하는 것
④ 관리감독자 또는 경영층에서의 자발적 참여로 안전 활동을 촉진하는 것

해설 무재해운동의 3대원칙
㉮ 무의 원칙 : 사업장 내의 잠재위험요인을 적극적으로 사전에 발견하고 파악 · 해결함으로써 근원적인 요소들을 없애는 것
㉯ 선취의 원칙 : 사업장 내에서 행동하기 전에 잠재위험요인을 발견하고 파악 · 해결하여 재해를 예방 또는 방지하는 것
㉰ 참가의 원칙 : 작업에 따르는 잠재적인 위험요인을 발견, 해결하기 위하여 전원이 일치 협력하여 문제해결 행동을 실천하는 것

04 하인리히의 재해구성비율 "1 : 29 : 300"에서 "29"에 해당되는 사고발생비율은?

① 8.8% ② 9.8%
③ 10.8% ④ 11.8%

해설 하인리히의 재해구성비율
1(중상) : 29(경상) : 300(무상해사고)

$$경상의\ 비율 = \frac{29}{1+29+300} = 8.8\%$$

실기 실기시험까지 대비해서 암기하세요.

Answer 01. ② 02. ③ 03. ③ 04. ①

APPENDIX 부록 과년도 기출문제

05 불안전 상태와 불안전 행동을 제거하는 안전관리의 시책에는 적극적인 대책과 소극적인 대책이 있다. 다음 중 소극적인 대책에 해당하는 것은?

① 보호구의 사용
② 위험공정의 배제
③ 위험물질의 격리 및 대체
④ 위험성평가를 통한 작업환경 개선

해설 불안전 상태와 불안전 행동을 제거하는 안전관리의 시책
㉮ 적극적인 대책
㉠ 위험공정의 배제
㉡ 위험물질의 격리 및 대체
㉢ 위험성평가를 통한 작업환경 개선
㉯ 소극적인 대책
㉠ 보호구의 착용

06 무재해운동 추진기법 중 위험예지훈련 4라운드 기법에 해당하지 않는 것은?

① 현상파악　② 행동 목표설정
③ 대책수립　④ 안전평가

해설 위험예지훈련 4라운드 기법
㉮ 현상파악　㉯ 본질추구
㉰ 대책수립　㉱ 목표설정

07 ABE종 안전모에 대하여 내수성 시험을 할 때 물에 담그기 전의 질량이 400g이고, 물에 담근 후의 질량이 410g이었다면 질량증가율과 합격 여부로 옳은 것은?

① 질량증가율 : 2.5%, 합격 여부 : 불합격
② 질량증가율 : 2.5%, 합격 여부 : 합격
③ 질량증가율 : 102.5%, 합격 여부 : 불합격
④ 질량증가율 : 102.5%, 합격 여부 : 합격

해설 ABE종 안전모의 내수성 시험
AE, ABE 안전모의 질량증가율은 1% 미만이어야 한다.

$$\text{질량증가율} = \frac{\text{담근 후의 질량} - \text{담그기 전의 질량}}{\text{담그기 전의 질량}} \times 100$$

$$= \frac{410-400}{400} \times 100 = 2.5(\%)$$ 이므로, 불합격이다.

08 산업안전보건법상 방독마스크 사용이 가능한 공기 중 최소 산소농도 기준은 몇 % 이상인가?

① 14%　② 16%
③ 18%　④ 20%

해설 방독마스크의 성능기준
방독마스크는 산소농도가 18% 이상인 장소에서 사용하여야 하고, 고농도와 중농도에서 사용하는 방독마스크는 전면형(격리식, 직결식)을 사용해야 한다.

09 위험예지훈련 중 작업현장에서 그때 그 장소의 상황에 즉응하여 실시하는 것은?

① 자문자답 위험예지훈련
② T.B.M 위험예지훈련
③ 시나리오 역할연기훈련
④ 1인 위험예지훈련

해설 T.B.M 위험예지훈련
현장에서 그 때 그 장소의 상황에 즉응하여 실시하는 위험예지활동으로서, 즉시 즉응법이라고도 한다.

10 작업자 적성의 요인이 아닌 것은?

① 성격(인간성)　② 지능
③ 인간의 연령　④ 흥미

해설 작업자 적성의 요인
㉮ 성격(인간성)　㉯ 지능
㉰ 흥미　㉱ 직업적성

11 다음 중 헤드십(headship)에 관한 설명과 가장 거리가 먼 것은?

① 권한의 근거는 공식적이다.
② 지휘의 형태는 민주주의적이다.
③ 상사와 부하와의 사회적 간격은 넓다.
④ 상사와 부하와의 관계는 지배적이다.

해설 헤드십
헤드십의 지휘의 형태는 민주주의적이 아닌 권위주의적이다.

Answer 05. ① 06. ④ 07. ① 08. ③ 09. ② 10. ③ 11. ②

12 데이비스(K.Davis)의 동기부여이론 등식으로 옳은 것은?

① 지식×기능＝태도
② 지식×상황＝동기유발
③ 능력×상황＝인간의 성과
④ 능력×동기유발＝인간의 성과

해설 데이비스의 동기부여이론
㉮ 지식×기능＝**능력**
㉯ 상황×**태도**＝동기유발
㉰ 인간의 성과×물질의 성과＝경영의 성과
㉱ 능력×동기유발＝인간의 성과

13 관리 그리드 이론에서 인간관계 유지에는 낮은 관심을 보이지만 과업에 대해서는 높은 관심을 가지는 리더십의 유형은?

① 1.1형 ② 1.9형
③ 9.1형 ④ 9.9형

해설 관리 격자모형(그리드) 이론
㉮ (1.1)형 : 인간과 업적에 모두 최소의 관심을 가지고 있는 무기력형(impoverished style)이다.
㉯ (1.9)형 : 인간중심 지향적으로 업적에 대한 관심이 낮다. 이는 컨트리클럽형(country－club style) 또는 인기형이라고 한다.
㉰ (9.1)형 : **업적에 대하여 최대의 관심을 갖고, 인간에 대하여 무관심**하다. 이는 과업형(task style)이다.
㉱ (9.9)형 : 업적과 인간의 쌍방에 대하여 높은 관심을 갖는 이상형이다. 이는 팀형(team style) 또는 이상형이라고 한다.
㉲ (5.5)형 : 업적 및 인간에 대한 관심도에 있어서 중간값을 유지하려는 리더형이다. 이는 중도형(middle－of－the road style)이다.

14 사회행동의 기본형태가 아닌 것은?

① 모방 ② 대립
③ 도피 ④ 협력

해설 사회행동의 기본형태
㉮ 협력 : 조력, 분업
㉯ 융합 : 강제, 타협, 통합
㉰ 대립 : 공격, 경쟁
㉱ 도피 : 고립, 정신병, 자살

15 기술교육의 형태 중 존 듀이(J.Dewey)의 사고과정 5단계에 해당하지 않는 것은?

① 추론한다.
② 시사를 받는다.
③ 가설을 설정한다.
④ 가슴으로 생각한다.

해설 존 듀이(Jone Dewey)의 5단계 사고과정
㉮ 1단계 : 시사를 받는다.
㉯ 2단계 : 지식화한다.
㉰ 3단계 : 가설을 설정한다.
㉱ 4단계 : 추론한다.
㉲ 5단계 : 행동에 의하여 가설을 검토한다.

16 관리감독자를 대상으로 교육하는 TWI의 교육내용이 아닌 것은?

① 문제 해결 훈련
② 작업 지도 훈련
③ 인간 관계 훈련
④ 작업 방법 훈련

해설 관리감독자 훈련(TWI)에 관한 내용
㉮ Job Safety Training : 작업 안전 훈련
㉯ Job Method Training : 작업 방법 훈련
㉰ Job Relation Training : 인간 관계 훈련
㉱ Job Instruction Training : 작업 지도 훈련

17 제일선의 감독자를 교육대상으로 하고, 작업을 지도하는 방법, 작업개선방법 등의 주요 내용을 다루는 기업 내 교육방법은?

① TWI ② MTP
③ ATT ④ CCS

Answer 12. ④ 13. ③ 14. ① 15. ④ 16. ① 17. ①

해설 교육방법의 종류

㉮ TWI(Training Within Industry) : 제일선 감독자에게 감독자의 기본적인 기능을 몸에 익히게 해서 감독능력을 발휘시키는 것을 목적으로 하는 것으로서, 제일선 감독자(직장, 반장, 조장 등)를 대상으로 한 정형훈련

㉯ MTP(Management Training Program) : 관리자 훈련 프로그램 관리에 필요한 기본적인 지식 등을 20개 항목으로 정리하여 40시간에 걸쳐 훈련시키는 프로그램

㉰ ATT(American Telephon & Telegram Co.) : 대상계층이 한정되지 않은 정형교육으로 토의식 교육 진행 기법

㉱ CCS(Civil Communication Section) : 역할 연기법이라고 하며, 최고경영자를 위한 교육으로 실시되는 교육 진행 기법

개정 / 2025

18 산업안전보건법령상 사업 내 안전보건교육 중 관리감독자 정기교육의 내용이 아닌 것은?

① 유해 · 위험 작업환경 관리에 관한 사항
② 표준안전작업방법 및 지도 요령에 관한 사항
③ 작업공정의 유해 · 위험과 재해 예방대책에 관한 사항
④ 기계 · 기구의 위험성과 작업의 순서 및 동선에 관한 사항

해설 관리감독자 정기교육의 내용

㉮ 산업안전 및 산업재해 예방에 관한 사항(화재 · 폭발 사고 발생 시 대피에 관한 사항 포함)
㉯ 산업보건 및 건강장해 예방에 관한 사항(폭염 · 한파작업으로 인한 건강장해 발생 시 응급조치에 관한 사항 포함)
㉰ 위험성평가에 관한 사항
㉱ 유해 · 위험 작업환경 관리에 관한 사항
㉲ 산업안전보건법령 및 산업재해보상보험 제도에 관한 사항
㉳ 직무스트레스 예방 및 관리에 관한 사항
㉴ 직장 내 괴롭힘, 고객의 폭언 등으로 인한 건강장해 예방 및 관리에 관한 사항
㉵ 작업공정의 유해 · 위험과 재해 예방대책에 관한 사항
㉶ 사업장 내 안전보건관리체제 및 안전 · 보건조치 현황에 관한 사항
㉷ 표준안전작업방법 결정 및 지도 · 감독 요령에 관한 사항
㉸ 현장근로자와의 의사소통능력 및 강의능력 등 안전보건교육 능력 배양에 관한 사항
㉹ 비상시 또는 재해 발생 시 긴급조치에 관한 사항
㉺ 그 밖의 관리감독자의 직무에 관한 사항

참고 산업안전보건법 시행규칙 별표 5

실기 실기시험까지 대비해서 암기하세요.

19 다음 중 안전교육 지도안의 4단계에 해당되지 않는 것은?

① 도입　　② 적용
③ 제시　　④ 보상

해설 교육법의 4단계

㉮ 1단계 : 도입　　㉯ 2단계 : 제시
㉰ 3단계 : 적용　　㉱ 4단계 : 확인

20 산소결핍이 예상되는 맨홀 내에서 작업을 실시할 때의 사고 방지 대책으로 적절하지 않은 것은?

① 작업 시작 전 및 작업 중 충분한 환기 실시
② 작업 장소의 입장 및 퇴장 시 인원점검
③ 방진마스크의 보급과 착용 철저
④ 작업장과 외부와의 상시 연락을 위한 설비 설치

해설 산소결핍이 예상되는 맨홀 내에서 작업을 실시할 때의 사고 방지 대책

㉮ 작업 시작 전 및 작업 중 충분한 환기 실시
㉯ 작업 장소의 입장 및 퇴장 시 인원점검
㉰ 호흡용 보호구(공기호흡기, 송기마스크)의 착용
㉱ 작업장과 외부와의 상시 연락을 위한 설비 설치
㉲ 밀폐공간 작업 상황을 감시할 수 있는 감시인을 지정하여 배치
㉳ 관계자 외 출입금지, 출입금지 표지판 설치

Answer 18. ④ 19. ④ 20. ③

제2과목 인간공학 및 위험성 평가 · 관리

21 **인간공학 실험에서 측정변수가 다른 외적 변수에 영향을 받지 않도록 하는 요건을 의미하는 특성은?**

① 적절성 ② 무오염성
③ 민감도 ④ 신뢰성

해설 인간공학 연구방법론
㉮ 적절성 : 인간공학 연구방법론
㉯ **무오염성** : 측정하는 구조 외적인 변수의 영향을 받지 않는 것을 말한다.
㉰ 민감도 : 실험변수 수준 변화에 따라 기준값의 차이가 존재하는 정도를 말하며, 피검자 사이에서 볼 수 있는 예상 차이점에 비례하는 단위로 측정해야 한다.
㉱ 신뢰성 : 시간이나 대표적 표본의 선정에 관계없이, 변수측정의 일관성이나 안정성을 말한다.

22 **의도는 올바른 것이었지만, 행동이 의도한 것과는 다르게 나타나는 오류는?**

① Slip ② Mistake
③ Lapse ④ Violation

해설 실수(Slip)
의도와는 다른 행동을 하는 경우이다.

23 **인간공학을 기업에 적용할 때의 기대효과로 볼 수 없는 것은?**

① 노사 간의 신뢰 저하
② 작업손실시간의 감소
③ 제품과 작업의 질 향상
④ 작업자의 건강 및 안전 향상

해설 인간공학의 기업적용에 따른 기대효과
㉮ 생산성 향상
㉯ 작업자의 건강 및 안전 향상
㉰ 직무만족도의 향상
㉱ 제품과 작업의 질 향상
㉲ 이직률 및 작업손실시간의 감소
㉳ 산재손실비용의 감소
㉴ 기업 이미지와 상품 선호도의 향상
㉵ 노사 간의 **신뢰 구축**
㉶ 선진수준의 작업환경과 작업조건을 마련함으로써 국제적 경제력의 확보

24 **다음 중 인간 – 기계 체제(Man – machine system)의 연구 목적으로 가장 적절한 것은?**

① 정보 저장의 극대화
② 운전 시 피로의 극소화
③ 시스템의 신뢰성 극대화
④ 안전을 극대화시키고 생산능률을 향상

해설 인간 – 기계 체제의 연구 목적
㉮ 안전성과 능률 향상
㉯ 기계조작의 **능률성과 생산성 향상**
㉰ 쾌적성
㉱ **안전성의 향상**과 사고예방

25 **고장형태와 영향분석(FMEA)에서 평가요소로 틀린 것은?**

① 고장발생의 빈도
② 고장의 영향크기
③ 고장방지의 가능성
④ 기능적 고장 영향의 중요도

해설 FMEA에서 고장 평점을 결정하는 5가지 평가요소
㉮ 기능적 고장의 중요도
㉯ 고장발생의 빈도
㉰ 고장방지의 가능성
㉱ 영향을 미치는 시스템의 범위
㉲ 신규 설계 여부

26 **FTA에서 사용되는 사상기호 중 결함사상을 나타낸 기호로 옳은 것은?**

① 
② 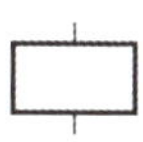
③ 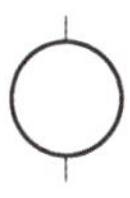
④ 

Answer 21. ② 22. ① 23. ① 24. ④ 25. ② 26. ②

해설 FTA 사상기호

① 통상사상 ② 결함사상
③ 기본사상 ④ 생략사상

실기 실기시험까지 대비해서 암기하세요.

27 다음 중 인간의 과오(Human Error)를 정량적으로 평가하고 분석하는 데 사용하는 기법으로 가장 적절한 것은?

① THERP ② FMEA
③ CA ④ FMECA

해설 THERP(Technique for Human Error Rate Prediction)

시스템에 있어서 인간의 과오(human error)를 정량적으로 평가하기 위하여 1963년 Swain 등에 의해 개발된 기법

28 일반적인 시스템의 수명곡선(욕조곡선)에서 고장형태 중 증가형 고장률을 나타내는 기간으로 옳은 것은?

① 우발 고장기간
② 마모 고장기간
③ 초기 고장기간
④ Burn－in 고장기간

해설 시스템의 수명곡선에서 고장형태 및 고장률

㉮ 초기고장 : 감소형 고장률
㉯ 우발고장 : 일정형 고장률
㉰ 마모고장 : 증가형 고장률

29 기계설비 고장 유형 중 기계의 초기결함을 찾아내 고장률을 안정시키는 기간은?

① 마모고장 기간
② 우발고장 기간
③ 에이징(aging) 기간
④ 디버깅(debugging) 기간

해설 수명 곡선(욕조곡선, Bath－tub curve)

㉮ 초기고장 기간 : 감소형 고장
㉯ 우발고장 기간 : 일정형 고장
㉰ 마모고장 기간 : 증가형 고장
㉱ 에이징 기간 : 일부러 기계를 작동시켜 시운전하는 기간
㉲ 디버깅 기간 : 기계의 결함을 찾아내 단시간 내 고장률을 안정시키는 기간

30 FT도에 사용하는 기호에서 3개의 입력현상 중 임의의 시간에 2개가 발생하면 출력이 생기는 기호의 명칭은?

① 억제 게이트
② 조합 AND 게이트
③ 배타적 OR 게이트
④ 우선적 AND 게이트

해설 조합 AND 게이트

3개 이상의 입력사상 중 어느 것이나 2개가 일어나면 출력이 발생한다.

31 각 부품의 신뢰도가 다음과 같을 때 시스템의 전체 신뢰도는 약 얼마인가?

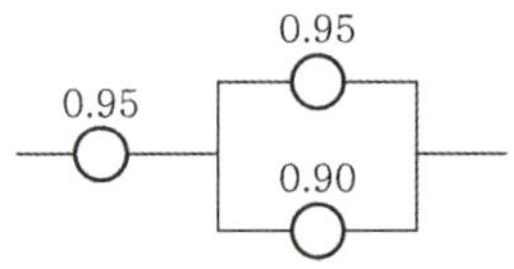

① 0.8123 ② 0.9453
③ 0.9553 ④ 0.9953

해설 신뢰도 계산

$R_S = R_{0.95} \times \{1-(1-R_{0.95})\times(1-R_{0.90})\}$
$= 0.95 \times \{1-(1-0.95)\times(1-0.90)\}$
$= 0.9453$

Answer 27. ① 28. ② 29. ④ 30. ② 31. ②

32 FT도에 사용되는 다음 기호의 명칭으로 옳은 것은?

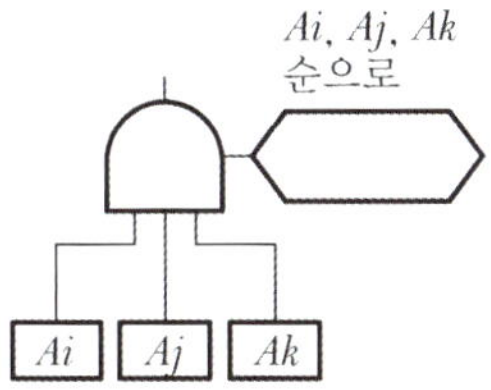

① 억제 게이트　② 우선적 AND 게이트
③ 부정 게이트　④ 배타적 OR 게이트

해설 FTA 논리기호

억제 게이트	부정 게이트	배타적 OR 게이트
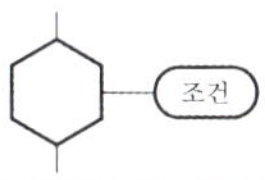		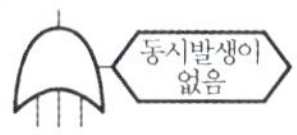

33 작업개선을 위하여 도입되는 원리인 ECRS에 포함되지 않는 것은?

① Combine　② Standard
③ Eliminate　④ Rearrange

해설 ECRS

㉮ E : 제거(Eliminate) – 불필요한 작업요소 제거
㉯ C : 결합(Combine) – 작업요소의 결합
㉰ R : 재배치(Rearrange) – 작업순서의 재배치
㉱ S : 단순화(Simplify) – 작업요소의 단순화

34 다음 중 간헐적인 페달을 조작할 때 다리에 걸리는 부하를 평가하기에 가장 적당한 측정 변수는?

① 근전도　② 산소소비량
③ 심장박동수　④ 에너지소비량

해설 근전도

관절운동을 위해 근육이 수축할 때 전기적 신호를 검출할 수 있는데, 근무리가 있는 부위의 피부에 전극을 부착하여 기록할 수 있다. 근육에서의 전기적 신호를 기록하는 것을 근전도라 하며, 국부근육활동의 척도로서 사용된다.

35 인체측정에 대한 설명으로 옳은 것은?

① 인체측정은 동적측정과 정적측정이 있다.
② 인체측정학은 인체의 생화학적 특징을 다룬다.
③ 자세에 따른 인체지수의 변화는 없다고 가정한다.
④ 측정항목에 무게, 둘레, 두께, 길이는 포함되지 않는다.

해설 인체측정

㉮ 정적측정(구조적 인체치수)
㉠ 형태학적 측정이라고도 하며, 표준자세에서 움직이지 않는 피측정자를 인체측정기로 구조적 인체치수를 측정하여 특수 또는 일반적 용품의 설계에 기초자료로 활용한다.
㉡ 사용 인체측정기 : 마틴식 인체측정기(Martin type Anthropometer)
㉢ 측정항목에 따라 표준화된 측정점과 측정방법을 적용한다.
㉣ 측정원칙 : 나체측정을 원칙으로 한다.

㉯ 동적측정(기능적 인체치수)
㉠ 동적 인체측정은 일반적으로 상지나 하지의 운동, 체위의 움직임에 따른 상태에서 측정하는 것이다.
㉡ 동적 인체측정은 실제의 작업 혹은 실제 조건에 밀접한 관계를 갖는 현실성 있는 인체치수를 구하는 것이다.
㉢ 동적측정은 마틴식 계측기로는 측정이 불가능하며, 사진 및 시네마 필름을 사용한 3차원(공간) 해석장치나 새로운 계측 시스템이 요구된다.
㉣ 동적측정을 사용하는 것이 중요한 이유는 신체적 기능을 수행할 때, 각 신체 부위는 독립적으로 움직이는 것이 아니라 조화를 이루어 움직이기 때문이다.

36 다음 중 인체측정학에 있어 구조적 인체 치수는 신체가 어떠한 자세에 있을 때 측정한 치수를 말하는가?

① 양손을 벌리고 서있는 자세
② 고개를 들고 앉아있는 자세
③ 움직이지 않고 고정된 자세
④ 누워서 편안히 쉬고 있는 자세

Answer 32. ② 33. ② 34. ① 35. ① 36. ③

해설 정적측정(구조적 인체치수)

형태학적 측정이라고도 하며, 표준자세에서 **움직이지 않는 피측정자**를 인체측정기로 구조적 인체치수를 측정하여 특수 또는 일반적 용품의 설계에 기초자료로 활용한다.

37 양립성(compatibility)에 대한 설명 중 틀린 것은?

① 개념양립성, 운동양립성, 공간양립성 등이 있다.
② 인간의 기대에 맞는 자극과 반응의 관계를 의미한다.
③ 양립성의 효과가 크면 클수록, 코딩의 시간이나 반응의 시간은 길어진다.
④ 양립성이란 인간의 예상과 어느 정도 일치하는 것을 의미한다.

해설 양립성의 효과

양립성의 효과가 크면 클수록, 코딩의 시간이나 반응의 시간은 **짧아진다.**

38 다음 중 소음 발생에 있어 음원에 대한 대책으로 볼 수 없는 것은?

① 설비의 격리
② 적절한 재배치
③ 저소음 설비 사용
④ 귀마개 및 귀덮개 사용

해설 음원에 대한 대책

㉮ 소음원의 통제
㉯ 설비의 격리
㉰ 적절한 재배치
㉱ 저소음 설비 사용

39 통화이해도 척도로서 통화이해도에 영향을 주는 잡음의 영향을 추정하는 지수는?

① 명료도 지수　② 통화간섭 수준
③ 이해도 점수　④ 통화공진 수준

해설 통화이해도

㉮ 명료도 지수 : 통화이해도를 추정할 수 있는 지수로, 각 옥타브대의 음성과 잡음의 dB 값에 가중치를 곱하여 합계를 구한다. 명료도 지수가 0.3 이하이면 이 계통은 음성통화 자료를 전송하는 데 부적당하다.
㉯ **통화간섭 수준** : 통화이해도에 끼치는 잡음의 영향을 추정하는 지수이다.
㉰ 이해도 점수 : 통화 중 알아듣는 비율이다.

40 부품 배치의 원칙 중 기능적으로 관련된 부품들을 모아서 배치한다는 원칙은?

① 중요성의 원칙　② 사용 빈도의 원칙
③ 사용 순서의 원칙　④ 기능별 배치의 원칙

해설 부품 배치의 원칙

㉮ 중요성의 원칙 : 부품을 작동하는 성능이 체계의 목표달성에 긴요한 정도에 따라 우선순위를 설정한다.
㉯ 사용 빈도의 원칙 : 부품을 사용하는 빈도에 따라 우선순위를 설정한다.
㉰ 사용 순서의 원칙 : 사용 순서에 따라 장치들을 가까이에 배치한다.
㉱ **기능별 배치의 원칙** : 기능적으로 관련된 부품들(표시장치, 조종장치 등)을 모아서 배치한다.

제3과목 기계 · 기구 및 설비 안전관리

41 산업안전보건법령에 따라 레버풀러(lever puller) 또는 체인블록(chain block)을 사용하는 경우 훅의 입구(hook mouth) 간격이 제조자가 제공하는 제품사양서 기준으로 몇 % 이상 벌어진 것은 폐기하여야 하는가?

① 3　② 5
③ 7　④ 10

해설 작업도구 등의 목적 외 사용금지

훅의 입구(hook mouth) 간격이 제조자가 제공하는 제품사양서 기준으로 **10% 이상** 벌어진 것은 폐기할 것

참고 산업안전보건기준에 관한 규칙 제96조

Answer 37. ③ 38. ④ 39. ② 40. ④ 41. ④

42 크레인의 로프에 질량 100kg인 물체를 $5m/s^2$의 가속도로 감아올릴 때, 로프에 걸리는 하중은 약 몇 N인가?

① 500N ② 1,480N
③ 2,540N ④ 4,900N

해설 총하중
㉮ 정하중 : 100kg
㉯ 동하중 : 100/9.8×5＝51.02kgf
㉰ 총하중＝정하중＋동하중＝151.02kgf
151.02×9.8＝1479.996N

43 프레스 작업 시작 전 점검해야 할 사항으로 거리가 먼 것은?

① 매니퓰레이터 작동의 이상 유무
② 클러치 및 브레이크 기능
③ 슬라이드, 연결봉 및 연결 나사의 풀림 여부
④ 프레스 금형 및 고정볼트 상태

해설 프레스 작업 시작 전 점검해야 할 사항
㉮ 클러치 및 브레이크의 기능
㉯ 크랭크축 · 플라이휠 · 슬라이드 · 연결봉 및 연결 나사의 풀림 여부
㉰ 1행정 1정지기구 · 급정지장치 및 비상정지장치의 기능
㉱ 슬라이드 또는 칼날에 의한 위험방지 기구의 기능
㉲ 프레스의 금형 및 고정볼트 상태
㉳ 방호장치의 기능
㉴ 전단기의 칼날 및 테이블의 상태

참고 산업안전보건기준에 관한 규칙 별표 3

44 다음 중 방호장치의 기본목적과 가장 관계가 먼 것은?

① 작업자의 보호
② 기계기능의 향상
③ 인적 · 물적 손실의 방지
④ 기계 위험 부위의 접촉 방지

해설 방호장치의 기본목적
㉮ 작업자의 보호
㉯ 가공물 등의 낙하에 의한 위험 방지
㉰ 인적 · 물적 손실의 방지
㉱ 기계 위험 부위의 접촉 방지
㉲ 비산으로 인한 위험 방지

45 취성재료의 극한강도가 128MPa이며, 허용응력이 64MPa일 경우 안전계수는?

① 1 ② 2
③ 4 ④ 1/2

해설 안전계수

$$안전계수 = \frac{극한강도}{허용응력} = \frac{128}{64} = 2$$

46 산업안전보건법령상 보일러 수위가 이상현상으로 인해 위험수위로 변하면 작업자가 쉽게 감지할 수 있도록 경보등, 경보음을 발하고 자동적으로 급수 또는 단수되어 수위를 조절하는 방호장치는?

① 압력방출장치
② 고저수위 조절장치
③ 압력제한스위치
④ 과부하방지장치

해설 보일러의 방호장치
㉮ 압력방출장치 : 보일러의 운전 중에 장치나 용기의 내압이 상승해서 파괴되어 화재, 폭발의 원인이 되므로 이를 방지하기 위해 여분의 압력을 신속하게 방출해서 정상적인 운전압력으로 복귀시키는 장치
㉯ 압력제한 스위치 : 보일러의 과열을 방지하기 위하여 최고사용압력과 상용압력 사이에서 보일러의 버너 연소를 차단할 수 있도록 하는 장치
㉰ 과부하방지장치 : 보일러에 허용 이상의 부하가 가해졌을 때 그 동작을 정지 또는 방지하기 위해 안전 쪽으로 작동시키는 장치

Answer 42. ② 43. ① 44. ② 45. ② 46. ②

47 다음 ( ) 안에 들어갈 용어로 알맞은 것은?

> 사업주는 보일러의 과열을 방지하기 위하여 최고사용압력과 상용압력 사이에서 보일러의 버너 연소를 차단할 수 있도록 ( )을(를) 부착하여 사용하여야 한다.

① 고저수위 조절장치
② 압력방출장치
③ 압력제한스위치
④ 파열판

해설 압력제한스위치
사업주는 보일러의 과열을 방지하기 위하여 최고사용압력과 상용압력 사이에서 보일러의 버너 연소를 차단할 수 있도록 압력제한스위치를 부착하여 사용하여야 한다.

참고 산업안전보건기준에 관한 규칙 제117조

48 다음 용접 중 불꽃 온도가 가장 높은 것은?

① 산소 – 메탄 용접
② 산소 – 수소 용접
③ 산소 – 프로판 용접
④ 산소 – 아세틸렌 용접

해설 용접 중 불꽃의 온도
㉮ 산소 – 메탄 용접 : 2,700℃
㉯ 산소 – 수소 용접 : 2,900℃
㉰ 산소 – 프로판 용접 : 2,820℃
㉱ 산소 – 아세틸렌 용접 : 3,500℃

49 산업용 로봇에서 근로자에게 발생할 수 있는 부상 등의 위험을 방지하기 위하여 방책을 세우고자 할 때 일반적으로 높이는 몇 m 이상으로 해야 하는가?

① 1.8m ② 2.1m
③ 2.4m ④ 2.7m

해설 산업용 로봇 운전 중 위험 방지
산업용 로봇에서 근로자에게 발생할 수 있는 부상 등의 위험을 방지하기 위하여 방책을 세우고자 할 때 일반적으로 높이는 1.8m 이상으로 해야 한다.

참고 산업안전보건기준에 관한 규칙 제223조

50 다음 중 보일러의 방호장치와 가장 거리가 먼 것은?

① 언로드밸브
② 압력방출장치
③ 압력제한스위치
④ 고저수위 조절장치

해설 언로드밸브
파일럿 압력을 외부로부터 받았을 때 이것으로 밸브 내에 있는 평형(平衡) 피스톤을 움직여 펌프로부터 압유를 탱크로 빼올려 펌프를 무부하 운전 상태가 되게 하는 것으로서 동력의 절감(節減)을 꾀하기 위해 사용되는 밸브

51 사출성형기에서 동력작동식 금형 고정장치의 안전사항에 대한 설명으로 옳지 않은 것은?

① 금형 또는 부품의 낙하를 방지하기 위해 기계적 억제장치를 추가하거나 자체 고정장치(self retain clamping unit) 등을 설치해야 한다.
② 자석식 금형 고정장치는 상 · 하(좌 · 우) 금형의 정확한 위치가 자동적으로 모니터(monitor) 되어야 한다.
③ 상 · 하(좌 · 우)의 두 금형 중 어느 하나가 위치를 이탈하는 경우 플레이트를 작동시켜야 한다.
④ 전자석 금형 고정장치를 사용하는 경우에는 전자기파에 의한 영향을 받지 않도록 전자파 내성 대책을 고려해야 한다.

해설 사출성형기에서 동력작동식 금형 고정장치의 안전사항
상 · 하(좌 · 우)의 두 금형 중 어느 하나가 위치를 이탈하는 경우 플레이트를 **더 이상 움직이지 않아야 한다.**

Answer 47. ③ 48. ④ 49. ① 50. ① 51. ③

52 다음 중 선반에서 사용하는 바이트와 관련된 방호장치는?

① 심압대 ② 터릿
③ 칩 브레이커 ④ 주축대

해설 선반의 방호장치
㉮ 심압대 : 주축대의 반대쪽 베드 위에 있으며, 주축의 센터와 더불어 공작물의 오른쪽 끝을 센터로 지지하는 역할을 한다.
㉯ 터릿 : 회전이 가능한 원형 판 위에 구조물 설치가 가능하도록 한 장치
㉰ 칩 브레이커 : 바이트 경사면에 붙여 선반작업 시 길어진 칩의 절단을 쉽게 하는 것
㉱ 주축대 : 선반(旋盤)의 왼쪽 끝에 고정되어 있는 동력을 전달하는 부분으로 그 속에 주축이 내장되어 있고, 이에 센터를 끼워 심압대와 함께 공작물을 지지한다. 주축의 회전 속도 및 이송 속도를 조정하는 변환 장치가 갖추어져 있다.

53 산업안전보건법령상 지게차의 최대하중의 2배 값이 6톤일 경우 헤드가드의 강도는 몇 톤의 등분포정하중에 견딜 수 있어야 하는가?

① 4 ② 6
③ 8 ④ 10

해설 헤드가드
㉮ 강도는 지게차의 최대하중의 2배 값(4톤을 넘는 값에 대해서는 4톤으로 한다)의 등분포정하중(等分布靜荷重)에 견딜 수 있을 것
㉯ 상부틀의 각 개구의 폭 또는 길이가 16cm 미만일 것
㉰ 운전자가 앉아서 조작하거나 서서 조작하는 지게차의 헤드가드는 한국산업표준에서 정하는 높이 기준 이상일 것

참고 산업안전보건기준에 관한 규칙 제180조

54 연삭숫돌의 파괴원인으로 거리가 가장 먼 것은?

① 숫돌이 외부의 큰 충격을 받았을 때
② 숫돌의 회전속도가 너무 빠를 때
③ 숫돌 자체에 이미 균열이 있을 때
④ 플랜지 직경이 숫돌 직경의 1/3 이상일 때

해설 연삭숫돌의 파괴원인
㉮ 숫돌이 외부의 큰 충격을 받았을 때
㉯ 숫돌의 회전속도가 너무 빠를 때
㉰ 숫돌 자체에 이미 균열이 있을 때
㉱ 플랜지 직경이 현저히 작거나 지름이 균일하지 않을 때
㉲ 숫돌의 측면을 사용하는 경우

55 컨베이어에 사용되는 방호장치와 그 목적에 관한 설명이 옳지 않은 것은?

① 운전 중인 컨베이어 등의 위로 넘어가고자 할 때를 위하여 급정지장치를 설치한다.
② 근로자의 신체 일부가 말려들 위험이 있을 때 이를 즉시 정지시키기 위한 비상정지장치를 설치한다.
③ 정전, 전압강하 등에 따른 화물 이탈을 방지하기 위해 이탈 및 역주행 방지장치를 설치한다.
④ 낙하물에 의한 위험 방지를 위한 덮개 또는 울을 설치한다.

해설 컨베이어의 방호장치
운전 중인 컨베이어 등의 위로 넘어가고자 할 때를 위하여 건널다리를 설치한다.

참고 산업안전보건기준에 관한 규칙 제195조

56 산업안전보건법령에 따른 가스집합 용접장치의 안전에 관한 설명으로 옳지 않은 것은?

① 가스집합장치에 대해서는 화기를 사용하는 설비로부터 5m 이상 떨어진 장소에 설치해야 한다.
② 가스집합 용접장치의 배관에서 플랜지, 밸브 등의 접합부에는 개스킷을 사용하고 접합면을 상호 밀착시킨다.
③ 주관 및 분기관에 안전기를 설치해야 하며 이 경우 하나의 취관에 2개 이상의 안전기를 설치해야 한다.
④ 용해아세틸렌을 사용하는 가스집합 용접장치의 배관 및 부속기구는 구리나 구리 함유량이 60% 이상인 합금을 사용해서는 아니 된다.

Answer 52. ③ 53. ① 54. ④ 55. ① 56. ④

해설 구리의 사용 제한

용해아세틸렌을 사용하는 가스집합 용접장치의 배관 및 부속기구는 구리나 구리 함유량이 70% 이상인 합금을 사용해서는 아니 된다.

참고 산업안전보건기준에 관한 규칙 제294조

57 산업안전보건법령에 따라 사업주는 근로자가 안전하게 통행할 수 있도록 통로에 얼마 이상의 채광 또는 조명시설을 하여야 하는가?

① 50럭스 ② 75럭스
③ 90럭스 ④ 100럭스

해설 통로의 조명

사업주는 근로자가 안전하게 통행할 수 있도록 통로에 75럭스 이상의 채광 또는 조명시설을 하여야 한다.

참고 산업안전보건기준에 관한 규칙 제21조

58 양중기의 과부하장치에서 요구하는 일반적인 성능기준으로 틀린 것은?

① 과부하방지장치 작동 시 경보음과 경보램프가 작동되어야 하며, 양중기는 작동이 되지 않아야 한다.
② 외함의 전선 접촉부분은 고무 등으로 밀폐되어 물과 먼지 등이 들어가지 않도록 한다.
③ 과부하방지장치와 타 방호장치는 기능에 서로 장애를 주지 않도록 부착할 수 있는 구조이어야 한다.
④ 방호장치의 기능을 제거하더라도 양중기는 원활하게 작동시킬 수 있는 구조이여야 한다.

해설 양중기 과부하방지장치의 성능기준

방호장치의 기능을 제거하면 양중기의 기능도 동시에 정지할 수 있는 구조여야 한다.

59 기계설비에서 기계 고장률의 기본 모형으로 옳지 않은 것은?

① 조립 고장 ② 초기 고장
③ 우발 고장 ④ 마모 고장

해설 기계 고장률의 기본 모형

기계 고장률의 기본 모형은 초기 고장 – 우발 고장 – 마모 고장의 순서대로 구성된다.

60 다음 중 공장 소음에 대한 방지계획에 있어 소음원에 대한 대책에 해당하지 않는 것은

① 해당 설비의 밀폐
② 설비실의 차음벽 시공
③ 작업자의 보호구 착용
④ 소음기 및 흡음장치 설치

해설 공장 소음에 대한 방지계획 중 소음원에 대한 대책

㉮ 소음원의 통제
㉯ 소음설비의 격리
㉰ 설비의 적절한 배치
㉱ 저소음 설비의 사용

제4과목 전기설비 안전관리

61 피뢰기의 여유도가 33%이고, 충격절연강도가 1,000kV라고 할 때 피뢰기의 제한전압은 약 몇 kV인가?

① 852 ② 752
③ 652 ④ 552

해설 피뢰기의 여유도

$$\text{여유도} = \frac{\text{충격절연강도} - \text{제한전압}}{\text{제한전압}} \times 100$$

$$33[\%] = \frac{1{,}000[\text{kV}] - \text{제한전압}}{\text{제한전압}} \times 100$$

제한전압 = 751.879[kV]

62 피뢰기의 제한전압이 752kV이고 변압기의 기준충격 절연강도가 1,050kV이라면, 보호 여유도(%)는 약 얼마인가?

① 18 ② 28
③ 40 ④ 43

Answer 57. ② 58. ④ 59. ① 60. ③ 61. ② 62. ③

해설 피뢰기의 여유도

$$여유도=\frac{충격절연강도-제한전압}{제한전압}\times 100$$

$$=\frac{1,050-752}{752}\times 100=39.62[\%]$$

63 교류아크 용접기의 접점방식(Magnet식)의 전격방지장치에서 지동시간과 용접기 2차측 무부하전압(V)을 바르게 표현한 것은?

① 0.06초 이내, 25V 이하
② 1±0.3초 이내, 25V 이하
③ 2±0.3초 이내, 50V 이하
④ 1.5±0.06초 이내, 50V 이하

해설 교류아크 용접기의 자동전격 방지장치

교류아크 용접기의 자동전격 방지장치는 용접작업을 중단하는 직후에 작동하여 다음 아크 발생 시까지 기능이 발휘되어야 하며, 아크 발생이 중단되면 출력측 무부하전압을 1초 이내에 25V 이하로 저하시킨다.

64 다음 중 누전차단기를 시설하지 않아도 되는 전로가 아닌 것은? (단, 전로는 금속제 외함을 가지는 사용전압이 50V를 초과하는 저압의 기계기구에 전기를 공급하는 전로이며, 기계기구에는 사람이 쉽게 접촉할 우려가 있다.)

① 기계기구를 건조한 장소에 시설하는 경우
② 기계기구가 고무, 합성수지, 기타 절연물로 피복된 경우
③ 대지전압 200V 이하인 기계기구를 물기가 있는 곳 이외의 곳에 시설하는 경우
④ 「전기용품 및 생활용품 안전관리법」의 적용을 받는 이중절연구조의 기계기구를 시설하는 경우

해설 누전차단기의 시설

금속제 외함을 가지는 사용전압이 50V를 초과하는 저압의 기계기구로서 사람이 쉽게 접촉할 우려가 있는 곳에 시설하는 것에 전기를 공급하는 전로. 다만, 다음의 어느 하나에 해당하는 경우에는 적용하지 않는다.

㉮ 기계기구를 발전소 · 변전소 · 개폐소 또는 이에 준하는 곳에 시설하는 경우
㉯ 기계기구를 건조한 곳에 시설하는 경우
㉰ 대지전압이 150V 이하인 기계기구를 물기가 있는 곳 이외의 곳에 시설하는 경우
㉱ 「전기용품 및 생활용품 안전관리법」의 적용을 받는 이중절연구조의 기계기구를 시설하는 경우
㉲ 그 전로의 전원측에 절연변압기(2차 전압이 300V 이하인 경우에 한한다)를 시설하고 또한 그 절연 변압기의 부하측의 전로에 접지하지 아니하는 경우
㉳ 기계기구가 고무 · 합성수지 기타 절연물로 피복된 경우
㉴ 기계기구가 유도전동기의 2차측 전로에 접속되는 것일 경우
㉵ 기계기구 내에 「전기용품 및 생활용품 안전관리법」의 적용을 받는 누전차단기를 설치하고, 또한 기계기구의 전원 연결선이 손상을 받을 우려가 없도록 시설하는 경우

65 욕조나 샤워시설이 있는 욕실 또는 화장실에 콘센트가 시설되어 있다. 해당 전로에 설치된 누전차단기의 정격감도전류와 동작시간은?

① 정격감도전류 15mA 이하, 동작시간 0.01초 이하
② 정격감도전류 15mA 이하, 동작시간 0.03초 이하
③ 정격감도전류 30mA 이하, 동작시간 0.01초 이하
④ 정격감도전류 30mA 이하, 동작시간 0.03초 이하

해설 정격감도전류와 동작시간

㉮ 감전 우려가 있는 콘센트
정격감도전류 15mA 이하, 동작시간 0.03초 이내인 전류동작형 누전차단기
㉯ 물기가 있는 장소에 시설하는 기계 기구
정격감도전류 15mA 이하, 동작시간 0.03초 이내인 전류동작형 누전차단기

66 사업장에서 많이 사용되고 있는 이동식 전기기계 · 기구의 안전대책으로 가장 거리가 먼 것은?

① 충전부 전체를 절연한다.
② 절연이 불량인 경우 접지저항을 측정한다.
③ 금속제 외함이 있는 경우 접지를 한다.
④ 습기가 많은 장소는 누전차단기를 설치한다.

Answer 63. ② 64. ③ 65. ② 66. ②

해설 이동식 전기기계 · 기구의 안전대책

㉮ 충전부 전체를 절연한다.
㉯ 절연이 불량인 경우 즉각 보수한다.
㉰ 금속제 외함이 있는 경우 접지를 한다.
㉱ 습기가 많은 장소는 누전차단기를 설치한다.
㉲ 전기기기에 위험표시를 한다.
㉳ 고압선로 및 충전부에 근접하여 작업할 때는 보호구를 착용한다.

67 Freiberger가 제시한 인체의 전기적 등가회로는 다음 중 어느 것인가? (단, 단위는 다음과 같다. 단위 : $R(\Omega)$, L(H), C(F))

①
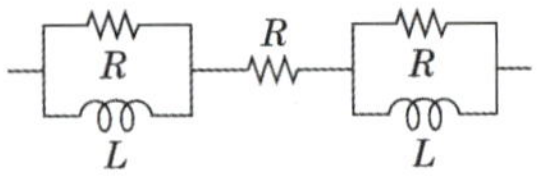

②
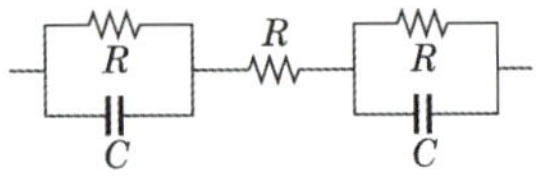

③
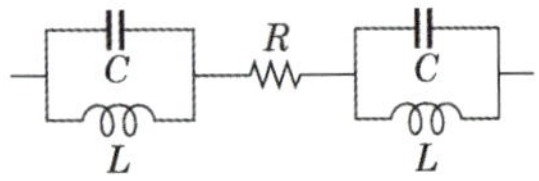

④
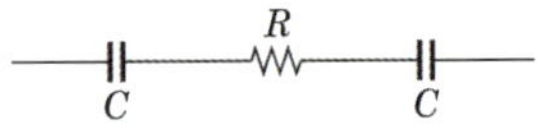

해설 인체의 전기적 등가회로

인체의 전기저항은 전압이 일정할 경우 통전전류의 크기를 결정하는 중요한 요소로서 내부저항과 피부저항으로 구분될 수 있다.

68 전류가 흐르는 상태에서 단로기를 끊었을 때 여러 가지 파괴작용을 일으킨다. 다음 그림에서 유입차단기의 차단순서와 투입순서가 안전수칙에 가장 적합한 것은?

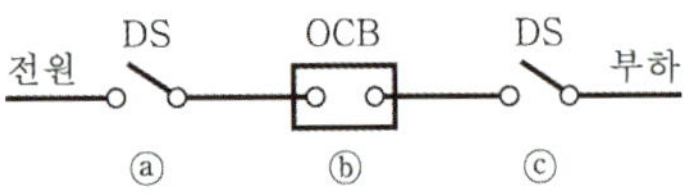

① 차단 : ⓐ→ⓑ→ⓒ, 투입 : ⓐ→ⓑ→ⓒ
② 차단 : ⓑ→ⓒ→ⓐ, 투입 : ⓑ→ⓒ→ⓐ
③ 차단 : ⓒ→ⓑ→ⓐ, 투입 : ⓒ→ⓐ→ⓑ
④ 차단 : ⓑ→ⓒ→ⓐ, 투입 : ⓒ→ⓐ→ⓑ

해설 유입차단기의 작동 순서

개폐 조작은 부하측에서 전원측으로 진행하며, 유입차단기(OCB)는 차단 시에는 가장 먼저, 투입 시에는 가장 뒤에 조작한다.

69 전동기용 퓨즈 사용 목적으로 알맞은 것은?

① 과전압 차단
② 누설전류 차단
③ 지락과전류 차단
④ 회로에 흐르는 과전류 차단

해설 전동기용 퓨즈 사용 목적

전동기용 퓨즈의 사용 목적은 회로에 흐르는 과전류를 차단하기 위함이다.

70 다음 ( ) 안에 들어갈 내용으로 옳은 것은?

> • 감전 시 인체에 흐르는 전류는 인가전압에 (㉠)하고 인체 저항에 (㉡)한다.
> • 인체는 전류의 열작용이 (㉢)×(㉣)이 어느 정도 이상이 되면 발생한다.

① ㉠ 비례, ㉡ 반비례, ㉢ 전류의 세기, ㉣ 시간
② ㉠ 반비례, ㉡ 비례, ㉢ 전류의 세기, ㉣ 시간
③ ㉠ 비례, ㉡ 반비례, ㉢ 전압, ㉣ 시간
④ ㉠ 반비례, ㉡ 비례, ㉢ 전압, ㉣ 시간

해설 인체와 전류

㉮ 감전 시 인체에 흐르는 전류는 인가전압에 비례하고 인체저항에 반비례한다.
㉯ 인체는 전류의 열작용이 전류의 세기×시간이 어느 정도 이상이 되면 발생한다.

71 감전사고로 인한 전격사의 매커니즘으로 가장 머리가 먼 것은?

① 흉부수축에 의한 질식
② 심실세동에 의한 혈액순환기능의 상실
③ 내장파열에 의한 소화기계통의 기능상실
④ 호흡중추신경 마비에 따른 호흡기능 상실

Answer 67. ② 68. ④ 69. ④ 70. ① 71. ③

해설 감전사고로 인한 전격사의 메커니즘
㉮ 1차적으로 심장부 통전으로 심실세동에 의한 호흡기능 및 혈액순환기능의 정지, 뇌통전에 따른 호흡기능의 정지 및 호흡중추신경의 손상, 흉부통전에 의한 호흡기능의 정지 등이 발생할 수 있다.
㉯ 2차적으로 추락, 전도, 전류통전 및 화상, 시력손상 등이 발생할 수 있다.

72 방전전극에 약 7,000V의 전압을 인가하면 공기가 전리되어 코로나 방전을 일으킴으로써 발생한 이온으로 대전체의 전하를 중화시키는 방법을 이용한 제전기는?

① 전압인가식 제전기
② 자기방전식 제전기
③ 이온스프레이식 제전기
④ 이온식 제전기

해설 제전기
㉮ 자기방전식 제전기 : 제전하고자 하는 물체에서 발산되는 정전제를 접지된 도전성의 침상이나 세선사의 전극 등에 의해 코로나 방전을 일으켜 제전시키는 것
㉯ 이온스프레이식 제전기 : 코로나 방전에 의해 발생한 이온을 blower로 대전체에 내뿜는 것
㉰ 이온식 제전기 : 방사선 동위원소의 전리작용에 의해 제전에 필요한 이온을 만들어내는 것

73 다음은 무슨 현상을 설명한 것인가?

> 전위차가 있는 2개의 대전체가 특정거리에 접근하게 되면 등전위가 되기 위하여 전하가 절연공간을 깨고 순간적으로 빛과 열을 발생하며 이동하는 현상

① 대전 ② 충전
③ 방전 ④ 열전

해설 용어 정의
㉮ 대전 : 충격이나 마찰에 의해 전자들이 이동하여 양전하와 음전하의 균형이 깨지면서 전하가 겉으로 드러나게 되는 현상
㉯ 충전 : 축전지 또는 콘덴서에 전원으로부터 전류를 흘려서 에너지를 축적하는 현상
㉰ 열전 : 서로 다른 2개의 금속선을 접속하고 그 양단을 서로 다른 온도로 유지하면 회로에 전류가 흐르는 현상

74 정전기 재해를 예방하기 위해 설치하는 제전기의 제전효율은 설치 시에 얼마 이상이 되어야 하는가?

① 40% 이상 ② 50% 이상
③ 70% 이상 ④ 90% 이상

해설 제전기의 제전효율
정전기 재해를 예방하기 위해 설치하는 제전기의 제전효율은 설치 시에 90% 이상이 되어야 한다.

75 화재 · 폭발 위험분위기의 생성방지 방법으로 옳지 않은 것은?

① 폭발성 가스의 누설 방지
② 가연성 가스의 방출 방지
③ 폭발성 가스의 체류 방지
④ 폭발성 가스의 옥내 체류

해설 화재 · 폭발 위험분위기의 생성방지 방법
㉮ 폭발성 가스의 누설 방지
㉯ 가연성 가스의 방출 방지
㉰ 폭발성 가스의 체류 방지

76 내압방폭용기 "d"에 대한 설명으로 틀린 것은?

① 원통형 나사 접합부의 체결 나사산 수는 5산 이상이어야 한다.
② 가스/증기 그룹이 ⅡB일 때 내압 접합면과 장애물과의 최소 이격거리는 20mm이다.
③ 용기 내부의 폭발이 용기 주위의 폭발성 가스 분위기로 화염이 전파되지 않도록 방지하는 부분은 내압방폭 접합부이다.
④ 가스/증기 그룹이 ⅡC일 때 내압 접합면과 장애물과의 최소 이격거리는 40mm이다.

Answer 72. ① 73. ③ 74. ④ 75. ④ 76. ②

해설 내압방폭구조 플랜지 접합부와 장애물 간 최소 이격거리

가스 그룹	II A	II B	II C
최소 이격거리(mm)	10	30	40

77 다음 중 방폭구조의 종류가 아닌 것은?

① 본질안전방폭구조 ② 고압방폭구조
③ 압력방폭구조 ④ 내압방폭구조

해설 방폭구조의 종류와 기호

0종 장소	지속적 위험분위기	본질안전방폭구조(Ex ia)
1종 장소	통상상태에서의 간헐적 위험분위기	내압방폭구조(Ex d) 압력방폭구조(Ex p) 충전방폭구조(Ex q) 유입방폭구조(Ex o) 안전증방폭구조(Ex e) 본질안전방폭구조(Ex ib) 몰드방폭구조(Ex m)
2종 장소	이상상태에서의 위험분위기	비점화방폭구조(Ex n)

78 방폭지역에서 저압케이블 공사 시 사용해서는 안 되는 케이블은?

① MI 케이블
② 연피 케이블
③ 0.6/1kV 고무캡타이어 케이블
④ 0.6/1kV 폴리에틸렌 외장케이블

해설 방폭지역에 사용하는 저압케이블
㉮ MI 케이블
㉯ 연피 케이블
㉰ 0.6/1kV 비닐절연 외장 케이블
㉱ 0.6/1kV 폴리에틸렌 외장케이블
㉲ 0.6/1kV 콘크리트 직매용 케이블

79 계통접지로 적합하지 않는 것은?

① TN계통 ② TT계통
③ IN계통 ④ IT계통

해설 계통접지 종류
㉮ TN 계통 : 직접 접지 방식
㉯ TT 계통 : 직접 다중 접지 방식
㉰ IT 계통 : 비 접지 방식

80 화염일주한계에 대해 가장 잘 설명한 것은?

① 화염이 발화온도로 전파될 가능성의 한계값이다.
② 화염이 전파되는 것을 저지할 수 있는 틈새의 최대 간격치이다.
③ 폭발성 가스와 공기가 혼합되어 폭발한계내에 있는 상태를 유지하는 한계값이다.
④ 폭발성 분위기가 전기 불꽃에 의하여 화염을 일으킬 수 있는 최소의 전류값이다.

해설 화염일주한계
화염일주한계는 가연성가스 또는 증기의 위험성을 나타내는 특성값의 하나이며, 화염의 일주(도주)를 발행하는 최소의 에너지를 말한다. 폭발성 분위기에 있는 용기의 접합면 틈새를 통해 **화염이 전파되는 것을 저지할 수 있는 틈새의 최대 간격치**이다.

제5과목 화학설비 안전관리

81 다음 중 분진폭발에 관한 설명으로 틀린 것은?

① 폭발한계 내에서 분진의 휘발성분이 많으면 폭발 위험성이 높다.
② 분진이 발화 폭발하기 위한 조건은 가연성, 미분상태, 공기 중에서의 교반과 유동 및 점화원의 존재이다.
③ 가스폭발과 비교하여 연소의 속도나 폭발의 압력이 크고, 연소시간이 짧으며, 발생에너지가 작다.
④ 폭발한계는 입자의 크기, 입도분포, 산소농도, 함유수분, 가연성가스의 혼입 등에 의해 같은 물질의 분진에서도 달라진다.

해설 분진폭발
가스폭발과 비교하여 연소의 속도나 폭발의 압력이 **작고**, 연소시간이 **길며**, 발생에너지가 **크다.**

Answer 77. ② 78. ③ 79. ③ 80. ② 81. ③

82 액화 프로판 310kg을 내용적 50L 용기에 충전할 때 필요한 소요 용기의 수는 몇 개인가? (단, 액화 프로판의 가스정수는 2.35이다.)

① 15　　② 17
③ 19　　④ 21

해설 소요 용기의 수

1개의 가스용기에는 $\frac{\text{내용적}}{\text{가스정수}} = \frac{50}{2.35} = 21.28\text{kg}$ 을 저장할 수 있으므로, 310kg의 용기 개수는 $\frac{310}{21.28} = 14.57$개이다.

83 다음 중 응상폭발이 아닌 것은?

① 분해폭발
② 수증기폭발
③ 전선폭발
④ 고상간의 전이에 의한 폭발

해설 폭발물 원인물질의 물리적 상태에 따른 폭발의 분류

㉮ **기상폭발** : **분해폭발**, 분진폭발, 분무폭발, 가스폭발, 혼합가스폭발 등
㉯ 응상폭발 : 수증기폭발, 전선폭발, 고상 간의 전이에 의한 폭발, 혼합 위험에 의한 폭발 등

84 다음 중 가연성가스가 밀폐된 용기 안에서 폭발할 때 최대폭발압력에 영향을 주는 인자로 가장 거리가 먼 것은?

① 가연성가스의 농도(몰수)
② 가연성가스의 초기온도
③ 가연성가스의 유속
④ 가연성가스의 초기압력

해설 가연성가스가 밀폐된 용기 안에서 폭발할 때 최대폭발압력에 영향을 주는 인자

㉮ 가연성가스의 농도(몰수)
㉯ 가연성가스의 초기온도
㉰ 가연성가스의 초기압력
㉱ 발화원의 강도
㉲ 용기의 형태

85 공기 중에서 이황화탄소(CS_2)의 폭발한계는 하한값이 1.25vol%, 상한값이 44vol%이다. 이를 20℃ 대기압하에서 mg/L의 단위로 환산하면 하한값과 상한값은 각각 약 얼마인가? (단, 이황화탄소의 분자량은 76.1이다.)

① 하한값 : 61, 상한값 : 640
② 하한값 : 39.6, 상한값 : 1393
③ 하한값 : 146, 상한값 : 860
④ 하한값 : 55.4, 상한값 : 1642

해설 샤를의 법칙

압력이 일정할 때 기체의 부피는 온도의 증가에 비례한다.

㉮ 하한값 $= \dfrac{1.25 \times 10000 \times 76.1}{22.4 \times \dfrac{273+20}{273} \times 1{,}000} = 39.56$

㉯ 상한값 $= \dfrac{44 \times 10{,}000 \times 76.1}{22.4 \times \dfrac{273+20}{273} \times 1{,}000} = 1392.79$

86 다음 중 폭발 방호 대책과 가장 거리가 먼 것은?

① 불활성화　　② 억제
③ 방산　　④ 봉쇄

해설 불활성화

불활성화는 **화재 방호 대책**에 해당된다.

87 고압가스 용기 파열사고의 주요 원인 중 하나는 용기의 내압력 부족이다. 다음 중 내압력 부족의 원인으로 거리가 먼 것은?

① 용기 내벽의 부식
② 강재의 피로
③ 과잉 충전
④ 용접 불량

해설 용기의 내압력 부족의 원인

과잉 충전은 용기 **내압력 이상 상승의 원인**에 해당된다.

Answer 82. ① 83. ① 84. ③ 85. ② 86. ① 87. ③

88 다음 중 유류화재에 해당하는 화재의 급수는?

① A급 ② B급
③ C급 ④ D급

해설 화재의 분류 및 적응 소화재

분류	가연물	적응 소화제
A급	일반 가연물	물, 강화액, 산·알칼리 소화기
B급	유류	포, CO_2, 분말 소화기
C급	전기	CO_2, 분말, 할로겐화합물 소화기
D급	금속	건조사, 팽창 질석, 팽창 진주암

89 산업안전보건법령상 다음 인화성 가스의 정의에서 ( ) 안에 알맞은 값은?

> "인화성 가스"란 인화한계 농도의 최저한도가 (㉠)% 이하 또는 최고한도와 최저한도의 차가 (㉡)% 이상인 것으로서 표준압력(101.3kPa), 20℃에서 가스 상태인 물질을 말한다.

① ㉠ 13, ㉡ 12 ② ㉠ 13, ㉡ 15
③ ㉠ 12, ㉡ 13 ④ ㉠ 12, ㉡ 15

해설 인화성 가스
인화성 가스란 인화한계 농도의 최저한도가 <u>13% 이하</u> 또는 최고한도와 최저한도의 차가 <u>12% 이상</u>인 것으로서 표준압력(101.3kPa)에서 20℃에서 가스 상태인 물질을 말한다.

참고 산업안전보건법 시행령 별표 13

90 다음 중 퍼지의 종류에 해당하지 않는 것은?

① 압력퍼지 ② 진공퍼지
③ 스위프퍼지 ④ 가열퍼지

해설 퍼지(불활성화)의 종류
㉮ 압력퍼지
㉯ 진공퍼지
㉰ 스위프퍼지
㉱ 사이펀퍼지

91 다음 중 화재 시 주수에 의해 오히려 위험성이 증대되는 물질은?

① 황린 ② 니트로셀룰로오스
③ 적린 ④ 금속나트륨

해설 주수에 의한 소화
황린, 적린, 니트로셀룰로오스로 인한 화재는 주수에 의한 냉각 소화가 가능하다.

92 화학설비 가운데 분체화학물질 분리장치에 해당하지 않는 것은?

① 건조기 ② 분쇄기
③ 유동탑 ④ 결정조

해설 화학설비 및 그 부속설비의 종류
㉮ 반응기 · 혼합조 등 화학물질 반응 또는 혼합장치
㉯ 증류탑 · 흡수탑 · 추출탑 · 감압탑 등 화학물질 분리장치
㉰ 저장탱크 · 계량탱크 · 호퍼 · 사일로 등 화학물질 저장설비 또는 계량설비
㉱ 응축기 · 냉각기 · 가열기 · 증발기 등 열교환기류
㉲ 고로 등 점화기를 직접 사용하는 열교환기류
㉳ 캘린더(calender) · 혼합기 · 발포기 · 인쇄기 · 압출기 등 화학제품 가공설비
㉴ 분쇄기 · 분체분리기 · 용융기 등 분체화학물질 취급장치
㉵ 결정조 · 유동탑 · 탈습기 · 건조기 등 분체화학물질 분리장치
㉶ 펌프류 · 압축기 · 이젝터(ejector) 등의 화학물질 이송 또는 압축설비

참고 산업안전보건기준에 관한 규칙 별표 7

93 비중이 1.5이고, 직경이 74μm인 분체가 종말속도 0.2m/s로 직경 6m의 사일로(silo)에서 질량유속 400kg/h로 흐를 때 평균 농도는 약 얼마인가?

① 10.8mg/L ② 14.8mg/L
③ 19.8mg/L ④ 25.8mg/L

Answer 88. ② 89. ① 90. ④ 91. ④ 92. ② 93. ③

해설 분체의 평균 농도

㉮ 질량유속 : 400kg/h = 111.11g/sec

㉯ 사일로의 부피 : $\frac{\pi}{4} \times 62 = 28.26\text{m}^3$

㉰ $\frac{\text{질량유속}}{\text{유체의부피}} = \frac{\text{질량유속}}{\text{사일로의부피} \times \text{종말속도}} = \frac{111.11}{28.26 \times 0.2} = 19.8[\text{mg/L}]$

94 가스를 분류할 때 독성가스에 해당하지 않는 것은?

① 황화수소 ② 시안화수소

③ 이산화탄소 ④ 산화에틸렌

해설 이산화탄소

이산화탄소는 질식성가스에 해당된다.

95 위험물에 관한 설명으로 틀린 것은?

① 이황화탄소의 인화점은 0℃보다 낮다.

② 과염소산은 쉽게 연소되는 가연성 물질이다.

③ 황린은 물속에 저장한다.

④ 알킬알루미늄은 물과 격렬하게 반응한다.

해설 과염소산

과염소산은 산화성 액체이다.

96 포스겐가스 누설검지의 시험지로 사용되는 것은?

① 연당지

② 염화파라듐지

③ 하리슨시험지

④ 초산벤젠지

해설 누설검지 시험지

㉮ 연당지 : 황화수소 누설검지의 시험지

㉯ 염화파라듐지 : 일산화탄소 누설검지의 시험지

㉰ 초산벤젠지 : 시안화수소 누설검지의 시험지

97 위험물의 저장방법으로 적절하지 않은 것은?

① 탄화칼슘은 물 속에 저장한다.

② 벤젠은 산화성 물질과 격리시킨다.

③ 금속나트륨은 석유 속에 저장한다.

④ 질산은 갈색병에 넣어 냉암소에 보관한다.

해설 탄화칼슘의 저장방법

탄화칼슘은 물반응성 물질로 물과 접촉 시 아세틸렌 가스를 발생시키므로 밀폐용기에 저장하고 불연성 가스로 봉입한 후 보관해야 한다.

98 다음 중 벤젠(C_6H_6)의 공기 중 폭발하한계값(vol%)에 가장 가까운 것은?

① 1.0 ② 1.5

③ 2.0 ④ 2.5

해설 벤젠의 공기 중 폭발하한계

$$\text{산소농도} = a + \frac{b - c - 2d}{4} = 6 + \frac{6}{4} = 7.5$$

$$Cst = \frac{100}{1 + 4.773 \times \text{산소농도}} = \frac{100}{1 + 4.773 \times 7.5} = 2.717$$

$$\text{폭발하한계} = 0.55 \times Cst = 0.55 \times 2.717 = 1.5$$

99 산업안전보건기준에 관한 규칙상 국소배기장치의 후드 설치 기준이 아닌 것은?

① 유해물질이 발생하는 곳마다 설치할 것

② 후드의 개구부 면적은 가능한 한 크게 할 것

③ 외부식 또는 리시버식 후드는 해당 분진 등의 발산원에 가장 가까운 위치에 설치할 것

④ 후드 형식은 가능하면 포위식 또는 부스식 후드를 설치할 것

해설 후드의 설치 기준

㉮ 유해물질이 발생하는 곳마다 설치할 것

㉯ 유해인자의 발생형태와 비중, 작업방법 등을 고려하여 해당 분진 등의 발산원(發散源)을 제어할 수 있는 구조로 설치할 것

㉰ 외부식 또는 리시버식 후드는 해당 분진 등의 발산원에 가장 가까운 위치에 설치할 것

㉱ 후드(hood) 형식은 가능하면 포위식 또는 부스식 후드를 설치할 것

Answer 94. ③ 95. ② 96. ③ 97. ① 98. ② 99. ②

100 **공정안전보고서에 포함하여야 할 세부 내용 중 공정안전자료의 세부내용이 아닌 것은?**

① 유해 · 위험설비의 목록 및 사양
② 폭발위험장소 구분도 및 전기단선도
③ 유해 · 위험물질에 대한 물질안전보건자료
④ 설비점검 · 검사 및 보수계획, 유지계획 및 지침서

해설 공정안전보고서의 세부 내용 등
㉮ 취급 · 저장하고 있거나 취급 · 저장하려는 유해 · 위험물질의 종류 및 수량
㉯ 유해 · 위험물질에 대한 물질안전보건자료
㉰ 유해하거나 위험한 설비의 목록 및 사양
㉱ 유해하거나 위험한 설비의 운전방법을 알 수 있는 공정도면
㉲ 각종 건물 · 설비의 배치도
㉳ 폭발위험장소 구분도 및 전기단선도
㉴ 위험설비의 안전설계 · 제작 및 설치 관련 지침서

참고 산업안전보건법 시행규칙 제50조

실기 실기시험까지 대비해서 암기하세요.

제6과목 건설공사 안전관리

101 **사업주가 유해위험방지계획서 제출 후 건설공사 중 6개월 이내마다 안전보건공단의 확인을 받아야 할 내용이 아닌 것은?**

① 유해위험방지계획서의 내용과 실제공사 내용이 부합하는지 여부
② 유해위험방지계획서 변경 내용의 적정성
③ 자율안전관리 업체 유해위험방지계획서 제출 · 심사 면제
④ 추가적인 유해 · 위험요인의 존재 여부

해설 유해위험방지계획서 제출 후 안전보건공단 확인 사항
㉮ 유해위험방지계획서의 내용과 실제공사 내용이 부합하는지 여부
㉯ 유해위험방지계획서 변경 내용의 적정성
㉰ 추가적인 유해 · 위험요인의 존재 여부

참고 산업안전보건법 시행규칙 제46조

102 **건설공사도급인은 건설공사 중에 가설구조물의 붕괴 등 산업재해가 발생할 위험이 있다고 판단되면 건축 · 토목 분야의 전문가의 의견을 들어 건설공사 발주자에게 해당 건설공사의 설계변경을 요청할 수 있는데, 이러한 가설구조물의 기준으로 옳지 않은 것은?**

① 높이 20m 이상인 비계
② 작업발판 일체형 거푸집 또는 높이 5m 이상인 거푸집 동바리
③ 터널의 지보공 또는 높이 2m 이상인 흙막이 지보공
④ 동력을 이용하여 움직이는 가설구조물

해설 가설구조물의 구조적 안정성 확인
㉮ 높이가 31m 이상인 비계
㉯ 브라켓 비계
㉰ 작업발판 일체형 거푸집 또는 높이가 5m 이상인 거푸집 동바리
㉱ 터널의 지보공 또는 높이가 2m 이상인 흙막이 지보공
㉲ 동력을 이용하여 움직이는 가설구조물
㉳ 높이 10m 이상에서 외부작업을 하기 위하여 작업발판 및 안전시설물을 일체화하여 설치하는 가설구조물
㉴ 공사현장에서 제작하여 조립 · 설치하는 복합형 가설 구조물
㉵ 그 밖에 발주자 또는 인 · 허가기관의 장이 필요하다고 인정하는 가설구조물

103 **건설업의 산업안전보건관리비 사용항목에 해당되지 않는 것은?**

① 안전시설비　② 근로자 건강관리비
③ 운반기계 수리비　④ 안전진단비

해설 건설업의 산업안전보건관리비 사용항목
㉮ 안전관리자 등 인건비 및 각종 업무수당
㉯ 안전시설비
㉰ 개인보호구 및 안전장구 구입비
㉱ 안전진단비
㉲ 안전보건교육비 및 행사비
㉳ 근로자 건강관리비
㉴ 건설재해예방 기술지도비
㉵ 본사 사용비
㉶ 위험성평가 등에 따른 소요비용

Answer 100. ④ 101. ③ 102. ① 103. ③

104 유해위험방지계획서를 제출하려고 할 때 그 첨부서류와 가장 거리가 먼 것은?

① 공사개요서
② 산업안전보건관리비 작성요령
③ 전체 공정표
④ 재해 발생 위험 시 연락 및 대피방법

해설 유해위험방지계획서 첨부서류
㉮ 공사 개요서
㉯ 공사현장의 주변 현황 및 주변과의 관계를 나타내는 도면(매설물 현황을 포함)
㉰ 전체 공정표
㉱ 산업안전보건관리비 사용계획서
㉲ 안전관리 조직표
㉳ 재해 발생 위험 시 연락 및 대피방법

참고 산업안전보건법 시행규칙 별표 10

실기 실기시험까지 대비해서 암기하세요.

105 추락의 위험이 있는 개구부에 대한 방호조치와 거리가 먼 것은?

① 안전난간, 울타리, 수직형 추락방망 등으로 방호조치를 한다.
② 충분한 강도를 가진 구조의 덮개를 뒤집히거나 떨어지지 않도록 설치한다.
③ 어두운 장소에서도 식별이 가능한 개구부 주의 표지를 부착한다.
④ 폭 30cm 이상의 발판을 설치한다.

해설 개구부 등의 방호조치
사업주는 작업발판 및 통로의 끝이나 개구부로서 근로자가 추락할 위험이 있는 장소에는 안전난간, 울타리, 수직형 추락방망 또는 덮개 등(이하 이 조에서 "난간 등"이라 한다)의 방호 조치를 충분한 강도를 가진 구조로 튼튼하게 설치하여야 하며, 덮개를 설치하는 경우에는 뒤집히거나 떨어지지 않도록 설치하여야 한다. 이 경우 어두운 장소에서도 알아볼 수 있도록 개구부임을 표시해야 하며, 수직형 추락방망은 한국산업표준에서 정하는 성능기준에 적합한 것을 사용해야 한다.

참고 산업안전보건기준에 관한 규칙 제43조

106 안전대의 종류는 사용 구분에 따라 벨트식과 안전그네식으로 구분되는데, 이 중 안전그네식에만 적용하는 것은?

① 추락방지대, 안전블록
② 1개 걸이용, U자 걸이용
③ 1개 걸이용, 추락방지대
④ U자 걸이용, 안전블록

해설 안전대의 종류

종류	사용구분
벨트식	U자 걸이용
	1개 걸이용
	U자걸이 1개걸이 공용
안전그네식	안전블록
	추락방지대

※ 추락방지대 및 안전블록은 안전그네식에만 적용함.

107 근로자의 추락 등의 위험을 방지하기 위한 안전난간의 설치기준으로 옳지 않은 것은?

① 상부 난간대와 중간 난간대는 난간 길이 전체에 걸쳐 바닥면 등과 평행을 유지할 것
② 발끝막이판은 바닥면 등으로부터 20cm 이상의 높이를 유지할 것
③ 난간대는 지름 2.7cm 이상의 금속제 파이프나 그 이상의 강도가 있는 재료일 것
④ 안전난간은 구조적으로 가장 취약한 지점에서 가장 취약한 방향으로 작용하는 100kg 이상의 하중에 견딜 수 있는 튼튼한 구조일 것

해설 안전난간의 설치기준
발끝막이판은 바닥면 등으로부터 10cm 이상의 높이를 유지할 것. 다만, 물체가 떨어지거나 날아올 위험이 없거나 그 위험을 방지할 수 있는 망을 설치하는 등 필요한 예방 조치를 한 장소는 제외한다.

108 그물코의 크기가 5cm인 매듭방망일 경우 방망사의 인장강도는 최소 얼마 이상이어야 하는가? (단, 방망사는 신품인 경우이다.)

① 50kg ② 100kg
③ 110kg ④ 150kg

Answer 104. ② 105. ④ 106. ① 107. ② 108. ③

해설 신품 방망사의 인장강도

그물코의 크기	매듭 없는 방망	매듭 방망
10cm	240kg 이상 (150kg)	200kg 이상 (135kg)
5cm	–	110kg 이상 (60kg)

※ 괄호 안은 폐기 기준의 인장강도임.

109 차량계 건설기계를 사용하여 작업할 때에 그 기계가 넘어지거나 굴러떨어짐으로써 근로자가 위험해질 우려가 있는 경우에 조치하여야 할 사항과 거리가 먼 것은?

① 갓길의 붕괴 방지
② 작업반경 유지
③ 지반의 부동침하 방지
④ 도로 폭의 유지

해설 전도 등의 방지
사업주는 차량계 하역운반기계 등을 사용하는 작업을 할 때에 그 기계가 넘어지거나 굴러떨어짐으로써 근로자에게 위험을 미칠 우려가 있는 경우에는 그 기계를 유도하는 사람(이하 "유도자"라 한다)을 배치하고 지반의 부동침하와 방지 및 갓길 붕괴를 방지하기 위한 조치를 하여야 한다.

110 달비계(곤돌라의 달비계는 제외)의 최대적재하중을 정하는 경우에 사용하는 안전계수의 기준으로 옳은 것은?

① 달기 체인의 안전계수 : 10 이상
② 달기 강대와 달비계의 하부 및 상부 지점의 안전계수(목재의 경우) : 2.5 이상
③ 달기 와이어로프의 안전계수 : 5 이상
④ 달기 강선의 안전계수 : 10 이상

해설 달비계의 안전계수
㉮ 달기 와이어로프 및 달기 강선의 안전계수 : 10 이상
㉯ 달기 체인 및 달기 훅의 안전계수 : 5 이상
㉰ 달기 강대와 달비계의 하부 및 상부 지점의 안전계수 : 강재의 경우 2.5 이상, 목재의 경우 5 이상

111 사면 보호공법 중 구조물에 의한 보호 공법에 해당되지 않는 것은?

① 식생구멍공
② 블럭공
③ 돌쌓기공
④ 현장타설 콘크리트 격자공

해설 식생구멍공
구조물이 아닌 나무에 의한 보호 공법이다.

112 가설통로를 설치하는 경우 준수하여야 할 기준으로 옳지 않은 것은?

① 경사가 15°를 초과하는 때에는 미끄러지지 않는 구조로 한다.
② 건설공사에 사용하는 높이 8m 이상인 비계다리에는 7m 이내마다 계단참을 설치한다.
③ 수직갱에 가설된 통로의 길이가 15m 이상일 경우에는 15m 이내마다 계단참을 설치한다.
④ 추락할 위험이 있는 장소에는 안전난간을 설치할 것

해설 가설통로의 구조
㉮ 견고한 구조로 할 것
㉯ 경사는 30° 이하로 할 것. 다만, 계단을 설치하거나 높이 2m 미만의 가설통로로서 튼튼한 손잡이를 설치한 경우에는 그러하지 아니하다.
㉰ 경사가 15°를 초과하는 경우에는 미끄러지지 아니하는 구조로 할 것
㉱ 추락할 위험이 있는 장소에는 안전난간을 설치할 것. 다만, 작업상 부득이한 경우에는 필요한 부분만 임시로 해체할 수 있다.
㉲ 수직갱에 가설된 통로의 길이가 15m 이상인 경우에는 **10m 이내마다** 계단참을 설치할 것
㉳ 건설공사에 사용하는 높이 8m 이상인 비계다리에는 7m 이내마다 계단참을 설치할 것

Answer 109. ② 110. ④ 111. ① 112. ③

113 가설구조물의 문제점으로 옳지 않은 것은?

① 도괴재해의 가능성이 크다.
② 추락재해 가능성이 크다.
③ 부재의 결합이 간단하나 연결부가 견고하다.
④ 구조물이라는 통상의 개념이 확고하지 않으며 조립의 정밀도가 낮다.

해설 가설구조물의 문제점
부재의 결합이 간단하여 불완전 연결이 되기 쉽다.

114 강관비계를 사용하여 비계를 구성하는 경우 준수해야 할 기준으로 옳지 않은 것은?

① 비계기둥의 간격은 띠장 방향에서는 1.85m 이하, 장선(長線) 방향에서는 1.5m 이하로 할 것
② 띠장 간격은 2.0m 이하로 할 것
③ 비계기둥의 제일 윗부분으로부터 31m 되는 지점 밑부분의 비계기둥은 2개의 강관으로 묶어 세울 것
④ 비계기둥 간의 적재하중은 600kg을 초과하지 않도록 할 것

해설 강관비계의 구조
㉮ 비계기둥의 간격은 띠장 방향에서는 1.85m 이하, 장선 방향에서는 1.5m 이하로 할 것. 다만, 선박 및 보트 건조작업의 경우 안전성에 대한 구조검토를 실시하고 조립도를 작성하면 띠장 방향 및 장선 방향으로 각각 2.7m 이하로 할 수 있다.
㉯ 띠장 간격은 2.0m 이하로 할 것. 다만, 작업의 성질상 이를 준수하기가 곤란하여 쌍기둥틀 등에 의하여 해당 부분을 보강한 경우에는 그러하지 아니하다.
㉰ 비계기둥의 제일 윗부분으로부터 31m 되는 지점 밑 부분의 비계기둥은 2개의 강관으로 묶어 세울 것. 다만, 브라켓(bracket, 까치발) 등으로 보강하여 2개의 강관으로 묶을 경우 이상의 강도가 유지되는 경우에는 그러하지 아니하다.
㉱ 비계기둥 간의 적재하중은 400kg을 초과하지 않도록 한다.

115 강관틀비계를 조립하여 사용하는 경우 준수해야 할 기준으로 옳지 않은 것은?

① 길이가 띠장 방향으로 4m 이하이고 높이가 10m를 초과하는 경우에는 10m 이내마다 띠장 방향으로 버팀기둥을 설치할 것
② 높이가 20m를 초과하거나 중량물의 적재를 수반하는 작업을 할 경우에는 주틀 간의 간격을 1.8m 이하로 할 것
③ 주틀 간에 교차가새를 설치하고 최상층 및 10층 이내마다 수평재를 설치할 것
④ 수직 방향으로 6m, 수평 방향으로 8m 이내마다 벽이음을 할 것

해설 강관틀비계
사업주는 강관틀비계를 조립하여 사용하는 경우 다음 각 호의 사항을 준수하여야 한다.
㉮ 비계기둥의 밑둥에는 밑받침 철물을 사용하여야 하며 밑받침에 고저차(高低差)가 있는 경우에는 조절형 밑받침철물을 사용하여 각각의 강관틀비계가 항상 수평 및 수직을 유지하도록 할 것
㉯ 높이가 20m를 초과하거나 중량물의 적재를 수반하는 작업을 할 경우에는 주틀 간의 간격을 1.8m 이하로 할 것
㉰ 주틀 간에 교차 가새를 설치하고 최상층 및 5층 이내마다 수평재를 설치할 것
㉱ 수직방향으로 6m, 수평방향으로 8m 이내마다 벽이음을 할 것
㉲ 길이가 띠장 방향으로 4m 이하이고 높이가 10m를 초과하는 경우에는 10m 이내마다 띠장 방향으로 버팀기둥을 설치할 것

116 다음은 산업안전보건법령에 따른 동바리로 사용하는 파이프 서포트에 관한 사항이다. ( ) 안에 들어갈 내용을 순서대로 옳게 나타낸 것은?

- 파이프 서포트를 (A) 이상 이어서 사용하지 않도록 할 것
- 파이프 서포트를 이어서 사용하는 경우에는 (B) 이상의 볼트 또는 전용철물을 사용하여 이을 것

① A : 2개, B : 2개　　② A : 3개, B : 4개
③ A : 4개, B : 3개　　④ A : 4개, B : 4개

Answer 113. ③ 114. ④ 115. ③ 116. ②

해설 거푸집 동바리 등의 안전조치

㉮ 파이프 서포트를 3개 이상 이어서 사용하지 않도록 한다.

㉯ 파이프 서포트를 이어서 사용하는 경우에는 4개 이상의 볼트 또는 전용철물을 사용하여 이을 것

㉰ 높이가 3.5m를 초과하는 경우에는 높이 2m 이내마다 수평연결재를 2개 방향으로 만들고 수평연결재의 변위를 방지한다.

117 비계의 높이가 2m 이상인 작업장소에 작업발판을 설치할 경우 준수하여야 할 기준으로 옳지 않은 것은?

① 작업발판의 폭은 40cm 이상으로 한다.

② 작업발판재료는 뒤집히거나 떨어지지 않도록 하나 이상의 지지물에 연결하거나 고정시킨다.

③ 발판재료 간의 틈은 3cm 이하로 한다.

④ 작업발판의 지지물은 하중에 의하여 파괴될 우려가 없는 것을 사용한다.

해설 작업발판의 구조

㉮ 발판재료는 작업할 때의 하중을 견딜 수 있도록 견고한 것으로 할 것

㉯ 작업발판의 폭은 40cm 이상으로 하고, 발판재료 간의 틈은 3cm 이하로 할 것. 다만, 외줄비계의 경우에는 고용노동부장관이 별도로 정하는 기준에 따른다.

㉰ 제2호에도 불구하고 선박 및 보트 건조작업의 경우 선박블록 또는 엔진실 등의 좁은 작업공간에 작업발판을 설치하기 위하여 필요하면 작업발판의 폭을 30cm 이상으로 할 수 있고, 걸침비계의 경우 강관기둥 때문에 발판재료 간의 틈을 3cm 이하로 유지하기 곤란하면 5cm 이하로 할 수 있다. 이 경우 그 틈 사이로 물체 등이 떨어질 우려가 있는 곳에는 출입금지 등의 조치를 하여야 한다.

㉱ 추락의 위험이 있는 장소에는 안전난간을 설치할 것. 다만, 작업의 성질상 안전난간을 설치하는 것이 곤란한 경우, 작업의 필요상 임시로 안전난간을 해체할 때에 추락방호망을 설치하거나 근로자로 하여금 안전대를 사용하도록 하는 등 추락위험 방지 조치를 한 경우에는 그러하지 아니하다.

㉲ 작업발판의 지지물은 하중에 의하여 파괴될 우려가 없는 것을 사용할 것

㉳ 작업발판 재료는 뒤집히거나 떨어지지 않도록 2개 이상의 지지물에 연결하거나 고정시킬 것

㉴ 작업발판을 작업에 따라 이동시킬 경우에는 위험 방지에 필요한 조치를 할 것

118 콘크리트 타설 시 안전수칙으로 옳지 않은 것은?

① 타설순서는 계획에 의하여 실시하여야 한다.

② 진동기는 최대한 많이 사용하여야 한다.

③ 콘크리트를 치는 도중에는 거푸집, 지보공 등의 이상유무를 확인하여야 한다.

④ 손수레로 콘크리트를 운반할 때에는 손수레를 타설하는 위치까지 천천히 운반하여 거푸집에 충격을 주지 아니하도록 타설하여야 한다.

해설 콘크리트 타설 시 안전수칙

진동기의 지나친 진동은 거푸집 도괴의 원인이 될 수 있으므로 **적절히 사용**하여야 한다.

119 산업안전보건법령에 따른 양중기의 종류에 해당하지 않는 것은?

① 곤돌라	② 리프트
③ 클램셸	④ 크레인

해설 양중기의 종류

㉮ 크레인[호이스트(hoist)를 포함한다.]

㉯ 이동식 크레인

㉰ 리프트(이삿짐 운반용 리프트의 경우에는 적재하중이 0.1톤 이상인 것으로 한정한다.)

㉱ 곤돌라

㉲ 승강기

참고 산업안전보건기준에 관한 규칙 제132조

Answer 117. ② 118. ② 119. ③

120 화물을 적재하는 경우의 준수사항으로 옳지 않은 것은?

① 침하 우려가 없는 튼튼한 기반 위에 적재할 것
② 건물의 칸막이나 벽 등이 화물의 압력에 견딜 만큼의 강도를 지니지 아니한 경우에는 칸막이나 벽에 기대어 적재하지 않도록 할 것
③ 불안정한 정도로 높이 쌓아 올리지 말 것
④ 하중을 한쪽으로 치우치더라도 화물을 최대한 효율적으로 적재할 것

해설 화물의 적재
㉮ 침하 우려가 없는 튼튼한 기반 위에 적재한다.
㉯ 건물의 칸막이나 벽 등이 화물의 압력에 견딜 만큼의 강도를 지니지 아니한 경우에는 칸막이나 벽에 기대어 적재하지 않도록 한다.
㉰ 불안정할 정도로 높이 쌓아 올리지 않는다.
㉱ 하중이 한쪽으로 **치우치지 않도록** 쌓는다.

Answer 120. ④

2025. 5. 10. 시행

2025년 제2회 산업안전기사 CBT기출복원문제

제1과목 산업재해 예방 및 안전보건교육

01 재해로 인한 직접비용으로 8,000만원의 산재보상비가 지급되었을 때, 하인리히 방식에 따른 총 손실비용은?

① 16,000만원 ② 24,000만원
③ 32,000만원 ④ 40,000만원

해설 하인리히 재해손실비
총 재해비용＝직접비＋간접비(직접비의 4배)
직접비：간접비＝1：4
직접비＝8,000만원, 간접비＝32,000만원
총 재해비용＝8,000만원＋32,000만원
＝40,000만원

02 다음 중 하인리히가 제시한 1：29：300의 재해구성비율에 관한 설명으로 틀린 것은?

① 총 사고발생건수는 300건이다.
② 중상 또는 사망은 1회 발생된다.
③ 고장이 포함되는 무상해사고는 300건 발생된다.
④ 인적, 물적 손실이 수반되는 경상이 29건 발생된다.

해설 하인리히의 1:29:300의 법칙
동일사고를 반복하여 일으켰다고 하면 총 사고발생건수 330건에서 상해가 없는 경우가 300회, 경상의 경우가 29회, 중상의 경우가 1회의 비율로 발생한다는 것이다.

03 하인리히(Heinrich)의 재해구성비율에 따른 58건의 경상이 발생한 경우 무상해사고는 몇 건이 발생하겠는가?

① 58건 ② 116건
③ 600건 ④ 900건

해설 하인리히의 재해구성 비율
중상：경상：무상해사고＝1：29：300이므로, 경상 58건인 경우 2：58：600이 되어, 무상해사고는 600건이다.

04 어느 사업장에서 물적손실이 수반된 무상해사고가 180건 발생하였다면 중상은 몇 건이나 발생할 수 있는가? (단, 버드의 재해구성비율 법칙에 따른다.)

① 6건 ② 18건
③ 20건 ④ 29건

해설 버드의 재해구성 비율
중상：경상：무상해사고：무상해 무사고＝1：10：30：600이므로, 무상해 사고가 180건인 경우, 6：60：180：3,600이 되어 중상은 6건이다.

05 하인리히 안전론에서 ( ) 안에 들어갈 단어로 적합한 것은?

> 안전은 사고예방
> 사고예방은 ( )와(과) 인간 및 기계의 관계를 통제하는 과학이자 기술이다.

① 물리적 환경 ② 화학적 요소
③ 위험요인 ④ 사고 및 재해

Answer 01. ④ 02. ① 03. ③ 04. ① 05. ①

해설 하인리히 안전론
사고예방은 물리적 환경과 인간 및 기계의 관계를 통제하는 과학이자 기술이다.

06 다음 재해사례에서 기인물에 해당하는 것은?

기계작업에 배치된 작업자가 반장의 지시를 받기 전에 정지된 선반을 운전시키면서 변속치차의 덮개를 벗겨내고 치차를 저속으로 운전하면서 급유하려고 할 때 오른손이 변속치차에 맞물려 손가락이 절단되었다.

① 덮개 ② 급유
③ 선반 ④ 변속치차

해설 기인물
기인물이란 재해를 가져오게 한 근원인 물체이며, 정지된 선반을 운전시키면서 작업자가 다치기 때문에 기인물은 선반이다.

07 AE형 안전모에 있어 내전압성이란 최대 몇 V 이하의 전압에 견디는 것을 말하는가?

① 750 ② 1,000
③ 3,000 ④ 7,000

해설 내전압성
내전압성이란 AE형, ABE형 안전모에서 7,000V 이하의 전압에 견디는 것

08 보호구 안전인증 고시상 전로 또는 평로 등의 작업 시 사용하는 방열두건의 차광도 번호는?

① #2～#3 ② #3～#5
③ #6～#8 ④ #9～#11

해설 방열두건의 사용 구분

차광도 번호	사용 구분
#2～#3	고로강판가열로, 조괴(造塊) 등의 작업
#3～#5	전로 또는 평로 등의 작업
#6～#8	전기로의 작업

09 보호구 안전인증 고시상 추락방지대가 부착된 안전대 일반구조에 관한 내용 중 틀린 것은?

① 죔줄은 합성섬유로프를 사용해서는 안 된다.
② 고정된 추락방지대의 수직구명줄은 와이어로프 등으로 하며 최소지름이 8mm 이상이어야 한다.
③ 수직구명줄에서 걸이설비와의 연결부위는 훅 또는 카라비너 등이 장착되어 걸이설비와 확실히 연결되어야 한다.
④ 추락방지대를 부착하여 사용하는 안전대는 신체 지지의 방법으로 안전그네만을 사용하여야 하며 수직구명줄이 포함되어야 한다.

해설 추락방지대가 부착된 안전대의 구조
㉮ 추락방지대를 부착하여 사용하는 안전대는 신체 지지의 방법으로 안전 그네만을 사용하여야 하며 수직구명줄이 포함될 것
㉯ 수직구명줄에서 걸이 설비와의 연결 부위는 훅 또는 카라비너 등이 장착되어 걸이 설비와 확실히 연결될 것
㉰ 유연한 수직구명줄은 합성섬유로프 또는 와이어로프 등이어야 하며 구명줄이 고정되지 않아 흔들림에 의한 추락방지대의 오작동을 막기 위하여 적절한 긴장수단을 이용, 팽팽히 당겨질 것
㉱ 죔줄은 합성섬유로프, 웨빙, 와이어로프 등일 것
㉲ 고정된 추락방지대의 수직구명줄은 와이어로프 등으로 하며 최소 지름이 8mm 이상일 것
㉳ 고정 와이어로프에는 하단부에 무게 추가 부착되어 있을 것

10 작업자 적성의 요인이 아닌 것은?

① 성격(인간성) ② 지능
③ 인간의 연령 ④ 흥미

해설 작업자 적성의 요인
㉮ 성격(인간성)
㉯ 지능
㉰ 흥미
㉱ 직업적성

Answer 06. ③ 07. ④ 08. ② 09. ① 10. ③

11 산업안전보건법령상 근로자에 대한 일반건강진단의 실시 시기 기준으로 옳은 것은?

① 사무직에 종사하는 근로자 : 1년에 1회 이상
② 사무직에 종사하는 근로자 : 2년에 1회 이상
③ 사무직 외의 업무에 종사하는 근로자 : 6월에 1회 이상
④ 사무직 외의 업무에 종사하는 근로자 : 2년에 1회 이상

해설 산업안전보건법령상 근로자에 대한 일반건강진단의 실시 시기 기준
㉮ 사무직에 종사하는 근로자 : 2년에 1회 이상
㉯ 사무직 외의 업무에 종사하는 근로자 : 1년에 1회 이상

참고 산업안전보건법 시행규칙 제197조

12 매슬로우(Maslow)의 인간의 욕구단계 중 5번째 단계에 속하는 것은?

① 안전 욕구
② 존경의 욕구
③ 사회적 욕구
④ 자아실현의 욕구

해설 매슬로우(Maslow)의 욕구단계이론
㉮ 1단계 : 생리적 욕구
㉯ 2단계 : 안전과 안정 욕구
㉰ 3단계 : 사회적 욕구
㉱ 4단계 : 존경의 욕구
㉲ 5단계 : 자아실현의 욕구

13 다음 중 인간의 착각현상에서 움직이지 않는 것이 움직이는 것처럼 느껴지는 현상을 무엇이라 하는가?

① 잔상운동
② 자동운동
③ 유도운동
④ 유선운동

해설 착각현상
㉮ 유도운동 : 실제로는 움직이지 않는 것이 어느 기준의 이동에 유도되어 움직이는 것처럼 느껴지는 현상
㉯ 자동운동 : 암실 내에서 정지된 소광점을 응시하면 그 광점이 움직이는 것처럼 보이는 현상

14 레빈(Lewin)의 인간 행동 특성을 다음과 같이 표현하였다. 변수 'P'가 의미하는 것은?

$$B=f(P \cdot E)$$

① 행동
② 소질
③ 환경
④ 함수

해설 레빈(K. Lewin)의 인간행동 법칙
B : behavior(인간의 행동)
f : function(함수관계)
P : person(인간 : 연령, 경험, 심신 상태, 성격, 지능 등)
E : environment(환경 : 인간관계, 작업환경 등)

15 다음 중 안전 · 보건교육의 단계별 교육과정 순서로 옳은 것은?

① 안전 태도교육 → 안전 지식교육 → 안전 기능교육
② 안전 지식교육 → 안전 기능교육 → 안전 태도교육
③ 안전 기능교육 → 안전 지식교육 → 안전 태도교육
④ 안전 자세교육 → 안전 지식교육 → 안전 기능교육

해설 안전교육의 3단계
㉮ 제1단계 : 지식교육 – 지식을 전달하는 단계
㉯ 제2단계 : 기능교육 – 현장실습을 통한 경험 체득과 이해를 하는 단계
㉰ 제3단계 : 태도교육 – 행동을 습관화하는 단계

16 안전교육 중 프로그램 학습법의 장점이 아닌 것은?

① 학습자의 학습과정을 쉽게 알 수 있다.
② 여러 가지 수업 매체를 동시에 다양하게 활용할 수 있다.
③ 지능, 학습속도 등 개인차를 충분히 고려할 수 있다.
④ 매 반응마다 피드백이 주어지기 때문에 학습자가 흥미를 가질 수 있다.

Answer 11. ② 12. ④ 13. ③ 14. ② 15. ② 16. ②

해설 프로그램 학습법

㉮ 장점
  ㉠ 강사가 많은 수의 학습자를 지도할 수 있다.
  ㉡ 지능, 학습적성, 학습속도 등 개인차를 고려할 수 있다.
  ㉢ 매 반응마다 피드백이 주어지기 때문에 학습자가 흥미를 가진다.
  ㉣ 학습내용 습득 여부를 즉각적으로 피드백 받을 수 있다.

㉯ 단점
  ㉠ 수강생의 사회성이 결여되기 쉽다.
  ㉡ 교재 개발에 많은 시간과 노력이 필요하다.

17 OFF.J.T 교육의 특징에 해당되는 것은?

① 많은 지식, 경험을 교류할 수 있다.
② 교육 효과가 업무에 신속히 반영된다.
③ 현장의 관리 감독자가 강사가 되어 교육을 한다.
④ 다수의 대상자를 일괄적으로 교육하기 어려운 점이 있다.

해설 OFF JT(Off the Job Training)의 특징

㉮ 다수의 근로자에게 조직적인 훈련이 가능하다.
㉯ 훈련에만 전념할 수 있다.
㉰ 각 교육 훈련마다 적합한 전문 강사를 초청하는 것이 가능하다.
㉱ 다양한 기술과 지식의 습득이 가능하다.

18 다음 중 안전교육 지도안의 4단계에 해당되지 않는 것은?

① 도입　　② 적용
③ 제시　　④ 보상

해설 교육법의 4단계

㉮ 1단계 : 도입
㉯ 2단계 : 제시
㉰ 3단계 : 적용
㉱ 4단계 : 확인

19 기업 내 정형교육 중 TWI(Training Within Industry)의 교육내용이 아닌 것은?

① Job Method Training
② Job Relation Training
③ Job Instruction Training
④ Job Standardization Training

해설 관리감독자 훈련(TWI)

㉮ Job Method Training : 작업방법훈련
㉯ Job Instruction Training : 작업지도훈련
㉰ Job Relation Training : 인간관계훈련
㉱ Job Safety Training : 작업안전훈련

20 산업안전보건법령상 프레스를 사용하여 작업을 할 때 작업시작 전 점검사항으로 틀린 것은?

① 방호장치의 기능
② 언로드밸브의 기능
③ 금형 및 고정볼트 상태
④ 클러치 및 브레이크의 기능

해설 프레스를 사용하여 작업 시 작업시작 전 점검사항

㉮ 클러치 및 브레이크의 기능
㉯ 크랭크축 · 플라이휠 · 슬라이드 · 연결봉 및 연결 나사의 풀림 여부
㉰ 1행정 1정지기구 · 급정지장치 및 비상정지장치의 기능
㉱ 슬라이드 또는 칼날에 의한 위험방지 기구의 기능
㉲ 프레스의 금형 및 고정볼트 상태
㉳ 방호장치의 기능
㉴ 전단기의 칼날 및 테이블의 상태

참고 산업안전보건기준에 관한 규칙 별표 3

실기 실기시험까지 대비해서 암기하세요.

Answer 17. ① 18. ④ 19. ④ 20. ②

제2과목 인간공학 및 위험성 평가 · 관리

21 인간공학 연구조사에 사용되는 기준의 구비조건과 가장 거리가 먼 것은?

① 적절성 ② 다양성
③ 무오염성 ④ 기준 척도의 신뢰성

해설 연구조사에 사용되는 기준
㉮ 적절성 : 어떤 변수가 실제로 의도하는 바를 어느 정도 평가하는지 결정하는 것이다.
㉯ 무오염성 : 측정하는 구조 외적인 변수의 영향을 받지 않는 것을 말한다.
㉰ 기준 척도의 신뢰성 : 시간이나 대표적 표본의 선정에 관계없이, 변수측정의 일관성이나 안정성을 말한다.

22 인간이 기계와 비교하여 정보처리 및 결정의 측면에서 상대적으로 우수한 것은? (단, 인공지능은 제외한다.)

① 연역적 추리 ② 정량적 정보처리
③ 관찰을 통한 일반화 ④ 정보의 신속한 보관

해설 인간의 장점
㉮ 시각, 청각, 촉각, 후각, 미각 등의 작은 자극도 감지한다.
㉯ 각각으로 변화하는 자극패턴을 인지한다.
㉰ 예기치 못한 자극을 탐지한다.
㉱ 기억에서 적절한 정보를 꺼낸다.
㉲ 결정 시에 여러 가지 경험을 꺼내 맞춘다.
㉳ 귀납적으로 추리한다.
㉴ 원리를 여러 문제해결에 응용한다.
㉵ 주관적인 평가를 한다.
㉶ 아주 새로운 해결책을 생각한다.
㉷ 조작이 다른 방식에도 몸을 순응한다.

23 시스템 수명주기에 있어서 예비위험분석(PHA)이 이루어지는 단계에 해당하는 것은?

① 구상단계 ② 점검단계
③ 운전단계 ④ 생산단계

해설 예비위험분석(PHA)
PHA는 모든 시스템 안전 프로그램의 **최초 단계(설계단계, 구상단계)**의 분석으로서 시스템 내의 위험요소가 얼마나 위험상태에 있는가를 정성적으로 평가하는 것이다.

24 다음 중 인간-기계시스템의 설계 시 시스템의 기능을 정의하는 단계는?

① 제1단계 : 시스템의 목표와 성능명세서 결정
② 제2단계 : 시스템의 정의
③ 제3단계 : 기본 설계
④ 제4단계 : 인터페이스 설계

해설 시스템 설계과정의 주요단계
㉮ 1단계 : 목표 및 성능명세 결정
㉯ 2단계 : 시스템의 정의
㉰ 3단계 : 기본 설계
㉱ 4단계 : 인터페이스 설계
㉲ 5단계 : 촉진물 설계
㉳ 6단계 : 시험 및 평가

25 다음 중 인간공학의 목표와 가장 거리가 먼 것은?

① 에러 감소 ② 생산성 증대
③ 안전성 향상 ④ 신체 건강 증진

해설 인간공학의 목표
㉮ 에러 감소
㉯ 생산성 증대
㉰ 안전성 향상
㉱ 안락감 향상

26 '화재 발생'이라는 시작(초기)사상에 대하여, 화재감지기, 화재 경보, 스프링클러 등의 성공 또는 실패 작동 여부와 그 확률에 따른 피해 결과를 분석하는 데 가장 적합한 위험 분석 기법은?

① FTA ② ETA
③ FHA ④ THERP

Answer 21. ② 22. ③ 23. ① 24. ② 25. ④ 26. ②

해설 ETA(Event Tree Analysis)

초기 사건이 발생했다고 가정한 후 후속 사건이 성공했는지 혹은 실패했는지를 가정하고 이를 총 결과가 나타날 때까지 계속적으로 분지해 나가는 방식이다.

27 시스템 안전분석 방법 중 예비위험분석(PHA) 단계에서 식별하는 4가지 범주에 속하지 않는 것은?

① 위기 상태　② 무시가능 상태
③ 파국적 상태　④ 예비조처 상태

해설 PHA 카테고리 분류

㉮ 파국적 : 사망, 시스템 손상
㉯ 위기적 : 심각한 상해, 시스템 중대 손상
㉰ 한계적 : 경미한 상해, 시스템 성능 저하
㉱ 무시가능 : 경미한 상해 및 시스템 저하 없음

28 그림과 같이 FTA로 분석된 시스템에서 현재 모든 기본사상에 대한 부품이 고장난 상태이다. 부품 X_1 부터 부품 X_5 까지 순서대로 복구한다면 어느 부품을 수리 완료하는 순간부터 시스템은 정상가동이 되겠는가?

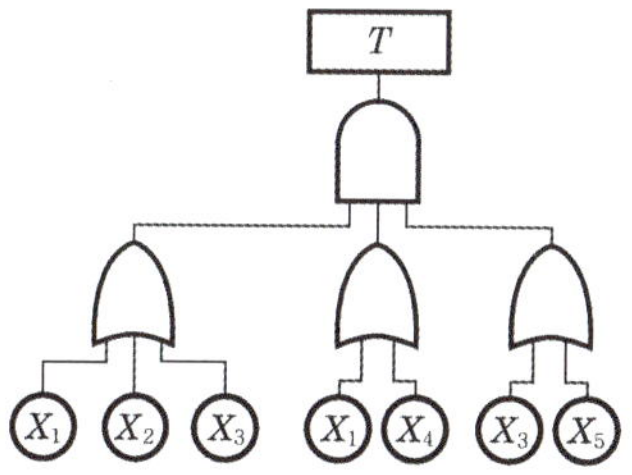

① 부품 X_2　② 부품 X_3
③ 부품 X_4　④ 부품 X_5

해설 시스템 복구

㉮ 3개의 OR 게이트가 AND 게이트로 연결되어 있으므로, OR 게이트 3개가 모두 정상이면 전체 시스템은 정상이 된다.
㉯ 부품 X_1부터 부품 X_3까지 수리하면 OR 게이트 3개가 정상이 되어 전체 시스템은 정상이 된다.

29 다음 중 FTA에서 활용하는 최소 컷셋(Minimal cut sets)에 관한 설명으로 옳은 것은?

① 해당 시스템에 대한 신뢰도를 나타낸다.
② 컷셋 중에 타 컷셋을 포함하고 있는 것을 배제하고 남은 컷셋들을 의미한다.
③ 어느 고장이나 에러를 일으키지 않으면 재해가 일어나지 않는 시스템의 신뢰성이다.
④ 기본사상이 일어나지 않을 때 정상사상(Top event)이 일어나지 않는 기본사상의 집합이다.

해설 최소 컷셋(Minimal cut sets)

㉮ 정상사상을 일으키기 위한 기본사상들의 최소 집합
㉯ 시스템의 위험성을 표현
㉰ 컷셋 중 타 컷셋을 포함하고 있는 것을 배제하고 남은 컷셋들을 의미

30 FT도에 사용하는 기호에서 3개의 입력현상 중 임의의 시간에 2개가 발생하면 출력이 생기는 기호의 명칭은?

① 억제 게이트
② 조합 AND 게이트
③ 배타적 OR 게이트
④ 우선적 AND 게이트

해설 조합 AND 게이트

3개 이상의 입력사상 중 어느 것이나 2개가 일어나면 출력이 발생한다.

31 두 가지 상태 중 하나가 고장 또는 결함으로 나타나는 비정상적인 사건은?

① 톱사상
② 결함사상
③ 정상적인 사상
④ 기본적인 사상

해설 결함사상

두 가지 상태 중 하나가 고장 또는 결함으로 나타나는 비정상적인 사건이며, 중간사상이라고도 한다.

Answer 27. ④ 28. ② 29. ② 30. ② 31. ②

32 FT도에 사용되는 다음 기호의 명칭으로 옳은 것은?

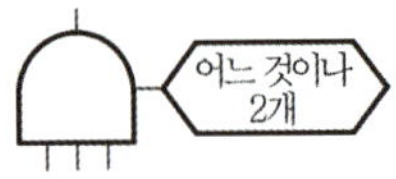

① 억제 게이트　　② 조합 AND 게이트
③ 부정게이트　　④ 배타적 OR 게이트

해설 FTA 논리기호

억제 게이트	부정 게이트	배타적 OR 게이트
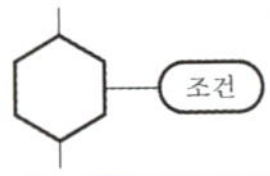		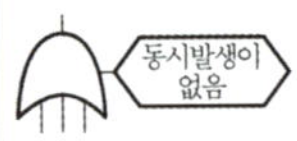

33 일반적으로 은행의 접수대 높이나 공원의 벤치를 설계할 때 가장 적합한 인체 측정 자료의 응용 원칙은?

① 조절식 설계
② 평균치를 이용한 설계
③ 최대치수를 이용한 설계
④ 최소치수를 이용한 설계

해설 평균치를 이용한 설계
특정한 장비나 설비의 경우, 최대집단값이나 최소집단값을 기준으로 설계하기도 부적절하고 조절식으로 하기도 불가능할 경우 평균값을 기준으로 하여 설계하는 경우가 있다. 평균 신장의 손님을 기준으로 만들어진 은행의 접수대가 특별히 키가 작거나 큰 사람을 기준으로 해서 만드는 것보다는 대다수의 일반 손님에게 덜 불편할 것이다.

34 근골격계질환 작업분석 및 평가 방법인 OWAS의 평가요소를 모두 고른 것은?

ㄱ. 상지　　ㄴ. 무게(하중)
ㄷ. 하지　　ㄹ. 허리

① ㄱ, ㄴ　　② ㄱ, ㄷ, ㄹ
③ ㄴ, ㄷ, ㄹ　　④ ㄱ, ㄴ, ㄷ, ㄹ

해설 OWAS 평가항목
㉮ 허리(back)　　㉯ 팔(arms)
㉰ 다리(legs)　　㉱ 하중(weight)

35 반사율이 60%인 작업 대상물에 대하여 근로자가 검사작업을 수행할 때 휘도(luminance)가 90fL이라면 이 작업에서의 소요조명(fC)은 얼마인가?

① 75　　② 150
③ 200　　④ 300

해설 소요조명

$$\text{소요조명} = \frac{\text{휘도}}{\text{반사율}} = \frac{90}{0.6} = 150[\text{lux}]$$

36 휴식 중 에너지소비량은 1.5kcal/min이고, 어떤 작업의 평균 에너지소비량이 6kcal/min이라고 할 때 60분간 총 작업시간 내에 포함되어야 하는 휴식시간은 약 몇 분인가? (단, 기초대사를 포함한 작업에 대한 평균 에너지소비량의 상한은 5kcal/min이다.)

① 10.3　　② 11.3
③ 12.3　　④ 13.3

해설 휴식시간(R)

$$R = \frac{T(E-S)}{E-1.5} = \frac{60(6-5)}{6-1.5} = 13.3(\text{분})$$

여기서, T : 총 작업시간(분)
E : 해당 작업의 평균 에너지소모량(kcal/min)
S : 권장 평균 에너지소모량(kcal/min)

37 시각적 부호의 유형과 내용으로 틀린 것은?

① 임의적 부호 – 주의를 나타내는 삼각형
② 명시적 부호 – 위험표지판의 해골과 뼈
③ 묘사적 부호 – 보도 표지판의 걷는 사람
④ 추상적 부호 – 별자리를 나타내는 12궁도

Answer 32. ② 33. ② 34. ④ 35. ② 36. ④ 37. ②

해설 부호의 유형

㉮ 임의적 부호 : 이미 고안되어 있는 부호를 배워야 한다.

㉯ 묘사적 부호 : 단순하고 정확하게 묘사

㉰ 추상적 부호 : 도식적으로 압축

38 다음 중 소음 발생에 있어 음원에 대한 대책으로 볼 수 없는 것은?

① 설비의 격리

② 적절한 재배치

③ 저소음 설비 사용

④ 귀마개 및 귀덮개 사용

해설 음원에 대한 대책

㉮ 소음원의 통제　㉯ 설비의 격리

㉰ 적절한 재배치　㉱ 저소음 설비 사용

39 산업안전보건기준에 관한 규칙상 작업장의 작업면에 따른 적정 조명 수준은 초정밀 작업에서 (㉠)lux 이상이고, 보통작업에서는 (㉡)lux 이상이다. ( )안에 들어갈 내용은?

① ㉠ : 650, ㉡ : 150　② ㉠ : 650, ㉡ : 250

③ ㉠ : 750, ㉡ : 150　④ ㉠ : 750, ㉡ : 250

해설 작업면에 대한 조도기준

㉮ 초정밀작업 : 750lux 이상

㉯ 정밀작업 : 300lux 이상

㉰ 보통작업 : 150lux 이상

㉱ 기타작업 : 75lux 이상

참고 산업안전보건기준에 관한 규칙 제8조

40 강의용 책걸상을 설계할 때 고려해야 할 변수와 적용할 인체측정자료 응용원칙이 적절하게 연결된 것은?

① 의자 높이 – 최대 집단치 설계

② 의자 깊이 – 최대 집단치 설계

③ 의자 너비 – 최대 집단치 설계

④ 책상 높이 – 최대 집단치 설계

해설 최대 집단치 설계

특정한 설비를 설계할 때, 어떤 인체측정 특성의 한 극단에 속하는 사람을 대상으로 설계하면 거의 모든 사람을 수용할 수 있는 경우가 있다. 문, 탈출구, 통로 등과 같은 공간 여유를 정하거나 줄사다리의 강도 등을 정할 때 사용한다.

제3과목 기계 · 기구 및 설비 안전관리

41 인장강도가 250N/mm²인 강판의 안전율이 4라면 이 강판의 허용응력(N/mm²)은 얼마인가?

① 42.5　② 62.5

③ 82.5　④ 102.5

해설 허용응력

$$안전율 = \frac{인장강도}{허용응력}$$

$$4 = \frac{250}{허용응력}$$

허용응력 = 62.5

42 산업안전보건법령상 양중기에 해당하지 않는 것은?

① 곤돌라

② 이동식 크레인

③ 적재하중 0.05톤의 이삿짐운반용 리프트, 화물용 리프트

④ 화물용 엘리베이터

해설 양중기의 종류

㉮ 크레인[호이스트(hoist)를 포함]

㉯ 이동식 크레인

㉰ 리프트(이삿짐운반용 리프트의 경우에는 적재하중이 0.1톤 이상인 것으로 한정)

㉱ 곤돌라

㉲ 승강기

참고 산업안전보건기준에 관한 규칙 제132조

Answer 38. ④ 39. ③ 40. ③ 41. ② 42. ③

43 다음 중 방호장치의 기본목적과 가장 관계가 먼 것은?

① 작업자의 보호
② 기계기능의 향상
③ 인적 · 물적 손실의 방지
④ 기계위험 부위의 접촉방지

해설 방호장치의 기본목적
㉮ 작업자의 보호
㉯ 가공물 등의 낙하에 의한 위험 방지
㉰ 인적 · 물적 손실의 방지
㉱ 기계위험 부위의 접촉방지
㉲ 비산으로 인한 위험 방지

44 산업안전보건법령에 따라 프레스 등을 사용하여 작업을 하는 경우 작업시작 전 점검사항과 거리가 먼 것은?

① 전단기의 칼날 및 테이블의 상태
② 프레스의 금형 및 고정 볼트 상태
③ 슬라이드 또는 칼날에 의한 위험방지 기구의 기능
④ 전자밸브, 압력조정밸브 기타 공압 계통의 이상 유무

해설 프레스를 사용하여 작업 시 작업시작 전 점검사항
㉮ 클러치 및 브레이크의 기능
㉯ 크랭크축 · 플라이휠 · 슬라이드 · 연결봉 및 연결 나사의 풀림 여부
㉰ 1행정 1정지기구 · 급정지장치 및 비상정지장치의 기능
㉱ 슬라이드 또는 칼날에 의한 위험방지 기구의 기능
㉲ 프레스의 금형 및 고정볼트 상태
㉳ 방호장치의 기능
㉴ 전단기의 칼날 및 테이블의 상태

참고 산업안전보건기준에 관한 규칙 별표 3

실기 실기시험까지 대비해서 암기하세요.

45 둥근톱기계의 방호장치 중 반발예방장치의 종류로 틀린 것은?

① 분할날 ② 반발방지 기구(finger)
③ 보조 안내판 ④ 안전덮개

해설 둥근톱기계의 방호장치 중 반발예방장치의 종류
㉮ 분할날
㉯ 반발방지 기구(finger)
㉰ 보조 안내판
㉱ 반발방지 롤(Roll)

46 용접장치에서 안전기의 설치 기준에 관한 설명으로 옳지 않은 것은?

① 아세틸렌 용접장치에 대하여 일반적으로 각 취관마다 안전기를 설치하여야 한다.
② 아세틸렌 용접장치의 안전기는 가스용기와 발생기가 분리되어 있는 경우 발생기와 가스용기 사이에 설치한다.
③ 가스집합 용접장치에서는 주관 및 분기관에 안전기를 설치하며, 이 경우 하나의 취관에 2개 이상의 안전기를 설치한다.
④ 가스집합 용접장치의 안전기 설치는 화기사용 설비로부터 3m 이상 떨어진 곳에 설치한다.

해설 용접장치에서 안전기의 설치 기준
가스집합 용접장치의 안전기 설치는 화기사용설비로부터 5m 이상 떨어진 곳에 설치한다.

47 다음 중 보일러의 방호장치와 가장 거리가 먼 것은?

① 언로드밸브 ② 압력방출장치
③ 압력제한스위치 ④ 고저수위조절장치

해설 보일러의 방호장치
㉮ 압력방출장치
㉯ 압력제한스위치
㉰ 고저수위조절장치
㉱ 화염검출기

Answer 43. ② 44. ④ 45. ④ 46. ④ 47. ①

48 산업안전보건법령상 목재가공용 둥근톱 작업에서 분할날과 톱날 원주면과의 간격은 최대 얼마 이내가 되도록 조정하는가?

① 10mm ② 12mm
③ 14mm ④ 16mm

해설 목재가공용 둥근톱의 분할날 설치
견고히 고정할 수 있으며 분할날과 톱날 원주면과의 거리는 12mm 이내로 조정, 유지할 수 있어야 하고 표준 테이블면(승강반에 있어서도 테이블을 최하로 내린 때의 면)상의 톱 뒷날의 2/3 이상을 덮도록 할 것

참고 방호장치 자율안전기준 고시 별표 5

49 산업용 로봇에서 근로자에게 발생할 수 있는 부상 등의 위험을 방지하기 위하여 방책을 세우고자 할 때 일반적으로 높이는 몇 m 이상으로 해야 하는가?

① 1.8m ② 2.1m
③ 2.4m ④ 2.7m

해설 산업용 로봇의 운전 중 위험 방지
산업용 로봇에서 근로자에게 발생할 수 있는 부상 등의 위험을 방지하기 위하여 방책을 세우고자 할 때 일반적으로 높이는 1.8m 이상으로 해야 한다.

50 크레인에서 일반적인 권상용 와이어로프 및 권상용 체인의 안전율 기준은?

① 10 이상 ② 2.7 이상
③ 4 이상 ④ 5 이상

해설 와이어로프의 안전율
㉮ 권상용 와이어로프 및 체인, 지브의 기복용 와이어로프 및 케이블, 크레인의 주행용 와이어로프 : 5.0
㉯ 지브의 지지용 와이어로프, 가이로프 및 고정용 와이어로프 : 4.0
㉰ 케이블 크레인의 메인 로프, 레일로프 : 2.7

51 연삭숫돌의 상부를 사용하는 것을 목적으로 하는 탁상용 연삭기에서 안전덮개의 노출부위 각도는 몇 ° 이내이어야 하는가?

① 90° 이내 ② 75° 이내
③ 60° 이내 ④ 105° 이내

해설 연삭기 덮개의 최대노출각도

종류	덮개의 최대 노출 각도
연삭숫돌의 상부를 사용하는 것을 목적으로 하는 탁상용 연삭기	60° 이내
일반 연삭작업 등에 사용하는 것을 목적으로 하는 탁상용 연삭기	125° 이내
평면 연삭기, 절단 연삭기	150° 이내
원통 연삭기, 공구 연삭기, 휴대용 연삭기, 스윙 연삭기, 슬래브 연삭기	180° 이내

52 다음 중 지게차의 작업 상태별 안정도에 관한 설명으로 틀린 것은? (단, V는 최고속도(km/h) 이다.)

① 기준 부하상태의 하역작업 시의 전후 안정도는 20% 이내이다.
② 기준 부하상태의 하역작업 시의 좌우 안정도는 6% 이내이다.
③ 기준 무부하상태에서 주행 시의 전후 안정도는 18% 이내이다.
④ 기준 무부하상태의 주행 시의 좌우 안정도는 (15+1.1V)% 이내이다.

해설 지게차의 작업 상태별 안정도
㉮ 주행 시(무부하) 좌우 : (15+1.1V)%
㉯ 주행 시(무부하) 전후 : 18%
㉰ 하역(부하) 좌우 : 6%
㉱ 하역(부하) 전후 : 4%

53 산업안전보건법령상 프레스 및 전단기에서 안전블록을 사용해야 하는 작업으로 가장 거리가 먼 것은?

① 금형 가공작업 ② 금형 해체작업
③ 금형 부착작업 ④ 금형 조정작업

Answer 48. ② 49. ① 50. ④ 51. ③ 52. ① 53. ①

해설 금형조정작업의 위험 방지

사업주는 프레스 등의 금형을 부착 · 해체 또는 조정하는 작업을 할 때에 해당 작업에 종사하는 근로자의 신체가 위험한계 내에 있는 경우 슬라이드가 갑자기 작동함으로써 근로자에게 발생할 우려가 있는 위험을 방지하기 위하여 안전블록을 사용하는 등 필요한 조치를 하여야 한다.

참고 산업안전보건기준에 관한 규칙 제104조

54 프레스의 손쳐내기식 방호장치 설치기준으로 틀린 것은?

① 방호판의 폭이 금형 폭의 1/2 이상이어야 한다.
② 슬라이드 행정수가 300SPM 이상의 것에 사용한다.
③ 손쳐내기봉의 행정(Stroke) 길이를 금형의 높이에 따라 조정할 수 있고 진동폭은 금형폭 이상이어야 한다.
④ 슬라이드 하행정거리의 3/4 위치에서 손을 완전히 밀어내야 한다.

해설 손쳐내기식 방호장치 설치기준

슬라이드 행정수가 100SPM 이하의 것에 사용한다.

55 프레스의 방호장치 중 광전자식 방호장치에 관한 설명으로 틀린 것은?

① 연속 운전작업에 사용할 수 있다.
② 핀클러치 구조의 프레스에 사용할 수 있다.
③ 기계적 고장에 의한 2차 낙하에는 효과가 없다.
④ 시계를 차단하지 않기 때문에 작업에 지장을 주지 않는다.

해설 광전자식 방호장치

㉮ 슬라이드 하강 중 정전 또는 방호장치의 이상 시에 정지할 수 있는 구조로, 기계적 고장에 의한 2차 낙하에는 효과가 없다.
㉯ 연속 운전작업에 사용할 수 있으며, 시계를 차단하지 않기 때문에 작업에 지장을 주지 않는다.
㉰ 정상동작 표시램프는 녹색, 위험 표시램프는 붉은색으로 하며, 근로자가 쉽게 볼 수 있는 곳에 설치해야 한다.
㉱ 방호장치는 릴레이, 리미트스위치 등의 전기부품의 고장, 전원전압의 변동 및 정전에 의해 슬라이드가 불시에 동작하지 않아야 하며, 사용전원전압의 ±(100분의 20)의 변동에 대하여 정상으로 작동되어야 한다.
㉲ 방호장치의 정상작동 중에 감지가 이루어지거나 공급전원이 중단되는 경우 적어도 두 개 이상의 독립된 출력신호 개폐장치가 꺼진 상태로 되어야 한다.
㉳ 방호장치를 무효화하는 기능이 있어서는 안 된다.

56 롤러기 급정지장치 조작부에 사용하는 로프의 성능 기준으로 적합한 것은? (단, 로프의 재질은 관련 규정에 적합한 것으로 본다.)

① 지름 1mm 이상의 와이어로프
② 지름 2mm 이상의 합성섬유로프
③ 지름 3mm 이상의 합성섬유로프
④ 지름 4mm 이상의 와이어로프

해설 롤러기 급정지장치 조작부에 사용하는 로프의 성능 기준

지름 4mm 이상의 와이어로프 또는 직경 6mm 이상이고, 절단하중이 2.94kN 이상인 합성섬유로프를 사용해야 한다.

57 범용 수동 선반의 방호조치에 관한 설명으로 옳지 않은 것은?

① 척 가드의 폭은 공작물의 가공작업에 방해가 되지 않는 범위 내에서 척 전체 길이를 방호할 수 있을 것
② 척 가드의 개방 시 스핀들의 작동이 정지되도록 연동회로를 구성할 것
③ 전면 칩 가드의 폭은 새들 폭 이하로 설치할 것
④ 전면 칩 가드는 심압대가 베드 끝단부에 위치하고 있고 공작물 고정 장치에서 심압대까지 가드를 연장시킬 수 없는 경우에는 부착위치를 조정할 수 있을 것

해설 범용 수동 선반의 방호조치

전면 칩 가드의 폭은 새들 폭 이상으로 설치할 것

Answer 54. ② 55. ② 56. ④ 57. ③

58 연삭작업에서 숫돌의 파괴원인으로 가장 적절하지 않은 것은?

① 숫돌의 회전속도가 너무 빠를 때
② 연삭작업 시 숫돌의 정면을 사용할 때
③ 숫돌에 큰 충격을 줬을 때
④ 숫돌의 회전중심이 제대로 잡히지 않았을 때

해설 숫돌의 파괴 원인
연삭작업 시 숫돌의 측면을 사용할 때 파괴될 수 있다.

59 컨베이어, 이송용 롤러 등을 사용하는 때에 정전, 전압강하 등에 의한 위협을 방지하기 위하여 설치하는 안전장치는?

① 덮개 또는 울
② 비상정지장치
③ 과부하방지장치
④ 이탈 및 역주행 방지장치

해설 컨베이어의 제작 및 안전기준
컨베이어, 이송용 롤러 등을 사용하는 때에 정전, 전압강하 등에 의한 위협을 방지하기 위하여 이탈 및 역주행 방지장치를 설치하여야 한다.

60 다음 중 비파괴검사법으로 틀린 것은?

① 인장검사 ② 자기탐상검사
③ 초음파탐상검사 ④ 침투탐상검사

해설 비파괴검사법
㉮ 음향탐상검사
㉯ 자기탐상검사
㉰ 초음파탐상검사
㉱ 침투탐상검사
㉲ 방사선투과검사
㉳ 자분탐상검사

제4과목 전기설비 안전관리

61 피뢰기가 구비하여야 할 조건으로 틀린 것은?

① 제한전압이 낮아야 한다.
② 상용 주파 방전 개시 전압이 높아야 한다.
③ 충격방전 개시 전압이 높아야 한다.
④ 속류 차단 능력이 충분하여야 한다.

해설 피뢰기 구비 조건
㉮ 반복동작이 가능할 것
㉯ 구조가 견고하며 특성이 변하지 않을 것
㉰ 점검, 보수가 간단할 것
㉱ 충격방전 개시 전압과 제한전압이 낮을 것
㉲ 뇌전류의 방전능력이 크고 속류의 차단이 확실하게 될 것

62 자동차가 통행하는 도로에서 고압의 지중전선로를 직접 매설식으로 시설할 때 사용되는 전선으로 가장 적합한 것은?

① 비닐 외장 케이블
② 폴리에틸렌 외장 케이블
③ 클로로프렌 외장 케이블
④ 콤바인 덕트 케이블(combine duct cable)

해설 콤바인 덕트 케이블(combine duct cable)
콤바인 덕트 케이블은 고압 지중 케이블로서 직접 매설식에 의하여 콘크리트제 기타 견고한 관 또는 트라프에 넣지 않고 부설할 수 있는 케이블이다.

63 피뢰침의 제한전압이 800kV, 충격절연강도가 1,000kV라 할 때, 보호여유도는 몇 %인가?

① 25 ② 33
③ 47 ④ 63

해설 보호여유도

$$\text{보호여유도} = \frac{\text{충격절연강도} - \text{제한전압}}{\text{제한전압}} \times 100$$
$$= \frac{1,000 - 800}{800} \times 100 = 25[\%]$$

Answer 58. ② 59. ④ 60. ① 61. ③ 62. ④ 63. ①

64 개폐조작 시 안전절차에 따른 차단 순서와 투입 순서로 가장 올바른 것은?

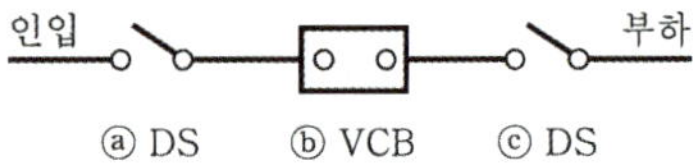

① 차단 ⓑ→ⓐ→ⓒ, 투입 ⓐ→ⓑ→ⓒ
② 차단 ⓑ→ⓒ→ⓐ, 투입 ⓐ→ⓑ→ⓒ
③ 차단 ⓑ→ⓐ→ⓒ, 투입 ⓒ→ⓑ→ⓐ
④ 차단 ⓑ→ⓒ→ⓐ, 투입 ⓒ→ⓐ→ⓑ

해설 개폐조작 시 안전절차에 따른 차단 및 투입 순서
개폐조작은 부하측에서 전원측으로 진행하며, 차단기(VCB)는 차단 시에는 가장 먼저, 투입 시에는 가장 뒤에 조작한다.

65 전격의 위험을 결정하는 주된 인자로 가장 거리가 먼 것은?

① 통전전류　② 통전시간
③ 통전경로　④ 접촉전압

해설 전격의 위험을 결정하는 주된 인자
㉮ 통전전류　㉯ 통전시간
㉰ 통전경로　㉱ 전원의 종류

66 아크용접 작업 시 감전사고 방지대책으로 틀린 것은?

① 절연 장갑의 사용
② 절연 용접봉의 사용
③ 적정한 케이블의 사용
④ 절연 용접봉의 홀더의 사용

해설 아크용접 작업 시 감전사고 방지대책
절연 용접봉을 사용하더라도 자동전격방지기의 설치가 필요하다.

67 심실세동 전류란?

① 최소 감지전류　② 치사적 전류
③ 고통 한계전류　④ 마비 한계전류

해설 심실세동 전류
심실세동 전류란 심장에 흐르는 전류가 어떤 값에 도달하면 심장이 경련을 일으키며, 정상 맥동이 뛰지 않게 되어 혈액을 내보내는 심실이 세동을 일으키게 되며 이 상태는 대단히 위험해서 사망하는 일이 많다.

68 심실세동 전류 $I=\frac{165}{\sqrt{t}}$[mA]라면 심실세동 시 인체에 직접 받는 전기에너지(cal)는 약 얼마인가? (단, t는 통전시간으로 1초이며, 인체의 저항은 500Ω 으로 한다.)

① 0.52　② 1.35
③ 2.14　④ 3.27

해설 전기에너지(W)
㉮ $W=I^2RT$
$=(165\times10^{-3})^2\times500\times1=13.6[\mathrm{J}]$
여기서, I : 심실세동전류[A]
R : 전기저항[Ω]
T : 통전시간[s]
㉯ cal 기준 : $13.6[\mathrm{J}]\times0.24[\mathrm{cal/J}]=3.27[\mathrm{cal}]$

69 가수전류(Let-go Current)에 대한 설명으로 옳은 것은?

① 마이크 사용 중 전격으로 사망에 이른 전류
② 전격을 일으킨 전류가 교류인지 직류인지 구별할 수 없는 전류
③ 충전부로부터 인체가 자력으로 이탈할 수 있는 전류
④ 몸이 물에 젖어 전압이 낮은 데도 전격을 일으킨 전류

해설 가수전류(Let-go Current)
이탈전류, 고통전류라고도 하며, 통전 전류가 감지전류의 한계를 넘게 되면 고통을 느끼게 되지만, 그 고통을 참을 수 있어 **충전부로부터 인체가 자력으로 이탈할 수 있다.** 주파수가 50Hz 또는 60Hz 부근의 가수전류가 가장 작고 고주파 용접기는 60Hz 용접기에 비해 안전하다.

Answer 64. ④ 65. ④ 66. ② 67. ② 68. ④ 69. ③

70 아래 그림과 같이 인체가 전기설비의 외함에 접촉하였을 때 누전사고가 발생하였다. 인체통과 전류(mA)는 약 얼마인가?

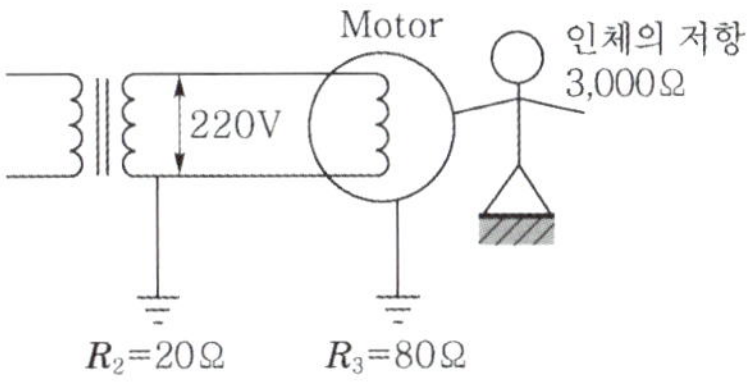

① 35　　② 47
③ 58　　④ 66

해설 인체통과전류

㉮ 합성저항 $R=\dfrac{\text{인체의 저항}\times\text{접지저항}}{\text{인체의 저항}+\text{접지저항}}=\dfrac{3{,}000\times80}{3{,}000+80}=77.92[\Omega]$

㉯ 전압분배 $V=\dfrac{220\times77.92}{20+77.92}=175.07[\mathrm{V}]$

㉰ 전류 $I=\dfrac{175.07}{3{,}000}\times1{,}000=58.36[\mathrm{mA}]$

71 우리나라에서 사용하고 있는 전압(교류와 직류)을 크기에 따라 구분한 것으로 알맞은 것은?

① 저압 : 직류는 1,200V 이하
② 저압 : 교류는 1,000V 이하
③ 고압 : 직류는 1,200V를 초과하고, 6kV 이하
④ 고압 : 교류는 1,000V를 초과하고, 6kV 이하

해설 전압의 구분

저압	직류는 1,500V, 교류는 1,000V 이하인 것
고압	직류는 1,500V, 교류는 1,000V를 넘고, 7,000V 이하인 것
특고압	7,000V를 넘는 것

72 다음 중 정전기의 발생 현상에 포함되지 않는 것은?

① 파괴에 의한 발생
② 분출에 의한 발생
③ 전도 대전
④ 유동에 의한 대전

해설 정전기의 발생 현상

㉮ 분출 대전　　㉯ 박리 대전
㉰ 유동 대전　　㉱ 마찰 대전
㉲ 충돌 대전　　㉳ 유도 대전
㉴ 비말 대전　　㉵ 침강 대전
㉶ 적하 대전　　㉶ 교반 대전
㉷ 파괴에 의한 발생

73 다음은 어떤 방전에 대한 설명인가?

정전기가 대전되어 있는 부도체에 접지체가 접근한 경우 대전물체와 접지체 사이에 발생하는 방전과 거의 동시에 부도체의 표면을 따라서 발생하는 나뭇가지 형태의 발광을 수반하는 방전

① 코로나 방전　　② 뇌상 방전
③ 연면 방전　　④ 불꽃 방전

해설 방전의 종류

㉮ 코로나 방전 : 전극 간의 전압을 상승시켜 가면 어느 값에서 불꽃 방전이 발생하는데, 전극 간의 전계가 평등하지 않으면 불꽃 방전 이전에 전극 표면상의 전계가 큰 부분에 발광 현상이 나타나고, 1~100μA 정도의 전류가 흐르는 현상
㉯ 뇌상 방전 : 공기 중 뇌상으로 부유하는 대전입자가 커졌을 때 대전운에서 번개형의 발광을 수반하는 현상
㉰ 불꽃 방전 : 급격한 전기 방전 현상으로, 방전 과정에서 짧은 시간 동안 많은 전류가 흘러 매질에서 불연속적인 불꽃이 발생하는 현상

74 극간 정전용량이 1,000pF이고, 착화에너지가 0.019mJ인 가스에서 폭발한계 전압(V)은 약 얼마인가? (단, 소수점 이하는 반올림한다.)

① 3,900　　② 1,950
③ 390　　④ 195

해설 폭발한계 전압

㉮ $E=\dfrac{1}{2}CV^2$

㉯ $V=\sqrt{\dfrac{2\times E}{C}}=\sqrt{\dfrac{2\times0.019\times10^{-3}}{1{,}000\times10^{-12}}}=195[\mathrm{V}]$

Answer 70. ③ 71. ② 72. ③ 73. ③ 74. ④

75 다음에서 설명하고 있는 방폭구조는?

전기기기의 정상 사용 조건 및 특정 비정상 상태에서 과도한 온도 상승, 아크 또는 스파크의 발생위험을 방지하기 위해 추가적인 안전조치를 취한 것으로 Ex e라고 표시한다.

① 유입 방폭구조 ② 압력 방폭구조
③ 내압 방폭구조 ④ 안전증 방폭구조

해설 방폭구조의 종류

㉮ 유입 방폭구조 : 생산현장의 분위기에 가연성가스, 증기, 분진 등이 존재하여 폭발의 우려가 있는 경우에 전기설비의 안전을 도모하기 위해 전기기계기구의 전기불꽃 또는 아크를 발생하는 부분을 기름 속에 수용하고, 기름 면 위에 존재하는 폭발성가스에 인화될 우려가 없도록 되어 있는 구조

㉯ 압력 방폭구조 : 전기설비 용기 내부에 공기, 질소, 탄산가스 등의 보호가스를 대기압 이상으로 봉입하여 당해 용기 내부에 가연성가스 또는 증기가 침입하지 못하도록 한 구조

㉰ 내압 방폭구조 : 방폭전기설비의 용기 내부에서 폭발성가스 또는 증기가 폭발하였을 때 용기가 그 압력에 견디고 접합면이나 개구부를 통해서 외부의 폭발성가스나 증기에 인화되지 않도록 한 구조

76 내부에서 폭발하더라도 틈의 냉각 효과로 인하여 외부의 폭발성 가스에 착화될 우려가 없는 방폭구조는?

① 내압 방폭구조
② 유입 방폭구조
③ 안전증 방폭구조
④ 본질안전 방폭구조

해설 방폭구조의 종류

㉮ 유입 방폭구조 : 생산현장의 분위기에 가연성가스, 증기, 분진 등이 존재하여 폭발의 우려가 있는 경우에 전기설비의 안전을 도모하기 위해 전기기계기구의 전기불꽃 또는 아크를 발생하는 부분을 기름 속에 수용하고, 기름면 위에 존재하는 폭발성가스에 인화될 우려가 없도록 되어 있는 구조

㉯ 안전증 방폭구조 : 기기 내의 먼지나 비말의 침입 및 충전부에 외부로부터의 접촉을 방지하고 있고 원칙으로 전폐(全閉) 구조로 한다.

㉰ 본질안전 방폭구조 : 위험한 장소에서 사용되는 전기회로(전기기기의 내부 회로 및 외부배선의 회로)에서 정상 및 사고 시에 발생하는 전기불꽃 또는 열이 폭발성가스에 점화되지 않는 것이 점화시험 등에 의해 확인된 구조

77 분진폭발 방지대책으로 가장 거리가 먼 것은?

① 작업장 등은 분진이 퇴적하지 않는 형상으로 한다.
② 분진 취급 장치에는 유효한 집진 장치를 설치한다.
③ 분체 프로세스 장치는 밀폐화하고 누설이 없도록 한다.
④ 분진폭발의 우려가 있는 작업장에는 감독자를 상주시킨다.

해설 분진폭발 방지대책

분진폭발은 감독자 상주가 아닌 누설 확인이 먼저 선행되어야 한다.

78 분진방폭 배선시설에 분진침투 방지재료로 가장 적합한 것은?

① 분진침투 케이블
② 컴파운드(compound)
③ 자기융착성 테이프
④ 실링피팅(sealing fitting)

해설 자기융착성 테이프

자기융착성 테이프는 습기, 분진, 기름 등의 침투 방지 목적으로 사용하는 테이프이며, 작업자의 손이 미끄러지지 않도록 하는 용도로도 많이 사용된다.

79 화염일주한계에 대해 가장 잘 설명한 것은?

① 화염이 발화온도로 전파될 가능성의 한계값이다.
② 화염이 전파되는 것을 저지할 수 있는 틈새의 최대간격치이다.
③ 폭발성 가스와 공기가 혼합되어 폭발한계 내에 있는 상태를 유지하는 한계값이다.
④ 폭발성 분위기가 전기 불꽃에 의하여 화염을 일으킬 수 있는 최소의 전류값이다.

Answer 75. ④ 76. ① 77. ④ 78. ③ 79. ②

해설 화염일주한계

화염일주한계는 가연성가스 또는 증기의 위험성을 나타내는 특성값의 하나이며, 화염의 일주(도주)를 발행하는 최소의 에너지를 말한다. 폭발성 분위기에 있는 용기의 접합면 틈새를 통해 화염이 전파되는 것을 저지할 수 있는 틈새의 최대간격차이다.

80 접지 목적에 따른 분류에서 병원설비의 의료용 전기전자(M · E)기기와 모든 금속부분 또는 도전바닥에도 접지하여 전위를 동일하게 하기 위한 접지를 무엇이라 하는가?

① 계통 접지
② 등전위 접지
③ 노이즈방지용 접지
④ 정전기 장해방지 이용 접지

해설 등전위 접지

등전위 접지란 병원설비의 의료용 전기전자기기와 모든 금속부분, 도전바닥에도 접지하여 전위를 동일하게 하기 위한 접지이다.

제5과목 화학설비 안전관리

81 폭발한계와 완전연소 조성 관계인 Jones식을 이용하여 부탄(C_4H_{10})의 폭발하한계를 구하면 몇 vol%인가?

① 1.4 ② 1.7
③ 2.0 ④ 2.3

해설 폭발하한계

$$C_{st}(vol\%) = \frac{100}{1+4.773\left(n+\frac{m-f-2\lambda}{4}\right)}$$

여기서, n : 탄소, m : 수소
f : 할로겐원소, λ : 산소의 원자수

부탄(C_4H_{10})에서 n : 4, m : 10, f : 0, λ : 0

$$C_{st}(Vol\%) = \frac{100}{1+4.773\left(4+\frac{10}{4}\right)} = 3.122$$

폭발하한계 $= 0.55 \times C_{st} = 0.55 \times 3.122 = 1.71$

82 다음 중 밀폐공간 내 작업 시의 조치사항으로 가장 거리가 먼 것은?

① 산소결핍이나 유해가스로 인한 질식의 우려가 있으면 진행 중인 작업에 방해되지 않도록 주의하면서 환기를 강화하여야 한다.
② 해당 작업장을 적정한 공기상태로 유지되도록 환기하여야 한다.
③ 그 장소에 근로자를 입장시킬 때와 퇴장시킬 때마다 인원을 점검하여야 한다.
④ 그 작업장과 외부의 감시인 간에 항상 연락을 취할 수 있는 설비를 설치하여야 한다.

해설 환기

㉮ 사업주는 근로자가 밀폐공간에서 작업을 하는 경우에 작업을 시작하기 전과 작업 중에 해당 작업장을 적정공기 상태가 유지되도록 환기하여야 한다. 다만, 폭발이나 산화 등의 위험으로 인하여 환기할 수 없거나 작업의 성질상 환기하기가 매우 곤란한 경우에는 근로자에게 공기호흡기 또는 송기마스크를 지급하여 착용하도록 하고 환기하지 아니할 수 있다.
㉯ 근로자는 지급된 보호구를 착용하여야 한다.

83 다음 중 분해 폭발의 위험성이 있는 아세틸렌의 용제로 가장 적절한 것은?

① 에테르 ② 에틸알코올
③ 아세톤 ④ 아세트알데히드

해설 아세톤

분해 폭발의 위험성이 있는 아세틸렌의 용제로 가장 적절한 것은 아세톤이다.

84 공기 중 아세톤의 농도가 200ppm(TLV 500ppm), 메틸에틸케톤(MEK)의 농도가 100ppm(TLV 200ppm)일 때 혼합물질의 허용농도는 약 몇 ppm인가? (단, 두 물질은 서로 상가작용을 하는 것으로 가정한다.)

① 150 ② 200
③ 270 ④ 333

Answer 80. ② 81. ② 82. ① 83. ③ 84. ④

해설 허용농도

$$\frac{\text{혼합물 공기 중 농도}}{\text{노출지수}} = \frac{200+100}{\frac{200}{500}+\frac{100}{200}} = 333.33[\text{ppm}]$$

85 다음 중 연소속도에 영향을 주는 요인으로 가장 거리가 먼 것은?

① 가연물의 색상 ② 촉매
③ 산소와의 혼합비 ④ 반응계의 온도

해설 연소속도에 영향을 주는 요인
㉮ 가연물의 종류
㉯ 촉매
㉰ 산소와의 혼합비
㉱ 반응계의 온도
㉲ 가연성 물질의 농도
㉳ 압력

86 각 물질(A~D)의 폭발상한계와 하한계가 다음 [표]와 같을 때 다음 중 위험도가 가장 큰 물질은?

구분	A	B	C	D
폭발상한계	9.5	8.4	15.0	13
폭발하한계	2.1	1.8	5.0	2.6

① A ② B
③ C ④ D

해설 위험도

$$\text{위험도} = \frac{\text{폭발 상한계} - \text{폭발 하한계}}{\text{폭발 하한계}}$$

㉮ A : $\frac{9.5-2.1}{2.1} = 3.52$

㉯ B : $\frac{8.4-1.8}{1.8} = 3.67$

㉰ C : $\frac{15-5}{5.0} = 2$

㉱ D : $\frac{13-2.6}{2.6} = 4$

87 에틸알콜(C_2H_5OH) 1몰이 완전연소할 때 생성되는 CO_2의 몰수로 옳은 것은?

① 1 ② 2
③ 3 ④ 4

해설 에틸알코올(C2H5OH)의 연소반응식
$C_2H_5OH + 3O_2 \rightarrow 2CO_2 + 3H_2O$
에틸알코올 몰 연소 시 2몰의 이산화탄소와 3몰의 물이 생성된다.

88 사업주는 안전밸브 등의 전단 · 후단에 차단밸브를 설치해서는 아니 된다. 다만, 별도로 정한 경우에 해당할 때는 자물쇠형 또는 이에 준하는 형식의 차단밸브를 설치할 수 있다. 이에 해당하는 경우가 아닌 것은?

① 예비용 설비를 설치하고 각각의 설비에 안전밸브등이 설치되어 있는 경우
② 파열판과 안전밸브를 직렬로 설치한 경우
③ 화학설비 및 그 부속설비에 안전밸브 등이 복수방식으로 설치되어 있는 경우
④ 열팽창에 의하여 상승된 압력을 낮추기 위한 목적으로 안전밸브가 설치된 경우

해설 차단밸브의 설치 금지
㉮ 인접한 화학설비 및 그 부속설비에 안전밸브 등이 각각 설치되어 있고, 해당 화학설비 및 그 부속설비의 연결배관에 차단밸브가 없는 경우
㉯ 안전밸브 등의 배출용량의 1/2 이상에 해당하는 용량의 자동압력조절밸브(구동용 동력원의 공급을 차단하는 경우 열리는 구조인 것으로 한정한다)와 안전밸브 등이 **병렬로 연결**된 경우
㉰ 화학설비 및 그 부속설비에 안전밸브 등이 복수방식으로 설치되어 있는 경우
㉱ 예비용 설비를 설치하고 각각의 설비에 안전밸브 등이 설치되어 있는 경우
㉲ 열팽창에 의하여 상승된 압력을 낮추기 위한 목적으로 안전밸브가 설치된 경우

Answer 85. ① 86. ④ 87. ② 88. ②

89 열교환기의 열교환 능률을 향상시키기 위한 방법으로 거리가 먼 것은?

① 유체의 유속을 적절하게 조절한다.
② 유체의 흐르는 방향을 병류로 한다.
③ 열교환기 입구와 출구의 온도차를 크게 한다.
④ 열전도율이 좋은 재료를 사용한다.

해설 열교환기의 열교환 능률을 향상
유체의 흐르는 방향을 고온 유체와 저온 유체의 입구가 서로 반대쪽으로(향류로) 하는 것이 좋다.

90 다음 물질이 물과 접촉하였을 때 위험성이 가장 낮은 것은?

① 과산화칼륨 ② 나트륨
③ 메틸리튬 ④ 이황화탄소

해설 이황화탄소
이황화탄소는 가연성 증기 발생을 억제하기 위해 물속에 저장하므로 물과 접촉 시 위험성이 매우 낮다.

91 [보기]의 물질을 폭발범위가 넓은 것부터 좁은 순서로 옳게 배열한 것은?

H_2 C_3H_8 CH_4 CO

① CO > H_2 > C_3H_8 > CH_4
② H_2 > CO > CH_4 > C_3H_8
③ C_3H_8 > CO > CH_4 > H_2
④ CH_4 > H_2 > CO > C_3H_8

해설 폭발범위
㉮ H_2(수소) : 4~75%
㉯ CO(일산화탄소) :12.5~74%
㉰ CH_4(메탄) : 5~15%
㉱ C_3H_8(프로판) : 2.1~9.5%

92 자연발화 성질을 갖는 물질이 아닌 것은?

① 과염소산 ② 질화면
③ 아마인유 ④ 목탄분말

해설 과염소산
과염소산은 산화성 액체이며 불연성이다.

93 물과 탄화칼슘이 반응하면 어떤 가스가 생성되는가?

① 염소가스 ② 아황산가스
③ 수성가스 ④ 아세틸렌가스

해설 물과 탄화칼슘의 반응식
$2H_2O + CaC_2 \rightarrow Ca(OH)_2 + C_2H_2$
물과 탄화칼슘이 반응하면 아세틸렌가스가 생성된다.

94 8% NaOH 수용액과 5% NaOH 수용액을 반응기에 혼합하여 6% 100kg의 NaOH 수용액을 만들려면 각각 약 몇 kg의 NaOH 수용액이 필요한가?

① 5% NaOH 수용액 : 33.3kg, 8% NaOH 수용액 : 66.7kg
② 5% NaOH 수용액 : 56.8kg, 8% NaOH 수용액 : 43.2kg
③ 5% NaOH 수용액 : 66.7kg, 8% NaOH 수용액 : 33.3kg
④ 5% NaOH 수용액 : 43.2kg, 8% NaOH 수용액 : 56.8kg

해설 수용액의 혼합
$0.08a + 0.05b = 0.06 \times 100$
$a + b = 100$
$0.08a + 0.05 \times (100 - a) = 6$
$0.03a + 5 = 6$
$a = 33.3kg$
$b = 66.7kg$

95 다음 중 산업안전보건법령상 화학설비의 부속설비로만 이루어진 것은?

① 사이클론, 백필터, 전기집진기 등 분진처리설비
② 응축기, 냉각기, 가열기, 증발기 등 열교환기류
③ 고로 등 점화기를 직접 사용하는 열교환기류
④ 캘린더(calender), 혼합기, 발포기, 인쇄기, 압출기 등 화학제품 가공설비

Answer 89. ② 90. ④ 91. ② 92. ① 93. ④ 94. ③ 95. ①

해설 화학설비의 부속설비 종류

㉮ 배관 · 밸브 · 관 · 부속류 등 화학물질 이송 관련 설비
㉯ 온도 · 압력 · 유량 등을 지시 · 기록 등을 하는 자동제어 관련 설비
㉰ 안전밸브 · 안전판 · 긴급차단 또는 방출밸브 등 비상조치 관련 설비
㉱ 가스누출감지 및 경보 관련 설비
㉲ 세정기, 응축기, 벤트스택(bent stack), 플레어스택(flare stack) 등 폐가스처리설비
㉳ 사이클론, 백필터(bag filter), 전기집진기 등 분진처리설비
㉴ ㉮목부터 ㉳목까지의 설비를 운전하기 위하여 부속된 전기 관련 설비
㉵ 정전기 제거장치, 긴급 샤워설비 등 안전 관련 설비

96 다음 중 노출기준(TWA, ppm) 값이 가장 작은 물질은?

① 염소 ② 암모니아
③ 에탄올 ④ 메탄올

해설 노출기준(TWA)

㉮ 염소 : 0.5 ㉯ 암모니아 : 25
㉰ 에탄올 : 1,000 ㉱ 메탄올 : 200

97 건축물 공사에 사용되고 있으나, 불에 타는 성질이 있어서 화재 시 유독한 시안화수소 가스가 발생되는 물질은?

① 염화비닐 ② 염화에틸렌
③ 메타크릴산메틸 ④ 우레탄

해설 우레탄

건축물 공사에 벽면 단열재로 사용되고 있으나, 발화점이 낮고 화재 시 유독한 시안화수소(HCN) 가스가 발생한다.

98 위험물안전관리법령상 제4류 위험물 중 제2석유류로 분류되는 물질은?

① 실린더유 ② 휘발유
③ 등유 ④ 중유

해설 위험물의 분류

㉮ 휘발유 : 제1석유류
㉯ 중유 : 제3석유류
㉰ 실린더유 : 제4석유류

참고 위험물안전관리법 시행령 별표 1

99 공기 중에서 폭발범위가 12.5~74vol%인 일산화탄소의 위험도는 얼마인가?

① 4.92 ② 5.26
③ 6.26 ④ 7.05

해설 위험도(H)

$$H=\frac{U-L}{L}=\frac{74-12.5}{12.5}=4.92$$

여기서, U : 폭발상한계, L : 폭발하한계

100 산업안전보건기준에 관한 규칙상 국소배기장치의 후드 설치기준이 아닌 것은?

① 유해물질이 발생하는 곳마다 설치할 것
② 후드의 개구부 면적은 가능한 한 크게 할 것
③ 외부식 또는 리시버식 후드는 해당 분진 등의 발산원에 가장 가까운 위치에 설치할 것
④ 후드 형식은 가능하면 포위식 또는 부스식 후드를 설치할 것

해설 후드의 설치기준

㉮ 유해물질이 발생하는 곳마다 설치할 것
㉯ 유해인자의 발생형태와 비중, 작업방법 등을 고려하여 해당 분진 등의 발산원(發散源)을 제어할 수 있는 구조로 설치할 것
㉰ 후드(hood) 형식은 가능하면 포위식 또는 부스식 후드를 설치할 것
㉱ 외부식 또는 리시버식 후드는 해당 분진 등의 발산원에 가장 가까운 위치에 설치할 것

참고 산업안전보건기준에 관한 규칙 제72조

Answer 96. ① 97. ④ 98. ③ 99. ① 100. ②

제6과목 건설공사 안전관리

101 사업의 종류가 건설업이고, 공사금액이 850억원일 경우 산업안전보건법령에 따른 안전관리자를 최소 몇 명 이상 두어야 하는가? (단, 상시근로자는 600명으로 가정)

① 1명 이상　② 2명 이상
③ 3명 이상　④ 4명 이상

해설 건설업 안전관리자 배치 기준

사업 종류	사업장의 상시근로자 수	안전관리자의 수
건설업	공사금액 50억원 이상(관계수급인은 100억원 이상) 120억원 미만(토목공사업의 경우에는 150억원 미만)	1명 이상
	공사금액 120억원 이상(토목공사업의 경우에는 150억원 이상) 800억원 미만	
	공사금액 800억원 이상 1,500억원 미만	2명 이상
	공사금액 1,500억원 이상 2,200억원 미만	3명 이상

참고 산업안전보건법 시행령 별표 3

실기 실기시험까지 대비해서 암기하세요.

102 건설공사도급인은 건설공사 중에 가설구조물의 붕괴 등 산업재해가 발생할 위험이 있다고 판단되면 건축 · 토목 분야의 전문가의 의견을 들어 건설공사 발주자에게 해당 건설공사의 설계변경을 요청할 수 있는데, 이러한 가설구조물의 기준으로 옳지 않은 것은?

① 높이 20m 이상인 비계
② 작업발판 일체형 거푸집 또는 높이 5m 이상인 거푸집 동바리
③ 터널의 지보공 또는 높이 2m 이상인 흙막이 지보공
④ 동력을 이용하여 움직이는 가설구조물

해설 가설구조물의 구조적 안정성 확인
㉮ 높이가 31m 이상인 비계
㉯ 브라켓 비계
㉰ 작업발판 일체형 거푸집 또는 높이가 5m 이상인 거푸집 및 동바리
㉱ 터널의 지보공 또는 높이가 2m 이상인 흙막이 지보공
㉲ 동력을 이용하여 움직이는 가설구조물
㉳ 높이 10m 이상에서 외부작업을 하기 위하여 작업발판 및 안전시설물을 일체화하여 설치하는 가설구조물
㉴ 공사현장에서 제작하여 조립 · 설치하는 복합형 가설구조물
㉵ 그 밖에 발주자 또는 인 · 허가기관의 장이 필요하다고 인정하는 가설구조물

103 유해위험방지계획서 제출 대상 공사로 볼 수 없는 것은?

① 지상 높이가 31m 이상인 건축물의 건설공사
② 터널 건설공사
③ 깊이 10m 이상인 굴착공사
④ 교량의 전체 길이가 40m 이상인 교량공사

해설 유해위험방지계획서 제출 대상 공사
교량의 전체 길이가 40m 이상인 교량공사가 아닌 최대 지간 길이가 50m 이상인 다리의 건설 등 공사이다.

104 건설공사의 산업안전보건관리비 계상 시 대상액이 구분되어 있지 않은 공사는 도급계약 또는 자체사업계획상의 총 공사금액 중 얼마를 대상액으로 하는가?

① 50%　② 60%
③ 70%　④ 80%

해설 건설업 산업안전보건관리비 계상 및 사용기준
대상액이 구분되어 있지 않은 공사는 도급계약 또는 자체사업계획상의 총 공사금액의 70%를 대상액으로 하여 안전보건관리비를 계상하여야 한다.

105 타워 크레인(Tower Crane)을 선정하기 위한 사전 검토사항으로서 가장 거리가 먼 것은?

① 붐의 모양　② 인양능력
③ 작업반경　④ 붐의 높이

Answer 101. ② 102. ① 103. ④ 104. ③ 105. ①

해설 타워 크레인을 선정하기 위한 사전 검토사항
㉮ 입지조건
㉯ 인양능력
㉰ 작업반경
㉱ 붐의 높이
㉲ 건물 형태
㉳ 건립기계의 소음 영향

106 차량계 하역운반기계 등에 화물을 적재하는 경우에 준수해야 할 사항으로 옳지 않은 것은?

① 하중이 한쪽으로 치우치도록 하여 공간상 효율적으로 적재할 것
② 구내운반차 또는 화물자동차의 경우 화물의 붕괴 또는 낙하에 의한 위험을 방지하기 위하여 화물에 로프를 거는 등 필요한 조치를 할 것
③ 운전자의 시야를 가리지 않도록 화물을 적재할 것
④ 화물을 적재하는 경우 최대적재량을 초과하지 않을 것

해설 화물적재 시의 조치
㉮ 사업주는 차량계 하역운반기계 등에 화물을 적재하는 경우에 다음 각 호의 사항을 준수하여야 한다.
㉠ 하중이 한쪽으로 **치우치지 않도록** 적재할 것
㉡ 구내 운반차 또는 낙하에 의한 위험을 방지하기 위하여 화물에 로프를 거는 등 필요한 조치를 할 것
㉢ 운전자의 시야를 가리지 않도록 화물을 적재할 것
㉯ 화물을 적재하는 경우에는 최대적재량을 초과해서는 아니 된다.

107 옥외에 설치되어 있는 주행크레인에 대하여 이탈방지장치를 작동시키는 등 이탈 방지를 위한 조치를 하여야 하는 풍속기준으로 옳은 것은?

① 순간풍속이 20m/sec를 초과할 때
② 순간풍속이 25m/sec를 초과할 때
③ 순간풍속이 30m/sec를 초과할 때
④ 순간풍속이 35m/sec를 초과할 때

해설 크레인의 폭풍에 의한 이탈 방지를 위한 풍속기준
사업주는 순간풍속이 **초당 30m**를 초과하는 바람이 불어올 우려가 있는 경우 옥외에 설치되어 있는 주행 크레인에 대하여 이탈방지장치를 작동시키는 등 이탈 방지를 위한 조치를 하여야 한다.

108 철골공사 시 안전작업방법 및 준수사항으로 옳지 않은 것은?

① 강풍, 폭우 등과 같은 악천후 시에는 작업을 중지하여야 하며, 특히 강풍 시에는 높은 곳에 있는 부재나 공구류가 낙하·비래하지 않도록 조치하여야 한다.
② 철골부재 반입 시 시공순서가 빠른 부재는 상단부에 위치하도록 한다.
③ 구명줄 설치 시 마닐라 로프 직경 10mm를 기준하여 설치하고 작업방법을 충분히 검토하여야 한다.
④ 철골보의 두 곳을 매어 인양시킬 때 와이어로프의 내각은 60° 이하이어야 한다.

해설 철골공사 시 표준안전작업지침
구명줄은 마닐라 로프 직경 **16mm 이상**을 기준하여 설치하고, 작업방법을 충분히 검토하여야 한다.

109 건설현장에서 작업으로 인하여 물체가 떨어지거나 날아올 위험이 있는 경우에 대한 안전조치에 해당하지 않는 것은?

① 수직보호망 설치
② 방호선반 설치
③ 울타리 설치
④ 낙하물 방지망 설치

해설 낙하물에 의한 위험의 방지
사업주는 작업으로 인하여 물체가 떨어지거나 날아올 위험이 있는 경우 **낙하물 방지망, 수직보호망 또는 방호선반의 설치, 출입금지구역의 설정, 보호구의 착용** 등 위험을 방지하기 위하여 필요한 조치를 하여야 한다.

Answer 106. ① 107. ③ 108. ③ 109. ③

110 폭우 시 옹벽배면의 배수시설이 취약하면 옹벽 저면을 통하여 침투수(seepage)의 수위가 올라간다. 이 침투수가 옹벽의 안정에 미치는 영향으로 옳지 않은 것은?

① 옹벽 배면토의 단위수량 감소로 인한 수직 저항력 증가
② 옹벽 바닥면에서의 양압력 증가
③ 수평 저항력(수동토압)의 감소
④ 포화 또는 부분 포화에 따른 뒷채움용 흙무게의 증가

해설 침투수가 옹벽의 안정에 미치는 영향
옹벽 배면토의 단위수량이 감소하면 수직 저항력이 감소한다.

111 거푸집 해체작업 시 유의사항으로 옳지 않은 것은?

① 일반적으로 수평부재의 거푸집은 연직부재의 거푸집보다 빨리 떼어낸다.
② 해체된 거푸집이나 각목 등에 박혀있는 못 또는 날카로운 돌출물은 즉시 제거하여야 한다.
③ 상하 동시 작업은 원칙적으로 금지하여 부득이한 경우에는 긴밀히 연락을 취하며 작업을 하여야 한다.
④ 거푸집 해체작업장 주위에는 관계자를 제외하고는 출입을 금지시켜야 한다.

해설 거푸집 해체작업 시 유의사항
일반적으로 연직부재의 거푸집은 수평부재의 거푸집보다 빨리 떼어낸다.

112 터널 등의 건설작업을 하는 경우에 낙반 등에 의하여 근로자가 위험해질 우려가 있는 경우에 필요한 조치와 가장 거리가 먼 것은?

① 터널 지보공을 설치한다.
② 록볼트를 설치한다.
③ 환기, 조명시설을 설치한다.
④ 부석을 제거한다.

해설 터널 등의 건설작업 시 낙반 등의 조치기준
사업주는 터널 등의 건설작업을 하는 경우에 낙반 등에 의하여 근로자가 위험해질 우려가 있는 경우에 터널 지보공 및 록볼트의 설치, 부석(浮石)의 제거 등 위험을 방지하기 위하여 필요한 조치를 하여야 한다.

113 달비계에 사용이 불가한 와이어로프의 기준으로 옳지 않은 것은?

① 이음매가 있는 것
② 와이어로프의 한 꼬임에서 끊어진 소선의 수가 7% 이상인 것
③ 지름의 감소가 공칭지름의 7%를 초과하는 것
④ 심하게 변형되거나 부식된 것

해설 달비계의 구조
㉮ 이음매가 있는 것
㉯ 와이어로프의 한 꼬임에서 끊어진 소선의 수가 10% 이상인 것
㉰ 지름의 감소가 공칭지름의 7%를 초과하는 것
㉱ 꼬인 것
㉲ 심하게 변형되거나 부식된 것
㉳ 열과 전기충격에 의해 손상된 것

114 터널공사의 전기발파작업에 관한 설명으로 옳지 않은 것은?

① 전선은 점화하기 전에 화약류를 충진한 장소로부터 30m 이상 떨어진 안전한 장소에서 도통시험 및 저항시험을 하여야 한다.
② 점화는 충분한 허용량을 갖는 발파기를 사용하고 규정된 스위치를 반드시 사용하여야 한다.
③ 발파 후 발파기와 발파모선의 연결을 유지한 채 그 단부를 절연시킨 후 재점화가 되지 않도록 한다.
④ 점화는 선임된 발파책임자가 행하고 발파기의 핸들을 점화할 때 이외는 시건장치를 하거나 모선을 분리하여야 하며 발파책임자의 엄중한 관리하에 두어야 한다.

Answer 110. ① 111. ① 112. ③ 113. ② 114. ③

해설 전기발파작업시 준수사항

발파 후 즉시 발파모선을 발파기로부터 분리하고 그 단부를 절연시킨 후 재점화가 되지 않도록 하여야 한다.

※ 관련 규정법 변경에 따라 해당 문제는 현행법이 아님.

115 거푸집 동바리 등을 조립하는 경우에 준수해야 할 기준으로 옳지 않은 것은?

① 동바리의 상하 고정 및 미끄러짐 방지조치를 하고, 하중의 지지상태를 유지한다.

② 강재와 강재의 접속부 및 교차부는 볼트 · 클램프 등 전용철물을 사용하여 단단히 연결한다.

③ 파이프서포트를 제외한 동바리로 사용하는 강관은 높이 2m마다 수평연결재를 2개 방향으로 만들고 수평연결재의 변위를 방지할 것

④ 동바리로 사용하는 파이프서포트는 4개 이상 이어서 사용하지 않도록 할 것

해설 거푸집 동바리 등의 안전조치

㉮ 받침목(깔목)의 사용, 콘크리트 타설, 말뚝박기 등 동바리의 침하를 방지하기 위한 조치를 할 것

㉯ 개구부 상부에 동바리를 설치하는 경우에는 상부하중을 견딜 수 있는 견고한 받침대를 설치할 것

㉰ 동바리의 상하 고정 및 미끄러짐 방지 조치를 하고, 하중의 지지상태를 유지할 것

㉱ 동바리의 이음은 맞댄이음이나 장부이음으로 하고 같은 품질의 재료를 사용할 것

㉲ 강재와 강재의 접속부 및 교차부는 볼트 · 클램프 등 전용철물을 사용하여 단단히 연결할 것

㉳ 거푸집이 곡면이 경우에는 버팀대의 부착 등 그 거푸집의 부상을 방지하기 위한 조치를 할 것

㉴ 동바리로 사용하는 강관[파이프 서포트(pipe support)는 제외한다.]에 대해서는 다음 각 목의 사항을 따를 것

㉠ 높이 2m 이내마다 수평연결재를 2개 방향으로 만들고 수평연결재의 변위를 방지할 것

㉡ 멍에 등을 상단에 올릴 경우에는 해당 상단에 강재의 단판을 붙여 멍에 등을 고정시킬 것

㉵ 동바리로 사용하는 파이프 서포트에 대해서는 다음 각 목의 사항을 따를 것

㉠ 파이프 서포트를 3개 이상 이어서 사용하지 않도록 할 것

㉡ 파이프 서포트를 이어서 사용하는 경우에는 4개 이상의 볼트 또는 전용철물을 사용하여 이을 것

㉢ 높이가 3.5m를 초과하는 경우에는 제㉴호 ㉠목의 조치를 할 것

116 사다리식 통로 등을 설치하는 경우 폭은 최소 얼마 이상으로 하여야 하는가?

① 30cm ② 40cm

③ 50cm ④ 60cm

해설 사다리식 통로 등의 구조

㉮ 견고한 구조로 할 것

㉯ 심한 손상 · 부식 등이 없는 재료를 사용할 것

㉰ 발판의 간격은 일정하게 할 것

㉱ 발판과 벽과의 사이는 15cm 이상의 간격을 유지할 것

㉲ 폭은 30cm 이상으로 할 것

㉳ 사다리가 넘어지거나 미끄러지는 것을 방지하기 위한 조치를 할 것

㉴ 사다리의 상단은 걸쳐놓은 지점으로부터 60cm 이상 올라가도록 할 것

㉵ 사다리식 통로의 길이가 10m 이상인 경우에는 5m 이내마다 계단참을 설치할 것

㉶ 사다리식 통로의 기울기는 75° 이하로 할 것. 다만, 고정식 사다리식 통로의 기울기는 90° 이하로 하고, 그 높이가 7m 이상인 경우에는 바닥으로부터 높이가 2.5m 되는 지점부터 등받이울을 설치할 것

㉷ 접이식 사다리 기둥은 사용 시 접혀지거나 펼쳐지지 않도록 철물 등을 사용하여 견고하게 조치할 것

117 비계의 높이가 2m 이상인 작업장소에 작업발판을 설치할 경우 준수하여야 할 기준으로 옳지 않은 것은?

① 작업발판의 폭은 30cm 이상으로 한다.

② 발판재료 간의 틈은 3cm 이하로 한다.

③ 추락의 위험성이 있는 장소에는 안전난간을 설치한다.

④ 발판재료는 뒤집히거나 떨어지지 않도록 2개 이상의 지지물에 연결하거나 고정시킨다.

Answer 115. ④ 116. ① 117. ①

해설 작업발판의 구조

작업발판의 폭은 40cm 이상으로 하고, 발판재료 간의 틈은 3cm 이하로 한다.

118 건설용 리프트의 붕괴 등을 방지하기 위해 받침의 수를 증가시키는 등 안전조치를 하여야 하는 순간풍속 기준은?

① 초당 15미터 초과 ② 초당 25미터 초과
③ 초당 35미터 초과 ④ 초당 45미터 초과

해설 붕괴 등의 방지

㉮ 사업주는 지반침하, 불량한 자재사용 또는 헐거운 결선 등으로 리프트가 붕괴되거나 넘어지지 않도록 필요한 조치를 하여야 한다.

㉯ 사업주는 순간풍속이 초당 35m를 초과하는 바람이 불어올 우려가 있는 경우 건설용 리프트(지하에 설치되어 있는 것은 제외한다)에 대하여 받침의 수를 증가시키는 등 그 붕괴 등을 방지하기 위한 조치를 하여야 한다.

119 양중기에 사용하는 와이어로프에서 화물의 하중을 직접 지지하는 달기와이어로프 또는 달기체인의 안전계수 기준은?

① 3 이상 ② 4 이상
③ 5 이상 ④ 10 이상

해설 와이어로프 등 달기구의 안전계수

㉮ 근로자가 탑승하는 운반구를 지지하는 달기와이어로프 또는 달기체인의 경우 : 10 이상

㉯ 화물의 하중을 직접 지지하는 달기와이어로프 또는 달기체인의 경우 : 5 이상

㉰ 훅, 섀클, 클램프, 리프팅 빔의 경우 : 3 이상

㉱ 그 밖의 경우 : 4 이상

120 겨울철 공사 중인 건축물의 벽체 콘크리트 타설 시 거푸집이 터져서 콘크리트 쏟아지는 사고가 발생하였다. 이 사고의 발생 원인으로 추정 가능한 사안 중 가장 타당한 것은?

① 콘크리트의 타설속도가 빨랐다.
② 진동기를 사용하지 않았다.
③ 철근 사용량이 많았다.
④ 콘크리트의 슬럼프가 작았다.

해설 건축물의 벽체 콘크리트 타설

콘크리트의 타설속도가 빠르면 거푸집이 터지는 사고가 발생할 수 있다.

Answer 118. ③ 119. ③ 120. ①

2025. 8. 9. 시행

2025년 제3회 산업안전기사 CBT기출복원문제

제1과목 산업재해 예방 및 안전보건교육

01 산업안전보건법령에 따른 안전보건관리규정에 포함되어야 할 세부 내용이 아닌 것은?

① 위험성 감소대책 수립 및 시행에 관한 사항
② 하도급 사업장에 대한 안전 · 보건관리에 관한 사항
③ 질병자의 근로 금지 및 취업 제한 등에 관한 사항
④ 물질안전보건자료에 관한 사항

해설 안전보건관리규정의 세부 내용
안전보건관리규정에 포함되어야 할 세부 내용에 물질안전보건자료에 관한 사항은 포함되어 있지 않다.

02 브레인스토밍 기법에 관한 설명으로 옳은 것은?

① 타인의 의견을 수정하지 않는다.
② 지정된 표현방식에서 벗어나 자유롭게 의견을 제시한다.
③ 참여자에게는 동일한 횟수의 의견제시 기회가 부여된다.
④ 주제와 내용이 다르거나 잘못된 의견은 지적하여 조정한다.

해설 브레인스토밍(Brainstorming)
브레인스토밍은 보다 많은 아이디어를 창출하기 위하여 가능한 한 자유분방하게 모든 의견을 비판 없이 청취하고, 수정발언을 허용하여 대량발언을 유도하는 방법이다.

03 다음 중 재해 예방의 4원칙에 관한 설명으로 적절하지 않은 것은?

① 재해의 발생에는 반드시 그 원인이 있다.
② 사고의 발생과 손실의 발생에는 우연적 관계가 있다.
③ 재해는 원칙적으로 원인만 제거되면 예방이 가능하다.
④ 재해예방을 위한 대책은 존재하지 않으므로 최소화에 중점을 두어야 한다.

해설 재해예방의 4원칙
㉮ 예방가능의 원칙 ㉯ 손실우연의 원칙
㉰ 원인계기의 원칙 ㉱ 대책선정의 원칙

04 하인리히의 재해구성비율 "1:29:300"에서 "29"에 해당되는 사고발생비율은?

① 8.8% ② 9.8%
③ 10.8% ④ 11.8%

해설 하인리히의 재해구성비율
1(중상) : 29(경상) : 300(무상해사고)

경상 사고 비율 $= \dfrac{29}{(1+29+300)} = 8.8\%$

05 위험예지훈련의 문제해결 4라운드에 해당하지 않는 것은?

① 현상파악 ② 본질추구
③ 대책수립 ④ 원인결정

해설 위험예지훈련 4라운드 기법
㉮ 1R : 현상파악 ㉯ 2R : 본질추구
㉰ 3R : 대책수립 ㉱ 4R : 목표설정

Answer 01. ④ 02. ② 03. ④ 04. ① 05. ④

06 공기 중 산소농도가 부족하고, 공기 중에 미립자상 물질이 부유하는 장에서 사용하기에 가장 적절한 보호구는?

① 면마스크 ② 방독마스크
③ 송기마스크 ④ 방진마스크

해설 송기마스크
산소가 전혀 없는 곳에서도 사용할 수 있으며 작업시간에 크게 지장을 받지 않는 송기마스크를 착용해야 적절하다.

07 다음 중 안전모의 성능시험에 있어서 AE, ABE종에만 한하여 실시하는 시험은?

① 내관통성시험, 충격흡수성시험
② 난연성시험, 내수성시험
③ 내관통성시험, 내전압성시험
④ 내전압성시험, 내수성시험

해설 안전모의 성능시험
AE, ABE종은 내전압성을 가지는 안전모이며, 내전압성시험과 내수성시험을 실시한다.

08 산업안전보건법상의 안전 · 보건표지 종류 중 관계자외 출입금지 표지에 해당되는 것은?

① 안전모 착용
② 폭발성물질 경고
③ 방사성물질 경고
④ 석면취급 및 해체 · 제거

해설 안전 · 보건표지 종류 중 관계자외 출입금지 표지
㉮ 허가대상물질 작업장
㉯ 석면취급 및 해체 작업장
㉰ 금지대상물질 취급 실험실

09 석면 취급장소에서 사용하는 방진마스크의 등급으로 옳은 것은?

① 특급 ② 1급
③ 2급 ④ 3급

해설 사용장소에 따른 방진마스크의 등급
㉮ 특급
㉠ 베릴륨 등과 같이 독성이 강한 물질들을 함유한 분진 등 발생 장소
㉡ 석면 취급장소
㉯ 1급
㉠ 특급마스크 착용장소를 제외한 분진 등 발생 장소
㉡ 금속 흄 등과 같이 열적으로 생기는 분진 등 발생 장소
㉢ 기계적으로 생기는 분진 등 발생 장소
㉰ 2급
㉠ 특급 및 1급 마스크 착용장소를 제외한 분진 등 발생 장소

10 운동의 시지각(착각현상) 중 자동운동이 발생하기 쉬운 조건에 해당하지 않는 것은?

① 광점이 작은 것
② 대상이 단순한 것
③ 광의 강도가 큰 것
④ 시야의 다른 부분이 어두운 것

해설 자동운동이 생기기 쉬운 조건
㉮ 광점이 작을 것
㉯ 대상이 단순할 것
㉰ 광의 강도가 작은 것
㉱ 시야의 다른 부분이 어두울 것

11 인간관계의 메커니즘 중 다른 사람의 행동 양식이나 태도를 투입시키거나 다른 사람 가운데서 자기와 비슷한 것을 발견하는 것은?

① 공감 ② 모방
③ 동일화 ④ 일체화

해설 동일화(identification)
다른 사람의 행동양식이나 태도를 투입시키거나 다른 사람 가운데서 자기와 비슷한 것을 발견하려는 것이다.

Answer 06. ③ 07. ④ 08. ④ 09. ① 10. ③ 11. ③

12 주의(Attention)의 특성에 관한 설명 중 틀린 것은?

① 고도의 주의는 장시간 지속하기 어렵다.
② 한 지점에 주의를 집중하면 다른 곳의 주의는 약해진다.
③ 최고의 주의 집중은 의식의 과잉 상태에서 가능하다.
④ 여러 자극을 지각할 때 소수의 현란한 자극에 선택적 주의를 기울이는 경향이 있다.

해설 주의(Attention)의 특성
㉮ 선택성 : 여러 자극을 지각할 때 소수의 현란한 자극에 선택적 주의를 기울이는 경향이 있다.
㉯ 방향성 : 한 지점에 주의를 집중하면 다른 곳의 주의는 약해진다.
㉰ 변동성 : 고도의 주의는 장시간 지속하기 어렵다.

13 인간의 동작특성 중 판단과정의 착오요인이 아닌 것은?

① 합리화 ② 정서 불안정
③ 작업조건 불량 ④ 정보 부족

해설 판단과정 착오의 요인
㉮ 자기 합리화
㉯ 능력 부족
㉰ 억측판단
㉱ 정보 부족
㉲ 작업조건 불량

14 다음 중 작업을 하고 있을 때 긴급 이상상태 또는 돌발 사태가 되면 순간적으로 긴장하게 되어 판단능력의 둔화 또는 정지상태가 되는 것을 무엇이라고 하는가?

① 의식의 우회 ② 의식의 과잉
③ 의식의 단절 ④ 의식의 수준저하

해설 의식의 과잉
돌발사태, 긴급 이상상태 직면 시 순간적으로 의식이 긴장하고 한 방향으로만 집중되는 판단력 정지, 긴급 방위반응 등의 주의의 일점집중현상이 발생한다.

15 다음 중 안전교육 지도안의 4단계에 해당되지 않는 것은?

① 도입 ② 적용
③ 제시 ④ 보상

해설 교육법의 4단계
㉮ 1단계 : 도입 ㉯ 2단계 : 제시
㉰ 3단계 : 적용 ㉱ 4단계 : 확인

16 Thorndike의 시행착오설에 의한 학습의 원칙이 아닌 것은?

① 연습의 원칙 ② 효과의 원칙
③ 동일성의 원칙 ④ 준비성의 원칙

해설 손다이크(Thorndike)의 시행착오설에 의한 학습의 법칙
㉮ 효과의 법칙
㉯ 연습 또는 반복의 법칙
㉰ 준비성의 법칙

17 안전교육의 단계에 있어 교육대상자가 스스로 행함으로서 습득하게 하는 교육은?

① 의식교육 ② 기능교육
③ 지식교육 ④ 태도교육

해설 안전교육의 단계별 교육과정
㉮ 지식교육 : 강의, 시청각 교육을 통한 지식의 전달과 이해
㉯ 기능교육 : 시범, 견학, 실습, 현장실습 교육을 통한 경험 체득과 이해
㉰ 태도교육 : 생활 지도, 작업 동작 지도 등을 통한 안전의 습관화

18 산업안전보건법령상 잠함(潛函) 또는 잠수작업 등 높은 기압에서 작업하는 근로자의 근로시간 기준은?

① 1일 6시간, 1주 32시간 초과금지
② 1일 6시간, 1주 34시간 초과금지
③ 1일 8시간, 1주 32시간 초과금지
④ 1일 8시간, 1주 34시간 초과금지

Answer 12. ③ 13. ② 14. ② 15. ④ 16. ③ 17. ② 18. ②

해설 유해 · 위험작업에 대한 근로시간 제한 등

사업주는 유해하거나 위험한 작업으로서 높은 기압에서 하는 작업 등 대통령령으로 정하는 작업에 종사하는 근로자에게는 1일 6시간, 1주 34시간을 초과하여 근로하게 해서는 아니 된다.

참고 산업안전보건법 제139조

19 참가자에게 일정한 역할을 주어 실제적으로 연기를 시켜봄으로써 자기의 역할을 보다 확실히 인식할 수 있도록 체험학습을 시키는 교육방법은?

① Role playing
② Brain storming
③ Action playing
④ Fish Bowl plaing

해설 롤 플레잉(Role Playing)

참가자들에게 주어진 역할에 따라 실제 상황을 연출하도록 하는 방법으로, 감정과 의견을 표현하면서 자기의 역할을 보다 확실히 인식시키는 방법이다.

20 산업안전보건법령상 프레스를 사용하여 작업을 할 때 작업시작 전 점검사항으로 틀린 것은?

① 방호장치의 기능
② 언로드밸브의 기능
③ 금형 및 고정볼트 상태
④ 클러치 및 브레이크의 기능

해설 프레스 작업 시작 전 점검해야 할 사항

㉮ 클러치 및 브레이크의 기능
㉯ 크랭크축 · 플라이휠 · 슬라이드 · 연결봉 및 연결 나사의 풀림 여부
㉰ 1행정 1정지기구 · 급정지장치 및 비상정지장치의 기능
㉱ 슬라이드 또는 칼날에 의한 위험방지 기구의 기능
㉲ 프레스의 금형 및 고정볼트 상태
㉳ 방호장치의 기능
㉴ 전단기의 칼날 및 테이블의 상태

참고 산업안전보건기준에 관한 규칙 별표 3

제2과목 인간공학 및 위험성 평가 · 관리

21 사업장에서 인간공학 적용분야로 틀린 것은?

① 제품설계　② 산업독성학
③ 재해 · 질병예방　④ 작업장 내 조사 및 연구

해설 사업장에서 인간공학 적용분야

㉮ 작업관련성 유해 · 위험 작업분석(작업환경개선)
㉯ 제품설계에 있어 인간에 대한 안전성평가(장비 및 공구설계)
㉰ 작업공간의 설계
㉱ 인간－기계 인터페이스 디자인
㉲ 재해 및 질병 예방

22 다음 중 인간공학의 목표와 가장 거리가 먼 것은?

① 에러 감소　② 생산성 증대
③ 안전성 향상　④ 신체 건강 증진

해설 인간공학의 목표

㉮ 에러 감소　㉯ 생산성 증대
㉰ 안전성 향상　㉱ 안락감 향상

23 가스밸브를 잠그는 것을 잊어 사고가 발생했다면 작업자는 어떤 인적오류를 범한 것인가?

① 생략 오류(omission error)
② 시간지연 오류(time error)
③ 순서 오류(sequential error)
④ 작위적 오류(commission error)

해설 휴먼에러의 심리적 분류

㉮ 실행 오류(commission error) : 필요한 작업 또는 절차의 불확실한 수행으로 인한 오류
㉯ 시간지연 오류(time error) : 필요한 작업 또는 절차를 수행 지연으로 인한 오류
㉰ 생략 오류(omission error) : 필요한 작업 또는 절차를 수행하지 않아 기인한 오류
㉱ 순서 오류(sequential error) : 필요한 작업 또는 절차의 순서 착오로 기인한 오류
㉲ 과잉행동 오류(Extraneous error) : 불필요한 작업 또는 절차의 수행으로 기인한 오류

Answer 19. ① 20. ② 21. ② 22. ④ 23. ①

24 인간이 기계보다 우수한 기능이라 할 수 있는 것은? (단, 인공지능은 제외한다.)

① 일반화 및 귀납적 추리
② 신뢰성 있는 반복 작업
③ 신속하고 일관성 있는 반응
④ 대량의 암호화된 정보의 신속한 보관

해설 인간이 기계보다 우수한 기능
㉮ 시각, 청각, 촉각, 후각, 미각 등의 작은 자극도 감지한다.
㉯ 각각으로 변화하는 자극패턴을 인지한다.
㉰ 예기치 못한 자극을 탐지한다.
㉱ 기억에서 적절한 정보를 꺼낸다.
㉲ 일반화 및 귀납적인 추리가 가능하다.

25 그림과 같은 FT도에 대한 최소 컷셋(minimal cut sets)으로 옳은 것은? (단, Fussell의 알고리즘을 따른다.)

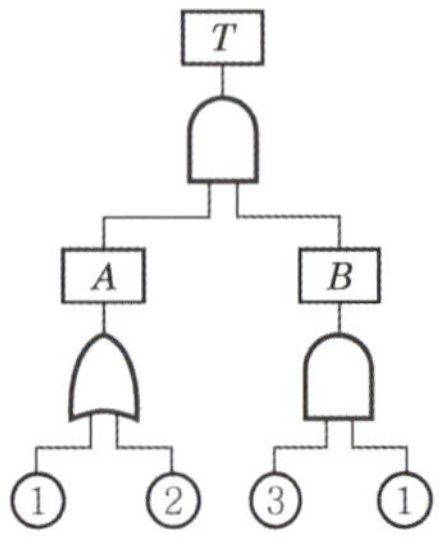

① {1, 2}　　② {1, 3}
③ {2, 3}　　④ {1, 2, 3}

해설 최소 컷셋(minimal cut sets)
$T = A \cdot B = (① + ②) \cdot (① \times ③)$
$= ①③ + ①②③$
$= ①③(1 + ②)$
$= ①③$

26 결함수분석(FTA)에 관한 설명으로 틀린 것은?

① 연역적 방법이다.
② 보텀 – 업(Bottom – Up) 방식이다.
③ 기능적 결함의 원인을 분석하는 데 용이하다.
④ 정량적 분석이 가능하다.

해설 결함나무분석(FTA)
㉮ 시스템의 고장을 논리게이트로 찾아가는 연역적 방식(Top – down 형식)이다.
㉯ 정성적, 정량적 분석기법이다.
㉰ 서식이 간단해서 비전문가도 짧은 훈련으로 사용할 수 있다.
㉱ 휴먼에러의 검출이 어렵다.

27 자동차를 타이어가 4개인 하나의 시스템으로 볼 때, 타이어 1개가 파열될 확률이 0.01이라면, 이 자동차의 신뢰도는 약 얼마인가?

① 0.91　　② 0.93
③ 0.96　　④ 0.99

해설 신뢰도
㉮ 고장날 확률 = 1 – 신뢰도
㉯ 직렬연결의 신뢰도

$$R_S = R_1 \cdot R_2 \cdot R_3 \cdots R_n = \prod_{i=1}^{n} R_i$$

$$R_S = (1-0.01) \times (1-0.01) \times (1-0.01) \times (1-0.01) = 0.96$$

28 HAZOP 기법에서 사용하는 가이드워드와 그 의미가 잘못 연결된 것은?

① Other than : 기타 환경적인 요인
② No/Not : 디자인 의도의 완전한 부정
③ Reverse : 디자인 의도의 논리적 반대
④ More/Less : 정량적인 증가 또는 감소

해설 가이드 워드
㉮ No 또는 Not : 완전한 부정
㉯ More 또는 Less : 양의 증가 및 감소
㉰ As Well As : 부가, 성질상의 증가
㉱ Part of : 부분, 성질상의 감소
㉲ Reverse : 반대, 설계의도와 정반대
㉳ Other Than : 기타, 완전한 대체

Answer 24. ① 25. ② 26. ② 27. ③ 28. ①

29 결함수분석법에서 Path set에 관한 설명으로 옳은 것은?

① 시스템의 약점을 표현한 것이다.
② Top 사상을 발생시키는 조합이다.
③ 시스템이 고장나지 않도록 하는 사상의 조합이다.
④ 시스템고장을 유발시키는 필요불가결한 기본 사상들의 집합이다.

해설 패스셋(path set)
㉮ 시스템의 고장을 일으키지 않는 기본 사상들의 집합이다.
㉯ 포함된 기본 사상이 일어나지 않을 때 처음으로 정상사상이 일어나지 않는 기본 사상들의 집합이다.

30 FMEA의 장점이라 할 수 있는 것은?

① 분석방법에 대한 논리적 배경이 강하다.
② 물적, 인적요소 모두가 분석대상이 된다.
③ 서식이 간단하고 비교적 적은 노력으로 분석이 가능하다.
④ 두 가지 이상의 요소가 동시에 고장 나는 경우에도 분석이 용이하다.

해설 FMEA
㉮ CA(Criticality Analysis)와 병행하는 일이 많다.
㉯ FTA보다 서식이 간단하고 비교적 적은 노력으로 특별한 노력 없이 분석이 가능하다.

31 시스템 안전분석 방법 중 예비위험분석(PHA) 단계에서 식별하는 4가지 범주에 속하지 않는 것은?

① 위기 상태
② 무시가능 상태
③ 파국적 상태
④ 예비조처 상태

해설 예비위험분석(PHA) 단계
㉮ 무시가능 상태
㉯ 위기 상태
㉰ 중대 상태
㉱ 파국적 상태

32 FT도에 사용되는 다음 게이트의 명칭은?

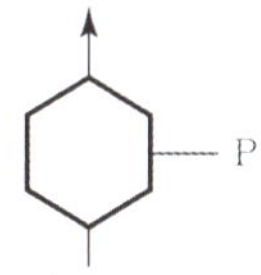

① 부정 게이트
② 억제 게이트
③ 배타적 OR 게이트
④ 우선적 AND 게이트

해설 억제 게이트
억제 게이트의 출력 사상은 한 개의 입력 사상에 의해 발생하며, 입력 사상이 출력 사상을 생성하기 전에 특정 조건을 만족하여야 하는 논리 게이트

33 고용노동부 고시의 근골격계부담작업의 범위에서 근골격계부담작업에 대한 설명으로 틀린 것은?

① 하루에 10회 이상 25kg 이상의 물체를 드는 작업
② 하루에 총 2시간 이상 쪼그리고 앉거나 무릎을 굽힌 자세에서 이루어지는 작업
③ 하루에 총 2시간 이상 집중적으로 자료입력 등을 위해 키보드 또는 마우스를 조작하는 작업
④ 하루에 총 2시간 이상 지지되지 않은 상태에서 4.5kg 이상의 물건을 한 손으로 들거나 동일한 힘으로 쥐는 작업

해설 근골격계부담작업의 범위
하루에 총 2시간이 아닌 4시간 이상 집중적으로 자료입력 등을 위해 키보드 또는 마우스를 조작하는 작업

34 손이나 특정 신체부위에 발생하는 누적손상장애(CTDs)의 발생인자와 가장 거리가 먼 것은?

① 무리한 힘
② 다습한 환경
③ 장시간의 진동
④ 반복도가 높은 작업

Answer 29. ③ 30. ③ 31. ④ 32. ② 33. ③ 34. ②

해설 손이나 특정 신체부위에 발생하는 누적손상장애(CTDs)의 발생인자
㉮ 반복 동작
㉯ 부자연스런, 부적절한 자세
㉰ 과도한 힘
㉱ 접촉 스트레스
㉲ 진동
㉳ 극심한 저온 또는 고온
㉴ 너무 밝거나 어두운 조명

35 사무실 의자나 책상에 적용할 인체측정 자료의 설계 원칙으로 가장 적합한 것은?

① 평균치 설계 ② 조절식 설계
③ 최대치 설계 ④ 최소치 설계

해설 조절식 설계
체격이 다른 여러 사람에게 맞도록 조절식으로 만드는 것을 말한다.
㉮ 자동차 좌석의 전후조절, 사무실 의자의 상하조절 등을 정할 때 사용한다.
㉯ 통상 5%값에서 95%값까지의 90% 범위를 수용대상으로 설계하는 것이 관례이다.

36 조종－반응비(Control－Response Ratio, C/R비)에 대한 설명 중 틀린 것은?

① 조종장치와 표시장치의 이동거리 비율을 의미한다.
② C/R비가 클수록 조종장치는 민감하다.
③ 최적 C/R비는 조정시간과 이동시간의 교점이다.
④ 이동시간과 조정시간을 감안하여 최적 C/R비를 구할 수 있다.

해설 조종/반응비율(Control－Response Ratio)
조종/표시장치 이동 비율(Control/Display Ratio)을 확장한 개념으로, 조종장치의 움직이는 거리(회전수)와 체계반응이나 표시장치상의 이동요소의 움직이는 거리의 비이다. 회전 꼭지(knob)의 경우 조정/반응비율은 손잡이 1회전에 상당하는 표시장치 이동거리의 역수이다.

37 다음 중 동작의 효율을 높이기 위한 동작경제의 원칙으로 볼 수 없는 것은?

① 신체 사용에 관한 원칙
② 작업장의 배치에 관한 원칙
③ 복수 작업자의 활용에 관한 원칙
④ 공구 및 설비 디자인에 관한 원칙

해설 동작경제의 3원칙
㉮ 신체 사용에 관한 원칙
㉯ 작업장의 배치에 관한 원칙
㉰ 공구 및 설비의 설계에 관한 원칙

38 다음 중 실효온도(Effective Temperature)에 대한 설명으로 틀린 것은?

① 체온계로 입안의 온도를 측정하여 기준으로 한다.
② 실제로 감각되는 온도로서 실감온도라고 한다.
③ 온도, 습도 및 공기 유동이 인체에 미치는 열효과를 나타낸 것이다.
④ 상대습도 100%일 때의 건구온도에서 느끼는 것과 동일한 온감이다.

해설 실효온도
㉮ 실효온도는 온도, 습도 및 공기유동이 인체에 미치는 열효과를 하나의 수치로 통합한 경험적 감각지수로, 상대습도 100%일 때 이 (건구)온도에서 느끼는 동일한 온감이다.
㉯ 실효온도는 저온조건에서 습도의 영향을 과대평가하고, 고온조건에서 과소평가한다.
㉰ 실효온도의 결정요소 : 온도, 습도, 대류

39 양립성의 종류에 포함되지 않는 것은?

① 공간 양립성 ② 형태 양립성
③ 개념 양립성 ④ 운동 양립성

해설 양립성의 종류
㉮ 개념 양립성
㉯ 운동 양립성
㉰ 공간 양립성
㉱ 양식 양립성

Answer 35. ② 36. ② 37. ③ 38. ① 39. ②

40 음압수준이 70dB인 경우, 1000Hz에서 순음의 phon 치는?

① 50phon ② 70phon
③ 90phon ④ 100phon

해설 음량(phon)
어떤 음의 음량 수준을 나타내는 phon값은 이 음과 같은 크기로 들리는 1,000Hz 순음의 음압수준(dB)을 의미한다. 예를 들어, 20dB의 1,000Hz는 20phon이 된다.

제3과목 기계 · 기구 및 설비 안전관리

41 보기와 같은 기계요소가 단독으로 발생시키는 위험점은?

밀링커터, 둥근톱날

① 협착점 ② 끼임점
③ 절단점 ④ 물림점

해설 위험점
㉮ 협착점 : 왕복운동하는 동작부분과 운동이 없는 고정부분 사이에서 형성되는 위험점
㉯ 끼임점 : 회전운동하는 동작부분과 고정부분 사이에서 형성되는 위험점
㉰ 절단점 : 회전하는 운동부분 자체의 위험이나 운동하는 기계부분 자체의 위험에서 초래되는 위험점
㉱ 물림점 : 회전하는 2개의 회전체에 물려 들어가는 위험점
㉲ 접선 물림점 : 회전하는 부분의 접선 방향으로 물려 들어가는 위험점
㉳ 회전 말림점 : 회전체에 작업복 등이 말려 들어가는 위험점

42 다음 중 방호장치의 기본목적과 가장 관계가 먼 것은?

① 작업자의 보호
② 기계기능의 향상
③ 인적 · 물적 손실의 방지
④ 기계위험 부위의 접촉방지

해설 방호장치의 기본목적
㉮ 작업자의 보호
㉯ 가공물 등의 낙하에 의한 위험 방지
㉰ 인적 · 물적 손실의 방지
㉱ 기계위험 부위의 접촉방지
㉲ 비산으로 인한 위험 방지

43 크레인의 로프에 질량 100kg인 물체를 $5m/s^2$의 가속도로 감아올릴 때, 로프에 걸리는 하중은 약 몇 N인가?

① 500N ② 1,480N
③ 2,540N ④ 4,900N

해설 로프에 걸리는 하중
정하중 : 100kg
동하중 : 100/9.8×5 = 51.02kgf
총하중 = 정하중 + 동하중 = 151.02kgf
151.02×9.8 = 1479.996N

44 산업안전보건법령상 프레스의 작업시작 전 점검사항이 아닌 것은?

① 금형 및 고정볼트 상태
② 방호장치의 기능
③ 전단기의 칼날 및 테이블의 상태
④ 트롤리(trolley)가 횡행하는 레일의 상태

해설 프레스 작업 시작 전 점검해야 할 사항
㉮ 클러치 및 브레이크의 기능
㉯ 크랭크축 · 플라이휠 · 슬라이드 · 연결봉 및 연결 나사의 풀림 여부
㉰ 1행정 1정지기구 · 급정지장치 및 비상정지장치의 기능
㉱ 슬라이드 또는 칼날에 의한 위험방지 기구의 기능
㉲ 프레스의 금형 및 고정볼트 상태
㉳ 방호장치의 기능
㉴ 전단기의 칼날 및 테이블의 상태

참고 산업안전보건기준에 관한 규칙 별표 3

Answer 40. ② 41. ③ 42. ② 43. ② 44. ④

45 연삭작업에서 숫돌의 파괴원인으로 가장 적절하지 않은 것은?

① 숫돌의 회전속도가 너무 빠를 때
② 연삭작업 시 숫돌의 정면을 사용할 때
③ 숫돌에 큰 충격을 줬을 때
④ 숫돌의 회전중심이 제대로 잡히지 않았을 때

해설 연삭숫돌의 파괴 원인
㉮ 숫돌의 회전속도가 너무 빠를 때
㉯ 연삭작업 시 숫돌의 측면을 사용할 때
㉰ 숫돌에 큰 충격을 줬을 때
㉱ 숫돌의 회전중심이 제대로 잡히지 않았을 때

46 500rpm으로 회전하는 연삭숫돌의 지름이 300mm일 때 원주속도(m/min)은?

① 약 748 ② 약 650
③ 약 532 ④ 약 471

해설 원주속도(V)

$$V=\frac{\pi \cdot D \cdot N}{1,000}=\frac{\pi \times 300 \times 500}{1,000}=471$$

여기서, V : 표면속도
D : 롤러 원통의 직경(mm)
N : 1분간에 롤러기가 회전되는 수(rpm)

47 다음 중 용접 결함의 종류에 해당하지 않는 것은?

① 비드(bead)
② 기공(blow hole)
③ 언더컷(under cut)
④ 용입 불량(incomplt penetration)

해설 용접 결함의 종류
㉮ 균열(cracking) : 용접부에 금이 가는 현상
㉯ 기공(blow hole) : 이물이나 수분 등으로 인해 용접부 내부에 가스가 발생되어 외부를 빠져 나오지 못하고 내부에서 기포를 형성한 상태
㉰ 언더컷(under cut) : 용접부 부근의 모재가 용접열에 의해 움푹 패인 현상
㉱ 용입 불량(incomplt penetration) : 용융금속의 두께가 모재 두께보다 적게 용입이 된 상태
㉲ 언더필(under fill) : 용접이 덜 채워진 현상
㉳ 스패터(spatter) : 용접 시 조그만 금속 알갱이가 튕겨나와 모재에 묻어있는 형상
㉴ 오버랩(over lap) : 용접개선 절단면을 지나 모재 상부까지 용접된 형상

48 밀링작업에서 주의해야 할 사항으로 옳지 않은 것은?

① 보안경을 쓴다.
② 일감 절삭 중 치수를 측정한다.
③ 커터에 옷이 감기지 않게 한다.
④ 커터는 될 수 있는 한 컬럼에 가깝게 설치한다.

해설 밀링작업 시 주의해야 할 사항
기계를 정지한 후 치수를 측정한다.

49 롤러기 급정지장치 조작부에 사용하는 로프의 성능 기준으로 적합한 것은? (단, 로프의 재질은 관련 규정에 적합한 것으로 본다.)

① 지름 1mm 이상의 와이어로프
② 지름 2mm 이상의 합성섬유로프
③ 지름 3mm 이상의 합성섬유로프
④ 지름 4mm 이상의 와이어로프

해설 롤러기 급정지장치 조작부에 사용하는 로프의 성능 기준
지름 4mm 이상의 와이어로프 또는 직경 6mm 이상이고, 절단하중이 2.94kN 이상인 합성섬유로프를 사용해야 한다.

50 프레스기의 비상정지스위치 작동 후 슬라이드가 하사점까지 도달시간이 0.15초 걸렸다면 양수기동식 방호장치의 안전거리는 최소 몇 cm 이상이어야 하는가?

① 24 ② 240
③ 15 ④ 150

해설 양수기동식 방호장치의 안전거리
160×프레스기 작동 후 작업점까지 도달시간(s)
=160×0.15=24

Answer 45. ② 46. ④ 47. ① 48. ② 49. ④ 50. ①

51 다음 중 산업용 로봇에 의한 작업 시 안전조치 사항으로 적절하지 않은 것은?

① 로봇이 운전으로 인해 근로자가 로봇에 부딪힐 위험이 있을 때에는 1.8m 이상의 울타리를 설치하여야 한다.
② 작업을 하고 있는 동안 로봇의 기동스위치 등은 작업에 종사하고 있는 근로자가 아닌 사람이 그 스위치 등을 조작할 수 없도록 필요한 조치를 한다.
③ 로봇의 조작방법 및 순서, 작업 중의 매니퓰레이터의 속도 등에 관한 지침에 따라 작업을 하여야 한다.
④ 작업에 종사하는 근로자가 이상을 발견하면, 관리 감독자에게 우선 보고하고, 지시에 따라 로봇의 운전을 정지시킨다.

해설 로봇에 의한 작업 시 안전조치 사항
작업에 종사하고 있는 근로자 또는 그 근로자를 감시하는 사람은 이상을 발견하면 즉시 로봇의 운전을 정지시키기 위한 조치를 할 것

참고 산업안전보건기준에 관한 규칙 제222조

52 둥근톱기계의 방호장치 중 반발예방장치의 종류로 틀린 것은?

① 분할날　② 반발방지 기구(finger)
③ 보조 안내판　④ 안전덮개

해설 둥근톱기계의 방호장치 중 반발예방장치의 종류
㉮ 분할날　㉯ 반발방지 기구(finger)
㉰ 보조 안내판　㉱ 반발방지 롤(Roll)

53 프레스의 방호장치 중 광전자식 방호장치에 관한 설명으로 틀린 것은?

① 연속 운전작업에 사용할 수 있다.
② 핀클러치 구조의 프레스에 사용할 수 있다.
③ 기계적 고장에 의한 2차 낙하에는 효과가 없다.
④ 시계를 차단하지 않기 때문에 작업에 지장을 주지 않는다.

해설 광전자식 방호장치
㉮ 슬라이드 하강 중 정전 또는 방호장치의 이상 시에 정지할 수 있는 구조로, 기계적 고장에 의한 2차 낙하에는 효과가 없다.
㉯ 연속 운전작업에 사용할 수 있으며, 시계를 차단하지 않기 때문에 작업에 지장을 주지 않는다.
㉰ 정상동작 표시램프는 녹색, 위험 표시램프는 붉은색으로 하며, 근로자가 쉽게 볼 수 있는 곳에 설치해야 한다.
㉱ 방호장치는 릴레이, 리미트스위치 등의 전기부품의 고장, 전원전압의 변동 및 정전에 의해 슬라이드가 불시에 동작하지 않아야 하며, 사용전원전압의 ±(100분의 20)의 변동에 대하여 정상으로 작동되어야 한다.
㉲ 방호장치의 정상작동 중에 감지가 이루어지거나 공급전원이중단되는 경우 적어도 두 개 이상의 독립된 출력신호 개폐장치가 꺼진 상태로 되어야 한다.
㉳ 방호장치를 무효화하는 기능이 있어서는 안 된다.

54 산업안전보건법령상 화물의 낙하에 의해 운전자가 위험을 미칠 경우 지게차의 헤드가드(head guard)는 지게차의 최대하중의 몇 배가 되는 등분포정하중에 견디는 강도를 가져야 하는가? (단, 4톤을 넘는 값은 제외)

① 1배　② 1.5배
③ 2배　④ 3배

해설 지게차의 헤드가드
지게차의 헤드가드 강도는 지게차의 최대하중의 2배 값의 등분포정하중에 견딜 수 있을 것

55 슬라이드가 내려옴에 따라 손을 쳐내는 막대가 좌우로 왕복하면서 위험점으로부터 손을 보호하여 주는 프레스의 안전장치는?

① 수인식 방호장치
② 양손조작식 방호장치
③ 손쳐내기식 방호장치
④ 게이트 가드식 방호장치

Answer 51. ④ 52. ④ 53. ② 54. ③ 55. ③

해설 프레스의 방호장치

종류	분류	기능
광전 자식	A-1	프레스 또는 전단기에서 일반적으로 많이 활용하고 있는 형태로서 두광부, 수광부, 컨트롤부분으로 구성되며, 신체의 일부가 광선을 차단하면 기계를 급정지시키는 방호장치
	A-2	급정지기능이 없는 프레스의 클러치 개조를 통해 광선 차단 시 급정지시킬 수 있도록 한 방호장치
양수 조작식	B-1 (유/공압 밸브식)	1행정 1정지식 프레스에 사용되는 것으로서 양손으로 동시에 조작하지 않으면 기계가 동작하지 않으며, 한 손이라도 떼어내면 기계를 정지시키는 방호장치
	B-2 (전기 버튼식)	
가드식	C	가드가 열려 있는 상태에서는 기계의 위험부분이 동작되지 않고 기계가 위험한 상태일 때에는 가드를 열 수 없도록 한 방호장치
손쳐내기식	D	슬라이드의 작동에 연동시켜 위험상태로 되기 전에 손을 위험 영역에서 밀어내거나 쳐내는 방호장치로서 프레스용으로 확동식 클러치형프레스에 한해서 사용됨(다만, 광전자식 또는 양수조작식과 이중으로 설치 시에는 급정지 기능프레스에 사용 가능).
수인식	E	슬라이드와 작업자 손을 끈으로 연결하여 슬라이드 하강 시 작업자 손을 당겨 위험영역에서 빼낼 수 있도록 한 방호장치로서 프레스용으로 확동식 클러치형 프레스에 한해서 사용됨(다만, 광전자식 또는 양수조작식과 이중으로 설치 시에는 급정지기능 프레스에 사용 가능).

56 산업안전보건법령상 로봇을 운전하는 경우 근로자가 로봇에 부딪칠 위험이 있을 때 높이는 최소 얼마 이상의 울타리를 설치하여야 하는가? (단, 로봇의 가동범위 등을 고려하여 높이로 인한 위험성이 없는 경우는 제외)

① 0.9m ② 1.2m
③ 1.5m ④ 1.8m

해설 운전 중의 위험 방지
사업주는 로봇의 운전으로 인하여 근로자에게 발생할 수 있는 부상 등의 위험을 방지하기 위하여 높이 1.8m 이상의 울타리(로봇의 가동범위 등을 고려하여 높이로 인한 위험성이 없는 경우에는 높이를 그 이하로 조절할 수 있다)를 설치해야 하며, 컨베이어 시스템의 설치 등으로 울타리를 설치할 수 없는 일부 구간에 대해서는 안전매트 또는 광전자식 방호장치 등 감응형 방호장치를 설치해야 한다.

참고 산업안전보건기준에 관한 규칙 제223조

57 금형의 설치, 해체, 운반 시 안전사항에 관한 설명으로 틀린 것은?

① 운반을 위하여 관통 아이볼트가 사용될 때는 구멍 틈새가 최소화되도록 한다.
② 금형을 설치하는 프레스의 T홈 안길이는 설치 볼트 지름의 1/2배 이하로 한다.
③ 고정볼트는 고정 후 가능하면 나사산이 3~4개 정도 짧게 남겨 설치 또는 해체 시 슬라이드 면과의 사이에 협착이 발생하지 않도록 해야 한다.
④ 운반 시 상부금형과 하부금형이 닿을 위험이 있을 때는 고정 패드를 이용한 스트랩, 금속재질이나 우레탄 고무의 블록 등을 사용한다.

해설 프레스 금형 작업의 안전에 관한 기술지침
금형을 설치하는 프레스의 T홈 안길이는 설치 볼트 직경의 2배 이상으로 한다.

58 물체의 표면에 침투력이 강한 적색 또는 형광성의 침투액을 표면 개구 결함에 침투시켜 직접 또는 자외선 등으로 관찰하여 결함장소와 크기를 판별하는 비파괴시험은?

① 피로시험
② 음향탐상시험
③ 와류탐상시험
④ 침투탐상시험

Answer 56. ④ 57. ② 58. ④

해설 비파괴시험

㉮ 피로시험 : 재료의 강도를 측정하는 파괴시험
㉯ 음향탐상시험 : 물체에 망치 등으로 타격 진동시켜 발생하는 낮은 응파력을 검사하는 비파괴시험
㉰ 와류탐상시험 : 전류가 변화하는 상태를 관찰함으로써 물체 내의 결함의 유무를 검사하는 비파괴시험

59 압력용기 등에 설치하는 안전밸브에 관련한 설명으로 옳지 않은 것은?

① 안지름이 150mm를 초과하는 압력용기에 대해서는 과압에 따른 폭발을 방지하기 위하여 규정에 맞는 안전밸브를 설치해야 한다.
② 급성 독성물질이 지속적으로 외부에 유출될 수 있는 화학설비 및 그 부속설비에는 파열판과 안전밸브를 병렬로 설치한다.
③ 안전밸브는 보호하려는 설비의 최고사용압력 이하에서 작동되도록 하여야 한다.
④ 안전밸브의 배출용량은 그 작동원인에 따라 각각의 소요분출량을 계산하여 가장 큰 수치를 해당 안전밸브의 배출용량으로 하여야 한다.

해설 파열판 및 안전밸브의 직렬설치

사업주는 급성 독성물질이 지속적으로 외부에 유출될 수 있는 화학설비 및 그 부속설비에 파열판과 안전밸브를 직렬로 설치하고, 그 사이에는 압력지시계 또는 자동경보장치를 설치하여야 한다.

60 가공기계에 쓰이는 주된 풀 프루프(Fool Proof)에서 가드(Guard)의 형식으로 틀린 것은?

① 인터록 가드(Interlock Guard)
② 안내 가드(Guide Guard)
③ 조정 가드(Adjustable Guard)
④ 고정 가드(Fixed Guard)

해설 풀 푸르프(Fool Proof)에서 가드(Guard)의 형식

㉮ 인터록 가드(Interlock Guard) : 기계식 작동 중에 개폐되는 경우 기계가 정지되는 가드
㉯ 자동 가드(Automatic Guard) : 정지 중에는 톱날이 드러나지 않게 하는 가드
㉰ 조정 가드(Adjustable Guard) : 위험점의 모양에 따라 맞추어 조절이 가능한 가드
㉱ 고정 가드(Fixed Guard) : 기계식 작동 중에 개구부로부터 가공물과 공구 등을 넣어도 손을 위험영역에 머무르지 않게 하는 가드

제4과목 전기설비 안전관리

61 한국전기설비규정에 따라 사람이 쉽게 접촉할 우려가 있는 곳에 금속제 외함을 가지는 저압의 기계 · 기구가 시설되어 있다. 이 기계 · 기구의 사용전압이 몇 V를 초과할 때 전기를 공급하는 전로에 누전차단기를 시설해야 하는가? (단, 누전차단기를 시설하지 않아도 되는 조건은 제외한다.)

① 30V ② 40V
③ 50V ④ 60V

해설 누전차단기를 시설해야 하는 전로

금속제 외함을 가지는 사용전압이 50V를 초과하는 저압의 기계 · 기구로서 사람이 쉽게 접촉할 우려가 있는 곳에 시설하는 것에 전기를 공급하는 전로에 누전차단기를 설치하여야 한다

62 전기기기, 설비 및 전선로 등의 충전 유무 등을 확인하기 위한 장비는?

① 위상검출기
② 디스콘 스위치
③ COS
④ 저압 및 고압용 검전기

해설 전기기기, 설비 및 전선로 등에서의 장비

㉮ 위상검출기 : 상대적인 위상 혹은 신호 간의 시간차를 나타내는 출력 신호를 꺼내는 회로
㉯ 디스콘 스위치(DS) : 차단 기능이 없고 무부하 상태에서만 열거나 닫도록 하는 스위치
㉰ COS : 옥내배선의 인입점 · 분기점 등에 사용되는 스위치

Answer 59. ② 60. ② 61. ③ 62. ④

63 다음 중 누전차단기를 시설하지 않아도 되는 전로가 아닌 것은? (단, 전로는 금속제 외함을 가지는 사용전압이 50V를 초과하는 저압의 기계기구에 전기를 공급하는 전로이며, 기계기구에는 사람이 쉽게 접촉할 우려가 있다.)

① 기계기구를 건조한 장소에 시설하는 경우
② 기계기구가 고무, 합성수지, 기타 절연물로 피복된 경우
③ 대지전압 200V 이하인 기계기구를 물기가 있는 곳 이외의 곳에 시설하는 경우
④ 「전기용품 및 생활용품 안전관리법」의 적용을 받는 이중절연구조의 기계기구를 시설하는 경우

해설 누전차단기의 시설

금속제 외함을 가지는 사용전압이 50V를 초과하는 저압의 기계기구로서 사람이 쉽게 접촉할 우려가 있는 곳에 시설하는 것에 전기를 공급하는 전로. 다만, 다음의 어느 하나에 해당하는 경우에는 적용하지 않는다.

㉮ 기계기구를 발전소, 변전소, 개폐소 또는 이에 준하는 곳에 시설하는 경우
㉯ 기계기구를 건조한 곳에 시설하는 경우
㉰ 대지전압이 150V 이하인 기계기구를 물기가 있는 곳 이외의 곳에 시설하는 경우
㉱ 「전기용품 및 생활용품 안전관리법」의 적용을 받는 이중절연구조의 기계기구를 시설하는 경우
㉲ 그 전로의 전원측에 절연변압기(2차 전압이 300V 이하인 경우에 한한다)를 시설하고 또한 그 절연 변압기의 부하측의 전로에 접지하지 아니하는 경우
㉳ 기계기구가 고무, 합성수지 기타 절연물로 피복된 경우
㉴ 기계기구가 유도전동기의 2차측 전로에 접속되는 것일 경우
㉵ 기계기구가 131의 8에 규정하는 것일 경우
㉶ 기계기구 내에 「전기용품 및 생활용품 안전관리법」의 적용을 받는 누전차단기를 설치하고 또한 기계기구의 전원 연결선이 손상을 받을 우려가 없도록 시설하는 경우

64 전격의 위험을 결정하는 주된 인자로 가장 거리가 먼 것은?

① 통전전류　② 통전시간
③ 통전경로　④ 접촉전압

해설 전격의 위험을 결정하는 주된 인자

㉮ 통전전류
㉯ 통전시간
㉰ 통전경로
㉱ 전원의 종류

65 배전선로에 정전작업 중 단락 접지기구를 사용하는 목적으로 가장 적합한 것은?

① 통신선 유도 장해 방지
② 배전용 기계 기구의 보호
③ 배전선 통전 시 전위경도 저감
④ 혼촉 또는 오동작에 의한 감전방지

해설 단락접지 실시

㉮ 모든 도체는 상간 단락 및 접지가 될 때까지는 충전부로 간주하여야 한다.
㉯ 시험에 의하여 도체에 '무전압'이라는 것이 확인되면, 수립된 절차에 따라 적절하게 단락접지를 하여야 한다.
㉰ 도체에 대한 단락접지를 하는 이유는 많은 주의에도 불구하고 기기가 재충전되는 경우 작업자를 보호하기 위한 것이다.
㉱ 전로에 용량성 부하가 포함되어 있을 때에는 그 부하에 충전된 모든 전하를 방전시키기 위해서도 단락접지가 필요하다.

66 3,300/220V, 20kVA인 3상 변압기로부터 공급받고 있는 저압 전선로의 절연 부분의 전선과 대지 간의 절연저항의 최소값은 약 몇 Ω 인가? (단, 변압기의 저압 측 중성점에 접지가 되어 있다.)

① 1,240　② 2,794
③ 4,840　④ 8,383

해설 3상 변압기의 절연저항(R)

$$R = \frac{V}{Ig} = \frac{V}{\frac{1}{2{,}000} \times \frac{P}{\sqrt{3}\,V}} = \frac{220}{\frac{1}{2{,}000} \times \frac{20 \times 10^3}{\sqrt{3} \times 220}} = 8{,}383.125[\Omega]$$

Answer 63. ③ 64. ④ 65. ④ 66. ④

67 Freiberger가 제시한 인체의 전기적 등가회로는 다음 중 어느 것인가? (단, 단위는 다음과 같다. 단위 : $R(\Omega)$, L(H), C(F))

① 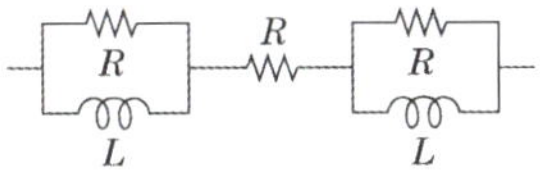

② 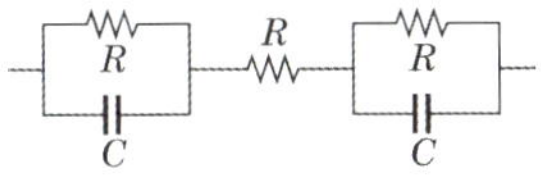

③ 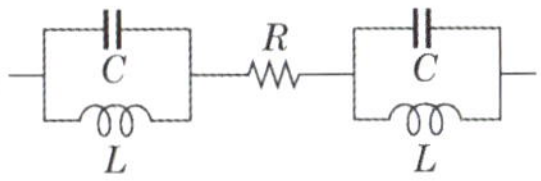

④ 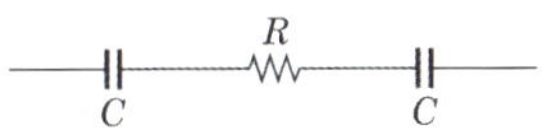

해설 인체의 전기적 등가회로
인체의 전기저항은 전압이 일정할 경우 통전전류의 크기를 결정하는 중요한 요소로서 내부저항과 피부저항으로 구분될 수 있다.

68 다음 중 전압을 구분할 것으로 알맞은 것은?

① 저압이란 교류 600V 이하, 직류는 교류의 $\sqrt{2}$ 배 이하인 전압을 말한다.
② 저압이란 교류 1,000V 이하, 직류 1,200V 이하의 전압을 말한다.
③ 고압이란 교류는 1,000V 초과 7,000V 이하, 직류는 1,500V 초과 7,000V 이하의 전압을 말한다.
④ 특고압이란 교류, 직류 모두 7,500V를 넘지 않는 전압을 말한다.

해설 전압의 구분

저압	직류는 1,500V, 교류는 1,000V 이하인 것
고압	직류는 1,500V, 교류는 1,000V를 넘고, 7,000V 이하인 것
특고압	7,000V를 넘는 것

69 작업자가 교류전압 7,000V 이하의 전로에 활선 근접작업 시 감전사고 방지를 위한 절연용 보호구는?

① 고무절연관 ② 절연시트
③ 절연커버 ④ 절연안전모

해설 작업자가 교류전압 7,000V 이하의 전로에 활선 근접작업시 감전사고 방지를 위한 절연용 보호구
㉮ 절연안전모 ㉯ 절연장갑
㉰ 절연장화 ㉱ 절연의

70 개폐조작 시 안전절차에 따른 차단 순서와 투입 순서로 가장 올바른 것은?

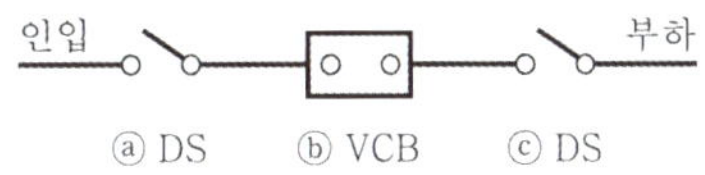

① 차단 ⓑ → ⓐ → ⓒ, 투입 ⓐ → ⓑ → ⓒ
② 차단 ⓑ → ⓒ → ⓐ, 투입 ⓐ → ⓑ → ⓒ
③ 차단 ⓑ → ⓐ → ⓒ, 투입 ⓒ → ⓑ → ⓐ
④ 차단 ⓑ → ⓒ → ⓐ, 투입 ⓒ → ⓐ → ⓑ

해설 개폐조작 시 안전절차에 따른 차단 및 투입 순서
개폐조작은 부하측에서 전원측으로 진행하며, 차단기(VCB)는 차단 시에는 가장 먼저, 투입 시에는 가장 뒤에 조작한다.

71 지락이 생긴 경우 접촉상태에 따라 접촉전압을 제한할 필요가 있다. 인체의 접촉상태에 따른 허용접촉전압을 나타낸 것으로 다음 중 옳지 않은 것은?

① 제1종 : 2.5V 이하 ② 제2종 : 25V 이하
③ 제3종 : 35V 이하 ④ 제4종 : 제한 없음

해설 허용접촉전압

종별	제1종	제2종	제3종	제4종
허용 접촉전압	2.5V 이하	25V 이하	50V 이하	제한 없음

72 다음 중 정전기의 발생 현상에 포함되지 않는 것은?

① 파괴에 의한 발생
② 분출에 의한 발생
③ 전도 대전
④ 유동에 의한 대전

Answer 67. ② 68. ③ 69. ④ 70. ④ 71. ③ 72. ③

해설 정전기의 발생 현상

㉮ 분출 대전　㉯ 박리 대전
㉰ 유동 대전　㉱ 마찰 대전
㉲ 충돌 대전　㉳ 유도 대전
㉴ 비말 대전　㉵ 침강 대전
㉶ 적하 대전　㉷ 교반 대전
㉸ 파괴에 의한 발생

73 대전의 완화를 나타내는 데 중요한 인자인 시정수(time constant)는 최초의 전하가 약 몇 %까지 완화되는 시간을 말하는가?

① 20%　② 37%
③ 45%　④ 50%

해설 정전기의 완화 시간

정전기의 완화시간은 정전기가 축적되었다가 소멸되는 과정에서 처음 값의 36.8%로 감소되는 데 걸리는 시간

74 다른 두 물체가 접촉할 때 접촉 전위차가 발생하는 원인으로 옳은 것은?

① 두 물체의 온도 차　② 두 물체의 습도 차
③ 두 물체의 밀도 차　④ 두 물체의 일함수 차

해설 일함수

일함수는 물질 내에 있는 전자 하나를 밖으로 끌어내는 데 필요한 최소의 일 또는 에너지이다. 물질 내의 전자를 낮은 에너지 준위부터 채웠을 때 가득 찬 최고의 에너지 준위(페르미 준위)와 물질의 전기력을 갓 벗어난 에너지 준위와의 에너지 차이이다. 열전자 방출량의 온도변화를 측정하거나 외부에서 빛을 비춰주어 광전자가 나오는 것을 확인하는 방법 등으로 구할 수 있다.

75 KS C IEC 60079-10-2에 따라 공기 중에 분진운의 형태로 폭발성 분진 분위기가 지속적으로 또는 장기간 또는 빈번히 존재하는 장소는?

① 0종 장소　② 1종 장소
③ 20종 장소　④ 21종 장소

해설 가연성 분진의 존재에 따른 위험장소의 구분

㉮ 20종 장소 : 공기 중에 분진운의 형태로 폭발성 분진 분위기가 지속적으로 또는 장기간 또는 빈번히 존재하는 장소
㉯ 21종 장소 : 공기 중에 분진운의 형태로 폭발성 분진 분위기가 정상작동조건에서 발행할 수 있는 장소
㉰ 22종 장소 : 공기 중에 분진운의 형태로 폭발성 분진 분위기가 정상작동조건에서 발생하지 않으며, 발생하더라도 단기간만 지속되는 장소

76 방폭구조와 기호의 연결이 틀린 것은?

① 압력방폭구조 : p
② 내압방폭구조 : d
③ 안전증방폭구조 : s
④ 본질안전방폭구조 : ia 또는 ib

해설 방폭구조의 종류와 기호

0종 장소	지속적 위험분위기	본질안전방폭구조(Ex ia)
1종 장소	통상상태에서의 간헐적 위험분위기	내압방폭구조(Ex d) 압력방폭구조(Ex p) 충전방폭구조(Ex q) 유입방폭구조(Ex o) 안전증방폭구조(Ex e) 본질안전방폭구조(Ex ib) 몰드방폭구조(Ex m)
2종 장소	이상상태에서의 위험분위기	비점화방폭구조(Ex n)

77 분진폭발 방지대책으로 가장 거리가 먼 것은?

① 작업장 등은 분진이 퇴적하지 않는 형상으로 한다.
② 분진 취급 장치에는 유효한 집진 장치를 설치한다.
③ 분체 프로세스 장치는 밀폐화하고 누설이 없도록 한다
④ 분진폭발의 우려가 있는 작업장에는 감독자를 상주시킨다.

해설 분진폭발 방지대책

분진폭발은 감독자 상주가 아닌 누설 확인이 먼저 선행되어야 한다.

Answer 73. ② 74. ④ 75. ③ 76. ③ 77. ④

78 방폭전기기기의 온도등급에서 기호 T2의 의미로 맞는 것은?

① 최고표면온도의 허용치가 135℃이하인 것
② 최고표면온도의 허용치가 200℃이하인 것
③ 최고표면온도의 허용치가 300℃이하인 것
④ 최고표면온도의 허용치가 450℃이하인 것

해설 방폭전기기기의 온도등급

등급 표시	발화도	최고표면온도의 허용치/발화온도
	G1	450℃ 초과
T1	G2	300~450℃
T2	G3	200~300℃
T3	G4	135~200℃
T4	G5	100~135℃
T5	G6	85~100℃
T6		85℃ 이하

79 온도조절용 바이메탈과 온도 퓨즈가 회로에 조합되어 있는 다리미를 사용한 가정에서 화재가 발생했다. 다리미에 부착되어 있던 바이메탈과 온도퓨즈를 대상으로 화재사고를 분석하려 하는 데 논리기호를 사용하여 표현하고자 한다. 어느 기호가 적당한가? (단, 바이메탈의 작동과 온도 퓨즈가 끊어졌을 경우를 0, 그렇지 않을 경우를 1이라 한다.)

① 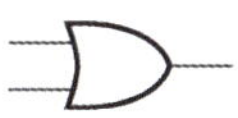
② 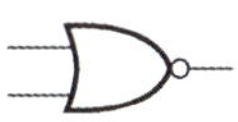
③ 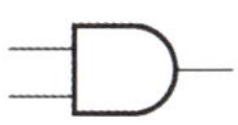
④ 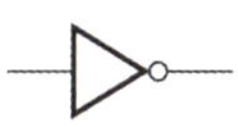

해설 AND 게이트(논리곱)
불대수의 AND 연산을 하는 게이트로, 2개의 입력 A와 B를 받아 A와 B 둘 다 1이면 결과가 1이 되고, 나머지 경우에는 0이 된다.

80 과전류에 의해 전선의 허용전류보다 큰 전류가 흐르는 경우 절연물이 화구가 없더라도 자연히 발화하고 심선이 용단되는 발화단계의 전선 전류밀도(A/mm^2)는?

① 10~20　② 30~50
③ 60~120　④ 130~200

해설 과전류에 의한 전선의 용단 전류밀도(A/mm^2)

인화단계		40~43
착화단계		43~60
발화단계	발화 후 용단	60~70
	용단과 동시에 발화	75~120
용단단계		120 이상

제5과목 화학설비 안전관리

81 유류 저장탱크에서 화염의 차단을 목적으로 외부에 증기를 방출하기도 하고 탱크 내 외기를 흡입하기도 하는 부분에 설치하는 안전장치는?

① vent stack　② safety valve
③ gate valve　④ flame arrester

해설 안전장치
㉮ vent stack(환기통) : 탱크 내의 압력을 정상적 상태로 유지하기 위한 안전장치
㉯ safety valve(안전밸브) : 과대 압력에 의해 기기 · 배관계의 파괴를 방지하기 위해 사용하는 밸브
㉰ gate valve : 유체의 통로를 수직으로 막아서 개폐하고 유체의 흐름이 일직선으로 유지되는 밸브

82 일산화탄소에 대한 설명으로 틀린 것은?

① 무색, 무취의 기체이다.
② 염소와 촉매 존재 하에 반응하여 포스겐이 된다.
③ 인체 내의 헤모글로빈과 결합하여 산소운반기능을 저하시킨다.
④ 불연성가스로서, 허용농도가 10ppm이다.

해설 일산화탄소
가연성가스로서, 허용농도가 50ppm이다.

83 고압가스 용기 파열사고의 주요 원인 중 하나는 용기의 내압력 부족이다. 다음 중 내압력 부족의 원인으로 거리가 먼 것은?

① 용기 내벽의 부식　② 강재의 피로
③ 과잉 충전　④ 용접 불량

Answer 78. ③ 79. ③ 80. ③ 81. ④ 82. ④ 83. ③

해설 용기의 내압력 부족의 원인

과잉 충전은 용기 내압력의 이상상승의 원인에 해당된다.

84 액체 표면에서 발생한 증기농도가 공기 중에서 연소하한농도가 될 수 있는 가장 낮은 액체온도를 무엇이라 하는가?

① 인화점 ② 비등점
③ 연소점 ④ 발화온도

해설 용어 정의

㉮ 비등점 : 액체와 그 증기가 평형하게 공존하고 있을 때 그것은 일정 압력하에서 일정한 온도를 유지하고 있다는 것이 알려져 있다. 이 온도를 그 압력에 대한 비등점이라 부른다.

㉯ 연소점 : 시료가 클리블랜드 인화점 측정 장치 내에서 인화점에 달한 후 다시 가열을 계속해, 연소가 5초간 계속되었을 때의 최초의 온도를 말한다.

㉰ 발화온도 : 공기나 산소 속에서 물질을 가열할 때 스스로 발화하여 연소를 시작하는 최저 온도, 가열시간, 공기 혼합의 방법, 용기의 재질과 모양 따위에 따라 변하며, 보통 인화점보다 10~20℃가 높다.

85 프로판과 메탄의 폭발하한계가 각각 2.5, 5.0vol%이라고 할 때 프로판과 메탄이 3:1의 체적비로 혼합되어 있다면 이 혼합가스의 폭발하한계는 약 몇 vol%인가? (단, 상온, 상압 상태이다.)

① 2.9 ② 3.3
③ 3.8 ④ 4.0

해설 혼합가스의 폭발하한계

$$L = \frac{100}{\frac{V_1}{L_1} + \frac{V_2}{L_2} + \frac{V_3}{L_3} + \cdots} = \frac{100}{\frac{75}{2.5} + \frac{25}{5.0}} = 2.86$$

여기서, L_n : 각 혼합가스의 폭발상 · 하한계

V_n : 각 혼합가스의 혼합비(%)

100 : 단독가스 부피의 합

86 열교환탱크 외부를 두께 0.2m의 단열재(열전도율 k = 0.037 kcal/m · h · ℃)로 보온하였더니 단열재 내면은 40℃, 외면은 20℃이었다. 면적 1m²당 1시간에 손실되는 열량(kcal)은?

① 0.0037 ② 0.037
③ 1.37 ④ 3.7

해설 손실열량(Q)

$$Q = \frac{\text{단면적} \times \text{열전도도} \times \text{온도차이} \times \text{시간}}{\text{두께}}$$

$$= \frac{0.037 \times (40 - 20)}{0.2} = 3.7$$

87 자연발화성을 가진 물질이 자연발화를 일으키는 원인으로 거리가 먼 것은?

① 분해열 ② 증발열
③ 산화열 ④ 중합열

해설 자연발화성을 가진 물질이 자연발화를 일으키는 원인

㉮ 분해열 ㉯ 흡착열
㉰ 산화열 ㉱ 중합열
㉲ 미생물

88 할론 소화약제 중 Halon 2402의 화학식으로 옳은 것은?

① $C_2F_4Br_2$ ② $C_2H_4Br_2$
③ $C_2Br_4H_2$ ④ $C_2Br_4F_2$

해설 Halon식

하론 번호표기의 첫 번째 숫자는 탄소(C), 두 번째 숫자는 불소(F), 세 번째 숫자는 염소(Cl), 네 번째 숫자는 브롬(Br)을 의미한다.

89 열교환기의 열교환 능률을 향상시키기 위한 방법으로 거리가 먼 것은?

① 유체의 유속을 적절하게 조절한다.
② 유체의 흐르는 방향을 병류로 한다.
③ 열교환기 입구와 출구의 온도차를 크게 한다.
④ 열전도율이 좋은 재료를 사용한다.

Answer 84. ① 85. ① 86. ④ 87. ② 88. ① 89. ②

해설 열교환기의 열교환 능률을 향상

유체의 흐르는 방향을 고온 유체와 저온 유체의 입구가 서로 반대쪽으로(향류로) 하는 것이 좋다.

90 위험물의 저장방법으로 적절하지 않은 것은?

① 탄화칼슘은 물속에 저장한다.
② 벤젠은 산화성 물질과 격리시킨다.
③ 금속나트륨은 석유 속에 저장한다.
④ 질산은 갈색병에 넣어 냉암소에 보관한다.

해설 탄화칼슘의 저장방법

탄화칼슘은 물반응성 물질로 물과 접촉 시 아세틸렌 가스를 발생시키므로 밀폐용기에 저장하고 불연성 가스로 봉입한 후 보관해야 한다.

91 위험물안전관리법령에서 정한 위험물의 유형 구분이 나머지 셋과 다른 하나는?

① 질산 ② 질산칼륨
③ 과염소산 ④ 과산화수소

해설 위험물 유형

㉮ 질산칼륨 : 산화성 고체, 제1류 위험물
㉯ 질산, 과염소산, 과산화수소 : 산화성 액체, 제6류 위험물

92 산업안전보건법령에 따라 사업주가 특수화학설비를 설치하는 때에 그 내부의 이상상태를 조기에 파악하기 위하여 설치하여야 하는 장치는?

① 자동경보장치 ② 긴급차단장치
③ 자동문 개폐장치 ④ 스크러버 개방장치

해설 자동경보장치의 설치

사업주는 특수화학설비를 설치하는 경우에는 그 내부의 이상 상태를 조기에 파악하기 위하여 필요한 자동경보장치를 설치하여야 한다. 다만, 자동경보장치를 설치하는 것이 곤란한 경우에는 감시인을 두고 그 특수화학설비의 운전 중 설비를 감시하도록 하는 등의 조치를 하여야 한다.

참고 산업안전보건기준에 관한 규칙 제274조

93 물과의 반응으로 유독한 포스핀가스를 발생하는 것은?

① HCl ② NaCl
③ Ca_3P_2 ④ $Al(OH)_3$

해설 인화칼슘(Ca_3P_2)

$Ca_3P_2 + 6H_2O \rightarrow 3Ca(PH)_2 + 2PH_3$

인화칼슘은 물과 반응하면 유독한 포스핀가스(PH_3)가 발생한다.

94 산업안전보건법령상 위험물질의 종류를 구분할 때 다음 물질들이 해당하는 것은?

리튬, 칼륨, 나트륨, 황, 황린, 황화인, 적린

① 폭발성 물질 및 유기과산화물
② 산화성 액체 및 산화성 고체
③ 물반응성 물질 및 인화성 고체
④ 급성 독성 물질

해설 물반응성 물질 및 인화성 고체

㉮ 리튬
㉯ 칼륨 · 나트륨
㉰ 황
㉱ 황린
㉲ 황화인 · 적린
㉳ 셀룰로이드류
㉴ 알킬알루미늄 · 알킬리튬
㉵ 마그네슘 분말
㉶ 금속 분말(마그네슘 분말은 제외한다)
㉷ 알칼리금속(리튬 · 칼륨 및 나트륨은 제외한다)
㉸ 유기 금속화합물(알킬알루미늄 및 알킬리튬은 제외한다)
㉹ 금속의 수소화물
㉺ 금속의 인화물
㉻ 칼슘 탄화물, 알루미늄 탄화물
㉼ 그 밖에 물질과 같은 정도의 발화성 또는 인화성이 있는 물질

참고 산업안전보건기준에 관한 규칙 별표 1

Answer 90. ① 91. ② 92. ① 93. ③ 94. ③

95 금속의 용접 · 용단 또는 가열에 사용되는 가스 등의 용기를 취급할 때의 준수사항으로 틀린 것은?

① 전도의 위험이 없도록 한다.
② 밸브를 서서히 개폐한다.
③ 용해아세틸렌의 용기는 세워서 보관한다.
④ 용기의 온도를 65℃ 이하로 유지한다.

해설 가스 등의 용기
㉮ 다음 각 목의 어느 하나에 해당하는 장소에서 사용하거나 해당 장소에 설치 · 저장 또는 방치하지 않도록 할 것
ⓐ 통풍이나 환기가 불충분한 장소
ⓑ 화기를 사용하는 장소 및 그 부근
ⓒ 위험물 또는 인화성 액체를 취급하는 장소 및 그 부근
㉯ 용기의 온도를 40℃ 이하로 유지할 것
㉰ 전도의 위험이 없도록 할 것
㉱ 충격을 가하지 않도록 할 것
㉲ 운반하는 경우에는 캡을 씌울 것
㉳ 사용하는 경우에는 용기의 마개에 부착되어 있는 유류 및 먼지를 제거할 것
㉴ 밸브의 개폐는 서서히 할 것
㉵ 사용 전 또는 사용 중인 용기와 그 밖의 용기를 명확히 구별하여 보관할 것
㉶ 용해아세틸렌의 용기는 세워 둘 것
㉷ 용기의 부식 · 마모 또는 변형상태를 점검한 후 사용할 것

96 다음 중 노출기준(TWA, ppm) 값이 가장 작은 물질은?

① 염소 ② 암모니아
③ 에탄올 ④ 메탄올

해설 허용노출기준(TWA)
㉮ 염소 : 0.5 ㉯ 암모니아 : 25
㉰ 에탄올 : 1,000 ㉱ 메탄올 : 200

97 다음 중 물과의 반응성이 가장 큰 물질은?

① 니트로글리세린 ② 이황화탄소
③ 금속나트륨 ④ 석유

해설 물과의 반응성
㉮ 니트로글리세린 : 물과 반응하지 않는 비수용성 물질
㉯ 이황화탄소 : 물보다 무거우며 저장 시 탱크를 물 속에 넣어 보관
㉰ 석유 : 물에 녹지 않는다.

98 고온에서 완전 열분해하였을 때 산소를 발생하는 물질은?

① 황화수소
② 과염소산칼륨
③ 메틸리튬
④ 적린

해설 과염소산칼륨($KClO_4$)
$KClO_4 \rightarrow KCl + 2O_2$
과염소산칼륨은 고온에서 완전 열분해하였을 때 산소를 발생한다.

99 다음 중 압축기 운전 시 토출압력이 갑자기 증가하는 이유로 가장 적절한 것은?

① 윤활유의 과다
② 피스톤 링의 가스 누설
③ 토출관 내에 저항 발생
④ 저장조 내 가스압의 감소

해설 압축기 운전 시 토출압력의 증가 이유
압축기 운전 시 토출압력이 갑자기 증가하는 이유는 토출관 내에 저항이 발생하기 때문이다.

100 산업안전보건기준에 관한 규칙상 국소배기장치의 후드 설치 기준이 아닌 것은?

① 유해물질이 발생하는 곳마다 설치할 것
② 후드의 개구부 면적은 가능한 한 크게 할 것
③ 외부식 또는 리시버식 후드는 해당 분진 등의 발산원에 가장 가까운 위치에 설치할 것
④ 후드 형식은 가능하면 포위식 또는 부스식 후드를 설치할 것

Answer 95. ④ 96. ① 97. ③ 98. ② 99. ③ 100. ②

해설 후드

㉮ 유해물질이 발생하는 곳마다 설치할 것
㉯ 유해인자의 발생형태와 비중, 작업방법 등을 고려하여 해당 분진 등의 발산원(發散源)을 제어할 수 있는 구조로 설치할 것
㉰ 후드(hood) 형식은 가능하면 포위식 또는 부스식 후드를 설치할 것
㉱ 외부식 또는 리시버식 후드는 해당 분진 등의 발산원에 가장 가까운 위치에 설치할 것

참고 산업안전보건기준에 관한 규칙 제72조

제6과목 건설공사 안전관리

101 건설공사도급인은 건설공사 중에 가설구조물의 붕괴 등 산업재해가 발생할 위험이 있다고 판단되면 건축 · 토목 분야의 전문가의 의견을 들어 건설공사 발주자에게 해당 건설공사의 설계변경을 요청할 수 있는데, 이러한 가설구조물의 기준으로 옳지 않은 것은?

① 높이 20m 이상인 비계
② 작업발판 일체형 거푸집 또는 높이 5m 이상인 거푸집 동바리
③ 터널의 지보공 또는 높이 2m 이상인 흙막이 지보공
④ 동력을 이용하여 움직이는 가설구조물

해설 가설구조물의 구조적 안정성 확인

㉮ 높이가 31m 이상인 비계
㉯ 브라켓 비계
㉰ 작업발판 일체형 거푸집 또는 높이가 5m 이상인 거푸집 및 동바리
㉱ 터널의 지보공 또는 높이가 2m 이상인 흙막이 지보공
㉲ 동력을 이용하여 움직이는 가설구조물
㉳ 높이 10m 이상에서 외부작업을 하기 위하여 작업발판 및 안전시설물을 일체화하여 설치하는 가설구조물
㉴ 공사현장에서 제작하여 조립 · 설치하는 복합형 가설 구조물
㉵ 그 밖에 발주자 또는 인 · 허가기관의 장이 필요하다고 인정하는 가설구조물

102 산업안전보건법령에 따른 유해위험방지계획서 제출 대상 공사로 볼 수 없는 것은?

① 지상 높이가 31m 이상인 건축물의 건설공사
② 터널 건설공사
③ 깊이 10m 이상인 굴착공사
④ 다리의 전체 길이가 40m 이상인 건설공사

해설 유해위험방지계획서 제출 대상 공사

㉮ 다음 각 목의 어느 하나에 해당하는 건축물 또는 시설 등의 건설 · 개조 또는 해체 공사
  ㉠ 지상높이가 31m 이상인 건축물 또는 인공구조물
  ㉡ 연면적 3만m^2 이상인 건축물
  ㉢ 연면적 5천m^2 이상인 시설로서 다음의 어느 하나에 해당하는 시설
    - 문화 및 집회시설(전시장 및 동물원 · 식물원은 제외)
    - 판매시설, 운수시설(고속철도의 역사 및 집배송시설은 제외)
    - 종교시설
    - 의료시설 중 종합병원
    - 숙박시설 중 관광 숙박시설
    - 지하도상가
    - 냉동 · 냉장 창고시설
㉯ 연면적 5천m^2 이상인 냉동 · 냉장 창고시설의 설비공사 및 단열공사
㉰ **최대 지간길이**(다리의 기둥과 기둥의 중심사이의 거리)**가 50m 이상인 다리의 건설 등 공사**
㉱ 다목적댐, 발전용댐, 저수용량 2천만톤 이상의 용수전용 댐 및 지방상수도 전용 댐의 건설 등 공사
㉲ 깊이 10m 이상인 굴착공사

참고 산업안전보건법 시행령 제42조

103 취급 · 운반의 원칙으로 옳지 않은 것은?

① 연속운반을 할 것
② 생산을 최고로 하는 운반을 생각할 것
③ 운반작업을 집중하여 시킬 것
④ 곡선운반을 할 것

해설 취급 · 운반의 원칙

곡선운반이 아닌 **직선운반**을 하여야 한다.

APPENDIX 부록 과년도 기출문제

Answer 101. ① 102. ④ 103. ④

104 건설공사의 산업안전보건관리비 계상 시 대상액이 구분되어 있지 않은 공사는 도급계약 또는 자체사업계획 상의 총 공사금액 중 얼마를 대상액으로 하는가?

① 50%　② 60%
③ 70%　④ 80%

해설 건설업 산업안전보건관리비 계상 및 사용기준
대상액이 구분되어 있지 않은 공사는 도급계약 또는 자체사업계획 상의 총 공사금액의 70%를 대상액으로 하여 안전보건관리비를 계산하여야 한다.

105 사면 보호공법 중 구조물에 의한 보호 공법에 해당되지 않는 것은?

① 식생구멍공
② 블럭공
③ 돌쌓기공
④ 현장타설 콘크리트 격자공

해설 식생구멍공
구조물이 아닌 나무에 의한 보호 공법이다.

106 타워 크레인(Tower Crane)을 선정하기 위한 사전 검토사항으로서 가장 거리가 먼 것은?

① 붐의 모양　② 인양능력
③ 작업반경　④ 붐의 높이

해설 타워 크레인을 선정하기 위한 사전 검토사항
㉮ 입지조건　㉯ 인양능력
㉰ 작업반경　㉱ 붐의 높이
㉲ 건물 형태　㉳ 건립기계의 소음 영향

107 사면지반 개량공법으로 옳지 않은 것은?

① 전기 화학적 공법
② 석회 안정처리 공법
③ 옹벽 공법
④ 이온 교환 공법

해설 지반개량공
㉮ 주입 공법
㉯ 이온 교환 공법
㉰ 전기 화학적 공법
㉱ 시멘트 안정처리 공법 : 흙에 시멘트 재료를 첨가하여 교반하여 고화시킴.
㉲ 석회 안정처리 공법 : 점성토에 소석회, 생석회를 가하여 이온교환작용, 화학적 결합작용 등에 따라 토성을 개량하는 공법
㉳ 소결공법

108 산업안전보건법령에 따른 지반의 종류별 굴착면의 기울기 기준으로 옳지 않은 것은?

① 모래 – 1 : 1.8　② 경암 – 1 : 0.3
③ 풍화암 – 1 : 1.0　④ 연암 – 1 : 1.0

해설 굴착면의 기울기 기준

지반의 종류	기울기
모래	1 : 1.8
연암 및 풍화암	1 : 1.0
경암	1 : 0.5
그 밖의 흙	1 : 1.2

109 다음은 동바리로 사용하는 파이프 서포트의 설치기준이다. (　) 안에 들어갈 내용으로 옳은 것은?

> 파이프 서포트를 (　)이상 이어서 사용하지 않도록 할 것

① 2개　② 3개
③ 4개　④ 5개

해설 거푸집 동바리 등의 안전조치
㉮ 파이프 서포트를 3개 이상 이어서 사용하지 않도록 한다.
㉯ 파이프 서포트를 이어서 사용하는 경우에는 4개 이상의 볼트 또는 전용철물을 사용하여 이을 것
㉰ 높이가 3.5m를 초과하는 경우에는 높이 2m 이내마다 수평연결재를 2개 방향으로 만들고 수평연결재의 변위를 방지한다.

Answer 104. ③ 105. ① 106. ① 107. ③ 108. ② 109. ②

110 고소작업대를 설치 및 이동하는 경우에 준수하여야 할 사항으로 옳지 않은 것은?

① 와이어로프 또는 체인의 안전율은 3 이상일 것
② 붐의 최대 지면경사각을 초과 운전하여 전도되지 않도록 할 것
③ 고소작업대를 이동하는 경우 작업대를 가장 낮게 내릴 것
④ 작업대에 끼임 · 충돌 등 재해를 예방하기 위한 가드 또는 과상승방지장치를 설치할 것

해설 고소작업대 설치 및 이동하는 경우 준수사항

사업주는 고소작업대를 설치하는 경우에는 다음 각 호에 해당하는 것을 설치하여야 한다.

㉮ 작업대를 와이어로프 또는 체인으로 올리거나 내릴 경우에는 와이어로프 또는 체인이 끊어져 작업대가 떨어지지 아니하는 구조여야 하며, 와이어로프 또는 체인의 안전율은 5 이상일 것
㉯ 작업대를 유압에 의해 올리거나 내릴 경우에는 작업대를 일정한 위치에 유지할 수 있는 장치를 갖추고 압력의 이상저하를 방지할 수 있는 구조일 것
㉰ 권과방지장치를 갖추거나 압력의 이상상승을 방지할 수 있는 구조일 것
㉱ 붐의 최대 지면경사각을 초과 운전하여 전도되지 않도록 할 것
㉲ 작업대에 정격하중(안전율 5 이상)을 표시할 것
㉳ 작업대에 끼임 · 충돌등 재해를 예방하기 위한 가드 또는 과상승방지장치를 설치할 것
㉴ 조작반의 스위치는 눈으로 확인할 수 있도록 명칭 및 방향표시를 유지할 것
㉵ 바닥과 고소작업대는 가능하면 수평을 유지하도록 할 것
㉶ 갑작스러운 이동을 방지하기 위하여 아웃트리거 또는 브레이크 등을 확실히 사용할 것

111 장비가 위치한 지면보다 낮은 장소를 굴착하는 데 적합한 장비는?

① 트럭크레인 ② 파워쇼벨
③ 백호 ④ 진폴

해설 백호(Back Hoe)

㉮ 장비의 위치보다 낮은 지반 굴착에 사용하며, 수중 굴착이 가능하다.
㉯ 토공 작업 시 굴착과 싣기가 동시에 가능하다.
㉰ 무한궤도식은 타이어식보다 경사로나 연약지반에서 더 안정적이다.

112 이동식비계를 조립하여 작업을 하는 경우에 대한 준수사항으로 옳지 않은 것은?

① 승강용사다리는 견고하게 설치할 것
② 비계의 최상부에서 작업을 하는 경우에는 안전난간을 설치할 것
③ 작업발판의 최대 적재하중은 400kg을 초과하지 않도록 할 것
④ 작업발판은 항상 수평을 유지하고 작업발판 위에서 안전난간을 딛고 작업을 하거나 받침대 또는 사다리를 사용하여 작업하지 않도록 할 것

해설 이동식비계

㉮ 이동식비계의 바퀴에는 뜻밖의 갑작스러운 이동 또는 전도를 방지하기 위하여 브레이크, 쐐기 등으로 바퀴를 고정시킨 다음 비계의 일부를 견고한 시설물에 고정하거나 아웃트리거(outrigger, 전도방지용 지지대)를 설치하는 등 필요한 조치를 할 것
㉯ 승강용사다리는 견고하게 설치할 것
㉰ 비계의 최상부에서 작업을 하는 경우에는 안전난간을 설치할 것
㉱ 작업발판은 항상 수평을 유지하고 작업발판 위에서 안전난간을 딛고 작업을 하거나 받침대 또는 사다리를 사용하여 작업하지 않도록 할 것
㉲ 작업발판의 최대적재하중은 250kg을 초과하지 않도록 할 것

113 가설통로를 설치하는 경우 준수해야 할 기준으로 옳지 않은 것은?

① 경사는 30° 이하로 할 것
② 경사가 25°를 초과하는 경우에는 미끄러지지 아니하는 구조로 할 것
③ 건설공사에 사용하는 높이 8m 이상인 비계다리에는 7m 이내마다 계단참을 설치할 것
④ 수직갱에 가설된 통로의 길이가 15m 이상인 때에는 10m 이내마다 계단참을 설치할 것

Answer 110. ① 111. ③ 112. ③ 113. ②

해설 가설통로의 구조

㉮ 견고한 구조로 할 것
㉯ 경사는 30° 이하로 할 것. 다만, 계단을 설치하거나 높이 2m 미만의 가설통로로서 튼튼한 손잡이를 설치한 경우에는 그러하지 아니하다.
㉰ 경사가 15°를 초과하는 경우에는 미끄러지지 아니하는 구조로 할 것
㉱ 추락할 위험이 있는 장소에는 안전난간을 설치할 것. 다만, 작업상 부득이한 경우에는 필요한 부분만 임시로 해체할 수 있다.
㉲ 수직갱에 가설된 통로의 길이가 15m 이상인 경우에는 10m 이내마다 계단참을 설치할 것
㉳ 건설공사에 사용하는 높이 8m 이상인 비계다리에는 7m 이내마다 계단참을 설치할 것

114 **거푸집 동바리 등을 조립 또는 해체하는 작업을 하는 경우의 준수사항으로 옳지 않은 것은?**

① 재료, 기구 또는 공구 등을 올리거나 내리는 경우에는 근로자로 하여금 달줄·달포대 등의 사용을 금하도록 할 것
② 낙하·충격에 의한 돌발적 재해를 방지하기 위하여 버팀목을 설치하고 거푸집 동바리 등을 인양장비에 매단 후에 작업을 하도록 하는 등 필요한 조치를 할 것
③ 비, 눈, 그 밖의 기상상태의 불안정으로 날씨가 몹시 나쁜 경우에는 그 작업을 중지할 것
④ 해당 작업을 하는 구역에는 관계 근로자가 아닌 사람의 출입을 금지할 것

해설 비계 등의 조립·해체 및 변경

㉮ 근로자가 관리감독자의 지휘에 따라 작업하도록 할 것
㉯ 조립·해체 또는 변경의 시기·범위 및 절차를 그 작업에 종사하는 근로자에게 주지시킬 것
㉰ 조립·해체 또는 변경 작업구역에는 해당 작업에 종사하는 근로자가 아닌 사람의 출입을 금지하고 그 내용을 보기 쉬운 장소에 게시할 것
㉱ 비, 눈, 그 밖의 기상상태의 불안정으로 날씨가 몹시 나쁜 경우에는 그 작업을 중지시킬 것
㉲ 비계재료의 연결·해체작업을 하는 경우에는 폭 20cm 이상의 발판을 설치하고 근로자로 하여금 안전대를 사용하도록 하는 등 추락을 방지하기 위한 조치를 할 것
㉳ 재료·기구 또는 공구 등을 올리거나 내리는 경우에는 근로자가 **달줄 또는 달포대 등을 사용하게 할 것**
㉴ 낙하·충격에 의한 돌발적 재해를 방지하기 위하여 버팀목을 설치하고 거푸집 및 동바리를 인양장비에 매단 후에 작업을 하도록 하는 등 필요한 조치를 할 것

115 **강관비계 조립 시의 준수사항으로 옳지 않은 것은?**

① 비계기둥에는 미끄러지거나 침하하는 것을 방지하기 위하여 밑받침철물을 사용한다.
② 지상높이 4층 이하 또는 12m 이하인 건축물의 해체 및 조립 등의 작업에서만 사용한다.
③ 교차가새로 보강한다.
④ 외줄비계·쌍줄비계 또는 돌출비계에 대해서는 벽이음 및 버팀을 설치한다.

해설 강관비계 조립 시의 준수사항

㉮ 비계기둥에는 미끄러지거나 침하하는 것을 방지하기 위하여 밑받침철물을 사용하거나 깔판·깔목 등을 사용하여 밑둥잡이를 설치하는 등의 조치를 한다.
㉯ 강관의 접속부 또는 교차부는 적합한 부속철물을 사용하여 접속하거나 단단히 묶는다.
㉰ 교차가새로 보강한다.
㉱ 외줄비계·쌍줄비계 또는 돌출비계에 대해서는 다음 각 목에서 정하는 바에 따라 벽이음 및 버팀을 설치한다.

116 **비계의 높이가 2m 이상인 작업장소에 설치하는 작업발판의 설치기준으로 옳지 않은 것은? (단, 달비계, 달대비계 및 말비계는 제외)**

① 작업발판의 재료는 뒤집히거나 떨어지지 않도록 하나 이상의 지지물에 연결하거나 고정시킨다.
② 작업발판의 폭은 40cm 이상으로 한다.
③ 발판재료 간의 틈은 3cm 이하로 한다.
④ 작업발판의 지지물은 하중에 의하여 파괴될 우려가 없는 것을 사용한다.

Answer 114. ① 115. ② 116. ①

해설 작업발판의 구조

㉮ 발판재료는 작업할 때의 하중을 견딜 수 있도록 견고한 것으로 할 것
㉯ 작업발판의 폭은 40cm 이상으로 하고, 발판재료 간의 틈은 3cm 이하로 할 것
㉰ 작업발판의 최대폭은 1.6m 이내이어야 함.
㉱ 추락의 위험이 있는 장소에는 안전난간을 설치할 것
㉲ 작업발판의 지지물은 하중에 의하여 파괴될 우려가 없는 것을 사용할 것
㉳ 작업발판 재료는 뒤집히거나 떨어지지 않도록 2개 이상의 지지물에 연결하거나 고정시킬 것
㉴ 작업발판을 작업에 따라 이동시킬 경우에는 위험 방지에 필요한 조치를 할 것
㉵ 발판을 겹쳐 이음하는 경우 장선 위에서 이음을 하고 겹침길이는 20cm 이상으로 할 것
㉶ 발판 1개에 대한 지지물은 2개 이상이어야 함.
㉷ 작업발판 위에는 돌출된 못, 옹이, 철선 등이 없어야 함.
㉸ 선박 및 보트 건조작업의 경우 선박블록 또는 엔진실 등의 좁은 작업공간에 작업발판을 설치하는 경우 작업발판의 폭을 30cm 이상으로 할 수 있고, 걸침비계의 경우 발판재료 간의 틈을 3cm 이하로 유지하기 곤란하면 5cm 이하로 할 수 있다. 틈 사이로 물체 등이 떨어질 우려가 있는 곳에는 출입금지 조치를 할 것

117 로드(rod) · 유압잭(jack) 등을 이용하여 거푸집을 연속적으로 이동시키면서 콘크리트를 타설할 때 사용되는 것으로 silo 공사 등에 적합한 거푸집은?

① 메탈폼　② 슬라이딩폼
③ 워플폼　④ 페코빔

해설 거푸집의 종류

㉮ 메탈폼 : 강철로 만들어진 패널인 콘크리트 형틀로서 길이 150, 120, 90, 60cm, 너비 45, 30, 24cm 등의 조합에 의한 여러 가지의 것이 있다. 반복사용에 견딜 수 있어 경제적이지만, 형틀을 떼어낸 후 콘크리트면이 매끈하기 때문에 모르타르와 같은 미장재료가 잘 붙지 않으므로, 표면을 거칠게 할 필요가 있다. 춥거나 더운 계절에 콘크리트 표면이 빨리 경화되는 단점이 있다.
㉯ 워플폼 : 무량판구조, 평판구조의 특수 상자 모양의 기성재 거푸집으로, 2방향 장선 바닥판 구조에 적용이 가능하다.
㉰ 페코빔 : 강재의 인장력을 이용하여 만든 조립보로 받침 기둥이 필요 없고 좌우로 신축이 가능한 가설 수평 지지보이다.

118 타워크레인을 자립고(自立高) 이상의 높이로 설치할 때 지지벽체가 없어 와이어로프로 지지하는 경우의 준수사항으로 옳지 않은 것은?

① 와이어로프를 고정하기 위한 전용 지지프레임을 사용할 것
② 와이어로프 설치각도는 수평면에서 60° 이내로 하되, 지지점은 4개소 이상으로 하고, 같은 각도로 설치할 것
③ 와이어로프와 그 고정부위는 충분한 강도와 장력을 갖도록 설치하되, 와이어로프를 클립 · 샤클(shackle) 등의 기구를 사용하여 고정하지 않도록 유의할 것
④ 와이어로프가 가공전선에 근접하지 않도록 할 것

해설 타워크레인의 지지

와이어로프와 그 고정부위는 충분한 강도와 장력을 갖도록 설치하고, 와이어로프를 클립 · 샤클(shackle, 연결고리) 등의 고정기구를 사용하여 견고하게 고정시켜 풀리지 아니하도록 하며, 사용 중에는 충분한 강도와 장력을 유지하도록 할 것

119 콘크리트 타설 시 거푸집의 측압에 영향을 미치는 인자들에 관한 설명으로 옳지 않은 것은?

① 슬럼프가 클수록 작다.
② 타설속도가 빠를수록 크다.
③ 거푸집 속의 콘크리트 온도가 낮을수록 크다.
④ 콘크리트의 타설높이가 높을수록 크다.

해설 콘크리트의 측압

㉮ 철골, 철근량 적을수록 측압이 크다.
㉯ 외기온도 낮을수록 측압이 크다.
㉰ 타설속도 빠를수록 측압이 크다.
㉱ 콘크리트 비중 클수록 측압이 크다.
㉲ 습도가 낮을수록 측압이 크다.
㉳ 슬럼프가 클수록 측압이 크다.

Answer 117. ② 118. ③ 119. ①

120 다음 중 운반작업 시 주의사항으로 옳지 않은 것은?

① 운반 시의 시선은 진행방향을 향하고 뒷걸음 운반을 하여서는 안 된다.
② 무거운 물건을 운반할 때 무게 중심이 높은 화물은 인력으로 운반하지 않는다.
③ 어깨높이보다 높은 위치에서 화물을 들고 운반하여서는 안된다.
④ 단독으로 긴 물건을 어깨에 메고 운반할 때에는 뒤쪽을 위로 올린 상태로 운반한다.

해설 운반작업 시 주의사항
단독으로 긴 물건을 어깨에 메고 운반할 때에는 앞부분 끝을 어깨에 메고 **뒤쪽 끝을 끌면서** 운반한다.

Answer 120. ④

NOTE

산업안전기사 필기 + 무료특강

2025. 3. 19. 초판 1쇄 발행
2026. 1. 7. 개정 1판 1쇄 발행

지은이 | 장창현, 서청민, 신영철, 서준호
감 수 | 김유창
펴낸이 | 이종춘
펴낸곳 | BM (주)도서출판 성안당
주소 | 04032 서울시 마포구 양화로 127 첨단빌딩 3층(출판기획 R&D 센터)
10881 경기도 파주시 문발로 112 파주 출판 문화도시(제작 및 물류)
전화 | 02) 3142-0036
031) 950-6300
팩스 | 031) 955-0510
등록 | 1973. 2. 1. 제406-2005-000046호
출판사 홈페이지 | www.cyber.co.kr
ISBN | 978-89-315-8558-2 (13500)
정가 | 36,000원

이 책을 만든 사람들
책임 | 최옥현
진행 | 박현수
교정·교열 | 박운규
전산편집 | 신인남
표지 디자인 | 임흥순
홍보 | 김계향, 임진성, 김주승, 최정민
국제부 | 이선민, 조혜란
마케팅 | 구본철, 차정욱, 오영일, 나진호, 강호묵
마케팅 지원 | 장상범
제작 | 김유석